基礎微生物免疫學

第九版

Foundations in Microbiology, 9th Edition

Kathleen Park Talaro
Barry Chess
著

徐再靜、王梅林、曾博修、林清宮、歐威志、
黃惠蘭、蔡明明、謝喜龍、陳頤之
譯

胡小婷、商惠芳
審閱

Mc Graw Hill Education

東華書局

國家圖書館出版品預行編目(CIP)資料

基礎微生物免疫學 / Kathleen Park Talaro, Barry Chess 著；
徐再靜等譯. -- 二版. -- 臺北市：麥格羅希爾，臺灣東華，
2019.01
面；公分
譯自：Foundations in microbiology, 9th ed.
ISBN 978-986-341-407-0 (平裝)

1. 免疫學 2. 微生物學

369 107021131

基礎微生物免疫學 第九版

作　　者　Kathleen Park Talaro, Barry Chess
譯　　者　徐再靜、王梅林、曾博修、林清宮、歐威志、黃惠蘭、蔡明明、謝喜龍、陳頤之
審 閱 者　胡小婷、商惠芳
合作出版 暨發行所　美商麥格羅希爾國際股份有限公司台灣分公司
台北市 10044 中正區博愛路 53 號 7 樓
TEL: (02) 2383-6000　FAX: (02) 2388-8822

臺灣東華書局股份有限公司
10045 台北市重慶南路一段 147 號 3 樓
TEL: (02) 2311-4027　FAX: (02) 2311-6615
郵撥帳號：00064813
門市：10045 台北市重慶南路一段 147 號 1 樓
TEL: (02) 2371-9320
總 經 銷　臺灣東華書局股份有限公司
出版日期　西元 2019 年 1 月 二版一刷
Design Elements Credit　SEM of Curvularia geniculata: Janice Haney Carr/CDC; Magnifying glass: c Comstock/PunchStock RF; Microscope: c Comstock/Alamy RF; MRSA: National Institute of Allergy and Infectious Diseases (NIAID); Brain: c McGraw-Hill Higher Education; Borrelia species: Courtesy of Dr. Misha Kudryashev and Dr. Friedrich Frischknecht, Mol Microbiol, 2009 Mar. 71(6):1415-1434; Neutrophil ingesting MRSA: National Institute of Allergy and Infectious Diseases (NIAID).

ISBN：978-986-341-407-0

審閱序

本書原文版是由二位具有多年教學經驗之美國微生物學者 Kathleen Park Talaro 及 Barry Chess 撰寫，內容由淺入深，涵蓋範圍甚廣，由生命現象的分子基礎及新陳代謝的途徑介紹起，到微生物的基本特性及其對人類和環境的影響，以及宿主之防禦機制等，均有重點式的陳述。讀者於短期間內，即可對醫學微生物如細菌、病毒、黴菌與寄生蟲等致病之原因，宿主與之對抗之免疫反應，疾病預防及治療等有所認知。故誠如本書之推薦者 Teresa Wilmoth 所言「此為市面上最好的一本教科書，能使學生了解整體的微生物觀念並與真實世界有具體的連結」。

此外，本書中穿插了許多與微生物有關之歷史事件，如重大疾病之爆發、傳染源之追蹤、遺傳疾病之基因鑑定、生物戰劑之風險、貴腐酒之意外發現等，皆凸顯出微生物在人類生活上所扮演的重要角色，讀來生動而有趣。尤其是在每章結尾處，還針對內容附有習題，將有助於學生釐清觀念，而在批判性思考的問題中，又能啟發讀者邏輯性的思路。本人從事醫學微生物教學多年，亦為此書之特色所吸引，很高興見到此翻譯版出書，並為之審閱。在專有名詞之翻譯上，由於譯名較多，只能擇一選用，受限於篇幅，有些未能中英並列，殊為可惜。此外，本書經由多人翻譯，書寫風格或有不同，雖已盡量呈現原意。難免仍有疏漏，尚祈先進不吝指教，以為再版修正。最後，本書之得以付梓，需萬分感謝所有參與之譯者及校閱者。

胡小婷

國立陽明大學　微生物及免疫學研究所

目錄

第 1 章 微生物學的主要議題

來自大西洋的浮游生物，可產出珍貴的資源。
圖中較大的金色、白色與藍色細胞為一種稱為矽藻的藻類，而細小的白色與藍色細胞則為不知名的原核生物。

圖為北大西洋景色，這是一處適合開採海洋微生物的場所。

1.1 微生物學的範疇

當我們觀察這生意盎然的自然界時，總不禁被它的美麗和複雜所觸動；雖然很多是肉眼可見的，但有更多由於尺寸過小而看不到，這個微觀宇宙也由大量美麗與複雜的微生物所構成；總而言之，微生物是無所不在的 (ubiquitous)[1]。微生物存在於所有自然界中，而大部分棲息地由人類創造。再怎麼偏僻或不尋常的環境，科學家總是會發現至少有微生物存在；在兩極冰蓋下、7 英里深的海底、溫泉與火山口、毒性廢棄物內，甚至是雲海中。

微生物學 (microbiology) 為生物學中的一門專業領域，專門研究一些需放大才看得到的生物。故稱它們是微小的 (microscopic)[2]，這些肉眼看不見的生物被稱為微生物 (microorganisms, microbes)[3]；由於這些生物會造成傳染與疾病，因此有些人稱它們為「病菌」(germs) 或「蟲」(bugs)，這些名詞雖有其生物意義，卻也強調了它們的「不討喜」。這些微生物最主要包含細菌 (bacteria)、病毒 (viruses)、真菌 (fungi)、原生動物 (protozoa)、藻類 (algae) 與蠕蟲 (helminthes)，或稱為寄生蟲 (parasitic worms)，接下來的章節將討論有關它們的特性。研究微生物看似容易卻又困難，容易之處在於微生物繁殖速度快，且通常可在實驗室中大量繁殖，困難之處則在於須藉特殊技術 (尤其是顯微鏡) 才能進行觀察或分析 (見第 2 章)。

微生物學集結了許多不同學科的主題，堪稱生物科學中最大、最複雜的。微生物學家探究微生物的各層面，包括它們在遺傳學和生理學上的特性、它們對人體有害或有益的機制，它們與環境或其他生物的互動，以及它們在工業與農業中的應用等。

1 *ubiquitous* 無所不在的 (yoo-bik′-wih-tis)。希臘文：*ubique* 任何地方；*ous* 有。是或者似乎是到處都存在。
2 *microscopic* 微小的，只能從顯微鏡裡看到的 (my″-kroh-skaw′-pik)。希臘文：*mikros* 小；*scopein* 看。
3 *microbes* 微生物 (my′-krohb)。希臘文：*mikros* 小；*bios* 生命。

請參閱表 1.1，可看到一些關於微生物學基礎研究或應用研究的領域和行業。在微生物學中各個主要學科，又細分成許多項 (表 1.1)，事實上，這些學科中的許多領域已變得非常專業，因此微生物學家可能花上好幾年專注於研究某一微生物的類型、生化特性或造成的疾病。

與微生物有關的專業人士包含：

- 地球微生物學家 (geomicrobiologists)：探討微生物於地殼發展中的角色 (表 1.1B)
- 海洋微生物學家 (marine microbiologists)：研究海洋與其中的微生物
- 醫學技術學家 (medical technologists)：進行診斷病原微生物及其疾病的實驗
- 流行病研究護士 (nurse epidemiologists)：分析醫院中傳染病的發生
- 天體生物學家 (astrobiologists)：研究太空中微生物存在的可能性

表 1.1 微生物學相關領域與職業

A. 公共衛生微生物學與流行病學

此分支在於監控社區中疾病的擴散，相關機構包括美國公共衛生署 (U.S. Public Health Service, USPHS) 以及美國疾病控制與預防中心 (Centers for Disease Control and Prevention, CDC)。CDC 收集美國國內疾病的資訊與統計資料，並將其發布到發病率與死亡率周刊 (*The Morbidity and Mortality Weekly Report*)(見第 10 章)。

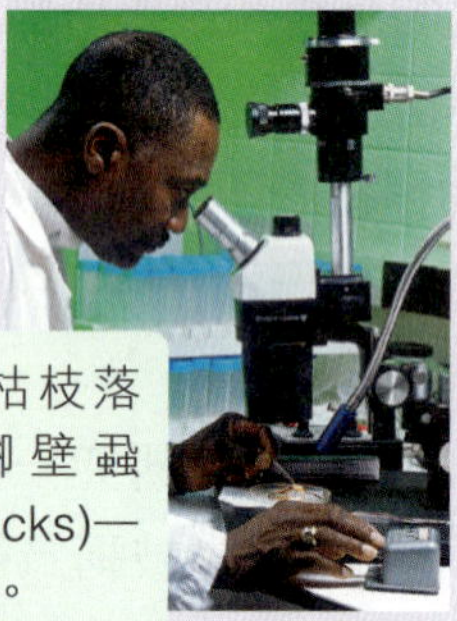

寄生蟲專家在枯枝落葉中尋找黑腳壁蝨 (black-legged ticks)—萊姆病的帶原者。

B. 環境微生物學

本領域包含微生物及其與自然環境 (土與水) 的生態關係。

來自 NASA 的地球微生物學家正在收集莫諾湖的樣品進行環境研究，以測定極端細菌的生存策略。

C. 生物技術

此分支定義為任何利用生物來衍生產品的過程 (例如啤酒、幹細胞)，包括用微生物來生產大量疫苗、維生素、藥物與酶 (酵素) 的工業微生物學。

一位技術員正在測試微生物生產新能源的效率。

D. 免疫學

此分支為研究體內防禦物質的複雜性及微生物或其他有害物質入侵所導致的反應，並包含各種領域，如血液檢查、疫苗接種與過敏反應等 (見第 12、13 與 14 章)。

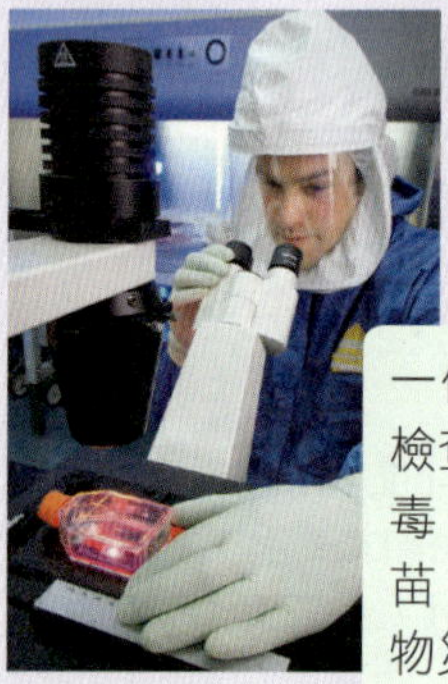

一位 CDC 病毒學家正在檢查培養的流行性感冒病毒，此病毒用來製造疫苗。此工作需要高規格生物災害防護措施。

表 1.1　微生物學相關領域與職業 (續)

E. 基因工程與重組 DNA 技術

此相關領域包括修改生物基因組成，創造新型微生物、植物及具有獨特行為與生理表現的動物。本領域正快速擴展，並常與生物技術相輔相成。

美國能源部的一位細菌學家正在檢查經基因改造的細菌培養之生長情形。

F. 農業微生物學

此分支涉及微生物與農業上的植物和動物之間的關係，植物專家專注於植物疾病、土壤肥力與營養互動之研究；動物專家則負責研究傳染疾病與其他動物及微生物間的相互影響。

美國食品藥品監督管理局 (U.S. Food and Drug Administration, FDA) 的微生物學家正在收集土壤樣品以檢測動物病原菌。

G. 食品微生物學家

此類科學家關切的是微生物對食品腐敗、食源性疾病與生產的影響。

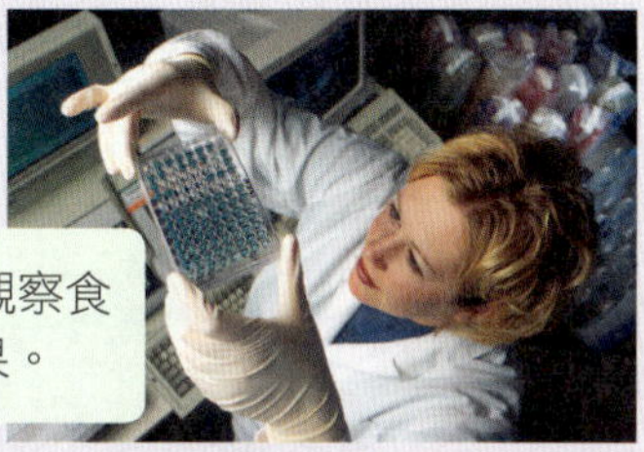

一位美國農業部技術員正在觀察食品中有無大腸桿菌的檢驗結果。

H. 微生物的分支

分支	章	包含的研究
細菌學	3	細菌：微小單細胞原核生物
真菌學	4、19	真菌：一群真核生物，包括需用顯微鏡觀察的真核生物 (黴菌與酵母菌) 以及較大的蘑菇與馬勃菌 (puffballs)
原生動物學	4、20	原生動物：類似動物，且大部分為單細胞真核生物
病毒學	5、21、22	病毒：寄生於細胞的極小非細胞顆粒
寄生蟲學	4、20	寄生與寄生生物：包括病原性原蟲、寄生蟲與某些昆蟲
藻類學	4	簡單可行光合作用的真核生物：包括單細胞藻類到大型海藻
形態學	3、4、5	微生物的詳細結構
生理學	6	細胞與分子層面的微生物功能 (代謝)
生物分類學	1、3、4、14	微生物的分類、命名與鑑定
微生物遺傳學、分子生物學	7	組成細胞代謝的遺傳物質與生化反應功能
微生物生態學	6	微生物與環境之間的相互關係；微生物在營養循環與自然生態系統的角色

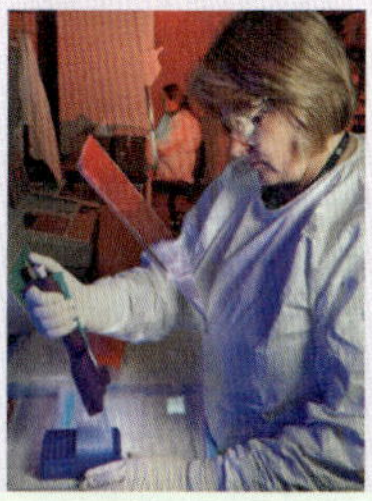

一位醫學微生物學家正在測試檢體中是否有對抗人類免疫缺陷病毒 (human immunodeficiency virus, HIV) 的抗體。

對於微生物學的研究讓我們深入了解許多生物原則，例如，微生物學的研究建立了生命化學、遺傳系統 (見第 7 章) 以及營養素 (養分)、礦物與氣體的循環。

1.2 微生物的一般特性及其在地球環境的角色

微生物的起源與優勢

微生物在過去數十億年間，影響了地球環境的發展及生命的演化，因此欲在其他星球上找尋生命的科學家，都會先找尋該星球上是否有微生物的存在。

由古老的岩石與沈積物挖掘出來的化石顯示，像細菌這樣的細胞，在地球上出現至少有 35 億年 (圖 1.1)，它們是地球最初 20 億年之主要生命形式；這些古老細胞微小、簡單，且缺少特化的內部結構來執行其功能，其遺傳物質並不在細胞核中。此類細胞稱作原核 (prokaryotic)[4]，亦即「出現在細胞核之前」。大約 18 億年前，在化石紀錄中出現一種較複雜的細胞，該細胞已具有細胞核與各種特化的內部結構，稱之為胞器 (organelles)[5]，這種類型的細胞被稱為真核 (eukaryotic)[6]，因為它們具有真正的細胞核。圖 1.2 將這兩種細胞類型與某些病毒作比較。在第 4

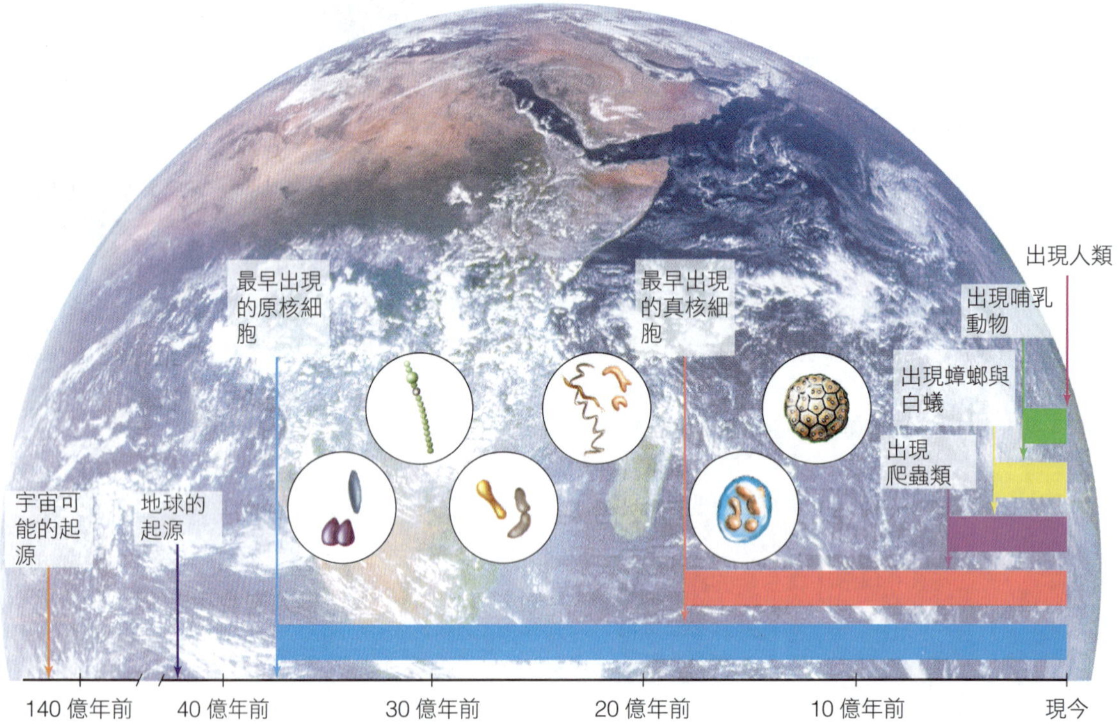

圖 1.1 **演化時間軸**。原核生物初次出現大約是在 35 億年前，而第一個真核生物則在 20 億年前，此二者的出現似乎很突兀，沒有發現由原核細胞逐漸演化為真核細胞的過程。在地球的演化過程所經歷幾百萬年中，化石紀錄未能完全完成，因為大部分的微生物太脆弱導致無法形成化石。

4 *prokaryotic* 原核 (proh″-kar-ee-ah′-tik)。希臘文：*pro* 之前；*karyon* 核。有時候拼成 procaryotic 和 eucaryotic。
5 *organelles* 胞器 (or-gan′-elz)。希臘文：*organa* 工具；*ella* 小。
6 *eukaryotic* 真核 (yoo″-kar-ee-ah′-tik)。希臘文：*eu* 真的或好的；*karyon* 核。

章我們會學到更多關於真核細胞的起源，真核細胞並非突然出現，而是花了數千年從原核細胞演化而來，這有趣的過程稱為內共生 (endosymbiosis)。早期真核細胞可能和藻類與原生動物相似，開始演化後，產生了真菌、植物、蠕蟲與昆蟲等多細胞動物，從圖 1.1 即可看出這過程花了多久的時間！細菌甚至在動物出現前 30 億年就存在了，這表示人類不太可能或不應該從環境中移除微生物，因為微生物才是最終的倖存者。

微生物的細胞組織

基本上原核細胞比真核細胞小，而且除了缺少細胞核外，也缺少由一或多個薄膜所構成的胞器。胞器包括粒線體 (mitochondria) 與高爾基氏體 (Golgi complexes) 等，可執行特殊功能如運輸、餵食、能量釋放與利用，以及合成。原核生物具有類似真核細胞胞器的功能，只是缺少具專門功能的胞器 (圖 1.2)。

大部分的微生物由單一細胞或一群細胞組成 (圖 1.3)。所有的原核生物皆為微生物，包括細菌與古細菌 (見圖 1.11)；只有一些真核生物為微生物，例如藻類、原生動物、黴菌與酵母菌 (真菌) 以及某些如蠕蟲與節肢動物等的動物。蠕蟲與節肢動物等並非全部都是微觀的，但因為蠕蟲與感染有關，且可能需要利用顯微鏡來辨識，有些仍會在本書中介紹。有些節肢動物像是跳蚤與壁蝨也有可能為傳染病的帶原者。微生物與細胞類型將在第 3 與 4 章進一步討論。

病毒是什麼呢？

病毒 (viruses) 必須經由顯微鏡才能看見，因此病毒被視為微生物的一種，它們也會引起感染與疾病，但其並非細胞。

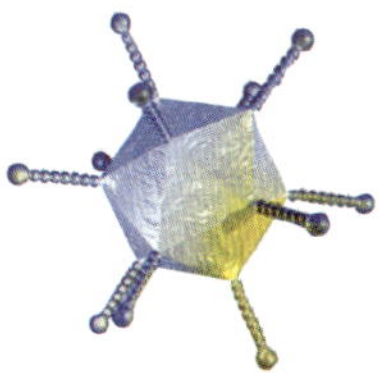

一個腺病毒

病毒是介於巨分子與細胞間的小顆粒 (見圖 1.4)，比細胞小很多，其組成為蛋白質包裹著少量的遺傳物質。有些生物學家認為病毒是寄生顆粒，有些則認為病毒是非常早期的生物。儘管說法不同，病毒的影響力是不可否認的。病毒是地球上最常見的微生物，會侵入宿主細胞並造成嚴重損害與死亡。

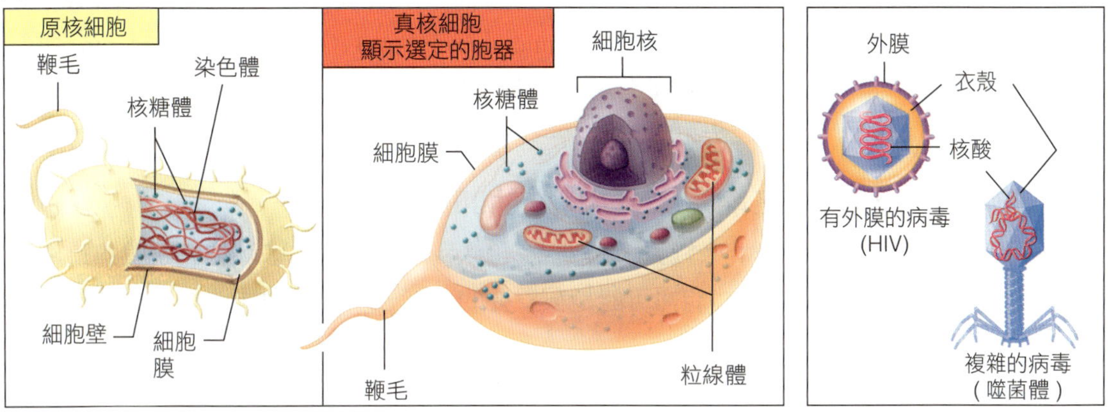

圖 1.2 **細胞與病毒的基本結構**。(a) 原核細胞與真核細胞的比較；(b) 兩種病毒的例子。關於這些細胞種類與病毒，在第 3、4 與 5 章有更詳細的說明。

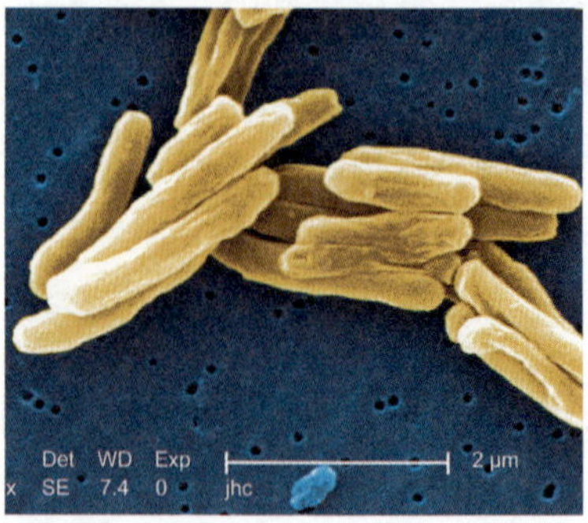

細菌：結核分枝桿菌，桿狀細胞(15,500倍)。

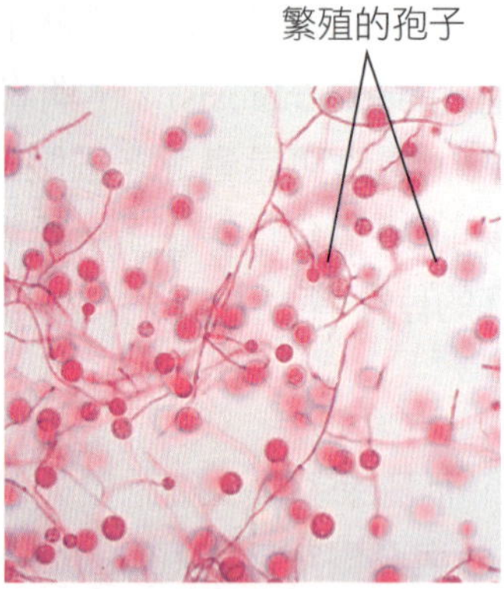

真菌：莢膜組織孢漿菌，生殖結構呈棒棒糖形狀 (750 倍)，其造成俄亥俄球黴菌溪谷熱。

藻類：鼓藻、水綿與矽藻 (金細胞)(500倍)。

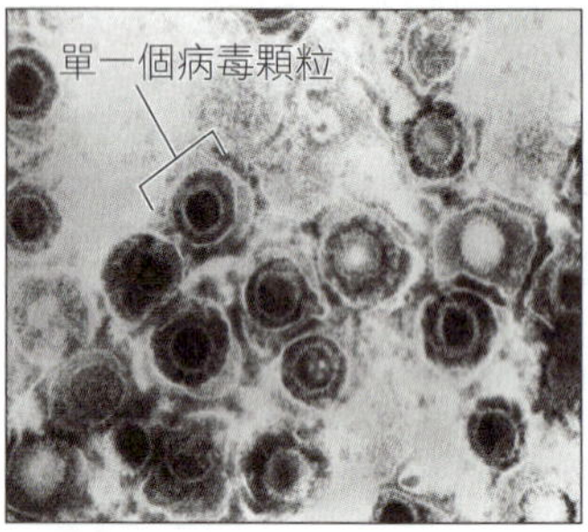

病毒：單純疱疹 (其造成唇疱疹) (100,000 倍)。

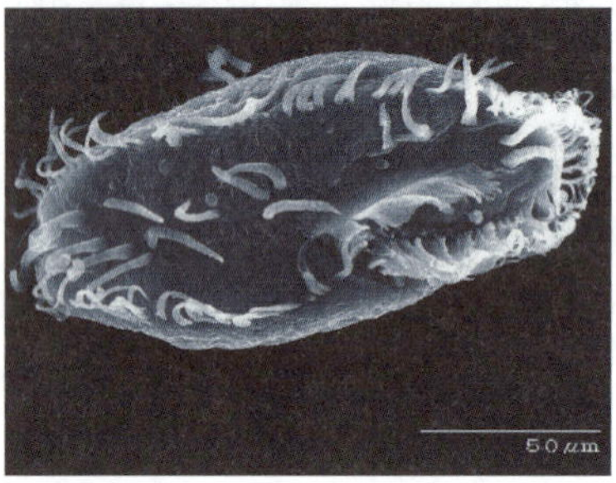

原生動物：一種原生動物，三果實尖毛蟲擁有如小腿般的纖毛束 (3,500倍)。

蠕蟲：線蟲動物門的旋毛蟲盤繞在宿主的肌肉中 (250 倍)，引起旋毛蟲病。

圖 1.3 **六種基本的微生物**。每種生物的顯微鏡放大倍率不同，僅提供大約的放大倍率；可參見圖 1.4 以更精確了解這些微生物的比例。

微生物的大小：多小才算是小？

當我們提及微生物小到無法由肉眼看見時，到底是多小呢？最好的方式是將微生物與肉眼可見的生物及分子與原子作比較 (圖 1.4)。肉眼可見的生物通常是以公分 (centimeters, cm) 與公尺 (meters, m) 計量，而大部分微生物則以微米 (micrometers, µm)、奈米 (nanometers, nm) 與公厘 (millimeters, mm) 計量。大多數微生物的尺寸可從最小的病毒 (大約 10 nm，比起大分子大不了多少) 到原生動物 (3 到 4 mm，肉眼可見)。

微生物在自然界中之能量與營養轉換間的角色

自然環境中所存在的微生物已有數十億年的演化過程。我們尚未了解它們所做的每件事，但這些微生物在生態系統結構與功能裡可能是很重要的一部分，且在地球運作中扮演關鍵的角色。

微生物與地球生態系統 (ecosystems)[7] 之能量與食物轉換息息相關。大多數人知道植物進行光合作用 (photosynthesis)，即利用光能將二氧化碳轉化為有機物質，並產生氧氣。然而，微生

7 生態系統是指生物體的群集及其周邊環境。

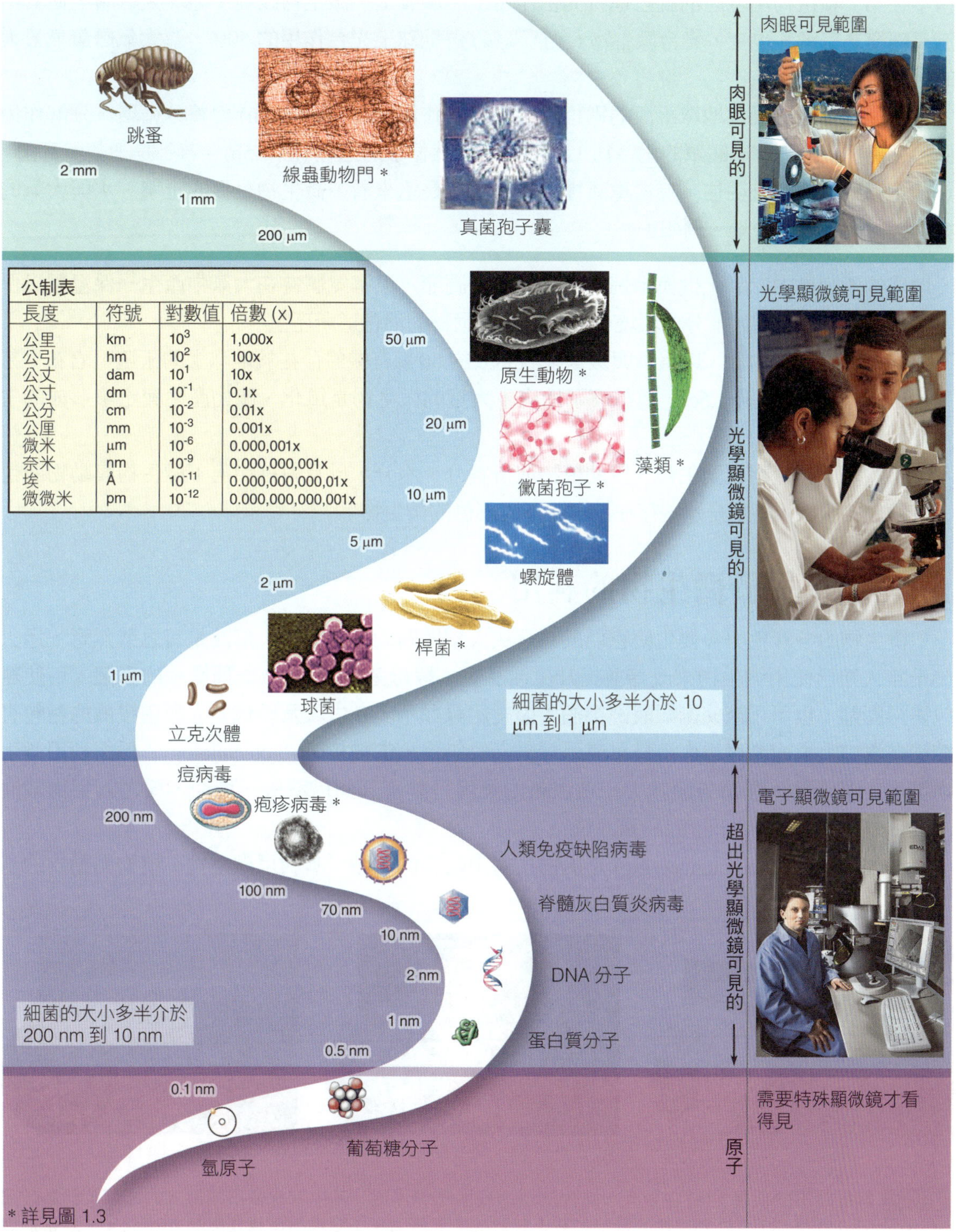

公制表

長度	符號	對數值	倍數 (x)
公里	km	10^{3}	1,000x
公引	hm	10^{2}	100x
公丈	dam	10^{1}	10x
公寸	dm	10^{-1}	0.1x
公分	cm	10^{-2}	0.01x
公厘	mm	10^{-3}	0.001x
微米	μm	10^{-6}	0.000,001x
奈米	nm	10^{-9}	0.000,000,001x
埃	Å	10^{-11}	0.000,000,000,01x
微微米	pm	10^{-12}	0.000,000,000,001x

圖 1.4 **各種小生物與物質的大小**。雖然它們都很小，但大小仍迥然不同。本圖為微生物學常用之測量單位，並顯示大小落在這些測量範圍的生物或物質，包含肉眼可見的、顯微鏡可見的、超出光學顯微鏡可見的及原子大小。本書大部分的微生物尺寸落在 100 μm 到 10 nm 之間，這些微生物的例子是在上述的各範圍之內而非各範圍之間。

物早在第一種植物出現之前就已進行光合作用了。事實上，微生物改變了地球大氣層，使其由無氧轉變為有氧。現今，光合微生物 (包括藻類) 占地球上光合作用的 50%，為大氣層氧氣最大的供應者 (圖 1.5a)。

另一個有助於維持地球平衡的過程是生物分解作用 (decomposition) 與養分循環。分解作用係指死屍與廢物分解成簡單的化合物，再回到大自然循環的過程 (圖 1.5b)。若不是細菌與真菌，許多化學元素都會被困住，無法重新提供給生物；長遠來看，微生物是促成土壤、水與大氣的結構與內容之主要力量。例如：

- 地球的溫度是由二氧化碳與甲烷等溫室氣體來調節，溫室氣體會在大氣中產生一保溫層以保留熱能。這類氣體大部分由環境中的微生物及動物的消化道所產生。
- 根據最近的資料估計，以重量與數量來看，大約 50% 有機體存在於地球上的土壤、岩石，甚至是凍結的南極 (圖 1.5c)，這證實了地底下大量的微生物是風化、礦物產生與土壤形成的主要力量。
- 細菌和真菌與植物共同生存，協助植物取得養分、水分，以及對抗疾病；微生物與動物間也有類似的關係，特別是那些存在於身體不同部位的微生物。

1.3 人類對於微生物的利用

微生物的多樣性與多變化使它們成為解決人類問題的最佳選擇，無論是有意或無意，過去幾千年人類已使用微生物來改善並提升生活品質。酵母菌 (yeasts) 為一種微小的真菌，可使麵包變得膨鬆，也可用來使醣類醱酵製酒；歷史紀錄顯示，在古埃及時代，人類用發黴的麵包直接塗在傷口上，或許可看作是最早使用青黴素的年代。生物技術 (biotechnology)[8] 係指利用微生物製造工業產品，在這方面其中一項較新的應用是養殖藻類以萃取一種油，稱之為生物柴油 (biodiesel)，用以代替石油產品 (圖 1.6a)。

基因工程 (genetic engineering) 是生物技術中較新的領域，其利用微生物、植物與動物的基

(a)

(b)

(c)

圖 1.5 顯微鏡下的仙境。(a) 在夏天，這片池塘的表面布滿浮渣，其中有許多不同形式的綠藻，稱為鼓藻 (desmids)(600 倍)；(b) 這顆腐爛的番茄，被毛茸茸的黴菌所占領；這種黴菌是灰黴菌 (Botrytis)，為番茄與葡萄的常見分解者 (205 倍)；(c) 這裡是南極一個乾涸的湖泊，地球上最冷的地方之一 (–35°C)，在它冰冷的表層下可發現微生物的存在。我們看到的是紅色的藍綠細菌 (cyanobacterium)，念珠藻屬 (Nostoc)(3,000 倍)，它或許已被凍結了 3,000 年。這種環境很有可能與火星上的環境相似。

8 *biotechnology* 生物技術 (by′-oh-tek-nol″-oh-gee)，微生物或它們的產物使用於商業或工業上。

因來創造新產品與將生物進行基因改造。一種可用於設計產生新物種的強大技術，稱為重組 DNA (recombinant DNA)；利用該技術可以刻意改造 DNA[9]，使其遺傳物質從一種生物轉變為另一種生物。細菌與真菌為第一個進行基因工程的生物，因為它們簡單的遺傳物質在實驗室中容易操作。以醫療、工業與農業方面來說，重組 DNA 技術具有無限的潛能。藉由微生物可以用來合成蛋白質，例如藥物、荷爾蒙與酵素 (見表 1.1C)。

(a)

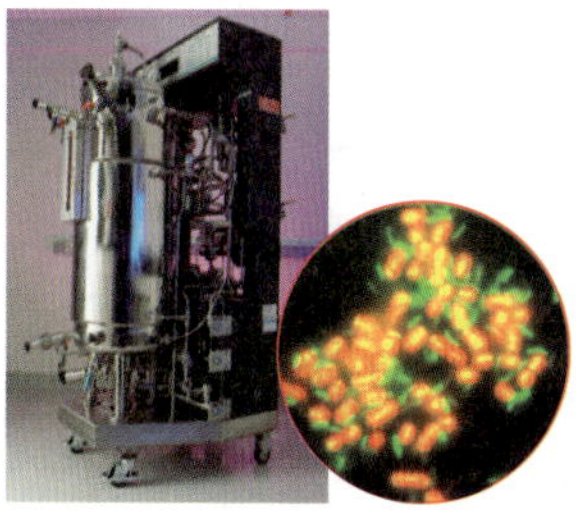

(b)

圖 1.6 **工作中的微生物。**(a) 美國國家海洋暨大氣總署 (National Oceanic and Atmospheric Agency, NOAA) 的一位科學家示範培養單細胞藻類 (750 倍插圖) 的一系列生物柴油反應器，用來作為油的來源，此種新型綠色再生能源看起來很有前途；(b) 生物技術與生物修復：西北太平洋國家實驗室 (Pacific Northwest National Laboratories, PNNL) 的科學家測試兩種新發現的細菌，綠色的希瓦氏菌 (*Shewanella*) 與黃色的聚球藻 (*Synechococcus*)，其減少放射性廢料並除去其毒性的能力 (1,000 倍)。此過程在大型生物反應器裡進行，可加速清除有害的放射性廢料。

在生物工程師所設計的獨特基因生物中，包括可生產自然農藥的細菌、可生產人類荷爾蒙的酵母菌、可生產血紅素的豬，以及可對抗疾病的植物 (見表 1.1E)。這些技術也為研究人類遺傳物質與疾病鋪路。

另外一個探討微生物潛能的新興技術是生物修復 (bioremediation)[10]。這種技術是將微生物導入環境中用以使環境恢復穩定或將有毒污染物清除。生物修復可控制由人類所造成的大量污染。微生物可分解對其他生物有害的化學物質。許多公司已開發微生物來處理漏油及解除因重金屬、農藥以及放射性廢料污染所產生的毒性 (圖 1.6b)。處理固態廢棄物行業的重點在於找到分解垃圾的方法，特別是塑膠及紙製品，以減少垃圾的噸位。水與污水處理也是常見的生物修復。隨著全球乾淨淡水供應量的下降，找到將污水回收再利用的方法變得更加重要。

1.4　微生物在傳染病的角色

大部分的微生物不但無害，而且十分有益又不可或缺。微生物遊走於地球各處，在一些生物無法生存的環境下存活；大多數時間，微生物與其他生物產生共生關係，分享棲息地與養分，例如在共生現象 (symbiosis) 與生物膜 (biofilms)[11] 被發現的自然互惠關係。

有些微生物已適應非自由的生活型式，此現象稱為寄生，寄生物 (parasite) 居住於另一較大生物體內或體表，此較大生物稱之為宿主 (host)，寄生物從宿主攝取養分以維生。一個寄生物的行為可能會藉由傳染與疾病產生對宿主的傷害。另一個可以說明此類型微生物的名詞就是病原體 (pathogen)[12]。

人類為大約兩千種可引起各種疾病的不同病原體所困擾，即使現今全球對傳染病的知識與

---

9 DNA，去氧核糖核酸 (deoxyribonucleic acid)，一種化學物質，其構成生物體的遺傳物質。

10 *bioremediation* 生物修復 (by′-oh-ree-mee-dee-ay″-shun)。*bios* 生命；*re* 再一次；*mederi* 治癒。利用生物製劑來解決環境問題。

11 生物膜是微生物及其分泌物在最自然的環境下形成的複雜網絡，將在第 3 章中進一步討論。

12 *pathogen* 病原體 (path′-oh-jen)。希臘文：*pathos* 疾病；*gennan* 產生。造成疾病的物質。

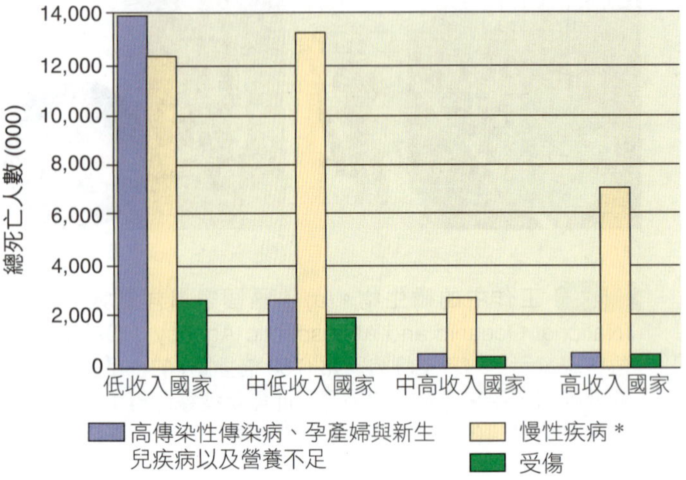

* 慢性疾病包含心血管疾病、癌症、慢性呼吸道病、糖尿病、神經精神疾病、感官疾病、肌肉骨骼疾病、消化系統疾病、泌尿生殖系統疾病、先天性異常以及皮膚病；以上大部分與單一傳染性病原體無關。

圖 1.7 **全球不同的社會經濟水平國家人民主要死因的比較。**此表明確顯示收入與傳染病死亡率之間的關係。從這些資料我們還可得到哪些結論呢？

治療已進步許多，傳染病仍衝擊著人類。根據世界衛生組織 (World Health Organization, WHO) 最新預估，每年全球大約有一百億種感染，世界上感染數量已大於人口數，因為許多人並不只有一種感染。傳染病亦為人類最常見死因之一，且仍有大量美國人民因傳染病而死亡。全球因感染而死亡的人數為每年一千三百萬人，其中 90% 的死亡由六種傳染性病原體所造成。表 1.2 將世界上最主要的傳染病及其每年預估病例數按順序排列；圖 1.7 則比較四組不同社會經濟水平國家人民的死亡率，可明顯看出世界上何處居民受傳染病影響最深。請注意有許多感染可藉由藥物治療或疫苗防治。

這些受影響最嚴重的國家缺乏適當的醫療照護。地球上約三分之一的人民一天的花費少於一美元，他們營養不良，也未能完成疫苗的接種；全球 70 億人口中有三分之一人民無法取得藥物。以瘧疾為例，此疾病是由蚊子散播微生物引起，每年造成全球一百萬到兩百萬人死亡。目前，開發中國家的人民，預防感染此疾病最有效的方法是睡在蚊帳內，因為夜晚是蚊子活動力最旺盛的時候。此種僅需花費 3~5 美元購買蚊帳的方法，仍超出許多開發中國家人民的能力。幸好，針對許多瘧疾感染的危險地區，一些國際組織已共同合作，提供特殊的驅蟲蚊帳，降低感染機率。

新興與再浮現疾病　傳染病中較重要的是新興疾病與再浮現疾病，近期被鑑定的**新興疾病** (emerging diseases) 已逐漸增加，自 1969 年起，至少已有 26 種新興傳染病的病原體出現，有些與特殊地點有關 [如伊波拉病毒 (Ebola fever virus)]，有些則已擴散到各洲 (如人類免疫缺陷病毒)；其中有些會引起**人畜共通傳染病** (zoonoses)[13]，係為任何可經由動物傳染給人類的傳染病。最近的一個例子是西尼羅河病毒，經由蚊子傳播給鳥類、人類與其他哺乳動物，該病毒於 1999 年從非洲傳播到美國東部，而現在已普遍出現在美洲大陸與夏威夷群島，2012 年感染人數更創下自 2003 年以來的新高，可能是因為那裡的環境條件有利於蚊子的生命週期。

再浮現疾病 (reemerging diseases) 係指歷史較久遠的著名疾病，最常見的再浮現傳染病包括結核、感冒、瘧疾、霍亂與 B 型肝炎。結核病自古以來便已存在，然而每年仍可造成八百萬起

---

13 *zoonoses* 人畜共通傳染病 (zoh″-uh-noh′-seez)。希臘文：*zoion* 動物；*nosos* 疾病。任何可感染動物和人類的傳染病。

表 1.2 最常見的感染與傳染性病原體

由多種病原體引起的感染 / 疾病	預估全球每年病例數 *
蠕蟲 (worm) 感染 血吸蟲病 (Schistosomiasis)、蛔蟲病 (ascariasis)、鉤蟲 (hookworm)、條蟲 (tapeworm)、鞭蟲病 (trichuriasis)、蟠尾絲蟲病 (oncocercosis)	663,000,000
原蟲 (protozoan) 感染 利什曼病 (leishmaniasis)、錐蟲病 (trypanosomiasis)、瘧疾 (malaria)、阿米巴痢疾 (amoebic dysentery)	523,000,000
性傳染疾病 人類免疫缺陷病毒 (HIV)、尖形濕疣 (genital warts)、披衣菌 (chlamydia)、淋病 (gonorrhea)、梅毒 (syphilis)、滴蟲性陰道炎 (trichomoniasis)	448,000,000
造成腹瀉的感染 傷寒 (typhoid fever)、志賀氏菌痢疾 (*Shigella* dysentery)、霍亂 (cholera)	112,000,000
呼吸道感染 肺炎、流行性感冒	14,100,000
由單一病原體引起的感染	**病例數 ***
結核 **	10~20 億
瘧疾 (原生動物)	5 億
慢性肝炎 (A、B、C)	2.16 億
輪狀病毒 (rotavirus)	1.25 億
志賀氏菌病 (痢疾)	9,000 萬
登革熱 (病毒)	5,000 萬
人類免疫缺陷病毒 (HIV) / 後天性免疫缺陷症候群	3,400 萬
麻疹 (病毒)	3,000 萬
傷寒	1,200 萬
流行性感冒 (病毒)	300~500 萬

* CDC 與 WHO 最新預估數據。

** 病例數之所以會有 10~20 億的大差距，可能是由於結核病 (tuberculosis, TB) 細菌有許多長期帶原者。

新感染病例以及一百萬到兩百萬起死亡病例。由此可見，許多因子使傳染病顯得頑強，但最主要的原因在於各種致病微生物對變化多端的環境具有強大適應力。

1.5 微生物學的歷史淵源

若不是過去 300 年間，有些人對微生物學的興趣、好奇與投入，我們就不會知道那麼多關於顯微鏡底下世界的事了。許多科學的發現，都歸功於那些長期閉關在昏暗的實驗室中，利用最原始、最簡陋工具工作的學者。本節總結了過去 300 年的重要發現：顯微鏡，科學方法的興起，以及醫學微生物學技術的發展。微生物學的重大事件表格在 http://www.mhhe.com/talaro9，概略敘述微生物學由古至今的一些事蹟。

顯微鏡的發展：「眼見為實」

從最早期歷史紀錄中可以發現，人類已能辨識變質食物是否無法食用或引起疾病，或不會傷害人體甚至還可增加風味。在幾世紀前，便已有人揣測黑死病 (black plague) 與天花等疾病是由某種傳染性物質所引起。但因為缺乏技術，無法進一步的研究。因此，一切仍籠罩在神祕的面紗之下，連受過良好教育的科學家都相信自然發生說 (spontaneous generation)。

顯微鏡的發展終於使得微生物及其特性廣為人知，這些設備顯示微生物為獨立的個體，與較大型的植物與動物有相似的特性。早期幾位科學家偏好使用放大鏡與顯微鏡，但這些儀器解像力不足，無法觀察細菌及其他單細胞生物，直到一位荷蘭布商兼業餘科學家安東尼・范・雷文霍克 (Antonie van Leeuwenhoek) 手工自製單透鏡顯微鏡之後，才可進行更精準的觀察。

在 1600 年代末期的荷蘭，雷文霍克使用早期的鏡頭來檢視他店裡賣的窗簾與室內裝潢的編織紋路。沒有客人的時候，他會到店裡的工作臺上將玻璃透鏡磨得更精緻，使清晰度提高。過了幾年後，他不再只對編織紋路有興趣；他從陶盆中取出雨水，並將水塗抹在樣品架上，再以透鏡檢視。他發現他所看見水中的東西，比肉眼看到的多一萬倍。

雷文霍克繼續嘗試。他刮下自己與從來不刷牙的人的牙垢，並利用透鏡觀察。他記錄道：「在上述物質中，有許多非常微小的微型動物 (animalcules)，十分優雅的游動著；而且，這些微型動物多到讓整滴水都好像活了起來一樣。」雷文霍克開始將他的觀察紀錄寄給倫敦皇家學會 (Royal Society of London)，最後他被認定為一位優秀的科學家。

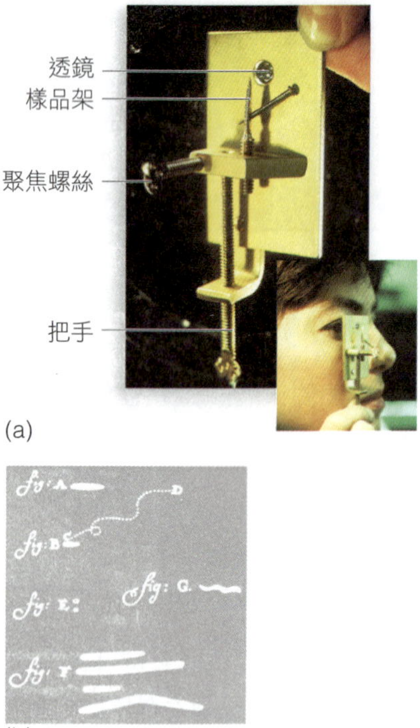

圖 1.8 雷文霍克的顯微鏡。(a) 雷文霍克顯微鏡的銅製複製品以及如何使用它；(b) 雷文霍克繪製的細菌。

雷文霍克製作了超過 250 台小而有力且可將物體影像放大 300 倍的顯微鏡 (圖 1.8)。他沒有受過正式的科學訓練，卻是首位觀察並記錄這奇妙新世界的人，而且他對細菌與原生動物 (他稱為微型動物) 的描述既機敏又精確。由於雷文霍克對微生物學卓越的貢獻，他有時也被尊稱為細菌學與原生動物學之父。

自雷文霍克時代以來，顯微鏡已變得更加複雜與進步，包括精緻的透鏡、冷凝管、焦點調整裝置以及內建燈源的發明。現代光學顯微鏡在 18 世紀中期已有超過 1,000 倍放大倍率，主要是因為這類顯微鏡有兩組透鏡可以放大。現代實驗室的顯微鏡與早期顯微鏡的基本結構與功能差異不大。各種顯微鏡的特性將在第 2 章加以討論。

科學方法與知識搜索

使生源論 (biogenesis) 得以被接受的研究，提供一個早期科學思維發展的範例。接下來，我們將討論科學方法發展中其他重要里程碑，例如疫苗、細菌論、滅菌與柯霍氏法則。科學的滲透力無所不在，你可能沒發現，我們日常生活中有多少事情都建立在科學方法的應用上。疫苗、抗生素、太空旅行、電腦、醫療診斷與 DNA 測試得以存在，主要是因為有上千個科學家付出努力進行客觀觀察，收集可測量、可量化且經得起批判的證據。

科學家如何應用科學方法？以演繹法 (deductive reasoning) 而言，科學家利用對某現象的觀察發展出一套事實來解釋該現象。換言之，科學家把他們所觀察的事實加以演繹。在事實尚未確立前所提出的解釋被稱為假說 (hypothesis)，此假說仍是根據科學思維，並非主觀的猜測或迷信。一個有效的假說應該容許被檢驗與測試，且可能被指出是錯的。例如，根據推論提出血友病 (hemophilia) 是遺傳性疾病，這種假說可以藉由影響遺傳的具體實驗加以測試，因此算是有效的假說；但若假說的內容是血友病起因於英國王室受到詛咒，這種超自然的說法無法經由科學方法證實，那便是無效的假說。

科學家會依據歸納法 (inductive reasoning)，使用特殊的觀察來發展一套概略的解釋。此方法通常用在最初階段，並可由此進行推導。以上述例子而言，可能從觀察一個家族出現數個血友病患者開始，而這或許就衍生了血友病是可遺傳的結論。

經由長時間的實驗、分析與測試，最終會產生一個結論來肯定或否定假說。如果實驗不支持假說，也就是發現假說有瑕疵，那麼此假說或其中的一部分就會被重新考慮。這並不表示實驗結果是無效的，只代表假說可能需要重新驗證或進行更多的實驗。最後，假說可能被摒棄或被修改，以符合實驗的結果。如果實驗支持假說，不會也不應立刻被視為事實。該假說應再重新進行測試。事實上，要接受一個假說，這是一個重要的準則；實驗結果必須能由其他研究人員發表與再現性。

經過一段時間後，當假說被多個數據所支持，並通過嚴格的審查，即會進入下一階段：理論學說 (theory)。理論是解釋或陳述自然事件的說法、主張或概念。理論並不僅只是單一實驗被一再重複的結果，而是能表達或說明一現象的整體性觀念。在科學上並不會把一個未被支持的想法說成「那只是一個理論」。理論並非一個薄弱的概念或瞎猜，它是個可說得通的解釋，且尚未被科學審查所反駁。理論通常經過好幾十年的研究發展和進步，並加入新的發現與修改。在某些時候，理論準確性與可預測性的證據得要非常強烈，才能成為定律或原理。例如，菌源說已通過許多測試，顯然已達定律的境界。

科學跟它的假說及理論必須隨著科技而進步。當設備的進步使更新、更詳細的生命現象被觀察到，便應將舊理論重新檢視及修改，再提出新理論。科學知識是可累積的，且必須有彈性，能容納新發現，所以科學家不會認定某個理論或定律已完全被證明。

圖 1.9 提供了愛德華・詹納 (Edward Jenner) 以科學方法發現疫苗的簡介。詹納首先使用科學方法建構一個實驗模式，替人類接種預防針以對抗疾病。值得注意的是，詹納是在不知道任何有關病毒與微生物的情形下就完成這件事。早在有關免疫系統的知識出現前，他已建立了如何安全賦予人工免疫力的概念。

醫學微生物學的發展

早期研究微生物的實驗結果顯示微生物是無所不在的；不僅在空氣與灰塵中，也存在整個地球表面、水及任何地方。對於這項發現醫學界立刻加以應用，包括開始實際使用疫苗、菌源說以及滅菌、消毒與純培養技術。因此，醫學微生物學的種子在 19 世紀中到後期開始萌芽。

詹納與疫苗的預防接種

從圖 1.9 可見英國醫師兼科學家愛德華・詹納如何使用科學方法。因為他利用接種類似病原體的實驗，使得天花可以得到控制。他對醫療科學的貢獻改變了整個醫學，因此被稱為「免疫學之父」。常常有人說詹納的發現就歷史上來說，拯救了最多條人命。他的貢獻開啟了偉大科學成就的時代，這個時代造就了微生物學與醫學界最卓越的發展。

芽孢與滅菌的發現

在路易士・巴斯特輸液的發明不久後，英國物理學家約翰・廷德爾 (John Tyndall) 提出證據指出，灰塵與空氣中有些微生物具極高的抗熱性，因此必須藉由特別強力的處理才能摧毀它們。後來一位德國植物學家費迪南德・科恩 (Ferdinand Cohn) 發現並詳述了耐熱細菌的內生芽孢

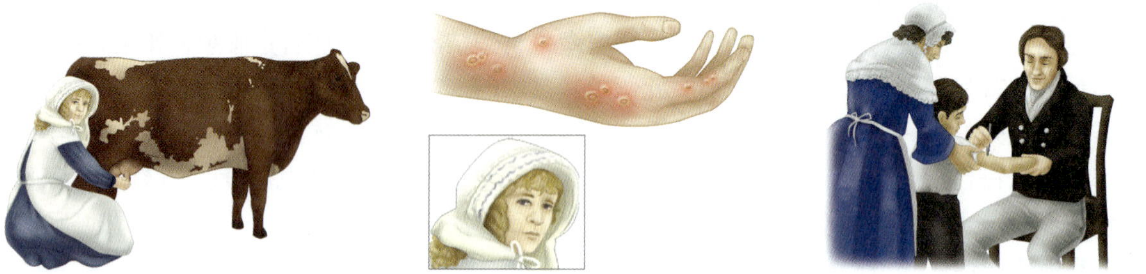

觀察 / 資料收集

1. 愛德華・詹納醫師觀察牛隻有類似天花的疾病。詹納也發現擠牛奶女工只有在手上出現牛痘，且他們對天花免疫。

詹納假說的形成

2. 詹納推斷牛痘與天花息息相關，且可能對病患產生保護作用，就像他看見擠牛奶女工的情況一樣。

測試假說，實驗一

3. 詹納刮下擠牛奶女工手上的牛痘水泡，注射到一位未得天花的男孩體內。 這男孩產生了輕微的症狀，但仍保持健康。

測試假說，實驗二

4. 過了幾個禮拜以後，這男孩兩次接觸到天花傷口的膿疱卻沒有感染天花，顯示已出現免疫保護的作用。

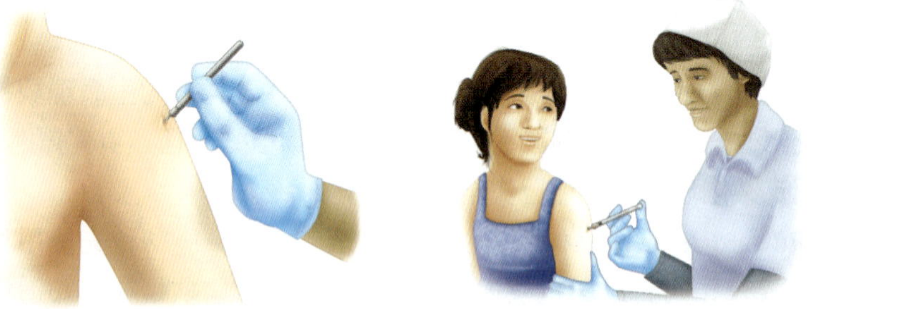

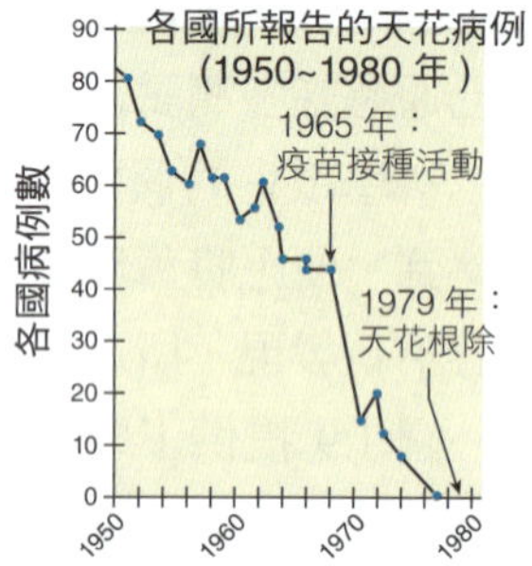

結果的再現性

5. 接著詹納將牛痘接種到 23 位受試者體內，他首先取一個小孩的病變檢體接種到另一個小孩身上，所有的受試者皆不受天花感染。

結果發表；其他醫療試驗

6. 詹納將他的實驗結果詳細記錄下來，稱此技術為*疫苗接種* (vaccination)；vacca 在拉丁文中是牛的意思，其他當地的英國醫師開始幫患者施打疫苗，並有一些成功的案例。

疫苗理論的普及

7. 在接下來的 100 年，疫苗藉由當地方案計畫傳到世界各地。科學家使用詹納的方法來開發其他病原體的疫苗。人工免疫的理論被認可。

天花從世界上消失

8. 大規模的疫苗接種活動使天花病例降低，進而完全被殲滅。數十億的劑量在十年間使天花病例降低到零。最後的病例出現在 1977 年，於 1979 年天花被宣告根除。

圖 1.9 **愛德華・詹納與天花疫苗**。詹納首次利用科學方法來控制傳染病，即天花。此疾病會使皮膚表面產生突起的水泡，且常會造成器官嚴重的傷害。天花長久以來使許多人喪命，直到 1977 年，天花出現了最後一個病例。

(endospores)，這說明了熱有時亦無法消除所有的微生物。現在所稱的**無菌** (sterile)，是表示沒有任何生命的存在，包括芽孢 (spores) 和病毒 (viruses)，這種說法便是由那時開始的 (見第 8 章)。對物體與物質滅菌的能力，在微生物學、醫學、牙醫學與一些產業上都是很重要的一部分。

無菌技術的發展

很久以前，人類相信分解物質中所產生「看不見的力量」與「有毒的蒸氣」會引起疾病。隨著微生物學的研究日益科學化，原本隱形已變成可見的，對病菌的知識與恐懼取代了對神祕蒸氣的懼怕。大約 130 年前，羅伯特・柯霍 (Robert Koch) 的幾個研究清楚將微生物與特定疾病連結。自那時候起，微生物學家持續搜尋引起疾病的病原體。

無生源論被熱烈討論的同時，幾位新崛起的微生物學家開始懷疑微生物不只會導致腐敗與腐爛，也會引起傳染病。他們認為連人體本身都是感染的來源。一位美國醫師奧利弗・溫德爾・霍姆斯 (Oliver Wendell Holmes) 發現居家生產的產婦受感染的機率比在醫院生產的產婦少。匈牙利醫師塞麥爾維斯 (Ignaz Semmelweis) 明確指出，產婦會在產房被感染是因醫師從屍體解剖室直接到產房對產婦進行檢查才造成的。

英國外科醫師約瑟夫・李斯特 (Joseph Lister) 是第一位注意到並採用**無菌** (aseptic techniques[14]) 技術的人，他的目的在減少醫療環境中的微生物，避免傷口被感染。李斯特的無菌概念比起我們現代的防範措施有限得多。它主要是在手術前使用強效消毒化學物如苯酚 (phenol) 來消毒手與空氣。我們很難相信，1800 年代的外科醫生在手術室裡是穿著平常的衣服，也不懂清洗的重要性。李斯特的技術及利用熱來滅菌，成為微生物控制的基礎，這種物理與化學方法至今仍被使用著。

病原體的發現與菌源說

兩位微生物學的先驅，法國的路易士・巴斯特與德國的羅伯特・柯霍，發展出現今仍在使用的技術。巴斯特對微生物在醫學與產業各方面的研究貢獻非常大。他開發了兩種疫苗 (狂犬病與炭疽病)，並證實微生物在葡萄酒與啤酒的醱酵作用。他發明巴斯特消毒法，並完成幾項研究顯示人類疾病可從感染引起。這些研究成為**菌源說** (germ theory of disease)，也受到其他科學家的研究所支持。與巴斯特同時代的人，柯霍建立了柯霍氏準則 (Koch's postulates)，即一系列證明菌源說的方式，確認何者為病原體及會造成什麼疾病 (見第 10 章)。大約 1875 年，柯霍以此方式來證實炭疽病 (anthrax) 是由一種稱為炭疽桿菌 (*Bacillus anthracis*) 的細菌所引起。他的準則運用在 1875 到 1900 年間被發現的其他 20 種病原體，時至今日，仍為建立病原體 - 疾病連結的基本前提。

許多令人興奮的技術在柯霍豐富且具探索性的實驗工作中紛紛出現。在這微生物學的黃金時期，他發現研究微生物需要將微生物分離並進行培養。本書第 2 章提到的技術，有許多就是他和他的同事發明的，包括預防接種、分離、培養基、純培養的維持及檢視微生物所需要的樣品準備。

---

14 *aseptic* 無菌 (ay-sep′-tik)。希臘文：*a* 無；*sepsis* 腐爛或感染。這些技術主要在減少病原體，但不一定是滅菌。

1.6 生物分類學：微生物的組織、分類與命名

學生們剛開始學習微生物時，往往會因為微生物那一連串看似沒完沒了但又奇特不尋常且令人困惑的名字感到氣餒。學習微生物的命名法 (nomenclature)[15] 就像學一種新的語言一樣，偶爾可能會讓人感到有些無法招架。當我們熱衷於棒球賽或戲劇表演時，如果沒有賽程表或節目單，我們怎麼知道有哪些場次以及其中的球員或演員！有關微生物的名稱也是一樣的道理，若能學會微生物一些簡單的命名法則，將可大大提升你對微生物的了解與欣賞。

將生物進行正式的組織、分類與命名的系統稱為生物分類學 (taxonomy)[16]。此科學起源於 250 多年前，由瑞典植物學家卡爾・馮・林奈 (Carl von Linné)(亦名為 Linnaeus，1701~1778 年) 奠定了分類單位 (taxa) 的基本規則。林奈很早就意識到要辨識並定義生物的屬性，將每一生物精確地分類，並給予獨特的名稱，才能避免研究的混亂。以分類來命名可讓我們在面對不同的生物時，辨別其是否為同一類，還可讓各個生物領域的工作人員在相互討論時，可確認是否正在討論同一種生物。馮・林奈系統至今已將 200 萬種以上的生物做了完善的分類。

生物分類學主要涉及到的是分類、命名與鑑定。這三方面相互關聯著，且對大量生物的分門別類至關重要。分類 (classification) 是指將生物依據演化關係及歷史進行有次序的分組；命名 (nomenclature) 則是將名字分配給各種生物；鑑定 (identification) 是指觀測並記錄各生物的特性，以便確定分類是否無誤。第 2 章將提供一些鑑定的方法。

分類的階層

主要的分類單位 (或分組) 是以一分類系統，由數個不同等級 (hierarchy) 的排列所組成。最大的類別是域 (domain)，其中的生物皆具獨特的細胞類型，最小的類別是種 (species)[17]。同一個域涵蓋了各種特性的生物，它們的共通點很少，而同一個種的生物在本質上是相同的，也就是說，它們大部分的特性皆相同。分類由上而下依序為域 (domain)、界 (kingdom)、門 [18](phylum[19] 或 division)、綱 (class)、目 (order)、科 (family)、屬 (genus)[20] 與種 (species)。因此，每個域細分成數個界，各個界由數個門組成，且每個門包含數個綱，以此類推。因為分類系統在某種程度上是人為的，某些生物組別無法被精確列入上述八項分類單位中。因此，可在分類單位往上或往下增加層級，例如超門 (superphylum) 與亞綱 (subclass)。

為了闡明分類系統如何運作，我們由人類和原生動物 (圖 1.10) 的分類來看，人類與原生動物屬於同一個域 (真核生物域)，但它們屬於不同界。界涵蓋的範圍是很廣的，例如人類和水母是屬於同一個界。界之下又分好幾個門，人類屬於脊索動物門，其他脊椎動物和海鞘也是這個門，因此門包括的範圍也很大。再下一層是哺乳動物綱，此時範圍縮小到有毛髮且會哺餵幼兒的脊椎動物。人類屬於靈長目，猩猩、猴子與狐猴也屬於這個目。接下來是人科，僅包括人類與猩猩。最後的層級為人屬 (Homo)(所有現代與古代人類) 以及人種 [智人 (sapiens)](意思是有智

---

15 *nomenclature* 命名法 (noh′-men-klay″-chur)。拉丁文：*nomen* 名稱；*clare* 稱為。一套命名的系統。

16 *taxonomy* 分類學 (tacks-on″-uh-mee)。希臘文：*taxis* 安排；*nomos* 名稱。

17 *species* 種 (spee′-sheez)。拉丁文：*specere* 種類。生物學中，此名詞皆以複數呈現。

18 *phylum* 門 (fy′-lum)。複數 phyla (fye′-luh)。希臘文：*phylon* 種族。

19 *phylum* 門是用於原生動物、動物、細菌與真菌；division (門) 則用於藻類與植物。

20 *genus* 屬 (jee′-nus)。複數 genera (jen′-er-uh)。拉丁文：出生，種類。

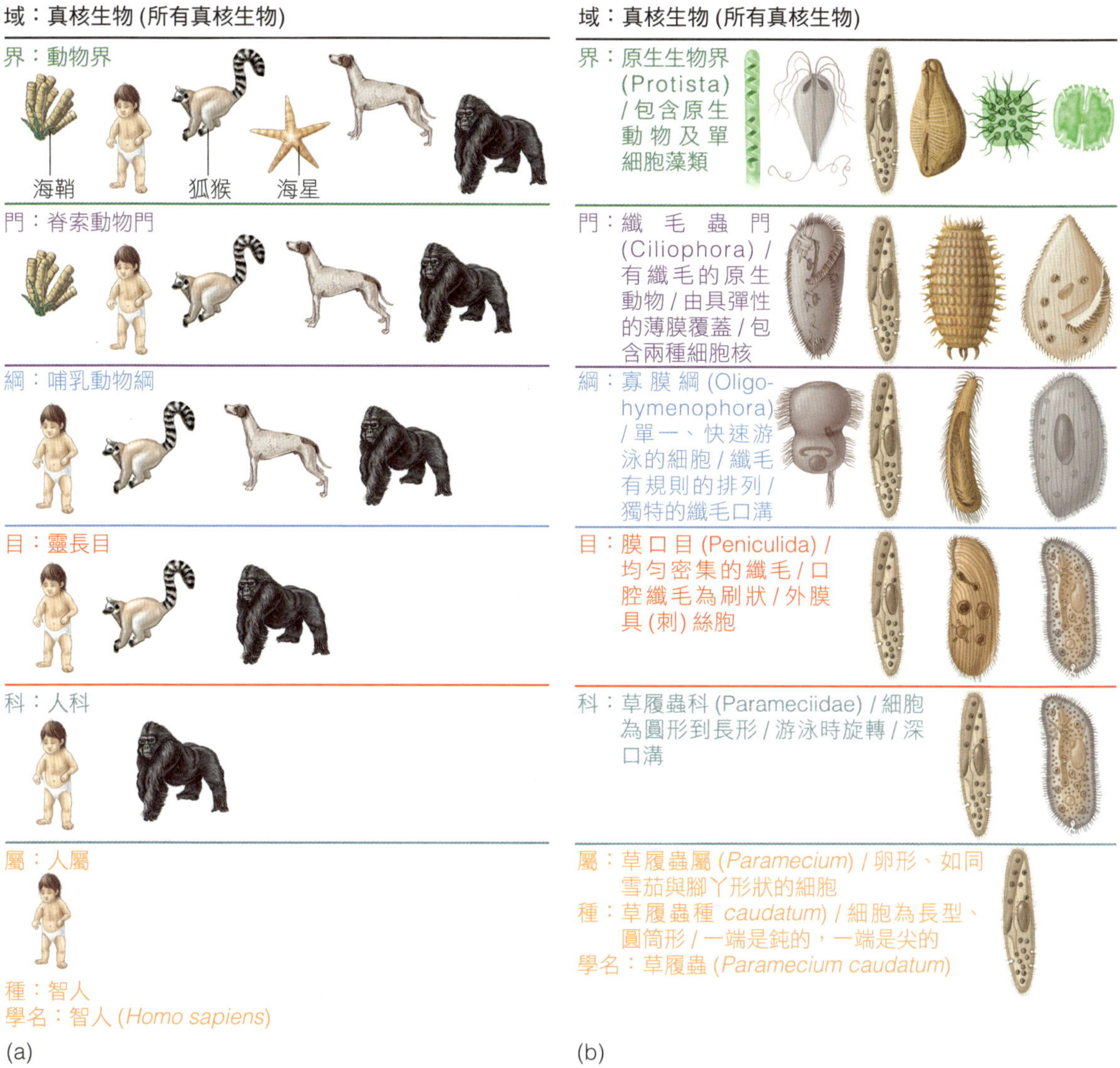

圖 1.10 **分類學的實例**。兩種屬於真核生物域的生物。(a) 現代人，智人；(b) 常見的原生動物，草履蟲。

慧)。請注意人類與原生動物雖為同一個界，但接下來的分類便不再相同。其他分類系統的例子在第 3 和 4 章及後續幾章中可見到。微生物的分類細目來源是維基百科，維基提供任何物種的學名，該種的分類會顯示在第一頁右上方的一個框框裡。

我們必須記住，所有分類系統的結構，都是經由科學家們以其專業知識判斷而來，但這些專家的意見也不一定相同。因此，分類單位並不是永遠不變；一旦有新的資訊或新的觀點，它們將不斷地被修正。我們介紹生物分類學的主要目的，是以一個組織化工具來幫助你了解各微生物的分類。我們大部分會強調較高層次的分類單位 (門與綱) 以及屬與種。

指定學名

許多較大的生物由某些顯著的特徵來命名。例如，一種鳥可能被稱為黃腹啄木鳥或一種開花植物被稱為向日葵。微生物的有些種 (特別是病原體) 有時也會有非正式的名稱，例如淋病雙

球菌 (gonococcus)(學名為 *Neisseria gonorrhoeae*) 或結核桿菌 (TB bacillus)(學名為 *Mycobacterium tuberculosis*)，但這並非一般的作法。如果我們採取通俗的名稱像是小黃球菌 [學名為藤黃微球菌 (*Micrococcus luteus*)][21] 或棒狀白喉菌 [學名為白喉棒狀桿菌 *Corynebacterium diphtheriae*)][22]，這些名稱會變得比學名更加麻煩且更具挑戰性。更糟的是，通俗的名稱還會因不同地區而異。標準化命名法的優勢在於提供一種通用語言，使世界上各國的科學家可以自由交換資訊。

學名 (scientific name)(即**種名**) 命名方式採用**二名法** (binomial system)(兩個字的名字) 的**系統**。學名為屬名 [generic (genus) name] 之後接種名 (species name)。屬名字首要大寫，種名則為小寫字母；兩者皆需斜體 (如果無法斜體就畫底線)，以莢膜組織胞漿菌為例，其學名寫法如下：

Histoplasma capsulatum 或 <u>Histoplasma capsulatum</u>

因為其他分類層次不是以斜體呈現，且只有一個字，所以學名可以被認出來。學名有時會縮寫以節省空間，例如 *H. capsulatum*，但前提是這個屬名在文章中已先被提到。用於命名的文字通常使用拉丁文或希臘文。若使用英文或法文等其他語言，那些字的結尾會被修正成拉丁文。一般而言，種名的名稱以第一個選用該名稱者優先使用。

有一個國際組織會檢查每個新發現的生物命名，以確保該命名符合標準程序，且沒有和其他已命名的生物名稱重複。到底使用什麼名稱來命名，其實差異很大，且常常需要想像力。有些微生物的命名，是使用第一位發現該微生物學者的名字，或者在該領域有卓越貢獻的微生物學家的名字。其他微生物的命名可能指出該微生物的特性 (如形狀與顏色)、被發現的地點、造成的疾病或症狀。下列是一些學名、發音與來源的例子：

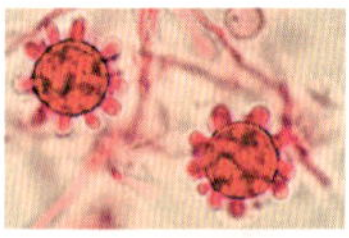

- 莢膜組織胞漿菌 (*Histoplasma capsulatum*)(hiss″-toh-plaz′-mah cap″-soo-lay′-tum)。希臘文：*histo* 組織；*plasm* 形成；拉丁文：*capsula* 莢膜。一種會引起裂谷熱的真菌。

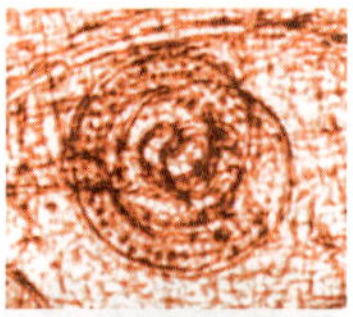

- 旋毛蟲 (*Trichinella spiralis*)(trik′-ih-nel′-uh spy-ral′-iss)。希臘文：*trichos* 頭髮；*ella* 小；拉丁文：*spira* 盤繞。一種會引起食源性感染旋毛蟲病的線蟲。

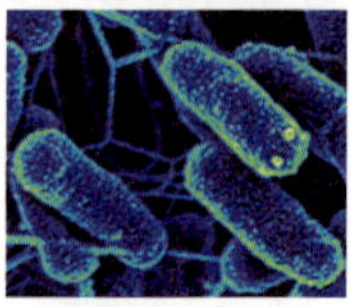

- 沙雷菌 (*Shewanella oneidensis*)(shee″-wan-el′-uh oh-ny″-den′-siss)。由英國細菌學家詹姆斯・休恩 (J. M. Shewan) 之名和此菌種被發現的地方－紐約奧奈達湖 (Lake Oneida) 來命名。沙雷菌為一非凡的菌種，可對被放射性金屬廢棄物的污染進行生物修復。

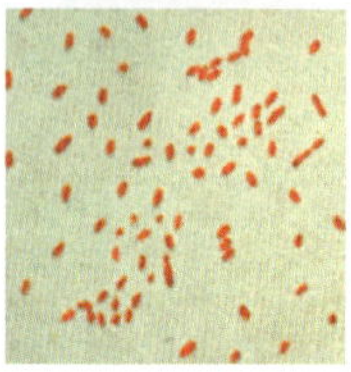

- 博德氏百日咳桿菌 (*Bordetella pertussis*)(bor″-duh-tel′-uh pur-tuss′-iss)。由發現此菌種的比利時微生物學家朱爾・博爾代 (Jules Bordet) 之名命名。拉丁文：*per*，嚴重；*tussis*，咳嗽。這是造成百日咳的病原菌。

當你在接下來的章節中遇到微生物名稱時，你可以一次唸一個音節，重複

---

21 *Micrococcus luteus* 藤黃微球菌 (my″-kroh-kok′-us loo′-tee-us)。希臘文：*micros* 小的；*kokkus* 漿果；拉丁文：*luteus* 黃的。

22 *Corynebacterium diphtheriae* 白喉棒狀桿菌 (kor-eye″-nee-bak-ter′-ee-yum dif′-theer-ee-eye)。希臘文：*coryne* 棒子；*bacterion* 小的桿菌；*diphtheriae* 白喉的病原體。

到熟悉為止。這樣你就比較有可能記得那些名字，而那些名字就會成為你學習到的新語言。

1.7　微生物的起源與演化

萬物因演化而連結

如我們先前所說，生物分類學，即生物物種的分類，是一個用來組織所有生物的系統。如今生物學有許多判斷分類的不同方法，但那些方法皆依賴生物發生的歷史與親緣關係。一群生物間自然的關聯性被稱為它們的種系發生史 (phylogeny)。生物學家可以利用有關種系發生的知識來發展分類學的系統。

為了了解生物的起源，我們必須了解演化 (evolution) 的基礎。有人把演化視為只是個理論，演化還未被全面接納。但科學理論是需要完整的紀錄且要能行之有效。演化的過程在過去上百年已累積了大量知識，各專業科學家都認為演化是一個事實。演化是所有生物學 (包含微生物學) 的重要基礎。簡單來說，演化說明了生命在數十億年中的變化，並產生了各種結構及功能性的適應。演化的過程是具有選擇性的：演化的變化若有利於生存的會被保留，若不利於生存的則被淘汰。偉大的自然主義者查爾斯・達爾文 (Charles Darwin) 稱這個過程為自然選擇。在此對演化論不做進一步詳細分析，但大量的化石紀錄、形態學 (morphology)(結構)、生理學 (physiology) (功能) 及遺傳學 (genetics)(特性的繼承) 的研究都是支持演化的。演化說明了地球數百萬不同物種以及它們對所在環境的許多適應方式。

演化的兩個前提：(1) 所有的新物種都來自於原本已存在的物種；(2) 關係密切的物種有相似的特徵，是因為它們由共同祖先演化而來。通常演化是從簡單轉變為複雜，演化的發展是由簡單、原始轉變為複雜、進化的形式。不管它們的演化史是如何，現在所有地球上的物種都是現代的，有些則是近日才出現的。

傳統上我們將生命發展的歷史或種系發生史以一棵有分支的樹來呈現，用以顯示各種生命形式的根源 (圖 1.11 與 1.12)。位於樹的底部是最古老的生物 (就像樹根)，樹幹表示經由選擇而出現的生物。分叉的樹枝則表示出現了進一步選擇或進化的生物。使用這種呈現方式，較密切相關的生物會在樹枝相互接近的地方。隨著越來越多的遺傳資訊被發現，許多生物學家認為更貼切的表示方法應該是像灌木或者蜘蛛網般，以呈現更多的複雜度及相關聯性。雖然所有的樹都是人為建構的，且往往會將關係簡化，但仍可提供我們有關種系發展史的基本概念。

通用生命樹系統的呈現

第一棵生命樹建構了兩個界 (植物與動物)。經過一段時間，發現有些生物並不能真正符合那些分類，因此將缺乏組織分化的簡單生物 (原生生物) 歸類至第三個界。最後，由於在原生生物之間也發現了顯著的差異，因此把其中的細菌歸類到第四個界。

羅伯・惠特克 (Robert Whittaker) 在 1959 到 1969 年間新增了真菌為第五個界。有好幾年惠特克的五界系統被當作標準模式。

生命種系發生的親緣樹 (phylogenetic tree)，有關五界的具體例子如圖 1.11。建構這棵樹所考慮的關係是根據生物的結構相同與相異處，例如細胞的組成與生物取得養分的方式。這樣的

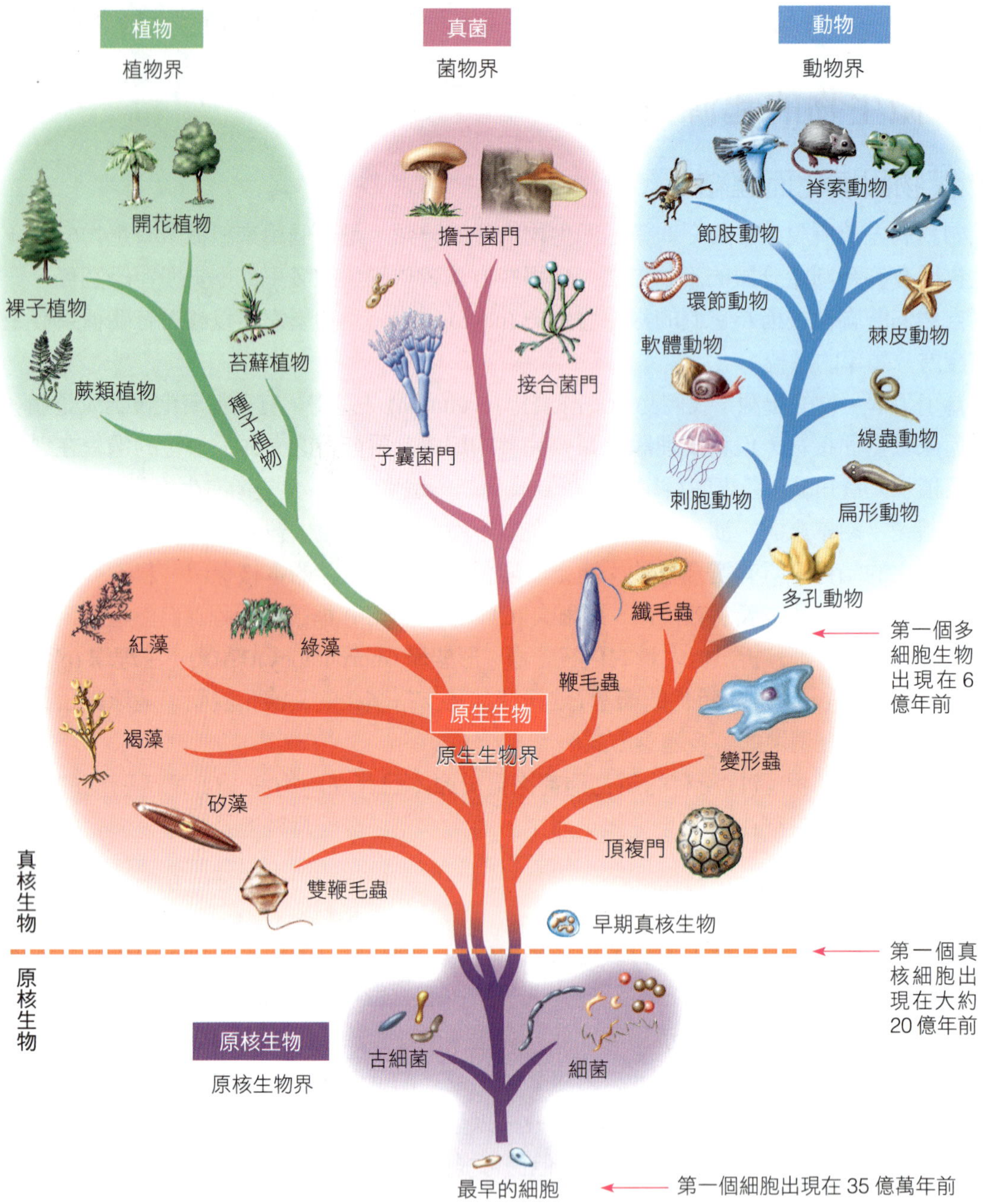

圖 1.11 傳統惠特克分類系統。此系統是根據細胞結構與類型、生物體組織的本質與營養類型來區分不同的界。細菌與古細菌 (原核生物) 為原核細胞且是單細胞。原生生物為真核細胞且大部分是單細胞。它們有些可行光合作用 (藻類)，或有些攝取其他生物為食 (原生動物)。真菌為真核細胞且為單或多細胞，它們有細胞壁，但不能進行光合作用。植物為真核細胞，是多細胞，它們有細胞壁，且能進行光合作用。動物為真核細胞且為多細胞，沒有細胞壁，需從其他生物取得養分。

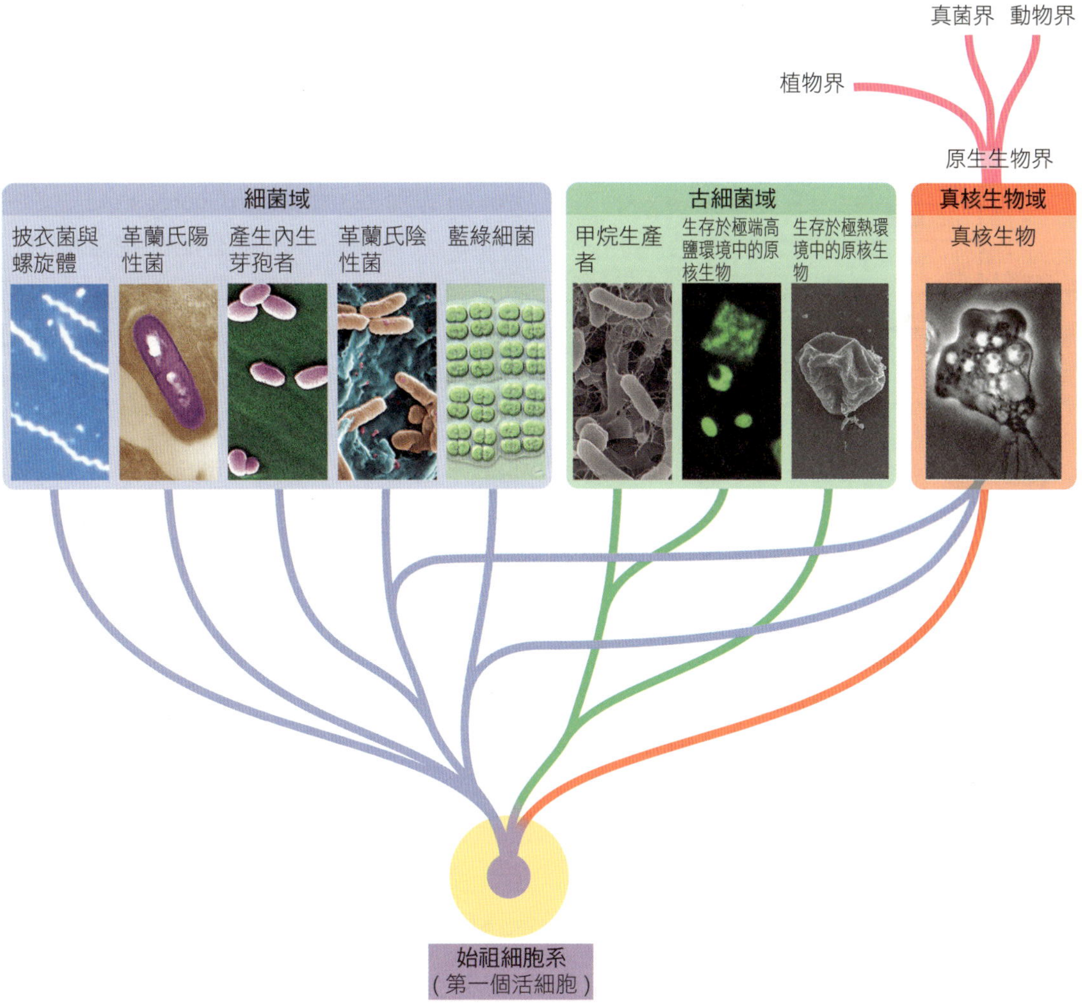

圖 1.12 **烏斯 - 福克斯系統 (Woese-Fox system)**。由卡爾‧烏斯 (Carl Woese) 與他的同事提出的一個系統，呈現了起始的細胞系及主要的分類。他們提出將三種不同的細胞系置於超界 (superkingdoms)，稱之為域 (domains)。除了知道最早期的細胞是原核生物以外，我們對這些稱為始祖生物 (progenotes) 的最早期出現的細胞知之甚少。這些原始細胞系衍生出細菌域與古細菌域。分子證據指出古細菌產生的分支最後形成真核生物域。請注意兩個早期細菌系對真核生物的演化是有貢獻的。圖中也包括代表該域的一些生物。傳統真核生物界仍存在於這個系統 (見圖 1.11)。在第 3 與 4 章將進一步詳細介紹分類系統。

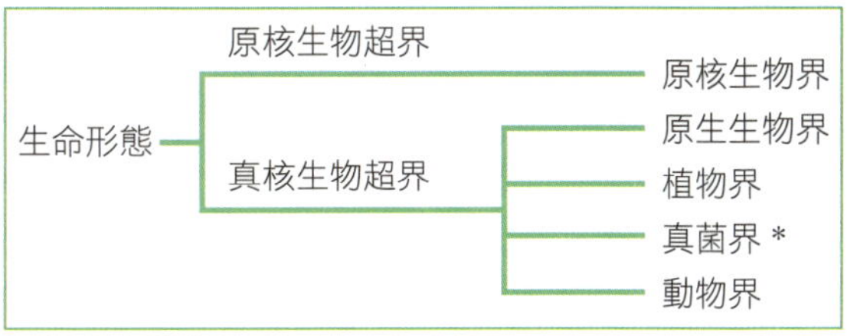

* 亦稱為菌物界

方法產生了五個主要的界：原核生物 (monera)、真菌 (fungi)、原生生物 (protists)、植物 (plants) 與動物 (animals)。如此的分類將原核與真核細胞類型都包含在內，為適當的分類方法 (右圖)。

應用較新的方法來判定種系發展，使樹發展成不同的形狀，對我們在理解進化的關聯性具有重要意義。新的技術來自分子生物學，並包含基因在分子層面的研究 (結構與功能)。分子生物方法已顯示在細胞內的某些分子，稱為小核糖體 RNA (ribosomal ribonucleic acid, rRNA)，可提供生物在演化上的資訊。原核與真核細胞分子的分析顯示某些不尋常的細胞，稱為古細菌

(archaea[23]，原為 archaebacteria)，應該被放在另一個超界，因為古細菌與上述二者相差太多。許多古細菌可以生活在極端的環境中，像是溫泉或高鹽環境。顯微鏡之下它們與細菌相似，但分子生物學顯示雖然古細菌為原核細胞，它們其實與真核細胞較近似 (見圖 3.27)。

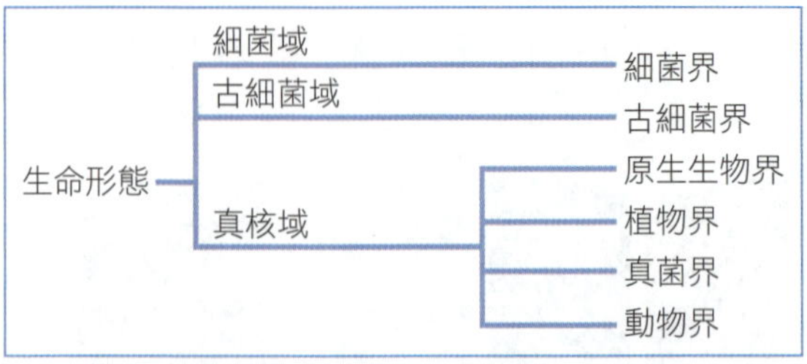

為了反映這些關係，卡爾・烏斯 (Carl Woese) 與喬治・福克斯 (George Fox) 提出另一種新的分類系統，將所有的生物分配到三個域，每個域由不同類型細胞構成 (見左圖與圖 1.12)。將原核細胞類型的生物分類於**古細菌** (Archaea) 域與**細菌** (Bacteria) 域，真核細胞類型則分類於**真核** (Eukarya) 域。

我們相信，由非常簡單的原核細胞衍生出來的前兩個域，應該在早期地球炎熱的環境下就出現了。而我們並不知道當時到底是一個共同祖先，或者是好幾個不同的祖先。這時古細菌細胞系出現分支，產生了真核域。由於這些進化階段的進展，這三個域的成員分別演化出自己的主要生命樹及許多分支。請注意兩個早期細菌系促成了真核細胞和真核域的演化，成為粒線體和葉綠體。我們會在第 4 章討論此關係。此修訂過的系統具有六個界，細菌與古細菌皆為域與界；這系統仍在進行分析，雖然原先分配成五個界的其中三個界 (動物、植物、真菌) 仍出現在此系統中，但它在歸類某些生物體時，仍有點複雜。原先分類系統的原生生物界被歸類為原生動物和藻類，這將在第 4 章說明。

不論你利用上述何種分類系統，對本書大部分微生物的分類並不致於會有太大的影響，因為我們討論的層次主要放在屬和種。重要的是，我們所認為的演化早期出現的生物其實都是一個過渡期；任何分類方法只是反映了我們目前的認知，當有新的資訊出現時，分類方法也應隨著修正。

請注意，病毒並未出現在任何分類或演化系統，因為它們不是細胞，且病毒的分類位置我們無法確定。病毒的特殊分類學將於第 5 章討論。

第一階段：知識與理解

這些問題需活用本章介紹的觀念及理解研讀過的資訊。

選擇題

從四個選項中選出正確答案。空格處，請選出最適合文句的答案。

1. 下列何者不是微生物？
   a. 古細菌　b. 細菌
   c. 原生動物　d. 蘑菇
2. 下列微生物學的領域中，何者與人類疾病的發生有關？
   a. 免疫學　b. 寄生蟲學
   c. 流行病學　d. 生物修復
3. 下列何種過程包含刻意改變生物遺傳物質？
   a. 生物修復　b. 生物技術
   c. 生物分解　d. 重組 DNA

23 *archaea* 古細菌 (ar′-kee-uh)。單數 archaeon。希臘文：*archaeo* 祖先；*an* 一。

4. 下列何者是原核細胞與真核細胞的差別？
   a. 原核細胞較大
   b. 真核細胞缺乏色素
   c. 真核細胞有細胞核
   d. 原核細胞有細胞壁
5. 雷文霍克的顯微鏡缺乏下列何者？
   a. 聚焦螺絲　　b. 透鏡
   c. 樣品架　　d. 冷凝管
6. 無生源論係指：
   a. 生物由非生命物質中自然發生
   b. 生命的發生是來自先前存在的生命
   c. 無菌技術的發展
   d. 菌源說
7. 假說的定義為：
   a. 一個根據知識的信念
   b. 一個根據信念的知識
   c. 一個有待測試的科學解釋
   d. 一個經過徹底測試的理論
8. 下列哪位早期微生物學家是主要發展出標準微生物學實驗室技術者？
   a. 路易士・巴斯特　　b. 羅伯特・柯霍
   c. 卡爾・馮・林奈　　d. 約翰・廷德爾
9. 下列哪一位科學家最後反駁了自然發生說？
   a. 約瑟夫・李斯特　　b. 羅伯特・柯霍
   c. 弗朗切斯科・雷迪　　d. 路易士・巴斯特
10. 當一個假說經過長期研究與資料所支持時，就會變成：
   a. 定律　　b. 推測
   c. 理論　　d. 證明
11. 下列分類階層由最小到最大的正確順序為何？
   a. 域、界、門、綱、目、科、屬、種
   b. 門、域、界、綱、科、屬、種
   c. 種、屬、科、目、綱、門、界、域
   d. 種、科、綱、目、門、界
12. 依據定義，屬於同一個________的生物比同一個________的生物其相關性更高
   a. 目，科　　b. 綱，門
   c. 科，屬　　d. 門，門
13. 下列何者是原核生物？
   a. 細菌　　b. 古細菌
   c. 原生生物　　d. a 與 b 皆是
14. 依大小排列 (1 代表最小，8 為最大)：
   ___ 人類免疫缺陷病毒，HIV
   ___ 原生動物
   ___ 立克次體
   ___ 蛋白質
   ___ 蠕蟲
   ___ 球菌
   ___ 螺旋體
   ___ 原子
15. 下列何者非新興傳染病？
   a. 禽流感　　b. 萊姆病
   c. 感冒　　d. 西尼羅河熱
16. 病毒分類為：
   a. 原核生物　　b. 真核生物
   c. 古細菌　　d. 以上皆非
   請說明為什麼選擇此答案。

申論挑戰

每題需依據事實，撰寫一至兩段論述，以完整回答問題。「檢視你的進度」的問題也可作為該大題的練習。

1. 微生物無所不在的意思是？
2. 生物多樣性的意思是？
3. 哪些事件、發現或發明是微生物學發展中最有意義的？為什麼？
4. 說明微生物學家如何使用科學方法來建立理論以及解釋微生物的現象。
5. 說明微生物如何根據演化關係被分門別類，鑑別其特徵並訂定標準學名。
6. a. 新的傳染病的來源有哪些？
   b. 請評論某些八卦媒體以聳動方式報導傳染病所造成的危害。

觀念圖

在 http://www.mhhe.com/talaro9 有觀念圖的簡介，對於如何進行觀念圖提供指引。

1. 請在此觀念圖中填入連接詞或短句，並在空格中填入缺少的觀念。

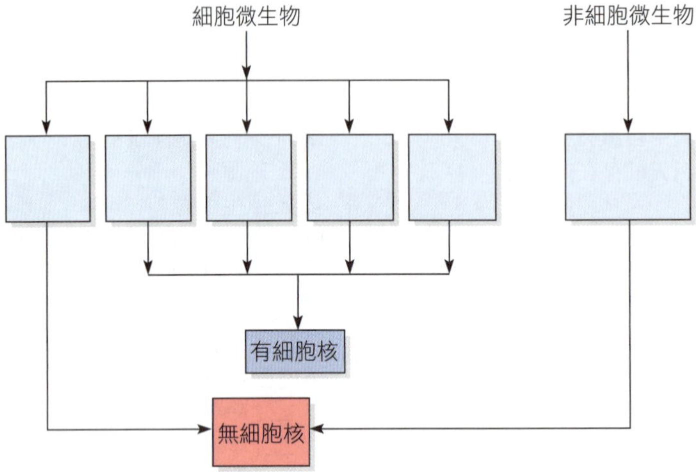

第二階段：應用、分析、評估與整合

這些問題超越重述事實，需要高度理解、詮釋、解決問題、轉化知識、建立模式並預測結果的能力。

批判性思考

本大題需藉由事實和觀念來推論與解決問題。這些問題可以從各個角度切入，通常沒有單一正確的解答。

1. 如果世界上所有傳染病都可治療且所有微生物皆可被消滅，你認為會出現什麼情況？微生物具有哪些特性可避免上述事情發生？
2. 你會如何描述各個支持或否定自然發生說的實驗中所使用的科學論證類型？
3. 提出以下項目微生物學家之技術名稱，包括研究在白蟻腸道的原生生物、居住在火山的細菌、犬絛蟲、引起食物中毒的黴菌、新興病毒疾病、居住在酸性沼澤中細菌的代謝以及草履蟲分類。
4. 舉出地球上六種最常見的病原體以及引起癌症發生率最高的四種微生物。
5. 人體是 90% 的原核生物其意思是？
6. 為什麼巴斯特會提出：「微生物握有最終的決定權」？
7. 你可以建立一個科學假說以及測試胃潰瘍原因的方法嗎？(是因為感染、太酸，還是遺傳疾病所引起？)
8. 以你的名字、寵物名字、一個地區或一獨特的特性為新發現的細菌取一個學名。請務必使用正確的表示法。

視覺挑戰

使用下列模式來建構類似圖 1.9 般的發展菌源說之科學論證。

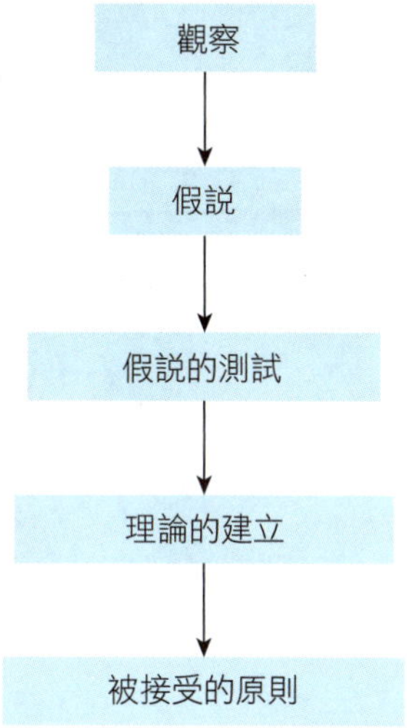

第 2 章 實驗室工具：微生物研究法

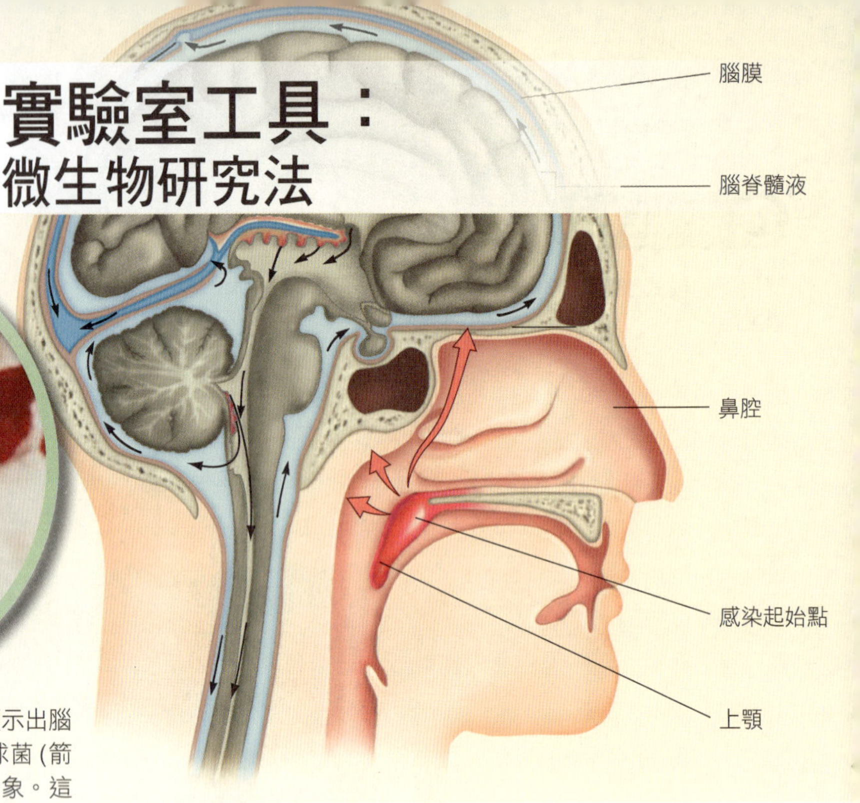

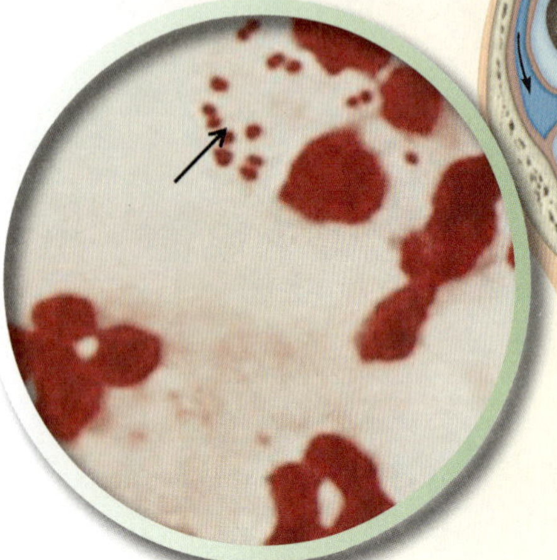

臨床上「腦膜炎的圖片」顯示出腦脊髓液的樣品中，腦膜炎球菌 (箭頭處) 正被白血球吞噬的現象。這些微小的細胞在幾小時內就可以摧毀一個健康的人。

2.1 微生物研究方法

生物學家研究如動物或植物等大型生物時，大多數可立即從周遭環境及其他生物間觀察並區分出其實驗的對象。事實上，生物學家可利用視覺、嗅覺、聽覺，甚至觸覺等方式來偵測及評估其特性，並持續追蹤其生長與發展等變化。

由於微生物學家不像其他科學家可仰賴視覺以外的感官，因此他們面臨到一些獨特的問題。首先，大部分的棲息地 (例如土壤或人類口腔) 蘊藏著關係錯綜複雜的微生物，常須將其各自分離出來才可被進一步鑑識及研究。其次，微生物學家通常須利用人為環境來培養微生物，以持續追蹤這些微小的研究個體。微生物研究的第三個困難處則是它們無法用肉眼來觀察，且其分布廣泛，經常會出現一些非預期的微生物介入實驗，導致錯誤的結果。

針對這些微小又難捉摸的研究對象，微生物學家發展了研究和分析微生物特性的方法。這些技術可被歸納為六個「I」：**接種** (inoculation)、**培養** (incubation)、**分離** (isolation)、**檢視** (inspection)、**資訊收集** (information gathering) 及**鑑別** (identification)，之所以稱為六個「I」是因為它們起始字母皆為「I」。六個「I」的主要特徵如圖 2.1 及表 2.1 所列。依據研究員的目的，六個「I」可有許多不同的順序和組合，但均是微生物學家研究的主要工具。初學者將會學習到一些基本的顯微鏡、接種、培養及鑑別等技術。許多專業研究員甚至會用不需生長或完全分離微生物的進階檢驗和鑑別技術。

本章的前四個部分包含六個「I」的基本概念，但不一定按照圖 2.1 所呈現的順序。由於顯微鏡對於微生物學研究是相當重要的，因此本章先介紹顯微鏡原理放大倍率和染色技術，接著介紹培養步驟及培養基。

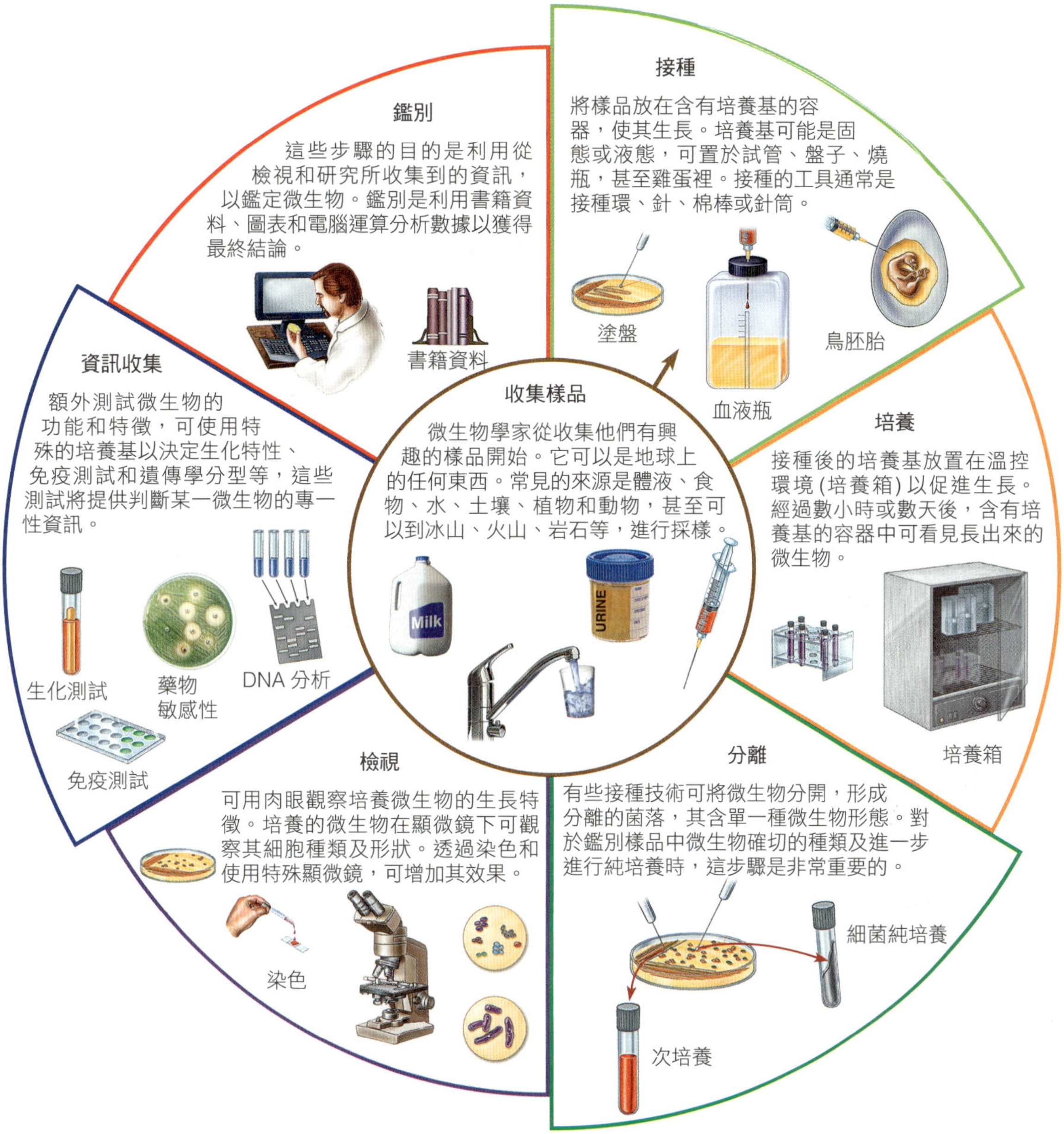
接種
將樣品放在含有培養基的容器，使其生長。培養基可能是固態或液態，可置於試管、盤子、燒瓶，甚至雞蛋裡。接種的工具通常是接種環、針、棉棒或針筒。
塗盤
血液瓶
鳥胚胎
鑑別
這些步驟的目的是利用從檢視和研究所收集到的資訊，以鑑定微生物。鑑別是利用書籍資料、圖表和電腦運算分析數據以獲得最終結論。
書籍資料
資訊收集
額外測試微生物的功能和特徵，可使用特殊的培養基以決定生化特性、免疫測試和遺傳學分型等，這些測試將提供判斷某一微生物的專一性資訊。
生化測試
藥物敏感性
DNA 分析
免疫測試
收集樣品
微生物學家從收集他們有興趣的樣品開始。它可以是地球上的任何東西。常見的來源是體液、食物、水、土壤、植物和動物，甚至可以到冰山、火山、岩石等，進行採樣。
Milk
URINE
培養
接種後的培養基放置在溫控環境 (培養箱) 以促進生長。經過數小時或數天後，含有培養基的容器中可看見長出來的微生物。
培養箱
檢視
可用肉眼觀察培養微生物的生長特徵。培養的微生物在顯微鏡下可觀察其細胞種類及形狀。透過染色和使用特殊顯微鏡，可增加其效果。
染色
分離
有些接種技術可將微生物分開，形成分離的菌落，其含單一種微生物形態。對於鑑別樣品中微生物確切的種類及進一步進行純培養時，這步驟是非常重要的。
細菌純培養
次培養

圖 2.1 **微生物學家進行之一般實驗室技術總覽。**6 個「I」。步驟由中心的樣品收集開始，接著是接種、培養等等。但並非所有的步驟都會執行，也不必一定按此順序進行。有些研究者直接從取樣到顯微鏡檢視或 DNA 檢測。有些研究者可能只需做接種及培養在特殊的培養基或測試系統即可。表 2.1 簡述每一個步驟、目的和預期結果。

2.2　顯微鏡：隱形王國世界之窗

當雷文霍克 (Leeuwenhoek) 第一次從顯微鏡底下窺見雨滴中充滿神祕生物的世界時，可想見他當時多麼興奮與驚奇。學生剛開始學習微生物時也會經歷此感動，就連經驗豐富的微生物學家也忘不了那第一眼。微生物是另一個世界，但若沒有必備的研究工具－顯微鏡，我們將無

表 2.1 微生物學技術總覽

技術	過程包含	目的和結果
接種	將樣品置於含有微生物生長所需營養物質之培養基容器中，此為培養的第一步	為了增加能見度，使人能在人工環境操作和處置微生物，並開始分析樣本中可能包含些什麼
培養	將已接種的培養基置於適合生長的環境，通常放置數小時到數天	為了促進繁殖並產生實際的培養。提供進一步測試所需之大量微生物
分離	分離個別微生物的方法並得到可立即用肉眼 (macroscopically)* 分辨之分離菌落的方法	從單一菌落製備額外的培養以確保它們是純培養，即含單一種微生物以進行進一步的觀察和測試
檢視	用肉眼觀察生長情形，用顯微鏡觀察細胞形態	分析樣品中微生物之初步特徵；細胞染色或許可以顯示出細胞種類和形態等資訊
資訊收集	分析微生物培養之生化和酵素特性、免疫反應、藥物敏感性和遺傳資訊	為了提供更專一的數據與微生物整體的資料。測試的結果和描述將是分類和鑑別的關鍵因素
鑑別	分析所收集的資料有助於鑑別原始樣品中微生物的種類。這可由多種方法達成	奠定了進一步研究微生物的性質與角色，也可提供許多應用包括感染性疾病之診斷、食品安全、生物科技和微生物的生態學

* 指肉眼可見的，此名詞常用於研究培養上。

從得知。了解**顯微鏡學** (microscopy)[1] 的基礎及檢體的製備，你對微生物世界的探索將會更具意義。

影像放大與顯微鏡的設計

顯微鏡須具備兩大特性：**放大** (magnification)[2]，即放大物體的能力，與**解析力** (resolving power)，即清晰顯示物體的能力。

圖 2.2 **放大的效果**。清晰玻璃「透鏡」的放大及成像能力的示範。給予適當的照明，放大鏡可達到 2 至 10 倍的放大效果。

早期顯微鏡學家發現一個清晰的玻璃球面可以當作一個放大微小物體的鏡片，因此啟動了微生物學的進展。大部分的顯微鏡放大功能是由可見光波和透鏡的曲度間交互作用所致。當光束穿過空氣打在並通過凸透鏡表面時會造成程度不等的**折射** (refraction)[3]，意即光線通過如透鏡的介質時發生彎曲或角度偏移的情形。光線通過的兩不同介質的成分差別越大，所產生的折射會更加明顯。將物體放置於距離透鏡一定的距離，並以光線照射，藉由光線折射，會形成一光學複製影像或**圖像** (image)。依據透鏡的大小與曲度，圖像可放大到特定的程度，此稱為放大倍率，通常以一個數字加上 × (× 為倍數) 表示。光線的這種行為在我們使用玻璃球或放大鏡這些日用物品時是很明顯的 (圖 2.2)。放大是所有光學顯微鏡的基本功能，此外它還有許多附加的特性來限定、微調及增加圖像尺寸。

第一台顯微鏡是**簡易的** (simple)，僅含一個放大鏡和一些操作零

1 *microscopy* 顯微鏡學 (mye-kraw′-skuh-pee)。希臘文：研究顯微鏡技術的科學。
2 *magnification* 放大 (mag′-nih-fih-kay″-shun)。拉丁文：*magnus* 放大；*ficere* 產生。
3 *refract*、*refraction* 折射 (ree-frakt′、ree-frak′-shun)。拉丁文：*refringere* 折散。

件。簡易顯微鏡的例子包括放大鏡、手持透鏡，和如第 1 章圖 1.8a 所示雷文霍克製作的基本工具。經過不斷改良後，現今的**複合式顯微鏡** (compound microscope)(有兩個透鏡) 加入第二組放大鏡系統，一個**照亮** (illuminate)[4] 樣品的可見光光源，以及可將光線聚焦至物體上某一點，稱為**聚光器** (condenser) 的特殊透鏡。圖 2.3a 說明現今複合式光學顯微鏡的基本構造。

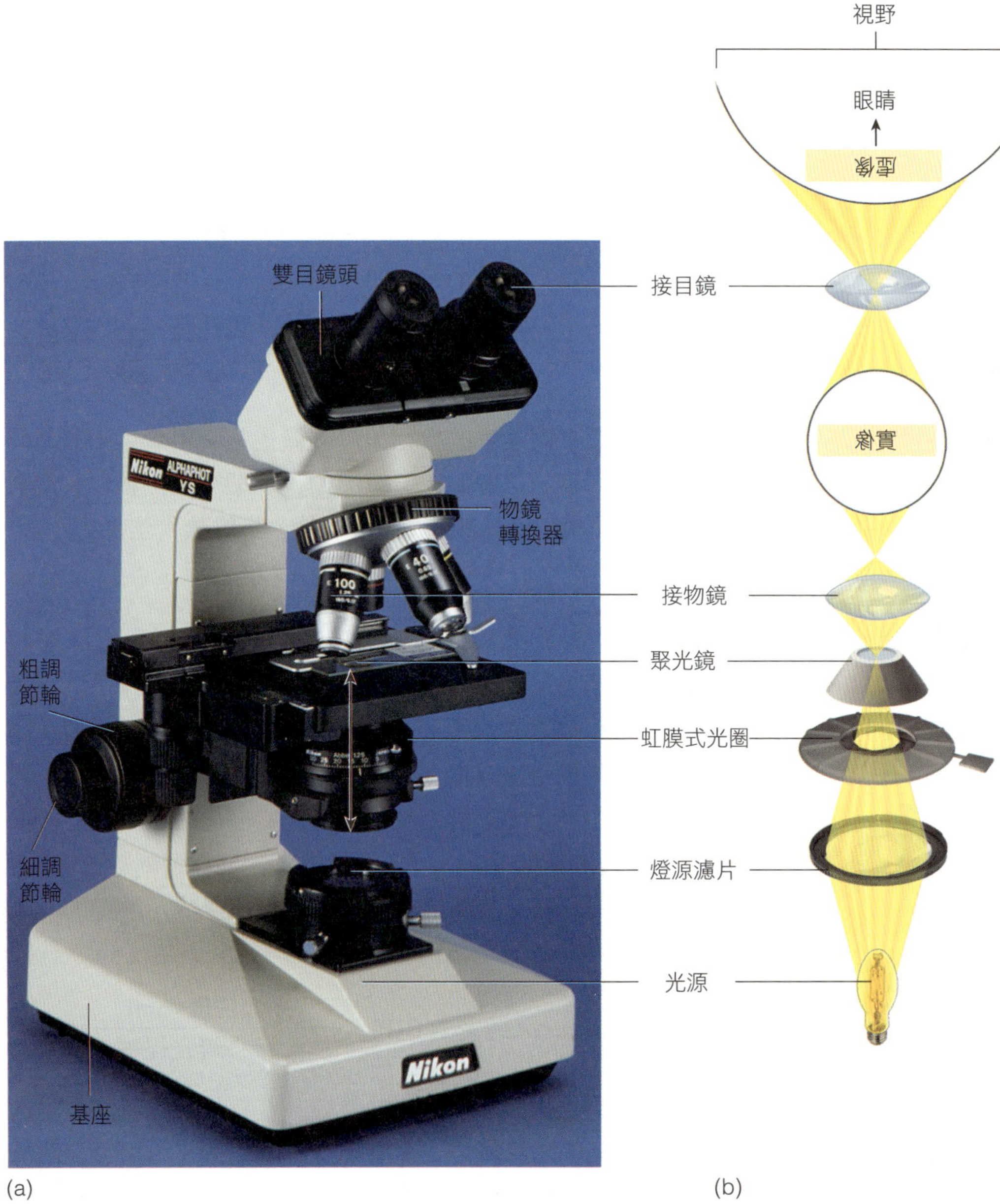

圖 2.3 **(a) 顯微鏡主要結構**。這是複合式光學顯微鏡，有兩個接目鏡 (雙眼觀看)，通常有四個物鏡，一個可移動樣品的機械平台，一個聚光鏡，一個虹膜式光圈和一個內建的光源 (燈)；**(b) 光學顯微鏡的光路徑及成像**。燈源的光通過濾鏡並進入紅膜式光圈的開口，聚光鏡聚集光束並聚焦在樣品上的單一點；透過物鏡形成樣品的放大影像，為實像。此影像並不會被看見而是投射到目鏡，進而形成最後放大的虛像。此影像透過眼睛觀察到，再由腦部感知。注意此系統所產生的影像是上下顛倒且左右相反的。

4 *illuminate* 照亮 (ill-oo′-mih-nayt)。拉丁文：*illuminatus* 照亮。

光學顯微鏡原理

一個好的顯微鏡必須具備足夠的放大倍率、解析度以及清晰的成像。透過複合式顯微鏡放大物體或樣品需經歷兩個相位。顯微鏡的第一個透鏡 (靠近樣品) 稱為接物鏡 (objective lens)，第二個透鏡 (靠近眼睛) 稱為接目鏡 (ocular lens 或 eyepiece)(圖 2.3b)。物鏡初始所形成的樣品影像稱為**實像** (real image)。當實像投射到接目鏡的平面上，其放大的第二成像稱為**虛像** (virtual image)。眼睛所接受到的虛像透過視網膜及視覺影像的轉換即是眼前所呈現的影像。接物鏡單獨放大倍率通常介於 4 倍至 100 倍，而接目鏡單獨放大倍率是介於 10 倍至 20 倍。兩透鏡聯合所形成影像的最終總放大倍率，為此兩透鏡放大倍率相乘的結果：

接物鏡放大倍率	×	接目鏡放大倍率	=	總放大倍率
4 倍掃描式鏡頭 (視野大)		10 倍	=	40 倍
10 倍低倍率鏡頭		10 倍	=	100 倍
40 倍高倍率乾鏡頭		10 倍	=	400 倍
100 倍油鏡鏡頭		10 倍	=	1,000 倍

顯微鏡的接物鏡轉換器可裝置三個甚至多個不同倍率的接物鏡於轉盤上，使用者可依需求轉至所需的倍率，而接目鏡的放大倍率通常是固定的倍數。一般標準的光學顯微鏡依接目鏡的放大倍率，搭配最低倍率 (掃描式鏡頭) 或最高倍率 (油鏡鏡頭) 的接物鏡，最終放大倍率可達 40 倍至 2,000 倍[5]。

解析度：清晰辨識放大物體 顯微鏡除了有放大影像的能力外，還必須要有足夠的**解析力** (resolution) 或**解像力** (resolving power)。解析力的定義是光學系統可清楚辨識兩個鄰近的物體或點的能力。例如，從 25 公分 (10 英寸) 的距離，肉眼可辨視相距 0.2 毫米以上的兩物體。視力測驗是驗光師測試肉眼由 20 英尺的距離辨視不同大小字元的解析力。因為微生物極微小且通常距離非常近，若顯微鏡的解析度不夠，則無法清晰詳實地觀察。

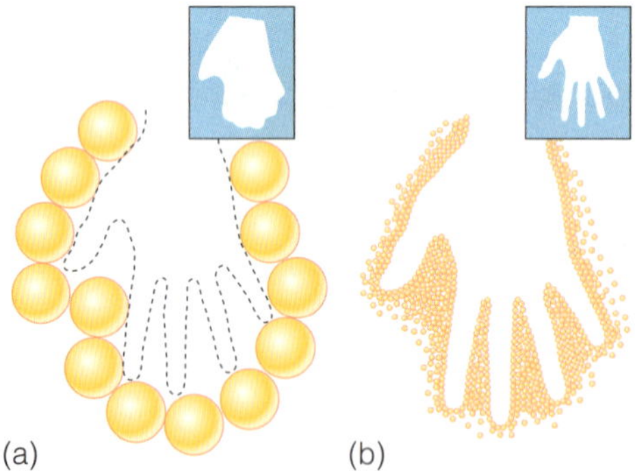

圖 2.4 波長對解析度的影響。此圖顯示波長如何影響顯微鏡的解析度的簡單模式。上圖顯示光照手的輪廓，兩個不同大小的圓珠代表光的波長。在 (a) 圖中，波長太長而無法穿越較細微區域而產生模糊不清的影像。在 (b) 圖中，則波長較短至足以進入狹小的區域，產生更詳細而可辨認出手的圖像。

有一個簡單的分數公式可用以表示解像力的主要決定因子。

$$\text{解像力 (RP)} = \frac{\text{光波長度 (nm)}}{2 \times \text{接物鏡孔徑數值}}$$

此公式顯示除了接物鏡的某些特性外，光波長也影響圖像的解析力。光學顯微鏡的光源是由可見光譜的色帶波長所組成，其中，藍紫色 (400 nm) 是最短的可見光波長，而紅色 (750 nm) 則是最長的波長。由於光波必須穿過要辨識的物體間，短波長 (400~500 nm) 可獲得較好的解析力 (圖 2.4)。

另一影響解析力的因子是**孔徑數值** (numerical

5 有些顯微鏡具有 20 倍的接目鏡或特殊的圓環可使其倍數加倍。

aperture, NA)，是一依據透鏡本身結構所得的常數值，用以描述透鏡折射光線的角度和所聚集的光量。每一個接物鏡都有固定的孔徑數值，從低倍鏡的 0.1，到高倍鏡 (油鏡) 的 1.25。孔徑數值較高的透鏡可以增加折射的角度並捕捉較多的光線聚集到透鏡上，因此可提供較好的解析力。為使油鏡達到最大的解析力，油需滴在物鏡頂端與載玻片上的樣品間。因油與玻璃具有相同的光學特性，可防止周圍光線從玻片進入空氣時因折射現象而減弱，因而可有效地增加孔徑數值 (圖 2.5)。然而，光學顯微鏡的解析力有其限制，以下計算利用藍綠光波長時油鏡可達到的解析力來說明此點：

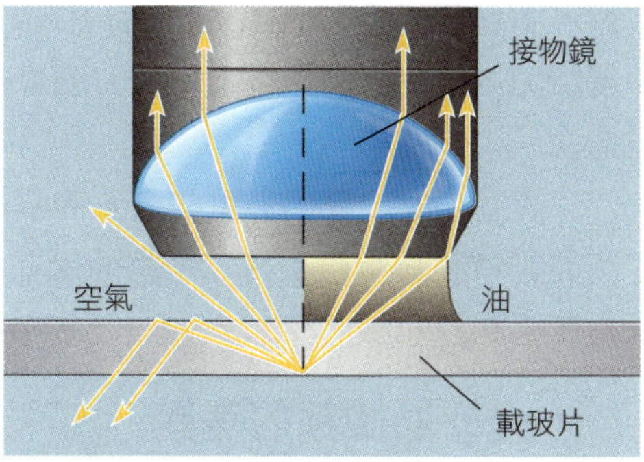

圖 2.5　油鏡的作用。 為了有最大的解析力，必須滴油在油鏡 (最高放大倍率的接物鏡) 頂端，使光束從聚光鏡到接物鏡間有連結的媒介，可增加孔徑數值。若沒有油，通過樣品的外圍光線會散落到空氣或玻片上，因而降低解析度。

$$
\begin{aligned}
\text{解析力 (RP)} &= \frac{500\ \text{nm}}{2 \times 1.25} \\
&= 200\ \text{nm}\ (\text{或}\ 0.2\ \mu\text{m})
\end{aligned}
$$

具體來說，該算式表示使用油鏡的解析極限是可辨識直徑 0.2 μm 以上的細胞，或相鄰距離為 0.2 μm 以上的兩物體 (圖 2.6)。一般而言，直徑大於 0.5 μm 的微生物很容易被觀察，包括真菌、原生動物及其內部構造與大部分的細菌。然而大多數病毒和少部分細菌小到無法用光學顯微鏡觀

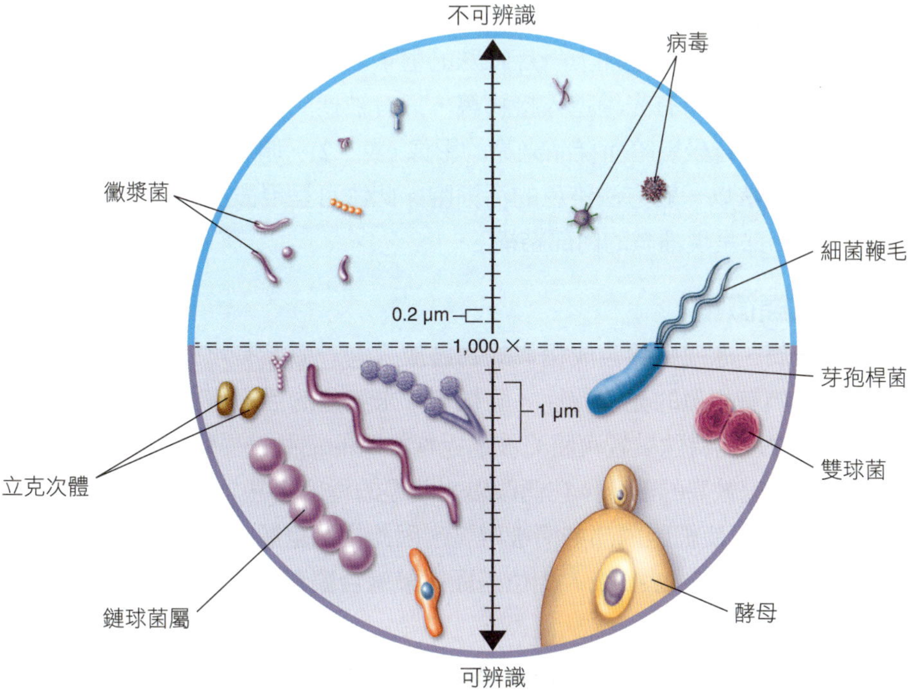

圖 2.6　解析度對圖像可見度的影響。 在油鏡放大 1,000 倍下物體是否可被清楚辨識的比較。注意：除了可辨識兩個相鄰的物體外，好的解析度是指可清楚觀察一個物體。

察，而必須使用電子顯微鏡 (圖 1.7 及 2.8)。總之，影響顯微鏡影像清晰度的主要限制因素為其解析力，即使光學顯微鏡可放大圖像幾千倍，但由於解析力無法增加，僅能獲得放大但模糊的影像。

儘管如此，我們仍可些微改善解析力。其一是置一藍色濾光片於顯微鏡燈源上方使波長盡可能維持在最小值；其二是將油滴在油鏡上，可將孔徑數值從 1.25 增加至 1.4，如此可改善解析度至 0.17 μm。

光學顯微鏡的差異

使用可見光的光學顯微鏡在視野 (field of view 或 field，意即透過接目鏡所看到的圓形區域) 上會表現不同的性質。藉由調整透鏡、聚光鏡及光源，可將顯微鏡分成四種類別：亮視野、暗視野、相位差和干擾。第五種光學顯微鏡是以紫外光當光源的螢光顯微鏡；第六種是利用雷射光源的共軛焦顯微鏡。不同的顯微鏡用不同的方式觀察樣品，將於下面的段落中描述，並整理於表 2.2。回顧圖 1.4 比較微生物與分子的大小。

亮視野顯微鏡

亮視野顯微鏡是最廣泛使用的光學顯微鏡。此顯微鏡是藉由光通過樣品所形成的影像。樣品和周遭環境相比較密且不透光，顯微鏡會吸收一部分的光線，其餘的光線則可直接透過接目鏡進入視野。因此，樣品在相對明亮的背景中形成較暗的影像。亮視野顯微鏡是多功能顯微鏡，可應用在未染色的活體和已染色的保存樣品。表 2.2 為亮視野顯微鏡影像與其他顯微鏡影像的比較。

暗視野顯微鏡

亮視野顯微鏡若在聚光鏡上加上一片特殊的盤子 (稱為*遮光片*)，使得背景變暗，就成為暗視野顯微鏡。擋光片阻止所有光線進入接物鏡，只有被樣品本身反射的周邊光線才能進入接物鏡進而產生影像，造成背景黑暗而樣品光亮的影像 (表 2.2)。暗視野顯微鏡常被用來觀察經過乾燥、加熱會變形和無法以一般方法染色的活細胞。此法可呈現微生物的輪廓，或辨識在新鮮樣品游動的細胞，但無法呈現細微的內部結構。

相位差與干涉式顯微鏡

若將透明的玻璃、冰或塑膠製成相似的物體放入同一個裝有水的容器中，觀察者難以分辨這些物體，因為它們有相似的光學特性。同樣地，未染色的活細胞內的組成因缺乏對比而難以區分，而相位差顯微鏡的特殊裝置可將光波通過樣品時的細微差異轉換成不同的光強度。例如，胞器是細胞結構中密度較高的部分，它們改變光路徑的程度更甚於細胞內密度較低的結構 (例如細胞質)，造成的反差可使細胞內部結構被辨識。因此相位差顯微鏡比亮視野或暗視野顯微鏡更能顯出細胞內部的細微構造 (表 2.2)。相位差顯微鏡適合觀察包含細菌芽孢、顆粒、胞器和真核細胞內的動態結構等內部構造。

差異干涉相位差顯微鏡 (differential interference contrast, DIC) 與相位差顯微鏡相似，都是利用控制光線以觀察未染色的活體細胞結構。不過，這種顯微鏡可增加圖片顏色的反差，是提供栩栩如生、輪廓分明的立體圖像 (表 2.2)。

表 2.2　顯微鏡種類的比較

I. 光源為可見光的顯微鏡
最大有效放大倍率 = 1,000 倍到 2,000 倍 *
最大解析度 = 0.2 微米

A. 不同光學顯微鏡影像的比較

酵母細胞用四種顯微鏡放大 1,000 倍的影像，注意每種方法顯現細胞外觀和精細程度的差異。

亮視野顯微鏡

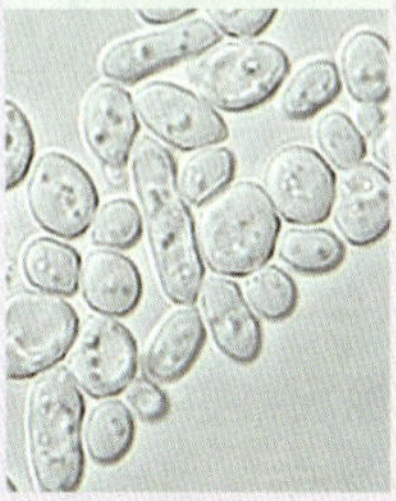

一般多功能顯微鏡可用在活體和已染色的保存樣品，樣品暗，背景亮，細胞的細部構造還算看得清楚。

暗視野顯微鏡

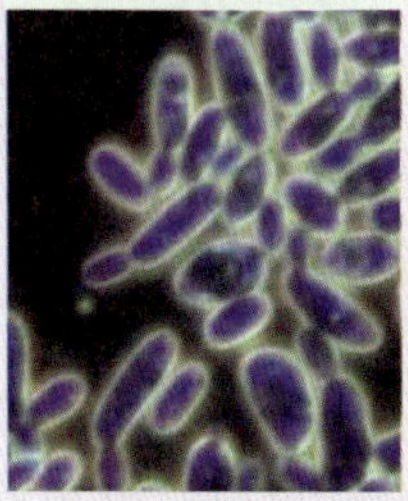

是觀察活體與未染色樣品最好的選擇；樣品明亮，背景呈黑色，提供樣品的輪廓，但細胞內部細微構造較不清楚。

相位差顯微鏡

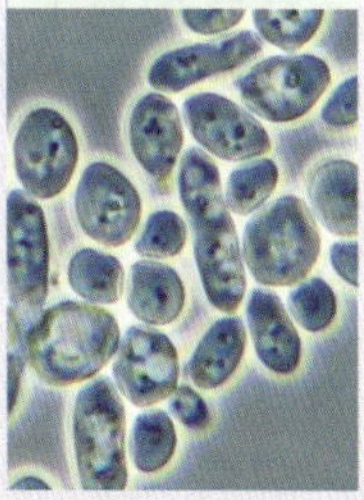

用於活體樣品，樣品對比於灰色背景，細胞內部細微構造可以看得非常清楚。

差異干涉相位差顯微鏡

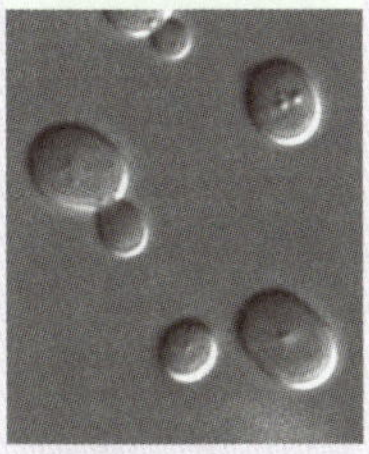

提供活體樣品的詳實與高對比的立體影像。

II. 光源為紫外光的顯微鏡
最大有效放大倍率 = 1,000 倍到 2,000 倍 *
最大解析度 = 0.2 微米

B. 具特殊功能的光學顯微鏡之改造

螢光顯微鏡

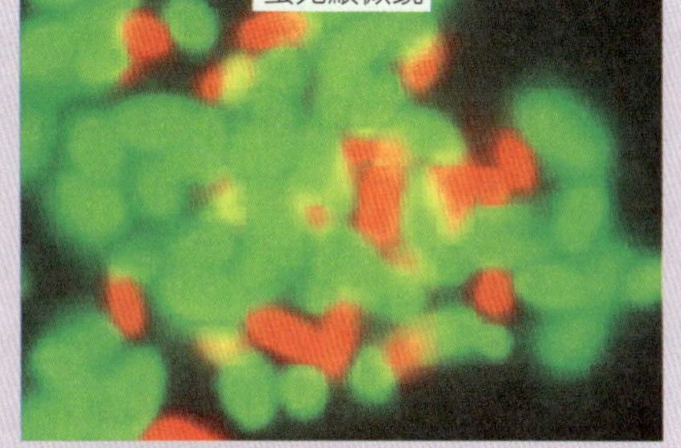

酵母細胞用螢光染劑染色，以 1,000 倍觀察，可放出可見光，染劑顏色可協助分辨活的或死亡細胞，此技術的專一性使其成為極佳的診斷工具。

共軛焦顯微鏡

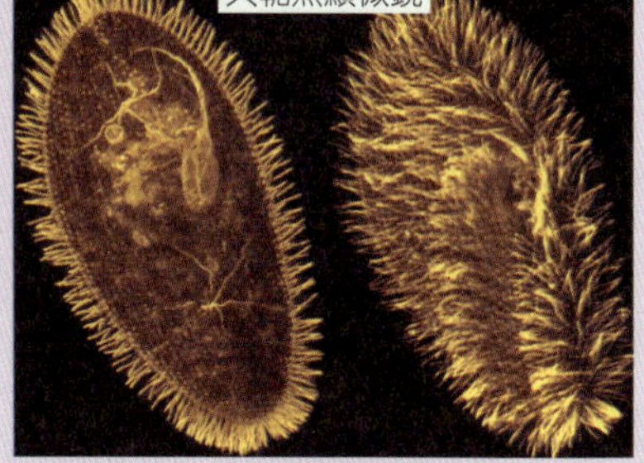

兩種草履蟲 1,500 倍的放大影像，以螢光染劑染色，再以雷射光束掃描，得到多重影像，可合併成立體影像，看得到清晰的纖毛和胞器等內部結構。

III. 利用電子束的顯微鏡
穿透式電子顯微鏡最大有效放大倍率 =1,000,000 倍
掃描式電子顯微鏡最大有效放大倍率 =650,000 倍
穿透式電子顯微鏡最大解析度 =0.5 奈米
掃描式電子顯微鏡最大解析度 =10 奈米

C. 用高速電子產生的電子顯微鏡影像

穿透式電子顯微鏡 (TEM)

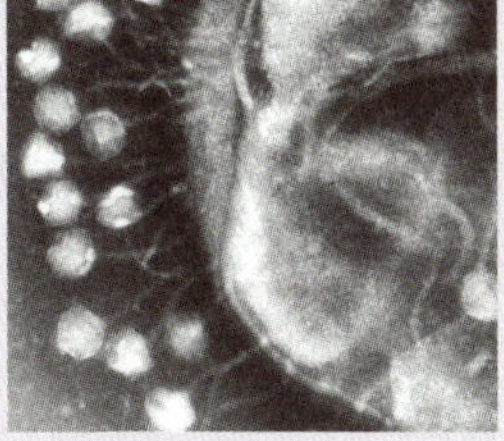

9,500 倍的影像顯示噬菌體病毒入侵細菌細胞。此顯微鏡提供細胞和病毒最細微和清晰的內部結構影像，但只能運用於保存的樣品。

掃描式電子顯微鏡 (SEM)

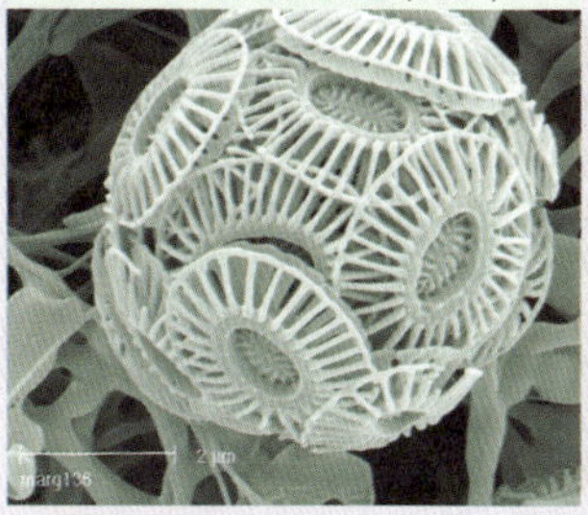

13,000 倍的影像顯示球石藻 (一種海藻) 具有複雜結構的細胞壁。電子束掃描整個樣品的表面而產生奇特的立體影像。

* 2,000 倍的最大放大倍率是使用 20 倍的接目鏡或 2 倍的放大環所達成。

共軛焦顯微鏡

光學顯微鏡無法在高倍率放大時提供清晰的圖像，因為樣品太厚致使傳統的透鏡無法同時聚焦在所有平面上，尤其是細胞結構複雜的大型細胞體。為了克服此障礙，一種稱為*掃描式共軛焦顯微鏡*的新型顯微鏡於焉誕生。此顯微鏡利用雷射光束掃描樣品不同深度，並傳送集中於單一平面的清晰圖像，因此，從細胞表面到中央皆可獲得高聚焦的影像。通常用於螢光染色的樣品，也可用在觀察未染色的活細胞或組織 (表 2.2)。

螢光顯微鏡

螢光顯微鏡是經改造的複合式顯微鏡，配備有紫外光光源及保護觀察者眼睛免於紫外光傷害的護目濾鏡。此顯微鏡是根據所使用的染劑 (吖啶、螢光黃) 及礦物所呈現的**螢光** (fluorescence) 而命名。受到短波紫外線高能量粒子激發時，染劑會散發出可見光。若要透過螢光顯微鏡成像，樣品必須先染上具螢光的材料，接著以紫外光照射樣品，使樣品散發出可見光，在黑色背景中呈現強烈的藍、黃、橘或紅光。

電子顯微鏡

如果普通光學顯微鏡是開啟顯微世界的窗，那麼電子顯微鏡則可讓我們一窺顯微世界的極細微部分。不同於光學顯微鏡，電子顯微鏡是使用加速至高速後形成的波狀電子束來形成圖像，此電子波長比可見光波短十萬倍。這種情況下，決定解析力的 RP 值就變得非常小。電子顯微鏡甚至能夠分辨原子，而運用於生物學上其解析力約為 0.5 奈米。因其解析度的改善使得影像放大的倍率也跟著提高，一般生物樣品的放大倍率是介於 5,000 到 1,000,000 倍，在其他方面的應用甚至可超過 5,000,000 倍。由於其放大倍數與解析度的提高，使其成為觀察細胞與病毒細微結構的最佳利器。如果沒有電子顯微鏡，我們對於生物結構與功能的了解只能停留在早期的理論階段。

基本上電子顯微鏡類似光學顯微鏡，但不全然相同 (表 2.3)。例如，除了共同具有放大功能的雙透鏡系統、聚光鏡、樣品架和聚焦設備外，兩者有許多不同 (表 2.3)。電子槍發射的電子束通過真空裝置到環狀電磁體而聚集於樣品上。樣品須以化學藥物或染劑滲透以增加對比，因此不適用於觀察活體細胞。放大影像是透過螢幕或照片呈現，可做進一步研究，不像傳統顯微鏡透過接目鏡直接觀察。其影像是透過電子所形成的，因而缺乏色彩，所以電子顯微影像 (顯微圖相是一個顯微物體的相片) 皆呈黑、灰及白色，而在本書或其他教科書看到色彩豐富的顯微照相是透過電腦套色的結果。

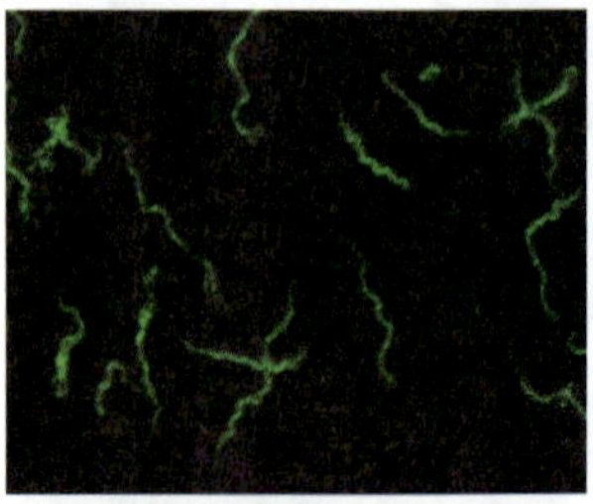

圖 2.7 梅毒病原體 - 梅毒螺旋體樣品的螢光染色。只與病原體結合且會發出亮綠色螢光的專一性螢光抗體，使得此染色法成為有用的診斷技術。注意此病原的螺旋形狀 (1,000 倍)。

常見的電子顯微鏡分別為**穿透式** (transmission electron microscope, TEM) 與**掃描式** (scanning electron microscope, SEM) 兩型 (表 2.2)。穿透式電子顯微鏡是利用電子投射到樣品來形成影像，適合觀察細胞細部和病毒的結構。由於電子不容易穿透厚的樣品，因此樣品必須鍍或染上金屬來提升影像對比並切成薄片 (厚約 20~100 奈米)，藉此電子穿透樣品到螢光屏以顯示影像。通常細胞內密度較低的區域會顯示較淡的顏色，而密度較高的區域則會顯示較深的顏

表 2.3　光學顯微鏡和電子顯微鏡間的比較

特性	光或光學顯微鏡	電子 (穿透式) 顯微鏡
有效的放大倍率	2,000 倍 *	1,000,000 倍或更高
最大解析度	200 奈米 (0.2 微米)	0.5 奈米
影像形成	可見光線	電子束
影像聚焦	玻璃接物鏡	電磁接物鏡
觀看影像	玻璃接目鏡	螢光屏
樣品置放	玻片	銅網
樣品可以是活體	是	通常否
樣品需要特別染色或處理	依技術而定	是
呈現自然彩色	是	否

* 此最大值需要 20 倍的接目鏡

色 (圖 2.8a)。穿透式電子顯微鏡也可產生整個微生物的負影像及陰影投射 (圖 5.3)。

掃描式顯微鏡提供了最戲劇化也最真實的影像，這儀器可以產生從牙菌斑到絛蟲頭部所有生物體詳盡的立體影像。掃描式電子顯微鏡是以高能量電子來回打在整個鍍有金屬物質的樣品上來獲得影像，樣品表面放射的電子束被一個複雜的偵測器精準地採集後，其電子信號被轉換成影像顯示在電腦螢幕上。樣品透過掃描式電子顯微鏡呈現，影像非常逼真且令人驚奇。在光學顯微鏡下看起來平坦的區域，在掃描式電子顯微鏡下就能清楚呈現樣品複雜的表面特徵 (圖 2.8b)。科技不斷進步使電子顯微技術在原有的基礎上持續改善升級，掃描式探針顯微鏡即和原子力顯微鏡為電子顯微鏡的最佳創新。

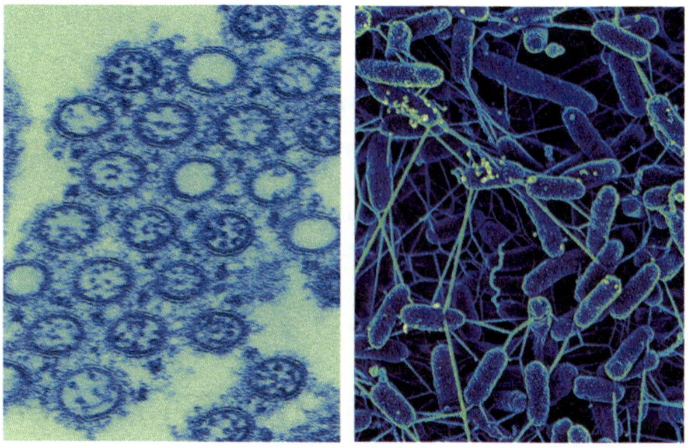

(a)　(b)

圖 2.8　**兩種電子顯微鏡顯示的圖**。(a) H1N1 流感病毒有顏色的穿透式電子顯微鏡影像，顯示病毒內的構造。此為 2009 年第一次發現的新病毒品種；(b) 希瓦氏菌的掃描式電子顯微鏡影像，希瓦氏菌是一種不尋常的細菌，從鈾等放射性物質得到能量，注意：其所形成的奈米細線，能攜帶電脈衝並與其他細胞傳遞訊息。

2.3　光學顯微鏡樣品的製備

光學顯微鏡樣品的製備通常會固定樣品於適當的載玻片上，將其放置於聚焦鏡與接物鏡間的檯面，樣品固定於載玻片上或以此製備的方式是依據：(1) 樣品的情況：是活體或已被福馬林防腐固定的狀態；(2) 檢查的目的：不管是鑑定微生物整體結構或只觀察其運動性；(3) 可用的顯微鏡類型：亮視野、暗視野、相位差或是螢光。

新鮮活體的製備

微生物活體樣品可用濕漬法 (wet mounts)，以盡可能貼近於自然狀態的觀察。細胞懸浮在適當的液體中 (水、培養液或生理食鹽水) 以暫時維持存活，並提供細胞游動的空間和培養基。濕漬法是將一兩滴水置於載玻片並用蓋玻片覆蓋其上，儘管此製備法快速方便，但有其缺點，蓋玻片會傷害較大的細胞，且玻片容易乾燥，也易受到操作者手指污染。

另一個較令人滿意的替代方法，是以特殊的凹面 (凹槽) 載玻片、密封劑和樣品懸掛的蓋玻片來進行的懸滴法 (hanging drop slide)(下圖)。這些短時間固定於載玻片的方法可確切評估細胞的大小、形狀、排列、顏色及運動性。針對細胞較細微的細節可用相位差或干擾式顯微鏡觀察。

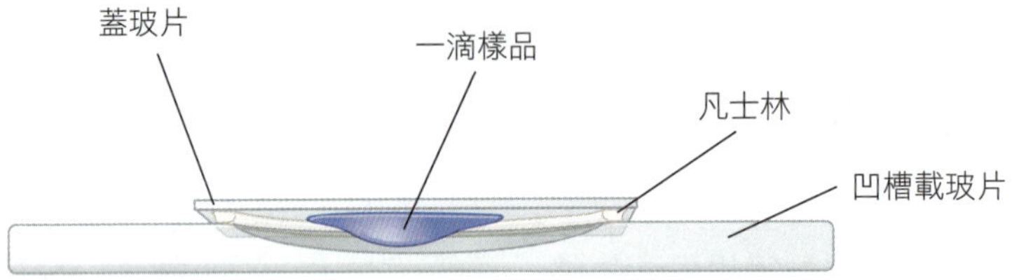

固定、染色抹片

利用固定與染色製備使樣品能更持久固定於載玻片上而適合長時間研究，柯霍 (Robert Kock) 發展出抹片技術已逾百年，將細胞懸浮液塗抹在薄玻片上並風乾，風乾的抹片 (smear) 會稍微加熱進行所謂的熱固定 (heat fixation)，如此可殺死樣品並將其附著於玻片上。固定法在自然情況下通常可保留許多細胞的組成分避免變形，有些細胞固定方式需要透過酒精和福馬林等化學物質。

無論用可放大或解析力再好的顯微鏡，固定但未染色的細胞抹片就像未顯影的底片影像相當模糊，抹片藉染色的過程可產生對比，使不顯著的特徵透過顏色而突顯出來。染色是將有顏色的化學染劑塗抹在樣品上的過程，染劑透過化學反應將顏色固定到細胞或細胞的局部，一般可分為帶正電的鹼性 (陽離子) 染劑 (basic dye) 和帶負電的酸性 (陰離子) 染劑 (acidic dye)。

陰性與正染色

依據染劑與樣品的作用方式，有兩種基本的染色技術可使用 (表 2.4)。大部分染色屬於正染色 (postive stain)，染劑可嵌入細胞內產生顏色，另一方面，負染色 (negative stain) 剛好相反 (類似底片)，染劑並不會嵌入細胞內而是沈積於樣品周圍形成輪廓背景，苯胺黑 (藍黑色) 和印度墨水 (黑色碳粒懸浮液) 是最常見用於負染色的染劑。細胞本身不被染色是因為染劑帶負電與細胞表面負電相互排斥的結果，負染色的好處在於其相對簡易並因不需熱固定而降低細胞的耗損及變形失真，因此可快速評估細胞的大小、形狀及排列方式。負染色也常被用來突顯某些細菌和酵母菌特殊的莢膜 (圖 2.9)。

染劑的染色反應

因許多微生物的細胞缺乏對比，所以使用染劑觀察其結構與鑑定是有必要的。染劑是具有顏色且攜帶雙鍵 (如 C═O、C═N、N═N) 的化合物，如果這些雙鍵被激發會放射出特定的顏色。大部分的染劑溶在適當的溶劑會形成離子，帶有顏色的離子，稱為發色基團 (chromophore)，帶

表 2.4　正染色法與負染色法的比較

	正染色法	負染色法
細胞外觀	被染劑染色 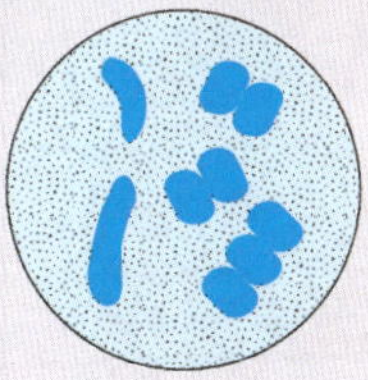	清澈無色 
背景	未被染色 (通常是白色)	被染色 (深灰色或黑色)
使用的染劑	鹼性染劑： 結晶紫 甲基藍 沙黃 (番紅) 孔雀綠	酸性染劑： 苯胺黑 印度墨水
染色的次類型	數種類型： 簡單染色 鑑別染色 革蘭氏染色 抗酸性染色 芽孢染色 結構染色 莢膜染色 鞭毛染色 芽孢染色 顆粒性染色 核酸染色	少數類型： 莢膜 芽孢 炭疽桿菌的負染色： 

正電荷的染劑會被相反電荷的細胞結構所吸引，並與其結合。

鹼性染劑帶有正電荷基團能和帶負電荷的細胞成分 (核酸和蛋白質) 結合。由於細菌表面帶有大量的負電荷，因此很容易用鹼性染料如：甲基藍、結晶紫、復紅 (fuchsin)、番紅 (safranin) 等加以染色。

酸性染劑帶有負電荷基團，能和帶正電荷的細胞結構結合，如：伊紅 (eosin)，為紅色染劑，可用來染血球。由於細菌含有許多酸性物質，表面略帶有負電荷，因此會排斥酸性染劑。苯胺黑 (nigrosin) 和印度墨水最常被使用於負染色法 (表 2.4)，帶負電的染劑與帶陰電性的細菌表面產生排斥，讓染劑沈積在細胞周圍而形成暗色的背景。

簡單與鑑別染色　正染色法被歸類為簡單、鑑別或結構染色 (圖 2.9)。**簡單染色** (simple stains) 只需要單一染劑與簡單的程序，然而**鑑別染色** (differential stains) 需使用原染劑和相對染色兩種不同顏色染劑，以區別細胞的形態或其他結構，此屬於較複雜的染色法，有時甚至需要額外添加化學試劑來產生預期的反應。

大部分簡單染色利用染劑如：孔雀綠、結晶紫、鹼性復紅、番紅等易與細菌結合的特性，使細胞染上或多或少不同程度的顏色，此可用來觀察細菌的大小、形狀及排列方式。其中甲烯

(a) 簡單和負染色
使用一種染劑觀察細胞

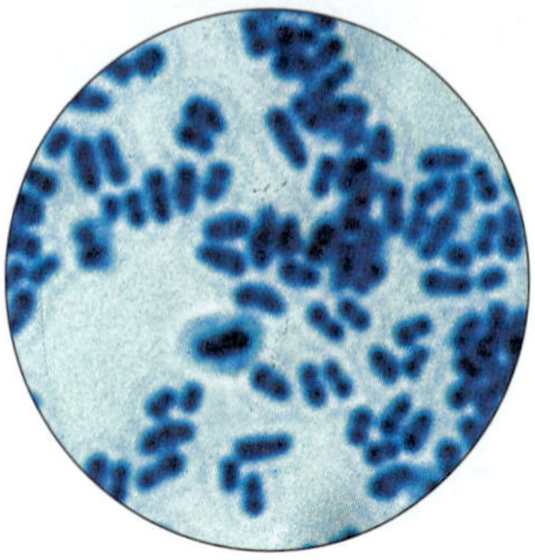

甲基藍染色：棒狀桿菌
(1,000 倍)

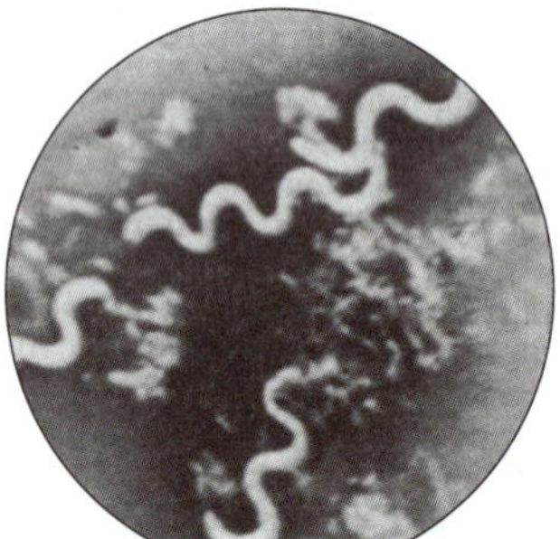

苯胺黑的負染色：螺旋菌
(500 倍)

(b) 鑑別染色
使用兩種染劑區分細胞類型

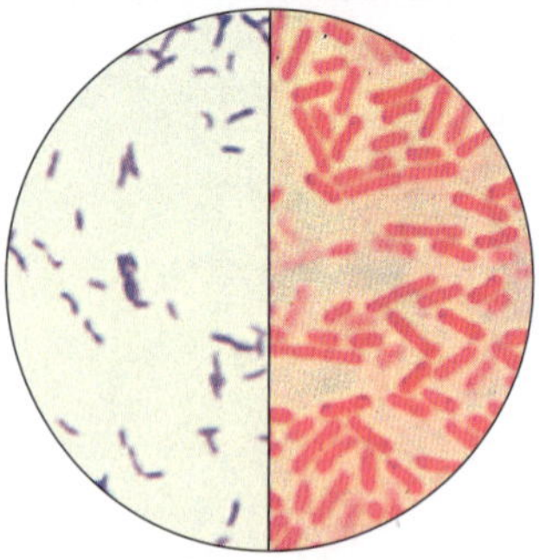

革蘭氏染色
紫色細胞是革蘭氏陽性
紅色細胞是革蘭氏陰性
(1,000 倍)

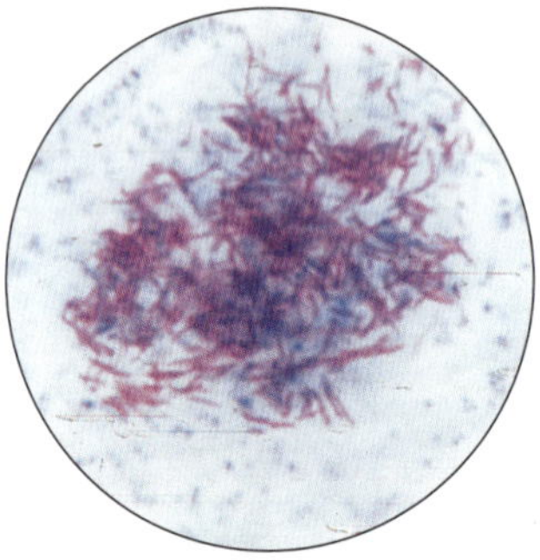

抗酸性染色
紅色細胞為抗酸性細菌
藍色細胞為非抗酸性細菌
(750 倍)

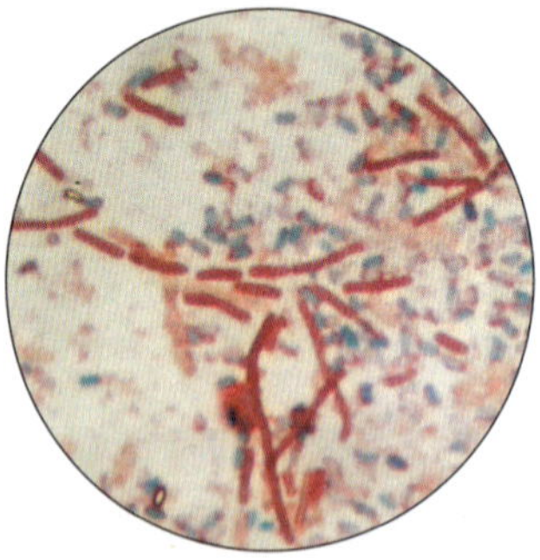

芽孢染色顯示芽孢 (綠色)
和營養細胞 (紅色)
(1,000 倍)

(c) 結構染色
特殊染色用來突顯細胞的細部構造

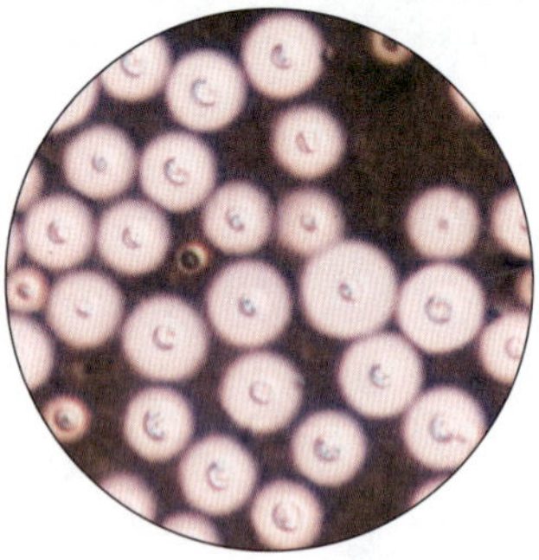

印度墨汁莢膜染色：
新型隱球菌
(500 倍)

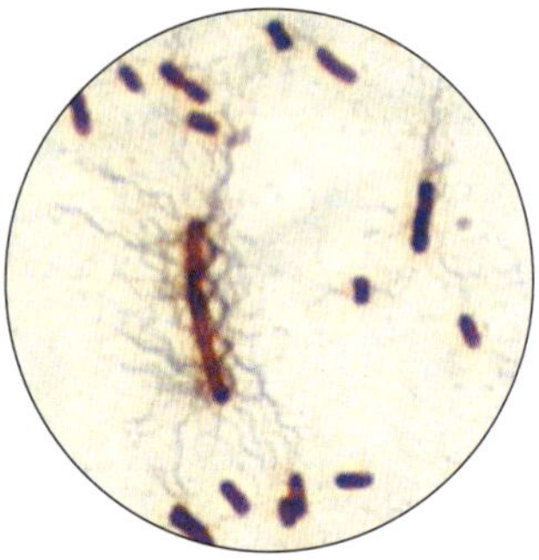

鞭毛染色：普通變形桿菌
注意鞭毛的細邊緣條紋
(1,500 倍)

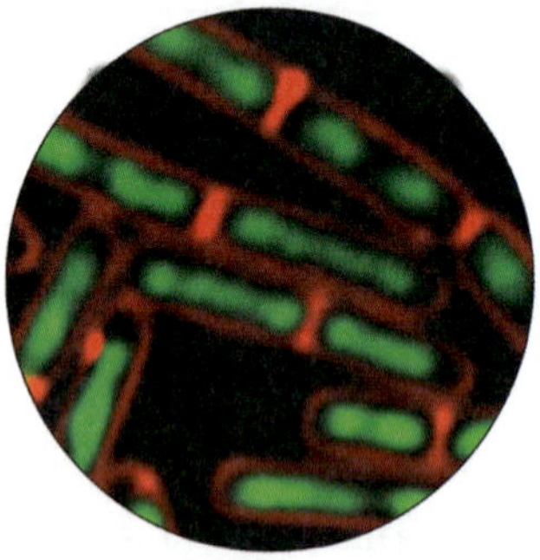

螢光染色：細菌的染色體 (綠色)
和細胞膜 (紅色)
(1,500 倍)

圖 2.9 **微生物學染色的類型**。(a) 簡單和負染色；(b) 鑑別染色：革蘭氏、抗酸性與芽孢染色；(c) 結構染色：莢膜、鞭毛與染色體染色。芽孢染色 (右圖) 是鑑別染色，同時也屬於結構染色。

藍簡單染色通常被用來染細菌內的顆粒，例如可以是辨識棒狀桿菌的因子 (圖 2.9a)。

鑑別性染色的類型　一種有效的鑑別性染色可用不同顏色的染劑清楚分辨兩種細胞的形態與部位。一般雙色染色以紅與紫、紅與綠或粉紅與藍搭配。鑑別性染色也可突顯如細胞大小、形狀和排列等其他特徵，典型的例子還包括革蘭氏、抗酸性及芽孢染色。另有些染色法 (芽孢、莢膜) 是屬於多種類型的染色法。

革蘭氏染色 (Gram staining) 已有 130 年的歷史，是以發明者 Hans Christian Gram 來命名，此染色法仍是現今最普遍的細菌鑑別染色技術。根據細胞的顏色反應很容易分辨出主要類別：染成紫色的為革蘭氏陽性 (gram-positive)，染成紅色的為革蘭氏陰性 (gram-negatvie)(圖 2.9b)。這些染色上的差異在於細菌細胞壁結構的不同 (參閱第 3 章)。革蘭氏染色是細菌學重要的根據，包括細菌分類學、細胞壁結構、感染的鑑別和藥物治療。在後續的感染病例資料中，我們將會看到革蘭氏染色是腦膜炎診斷的關鍵步驟。

抗酸性染色 (acid-fast stain) 與革蘭氏染色同為重要的診斷染色，從非抗酸的細菌 (藍) 中分辨出抗酸性的細菌 (紅)，此染色法源自於偵測樣品中的結核分枝桿菌，藉由結核分枝桿菌具有特殊不具滲透性的細胞外壁，可快速 (緊或頑強地) 抓住染劑 (石碳酸復紅)，即使用酸性溶液或酸性酒精也無法使染劑脫落 (圖 2.9b)。此染色法可用於鑑別痲瘋桿菌與感染肺或皮膚的諾卡氏菌 (Nocardia) 等其他醫學上的重要的病菌 (詳見第 16 章)。

內孢子染色法 (endospore stain) 又稱芽孢染色，與抗酸性染色類似，以熱促使染劑進入對熱具有抗性的芽孢或內孢子的構造內。在惡劣或不利於生長的環境下菌體內會形成芽孢 (詳見第 3 章)。此染色法可用於鑑別產芽孢細胞與其營養細胞 (圖 2.9b)。醫學微生物學中重要的芽孢桿菌屬 (*Bacillus*)(引發炭疽病) 和梭狀芽孢桿菌屬 (*Clostridium*)(引發肉毒桿菌中毒和破傷風桿菌) 等皆為革蘭氏陽性菌產芽孢的細菌，之後的章節將會討論。

結構染色 (structural stains) 可用來突顯非一般染色法可顯示的特殊細胞部位，如莢膜、內孢子和鞭毛。莢膜染色法觀察微生物的莢膜，此莢膜是細菌或真菌周邊非結構性的保護層，由於莢膜無法與大部分的染劑反應，因此會用印度墨汁染劑的負染色法，或以特殊的正染色法來顯現。實際上並非所有的微生物都含有莢膜，所以此特徵可以鑑別不同的病原體。其中一例為隱球菌 (*Cryptococcus*)，其可引發愛滋病患嚴重的真菌腦膜炎 (圖 2.9c)。

鞭毛染色法可用於觀察幫助細菌移動的鞭毛，鞭毛細小修長。因為細菌鞭毛的寬度遠超出光學顯微鏡的解析度，因此為了觀察必須將鞭毛外圍塗料藉以擴大並染色。鞭毛的存在有無、數量及排列有助於細菌的分類 (圖 2.9c)。

2.4　六個 I 的額外特性

培養物的接種、生長和鑑別

為了培育或培養 (culture)[6] 微生物，將一個微小的樣品 (接種體) 放入可提供繁殖量倍增的環境，即含有營養培養基 (medium，複數為 media)[7] 的容器，此過程稱為接種 (inoculation)[8]。在培養基內可觀察到生長稱為培養。培養樣品的性質取決於欲分析的目的，從體液 (血液、腦脊髓液)，排泄物 (痰、尿液、糞便) 或疾病組織提供的臨床檢體可鑑別感染疾病的原因，其他微生物分析

---

6 *culture* 培養 (kul′-chur)。希臘文：*cultus* 照護或培養，可當動詞或名詞用。

7 *medium* 培養基 (mee′-dee-um)。複數為 *media*，拉丁文：中間的意思。

8 *inoculation* 接種 (in-ok″-yoo-lay′-shun)。拉丁文：*in* 和 *oculus* 眼。

的樣品，常見如油、水、污水、食物、空氣和無生命的物質等皆可作為分析樣品。培養基的重要性將於第 2.5 節詳細描述。

以往認為給予適當的培養基，大多數微生物皆可從樣品中分離出來並培養，但這個觀點已被大幅修正。

培養的特殊要求

固有的方法是執行**無菌** (sterile)、**防腐** (aseptic) 和**純培養** (pure culture)[9] 等技術。在接種的過程中污染是常見的問題，因此無菌的技術 (培養基、接種設備) 可幫助確定微生物是來自於樣品本身。另一個值得關注的是防腐技術，可避免傳染物質從培養釋放到環境中的可能性。這些技術圍繞在維持物種的純培養以利進一步的研究、鑑定或生物技術的應用。

分離的技術

分離 (isolation) 技術的概念是基於細菌能從其他細胞中被分離，且能在營養物表面提供足夠的空間讓細菌長成不相連的小丘，稱為**菌落** (colony)(圖 2.10)。因為菌落來自於單一個細胞所形成，因此分離出來的菌落是屬於單一種類所組成。適當的分離是將少量的細胞數接種到相對較大體積或面積的培養基，這過程需要下列材料：表面相對較堅實的清澈透明培養基 (詳見 43~45 頁瓊脂的種類)、含蓋的平碟 (培養皿) 和接種工具。

劃線平板法 (streak plate method) 是用接種環將一小滴樣品在培養基表面劃線延展，在劃線過程中，細胞逐漸分散在培養基上分離成幾個區段，培養後可形成單一菌落 (圖 2.11a,b)，這是一個簡單又有效率的方法，因此劃線平板法成為最常被使用的方法。

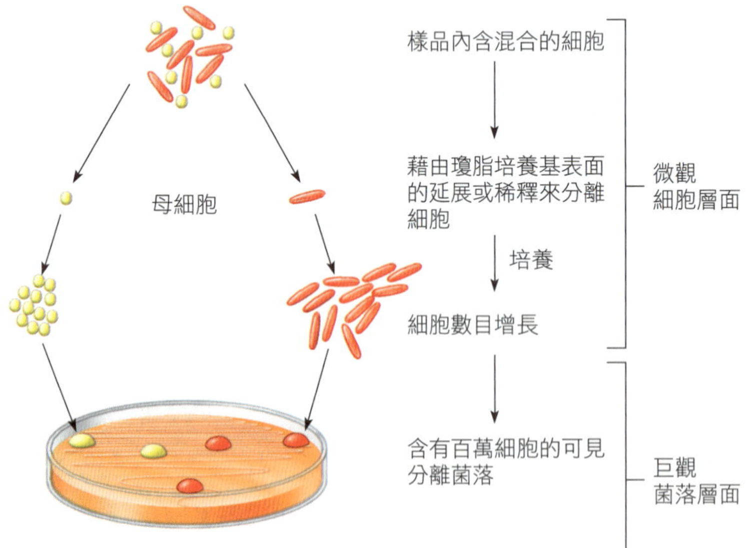

圖 2.10 分離技術。分離菌落形成的階段，顯示微觀情形及巨觀的結果。劃線等分離技術可分離出單一細胞，當細胞大量分裂後，巨觀上可看到細胞丘或菌落的形成，這是一個相當簡單又容易成功的方法，可從混合的樣品中分離出不同種類細菌。

連續稀釋法 (loop dilution) 或稱 **傾注平板法** (pour plate technique)，也是用接種環將樣品接種到一連串冷卻但仍維持液態的瓊脂試管中，以稀釋每管的細胞數目 (圖 2.11c,d)，接著將稀釋後的接種管注入到無菌的培養皿上並待其凝固。每一管的細胞數隨著稀釋而逐漸下降，使細胞在第二或第三次稀釋的接種平面有足夠的空間可以形成單一菌落。此方法和劃線平板法唯一不同的是，此技術能使菌落長在培養基內，而非只有在表面上。

9 殺菌意指完全去除所有活的微生物；防腐指防止感染；純培養指只生長一種微生物。

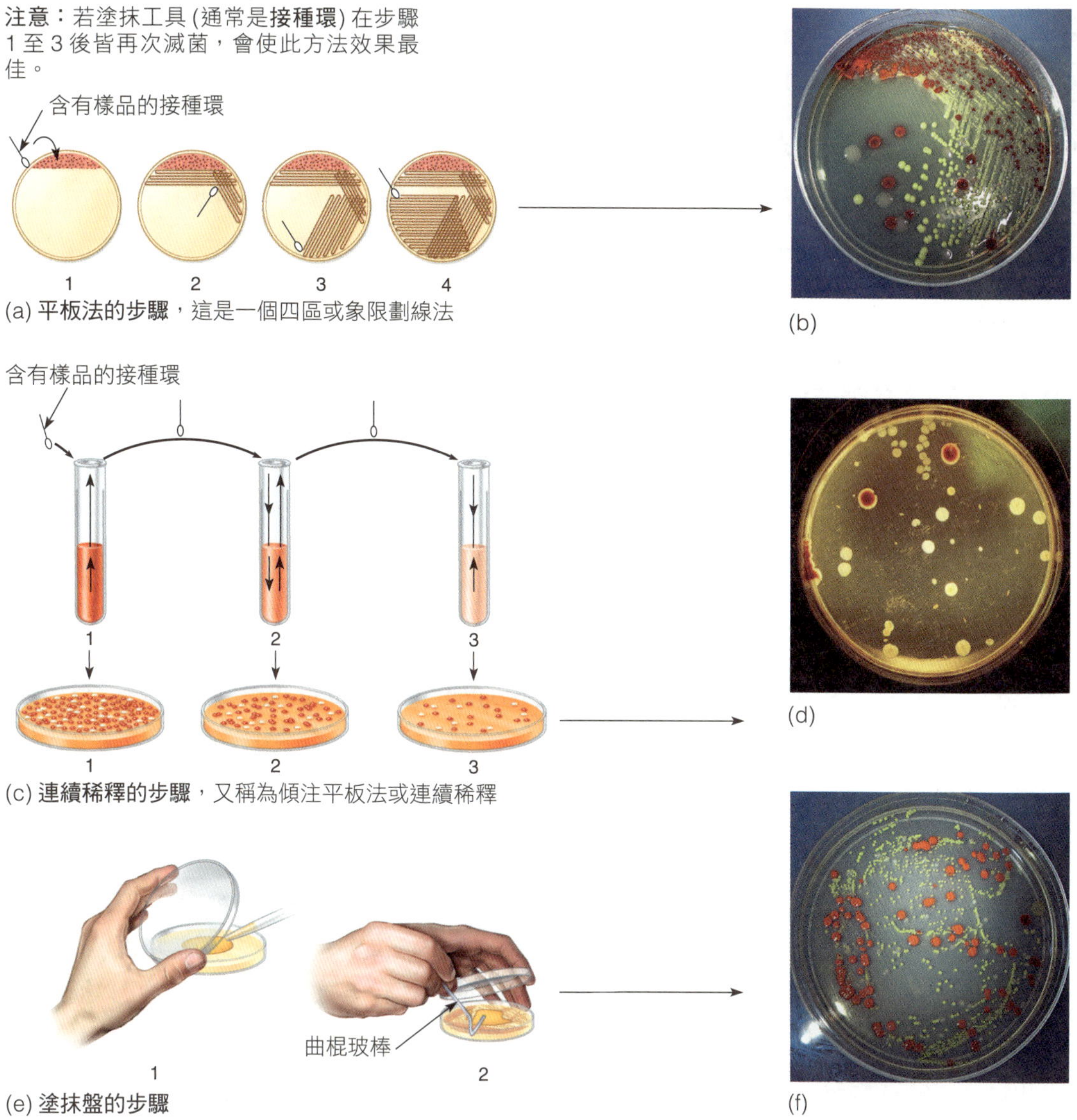

圖 2.11 **分離細菌的方法**。(a) 象限劃線平板法的步驟；(b) 分離出細菌菌落的結果；(c) 連續稀釋法的步驟；(d) 第三盤培養皿的外觀；(e) 塗抹平板法；(f) 結果。(a) 和 (c) 是用接種環培養，而 (e) 開始是用預先稀釋的樣品。

塗抹平板法 (spread plate technique) 是取少量已稀釋過的樣品注入到培養基表面並用無菌的塗抹工具 (L 型玻璃棒，有時稱為「曲棍」) 平均塗抹在培養基，如劃線平板法一樣將細胞塗抹在表面各處，使其產生單一菌落 (圖 2.11e, f)。

一旦培養皿被接種後，將其置於可控制溫度的培養箱以促進微生物生長繁殖 (incubated)。雖然微生物適合生長的溫度可能介於冰點至沸點，但實驗室常用於培養的溫度是在 20°C 至 40°C 之間。培養箱同時也可以控制大氣中氣體的成分，例如：某些微生物生長所需的氧氣和二氧化碳。在培養期間 (從幾小時到幾個星期)，微生物成倍數地繁殖，產生肉眼可觀察到的生長。微生物若生長在液態培養基中，此培養基會呈現模糊、沈澱、表面有浮垢泡沫及顏色產生，而生長在固態培養基會形成散布的菌叢或獨立的菌落。

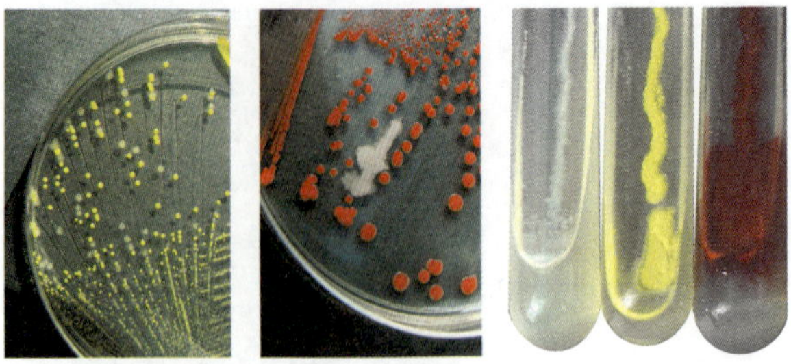

(a) (b) (c)

圖 2.12 **各種培養的狀態。**(a) 藤黃微球菌和大腸桿菌的混合培養可立即透過顏色來區別；(b) 黏質沙雷氏菌的培養基過度暴露於室內空氣會產生大的白色菌落叢，此為非預期且未定義的不速之客使得此培養基受污染；(c) 三支純培養的試管裡分別有來自於分離菌落的大腸桿菌 (白色)、藤黃微球菌 (黃色) 與黏質沙雷氏菌 (紅色)。

在某些方面，培養微生物有如園藝一般。微生物細胞被播種至小塊土地 (培養基) 中生長，需極小心排除雜草 (污染物)。一個**純培養** (pure culture) 是指培養皿內只生長已知的單一物種或微生物類型 (圖 2.12c)。此類培養最常用於實驗室研究，因其可精準檢查並控制單一種微生物。某些微生物學家傾向使用無寄生物的 (axenic) 一詞，而不是純培養一詞，這表示除了被研究的細胞外，無其他生物體生長。準備純培養的標準方法是透過**次培養** (subculture) 技術，從分離好的菌落作第二次的培養，將單一菌落取出的少量細胞轉移到個別的培養皿內培養 (見圖 2.1 －分離)。

混合培養 (mixed culture)(圖 2.12a) 是指一個培養皿內含有兩種或多個容易確認且區分的菌種，如菜園中同時種了胡蘿蔔和洋蔥。**污染培養** (contaminated culture)(圖 2.12b) 是指有**污染物** (contaminants)，即不確定特性的非標的微生物，進入到培養基，像園藝中的雜草一樣。因污染物可能會破壞實驗與測試，因此會在實驗室發展出特殊的程序去控制它們。

鑑別技術

如何確定在培養中所分離出的微生物？無疑地顯微鏡可從較大且較複雜的真核細胞族群中區別出微小簡單的原核細胞。外觀常用來鑑別真核微生物的屬或種，因為其形態特徵明顯。

然而相異的菌種可能外觀卻極為相似，因此透過外觀並不容易鑑別細菌。我們必須透過其他技術如判別細胞代謝特性的方式來鑑別，此法稱為**生化試驗** (biochemical tests)，其可測定基本的生化特性，如營養需求、生長所釋放的物質、酵素的存在和獲得能量的機制等。圖 2.13a 提供一個複合測試的例子，即獲得許多生理特性的微型系統。生化試驗在第 14 章有詳盡討論，並包含病原體的鑑別。

許多現代可分析基因特性的診斷工具，可依據 DNA 來偵測微生物。這些 DNA 檔案極為特異，甚至可用來辨識某些微生物 (詳見第 14 章)。此外，也可藉由已知的抗體來輔助鑑別 (免疫測試)。某些病原體可藉由接種適當的實驗動物獲得更進一步的資訊。透過肉眼和顯微鏡特性匯編生理學的結果，微生物完整的圖像已經被建立。專家最後鑑定結果是根據專業人員、操作員及電腦數據。傳統鑑定細菌的方法是用流程圖或應用篩選過程獲得關鍵特性 (圖 2.13b)，最重要的特性將提供一般分類上的比較，通常在某點再分出去兩條路徑。如依據陽性或陰性測試結果則為一個分離點，繼續沿著符合特徵的路徑走將導向最終點，即是微生物名稱，「剔除」的過程可簡化鑑定微生物方法。

圖 2.13　以快速小型測試法鑑別腦膜炎奈瑟氏雙球菌。(a) 一個用來測試一般革蘭氏陰性球菌的 8 連排系統，內含純培養菌及培養基，比對反應結果與此菌種一致；(b) 依據測試的關鍵資訊 (陽性或陰性反應) 對照圖表鑑別出腦膜炎雙球菌的菌屬及種的分類。

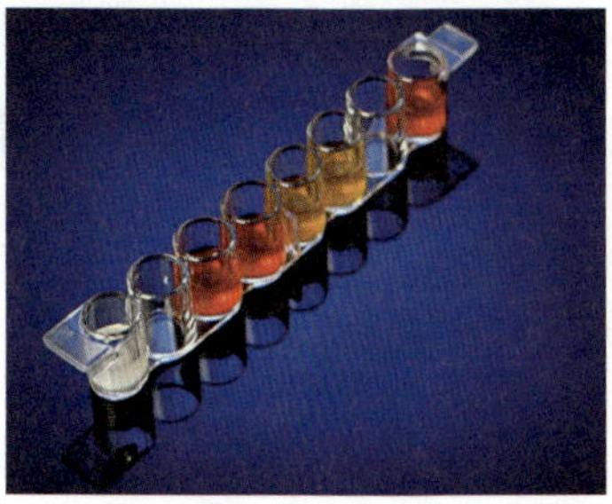

(a)

圖解區別革蘭氏陰性球菌與球桿菌

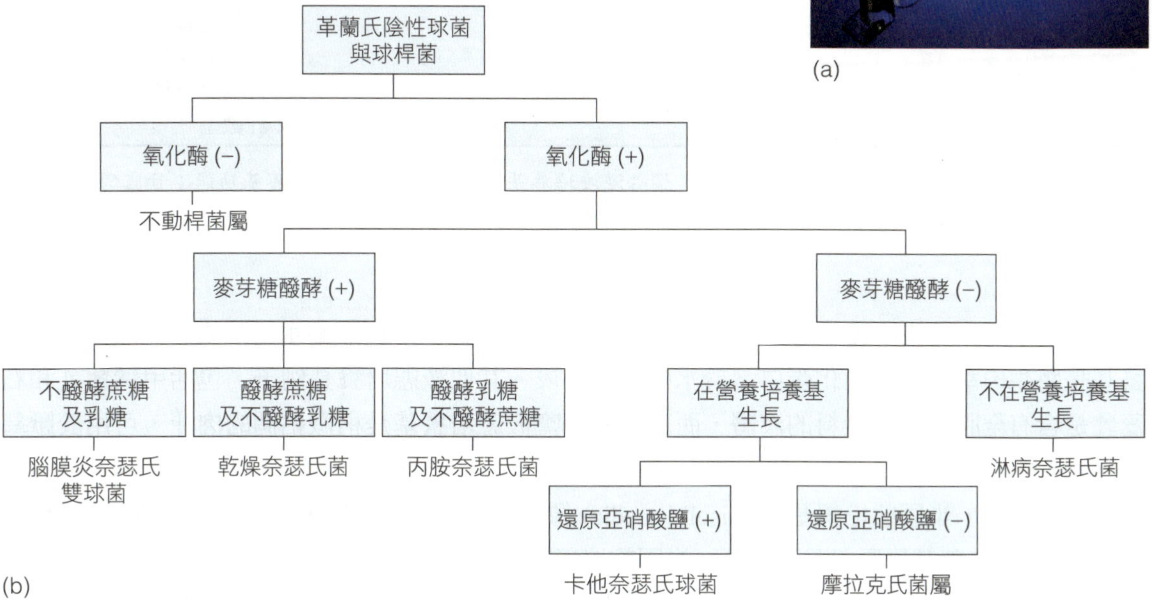

(b)

2.5　培養基：培養的基礎

十九世紀後期微生物學之所以蓬勃發展主要在於當時發展出微生物可離開其自然棲息地而在實驗室培養的技術。這是微生物與形態學、生理學和遺傳學研究上能更緊密結合的里程碑。此可由最早透過可提供全部營養所需的人工製造培養基成功培養出微生物得到證實。

有些微生物的生長僅需一些簡單的無機物，有些則需要複合的有機與無機化合物。這極大的差異可由不同種類培養基的製備獲得證實。至少有 500 種不同培養基用於培養與鑑別微生物。培養基可置於試管、燒瓶或有蓋的培養皿，以環、針、移液管和紗布來接種微生物，培養基所含的營養成分和濃度是極為多樣化，且可為特殊目的做特別的配製。

要適當地掌控實驗過程，無菌技術是必要的，意思是一開始接種的培養基和接種工具都要是無菌的，也需預防非無菌物，例如室內空氣或手指直接觸碰培養基等。

培養基的種類

雖然藻類和一些原生動物也能在培養基生長，此處討論的培養基是以培養細菌和真菌為主。而病毒只能在活的宿主細胞中培養。培養基根據其特質可分成三類：物理狀態、化學組成和功能類型 (表 2.5)。

培養基的物理狀態

液態培養基 (liquid media) 是指水溶液在冰點以上的溫度不會凝固，當容器傾斜時其可自由

表 2.5 三種培養基的分類

物理狀態 (培養基在常態的黏稠度)	化學組成 (培養基所含的化學成分)	功能類型 (培養基的目的)*
1. 液態 2. 半固態 3. 固態 (能液化) 4. 固態 (不能液化)	1. 合成的 (化學成分明確) 2. 非合成的 (複合的，化學成分不明確)	1. 一般型 2. 滋養型 3. 選擇型 4. 鑑別型 5. 厭氧生長型 6. 樣品運送型 7. 檢測分析型 8. 計數型

* 有些培養基可提供一種以上的功能，例如：腦心浸液培養基具一般型與滋養型培養基功能；甘露醇鹽瓊脂具選擇型與鑑別型的功能；血液瓊脂則具滋養型與鑑別型培養基功能。

流動 (圖 2.14)。這些培養基是將肉汁 (broths)、牛奶或浸液溶解於蒸餾水所製成。一般實驗用培養基是將牛肉萃取物和消化蛋白溶於水中的*滋養液*。其他液態培養基例子，包括甲烯藍乳和石蕊乳是含有全脂牛奶與染料的液體，而乙硫醇酸鹽液態培養基是稍微黏稠的肉汁，可用於厭氧培養 (圖 6.11)。

在常溫下，半固態培養基 (semisolid media) 像凝結般黏稠 (圖 2.15)，因包含凝固因子 (瓊脂或明膠) 而使培養基變厚但又不堅硬。半固態培養基被用來測定細菌的運動性和特定位置的局部反應。運動性試驗培養基與硫化吲哚運動性培養基皆含有微量 (0.3% 至 0.5%) 的瓊脂，可將接種針小心的插入培養基中央，之後觀察插入線周遭的生長情形。除了運動性，硫化吲哚運動性培養基可鑑定生理的特性 (產生硫化氫和吲哚反應)。

固態培養基 (solid media) 提供一個可讓細胞形成單一菌落的堅固表面 (圖 2.11) 且有助於分離和培養細菌與真菌，其可分為兩種樣式：可液化與不可液化，可液化固態培養基又稱為可逆式固態培養基，其含有物理型態會隨溫度改變的熱塑性凝固因子。目前為止最廣泛使用且最有

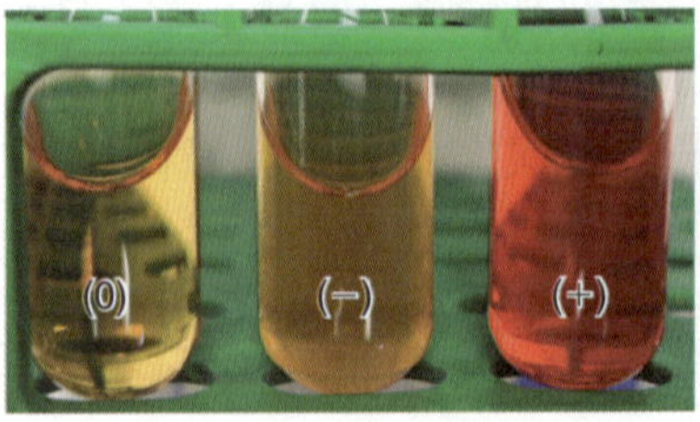

(a)

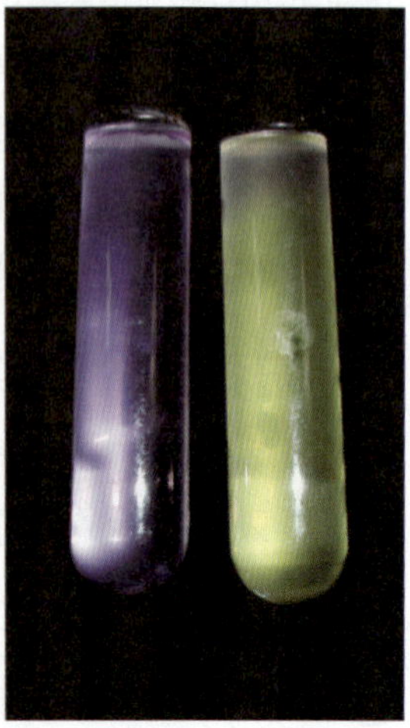

(b)

圖 2.14 液態培養基。(a) 當容器傾斜時液態培養基可自由流動。尿素肉湯可用來顯示生化反應，尿素酶分解尿素並釋放出氨，使溶液 pH 值上升則顏色漸漸成為粉紅色。左：無接種肉湯 (0)，pH 值為 7；中：生長沒有變化 (–)；右：陽性反應 (+)，pH 值為 8.0；(b) 肉湯存在與否可用於檢測水中樣品有無糞便細菌，此培養基同時也含乳糖和溴甲酚紫染劑，因為糞便細菌會使乳糖醱酵，產生酸性物質，使 pH 值降低，則染劑從紫色轉變為黃色 (右側為大腸桿菌)，而不醱酵乳糖的細菌，例如：綠膿桿菌 (左) 的生長並不會改變 pH 值 (紫色為 pH 中性)。

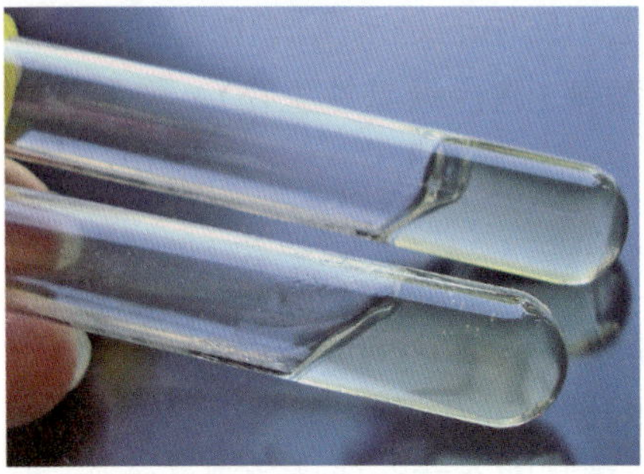
(a)

(b)

圖 2.15 **半固態培養基**。(a) 半固態培養基比液態培養基更為黏稠，但比固態培養基柔軟，此培養基無法自由流動，但有柔軟和均勻的凝結樣；(b) 硫化吲哚運動性培養基，將接種物刺入此培養基，微生物沿著刺入的路徑在周遭生長的外觀可被用來辨別其非運動性 (2) 或具運動性 (3)；第一管是無接種的控制組，第四管因有硫化氫氣體產生，因此在接種路徑的周圍產生黑色的沈澱。

效的凝固因子為**瓊脂** (agar)[10]，是從紅藻石花菜屬分離出的多醣體複合物，其有許多好處，於室溫是固態，在沸水溫度 (100°C) 時會溶化 (液化)，一旦液化，瓊脂在 42°C 以上不會凝固，因此在 45°C~50°C 的液態瓊脂可被接種或傾注，而不會傷害接種的微生物或操作者 (人體溫度為 37°C)。瓊脂具有彈性和可塑性，可提供維持濕度和營養物的基質，其另一特性為不易被大部分微生物分解。

任何包含 1%~5% 瓊脂的培養基可稱為*瓊脂*，*滋養瓊脂*是常見的一種，其包含牛肉萃取物的營養肉汁、消化蛋白和 1.5% 的瓊脂。許多瓊脂的例子包含在功能型培養基分類中。

雖然明膠不像瓊脂般令人滿意，但在濃度 10% 至 15% 下可產生適當的固態表面，但其缺點是可能會被微生物分解且在室溫或較溫暖的環境下會溶化成為液體。瓊脂和明膠培養基於圖 2.16 說明。

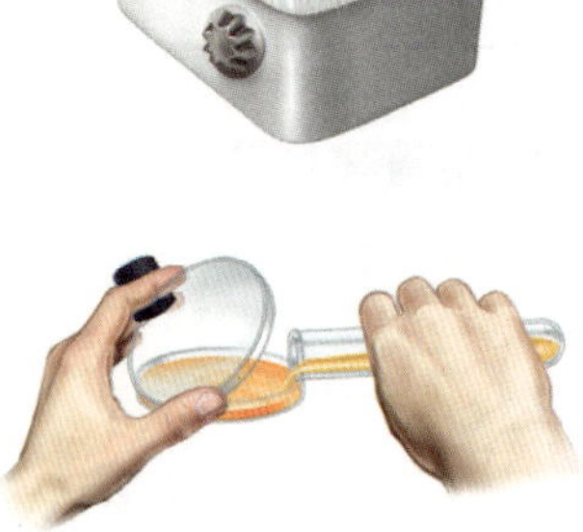
(a)

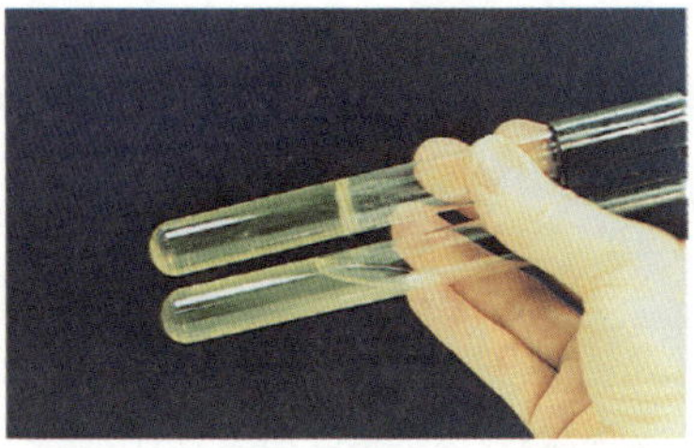
(b)

圖 2.16 **可液化固態培養基**。(a) 固態培養基含有 1% 至 5% 瓊脂，當容器傾斜或倒立也不會流動。因為此培養基是可逆性的固態，可用熱將培養基液化，倒入不同的容器中，然後再固化；(b) 營養明膠含有足夠的明膠 (12%) 使其有固態的硬度。圖中上管顯示其為固體，下管顯示當加熱或當微生物的酵素分解明膠使其液化的結果。

10 這材料是 Dr. Hesse 第一個使用 (詳見於 http://www.nhhe.com/talaro9,1881 之微生物學重要事件表格中)。

非液化固態培養基 (nonliquefiable solid media) 並不會溶化。使用的是永久固化或經濕熱會變硬的材料，例如：米粒 (用於真菌生長)，烹煮過的肉類培養基 (適合厭氧性生物)、雞蛋或血清培養基。

培養基的化學組成

由已知明確的化學成分 (chemically defined) 構成的培養基稱為合成 (synthetic)，其包含極少變化的化學營養素及透過特定化學式得到的分子含量，合成的培養基有很多種，如：培養黴菌用的基本培養基，只含一些鹽類和胺基酸水溶液而已；其他培養基則含有多種精確測量成分 (表 2.6A)。像這樣可標準化和具再現性的培養基已普遍用於研究與細胞培養，但只能用在已經確切知道營養需求的生物體。最近已發展出可培養原生動物利什曼原蟲明確的培養基，需要 75 種不同的化合物。

若培養基中含有至少一種不明確的成分，此培養基則稱為非合成 (nonsynthetic) 或複合型 (complex)[11] 培養基 (表 2.6B)。這類型培養基的組成無法用精確的化學式來標示。這些非合成的

表 2.6A 提供致病性金黃色葡萄球菌生長與維持的明確化學合成培養基

下列胺基酸皆為 0.25 克	下列胺基酸皆為 0.5 克	下列胺基酸皆為 0.12 克
胱胺酸	精胺酸	天門冬胺酸
組胺酸	甘胺酸	谷胺酸
白胺酸	異白胺酸	
苯丙胺酸	離胺酸	
脯胺酸	甲硫胺酸	
色胺酸	絲胺酸	
酪胺酸	蘇胺酸	
	纈胺酸	
附加成分		
0.005 莫耳維生素 B_3 ┐ 維生素		
0.005 莫耳維生素 B_1		
0.005 莫耳維生素 B_6		
0.5 毫克維生素 B_7 ┘		
1.25 克硫酸鎂 ┐ 鹽類		
1.25 克硫酸鉀		
1.25 克氯化鈉		
0.125 克氯化鐵 ┘		
以上成分溶解在 1,000 毫升的蒸餾水，調整最終溶液 pH 值為 7.0		

表 2.6B 腦心浸液肉汁：提供致病性金黃色葡萄球菌生長與維持的複合、非合成培養基

27.5 克腦心萃取物、消化蛋白萃取物
2 克葡萄糖
5 克氯化鈉
2.5 克磷酸氫二鈉
以上成分溶解在 1,000 毫升的蒸餾水，調整最終溶液 pH 值為 7.0

11 指培養基中有大分子如蛋白質、多醣、脂質及其他化合物，其成分相當複雜。

物質是從動植物組織萃取而來，例如碾碎的細胞和分泌物，其他非合成物質包括血液、血清、肉類萃取物、萃取液、牛奶、大豆萃取液和消化蛋白質。消化蛋白質是部分分解的蛋白質富含胺基酸，而這些胺基酸常被當作碳與氮的來源。血液瓊脂和麥康凱 (MacConkey) 瓊脂雖然功能和外觀不同，但皆為複合型非合成培養基，且提供高單位複合式營養物可提供微生物所需複雜的營養需求。

表 2.6A 和 2.6B 提供合成與非合成 (複合) 兩種培養基培養*金黃色葡萄球菌*的比較。培養基 A 的成分非常明確，然而培養基 B 比較顯著的成分是含有未知營養素的 (但可能是必需的) 大分子。A 和 B 培養基皆適合細菌生長。(你會選擇哪一個呢？)

適合各種功能的培養基

微生物學家需要多元配方的培養基，根據添加物的不同，一直有新的培養基被發展出來，微生物學家可依照需求微調培養基的成分。微生物學家過去總察覺一些無法被人工培養的微生物，如今我們不需透過培養即可在自然環境偵測到單一細菌，儘管有這樣的新技術，微生物學家不太可能放棄培養，因為培養可提供恆定微生物的來源以進行詳細的研究及診斷。

一般用途培養基 (general-purpose media) 被設計來培養大範圍不需要特殊生長環境的微生物。通常，一般用途培養基為非合成 (複合型) 培養基，且包含混合型營養物質可供各種細菌和黴菌生長，例如營養瓊脂、肉汁、腦心浸液與胰蛋白大豆瓊脂 (TSA)。胰蛋白大豆瓊脂是一個複合型培養基，含有部分分解的乳蛋白質 (酪蛋白)、大豆分解物、氯化鈉和瓊脂。

滋養型培養基 (enriched medium) 含有複合有機物質，例如：血液、血清、血紅素和特定物種生長所需的特殊**生長因子** (growth factors)。這些生長因子是微生物無法自行合成的有機化合物，如維生素和胺基酸。細菌需要的生長因子和複合營養物稱為**挑剔型** (fastidious)。血液瓊脂是以無菌的瓊脂 (圖 2.17a) 加入無菌的動物血液 (通常來自於羊)，已廣泛應用於培養挑剔的鏈球菌和其他病原體。致病性*奈瑟氏雙球菌*和*耶爾森氏鼠疫桿菌*通常培養在巧克力瓊脂，此是指加熱過的血液瓊脂並非真的加入巧克力，只是外觀看起來像巧克力 (圖 2.17b)。

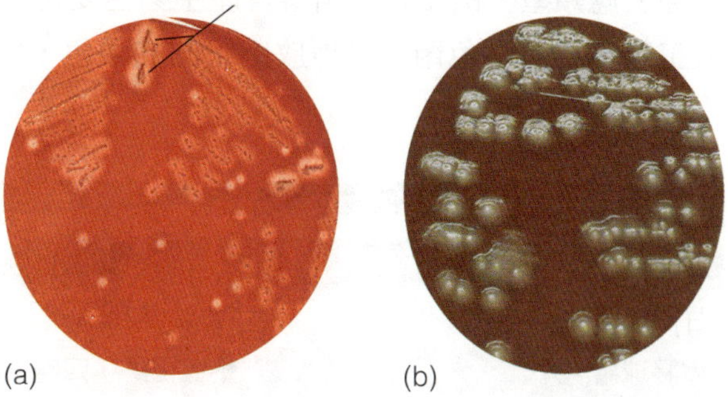

圖 2.17 **滋養型培養基的例子。**(a) 血液型培養基可提供化膿性鏈球菌生長。鏈球菌是咽喉炎和猩紅熱的起因，此培養基也可透過顯示出的溶血類型分辨菌落，觀察清晰區域的菌落 (β- 溶血型) 與其他不明顯的區域 (α- 溶血型)；(b) 鼠疫桿菌培養在巧克力瓊脂，呈現的褐色是因為煮過的血液並非產生溶血。巧克力培養基可培養挑剔型病原體，如：惡名昭彰的鼠疫病原菌。

選擇型與鑑別型培養基

一些最巧妙且最具創意性的培養基則屬選擇型與鑑別型這類培養基 (圖 2.18)。這些培養基是為特定的微生物族群所設計，並廣泛應用在分離與鑑別上，單一步驟就可初步鑑別出某一屬或種。

選擇型培養基 (selective medium)(表 2.7) 包含單一或多種物質抑制特定微生物生長 (如 A、B 和 C)，但無法抑制 D 菌種的生長。此差異性偏好或選擇 D 微生物可使其自行生長。在含多種物種的混合型樣品裡，例如：糞便、唾液、皮膚、水和油中，欲初步分離

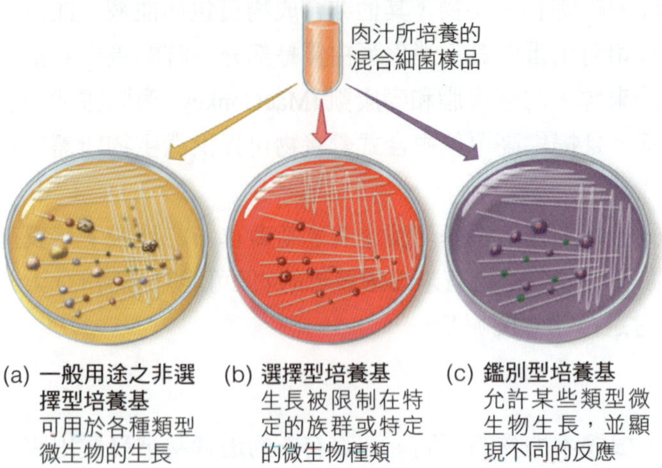

圖 2.18 比較一般用途的選擇型與鑑別型培養基。混合樣品含有多種微生物塗抹在培養基。(a) 一般用途之非選擇型培養基；(b) 選擇型培養基；(c) 鑑別型培養基。注意這三種培養基菌落的外觀與數目。培養基 (a) 能夠生長較廣泛數目與種類的菌落；培養基 (b) 僅產生一到兩種看起來非常相似的菌落；培養基 (c) 顯示出比 (b) 更多樣的菌落，且這些菌落可透過不同顏色來辨識。

出特定的微生物，選擇型培養基是非常重要的，其可藉由抑制不要的微生物並讓預期的微生物存活下來，此可加速分離出想要的微生物。

甘露醇鹽瓊脂 (MSA) 含有高濃度的氯化鈉 (7.5%)，可完全抑制大部分人類病原體。唯一例外的是葡萄球菌屬，此菌可在甘露醇鹽瓊脂良好地生長，因此可在混合的樣品中被突顯出來 (圖 2.19a)。

膽鹽是糞便的成分之一，可抑制大部分革蘭氏陽性菌，但可讓革蘭氏陰性菌生長，可於分離腸道病原體的培養基 (麥康凱瓊脂、海克頓腸內菌瓊脂) 作為一個選擇性的因子 (圖 2.19b)。亞甲基藍與結晶紫等染劑可抑制特定的革蘭氏陽性菌。其他具有選擇性質的試劑是抗微生物的藥物或酸性物質。一些選擇型培養基含有強力的抑制因子，可用於混合型樣品中數量過低而被忽略的病原體的生長。培養基含亞硒酸鈉和煌綠 (用做消毒劑的綠色染料) 可用於分離糞便中的沙門氏桿菌，而疊氮化鈉可用於分離水和食物中的腸道鏈球菌。

鑑別型培養基 (differential media) 的設計是同時培養多種微生物，可在這些微生物當中呈現肉眼可見的差異，例如菌落大小或顏色的差異、在培養基的顏色變化，或氣泡和沈澱物的生成 (表 2.8)。這些差異是因培養基內化學成分不同和微生物與其反應的結果，例如 X 微生物可代謝某種物質，而 Y 不能，因此 X 可在培養基觀察到差異，而 Y 則不行。最簡單的鑑別型培養基有兩種反應類型，例如有些菌落會產生顏色變化，其他菌落則否。有些新型的鑑別型培養基內含人工物質稱為呈色劑，可釋放出不同的顏色，每個顏色均對應特定的微生物。圖 2.20b 顯示尿

表 2.7 選擇型培養基的成分與功能

培養基	具選擇性的因子	用途
甘露醇鹽瓊脂	7.5% 氯化鈉	從感染物中分離出金黃色葡萄球菌
糞腸球菌肉汁	疊氮化鈉、四唑	分離糞便的腸道鏈球菌
苯基乙醇瓊脂	氯苯乙基醇	分離葡萄球菌和鏈球菌
番茄汁瓊脂	番茄汁、酸	從唾液分離乳酸菌
麥康凱瓊脂	膽汁、結晶紫	分離革蘭氏陰性腸內菌
伊紅亞甲基藍瓊脂	膽汁、染劑	在樣品中分離大腸桿菌
沙門氏桿菌 / 志賀氏桿菌瓊脂	膽汁、檸檬酸、煌綠	分離沙門氏桿菌和志賀氏桿菌
沙保羅氏瓊脂	pH 值 5.6 (酸) 可抑制細菌	分離真菌

液培養結果含有六種不同的細菌。其他呈色瓊脂可鑑別金黃色葡萄球菌、李斯特菌與致病性的酵母菌。

染劑是有效的鑑別試劑，因大部分染劑是 pH (酸鹼) 指示劑，藉由其顏色變化反應酸或鹼的生成。例如麥康凱瓊脂內含中性紅染劑，中性時呈黃色，酸性時呈粉紅色或紅色。如大腸桿菌為常見的腸道菌，會代謝培養基中乳醣釋出酸，致使菌落呈現粉紅或紅色；而沙門氏桿菌並不會釋放酸，因此菌落能維持中性原色 (灰白色)。圖 2.19 (甘露醇鹽瓊脂) 和圖 2.21 (醱酵肉汁) 的培養基含酚紅指示劑，也可透過 pH 值不同來改變顏色，酸性呈黃色，中性和鹼性呈紅色。

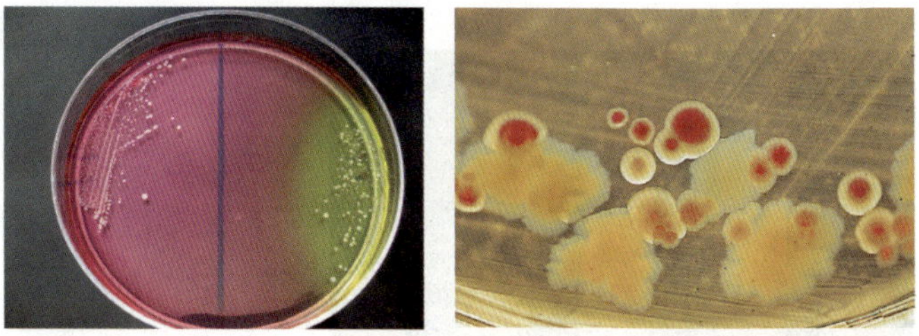

(a)　(b)

圖 2.19　**同時具有選擇型與鑑別型培養基。**(a) 甘露醇鹽瓊脂可將臨床檢體選擇性分離出金黃色葡萄球菌，此培養基含有 7.5% 的氯化鈉，高濃度的鹽類可抑制人類身上大部分的細菌和黴菌。甘露醇鹽瓊脂亦具有鑑別功能，因含有染劑 (酚紅)，可在不同 pH 值下變化顏色，以及含有甘露糖醇，其為一種可被醱酵成酸性物質的醣類。圖 (a) 左邊為白色表皮葡萄球菌，此菌無法代謝甘露糖醇 (紅)；右邊為金黃色葡萄球菌，為病原體可代謝甘露糖醇 (黃)；(b) 麥康凱瓊脂可鑑別乳酸醱酵菌 (菌落中心呈粉紅色反應) 與乳酸無法醱酵的菌種 (菌落無染劑反應，呈灰白色)。

一個單一培養基可根據其包含的成分分成多種類型，例如表 2.7 (選擇型培養基) 和表 2.8 (鑑別型培養基) 中的麥康凱與伊紅亞甲基藍瓊脂 (EMB) 培養基。血液培養基同時具有滋養型和鑑別型培養基的功能。提供培養基的公司已開發出可用在許多常見病原體的選擇型暨鑑別型培養基，也就是在單一個培養皿可同時鑑別多種病原體的可能性。在往後章節將會看到這類型培養基的例子。

表 2.8　鑑別型培養基

培養基	輔助鑑別的物質	鑑別
血液瓊脂	完整紅血球	紅血球受到破壞 (具溶血性)
甘露醇鹽瓊脂	甘露醇、酚紅	葡萄球菌種
海克頓腸內菌瓊脂 *	溴百里酚藍、酸性品紅、蔗糖、水楊苷、硫代硫酸鹽、檸檬酸鐵銨、膽汁	沙門氏桿菌、志賀氏桿菌與其他乳糖非醱酵性與醱酵性；也可觀察硫化氫生成反應
麥康凱瓊脂	乳糖、中性紅	鑑別醱酵乳糖 (降低 pH 值) 與非醱酵性細菌
伊紅亞甲基藍瓊脂	乳糖、伊紅、亞甲基藍	與麥康凱瓊脂同
尿素肉汁	尿素、酚紅	可水解尿素代謝成氨、提高 pH 值的細菌
硫化吲哚運動性	硫代硫酸鹽、鐵	硫化氫氣體產生、運動性、吲哚形成
三糖鐵瓊脂	三種醣、鐵、酚紅染劑	醣類醱酵、氫化硫產生
木糖離胺酸去氧膽酸鹽瓊脂	離胺酸、木醣、鐵、硫代硫酸鹽、酚紅	可鑑別腸桿菌、埃希氏桿菌、變形桿菌、普洛維頓斯菌、沙門氏桿菌、志賀氏桿菌

* 包含染劑和膽汁可抑制革蘭氏陽性菌

(a)

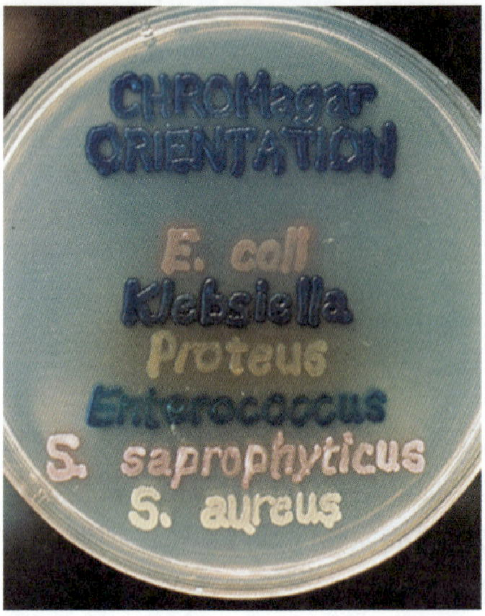

(b)

圖 2.20 鑑別細菌多重特性的培養基。 (a) 樣品可接種在三糖鐵瓊脂表面上與刺入底部較厚的區域，此培養基包含三種醣類、顯示 pH 值變化的酚紅染劑 (亮黃色是酸；各種紅色是鹼) 與可顯示硫化氫氣體產生的鐵鹽。反應 (1) 沒有生長；(2) 有生長但沒有酸性物質產生 (醣類沒有代謝)；(3) 只有在底部產生酸性物質；(4) 培養基全部皆產生酸性物質；(5) 底部產生酸與硫化氫氣體 (黑色沈澱)；(b) 培養基的開發用於培養與鑑別大部分常見的尿液病原體。科瑪嘉酵素基質呈色培養基 (CHROMagar Orientation™) 用呈色反應去分辨至少七種物種並允許快速辨別與治療，例如圖 (b)，用細菌劃線拼出名稱。哪些細菌可能會被用來寫在培養基表面？

各式各樣的培養基

還原型培養基含有某些物質 (乙硫醇酸或胱胺酸) 可吸收培養基中的氧或減緩氧滲透量來還原其能力，對於厭氧菌的生長或需氧性的測定是很重要的 (詳見第 6 章)。醣類醱酵培養基含可被醱酵的糖 (轉換成酸)，利用 pH (酸鹼) 指示劑可顯示出此反應 (圖 2.19a 和 2.21)。其他生化反應培養基提供辨認細菌和黴菌的基礎，此將在後面章節介紹。

運送型培養基用於保存與維持臨床分析前需擱置一段時間的樣品，以及在不穩定的狀況下不易維持存活的樣品。斯圖亞特氏與亞咪氏運送型培養基含有預防細胞受到破壞的緩衝液與吸附劑，但並不支援細胞生長。

分析型培養基是生物技術人員用來測試抗微生物藥物的有效性 (詳見第 9 章)，與藥物開發評估消毒劑、抗菌劑、化妝品和防腐劑對微生物生長等效用。計數型培養基是工業和環境微生物學家用來計數牛奶、水、食物、油和其他樣品中微生物的含量。

一些重要的微生物群 (病毒、立克次體和少數細菌) 只生長於活細胞或動物。這些寄生菌具有獨特的需求，需寄生在活體動物如：兔子、天竺鼠、老鼠、雞和鳥類胚胎，這類動物在研究、生長與鑑定微生物時，為不可或缺的輔助工具。動物接種 (實驗) 是重要的步驟，因其可在藥物或疫苗用於人體前，測試其效果。動物同時是抗體、抗血清、抗毒素和其他用於治療或測試的免疫產品的重要來源。

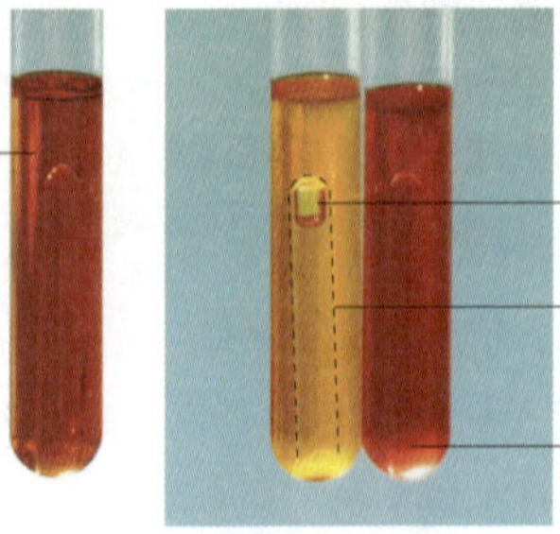

圖 2.21 肉汁中的醣醱酵。 培養基被設計成利用含酚紅肉汁顯示醱酵 (酸產生) 與氣體形成，將小型杜蘭醱酵小管倒置以收集氣泡。圖中左管是未接種的陰性反應控制組，中間管是有酸 (黃色) 與氣體 (氣泡) 的陽性反應，右管顯示無酸性物質也無氣體產生的菌種生長。

第一階段：知識與理解

這些問題需活用本章介紹的觀念及理解研讀過的資訊

選擇題

從四個選項中選出正確答案。空格處，請選出最適合文句的答案。

1. 下列何者不是六 I 之一？
   a. 檢視　b. 鑑別
   c. 照明　d. 培養
   e. 接種
2. 培養一詞是指微生物 ___ 地生長於 ___
   a. 快速，培養箱　b. 巨觀，培養基
   c. 微觀，活體　d. 人工，菌落
3. 混合培養指：
   a. 同污染培養
   b. 適當地攪拌
   c. 包含兩種或多種已知的物種
   d. 含有單細胞藻醣和原生動物樣品的培養
4. 瓊脂優於明膠作為凝固因子是因為：
   a. 在室溫不會熔化
   b. 在 75°C 凝固
   c. 通常不會被微生物分解
   d. a 和 c 皆是
5. 所謂放大倍率是指
   a. 聚光鏡　b. 光束折射
   c. 照明　d. 解析度
6. 次培養是指
   a. 菌落生長在培養基表面下方
   b. 在污染物中培養
   c. 在胚胎中培養
   d. 在單一菌落中培養
7. 波長較長的光 ___ 解析度
   a. 改善　b. 惡化
   c. 未改變　d. 不可能
8. 真實的圖像由 ___ 產生
   a. 接目鏡　b. 接物鏡
   c. 聚光鏡　d. 眼睛
9. 油鏡需要搭配多少倍率的接目鏡方可使顯微鏡放大總倍率為 1,500 倍？
   a. 150 倍　b. 1.5 倍
   c. 15 倍　d. 30 倍
10. 電子顯微鏡的樣品是
    a. 染劑染色　b. 被切成薄片
    c. 死的　d. 直接觀看
11. 最適合觀察移動性的是
    a. 懸滴製備　b. 負染色
    c. 劃線平板　d. 鞭毛染色
12. 細菌易被陽離子染色 (正電荷) 是因為
    a. 含有大量的鹼性物質
    b. 含有大量的酸性物質
    c. 屬中性
    d. 有厚的細胞壁
13. 穿透式電子顯微鏡和掃描式電子顯微鏡的差異在於
    a. 放大倍率的能力　b. 彩色和黑白影像
    c. 樣品的製備　d. 透鏡的種類
14. 一些挑剔的 (不易培養的) 微生物必須生長在哪一種類型的培養基
    a. 一般用途培養基　b. 鑑別型培養基
    c. 合成培養基　d. 滋養型培養基
15. 哪一種培養基在臨床分析前適合維持和保存樣品？
    a. 選擇型培養基　b. 轉送型培養基
    c. 滋養型培養基　d. 鑑別型培養基
16. 下列何者不是光學顯微鏡
    a. 暗視野　b. 共軛焦
    c. 原子力　d. 螢光
17. 配合題。針對每一種類型的培養基選擇合適的描述。簡述為何培養基適合這些描述
    ___ 甘露醇鹽培養基　a. 選擇型培養基
    ___ 巧克力瓊脂　b. 鑑別型培養基
    ___ 麥康凱瓊脂　c. 已知化學物質 (合成) 培養基
    ___ 營養肉汁　d. 滋養型培養基
    ___ 腦心浸液肉汁　e. 一般用途培養基
    ___ 沙保羅氏瓊脂　f. 複合型培養基
    ___ 三糖鐵瓊脂　g. 運送型培養基
    ___ 硫化氫吲哚運動性培養基

申論挑戰

每題需依據事實，撰寫一至兩段論述，以完整回答問題。「檢視你的進度」的問題也可作為該大題的練習。

1. a. 購買顯微鏡時，最重要應確認的特性為何？
   b. 一台 20 美元的顯微鏡號稱可以放大 1,000 倍，

其真實度為何？

2. 用 100 倍的接物鏡如何獲得 2,000 倍放大倍率的影像？
3. 舉例分辨巨觀 (肉眼) 和微觀 (顯微鏡) 觀察微生物的方法
4. 描述革蘭氏染色的過程並解釋為何此染色為重要的感染診斷工具。
5. 描述一個樣品從分離、培養到鑑別一個微生物病原體的過程
6. 追蹤從光源到眼睛的路徑，描述光線通過顯微鏡的主要結構時會發生什麼作用？
7. 針對下列方法提供微生物大小、形狀、移動性和差異，分析下列製備方式：芽孢染色、負染色、簡單染色、懸滴染色和革蘭氏染色。

觀念圖

在 http://www.mhhe.com/talaro9 有觀念圖的簡介，對於如何進行觀念圖提供指引。

1. 在此觀念圖填入連接詞或短詞，並在空格內填入缺少的觀念。

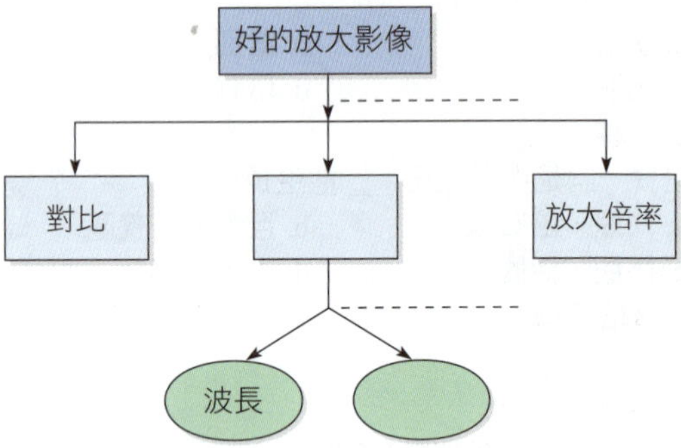

第二階段：應用、分析、評估與整合

這些問題超越重述事實，需要高度理解、詮釋、解決問題、轉化知識、建立模式並預測結果的能力。

批判性思考

本大題需藉由事實和觀念來推論與解決問題。這些問題可以從各個角度切入，通常沒有單一正確的解答。

1. 某培養基有以下成分：

葡萄糖	15 克
酵母萃取物	5 克
消化蛋白質	5 克
磷酸二氫鉀	2 克
蒸餾水	1,000 ml

   a. 此培養基屬於哪種化學類別，並解釋為什麼。
   b. 如何將適合金黃色葡萄球菌的培養基 (表 2.6A) 換成非合成培養基？
2. a. 舉出四種類似血液瓊脂的培養基。
   b. 舉出四個三糖鐵瓊脂不同的反應。
   c. 觀察圖 2.15，解釋無法移動和移動型細菌其生長差異的起因。
   d. 以圖 2.18 為例，說明何種培養基同時具有選擇型和鑑別型的性質
3. a. 你會選擇用哪種培養基在培養來自海洋的微生物？
   b. 你會選擇用哪種培養基在培養來自人類胃部的微生物？
   c. 為什麼腸道細菌可以活在含有膽汁的環境？
4. 回顧圖 1.3 六張顯微照片是否可以根據放大倍率和圖形分辨是用何種顯微鏡？
5. 革蘭氏染色是否可以用在診斷流行感冒？為什麼？

視覺挑戰

1. 以圖 2.11a, b 為例。如果用肉汁內含稀釋十倍細胞數執行象限平板劃法進行培養，預期哪一個象限會產生分離菌落？並說明其原因。
2. 參見圖 2.1，正確指出第 1 章至第 2 章的案例研究中，分別運用 6 個「I」中的哪一項？

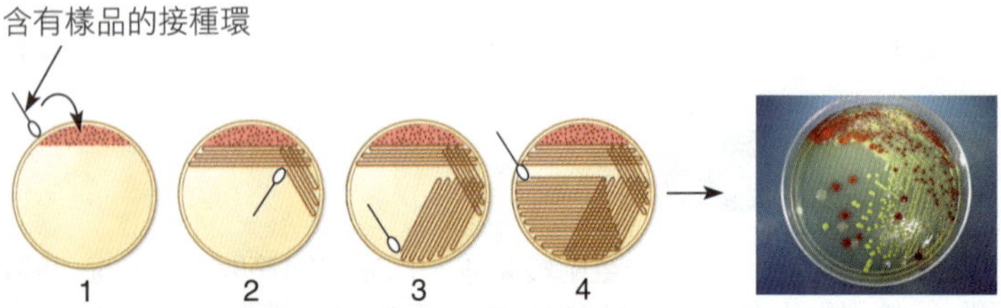

(a) 平板法的步驟，這是一個四區或象限劃線法　(b)

第 3 章　原核細胞與微生物探索

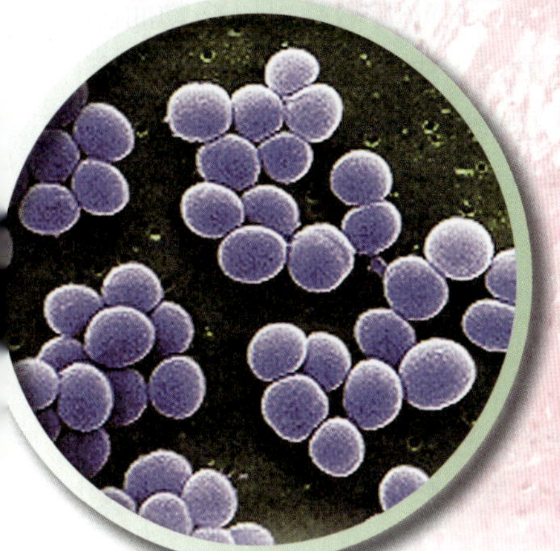

革蘭氏陽性致病菌金黃色葡萄球菌無所不能，但看起來像是無害的微小紫色葡萄串。

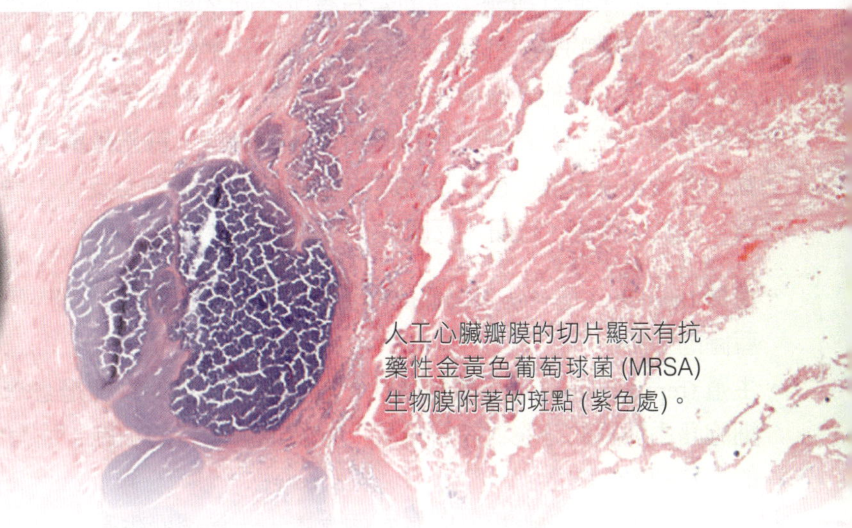

人工心臟瓣膜的切片顯示有抗藥性金黃色葡萄球菌 (MRSA) 生物膜附著的斑點 (紫色處)。

3.1　細胞的基本特徵與生命形式

無論是由單一細胞組成的細菌或由數萬億細胞組成的大象，細胞是生物體的基本單位，是生物學普遍的事實。無論生物體的起源來自何處，所有細胞皆有一些共同的特徵。這些細胞傾向於以立方體、球形或圓柱形等形狀呈現，並有**細胞膜** (cell membrane) 圍繞細胞內的基質，稱為**細胞質** (cytoplasm)。所有的細胞含有一個或多個攜帶去氧核糖核酸 (DNA) 的染色體，也含有提供蛋白質合成的核糖體，這些物質展現出高度複雜的化學反應。如同第 1 章所述，所有至今發現的細胞都可被歸類為兩個不同族群的其中之一：微小、外觀較簡單的**原核生物細胞** (prokaryotic cells)，以及較大、結構較複雜的**真核生物細胞** (eukaryotic cells)。

動物、植物、黴菌和單細胞生物的真核細胞含有許多複雜的細胞內部結構，稱為**胞器** (organelles)，可對細胞執行有用的功能，胞器是細胞的成分之一，由細胞膜包圍，可執行代謝、營養和合成等特定的活動。胞器也將真核細胞劃分成不同的小區域。最常見的胞器是細胞核，內含有 DNA 環繞成球狀，大致上由雙層膜所包圍。其他胞器包含高基氏體、內質網、液泡和粒線體 (詳見第 4 章)。

原核細胞存在於細菌與古細菌，有時候看起來像是微生物界中的「窮人」，為了方便與真核細胞比較，皆是描述原核生物所缺乏的，例如：原核細胞沒有細胞核或其他胞器。然而，此法表面上看似簡易卻使人誤導，因為原核生物細微的結構可能是複雜的。總之，真核細胞從事的活動，原核細胞幾乎都可以執行，甚至有些原核細胞的功能，卻是真核細胞無法執行的。

生命是什麼？

生物學家們早就討論過，我們所看到有生命或活著等這類一致性指標是生物體普遍的特色。

細胞做了哪些事使其與無生命的岩石有所不同？其中之一的答案經常會是生命體具有移動或生長的能力。遺憾的是，就個別而言，這些並非生命跡象，畢竟，沒有生命的物體可以移動而晶體也可以生長。可能沒有單一的特性可作為生命的終極指標。事實上，生命的定義需要行為上完整的收集，甚至是最簡單生物體所擁有的特性。首先最重要的是一個自給自足且可執行生命活動的高度組織單位，也就是所謂的**細胞** (cell)。細胞是支持生命現象的臨時區域，包括遺傳、生殖、生長、發育、代謝、反應性和運輸 (圖 3.1)。

- **遺傳** (heredity) 是一個生物體的基因組[1]藉由染色體傳給下一代，染色體則攜帶具有生命分子藍圖的 DNA。
- **生殖** (reproduction) 意指繁衍後代，對於繼續演化的物種是必需的。生物的無性生殖泛指一個細胞藉由簡單的分裂或有絲分裂，分裂成兩個新的細胞；而有性生殖的生物涉及從雙親而來的生殖細胞的結合。
- **生長** (growth) 在微生物學中有兩個含義，一是透過生殖增加族群總數，二是細胞成熟過程單一生物體的放大。
- **發育** (development) 是含完整基因體表現的微生物其生命週期中的所有改變。
- **代謝** (metabolism) 包含上千種細胞功能所需的化學反應，一般而言，這些反應不是合成新的細胞組成分就是釋放可驅動細胞活性的能量。這兩種代謝的型態是由稱作**酵素**的特殊生命分子所調控。
- **反應性** (responsiveness) 是細胞透過興奮、溝通或移動與外在因素交互作用的能力。細胞接受

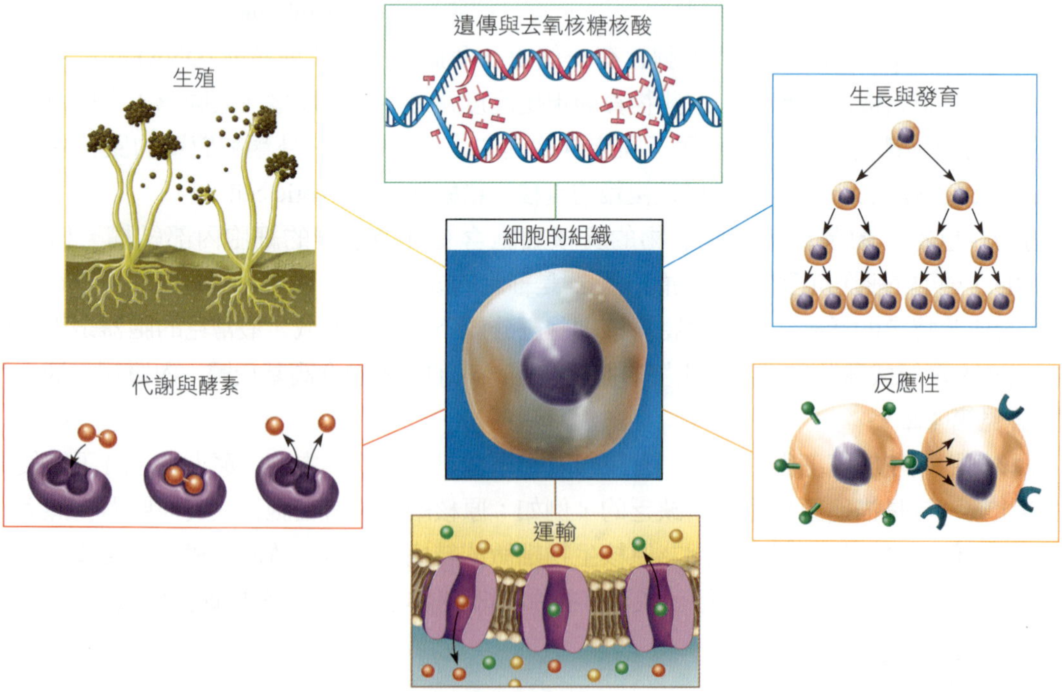

圖 3.1 定義生命的特性總覽。細胞是維持生命的集體活動核心。

1 *genome* 基因組 (gee′-nohm)：一個生物所含的全套染色體與基因。

並反應來自環境中的光和化學物質的刺激顯現出興奮。細胞也可能透過傳遞或接受訊號與其他細胞溝通。有些細胞有特殊的運動構造會使細胞本身擁有自我推進或移動的能力。

- **運輸** (transport) 是控制營養物質和水流動的系統，包含從外在環境攜帶營養物質和水進入到細胞內，若沒有這些營養物，代謝會停止，另外，細胞也會逆向地分泌物質或排出廢物。移動的方式是由細胞膜來執行，其功能類似細胞功能的守門員。這些所有生命的特質可提供微生物適應和演化的能力。

病毒通常被認為是無生命的主要原因之一是它們不是細胞，即使有人認為它們微小的單位有點像細胞，而且它們確實表現出生活中遺傳、發育與演化等特點，但若沒有其他活體宿主細胞，病毒無法顯現這些特點。病毒離開宿主，則會缺乏大部分剛剛所提及的生命特徵、無活性且沒有生命，我們將會在第 5 章討論病毒。

3.2　原核生物概況：細菌和古細菌

第 1 章已介紹過原核細胞的兩種主要類型：細菌和古細菌。原核細胞作為地球上第一種類型的細胞，其演化史可追溯到 35 億年前，至今我們仍無法知道這些細胞詳細的特性，但許多微生物學家推測原核細胞類似於現今深海熱泉噴口的古細菌 (見圖 3.33) 以硫化物為生，至今仍存在於極端的棲息地達 35 億年之久。細菌和古細菌的演化歷程相似。生物學家認為這兩種原核細胞合併至少占地球上生命總量的一半。事實上這些生物已長久存在這樣的環境中，顯示出細胞的結構與功能具有令人難以置信的多功能與適應性。原核細胞的結構可以下圖表示：

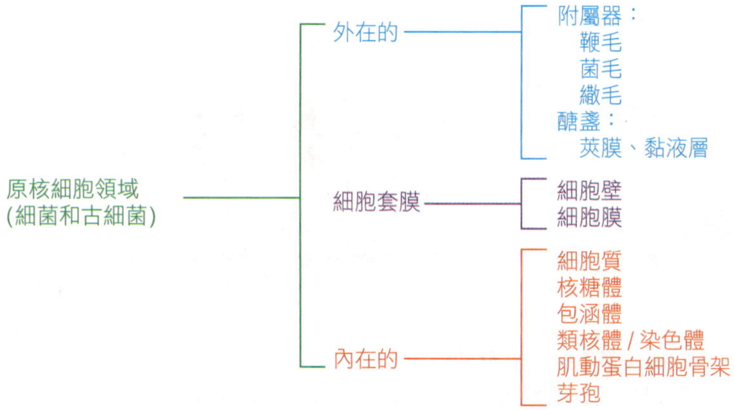

細胞膜、細胞質、核糖體及染色體等結構對於所有原核細胞的功能而言是必需的，大多數的原核細胞還具有細胞壁和某種形式的表面外層或醣盞 (glycocalyx)，然而，鞭毛、菌毛、纖毛、莢膜、黏液層、包涵體、肌動蛋白細胞骨架和芽孢等特殊結構僅存在某些菌種。

一般細菌的結構

原核細胞因為太小，在傳統顯微鏡下看起來是平面而毫無特色，提高放大倍率可幫助理解錯綜複雜的細胞及其複雜的結構 (見圖 3.18 與圖 3.28)。除非另有說明，否則原核結構的描述是指**細菌** (bacteria)，其細胞壁含有肽聚醣。圖 3.2 顯示細菌大部分結構的立體圖。當我們觀察細

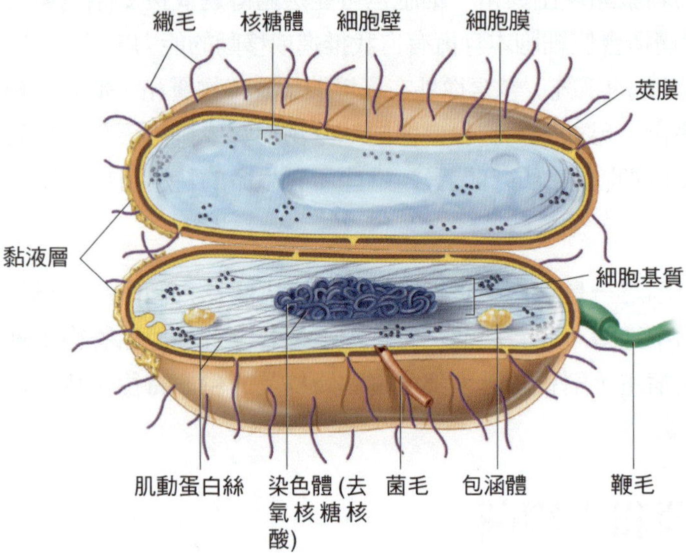

圖 3.2 細菌典型的結構。桿菌的剖視圖，顯示主要的結構特徵，注意：並非所有細菌都含有這些結構。

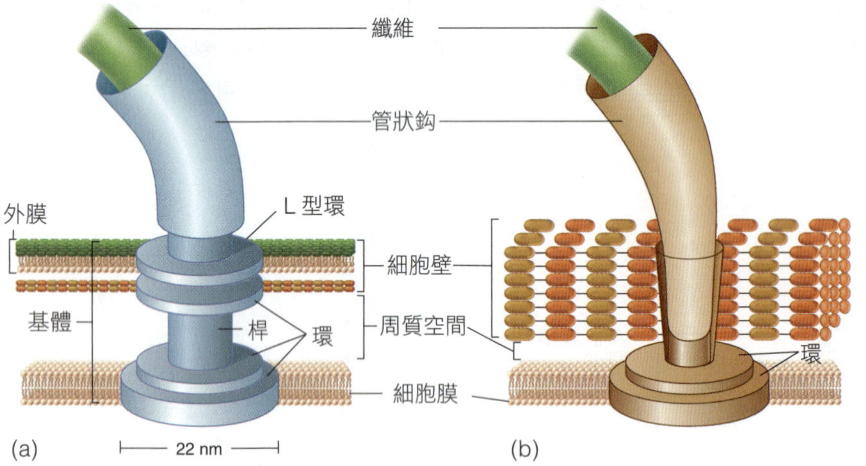

圖 3.3 鞭毛基體的詳細結構與鞭毛在細胞壁的位置。管狀鉤、環、桿狀所形成的微小裝置可使鞭毛 360 度旋轉。(a) 革蘭氏陰性菌的結構；(b) 革蘭氏陽性菌的結構。

菌的主要解剖特徵時，會先從細胞外部的結構進而到內部的成分。

☞ 細胞延展與表面結構

細菌表面通常帶有**附屬器** (appendages)，而這些附屬器可分為兩類：提供運動性 (鞭毛和軸絲) 和提供附著或管道 (繖毛、菌毛)。

鞭毛－細菌的推進器

原核細胞的**鞭毛** (flagellum)[2] 在生物界中是具獨特構造的附屬器，鞭毛提供運動性與自我推進的能力，使細胞可以在有水的棲息地自由游動，在高倍率的視野下細菌的鞭毛顯示出具有三個明顯部位：纖維、掛鉤 (鞘) 和基體 (圖 3.3)。**纖維** (filament) 是由鞭毛蛋白組成的螺旋結構，直徑約 20 奈米，長度可從 1 到 70 微米不等，連接到有弧度的管狀鉤 (hook)，此鉤可藉著基體連接到細胞，**基體** (basal body) 是環狀堆疊物可從細胞壁牢牢嵌住到細胞膜，而管狀鉤和纖維可 360 度自由旋轉，跟真核細胞的鞭毛比起來，原核細胞的鞭毛可前後起伏。

所有的螺旋菌，大約一半的桿菌和少量的球菌都具有鞭毛的結構 (這些細菌的形狀顯示於圖 3.23)。鞭毛根據數量與排列的變化分成兩種形式：(1) 極性 (polar) 排列，鞭毛附著在細胞的一端或兩端，此極性排列有三種次亞型：**單鞭毛** (monotrichous)[3]，僅有單一鞭毛；**單端叢毛**

---

2 *flagellum* 鞭毛 (flah-jel′-em)。複數 flagella。拉丁文：鞭子。

3 *monotrichous* 單鞭毛 (mah″-noh-trik′-us)。希臘文：*mono* 單一；*tricho* 毛。

(lophotrichous)[4]，小串鞭毛簇生長於同一側；**雙端叢毛** (amphitrichous)[5]，鞭毛生於細胞兩側。(2) **周鞭毛** (peritrichous)[6] 排列，鞭毛隨機分散在細胞表面 (圖 3.4)。

我們可利用細菌是否具有運動性，在實驗室鑑定各種不同類型的細菌。由於鞭毛結構微小，難以用一般光學顯微鏡觀察，必須使用特殊的染色與電子顯微鏡來觀看鞭毛的排列，但可藉由簡單的觀察就足以了解細菌是否具有運動性。偵測運動性的方法之一是將微量細菌種入柔軟 (半固態) 培養基的試管中 (圖 2.15)，細菌在培養基內迅速生長與擴散是具有運動性的表現。另外，利用懸滴法透過顯微鏡觀察，也可發現一個真正具運動性的細胞在視野下可迅速、飛奔或擺動地移動，而不具移動性的細胞則在同一個地方擺動但沒有移動。

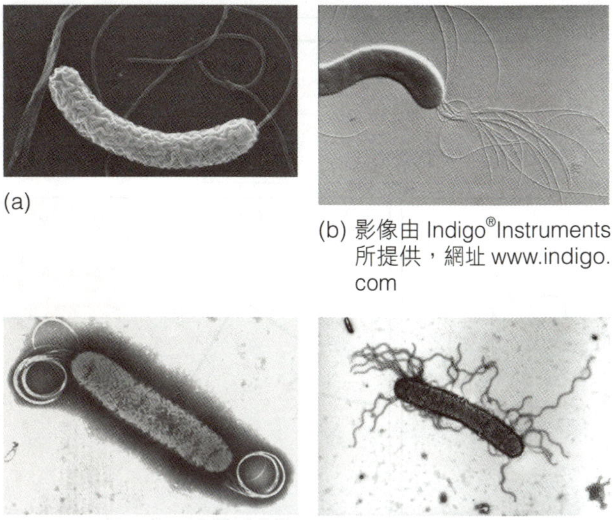

(a)

(b) 影像由 Indigo®Instruments 所提供，網址 www.indigo.com

(c)

(d)

圖 3.4　電子顯微照片顯示鞭毛排列的種類。(a) 霍亂弧菌 (致病菌) 上的單一鞭毛 (放大倍率 10,000 倍)，可注意它有非常顯著的醣蓋結構；(b) 蛇形螺菌 (spirillum sperpens) 的單端叢毛，一個普遍存在的水生細菌 (9,000 倍)；(c) 水螺菌 (Aqunspirillum) 的非典型鞭毛是雙端叢毛，盤繞成緊密的環狀物 (7,500 倍)；(d) 尚未鑑定的菌種，被發現存活在原生動物草履蟲的細胞內部，具有周鞭毛 (7,500 倍)。

鞭毛功能　鞭毛的功能不僅只是一個運動裝置，同時是一個敏感的附屬器，可以偵測並對環境訊號產生反應，當細胞感受到化學性質的訊號時而產生移動，稱為**趨化性** (chemotaxis)[7]。正趨化性是指細胞朝著有利的化學刺激物 (通常是營養物) 的方向移動，而負趨化性是指離開驅除劑 (可能是有害物)。

鞭毛具有驅動鞭毛機制相關的化學物偵測系統，因此可以引導細菌往某方向移動。細胞膜表面的受體[8] 可與環境中的特定分子結合，足夠的分子數量結合後將訊號傳達給鞭毛，啟動旋轉運動。如果菌體含有數個鞭毛時，它們會排成直線並旋轉在一起形成一束 (圖 3.5)，當鞭毛逆時針旋轉時，細胞會朝刺激的方向一直線游動，稱為跑動，當鞭毛順時

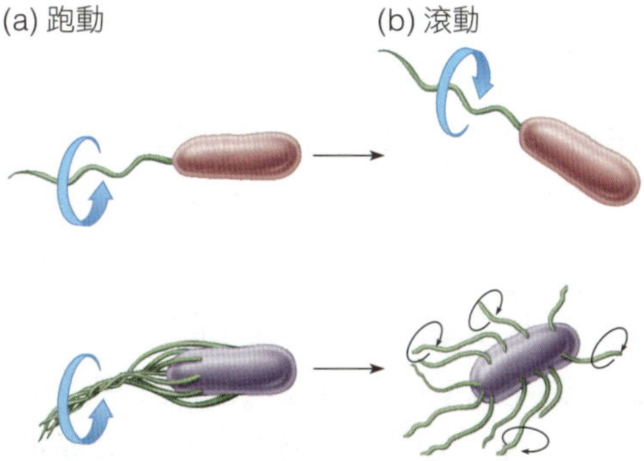

圖 3.5　鞭毛的運作方式和細菌運動時使用單端鞭毛與周鞭毛的模式。(a) 跑動：當單端鞭毛以逆時針方向旋轉時，細胞游動會向前運行，而周鞭毛所有鞭毛捲向細胞的同一端形成一組進行旋轉；(b) 滾動：當單端鞭毛順時針旋轉時 (反方向)，細胞會停止往前並滾動，而周鞭毛反方向旋轉時，會使細胞失去協調並停止。

---

4 *lophotrichous* 單端叢毛 (lo″-foh-trik′-us)。希臘文：*lopho* 一束或一簇。
5 *amphitrichous* 雙端叢毛 (am″-fee-trik′-us)。希臘文：*amphi* 兩側。
6 *peritrichous* 周鞭毛 (per″-ee-trik′-us)。希臘文：*peri* 周邊。
7 *chemotaxis* 趨光性 (ke″-moh-tak′-sis)。希臘文：*chemo* 化學物質；*taxis* 排序或安排。
8 細胞表面分子，具專一性地與其他分子結合。

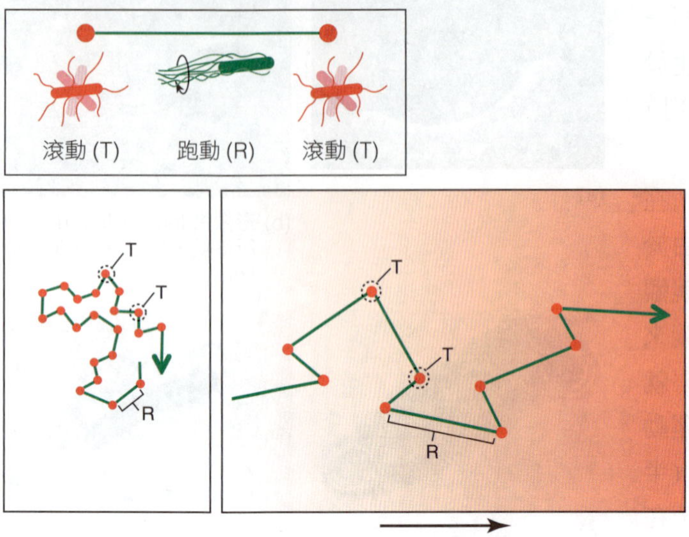

圖 3.6 **細菌的趨化性**。(a) 當沒有引誘劑或驅除劑時，細胞是隨機短距離的跑動和滾動；(b) 為了接近引誘劑 (趨化物)，細胞會花較多時間跑動。

針旋轉時所引起的滾動，會使細胞的跑動在不同的時間間隔被中斷，進而使菌體停止或改變方向，而趨化物會抑制滾動，增加游動，促進細胞游向刺激物 (圖 3.6)。排斥反應則會促進滾動使細菌本身重定方向遠離刺激物。具有趨光性的光合菌，就是對光而不是化學物有反應的移動類型。

少數的致病菌使用鞭毛侵襲黏膜表面進行感染，例如：幽門螺旋桿菌會穿過胃壁，是胃潰瘍的致病菌；霍亂弧菌透過鞭毛可穿過小腸引起霍亂。

周鞭毛

螺旋狀的細菌稱為**螺旋體** (spirochetes)[9]，其具有兩條或更多的螺旋線，例如：周鞭毛或軸絲，可使細菌進行蠕蟲狀或蛇形的運動模式。周鞭毛是位在外鞘與細胞壁肽聚醣之間的內鞭毛 (圖 3.7)，捲曲的纖維緊緊圍繞螺旋體的捲曲菌體，可使細菌自由收縮、扭曲或彎曲運動，此運動的情形僅能在活的螺旋體觀察到。

非鞭毛附屬器：纖毛與菌毛

纖毛 (fimbria)[10] 與**菌毛** (pilus)[11] 結構指的是細菌表面的附加物 (附屬器)，可與其他細菌交互作用但不提供細菌運動，除了一些特殊的菌毛例外。有些微生物學家認為纖毛與菌毛是可以互換的，但本章內容將常見小的附加物稱為纖毛，而具有特殊功能的稱為菌毛。

纖毛像鬃刷小纖維，存在於許多不同種類的細菌表面 (圖 3.8)。纖毛確切的成分不盡相同，但大多含有蛋白質，纖毛天生具有讓彼此相黏或黏著於表面的傾向，可使細菌間相互附著，進而於液體表面形成生物膜，促進液體表面的細胞聚集；亦可能使微生物生長在無生命的固體，例如岩石和玻璃。有些病原體的纖毛可緊密吸附於宿主的上皮細胞，因此可以生長並感染宿主組織 (圖 3.8b)。例如大腸桿菌可藉由纖毛黏附於腸道並開始入侵組織，而突變的病原體缺乏纖毛則無法感染宿主。

菌毛分為幾個種類，多功能的第四型菌毛僅存在於革蘭氏陰性菌，其彎曲管狀結構是由菌毛蛋白所構成，細菌菌毛參與交配過程稱為**接合生殖** (conjugation)[12]，是使用性菌毛 (亦稱為性毛)

---

9 *spirochete* 螺旋體 (spy′roh-keet)。希臘文：*speira* 盤繞，*chaite* 毛髮。
10 *fimbria* 纖毛 (fim′-bree-ah)。複數 fimbriae。拉丁文：穗狀物。
11 *pilus* 菌毛 (py′-lus)。複數 pili。拉丁文：毛髮。
12 儘管交配一詞有時也用於接合生殖的過程，它不是指一般的生殖方式。

將 DNA 從細胞提供者傳遞給接受者 (圖 3.9)。

第四型菌毛是淋病雙球菌主要的傳染媒介，可結合生殖道的上皮細胞導致傳染性，綠膿桿菌的第四型菌毛會執行顯著的抽搐運動，細菌重複劇烈的延伸與回縮菌毛，使細菌在潮濕的表面移動。微生物學家們發現此鞭毛的運動模式是一個複雜而嚴格的機制，顯著的移動可以在網路 YouTube 搜尋 type IV pili twitching motility (第四型菌毛的抽搐運動) 觀看。

細菌的表面外層或醣盞

細菌表面經常暴露於惡劣的環境，大分子的**醣盞** (glycocalyx) 外層可以保護細胞，在某些情況下，它們也可以幫助細菌附著到其他環境。醣盞的厚度、組織與化學構造會因菌種差異而有所不同，有些菌種由鬆散防護層覆蓋著，此稱為**黏液層** (slime layer)，可以保護細菌免於脫水、失去養分並提供附著的功能 (圖 3.10a)。其他細菌的外層為多醣體、蛋白質或兩者所構成的**莢膜** (capsules)。莢膜比黏液層更能緊密結合到細胞，且較厚與黏性大，使具有莢膜的菌落會有顯著的黏性特徵 (圖 3.11a)。

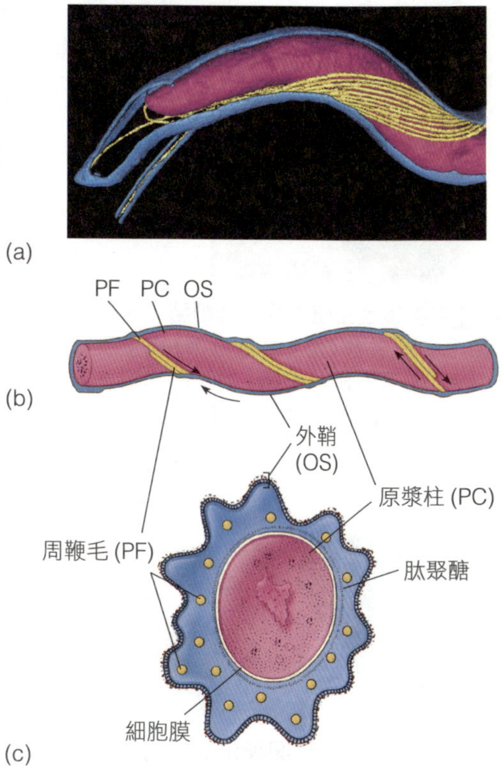

圖 3.7　螺旋體周鞭毛的介紹。(a) 萊姆病的伯氏疏螺旋體切片圖，顯微照片加了顏色以顯示出周鞭毛 (黃色)、外鞘 (藍色) 與原漿柱 (粉紅色) 等結構；(b) 標示細胞主要結構的縱切面圖；(c) 橫切面圖顯示鞭毛與細胞其他部位的相對位置，纖維緊縮顯示出運動中旋轉與波動的形式。

3.3　細胞套膜：細菌外層

所謂的細胞外膜是指大部分的細菌含有複雜的化學性質可將細胞質包圍的外膜，主要包含兩層：細胞壁與細胞膜。這兩層被堆疊在一起並且經常緊密地結合在同一個單位類似椰子的外皮與外殼，雖然每個外膜層所執行的任務不同，但它們皆是維持細胞正常功能和完整所需的單位。

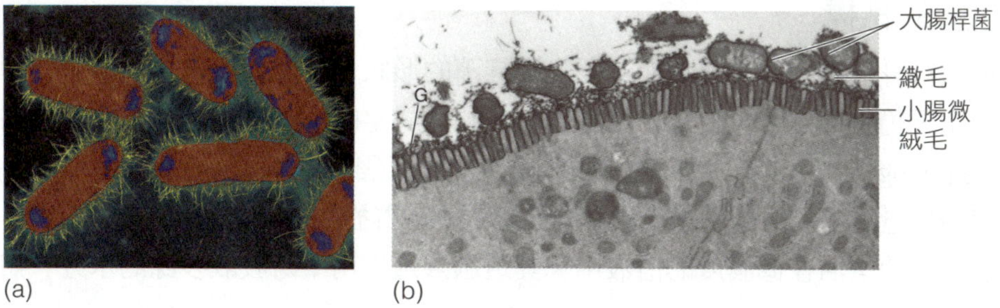

圖 3.8　細菌繖毛的形式與功能。(a) 繖毛乃指致病性大腸桿菌覆蓋的大量纖維 (30,000 倍)，深藍色的部分是染色體；(b) 大腸桿菌可藉由繖毛緊緊依附在小腸細胞的表面 (12,000 倍)，由此圖可了解細菌如何在感染過程中依附並進入到細胞內 (G 代表醣盞)。

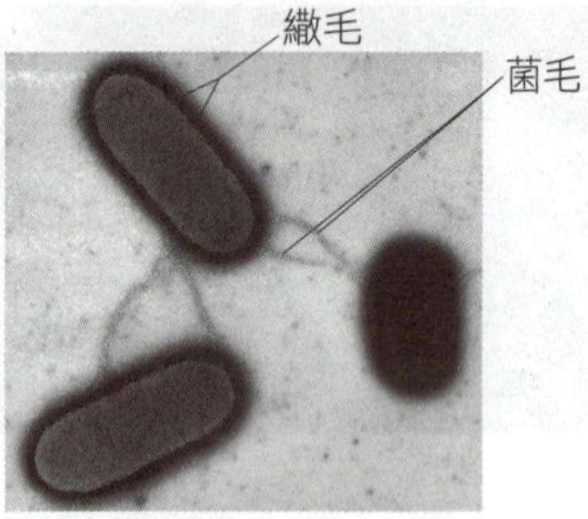

圖 3.9 接合生殖中的三個細菌。性菌毛在提供者 (圖上方的細菌) 與接受者 (圖下方兩個細菌) 之間形成相互結合的橋樑。圖中也可觀察到提供者的纖毛。

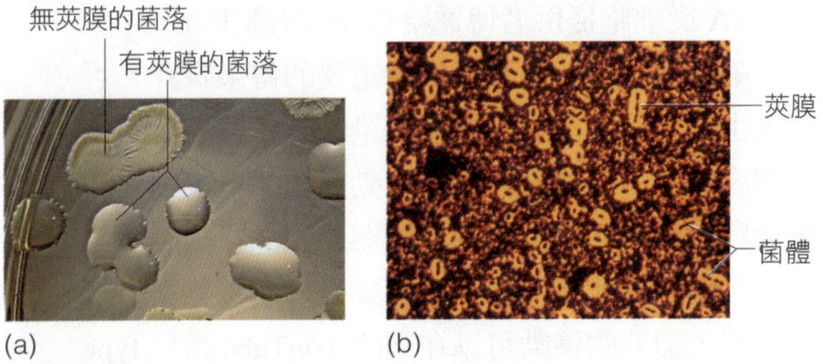

圖 3.11 具有莢膜的細菌外觀。(a) 芽孢桿菌中有莢膜與無莢膜的菌種特寫，即使在顯微鏡底下觀察仍可看出具有莢膜的細菌較為潮濕與黏稠；(b) 特殊染色顯示出克雷伯氏菌較大較成熟的莢膜 (細胞周圍有清楚的暈圈)(1000 倍)。

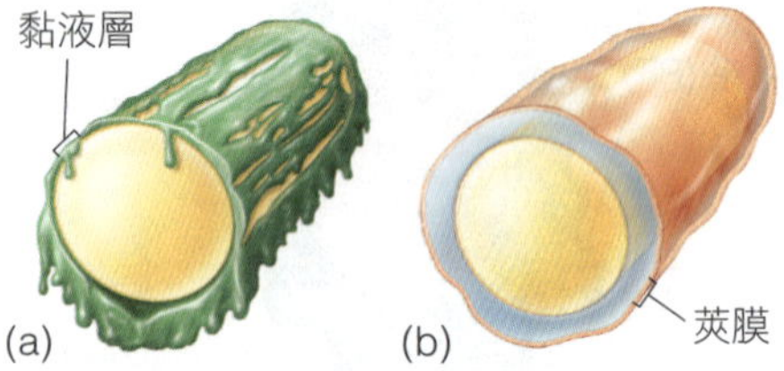

圖 3.10 細胞剖面圖顯示醣盞的種類。(a) 黏液層結構較為鬆散容易被移除；(b) 莢膜結構較厚且為層狀，不易被移除。

細胞套膜的基本種類

在細菌的詳細構造尚未被了解之前，有一位名叫 Hans Christian Gram 的丹麥醫生發現了一種染色技術，稱為**革蘭氏染色** (Gram stain)[13]，這是一個常被用來鑑別革蘭氏陽性菌與革蘭氏陰性菌的染色法。因為革蘭氏染色實際上並沒有顯示革蘭氏陽性與陰性差異的原因，我們必須透過電子顯微鏡與生化分析來了解這兩類菌種結構的差異。

細胞套膜的外觀可看出革蘭氏陽性和革蘭氏陰性細菌之間的結構差異 (圖 3.12)。顯微鏡底下**革蘭氏陽性菌** (gram-positive) 類似一個開放式含有兩層的三明治：主要由肽聚醣所構成厚的細胞壁 (詳見下一節) 與細胞膜，同樣在顯微鏡底下革蘭氏陰性菌的套膜顯示出含有完整三層的三明治：外膜、薄的肽聚醣層與細胞膜。革蘭氏染色反應是因這些基本結構不同所導致的結果，革蘭氏陽性菌中厚的肽聚醣會箝住結晶紫 - 媒染劑，使其無法脫色，因而使細胞呈現紫色；而革蘭氏陰性菌細胞壁較薄，結晶紫相對較容易受脫色劑去除。此外，酒精可溶解細胞外膜，促進染劑脫落，這些因素導致脫色的細胞會被染上紅色複染劑。表 3.1 總結了不同細胞壁的主要相似性與差異性。

細胞壁的結構

細胞壁執行許多細胞的重要功能，可決定細菌的形狀，細胞壁的結構強韌可使細菌在環境條件不斷變化下仍保持完整，大部分細菌具有較硬且穩定的細胞壁是因為含有獨特的巨分子稱為**肽聚醣** (peptidoglycan, PG)，這化合物是由重複的長**聚醣** (glycan)[14] 鏈與短胜肽鏈交錯組成 (圖 3.13)。肽聚醣含量的多寡與確切組成分不同而導致細菌群體之間的差異。

因為很多細菌生活在低濃度的溶液中，其透過滲透作用不斷吸收多餘的水分，如果沒有細

13 本內容根據美國微生物學會要求除了標題之外，革蘭氏染色的英文需大寫，而治療用的革蘭氏陽性和陰性的英文則是小寫。

14 *glycan* 聚醣 (gly′-kan)。希臘文：糖。即單糖合成的大聚合物。

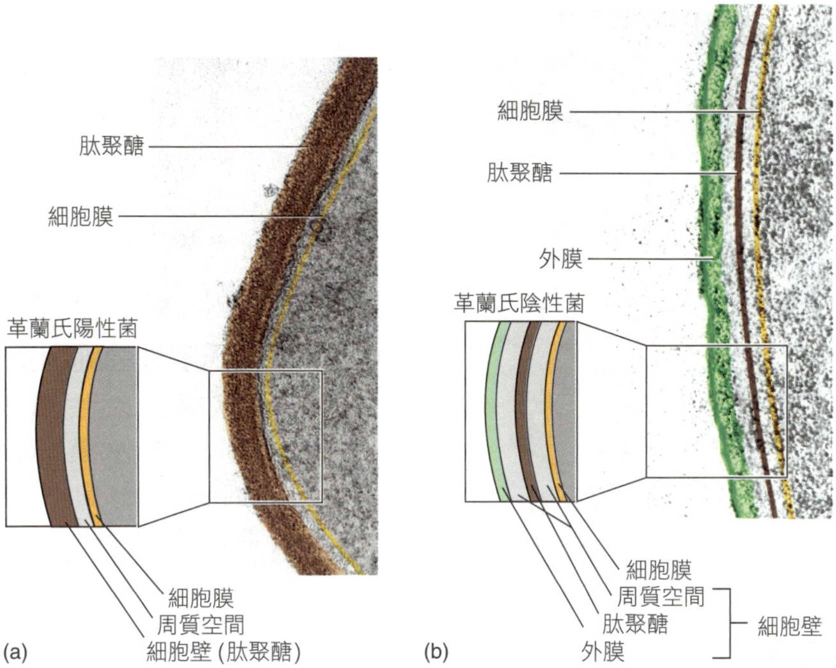

圖 3.12 革蘭氏陽性和革蘭氏陰性菌套膜的比較。 (a) 革蘭氏陽性菌細胞膜 / 壁的截面圖顯示可見的層次 (85,000 倍)；(b) 革蘭氏陰性菌細胞膜 / 壁的截面圖顯示像三明治的層次 (90,000 倍)。

胞壁中的肽聚醣的結構支撐，細胞會因為內部壓力而破裂，有許多治療感染的藥物 (青黴素、頭芽孢菌素) 有效地作用在肽聚醣中交錯鍵結的胜肽，因此可以破壞細菌的完整性。一旦細胞壁不完整或有缺失，難以保護細胞免於被溶解 (lysis)[15] 的命運。溶菌酶是一種存在於淚液與唾液的酵素，可水解醣鏈鍵結進而破壞細胞壁，是對抗某些細菌入侵的自然防禦。

表 3.1　革蘭氏陽性和革蘭氏陰性菌細胞壁的比較

特徵	革蘭氏陽性菌	革蘭氏陰性菌
主要層次之數目	1	2
化學成分	肽聚醣 台口酸 脂台口酸 黴菌酸與多醣類 *	脂多醣 (LPS) 脂蛋白 肽聚醣 膜孔蛋白
整體厚度	較厚 (20~80 奈米)	較薄 (8~11 奈米)
外膜	無	有
周質空間	較窄	較寬
分子通透性	穿透性較佳	穿透性較弱

* 有些細胞才有

革蘭氏陽性菌細胞壁

大部分革蘭氏陽性菌細胞壁較厚，內含同質的肽聚醣鞘約 20 到 80 奈米的厚度與酸性多醣類緊密結合，例如直接結合到肽聚醣的台口酸與脂台口酸 (圖 3.14)，細胞壁的台口酸 (teichoic acid) 是核糖醇 (ribitol) 或甘油所形成之聚合物包埋在肽聚醣鞘內，而脂台口酸結構與台口酸類似，其可以與細胞膜上的脂質結合，這些分子具有維持細胞壁、細胞分裂時擴大細胞壁、協助某些致病菌結合到組織等功能。革蘭氏陽性菌的細胞壁是鬆散連接於細胞膜上，在細胞膜與細胞壁之間的間隙存有小間隔，稱為周質空間 (periplasmic[16] space)，此空間類似於革蘭氏陰性菌的

15 *lysis* 溶解 (ly′-sis)。希臘文：鬆開。細胞破壞的過程，像是發生爆破。
16 *periplasmic* 周質 (per″-ih-plaz′-mik)。希臘文：*peri* 周圍；*plastos* 細胞內的流體物質。

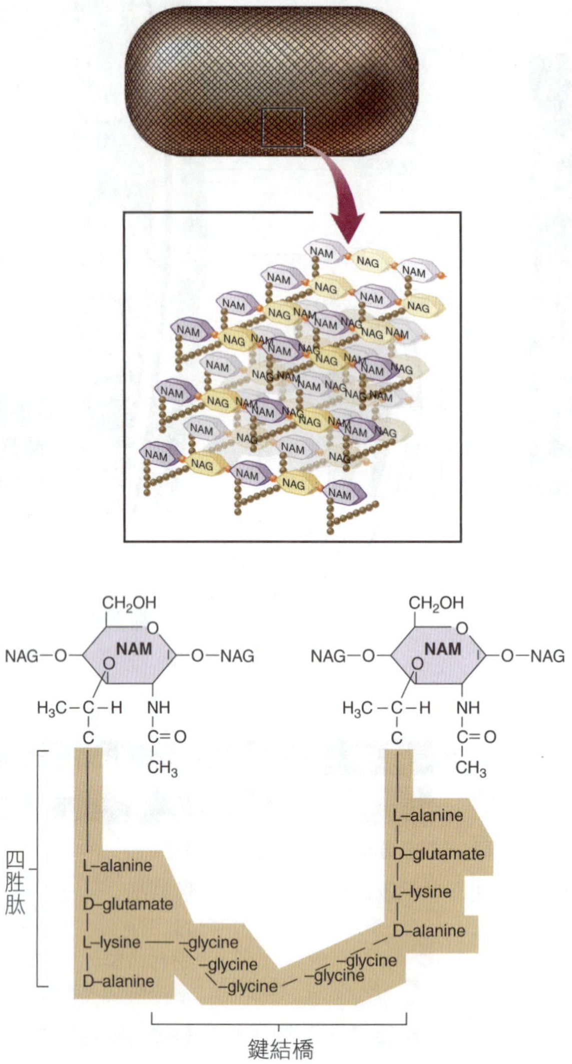

(a) 細胞壁的肽聚醣是相當大的 3D 立體格子，它實際上是一個巨大分子，可以包圍並支撐細胞。

(b) 此圖顯示肽聚醣分子排列方式，聚醣類 (NAG 與 NAM) 交替鍵結形成長鏈，NAG 是 N- 乙醯葡萄糖胺，而 NAM 是 N- 乙醯胞壁酸，平行相鄰的胞壁酸分子會透過胜肽鏈鍵結而聚集 (棕色球)。

(c) N- 乙醯胞壁酸 (NAM) 分子之間鍵結的放大圖，兩個胞壁酸的分支四胜肽鏈相互連結是透過胺基酸當作鍵結橋，此胺基酸可以是多變或根本不需要胺基酸的存在，此鍵結提供細胞堅固卻又具有彈性的支撐。

圖 3.13 細胞壁成分中肽聚醣的結構

結構，但陰性菌的周質空間較陽性菌大，兩者功能也不同。革蘭氏陽性菌的周質空間可短暫儲存由細胞膜釋放出的酵素，最近研究發現此空間亦是肽聚醣合成的主要位置。

革蘭氏陰性菌細胞壁

革蘭氏陰性菌細胞壁含有**外膜** (outer membrane, OM) 與一層較薄的肽聚醣，因此在外形上較為複雜 (圖 3.12 與 3.14)，外膜在結構上與細胞膜有些相似，不同之處在於外膜含有特定類型的**脂多醣** (lipopolysaccharides, LPS) 和**脂蛋白** (lipoproteins)。脂多醣是由脂質組成，結合在多醣類上，脂多醣的脂質形成外膜上端的基質，多醣鏈由脂質表面延伸出來。感染過程中脂質部分被釋放出來具有毒性，內毒素扮演致病的角色將在第 10 章介紹。多醣類則成為革蘭氏陰性致病菌的抗原 (OAg)，可用於辨識革蘭氏陰性菌，且可當作受體、干擾宿主防禦。

外膜上有兩種類型的蛋白質，**膜孔蛋白** (porins) 嵌在外膜的上層，可調控一些分子進出細胞，革蘭氏陰性菌可選擇性通透膽汁、消毒劑與藥物的性質是因為膜孔蛋白的調控，有些結構性蛋白也被嵌在外膜上層，而外膜下層類似細胞膜的整體結構，由磷脂質與脂蛋白構成。

革蘭氏陰性菌細胞壁下層是單一、很薄 (1~3 奈米) 的一層肽聚醣，如之前所述，雖然細胞壁的肽聚醣作為某程度上堅固的保護性結構，但肽聚醣較薄的程度使革蘭氏陰性菌相對會有更大的彈性和敏感性。在肽聚醣的上下方皆有明顯的**周質空間** (periplasmic space)，革蘭氏陰性菌的周質空間是許多蛋白質合成、運輸、酵素反應與能量釋放等代謝反應的場所。

非典型細胞壁

有些細菌缺乏革蘭氏陽性菌或革蘭氏陰性菌的細胞壁結構，有些菌種甚至沒有細胞壁，儘

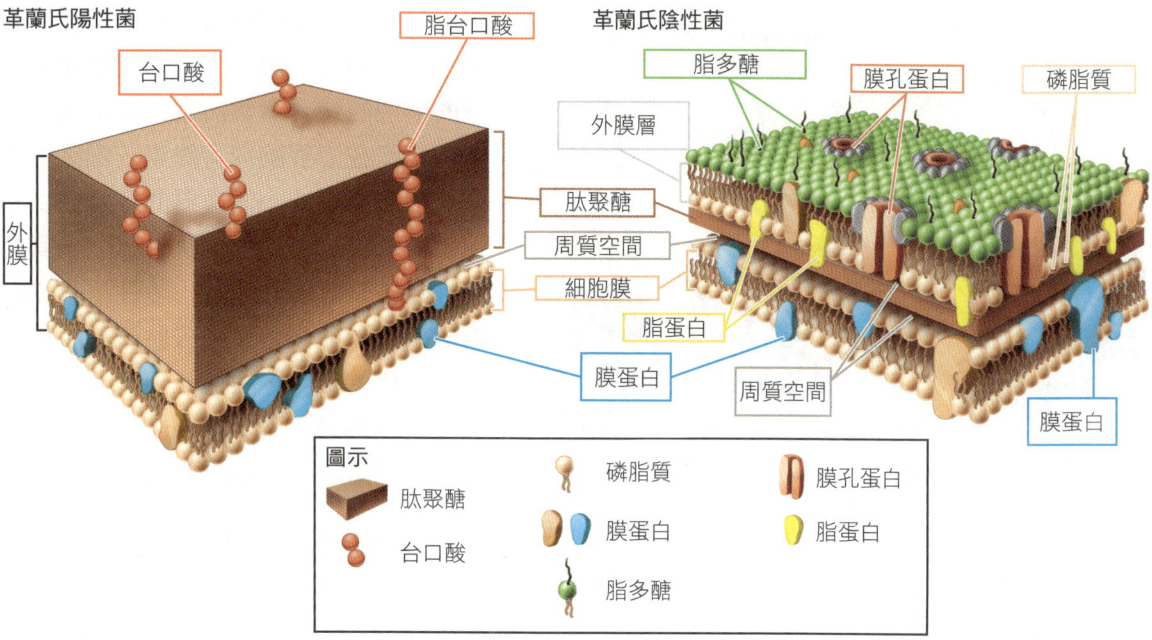

圖 3.14　革蘭氏陽性和革蘭氏陰性菌套膜與細胞壁細微的結構比較。

管如此，仍可用革蘭氏染色分辨陽性或陰性菌，但進一步檢驗細微的構造與化學成分，卻不同於典型革蘭氏陽性菌或革蘭氏陰性菌的描述。舉例來說，分枝桿菌與奴卡氏菌皆含有肽聚醣且革蘭氏染色呈陽性，但這兩菌種的細胞壁是由獨特的脂質所構成，其中之一是稱為黴菌酸或索狀因子 (肺結核菌聚集而成) 的超長鏈脂肪酸，是此種菌類的致病因子。這類厚的、蠟質的脂質賦予細胞壁具有抵抗某些化學物質和染劑的能力。根據這種抵抗能力可用抗酸性染色 (acid-fast stain) 診斷結核病和痲瘋病，抗酸性染色是使用加過熱的苯酚品紅染料可以頑強地 (迅速牢固) 附著在細胞上，使酸性乙醇溶液無法移除染劑進而達到染色的效果。

黴漿菌與其他細胞壁缺失的細菌

黴漿菌 (mycoplasmas) 是缺乏細胞壁的細菌，儘管其他細菌需要完整的細胞壁來預防細胞被裂解，黴漿菌的細胞膜含有類固醇可避免被裂解，這些極微小的細菌大小範圍約 0.1 到 0.5 微米，形狀可從絲狀到球菌或甜甜圈的形狀，外形極端變化的特性是多形性 (pleomorphism)[17]，雖然有些菌種的細胞膜需要額外的類固醇，但仍可在人工培養基下生長，黴漿菌可棲息在植物、土壤與動物中，醫學上最重要的菌種是肺炎黴漿菌 (圖 3.15)，可吸附在人類肺部上皮細胞引發非典型肺炎。

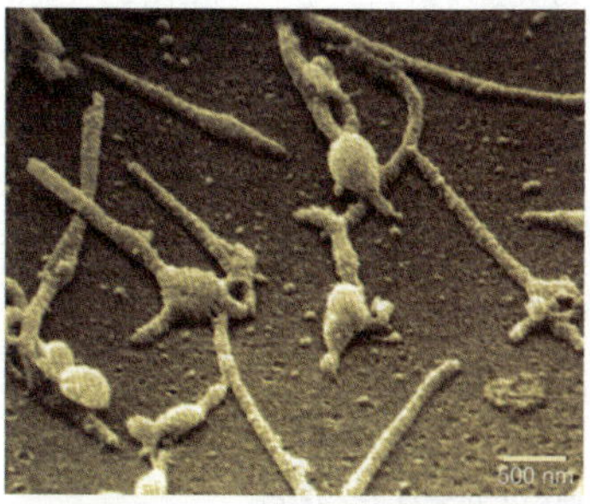

圖 3.15　電子顯微鏡顯示黴漿菌性肺炎 (10,000 倍)。由於缺少細胞壁，細胞的形狀變化多端。

某些細菌本來具有細胞壁，但在生命週期過程中會失去細胞壁，成為 L 型 (L forms) 或 L 型變異菌 (Lister 研究單位發現的)，

17 *pleomorphism* 多形性 (plee″-oh-mor′-fizm)。希臘文：*pleon* 更多的；*morph* 外形或形狀。相同物種的細胞其形狀和大小傾向變化在一定的程度上。

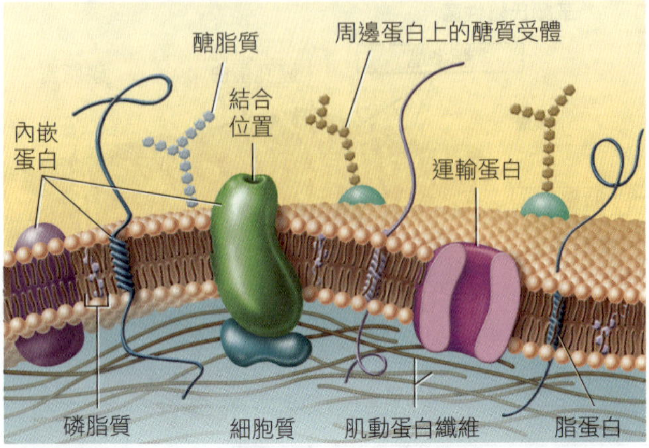

圖 3.16 **細胞膜的結構**。細胞膜流動鑲嵌模型的一般說法是指有蛋白嵌入在脂質基質的雙層脂質，附著於蛋白質上的分子提供細胞反應性與結合等功能的表面特徵，此結構說明細胞膜的許多特性，包括彈性、通透性、專一性與運輸。

起因是 L 型細胞壁形成的基因自然突變或人工處理化學藥物，例如可破壞細胞壁的溶解酶或青黴素所致。當革蘭氏陽性菌暴露在溶解酶或青黴素，細胞壁會完全消失而變成一個脆弱的細胞僅由單一膜構成的原生質體 (protoplast)[18]，其相當容易被裂解。當革蘭氏陰性菌暴露在溶解酶或青黴素時會失去肽聚醣，但仍保有外膜的部分，相對較不脆弱，但仍然是變弱的球形體 (spheroplast)[19]。證據指出 L 型菌是某些慢性感染的起因。

細胞膜的結構

細胞套膜內細胞壁下方有一層是細胞 (cell) 或細胞質 (cytoplasmic)、膜 (membrane)，非常薄 (5 至 10 奈米)，可彎曲薄片的結構像是完整的鞘膜圍繞著細胞質，其組成分是嵌著不同深度蛋白質的雙層脂質 (圖 3.16)，此細胞膜的結構首次由 S. J. Singer 與 G. L. Nicolson 所提出，稱為流體鑲嵌模型 (fluid mosaic model)。此模型說明細胞膜是連續的雙層脂膜，具有極性的頭部朝外，非極性的尾端朝膜中央，不同大小的蛋白質可嵌在雙層脂膜內；周邊蛋白位在膜表面容易被移除；貫穿性膜蛋白質完全延伸穿過整個膜且通常位在固定的位置，細胞膜內側與外側的構造相當不同是因為蛋白質的形狀和位置差異所致。

動態的細胞膜持續改變是因為脂質處於運動狀態，可使蛋白質移動到所需要的特定位置，此蛋白的流動性是細胞增大、放電或分泌不可或缺的活動。脂質層的結構提供屏障，使物質無法通過的屏障，此特性可以讓細胞有選擇性通透與具有調節分子運輸的能力。細菌細胞膜主要含有磷脂質 (占 30%~40% 膜的質量) 與蛋白質 (占 60%~70%)，然而黴漿菌的細胞膜是上述膜成分的例外之一，其含有大量的類固醇 - 堅固的脂質，可穩定與鞏固細胞膜；古細菌的膜，含有獨特的支鏈烴類，而不是脂肪酸。

雖然細菌缺乏複雜的內部細胞膜的胞器，一些膜的成分會發展成內膜疊層，可以執行與能量和生成有關的生理過程。這些內膜疊層通常是細胞膜延伸到細胞質中的產物，可以增加膜表面積有效用於生理反應。例如藍綠藻含有內嵌膜，其類囊膜是光合作用的場所 (圖 3.27c)。即使真核細胞的粒線體被認為是細菌的起源，可用一系列的內膜顯示其功能。

細胞膜的功能

細菌缺乏真核細胞所擁有的胞器，因此細胞膜提供能量反應的進行、養分處理與合成的場所，細胞膜主要功用是調節運輸系統，就是運送養分進入細胞內並將廢物排除到細胞外的系統。儘管水和不帶電小分子可以透過擴散作用通過細胞膜，細胞膜還有選擇性通透的結構可讓大部

18 *protoplast* 原生質體 (proh′-toh-plast)。希臘文：*proto* 最早的；*plastos* 外形。
19 *spheroplast* 球形體 (sfer′-oh-plast)。希臘文：*sphaira* 球形。

分的分子通過特殊的運輸機制 (見第 6 章)。醣蠹與細胞壁雖然可以限制大分子通過，但它們卻不是主要運輸工具，此外，細胞膜也參與分泌或將代謝產物釋放到細胞外的環境中。

細菌的細胞膜是許多代謝活動的重要場所，例如，大部分處理呼吸作用與能量反應的酵素是位在細胞膜上。位在細胞膜的酵素結構有助於合成的大分子結合到細胞套膜與附屬器，其他產物 (酵素與毒素) 則被細胞膜分泌到細胞外的環境中。

3.4　細菌的內部結構

細胞質的內容物

細胞質 (cytoplasm) 或細胞基質是細胞膜周圍複雜的液體，此化學「池」是許多細胞生化反應和合成活動的重要場所，主要成分是水 (占 70%~80%)，可當作複雜的營養成分例如醣、胺基酸、有機分子與鹽類等的溶劑，此化學池的成分也可當作細胞合成的建構物或作為能量來源，細胞質內還擁有較大的離散成分，如染色體、核糖體、顆粒與肌動蛋白鏈。

細菌的染色體與質體：遺傳訊息的來源

大部分細菌的遺傳物質存在於單個環狀股的 DNA，也就是**細菌的染色體** (bacterial chromosome)，僅有少部分的細菌有多個或線性染色體，依照原核生物的定義，細菌並沒有細胞核，細菌的 DNA 並沒有圍在細胞核膜內而是聚集在細胞中央，稱為**類核體** (nucleoid) 的區域，染色體實際上是一個非常長的 DNA 分子緊密地盤繞並固定在細胞劃分的區域，DNA 長度代表基因的單位攜帶著細菌所需維持與生長等資訊，當使用特殊的染色或電子顯微鏡觀察可發現染色體具顆粒性或纖維性等外觀 (圖 3.17)。

儘管染色體是細菌生存最小的遺傳所需，仍有細菌需要其他非必需的 DNA 片段，稱為**質體** (plasmids)。除了染色體之外，也會有微小的質體存在，且有時會與染色體成為一體，細菌複製的時候，質體會複製並傳給後代，然而質體對於細菌的生長與代謝並非必須，且主要具有抵抗藥物、產生毒素與酵素等保護的特性 (詳見第 7 章)。質體容易在實驗室操作且能將質體從一隻細菌轉移到另一隻細菌，因此質體是現代遺傳工程技術中重要的媒介。

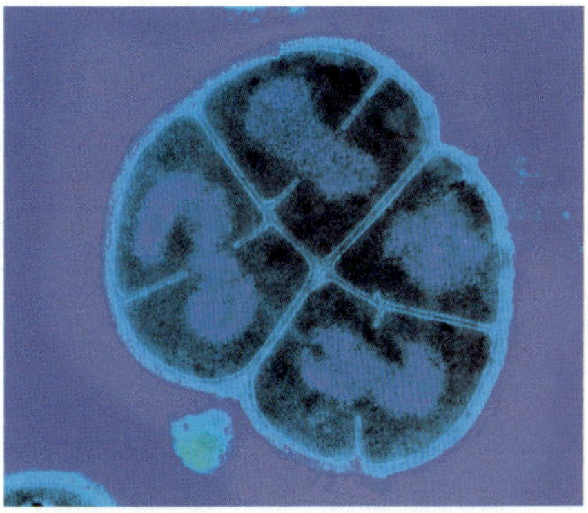

圖 3.17　**突顯細菌染色體結構的染色。** 抗輻射奇異球菌含有一個或多個染色體或類核體 (放大倍率 1,200 倍)，有些是分化過程中的細胞。注意染色體 (淺藍色小點) 占據細胞多少空間。

核糖體：蛋白質合成區

細菌含有數千個由 RNA 與蛋白質組成的**核糖體** (ribosomes)，即使用高放大倍率顯微鏡觀察，核糖體顯示出細微、球形斑點分散在整個細胞質形成一條鏈 (聚核糖體)，有些也會附著在細胞膜上，就化學而言，一個核糖體是由特殊的 RNA，稱為核糖體 RNA 或 rRNA (約占 60%) 與蛋白質 (約占 40%) 所組成。

描述核糖體的方法是以 S 或 Svedberg[20] 為單位，利

20 為了紀念瑞典化學家 T. Svedberg 在 1926 年發明超高速離心機而命名。

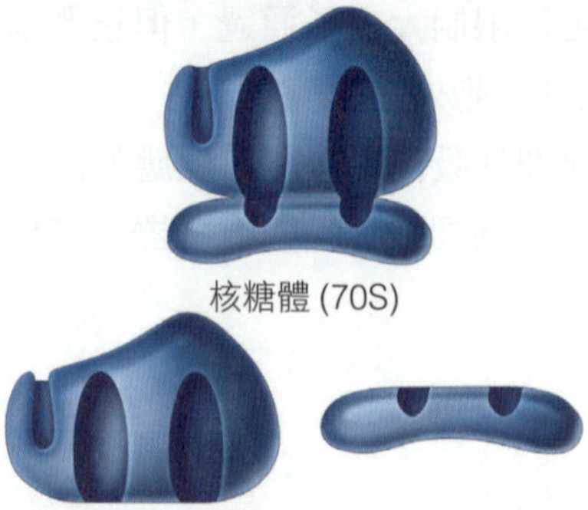

圖 3.18 **原核生物的核糖體模型，顯示小型的 (30S) 與大型的 (50S) 次單元分開與結合的情況。**

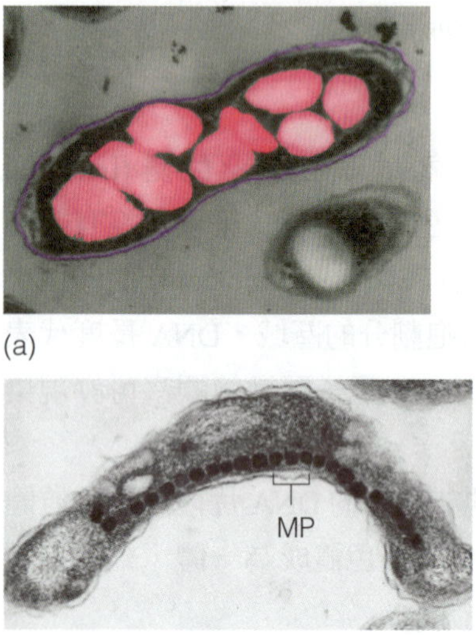

(a)

(b)

圖 3.19 **細菌包涵體**。(a) 聚羥基丁酸酯大型顆粒 (粉紅色) 以不溶於水、濃縮方式儲存，可長期供應營養物質 (32,500 倍)；(b) 水螺菌切片顯示微小的磁鐵鏈 (磁小體，MP)。這些非典型的細菌利用包涵體提供棲息地的定位 (123,000 倍)。

用離心的方式根據分子重量與形狀記錄細胞各部位分子的大小，較重的或較緊密的結構沈澱較快，被列為較高的 S 等級，將離心方法與高解析度的電子顯微鏡的分析方法兩者結合顯示出原核的核糖體為 70S 單位，且由兩個較小的次單元所組成 (圖 3.18)。這些核糖體組合在一起形成蛋白質合成的小型工廠，核糖體更加詳細的功能將於第 7 章詳細介紹。

包涵體與顆粒：儲存體

大部分細菌嚴重面臨到無法穩定獲得食物的問題。在營養充足時，細菌可以依據養分不同的大小、數量與內容分類儲存於**包涵體** (inclusion bodies) 或**包涵物** (inclusions)，當環境中缺乏營養物質時，細菌可以根據需要來調動儲存槽，有些特殊單層細胞膜內的包涵體含有濃縮、富含能量的有機物，例如肝醣、聚羥基丁酸酯 (圖 3.19a)。生長在水中的細菌含有特殊的包涵體，即提供浮力與懸浮能力的氣泡囊，其他的包涵體也稱作**顆粒** (granules)，含有無機化合物結晶，並非由膜所包圍，光合細菌的硫磺顆粒、棒狀桿菌與分枝桿菌的聚磷酸鹽都屬於顆粒性包涵體，而聚磷酸鹽為構成核酸的基本單位與 ATP (能量) 合成的重要來源，在亞甲基藍的染色下呈現不同的顏色 (紅、紫色)，因此又稱為**異染小體** (metachromatic granules)。

或許最顯著的顆粒細胞並不參與提供營養，而是導航的功用，磁感細菌含有氧化鐵的結晶顆粒 (磁體) 具有磁鐵的性質 (圖 3.19b)，這些顆粒存在於海洋和沼澤中的各種細菌，它們有點像指南針，主要功能是定向細胞在地球的磁場位置，也就是利用磁體引導這些細菌到達有足夠氧氣或含豐富營養沈積物的地方。

細菌的細胞骨架

直到最近，細菌學家認為細菌缺乏真正的細胞骨架形式[21]，細胞壁被認為是支持細菌架構與形狀的唯一骨架，然而研究桿狀與螺旋狀細菌 (螺旋菌) 的精細結構已提供新的見解，證據顯示這些細菌擁有與細胞壁有關的蛋白聚合物的內部網絡，有許多細菌的細胞骨架系統已經被研究，研究最透徹的是肌動蛋白絲捲曲在細胞體內有助於細胞擴大時維持其形狀 (圖 3.20)，其他細胞骨架的要素似乎在細胞分裂時活化。

21 纖維和小管是細胞內的骨架可結合與維持真核細胞。

孢子 (芽孢) 究竟是什麼？

孢子 (芽孢) 在微生物學上有超過一個以上的用法，是一般用語，指具有生長或生殖的微生物結構所產生的微小緻密細胞，孢子的起源、形態與功能的變化相當大，接下來討論的細菌類型稱為內孢子，由於在細胞內產生的內孢子其功能是幫助細菌生存而不是生殖，因為內孢子形成時細胞數並沒有增加。相反地，真菌產生許多不同類型的孢子，其功能是生存和繁殖 (見第 4 章)。

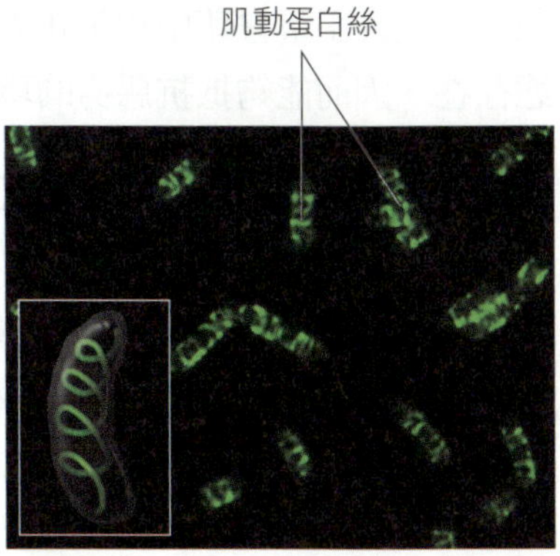

圖 3.20 **芽孢桿菌的細胞骨架。**肌動蛋白絲螢光染色顯示細胞內細螺旋帶，左下框插圖為 3D 立體結構圖。

細菌的內孢子 (芽孢)：一個極具抗性的生命形式

充分的證據顯示出細菌的解剖結構有助於它們生存與適應惡劣的棲息地，所有微生物的結構無法像細菌的**內孢子** (endospore) 或單一芽孢可以抵禦惡劣的條件來生存，內孢子是由桿菌、梭菌與其他菌屬體內所形成的休眠體，這些細菌在**營養細胞期** (vegetative cell)(圖 3.21 階段 1) 與芽孢期 (圖 3.21 階段 8) 兩階段的生命週期之間作轉換。增殖 (營養) 期的細菌具有代謝活性與生長階段，當細菌暴露在

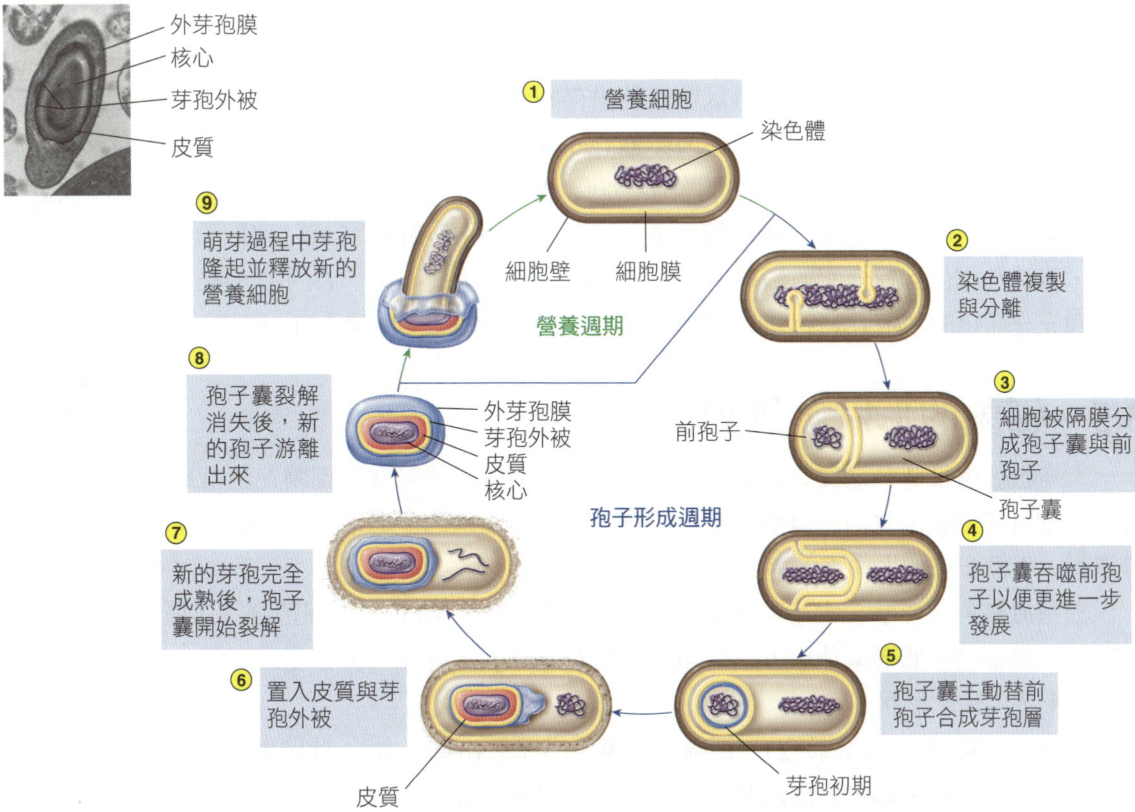

圖 3.21 **典型的芽孢桿菌菌種從活化營養細胞開始到釋放並萌芽的孢子形成週期。**此過程平均需要約 10 小時，左上插圖是單一孢子高放大倍率 (10,000 倍) 的切片圖，顯示出緻密的保護層將其核心染色體包圍。

某些環境因子下會藉由孢子化 (sporulation) 過程形成孢子 (芽孢)。孢子以一種不活潑、靜止的狀態存在，因而能夠抵抗惡劣的環境並長期存活。

孢子 (芽孢) 的形成與抵抗力

當營養物質耗盡，尤其是胺基酸不足時會促進孢子的形成，一旦營養期的細菌接收到營養物不足的訊息，就會轉變成芽孢期的細菌，稱為孢子囊 (sporangium)，一般完整的孢子形成從增殖 (營養) 期轉化成孢子囊並形成孢子需要 6 到 12 小時，圖 3.21 顯示出孢子形成過程中主要的物理與化學反應。

細菌芽孢是所有生命形式中最頑強的，能夠承受容易殺死普通細胞例如高溫、乾燥、冷凍、輻射和化學物等作用，具有芽孢的細菌可以在惡劣的環境下生存，這是由於下列因素，芽孢的耐熱性被認為是因為具有高含量的鈣與吡啶二羧酸 (dipicolinic acid)，但這些化學物質的確切作用尚不清楚。例如，我們知道加熱可消耗細胞質中的水分，進而抑制蛋白質與 DNA 的活性達到破壞細胞的目的，由於 2,6- 吡啶二甲酸在芽孢沈澱需要消耗水分導致芽孢非常乾燥，減少加熱對細菌所造成的傷害，此外，細菌新陳代謝量降低可抵抗加熱所造成的傷害，而厚且防滲透皮層 (質) 和芽孢外被可抵抗輻射和化學藥物的作用。

細菌孢子的壽命近乎不死！過去記錄顯示，從有 2 千 5 百萬年之久的蜜蜂化石分離出具有存活性的內孢子，最近微生物學家從 2 億 5 千萬年之久的鹽類結晶發現可萌芽的芽孢，此古老微生物的初步分析顯示它是不同於其他已知遺傳性菌種的芽孢桿菌菌種。

芽孢的萌芽

芽孢在不活動的狀態之後，可以在有利生存的條件下恢復活性，當獲得水分或受到特定萌芽物質的刺激後會結束休眠期而進入萌芽期 (germination)，此過程相當迅速 (1.5 小時)。雖然促進萌芽的物質 (萌芽劑) 在各菌種之間有所不同，但通常是小的有機分子例如胺基酸或無機鹽，萌芽劑透過孢子膜促進水解 (分解) 酶生成，這些水解酶可分解皮層 (質) 使孢子核心部位暴露於水中，當核心部位回復含水並攝取養分之後，孢子開始生長出孢子 (芽孢) 外被，此時，芽孢會恢復到充分活化的增殖 (營養) 細胞與重新開始增殖 (營養) 週期 (圖 3.21)。

3.5 細菌的形狀、排列與大小

大多數細菌被認為是獨立的單細胞或單細胞生物體，儘管個別細菌在菌落或其他類似的族群中可依附其他細菌生活，但個別細菌仍可執行所有必須的生命活動，例如生殖、代謝與營養等過程，不像多細胞生物需由特定細胞來進行。

細菌擁有各種形狀、大小與群體排列，依據細胞壁的結構可將細菌分為三種形狀描述 (圖 3.22)，如果細菌呈圓形或球形，則歸類為球菌 (coccus)[22]。球菌可完整呈現球形，也可以是橢圓形、豆形或尖頂的形狀。

細胞若是圓柱狀 (長大於寬)，則歸類為棒菌或桿菌 (bacillus)[23]，此菌種形狀為桿狀，因此命名為桿菌，然而桿菌的實際形狀是相當多變的，根據菌種不同可分類為短而結實的、紡錘狀、

---

22 *coccus* 球菌 (kok′-us)。複數 cocci (kok′-seye)。希臘文：*Kokkos* 漿果。

23 *bacillus* 桿菌 (bah-sil′-lus)。複數 bacilli (bah-sil′eye)。拉丁文：*bacill* 小棍、棒狀。

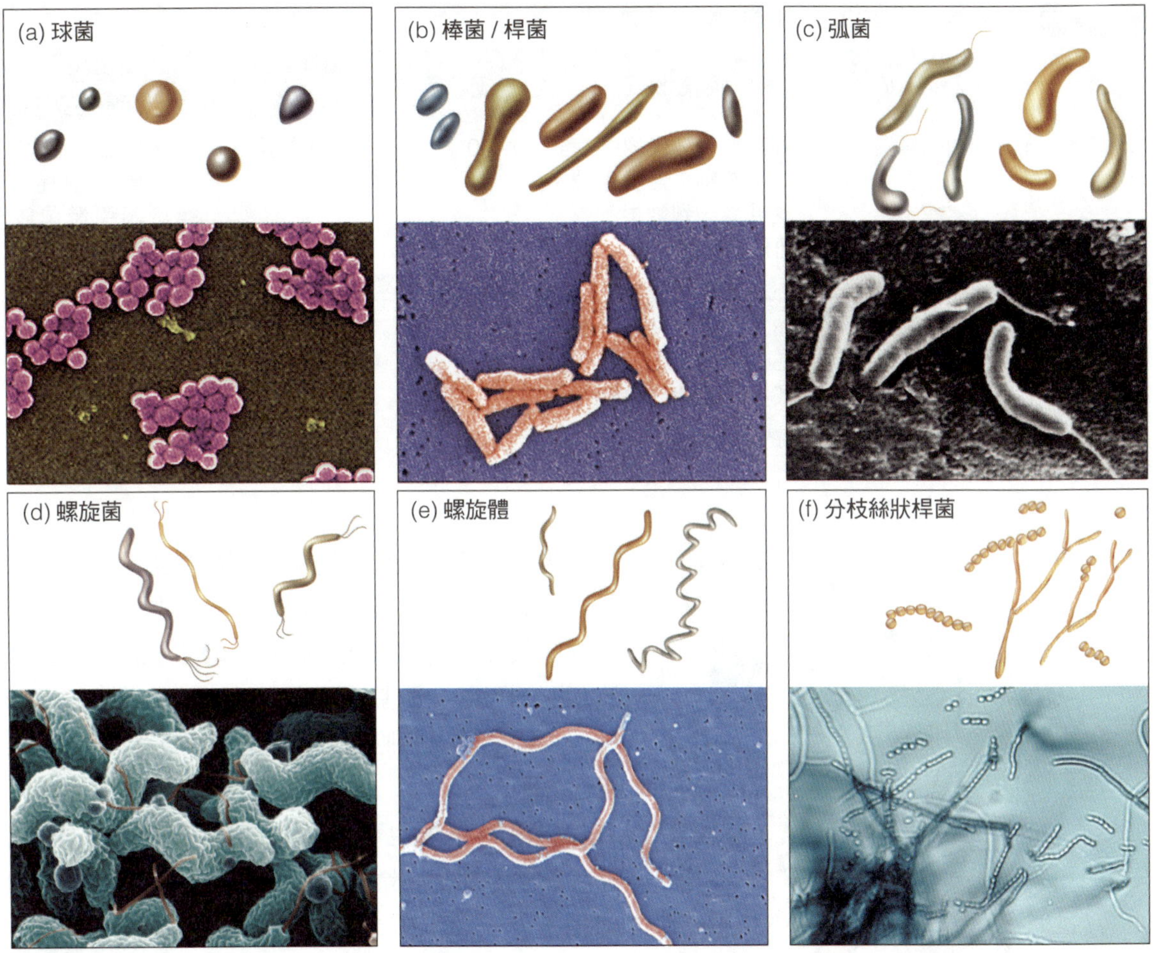

顯微圖的菌種
(a) 藤黃微球菌 (22,000 倍)；(b) 嗜肺軍團菌 (6,500 倍)；(c) 霍亂弧菌 (13,000 倍)；(d) 水生螺旋菌 (7,500 倍)；(e) 伯氏疏螺旋菌 (10,000 倍)；(f) 鏈黴菌 (1,000 倍)。

圖 3.22　**一般細菌的形狀**。繪圖顯示球菌、桿菌、弧菌、螺旋菌、螺旋體與分枝絲狀桿菌等不同的形狀，每張圖下面是一個代表性的實例顯微照片。

圓頭狀、長線狀 (絲狀的)、棍狀與鼓槌形。如果是短而凸起的桿狀稱為**球桿菌** (coccobacillus)，而形狀微彎者稱為**弧菌** (vibrio)。[24]

若菌種為曲線型或圓柱型，則稱為**螺旋菌** (spirillum)[25]，螺旋菌的結構是旋轉兩次或沿著軸線旋轉更多次 (像螺絲錐)，是堅固的螺旋狀。另一個螺旋菌種是之前所提到的**螺旋體** (spirochete)，會與周質鞭毛結合類似於彈簧，在行動上更加靈活。可參考表 3.2 對於這兩個螺旋細菌等功能的比較。細菌在傳統染色或顯微鏡底下觀察看起來像是 2D 結構，比較平坦，因此最好是用掃描式電子顯微鏡觀察，可以突顯出螺旋的 3D 立體結構 (圖 3.22)。

單一物種細胞顯現**多形性** (pleomorphism)[26] 是相當常見 (圖 3.23)，這是由於營養或些微遺傳

24 *vibrio* 弧菌 (vib′-ree-oh)。拉丁文：*vibrare* 搖動。
25 *spirillum* 螺旋菌 (spy-ril′-em)。複數 spirilla。拉丁文：*spira* 捲。
26 *pleomorphism* 多形性 (plee″-oh-mor′-fizm)。希臘文：*Pleon* 多；*morph* 形狀。

表 3.2 兩種螺旋形菌 (螺旋菌與螺旋體) 的比較

	整體外觀	運動模式	螺旋數目	革蘭氏反應 (細胞壁種類)	重要的菌種例子
螺旋菌	不易彎曲的螺旋  螺旋形菌	端鞭毛；細胞像螺旋式旋轉游動；無法彎曲；鞭毛從一到數根不等；可形成一簇。	1~20 個	革蘭氏陰性反應	大多數為非致病菌；單一物種；螺旋菌引發鼠咬熱。
螺旋體	可彎曲的螺旋  彎曲或螺旋形的形式：螺旋菌 / 螺旋體	外鞘上的周鞭毛；可彎曲；可藉由旋轉游動或在表面蠕動；有 2 至 200 根不等的周鞭毛。	3~70 個	革蘭氏陰性反應	梅毒螺旋體引發梅毒；螺旋體屬與鉤端螺旋體屬皆為重要致病菌。

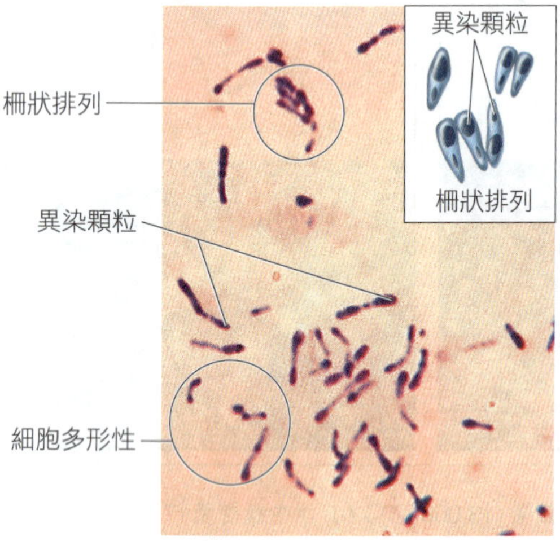

圖 3.23 棒狀桿菌屬的多形性與其他形態的特徵。細胞呈現不規則的形狀與大小 (800 倍)，此菌種通常顯示出柵欄狀排列，其細胞處於平行陣列 (右上插圖)，放大倍率亦可觀察到染色程度深的異染顆粒。

差異導致細菌細胞壁結構上的個體差異，舉例來說，白喉桿菌通常被認為是桿狀，但在培養下所觀察的結果顯示為球桿狀、膨脹、彎曲、絲狀和圓球等不同的形狀。黴漿菌的多形性更加明顯並發揮到極致，因為缺乏細胞壁因此顯現出的形狀更為極端變化 (圖 3.15)。

細菌的分類也可以依據**排列** (arrangement) 或族群的種類而定，影響特定細胞排列的主要因素是細胞的分裂方式與分裂後如何維持附著的方式，球菌排列方式的變化最為明顯 (圖 3.24)，可以是單一、成雙 (**雙球菌** diplococci)[27]、**四個一組** (四聯球菌)、不規則排列 (**葡萄球菌** staphylococci[28] 與**微球菌** micrococci) 或是數個到數百個細菌連結成鏈 (**鏈球菌** streptococci)，有更複雜 8、16 或更多一組的立方體形成所謂的**八疊球菌** (sarcina)[29]，這些不同的球菌屬是根據球菌在單一平面、兩相互垂直的平面或許多相互交叉橫貫的方向進行分裂，且分裂後的子細胞仍與母細胞保持連接的結果而命名。

由於桿菌的細胞分裂僅在橫向平面 (垂直軸)，因此細胞排列方式的種類較少，這些桿菌是以類似一對細胞、彼此末端相互連結的單細胞 (**雙桿菌** diplobacilli) 或許多細胞構成的長鏈 (**鏈桿菌** streptobacilli) 來進行細胞分裂。典型的**柵欄狀桿菌** (palisades)[30] 是柵欄狀排列方式的代表，是由一長鏈細胞末端的樞紐 (關節處) 區相互連結所形成，細胞傾向於彼此對摺 (折斷)，形成一排

27 *diplococci* 雙球菌 (dih-plo-kok-seye)。希臘文：*diplo* 雙。
28 *staphylococci* 鏈球菌 (staf″-ih-loh-kok′-seye)。希臘文：*staphyle* 葡萄狀。
29 *sarcina* 八疊球菌 (sar′-sin-uh)。拉丁文：*sarcina* 一捆。
30 *palisades* 柵欄狀桿菌 (pal′-ih-saydz)。拉丁文：*pale* 柵欄狀。

並列的細胞 (見圖 3.23)，就像是貨車衝撞一列火車造成車廂間彎折的形狀，結果表面看起來像是排列不規則的柵欄。螺旋菌偶爾會聚集成短鏈狀，但很少在細胞分裂後還維持細胞之間的連結，典型細胞大小的比較於圖 3.25 呈現。

3.6　鑑定原核細胞範圍的系統：古細菌與細菌

分類系統同時包含實務與學術的目的，此分類有助於區分和識別醫學與應用微生物的未知物種，對於統整細菌與作為研究細菌之間關係和演化起源的方法是相當有用的，分類法大約從 200 年前開始，因此成千的菌種與古細菌已經被定義、命名與分類。

追溯細菌的起源與演化關係並不是件容易的差事，一般來說，微小且體態較軟的生物體不易形成化石，然而從 1960 年代開始，科學家好幾次發現十億年前的原核生物化石看起來非常像現代的細菌 (圖 3.27c)。

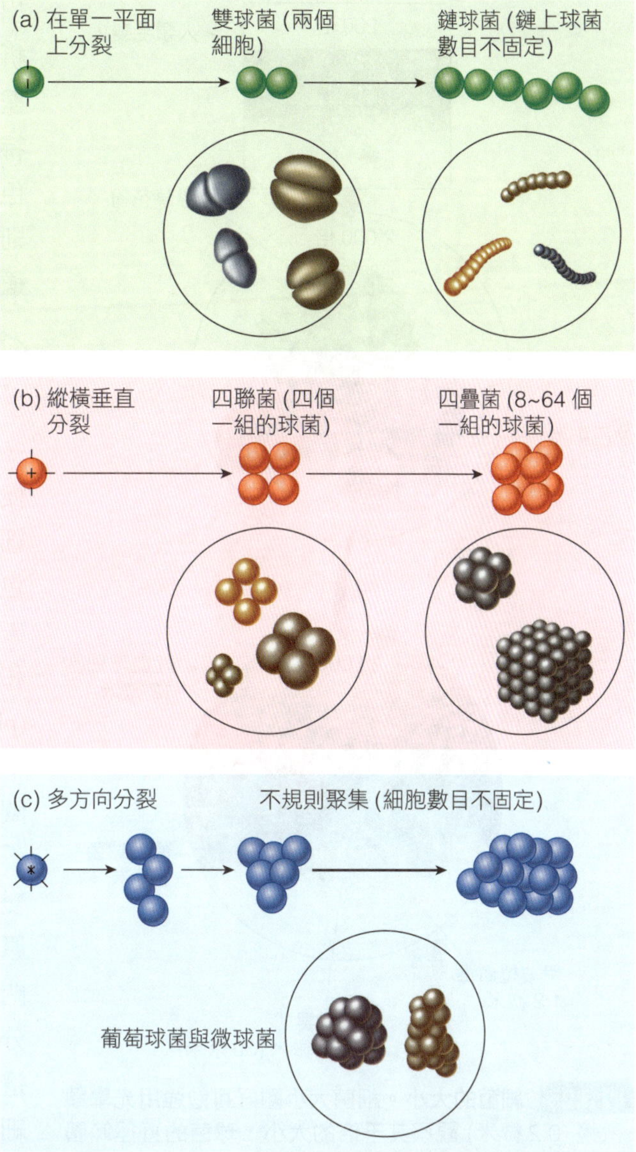

圖 3.24　**不同方向的細胞分裂導致球菌排列方式不同。**(a) 細胞分裂在單一平面上產生雙球菌與鏈球菌；(b) 細胞分裂在縱橫垂直軸上產生四聯菌與四疊菌；(c) 細胞分裂在不同方向時產生不規則排列，類似葡萄串。

什麼樣的特點才是確實分辨近親祖先的指標？此問題一直困擾著分類學家，早期細菌學家發現依據外觀形狀、排列方式的差異、生長的特徵與棲息地等指標方便於分類細菌，然而隨著越來越多的物種被發現且研究生物化學的技術被開發，很容易辨別出細胞形狀與排列的相似性，但在染色反應卻無法自動顯示其相關性，此外，儘管革蘭陰性桿菌看起來很相像，仍有數百種不同物種其生物化學和遺傳學具有高度顯著差異，如果我們傾向於僅根據革藍氏染色與外觀形狀來分類細菌，將無法把細菌分類到比門(界、門、綱、目、科、屬、種) 更細項的層面！因此需要根據更專一的基因與分子層面的實驗結果，建立較新的分類大綱以提高精確度。

通常微生物學家識別細菌到屬和種程度，必須根據細菌的形態分類 (巨觀與微觀)、生理學、生化學、血清分析與基因技術等方法 (第 14 章與附錄表 C.1)，從這些實驗結果交叉比對可結論出每個物種獨特的資料作為辨別的依據，許多辨別系統已自動化與電腦化，可分析數據並歸納

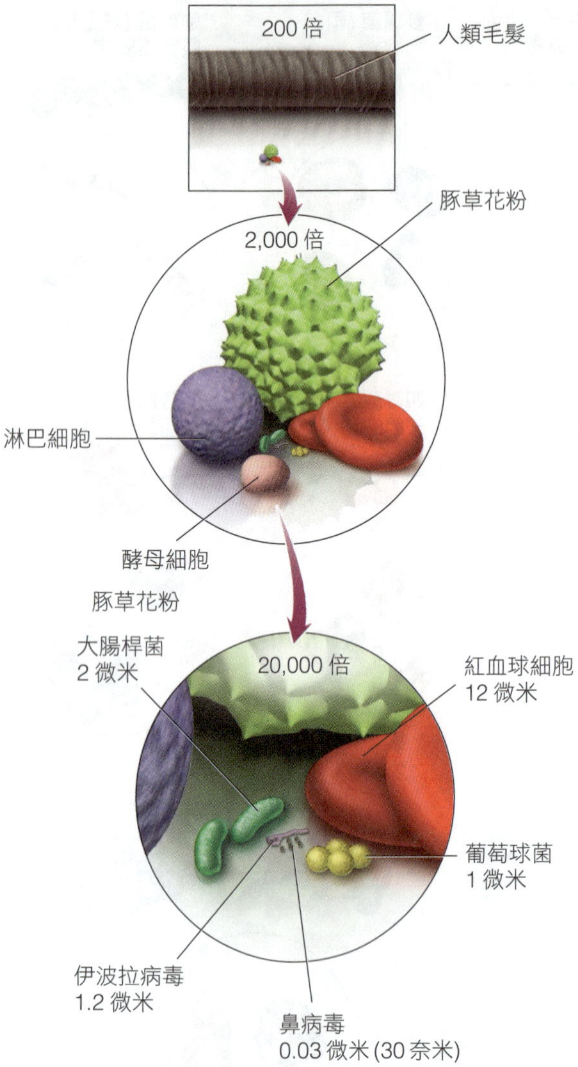

圖 3.25 **細菌的大小**。細菌大小剛好可勉強用光學顯微鏡 (0.2 微米) 觀察其千倍的大小，球菌的直徑範圍從 0.5 至 3 微米；桿菌的直徑範圍從 0.2 至 2 微米，而長度範圍從 0.5 至 20 微米，比較真核細胞與病毒的大小範圍，並比較其平均大小。

出「最適當」的鑑定。然而，並非所有的分析方法都適用在所有的細菌，有少數細菌的鑑定必須透過分析該菌特有的脂肪酸種類的特殊技術，相反地，有些細菌透過革藍氏染色與少數的生理測試就可以鑑別，其他細菌則需要形態、生化與基因等不同分析方式來鑑定。

細菌分類學：進展中的工作

原核生物的分類並沒有正式的系統，大多數的分類方式是新資訊和分析方法在不斷變化的狀態中使其變為可用，Bergey 的系統細菌學手冊是較為廣泛使用的憑藉，此系統包含所有已知的原核生物的主要資源，在過去，分類大綱的依據主要是基於革蘭氏染色和代謝反應的特徵所分類，是所謂的**表現學** (phenetic) 或表型的分類方式。

第二種分類法是以大量收集包含現今可闡明**譜系學史** (phylogenetic)(進化) 和數以千計已知物種的遺傳信息 (圖 3.26)，這種改變重新定義了我們對於分類的介紹，因此原核生物現在被分成五大類和 25 個不同的門 (類)，而不是兩個 (古細菌與細菌) 領域細分成四類。現今的分類學中，古細菌與細菌這兩個領域根據基因上的特徵已被保留，但細菌在臨床的重要性不再像以前那樣息息相關，而引起人類產生疾病的 250 種左右的物種，是在經過 7 或 8 次修訂的門 (類) 中所發現，而革蘭氏反應陽性的細菌群仍是具有指標性的，但其方法屬於低階的分類學，接下來開始介紹的主題，我們將依據務實且具組織的系統，以簡化且避免越來越複雜與矛盾的方式進行介紹。

修改過的分類大綱其主要分類呈現在表 3.3，提供簡略審視主要分類的特徵與代表性的例子 (A 至 O)，如欲參考主要分類群與屬的完整版本請見附錄表 C.2。

用於醫療用途的診斷方案

許多醫學微生物學家傾向於使用可勾勒出主要的科和屬的非正式工作系統 (表 3.4)，此方法是採用細菌的顯型 (表現某一顯性特徵之生物個體或群體) 特質來作鑑定，它僅限於細菌病原體但並不取決於命名法。此外，此方法也將細菌劃分為革蘭氏陽性、革蘭氏陰性和沒有細胞壁的細菌等種類，再將這些不同種類的細菌依細胞的形狀、排列與生理特性，如耗氧量等再作分類，例如：需使用氧氣進行代謝的嗜氧菌；代謝過程中不需使用氧氣的厭氧菌；與可使用或不使用氧氣的兼性需氧菌。未列表中的屬和種需進一步的測試以分離兩者緊密的關係，這些相關內容皆會在後面特定細菌群的章節中介紹。

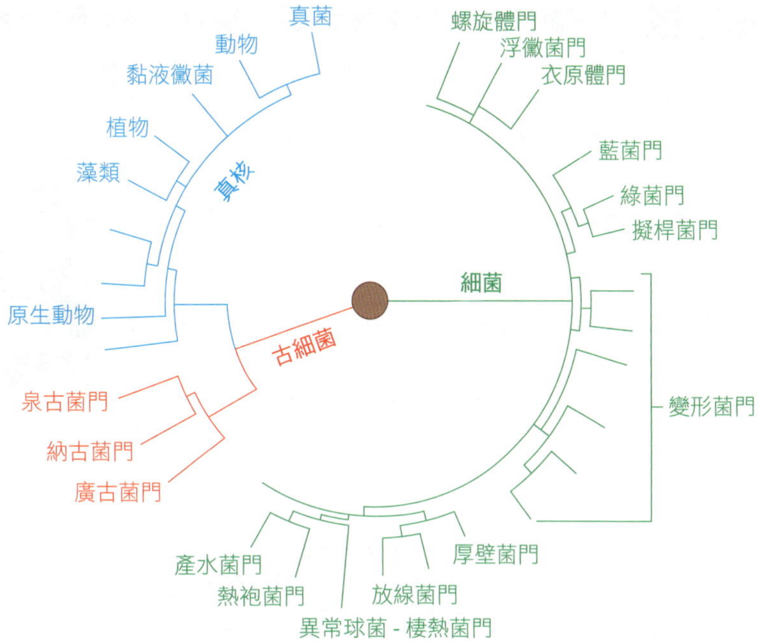

圖 3.26 **根據核糖體分析的主要分類圖**。此圖顯示細菌和古細菌域中的主要生物門，分枝代表每個域的起源，其相對位置代表與祖先的關係性，此圖主要提供真核域來做比較。

細菌的種與亞種

大多數生物中，物種 (species) 是已明確定義且可自然分類的不同層級，例如，動物是一個不同類型生物體的物種，當同類動物相互交配時可衍生後代，此定義並不適用於細菌，主要是因為它們未出現典型的有性生殖，細菌可以接受與自身無關的 DNA，同時也可以透過多種機制來改變本身的基因組成，因此，使用經過修正定義的菌種是必要的，理論上，細菌與其他明顯不同的族群比起來，享有全部共同的特徵。儘管區分兩個密切相關的物種在同一屬的界限有點隨心所欲，但此定義仍可作為將細菌分成多種可培養且可研究的方法之一。當細菌的基因體有額外的發現，根據在特定的分離物中找到特定組合的遺傳密碼可定義成一個物種，有些細菌分類學家判斷菌種的準則是細菌必須至少有 97% 的基因體和核糖體 RNA 相似，目前有許多物種是根據其獨特的核糖體 RNA 結果所定義。

由於某一物種的成員可以顯示變化，因此必須根據種的不同成員 (亞種) 再做分類，此稱為品系 (strains) 或亞型 (types)，從單一個菌落培養出來的一個品系或多種細菌，其結構與代謝物會不同於該菌落以其他方式培養出的品系。舉例來說，有色素和無色素品系的黏質沙雷氏菌與有鞭毛和無鞭毛品系的螢光菌 (革蘭氏陰性菌)，亞種可以在抗原性 (血清型或血清變型)、細菌性病毒敏感 (噬菌體型)，以及致病性 (致病型) 等顯示差異。

3.7　具有特殊特性的原核生物群概述

到目前為止，我們介紹的細菌世界，已經涵蓋了許多具有特殊生存和行為模式的細菌種類，然而，我們仍處在研究發現的早期階段，探勘地球未開發的地區不斷地令人感到驚喜，並使我們了解這些特殊生物體的適應性與重要性，若要完整呈現如此精采的多樣性，需用更大篇幅來敘述，因此在這章節我們將選擇介紹較顯著與獨特的細菌群，此章節的概述將納入與醫療相關的重要細菌群及獨立存活在環境中的一些重要生態代表性細菌群 (自營菌)。此章節所提到的細

表 3.3 原核細胞分類總覽，根據第二版的手冊編輯 (參見附錄表 C.2 提供完整的內容)

第一冊　古細菌域　包括原核生物不尋常的形態、生態、營養模式，許多已知的菌適應於極端溫度 (超嗜熱菌)、鹽 (嗜鹽菌)、酸度 (嗜酸菌)、壓力或缺乏氧氣 (厭氧菌)，以及可適應於兩種極端的棲息地，該域的菌種在生態方面具有很大的重要性，因為可以促進生物地球化學循環。更多的內容將敘述於 3.7 節。

泉古菌門 (Crenarchaeota)　此菌種需依賴硫生長且可棲息在高溫和酸性硫磺池與火山口處，有些菌種可居住在低溫的棲息地。參閱圖 A 與圖 3.32。

納古菌門 (Nanoarchaeota)　是在鹽礦和洞穴中新發現的極微小古細菌。

廣古菌門 (Euryarchaeota)　此菌種是規模最大、研究最透徹的古細菌，包括產生甲烷 (甲烷菌)，適應於高鹽水或鹽 (嗜鹽菌)、高溫 (嗜熱菌) 與還原的硫化合物，例如：甲烷生成菌 (圖 B)。

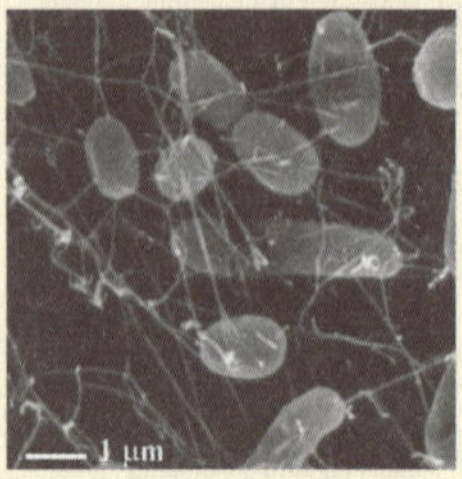

A. 華氏 160°F (攝氏 71°C) 的深海熱泉分離出尚未定義的嗜熱泉古菌。

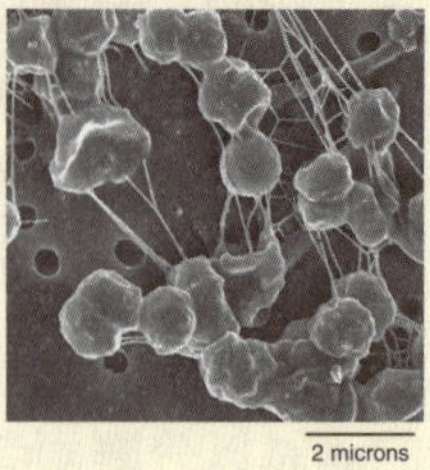

B. 甲烷生成菌是超嗜熱菌，棲息在將近沸騰溫度的深海熱泉。

第一冊　細菌域 I　此域菌種包含分枝菌與光合菌，其被認為是現存最古老演化的菌種，這些重要的細菌種類繁多，包括光合成者 (藍菌門)、嗜熱菌、抗輻射菌、嗜鹽菌與硫代謝者。

產水菌門 (Aquificae)　此菌種包括居住在海底火山口的小嗜熱桿菌。

熱袍菌門 (Thermotogae)　與產水菌門類似，包含居住在海底火山口的嗜熱、嗜鹽菌，例如：脫硫桿菌 (圖 C)。

綠菌門 (Chlorobi)　也被稱為綠硫菌，此菌種是生活在湖泊和池塘泥濘層的厭氧菌，可在棲息地進行光合作用和代謝硫化物。

異常球菌 - 棲熱菌門 (Deinococcus-Thermus)　嗜極端生物門中的一小群，菌種範圍涵蓋從生活在土壤和淡水的抗高度輻射與抗乾燥性的球菌，到生活在溫泉與熱池等非常高溫棲息地的桿菌，例如：圖 3.17 異常球菌。

藍菌門 (Cyanobacteria)　非常普遍的光合菌存在於水生環境、土壤，並經常與植物、真菌和其他生物相關，有藍綠色、綠色、黃色、紅色和橙色等顏色，例如：莢毛藻 (圖 D，詳見 3.7 節)。

C. 脫硫桿菌一是一小的厭氧、嗜鹽桿菌，可還原硫化合物。

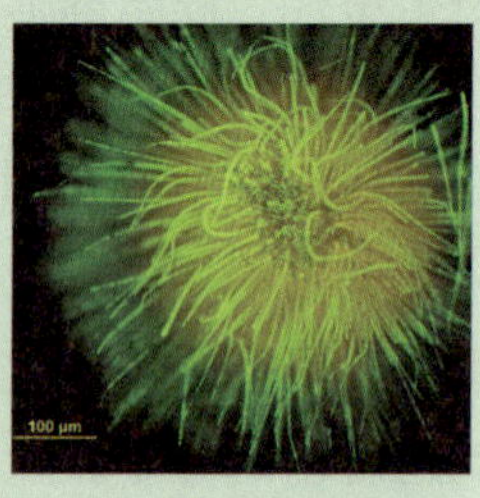

D. 莢毛藻一可形成放射纖維狀菌落，漂浮於湖泊或水塘。

第二冊　細菌域 II　此域和三、四、五冊涵蓋的生物門，包含醫學上最重要的細菌。

變形菌門 (Proteobacteria)　此門包含五綱，其種類繁多，已有超過 2,000 種的鑑定菌種，皆擁有革蘭氏陰性細胞壁的特點，且具有廣泛的適應性、形狀、棲息地和生態學，醫學上重要的菌種包含專一性寄生立克次體；奈瑟氏球菌；腸道菌種大腸桿菌與沙門桿菌；弧菌；與其他生活在動物小腸的菌種。黏液菌是唯一可聚集成多細胞結構的獨特細菌 (見圖 3.29、圖 E、F、G)。

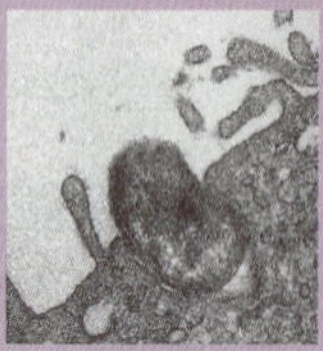

E. 在宿主細胞被放大的立克次體 (引起洛磯山斑疹熱)。

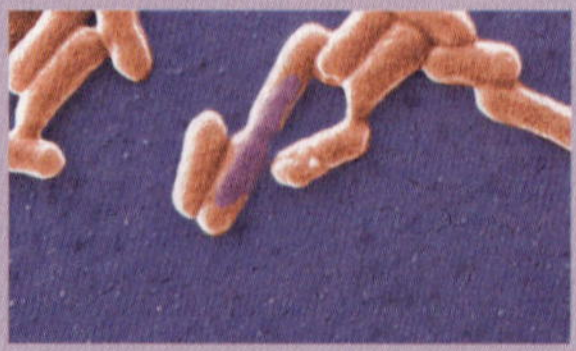

F. 大腸桿菌為食源性致病菌。

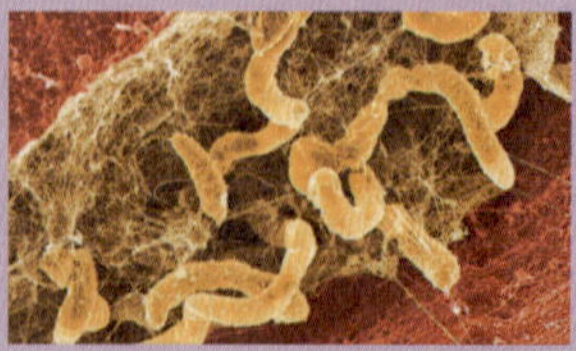

G. 脫硫弧菌是弧菌形狀的嗜熱菌，生活在池塘中的生物膜。

表 3.3 原核細胞分類總覽，根據第二版的手冊編輯 (參見附錄表 C.2 提供完整的內容)(續)

第三冊 厚壁菌門 主要是低 G+C 含量 * (少於 50%) 的革蘭氏陽性菌，其分為三個綱，具有多樣性，且有些菌種是致病菌，例如：產生孢子之芽孢桿菌及芽孢梭菌，另外，葡萄球菌與鏈球菌也是重要的致病菌，雖然黴漿菌 (見圖 3.16) 缺乏細胞壁但仍將其菌種歸類為厚壁細菌門是因為它們之間的基因具有相關性 (參見圖 H 和 I)。

H. 炭疽桿菌—掃描式電子顯微鏡顯示紅血球細胞旁邊的桿狀細胞。

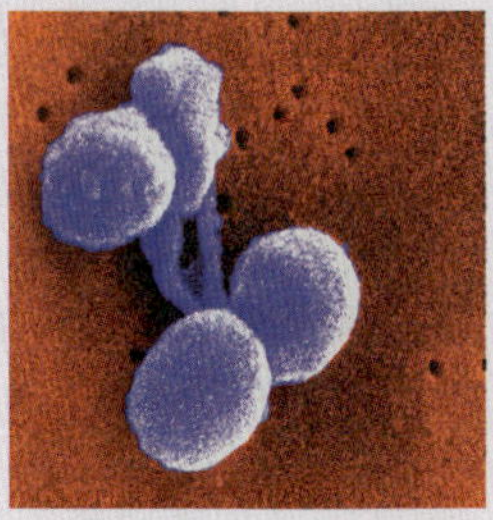

I. 肺炎鏈球菌—圖片顯示此菌種雙球菌的排列。

第四冊 放線菌門 是高 G+C 含量 (超過 50%) 的革蘭氏陽性菌，此菌門中有些菌種的生命週期與形態差異很大，主要的菌種包括分支絲狀放線菌、產孢鏈黴菌、棒狀桿菌 (圖 3.23)、分枝桿菌與微球菌 (圖 3.22a)(圖 J 與 K)。

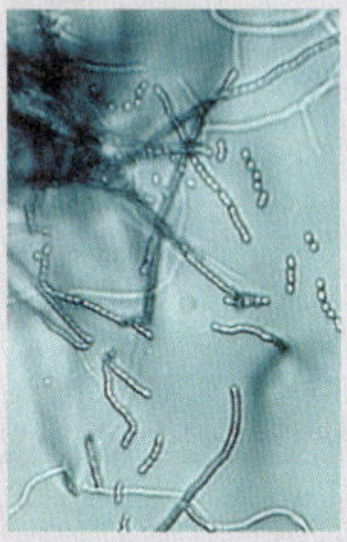

J. 鏈黴菌屬—常見的土壤菌，通常是抗生素的來源。

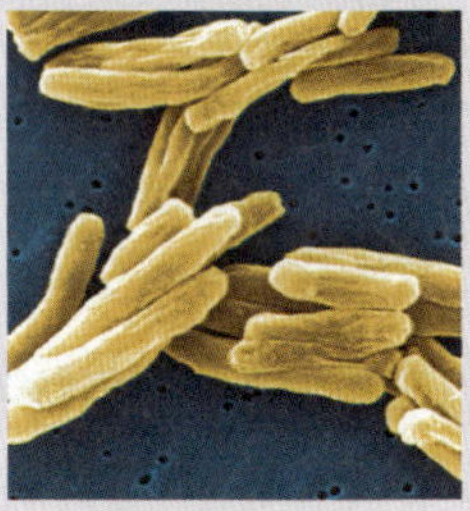

K. 結核分枝桿菌—引起肺結核的桿菌。

第五冊 是 9 個門的混合組合，雖然全是革蘭氏陰性菌但廣泛多樣，以下是選擇性的列舉。

衣原體門 (Chlamydiae) 是絕對需在宿主細胞內繁殖的細胞內寄生菌，這些是最小細菌中仍具有獨特生殖模式的菌種，有些物種會引起眼睛、生殖道與肺等疾病，例如：披衣菌 (圖 L)。

螺旋體門 (Spirochetes) 這些細菌是藉由其形狀和運動的模式來鑑定，利用纖細的、旋轉細胞的周質鞭毛來運動，其生活在各種棲息地，包括寄生在動物和原生動物、淡水和海水或泥濘沼澤地。梅毒螺旋菌 (圖 M) 與伯氏疏螺旋菌 (圖 3.22e) 皆為此門重要的菌種。

浮黴菌門 (Planctomycetes) 此菌種生活在淡水和海水棲息地，可行出芽生殖，具有柄狀物可用來接觸基質，且膜會隔出特殊的空間將 DNA 圍繞是此菌種獨特的特徵，也因為如此，它們被認為類似真核細胞的祖先，例如：出芽菌 (圖 N)。

擬桿菌門 (Bacteriodetes) 是分布廣泛的革蘭氏陰性厭氧桿菌，棲息於土壤、沉積物與水中，也存在於動物腸道中。此菌種的分類可能與纖維桿菌門和綠菌門有關，有些細菌在人體腸道的功能中扮演重要的角色，而有些則與經口腔或腸道感染有關，例如：類桿菌 (圖 O)。

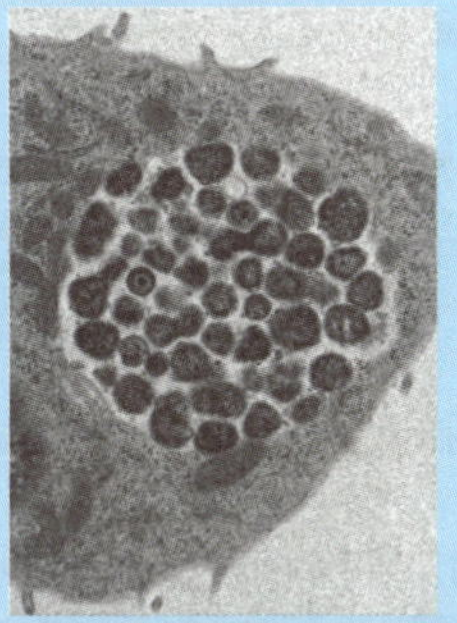

L. 被感染的宿主細胞圖顯示出在不同發展階段的衣原體液泡。

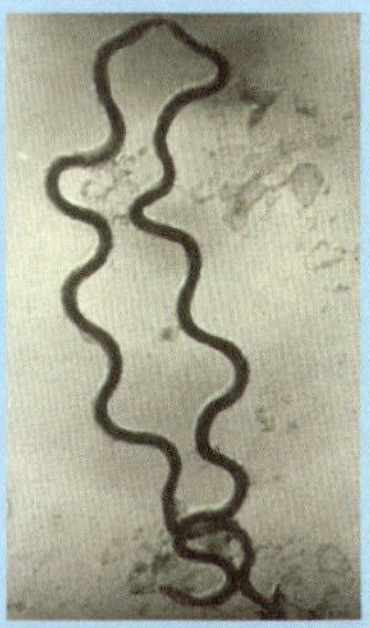

M. 梅毒螺旋體引起梅毒。

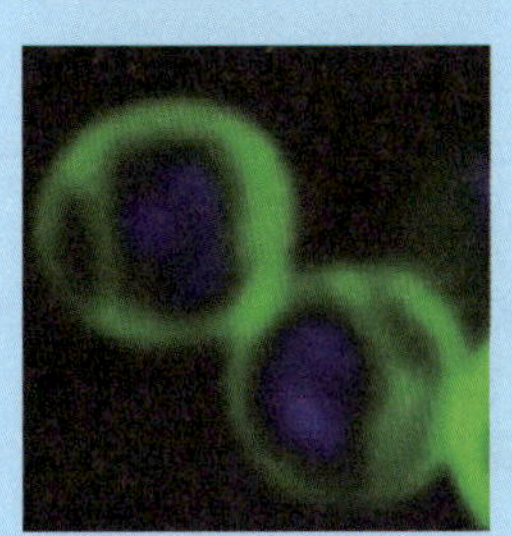

N. 出芽菌—透過螢光顯微鏡顯示出芽細胞 (藍色為類核體)。

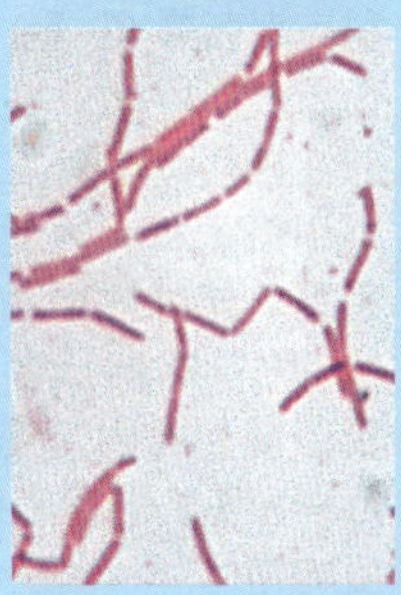

O. 類桿菌—可能引起腸道感染。

* G + C 鹼基成分：DNA 中鳥嘌呤與胞嘧啶的整體百分比，由於此百分比並不會迅速改變，因此被當作是具有關聯性的一般指標。各個細菌 G + C 百分比明顯不同，在基因上相關性較少，因此細菌分類圖部分是根據鹼基的百分比來作歸類。

表 3.4 與疾病相關的重要菌種和致病菌屬 *

I. 革蘭氏陽性菌細胞壁結構 (厚壁菌門與放線菌門)

A. 群集或一串的球菌是嗜氧或兼性的

葡萄球菌科：葡萄球菌屬 (引起膿瘡與皮膚感染)。

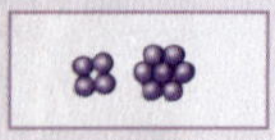

B. 雙球菌與鏈球菌是兼性的

鏈球菌科：鏈球菌 (引起膿毒性咽炎與齲齒)。

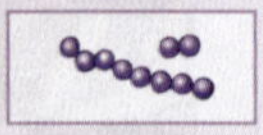

C. 厭氧球菌有雙球菌、四疊菌與不規則排列

消化鏈球菌科：消化球菌與消化鏈球菌 (與傷口感染有關)。

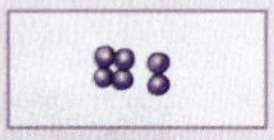

D. 孢子形成桿菌

芽孢桿菌科：芽孢桿菌屬 (炭疽病)、芽孢梭菌屬 (破傷風、氣性壞疽、臘腸桿菌中毒)。

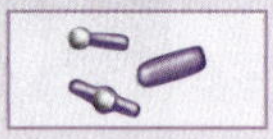

E. 非孢子形成桿菌

乳酸菌科：乳酸菌、李斯特菌 (食物感染)、紅皮桿菌屬 (類丹毒)。

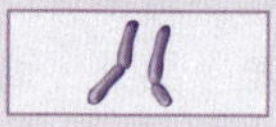

丙酸桿菌科：丙酸桿菌 (痤瘡)。

白喉桿菌科：白喉桿菌 (白喉)。

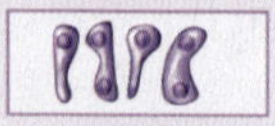

分枝桿菌科：分枝桿菌 (結核病、痲瘋症)。

奴卡氏菌科：奴卡氏菌 (肺膿瘡)。

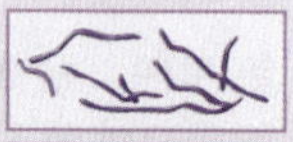

放線菌科：放線菌 (齲齒)。

鏈黴菌科：鏈黴菌 (抗生素重要來源)。

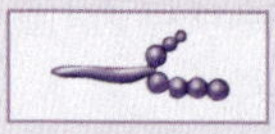

II. 革蘭氏陽性菌細胞壁結構 (變形菌門、擬桿菌門、梭桿菌門、螺旋體門與衣原體門)

F. 嗜氧球菌

奈瑟氏菌科：奈瑟氏菌 (淋病、腦膜炎)。

G. 嗜氧球桿菌

莫拉氏菌科：莫拉氏菌屬、不動桿菌屬。

H. 厭氧球菌

韋榮氏球菌科：韋榮氏球菌屬 (齲齒)。

I. 嗜氧桿菌

假單胞菌科：假單胞菌 (肺炎、燒燙傷感染)。

未分類桿菌 (不同科)：布氏桿菌 (反覆性發燒)、博德特氏菌屬 (強烈的咳嗽)、弗朗西斯氏菌屬 (兔熱病)、科克斯菌屬 (Q 熱)、退伍軍人菌 (退伍軍人症)。

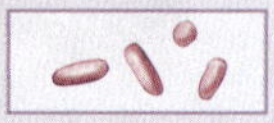

J. 兼性桿菌與弧菌

腸內細菌科：大腸桿菌、愛德華氏菌屬、檸檬酸桿菌屬、沙門氏菌屬 (傷寒)、志賀氏菌 (痢疾)、克雷伯氏菌屬、腸內菌屬、沙雷氏菌、變形桿菌屬、耶爾辛氏菌屬 (會導致瘟疫的物種)。

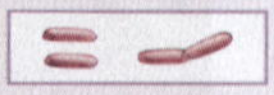

J. 弧菌科：弧菌 (霍亂，食物感染)。

曲狀桿菌科：曲狀桿菌 (腸炎)。

螺桿菌科：螺旋桿菌 (潰瘍)。

未分類菌屬：黃桿菌屬、嗜血桿菌 (腦膜炎)、巴斯特菌屬 (咬傷感染)、鏈桿菌屬。

K. 厭氧桿菌

類桿菌科：類桿菌屬、梭菌屬 (厭氧創傷與齲齒)。

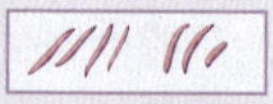

L. 螺旋狀的與曲線形的細菌

螺旋菌科：密螺旋體屬 (梅毒)、伯氏疏螺旋體屬 (萊姆病)、鉤端螺旋體屬 (腎臟感染)。

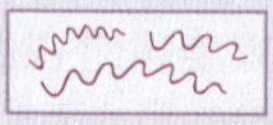

M. 絕對與兼性胞內寄生菌

立克次菌科：立克次體 (洛磯山斑疹熱)。

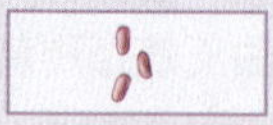

無形體科：艾利希氏體屬 (人類艾利希氏體症)。

披衣菌科：披衣菌 (性傳染病)。

巴東體科：巴通氏菌 (戰壕熱、貓抓病)。

III. 無細胞壁的細菌 (柔膜菌綱)

黴漿菌科：黴漿菌 (肺炎)、尿漿菌 (尿道感染)。

* 病原體與疾病的關係詳述於之後的章節。

菌不具有先前所提到細菌典型的形態學，且在某些案例中是明顯不同的。

非致病性的自由營生菌

光合細菌

許多細菌的養分是來自於異營方式，也就是說細菌的養分是由其他生物體所提供，然而，光合菌是含有特殊光合色素的獨立細胞，可利用光提供的能量將單一的無機化合物轉換成自身所需的所有營養物質，在光合作用時會產生氧，或是會產生硫磺顆粒或硫酸鹽，是兩種常見的光合菌。

藍綠菌：驚奇的微生物

藍綠菌是革蘭氏陰性光營[31]菌，屬原核生物的一門，稱為藍菌門，是地球上最具優勢的微生物且對自然界有顯著的貢獻，藍綠菌古老的起源可能是以某種形式存在，至今約 300 萬年之久，我們仍可在化石上的生物膜發現早期細胞的殘留，此含有微生物的化石稱為疊層石 (圖 3.27b1,2)，許多微生物演化學家認為藍綠菌是最早的光合菌，透過自身產生的氧氣負責將大氣中的無氧物轉變成有氧物，此舉可能是參與嗜氧真核菌演化過程的因素之一，其他對於真核細胞演化的貢獻還包括藻類和植物的葉綠體，此外，葉綠體的基因分析證明它們跟最古老的藍綠菌群體非常相近，並可能是透過體內共生而來 (見第 4 章)，因此，綠色森林或玉米田實際上是來自於數十億年前成為光合真核生物一部分的微小細菌，若不是因為這些微生物，地球將是一個完全不同的地方。

藍綠菌的分布和形態非常多元化，無論是海洋、溫泉或南極冰，藍綠菌可在各種水環境中蓬勃發展，也可以生存在大範圍的地面棲息地，也因為分布廣泛，因此，藍綠菌是全球生產力偉大的貢獻者，單單兩個品種的藍綠菌 - 原綠球藻與束毛藻在生物質形成中就占 30%~40%，而透過海洋進行的光合作用，氧氣的生成就占 50%，藍綠菌也是少數微生物族群之一，可將氮氣 (N_2) 轉換成銨 (NH_4^+) 供植物使用，因此，藍綠菌在氮氣循環中扮演重要的角色。

藍綠菌具有多種結構與排列，包含球菌形、棒狀形與螺旋形細胞狀，而排列方式有長絲、群聚和薄片，且通常由膠狀鞘所包圍 (圖 3.27a2)。雖然藍綠菌主要的光合色素是葉綠素 b 和藍綠色的藻藍素，但它們仍可透過其他色素呈現黃色、橙色與紅色等色調。

在單一細胞內發現有廣泛的特殊膜 - **類囊體** (thylakoids) 的存在，類囊體除了是色素與光合作用的位置 (圖 3.27c)，還具有氣泡可維持細胞懸浮於水柱上端，以促進光合作用，藍綠菌偶爾會在水中過度生長而形成藻華 (水體富營養化)，此有害於魚類與其他棲息者，且藻華也會產生毒素，不慎攝入時可能會導致疾病，但一般在醫學上並非嚴重的疾病。

綠硫菌與紫硫菌

綠色和紫色菌也是光合菌並含有色素，此兩種菌有別於藍綠菌在於它們擁有不同類型的葉綠素，稱為細菌葉綠素 (青色素)，並不會提供氧氣當作光合作用的產物，綠色和紫色菌生活在硫磺泉、淡水湖與沼澤，這些環境夠深足以提供無氧條件讓此兩種菌的色素可以吸收光的波長 (圖 3.28)，這些細菌的命名是根據其所處環境的顏色，它們也可以是棕色、粉色、紫色、藍色或

---

31 *phototrophic*：光營養方式。

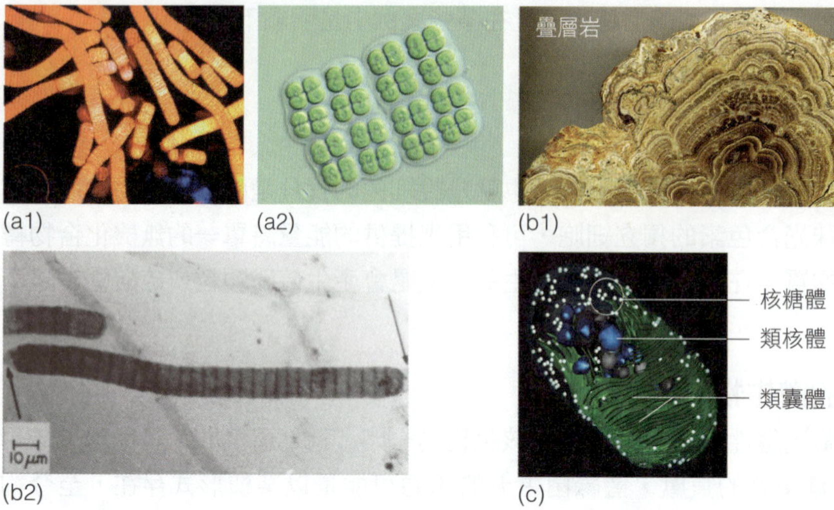

圖 3.27 **藍菌門的特徵**。(a) 細胞顯著的顏色與排列。(1) 束毛藻是地球上主要浮游生物之一。(2) 平裂藻顯示規律排列的細胞周圍含有黏液鞘圍繞；(b) 藍菌門古代的遺跡。(1) 切片顯示十億年前疊層岩上的藍菌門生物膜層；(2) 西伯利亞的化石發現微體化石有十億年之久的絲狀構造；(c) 電子顯微鏡 (10,000 倍) 顯示細胞光合成作用位置的類囊體層。

圖 3.28 **光合細菌**。在秋天的池塘中紫色的團塊是紫硫菌 (右下嵌入的圖為 1,500 倍) 集中綻放的結果，池塘邊還藏著藻類的混合群 (綠色叢)。

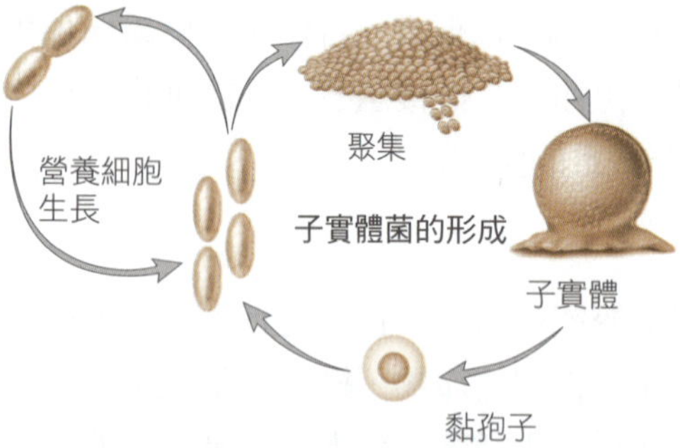

圖 3.29 **黏液球菌屬的生命週期**。含有多細胞的細菌在環境釋出訊號的反應下所經過的發展階段。

橙色等。此兩種菌皆可在新陳代謝過程中利用硫化物 (硫化氫、硫)。

滑動、子實體細菌

滑動細菌是變形菌門中革蘭氏陰性菌的混合收集，可生活在水或油中，其命名源自於此細菌可滑過潮濕的表面，滑動的特質意味著需要細胞壁外膜的鞭毛或纖維的旋轉，但並不包含纖毛，滑動細菌以細長桿狀、長絲、球狀，以及一些微型的樹形的子實體等幾種形態存在，或許最有趣和特殊的菌種就屬黏質菌或黏球菌，黏球菌含有什麼結構使其有別於其他細菌具有複雜且較長的生命週期，在生命週期過程中，營養細胞受到趨化性訊息的影響，細胞聚集在一起游動並分化成一個彩色的多細胞結構，稱為子實體，使少數細胞形成多細胞體的形式 (圖 3.29)，子實體是一個製造孢子的生存結構，其製造孢子的方式跟真菌很像，這些子實體的結構通常夠大以致於在樹皮上或植物殘骸中皆可用肉眼觀看。

☞ 醫學上重要的致病菌種類

大多數細菌是行自由生活方式，或可獨立代

謝和生產的寄生形式，立克次體與披衣菌這兩種細菌群已習慣生活在宿主細胞中，因此被認定是絕對細胞內寄生菌 (obligate intracellular parasites)。

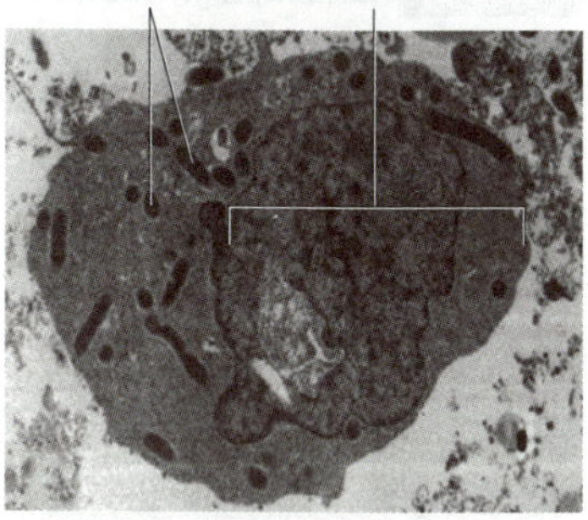

圖 3.30　**康諾爾立克次體在宿主內的穿透式電子顯微鏡圖 (100,000 倍)。此菌種會引起壁蝨媒介性地中海熱。**

立克次體

立克次體 (rickettsias)[32] 是非常特殊微小的革蘭氏陰性菌 (圖 3.30)，儘管立克次體有著些許典型細菌的形態，但其生命週期與適應力卻有別於一般細菌。立克次體是可輪流交替寄生在哺乳類動物與吸血性節肢動物[33] (例如：跳蚤、蝨子、壁蝨) 的致病菌，且無法在宿主外生存與繁殖，也無法自行完成新陳代謝，因此必須緊緊依附在宿主內才能夠生存。立克次體會引起人類許多重要的疾病，例如：洛磯山熱病原體導致洛磯山斑疹熱 (由壁蝨傳染)、蒲氏立克次體導致地方性斑疹傷寒 (由蝨子傳染)。值得注意的是立克次體的基因序列與即將在第 4 章介紹的真核細胞的胞器 (粒線體) 有著極高的相似度，意味著演化上彼此的關聯性。

披衣菌

披衣菌 (chlamydias) 屬 (*chlamydia* 和 *chlamydophila*) 與立克次體非常類似皆需要透過宿主細胞來生長與代謝，但此兩種菌關係並不密切，且披衣菌無需透過節肢動物當傳染媒介。由於披衣菌非常微小且行絕對寄生的生活形式，很常被誤認為是病毒的一種 (表 3.3L)。在醫學上最重要的披衣菌屬包括砂眼披衣菌與肺炎披衣菌，砂眼披衣菌除了會引起眼睛嚴重的感染 (砂眼) 使眼睛失明外，也會引起性傳染疾病，而肺炎披衣菌顧名思義會引起肺部感染。

古細菌：其他的原核生物

擁有著不尋常的解剖結構、生理學和遺傳學的新原核細胞，此細胞的發現與鑑定改變了我們對微生物分類學的看法 (詳見第 1 章與表 3.3)，這些被稱作古細菌 (archaea 或 archaeons) 的單細胞、簡單的微生物，被認為是獨立超級界 (古細菌域) 中的第三種細胞類型，我們將古細菌納為此章節是因為其擁有一般原核細菌的結構與特徵，但有越來越多的研究證實古細菌與真核生物的關聯性更甚於原核生物。舉例來說，古細菌與真核細胞皆擁有細菌所缺乏的核糖體 RNA，且兩者的蛋白質合成方式與核糖體次單位的結構皆類似 (表 3.5)。

古細菌與其他細胞主要不同在於某些遺傳序列僅存在於古細菌的核糖體 RNA，其細胞壁也相當獨特，是由多醣類或蛋白質所組成，但缺乏肽聚醣，有些古細菌甚至沒有細胞壁 (圖 3.33)。古細菌有可能是所有生命形式中最古老的且保留了近 40 億年前第一個起源於地球上細胞的特徵，初期的地球被認為炙熱且含有豐富硫酸氣體和鹽的厭氧「池」，許多現今的古細菌仍棲息在與初期地球形成時相仿的嚴苛環境下，正因如此古細菌被認為是嗜極端 (extremophiles) 或超嗜極端生物 (hyperextremophiles)，意味著它們喜好生活於地球上最極端的棲息地，雖然還有一

32 霍華德・立克次 (Howard Ricketts) 是第一位與立克次體菌接觸的醫生，後來因斑疹傷寒而失去生命，此菌種因他而命名。

33 節肢動物是腳具有節的無脊椎動物，例如昆蟲、壁蝨或蜘蛛。

表 3.5 三種細胞域的比較

特徵	細菌	古細菌	真核生物
細胞種類	原核細胞	原核細胞	真核細胞
染色體	單一、少許、環狀	單一、環狀	數個、線狀
核糖體形態	70S	70S，但結構上較接近 80S	80S
核糖體 RNA 特有序列	有	有	有
與真核生物共有的 RNA 序列數目	1	3	
與真核生物相似的蛋白質合成	無	有	
細胞壁上肽聚醣的存在與否	有	無	無
細胞膜上的脂質	脂肪酸帶有酯鍵	長鏈、分支的碳氫化合物帶有醚鍵	脂肪酸帶有酯鍵
細胞膜上含固醇類	無 (有例外)	無	有

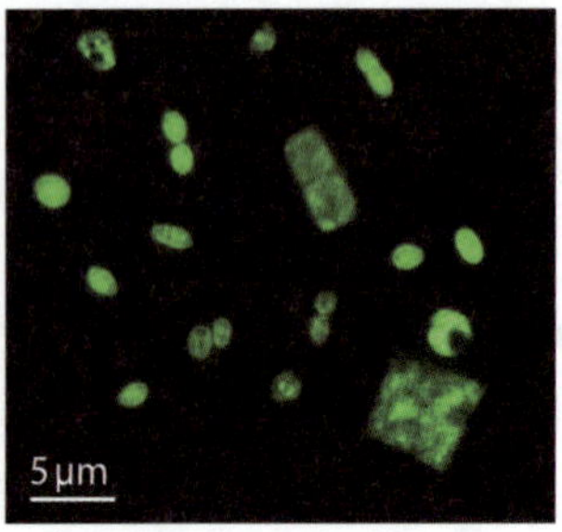

(a) (b)

圖 3.31 **世界各地的嗜鹽菌**。(a) 美國加州舊金山灣鹽池分布的鳥瞰圖，古細菌活躍於溫暖、高鹽的環境，產生絢麗的紅色、粉紅色與橙色；(b) 螢光顯微鏡圖顯示從澳大利亞的鹽場取得的樣品 (1,000 倍)，注意此圖中細胞形狀的排列 (球狀、桿狀、方形)。

些嗜極端細菌的例子 (表 3.3)，但它們在超極端環境中不像古細菌般普遍。

就新陳代謝而言，古細菌展現出不可置信的適應力，可存活在對其他生物而言是致命的條件下。許多耐寒的微生物也生活在極端嚴苛的複合型環境中，例如：高酸和高溫、高鹽和鹼性、低溫和高壓等，這些微生物包含甲烷產生菌、超嗜熱菌、極端嗜鹽菌與硫還原菌。值得注意的是並非所有的古細菌都適應於極端的環境，有些則廣泛分布於較適度的環境，例如：泥土、海洋，甚至是動物的腸道。據估計，古細菌是地球上最常見的細胞且對地球的發展具有重大的貢獻。

甲烷菌 (methanogens) 可透過獨特且複雜的路徑將二氧化碳與氫氣轉變成甲烷氣體，這類古細菌一般居住在無氧的泥漿或湖泊和海洋底下沈積的地方，有些甚至可居住在人類的口腔和大腸，甲烷菌在水生環境所產生的氣體 (甲烷) 在沼澤聚集可成為燃料的來源，此外，甲烷菌也可維持地球的溫度造成「溫室效應」，導致地球暖化。

極嗜鹽菌 (extreme halophiles) 顧名思義需要透過鹽類維持生長，因為具有高濃度鹽類的耐受性，可以在會破壞細胞的氯化鈉溶液 (濃度 36%) 裡繁殖，極嗜鹽菌存在於內陸海、鹽湖和鹽礦等地球上最鹹的地方，但在海洋中並不常見，因為海洋中的含鹽量並不足以提供此菌生長。許多極嗜鹽菌在有光線的地方會利用紅色素合成 ATP，這些紅色素是使「紅鯡魚」、紅海及鹽池呈色的原因 (圖 3.31)。

古細菌中嗜冷生物 (喜好低溫) 可生活在極低溫的地方，而極嗜熱生物 (喜好非常高溫) 可生活在極高溫的地方。極嗜熱菌 (hyperthermophiles) 繁殖旺盛的溫度介在 80°C 至 121°C (沸騰的溫度) 之間，其無法存活在低於 50°C 的環境，此菌生長在火山水域、火山土壤和火山海底出口處，同時也可耐酸鹼 (圖 3.32)。研究人員在火山海底出口處採集硫樣品發現嗜熱古菌可在 250°C 的高溫下存活，而 150°C 已高於沸騰的熱水！極嗜熱菌不僅可以生長在如此高溫的環境下，還可以在 265 大氣壓的環境中生存 (地球表面是 1 大氣壓)，關於古細菌獨特適應性的更多討論，詳見第 6 章。

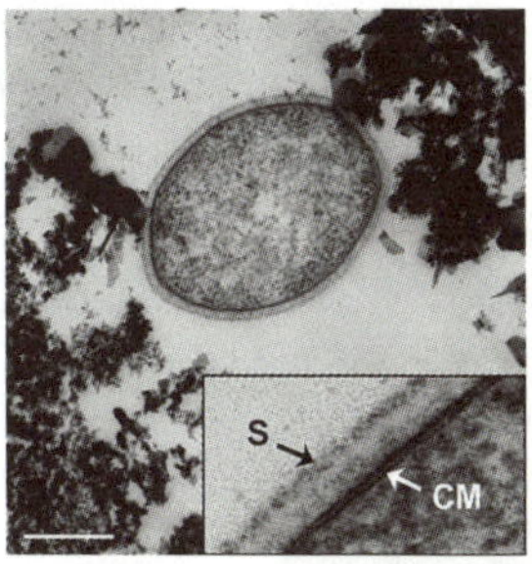

圖 3.32 **地球上最熱的生命形式。**泉古菌茂盛繁殖的棲息地是高於沸水的溫度，甚至可在高壓滅菌後存活下來。(S = 黏液層；CM = 細胞膜)。

第一階段：知識與理解

這些問題需活用本章介紹的觀念及理解研讀過的資訊。

選擇題

從四個選項中選出正確答案。空格處，請選出最適合文句的答案。

1. 下列哪一項並非所有細胞結構之一？
   a. 細胞壁　b. 細胞膜
   c. 遺傳物質　d. 核糖體
2. 病毒不被認為是生物體的原因是？
   a. 不是細胞　b. 無法自己繁殖
   c. 缺乏代謝　d. 以上皆是
3. 下列哪一項並非所有細菌皆有？
   a. 細胞膜
   b. 類核體
   c. 核糖體
   d. 肌動蛋白絲細胞骨架
4. 主要協助細菌移動的結構為：
   a. 鞭毛　b. 菌毛
   c. 繖毛　d. 纖毛
5. 菌毛是________菌的附屬器，其功能為________？
   a. 革蘭氏陽性菌，基因物質交換
   b. 革蘭氏陽性菌，附著
   c. 革蘭氏陰性菌，基因物質交換
   d. 革蘭氏陰性菌，保護
6. 下列哪一項屬於醣盞？
   a. 莢膜　b. 菌毛
   c. 外膜　d. 細胞壁
7. 下列哪一項是細菌細胞壁的主要功能？
   a. 運輸　b. 移動
   c. 支持　d. 附著
8. 下列哪一項是革蘭氏陽性與陰性菌的細胞壁皆有的物質？
   a. 外膜　b. 肽聚醣
   c. 磷壁酸　d. 脂多醣
9. 異染小體中含有________，可與________配對。
   a. 脂質，分枝桿菌
   b. 2,6- 吡啶二甲酸，芽孢桿菌
   c. 硫磺，硫化菌
   d. 磷酸，棒狀桿菌
10. 下列哪種原核細胞缺乏細胞壁？
    a. 立克次體　b. 黴漿菌
    c. 分枝桿菌　d. 古細菌
11. 革蘭氏陰性菌細胞壁的脂多醣會釋放出________，並引起________反應。
    a. 酵素，疼痛　b. 內毒素，發燒
    c. 磷壁酸，發炎　d. 磷酸鹽，溶解
12. 細菌內孢子的功能為何？
    a. 生殖　b. 生存
    c. 蛋白質合成　d. 儲存
13. 八個細胞排列為一組稱為________。
    a. 微球菌　b. 雙球菌
    c. 四聯球菌　d. 八疊球菌
14. 螺旋體與螺旋菌主要差異在於
    a. 有鞭毛　b. 呈旋轉狀
    c. 自然移動　d. 大小
15. 下列細菌門中何者包括革蘭氏陽性菌細胞壁？

a. 變形菌門　b. 綠菌門
c. 厚壁菌門　d. 螺旋體

16. 藍菌門屬於分類學中哪一域？
a. 古細菌域　b. 放線菌門
c. 細菌域　d. 梭菌門

17. 下列哪一染色法可以分辨醫學上重要致病菌的細胞壁？
a. 單一染色　b. 啶橙螢光染色
c. 革蘭氏染色　d. 負染色

18. 地球上第一個活體細胞最可能與下列哪一菌種類似？
a. 藍菌門　b. 內孢子形成者
c. 革蘭氏陽性菌　d. 古細菌

申論挑戰

每題需依據事實，撰寫一至兩段論述，以完整回答問題。「檢視你的進度」的問題也可作為該大題的練習。

1. 劃線標示處填上細菌的結構名稱並簡短描述其功能。

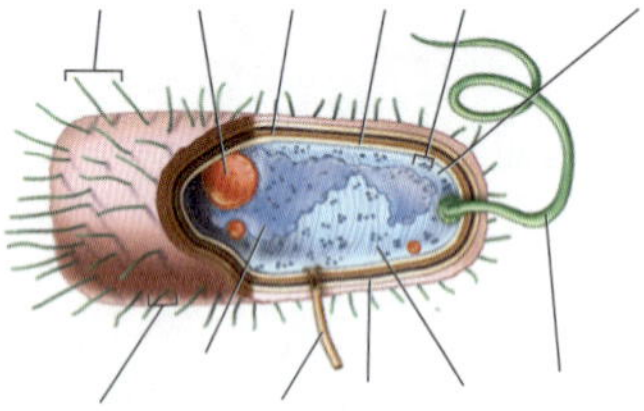

2. 請說明用於定義生命與參與執行這些生命過程的原核細胞的結構特性。
3. 描述生物膜形成的基本過程。
4. 什麼原因讓微生物學家相信，和細菌相比，古細菌與真核細胞更具有相關性？
5. 為何需要消滅內孢子？你認為考古學家為何認為現今的一些孢子是從數千 (或百萬) 年前而來？

觀念圖

在 http://www.mhhe.com/talaro9 有觀念圖的簡介，對於如何進行觀念圖提供指引。

1. 用下面的關鍵字構建自己的概念圖，在每一個觀念之間填入連接詞。

屬	物種
品系	域
螺旋體屬	伯氏疏螺旋體
螺旋體	門

第二階段：應用、分析、評估與整合

這些問題超越重述事實，需要高度理解、詮釋、解決問題、轉化知識轉為新的概念、建立模式並預測結果的能力。

批判性思考

本大題需藉由事實和觀念來推論與解決問題。這些問題可以從各個角度切入，通常沒有單一正確的解答。

1. 用黏土展示球菌在不同程度細胞分裂的情形與分裂後的結果，並顯示出芽孢桿菌如何排列，包括柵欄狀排列。
2. 用螺絲起子和彈簧，比較螺旋狀細菌和螺旋體的彈性與運動性，說明為何這兩種菌可對應於螺絲起子和彈簧。
3. 你在顯微鏡下看到桿狀細胞快速向前游動。
a. 你如何知道有關細菌的結構？
b. 提出鞭毛除了幫助細菌游動之外的其他功能。
4. 描述抗酸菌命名的由來和解釋抗酸菌的特點使其有別於其他革蘭氏陽性菌。
5. a. 舉出一個用葉綠素進行光合作用的細菌群。
b. 描述兩種主要的光合菌並提出兩者的異同之處。
6. 提出一個假說來說明細菌和古細菌如何演化至真核細胞。
7. 說明如果青黴素抑制鏈橋的合成，細胞壁將會發生什麼事。
8. 請實驗室老師幫你製作一個生物膜並在顯微鏡下

觀察，生物膜製作的方法之一是將一載玻片置入水族箱中幾個星期，然後小心風乾和固定，並使用革蘭氏染色，觀察細胞種類的多樣性。

9. 描述圖 3.22a、b、c 與 f 細菌的形狀與排列。

視覺挑戰

1. 觀察第 2 章，圖 2.20b，哪一個菌種有發展良好的莢膜？克雷伯氏菌還是金黃色葡萄球菌？請說明原因。

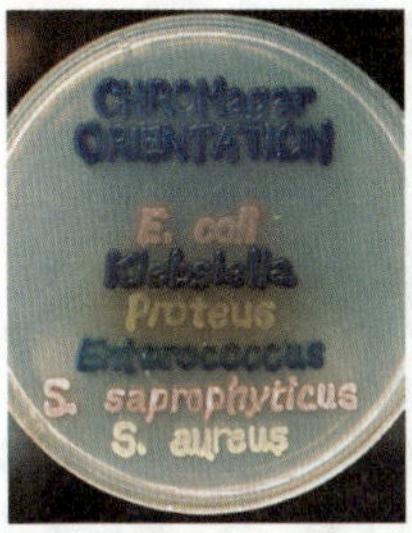

2. 下圖是哪一種菌類？說明何者導致你所看到的細菌顏色和外觀。

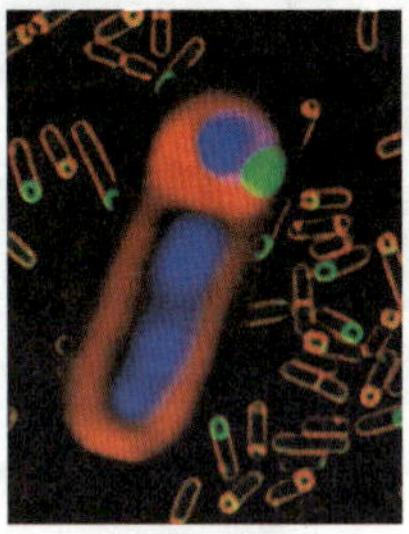

第 4 章　真核細胞與微生物探索

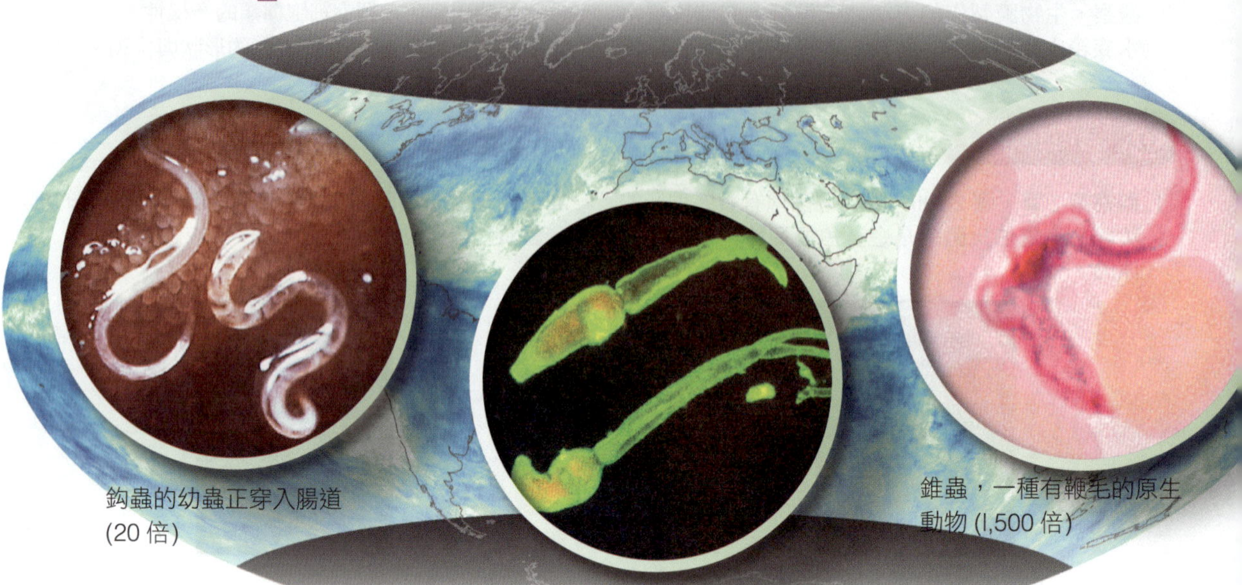

鉤蟲的幼蟲正穿入腸道 (20 倍)

血吸蟲的幼蟲，一種寄生性原蟲 (200 倍)

錐蟲，一種有鞭毛的原生動物 (l,500 倍)

引起被忽視疾病微生物的例子，分布在地球的熱帶和亞熱帶地區 (藍色帶狀區域)。

4.1　真核生物的歷史

古生物學家使用來自古老化石的證據，估計最早的真核細胞大約從 20 億年前開始進化，其他有趣的證據來自於在中國和俄羅斯頁岩發現的 6 億至將近 10 億年前的細胞化石。值得注意的是，它們就像現代的藻類或原生動物 (圖 4.1)。

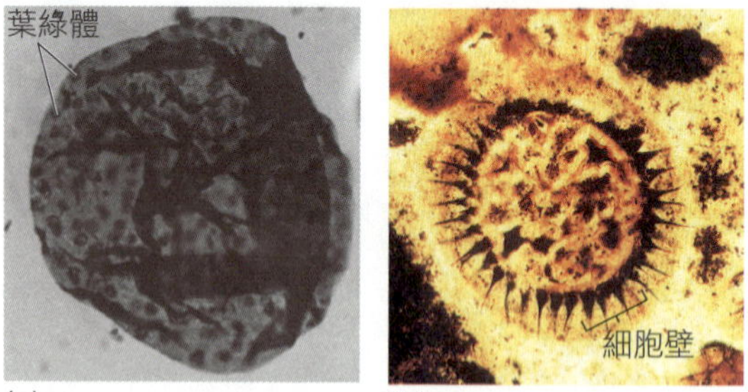

(a)　(b)

圖 4.1　**在化石發現的古代真核原生生物。**(a) 保存於西伯利亞頁岩的細胞可追溯至 8.5 億至 9.5 億年前；(b) 從中國化石發現的一個盤狀細胞，約為 5.9 億至 6.1 億年前出現。兩種細胞都比較簡單，其中 (a) 顯示如藻類的類葉綠體構造。例圖 (b) 有細胞壁刺，很類似於現代的盤星藻 (*Pediastrum*)。

當生物學家開始專注於這些細胞的可能來源，他們把目光轉向現代的細胞進行分析，並從這些研究中發現了令人信服的證據－真核細胞是透過胞內共生 (symbiosis)[1] 的方式，由原核細胞演化而來。實際上，這意味著兩種不同的原核生物在一起經過合併而形成一個完全獨立的細胞類型。起始事件可能發生在一個較大的原核細胞吞噬較小的原核細胞開始，並使它們保持活著，歷經億萬年來，這個組合演變成一種穩定、互利的共生關係。有些小細胞困在這些不斷演化的細胞內而成為胞器 (organelles)[2]，胞器是真核細胞的顯著特徵。這些早期細胞的結構是如此多元化，因

1 *symbiosis* 共生 (sim-beye-oh′-sis)。希臘文：*sym* 一起；*bios* 生活。兩種生物間有密切的關聯性。
2 *organelles* 胞器 (or-gan′-elz)。希臘文：*organa* 工具；*ella* 小。細胞內執行特定功能之結構。

此使真核微生物很快地散播在可棲息的環境中，並適應多形態的生活。

第一個原始真核生物可能是單細胞、獨立生活的微生物，但是，隨著時間的推進，一些細胞開始聚集形成永久族群，稱為聚落 (colonies)。再經過進一步進化，有些聚落內的細胞特化後更適於執行某一種特定的功能，對整個群體有利，例如運動、攝食或生殖。單細胞的生物逐漸失去在完整的聚落外生存的能力，於是進化為複雜的多細胞生物，雖然多細胞生物是由許多細胞組成，但它如同一群細胞在一起生活的聚落，只是一個混亂的組合。更確切地說，它是由不同群組的細胞組成，脫離主體的其餘部分就無法獨立生活，多細胞生物體若成為具有特定功能的細胞群體則稱為組織，各種組織再組成器官。

綜觀現代真核生物中，我們發現細胞複雜的多層次例子 (表 4.1)。所有原生動物以及眾多的藻類和真菌皆屬單細胞。真正的多細胞生物只在植物和動物及某些真菌 (蘑菇) 和藻類 (海藻) 中發現。傳統上只有某些真核生物被微生物學家研究，主要是包含原生動物、微藻類和真菌、動物寄生蟲或蠕蟲。

4.2　真核細胞的形態與功能：外部結構

真核生物的細胞均有所不同，所以沒有任何一個成員可以作為一個典型的例子，圖 4.2 描述一般真核細胞的複雜結構。沒有任何單一類型的微生物細胞，可包含圖中所有代表性的結構。顯而易見的是，真核生物的細胞相較於原核細胞，其胞器賦予更大的複雜性和間隔。真菌、原生動物、藻類和動物細胞中的差異，將在後面的章節進行介紹。

這裡所呈現的流程圖屬於真核細胞的結構組織，可參考第 3 章的內容，比較真核細胞與原核細胞

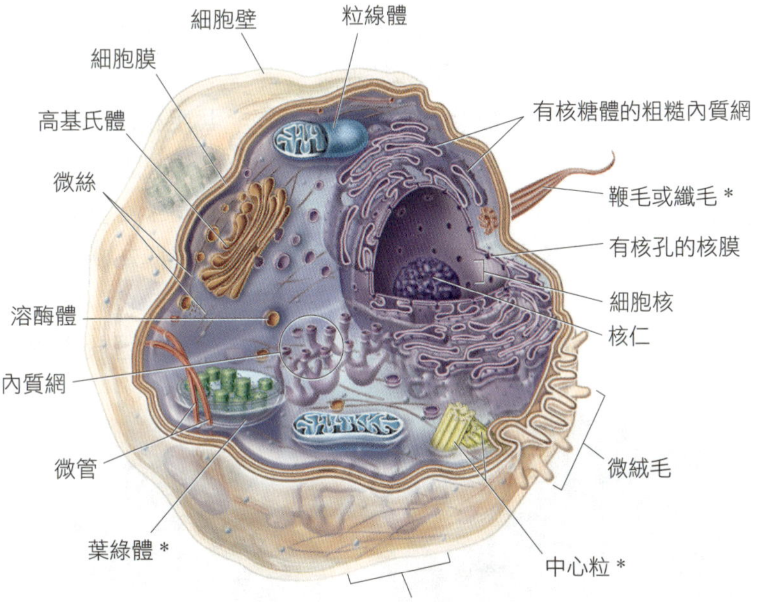

* 結構並非存在於所有的細胞類型

圖 4.2　概述真核細胞的組成。此圖所繪僅表示與真核細胞有關的所有結構，但沒有任何微生物細胞具有上圖全部的構造。參見圖 4.15、4.22 和 4.24 個別細胞類型的例子。

表 4.1　微生物學所探討的真核生物

單細胞，少數為群聚型	可能是單細胞、群聚型或多細胞	多細胞除生殖期之外
原生動物	真菌 藻類	蠕蟲 (寄生蟲) 節肢動物 (媒介疾病的動物)

之差異。

在一般情況下，真核微生物的細胞具有細胞膜 (cytoplasmic membrane)、細胞核 (nucleus)、粒線體 (mitochondria)、內質網 (endoplasmic reticulum)、高基氏體 (Golgi apparatus)、空泡 (vacuoles)、細胞骨架 (cytoskeleton) 和醣盞 (glycocalyx)。細胞壁 (cell wall)、運動附屬構造 (locomotor appendages) 和葉綠體 (chloroplasts) 只存在於某些群體。在下面的章節中，將涵蓋真核細胞的微觀結構和功能。如同原核生物的介紹順序，我們從外面開始介紹，繼續向內探討整個細胞結構。

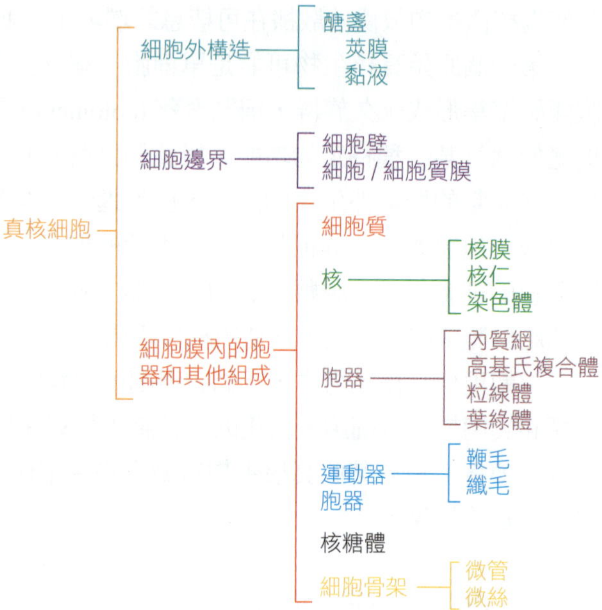

運動附屬結構：纖毛和鞭毛

運動使微生物找到維持生命的營養素和移向正面刺激，例如陽光；它也可避免有害物質的傷害和刺激。由鞭毛 (flagella) 產生的運動通用於原生動物、藻類及一些真菌和動物細胞；而纖毛 (cilia) 僅限於原生動物和動物細胞。

雖然真核生物的鞭毛與原核生物的鞭毛共用相同的名稱，但兩者有很大的不同。真核生物鞭毛較粗 (10 倍)，具有許多不同的構造，並且有細胞膜延伸覆蓋。鞭毛是一條長條形且具有護套並包含規則排列的空心小管－微管 (microtubules)，並延伸至整個鞭毛 (圖 4.3b)。橫切面顯示九對微管圍繞緊密相連的一對中心微管，此方式稱為 9+2 的排列，這是鞭毛和纖毛 (圖 4.3a) 的典型模式，其中有九對連接在一起，並有一對固定在中心。這個架構使微管可互相滑動而行走，並使鞭毛來回攪動，雖然鞭毛運動的細節在此討論過於複雜，但它涉及能量消耗和細胞膜協調

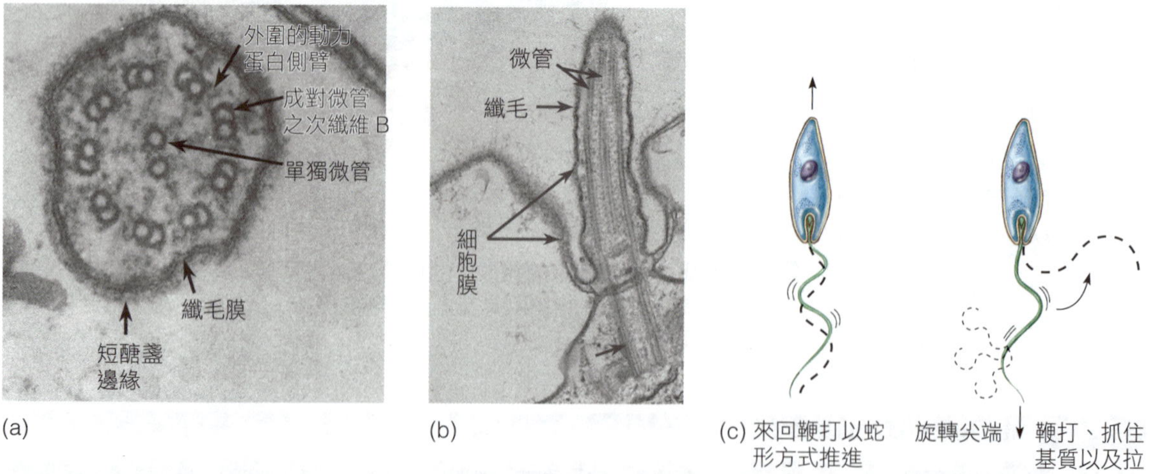

圖 4.3 **纖毛和鞭毛的結構**。(a) 原生蟲纖毛的橫切面，顯示出纖毛和鞭毛兩者的典型 9+2 微管排列；(b) 纖毛的縱切面，顯示出微管的長度方向和從其所產生的基體 (basal body, bb)。需要注意的是圍繞纖毛的膜是細胞膜的擴展，顯示它確實是一種胞器；(c) 鞭毛蟲可看到的運動模式。

的機制。鞭毛可以像魚尾般推動細胞或藉捻轉動作拉著細胞 (圖 4.3c)，鞭毛的位置和數量可以作為鑑別有鞭毛的原生動物和某些藻類之用途。

纖毛在整體結構與鞭毛非常相似，但它們是更短、更大量的 (某些細胞具有幾千根纖毛)、纖毛只存在某些原生動物和動物細胞中。在纖毛原生動物，纖毛排在細胞表面，如規律划槳般來回擺動 (圖 4.4)，提供快速的運動。最快的纖毛原生動物可以將近 2,500 μm/s 的速度游動，即每分鐘可游 1.5 公尺！在某些細胞，纖毛也可作為攝食和過濾的結構。

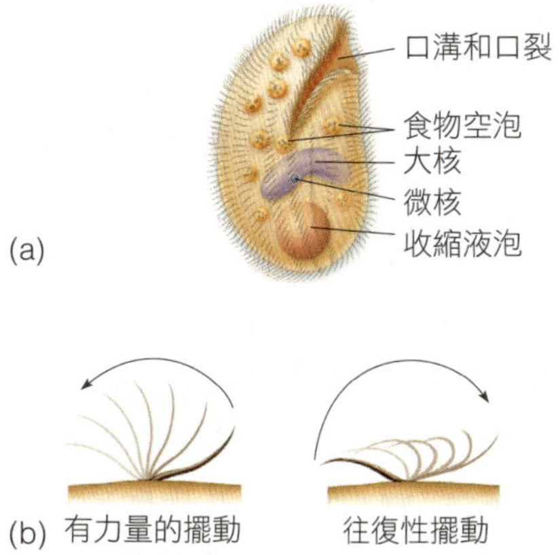

圖 4.4　纖毛蟲的運動。(a) 一種簡單的纖毛蟲 (*Balantidium*) 有規則的纖毛排在其全部表面，且包含口溝和口裂，用以捕捉和運送食物；(b) 纖毛以協調打浪方式拍打，驅動纖毛蟲細胞前進和後退。纖毛運動的方式就像游泳者的手臂，用力地往前滑動和定位後再滑動。纖毛運動是由其所包含的微管來進行而產生的。

醣盞

大多數真核微生物具有**醣盞** (glycocalyx)，即與環境直接接觸的最外面邊界，這種結構通常是由多醣組成，並以網狀纖維方式呈現，是一種黏液層或莢膜很類似原核細胞的醣盞。醣盞複合物暴露在細胞最外層的位置，因此可提供多種功能。最重要的是，它可促進原核細胞黏附在環境表面，並形成生物膜和菌斑，它同時也是重要的接受器和溝通功能，並提供了一些保護，免受環境變化的影響。

許多真核細胞群體其醣盞複合物底下一層的性質各不相同，真菌和藻類有厚且堅硬的細胞壁包圍著細胞膜；原生動物、部分藻類和所有的動物細胞缺乏細胞壁，則直接以細胞膜作為主要包膜。

真核細胞的組成和功能：邊界結構

細胞壁

真菌和藻類的細胞壁是堅固的，並提供細胞形狀與支持結構，但其細胞壁與原核細胞壁的化學組成不同。真菌細胞壁有厚的內層，其組成有幾丁質 (chitin) 或纖維質 (cellulose)，另有一層薄的外層是由混合聚醣組成。藻類細胞壁中的化學成分相當多樣。各種藻類群體中常見的物質是纖維質、果膠 (pectin)[3]、甘露聚醣 (mannans)[4] 和礦物質 (minerals)，如二氧化矽 (silicon dioxide) 和碳酸鈣 (calcium carbonate) 等。

細胞膜

真核細胞的細胞質膜 (細胞膜) 屬於典型的磷脂雙層，有蛋白質分子嵌入其中 (見圖 3.17)，除了磷脂之外，真核細胞膜中也含有各種固醇。植物固醇和磷脂類兩者之結構與作用是不相同的，它們的相對剛性賦予真核細胞膜的穩定性，在缺乏細胞壁的細胞，其強化的細胞特徵顯得非常重要。真核細胞的細胞膜在功能上類似原核生物，可作為選擇性滲透或運輸之屏障。不同

3 果膠屬於多醣類，由半乳糖醛酸組成。
4 甘露聚醣為甘露糖的聚合物。

於原核生物，真核生物具有廣泛的有膜胞器，占有 60%~80% 細胞內的體積。

4.3 真核細胞的形態與功能：內部結構

細胞核：控制中心

細胞核是一個緻密的圓球形結構，是真核細胞中最突出的胞器，它被稱為**核膜** (nuclear envelope) 的結構由外部邊界與細胞質隔開。核膜有一個獨特的架構，它是由兩層平行的膜所組成，兩層膜被狹窄的空間分隔開，在核膜上有規律間隔的開口稱為核孔，兩層核膜在開口位置融合 (圖 4.5)。核孔被構築成細胞核和細胞質之間分子的選擇性通道。細胞核的主體由核質 (nucleoplasm) 和顆粒狀團塊，即**核仁** (nucleolus) 所組成，核仁是核糖體 RNA(rRNA) 的合成和核糖體次單元的集合區，這些核糖體次單元會通過核孔轉運到細胞質中，進行核糖體的最終組裝。

核質的特點之一，就是對染料有著色能力，因此在染色後可見深色纖維網狀的**染色質** (chromatin)。分析結果顯示，染色質實際上包括真核生物的**染色體** (chromosomes)，是細胞遺傳信息的大本營，在非分裂細胞的細胞核中，染色體是不容易看見的，因為線性 DNA 分子以不同程度纏繞在**組蛋白** (histone proteins) 上，它們太細，若無非常高倍率的顯微鏡則不易解析其結構。然而，在**有絲分裂** (mitosis) 時，當複製的染色體均等地分配到子細胞中，染色體本身就容易被看見 (圖 4.6)。造成此外觀的出現是由於 DNA 藉由纏繞和超螺旋圍繞組蛋白而形成高度緻密的結構，以防止染色體鬆散而凌亂。這個過程將在第 7 章進行更詳細的描述。

雖然我們明確指出細胞核為主要遺傳中心，但它並不是孤立地運作。正如接下來的三節所示，它是緊密地與細胞質內之胞器聯繫執行複雜的細胞功能。

內質網：真核生物的生產系統與通道

內質網 (endoplasmic reticulum, ER) 是合成和運輸細胞物質的膜狀胞器 (圖 4.7a)，具有中空囊狀且相互聯繫的膜。此膜狀構造源自核膜的外膜，與核膜形成連續的結構，內質網作為細胞核與細胞質之間的物質運送通道。它還提供明顯的區隔，使許多細胞活動可進行。有兩種類型的內質網分別是**粗糙內質網** (rough endoplasmic reticulum, RER) 和**光滑內質網** (smooth

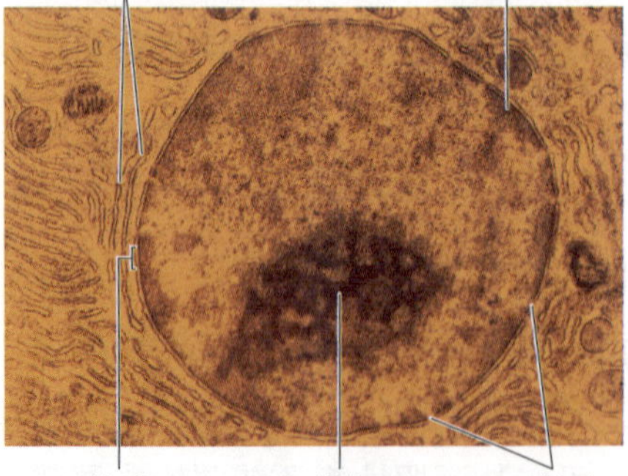

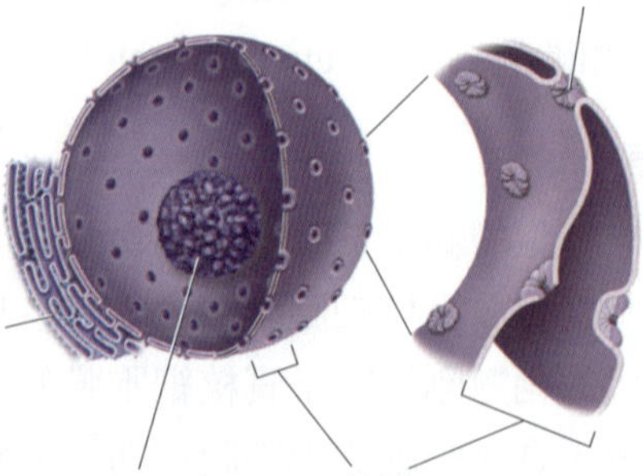

圖 4.5 **細胞核**。(a) 電子顯微鏡切片下處於細胞間期的細胞核，顯示出其最突出的特點；(b) 3D 立體剖面圖透視細胞內核膜、核孔以及內質網的關係。

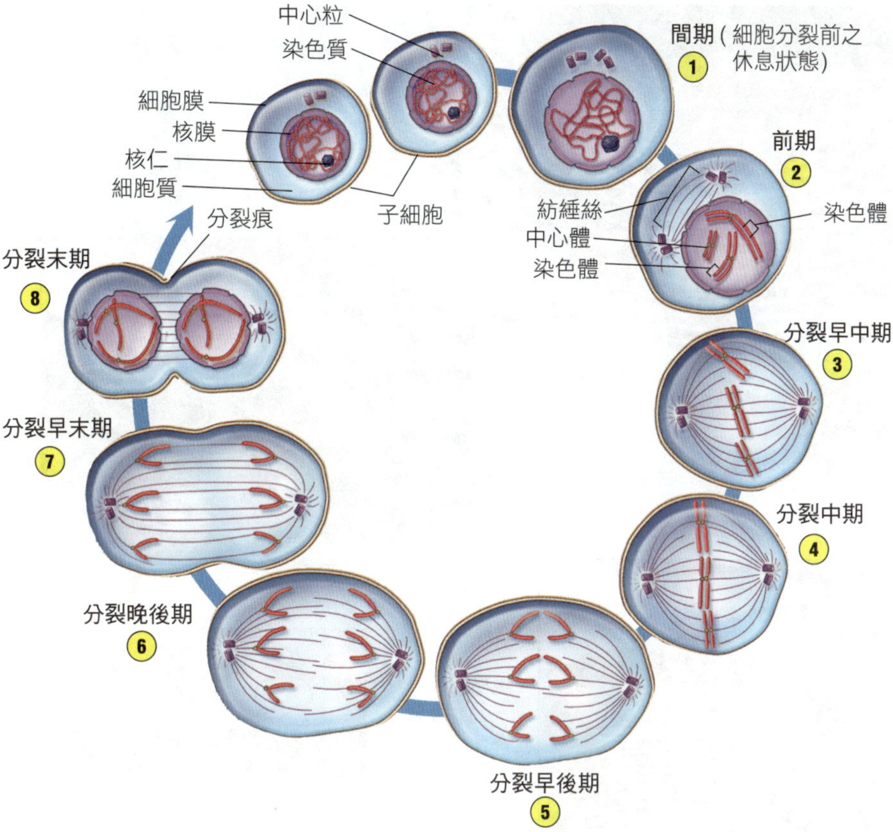

圖 4.6 **真核細胞在有絲分裂期間的細胞和細胞核中的變化**。(1) 有絲分裂之前 (間期)，染色體是唯一可見的染色質。(2) 進行有絲分裂 (前期)，染色體因為凝結，呈現細小、絲狀的外觀，核膜和核仁暫時被打散。(3)~(4) 中期，染色體為 X 形的結構完全可見。此形狀是由於附著在中心點的複製的染色體 (著絲粒)。(5)~(6) 主軸纖維附著到這些染色體，促進個體染色體在後期過程中分離。(7)~(8) 末期時，染色體完成分離，細胞分裂完成為子細胞。注意：這種機制是無細胞壁細胞的分裂方式。有細胞壁的細胞有其不同的分裂模式。

endoplasmic reticulum, SER)。這兩種內質網的起源很相似，並且彼此直接相連，但它們在某些方面的結構和功能卻不相同。

粗糙內質網 (RER) 由平行且扁平的囊狀結構稱為扁囊 (cisternae)[5] 所組成，因為它的外表面鑲滿了核糖體 (圖 4.7b)，因此在電子顯微鏡下出現「粗糙」外觀。此結構體系與蛋白質合成的關係緊密結合，蛋白質被收集在扁囊的內腔 (圖 4.7c) 並進一步運輸到高基氏體 (圖 4.7d) 進行加工處理。光滑內質網 (SER) 缺乏核糖體，有更多的管狀結構 (見圖 4.2 和 4.7a)，儘管 SER 與 RER 連通，並且也在細胞內傳送分子，但 SER 有專門的功能，其中最重要的是合成非蛋白的分子例如脂質，以及代謝廢物和其他有毒物質的解毒等。

高基氏體：細胞內的包裝器

高基氏體 (Golgi[6] apparatus)，也被稱為高基氏複合體 (Golgi complex) 或高爾基體，是細胞內收集蛋白質並將它們打包運輸到最終目的地的構造。它是一個分散的胞器，具有扁平、圓盤

5 *cisternae* 扁囊 (siss-tur′-nee)。拉丁文：*cristerna* 小池、蓄水池。
6 *Golgi* (gol′-jee) 以 C. Golgi 命名，他是第一個在 1898 年描述此結構的義大利組織學家。

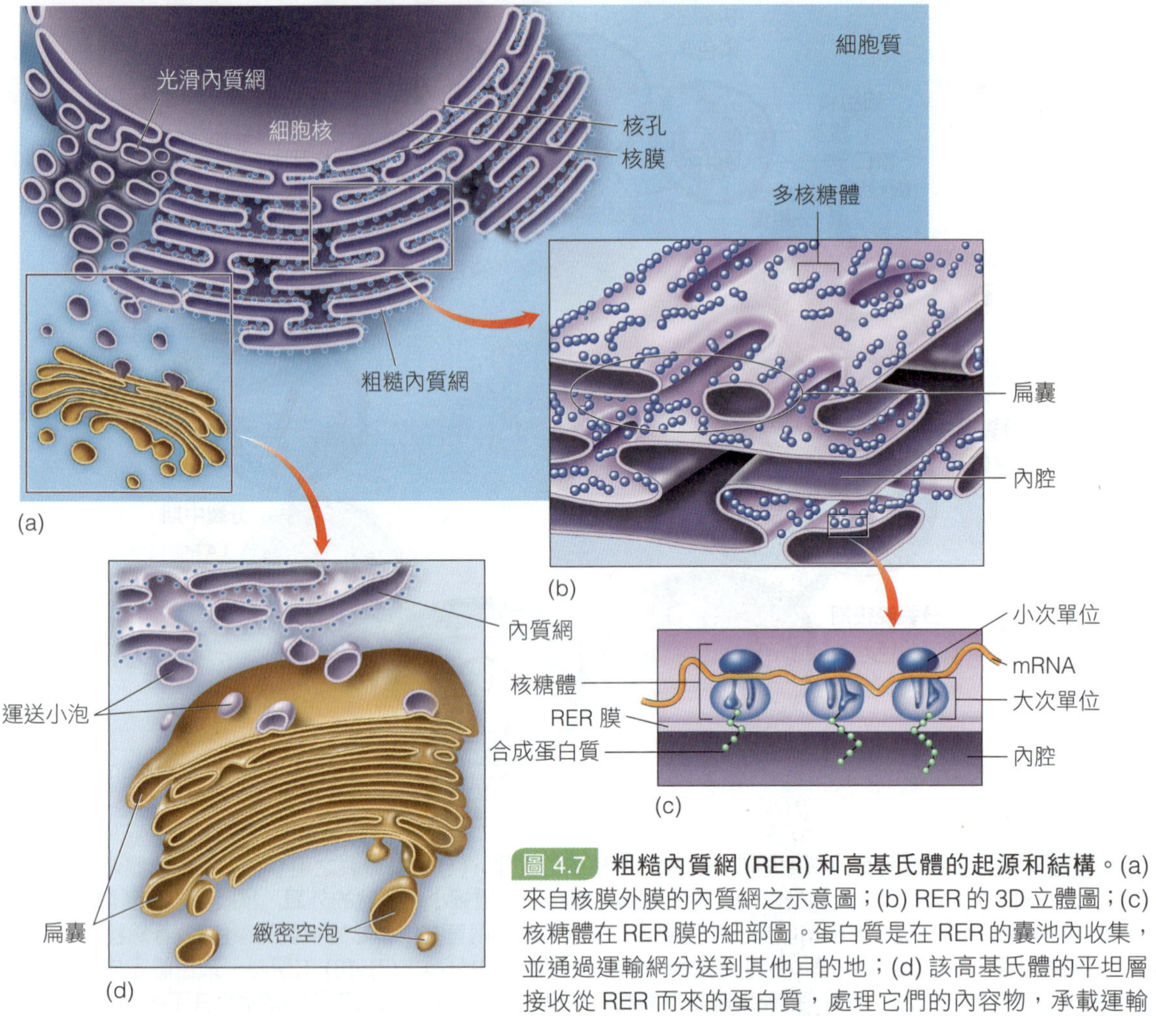

圖 4.7 粗糙內質網 (RER) 和高基氏體的起源和結構。(a) 來自核膜外膜的內質網之示意圖；(b) RER 的 3D 立體圖；(c) 核糖體在 RER 膜的細部圖。蛋白質是在 RER 的囊池內收集，並通過運輸網分送到其他目的地；(d) 該高基氏體的平坦層接收從 RER 而來的蛋白質，處理它們的內容物，承載運輸小泡，並傳輸緻密囊泡到各種細胞功能的部位。

狀的囊 (又稱扁囊)，類以一疊口袋餅的外觀。這些囊具有限制性外膜和像內質網的腔，但它們不形成連續的網絡 (圖 4.7d)。此胞器不論是在位置和功能上，總是緊密地與內質網相關聯。內質網在高基氏體邊緣，以出芽方式產生帶有蛋白質的微小有膜小泡，稱為**運輸小泡** (transport vesicles)，並可在高基氏體的形成面被獲取。在高基氏複合體本身，將蛋白質進一步加上多醣和脂質的修改後，有利於傳輸。此胞器的最終作用是將緻密的**囊泡** (condensing vesicles) 分離，再被輸送到其他胞器，例如溶酶體，或輸送到細胞外成為**分泌囊泡** (secretory vesicles)(圖 4.8)。

細胞核、內質網、高基氏體：自然的裝配線

細胞核作為真核基因密碼的守門員，同時也支配和調節所有的細胞活動。但由於細胞核在特定的細胞部位保持固定，因此必須透過結構和化學網絡指揮這些活動 (圖 4.8)。這個網絡包括起源於細胞核的核糖體，以及與核膜持續相連的粗糙內質網。

最初，含蛋白質指令的 DNA 遺傳密碼片段被轉錄成 RNA，通過核孔直接將 RNA 運送到內質網的核糖體上。在此處，特定的蛋白質由核糖核酸密碼轉譯合成，並累積於內質網的內腔

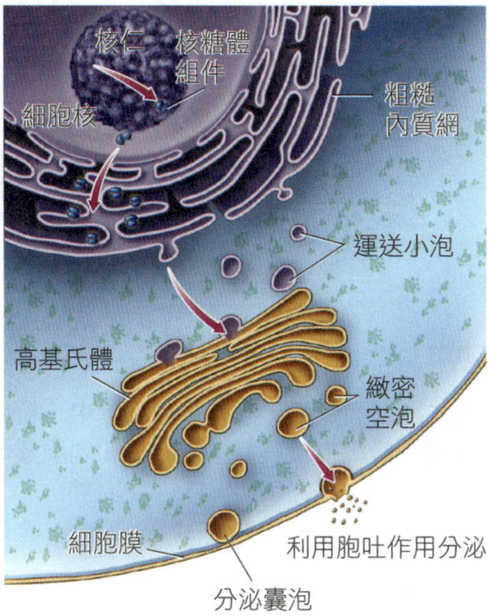

圖 4.8　合成和運輸器。功能需要胞器系統之間的合作與互動。核仁提供了核糖體的穩定供應，透過核孔輸送到 RER。一旦到位，核糖體合成了蛋白質，再由 RER 組裝進入小泡，移至附近的高基氏體。完成的囊泡加工後離開高基氏體並移至細胞膜。它們可能從細胞膜分泌出去 (如圖所示) 或在細胞內作用。

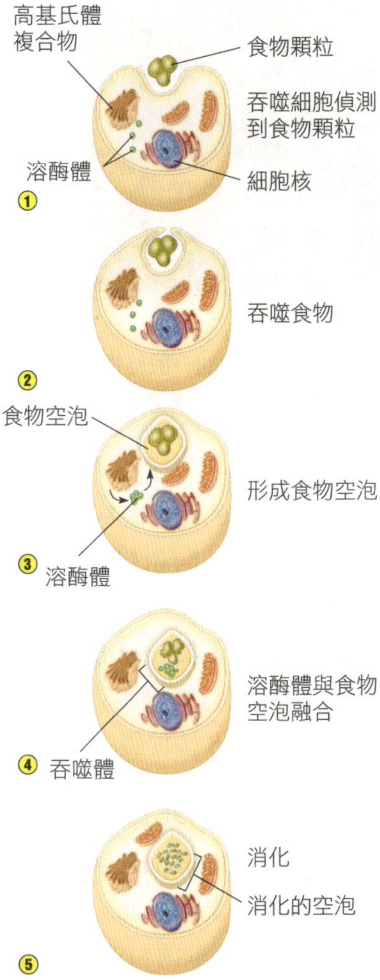

圖 4.9　溶酶體在吞噬過程的功能。

(空間)，這個過程的細節會在第 7 章討論。當蛋白質被輸送到高基氏體後，此蛋白質產物經化學修飾和封裝成囊泡 (vesicles)[7]，此類囊泡可以多種方式被細胞使用。一些含酶的小囊泡可消化細胞內的食物；其他囊泡被分泌到細胞外消化物質；還有一些囊泡是擴大和修復細胞壁和細胞膜的重要構造。

溶酶體 (lysosome)[8] 是一種源自於高基氏體且包含多種酶的囊泡。溶酶體參與細胞內食物顆粒消化和抵禦入侵微生物，溶酶體還參與消化及移除受損組織的細胞碎片。

其他類型的囊泡，包括空泡 (vacuoles)[9]，這些囊狀空泡包裹著液體或預備被消化、排出體外或儲存的固體顆粒。它們在已吞噬食物和其他物質的吞噬細胞 (某些白血球和原生動物) 中形成。食物泡中的內容物與溶酶體液泡合併後被消化，這個合併後的結構稱為吞噬體 (phagosome)(圖 4.9)，其他類型的空泡用於存放備用的食物，如脂肪和肝醣等，原生動物生活在淡水的棲息地中，由收縮液泡調節滲透壓，定時將已經擴散到細胞內的多餘水分排出 (如後述)。

粒線體：細胞能量的生成器

細胞活動若沒有持續的能量供給，則無法進行，這些能量在大多數真核細胞的粒線體 (mitochondria)[10] 中產生，在光學顯微鏡觀察時，粒線體呈現微小的圓形或細長顆粒分散在整個細胞質。利用較高放大倍數顯微鏡可看出，粒線體由一個平滑、連續的外膜形成外輪廓，和

7 *vesicle* 囊泡 (ves′-ik-l)。拉丁文：*vesios* 水袋。小囊內含有液體。
8 *lysosome* 溶酶體 (ly′-soh-sohm)。希臘文：*lysis* 分解；*soma* 主體。
9 *vacuole* 空泡 (vak′-yoo-ohl)。拉丁文：*vacuus* 空的。細胞質內任何膜所包含的空間。
10 *mitochondria* 粒線體 (my″-toh-kon′-dree-uh)。單數 mitochondrion。希臘文：*mitos* 線狀；*chondrion* 顆粒。

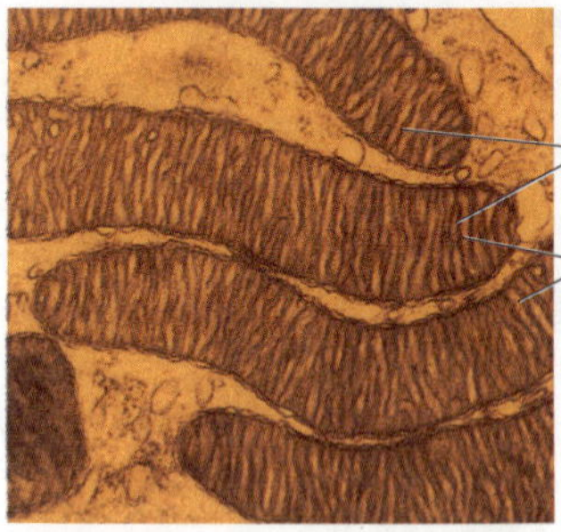

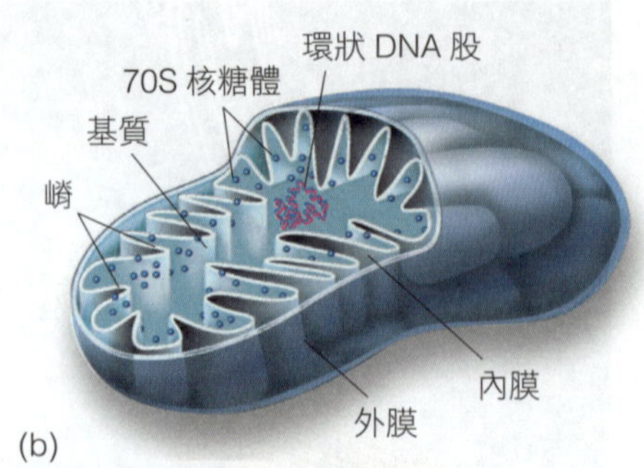

圖 4.10 **粒線體的一般結構。**(a) 電子顯微鏡的縱切面照片。在大多數細胞中，粒線體橢圓形或球形，偶爾為長絲狀；(b) 剖面立體圖詳細描繪其雙層膜結構和內膜延伸的皺褶。

向內整齊折疊的內膜組成 (圖 4.10b)，上述內膜的皺褶，稱為**嵴** (cristae)[11]，此結構在真核細胞中的結構仍有不同。植物、動物和真菌的粒線體具有層狀嵴，折成層架狀。而藻類和原生動物的粒線體是管狀、指狀突起或扁平的圓盤。

嵴膜可保持酶和有氧呼吸的電子傳遞物質，這是一種耗氧過程，可獲取營養素分子的化學能，並將此化學能以高能量形式的分子或 ATP 儲存。粒線體周圍的空間被化學成分複雜的流體填滿，稱之為基質 (matrix)[12]，其含有核糖體、DNA 和酶，以及涉及代謝循環的其他化合物。粒線體 (和葉綠體) 在細胞胞器中是獨一無二的，屬於獨立的單元個體，包含環形 DNA，並有原核生物大小的 70S 核糖體。

葉綠體：光合作用的機器

葉綠體 (chloroplasts) 是在藻類和植物細胞所發現的顯著胞器，能夠以光合作用方式將太陽光的能量轉換為化學能。葉綠體在光合作用的角色，使其成為重要的初級生產者，而所有其他生物 (除了某些細菌和古生菌) 都需要這些有機營養物質。葉綠體的另一種重要的光合作用產物是氧氣，雖然葉綠體類似於粒線體，但葉綠體較大，含有特殊的色素，且形狀也有不同。要提醒的是，葉綠體在許多方面被認為起源於細胞內的藍綠藻菌。

各種藻類的葉綠體也有差異性，但大部分通常有兩層膜，由一層膜包封另一層膜。光滑的外膜完全覆蓋內膜，內膜折疊成盤狀的囊稱為類囊體 (thylakoids)，堆疊在彼此之上，形成葉綠餅 (grana)。這些結構承載綠色的葉綠素 (chlorophyll)，有時也附加額外的色素，包圍著類囊體的物質，即所謂的基質 (stroma)[13](圖 4.11)。光合色素的作用是用來吸收太陽能並將太陽能轉化為化學能，然後將其利用在基質反應中，合成碳水化合物。

核糖體：蛋白質的合成者

在真核細胞的電子顯微鏡照片中，核糖體為數個微小顆粒，使細胞質呈現「點狀」外觀。核糖體的分布有兩種方式：有些是自由分散在細胞質和細胞骨架；有些則如前面所述是緊密地與粗糙內質網相關聯。多核糖體 (polysomes) 經常排列成短鏈。如第 3 章所描述的，真核細胞核糖體的基本結構，類似於原核細胞的核糖體，兩者都是由核糖核蛋白 (ribonucleoprotein) 的大次

11 *cristae* 嵴 (kris′-te)。單數 crista。拉丁文：*crista* 梳子。
12 *matrix* 基質 (may′-triks)。拉丁文：*mater* 起源或源頭。
13 *stroma* 基質 (stroh′-mah)。希臘文：*stroma* 床墊或床。

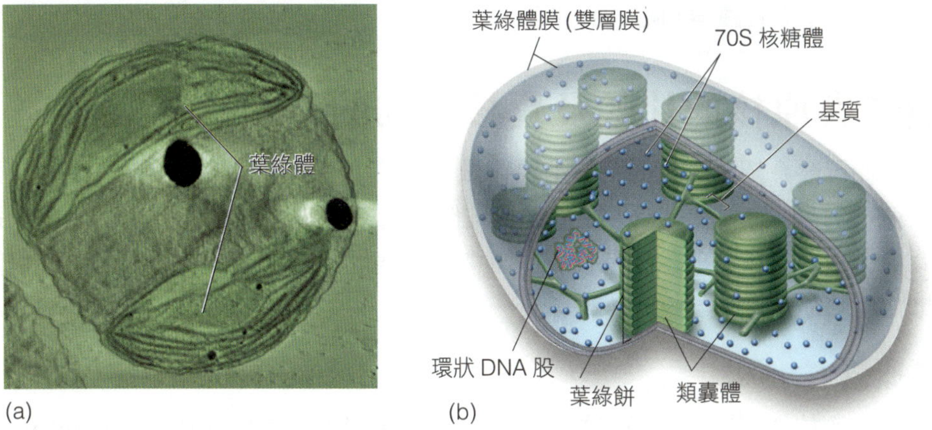

圖 4.11 **藻類葉綠體的詳細構造**。(a) 單一個藻 (棕囊藻) 的電子顯微鏡圖，有兩個半球狀的葉綠體，每個半球狀有許多層類囊體 (25,000 倍)；(b) 葉綠體的立體透視圖及其主要特點。

單位和小次單位所組成 (見圖 4.7)。但是，真核生物的核糖體 (除粒線體與葉綠體外) 是較大的 80S 核糖體，即是 60S 和 40S 次單位的組合。如同原核生物一樣，真核核糖體是合成蛋白質的重要區域。

細胞骨架：細胞的支撐架構

所有細胞共用細胞膜所包裹的區域稱為細胞質或在真核細胞中稱為**細胞基質** (cytoplasmic matrix)。此複雜的區域可容納胞器，並維持細胞主要的代謝和合成活動。在缺乏細胞壁的細胞中，細胞質也包含了支持的骨架，該骨架是由稱為**細胞骨架** (cytoskeleton) 的分子交織而成 (圖 4.12)。這個細胞骨架似乎具有多種功能，例如固定胞器、提供支架並允許某些細胞形狀的變化和運動。兩種主要類型的細胞骨架元件是微絲 (microfilaments) 和微管 (microtubules)。

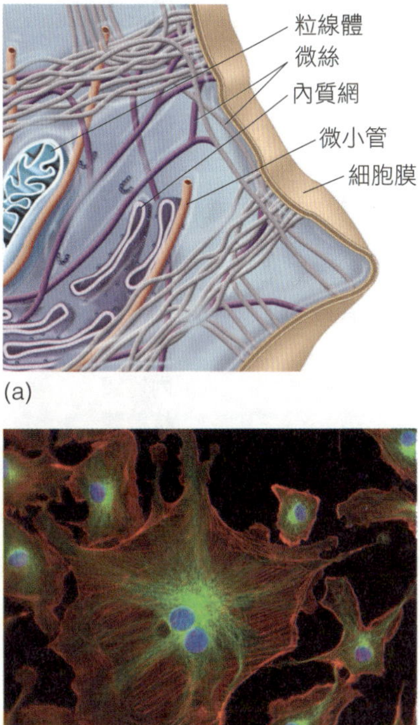

圖 4.12 **細胞骨架模型**。(a) 描繪微管、微絲和胞器之間的關係 (未按比例呈現)；(b) 大的真核細胞的細胞骨架由螢光染料標示。微管染成綠色，微絲是紅色，細胞核呈藍色。

微絲 (microfilaments) 是細絲狀由肌動蛋白 (actin) 組成，附著到細胞膜並形成穿過細胞質的網絡。有些微絲是負責細胞質的動作，經常可見的證據是細胞周圍的胞器進行循環模式的流動。其他微絲則是活躍地進行「變形蟲運動」，此為一種典型的細胞運動，如變形蟲和吞噬細胞，它們都是利用細胞質的流動來伸展細胞膜 (偽足)。

微管 (microtubules) 是纖長且中空的管子，在缺乏細胞壁的原生動物，可維持真核細胞的形狀，微管也可以作為分子的替代傳輸系統。紡錘絲 (spindle fibers) 也是細胞的微管，在有絲分裂中發揮極重要的作用，實際上紡錘絲會附著到染色體上，且負責將染色體分配至子代細胞。正如先前所述，微管還負責纖毛和鞭毛的運動。

4.4 真核與原核的比較及真核生物的分類

現在，我們已經介紹了真核細胞的主要特徵，本節將有助於總結其主要特點，並與原核細胞比較 (見第 3 章)，特別是從結構、生理學和其他性狀的觀點進行對比 (表 4.2)。本節還包括病毒，並藉以總結所有微生物的生物特性，同時會介紹病毒與細胞有多少的不同點。我們將在第 5 章探討此類迷人的微生物群體。

分類概述

利用分子生物技術探索真核細胞的起源，已顯著釐清真核生物域 (Domain Eukarya) 中生物體之間的關係。傳統上用於將植物、動物和真菌分類成獨立生物界的表型特徵，包含一般的細胞類型、組織化程度或生物體的特性及營養類型等。現在看來，這些標準確實反映了這些生物之間精確的分歧點，利用核糖體 RNA (rRNA) 進行基因測試，也得到相同的生物界分類結果 (見圖 1.12)。

表 4.2 原核、真核細胞和病毒的一般特性比較

功能或結構	特性 *	原核細胞	真核細胞	病毒 **
遺傳	核酸	+	+	+
	真正的核	–	+	–
	核膜	–	+	–
	類核	+	–	–
生殖	有絲分裂	–	+	–
	產生有性細胞	+/–	+	–
	二分裂	+	+	–
生物合成	獨立	+	+	–
	高基氏體	–	+	–
	內質網	–	+	–
	核糖體	+***	+	–
呼吸作用	酶	+	+	–
	粒線體	–	+	–
光合作用	色素	+/–	+/–	–
	葉綠體	–	+/–	–
移動 / 運動結構	鞭毛	+/–***	+/–	–
	纖毛	–	+/–	–
外形 / 保護	細胞膜	+	+	+/–
	細胞壁	+/–***	+/–	–(有蛋白殼替代)
	莢膜	+/–	+/–	–
大小 (一般)		0.5~3 μm****	2~100 μm	<0.2 μm

*+ 表示該族群的多數成員表現出這一特性；– 表示多數成員缺乏；+/– 意味著有些成員有，有些則沒有。

** 病毒不能在宿主細胞外參與代謝或基因活性。

*** 原核生物在結構上有很大不同。

**** 也有更小或更大的細菌存在。

因為我們對於演化關係的了解還處於發展階段，目前還沒有所有真核生物分類的單一官方系統。有一個分類建議的替代方案表示於圖 4.13，此簡化系統也是以 rRNA 的分析數據為基礎，並保留一些傳統的生物界。

對於建立生物間可靠的分類關係，**原生生物界** (Kingdom Protista) 是最大的挑戰，任何簡單的真核細胞如果缺乏多細胞結構或細胞分化，則會被歸類在原生生物界，通常為藻類 (光合) 或原生動物 (非光合作用)。雖然這種分類方法有例外發生，尤其是多細胞藻類和光合原生動物，大多數真核微生物已經適用原生生物界的傳統分類方法。

較新的遺傳數據顯示，我們稱之為原生生物的生物體可能彼此是不同的，如同植物不同於動物，它們是高度複雜的生物體有可能已經從許多不同的祖先演化而來。

微生物學家傾向利用所有有效的科學數據為基礎，建立分類體系，反映真實的生物關係，包括基因型、分子、形態、生理和生態，因此他們正在提出幾種可供選擇的分類策略，以因應這種變化的現況，並已建議將原生生物從 5 種新的生物界分成 25 種或更多。

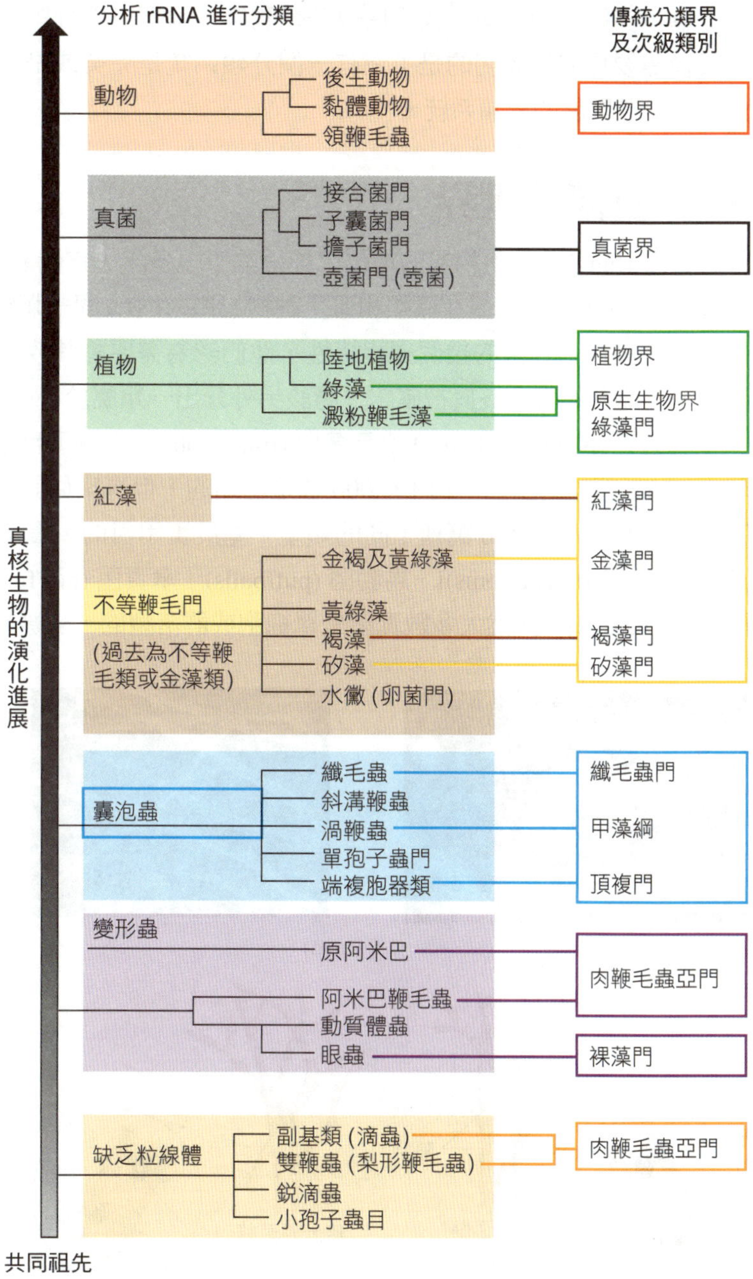

圖 4.13 **以 RNA 為基礎的演化樹和真核生物的分類。**比較兩種可能的系統中呈現出真核生物主要群體的分類。本書主要是遵循右邊的簡單系統，並採用界、門以及綱的方式對於真核生物進行分類。

注意：圖 4.13 比較了 rRNA 基礎分類系統，如第一次在第 1 章概述沿著原來的原生生物界，及相關的門和綱。最初這個規劃的優點之一，是繼續使用最原始的門、綱和更低層次的分類群組，特別是當它們涉及到有醫學重要性的微生物群體。我們覺得**原生生物** (protist) 這個詞仍然是一個有用的參考，並會繼續將其用於任何一種不是真菌、動物或植物的真核生物。

為了表達上的方便，我們採取分類制度，強調自然分組且採用最少的複雜性。有關生物分類最後需要提醒與說明的是：沒有一個分類系統是完美或是永久的，在此建議可由授課老師選出適用於該門課的分類系統。

4.5 真菌的世界

真菌 (fungi)[14] 在生物界的地位已經爭論了很多年，它們最初被歸類為綠色的植物 (連同藻類和細菌)，後來它們被放在藻類和原生動物 (原生生物) 同一類別。然而，在當時，有許多微生物學家偶然發現了真菌的幾個獨特特性，他們認為需要將其放到一個獨立的分類界，因此透過基因檢測，真菌的身分終於被確認，應該另外分出一類屬於自己的分類世界。

真菌界 (Kingdom Fungi) 或真菌門 (Eumycota)，充滿了巨大的多樣性和複雜性，是生存在地球上約 6.5 億年的生物，約 100,000 種是已知的，但專家估計實際上存在的種類應比這個數字要高得多，甚至高達 150 萬種不同的類型。基於實用目的，真菌學家將真菌劃分成為兩組：巨觀的真菌 [蘑菇 (mushrooms)]、馬勃菌 (puffballs)、傘真菌 (gill fungi)] 和微觀的真菌 [黴菌 (molds)、酵母菌 (yeasts)]。雖然大多數真菌是單細胞或群落型的，少數屬複雜的形式，如蘑菇和馬勃菌則被視為多細胞的類型。

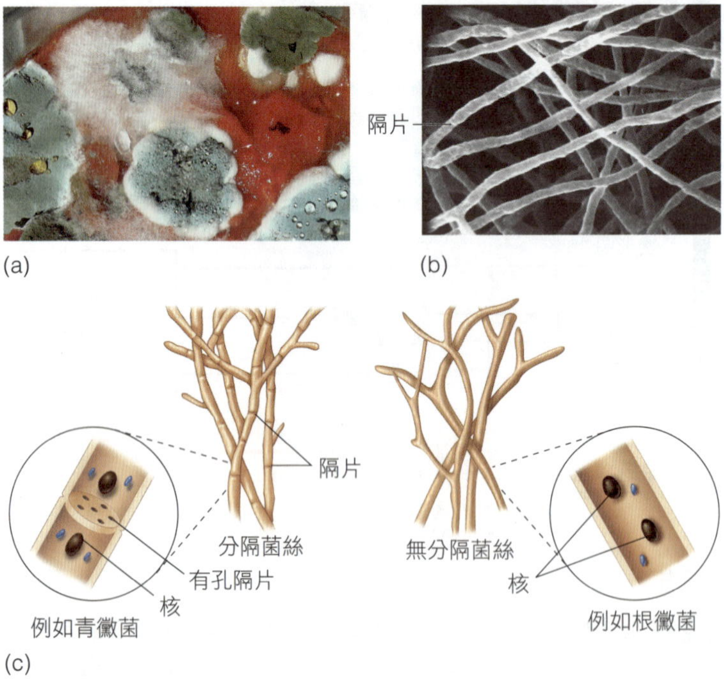

圖 4.14 黴菌之巨觀和微觀的觀察。(a) 容器中的食品 (放在冰箱太長的時間) 已產生像森林縮影的黴菌菌落。注意菌絲體的各種紋理和由於孢子產生顏色差異的陣列；(b) 菌絲結構的特寫 (1,200 倍)；(c) 菌絲的基本結構類型。分隔菌絲的隔膜有小孔，使細胞之間可相通。無分隔菌絲沒有隔膜，為單一、長形之多核細胞。

真菌細胞的化學性狀特徵包括細胞壁所含的多醣類，即幾丁質 (chitin) 和其細胞膜的固醇，即麥角固醇。微觀真菌細胞中存在兩種基本類型：菌絲 (hyphae)[15] 和酵母。菌絲是長形絲狀的細胞，為構成絲狀真菌或黴菌 (molds) 的主體 (圖 4.14)。酵母菌 (yeast) 細胞的特徵為形狀呈圓形至橢圓形，以及行無性生殖。其表面脹大萌出所謂的芽，會分開成為獨立的細胞 (圖 4.15a)。有些酵母菌物種形成假菌絲 (pseudohypha)[16]，當酵母菌形成芽時，繼續保持連接而成一排鏈狀 (圖 4.15c)。因為形成的方式，假菌絲不像黴菌的菌絲一樣，並不是真正的菌絲。雖然某些真菌細胞只存在酵母形式，而

14 *fungi* 真菌 (fun′-jy)，單數 fungus。希臘文：*fungos* 蘑菇。
15 *hypha* 菌絲 (hy′-fuh)。複數 hyphae(hy′-fee)。希臘文：*hyphe* 網狀。
16 *pseudohypha* 假菌絲 (soo″-doh-hy′-fuh)。複數 pseudohyphae。希臘文：*pseudo* 假；*hyphe* 網狀。

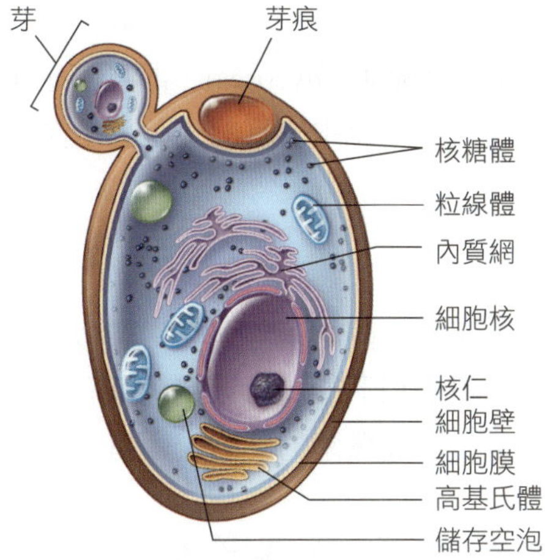

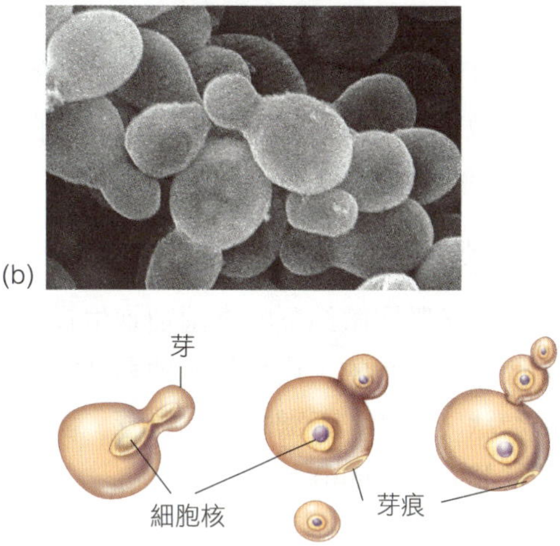

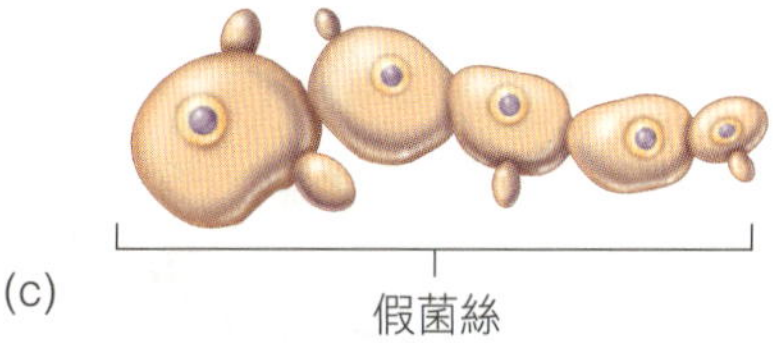

圖 4.15　酵母菌在顯微鏡下的形態。(a) 酵母菌細胞的一般結構，顯示主要的胞器。注意細胞壁的存在和缺乏運動胞器；(b) 秕糠馬拉癬菌的掃描式電子顯微鏡照片，此酵母菌導致淺表皮膚感染 (25,000 倍)；(c) 酵母芽和假菌絲的形成和釋放 (呈鏈狀的出芽酵母菌)。

其他有些則主要產生菌絲，但有少數可以在兩種形式間轉換，稱為二相性 (dimorphic)[17]，採取的形式取決於生長條件，例如溫度的改變。此種變異性的生長形式，是一些致病黴菌的特殊特徵。

真菌的營養方式

所有的真菌都是異營性 (heterotrophic)[18]，它們由各種有機原料或基質 (substrates) 獲取營養成分 (圖 4.16)。大多數真菌是腐生性的 (saprobes)[19]，這意味著它們從土壤或水生棲息地的死亡植物和動物殘骸獲得這些基質。真菌也可以寄生在活的動物或植物體，雖然很少真菌絕對需要活的宿主。在一般情況下，真菌穿透基質和分泌酶，降解它們成可被吸收的小分子。真菌有各種酶，能消化驚人的物質種類，包括羽毛、頭髮、纖維質、石化產物、木材甚至橡膠，很可能地球上天然形成的每種有機物質都可以透過某種類型的真菌加以分解。

真菌通常可在營養不良或惡劣環境中找到，不同種類真菌生長在不同的基質上，例如高鹽、糖或酸性物質，也有些可在

(a)

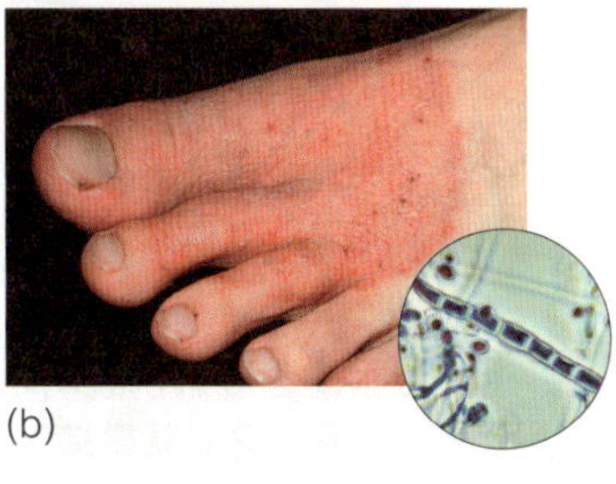
(b)

圖 4.16　真菌的營養來源 (基質)。(a) 特異青黴菌是一種很常見的柑橘類水果分解者，以其天鵝絨般的質地和典型的藍綠顏色而知名。顯微鏡嵌入圖顯示青黴菌瓶梗孢子在無性階段之刷子狀排列的形態 (220 倍)；(b) 由紅色毛癬菌感染引起的香港腳。嵌入圖是 1000 倍的放大倍率顯示其菌絲(藍色)和分生孢子(棕色)、分隔菌絲和分生孢子。

---

17 *dimorphic* 二相性 (dy-mor′-fik)。希臘文：di 二；*morphe* 形式。

18 *heterotrophic* 異營性 (het-ur-oh-tro′-fik)。希臘文：*hetero* 其他；*troph* 餵養。依賴有機營養來源之類型。

19 *saprobes* 腐生性的 (sap′-rohb)。希臘文：*sapros* 腐敗；*bios* 生命。也稱為 saprotroph 或 saprophyte。

相當高的溫度下或甚至在冰雪和冰川中生長。

真菌對醫療和農業的影響是廣泛的，許多物種造成動物的**真菌病** (mycoses)，即真菌感染，還有數千種是植物的重要病原菌，黴菌毒素可引起人類疾病，而空氣中的真菌也是過敏及其他醫學疾病常見的原因。

顯微鏡下的真菌組織

大多數顯微鏡下的真菌細胞生長為鬆散的關係或群落，而酵母菌的菌落則非常類似於細菌的菌落，有軟的、均勻的質地和外觀。由絲狀真菌微觀下的組織和形態，可見其菌落有明顯的棉絮狀、毛狀或天鵝絨般的質感。菌絲的編織、纏繞的質量，形成黴菌的主體或菌落，即稱為**菌絲體** (mycelium)[20]。

雖然菌絲含有真核細胞常見的胞器，它們也有一些獨特的組織特徵。在大多數的真菌，菌絲被橫壁或**隔片** (septa) 分成片段，這種情況稱為橫壁 (septate)(見圖 4.14c)。隔片的性質從固定橫壁分隔沒有任何相通，到部分隔間有小孔隙，使細胞之間的胞器和營養物質可流動。無分隔菌絲是由一個長的、連續的細胞組成，並無橫壁分成各個隔室。採用這種結構的菌絲，細胞質和胞器可自由地從一個區域移動到另一個區域，且每個菌絲細胞可以有多個細胞核 (見圖 4.14c)。

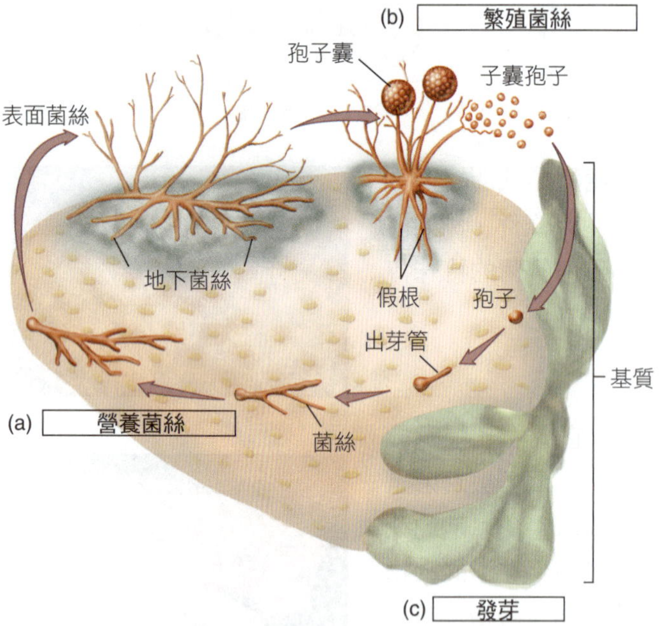

圖 4.17 **以根黴菌屬為例說明功能型菌絲。**(a) 營養菌絲是指在表面和浸入下方之絲狀構造，可進行消化、吸收以及從基質分配營養素。該菌種還具有特殊的錨定結構，稱為假根；(b) 其後，隨著黴菌的成熟，它萌發生殖菌絲，產生無性孢子稱為孢子囊孢子；(c) 在無性生活中，自由的黴菌孢子落定在基質上，萌生出芽管伸長形成菌絲，並產生了廣泛的菌絲體。黴菌是如此多產，單個菌落可以輕易包含 5,000 個孢子的結構。如果這些孢子囊散布 2,000 個孢子，假如每個孢子都能夠發芽，我們很快就會發現自己生活在菌絲體的大海中。大部分孢子不發芽，但足以在大多數的棲息地成功保持非常高的真菌數量和孢子。

菌絲也可根據其特定的功能分類，營養菌絲 (菌絲體) 與可見到的真菌質量增長有關，可出現在食物的表面，並穿透食物以消化吸收營養物質。在真菌菌落的發展中，由營養菌絲體產生分枝，形成另一種結構稱為生殖或生育菌絲。這些菌絲是負責產生真菌的生殖構造，即所謂的孢子，接下來將繼續討論。其他特化的菌絲顯示在圖 4.17。

真菌的生殖策略和孢子的形成

真菌有許多複雜且成功的繁殖策略，大部分可以簡單地以既有菌絲或菌絲片段向外生長，此過程中，分離

20 *mycelium* 菌絲體 (my′-see-lee-yum)，複數 mycelia。希臘文：*mykes* 真菌的字根。

的菌絲體能夠產生整個全新的菌落。但真菌的主要繁殖方式是生產各類孢子 (spores)。切勿將真菌孢子與堅固耐旱、非繁殖性的細菌芽孢混淆，真菌孢子的作用不僅在繁殖，而且在求生存，以提供遺傳變異和傳播，因其結構緻密且重量較輕，真菌的孢子透過空氣、水和生物的環境廣泛散播，一旦遇到有利的環境，孢子會發芽，且會在很短的時間內產生一個新的真菌菌落 (圖 4.17)。

真菌表現出孢子明顯的變異性與多樣性，因此有很大程度是以孢子和孢子形成的結構，作為分類上和鑑定上的依據。雖然有些複雜的孢子命名系統和分類，我們只概述一種目前主要的基本類型，一般最常見的細分方式是基於孢子的產生方式。無性孢子是單一個母細胞有絲分裂的產物，而有性孢子形成是涉及兩個親代細胞核減數分裂後融合的過程。

無性孢子的形成

基於生殖菌絲的基本性質及孢子產生的方式，無性孢子可分為兩種亞型 (圖 4.18)：

1. 孢子囊孢子 (sporangiospores)(圖 4.18a) 是由囊狀頭部稱為孢子囊 (sporangium)[21]，在內部連續分裂而形成的，囊狀頭部連接到一個柄上稱為孢子囊柄 (sporangiophore)。這些孢子最初是被封閉的，在孢子囊破裂時被釋出。有些孢子囊孢子是真菌生命週期的有性階段進行到最終的結果，如圖 4.19 所示。

2. 分生孢子 (conidia[22] 或稱 conidiospores) 是自由的孢子，不是封閉在孢子囊內 (圖 4.18b)。分生

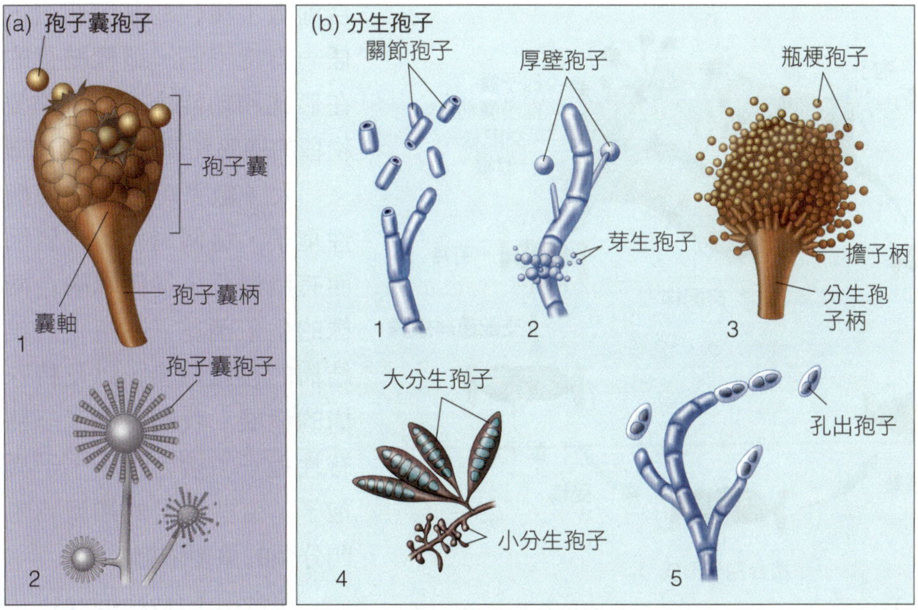

圖 4.18　無性黴菌孢子的類型。(a) 孢子囊孢子：(1) 犁頭黴 (*Absidia*)，(2) 總狀共頭黴 (*Syncephalastrum*，表 4.3)；(b) 分生孢子：(1) 關節孢子 [例如，球孢子菌屬 (*Coccidioides*)]，(2) 厚壁孢子和芽生孢子 (例如，白色念珠菌)，(3) 瓶梗孢子 [例如，麴菌屬 (*Aspergillus*)，表 4.3]，(4) 大分生孢子和小分生孢子 (例如，小孢子菌屬，表 4.3)，(5) 孔出孢子 [例如，鏈格孢菌屬 (*Alternaria*)]。

---

21 *sporangium* 孢子囊 (spo-ran′-jee-um)。複數 sporangia。希臘文：*sporos* 種子；*angeion* 器皿。

22 *conidia* 分生孢子 (koh-nid′-ee-uh)。單數 conidium。希臘文：*konidion* 灰塵顆粒。

孢子可能由特殊生殖菌絲的頂端分離或由先前存在的營養菌絲分節而形成。分生孢子是最常見的無性孢子，其發生的形式包括：

- 關節孢子 (*arthrospore*)(ar′-thro-spor) 希臘文：*arthron* 關節。當一個分隔菌絲在橫壁碎裂時形成矩形的孢子。
- 厚壁孢子 (*chlamydospore*)(klam-ih′-doh-spor)。希臘文：*chlamys* 斗蓬。球形分生孢子由菌絲細胞增厚形成，當周圍菌絲斷裂時被釋出，它作為一種可生存或休眠的細胞。
- 芽生孢子 (*blastospore*)。由酵母菌或其他分生孢子等母體細胞，出芽產生的孢子，也稱為「芽」。
- 瓶梗孢子 (*phialospore*)(fy′-ah-lo-spor)。希臘文：*phialos* 花瓶。分生孢子從花瓶形狀的孢子產生細胞的開口出芽，稱為瓶梗 (phialide) 或稱擔子柄 (sterigma)，留下一個小領口狀。
- 小分生孢子 (*microconidium*) 和大分生孢子 (*macroconidium*)。在不同條件下由相同的真菌所形成的較小和較大的分生孢子。小分生孢子是單一個細胞，而大分生孢子有兩個或更多個細胞。
- 孔出孢子 (*porospore*)。穿過孢子產生細胞的小孔所形成的孢子，有些是由幾個細胞所組成。

有性孢子形成

由於真菌可藉由產生數百萬計的無性孢子成功地繁殖，自然而然會想知道關於有性孢子存活的潛能。答案就在於，當不同基因組成的真菌結合自身的遺傳物質時所發生的重要變化。在植物和動物，來自親代雙方的基因聯合創造了後代的基因組合，與親代的任一方均不同。這樣結合的後代可以在形式和功能上產生細微變化，對於物種的適應和演化是有潛在優勢的。

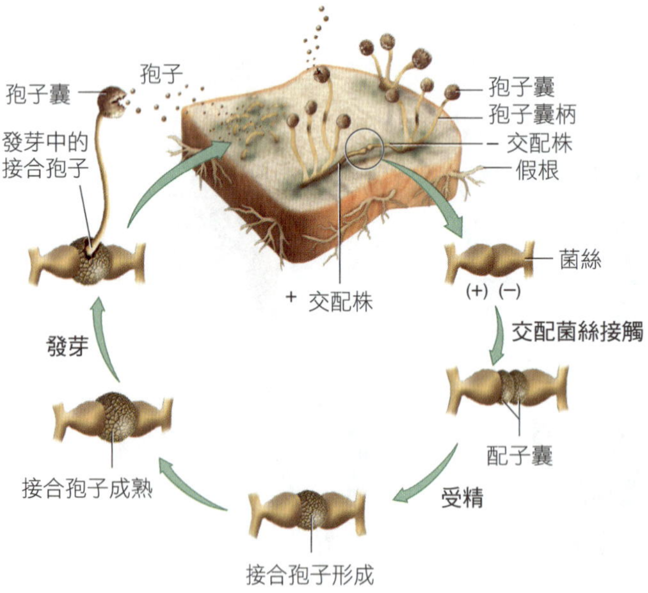

圖 4.19 **在根黴菌 (*Rhizopus stolonifer*) 中接合孢子的形成。** 發生有性生殖時，兩個交配株之菌絲長在一起。融合並形成了成熟的二倍體接合孢子 (zygospore)。在接合孢子萌芽產生單倍體孢子囊，看起來像在圖 4.18 所示的無性孢子形態，但此孢子含有從兩個不同親代的基因。所以，在這種情況下所產生的孢子囊孢子是有性重組的結果。

大多數真菌在一些時機點產生有性孢子，這個過程的性質因情況不同而有所變化，從簡單融合兩種不同菌株的生殖菌絲，到特化的雄性和雌性結構的複雜結合，以及特殊子實體結構的發展。我們考慮了三種最常見的有性孢子：接合孢子、子囊孢子和擔孢子。這些孢子的類型為主要真菌部門分類的重要依據。

接合孢子 (zygospores)[23] 為堅固的二倍體孢子，形成於兩對菌株的菌絲 (稱為正負株) 融合，並創造一個膨脹且由堅固含刺的外壁覆蓋的二倍體受精卵 (圖 4.19)。當其外壁被破壞，加上水分

23 *zygospores* 接合孢子 (zy′-goh-sporz)。希臘文：*zygon* 結合。

和養分條件適宜時，接合孢子發芽，形成產生孢子囊的菌絲。孢子囊二倍體細胞行減數分裂，產生單倍體細胞核發育成孢子囊孢子。無論是孢子囊 (sporangia) 和源自有性生殖過程的孢子囊孢子，雖外型與無性型孢子相同，但由於孢子起源於兩個不同的真菌親代的融合，它們的基因不是完全相同的。

在一般情況下，單倍體的孢子被稱為**子囊孢子** (ascospores)[24]，形成於一種特殊的真菌囊，即**子囊** (ascus，複數為 asci) 中 (圖 4.20)。雖然各種真菌的細節有所不同，子囊和子囊孢子是兩個不同的菌株或兩性結合在一起產生後代時所形成。在許多物種中，雄性性器官與雌性性器官融合，最終的結果是許多終端細胞稱之為雙核細胞 (dikaryons) 的每個都包含二倍體細胞核。通過分化，每一個細胞擴大，形成子囊，其二倍體細胞核經過減數分裂 (通常後面接著進行有絲分裂)，形成四到八個將成熟進入子囊孢子的單倍體細胞核。一個成熟的子囊裂開並釋放子囊孢子。有些物種形成一個複雜的子實體來固定子囊 (圖 4.20，嵌入圖)。

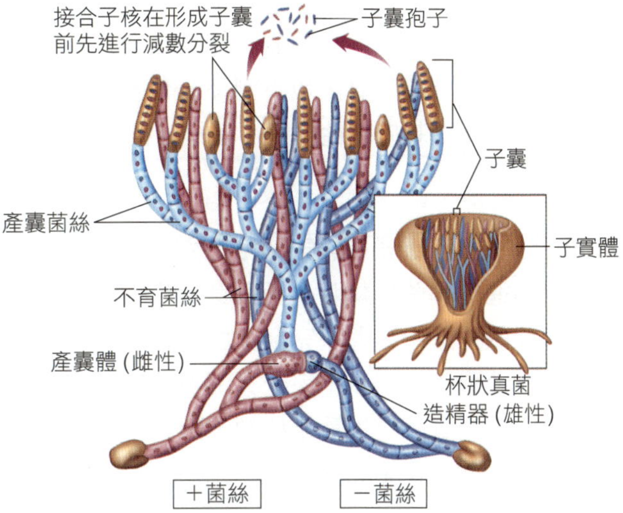

圖 4.20 在杯狀真菌中子囊孢子的產生。嵌入圖顯示出杯狀子實體所容納的子囊。

擔孢子 (basidiospores)[25] 為單倍體有性孢子，形成於棒狀細胞即**擔子** (basidium)(圖 4.21) 的外圍。一般而言，孢子形成的模式是相同的，即兩個交配類型聚在一起、融合，並形成終端的雙倍體核細胞。這些細胞均變成了擔子，其核經過減數分裂，產生四個單倍體細胞核。這些核，通過擔子的頂端擠出，在那裡發展成擔孢子。注意：蘑菇菌褶 (gills) 邊緣擔子的位置，擔子往往是暗色的，主要是由於其所含的孢子。令人意想不到的是，蘑菇

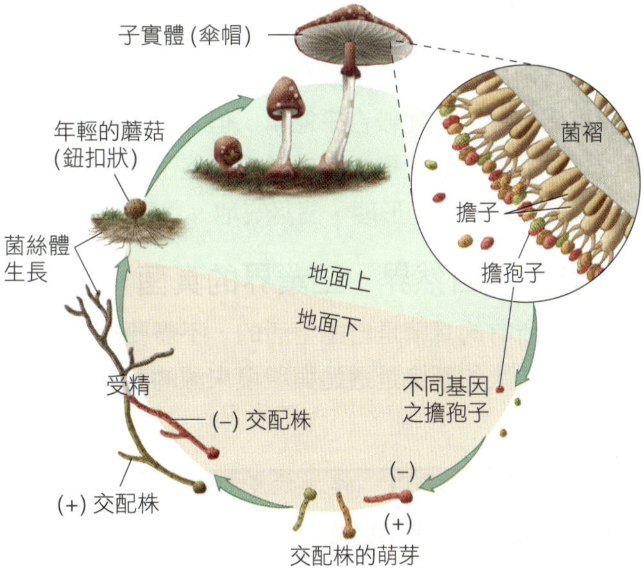

圖 4.21 擔子菌門有性孢子形成的循環。蘑菇是一個觀察有性孢子形成的例子。親代的地下菌絲互相交配後，菌絲體產生子實體，我們通常認定為蘑菇。傘狀結構下是菌褶，含有棒狀擔子，由此結構形成並釋放擔孢子。因為它們的基因不同，這些擔孢子會產生不同於親代的菌絲，再重新開始下一個循環。

24 *ascospores* 子囊孢子 (as′-koh-sporz)。希臘文：*ascos* 囊。
25 *basidiospores* 擔孢子 (bah-sid′-ee-oh-sporz)。希臘文：*basidi* 底座。

的肉質部分實際上是一個子實體，旨在保護並幫助其傳播有性孢子。

真菌分類

微生物學家往往很難指定合乎邏輯、實用的分類方案，使微生物的分類也反映其演化關係。此困難事實上是由於該生物體並非總是完全符合自己的分類類別，並且即使是專家也並不總是一致同意其分類性質。真菌也不例外，有多種方法可分類真菌。在本書中我們以強調醫學真菌的分類方法，此法基於有性繁殖、菌絲結構及遺傳圖譜的類型，將真菌界細分為幾個「門」(表 4.3)。

只能產生無性孢子的真菌 (不完全)

剛開始進行真菌分類時，任何真菌若缺乏有性生殖階段，均被稱為「不完全」，並且歸類在包羅萬象的分類中，即不完全真菌。有性生殖狀態未被發現前，這些菌種將一直歸在此類。漸漸地，有性孢子在許多不完全真菌被發現，它們被重新分類到最適合的孢子分類中。在其他情況下，不完全真菌已被重新分類，因為基因分析指出它們屬於某個既定的門，通常是子囊菌門 (Ascomycota)。這意味著沒有必要特別為「不完全真菌」另外設立一個分類群組。

真菌鑑定及栽培

真菌先以特殊培養基由檢體或樣品中分離出，再以肉眼和顯微鏡觀察進行鑑定，培養真菌的培養基，例如玉米粉培養基、血液培養基和沙氏 (Sabouraud's) 瓊脂培養基等，特殊培養基由於其 pH 值較低，可抑制其他細菌的生長，但對大多數真菌沒有影響，因此適用於從混合樣品中分離出真菌。由於真菌是以有性孢子存在與否及其類型作為一般真菌的分類，因此以相同的方式加以鑑定似乎也比較合乎邏輯，但實際上有性孢子很少見，即使曾在實驗室中被證實過的真菌也是。故具有無性孢子形成構造和孢子通常被用於鑑別真菌的屬名和種名，其他有助於鑑定的特點包含菌絲體的形態、菌落質地、色素、生理特性和基因構成等。

醫學、自然界、工業界的真菌

幾乎所有的真菌是自由生活的，不需要宿主來完成其生命週期，甚至在致病的真菌也是如此，大多數人的感染是透過與環境來源的意外接觸，如土壤、水或灰塵等。人類通常對真菌的

表 4.3 探索真菌群組、特點及代表性成員

分類門 I：接合菌門 (接合菌綱)
- 有性孢子：接合孢子。
- 無性孢子：大多數為孢子囊孢子，有些為分生孢子。
- 菌絲通常無分隔。如果有分隔，其隔片是完整的。
- 大多數物種是自由生活的腐生真菌，有些是動物寄生真菌。
- 是實驗室中令人厭惡的污染物，會使食物變質，並破壞作物。
- 常見的黴菌例子：根黴菌屬 (*Rhizopus*)，黑色麵包黴菌；毛黴菌屬 (*Mucor*)；犁頭黴菌屬 (*Absidia*)；卷黴屬 (*Circinella*) [圖 A：總狀共頭黴菌屬 (*Syncephalastrum*)，圖 B：卷黴屬]

A. 總狀共頭黴菌屬是土壤和植物的常見黴菌 (400 倍)。

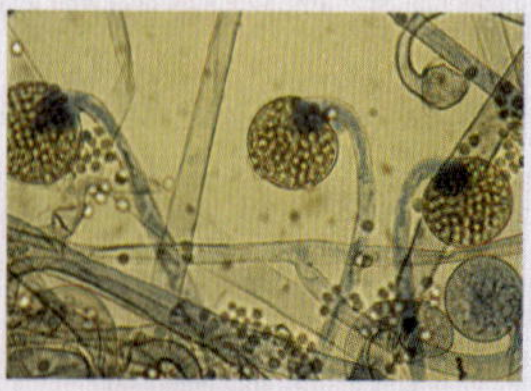

B. 卷黴屬是美麗的黴菌，以其彎曲的孢子囊柄為特徵 (500 倍)。

表 4.3　探索真菌群組、特點及代表性成員 (續)

分類門 II：子囊菌門 (子囊菌綱)

- 有性孢子：大部分在子囊產生子囊孢子。
- 無性孢子：多種類型的分生孢子，在孢子梗的頂端形成分生孢子。
- 菌絲具有孔分隔。
- 例子：這是迄今為止最大的門。成員有很大的差異性，從巨觀的蘑菇到微觀的黴菌和酵母菌。
  - 青黴菌屬 (*Penicillium*) 是抗生素藥物的來源之一 (見圖 4.16)。
  - 麴菌屬 (*Aspergillus*) 是一種常見的空氣傳染的黴菌，可能涉及呼吸道感染和毒性 (圖 C)。
  - 酵母菌屬 (*Saccharomyces*) 是製作麵包和啤酒所使用的酵母菌 (圖 D)。
  - 包括許多人類和植物病原體，如肺囊蟲 [*Pneumocystis* (*carinii*) *jiroveci*]，其為愛滋病患的病原體。
  - 組織胞漿菌屬 (*Histoplasma*) 是俄亥俄谷熱 (Ohio Valley fever) 的病因 (見圖 1.3)。
  - 小孢子菌屬 (Microsporum) 是造成圓癬的病因之一，圓癬是某些皮膚真菌感染的通用名稱，通常以環狀形式生長 (見圖 19.18)。
  - 粗球黴菌 (*Coccidioides immitis*) 是山谷熱 (Valley fever) 的病因；白色念珠菌 (*Candida albicans*) 是各種真菌感染的原因；葡萄穗黴菌屬 (*Stachybotrys*) 是一種有毒的黴菌。

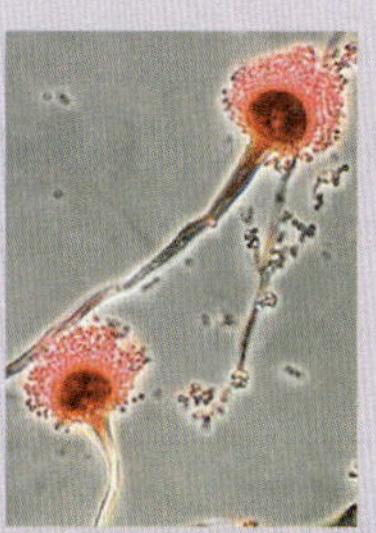

C. 燻煙麴菌 (*Aspergillus fumigatus*) 展現其花朵狀的分生孢子頭 (600 倍)。

D. 酵母菌的 X 光照片，有顯著突出的細胞核 (藍色球狀) 和芽 (5,000 倍)。

分類門 III：擔子菌門 (擔子菌綱)

許多成員都是我們所熟悉的巨觀形態，如蘑菇和馬勃菌，但此分類門還包括了許多微觀植物病原體稱為銹菌和污斑，可攻擊和破壞主要的農作物，這對農業和全球糧食生產有廣泛的影響。

- 由擔子和擔孢子行有性生殖。
- 無性孢子：分生孢子。
- 不完全分隔菌絲。
- 有些為植物寄生真菌以及一種人類病原體。
- 常見形狀飽滿子實體。
- 例子：蘑菇 (圖 E)，馬勃菌、支架真菌 (bracket fungi) 和植物病原體 (銹菌和污斑)。
- 酵母菌－新型隱球菌 (*Cryptococcus neoformans*) 為一種人類病原體，會導致侵入性全身感染，感染許多器官，包括皮膚、腦和肺臟 (圖 F)。

E. 蜜環菌屬 (*Armillaria*) (蜂蜜) 蘑菇，從樹的根部發芽，源於一個巨大的地下菌絲體覆蓋 2,200 英畝並橫跨 3.5 英里。

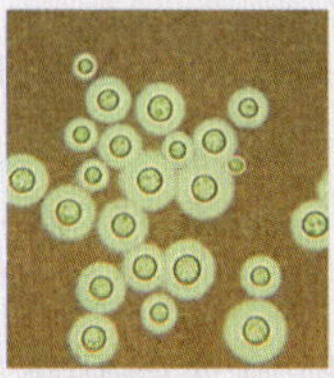

F. 新型隱球菌為引起隱球菌病的酵母菌 (400 倍)。注意每個細胞周圍的莢膜。

分類門 IV：壺菌門

該門的成員是不尋常且原始的真菌，俗稱壺菌 (chytrids)*。其細胞形態從單個細胞到成團到菌落形式，它們一般不形成菌絲或酵母菌型細胞。有一個特點是它們大多數具有特殊鞭毛孢子 (稱為游動孢子) 和配子。大多數壺菌是腐生的，自由生活於土壤、水及腐爛的物質中，但也有顯著數量是植物、動物和其他微生物的寄生真菌 (圖 G)，但它們不會導致人類疾病。它們被認為是嚴重的青蛙病原體，經常造成某些棲息地整個蛙群的毀滅。

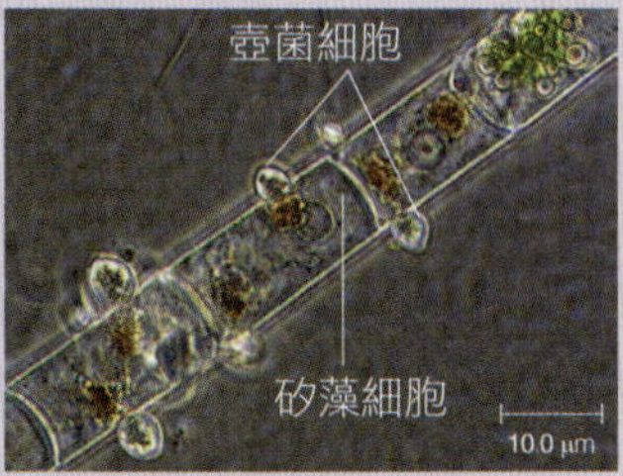

G. 壺菌寄生真菌。絲狀矽藻角毛藻 (*Chaetoceros*) 被有鞭毛的壺菌攻擊，導致宿主溶解和破壞 (400 倍)。

* *chytrid* 壺菌 (kit′-rid)。希臘文：*chytridion* 小壺。

抵抗力相當高，除了兩種主要類型的真菌病原體以外：主要病原菌 (即使是健康的人也能感染) 和伺機性致病菌 (只感染衰弱的人)。

真菌病 (mycoses)，即真菌感染的疾病，因病原進入人體方式及受感染組織程度 (表 4.4) 而有所不同，在過去的幾年裡，伺機性真菌病原體的感染病例一直增加，因為有較新的醫療技術，使免疫功能低下患者存活。在我們周圍的空氣和灰塵所發現的真菌，即使是所謂的無害菌種，也能夠使已罹患愛滋病、癌症或糖尿病的患者產生伺機性感染。

真菌除了感染外，也與其他疾病有關聯性，真菌細胞壁釋放出的化學物質，可引起過敏；由毒蘑菇產生的毒素可誘發神經錯亂，甚至死亡；黃麴菌會合成一種潛在的致命毒素稱為黃麴毒素 (aflatoxin)[26]，致使那些吃了受黴菌污染糧食的家畜動物產生疾病，而這也是人類罹患肝癌的原因之一。

真菌對農業會造成永存的經濟障礙，許多菌種對田間植物如玉米和穀物是有致病性的，真菌也使運輸和儲存過程中的新鮮農產品腐爛。據估計，每年多達 40% 的水果作物不是被人類吃掉，而是被真菌腐壞掉。

然而，在益處方面，真菌可分解有機物，在必需礦物質返回土壤的過程中扮演重要作用。真菌與植物的根 (根菌) 形成了穩定的關係，可增加根系吸收水分和養分的能力；工業上利用真菌的生化潛力，產生大量的抗生素、酒精、有機酸和維生素。有些真菌可直接食用或當作食物調味用；釀酒酵母可用於生產啤酒、酒和導致麵包膨脹的氣體。藍乳酪、醬油和醃製肉類也是透過真菌的作用獲得獨特風味。

4.6 原生生物的探索：藻類

儘管藻類和原生動物並無分類學上的地位，此兩名詞在科學上仍然是有用的。這些專有名詞，如原生生物，即提供某些真核生物一種速記的標籤。微生物學家使用這樣籠統的名詞，來

表 4.4 人類主要的真菌感染

組織受影響程度及面積	感染名稱	真菌病原的名稱
表淺層 (非深層侵入)		
表皮外層	花斑癬	秕糠馬拉癬菌
表皮、毛髮及真皮會被感染	皮膚真菌病，亦稱為頭皮、身體、腳 (香港腳) 及腳趾甲的體癬或錢癬	小孢子菌屬毛癬菌屬及表皮癬菌屬
黏膜、皮膚和指甲	念珠菌或酵母菌感染	白色念珠菌 *
全身 (深層、微生物進入肺部、也可以侵入其他器官)		
肺臟	球孢子菌病 (聖華金谷熱) 北美芽生菌病 (芝加哥病) 組織胞漿菌病 (俄亥俄谷熱) 隱球菌病	粗球黴菌 皮炎芽生黴菌 莢膜組織漿菌 新型隱球菌
肺臟及皮膚	副球孢子菌病 (南美芽生菌病)	巴西副球黴菌

* 此真菌會對那些罹患癌症、AIDS 或其他使人虛弱疾病的病人造成嚴重的侵入性系統感染。

26 由下列粗體字母組合 **a**spergillus、**fla**vus、**toxin**。

代表具有各種可預測特性的生物，例如，原生動物被認為是真核單細胞的原生生物，缺乏組織但共同擁有相似的細胞結構、營養方式、生命週期和生物化學。它們都是微生物，其中大部分都是能動的。藻類是真核單細胞生物，通常是單細胞或群體，以葉綠素進行光合作用，它們缺乏運輸管系統，並有簡單的生殖結構。

藻類：光合原生生物

藻類 (algae) 是一群可進行光合作用的生物，其較大的成員最容易識別，如海藻和巨藻。除了美麗的色彩和不同的外觀，其長度從幾微米到 100 公尺不等。藻類有單細胞、群聚和絲狀體的形式，較大的形式可能擁有組織和簡單的器官。藻類形式的例子示於圖 4.22 和表 4.5。藻類細胞顯示出大部分的胞器 (圖 4.22a)。最引人注目的是葉綠體，其除了包含綠色色素葉綠素之外，也包含其他色素，創造出黃色、紅色和棕色等色素基團。

藻類廣泛生長在淡水和海水，它們是微生物體中大型漂浮群體的主要成員之一，稱為浮游生物 (plankton)，因其數量龐大，在水生食物鏈扮演重要的角色，透過光合作用大量提供大氣中氧的含量。地球上最普遍的群體是單細胞金藻 (chrysophyta) 稱為*矽藻* (*diatoms*)(圖 4.22b)。這些美麗的藻類擁有矽酸鹽細胞壁，以及葉綠體中的金色色素。

其他的藻類生存環境包括土壤、岩石和植物表面，數種藻類甚至耐受更嚴酷環境，如溫泉或雪堆。一種可適應沙漠環境的綠藻類，在春天下雨時大量繁殖並產生有性孢子 (圖 4.22c,d)。

動物組織可能不適合藻類生長，所以藻類很少感染動物體，但有一個例外是原壁藻菌 (*Prototheca*) 藻類，其屬於少見的非光合藻類，與人類和動物的皮膚、皮下感染有關。

藻類在醫學的主要威脅是由於海洋藻類的毒素所引起的食物中毒，如甲藻 (dinoflagellates)。在一年的特定季節，這些運動型藻類過度繁殖，使海水呈現絢麗的紅色，即所謂的「紅潮」。潮間帶動物吃下這些藻類，它們的身體可累積藻類釋出的毒素達數個月之久。麻痺性貝類中毒是因進食暴露的蛤或其他無脊椎動物造成的，其特點是嚴重的神經症狀且可能致命。雪卡毒素 (ciguatera) 會造成嚴重中毒，是由已累積在魚類如鱸魚和鯖魚的藻毒素所引起，烹飪並不會破壞毒素，而且沒有解藥。

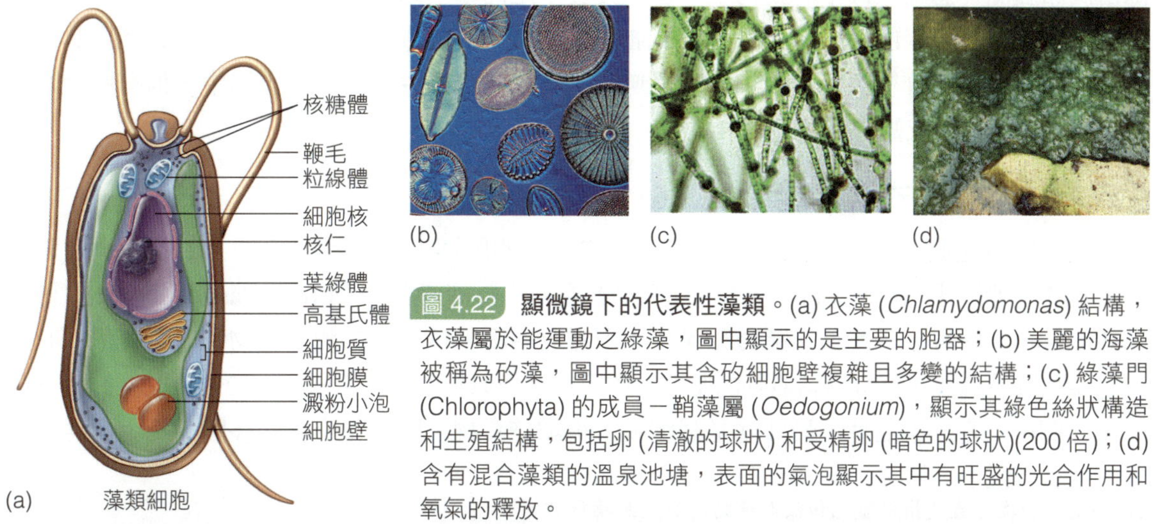

圖 4.22 顯微鏡下的代表性藻類。(a) 衣藻 (*Chlamydomonas*) 結構，衣藻屬於能運動之綠藻，圖中顯示的是主要的胞器；(b) 美麗的海藻被稱為矽藻，圖中顯示其含矽細胞壁複雜且多變的結構；(c) 綠藻門 (Chlorophyta) 的成員－鞘藻屬 (*Oedogonium*)，顯示其綠色絲狀構造和生殖結構，包括卵 (清澈的球狀) 和受精卵 (暗色的球狀)(200 倍)；(d) 含有混合藻類的溫泉池塘，表面的氣泡顯示其中有旺盛的光合作用和氧氣的釋放。

表 4.5 藻類特性總結

分類 / 俗名	組織	細胞壁	色素	生態學 / 重要性
裸藻門 (Euglenophyta) / 裸藻 (euglenids)	主要是單細胞、藉由鞭毛運動	無、以薄膜代替	葉綠素、類胡蘿蔔素、葉黃素	有些鞭毛綱的近親
甲藻門 (Pyrrophyta) / 甲藻 (dinoflagellates)	單細胞、雙鞭毛	纖維質或非典型細胞壁	葉綠素、類胡蘿蔔素	「紅潮」的原因
金藻門 Chrysophyta / 矽藻或金褐藻 (diatoms or golden-brown algae)	主要是單細胞、有的絲狀形式、不尋常的運動形式	二氧化矽	葉綠素、藻褐素	矽藻土，浮游生物的主要成分
褐藻門 Phaeophyta / 褐藻－巨藻 (brown algae—kelps)	多細胞、血管系統，可固著	纖維質、藻酸	葉綠素、類胡蘿蔔素、岩藻黃素	一種乳化劑，海藻酸鹽的來源
紅藻門 Rhodophyta / 紅藻 (red seaweeds)	多細胞	纖維質	葉綠素、類胡蘿蔔素、葉黃素、藻膽素	瓊脂和角叉菜膠，一種食品添加劑的來源
綠藻門 (Chlorophyta) / 綠藻，與植物同組 (green algae, grouped with plants)	從單細胞、群落、絲狀，變異到多細胞	纖維質	葉綠素、類胡蘿蔔素、葉黃素	高等植物的前身

據報導，美國在過去幾年中，有一種紅潮毒藻 (*Pfiesteria piscicida*) 形成嚴重感染事件，本病最早是出現在魚的身上，後來傳染給人類，這個新發現的種類以至少 20 種能釋放強大毒素的形式存在，包括孢子、囊孢和變形蟲。魚和人類都會產生神經系統症狀和皮膚潰瘍出血，疫情發生的原因已追查到是來自於營養豐富的農業流放水，其會造成紅潮毒藻突然「大量繁殖」。這些微生物剛開始是攻擊並殺害數以百萬計的魚，後來傳播到在工作上會接觸到這些魚類和受污染的水的人們。

4.7 原生生物的探索：原生動物

如果要票選最引人入勝和生動的微生物，許多生物學家會選擇原生動物，雖然它們的名字源自於希臘語，意為「最早的動物」，它們其實不是簡單、原始的生物。原生動物構成一個單細胞生物的多元大族群 (約 65,000 個已知種類)，當涉及到運動、攝食和行為時，它們則具有驚人的能力，雖然此群組大多數的成員都是無害的，且能自由生活於水和土壤中，但有些種類屬於寄生蟲，每年造成數億人感染。

原生動物形式與功能

大多數原生動物是單細胞，含有真核細胞主要的胞器，但葉綠體除外。為了攝食、繁殖和運動，它們的胞器可以高度分化。細胞質通常分為清澈的外質 (ectoplasm) 和顆粒的內質 (endoplasm)，外質參與運動、攝食和保護。內質收納細胞核、粒線體、食物和收縮空泡。有些纖毛蟲和鞭毛蟲[27] 甚至有協調運動的胞器，作用有點像原始的神經系統。由於原生動物缺乏細胞壁，它們有一定的靈活性。最外圍是細胞膜，可調控食物、廢物和分泌的移動，細胞形態可以

27 纖毛蟲和鞭毛蟲是指以纖毛和鞭毛運動的原生動物群體。

保持不變 (如大多數纖毛蟲)，也可以不斷變化 (如變形蟲)，某些變形蟲 (有孔蟲) 包在自己做的碳酸鈣硬殼內，大多數原生動物細胞的大小落在 3 至 300 μm 的範圍內，一些明顯的例外是巨大的變形蟲和纖毛蟲，體型大到 (長度 3 至 4 mm) 可被看見在池塘中游動。

營養和棲息地範圍

原生動物是異營性的，通常對食物的需求是複雜的有機形式。自由生活的物種覓食細菌和藻類等活細胞，甚至也能清除死亡的植物或動物殘骸。有些物種有特殊的進食結構如口溝，可運送食物顆粒進入通道或口裂，將捕獲的食物包裹進入液泡內消化。明顯的攝食適應可以在纖毛蟲 (ciliate *Didinium*) 看到 (見表 4.6，圖 E)，它可以輕易吞食另一相當於其本身大小的微生物，某些原蟲可直接透過細胞膜吸收食物。寄生物種生活在其宿主的體液中，例如血漿和消化液，或者它們可以主動以組織為食。

雖然原生動物已經適應範圍廣泛的棲息地，其主要限制因素是水分的可取得性。它們的主要棲息地是淡水和海水、土壤、植物和動物，即使是在極端溫度和 pH 值，對它們的生存也不是障礙；在溫泉、冰和低或高 pH 值的棲息地也可發現頑強的物種。

運動形式

除了一個族群 (頂複門) 外，原生動物能以**偽足** (pseudopods)(即「假腳」)、**鞭毛** (flagella) 或**纖毛** (cilia) 的方式運動，少數種類同時有偽足 (也稱為 pseudopodia) 和鞭毛，有些不尋常原生動物以滑翔或扭曲的方式運動，但似乎沒有涉及上述這些運動結構。偽足有鈍的、分支狀或長而尖的，取決於個別的物種，偽足流動的結果可產生變形蟲運動，偽足也成為許多變形蟲攝食的構造。

鞭毛和纖毛的結構和行為已在 4.1 節進行討論，鞭毛數量從一個到數個不等，在某些物種，鞭毛由細胞膜的延伸部分稱為波狀膜 (undulating membrane)，附著於細胞整體邊緣 (見圖 4.26a)，在大多數纖毛蟲，纖毛以特定的模式分布在細胞的表面，由於在纖毛的排列和功能上有巨大的差異，纖毛蟲是生物世界中最多樣化且最神奇的細胞。某些原生動物，纖毛排在口溝的位置，具有攝食的功能；而有些原生動物，其纖毛融合在一起，形成堅硬的支撐物，可充當原始可行走的腳。

生命週期和繁殖

大多數原生動物可藉由其具有游動攝食階段稱為**滋養體** (trophozoite)[28] 來辨認，此階段需要充足的食物和水分以保持活性。在環境條件變得不利於生長和覓食時，大多數的物種也能進入休眠休止階段稱為**囊胞期** (cyst)。胞囊形成時，滋養體細胞變圓成球體，它的外質會分泌非常堅硬且厚實的角質層在細胞膜的周圍 (圖 4.23)。因為胞囊比普通細胞對熱、乾燥和化學物質更有抵抗力，它們能承受不利的時期，亦可藉由氣流散播，甚至有可能在疾病傳播上扮演重要的因素，如阿米巴痢疾。當環境提供水分和養分時，胞囊會破裂並釋出有活力的滋養體。

原生動物的生命週期各不相同，從簡單到複雜都有，有些原生動物族群只存在滋養體狀態，有許多則是根據不同的生存環境條件在滋養體和胞囊階段之間轉換。寄生性原生動物的生命週

---

28 *trophozoite* 滋養體 (trof′-oh-zoh′-yte)。希臘文：*trophonikos* 滋養；*zoon* 動物。

表 4.6 選定的原生動物分類之群體特徵和範例

鞭毛蟲綱 (也稱為動物性鞭毛蟲綱)

- 運動性主要是單獨由鞭毛或由鞭毛和變形蟲運動兩者共同參與。
- 單一細胞核。
- 當存在有性生殖時，透過配子接合 (syngamy)；以縱向分裂進行細胞分裂。
- 幾種寄生形式缺乏粒線體和高基氏體。
- 大多數物種形成胞囊，行自由生活；該群組還包括幾個寄生蟲。
- 有些物種被發現以鬆散的集體或群落方式聚集，但大多數是孤立的。
- 成員包括：錐蟲和利什曼原蟲，重要的血液傳播病原體，以昆蟲為媒介 (見圖 4.26)；賈第鞭毛蟲，腸寄生蟲，經由被污染糞便的水傳播 (見圖 B)；滴蟲，人類生殖道的寄生蟲藉由性接觸傳播 (見圖 20.6)。
- 在白蟻腸道內發現了大量的共生體－披發蟲 (Trichonympha)，其從口腔內萌出大量鞭毛 (圖 A)。

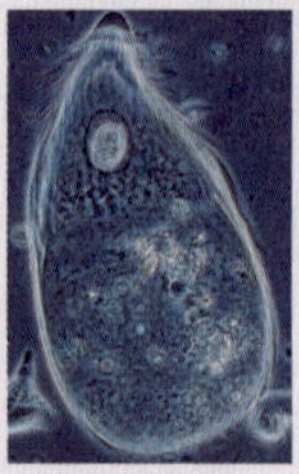

A. 披發蟲為在白蟻腸道共生的鞭毛蟲，顯示大量的鞭毛 (400 倍)

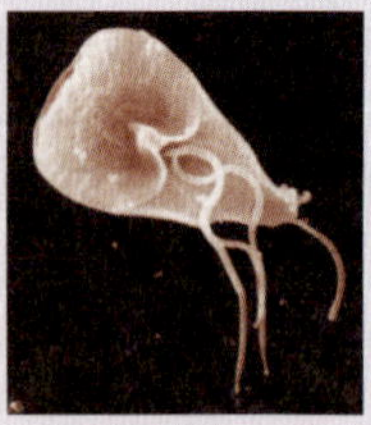

B. 賈第鞭毛蟲的滋養體，此為一種普遍的腸道致病菌 (2000 倍)

肉足蟲綱 *(變形蟲)

- 細胞形式主要是變形蟲 (見圖 4.24b)。
- 主要運動胞器是偽足，雖然一些種類已經有鞭毛的生殖狀態。
- 以細胞分裂進行無性生殖。
- 大多數為單一細胞核，通常形成胞囊。
- 大多數變形蟲是自由生活，且無傳染性 (圖 C)。
- 內阿米巴屬 (*Entamoeba*) 是人類的寄生蟲 (圖 D)。

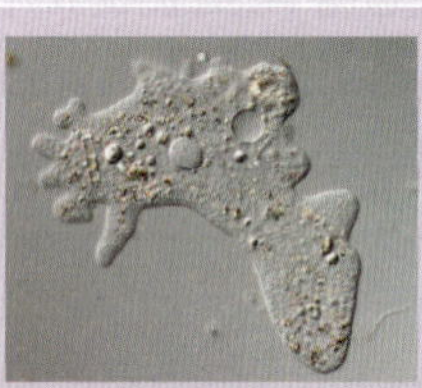

C. 多卓變形蟲為一種巨大的變形蟲，使用多個偽足捕食矽藻 (100 倍)

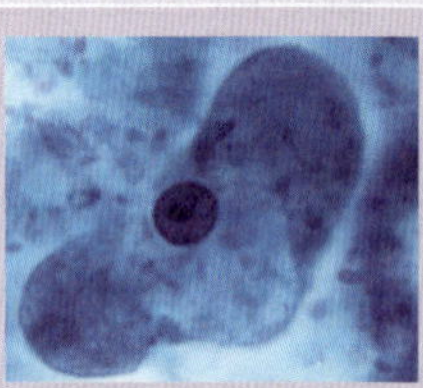

D. 痢疾阿米巴滋養體，為阿米巴痢疾的病因 (1,000 倍)

纖毛蟲動物門 (纖毛蟲)

- 纖毛蟲的滋養體能利用纖毛運動。
- 有些具有纖毛叢可覓食和附著，大多數會形成胞囊。
- 同時擁有巨核和微核；細胞分裂以橫向裂變方式
- 大多數有明確的口器和攝食的胞器。
- 顯示具有相對進階的行為 (圖 E)。
- 大多數纖毛蟲是自由生活且對人類無害。
- 有一種病原體是小袋纖毛蟲屬 (Balantidium)(圖 F)。

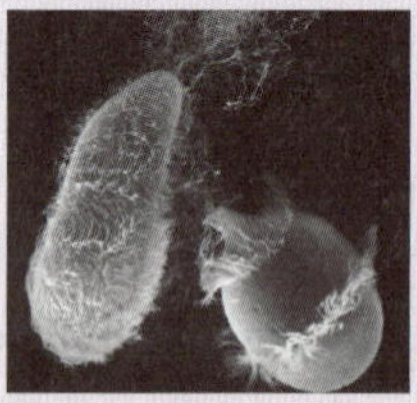

E. 櫛毛蟲 (捕食者，右) 準備以古老的纖毛蟲戰鬥方法攻擊、吞噬草履蟲 (Paramecium)(獵物，左)(1,200 倍)

F. 大腸小袋纖毛蟲，屬於豬的寄生蟲，也可引起人類腸道感染

頂複門 (孢子蟲綱)

- 除了雄性配子能動以外，大多數細胞無運動性。
- 生命週期是複雜的，具有發達的無性和有性階段。
- 孢子蟲綱在有性生殖時，產生特殊孢子似的細胞稱為孢子體 (sporozoites)**(圖 G 和 H)，其對於感染的傳播是非常重要的。
- 大多數形成厚壁合子稱為卵囊 (oocysts)，整個族群都是寄生性的。
- 瘧原蟲 (*Plasmodium*) 是最常見的原生動物寄生蟲，導致全世界每年有 1 至 3 億的瘧疾病例，瘧原蟲是一種細胞內寄生蟲，在人類和蚊子之間複雜地循環交替 (圖 H)。
- 弓蟲 (*Toxoplasma gondii*) 造成人類急性感染 (弓蟲病)，由貓及其他動物而導致感染 (見圖 20.16)。
- 隱孢子蟲 (*Cryptosporidium*) 是新興的腸道病原體，可透過受污染的水傳播 (見圖 G)。

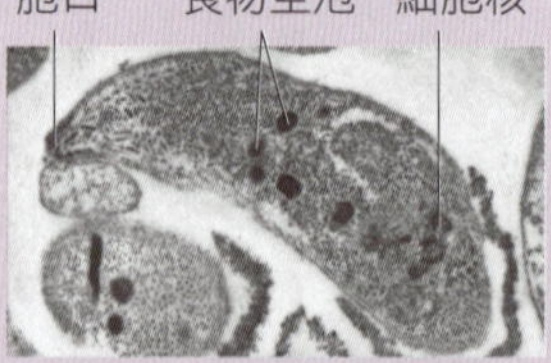

G. 隱孢子蟲的孢子體，一種常見的經水傳染的病原體

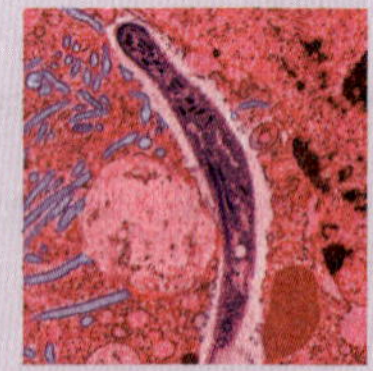

H. 瘧原蟲的孢子體，是瘧疾的病因，穿過蚊子的腸道遷移

* 有些生物學家傾向於合併鞭毛蟲亞門 (Mastigophora) 和肉足蟲綱 (Sarcodina) 成為肉鞭毛蟲亞門 (Sarcomastigophora)。另外藻類群組中裸藻門 (Euglenophyta) 因為具有鞭毛，它也可以被包含在鞭毛綱。

** *sporozoite* 孢子體 (spor″-oh-zoh′-yte)。希臘文：*sporos* 種子 (孢子)；*zoon* 動物。

期決定了傳染到其他宿主的模式，例如，鞭毛滴蟲 (*Trichomonas vaginalis*) 引起一種常見的性接觸傳染病，因為它不形成胞囊，因此較脆弱，必須經由性伴侶之間的親密接觸才能傳播。相較之下，腸道致病菌，如痢疾阿米巴原蟲 (*Entamoeba histolytica*) 和賈第鞭毛蟲 (*Giardia lamblia*) 可形成胞囊，因此很容易經由受污染的水和食物傳播。

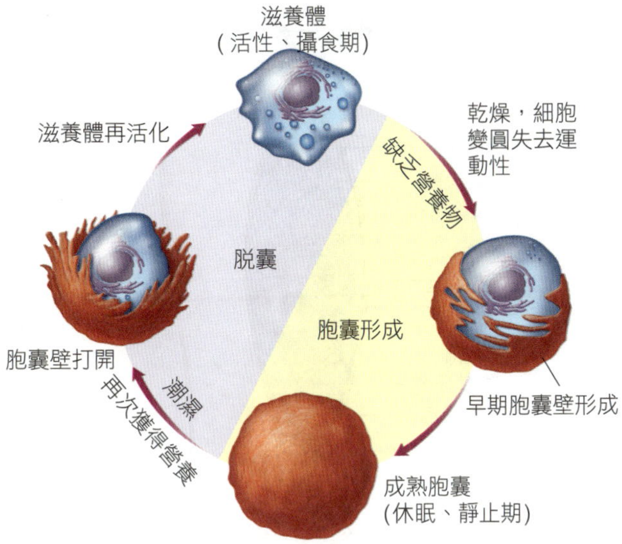

圖 4.23 許多原生動物的一般生命週期。所有原生動物有滋養體形式，但不是所有原生動物會產生胞囊。

所有原生動物用比較簡單、無性的方法繁殖，通常是細胞有絲分裂。有些寄生性物種，包括瘧疾 (malaria) 和弓蟲病 (toxoplasmosis) 的病原體，在宿主細胞內以無性生殖進行多次分裂，大多數原生動物的生命週期也可發生有性生殖。纖毛蟲可進行接合 (conjugation)，指兩種不同交配型的個體暫時融合進行細胞核的交換，此為基因交換的一種形式。有性生殖的重組過程會產生不同的新基因組合，對於生物演化是有利的。

原生動物的鑑定與培養

分類學家並沒有迴避原生動物的分類問題，原生動物也是非常具多樣性，要確實分類有其困難度，本文根據運動方式、繁殖模式和生命週期等，將其簡單且具系統性地分成四組。

大多數原生動物的獨特外觀，可讓專家單單以顯微形態學就能鑑別它們到「屬」的層次及常見的「種」。鑑別考量的特徵包括：細胞的形狀和大小；運動結構的類型、數量和分布情況；特殊的胞器或胞囊的存在；細胞核的數目。醫學上可由血液、痰、腦脊髓液、糞便或陰道採取樣品，直接塗在玻片上以有或無特殊染色觀察。偶爾，原生動物可在人工培養基或實驗動物培養，做進一步鑑定和研究。

醫學上重要的原生動物分類

大部分的原生動物具有以下四種細胞的基本形態：鞭毛蟲 (mastigophorans)、具偽足的變形蟲、纖毛蟲 (ciliophorans) 和無運動性的頂複門 (apicomplexans)。圖 4.24 表示這些原生動物種類各方面的特性，我們在這裡使用的總體分類，以運動方式和其他細胞特性，將原生動物分為四個「門」，在表 4.6 將有概括說明及舉例。

重要的原生動物病原體

雖然原蟲感染是很常見的，但是實際上只有少數種類才會引起感染，且地理上僅限於熱帶和亞熱帶地區 (表 4.7)。用兩個例子說明原生動物疾病的主要特點。

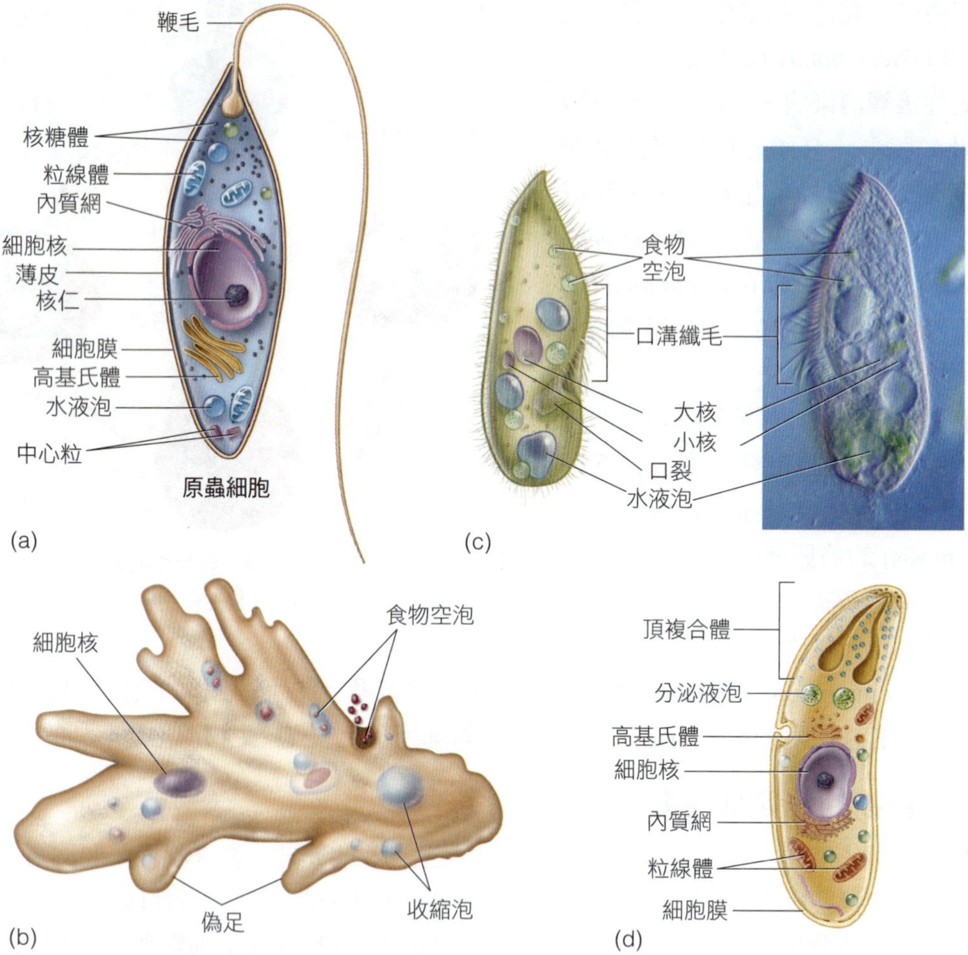

圖 4.24 **比較四個原生動物門的滋養體結構**。(a) 鞭毛蟲的一般結構，以袋鞭藻 (Peranema) 為例。外防護膜是柔性的，此族群生物可進行一些形狀的改變；(b) 典型的痢疾阿米巴原蟲結構。偽足在運動和攝食是活躍的；(c) 纖毛蟲結構。纖毛蟲 (Blepharisma) 的照片和繪圖，其為池塘水中常見的生物。注意纖毛蟲的左側有明顯的纖毛運動，及其內部結構的細節；(d) 頂複門 (Apicomplexan) 滋養體結構。頂複門有許多常見的原生動物胞器，且包含不尋常的身體結構，其複雜的尖端與攝食有關。不像其他原生動物，它們缺乏專門的運動胞器。

致病性鞭毛蟲：錐蟲

錐蟲是屬於錐蟲屬 (*Trypanosoma*)[29] 的原生動物。兩個最重要的代表有布氏錐蟲 (*T. brucei*) 和克氏錐蟲 (*T. cruzi*)，兩者有密切關聯性，但卻受到地理上的限制。布氏錐蟲發生在非洲，它每年造成估計有 50,000 個昏睡病的新病例。克氏錐蟲是南美錐蟲病 (Chagas disease)[30] 的病因，發生在南美洲和中美洲，在那裡每年感染數百萬人。這兩個物種有長長的月牙形細胞，此細胞有單鞭毛，有時藉由波狀膜附著到細胞本體。兩者在感染時可在血液中檢出，也會藉由吸血媒蚊傳播。我們使用克氏錐蟲的圖表示錐蟲生命週期的各個階段，並說明其寄生關係的複雜性。

29 *Trypanosoma* 錐蟲屬 (try″-pan-oh-soh′-mah)。希臘文：*Trypanon* 穿孔者；*soma* 身體。
30 根據克氏錐蟲發現者 *T. cruzi* 名字 Carlos Chagas 來命名。

表 4.7　主要的致病性原蟲、感染及來源

原生動物 / 疾病	生活環境 / 傳染源
類阿米巴原生動物	
阿米巴病 (Amoebiasis)：痢疾阿米巴原蟲 *Entamoeba histolytica*	人類 / 水和食物
腦部感染：雙鞭毛阿米巴屬 *Naegleria*、有棘變形蟲屬 *Acanthamoeba*	自由生活在水中
纖毛原生動物	
小袋蟲病 (Balantidiosis)：大腸纖毛蟲 *Balantidium coli*	由豬傳染的人畜共同傳染病
鞭毛原生動物	
賈第蟲病 (Giardiasis)：賈第鞭毛蟲 *Giardia lamblia*	人畜共同 / 水和食物
滴蟲病 (Trichomoniasis)：人毛滴蟲 *T. horminis*、陰道滴蟲 *T. vaginalis*	人類
血鞭毛蟲 Hemoflagellates	
錐蟲病 (Trypanosomiasis)：布氏錐蟲 *Trypanosoma brucei*、克氏錐蟲 *T. cruzi*	人畜共同 / 媒介傳播
利什曼病 (Leishmaniasis)：杜氏利什曼原蟲 *Leishmania donovani*、熱帶利什曼原蟲 *L. tropica*、巴西利什原蟲 *L. brasiliensis*	人畜共同 / 媒介傳播
頂複門原蟲	
瘧疾 (Malaria)：間日瘧原蟲 *Plasmodium vivax*	人類 / 媒介傳播
惡性瘧原蟲 *P. falciparum*、三日瘧原蟲 *P. malariae*	
弓蟲病 (Toxoplasmosis)：弓蟲 *Toxoplasma gondii*	人畜共同 / 媒介傳播
隱孢子蟲病 (Cryptosporidiosis)：隱孢子蟲 *Cryptosporidium*	自由生活 / 水和食物
環孢子蟲病 (Cyclosporiasis)：環孢子蟲 *Cyclospora cayetanensis*	水 / 新鮮產生

南美錐蟲病的錐蟲仰賴某種溫血哺乳動物和某種吸食哺乳動物血液昆蟲的密切關係。哺乳動物宿主多不勝數，包括狗、貓、負鼠和犰狳，該媒介昆蟲是獵蝽 (reduviid)[31] 小蟲，有時稱為「接吻蟲」，因其習慣咬宿主嘴角。傳染發生大多是由小蟲到哺乳動物以及哺乳動物到小蟲，但通常不會從哺乳動物傳染哺乳動物，除了妊娠期間通過胎盤的哺乳動物。這個循環的一般階段呈現於圖 4.25。

錐蟲滋養體 (trophozoite) 在獵蝽蟲的腸道繁殖，並被包藏在糞便中，這個小蟲尋找宿主並咬傷黏膜組織，通常在眼睛、鼻子或嘴唇附近，在叮咬傷口附近會排泄含錐蟲的糞便。諷刺的是，受害者本人無意中抓傷被叮咬的傷口，幫助微生物的進入。一旦進入體內，錐蟲開始在肌肉和白血球繁殖。每隔一段時間，這些寄生的細胞破裂，釋放出大量新的錐蟲滋養體進入血液。最終，錐蟲可以傳播到許多系統，包括淋巴器官、心臟、肝臟和大腦。所得的疾病範圍從輕度到非常嚴重，並表現包括發燒、炎症，以及心臟和腦損傷。在許多情況下，這種疾病具有擴展過程，並可能導致死亡。

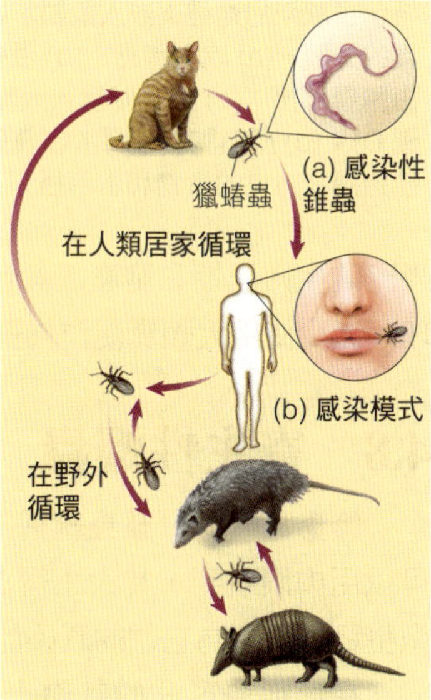

圖 4.25　南美錐蟲病傳播的循環。錐蟲 (嵌入圖 a) 透過接吻蟲 (嵌入圖 b) 以叮咬方式，在家畜和野生哺乳動物宿主及人類宿主之間傳播。

31 *reduviid* 獵蝽 (ree-doo′-vee-id)。一群會飛的昆蟲家族，帶有可吸吮之鳥喙般口部。

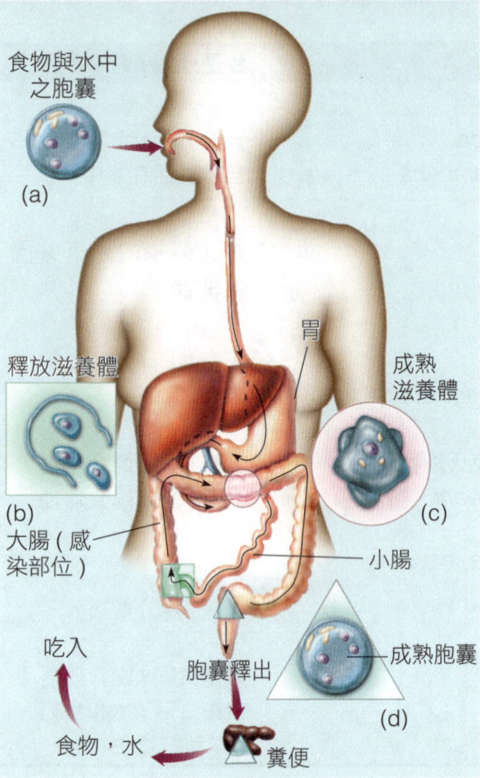

圖 4.26 **阿米巴痢疾的感染和傳播階段**。箭頭顯示了感染的途徑；嵌入圖顯示痢疾阿米巴原蟲的外觀。(a) 吃入胞囊；(b) 滋養體 (阿米巴) 由胞囊釋出；(c) 滋養體侵入大腸壁 (見表 4.6 圖 D)；(d) 成熟胞囊被釋放在糞便中，並且可能透過被污染的食物和水傳播。

傳染性變形蟲：阿米巴

數種變形蟲會使人產生疾病，但最常見的疾病可能是阿米巴疾病 (amoebiasis)，即阿米巴性**痢疾** (dysentery)[32]，是由痢疾阿米巴原蟲 (*Entamoeba histolytica*) 所引起的。此原蟲廣泛分布於世界各地，從寒帶到熱帶區域，且幾乎都是與人有關。阿米巴性痢疾是全世界第四個最常見的原蟲感染，該微生物與錐蟲有很大的不同，其生命週期不涉及在宿主繁殖和吸血性昆蟲的媒介，它的生命週期有部分是滋養體時期，有部分是胞囊時期，因為胞囊是更有抵抗力的形式，並且可以在水和土壤中存活數週，它在傳染上是更重要的階段。人們被感染的主要傳播方式，是因為攝取受到人類糞便污染的食物或水。

圖 4.26 顯示了阿米巴性痢疾週期的主要特徵，首先是胞囊的攝入。當活的、厚壁胞囊無受損地穿過胃，一旦進入小腸，胞囊發芽成一個大的多核變形蟲隨後進行分裂，形成小的變形蟲 (滋養體期)。這些滋養體遷移至大腸，並開始攝食和生長。從這個位置，它們可以穿透腸道內皮組織並侵入肝臟、肺臟和皮膚。常見的症狀包括腸胃不適，如噁心、嘔吐、腹瀉，導致體重減輕和脫水。當受感染人的糞便中某些滋養體開始形成胞囊，此時已完成其生命週期，然後胞囊由宿主的糞便物質排出。了解阿米巴的生命週期和胞囊的角色對於此傳染病的控制是有幫助的。重要的預防措施，包括污水處理、減少使用人類糞便作為肥料、衛生的食物和水等。

4.8 寄生性蠕蟲

條蟲、吸蟲、圓蟲統稱為蠕蟲 (*helminths*)，來自希臘文，意思是「蟲」。成蟲通常夠大，可以用肉眼看到，其大小從 25 公尺 (最長的條蟲) 到 1 公釐 (圓蟲) 不等。傳統上，它們包含在微生物中，因為它們的感染能力，並且需要顯微鏡鑑定它們的卵和幼蟲。

在形態學形式的基礎上，寄生蠕蟲的兩個主要群體是**扁形蟲** (扁形動物門)(flatworms)，其具有非常薄且通常分段的身體構造 (圖 4.27)，與**圓蟲** (roundworms)[袋形動物門，也叫**線蟲** (nematodes)[33]]，其有細長、圓柱形、未分割的身體 (圖 4.28)。該扁形蟲群細分為**條蟲** (cestodes[34]

---

32 *dysentery* 痢疾 (dis′-en-ter″-ee)。腸道內任何伴有血便的炎症，可以由許多因素引起，包括微生物和非微生物的病因。

33 *nematode* 線蟲 (neem′-ah-tohd)。希臘文：*nemato* 線狀；*eidos* 形狀。

34 *cestode* 條蟲 (sess′-tohd)。拉丁文：*cestus* 帶狀；*ode* 類似。

圖 4.27 **寄生性扁形蟲**。(a) 條蟲 (牛肉條蟲)，顯示頭節、長形和片狀的體節，以及放大顯示的不成熟和成熟片節 (proglottids)(身體部分)；(b) 吸蟲 (肝吸蟲) 的結構。注意吸附到宿主組織的吸盤，以及主要的生殖和消化器官。

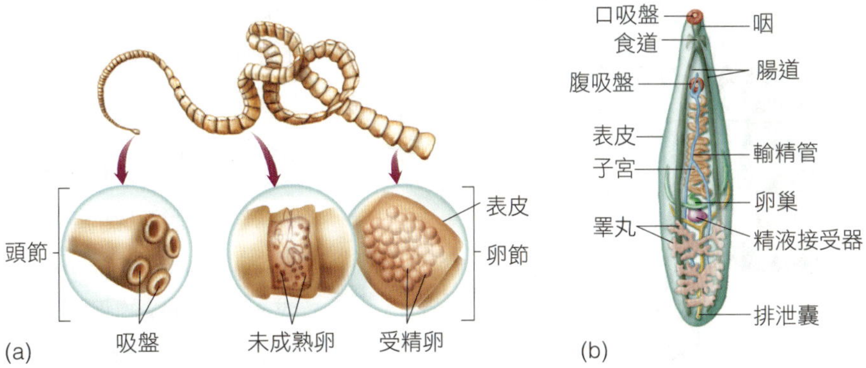

或 tapeworms)，取名為它們長的帶狀排列；以及吸蟲 (trematodes[35] 或 flukes)，其特點是扁平的卵圓形體。並非所有的扁形蟲和圓蟲均是寄生的性質，有許多是自由生活於土壤和水中。

一般蠕蟲形態

所有蠕蟲都是多細胞的動物，具備某種程度的器官和器官系統，在寄生性蠕蟲，最發達的器官是生殖道，而消化、排泄、神經和肌肉系統，則有一定程度的退化。在特定族群中生殖是非常主要的，例如條蟲身體被縮小到約一系列扁平的囊的大小，其中填充有卵巢、睪丸和蟲卵 (圖 4.27a)。並非所有的蠕蟲像條蟲一樣，有這種極端的器官調整，但大多數都有高度發達的生殖潛力、厚厚的角質層保護，並有口部腺體可分解該宿主的組織。

生命週期和繁殖

蠕蟲的整個生命週期包括受精卵 (胚胎)、幼蟲和成蟲階段。在大多數蠕蟲，成蟲在宿主體內獲得營養物質並進行有性生殖。在線蟲，雌雄是分開的，通常在外觀上會有不同；在吸蟲，雌雄可以是單獨的或兩性的 (hermaphroditic)，這意味著雄性和雌性性器官處於相同的蟲體；條蟲一般都是雌雄同體。寄生蟲要繼續生存成為一個物種，它必須透過感染方式，通常由蟲卵或幼蟲感染到另一宿主的身體來完成生命週期，無論是相同或不同的物種。按照慣例，讓幼蟲發育的宿主是中間宿主，成蟲交配發生在最終宿主 (definitive / final host)。在傳播宿主中並沒有寄生蟲的發育，但卻是完成寄生蟲生命週期的一個重要環節。

在一般情況下，人類的感染原是被污染的食物、土壤、水或感染的動物，感染的途徑是經過口腔食入或由完整的皮膚穿入，人類是許多寄生蟲的最終宿主，其中大約有一半的疾病，人類也是唯一的生物宿主；在另一些情況下，則是以動物或昆蟲媒介作為感染來源或需要完成蠕蟲的發展。在大多數的蠕蟲感染中，蠕蟲必須離開自己的宿主來完成整個生命週期。

受精卵通常會釋放到環境中，並提供一個保護殼和額外的食物，以幫助其發展成幼蟲。即便如此，大部分卵和幼蟲很容易受到熱、冷、乾燥、食肉動物和被破壞或無法進入新的宿主。為了對付這種極高的死亡率，某些蠕蟲已經適應且演變出近乎不可思議的生殖能力：單一隻雌性蛔蟲 (Ascaris)[36] 每天可以產下 200,000 個蟲卵，而一隻大型的雌蟲可以在不同的發育階段，生

35 *trematode* 吸蟲 (treem′-a-tohd)。希臘文：*trema* 洞。因外觀有小洞而命名。

36 蛔蟲是寄生性腸道線蟲。

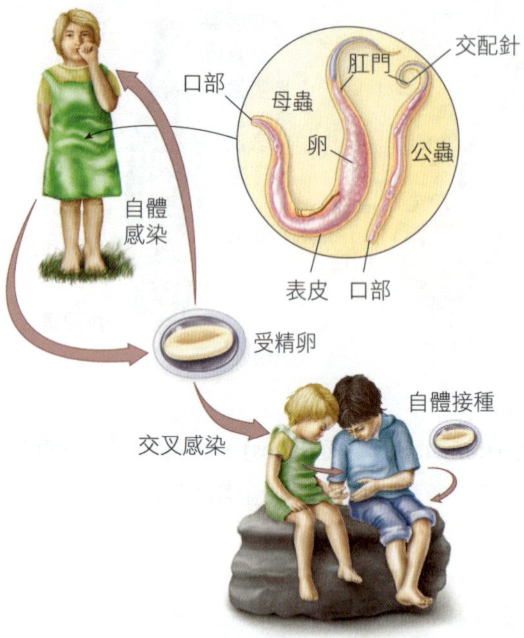

圖 4.28 蟯蟲 (屬於一種圓蟲) 之生命週期。蟲卵由不潔的手傳播，此時為感染期。兒童經常自己重複感染，也會將寄生蟲傳給其他人。

下超過 2 千 5 百萬個蟲卵！即使這些蟲卵以很小的數量進入另一宿主，寄生蟲也將成功地完成其生命週期。

蠕蟲週期：蟯蟲

為了說明蠕蟲在人體中循環史，我們使用圓蟲、蟯蟲 (*Enterobius vermicularis* 或 pinworm 或 seatworm) 的例子，這些蠕蟲大部分會侵擾大腸 (圖 4.28)。蠕蟲的大小從 2 至 12 公釐不等，並具有錐形、彎曲的筒狀。它們會造成蟯蟲病 (enterobiasis)，通常是一個簡單的、不複雜的感染，並且不會擴散到小腸。

當一個人從另一個受感染的人透過直接接觸或透過接觸污染的表面，吞下微小的蟲卵，即為生命週期的開始，蟲卵在腸道內孵化，然後釋放幼蟲，大約一個月之內發育成成蟲。雄性、雌性交配，雌性遷移出到肛門產卵，這導致劇烈發癢直到抓癢而緩解。這裡有明顯的傳播方式：抓癢會污染手指，反而將蟲卵轉移到床上用品及其他無生命的物體，此人會成為宿主和蟲卵的來源，除了再感染自己外，並可將蟲卵傳播到其他人，蟯蟲病最常發生在家庭和其他親密的生活情況，其分布在全球的所有社會經濟群體中，但似乎感染年輕人比老年人更頻繁。

蠕蟲的分類和鑑定

蠕蟲按其形狀、大小、各器官的發育程度、鉤 (hooks) 或吸盤 (suckers) 或其他特殊結構的存在、繁殖模式、宿主種類、蟲卵和幼蟲的外觀來分類。在實驗室鑑定是透過顯微鏡檢測成蟲或其幼蟲和卵，通常具有獨特的形狀或外部和內部結構。偶爾，蠕蟲也會被培養，藉以驗證其所有生命階段。

寄生蠕蟲分布和重要性

目前約有 50 種蠕蟲寄生人類，它們分布在人類生活的各個領域，有些蠕蟲被限制在特定的地理區域，許多在熱帶地區有較高的發病率。不過這觀念必須加以修正，因為噴射時代的旅行，隨著人們的移動，正在逐步改變蠕蟲感染的模式，尤其是那些不需要替代宿主或特殊氣候條件發育的蠕蟲。每年估計有數十億的全球病例數，而這些並非僅限於發展中國家，保守估計在北美地區就有 5,000 萬蠕蟲感染，主要對象是營養不良的兒童。

第一階段：知識與理解

這些問題需活用本章介紹的觀念及理解研讀過的資訊。

選擇題

從四個選項中選出正確答案。空格處，請選出最適合文句的答案。

1. 鞭毛和纖毛兩者主要存在於________。
   a. 藻類　b. 原生動物
   c. 真菌　d. 原生動物和真菌
2. 核膜的特徵包括：
   a. 核糖體
   b. 雙層膜
   c. 有孔可與細胞質相通
   d. 雙層膜且有孔可與細胞質相通
   e. 以上皆是
3. 細胞壁通常可在哪些真核生物中發現？
   a. 真菌　b. 藻類
   c. 原生動物　d. 真菌和藻類
4. 下列哪些嵌入在粗糙內質網？
   a. 核糖體　b. 高基氏體
   c. 染色質　d. 液泡
5. 酵母菌是________真菌，黴菌是________真菌。
   a. 巨觀，微觀　b. 單細胞，絲狀
   c. 運動性，無運動性　d. 水生，陸生
6. 在一般情況下，真菌如何獲得營養素？
   a. 光合作用　b. 吞噬細菌
   c. 分解有機物質　d. 寄生性
7. 菌絲以橫壁分成隔間被稱為下列何者？
   a. 無分隔菌絲　b. 不完全菌絲
   c. 分隔菌絲　d. 完全菌絲
8. 藻類通常含有下列哪些構造或類型？
   a. 孢子　b. 葉綠素
   c. 運動胞器　d. 毒素
9. 哪些藻類最接近植物？
   a. 矽藻　b. 綠藻
   c. 裸藻　d. 甲藻
10. 哪些不是典型原生動物細胞的特性？
    a. 運動胞器　b. 胞囊
    c. 孢子　d. 滋養體
11. 原蟲滋養體是：
    a. 活躍的攝食階段　b. 不活化的休眠階段
    c. 具感染力的階段　d. 孢子形成階段
12. 所有的成熟孢子蟲是：
    a. 寄生性　b. 無運動性
    c. 由節肢動物媒介　d. 寄生性和無運動性
13. 寄生性蠕蟲以哪些構造進行繁殖？
    a. 孢子　b. 卵與精子
    c. 有絲分裂　d. 囊胞
    e. 以上皆是
14. 粒線體有可能是源於：
    a. 古生細菌　b. 細胞膜的內陷
    c. 立克次體　d. 藍綠藻
15. 人類的真菌感染涉及及影響人體的哪些區域？
    a. 皮膚　b. 黏膜
    c. 肺臟　d. 以上皆是
16. 大部分蠕蟲感染：
    a. 被局限在體內某一定點
    b. 傳遍身體的主要系統
    c. 在脾臟內發展
    d. 在肝臟內發展

配合題

選出最適合的文字描述。

a. 瘧疾的病原體
b. 細胞壁含二氧化矽的單細胞藻類
c. 俄亥俄谷熱的真菌病原體
d. 阿米巴痢疾的原因
e. 黑麵包黴菌屬
f. 造成蟯蟲感染的寄生蟲
g. 能運動的鞭毛藻類具有眼點
h. 感染肺部的酵母菌
i. 引起被忽視熱帶病的有鞭毛原蟲屬
j. 引起紅潮的藻類

17. ________矽藻
18. ________根黴菌
19. ________組織漿菌
20. ________隱球菌
21. ________裸藻
22. ________甲藻
23. ________滴蟲
24. ________內阿米巴
25. ________瘧原蟲
26. ________蟯蟲

申論挑戰

每題需依據事實，撰寫一至兩段論述，以完整回答問題。「檢視你的進度」的問題也可作為該大題的練習。

1. 描述真核細胞每個主要胞器的結構和功能。
2. 試述胞器進行細胞產物的合成過程、加工處理及其包裝過程。
3. a. 就產生孢子而言，黴菌具有生殖潛力的構造為何？
   b. 黴菌孢子與細菌的內孢子有何不同？
4. a. 在右方的整理表中填寫真核細胞的定義、比較和對比。
   b. 簡述每個類別的營養方式和個體組成 (單細胞、群聚、絲狀或多細胞)。
   c. 說明蠕蟲的結構和行為與原生動物及藻類之不同點。

胞器 / 結構	簡單描述細胞內之功能	通常存在於此類生物 (打 ✓)		
		真菌	藻類	原生動物
鞭毛				
纖毛				
醣盞				
細胞壁				
細胞膜				
細胞核				
粒線體				
葉綠體				
內質網				
核糖體				
細胞骨架				
溶酶體				
微絨毛				
中心粒				

觀念圖

在 http://www.mhhe.com/talaro9 有觀念圖的簡介，對於如何進行觀念圖提供指引。

1. 用下面提供的文字作為概念，構建自己的觀念圖。寫出每一個配對文字之間的連結文字。

高基氏體	核糖體
葉綠體	鞭毛
細胞質	核仁
內質網	細胞膜

第二階段：應用、分析、評估與整合

這些問題超越重述事實，需要高度理解、詮釋、解決問題、轉化知識、建立模式並預測結果的能力。

批判性思考

本大題需藉由事實和觀念來推論與解決問題。這些問題可以從各個角度切入，通常沒有單一正確的解答。

1. 說明粒線體於哪方面類似立克次體，而葉綠體於哪方面類似藍藻。

2. 給某種真核微生物共同的名字，其特徵為單細胞、有細胞壁、無光合作用、無運動性、可形成芽。
3. 真核生物之核糖體和細胞膜與原核生物有什麼不同？
4. 多細胞寄生蟲的何種類型，主要由薄囊生殖器官組成？
5. a. 舉出兩種以胞囊形式傳染的寄生蟲。
   b. 非胞囊形式之致病性原蟲如何傳播？為什麼？
6. 說明什麼因素可能使伺機性真菌病成為不斷發展的醫療問題。
7. a. 細菌孢子和原生動物之胞囊有何相似之處？
   b. 它們有什麼不同？
8. 真核細胞基於什麼原因而演化出內質網和高基氏體？
9. 試想一個簡單測試以便可以確定某個小孩可能有蟯蟲感染？提示：利用透明膠帶。

視覺挑戰

1. 以專有名詞描述下圖所示之兩種細胞類型的單一物種，並且舉出何種生物最可能具有此特徵？

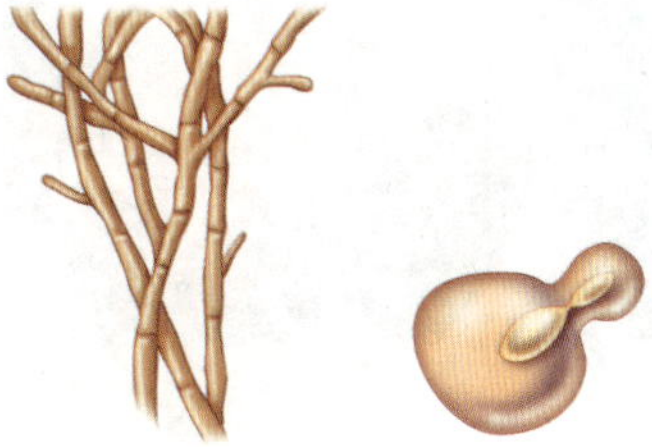

2. 標示可以在圖 4.16a、表 4.3A，B 和 D 及表 4.6C 觀察到的主要構造。

第 5 章　病毒簡介

在宿主間的跳躍：當流感病毒在人類、鳥類和豬之間交互傳染時，可以創造出新的病毒株。

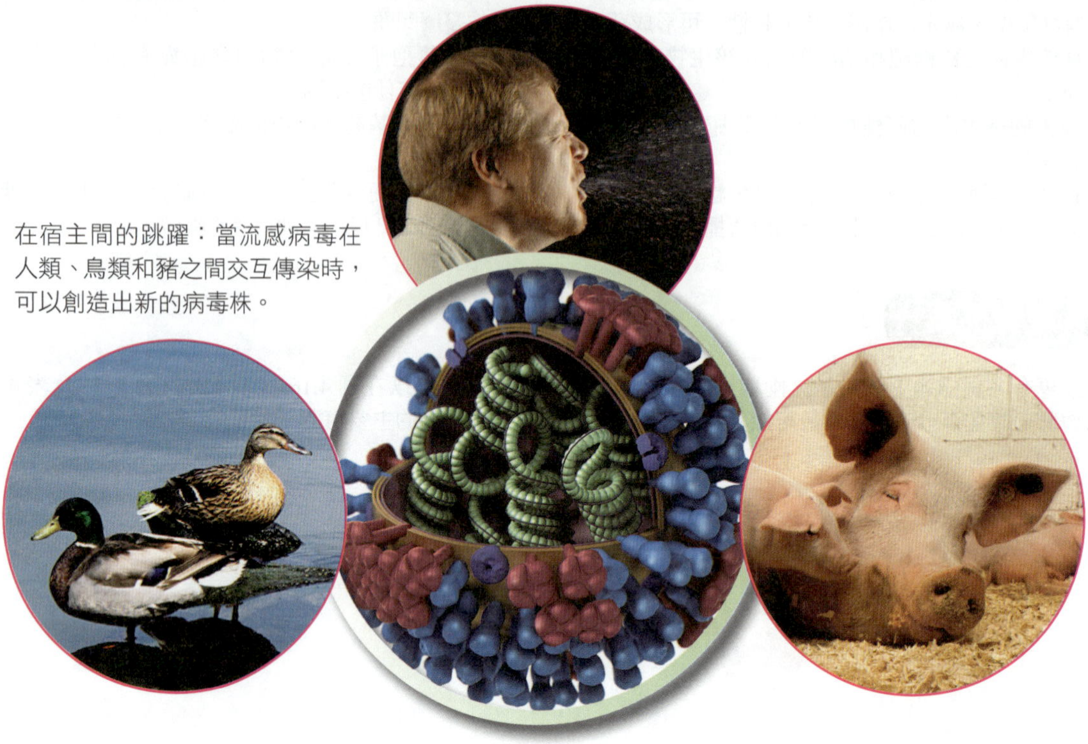

中間圖為流感病毒的模型，圖中顯示的突棘為其血球凝集素 (藍色) 和神經胺酸酶 (紅色)，剖面圖可看到流感病毒的 RNA (綠色)。

5.1　病毒概述

最小微生物的早期探索

光學顯微鏡發明後，人們有可能看到許多細菌、真菌和原蟲性疾病病原體的原始面貌，但這些針對較大型微生物的觀察和培養技術，對病毒而言是無用的。許多年來，病毒感染的疾病，例如天花和小兒麻痺的原因一直是未知的，儘管這些疾病很明顯地是由人傳染給人。法國細菌學家巴斯特 (Louis Pasteur) 很肯定自己是在正確的道路上，當時他推測，狂犬病是由一種比細菌更小的「活物質」所造成，因此他才能夠在 1884 年開發出第一個狂犬病疫苗。

1890 年代，有關於病毒的獨特之處，開始大量被揭露。首先，D. Ivanovski 和 M. Beijerinck 表示，菸草的疾病是由一種病毒 [菸草嵌紋病毒 (tobacco mosaic virus)] 所引起的。事實上，**病毒** (拉丁文為毒物的意思) 是 M. Beijerinck 最先提出的名詞，用以表示傳染性病原體。隨後由 Friedrich Loeffler 及 Paul Frosch 分離出導致牛口蹄疫 (foot-and-mouth disease) 的病毒。這些早期的研究人員發現，從宿主得到傳染性體液，利用可阻止細菌通過的瓷濾器過濾後，即使用顯微鏡也看不到此病原體，但此濾液仍然具有感染性。

在隨後的幾十年中，病毒的物理性、化學性和生物性的構圖逐漸成形。經過多年的實驗，證明病毒是非細胞的顆粒，但有一定的大小、形狀和化學組成。專業的技術開發，使科學家可以在實驗室培養病毒。研究進展至今，病毒學已成為一門多元化的學科，提供有關疾病、遺傳甚至生命本身的訊息。

病毒在生物學領域中的地位

病毒是唯一已知可感染每一類型細胞的生物實體，包括細菌、藻類、真菌、原生動物、植物和動物等。雖然本章的重點是動物病毒，我們對病毒的知識，大部分功勞來自細菌和植物病毒的實驗。病毒的特殊性和奇特的天性衍生出許多問題，其中包括：

1. 病毒是如何起源的？
2. 它們是生物體嗎；換言之，它們活著嗎？
3. 病毒獨特的生物學特性是什麼？
4. 為何病毒顆粒如此之微小、簡單且看似不起眼，卻能夠導致疾病和死亡？
5. 病毒和癌症之間有何關聯？

對於病毒的起源並沒有一致的共識。不過，科學家較無異議的是，病毒已經存在了數十億年，大概是從細胞的起源就開始存在。有一種理論解釋，病毒源於細胞釋放的遺傳物質，然後演化出保護核酸的外套和重新進入細胞的能力，並可利用細胞工廠進行繁殖。另一種解釋病毒的起源是，病毒原是細胞，但退化成高度寄生於其他細胞的生物。這兩種觀點均有一些證據支持，病毒起源很有可能不限於單一一種方式。

以數量而言，病毒被認為是地球上最豐富的微生物，引用微生物學家卡爾 • 齊默 (Carl Zimmer) 的話，我們生活在「病毒的行星 (a planet of viruses)」。根據針對海洋中病毒數量的十年研究，「病毒獵人」(virus hunters) 現在有證據顯示，有成千上萬不同的病毒類型從未被描述過，許多是寄生於細菌的病毒，其數量也很龐大，據估計，病毒數量超過細菌 10 倍。由於病毒往往與宿主細胞的遺傳物質相互作用，可攜帶基因從一個宿主細胞到另一個 (第 7 章)，因此病毒在細菌 (Bacteria)、古生細菌 (Archaea) 和真核生物 (Eukarya) 的演化中，扮演了一個重要的角色。

病毒與宿主細胞的大小、結構、行為和生理是完全不同的。病毒是一類**絕對活細胞內寄生** (obligate intracellular parasite) 的生物，不能自行繁殖，除非它侵入特定的宿主細胞，並指揮細胞的遺傳和代謝機制，製造和釋放大量新產生的病毒。由於這個特點，病毒可造成嚴重的傷害和疾病，有關病毒獨特的性質總結於表 5.1。

表 5.1　病毒的性質
• 細菌、原生動物、真菌、藻類、植物和動物細胞內的絕對寄生
• 超微結構的大小，直徑從 20 nm 至 450 nm
• 本質非細胞、結構非常精巧
• 無法單獨存活的特點
• 在宿主細胞外為不活化的大分子，只能在宿主細胞內才會活化
• 基本結構由蛋白質外殼 (蛋白殼) 圍繞在核酸核心的周圍
• 病毒基因體核酸是 DNA 或者是 RNA，但不能同時具有 DNA 及 RNA
• 核酸可以是雙股 DNA、單股 DNA、單股 RNA 或雙股 RNA
• 病毒表面分子具有高度的特異性，可附著到宿主細胞
• 控制宿主細胞的遺傳物質，調節新病毒的合成和組裝
• 缺乏大多數代謝過程所需之酵素
• 缺乏合成蛋白質的機械裝置

由於病毒不尋常的結構和行為，導致有許多關於病毒與微生物世界的爭論產生：一種觀點認為，病毒是無法離開宿主細胞獨立存在的，所以病毒是沒有生命的東西，更類似於感染性的大分子；另一種觀點提出，雖然病毒沒有表現出大多數細胞的生命過程 (回顧第 3.1 節)，但病毒卻可以控制細胞，因此病毒不應該只是惰性或毫無生命的分子。根據不同的情況下，這兩種觀點都有其支持的立場。此爭論的哲學意義大於實際面，不管我們把病毒看作是有生命或無生命，病毒是疾病的病原體，必須加以控制、治療、預防和處理。為了保持病毒在其生物分類上的特殊地位，最好描述病毒為感染性顆粒(而不是生物)，以及*活化*或*非活化*(而不是活的或死的)。

5.2 病毒的一般結構

病毒大小

病毒代表了最小的傳染性病原體 (有一些不尋常的例外，在第 5.8 節中討論)。由於它們的大小將病毒放置在超顯微領域。這個名詞意味著，大部分都是如此微小 (小於 0.2 μm)，需要利用電子顯微鏡檢測病毒或觀察它們的精細結構。病毒與其宿主細胞比較，顯得相對渺小：超過 2,000 個細菌病毒才達到細菌細胞平均大小，而超過 5,000 萬個脊髓灰白質炎病毒 (polioviruses)，才相當於一個普通人類的細胞。動物病毒的尺寸範圍，由最小的小病毒 (parvoviruses)[1](直徑大約為 20 nm) 到巨大病毒 (megaviruses) 和潘朵拉病毒 (pandoraviruses)[2] 與小的細菌一樣大 (寬度將近 1,000 nm)(圖 5.1)。一些圓柱形狀的病毒，相對較長 (長度為 800 nm)，但其直徑狹窄 (15 nm)，因此需要電子顯微鏡的高倍率和解析度才能看得到。

觀察病毒構造最容易的方法，是以特殊染色與電子顯微鏡相結合，負染色使用一種電子無法透過的鹽類，利用黑暗的背景勾勒出病毒的形狀，並提高病毒表面的紋理特徵；而病毒內部特定部分的細節，則以正染色顯示，例如蛋白或核酸。利用*影子鑄造技術*，從某一個角度向病毒噴灑緻密的金屬蒸氣，這些技術在本章中有好幾個圖都使用到。

怪物病毒

在第 3 章中，我們已發現的細菌中有些較異常的類型，病毒也有較特殊的成員，也許最廣為人知的例子是巨大病毒 (圖 5.2) 及潘朵拉病毒。這些在病毒世界裡屬於巨型的病毒，直徑平均約 500~1,000 nm，比平均病毒大 20 到 50 倍，甚至大於較小的細菌如立克次氏體。巨大病毒首次被發現是生活在水生棲息地變形蟲細胞內的寄生生物；潘朵拉病毒是從海底沈積物中被分離出，以變形蟲作為宿主。這兩個巨型病毒缺乏細胞結構和核糖體、代謝酶和二裂式 (fission-style) 的分裂方式，此類病毒有典型的病毒週期，在細胞質內典型的「病毒工廠」增殖。雖然兩者都是非常大的病毒，潘朵拉病毒擁有迄今已發現的病毒中最大的蛋白殼和基因體達 2,500 個基因！

這些不尋常的病毒，究竟應如何在分類學的「生命樹」上定位仍然是一個爭論的話題。有微生物學家認為，它們可能是從其他病毒族群單獨演化而來；另一種可能性是，這些病毒與古老的生物有關，這些古老形式的生物後來發展成為所謂的「第一個細胞」。

1 造成人類呼吸道感染的 DNA 病毒。

2 一群大型的複合病毒，寄生於海洋阿米巴原蟲之細胞內。

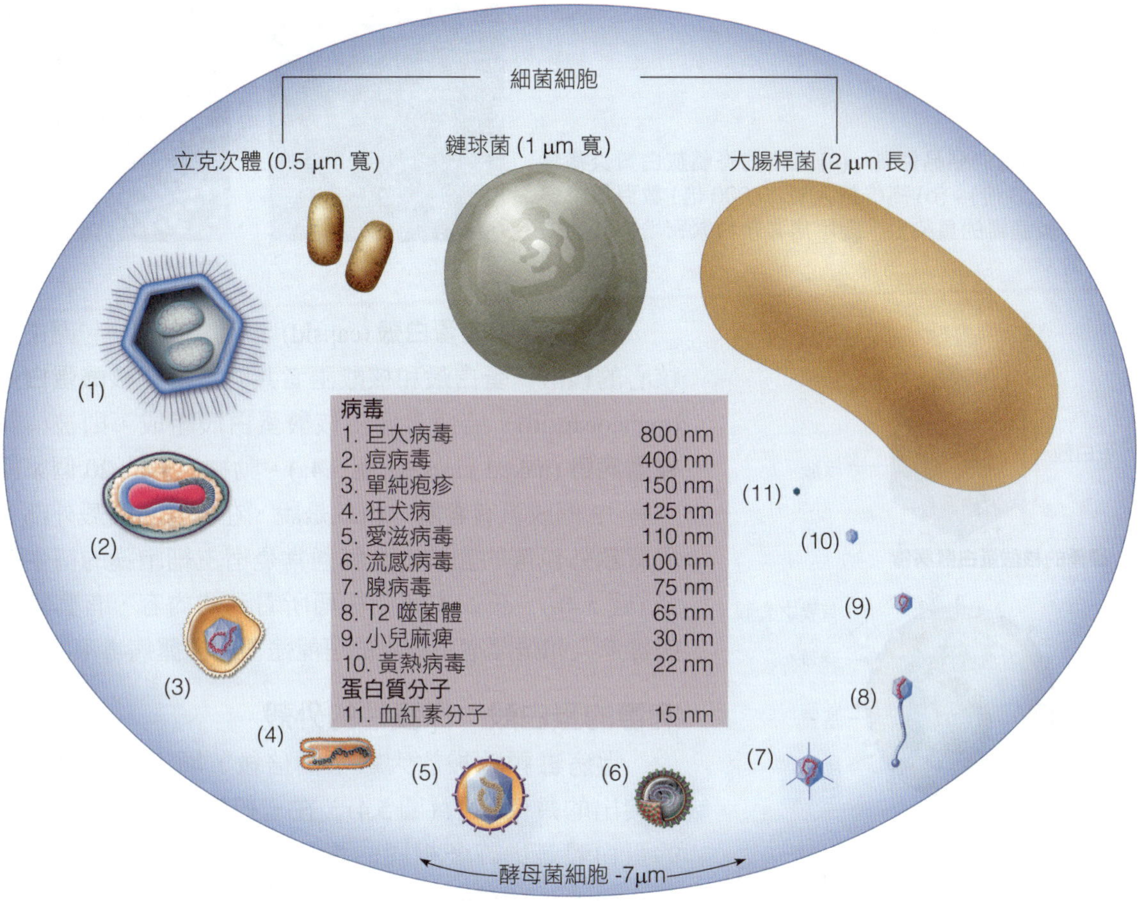

圖 5.1 **病毒與藍色酵母菌 (真核生物) 和各種細菌 (原核生物) 的大小比較**。病毒的大小從最大 (1) 到最小 (10)。(11) 為一個大的蛋白質分子，藉以顯示大分子的相對大小。

病毒組成：蛋白殼、核酸和套膜

病毒沒有與細胞相似的構造，且病毒缺乏合成的構造，即使是最簡單的細胞也能發現合成構造，但病毒卻沒有。病毒的分子結構是由規則且重複的分子形成晶體狀的外形。事實上，如果受到特殊處理 (圖 5.3)，許多純化病毒能形成更大的聚合體或晶體。病毒的結構是非常簡單和緊密的，病毒僅包含可侵入和控制宿主細胞所需的分子：外部蛋白及核心，其核心為一股或多股的 DNA 或 RNA 核酸。這個結構類型可以用流程圖表示：

- 病毒顆粒
  - 外層
    - 蛋白殼
    - 套膜 (並非所有病毒均有)
  - 中央核心
    - 核酸分子 (DNA 或 RNA)
    - 基質蛋白
    - 酶 (並非所有病毒均有)

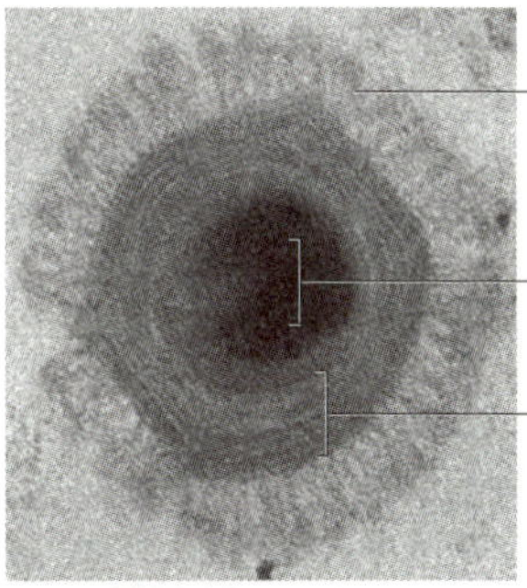

圖 5.2 **巨大病毒**。病毒顆粒的穿透式電子顯微鏡圖片，顯示其獨特的幾何造型、暗色的 DNA 核心、精細的表面絲狀結構 (4,500 倍)。這些病毒用普通的光學顯微鏡也很容易看得到。

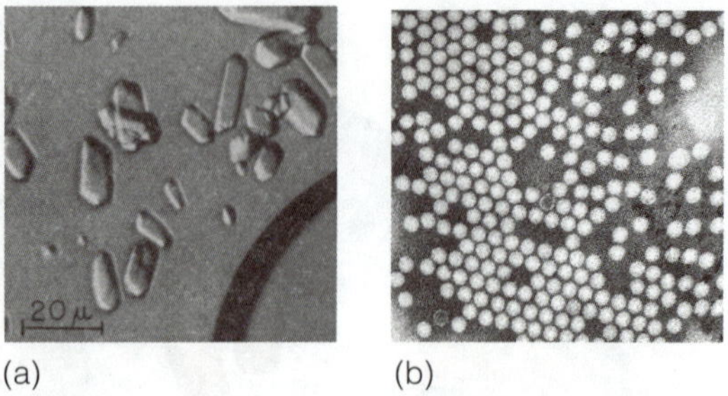

圖 5.3 **病毒的結晶性質**。(a) 純化的脊髓灰白質炎病毒晶體 (1,200 倍)；(b) 高倍放大 (200,000 倍) 數百個脊髓灰白質炎病毒的負染色，顯示病毒顆粒緊密地以幾何方式排列。

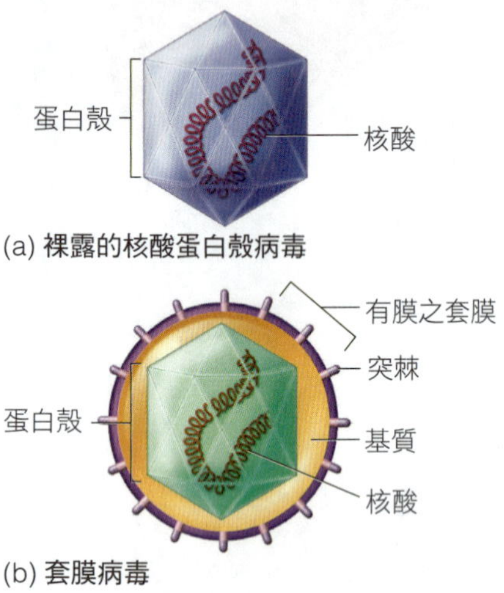

圖 5.4 **病毒的一般結構**。(a) 最簡單的病毒結構是裸露的核蛋白殼，由一股或多股核酸組裝進入幾何蛋白殼；(b) 套膜病毒是由核酸蛋白殼，加上包覆可塑性的膜 (稱為套膜) 所組成。套膜通常有插入膜的特殊突棘受體。

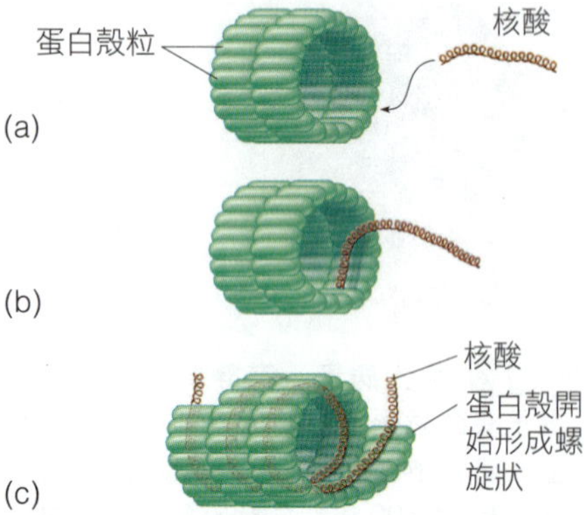

圖 5.5 **螺旋核酸蛋白殼的組裝**。(a) 蛋白殼粒組裝成中空的盤狀結構；(b) 將核酸插入到中空結構的中心；(c) 核酸蛋白殼從兩端進行伸長，核酸被捲繞在加長螺旋的「內部」構造中。

所有病毒具有**蛋白殼** (capsid)[3] 或稱為外殼，包圍中央核心的核酸，蛋白殼和核酸兩者共同被稱為**核酸蛋白殼** (nucleocapsid)。若病毒僅由核酸蛋白殼組成，則被稱為**裸露病毒** (naked viruses)(圖 5.4a)。動物病毒的 20 個家族中有 13 個成員**有套膜**，也就是說，在病毒蛋白殼外部，具有額外包覆的套膜，此膜通常是宿主細胞膜的衍生構造 (圖 5.4b)。正如本章節後面所看到的內容，有套膜的病毒進入和離開宿主細胞的可能途徑與裸露病毒不同。

病毒的蛋白殼：保護性的外殼

當病毒顆粒被放大數十萬倍後，顯示出蛋白殼為最突出的幾何特徵 (圖 5.4)。在一般情況下，任何病毒的蛋白殼是由許多相同的蛋白質次單位稱為**蛋白殼粒** (capsomers)[4] 所構成。這些蛋白殼粒可以自發性地組合成完整的蛋白殼。取決於蛋白殼粒的形狀與排列，這些排列組合方式會產生兩種不同的類型：螺旋狀 (helical) 和正二十面體 (icosahedral)。

較簡單的**螺旋蛋白殼** (helical capsids) 是由桿狀蛋白殼粒結合在一起，形成了一系列類似手鐲的中空圓盤。在核酸蛋白殼的形成過程中，這些圓盤連接在一起，形成連續的螺旋構造，其中有病毒的核酸股以捲繞方式插入 (圖 5.5)。在電子顯微鏡照片中，螺旋蛋白殼的外觀隨病毒的類型而有差異。裸露的螺旋狀病毒，其核酸蛋白殼非常堅固，緊緊纏繞形成圓柱形 (圖 5.6a)。許多感染植物的病毒都屬於這種類型 (圖 5.6b)。有套膜的螺旋狀核酸蛋白殼較有伸縮性，在套膜內容易被排列為較寬鬆的螺旋狀蛋白殼 (圖 5.6c、d)。此類型的蛋白殼可在幾種人類病毒中找到，包括流感、痲疹和狂犬病的蛋白殼。

---

3 *capsid* 蛋白殼 (kap′-sid)。拉丁文：*capsa* 盒子。
4 *capsomer* 蛋白殼粒 (kap′-soh-meer)。拉丁文：*capsa* 盒子；*mer* 部分。

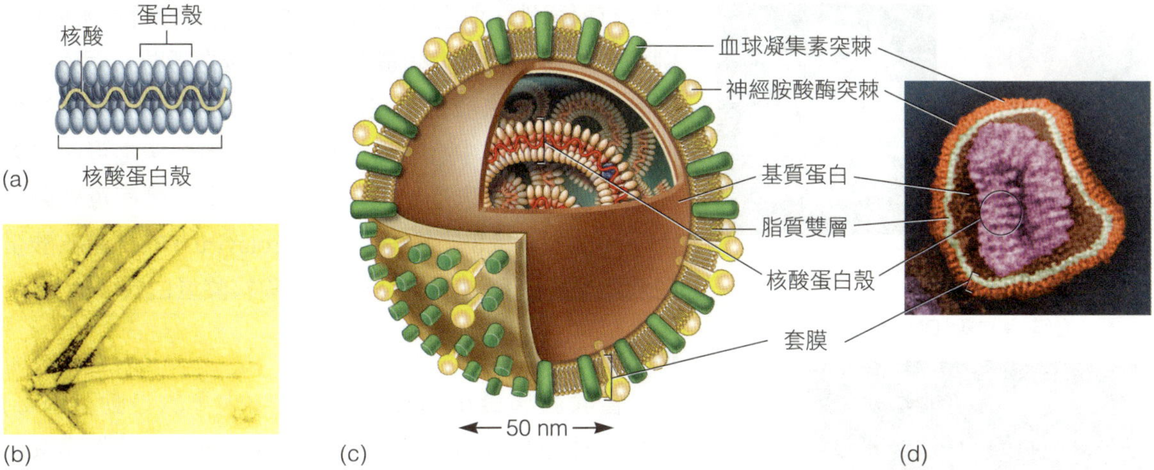

圖 5.6 **典型的螺旋核酸蛋白殼病毒的變化。裸露的螺旋病毒 (菸草嵌紋病毒)**：(a) 示意圖；(b) 負染色放大 160,000 倍。注意病毒的細長圓柱狀形態。**有套膜的螺旋病毒 (流感病毒)**：(c) 示意圖；(d) 彩色顯微圖為流感病毒的正染色圖片 (300,000 倍)。此病毒具有發達的套膜及明顯的突棘構造。

許多病毒家族都具有**正二十面體** (icosahedron)[5] 的蛋白殼，屬於 3D 結構，有 20 面與 12 個均勻分布的角。這些蛋白殼粒的排列變化在病毒間是不相同的。有些病毒蛋白殼含有單一類型的蛋白殼粒，而有些可能含有幾種類型的蛋白殼粒 (圖 5.7)。雖然所有的正二十面體病毒的蛋白

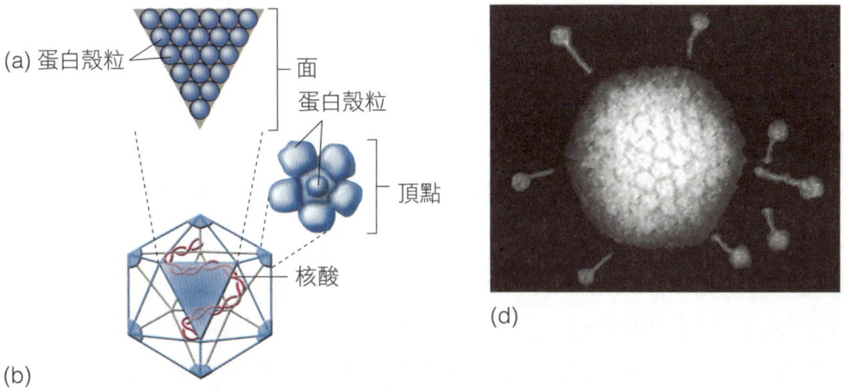

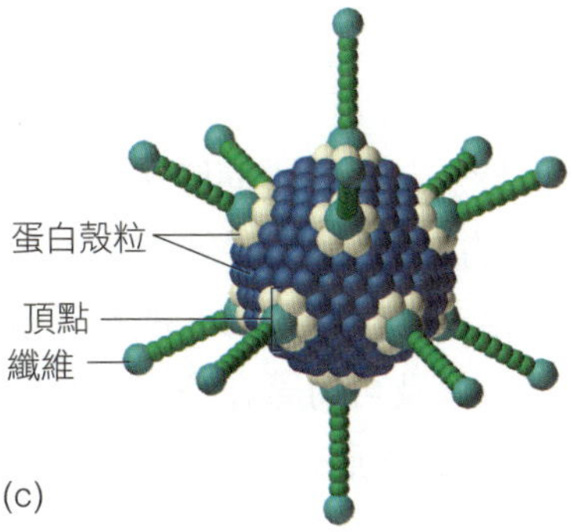

圖 5.7 **正二十面體病毒的結構和形成 (以腺病毒為模型)**。(a) 該病毒殼體的「面」是由 21 個相同蛋白殼粒排列成三角形形狀。一個頂點或「點」的中心排列五個相鄰的蛋白殼粒。其他病毒所用的蛋白殼粒數量、類型和排列各有不同；(b) 已組裝的病毒顯示這些面如何和頂點聚集在一起，以形成圍繞核酸的蛋白殼；(c) 此病毒的 3D 模型 (640,000 倍) 顯示出附著到五鄰體 (pentons) 的纖維；(d) 該病毒的負染色凸顯其質感和已經脫落的纖維。

---

5 *icosahedron* 正二十面體 (eye″-koh-suh-hee′-drun)。希臘文：*eikosi* 二十；*hedra* 面。此結構屬於一種多面體。

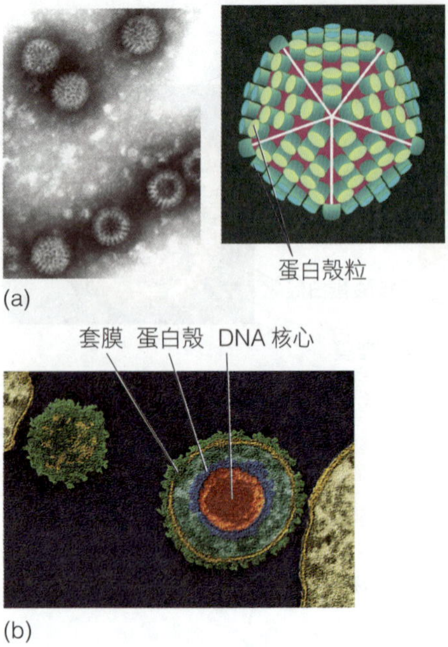

圖 5.8 兩種類型的正二十面體病毒，高倍率放大。(a) 左側圖：輪狀病毒的負染色照片，有不尋常的蛋白殼粒看起來像車輪的輻射條狀結構 (150,000 倍)；右側圖是此病毒的 3D 模型；(b) 單純皰疹病毒 (herpes simplex virus) 是一種具有套膜的正二十面體病毒 (300,000 倍)。

殼具有對稱性，但它們可以在蛋白殼粒的數目有所變化；例如，脊髓灰白質炎病毒具有 32 個蛋白殼粒，而腺病毒則有 242 個蛋白殼粒。在病毒的組合過程中，核酸被填入正二十面體的中心，形成核酸蛋白殼。病毒蛋白殼外部是否有套膜，也是另一種改變正二十面體病毒外觀的因子。檢視圖 5.8 比較輪狀病毒 (rotavirus) 的裸露核酸蛋白殼與單純疱疹 (口唇疱疹) 之套膜核酸蛋白殼。

病毒的套膜

當**套膜病毒** (enveloped viruses)(大多數是動物病毒) 從宿主細胞釋放出來時，它們由宿主細胞的細胞膜系統帶出一些細胞膜而構成套膜的形式。有些病毒由細胞膜出芽；其他病毒由核膜或內質網離開宿主細胞。儘管病毒套膜是從宿主獲得，但其套膜卻不同於細胞膜，因為部分或全部的細胞膜蛋白在病毒組合過程中被替換為病毒特殊的蛋白 (見圖 5.11)。某些蛋白形成套膜和病毒蛋白殼之間的黏合層，而醣蛋白 (結合醣類的蛋白質) 則留在套膜並露到外面。這些突露在外的分子，稱為**突棘** (spikes) 或包膜粒 (peplomers)，是病毒附著到下一個宿主細胞時不可缺少的構造。由於套膜比蛋白殼更柔軟，有套膜的病毒是多形性的，形狀範圍從球形到絲狀。

病毒蛋白殼 / 套膜的功能

病毒的最外覆蓋層是必要且不可缺少，因為當病毒在宿主細胞外時，它可以防止各種酶和化學物質對核酸的影響。此作用在腸道的病毒如脊髓灰白質炎和 A 型肝炎的病毒蛋白殼可看到，此結構對於胃腸道的酸和蛋白質消化酶有抗性。蛋白殼和套膜也負責幫助病毒 DNA 或 RNA 導入合適的宿主細胞中，首先透過結合到細胞表面，然後協助病毒核酸的穿入 (將在後面的章節中討論)。此外，病毒部分的蛋白殼和套膜，可刺激免疫系統產生能中和病毒的抗體，對宿主細胞未來的感染具有保護力 (見第 12 章)。

複雜病毒：非典型病毒

有兩個特殊群體的病毒，被稱為複雜病毒 (圖 5.9)，在結構上比螺旋、正二十面體、裸露或套膜病毒更加複雜。**痘病毒** (poxviruses)(包括天花病原體) 是非常大的 DNA 病毒，缺乏典型的蛋白殼，在病毒的外表面覆蓋一層緻密的脂蛋白和粗纖維。另外一組非常複雜病毒的成員－**噬菌體** (bacteriophages)[6]，有一個多面體蛋白殼的頭部和螺旋狀的尾巴，以及可附著在宿主細胞的纖維結構，其增殖方式涵蓋於第 5.5 節。圖 5.10 總結在病毒中可發現的基本形態類型。

---

6 *bacteriophage* 噬菌體 (bak-teer′-ee-oh-fayj″)。由 *bacteria* 細菌和希臘文 *phagein* 吃組合而成的文字。這些病毒寄生於細菌。

核酸：在病毒的核心

由生物體所攜帶的所有遺傳訊息總和被稱為**基因體** (genome)。迄今，生物的共同特性是所有生物的基因體都是透過核酸 (DNA、RNA) 攜帶而進行表現。即使是病毒，也沒有例外，但有一個顯著差異。不像細胞同時包含 DNA 和 RNA，*病毒只含有 DNA 或 RNA，但二者不能同時當作基本遺傳物質*。因為病毒必須將所有指揮宿主細胞產生新病毒所必需的基因、打包在一個微小的空間內，因此病毒基因的數量與細胞的基因數量比較，通常是相當小的。病毒基因的數量變化從人類免疫缺陷病毒 (HIV) 的 9 個基因，到潘朵拉病毒超過 2,000 個基因。相比之下，細菌如*大腸桿菌* (*Escherichia coli*) 大約有 4,000 個基因，而人類細胞少於 21,000 個基因。細胞具有較大的基因體，可以攜帶基因進行獨立生活所必要的複雜代謝活動。病毒通常只擁有侵入宿主細胞及控制細胞的基因，可使細胞合成製造相關活動，重新改變以進行新的病毒合成。

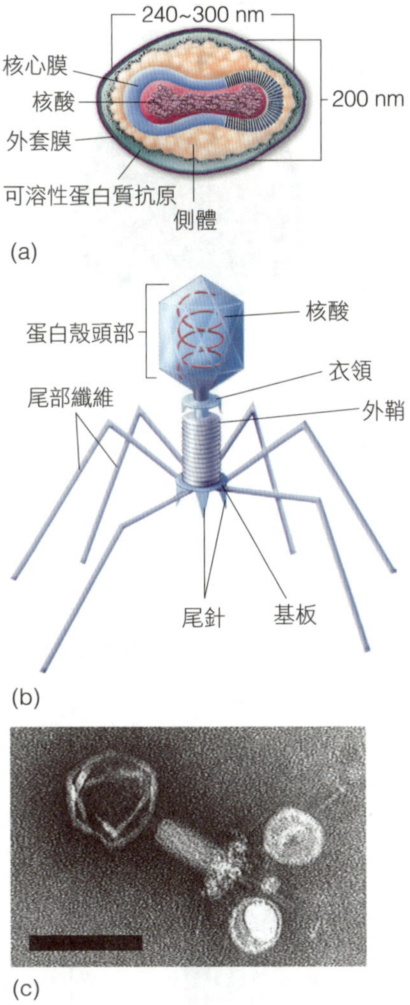

圖 5.9　複雜病毒的詳細結構。(a) 牛痘病毒 (vaccinia virus) 屬於痘病毒，顯示了其內部組成；(b) 大腸桿菌的 T4 噬菌體繪圖 (280,000 倍)；(c) 藍藻噬菌體的顯微照片。

DNA 通常以雙股分子存在且 RNA 是單股的，雖然大多數病毒遵循同樣的模式，但有些病毒顯現出截然不同且例外的形式。值得注意的例子是微小病毒 (parvoviruses) 含有單股 DNA，以及呼腸 (呼吸道和腸道感染的病原) 含有雙股 RNA。實際上，病毒會在 RNA 或 DNA 如何被構造出來這方面表現出差異性。DNA 病毒可以有單股 (ss) 或雙股 (ds) 的 DNA，此雙股 DNA 可能為線性或圓形排列；RNA 病毒可以是雙股的，但更常見的是單股。你將在第 7 章學習，所有的蛋白質都是由 RNA 的單股「轉譯」核酸編碼成胺基酸序列。單股 RNA 基因體，用於直接轉譯成蛋白質，則稱為*正股* RNA。若 RNA 基因體必須先被轉換成適當的形式才能進行翻譯，則被稱為*負股* RNA。

RNA 基因體也可以被*分段*，這意味著在不同的 RNA 分子存有不同的基因，流感病毒 (一種正黏液病毒) 是這種核酸形式的一個例子。*反轉錄病毒* (retroviruses) 是另一種具有不尋常特徵的 RNA 病毒，是少數必須在宿主細胞內，將其核酸從 RNA 轉換成 DNA 的病毒類型之一。

不管是什麼類型的病毒，這些微小的遺傳物質包含病毒結構和功能的藍圖。事實上，病毒屬於基因寄生蟲，因為它們不能自行複製核酸，直到核酸進入宿主細胞內。以最小的量攜帶基因，用於合成病毒蛋白殼和遺傳物質、調節宿主的活動和包裝成熟的病毒。

病毒顆粒內的其他物質

除了蛋白殼的蛋白質、套膜的蛋白質和脂質及核心中的核酸，病毒可能包含酶，使其在

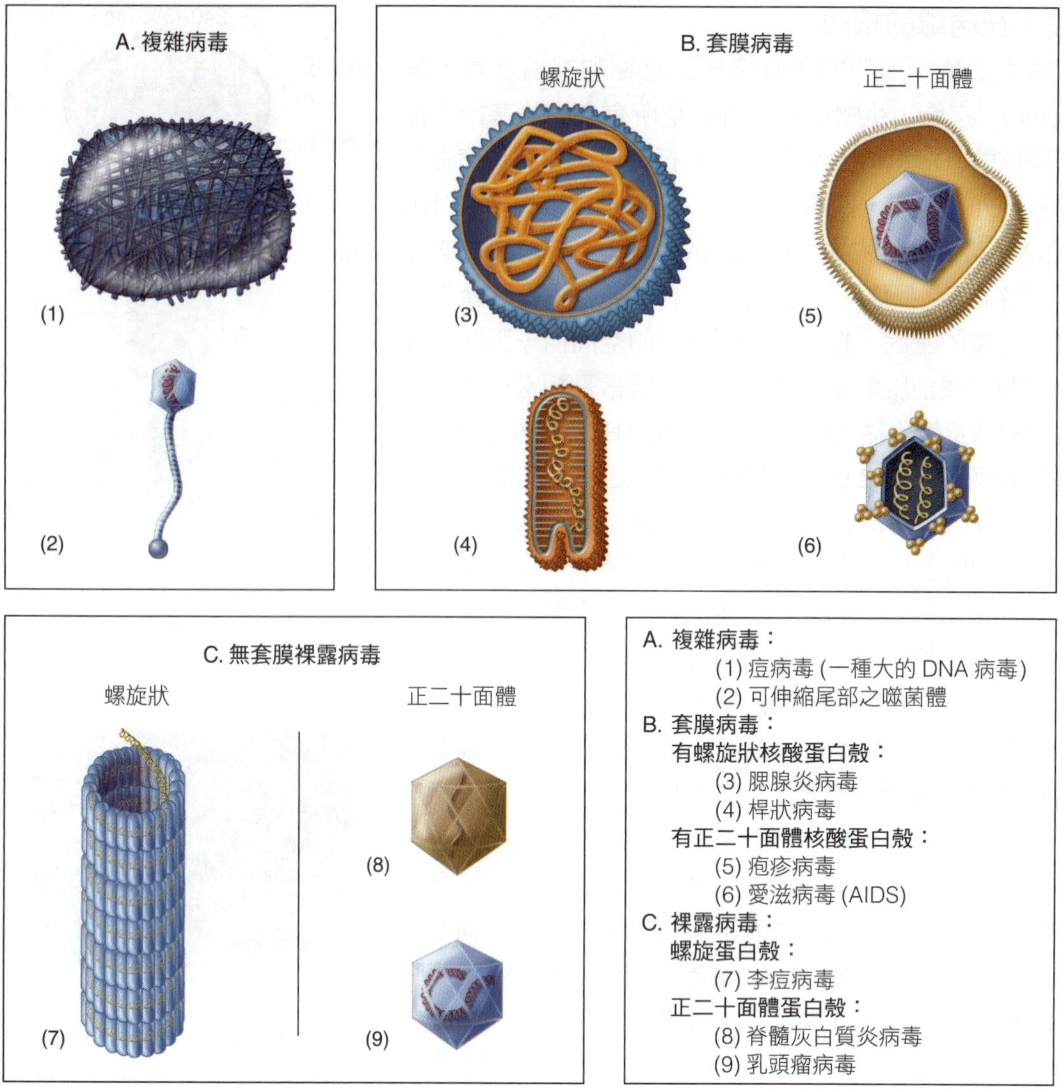

圖 5.10 病毒形態的基本類型。

宿主細胞內進行特定的操作。它們可能是病毒**複製** (replication)[7] 所需要而預先製備的酶。例如**聚合酶** (polymerases)[8] 可合成 DNA 和 RNA，及複製酶 (replicases) 可複製 RNA。人類免疫缺陷病毒 (HIV) 配備了反轉錄酶 (reverse transcriptase)，可從 RNA 合成 DNA。然而，病毒完全缺乏合成代謝酶的基因。正如我們將要看到的，這方面的不足影響不大，因為病毒已經演變可完全控制細胞的代謝資源。有些病毒事實上能從它們的宿主細胞帶走一些物質。例如，沙狀病毒 (arenaviruses) 包裹著宿主的核糖體，反轉錄病毒「借用了」宿主的 tRNA 分子。

---

7 *replication* 複製 (rep-lih-kay′-shun)。拉丁文：*replicare* 回覆。進行正確的複製。
8 *polymerase* 聚合酶 (pol-im′-ur-ace)。由小單位合成大分子的酶。

5.3 病毒如何分類和命名

雖然病毒不屬於第 1 章所討論的生物領域的成員，但病毒非常多樣，需要有自己的分類方案來輔助病毒研究和鑑定。以非正式和普遍的方式，我們已經開始分類病毒：動物病毒、植物病毒、細菌病毒、有套膜病毒或裸露病毒、DNA 或 RNA 病毒、螺旋或正二十面體病毒。這些介紹性的類別對於病毒的組織和描述當然是有用的，但特殊病毒的研究就需要較為標準的命名方法。多年來，動物病毒主要是以其宿主和引起疾病的種類來分類。較新的病毒命名系統也考慮到病毒粒子本身的實際性質，僅局部強調其宿主和疾病。目前用於病毒分類的主要標準是結構、化學組成和相似的基因組成，可顯現演化時的親緣關係。

國際病毒分類委員會列出了 7 個目，96 個科，350 個屬的病毒。病毒的命名遵循以下規則：病毒科是斜體，並在字尾加上 *viridae*，而病毒屬同樣也是斜體，而病毒名稱最後加上 *virus*。

從歷史上看，有些病毒學家創造了一個非正式的物種命名系統，它反映了在高等生物的物種名稱，使用屬名與種名，例如引起麻疹的*麻疹病毒* (*Measles morbillivirus*)。此種分類方式引起了很多病毒學家的爭議。許多科學家有異議，認為病毒為非生物體且具多變性，有些細微差別用於決定物種的分類可能會很快消失。過去十年中，基本上病毒學家已經接受了病毒「種」的概念，以此觀念定義它們的組成成員之共同特性，但也有一些變異性。換言之，病毒被歸類於一個物種，是藉由收集有關宿主範圍、致病性和遺傳組成等屬性而產生的。

由於使用標準化的種名還沒有被廣泛接受，特定病毒的屬名或普通英語俗名 (例如，脊髓灰白質炎病毒和狂犬病病毒) 在本書討論時仍是主要的名稱。表 5.2 顯示了重要病毒的分類系統和它們引起的疾病，每個病毒家族的例子也依比例呈現。

在一個特定的病毒家族用於分類的特性包括蛋白殼類型、核酸股的數目、是否有套膜存在及其類型、整體病毒的大小，以及在宿主細胞中增殖的區域。有些病毒家族是以病毒在顯微鏡下的外觀 (形狀和大小) 來命名。例子包括**桿狀病毒** (rhabdoviruses)[9]，有子彈形狀的套膜，**披膜病毒** (togaviruses)[10]，有斗篷形狀的套膜。

解剖位置或地理區域也已經被用於命名。例如，**腺病毒** (adenoviruses)[11] 最早在腺樣體被發現 (一種扁桃腺的類型) 和漢他病毒 (hantaviruses) 最初在韓國漢他省被分離；病毒也可以被命名為自己對宿主的影響，**慢病毒** (lentiviruses)[12] 往往會引起緩慢、慢性的感染。混合幾個特點作縮寫詞包括**小 RNA 病毒** (picornaviruses)[13]，這是微小的核糖核酸 (RNA) 病毒和肝 DNA 病毒 (引起肝炎及含有 DNA 等特性)。

5.4 病毒增殖的模式

病毒與其宿主有密切關係，宿主細胞除了提供病毒棲息地外，對病毒繁殖也是有絕對的必要性 (也就是感染的意義)，病毒侵入宿主細胞的方式是一種不平凡的生物學現象。病毒被描述

---

9 *rhabdovirus* 桿狀病毒 (rab″-doh-vy′-rus)。希臘文：*rhabdo* 小型桿狀。

10 *togavirus* 披膜病毒 (toh″-guh-vy′-rus)。拉丁文：*toga* 斗篷或披肩。

11 *adenovirus* 腺病毒 (ad″-uh-noh-vy′-rus)。希臘文：*aden* 腺體。

12 *lentivirus* 慢病毒 (len″-tee-vy′-rus)。希臘文：*lente* 慢。HIV (愛滋病毒) 屬於此族群。

13 *picornavirus* 小 RNA 病毒 (py-kor″-nah-vy′-rus)。西班牙文：*pico* 小，加上 RNA。

表 5.2 重要的人類病毒科、屬、俗名及疾病類型

核酸類型	科名	屬名	病毒屬成員之俗名	疾病名稱
DNA 病毒				
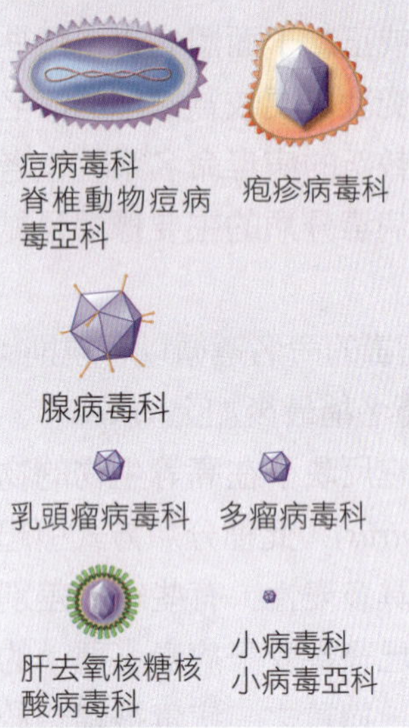	痘病毒科	正痘病毒屬	天花病毒及牛痘病毒	天花、牛痘
	皰疹病毒科	單純皰疹病毒屬	單純皰疹病毒 1 型	熱水泡、口唇皰疹
			單純皰疹病毒 2 型	生殖器皰疹
		水痘病毒屬	水痘 - 帶狀皰疹病毒	水痘、帶狀皰疹
		巨細胞病毒	人類巨細胞病毒	巨細胞病毒感染
	腺病毒科	哺乳動物腺病毒屬	人類腺病毒	腺病毒感染
	乳頭瘤病毒科	乳頭瘤病毒屬	人類乳頭瘤病毒屬	幾種類型的疣
	多瘤病毒科	多瘤病毒屬	人類多瘤性病毒	漸進多發性白質腦病
	肝去氧核糖核酸病毒科	肝去氧核糖核酸病毒屬	B 型肝炎病毒 (HBV 或鄧氏顆粒)	輸血型肝炎
	小病毒科	紅病毒屬	小病毒 B19	傳染性紅斑
RNA 病毒				
	小 RNA 病毒科	腸病毒屬	脊髓灰白質炎病毒	脊髓灰白質炎
			克沙奇病毒	手足口病
		嗜肝病毒屬	A 型肝炎病毒 (HAV)	短期肝炎
		鼻病毒屬	人類鼻病毒	普通感冒、支氣管炎
	杯狀病毒科	杯狀病毒屬	諾瓦克病毒	病毒性腹瀉、諾瓦克病毒症候群
	披膜病毒科	阿爾發病毒屬	東方馬腦炎病毒	東方馬腦炎 (EEE)
			西方馬腦炎病毒	西方馬腦炎 (WEE)
			黃熱病毒	黃熱病
			聖路易斯腦炎病毒	聖路易斯腦炎
	黃病毒科	風疹病毒屬	德國麻疹病毒	德國麻疹
		黃病毒屬	登革熱病毒	登革熱
			西尼羅熱病毒	西尼羅熱
	布尼亞病毒科	布尼亞病毒	布尼安維拉病毒	加利福尼亞腦炎
		漢他病毒屬	辛諾柏病毒	呼吸症候群
		白蛉熱病毒屬	裂谷熱病毒	裂谷熱
		內羅病毒屬	克里米亞 - 剛果出血熱 (CCHF) 病毒	克里米亞 - 剛果出血熱

表 5.2　重要的人類病毒科、屬、俗名及疾病類型 (續)

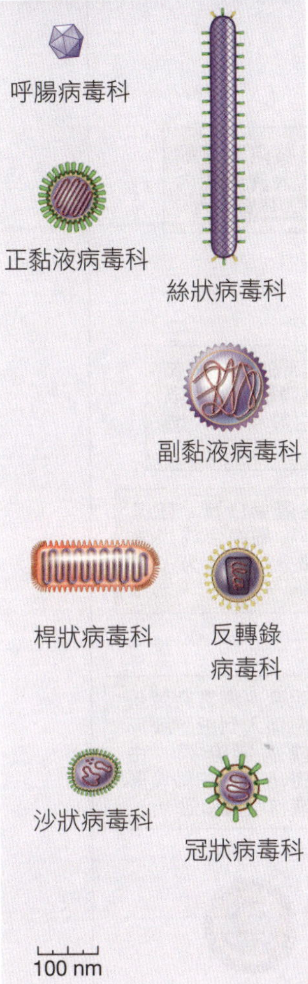

核酸類型	科名	屬名	病毒屬成員之俗名	疾病名稱
	絲狀病毒科	絲狀病毒屬	伊波拉病毒、馬爾堡病毒	伊波拉熱
	呼腸病毒科	科羅拉多壁蝨熱病毒屬	科羅拉多壁蝨熱病毒	科羅拉多壁蝨熱
		輪狀病毒屬	人類輪狀病毒	輪狀病毒胃腸炎
	正黏液病毒科	流感病毒屬	A 型流感病毒 (亞洲、香港、豬流感病毒)	流行性感冒或「流感」
	副黏液病毒科	副黏液病毒屬	副流感病毒	副流感
			腮腺炎病毒	腮腺炎
		麻疹病毒屬	麻疹病毒	麻疹 (紅色)
		肺病毒屬	呼吸道融合細胞病毒 (RSV)	普通感冒症候群
	桿狀病毒科	麗沙病毒屬	狂犬病毒	狂犬病 (恐水症)
	反轉錄病毒科	致癌性核糖核酸病毒屬	人類 T 細胞白血病病毒 (HTLV)	T 細胞白血病
		慢病毒屬	人類免疫缺陷病毒第 1 型和第 2 型	後天免疫缺乏症候群 (AIDS)
	沙狀病毒科	沙狀病毒屬	拉薩病毒	拉薩熱
	冠狀病毒科	冠狀病毒屬	傳染性支氣管炎病毒 (IBV)	支氣管炎
			腸道冠狀病毒	冠狀病毒性腸炎
			SARS 病毒	嚴重急性呼吸系統症候群

為微小的細胞寄生蟲，可控制細胞的合成和遺傳機制，病毒複製週期的性質深刻地影響著致病性、傳播力、免疫防禦的反應和人類控制病毒感染的措施。從這些角度來看，我們不能過度強調病毒及其宿主細胞之間工作知識的重要性。

動物病毒增殖週期

動物病毒的生命週期一般分為幾個階段，即**吸附** (adsorption)[14]、**穿入** (penetration)、**合成** (synthesis)、**組合** (assembly) 和從宿主細胞**釋放** (release)。病毒在這些過程的機制有所不同，但我們將以一個簡單的動物病毒，說明重要過程 (圖 5.11)。其他的例子將在第 7 章說明。

吸附和宿主範圍

當病毒遇到易感的宿主細胞，且吸附於細胞膜上的特定受體結合位，即為入侵的開始。病

14 *adsorption* 吸附 (ad-sorp′-shun)。拉丁文：ad 至；*sorbere* 吸附。一個物質附著於另一物質的表面。

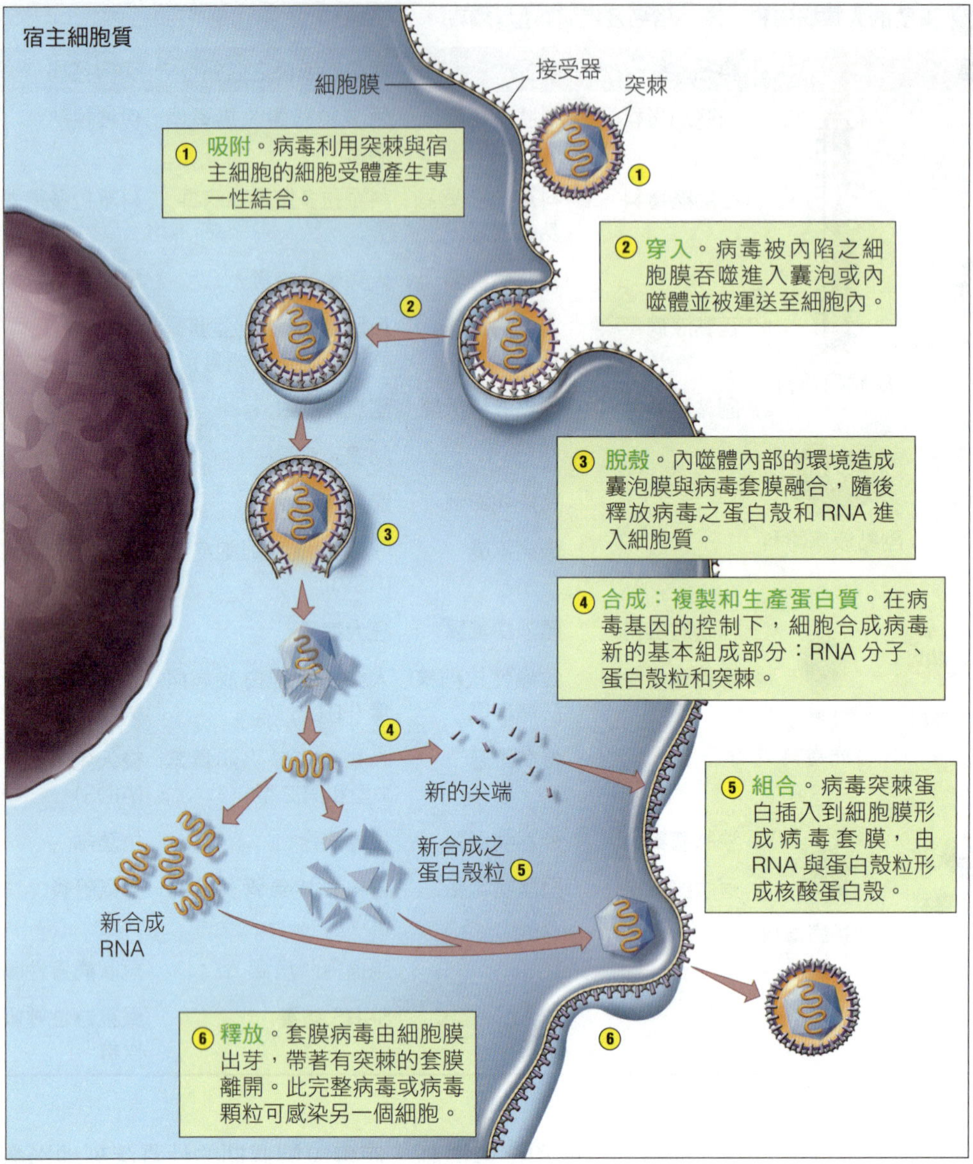
宿主細胞質
細胞膜
接受器
突棘
① 吸附。病毒利用突棘與宿主細胞的細胞受體產生專一性結合。
② 穿入。病毒被內陷之細胞膜吞噬進入囊泡或內噬體並被運送至細胞內。
③ 脫殼。內噬體內部的環境造成囊泡膜與病毒套膜融合，隨後釋放病毒之蛋白殼和 RNA 進入細胞質。
④ 合成：複製和生產蛋白質。在病毒基因的控制下，細胞合成病毒新的基本組成部分：RNA 分子、蛋白殼粒和突棘。
新的尖端
新合成之蛋白殼粒
新合成 RNA
⑤ 組合。病毒突棘蛋白插入到細胞膜形成病毒套膜，由 RNA 與蛋白殼粒形成核酸蛋白殼。
⑥ 釋放。套膜病毒由細胞膜出芽，帶著有突棘的套膜離開。此完整病毒或病毒顆粒可感染另一個細胞。

圖 5.11 **有套膜動物病毒之增殖週期的一般特徵**。以 RNA 病毒 [德國麻疹病毒 (rubella virus)] 為例，概述其主要的活動，儘管其他的病毒在增殖週期的確切細節會有所不同。

毒附著在細胞膜上的受體通常是醣蛋白，且在細胞有其原有的功能。例如，狂犬病毒會吸附到哺乳動物的神經細胞中發現的受體，而人類免疫缺陷病毒 (HIV) 則會吸附到某些白血細胞的 CD4 蛋白。吸附的模式在這兩種類型的病毒有些不同：在套膜病毒的模式，例如流感病毒和 HIV，醣蛋白突棘結合至細胞膜受體；裸露核酸蛋白殼病毒 (例如腺病毒)，使用蛋白殼上的表面結合蛋白，吸附於細胞膜受體 (圖 5.12)。

因為病毒只能透過製作外形與特定宿主分子精確契合的分子，才能侵入宿主細胞，因此在自然環境中可以感染的宿主範圍有限，這個限制也就是所謂的**宿主範圍** (host range)，每一種病毒的宿主範圍均不相同。例如，B 型肝炎病毒唯一只感染人類的肝細胞；脊髓灰白質炎病毒感

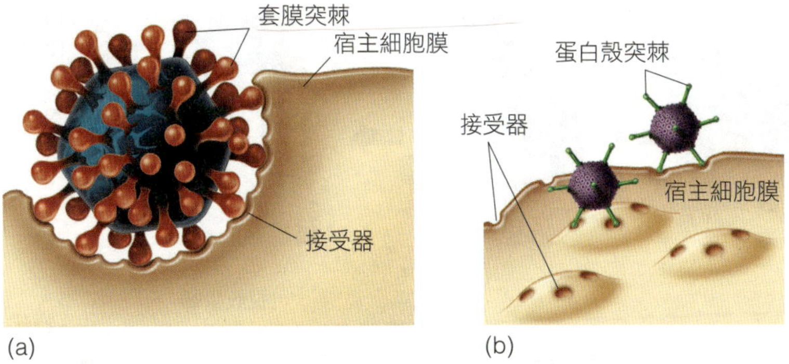

圖 5.12　動物病毒吸附到宿主細胞膜的模式。(a) 有套膜的冠狀病毒 (coronavirus) 具有顯著的突棘，突棘的形狀可互補適於細胞受體的結合。病毒停留在細胞上，病毒突棘插入受體的過程被稱為對接；(b) 腺病毒具有裸露蛋白殼，可黏附在宿主細胞上，由其蛋白殼表面分子插入宿主細胞膜中的受體。

染靈長類動物 (人類、猿和猴子) 的腸道和神經細胞；狂犬病病毒感染大多數哺乳動物的神經細胞。細胞缺乏相容的病毒受體則對病毒的吸附和入侵有耐受性。這說明了為什麼，例如人類的肝細胞無法被犬肝炎病毒感染，相同的道理，犬肝細胞不能接受人類 A 型肝炎病毒，這也解釋了為什麼病毒通常對於體內某些細胞具有組織專一性，稱為**趨向性** (tropisms)[15]。例如，B 型肝炎病毒目標為肝臟，而腮腺炎病毒的目標為唾液腺。許多病毒可以在實驗室中被設計，感染在自然情形不能感染的細胞，進而能夠培養病毒。

動物病毒的穿入 / 脫殼

當動物病毒成功地感染細胞，它必須穿透宿主細胞膜，並傳送病毒核酸進入宿主細胞的內部。動物病毒如何進行這個過程，在不同病毒和不同宿主細胞的類型均有不同，其中大部分進入的方式是採用融合或**胞噬** (endocytosis) 作用，即所謂的病毒胞飲 (viropexis)(圖 5.13)。在**融合** (fusion) 的情況下，病毒套膜直接與宿主細胞膜融合，此方式只在套膜病毒才會發生 (圖 5.13a)。病毒與宿主細胞的受體接合後，在相鄰膜中的脂質會重新排列，使核酸蛋白殼可轉送到細胞質中進行合成階段。

在**胞噬作用** (endocytosis) 的穿入方式，該病毒可能是有套膜 (圖 5.13b) 或裸露的 (圖 5.13c)，並且在起初的吸附後，病毒完全被吞噬到一種稱為內噬體 (endosome) 的胞內囊泡中。一旦進入細胞，病毒**脫去外殼** (uncoated)，這意味著，胞內囊泡的膜開始改變，使病毒蛋白殼或核酸可以被釋放到細胞質中。有些病毒胞內囊泡的膜與病毒融合，或是在其他情況下，胞內囊泡的膜開始產生開口使病毒離開，這些過程在許多細節上有差異性的變化。

合成：複製和蛋白質生產

動物病毒的合成和複製階段，在分子層次上是高度受到調控的，並且非常複雜。被釋出的病毒核酸控制了宿主的新陳代謝和合成機制，其控制過程會因病毒不同而有所不同，這取決於病毒是 DNA 或 RNA 病毒。在一般情況下，DNA 病毒 (除了痘病毒外) 會進入宿主細胞的細胞核，並在那裡進行複製和組合；RNA 病毒的複製和組合是在細胞質中，但也有一些例外。

動物病毒複製的細節將在第 7 章討論，我們在此提供一種 RNA 病毒為模式進行簡要概述。幾乎就在穿入的同時，病毒核酸就已改變宿主的基因表達，並指示它合成新病毒的建構元件。例如，最近發現，HIV 病毒依賴 250 個人類基因的表現來完成其繁殖週期。首先，病毒的 RNA

15 *tropism* 趨向性 (troh′-pizm)。希臘文：*trope* 轉向。對一個物體或物質有特殊的親和力。

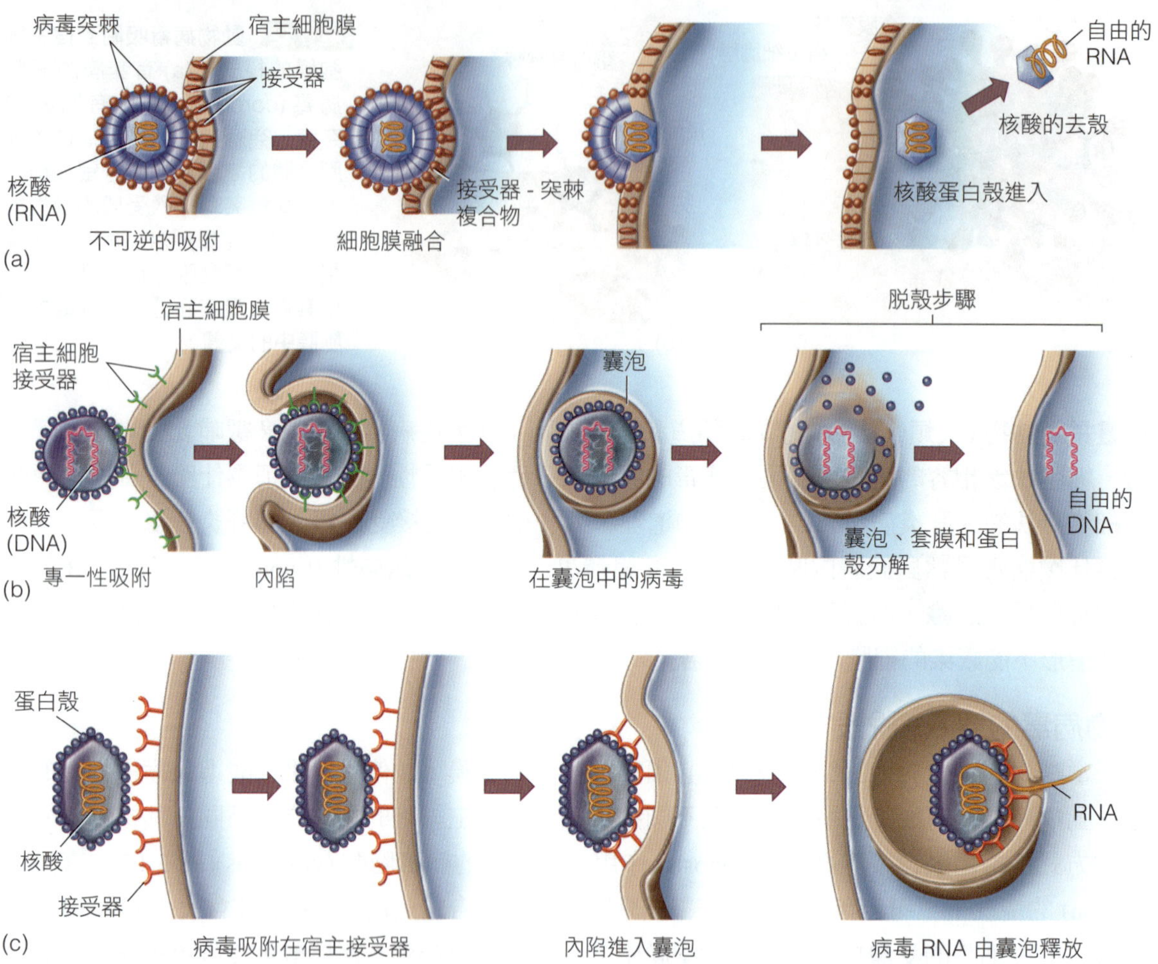

圖 5.13 **病毒穿透的模式**。(a) 病毒的套膜與宿主細胞膜的融合過程，可釋放核酸蛋白殼進入細胞質。這是腮腺炎 (mumps) 和 HIV 病毒的機制。(b) 和 (c) 二者是透過吞噬作用或內凹進入細胞的範例，進入細胞隨後進行脫殼；(b) 有套膜的病毒，如疱疹病毒，整個病毒被包入小囊泡中，隨後再釋放 DNA；(c) 裸露的病毒，如脊髓灰白質炎病毒，首先被包入小囊泡，然後經過該囊泡膜的孔或囊泡破裂釋放其核酸。

成為合成病毒蛋白 (轉譯) 的基因密碼。大多數正股 RNA 病毒中的 RNA 分子已經包含了可用於轉譯成病毒蛋白的正確密碼，然而負股 RNA 病毒，其核酸必須先被轉換成正股基因密碼。有些病毒配備了必要的酶來合成病毒的成分；其他則利用宿主的酶。在最後階段，利用宿主複製和蛋白質合成組件，產生新的 RNA 以及蛋白殼、突棘和病毒的酶等蛋白質。

動物病毒的組合：以宿主細胞為工廠

在病毒複製週期進入尾聲時，成熟病毒顆粒由病毒元件中建構而成。在大多數情況下，蛋白殼首先組合成一個空殼，作為核酸鏈的容器。在這段時間內，以電子顯微拍攝照片，顯示細胞有大量的病毒，且往往包裹在囊中 (見圖 5.15a)。有關套膜病毒釋放的重要步驟，是由病毒產生的突棘插入宿主的細胞膜中，使病毒能夠以出芽形式離開細胞，如同之前所討論的。

成熟病毒的釋出

完成病毒複製循環，組合完成的病毒以兩種方式離開宿主細胞：無套膜和複雜的病毒在細

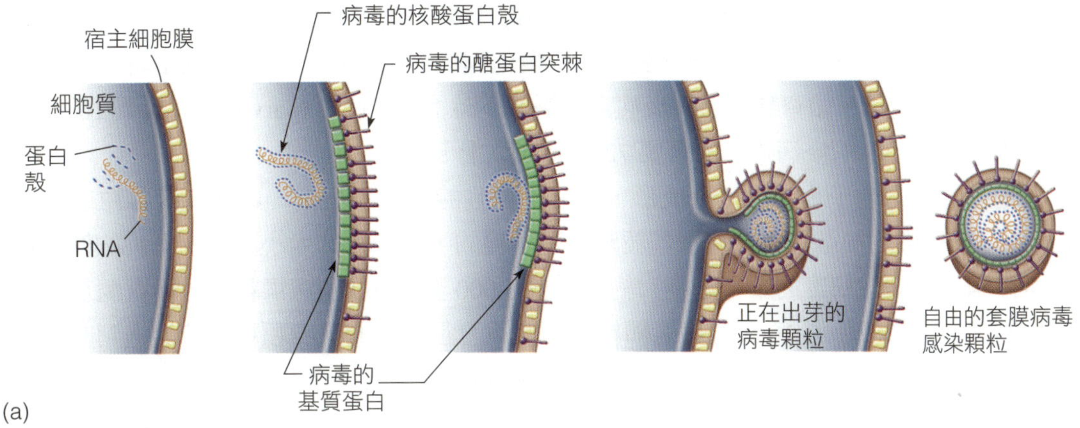

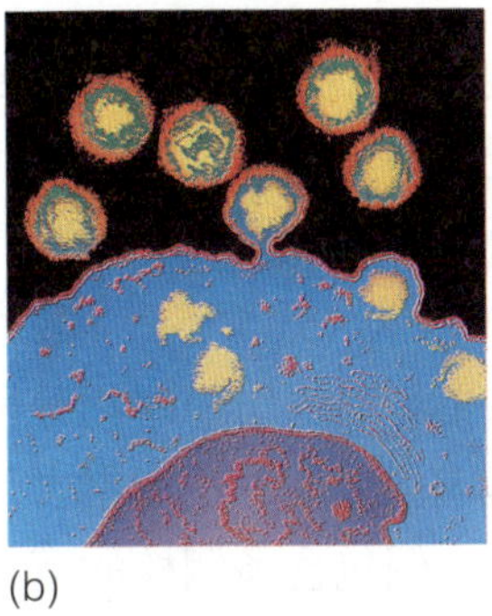

圖 5.14　成熟套膜病毒的釋放。(a) 副流感病毒出芽離開細胞膜，同時也獲取套膜和突棘；(b) 愛滋病毒 (HIV) 以出芽方式離開宿主 T 細胞的表面。

胞核或細胞質中，即將達到成熟時，利用細胞**溶解** (lysis) 或破裂方式，將病毒釋放出來；而套膜病毒則從細胞質、細胞核、內質網或囊泡的膜以**出芽** (budding) 或外胞噬 (exocytosis)[16] 的方式釋放。在此過程中，核酸蛋白殼結合到膜上，此膜的結構依照病毒核酸蛋白殼的輪廓進行完整的圍繞，進而形成一個小束袋，當小束袋完全黏合時，則可釋放出帶有套膜的病毒 (圖 5.14)。套膜病毒利用出芽的方式，使成熟的病毒被逐漸釋出，此釋放病毒的方式，不會使細胞突然被瓦解。無論病毒如何離開，大多數活躍的病毒感染，因為細胞累積許多損傷，最終仍是致命的。致命的損害，包括代謝和基

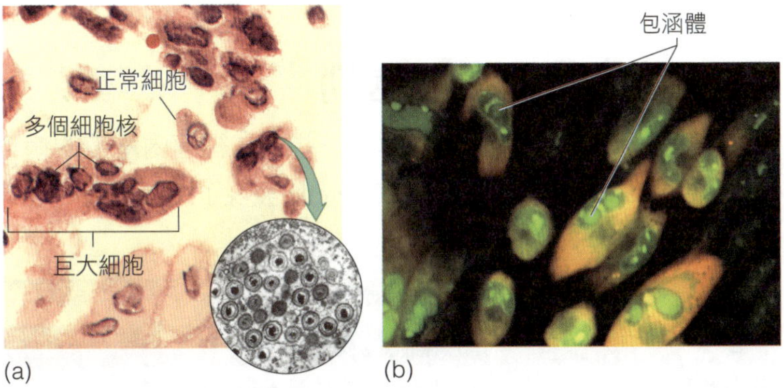

圖 5.15　細胞病變的變化和被病毒感染的培養細胞。(a) 人類上皮細胞 (400 倍) 被單純疱疹病毒感染，表現出多核巨細胞；嵌入圖顯示病毒聚集在細胞核內包涵體 (100,000 倍)；(b) 螢光染色的人類細胞感染了巨大細胞病毒 (cytomegalovirus)。注意包涵體 (1,000 倍) 和細胞之間黏結構造 (cohesive junctions) 的消失。

16 對於套膜病毒，這些專有名詞可以互換。指病毒由動物細胞釋放，病毒套膜是由細胞膜衍生的部分包圍而產生。

因表現的永久停頓、破壞細胞膜和胞器、病毒的毒性成分和溶酶體的釋放。

複製週期的時間，從吸附到細胞裂解，依變化程度而有不同，但通常以小時為單位進行測量：一個簡單的病毒，如脊髓灰白質炎病毒約需 8 小時；微小病毒 (parvovirus) 需要 16~18 小時；而更複雜的病毒，如疱疹病毒，則需要 72 小時或以上。

細胞外的病毒粒子，若已完全成形，具有毒力且能夠感染宿主，則稱為病毒粒或**病毒顆粒** (virion)[17]。被感染的細胞釋放的病毒顆粒數量是多變的，由病毒的大小和宿主細胞的健康程度等因素所控制。感染痘病毒的單一細胞大約可釋放 3,000 至 4,000 個病毒顆粒，而脊髓灰白質炎病毒感染的細胞可釋放超過 10 萬個病毒顆粒。即使只有很少數的病毒顆粒，若能遇到其他易感受性的細胞並感染它們，病毒的增殖潛力是相當可觀的。

對宿主細胞的可見傷害

病毒感染動物細胞的短期和長期影響是有文獻可查的，**細胞病變效應** (cytopathic[18] effects, CPEs) 被定義為病毒引起的細胞損傷，能改變細胞在顯微鏡下的外觀。單一個細胞可能產生變形、發生形狀和大小的改變，或者產生細胞內的變化 (圖 5.15a)。在細胞核和細胞質中，**包涵體** (inclusion bodies) 是很常見的變化，其可能是緻密的病毒團塊或損壞的胞器 (圖 5.15b)。觀察細胞和組織的細胞病變效應一直是傳統診斷病毒感染的工具，通常輔以更具體的血清學和分子生物學方法 (見第 14 章)。表 5.3 總結了特定病毒相關的一些主要的細胞病變效應，細胞融合是一個非常普遍的細胞病變效應，此細胞病變效應是多個宿主細胞融合成一個包含多個核的巨大細胞。這些細胞融合現象是有些病毒之**細胞膜融合**能力的結果，有一種病毒甚至以這種效果進行命名，即呼吸道融合病毒 (respiratory syncytial virus)。

5.5 噬菌體的複製週期

為了便於比較，我們現在討論一些會在細菌內增殖的病毒－噬菌體 (bacteriophages)。1915 年，當 Frederick Twort 和 Felix d'Herelle 發現了這些病毒，它最早出現是宿主細菌被一些看不見

表 5.3 病毒感染動物細胞之細胞病變

病毒	動物細胞的反應
天花病毒	細胞變圓、包涵體出現在細胞質
單純疱疹	細胞融合形成多核融合細胞、核包涵體 (見圖 5.15)
腺病毒	細胞成團狀、核包涵體
脊髓灰白質炎病毒	細胞裂解、沒有包涵體
呼腸病毒 (Reovirus)	細胞腫大、空泡及細胞質包涵體
流感病毒	細胞變圓、沒有包涵體
狂犬病毒	細胞形態無改變、細胞質包涵體 [格里氏小體 (Negri bodies)]
麻疹病毒	融合細胞形式 (多核)

17 *virion* 病毒顆粒 (vir′-ee-on)。希臘文：*iso* 毒。

18 *cytopathic* 細胞病變 (sy″-toh-path′-ik)。希臘文：*cyto* 細胞；*pathos* 疾病。

的寄生蟲吃掉，因此稱為噬菌體。

迄今所知，所有的細菌都會被各種特定的病毒寄生。大多數噬菌體 (常縮寫為 phage) 包含雙股 DNA，但是含單股 DNA 和 RNA 的種類也同樣存在。醫學微生物學家對噬菌體非常感興趣，因為它們可以感染細菌，對人類可能產生更強毒性的細菌。

研究最廣泛的噬菌體可能是腸道細菌－大腸桿菌 (*Escherichia coli*)，尤其是 T-even 噬菌體和 lambda 噬菌體。它們的結構很複雜，具有正二十面體含有 DNA 的頭狀蛋白殼、一條中央管 (有鞘包圍)、衣領、基板、尾針和纖維 (見圖 5.9b)。暫時撇開嚴肅的科學和客觀的討論，這些不尋常的病毒很容易讓人想起迷你太空飛船停在一個陌生的星球，準備卸下它們的基因貨物。

如前面動物病毒所描述的過程，噬菌體也經過類似的階段 (圖 5.16)。首先，噬菌體藉由細菌表面特定的受體，吸附到宿主細菌。雖然整個噬菌體不能進入宿主細胞中，但是噬菌體卻可

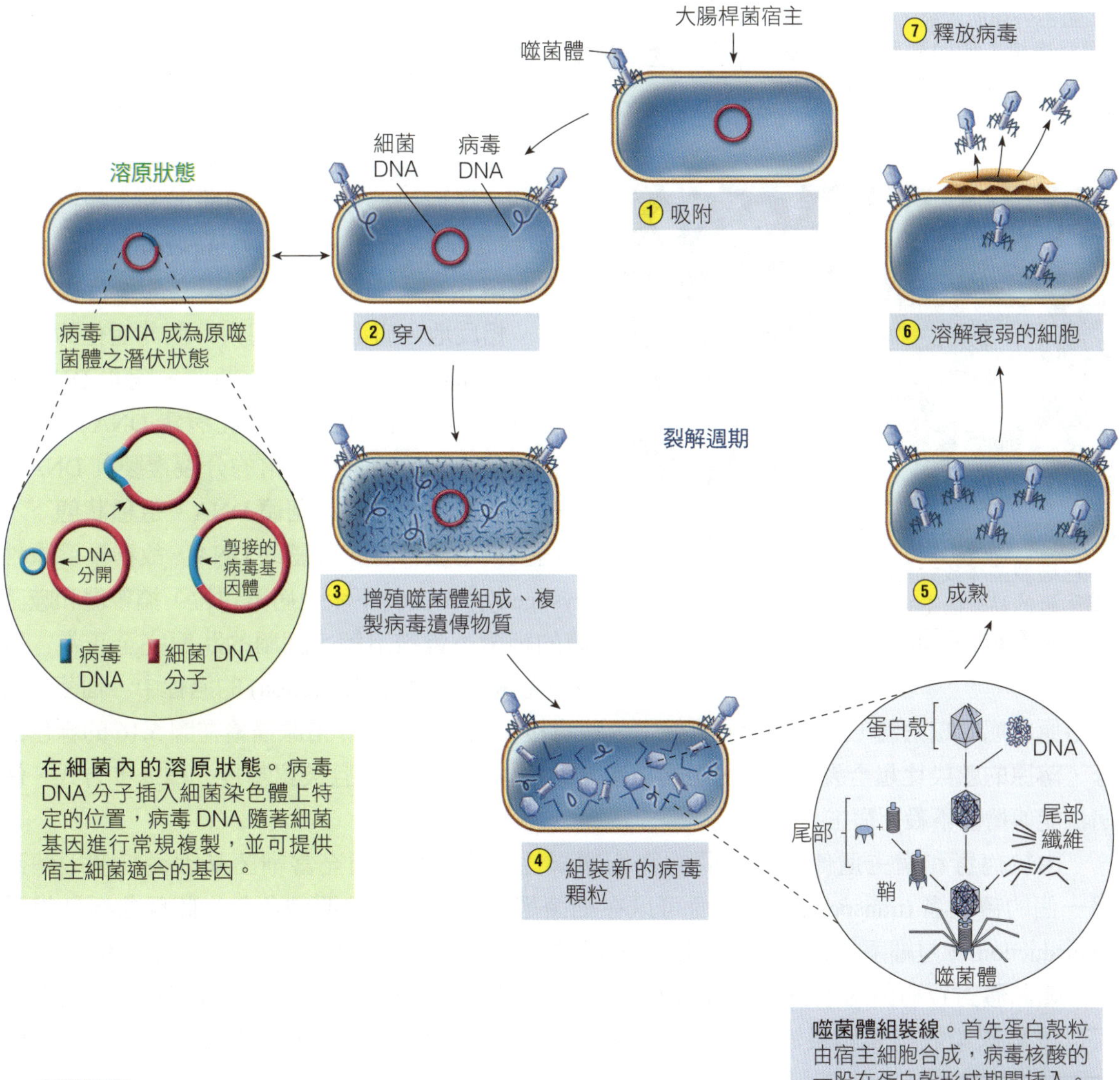

圖 5.16　λ (lambda) 噬菌體的增殖週期。①～⑦涉及完整病毒感染的裂解週期，包括裂解和病毒顆粒的釋放。偶爾病毒進入溶原期的可逆狀態 (左圖)，並嵌入宿主的遺傳物質。

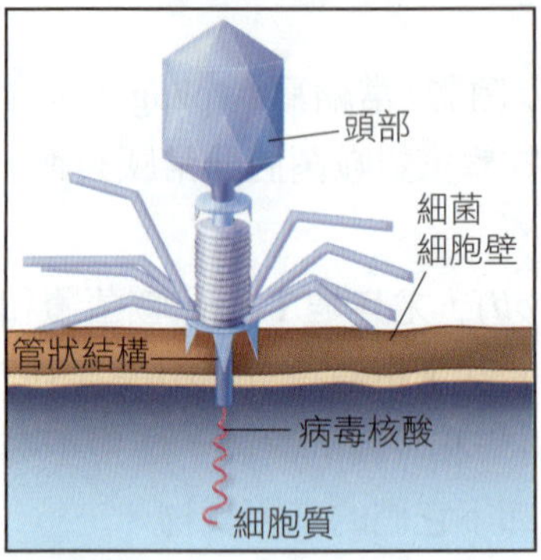

圖 5.17 **T 偶數噬菌體 (T-even bacteriophage) 穿透細菌細胞。** 吸附後，噬菌體板嵌入細胞壁，並藉由外鞘的收縮，推動噬菌體管狀構造，穿過細胞壁和細胞膜，並釋放核酸進入細胞的內部。

通過一個剛性管狀構造注入核酸，此管插入細菌並穿過細胞膜和細菌壁 (圖 5.17)，空蛋白殼仍然附著於細胞表面。核酸的進入可停止宿主細胞 DNA 複製和蛋白質的合成，並很快將細菌的生產機能，準備成病毒複製和合成病毒蛋白質的工廠。當宿主細菌產生新的噬菌體零件後，部分零件可自發地組裝成噬菌體。

在此階段結束後，一般大小的大腸桿菌，可含有多達 200 個新的噬菌體單位。最終，該宿主細菌被病毒塞得太擁擠，細菌就產生**裂解** (lysis) 和爆裂開來，因而釋放出成熟的病毒顆粒 (圖 5.18)。在感染週期的後期這個過程會加速，因為病毒酶的產生削弱細胞膜所致。當噬菌體被釋出，有毒力的噬菌體可以擴散到其他易感細菌，並開始新的感染週期的循環。

溶原性：隱形的病毒感染

噬菌體對宿主細菌致命的毒力，顯示病毒與宿主戲劇性的相互作用。然而，並非所有的噬菌體立即進入裂解週期。這取決於細菌宿主的情況，一些特殊的 DNA 病毒稱為**溫和噬菌體** (temperate[19] phages)，進行吸附和穿入細菌宿主後，不立即進行複製或釋出。相反地，病毒 DNA 進入一個非活化的**原噬菌體** (prophage)[20] 狀態，在此期間，病毒 DNA 通常是插入到細菌染色體中。此病毒 DNA 將被保留在細菌中，並隨細菌正常的分裂複製其 DNA，使細菌的後代也含有噬菌體 DNA。這種狀態下，該宿主染色體帶有噬菌體的 DNA，故稱為**溶原性** (lysogeny)[21]。由於不產生病毒顆粒，攜帶溫和噬菌體的細菌不會被溶解，細菌的狀態完全正常。後來，在被稱為**誘導** (induction) 的過程中，細菌內處於溶原狀態的噬菌體，將被激活並直接進入病毒複製和裂解週期。溶原描繪在圖 5.16 的綠色部分，溶原的感染比起全裂解週期，是屬於較無致命性的形式，並且被認為是一種進步方式，使病毒能傳播但不殺死宿主。

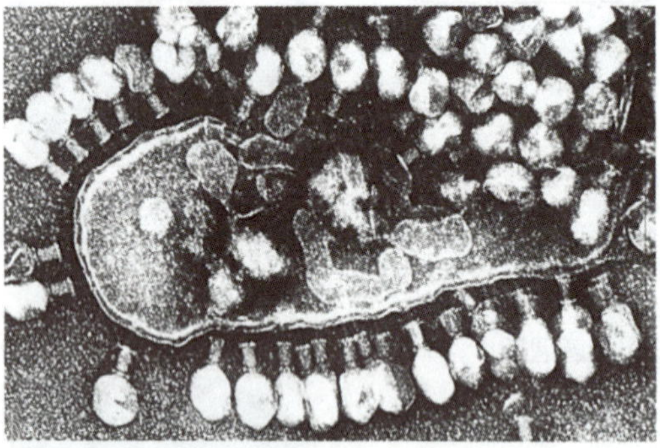

圖 5.18 **虛弱的細菌細胞，擠滿了病毒。**該細胞已破裂並釋放大量的病毒顆粒，然後可以攻擊附近的易感宿主細胞。注意在破裂的細胞壁上，圍繞整排空洞的噬菌體頭部構造。

由於病毒和宿主遺傳物質之間的密切關聯性，噬菌體偶爾充當細菌基因從一個細菌到另一個的轉運者 (transporters)，進而可以在細菌遺傳學中扮演重要的角色，此現象稱為轉導 (transduction)，是細菌之間轉移產生毒素基因和抗藥性基因的一種方法 (見第 7 章和第 9 章)。

噬菌體對致病菌的感染性和致病力產生深遠的影響，病毒基因體經常含有毒素、酶以及可以改變感染過程和結果等因子的基因密碼。當細菌從它的溫和噬菌體獲得基因，即被稱

19 *temperate* 溫和 (tem′-pur-ut)。強度減弱。
20 *prophage* 溫和噬菌體 (pro′-fayj)。拉丁文：*pro* 之前，加上噬菌體 (phage)。
21 *lysogeny* 溶原性 (ly-soj′-uhn-ee)。具有產生噬菌體的潛力。

為溶原性轉換 (lysogenic conversion)(見圖 5.16)。該現象於 1950 年代，最早在白喉棒狀桿菌 (*Corynebacterium diphtheriae*) 發現，其為導致白喉的病原菌。白喉毒素為該疾病產生嚴重性的元凶，此毒素其實是噬菌體的產物，白喉棒狀桿菌若無噬菌體感染則較無致病性。其他細菌如霍亂弧菌 (*Vibrio cholerae*)(霍亂的病原體) 和肉毒桿菌 (*Clostridium botulinum*)(產生肉毒中毒的原因)，都是由於原噬菌體而產生毒力。

細菌和動物病毒顯示出不同的病毒增殖週期，總結於表 5.4。

5.6　培養與鑑定動物病毒的技術

有一個問題妨礙了早期的動物病毒學家，即他們無法在一般的純培養中增殖特定的病毒，以及無足夠的病毒量可提供研究。幾乎所有嘗試培養的領先研究都必須尋找一個宿主才能進行，即該病毒原來的宿主。但這種方法有其局限性，如果它們被限制在自然宿主，研究者如何能研究病毒的增殖過程，特別對人類病毒而言？幸運的是，現在已經有更廣闊應用的病毒培養系統被開發出來，包括體外 (*in vitro*)[22] 細胞 (或組織) 培養方法和活體 (*in vivo*)[23] 接種實驗動物和鳥類胚胎組織等。這樣替代宿主系統的使用，使人類對病毒能有更大的控制、一致性和病毒的大量收集。

病毒培養的主要目的是：(1) 在臨床標本中分離和鑑定病毒；(2) 製備病毒疫苗；(3) 對病毒結構、複製週期、遺傳學及對宿主細胞的影響等進行詳細的研究。

紐約州立大學的科學家成功地利用無細胞萃取物，以人工方式創造了一個病毒，雖然此法不是培養病毒的常用方法，但科學家的確創造了幾乎與自然的脊髓灰白質炎病毒相同的病毒。他們購買「現成」的 DNA 核苷，並根據所發表的脊髓灰白質炎病毒序列把它們排序成 DNA 核酸；然後，他們添加酶，此酵素能將 DNA 序列轉錄成 RNA，且為脊髓灰白質炎病毒可使用的 RNA 基因體，最終他們產生了一個相同的病毒，完全模仿脊髓灰白質炎病毒的結構、感染力和複製週期。

表 5.4　噬菌體和動物病毒增殖的比較

	噬菌體	動物病毒
吸附	特殊的尾部纖維準確地吸附在細胞壁	蛋白殼或套膜與細胞表面受體附著
穿入	穿過細胞壁注入核酸；沒有核酸脫殼動作	整個病毒被吞噬並脫去蛋白殼，或病毒表面與細胞膜融合；釋出核酸
合成和組合	發生在細胞質 停止宿主的合成 病毒 DNA 或 RNA 複製 合成病毒組成	發生在細胞質和細胞核 停止宿主的合成 病毒 DNA 或 RNA 複製 合成病毒組成
病毒持續性感染	溶原性	潛伏、慢性感染、癌症
從宿主細胞釋出	病毒的酶削弱細胞使其裂解	部分細胞裂解；套膜病毒由宿主細胞膜出芽
細胞破壞	立即	立即或延遲

22 *in vitro* 體外 (in vee′-troh)。拉丁文：*vitros* 玻璃。在試管或其他人工環境進行試驗。
23 *in vivo* 活體 (in vee′-voh)。拉丁文：*vivos* 生命。在活的生物體進行試驗。

☞ 利用細胞 (組織) 培養技術

開發簡單而有效的方式可培養出分離的動物細胞，這是使得研究學者更容易在實驗室培養病毒最重要的早期發現。此類型的體外培養系統，被稱為**細胞培養** (cell culture) 或組織培養 (tissue culture)。雖然兩個名詞可以互換使用，但細胞培養可能是更準確的描述名詞。這種方法使得大多數病毒有可能被增殖，病毒學家的許多工作就包括開發和維持這些培養。動物細胞培養在含有特殊培養液的無菌培養盤中，此培養液包含動物細胞生存所需的正確營養物質。培養的細胞以單層方式生長，長滿的細胞層可提供病毒增殖，並能近距離觀察與檢視這些培養細胞被病毒感染的各種跡象 (圖 5.19)。

動物細胞通常以初代或連續繼代的形式培養，*初代細胞培養*是將新鮮分離的動物組織放在生長培養基中製備，胚胎、胎兒、成人，甚至癌變的組織，一直是初代培養的來源。初代細胞培養保持其衍生自其原始組織的幾個特徵，但此原始培養之細胞，通常具有繼代次數的限制。最終，此細胞會死亡或變異成一種株化細胞，株化細胞可以連續繼代培養於新鮮培養基中。細胞培養之明顯優點在於，特定的細胞株對於宿主範圍非常窄的病毒具有可用性，對宿主很嚴格的人類病毒可以在以下幾個初代或連續的人類細胞株培養，例如胚胎腎細胞、纖維母細胞 (fibroblast)、骨髓和心臟細胞等。

在細胞培養中檢測病毒生長的一種方法，是觀察單層感染細胞之變性和裂解 (圖 13.19a)。病毒感染的細胞，若此區域已被破壞則顯得透明，被稱為**斑塊** (plaques)[24](圖 5.19c)。斑塊是在肉眼下可辨別的細胞病變效應 (CPE) 之重要依據，將在第 5.4 節中討論。相同的技術也被用於檢測和計算噬菌體數量，其宿主細菌生長在軟瓊脂培養基上，當噬菌體感染細菌後也會產生噬菌斑。此斑塊的發展，是因為受感染的宿主細胞釋放病毒並以輻射狀感染鄰近的細菌而產生。隨著新的細菌被感染而後死亡，會釋放更多的病毒，依此類推，繼續此過程，逐漸感染且對稱地從感染的原始點擴展，造成圓形外觀，此透明的外觀區域即對應於被病毒溶解的細菌範圍。

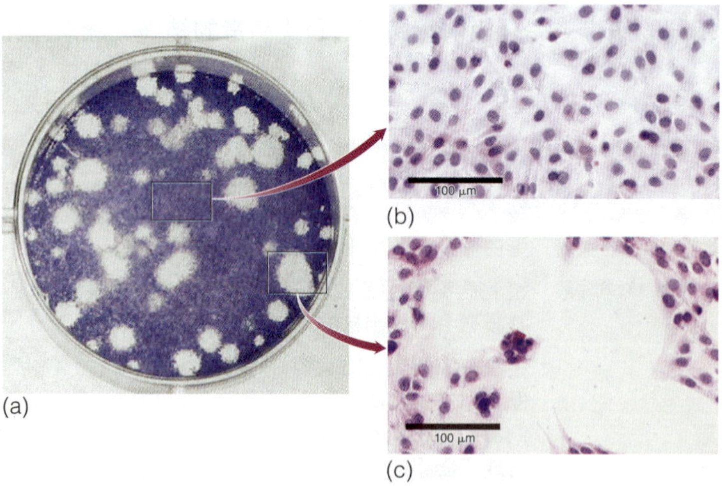

圖 5.19 顯微鏡觀察正常和感染的細胞培養。(a) 細胞培養盤中感染了單純疱疹病毒。清晰的圓形空間是感染區 (斑塊)，其中宿主細胞已被病毒破壞；(b) 培養細胞正常且未受感染的區域特寫；(c) 斑塊的特寫，其中包括被病毒感染的細胞，因為細胞破裂所產生的空白區域。

☞ 利用鳥類胚胎

胚胎是動物早期的發育階段，其特點是細胞分化速率相當快速。鳥類經過蛋的孵育過程，蛋的孵化是在有保護殼的封閉系統下進行，提供病毒增殖近乎完美的系統。蛋也是一個完整且自給自足的單元，提供自身無菌環境和所需的營養。此外，鳥類胚

24 *plaque* 斑塊 (plak)。法文：*placke*，斑或斑點。

胎的幾種胚胎組織，也很容易提供病毒繁殖的環境，每年有幾億個雞胚胎被接種，藉以製備流感疫苗。

雞、鴨和火雞的蛋接種病毒是最常見的選擇。注入病毒必須通過蛋的外殼，因此需要嚴格的無菌操作技術，防止受到來自空氣和蛋殼外表面的細菌和真菌污染。實際接種的位置是由病毒所培養的類型和實驗的目標而決定 (圖 5.20)。

病毒在胚胎繁殖可能會或可能不會導致肉眼可見的病變效果，病毒生長的跡象包括胚胎的死亡、胚胎發育的缺陷、在接種區域的膜會有局部損傷，導致剝離不透明的斑點稱為痘疱 (pocks)(痘狀的變化)。胚胎體液和組織可以製備成電子顯微鏡可直接檢查的樣品，某些病毒也可透過紅血球凝集 (形成大的團塊)，或是如果有抗體的話，可透過已知特異性的抗體吸附其對應的病毒，利用抗原與抗體的反應進行檢測。

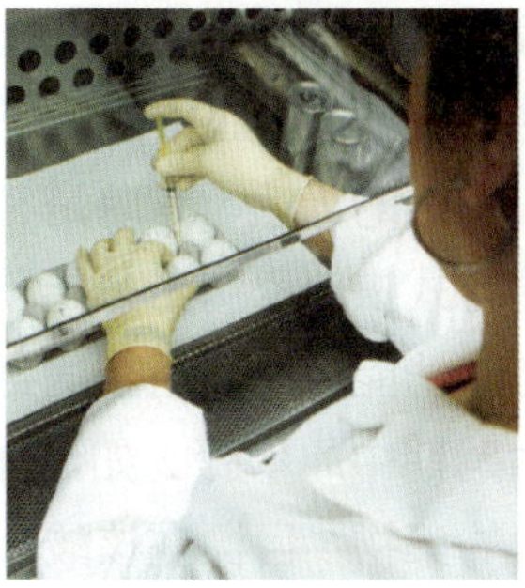

(a)

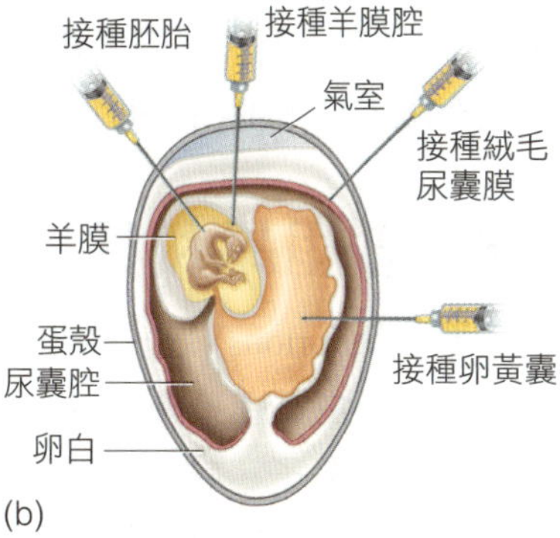

(b)

圖 5.20　在發育中的鳥類胚胎培養動物病毒。(a) 疫苗準備的第一階段，技術人員將病毒接種在受精的雞蛋。這個過程需要最高水平的無菌狀態和無菌預防措施。流感疫苗就是這樣準備；(b) 雞蛋外殼採用無菌穿孔操作技術，將病毒製劑注射到增殖病毒的選定位置。選定目標包括尿囊腔 (胚胎清除廢物囊)、羊膜腔 (保護墊，保護胚胎)、絨毛尿囊膜 (胚胎的氣體交換的氣室)、卵黃囊 (胚胎的營養) 和胚胎本身。

使用活體動物進行接種

培養病毒的動物，通常選擇特定品系之小白鼠、大鼠、倉鼠、天竺鼠及兔子，而無脊椎動物或靈長類動物則偶爾會被使用。由於病毒可以表現出宿主專一性，某些動物比其他動物更容易繁殖特定的病毒。根據實驗的需要，可能在成年、幼年或新生動物中進行測試，該動物被注射病毒製劑或樣品，使病毒進入腦、血液、肌肉、體腔、皮膚或腳掌等。

5.7　病毒感染、檢測和治療

全球發生的病毒感染數量幾乎不可能精確測量。病毒通常是造成急性感染最常見的原因，但其嚴重程度並未到達住院，尤其是會造成大流行的疾病，例如感冒、痲疹、水痘、流感、疱疹和疣等。如果還考慮到只存在於世界上某些地區的病毒感染 [登革熱、裂谷熱 (Rift Valley fever) 以及黃熱病]，則每年的感染病例總數更能輕易超過數十億。雖然大多數病毒感染不會導致死亡，但有的如狂犬病、愛滋病和伊波拉 (Ebola) 則具有很高的死亡率，其他也可能導致長期衰弱 (脊髓灰白質炎及肝炎)。持續的研究集中在病毒與原因不明的慢性疾病，例如第 I 型糖尿病、多發性硬化症、各種癌症，甚至是肥胖症狀等。

因為有些病毒疾病可能危及生命，因此必須盡快有正確的診斷，以獲得疾病的整體臨床表現 (特殊症狀)，而這往往是診斷的第一步。之後，可以由臨床檢體中，透過快速試驗檢測病毒，或利用細胞或組織的細胞病變效應 (CPE) 的現象加以鑑定 (見 CMV 疱疹病毒，圖 5.15)。免疫螢光技術或直接用電子顯微鏡檢查檢體是常用的方法 (見圖 5.8)。檢體也可以篩選病毒本身指標性的分子 (抗原)，聚合酶鏈鎖反應 (polymerase chain reaction, PCR) 是許多病毒偵測的標準流程，甚至可檢測並放大檢體中微量的病毒 DNA 或 RNA。在某些感染下，要得到確診需要使用細胞培養、胚胎或動物，但此方法可能耗時且很慢才能得到結果。篩選試驗可以檢測已感染病毒患者的血液，檢驗血中對抗特定病毒的抗體，此法是 HIV 感染的主要測試方式 (見圖 14.16)。

病毒的天性，有時是有效治療的一大障礙。由於病毒不是細菌，因此以抗生素治療細菌感染的方式去治療病毒是起不了作用的。雖然有越來越多抗病毒藥物，其中大部分透過抑制宿主細胞的功能，進而阻止病毒複製，但這可能引起嚴重的副作用，抗病毒藥物的設計目標在病毒生命週期中的步驟，如你在本章前面所了解的。疊氮胞苷 (azidothymidine, AZT) 是用於治療愛滋病的藥物，目標在核酸合成的階段；而新型的 HIV 藥物為蛋白酶抑製劑，其可破壞病毒生命週期的最後組合階段。另一種化合物是天然存在於人類細胞的產物，稱為*干擾素* (見第 9 和 11 章)，其具有治療和預防病毒感染的潛力。刺激免疫力的疫苗是一個非常有價值的工具，但只有數量有限的疫苗可用於病毒性疾病 (見第 12 章)。

5.8 普里昂和其他非病毒之感染性顆粒

普里昂 (prions) 是一群非細胞的感染性病原體，不屬於病毒，而應該自行歸為一類。*普里昂*一詞是從蛋白質感染顆粒 (**pro**teinaceous **in**fectious particle) 衍生而來，暗示其主要結構是一個裸露的蛋白質分子，它們非常特殊，是唯一缺乏任何類型核酸 (DNA 或 RNA) 的生物活性物質。直到大約 30 年前它們被發現以前，普遍都認為缺少核酸遺傳物質是永遠不會有感染力或傳染性。

與普里昂有關的疾病是傳染性海綿狀腦病 (transmissible spongiform encephalopathies, TSEs)。此疾病是由宿主與宿主直接接觸、吃進被污染的食物或其他方式而傳染，此疾病也指病原體對神經組織的作用，使神經和神經膠質細胞消失，進而產生海綿狀的外觀 (見圖 22.28b)。在這些疾病中所觀察到的另一病理效應，是在腦組織累積的微小蛋白纖維原 (圖 5.21a 和 5.21b)。已知在哺乳動物有幾種形式的普里昂疾病，包括綿羊的搔癢病，牛的牛海綿狀腦病 (狂牛病)，和麋鹿、鹿、貂的消耗性疾病等。這些疾病在腦部退化的第一個症狀出現前，已有很長的潛伏期 (通常是幾年)。這些動物失去肢體協調性，難以移動，最終進展到衰弱和死亡。

人類也是普里昂的宿主，有類似的慢性病，包括*庫賈氏病* (Creutzfeldt-Jakob Disease, CJD)、庫魯病、致死性家族性失眠及其他疾病等。在所有的這些疾病中，患者腦部逐漸惡化，失去運動協調，連同感官和認知能力也喪失。到目前為止，沒有治療方法，大多數情況都是致命的。1990 年代，歐洲出現了庫賈氏病普里昂不同的變種，原因是人類吃下牛型感染性腦病的牛肉，幾百人開始發病，其中大部分都因而死亡，這是動物的普里昂可引起人類感染的第一個例子。這引發了牛肉行業的危機，並對進口牛肉有嚴格的管制。美國雖然只有三起病例，但有牛隻受感染的報導。

這些新型的傳染性病原體的醫療重要性，導致大量的研究開始出現探討它們是如何作用的。研究人員發現，普里昂或類普里昂蛋白，在植物、酵母和動物細胞膜是很常見的。一個普遍接受的理論認為，普里昂蛋白是一種正常蛋白質的異常版本。當普里昂入侵與正常的蛋白質接觸後，可誘發正常蛋白質自發性的異常折疊。最後，這些轉化蛋白的堆積會損害和殺死細胞 (圖 5.21b)。

另一項普里昂蛋白嚴重的問題是其極端抗性。它們無法被消毒劑、輻射和通常的滅菌技術

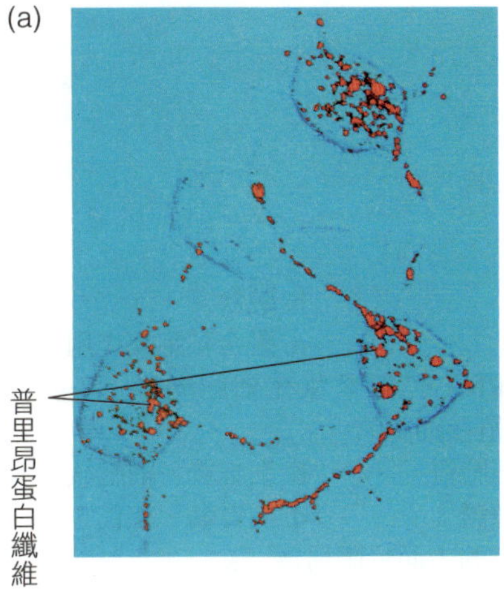
(a)
普里昂蛋白纖維

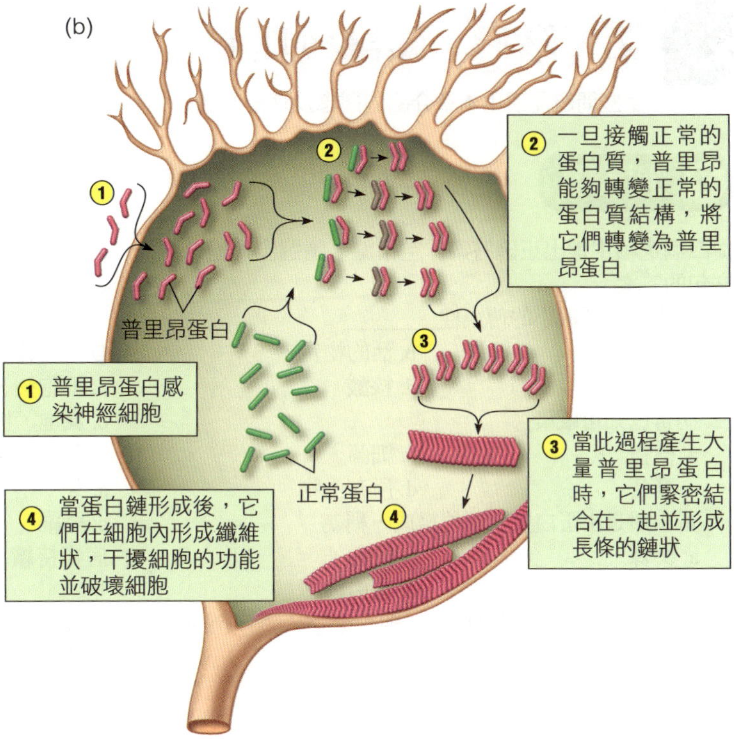
(b)
1
2
一旦接觸正常的蛋白質，普里昂能夠轉變正常的蛋白質結構，將它們轉變為普里昂蛋白
普里昂蛋白
3
1 普里昂蛋白感染神經細胞
3 當此過程產生大量普里昂蛋白時，它們緊密結合在一起並形成長條的鏈狀
4 當蛋白鏈形成後，它們在細胞內形成纖維狀，干擾細胞的功能並破壞細胞
正常蛋白
4

圖 5.21 **普里昂疾病之外觀及致病機制**。(a) 神經細胞感染普里昂蛋白之放大圖，紅色區域是普里昂蛋白纖維聚集在細胞質；(b) 圖中顯示神經胞內的正常細胞蛋白轉變為普里昂蛋白，並形成普里昂蛋白纖維的各階段。

破壞，甚至以極高溫和濃縮化學品處理，也不是消除它們的可靠方法。有關普里昂疾病的更多訊息可以在第 22 章中找到。

人類疾病中有其他有趣、類似病毒的病原體，具有缺陷的形式被稱為衛星病毒 (satellite viruses)，其實際上需依賴於其他病毒的複製。兩個顯著的例子是腺伴隨病毒 (adeno-associated virus, AAV)，只可在感染腺病毒的細胞內複製，以及 D 型肝炎病毒，此病毒有裸露的 RNA，僅能在 B 型肝炎病毒存在下繁殖，並惡化肝損害的嚴重性。

植物也有類似病毒寄生的病原稱為類病毒 (viroids)，其與普通的病毒不同，非常小 (約為一般病毒大小的十分之一) 且只有裸露的 RNA 組成，缺少蛋白殼或任何其他類型的外殼。這些不尋常病原體的存在提供一些支持證據，顯示病毒可能從裸露的核酸演化而來。類病毒在幾個重要的經濟植物是明顯的病原體，包括番茄、馬鈴薯、黃瓜、柑橘和菊花等。

第一階段：知識與理解

這些問題需活用本章介紹的觀念及理解研讀過的資訊。

選擇題

從四個選項中選出正確答案。空格處，請選出最適合文句的答案。

1. 病毒是一種很小的傳染性________
   a. 細胞　b. 活的物質
   c. 顆粒　d. 核酸
2. 病毒已知可感染
   a. 植物　b. 細菌
   c. 真菌　d. 所有生物
3. 蛋白殼是由蛋白質次單位組成，稱為
   a. 突棘　b. 啟動子
   c. 病毒顆粒　d. 蛋白殼粒
4. 動物病毒的套膜是從其宿主細胞之________衍生而來。
   a. 細胞壁　b. 細胞膜
   c. 醣盞　d. 接受體
5. 病毒的核酸是
   a. 只有 DNA　b. 只有 RNA
   c. 同時有 DNA 及 RNA　d. 僅有 DNA 或 RNA
6. 病毒增殖週期的一般步驟
   a. 吸附、穿入、合成、組合和釋放
   b. 胞噬作用、複製、組合和芽出
   c. 吸附、複製、組合和裂解
   d. 胞噬作用、穿入、複製、成熟和胞吐
7. 原噬菌體是________的週期之一個________階段
   a. 細菌病毒，潛伏　b. RNA 病毒，感染
   c. 痘病毒，早期　d. 套膜病毒，後期
8. 動物病毒的核酸進入宿主細胞是透過
   a. 注入　b. 融合
   c. 胞噬作用　d. 融合和胞噬作用
9. 一般而言，RNA 病毒繁殖在細胞的________而 DNA 病毒繁殖在細胞的________。
   a. 細胞核，細胞質　b. 細胞質，細胞核
   c. 囊泡，核糖體　d. 內質網，核仁
10. 套膜病毒帶有的表面受體稱為
    a. 芽　b. 突棘
    c. 纖維　d. 鞘
11. 病毒持續存在於細胞，導致疾病反覆發作被認為是
    a. 致癌的　b. 細胞病變
    c. 潛伏　d. 耐性
12. 病毒無法培養在
    a. 細胞培養　b. 鳥類胚胎
    c. 活的哺乳動物　d. 血液瓊脂
13. 透明斑塊，表示病毒感染的部位稱為
    a. 溶菌斑　b. 痘斑
    c. 菌落　d. 普里昂
14. 下面哪個「不是」病毒形態的一般模式？
    a. 套膜、螺旋　b. 裸露、正二十面體
    c. 套膜、正二十面體　d. 複雜的、螺旋
15. 下列何者有關普里昂的描述是正確的？
    a. 它們是小的 RNA 病毒
    b. 它們在細胞核中複製
    c. 它們缺乏蛋白質
    d. 它們會導致腦細胞死亡

申論挑戰

每題需依據事實，撰寫一至兩段論述，以完整回答問題。「檢視你的進度」的問題也可作為該大題的練習。

1. a. 病毒有什麼特點可以用來形容它們的生命形式？
   b. 有什麼特徵讓病毒更類似於無生命的分子？
2. HIV 病毒僅攻擊特定類型的人體細胞，例如某些白血球和神經細胞。你能解釋為什麼一個病毒可以進入某些類型的人類細胞，而無法進入其他細胞？
3. a. 由於病毒缺乏代謝酶，它們如何合成必要的組合？
   b. 列舉一些病毒具有的酶，可能有助於穿入和完成增殖週期。
4. a. 有何因素可決定動物病毒的宿主範圍？
   b. 流感病毒與大多數其他病毒之宿主範圍有何不同？

觀念圖

在 http://www.mhhe.com/talaro9 有觀念圖的簡介，對於如何進行觀念圖提供指引。

1. 在此觀念圖填入連接詞或短句，並在空格中填入所缺少的概念。

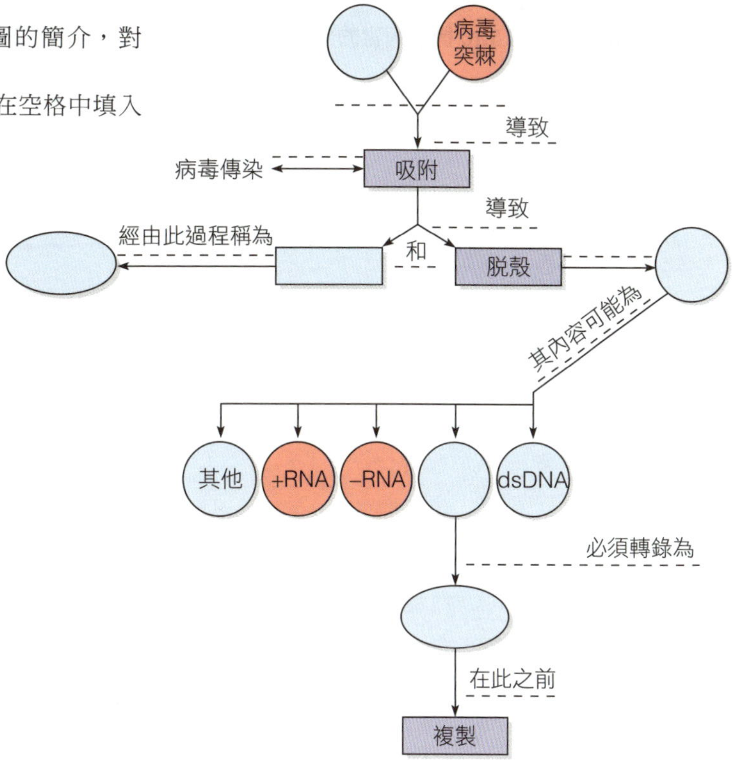

第二階段：應用、分析、評估與整合

這些問題超越重述事實，需要高度理解、詮釋、解決問題、轉化知識、建立模式並預測結果的能力。

批判性思考

本大題需藉由事實和觀念來推論與解決問題。這些問題可以從各個角度切入，通常沒有單一正確的解答。

1. 對病毒的可能來源加以評論，人類細胞歡迎病毒和殷勤脫去病毒的外套，就好像病毒是一個老朋友一般，也不足為奇。
2. a. 如果正常形成套膜之病毒被阻止萌芽，它們是否仍然具有傳染性？為什麼？
   b. 如果流感病毒只有核糖核酸 (RNA) 本身被注入細胞，它可能會導致細胞裂解性感染嗎？
3. 大多數病毒感染的最終結果是宿主細胞的死亡。
   a. 如果是這樣的話，我們如何能解釋病毒造成的破壞會有如此的差異？(比較感冒病毒與狂犬病病毒的影響。)
   b. 描述病毒不立刻殺死宿主細胞的適應方式，並說明其改變之功能何在？
4. a. 假設 DNA 病毒實際上可以在宿主細胞的染色體 DNA 中存在，此現象對於後代繼承病毒 DNA 有何意義？
   b. 討論病毒和癌症之間的關聯性，病毒引起癌症之可能機制為何？
5. a. 如果你參與開發抗病毒藥物，有哪些是重要的考慮因素？(藥物可以「殺死」病毒嗎？)
   b. 如何阻止病毒複製？
6. 是否有「好病毒」？為什麼。可思考噬菌體與真核生物的病毒。
7. 討論噬菌體在治療細菌感染的優缺點。
8. a. 參考表 5.2，右欄，確定哪些病毒性疾病你已經感染過，哪些是你可以接種疫苗加以預防。
   b. 哪些病毒較可能是致癌病毒，其原因為何？
9. 圈出病毒感染的疾病：霍亂、狂犬病、鼠疫、口唇疱疹、百日咳、破傷風、生殖道疣、淋病、腮腺炎、洛磯山斑疹熱、梅毒、德國麻疹、鼠咬熱。

視覺挑戰

1. 在圖 5.7d、5.9c 和 5.10 標示病毒的部位。

2. 你如何描述圖 5.2 所發現之病毒的蛋白殼？這種病毒在哪些方面與其他病毒不同？

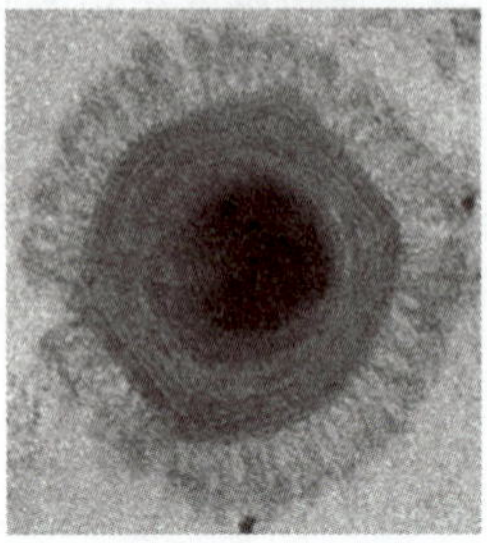

第 6 章 微生物的營養、生態及生長

易變眼蟲－傑出的金屬吞食者。

伯克利坑－棕色充滿有毒化學物質的湖。

6.1 微生物營養

地球上有數以百萬計的棲息地，來源為自然和人為的，在這些情況下，微生物被暴露在極大不同的生存環境下。對微生物影響最大的環境因素是營養和能量來源、溫度、氣體含量、水、鹽、pH 值、輻射和其他生物等 (圖 6.1)。微生物在棲息地的生存，是透過解剖構造和生理逐步的調整過程，此過程稱為適應 (adaptation)[1]。正是這種適應性，使微生物棲息在地球上所有的生物圈，選擇有利的適應過程也是物種演化的重要推手。有了這些概念，在本章的主題中，我們將仔細探討微生物與其環境的互動方式、它們如何運送物資以及如何成長。

營養 (nutrition) 是從環境中獲得化學物質即營養素 (nutrients) 的過程，此營養素可用於細胞活動中，例如新陳代謝和生長過程。關於營養，微生物並非真的與人類如此不同，在沼澤深處生活的細菌以無機硫為食物，原生動物在白蟻的腸道消化木頭，似乎表現出對極端環境的適應，但即使是這些生物，也需要從它們的棲息地，不斷輸入特定的物質作為營養的來源。

在一般情況下，所有的生物都有絕對需要的生物元素 (bioelements)，傳統上被列為碳、氫、氧、磷、鉀、氮、硫、鈣、鐵、鈉、氯、鎂以及某些其他元素[2]。除了這些基本需求，微生物所使用的元素的來源、化學結構及數量都有顯著的差異。任何物質不論是元素或化合物，若必須提供給生物體才能生存，此物質即稱為必需營養素 (essential nutrient)，營養素一旦被吸收，將被處理並轉換成細胞的化學組成。

必需營養素分為兩類：巨量營養素 (macronutrients) 和微量營養素 (micronutrients)，巨量營養素通常需要比較大的數量，並在細胞結構和代謝上扮演主要的角色。巨量營養素的例子，例如醣類和胺基酸等化合物，含有碳、氫和氧；微量營養素，或微量元素 (trace elements)，如錳、

1 *adaptation* 適應。拉丁文：*adaptare* 適應。結構和功能上的改變，以利生物可適應存活在特定的環境。

2 見批判性思考問題 1.b，利用有用的記憶法回想基本要素。

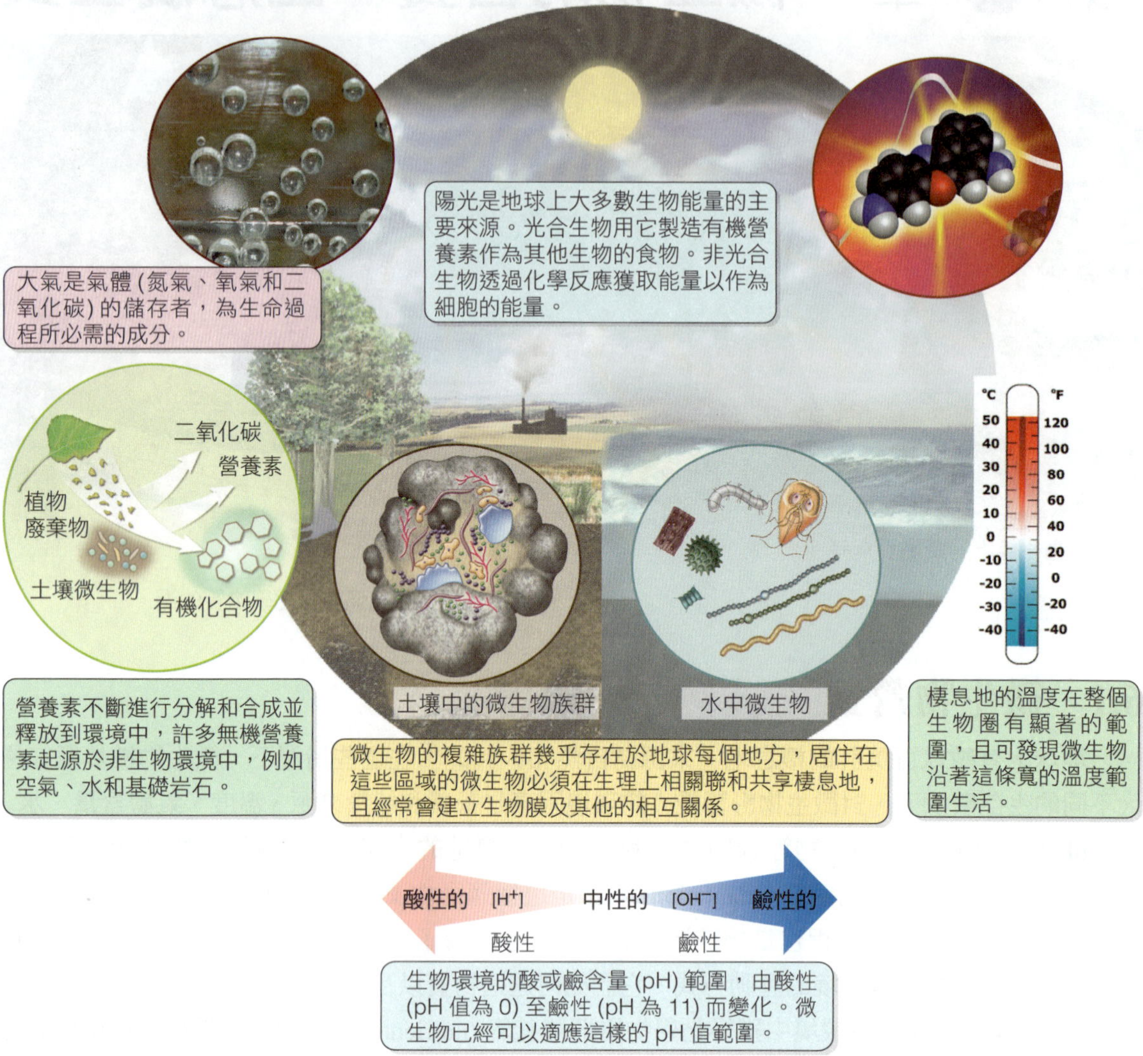

大氣是氣體 (氮氣、氧氣和二氧化碳) 的儲存者，為生命過程所必需的成分。
陽光是地球上大多數生物能量的主要來源。光合生物用它製造有機營養素作為其他生物的食物。非光合生物透過化學反應獲取能量以作為細胞的能量。
二氧化碳
營養素
植物廢棄物
土壤微生物
有機化合物
土壤中的微生物族群
水中微生物
°C
°F
50
40
30
20
10
0
-10
-20
-30
-40
120
100
80
60
40
20
0
-20
-40
營養素不斷進行分解和合成並釋放到環境中，許多無機營養素起源於非生物環境中，例如空氣、水和基礎岩石。
微生物的複雜族群幾乎存在於地球每個地方，居住在這些區域的微生物必須在生理上相關聯和共享棲息地，且經常會建立生物膜及其他的相互關係。
棲息地的溫度在整個生物圈有顯著的範圍，且可發現微生物沿著這條寬的溫度範圍生活。
酸性的 [H+] 中性的 [OH−] 鹼性的
酸性
鹼性
生物環境的酸或鹼含量 (pH) 範圍，由酸性 (pH 值為 0) 至鹼性 (pH 為 11) 而變化。微生物已經可以適應這樣的 pH 值範圍。

圖 6.1 **影響微生物適應的環境條件**。地球的棲息地供應恆定的能量、營養素和氣體；保持一定的 pH 和溫度；建立生物體互動的群落。

鋅和鎳存在的量少很多，參與酶功能和維持蛋白質的結構。不同微生物的微量營養素可能有差異，往往必須在實驗室確定，確定方式是故意從生長培養基中省略該物質，查看該微生物是否可以在其不存在的條件下生長。

另一種進行營養素分類的方法，是根據它們的碳含量，大多數**有機** (organic) 營養素是含有碳和氫的基本架構之分子。天然有機分子幾乎都是生物的產物。它們的範圍從簡單的有機分子、甲烷 (CH_4)，以至於大的聚合物 (碳水化合物、脂質、蛋白質和核酸)。

相對地，**無機** (inorganic) 營養素由碳和氫以外的一種或一種以上的元素組成。許多無機化合物在天然界存在於土壤、液體和大氣中，例子包括金屬與其鹽類 (硫酸鎂、硝酸鐵、磷酸鈉)、氣體 (氧氣、二氧化碳) 和水。

細胞內容物的化學分析

為了深入了解細胞的營養需求，分析其化學成分是有用的，以下所列是腸道內大腸桿菌的一些營養模式的簡要總結。一些營養素被吸收成為現成可以使用的狀態，其他則必須在細胞內藉由簡單的化合物進行合成：

- 水是所有成分中含量最高的 (70%)。
- 細胞乾重約 97% 是由有機化合物組成。
- 蛋白質是最普遍的有機化合物。
- 約 96% 的細胞是由六種元素所組成 (由 CHONPS 表示)。
- 化學元素在細胞生長是需要的，但大部分提供給細胞的都是化合物，而不是單純的元素。
- 一個如同大腸桿菌 (*E. coli*) 的「簡單」細胞中，約含有 5,000 種不同的化合物，但它只需要吸收少數幾種營養素，就能合成如此多樣性的成分。這些營養素包括硫酸銨 $(NH_4)_2SO_4$、氯化亞鐵 ($FeCl_2$)、氯化鈉、微量元素、葡萄糖、磷酸二氫鉀 (KH_2PO_4)、硫酸鎂 ($MgSO_4$)、磷酸氫鈣 ($CaHPO_4$) 和水等。

大腸桿菌

必需營養素的形式、來源和功能

營養素的組成最終以某些類型，存在於環境中的無機物蓄積庫，這些蓄積庫不僅作為這些元素的來源，也可經由生物的活動得到補充。因此，元素循環，從無機物形式在環境蓄積庫，轉換為生物中的有機物形式。生物也可以反過來，作為其他生物所需營養元素的持續來源。最終，通常藉由微生物的作用使該元素再循環到無機物形式。總而言之，數量龐大的微生物種類參與元素的處理。從更大的角度看，生活在這個星球上，整個生命週期依賴於一些營養流程的交互作用，每個作用執行其必要步驟。事實上，微生物的營養框架已成為地球上所有生命的營養素循環基礎。

營養素的來源非常多樣：微生物如光合細菌完全從環境中之無機形式獲得其營養素；其他則需要有機和無機營養素的組合。例如，侵入和生活在人體的寄生蟲，從宿主組織、組織液、分泌物和廢物等，獲得所有必需的營養物質。

參考表 6.1 可看到主要的生物元素、化合物、它們的來源及其對微生物的重要性。

以碳為基礎的營養類型

碳是所有生命形式之結構和代謝的關鍵元素，以碳的來源定義了兩種基本的營養族群：

- **異營生物** (heterotroph)[3] 是指生物獲得「碳」必須透過有機形式。由於有機碳通常來自於生物體，因此異營營養方式須仰賴其他生命形式。在常見的有機分子中，能夠滿足這種要求的是蛋白質、碳水化合物、脂質和核酸。在大多數情況下，這些營養素也同時提供其他幾種元素，有些有機營養素的存在形式，已經是足夠簡單到可吸收的狀態 (例如，單醣和胺基酸)，但許多較大的分子在吸收前必須經過細胞的消化。不是所有的異營生物都可以使用相同的有機碳源，有些被限制為幾種物質，而有些 (例如，某些假單胞菌屬的細菌) 則是非常的多變，以致於能代謝數百種不同的物質。

---

3 *heterotroph* 異營生物 (het′-uhr-oh-trohf)。希臘文：*hetero* 其他；以及 *troph* 攝食。

表 6.1 必要元素和營養素的來源及生物功能

在自然界中發現的元素 / 營養素形式		化合物的來源 / 儲存庫	對細胞的意義
碳	CO_2 (二氧化碳) 氣體 CO_3^{2-} (碳酸根離子) 有機化合物	空氣 (0.036 %)* 沉積物 / 土壤 活的生物	二氧化碳是由呼吸作用產生，並在光合作用中被利用；CO_3^{2-} 存在於細胞壁及骨架；有機化合物對所有生物和病毒的結構和功能是必需的。
氮	N_2 (氮氣) NO_3^- (硝酸根離子) NO_2^- (亞硝酸根離子) NH_3 (胺) 有機氮元素 (蛋白質、核酸)	空氣 (79 %)* 土壤和水 土壤和水 土壤和水 生物	只有某些微生物能利用氮氣，將其固定入無機氮化合物－硝酸鹽、亞硝酸鹽和銨，作為藻類、植物和大多數細菌所需氮的主要來源；而動物和原生動物則需要有機氮；所有生物體利用 NH_3 合成胺基酸和核酸。
氧	O_2 (氧氣) 氧化物 H_2O (水)	空 氣 (20 %)*，光合作用的主要產物 土壤	氧氣是需氧生物進行營養素代謝的必需物質。氧氣是有機化合物和無機化合物的重要元素 (水、硫酸鹽、磷酸鹽、硝酸鹽和二氧化碳)。
氫	H_2 氫氣 H_2O 水 H_2S (硫化氫) CH_4 (甲烷) 有機化合物	水域、沼澤 土壤、 火山、 噴流口、 生物	水是細胞最豐富的化合物，也是代謝反應的溶劑；H_2、H_2S 和 CH_4 氣體由細菌和古細菌生產及利用；H^+ 離子是細胞能量轉移的基礎，並幫助維持細胞的 pH 值。
磷	PO_4^{3-} (磷酸根離子)	岩石、礦藏、 土壤	磷酸鹽是 DNA 和 RNA 的關鍵組成，是細胞和病毒的重要的遺傳組成；存在於 ATP 和 NAD，也參與許多代謝反應；其中存在於磷脂，能提供細胞膜的穩定性。
硫	S SO_4^{2-} (硫酸塩) SH (巰基)	礦藏、火山沈積物 土壤	元素硫是由某些細菌作為能源被氧化；硫發現於維生素 B1 中；巰基是某些胺基酸的部分，在那裡形成二硫鍵，形塑和穩定蛋白質。
鉀	K^+	礦藏、海水、土壤	扮演蛋白質合成和膜運輸作用的角色。
鈉	Na^+	礦藏、海水、土壤	細胞膜作用的主要參與者；維持細胞的滲透壓。
鈣	Ca^+	海洋沈積物、 岩石和土壤	原生動物殼的一種組成 (以 $CaCO_3$ 形式)；穩定細胞壁；增加細菌內孢子的抵抗力。
鎂	Mg^{2+}	地質沈積物、 岩石和土壤	葉綠素分子中心的元素；為細胞膜、核糖體和某些酶的功能所需。
氯	Cl^-	海水、鹽湖	可能在細胞膜運輸時發揮功能；為絕對嗜鹽菌調節滲透壓所需。
鋅	Zn^{2+}	岩石、土壤	酶的輔助因子；調控真核基因
鐵	Fe^{2+}	岩石、土壤	呼吸蛋白結構的必要元素 (細胞色素)。
微量營養素：銅、鈷、鎳、鉬、錳、碘		地質沈積物、土壤	需要微小的量，作為某些而非所有微生物的特異性酶系統之輔因子。

* 作為地球大氣的一部分。

・自營生物 (autotroph)[4] 是使用無機二氧化碳作為其碳源的生物，由於自營生物有特殊的能力，將無機的二氧化碳轉換成有機的化合物，因此在營養上無需依賴於其他生物。

碳源相對於碳的功能

釐清細胞外的碳源相對於細胞內碳化合物的功能，對於澄清營養類型概念的混淆可能是有幫助的。雖然細胞吸收碳化合物作為營養素的類型 (無機或有機) 是有區別的，但大多數參與所有細胞正常結構和代謝的碳化合物是有機類型的碳。因此，甚至使用二氧化碳作為碳主要來源的微生物，當二氧化碳進入細胞內，也可將其轉化為有機化合物。

生長因子：基本的有機營養素

許多挑剔菌 (fastidious bacteria) 缺乏遺傳和代謝機制，無法合成自己生存所需要的全部有機化合物。不能由生物體合成的有機化合物，而必須另外提供作為營養素的如胺基酸、含氮鹼基或維生素即為生長因子 (growth factor)，例如，所有細胞需要 20 種不同的胺基酸可以藉由適當組合成為蛋白質，但是許多細胞不能合成全部的胺基酸，若必須從食物中獲得，則稱為必需胺基酸。需要生長因子的顯著例子，發生於流感嗜血桿菌 (*Haemophilus influenzae*)，此細菌引起人類的腦膜炎和呼吸道感染，它只能在當高鐵血紅素 (第 X 因子)、NAD^+ (第 V 因子)、硫胺素和泛酸 (維生素)、尿嘧啶和半胱胺酸等由另一種生物或生長培養基提供的環境下才能生長。

6.2　營養類型之分類

地球上無限的棲息地和微生物的適應力，透過精巧的微生物營養方式進行搭配。幸運的是，大多數生物體表現出一致的趨勢，可以歸納為幾個大類 (表 6.2) 和幾個特定名詞來加以描述。

微生物營養類型的主要決定因素是碳和能量的來源，本章已提到微生物可以根據其碳源，定義為自營生物或異營生物。另外一個系統是根據它們的能量來源進行分類，分為光營性 (phototrophs) 或化營性 (chemotrophs)。微生物可進行光合作用者即為光營性，若從化學的化合物獲得能量者屬於化營性。專有名詞之命名，為了方便，通常是將碳源和能量來源併成一個單

表 6.2　依據能源和碳源的微生物營養類別

類別 / 碳源	能量來源	例子
自營 / 二氧化碳	非生物環境	
光合自營	陽光	光合生物，如藻類、植物、藍藻細菌
化學自營	簡單無機化學物質	只有某些細菌和古細菌，如甲烷生成菌和深海噴流口之細菌
異營 / 有機	其他生物或陽光	
化學異營	代謝轉化其他生物體的營養素	原蟲、真菌、許多細菌、動物
1. 腐生	從死亡的生物體代謝有機物質	真菌、細菌、一些原蟲 (分解者)
2. 共生微生物	從生物體獲得有機物質	寄生蟲、共生、互利共生微生物
光合異營	陽光或有機物質	紫色和綠色光合細菌

4 *autotroph* 自營生物 (aw′-toh-trohf)。希臘文：*auto* 自己；*troph* 攝食。

字 (如表 6.2)。此處所描述的類別僅是為了描述主要的營養族群，不包括異常的例外。

自營生物及其能量來源

自營生物由下列兩個可能的非生物來源其中之一來獲得能量：陽光和涉及簡單化學物質的化學反應。

光合自營和光合作用 **光合自營** (photoautotrophs) 即為光合作用；亦即利用捕獲的光線能量轉化為化學能，使其可以在細胞代謝中被利用。在一般情況下，光合作用依賴於特殊的色素，藉以收集光線，並使用能量將二氧化碳，轉化為簡單的有機化合物。光合作用的機制有一些變異性。

產氧 (產生氧氣) 的光合作用可以下列公式概括表示：

$$CO_2 + H_2O \xrightarrow[\text{吸收陽光}]{\text{葉綠素}} (CH_2O)_n + O_2$$

其中 $(CH_2O)_n$ 為碳水化合物的簡寫，這種類型的光合作用發生在植物、藻類和藍藻細菌，並以葉綠素作為主要的光合色素。由反應生成的碳水化合物可用於細胞，藉以合成其他細胞成分。在大多數生態系統中，由於此類型生物是主要的生產者，對異營生物提供營養，構成了食物鏈的基礎。這種類型的光合作用也負責維持大氣中的氧氣，氧氣對生命是非常重要的。

其他形式的光合作用被稱為*不產氧的* (無氧氣製造)。它可以被概括為下列方程式：

$$CO_2 + H_2S \xrightarrow[\text{吸收陽光}]{\text{細菌葉綠素}} (CH_2O)_n + S^0 + H_2O$$

注意，這種類型的光合作用在幾個方面是不同的：它採用了獨特的色素，即細菌葉綠素 (bacteriochlorophyll)；氫的來源是硫化氫氣體；釋放出的產物為「硫」元素。在缺氧的情況下，此反應也是如此發生。光合細菌的常見族群是紫色和綠色硫細菌 (green sulfur bacteria)，生活在各種水生棲息地，經常與其他光合微生物共同生活在一起 (見圖 3.31)。

化學自營—自由基的存在 **化學自營菌** (chemoautotrophs) 生物相較於普通、熟悉的生物體，已經適應了地球上最嚴格的營養條件。所有的化學自營者為細菌或古細菌，皆生存於完全無機的物質，例如礦物質和氣體。它們既不需要光也不需要任何形式的有機營養物質，而且可以不同且有時令人驚訝的方式獲得能量。以非常簡單的名詞說明，它們從無機物基質，如氫氣、硫化氫、硫或鐵移去電子，並結合其他無機物質，如二氧化碳、氧和氫，這些反應釋放出簡單的有機分子和適量的能量，驅動細胞的合成過程。圖 6.2a 提供了一個不尋常的細菌作為例子，此菌棲息在紐西蘭的溫泉區。化學自營生物在回收利用無機營養物質和元素發揮重要的作用。

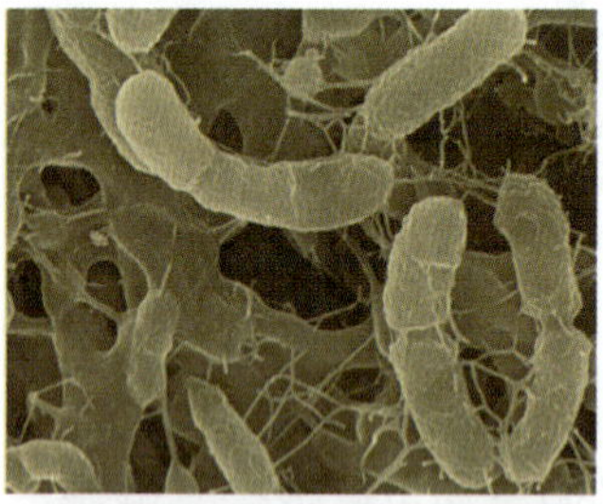

(a)

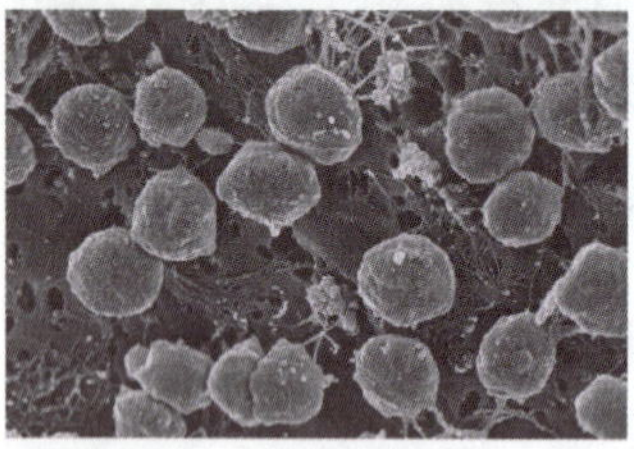

(b)

圖 6.2 **化學異營的例子。** (a) *Venenivibrio*，是一種極端型細菌生活在酸性溫泉，透過結合氫氣與氧氣產生能量，並形成水和過氧化氫；(b) *Methanocaldococcus jannaschii* 是一種古細菌和產甲烷菌，棲息在海底的熱噴流口，它也代謝氫氣，但它的產物是甲烷氣體 (180,000 倍)。

產甲烷菌的世界　**產甲烷菌** (Methanogens)[5] 是一種獨特類型的化學自營生物，廣泛分布在地球的棲息地。所有已知的產甲烷菌均是古細菌，其中許多被發現在極端的棲息地，從溫泉、噴流口到海洋中最深最冷的地方 (圖 6.2b)。其他產甲烷菌則常見在土壤、沼澤甚至人類和其他動物的腸道中。

在厭氧條件下，產甲烷菌的代謝適應於使用氫氣，減少二氧化碳，產生甲烷氣體 (CH_4 或「沼澤氣體」)，其反應概括為：

$$4H_2 + CO_2 \rightarrow CH_4 + 2H_2O$$

研究人員在深層沈積物海床之下進行採樣，已經發現大量產甲烷菌的沈積物，產甲烷菌族群的龐大，使得科學家團隊估計，它包含了地球上近三分之一的生命！證據顯示，產甲烷菌的極端年齡已嵌入地殼數十億年。承受著海洋巨大的壓力，它所釋放的甲烷被冰凍成晶體，有些作為其他極地古細菌的營養來源，有些則釋放到海洋中。從這個角度觀察，產甲烷菌也可能是地球氣候和大氣發展的重要因子。有些微生物生態學家認為，未來海洋溫度上升可能會增加這些甲烷沈積物的融化。由於甲烷是一種重要的「溫室氣體」，這個過程可能會加速正在進行的全球暖化現象。

異營性生物及其能量來源

多數異營微生物是**化學異營生物** (chemoorganotrophs)，由有機化合物獲得碳和能量。這些有機分子透過呼吸或醱酵釋放 ATP 形式的能量。一種化學異營方式的例子是有氧呼吸，此方式為動物、大多數原生動物、真菌以及好氧菌的主要能源產生途徑。它可以由下列方程式簡單地表示為：

$$\text{葡萄糖}\ [C_6H_{12}O_6] + 6O_2 \rightarrow 6CO_2 + 6H_2O + \text{能量 (ATP)}$$

值得注意的是，化學異營反應是光合作用的互補。在此反應，葡萄糖和氧是反應物且會釋放出二氧化碳。事實上，在地球這兩個能量和代謝氣體的平衡，很大程度上取決於這一關係。化學異營 (chemoheterotrophic) 微生物所需要的有機碳源都大同小異，但不同點在於如何獲得有機碳源。此一類別包括各式各樣可捕食其他生物的生物：動物、原生動物、真菌和許多類型的細菌。形式多樣的營養類型例子包括食草動物、清道夫和食肉動物，但占主導地位的化學異營微生物適合使用腐生或共生 (symbionts) 的描述。**腐生微生物** (saprobes)[6] 是自由生活的微生物，主要食物為死亡的生物所釋放的有機碎屑；**共生體** (symbionts)[7] 從活的生物體得到所需的有機營養物質。這些分類並非絕對，某些腐生微生物也能適應活的生物，有的共生體可以從非生命來源獲得營養物質。由於許多這些營養模式也屬自然生態，在第 6.5 節將提供更全面的涵蓋。本節將介紹腐生微生物和寄生蟲，因其營養方式有關聯性。

---

5 *methanogen* 產甲烷菌 (meth-an″oh-gen′)。*methane* 無色無味的氣體；*gennan* 產生。

6 *saprotroph* 和 *saprophyte* 是同義詞。我們較傾向使用的專有名詞是 *saprobe* 和 *saprotroph*，因為它們在其他命名系統更有一致性。

7 *symbiont* 共生體。一種生物體與另一種生物體生活在一起，此名詞來自 *symbiosis*(sim″-bye-oh′-sis)。希臘文：*syn* 一起；*bios* 生活。從字面上看是生活在一起的意思。

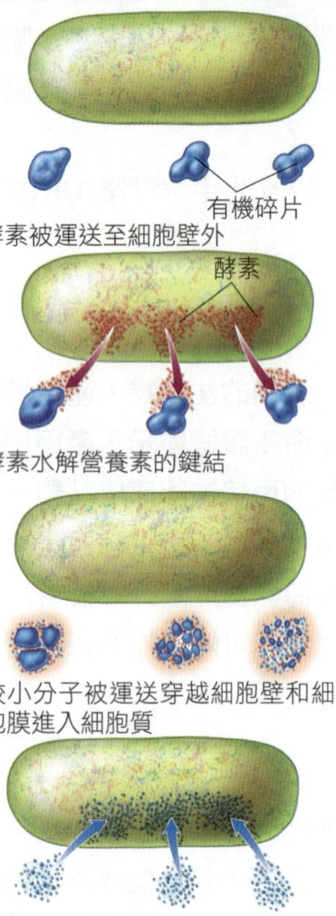
(a) 細胞壁作為屏障
有機碎片
(b) 酵素被運送至細胞壁外
酵素
(c) 酵素水解營養素的鍵結
(d) 較小分子被運送穿越細胞壁和細胞膜進入細胞質

圖 6.3 **含細胞壁之腐生生物 (細菌或真菌) 之細胞外消化**。(a) 含細胞壁細胞缺乏靈活性，不能吞噬較大塊的有機碎屑；(b) 在反應於可用的基質時，微生物細胞合成了可穿越細胞壁轉運到細胞外環境中的酵素；(c) 酵素水解碎片分子的鍵結；(d) 經過消化產生的分子夠小，可運輸到細胞質中。

腐生微生物　腐生微生物的主要活動範圍是分解植物垃圾、動物組織和死亡的微生物。如果不是分解者的工作，地球會逐漸填滿有機材料，它所包含的營養素將無法再循環。大多數腐生微生物，特別是細菌和真菌，都具有剛硬細胞壁且不能吞噬大顆粒的食物。為了補償此弱點，它們釋放酵素到細胞外的環境中，消化食物顆粒成較小的分子，使其能夠被運輸到細胞中 (圖 6.3)。

許多腐生微生物僅存在於死的有機物質並蓄積在環境中，如土壤和水中，且無法適應於活體宿主中。此族群包括自由生活的原生動物、大多數真菌和各種細菌。顯然，這些非致病性腐生微生物，有少數可以適應活體並能進入易被感染的宿主。當腐生微生物確實感染宿主，即被認為是*兼性寄生生物*。通常這種感染發生在宿主免疫有缺陷的狀態，因此微生物被認為是一種*伺機致病菌*。例如，雖然*綠膿桿菌* (*Pseudomonas aeruginosa*) 其天然棲息地是土壤和水，但當它被帶進醫院的環境時也經常導致患者感染。

寄生性的微生物　大部分人類的感染是由異營微生物所引起，而那些對人類健康有最大負面影響的是**寄生性微生物** (parasites)。根據定義，寄生性微生物是一種侵入宿主身體的微生物，將其作為棲息地和營養物質的來源，並在這個過程中損害宿主到一定程度。這種寄生性微生物生長在無菌組織內，造成損害甚至死亡，因此也被稱為**病原體** (pathogens)。寄生微生物的範圍從病毒到蠕蟲，它們可以生活在身體表面 [體外寄生微生物 (ectoparasites)]，在器官和組織內 [體內寄生微生物 (endoparasites)]，甚至是細胞內 [細胞內寄生蟲 (intracellular parasites) 為最極端的類型]。比較成功的寄生微生物一般沒有致命的影響，最終可能演變出對宿主危害較小的關係 (見第 6.5 節)。

絕對寄生菌 (obligate parasites)[例如，痲瘋桿菌 (leprosy bacillus) 和梅毒螺旋體 (syphilis spirochete)] 具有非常的依賴性，它們無法在活體宿主以外生長。不太嚴格的寄生細菌，如淋病球菌 (gonococcus) 和肺炎球菌 (pneumococcus)，如果提供正確的營養物質和環境條件，可以人為進行培養。

6.3　傳輸：物質穿過細胞膜的運動

微生物的棲息地提供了必要的物質，有些豐富，有些稀少，但都必須被帶入細胞內。為了生存，細胞必須運送廢棄物離開細胞 (進入到環境中)。不管是什麼運輸方向，運輸穿過**細胞膜** (cell membrane)，此結構為運輸作用的重要角色。事實上，即使是有細胞壁的生物 (細菌、藻類和真菌) 也是如此，因為細胞壁通常只是局部，非選擇性屏障。本節將討論其細胞運輸的重要物理力量。

擴散和分子運動

所有的原子和分子，無論在固體、液體或氣體中，都是進行連續移動。當溫度升高時，由於增加了動能使分子運動變快。在任何溶液，包括細胞質中，這些分子在沒有與其他分子碰撞下不能移動很遠，因此，每秒像在百萬個撞球中將彼此彈開 (圖 6.4)。由於每次碰撞的結果，碰撞分子的方向改變，並且任何一個分子的方向是不可預測的，並被視為是隨機的。其中有一種情況為，有一種物質的分子集中聚集在個某個區域，並只藉由隨機的熱運動，該物質的分子會遠離濃度較高的區域，逐漸分散到低濃度區域，經過一段時間後，該物質分子將均勻分布在溶液中。此種分子藉由隨機的熱運動，逐漸降低濃度梯度的運動，被稱為擴散 (diffusion)。此現象可以由很多簡單的觀察得到驗證。它可以透過各種簡單的觀察來證實。一滴香水釋放到房間的某區域，很快就在另一區域聞到，或一塊糖加到一杯茶，不攪拌也能擴散到整杯 (圖 6.4)。

分子在水溶液如何擴散

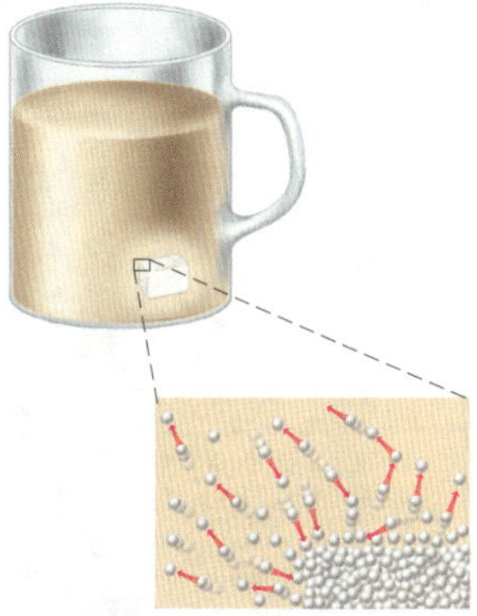

圖 6.4 **水溶液中分子的擴散**。高濃度的糖以方立體存在液體的底部。這個區域的假想分子檢視圖顯示糖分子是在恆定的運動狀態。那些在立方體邊緣的糖分子，從高濃度的區域擴散到較稀的區域。當擴散繼續進行，糖分子就會均勻分布在整個水相中，並且最終將沒有濃度梯度。達到這一點後，該系統即處於平衡狀態。

擴散是細胞活動的驅動力，但其作用主要是由細胞膜控制。滲透和促進擴散是兩種特殊情況，這兩個過程都被認為是被動運輸 (passive transport) 的形式。這意味著細胞不必消耗額外的能量就有此功能，分子的內在能量向低濃度移動，達到運輸的作用。

水的擴散：滲透

水透過選擇性滲透膜進行擴散，稱為滲透過程 (osmosis)[8]，水的擴散是物理現象，很容易以非生物材料在實驗室中展示。簡單的實驗提供了滲透模型，說明細胞如何處理在水溶液中各種溶質濃度 (圖 6.5)。在一個滲透系統，該膜具有選擇性，或因差異、可滲透、具有通道允許水自由擴散，但也可以阻止某些溶解的分子。當這種類型的膜被置於不同濃度的溶液，其中溶質不能通過 (例如，蛋白質)，然後在擴散的定律之下，水會進行擴散，從水較多的一邊，以更快的速度流向水較少的一邊。只要溶液的濃度不同，一邊將流失水而另一邊將獲得水，直至達到平衡，兩邊擴散速率相等。

有生命系統的滲透類似於圖 6.5 所示的模型。活生物的細胞膜一般會阻擋較大分子的進出，並允許水自由擴散。因為大多數細胞中，含有水同時也被某種水溶液包圍，滲透可以對細胞活性和存活有深遠的影響。細胞可能得到水或失去水，或者它可保持不受影響取決於細胞中的水含量，與它的環境相比。我們用於描述這些條件的名詞稱為等張或等滲透壓、低張或低滲透壓和高張或高滲透壓[9] (圖 6.6)。

---

8 *osmosis* 滲透過程 (oz-moh′-sis)。希臘文：*osmos* 衝動；*osis* 過程。

9 如果你還記得字首，*iso-*、*hypo-* 及 *hyper-* 指細胞外的環境，會幫助你回憶滲透壓條件。

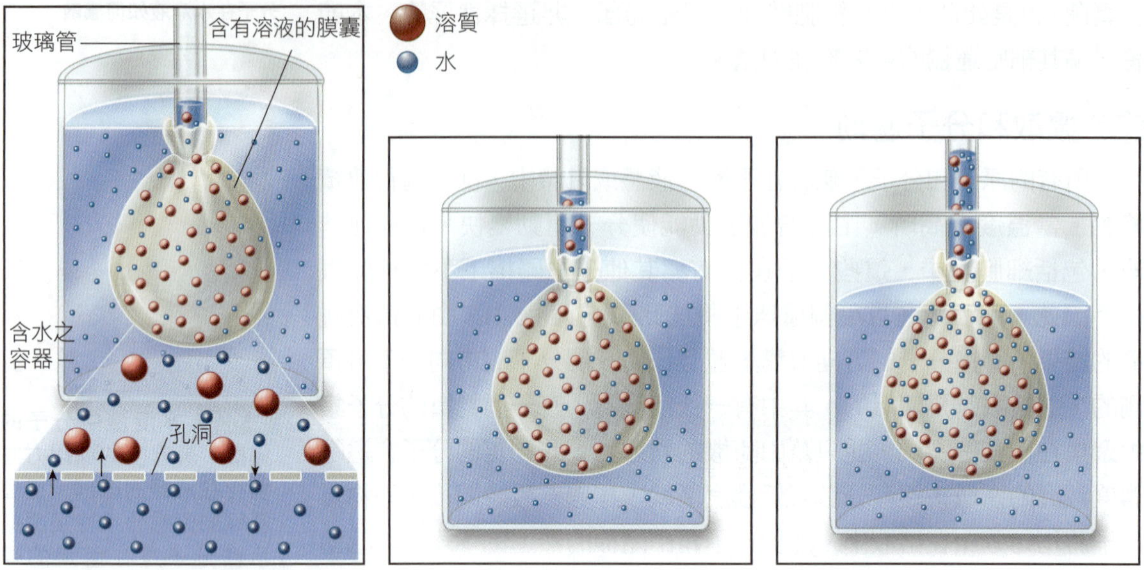

(a) 圖中顯示滲透過程的特寫。水的濃度梯度從外容器 (高濃度的 H_2O) 擴散到膜囊中 (低濃度的 H_2O)。有些水分子也會流向相反的方向，但淨梯度仍有利於水分子滲透入膜囊中。

(b) 由於 H_2O 擴散到膜囊中，體積增大，將迫使多餘的溶液進入管中，其水位將不斷地上升。

(c) 即使膜內溶液變稀，仍然會有水滲透進入膜囊中。平衡將不會發生，因為膜內外之溶液從來不會變的相同。(請思考為什麼？)

圖 6.5 **證明滲透過程的模型系統。**在這裡，我們有一個水溶液，封閉在膜囊中並綁附空心管。該膜可滲透的是水 (溶劑)，但無法滲透溶質。膜囊浸在含純水的容器中，並隨時間觀察其變化。

在**等滲透壓** (isotonic)[10] 的條件下，環境中溶質濃度與細胞內相等；並且因為水以同樣的速度在兩個方向上進行擴散，所以細胞的淨體積沒有變化。等滲透壓溶液通常對於細胞是最穩定的環境，因為它們已經與細胞共同處於滲透壓穩定的狀態下，生活在宿主組織的寄生生物最有可能居住在等滲透壓的棲息地。

在**低滲透壓** (hypotonic)[11] 的條件下，外部環境中的溶質濃度比細胞的內部環境低。純水為細胞所處的最低滲透壓環境，因為它沒有溶質。由於滲透的淨方向是從低滲透壓溶液進入細胞內，當暴露於這種情況下，細胞若無細胞壁將膨脹並可能漲破。

大多數細菌處於輕度低滲透壓環境，具有相當不錯的容忍性，理由是它們有堅硬的細胞壁。少量的水流入細胞，使細胞膜保持完全伸展和細胞質飽滿狀態，這是細胞膜內及細胞膜上許多過程的最佳條件。

在**高滲透壓** (hypertonic)[12] 環境中的細胞暴露於比細胞質中更高溶質濃度的溶液中。由於高滲透性將迫使細胞內水擴散流出，創造所謂的高滲透壓或高張力。有細胞壁的細胞，失水導致原生質體收縮與細胞壁剝離，被稱為**漿壁分離** (plasmolysis)[13] 狀態。雖然整個細胞不塌陷，這種情形仍然可以損害甚至殺死多種細胞。關於缺乏細胞壁的細胞，此狀況會造成細胞收縮，並且

---

10 *isotonic* 等滲透壓 (eye-soh-tahn′-ik)。希臘文：*iso* 相同；*tonos* 張力。
11 *hypotonic* 低滲透壓 (hy-poh-tahn′-ik)。希臘文：*hypo* 低；*tonos* 張力。
12 *hypertonic* 高滲透壓 (hy-pur-tahn′-ik)。希臘文：*hyper* 高；*tonos* 張力。
13 *plasmolysis* 漿壁分離 (plaz′-moh-ly′-sis)。

通常會塌陷 (圖 6.6)。高滲透壓溶液對微生物的生長限制效果，是使用高濃度鹽和糖的溶液作為食品防腐劑的原理，如醃製火腿和醃製魚的原理。

適應環境中滲透壓的變化

現在讓我們具體來看，特殊微生物如何適應環境的滲透壓。在一般情況下，等滲透壓條件對細胞造成很小的壓力，所以微生物是否能生存，取決於是否可抵抗高滲透壓和低滲透壓環境的不利影響。

藻類和阿米巴原蟲生活在淡水池塘裡的水，是細胞生活在持續性低滲透壓條件的例子。水擴散通過細胞膜進入細胞質的速率是快速且持續地進行，因此細胞無法適應就會死亡。細菌和大多數的藻類有細胞壁可保護細胞免於漲破，甚至細胞膜因為壓力而變得腫脹 (turgid)[14]。阿米巴沒有細胞壁來保護它，所以它必須花費精力來處理水的湧入。這是透過液泡或收縮空泡去除多餘的水分，將水打到細胞外，有如一個微小的幫浦。

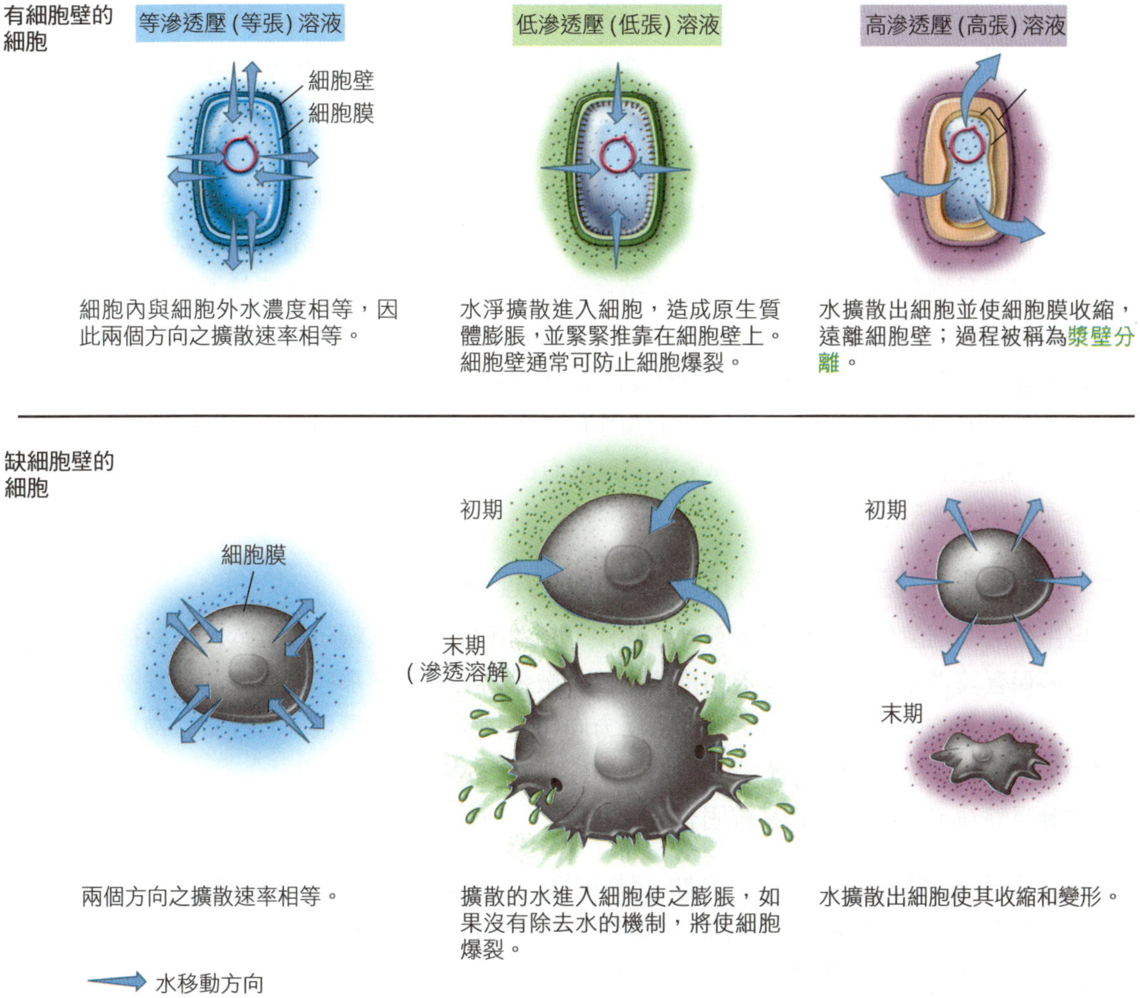
有細胞壁的細胞
等滲透壓 (等張) 溶液
細胞壁
細胞膜
細胞內與細胞外水濃度相等，因此兩個方向之擴散速率相等。
低滲透壓 (低張) 溶液
水淨擴散進入細胞，造成原生質體膨脹，並緊緊推靠在細胞壁上。細胞壁通常可防止細胞爆裂。
高滲透壓 (高張) 溶液
水擴散出細胞並使細胞膜收縮，遠離細胞壁；過程被稱為漿壁分離。
缺細胞壁的細胞
細胞膜
兩個方向之擴散速率相等。
初期
末期 (滲透溶解)
擴散的水進入細胞使之膨脹，如果沒有除去水的機制，將使細胞爆裂。
初期
末期
水擴散出細胞使其收縮和變形。
水移動方向

圖 6.6 細胞對含不同滲透壓內容物溶液的反應。

14 *turgid* 漲破 (ter′-jid)：腫脹或擁塞的條件。

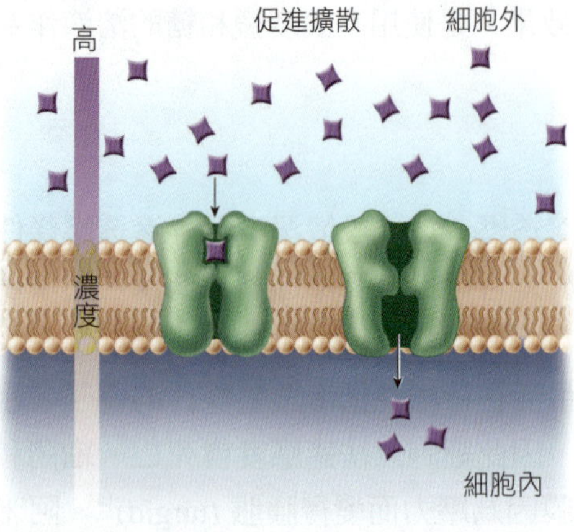

圖 6.7 **促進擴散**。促進擴散涉及分子附著於特定的載體蛋白。該分子的結合導致蛋白的結構變化，有助於分子通過細胞膜 (左側圖)。細胞膜蛋白釋放分子進入細胞內 (右側圖)。此類型的運輸模式，細胞不必消耗能量。

微生物生活在高鹽環境 (高滲透壓) 有相反的問題，必須限制細胞損失水到環境中或增加細胞內部環境的鹽度。嗜鹽菌生活在大鹽湖和死海，實際上會吸收鹽分，使它們的細胞與環境維持等滲透壓；因此，它們在生理上需要生活於高鹽濃度的環境 (見 162 頁的嗜鹽菌)。

溶質通過細胞膜的運動

簡單擴散非常適用於小的非極性分子 (如氧氣或脂溶性分子) 的運動，使其很容易穿過細胞膜。但細胞需要許多物質是極性和離子性化學物質，因此大大降低其滲透性。單獨簡單的擴散將無法運輸這些物質。細胞適應這種運輸限制的方法，涉及一種稱為促進擴散 (facilitated diffusion) 的過程 (圖 6.7)。此被動運輸機制利用細胞膜上的載體蛋白，來結合特定物質。此結合改變載體蛋白的結構，促進物質穿過細胞膜的移動。一旦物質被輸送，載體蛋白恢復其原來的形狀，準備好可再次運輸。

這些載體蛋白表現出專一性 (specificity)，這意味著它們結合和運輸只有單一類型的分子。例如，運輸「鈉」的載體蛋白不能結合「葡萄糖」。促進擴散顯現的第二個特點是*飽和度*。物質的輸送速率受到限制，因為運送蛋白的結合位點的數目有限。當該物質的濃度增加時，傳輸的速率也會增加，直到輸送物質的濃度導致所有載體蛋白的結合位點被占據。然後傳輸速率達到穩定狀態，儘管進一步增加該物質的濃度也無法加快。

在多種細胞發現的被動載體蛋白的其他例子為水通道蛋白 (aquaporins)，亦稱為水通道 (water channels)。這些水通道開口在細胞膜，它們以既有的滲透壓梯度促進水分子的被動運輸，而且似乎參與調節水量和滲透壓。

主動運輸：攜帶分子對抗濃度梯度的運輸方式

自由生活的細菌生存於相對營養匱乏條件下，並不能完全依賴緩慢且低效率的被動運輸機制。為確保營養素和其他所需物質的持續供給，微生物必須捕獲那些低濃度的營養物質，積極將其輸送進入細胞內。細胞也必須同樣以反方向運送物質到外部環境。有些微生物具有如此高效率的主動運輸系統，重要營養素在細胞內濃度可以大於棲息地幾百倍。

主動運輸 (active transport) 系統固有的特點是：

1. 運送營養素對抗擴散梯度或相同方向的自然梯度，但是傳輸速率比單獨擴散更快。
2. 有特殊膜蛋白的存在 [通透酶 (permeases) 和幫浦 (pumps)；圖 6.8a]。
3. 以 ATP 驅動攝取的形式耗資額外的細胞能量，主動運輸物質的例子是單醣類、胺基酸、有機酸類、磷酸鹽和金屬離子。

依賴載體的主動運輸 (carrier-mediated active transport)，以特定的膜蛋白結合 ATP 和待運輸

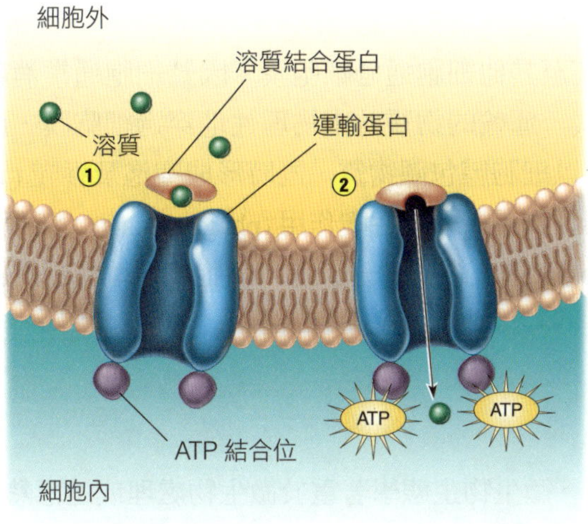

(a) **依賴載體的主動運輸**。(1) 連結細胞膜的轉運蛋白 (通透酶) 與附近的溶質結合蛋白進行交互作用，這些蛋白攜帶必要的溶質 (鈉、鐵、糖)。(2) 一旦結合蛋白質附著到特定的位點，ATP 被活化並產生能量，透過通透酶之特殊通道，利用幫浦將溶質輸送進入細胞內部。

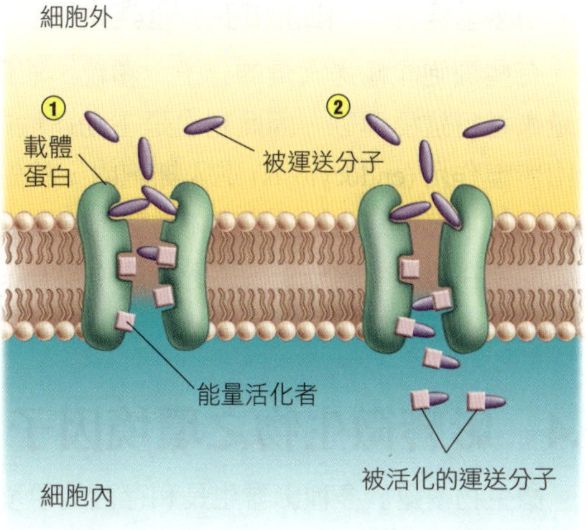

(b) **群組轉位**。(1) 主動捕捉特定的分子，通過細胞膜蛋白載體的通道。(2) 它是化學轉變或活化成為供細胞使用的方式。結合運輸與合成作用，使細胞保存能量。

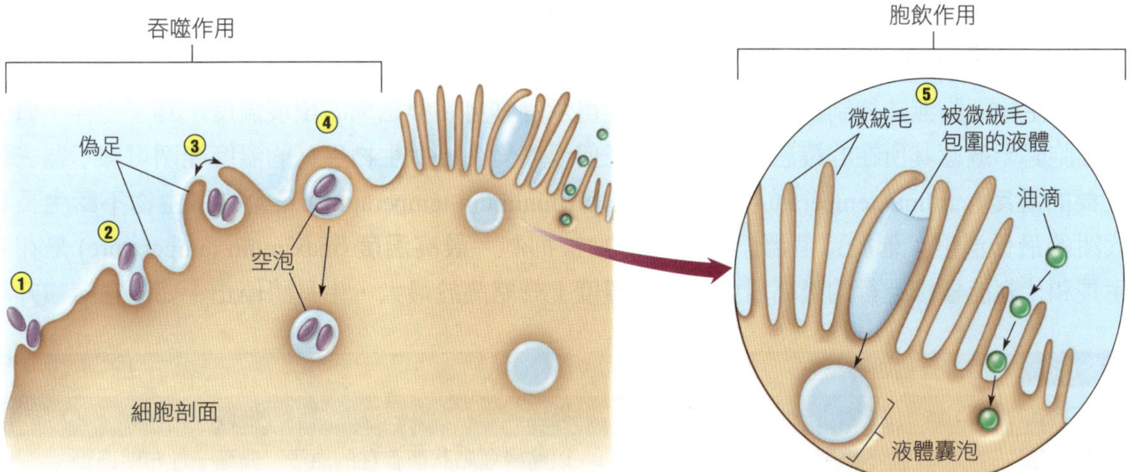

(c) **胞噬作用**。隨著吞噬作用，固體顆粒被可伸縮的細胞突起或偽足吞沒 (1,000 倍)。⑤因胞飲作用，液體和 (或) 溶解的物質，由非常細的突起稱為微絨毛 (microvilli) 封閉在囊泡中 (3,000 倍)。油滴融合細胞膜並直接釋放到細胞中① - ④。

圖 6.8　**主動運輸**。在主動運輸機制中，需消耗能量 (ATP) 運輸分子穿過細胞膜。

的分子。從 ATP 釋放的能量驅動分子通過載體蛋白的運動，此運動可以發生在兩個運輸方向中的任何一個方向。有些細菌利用此機制運送某些醣類、胺基酸、維生素和磷酸鹽進入細胞內；而其他細菌能積極利用幫浦將藥物打出細胞外，從而提供它們的抗藥性。也有其他主動運輸幫浦可以迅速攜帶離子穿過細胞膜，例如鉀離子 (K^+)、鈉離子 (Na^+) 和氫離子 (H^+) 等。

另一種類型的主動運輸即群組轉位 (group translocation)，將營養物的輸送與轉換它成為細胞內立即有用的物質相結合 (圖 6.8b)。某些細菌利用此方法運送醣類 (葡萄糖和果糖)，同時加入磷酸鹽分子，活化這些營養素，製備成代謝循環可用之物質。

胞噬作用：細胞的吞噬與胞飲

有些細胞能輸送大量的分子、顆粒、液體或甚至其他細胞通過細胞膜。因為細胞通常消耗能量來進行這種運動，因此它也是主動運輸的形式。運輸的物質並未物理性地穿過細胞膜，但藉由**胞噬作用** (endocytosis) 進入細胞內，首先細胞以細胞膜包圍物質，同時形成空泡及吞噬 (圖 6.8c)。阿米巴和某些白血球吞噬整個細胞或大的固體物質，稱為**吞噬作用** (phagocytosis)；液體，例如油或在溶液中的分子，透過**胞飲作用** (pinocytosis) 進入細胞。分子進入細胞的運輸機制總結於表 6.3。

6.4 影響微生物之環境因子

微生物暴露於多種影響生長和存活的環境因素。微生物生態學著重於微生物處理或適應熱、冷、氣體、酸、輻射、滲透壓、靜水壓力，甚至其他微生物等因素。適應涉及生物化學和遺傳學的複雜調整，使生物能夠長期生存和發展。生物學家用**利基** (niche)[15] 一詞來描述生物對它們棲息地的總體適應。對於大多數微生物，環境因素基本上會影響代謝酶的功能。因此，微生物能生存的主因，取決於酵素系統是否能在不斷變化的環境中繼續發揮作用。

微生物對溫度的適應

微生物細胞無法控制自己的溫度，因此得承受其自然棲息地的環境溫度。為了生存，微生物細胞必須適應其所在的棲息地會遇到的任何溫度變化。微生物生長的溫度範圍可顯示為三個**主要的溫度** (cardinal temperatures)。**最低溫度** (minimum temperature) 是允許微生物不斷生長和代謝的最低溫度；低於這個溫度，它的活動被抑制。**最高溫度** (maximum temperature) 是在其生長和代謝能繼續進行的最高溫度；如果溫度上升略高於最大，生長將停止。如果它繼續升高

表 6.3 細胞的運輸過程

運輸方式	運輸本質	例子	描述	性質
被動運輸 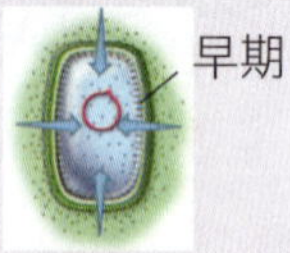	不需要消耗細胞的能量；濃度梯度的物質從較高濃度朝向較低濃度移動	擴散 滲透	以隨機運動狀態存在的原子和分子所具有的基本屬性	非專一性布朗運動；小而不帶電分子跨越細胞膜的運動
		促進擴散	分子結合於細胞膜的載體蛋白，整個被運送到另一側	特定分子；雙向運動；輸送醣類、胺基酸和水
主動運輸 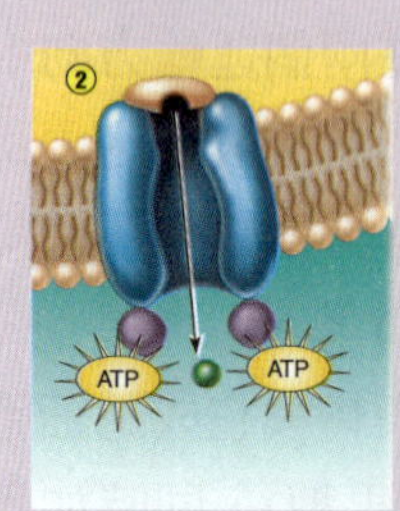	必須消耗能源；分子不必有濃度梯度；增加傳輸速率；可能出現濃度梯度相反之運輸	載體介導的主動運輸	原子或分子藉由特異的受體，以 ATP 或其他高能量分子驅動，幫浦進入或送出細胞	運送簡單醣類、胺基酸及無機離子 (鈉、鉀)
		群組轉位	分子被移動穿過細胞膜並同時轉化為有用的代謝物質	用於輸送營養物質 (醣類、胺基酸) 的替代系統
		大量運輸	利用吞噬和囊泡形成，進行大顆粒、細胞和液體的大量運輸	屬細胞吞噬作用的過程；例子是胞噬和胞飲作用

15 *niche* 利基 (nitch)。法文：*nichier* 築巢。

超過該點時，酵素和核酸最終會變為永久性失活，即所謂的變性 (denaturation)，而細胞就會死亡。這就是為什麼加熱是很好的微生物控制方法。**最適溫度** (optimum temperature) 涵蓋範圍小，在最小值和最大值的中間，此條件促進了最快的生長速率和代謝。只有少數案例其最適溫度僅為單一一個溫度點。

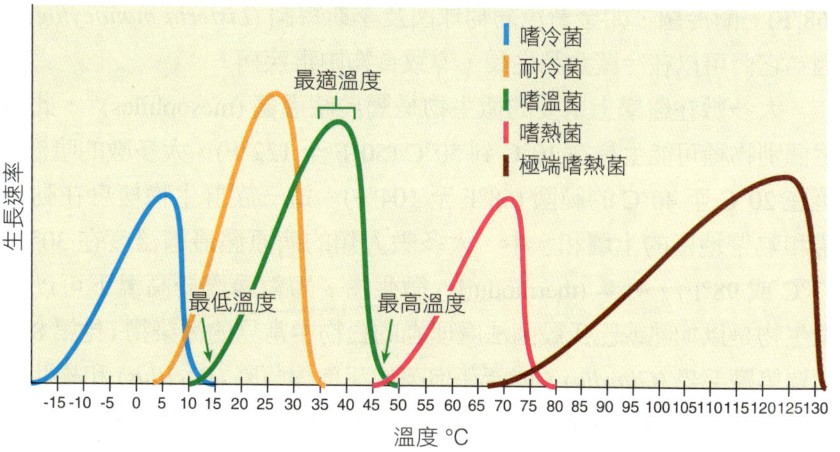

圖 6.9 適應溫度的生態族群。嗜冷菌可以生長在或接近 0°C，最適的溫度低於 15°C。嗜溫菌為一族群，可在 10°C 和 50°C 之間生長，但它們的最佳溫度通常在 20°C 和 40°C 之間。有一種類型的嗜溫菌稱為耐冷菌，能夠在溫度低於 20°C 生長。一般而言，嗜熱菌需要溫度高於 45°C，此溫度到 80°C 之間達到生長最佳狀態。極端嗜熱的細菌和古細菌之最適溫度在 80°C 以上。注意該範圍的極限值可以重疊到一定程度。

根據微生物的自然棲息地，某些有狹窄的溫度範圍，而有些則溫度範圍較廣闊。某些嚴苛的寄生性微生物，如果宿主的體溫變化低於或高於幾度就不會生長。例如，鼻病毒 (rhinoviruses)(感冒的原因之一)，只有在稍低於正常體溫的組織 (33°C 至 35°C 或 91°F 至 95°F) 才能成功增殖。其他微生物則不局限於此。某些金黃色葡萄球菌 (*Staphylococcus aureus*) 的菌株生長溫度範圍從 6°C 至 46°C (43°F 至 114°F)，而腸道中的糞腸球菌 (*Enterococcus faecalis*) 則從 0°C 至 44°C (32°F 至 112°F)。

另一種表現溫度適應的方法是描述微生物生長情形，在冷、溫或熱的溫度範圍是否最適合生長。用於這些生態類群的專有名詞稱為嗜冷菌、嗜溫菌和嗜熱菌 (圖 6.9)。

嗜冷菌 (psychrophile)[16] 是微生物 (細菌、古細菌、真菌或藻類)，其最適溫度低於 15°C (59°F)，但一般可在 0°C (32°F) 生長。其對於冷是專性的，一般無法生長在高於 20°C (68°F) 的環境。在實驗室培養真正的嗜冷菌，其實是一項挑戰，嗜冷菌接種必須在冷房中進行，因為普通室溫下對這些微生物可能是致命的，不像大多數實驗室培養，嗜冷菌儲放在冰箱是培養，而不是抑制。正如人們所預料，真正嗜冷菌不能夠存活在人體內，因此不會引起感染。相反地，這些微生物充滿了地球上最寒冷的地方，包括雪地 (圖 6.10)、極地冰塊和深海。最近，有細菌從南極的海底湖泊被分離出來，此微生物生活在零下 15°C (5°F)。真正的嗜冷菌必須與耐冷菌 (psychrotrophs) 或兼性嗜冷菌 (facultative psychrophiles) 區別，兼性嗜冷菌在冷的環境生長緩慢，但最適生長溫度高於 20°C

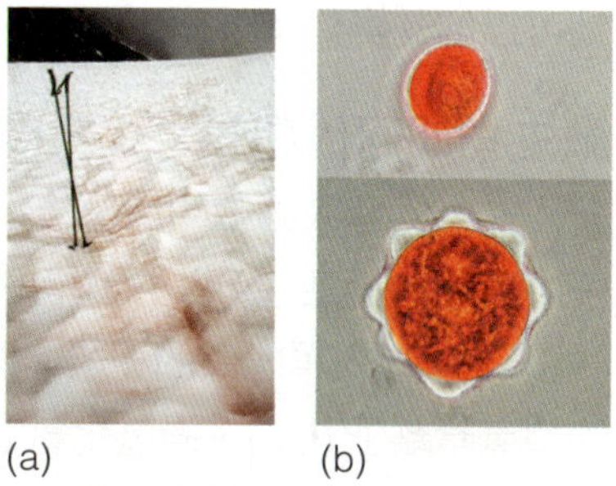

圖 6.10 紅色的雪。(a) 阿拉斯加冰河的表面為嗜冷光合生物，如 *Chiomydomonas nivalis* 提供了完美的棲息地；(b) 以顯微鏡觀察此雪藻，實際上分類為「綠色」海藻，雖然紅色顏料在這個階段的生命週期占主要地位 (600 倍)。

16 *psychrophile* 嗜冷菌 (sy′-kroh-fyl)。希臘文：*psychros* 寒冷；*philos* 喜愛。

(68°F)。耐冷菌，如金黃色葡萄球菌及李斯特菌 (*Listeria monocytogenes*) 的耐冷性會引起關注，因為它們可以在冷藏食品生長，導致食物中毒疾病。

大多數在醫學上重要的微生物是屬於嗜溫菌 (mesophiles)[17]，此類生物生長在中間溫度。雖然個別物種可能生長在 10°C 到 50°C (50°F 至 122°F)，大多數的嗜溫菌最適合的生長溫度 (最適) 落在 20°C 至 40°C 的範圍 (68°F 至 104°F)。這一族群生物棲息在動物和植物，以及溫帶、亞熱帶和熱帶地區的土壤和水中。大多數人類的病原體最適溫度在 30°C 和 40°C 之間 (人體溫度是 37°C 或 98°F)。耐熱 (thermoduric) 微生物，短暫暴露於高溫下可以存活，但通常是嗜溫菌，此微生物是以加熱或巴氏殺菌法處理過的食物中常見的污染物 (見第 8 章)。例子包含耐熱性囊蟲，如賈第鞭毛蟲 (*Giardia*)，或產芽孢菌如芽孢桿菌屬 (*Bacillus*) 和梭狀芽孢桿菌屬 (*Clostridium*)。

嗜熱菌 (thermophile)[18] 是一種微生物，最適生長溫度高於 45°C (113°F)，這種喜熱細菌生活在與火山活動相關的水和土壤中、在堆肥以及直接暴露在陽光下的棲息地。嗜熱菌一般生長的溫度範圍為 45°C 至 80°C (113°F 至 176°F)。大多數真核生物無法在 60°C (140°F) 以上生存，但是少數細菌和古細菌，被稱為超嗜熱菌 (hyperthermophiles)，生長在 80°C 至 121°C 之間 (250°F) 為目前所認為酵素和細胞結構可忍受的最高溫度上限)。嚴苛的嗜熱菌是如此耐熱，以致研究人員可以使用加熱殺菌裝置來分離培養此類微生物。

目前，有部分生物技術公司對於嗜熱微生物有濃厚興趣，到目前為止，最有利可圖的發現是一種嚴苛的嗜熱菌 *Thermus aquaticus*，其產生的酶，甚至可以在高溫下複製 DNA。這種酶稱為 Taq 聚合酶 (Taq polymerase)，現在是聚合酶鏈鎖反應 (polymerase chain reaction, PCR) 的重要組成，PCR 是一種過程或技術，可應用於醫學、法醫和生物技術等許多領域。

微生物對氣體的需求

大多數影響微生物生長的環境氣體是氧氣 (O_2) 和二氧化碳 (CO_2)。氧氣占大氣中約 20%，二氧化碳大約占 0.03%。氧氣對微生物適應有很大的影響。它是一種重要的呼吸氣體，也是強有力的氧化劑，以許多有毒的形式存在。在一般情況下，微生物可分為三類：一類是使用氧氣，且可以解其毒性；一類既不能使用氧氣，也不能解毒；以及另一類不使用氧氣，但可以解毒。

微生物如何代謝氧

當氧氣進入細胞的反應後，它可被轉化為多種有毒產物。單態氧 ($^1O_2$) 是由活的和非生命過程中產生的極活性分子。值得注意的是，它是由吞噬細胞產生，藉以殺死入侵細菌的物質之一 (見第 11 章)。單態氧的積累、細胞膜脂質的氧化和其他分子皆可破壞和摧毀細胞。高反應活性的超氧陰離子 (O_2^-)、過氧化氫 (H_2O_2) 和羥基自由基 (OH) 是氧氣的其他具破壞性的代謝副產物。為了生存在這些有毒的氧產物，許多微生物發展出能夠清除和中和這些化學物質的酶。將超氧陰離子完全的轉化為無害的氧，有兩步驟過程和至少兩種酶參與：

$$\text{步驟一：}\ 2O_2^- + 2H^+ \xrightarrow{\text{超氧歧化酶}} H_2O_2\ (\text{過氧化氫}) + O_2$$

$$\text{步驟二：}\ 2H_2O_2 \xrightarrow{\text{觸酶}} 2H_2O + O_2$$

17 *mesophiles* 嗜溫菌 (mez′-oh-fylz)。希臘文：*mesos* 中間。

18 *thermophile* 嗜熱菌 (thur′-moh-fyl)。希臘文：*therme* 熱。

需氧生物必須有一系列的反應，首先超氧陰離子被酵素作用轉化為過氧化氫和正常氧氣，此酵素被稱為超氧歧化酶 (superoxide dismutase)。因為過氧化氫對細胞也有毒性 (可作為消毒劑和防腐劑)，它必須藉由觸酶 (catalase) 或者過氧化物酶 (peroxidase) 降解成水和氧。如果微生物無法透過這些或類似的機制處理有毒的活性氧物質，此生物將被局限在無氧的環境中。

根據微生物對於氧的需求，可分成幾個類別。需氧菌 (aerobe)[19](需氧微生物) 可使用氣態氧進行代謝，並具有處理毒性氧產物所需要的酶。絕對需氧菌 (obligate aerobe) 是沒有氧氣就不能生長的微生物。大多數真菌和原生動物，以及許多細菌 [微球菌屬 (*Micrococcus*) 和桿菌屬 (*Bacillus*)] 都具有嚴格需氧代謝的需求。

兼性厭氧菌 (facultative anaerobe) 是指可以代謝不需要氧氣的好氧菌，並且能夠生長在沒有氧氣的環境。當氧存在時，此類生物的代謝類型為有氧呼吸，但在無氧情形下，則採用厭氧狀態的代謝模式，例如醱酵。兼性厭氧菌通常具有觸酶及超氧歧化酶，許多細菌病原體屬於這一族群，包括革蘭氏陰性腸道菌和葡萄球菌。微需氧菌 (microaerophile)[20] 不生長在正常大氣濃度的氧氣中，但需要少量的氧 (1% 至 15%) 進行代謝，此類別中大多數生物生活在棲息地，如土壤、水或提供少量氧的人體中，並不直接暴露於大氣中。

真正的厭氧菌 (anaerobe)(厭氧微生物) 缺乏使用氧氣呼吸的代謝酵素系統，由於嚴苛厭氧菌 [strict anaerobes，又稱絕對厭氧菌 (obligate anaerobes)]，也缺乏處理有毒氧氣物質的酵素，它們不能忍受周圍環境的任何游離氧，如果接觸到氧氣就會死亡。嚴苛的厭氧菌生活在高度還原的環境，如深層泥漿、湖泊、海洋和土壤中。

確定微生物對氧的要求，從生物化學角度來看，可能是非常耗時的過程。剛開始要釐清培養菌來自還原培養基，其中含有除去氧的化學劑如巰基乙酸鹽 (thioglycollate) 所製成的培養基。在巰基乙酸鹽液態培養試管的生長位置是生物適應於利用氧氣的簡易指標 (圖 6.11)。生長嚴苛的厭氧菌通常需要特殊的培養基、培養方法，以及排除氧氣的厭氧操作台。圖 6.12 顯示了特殊的厭氧系統來處理和培養厭氧菌。

儘管人類細胞使用氧氣，並且氧氣也存在血液和組織中，有些身體部位仍存在厭氧區間或微小生存環境，微生物如在其中形成菌落就可能發生感染。齲齒的部分原因來自需氧菌和厭氧菌在牙菌斑中進行複雜的活動。大多數牙齦感染包括已侵入受損牙齦組織的口腔細菌的類似混合物。另一種常見的厭氧菌感染的部位為大腸，屬相對無氧的棲息地，可孕育種類豐富的絕對厭氧細菌。厭氧菌感染也可能出現在腹部手術及外傷 [氣性壞疽 (gas gangrene) 及破傷風 (tetanus)]。

耐氧厭氧菌 (aerotolerant anaerobes) 不使用氧氣，但能夠生存和生長在有氧的環境下。這些厭氧菌不受氧氣的損害，其中有些具備了

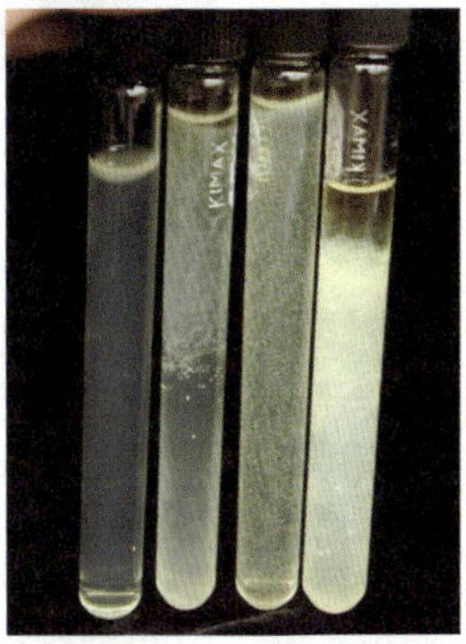

圖 6.11　利用巰基乙酸鹽液體培養基證明氧氣的需求。是還原性培養基可以建立氧含量的濃度梯度。在試管頂部的氧氣濃度是最高的，在較深的區域則沒有氧氣。當一系列試管中接種了不同 O_2 需求的細菌，生長的相對位置提供一些信息，指示其對氧氣使用的特性。試管 1 (最左)：需氧的 [綠膿桿菌 (*Pseudomonas aeruginosa*)]；試管 2：兼性需氧 (金黃色葡萄球菌)；試管 3：兼性厭氧 (大腸桿菌)；試管 4：絕對厭氧 [酪酸梭狀芽孢桿菌 (*Clostridium butyricum*)]。

19 *aerobe* 氧菌 (air′-ohb)。雖然字首是空氣的意思；但實際上使用的意義是氧氣。
20 *microaerophile* 微需氧菌 (myk″-roh-air′-oh-fyl)。

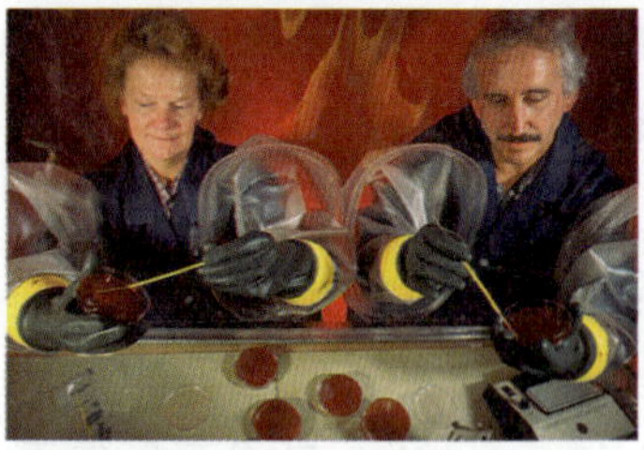

(a)

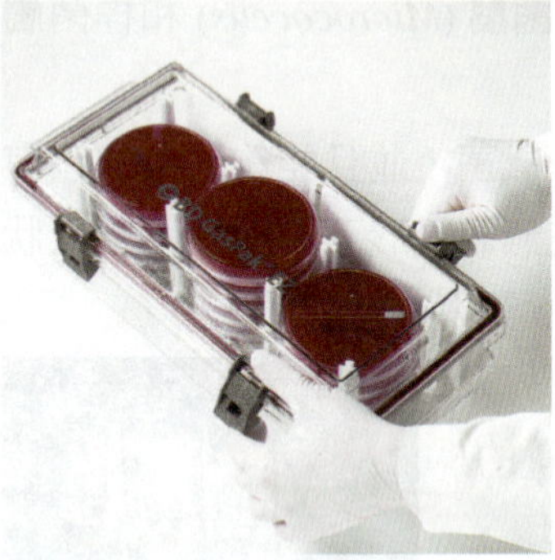

(b)

圖 6.12 厭氧菌的培養技術。 (a) 一個厭氧環境的操作台，配備有用於處理嚴格厭氧菌而不使它們暴露於空氣的操作台。它也有一個完全無 O_2 的培養和檢視系統；(b) 小型厭氧或 CO_2 培養箱系統。

分解過氧化物及超氧化物的替代機制。例如，乳酸桿菌為普通存在於腸道的微生物，可利用錳離子使這些含氧化合物去活化 (inactivate)。

儘管微生物在代謝中需要二氧化碳，但**嗜二氧化碳菌** (capnophiles) 則在較高的二氧化碳濃度 (3% 至 10%) 生長最好，此二氧化碳濃度高於一般大氣中的二氧化碳 (0.033%)。在剛開始從臨床樣品中分離某些病原體，此觀念很重要，尤其是培養奈瑟氏菌 (*Neisseria*)(淋病、腦膜炎)、布氏桿菌 (*Brucella*)(波狀熱) 和肺炎鏈球菌 (*Streptococcus pneumoniae*)，在二氧化碳培養箱中進行培養，可提供正確範圍的二氧化碳 (圖 6.12b)。請記住，二氧化碳是自營生物用來合成有機化合物所必需營養素。

pH 值對微生物的影響

微生物的生長和生存也受到棲息地 pH 值的影響，pH 值以溶液中酸性或鹼性的程度來定義、以數值來表達，一系列的數字範圍從 0 到 14，pH 為 7 既不是酸性也不是鹼性，隨著 pH 值向 0 減小，酸度增加，並隨著 pH 值的增加朝向 14，鹼度增加。大多數生物體生活或生長在 pH 6 到 pH 8 之間的棲息地，由於強度高的酸和鹼，可能對於酶和其他細胞物質產生非常大的傷害。

雖然大多數生活在土壤、淡水或植物和動物體內的微生物是**嗜中性的** (neutrophiles)，生活在 pH 為 5.5~8 的範圍內，有些則可以暴露於極端 pH 下。高酸性或鹼性的棲息地，如酸性沼澤和溪流或鹼性土壤和池塘，也可以為特殊的微生物群落提供大量的棲息地。絕對**嗜酸性菌** (acidophiles) 包括 *Euglena mutabilis*，其生長在 pH 值介於 0 和 1.0 之間，以及一種古細菌 (*Thermoplasma*)，其生長在熱煤堆中，pH 值為 1~2，若暴露在 pH 值 7 的環境就會溶解。有些種類的藻類、古細菌和細菌，可在 pH 值接近濃鹽酸的環境生活，其 pH 值接近 0。它們不僅需要如此低 pH 值的生長環境，實際上，特定的細菌也會釋放強酸，幫助維持低 pH 值。因為許多黴菌和酵母菌可容忍中等的酸度，因此它們是醃漬食品中引起食物變質最常見的微生物。

嗜鹼性菌 (alkalinophiles) 生活在熱水池和含有高濃度鹼性礦物質的土壤中。對 pH 向上耐受的極限或許可見於已適應至 pH 12 的加州莫諾湖 (California's Mono Lake) 之變形細菌 (proteobacteria)。分解尿液的細菌產生鹼性條件，因為尿素 (尿液成分) 被消化時可以產生銨 (NH_4^+)。變形菌以尿素代謝中和尿液的酸性，使其菌落可生長並感染泌尿系統。

滲透壓對微生物的影響

雖然大多數微生物在低滲透壓或等滲透壓狀況下生存，但有些則生活在高溶質濃度的棲息地，此類生物被稱為嗜滲透壓微生物 (osmophiles)。有一種常見的類型，需要高濃度的鹽；這些微生物被稱為**嗜鹽微生物** (halophiles)[21]。

絕對嗜鹽微生物 (obligate halophiles) 如嗜鹽桿菌屬 (*Halobacterium*) 和嗜鹽球菌屬 (*Halococcus*) 生活在鹽湖、池塘和其他高鹽度的棲息地。它們最適生長於 25% 的 NaCl 溶液，但至少需要 9% 的 NaCl (結合其他鹽) 才能生長。這些古細菌在它們的細胞壁和細胞膜有顯著的改變，若處在低滲透壓的棲息地將會被溶解。

有些微生物適應寬濃度的溶質，稱為**耐滲透菌** (osmotolerant)。這類生物對鹽有顯著的抗性，即使它們通常不存在於高鹽環境中。例如，金黃色葡萄球菌可以生長在 NaCl 培養基，範圍從 0.1% 到 20%。雖然通常使用高濃度的鹽和糖進行食物保存 (果凍、糖漿、和鹽水)，但許多細菌和真菌實際上可在這些狀況下生長，成為常見引起食物變質之原因，特別是愛好糖或嗜糖 (saccharophilic) 酵母，可耐受含高濃度糖的蜂蜜和糖果。

其他環境因素

沈入深海的生物會受到增加的水壓，此深海的微生物稱為**嗜水壓生物** (barophiles)，其所處的水壓比大氣壓力高好幾倍，海洋生物學家在深海海溝表面下 7 英里抽樣，分離出不尋常的真核生物稱為有孔蟲 (foraminifera)，其面臨的壓力是正常壓力的 1,100 倍。這些微生物已適應在如此嚴苛高壓下，當它們暴露在正常大氣壓下，反而會破裂。

由於細胞質中的高含量水分，所有的細胞需要從環境獲得水，以維持生長和代謝。水是用於細胞內化學物質的溶劑，酶的功能和大分子物質的消化均需要水。細胞外的表面有一定量的水，為營養素和廢物的擴散所必要，即使在明顯乾燥的環境，例如沙或乾燥土壤，這些顆粒保留薄層的水，有利於微生物的利用。只有處於休眠狀態、細胞脫水階段 (例如孢子和胞囊) 可容忍極端乾燥的環境，因為它們使酶處於不活化狀態。

6.5　微生物間的生態關聯

本章的兩大共同主題是微生物的適應能力和普遍性。微生物在最自然的環境及其在這些環境與其他生物的相互作用，已產生特異化且豐富的適應力和令人難以置信的多樣性利基。如果我們持續發現新的生物和新的關聯，與微生物關聯的每一種可能的組合和實例，均有可能存在於地球上的某個地方。當系統化地涵蓋微生物的相互作用時，我們面對的是一個廣闊且具連續性的對象，其範圍包括生活在完全相互依賴的生物，到自由生活的微生物，它們與其他族群的交互作用很鬆散或屬於短暫的關聯性。

對於相互作用最好的描述和最被了解的可能是**共生** (symbionts)[22]，其定義為生物體之間的密切關聯，至少對於其中某微生物族群是有利的。回想一下，共生關係的成員被稱為共生體。共生可以是絕對的或是非絕對的，涉及動物、植物和其他微生物，並且可以包括複雜多夥伴的相互作用。有些共生存在於生物體內部 [內部共生體 (endosymbionts)]；而其他則是附著在共生夥伴的外在表面 [外部共生體 (ectosymbionts)]；圖 6.13 提供了主要類別的共生與實例的概述。

---

21 *halophiles* 嗜鹽微生物 (hay′-loh-fylz)。

22 雖然共生有時被誤用為互惠的代名詞，但應該要了解這個名詞並不只是指互利而已，寄生也是共生的一種形式。

絕對互利共生：生物是如此密切相關，為了生存它們需要彼此。根瘤 (a1) 具有固氮能力的內共生細菌，提供植物有用的氮，而植物則提供一個培育的棲息地 (a2 嵌入圖)。水母 (b1) 和珊瑚的生存，依靠內共生藻類稱為甲藻 (dinoflagellates) (b2 嵌入圖)。

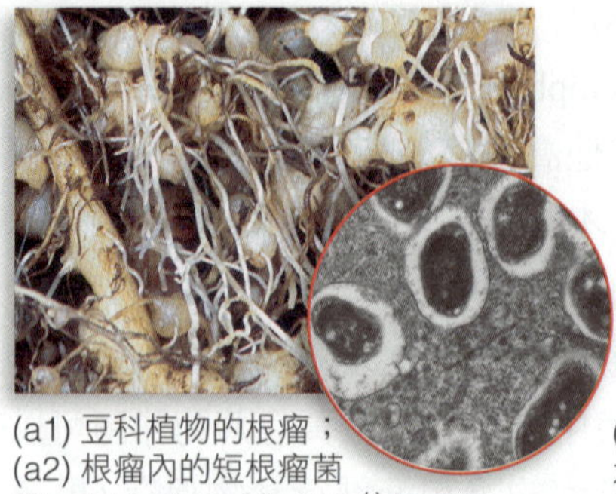

(a1) 豆科植物的根瘤；
(a2) 根瘤內的短根瘤菌 (Bradyhizobium)(3,000 倍)。

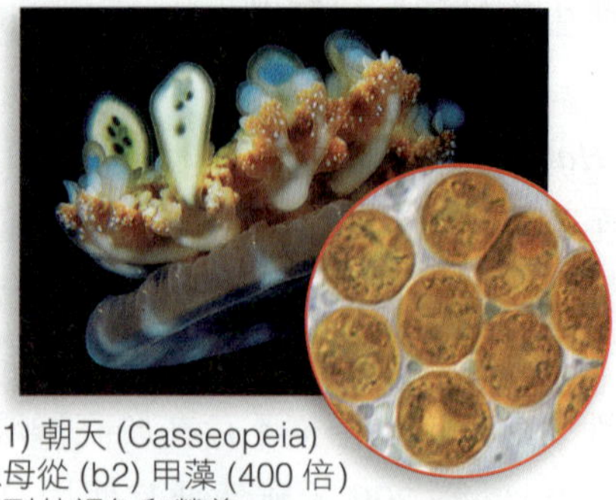

(b1) 朝天 (Casseopeia) 水母從 (b2) 甲藻 (400 倍) 得到其顏色和營養。

非絕對互利共生：生物相互作用，在細胞層次上的互惠互利，但它們可以分離並分開居住。(c) 原生動物吞噬藻類，但吸收它們釋放的營養素，同時也庇護它們。(d) 植物供給真菌營養，而真菌保護植物對抗乾燥和昆蟲。

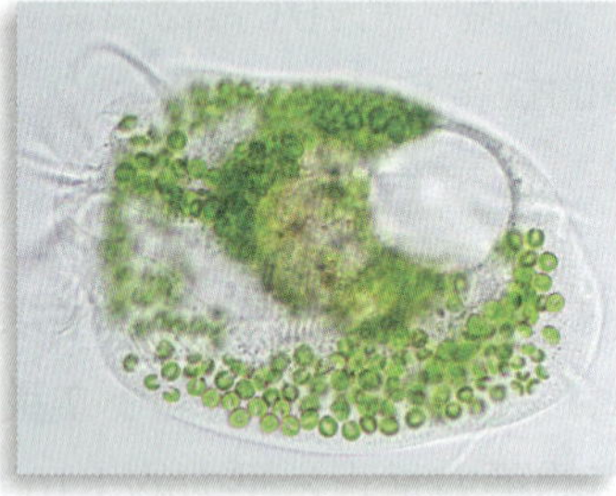

(c) 屬於纖毛蟲 (ciliophoran) 之游仆蟲 (800 倍) 內含有單細胞綠藻。

(d) 真菌菌絲 (藍色絲狀— 500 倍) 與一小草葉片親密接觸而生長。

片利共生：生物成員有一種不平等的關係，一方是因為此關係而受惠，另一方則沒有受到傷害或幫助。(e) 嗜血桿菌 (*Haemophilus*) 形成細小的菌落，吸收由金黃色葡萄球菌 (Staphylococcus) 放出所需的生長因子。(f1 和 f2) 人類共生菌以表皮相關的屑片和分泌物為生，一般是中性的效應。

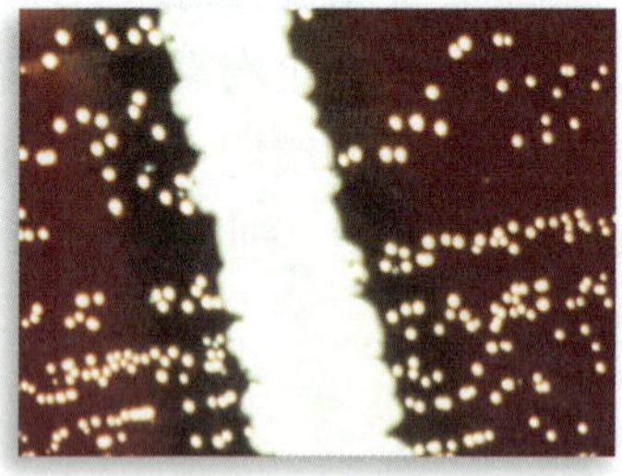

(e) 葡萄球菌周圍的衛星嗜血桿菌菌落 (生長處為白色)。

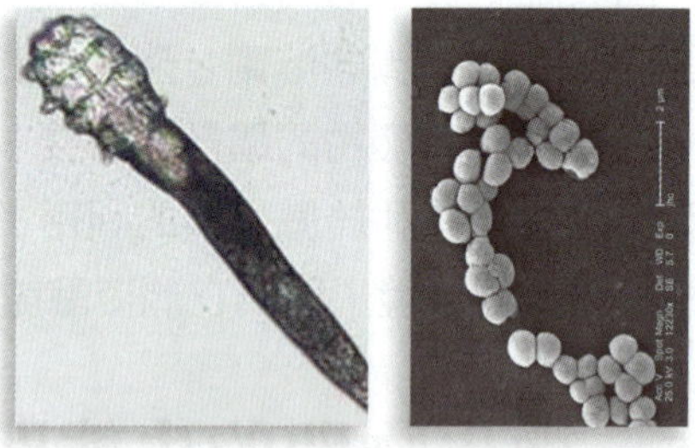

(f1) 毛囊蟎蟲 (Demodex) 生活在人類毛囊內或其周圍 (100 倍)；以及 (f2) 藤黃微球菌 (Micrococcus luteus) 生活在皮膚表面 (2,000 倍)。

寄生：微生物侵入宿主的無菌區，占據其組織和細胞，造成一定程度的傷害。(g) 所有病毒是寄生性的，侵入細胞後將管控細胞內之功能。(h) 瘧疾顯示多層次的寄生。(h1) 蚊子是吸血的人類體外寄生物，攜帶自己的、(h2) 同時也能感染人類的寄生物。

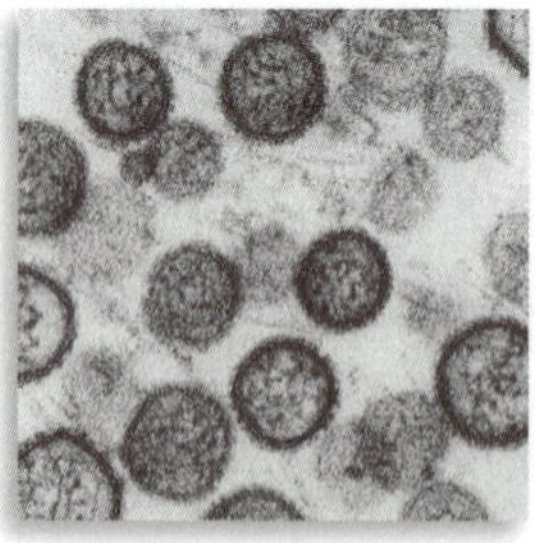

(g) 辛諾柏 (Sin Nombre) 漢他病毒，一種人類病原，存在於小鼠的排泄物中 (5,000 倍)。

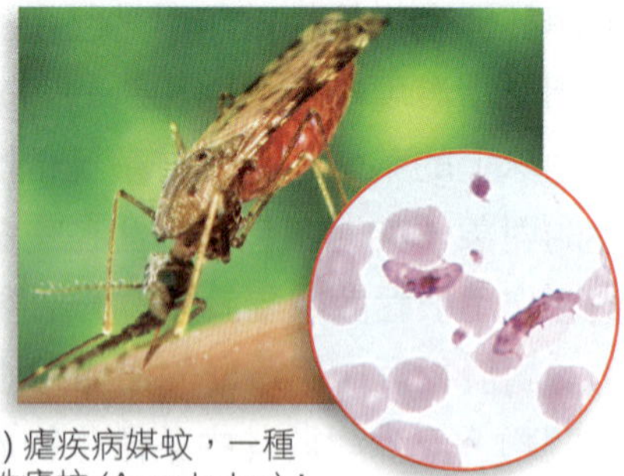

(h1) 瘧疾病媒蚊，一種雌性瘧蚊 (Anopheles)；
(h2) 來自血液中的瘧疾生蟲 (惡性瘧原蟲，1,000 倍)。

圖 6.13 **第 1 部分－互利共生：共享存在。這些關係的互動及其結果的程度各不相同。**

最密切且互相依存的類型是互利共生 (mutualism)，此名詞意味著所有成員共享所有互利共生的好處。許多互利共生的關係已經發展了數億甚至數十億年的共同演化，這個過程稱為共同演化 (coevolution)。共同演化的共生族群必須保持非常密切的關聯，必須共同演化才能維持自身

營養共生：微生物共用一個棲息地，以其他生物釋放的物質為食物。(i) 固氮細菌 (*Azotobacter*) 釋放 NH_4 餵養纖維單胞菌 (*Cellulomonas*)，該菌可分解纖維質餵養固氮細菌。(j) 塵蟎生活在人類的環境並以死皮屑為食。

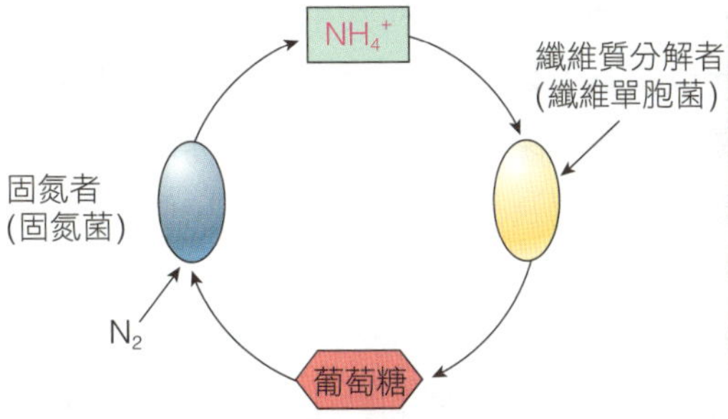

(i) 兩種土壤中細菌的交互餵養循環。

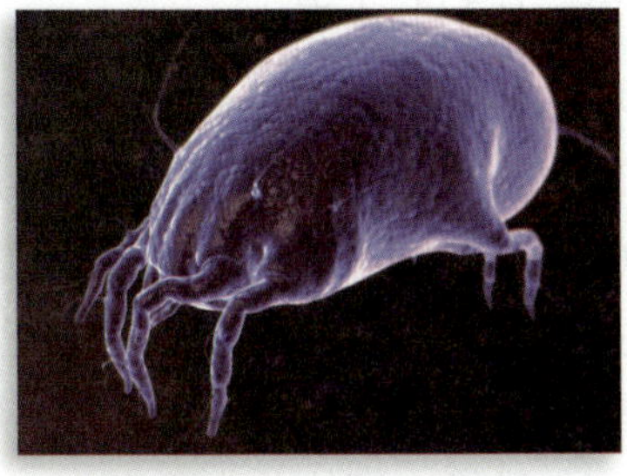

(j) 塵蟎 (100 倍)。

片害共生：某些共生成員產生危害或殺害其他生物的物質。(k) 螞蟻與真菌和細菌，有涉及互利共生和片害共生等複雜的共生關係。(l1 及 l2)，為片害共生階段的生態，螞蟻培養放線菌 (*actinomycetes*)，以保護它們的棲息地，避免有害的微生物。

(k) 切葉螞蟻採集食物形成真菌花園作為其食物來源。

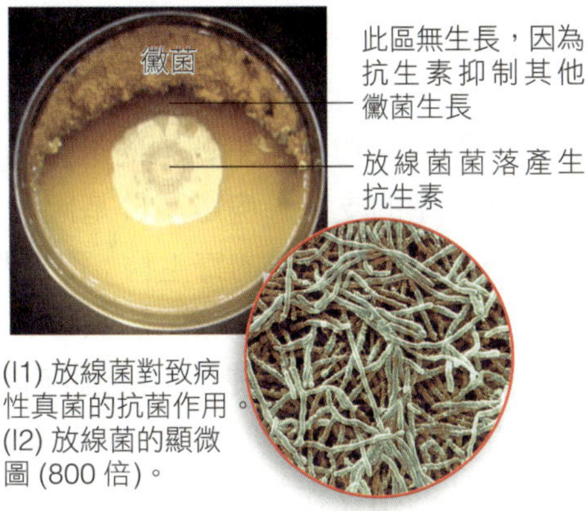

(l1) 放線菌對致病性真菌的抗菌作用。(l2) 放線菌的顯微圖 (800 倍)。

圖 6.13　第 2 部分－其他微生物的適應方式。

的生存。任何在夥伴 A 的變化，會對共生夥伴 B 產生選擇性壓力，使其適應這些變化，反之亦然，這些適應發生在基因層次，並且在有些情況下，夥伴之間的基因會進行交換。經過非常長的時期後，互利共生者 (mutualists) 可能成為完全互相依賴的共生狀態。我們可以在某些蚜蟲的內部共生菌 *Buchnera* 看到這個現象，這些細菌提供蚜蟲所需的胺基酸，而蚜蟲為它們提供保護的棲息地，這種細菌成為絕對共生菌，它們已經失去了大部分的基因體，並且無法在蚜蟲以外生存，蚜蟲也需要此細菌才能生存。要提醒的是，真核細胞的粒線體和葉綠體也被認為是起源於內部共生菌，研究透徹的絕對互利共生例子，可以在白蟻、珊瑚、根瘤、管蟲和螞蟻等發現 (圖 6.13 a1、a2，b1、b2)。

非依賴形式的互利共生有時稱為**合作** (cooperation)，生物從它們的共生關係獲得互惠互利，但它們可以在合作夥伴之外獨立生存。在許多情況下，這樣的合作關係共同演化到更大的相依性。有一例是原生動物游仆蟲 (*Euplotes*)，在其細胞中有內共生藻類 (圖 6.13c)。這兩個成員可以離開共生棲息地獨立生存，但它們彼此也已經發展出很好的親和力，繼續以共生方式生存。

其他的例子包括生長在植物組織內的真菌，當其被植物窩藏與餵養時，可保護植物免於乾旱和昆蟲傷害 (圖 6.13d)；熱噴流口之龐貝蠕蟲 (Pompeii worms)，其表面有生長外部共生的絲狀細菌，以對抗高溫和有毒金屬。

另一種常見的共生關係是**片利共生** (commensalism[23])，共生生物密切地生活在一起，但只有共生的某一個夥伴有得到利益，而其他共生者既沒有獲得利益也不受損害，此共生關係的成員

---

23 *commensalism* 片利共生 (kuh-men′-sul-izm)。拉丁文：*com* 一起；*mensa* 桌子。

稱為**片利共生者** (commensals)。有一種形式之片利共生可於培養的微生物觀察到，稱為「衛星現象」(satellite phenomenon)，此現象為：某物種釋放附近的微生物生長所需要的許多生長因子，寄食者微生物在其夥伴周圍生長形成微小菌落，而對於被動的共生夥伴並不會有傷害或幫助 (圖 6.13e)。許多占據人體利基的微生物被認為是片利共生者，它們的生活是以死皮膚和分泌物為食，但通常不會造成人體的傷害 (圖 6.13f1、f2)。正在進行的許多微生物研究，也無疑地發現，許多人類身上的微生物實際上是互利共生者，有助於人體健康。

最後一類的共生是**寄生** (parasitism)，此類型的共生主要是對寄生蟲有益而對宿主有害。寄生在整個自然界廣泛存在，所有的生物宿主均有寄生物，甚至有一些病毒最近被發現也有自己的病毒寄生物！許多寄生關係也經過共同演化，寄生物完全依賴宿主是相當常見的。

不同程度的寄生中，最極端的形式是**絕對細胞內寄生** (obligate intracellular parasitism)，這意味著該微生物在宿主細胞內進行所有或大部分的生命週期，從宿主細胞獲得必需的營養素和其他類型的支持。病毒屬於基因和代謝性寄生物 (圖 6.13g)；立克次體 (*Rickettsia*) 和披衣菌 (*Chlamydia*) 屬於能量的寄生物；頂複門原蟲 (apicomplexan protozoans) 如瘧原蟲 (*Plasmodium*)(瘧疾的原因) 是血紅素寄生蟲 (圖 6.13h1、h2)。該種寄生物對宿主的危害，從表面損壞 (真菌感染時皮膚的癬) 到死亡 (狂犬病病毒) 而有所不同。合理的認為，大多數寄生物會調節它們對宿主的傷害，當其產生耐受性時，甚至可以協同演化，以片利共生或互利共生存在。

額外的相互作用，可能是生物的生態及適應性的重要因子。其中有一種稱為**營養共生** (syntrophy)[24] 或**交叉餵養** (cross-feeding)，是生物共享棲息地並相互餵養。在本質上，是指某生物所釋出的產物，被另一生物所利用 (圖 6.13i)。所涉及的生物並不需要這種關係以求生存，但它們普遍從中受益。許多營養共生關係發生在水中和土壤中的生物膜內，並涉及到營養素和生物元素的再利用。簡單的例子如一對自由生活的土壤細菌，循環共享其代謝產物 (圖 6.13j)。纖維單胞菌屬 (*Cellulomonas*) 用其酶消化植物的纖維質轉化為葡萄糖，但它不能固氮。固氮菌 (*Azotobacter*) 從空氣中固定氮氣並釋放氨，但它並不能消化纖維質。葡萄糖是固氮菌的碳來源，而氨提供纖維單胞菌屬可使用的氮。更複雜的相互作用發生在元素循環，例如硫、磷、氮。

片害共生 (amensalism)[25] 是指某微生物導致其他微生物產生不良影響的作用，通常涉及到對立或某種類型的競爭，發生在共享空間和營養來源的微生物族群。有些微生物能有效地競爭，藉由耗盡重要的營養成分，以增快生長速度，稱霸棲息地。其他微生物則可以釋放專一性抑制化學物質到周圍環境中，此為**抵抗生物的現象** (antibiosis) —釋放自然的化學物質或抗生素等，可抑制或殺滅微生物 (見第 9 章)。許多真菌和細菌都適應了這種生存策略。一個有趣的例子可以在某些螞蟻的複雜共生中找到，這些螞蟻已經顯現出專業培養的真菌園，作為食物來源，為了保護真菌不被微生物侵害，螞蟻也培養絲狀菌即被稱為放線菌的種類，此菌能產生抗生素。這些螞蟻散布化學物質在它們的真菌園中，以保護真菌，防止寄生物入侵。圖 6.13k 和 l 顯示出這種關係的某些特點。

---

24 *syntrophy* 營養共生 (sin′-trof-ee)。希臘文：*sym* 一起；*troph* 餵養。

25 *amensalism* 片害共生 (ae-men′-sul-izm)。希臘文：*a* 非；*mensa* 桌子。

生物膜─微生物間的感應

在微生物中最常見和豐富的關聯性是**生物膜** (biofilms)。生物膜導致生物體連接到基質上，當生物透過某些形式的細胞外基質黏附在物質上，並在複雜的組織層內將它們結合一起就產生了生物膜。生物膜非常普遍，它們占據了地球上大部分自然環境的結構，這種微生物形成生物膜的傾向，是一種古老而又有效的適應策略。生物膜不僅有利於微生物棲息地的持久性，且生物膜也將提供更多維持生命的條件。從某種意義上來說，這些活的網狀結構以「超級有機體」運行，影響範圍很大，例如微生物的活動、適應特定的棲息地、土壤和水的含量、營養素循環和感染等過程。

人們普遍認為在多細胞生物體如動物和植物的各個細胞，對化學訊號具有產生、接收和反應的能力，此化學訊號包含由其他細胞製造的荷爾蒙。多年來，生物學家視大多數的單細胞微生物為簡單個體，除了在菌落中緊貼在一起外，並不具有與多細胞生物體同樣的性質。但是，這些假設已被證明是不正確的。現在有證據顯示，在生物膜的形成和功能運作上，微生物顯示出已具備有訊息傳遞及合作能力，細菌尤其是如此，儘管真菌和其他微生物也可以參與這些活動。

有個概念可以用來解釋生物膜的發展和行為，稱為**定額感應** (quorum sensing)。這個過程發生在若干階段，包括自我監測細胞密度、分泌化學訊號及基因活化等 (圖 6.14)。生物膜形成的初期，自由漂浮或游動的微生物，通常被描述為浮游狀態 (planktonic)，被吸引到表面停留或定居下來，固定下來後會刺激細菌分泌黏滑或黏合基質，通常是多醣類，將它們結合在基質上。一旦附著，細菌開始釋放**誘導分子** (inducer[26] molecules)，當細菌族群增長時則累積更多的誘導分子。透過這種方式，它們可以監控自己的群體規模。隨著時間的推移，累積關鍵數量的細菌稱為**定額** (quorum[27])，這將確保有足夠數量的誘導分子。這些誘導分子進入生物膜細胞，刺激其染色體的特異基因開始表現。

表現的性質雖然有所不同，但通常是透過生物膜作為發生反應的單元體，例如，透過編碼蛋白質基因的共同表現，生物膜可以同時產生大量的消化酶或毒素。這種表現調控可說明有關微生物活動的若干觀察。例如，它解釋了土壤和水中的腐生微生物如何迅速分解複雜的基質，以及一些病原體如何同時釋放它們的毒素進入組織中。

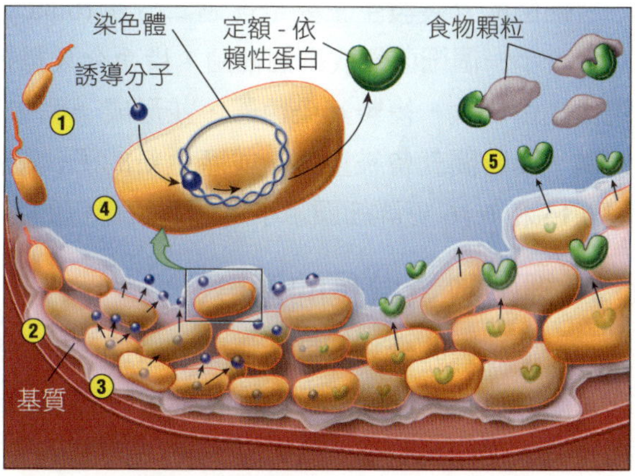

① 自由游動細胞失去運動性，定居到表面或基質上。
② 細胞合成一種黏性基質，緊緊保持它們與基質的附著。
③ 當生物膜生長到一定的細胞密度 (定額)，細胞釋放誘導分子，可以協調反應。
④ 放大一個細胞圖示，顯示基因的誘導。誘導分子刺激特定的基因表現，合成蛋白質產物，例如酶。
⑤ 細胞同步分泌酶進行食物顆粒的消化。

圖 6.14 生物膜的形成階段、定額感應、誘導和表現，從左至右顯示其發展。

26 *inducer* 誘導 (in-doos′-ur)。拉丁文：*inducere* 引導。產生或造成效應的物質。
27 *quorum* 定額 (kwor′-uhm)。拉丁文：*qui* 誰。產生效應最少的群體數量。

定額感應的效果對於病原菌如何侵入它們的宿主，並產生大量的物質來破壞宿主防禦而提供更深入的了解。許多致病菌已得到很好的研究。由假單胞菌 (*Pseudomonas*) 感染造成的某些類型的肺炎會產生頑強的肺部生物膜。金黃色葡萄球菌通常於無生命的醫療設備和傷口中形成。鏈球菌 (*Streptococcus*) 是在牙齒表面，導致牙菌斑形成的最初菌落 (見圖 18.30)。

雖然生物膜最好的研究是只涉及單一類型的微生物，但大多數在自然界觀察到的生物膜是多種微生物。事實上，許多共生的合作關係是基於共生生物之間複雜的溝通模式。正如每個在生物膜中的生物體進行其特定的利基，成員之間的信號維持整體的合作夥伴關係。生物膜是相鄰細胞間基因轉移相當頻繁的地方，此過程涉及接合與轉形等方式 (見第 7 章)。由於我們對生物膜形態知識的增長，可能會引導我們對於生物膜在感染及其對消毒藥劑抗藥性的影響有更深入的了解 (見第 9 章)。

6.6 微生物生長的研究

當提供給微生物營養素和所需的環境因子時，它們的代謝變活躍並開始生長。生長發生在兩個層面上，一個層面是指細胞合成新的細胞成分，並增加它的大小；而另一層面則是指細胞中的族群數量增加。這種微生物增殖是利用細胞分裂增加族群數量的能力，在微生物控制、傳染病和生物技術等均有很大的重要性。

細菌數量增長的基礎：二分裂和細菌的生長週期

細菌的分裂發生主要是透過二分裂 (binary fission) 或橫向分裂 (transverse fission)[28]，二分裂一詞表示一個細菌變成兩個細菌，橫向分裂是指分割細胞中橫向形成的平面。在細菌分裂週期，親代細菌變大，複製其染色體，並形成一個中央橫隔板，將細菌分成兩個子代細菌。這個過程每隔一段時間就會被重複，並產生新的子代細胞；隨著每一次成功的分裂，使細菌數量增加，圖 6.15 和 6.16 更詳細顯示了這個連續過程的各個階段。

細菌數量增長的速度

一個完整的分裂週期所需要的時間，即從親代細菌到兩個新的子代細菌，稱為一個世代生成時間 (generation time)，或者稱倍增時間 (doubling time)。世代一詞在人類也有類似的意義，是指一個人從出生到產生後代之間的時間間隔。在細菌中，每一個新的分裂週期或世代，以 2 倍的數量增加，或是加倍。因此，最初的親代階段為 1 個細胞，第一個世代後成為 2 個細胞，第二個世代為 4，第三個世代為 8，然後 16、32、64，依此類推。只要環境仍然有利於細菌生長，這種倍增效應可以恆定的速率持續。隨著每一個世代的通過，細菌數量將增加一倍，如此反覆進行，一遍又一遍。

世代產生的時間長度，是用來度量生物的生長速率，與大多數其他生物的生長速度相比，細菌是出了名的快。在最適條件下，平均一個世代生成時間為 30~60 分鐘。最短的世代時間平均為 5~10 分鐘，最長的世代生成時間需要幾天。例如，痲瘋分枝桿菌 (*Mycobacterium leprae*)

---
28 對於無法以一般方式培養的細菌進行研究，結果顯示並非所有的細菌均採用此分裂方式，有些人以出芽方式，有些以出芽方式，其餘以多重分裂方式進行。

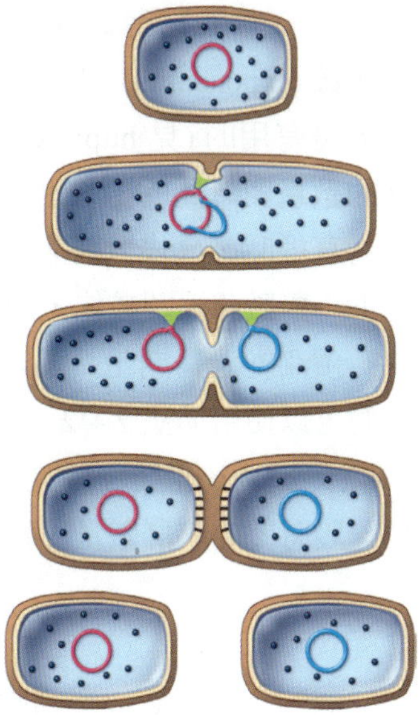

① **細胞週期開始的親代細胞**
此時看不出配合細胞分裂的合成和活動。

② **染色體複製和細胞增大**
母細胞複製染色體並合成新的結構使細胞增大，為子代細胞而準備。

③ **染色體分裂和分隔**
染色體附著在細胞骨架上，並分離到正在成形的細胞中。細胞產生中隔開始隔離新的細胞。其他成分 (核糖體) 也均勻分布到發展中的細胞。

④ **完成細胞分隔**
隔片在細胞中間完全合成，細胞膜自我修補完整，產生兩個分開的細胞空間。

⑤ **結束細胞分裂週期**
子代細胞現在已是獨立的單元。有些物種如圖所示，是完全分開的，而其他有些種類，在分裂後繼續保持連接，例如形成鏈狀或成對狀態。

細胞壁　細胞膜　染色體 1　染色體 2　細胞骨架　• 核糖體

圖 6.15　桿狀細菌的細胞週期和二分裂階段。

為痲瘋病 (Hansen's disease) 的病因，其世代生成時間需要 10 至 30 天，類似於某些動物世代產生時間。大多數致病菌都有相對較短的倍增時間，腸炎沙門氏菌 (*Salmonella enteritidis*) 和金黃色葡萄球菌 (*Staphylococcus aureus*) 為引起食源性疾病的細菌，其倍增時間為 20 至 30 分鐘，這也解釋了為什麼在室溫下，被污染的食物即使是短時間，也可能造成許多人突然患了食源性疾病。在幾個小時內，這些細菌群可以很容易地從少數細菌增殖到幾百萬個細菌。

圖 6.16 顯示了一些定量生長的特點：(1) 細胞族群的大小可以由數字 2 的指數來表示 (2^1、

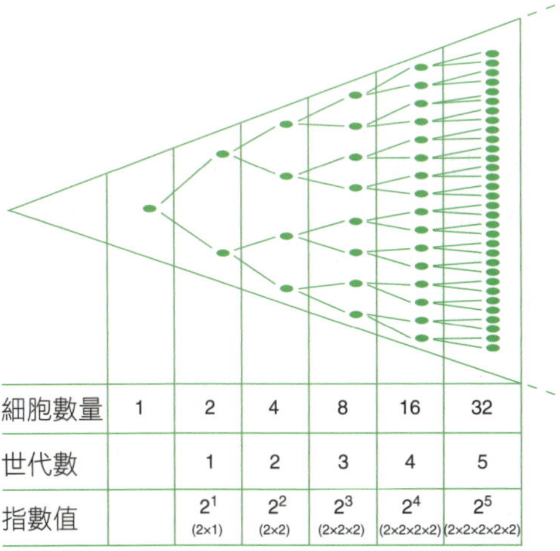

細胞數量	1	2	4	8	16	32
世代數		1	2	3	4	5
指數值		2^1 (2×1)	2^2 (2×2)	2^3 (2×2×2)	2^4 (2×2×2×2)	2^5 (2×2×2×2×2)

(a)

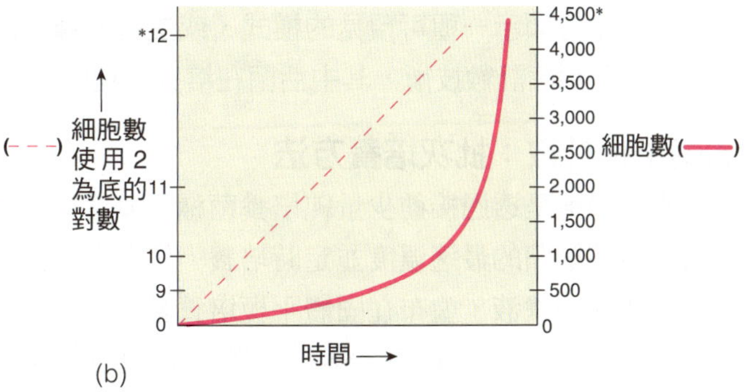

(b)

圖 6.16　細菌增長的數學計算。(a) 由單一個細胞開始，如果每一細胞可藉二分裂法複製，則每次新的細胞分裂或產生世代時，其數量將增加一倍。這個過程可以透過對數 (由 2 的指數增加)，或以簡單的數字來表示細菌數量；(b) 繪製細菌的對數圖所產生的直線代表指數生長，而直接以細胞數之數值進行繪製則產生彎曲的斜率。

* 注意左側刻度是對數，而右側刻度是單純的細胞數值。

2^2、2^3、2^4)；(2) 指數在每一世代增加 1；(3) 指數的數值即世代生成的數目，這種生長模式被稱為指數 (exponential)。因為這些微生物族群常常含有非常大量的細胞，它由指數或對數的方法來表達是有用的 (見 http://www.mhhe.com/talaro9 的 Exponents)。持續增長的細菌數量透過繪製細胞的數量與時間的函數進行作圖，細胞數可以指數或對數表示。繪製對數與時間的圖，數量增加為直線時，代表此時生長狀態為對數期；繪製算術數據，可得到持續的曲率斜率。在一般情況下，對數曲線圖較佳，因為易於讀出準確的細胞數目，特別是在早期生長階段。

預測經過長期生長週期所產生的細胞數量 (產生數百萬個細胞)，是基於相對簡單的概念。人們可以使用加法 $2 + 2 = 4$； $4 + 4 = 8$； $8 + 8 = 16$；$16 + 16 = 32$ 等等，或乘法 (例如，$2^5 = 2 \times 2 \times 2 \times 2 \times 2$)，但很容易看出，對於 20 或 30 代，如用此種計算方法可能非常冗長，因此計算經過一段時間的族群數量，較簡單的方法是使用下列等式，例如：

$$N_f = (N_i)2^n$$

在這個等式中，N_f 表示細胞在生長階段的某些點的細胞總數，N_i 是起始數量，指數 n 表示世代的數目，和 2^n 表示該世代中細胞的生成數目。如果我們知道任何兩個值，其他值就可以被計算出來，讓我們用金黃色葡萄球菌 (*Staphylococcus aureus*) 為例計算其中存在有多少細菌 (N_f)，當雞蛋沙拉三明治置於溫暖的車上 4 小時後，假定 N_i 為 10 (當製備三明治時，沈積其中的細菌數量)，為得到 n，我們需要以世代生成時間來劃分 4 小時 (240 分鐘)(我們將世代生成時間用 20 分鐘計算)。結果計算出來為 12，所以 2^n 等於 2^{12}，使用計算機或表[29]，2^{12} 計算結果是 4,096。

$$\text{最終數量} (N_f) = 10 \times 4{,}096 = 40{,}960 \text{ 個三明治中的細菌}$$

此相同的方程式經修改後，可用於確定生成時間，是一種更複雜的計算需要知道細菌在生長期開始和結束的數量。這些數據是由以下討論的方法，透過實際測試得到的。

數量增殖的決定因素

實際上，細菌的數量無法永遠保持其潛在增殖率，倍增並非無止盡，因為在大多數系統中，有許多因素會阻止細菌以它們最大的速率不斷分裂。實驗室的定量研究顯示，隨著時間，微生物數量通常會顯示一種可預見的模式，或生長曲線 (growth curve)。傳統上用於觀察數量增殖模式的方法是活菌計數技術，其中活菌在培養過程中被採樣、生長並計數，如下所述。

活菌平板計數：批次培養方法

數量增殖是透過接種少量純培養菌種，於含有已知量無菌液體培養基的三角錐瓶中，將培養瓶置於該細菌的最適溫度並定時培養。定量在生長週期中任何點的菌種族群大小是由生長室中移取少量培養液，塗布在固體平板培養基上，發展成分離的菌落再予以計數。在相等的時間間隔，重複這個過程 (即每一個小時測一次，直到 24 小時)(圖 6.17)。

評估該樣品涉及微生物學中一種常見且重要的原則：平板上的一個菌落表示來自原始樣品中的一個細菌或菌落形成單位 (colony-forming unit, CFU)。因為有些細菌菌落形成單位實際上是由幾個細菌組成 (例如，考慮葡萄球菌聚集的排列方式)，使用菌落計數可能在一定程度上，低

29 在網站 http://www.mhhe.com/talaro9 查詢 “Exponents” 找到 2 的指數表。

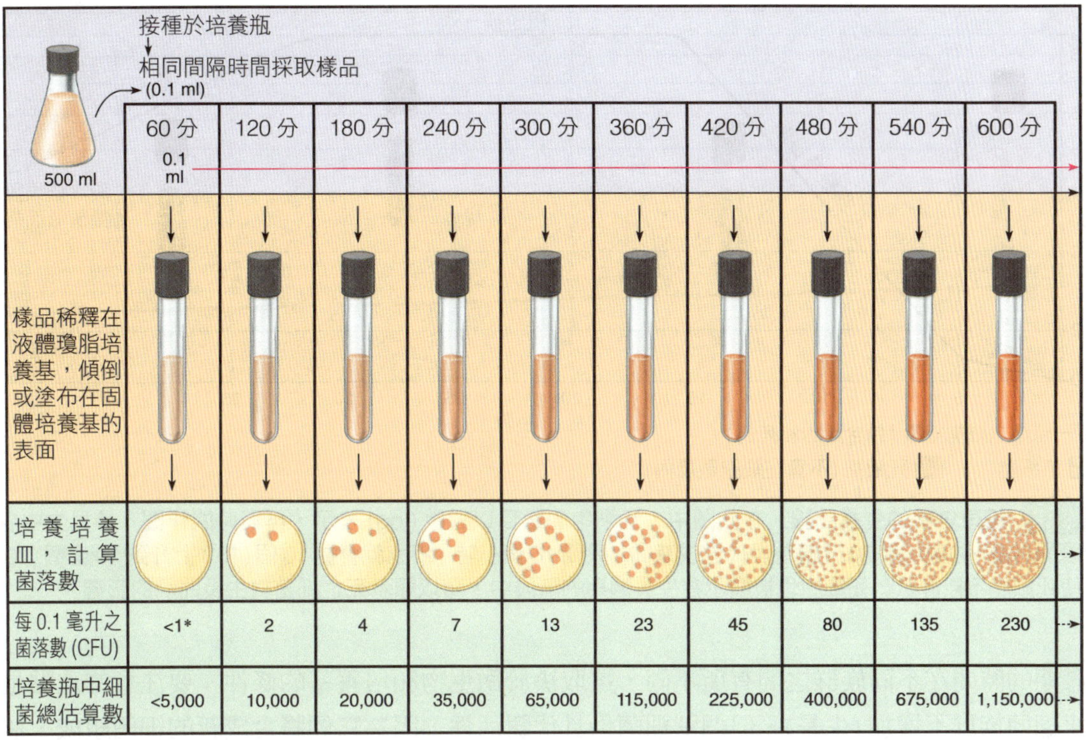
接種於培養瓶
相同間隔時間採取樣品
(0.1 ml)
500 ml
60 分
120 分
180 分
240 分
300 分
360 分
420 分
480 分
540 分
600 分
0.1 ml
樣品稀釋在液體瓊脂培養基，傾倒或塗布在固體培養基的表面
培養培養皿，計算菌落數
每 0.1 毫升之菌落數 (CFU)
<1*
2
4
7
13
23
45
80
135
230
培養瓶中細菌總估算數
<5,000
10,000
20,000
35,000
65,000
115,000
225,000
400,000
675,000
1,150,000

* 培養之微生物可能處於無新細胞產生之遲滯期。

圖 6.17 **活菌平板計數的一般步驟**。1. 將少量細胞接種到無菌液態培養基；2. 培養數小時；3. 培養期間定期取樣；4. 將樣品塗布在固體培養基；5. 計數培養後長出的菌落數。

估確切的細菌族群規模。這不是一個嚴重的問題，因為在這樣的細菌中，CFU 是菌落形成和分散的最小單位。在任何一個時間點，以單次採樣的菌落數乘以容器培養液的總體積，即可公平地估計細菌族群的大小 (細菌數)。將整個培養期中依序採樣之各樣品的細菌數量予以繪圖，可確定細菌生長曲線 (見圖 6.18)。

因為細菌在生長初期數量很稀疏，即使有活的細菌在培養液中，有些採樣之讀值可能為零。採樣品身可能會移除足夠的活菌，造成生長曲線略有改變，但由於此方法之目的，是比較細菌生長的相對趨勢，因此這些變因不至於改變整體生長曲線圖。

在正常生長曲線的各個階段

剛剛描述的批次培養系統是封閉的，這意味著營養素和空間是有限的，並且沒有任何機制去除廢棄物。通常從第 3 到 4 天的整個細菌生長期數據所產生的曲線有一連串生長期別，分別稱為遲滯期、指數期、穩定期和衰亡期 (圖 6.18)。

遲滯期 (lag phase) 是生長初期生長曲線圖上呈現「平坦」的時期，細菌呈現不生長或生長速率低於指數期。生長遲滯主要是因為：

1. 剛接種的細胞需要一段時間調整、增大和合成 DNA、酶和核糖體；
2. 二分裂週期還沒有達到它的最大速率；
3. 細菌族群如此稀疏或稀釋，以致於採樣時漏掉它們。

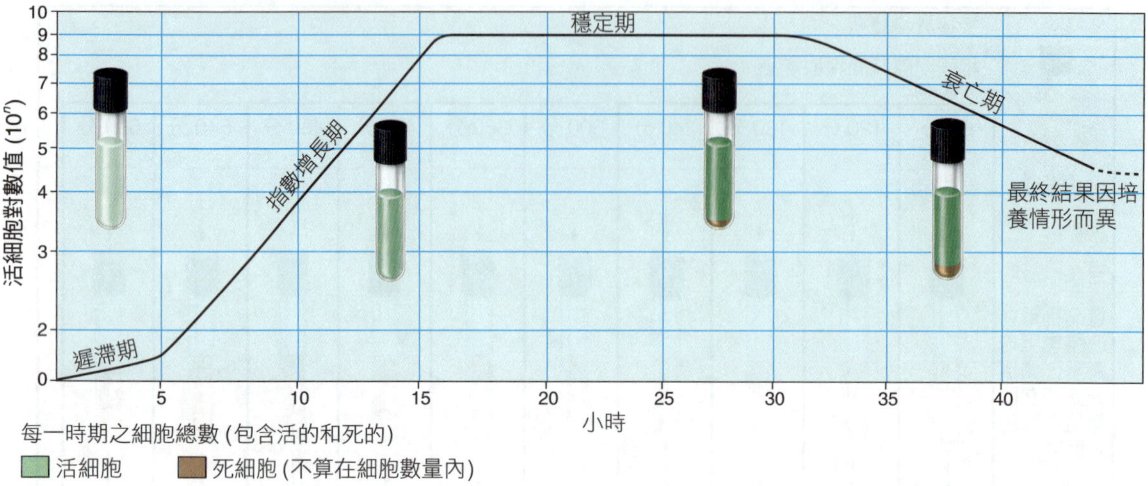

圖 6.18 **細菌培養的生長曲線**。在此圖中，活細胞的數目以對數 (log) 表示，再與時間作圖。參見文中各個階段的討論。注意，用 30 分鐘為世代生成時間，只要 16 個小時，細胞就會從 10 個 (10^1) 上升到 10 億個 (10^9)。即使死細胞不被計數，死細胞也被顯示在生長週期的階段中，藉以顯示死亡細菌對生長曲線的影響。

遲滯期的時間在不同族群之間有所不同，這取決於微生物和培養基的條件。要注意的重點是，即使細菌族群不增加 (生長)，但個別細菌仍具代謝活性，因為它們將合成新的細菌組成，並準備開始分裂。

在**指數增長 (對數) 期** [exponential growth (logarithmic or log) phase]，細菌達到分裂的最大速率，在這一期間該曲線以幾何級數增加。只要細菌有足夠的營養和有利的環境，此一階段將持續。在此階段，細菌族群達成其潛在的世代產生時間，生長達到平衡且基因也同步配合。

在**穩定生長期** (stationary growth phase)，細菌族群達到數量大小的限制，細菌分裂變慢或完全停止分裂，並可能死亡。該曲線保持水平，因為細胞的生長受到抑制或死亡的速度與增殖速度達到平衡。活細胞的數量已經達到最大，在此期間保持相對恆定。生長速率下降是由多種因素造成的，一個常見的原因是營養素和氧氣的消耗。另一個原因是，增加的細胞密度往往造成有機酸及其他有毒生化物質的累積。

由於限制細菌生長的因素加劇，此時細菌族群顯示在下降中，在生長曲線上可見到向下的斜率，此階段被稱為**衰亡期** (death phase)，其真正發生的事情更加複雜。有些細菌進入休眠，雖然仍是活菌，但是不生長；有些細菌則進入飢餓模式，幫助它們抵抗營養素及其他因子缺乏的影響。此時期的長短取決於微生物種類，某些微生物可以長時間保持在此狀態下，顯而易見的是，許多細胞在此階段進行凋亡和細胞溶解。在這些條件下，有些持續培養的微生物可能會利用死細胞釋放的營養素來存活。

生長曲線在實務上的重要意義　增長曲線代表族群的生長傾向，表現出快速生長、緩慢生長和死亡，此曲線的實際意義在微生物控制、感染、食品微生物學及培養技術是很重要的。抗微生物方法，例如加熱和消毒劑，迅速加快所有微生物進入死亡階段，但在指數生長期的微生物比起已進入穩定期，更容易受到這些試劑影響。一般來說，生長活躍的細胞更容易在破壞細胞代謝和分裂的情況下受傷。

微生物的生長模式可以說明感染的階段 (見第 10 章)。在感染的初期和中期階段比在後期階段，更容易傳播細菌給別人。在感染過程中也受到了生長速度的影響，微生物若相對以較快速度繁殖，它可以壓倒生長速度較慢的宿主自身的防禦細胞。

了解細胞生長的階段是培養微生物工作的關鍵，有時培養已達到穩定期，誤以為足夠的營養素存在而繼續培育繁殖。在大多數情況下，超過穩定期的培養是不明智的，因為這樣做反而會降低活性細胞的數量，並且導致培養的微生物全部死亡。另一種理想的作法是進行細胞染色 (孢子染色例外) 及對年輕培養的微生物進行運動性測試，因為細胞染色後可看出其自然大小和正確的反應，而可游動細胞將具有正常功能的鞭毛。

對於某些研究或工業應用中，進行微生物四個生長階段的封閉式的批次培養，其效率是不夠的。替代方法是利用自動生長室，稱為化學恆定器 (chemostat) 或連續培養系統。該設備可以提供源源不斷新的營養素，並吸走使用過的培養液及老舊的細菌細胞，因而產生穩定的生長速度和細胞數量。化學恆定器非常類似於用於生產維生素和抗生素的工業醱酵槽 (industrial fermentors)。它具有維持此培養基可以一直處於生化活性狀態的優點，並防止細菌進入衰亡期。

分析細菌族群增長的其他方法

微生物學家已開發出其他幾種分析細菌生長的定性和定量的方法。其中最簡單的方法之一就是透過混濁度 (turbidometry) 來估計族群大小。這種技術依賴簡單的觀察，在一含有清澈營養液的管中，當有細菌在裡面生長，溶液就會變成雲霧狀或混濁 (turbid)。在一般情況下，較大的濁度表示較高的微生物計數。濁度的差異可以透過靈敏的儀器，如分光光度計進行測定。它可以測量當光線穿透培養液體時，細胞散射光線的能力，這種現象稱為吸光，所測定的吸光值越高，代表細菌生長或存在於培養液中的細菌團塊越多，反之亦然 (圖 6.19b)。

細菌培養的量化與分析

濁度測量於評估細菌生長的相對量是有用的，但是如果需要更多的定量評估，活菌的菌落計數或者其他計量 (計數) 的過程是必要的。直接或總細胞計數 (direct cell count 或 total cell

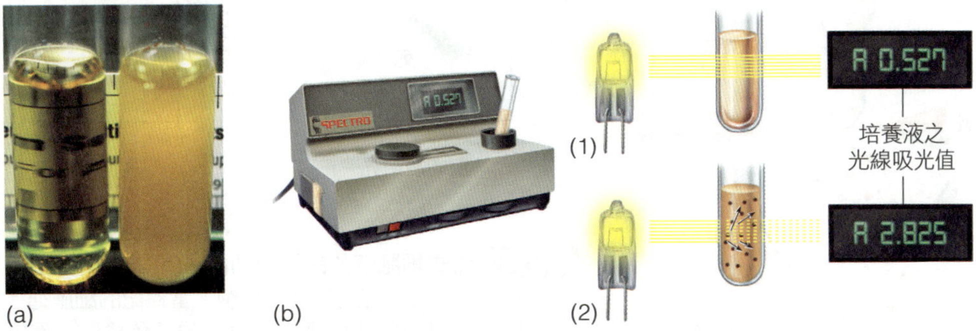

圖 6.19　以濁度測量作為細菌密度和生長量的指標。(a) 拿著培養液對著光線檢查，以肉眼觀察混濁度上大略的差異 (濁度) 是很實用的方法。左側的培養液是透明的，表示很少或沒有生長；右側的培養液混濁、不透明，表示生長很多；(b) 眼睛對於細微的濁度是不夠敏感的；更靈敏的測量可以用分光光度計進行。培養液放入機器，再以光束照射。檢測器偵測通過該管的光量，記錄此數值顯示於螢幕畫面上即為吸光值。在 (b1)，非常少的光被散射和吸光度讀取低，表示極少細菌存在。在 (b2) 中，更多的光束被散射，並且吸光度的讀值更高，顯示具有明顯的細菌數量和生長狀態。

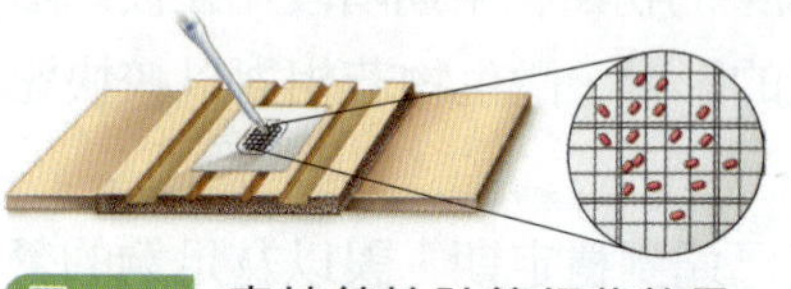

圖 6.20 **直接鏡檢計算細菌數目。**將少量樣品放置在蓋玻片之網格下。單個細菌，活著和死去的細菌都要計算。這個數量可以用來計算一個樣品的總數。

count) 計算樣品在顯微鏡下的細胞數目 (圖 6.20)。該技術非常類似於血球計數器所使用的方式，採用一種特殊的顯微鏡載玻片 (細胞儀器)，以少量的樣品分布在預先畫好格子的測量網格中，利用細胞儀的細胞計數可以用來估計更大的樣品中細胞的總數量 (例如，牛奶或水)。此方法與分光光度計都會有其先天的不準確性，即是無法區別死亡細胞和活的細胞，因為這兩者都會被計算成微生物數目。可用來測定水的微生物含量的其他程序，包括最可能數目 (most probable number, MPN) 和膜過濾技術。

微生物計數可以透過敏感的設備，如庫爾特計數器 (Coulter counter) 的自動計數。此儀器在培養物通過微小的吸管時，會以電子掃描微生物。當每個細胞流過時，即被偵測並標註在電子感應器上。流式細胞儀 (flow cytometer) 是運用類似的原理。它被廣泛用於計數、分類、量測大小和確定在懸浮液的細胞 (圖 6.21a)。大多數應用都是將待分析的細胞以不同的螢光染料染色。每次單個細胞流過腔室中，由雷射光激發每一個細胞之特定螢光，當每種螢光顏色的訊號都被會檢測到，這些訊號以圖形的形式記錄 (圖 6.21b)。最後的分離是靠磁鐵來達成，此磁鐵依照細胞的電荷，將它們拉進收集室。更常見的應用包括血球計數和血球細胞的分離和鑑定、癌細胞的分析、革蘭氏陰性菌和革蘭氏陽性菌的鑑別，甚至活細胞和死細胞也可以用這種方法來鑑別。

雖然流式細胞儀可用於計數天然樣品中之細菌數，而不需要進行培養，但仍需要將細胞標示螢光染料，不過並不是每個情形都可成功標示螢光。在這種情況下，有較新的以 DNA 為基礎的技術 (例如即時 PCR)，在沒有分離、培養或鑑定微生物情形下，可以偵測和鑑別待測微生物。

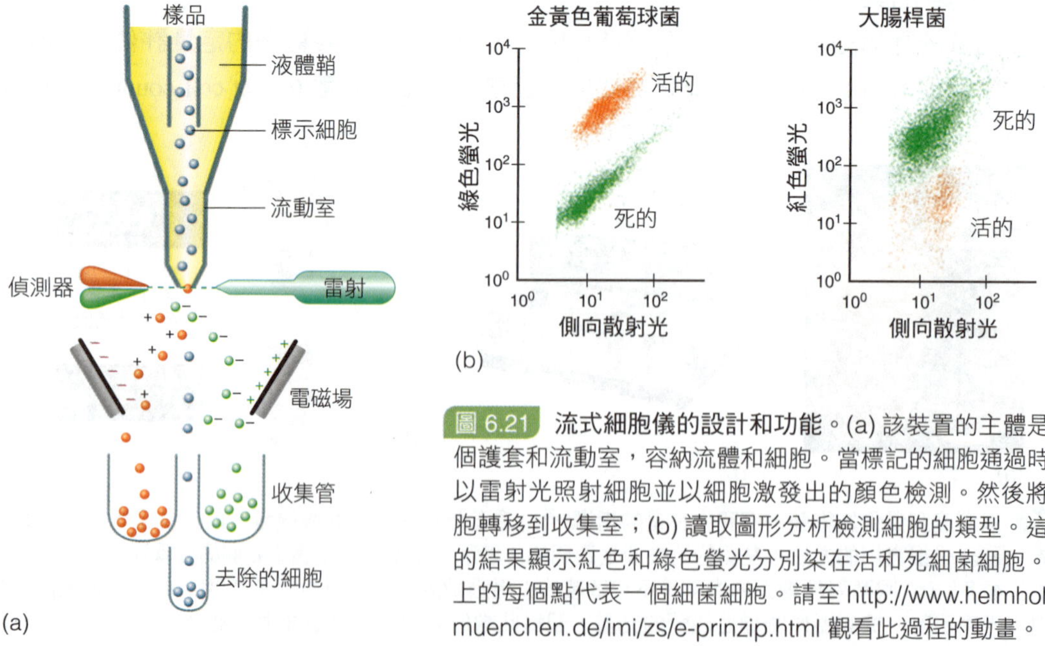

圖 6.21 **流式細胞儀的設計和功能。**(a) 該裝置的主體是一個護套和流動室，容納流體和細胞。當標記的細胞通過時，以雷射光照射細胞並以細胞激發出的顏色檢測。然後將細胞轉移到收集室；(b) 讀取圖形分析檢測細胞的類型。這裡的結果顯示紅色和綠色螢光分別染在活和死細菌細胞。圖上的每個點代表一個細菌細胞。請至 http://www.helmholtz-muenchen.de/imi/zs/e-prinzip.html 觀看此過程的動畫。

第一階段：知識與理解

這些問題需活用本章介紹的觀念及理解研讀過的資訊。

選擇題

從四個選項中選出正確答案。空格處，請選出最適合文句的答案。

1. 一種有機營養素對生物體的新陳代謝是必需的，且本身不能合成，稱為
   a. 微量元素　b. 微量營養素
   c. 生長因子　d. 礦物質
2. 生活必要的元素來源是
   a. 無機的環境資源庫　b. 太陽
   c. 岩石　d. 空氣
3. 可以利用來自太陽的能量，從 CO_2 合成所有需要的有機成分之生物稱為
   a. 光合自營生物　b. 光合異營生物
   c. 化學自營生物　d. 化學異營生物
4. 絕對嗜鹽菌需要高的：
   a. pH　b. 溫度
   c. 鹽　d. 壓力
5. 化學自營生物可單獨存活在________
   a. 礦物質　b. CO_2
   c. 礦物質和 CO_2　d. 甲烷
6. 下列哪種物質為所有生物所需？
   a. 有機營養素　b. 無機營養素
   c. 生長因子　d. 氧氣
7. 下列何者描述病原體最正確？
   a. 寄生性微生物　b. 片利共生者
   c. 腐生微生物　d. 共生體
8. 下列何者對於被動運輸是正確的？
   a. 需要濃度梯度　b. 使用細胞壁
   c. 包括胞噬作用　d. 只能運送水
9. 細胞暴露於高滲透壓環境，經過滲透會______
   a. 獲得水　b. 失去水
   c. 既不獲得也不失去水分　d. 破裂
10. 主動運輸物質穿過細胞膜需要
    a. 濃度梯度　b. 消耗 ATP
    c. 水　d. 擴散
11. 嗜冷菌預期會生長在
    a. 溫泉　b. 人體
    c. 冷藏溫度下　d. 在低 pH 值
12. 下列哪一項不參與定額感應？
    a. 誘導分子的累積
    b. 某一水平的生物膜密度
    c. 自我監測
    d. 遺傳物質的釋放
13. 超氧離子對於絕對厭氧菌是有毒的，因為缺乏
    a. 過氧化氫酶　b. 過氧化物酶
    c. 氧化物歧化酶　d. 氧化酶
14. 細胞經過二分裂所需的時間被稱為
    a. 指數增長率　b. 生長曲線
    c. 世代生成時間　d. 遲滯期
15. 在活菌的平板計數時，每一個________，代表一個________衍生自樣品族群。
    a. 細胞，菌落　b. 菌落，細胞
    c. 小時，世代　d. 細胞，世代
16. 細胞分裂速率最高的細菌生長階段是
    a. 穩定期　b. 遲滯期
    c. 指數期　d. 增大期

申論挑戰

除了第 7 題外，每題需依據事實，撰寫一至兩段論述，以完整回答問題。「檢視你的進度」的問題也可作為該大題的練習。

1. 請看下面的圖，預測滲透會發生在哪個方向。使用箭頭顯示滲透的淨方向。是否有微生物是嗜鹽的？哪一個？

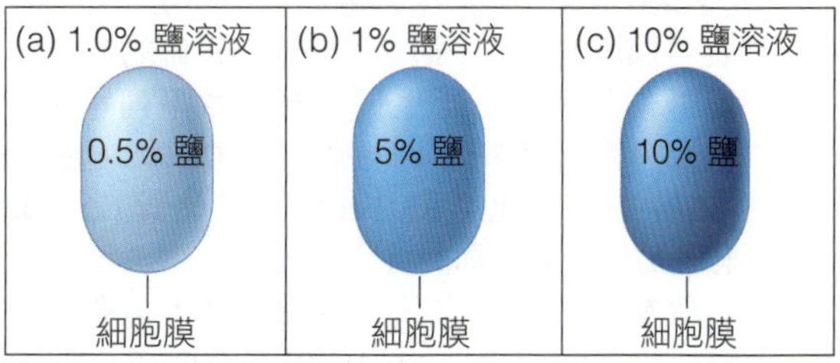

2. 描述產甲烷菌的基礎代謝。
3. 討論極端環境和生活在那裡的極端生物種類。
4. 舉例說明互利共生和營養共生的區別。

5. a. 在定額感應之何種生化事件，可保證生物膜以一個整體發揮作用？
   b. 說明生物膜自我監測如何有利於感染。
6. 說明下圖的點 A、B、C 和 D，此族群發生了什麼事？

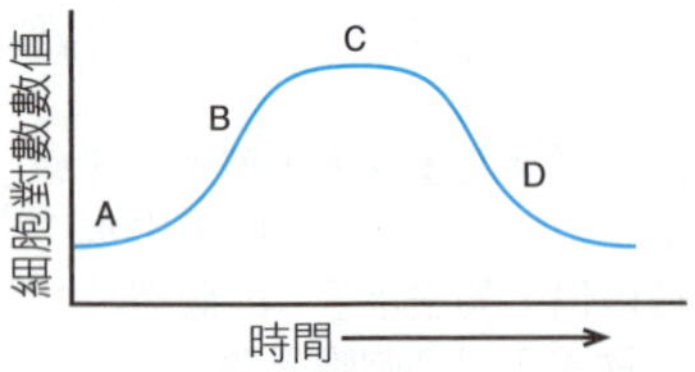

7. 填寫下表：

	碳源	能量來源	例子
光合自營生物			
光合異營生物			
化學自營生物			
化學異營生物			
腐生生物			
寄生生物			

觀念圖

在 http:www.//mhhe.com/talaro9 有觀念圖的簡介，對於如何進行觀念圖提供指引。

1. 在此觀念填入連接詞或短句，並在空格中填入所缺少的概念。

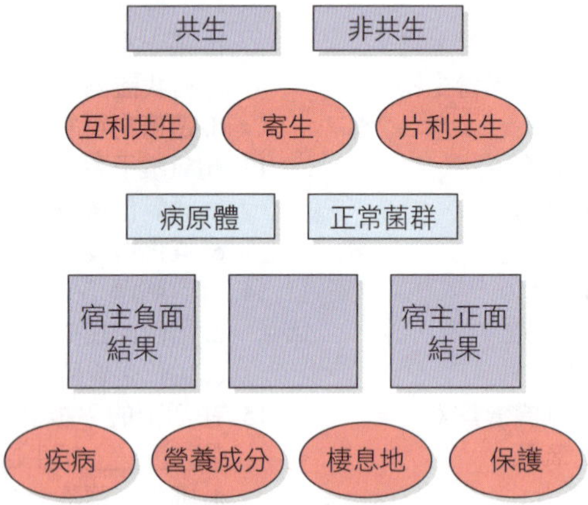

第二階段：應用、分析、評估與整合

這些問題超越重述事實，需要高度理解、詮釋、解決問題、轉化知識、建立模式並預測結果的能力。

批判性思考

本大題需藉由事實和觀念來推論與解決問題。這些問題可以從各個角度切入，通常沒有單一正確的解答。

1. a. 是否有微生物可能生長在僅包含下列水溶性化合物的培養基上：碳酸鈣 ($CaCO_3$)、硝酸鎂 ($MgNO_3$)、氯化亞鐵 ($FeCl_2$)、硫酸鋅 ($ZnSO_4$) 和葡萄糖？寫出你的答案。
   b. 一個有用的記憶方式，用於記憶大多數生物需要的主要元素是：C HOPKINS Ca Fe, Na Cl Mgood。大聲朗讀，就變成 See Hopkin's Cafe, NaC1(salt)M good! 每個字母代表什麼？
2. 描述如何確定火星微生物的營養需求。如果用盡各種營養方案後，它仍然不生長，人們可能會考慮哪些因素？
3. 患有酮酸中毒且與糖尿病有關之患者，特別容易受到真菌感染。提出這種情況的可能原因。
4. a. 說明滲透壓與 pH 值如何應用在食品保存中。
   b. 滲透壓與 pH 值對微生物有什麼影響？
5. 對於調控氣體含量治療厭氧菌感染，提供一些建議。
6. 厭氧菌和需氧菌能在同一棲息地共存嗎？為什麼？
7. a. 如果雞蛋沙拉三明治放在溫暖的車廂 4 小時，

可產生 40,960 個細菌，只要多放 1 小時會有多少細菌產生？使用 170 頁上所說明的相同標準。

b. 額外增加 10 小時呢？

c. 如何使用清潔技術於食品的製備和儲存 (除了美觀考量外) ？

8. 著名的微生物生態學家 Martin W. Beijerinck 曾表示：「一切生物都隨處可見，由環境選擇。」用這個概念來解釋，微生物是否可以生活在一個特定棲息地的最終決定因子是什麼。

9. 描述互利共生和寄生共生之間的異同處。

視覺挑戰

1. 在方格的軸線圖上畫出合適的點，並可分別繪製出適合嗜冷菌和絕對嗜熱菌的圖形。

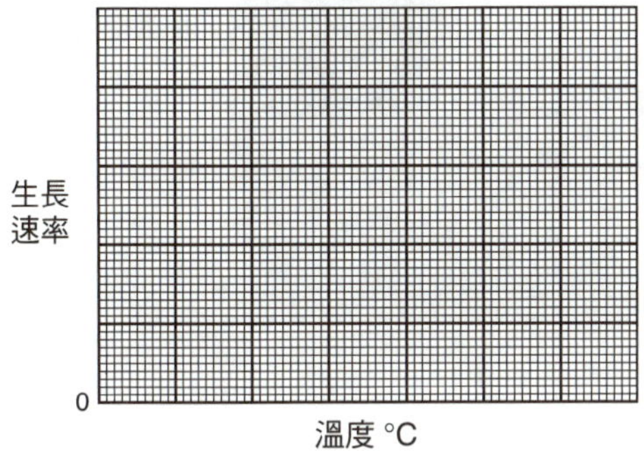

2. 在方格圖上的軸線畫出伯克利坑藻類 *Euglena mutabilis* 和挑剔的病原體 *Haemophilus influenzae* 的可能結果圖形。

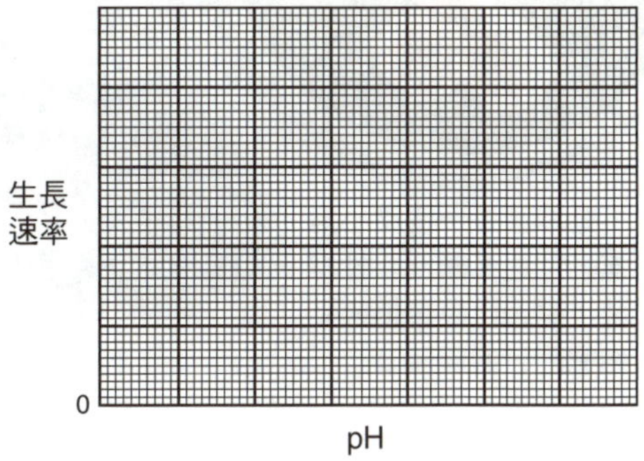

第 7 章 微生物遺傳學簡介

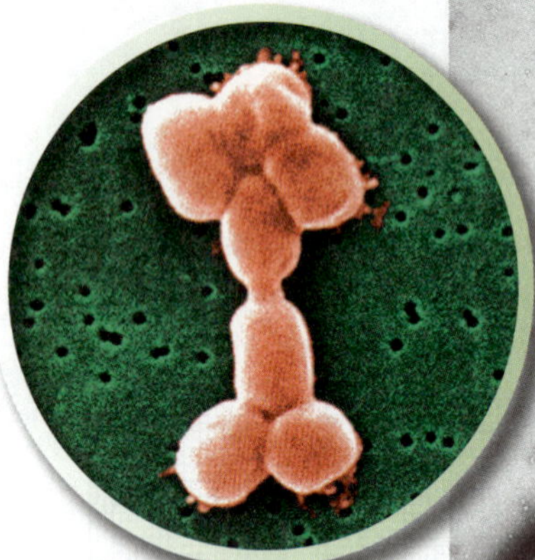

不動桿菌是一種微小無運動性之革蘭氏陰性桿菌，是否已經悄悄來到你家附近的醫院？

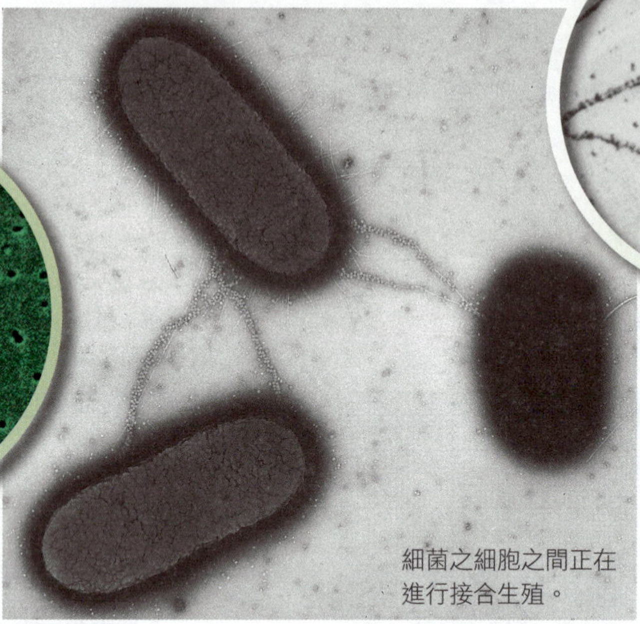

細菌之細胞之間正在進行接合生殖。

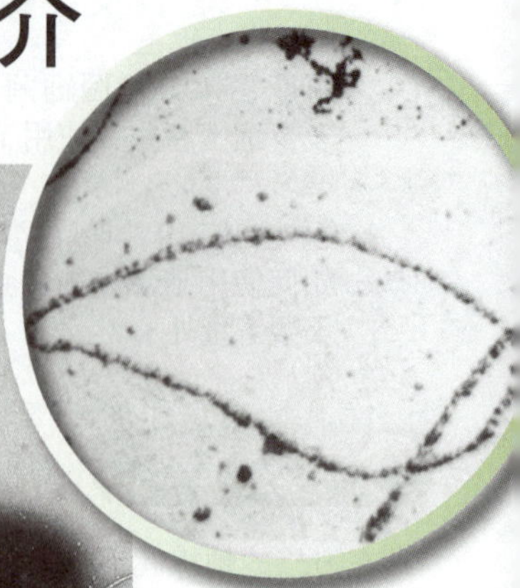

質體一小片段圓形 DNA 攜帶著遺傳寶藏。

7.1 基因學和基因簡介：解開遺傳的秘密

基因學 (genetics) 是研究活體生物特徵遺傳的科學。此主題亦稱為遺傳學，是一門廣泛的科學，此學門研究的主題如下：

- 從親代傳到子代的生物特性 (特徵)
- 這些特徵的表現和變異
- 遺傳物質的結構和功能
- 這些遺傳物質如何變化或演化

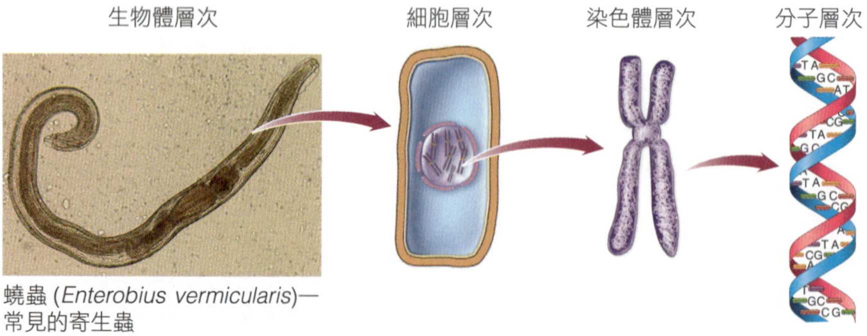

圖 7.1 遺傳研究的層次。遺傳過程可以在生物體、細胞、染色體和 DNA 序列 (分子層次) 的層次進行觀察。雖然這裡顯示的層次屬於真核生物，原核生物也是依照類似的模式。

基因學的研究發生在幾個層次上 (圖 7.1)：生物體基因學觀察整個生物體或細胞中，遺傳因子的傳遞和表現；染色體基因學檢查染色體的特點和作用；而分子遺傳學則涉及基因功能的生物化學。所有這些層次提供研究微生物的結構、生理、演化和致病性等相關背景。

遺傳基因材料的性質

去氧核糖核酸 (deoxyribonucleic acid) 或 **DNA** 是基因學的中心分子，所以認識 DNA 的特性，對於理解廣泛的遺傳原則是不可缺少的。因此，我們將利用本章的第一節建立 DNA 的組織、結構和複製的部分基礎。之後，將涵蓋相關的概念，如 RNA 和蛋白質的合成、基因控制、突變，並在接下來的五小節討論基因轉移。

基因體的結構和功能層次

基因體 (genome) 是指在細胞內所有遺傳物質的總和，雖然大多數的基因體以染色體的形式存在，但遺傳物質也可能出現在非染色體位置 (圖 7.2)。例如，細菌和某些真菌含有微小額外條的 DNA [**質體** (plasmids)]，以及真核細胞的粒線體和葉綠體都具備有自己的功能性染色體。細胞的基因體完全由 DNA 組成，但病毒則以 DNA 或 RNA 作為主要遺傳物質。雖然每種生物體的基因體均是獨特的，然而核酸的結構和功能的一般模式，則是在所有生物體和病毒之間均相似。

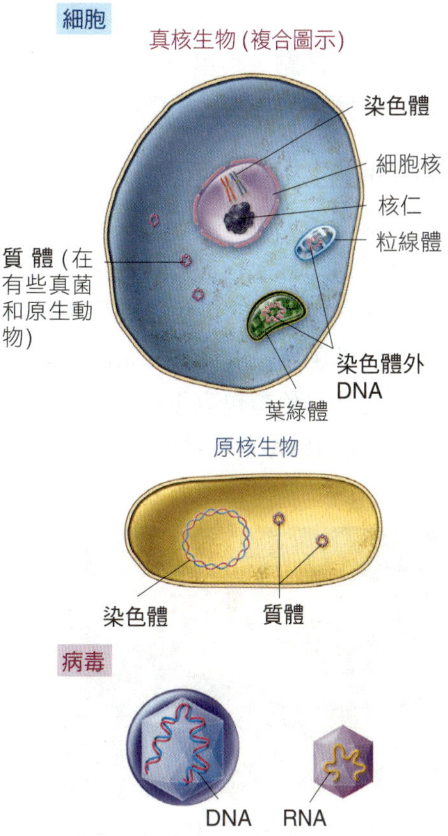

圖 7.2　兩種細胞形態和選定病毒 (未按比例) 基因體的一般位置和類型。

在一般情況下，**染色體** (chromosome) 是一分離的細胞結構，內有精密包裹的 DNA 分子。真核生物和細菌細胞的染色體在某些方面是不同的，真核細胞染色體的結構，包括由組蛋白 (histone) 緊密纏繞的 DNA 分子，而細菌染色體凝聚，並以不同類型的蛋白質固定成一束。真核細胞的染色體位於細胞核；各有不同數量，從數個到數百個；可能是雙套 (diploid) 或單套 (haploid)；它們是線性的形式。相反地，大多數細菌只有單一圓形的染色體，但有些則具有多個染色體，有的也具有線性染色體。

所有的染色體包含了一系列基本的生物訊息「組合」稱為基因。**基因** (gene) 可以從多種角度來定義，在傳統遺傳學的術語是指負責生物體特定性狀的基本遺傳單位。在分子生物學和生物化學意義上，基因是染色體的一部分，提供特定細胞功能之相關訊息。更具體說明，基因是 DNA 的特定區段，其中包含必要的密碼，可合成**蛋白質** (protein) 或 RNA 分子。本章強調的是基因最終的定義。

基因分為三種基本類型：蛋白質編碼的結構基因、RNA 編碼的基因以及控制基因表現的調控基因。所有這些類型的基因總和構成生物體獨特的基因組合，或**基因型** (genotype)[1]。基因型的表現所產生的特質 (某些結構或功能)，稱為**表現型** (phenotype)[2]。例如，某人遺傳父母基因體的組合 (基因型)，表現出特定的眼睛顏色或身高 (表現型)；細菌遺傳親代基因，直接產生鞭毛

1 *genotype* 基因型 (jee′-noh-typ)。希臘文：*gennan* 產；*typos* 形式。
2 *phenotype* 表現型 (fee′-noh-typ)。希臘文：*phainein* 表現。基因表現的生理放大。

或具備代謝特定受質的能力，以及使病毒具有基因決定蛋白殼的結構。事實上，所有生物體，在任何時間點，其單一表現型都是由許多基因參與而產生的，並非由單一基因造成。換言之，可以根據哪些基因被「啟動」或表現，決定該表現型的變化。

基因體的大小和包裹

基因體的大小差別很大。病毒有可能從幾個到上千個基因；細菌如大腸桿菌 (*Escherichia coli*) 具有單條染色體，含有 4,288 個基因，人類細胞基因數約為五倍，許多被分散在 46 條染色體中。大腸桿菌的染色體如果不纏繞並拉成直線，測量其長度將達 1 mm，但此長度要塞到細菌體中，細菌體長度僅在 1 μm 左右，展開的 DNA 比細菌體本身長度超過 1,000 倍以上 (圖 7.3)。然而細菌染色體包裹後卻只占細菌體大約三分之一到二分之一的體積。同樣地，如果把人的 46 條染色體 DNA 全部拉開，並以端點接端點方式串連，測量總長度約達 6 英尺，這樣細長的基因體如何「塞」到細胞的微小體積？在真核生物中的情況下，甚至要擠進更小的隔間－細胞核，答案就在 DNA 複雜的捲曲方式。

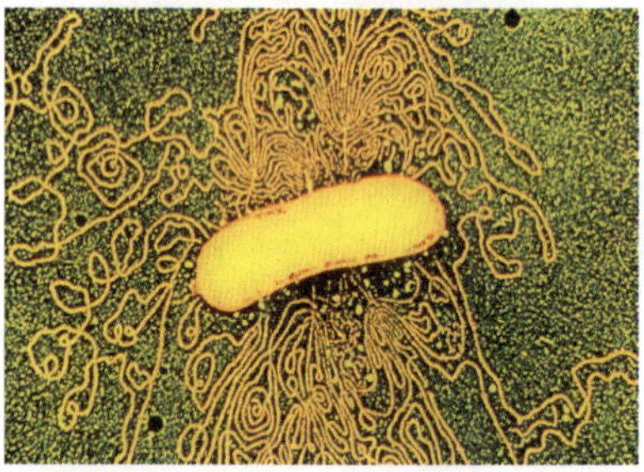

圖 7.3 被破壞的大腸桿菌，已經吐出其單一的染色體，呈現單一未捲曲的 DNA 鏈。

DNA 的包裹

將 DNA 全部分子包裹進細胞，牽涉超螺旋 (supercoils 或 superhelices) 的方式壓縮 DNA 分子。在原核生物較簡單的系統中，環形的染色體是由一種特殊的酶進行包裹作用，此酶被稱為**拓撲異構酶** (topoisomerase)[具體而言是 DNA **旋轉酶** (gyrase)]。這種酶產生一系列可逆的捲曲，將 DNA 分子纏繞捆緊成染色體。

真核生物的系統是比較複雜的，具有三級或更多層次的捲繞。首先，染色體的 DNA 分子，原是直鏈的，先纏繞組蛋白兩次，產生**核小體** (nucleosomes) 鏈狀結構，核小體再以螺旋的方式彼此折疊，甚至有更大的超螺旋發生，這種螺旋結構進一步從外部輻射狀地扭曲其半徑，形成巨大的螺旋式鉤環。這種極度緊密的程度，使真核染色體在有絲分裂過程中，顯得明顯可見 (圖 7.A)。

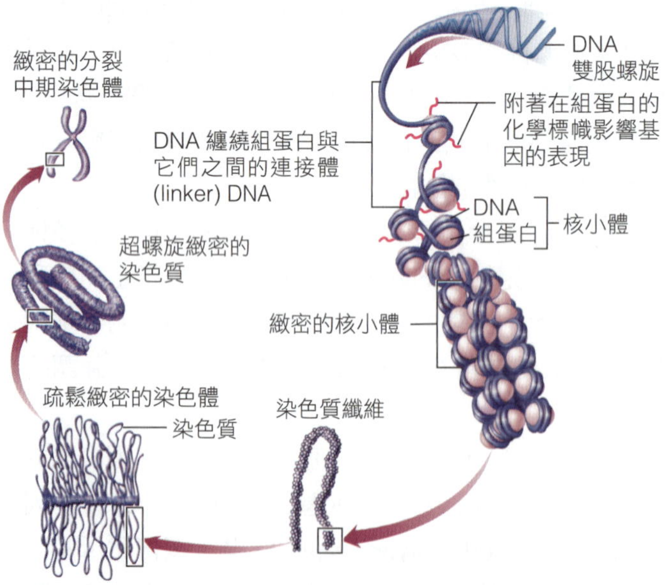

圖 7.A 真核細胞之 DNA 與各種蛋白質和小分子的相互作用。這種關係調節許多基因的表現，同時，也使 DNA 有次序地縮合成一個緊密的分子。

將DNA和蛋白質凝聚為染色質，一度被認為其作用主要是作為一種方式，使如此長的 DNA 分子，改變結構以適合細胞大小。然而，新的研究已經顯示，DNA 的捲曲，也可作為另一種基因的控制方式，給細胞提供某些部分或多或少的基因表現程度。這是對許多性狀表現的主要控制方式，尤其是在真核生物。此種額外的基因調節功能，提供一個全新的思維，引導表現型基因的表現。細胞的表現型不只是由於 DNA 的核苷序列而已，此種基因控制方式也導致了遺傳學最基本方面的重新思考。

DNA 的結構：以自己的語言形成雙螺旋結構

為了在分子層次上分析 DNA 的結構，想像一下，若把一小段的基因放大約 500 萬倍，你會看到的是偉大的生命奇蹟。這種分子拼圖片段，在 1953 年終於由 James Watson 和 Francis Crick 摸索出來。他們確定，DNA 是一個巨大的分子，由兩股形成雙螺旋 (double helix) 結構。許多證據顯示，DNA 的一般結構在生物間是通用的，除了某些病毒因含有單股 DNA 而有不同。

DNA 結構的基本單位是**核苷** (nucleotide)，由**磷酸** (phosphate)、**去氧核糖** (deoxyribose sugar) 和**氮鹼基** (nitrogen base) 所組成，簡化模型如圖 7.B 所示。

圖 7.4 描繪出 DNA 的結構，由一般結構 (a, b, c) 至特定的結構 (d)。為了使 DNA 分子形成糖 - 磷酸骨架，每個去氧核糖重複以共價鍵方式與兩個磷酸鹽鍵結。其中一個是與去氧核糖 5′ (讀法是「five prime」) 碳的位置鍵結，而另一個則鍵結在 3′ 碳位置。此模式將使 DNA 兩股形成方向性，彼此以相反方向運行，如圖 7.4d 和以下段落將進行討論。

氮鹼基、**嘌呤** (purines) 和**嘧啶** (pyrimidines)，以共價鍵接在糖分子的 1′ 位置 (圖 7.4 c,d)，這些分子通過中心與相對股互補鹼基配對，形成雙股螺旋結構。**成對的鹼基** (paired bases) 藉由氫鍵連結在一起，且易於被打斷，而使該分子被「解開」產生 2 條互補股。這個特性是非常重要的，可藉此獲得氮鹼基序列的編碼訊息。嘌呤和嘧啶的配對並不是隨機的，而是以鹼基的結構以及它們如何排列形成氫鍵而決定。因此，在 DNA 中，**腺嘌呤** (adenine，簡稱 A)，與**胸腺嘧啶** (thymine，簡稱 T) 配對，而**鳥嘌呤** (guanine，簡稱 G) 與**胞嘧啶** (cytosine，簡稱 C) 配對。需要注意的是，腺嘌呤與胸腺嘧啶形成兩個氫鍵，而胞嘧啶與鳥嘌呤形成三個氫鍵，這種差異會影響若干 DNA 的功能。有證據還顯示，鹼基在此結構下相互吸引，因為每個鹼基都有合適其配對且互補的 3D 形狀。雖然鹼基配對的雙方通常不會改變，但沿著 DNA 分子的鹼基對序列可以假設任何順序，導致可能的核苷序列有無限數目的組合。從已經定序的染色體 DNA 上，很明確地發現，單一 DNA 分子可以達到多長。細菌的染色體平均由 500 萬至 600 萬個核苷所組成；而在人類的 46 條染色體 (雙套成對的) 合計約含有 64 億個核苷。

其他對於 DNA 結構所關注的重要內容，是關於雙股螺旋本身的性質。如前面所指出，螺旋的一股運行方向與另一股相反，即所謂的反向平行 (antiparallel) 排列。使用磷酸與去氧核糖之碳鍵結的次序，我們可以看到，一股螺旋由 5′ 端往 3′ 端方向運行，另一股則從 3′ 端至 5′ 端方向 (圖 7.4d)。這個特性在 DNA 合成、轉錄和轉譯等均有其意義存在。雖然 DNA 構造有點像扭曲的梯子，但它不是對稱的。螺旋的曲率和氮鹼基

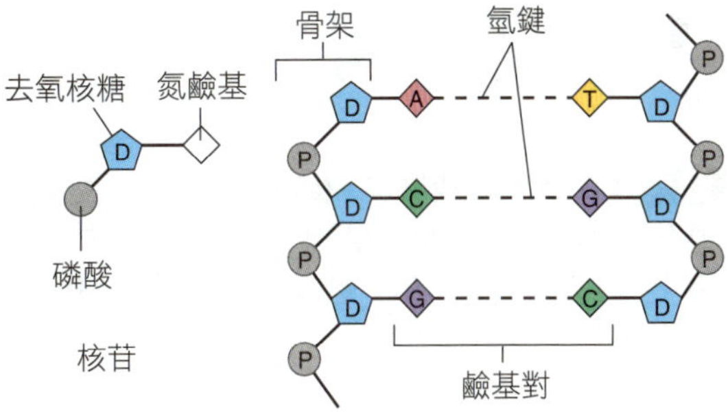

圖 7.B

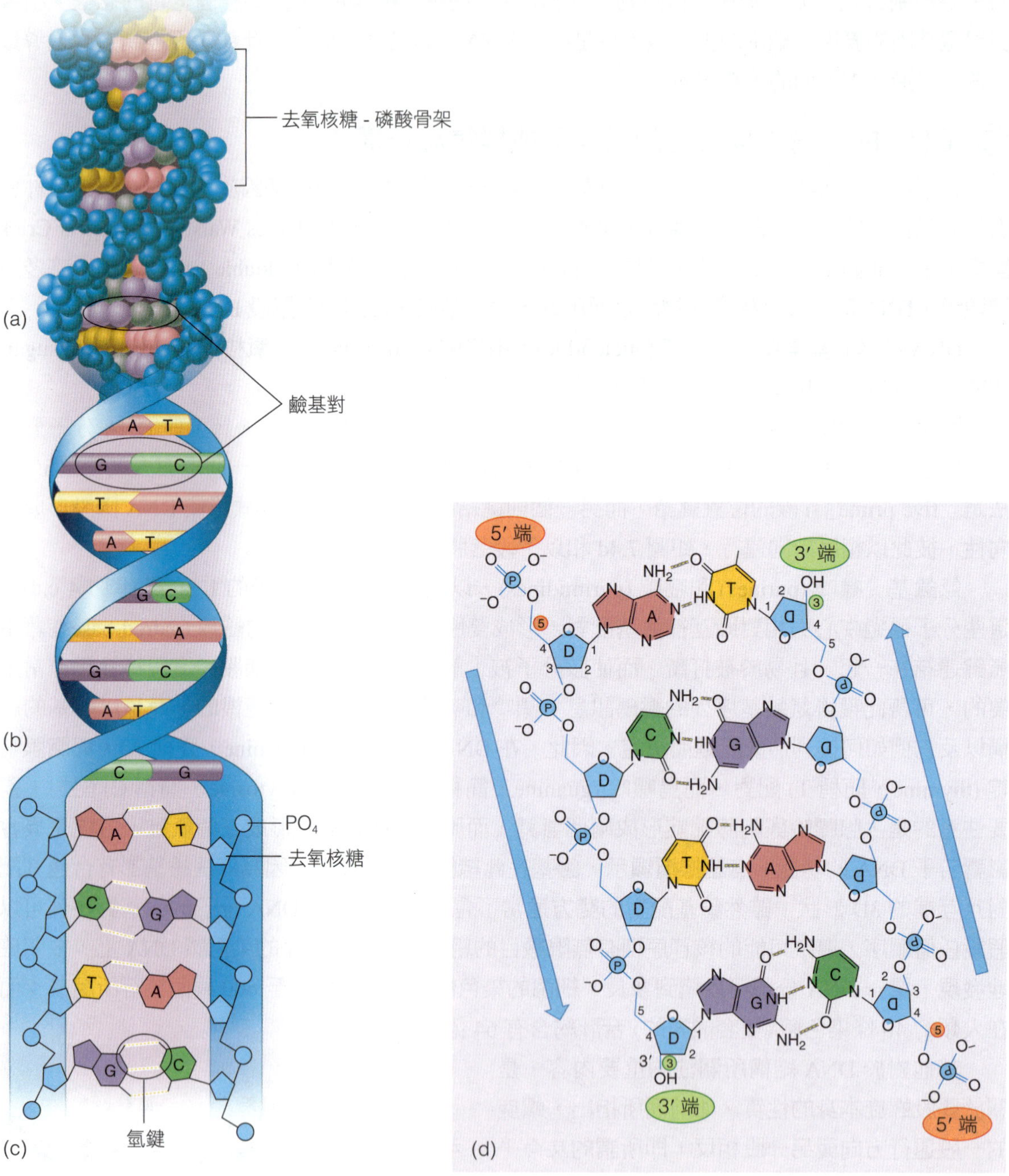

圖 7.4 DNA 的結構層次。(a) DNA 的空間填充模型，顯示出其基本構造為糖 - 磷酸的雙螺旋骨架，保持氮鹼基在它們之間；(b) 螺旋狀梯子模型，描繪了互補的氮鹼基 (條狀) 如何彼此橫跨中心點與對面分子進行配對；(c) 圖中繪出分子的基本化學組成和鍵結模式；(d) 氮鹼基對、氫鍵和兩股螺旋反平行排列的詳細圖。注意，在一股中，去氧核糖磷酸的運行方向為 5′ 至 3′，而另一股是從 3′ 至 5′。

的逐層堆疊，產生兩種不同大小的表面特徵，即主要和次要的裂溝 (grooves)(圖 7.5)。

DNA 複製：保留基因密碼並傳遞下去

物種要生存下去，就必須繁殖複製。在細菌中，包括藉由二分裂或出芽的方法使細菌分裂，但它也牽涉到遺傳物質準確的複製，並分配給每個子代細胞，以確保正常的功能。

沿著 DNA 的長度所含的鹼基序列構成「基因語言」，這種基因語言必須被保存幾百個世代，因此此基因密碼需要進行高度準確的複製，此複製的過程稱為 DNA 複製 (DNA replication)。在下面的例子中，我們將呈現細菌之增殖過程，雖然有一些例外，但此過程也適用於真核生物和有些病毒。複習第 6 章，細菌在二分裂初期，即開始進行染色體的複製。儘管其複雜性，DNA 複製是非常迅速的，此過程必須在一個世代的時間內完成 (大腸桿菌約 20 分鐘)。

DNA 結構的意義

氮鹼基在 DNA 的排列有兩個重要的作用：

1. 在複製過程中維持遺傳的訊息：鹼基配對的穩定性，確保 DNA 鹼基的正確順序，將在細胞分裂過程中被保留。當 DNA 兩股分開時，每一股 DNA 提供了增殖 (精確地複製) 新分子的模板 (template)(模式或模型)(圖 7.5)。因為一股 DNA 序列提供了其互補股 DNA 正確的模式，因此其基因密碼可以被準確地複製。
2. 提供變異性：DNA 全長的鹼基順序，提供了生產 RNA 和蛋白質分子所需的訊息，負責細胞性狀的表現。正如我們接下來要看到的內容，改變鹼基結構或鹼基在 DNA 分子的順序，將對生物體的表現性狀產生顯著的影響。

值得注意的是，為何如此看似簡單的密碼集，可以產生形式多樣的病毒、細菌和人類的極端差異。我們知道，如同英文以 26 個字母為基礎，可以創建無限多種的字，但明顯更為複雜的遺傳語言如 DNA 卻只以四個含氮鹼基的「字母」為基礎？答案在於 DNA 的四種鹼基排列成為更長的序列。一個普通的細菌基因可能含有一千個核苷：所以雖然 DNA 是由較少的「字母」組成，但被排列成更長的「字」，從數學上來說，一千個核苷可排列出 $4^{1,000}$ 種不同的序列，排列組合數目如此之大 (1.5×10^{602})，因此提供了近乎無

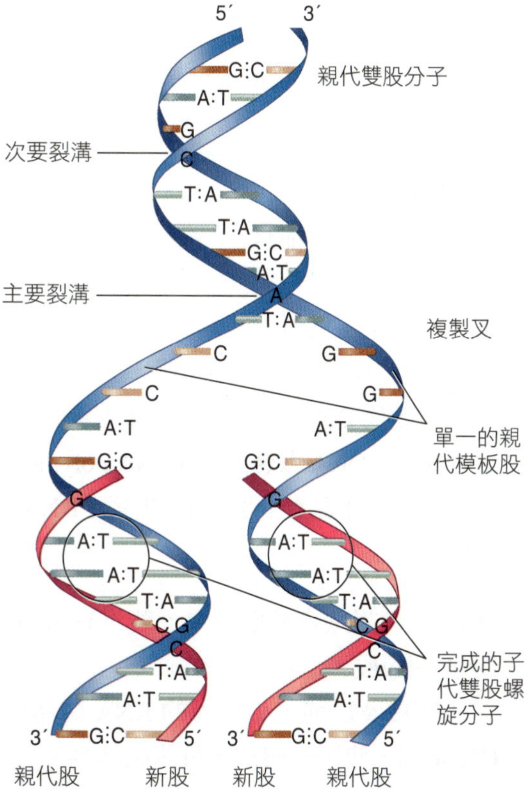

圖 7.5 以簡化步驟表示 DNA 的半保留複製方式。 親代雙螺旋的兩股解開纏繞並分離，每條單股將作為模板 (藍色) 來合成新股的 DNA (紅色)，起始點由複製叉 (replication fork) 開始。當 DNA 合成進行時，正確的核苷酸根據模板的類型進行添加。在模板上的 A 將與新分子的 T 配對，而 C 將與 G 配對。完成複製的子代 DNA 分子含有新合成的 DNA 單股與原始模板 (親代) 的另一單股。這使得 DNA 密碼不變，因為與親代相同的鹼基線性排列順序仍保留在此過程中。這個過程在圖 7.6 有更詳細的描述。

限量的變化。

整個複製過程

哪些功能使 DNA 分子被正確地複製，它的完整性是如何保持？ DNA 複製需要仔細編排 30 種不同酶的作用 (部分清單列在表 7.1)，其中分開 DNA 分子的雙股、複製其模板、並產生兩個完整的子代分子。簡化的複製版本，如圖 7.5 所示，包括以下內容：

1. 由預定的起始點開始解開親代 DNA 分子。
2. 解開鹼基對之間的氫鍵，進而分離兩股並暴露每股 (通常是埋在螺旋的中心) 的核苷序列作為模板。
3. 按照每個單股模板附著其正確的互補 (complementary) 核苷，合成兩個新股。

DNA 複製的關鍵要求是，每個子代分子與親代中的組合均相同，但兩個子代 DNA，沒有任何兩股是完全新合成的；作為模板的股是原始親代 DNA 的一股。親代分子以這種方式保留下來，被稱為半保留複製 (semiconservative replication)，此方式有助於解釋 DNA 複製能維持可靠性和準確性的原理。

複製步驟

所有的染色體都有作為開始複製的起始原點 (origin of replication)，由此位置開始進行複製過程。此起始原點位置是一段富含腺嘌呤和胸腺嘧啶的簡短序列，你可以回憶，此組合僅由 2 個氫鍵而不是 3 個氫鍵將兩股 DNA 保持在一起。因為複製起點富含 AT，需要較少的能量來分離兩股，如果起始原點富含鳥嘌呤和胞嘧啶則需要較大能量。

使用親代 DNA 作為模板，合成新股子代 DNA 的過程係由一組大的酶複合物進行，其內含主要複製酶 - DNA 聚合酶 III (DNA polymerase III) 與眾多的輔助酶，進行子代新股的合成過程。DNA 聚合酶 III 負責解開雙股和複製 DNA 的編碼，但它具有影響整個過程的一些主要條件 (圖 7.6)：

- DNA 複製起始合成過程中，若沒有可連接的核苷作為引導，則 DNA 聚合酶不能添加核苷到 DNA 模板股。
- 在開始複製之前，小片段的 RNA 稱為引子 (primer)，插入複製的起始點，提供了自由的 3′-OH 基團，使第一個核苷可開始結合。

表 7.1 參與 DNA 複製之酵素及其功能

酶 (酵素)	功能
解旋酶	解開 DNA 螺旋結構
引子合成酶	合成 RNA 引子
DNA 聚合酶 III	將氮鹼基加入新股的 DNA；校對新股 DNA 之錯誤
DNA 聚合酶 I	去除 RNA 引子，以正確的核苷替換岡崎片段之間的空缺，修復配錯的鹼基
接合酶	在合成和修復過程中之 DNA 缺口的最後結合
超螺旋酶	超螺旋

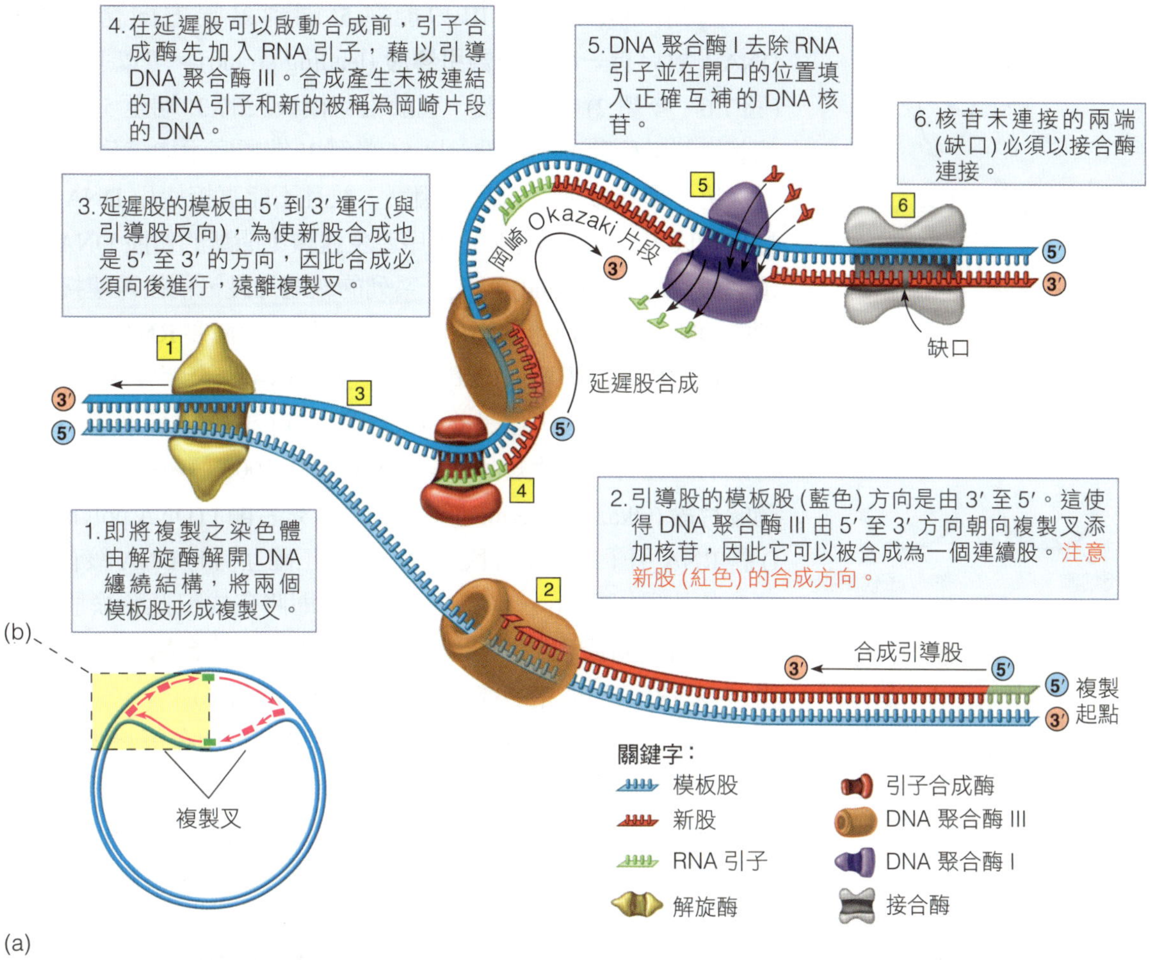

圖 7.6 **細菌環狀染色體 DNA 複製的裝配線。**(a) 細菌染色體複製的整體方式，由兩個複製叉合成了新股 DNA；(b) 左側複製叉的放大圖，顯示複製的細節。

- DNA 聚合酶只能在該模板的 3′ 至 5′ 的方向讀取，並且僅可以在 5′ 端到 3′ 端的方向添加核苷成為新股。因為這兩個模板股的進行方向相反，被導向的 5′ 到 3′ 的模板股，需要有替代合成模式 (見延遲股)。

在此複製開始之前，稱為解旋酶 (helicases) 的酵素 (解壓縮酶) 結合在起始原點的 DNA，這些酶打斷維持雙股之氫鍵而解開螺旋結構，因而產生兩個分開的股，其中每一股將被用作合成新股的模板 (圖 7.6，步驟 1)。

當複製開始於引子合成酶在複製起始原點合成 RNA 引子 (primers)(圖 7.6a) 時。DNA 聚合酶 III 將使用此 RNA 短鏈作為起始點，開始加入核苷。在細菌的環狀 DNA 分子中，有兩個複製叉 (replication forks)，每個都包含自己的一組複製酶。每個複製叉需要兩個具活性的 DNA 聚合酶，連同其他幾種蛋白質和酶，其主要功能是穩定聚合酶，並提供去除和更換核苷的功能。此酶複合物環繞複製叉附近的 DNA 並以親股引導合成新股的 DNA。當合成進行時，複製叉不斷打開，暴露其用於複製的模板。

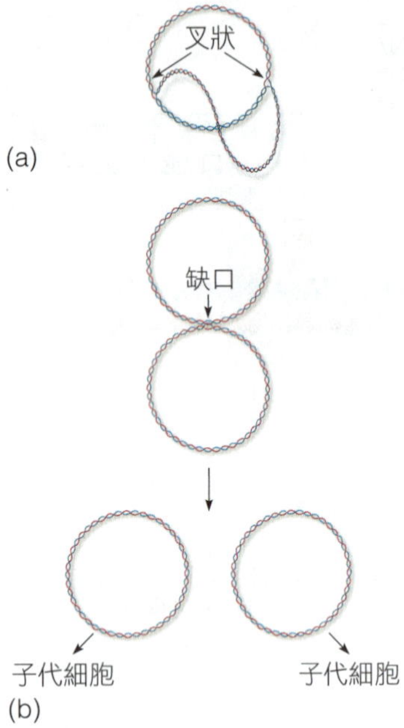

圖 7.7 細菌染色體完成複製。 (a) 當複製進行時，一股 DNA 向下形成鉤環；(b) 當酶切割並釋放所完成的兩個 DNA 分子，則完成最後分離的步驟。二分裂方式使子代細胞接收這些染色體。

因為 DNA 聚合酶 III 只能在 5′ 端到 3′ 端方向合成新的 DNA，故只有一股，稱為**引導股** (leading strand)，可以連續合成 (圖 7.6，步驟 2)。只需要一種酶沿著模板股的 3′ 端至 5′ 端順序朝著複製叉移動，在新股上以 5′ 端到 3′ 端順序添加核苷。

另一模板股運行方向則相反，並且不能直接使用 DNA 聚合酶來合成，無法以 5′ 到 3′ 順序產生連續不間斷的新股 DNA。此**延遲股** (lagging strand) 形成一系列的較短片段，稍後再連接成連續的 DNA (圖 7.6，步驟 3 和 4)，此過程仍然需要 RNA 引子，且每個新的片段都需要自己單獨的引子。DNA 聚合酶在 5′ 到 3′ 順序添加核苷到新股，但是此方式必須以向後的方向遠離複製叉。合成的這種方式產生短片段的 DNA (100~1000 個鹼基長度) 稱為**岡崎片段** (Okazaki fragments)。當 **DNA 聚合酶 I** (DNA polymerase I) 將 RNA 引子從岡崎片段去除，並以正確互補的 DNA 核苷填補缺少的片段 (圖 7.6，步驟 5)，延遲股即將完成但此置換股並未完全結合到新股已完成部分，因此需要一種**接合酶** (ligase)，使得這些最終磷酸與糖能進行連結 (圖 7.6，步驟 6)。

添加核苷進行速度相當驚人，估計有些細菌在每一個複製叉每秒達到 750 個鹼基，當複製進行時，一條新合成股往下形成環狀構造 (圖 7.7a)。當複製叉已經形成完整的圓形時，終止位置關閉複製作用，兩個圓形子代分子暫時保持連接，但有缺口並由解旋酶分開 (圖 7.7b)。

像任何語言一樣，DNA 偶爾會被「拼錯」，當一個不正確的鹼基被添加到成長股中，有研究顯示，這樣的錯誤機率，大約是每 10^8 至 10^9 個鹼基中會有一次錯誤，但這些錯誤大多數會被修正。如果發生不正確的序列，被稱為突變，可能導致嚴重的細胞功能障礙，由於保持細胞的完整性有賴於精確的複製，細胞已經發展自己的 DNA 校對功能。DNA 聚合酶 III，為增長 DNA 分子的酶，也可以檢測不正確及不配對的鹼基，切除它們，並用正確的鹼基替換它們。DNA 聚合酶 I 也參與 DNA 分子的校對和修復受損的 DNA。

7.2 DNA 密碼的應用：轉錄和轉譯

我們探討了 DNA 分子的遺傳語言如何在複製中被保留，接著，我們將討論 DNA 如何表現。已知 DNA 鹼基序列是遺傳密碼，究竟這個密碼的性質是什麼？以及它是如何使用的？儘管基因體是充滿關鍵的訊息，但 DNA 分子本身不能直接進行細胞的相關過程。相反地，它的訊息被傳送到 RNA 分子，執行其中所包含的指令。遺傳訊息經由 DNA 到 RNA 再到蛋白質的概念早已是分子生物學的中心信條 (central theme)(圖 7.8a)，其內容指出，DNA 的主要密碼，首先被用來合成 RNA，此過程稱為**轉錄** (transcription)，包含在 RNA 中的訊息隨後被用於稱為**轉譯** (translation) 的過程，藉以產生蛋白質。這種模式的主要例外存在於 RNA 病毒，將 RNA 轉換成其他的 RNA，或是由反轉錄病毒將 RNA 轉換成 DNA。

現在我們知道，這些既定的概念，雖然是正確的，但仍有審議空間，並由新的發現不斷地增加我們的理解，除了用於產生蛋白質的 RNA，各種特定的 RNA 可作為調節基因的功能 (圖 7.8b)。

基因與蛋白質的連結

三聯碼和蛋白質的關係

有關基因和細胞功能之間的關係，有幾個問題總是會被提出。例如，基因結構如何在個體產生性狀的表現？基因表現有何特性，可使一個生物體與另一個生物產生截然不同的結果？欲知答案，我們必須轉向基因和蛋白質結構之間的相關性。我們知道，每個結構基因是蛋白質的核苷酸序列編碼。由於每個蛋白質是不同的，每個基因的組成也必須具有某種形式之不同。事實上，在 DNA 的語言中，一股 DNA 存在每三個連續鹼基或三聯密碼組 (triplets) 的順序 (圖 7.9)。簡而言之，一個基因不同於另一個即由於三聯密碼組的排列次序及數量之差異所造成。與這個概念同樣重要的是，每一個三聯密碼組代表一個特定的胺基酸，當三聯密碼組被轉錄和轉譯，就決定了多胜肽 (蛋白質) 鏈中胺基酸的類型和順序。

總結連接 DNA 和蛋白質功能的關鍵點：

1. DNA 是一幅藍圖，指示該製造何種蛋白質，以及如何製造它們。這個藍圖中沿著 DNA 股

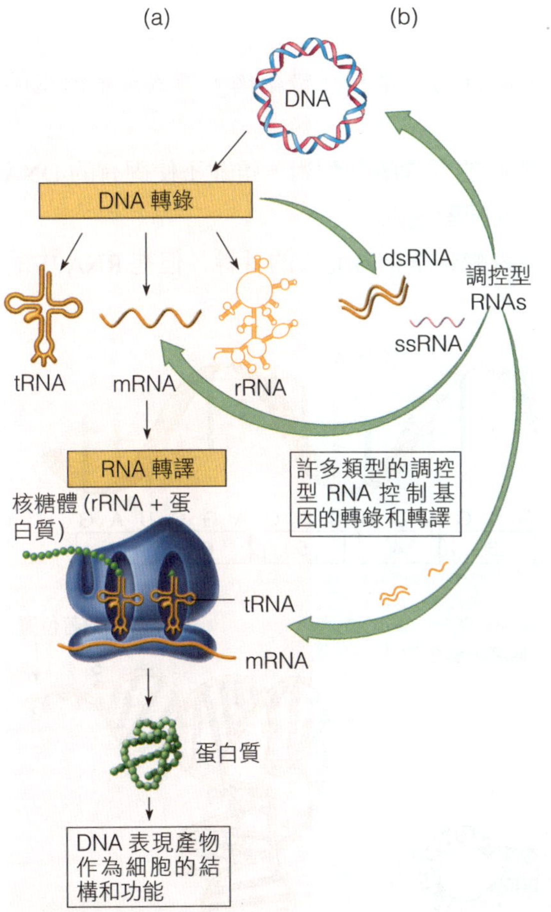

圖 7.8 **細胞中遺傳信息的傳送流程。**DNA 是遺傳信息的最終倉庫和分配者。(a) DNA 必須被解密成可用的細胞語言。它透過 RNA 輔助分子轉錄其密碼，再將這種密碼轉換成蛋白質；(b) 該 DNA 的其他部分產生了其他類型的 RNA 分子，藉此調節基因及其產物。

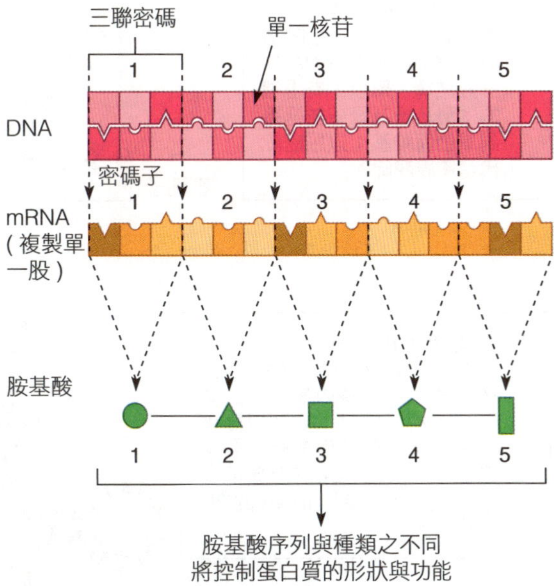

圖 7.9 **DNA 與蛋白質關係簡化圖。**該 DNA 分子是連續的鹼基對，但該序列必須以 3 個鹼基對 (一個三聯碼) 為一組進行解讀。每個三聯密碼複製成 mRNA 的密碼子，並轉譯為一個胺基酸；因此，鹼基對與胺基酸的比例為 3:1。

存在有三聯碼的順序。

2. 三聯碼的順序決定蛋白質的一級結構—亦即胺基酸在蛋白質直鏈中的排列順序和種類—這些可決定蛋白質的形狀特性及功能。

3. 蛋白質對於表現性狀之貢獻來自於其具有酵素或結構分子之功能。

轉錄和轉譯的主要參與者

轉錄為使用 DNA 為模板製造 RNA，而轉譯則為使用 RNA 為模板合成蛋白質，兩者皆非常複雜。有多個組件參與，最突出的是，訊息 RNA (messenger RNA)、轉運 RNA (transfer RNA)、核糖體、幾種類型的酶以及原材料倉庫。第一次檢視這些組件後，我們將知道它們如何在細胞內的裝配生產線組合在一起。

RNA：細胞裝配線的工具

核糖核酸 (ribonucleic acid, RNA) 是類似於 DNA 的編碼分子，但其一般結構在幾個方面有所不同：

1. RNA 是一種單股分子，由於分子內的鍵結能產生複雜的二級和三級結構，導致特定形式的 RNA (mRNA、tRNA 和 rRNA 等，如圖 7.10)。

2. RNA 含有尿嘧啶 (uracil)(非胸腺嘧啶)，可作為腺嘌呤的互補鹼基配對。這並不使固有的 DNA 密碼有任何方式的改變，因為尿嘧啶仍然遵循相同的配對規則。

3. 雖然 RNA，與 DNA 的結構類似，是由另一種糖和磷酸分子結合而成的骨幹，但在 RNA 中的

(a) 訊息 RNA (mRNA)
本圖以一小段訊息 RNA (mRNA) 顯示出 RNA 的一般結構：單股，有重複的磷酸核糖為骨架並連接到單個氮鹼基；以尿嘧啶代替胸腺嘧啶。

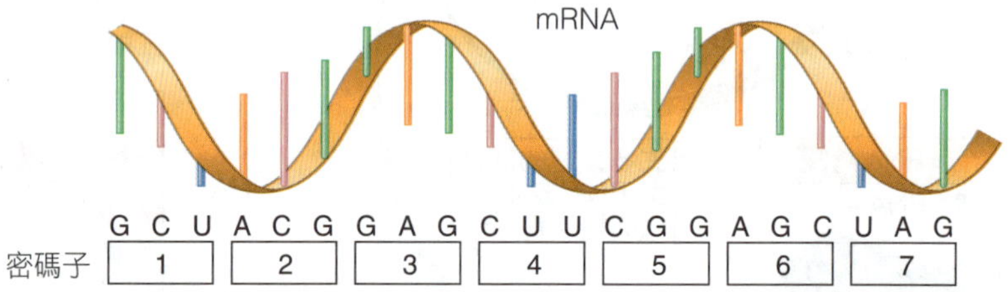

(b) 轉運 RNA (tRNA)
左圖：tRNA 鏈以鉤環朝向自己的方式，形成鏈內氫鍵。結果形成苜蓿葉結構，此圖以簡化形式顯示。在其底部有一個反密碼子，在 3′ 端指定特定的胺基酸附著。右圖：tRNA 的 3D 結構圖。

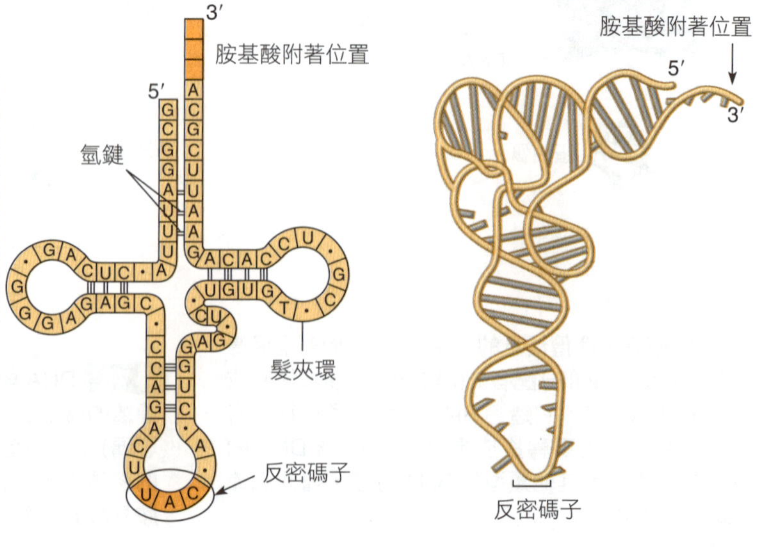

圖 7.10 mRNA 及 tRNA 的特性。

糖是核糖 (ribose) 而不是去氧核糖。

有很多功能類型的 RNA，其範圍從小型的調控片段到大的結構性分子。所有類型的 RNA，均透過 DNA 基因的轉錄而形成，但只有訊息 RNA (mRNA) 被進一步轉譯成蛋白質。見表 7.2 比較 RNA 的主要類型及功能。其他形式的 RNA 在第 7.3 節介紹。

訊息 RNA：攜帶 DNA 的訊息

訊息 RNA (messenger RNA, mRNA) 是 DNA 的結構基因或基因的轉錄版本。它是由 DNA 複製過程中類似於合成引導股的方法合成的，並且依照互補鹼基配對的規則，保證密碼可被忠實地複製在 mRNA 轉錄產物。此轉錄股的訊息，之後以一系列的三聯碼又被稱為密碼子 (codons) (圖 7.10a) 的方式轉譯，並且 mRNA 分子的長度變化約為 100 到幾千個核苷酸。轉錄的細節和 mRNA 的轉譯功能將在後面章節提到。

轉運核糖核酸：轉譯的關鍵

轉運核糖核酸 (transfer RNAs, tRNA) 也是 DNA 特定區域的互補拷貝；然而，其與 mRNA 不同。轉運 RNA 的範圍通常為 75 至 95 個核苷長度，其包含的鹼基序列可與自己的 tRNA 互補部分產生氫鍵。此時，該分子自行摺成幾個髮夾環，使該分子形成二級的苜蓿葉結構，甚至再進一步折疊成複雜的 3D 螺旋結構 (圖 7.10b)。這種緊湊的分子充當轉譯者，將 RNA 語言轉換成蛋白質語言，類似苜蓿葉形狀的底環露出一個三聯碼，即反密碼子 (anticodon)，既指定 tRNA 的特異性還與 mRNA 的密碼子互補。在分子的另一端是一個胺基酸的結合位點，其特異於該 tRNA 的反密碼子。20 種胺基酸均有對應至少一個特殊類型的 tRNA 攜帶它。胺基酸與其特異的 tRNA 結合需要特定的酶，使 tRNA 可以正確地與胺基酸相互配對。

核糖體：一座移動的轉譯分子工廠

原核細胞核糖體 (70S) 是一個緊密包裹核糖體 RNA (ribosomal RNA, rRNA) 和蛋白質組成的粒子，核糖體 rRNA 的組成也是長的多核苷酸分子。它形成了複雜的 3D 圖形，促成核糖體的結構和功能。蛋白質和 rRNA 之間的相互作用產生了核糖體的兩個次單位，從事遺傳密碼最終的轉譯 (見圖 7.12)。代謝活躍的細菌內，最多可容納 20,000 個這些微小的工廠，所有都積極參與解讀基因密碼、帶入原始材料，並以令人印象深刻的速度生產蛋白質。

轉錄：基因表現的第一階段

像許多其他基因的活動，轉錄效率令人驚奇，它是高度組織化，並透過 DNA 自身特殊的密

表 7.2 蛋白質合成之主要 RNA

RNA 類型	含有之密碼	細胞功能	被轉譯
訊息 RNA (mRNA)	蛋白質的胺基酸序列	將 DNA 主要密碼攜帶至核糖體	是
轉運 RNA (tRNA)	苜蓿葉形狀的 tRNA，可攜帶胺基酸	在轉譯過程中，將胺基酸帶到核糖體	否
核糖體 RNA (rRNA)	許多大的結構性 rRNA 分子	形成一個核糖體的主要部分，並參與蛋白質合成	否
引子	可以起始 DNA 複製的 RNA	引導 DNA 合成的引子	否

碼引導，我們利用在細菌形成的 mRNA 作為模型，進行更詳細地描述。要記住其重要性，所有類型的 RNA 均透過類似的過程被合成，其他的 RNA 也具有重要的作用，它們只是不像 mRNA 不提供蛋白質的胺基酸編碼。

在轉錄中，RNA 分子的合成是使用 DNA 的密碼作為引導或模板。大型複合酶，即 **RNA 聚合酶** (RNA polymerase)，負責此過程，此聚合酶比 DNA 聚合酶具有更多功能，因為 RNA 聚合酶可單獨運作，並且不需要解旋酶，它可以與 DNA 結合，解開 DNA 雙股，並合成 RNA (圖 7.11)。

轉錄的三個階段：*起始*、*延伸*和*終止*。基因的起始，需要可供 RNA 聚合酶辨識的區域，稱為**啟動子區域** (promoter region)(圖 7.11，步驟 1)。此區域包括兩組 DNA 序列，正好位於*起始點*之前。第一組序列離起始點大約 35 個核苷，而第二組序列則距離大約 10 個核苷。啟動子的主要功能是提供 RNA 聚合酶的初始結合位置，有一種特殊的蛋白質分子*即 σ 因子* (sigma factor)，引導 RNA 聚合酶到啟動子的正確位置，這些啟動子序列並無高度變化，並且往往富含腺嘌呤和胸腺嘧啶的鹼基對，比鳥嘌呤 - 胞嘧啶配對少一個氫鍵，有利於 DNA 雙股的分離。

在轉錄之前的第一個合成步驟中，RNA 聚合酶開始先分離 DNA 的雙股螺旋，形成一個開

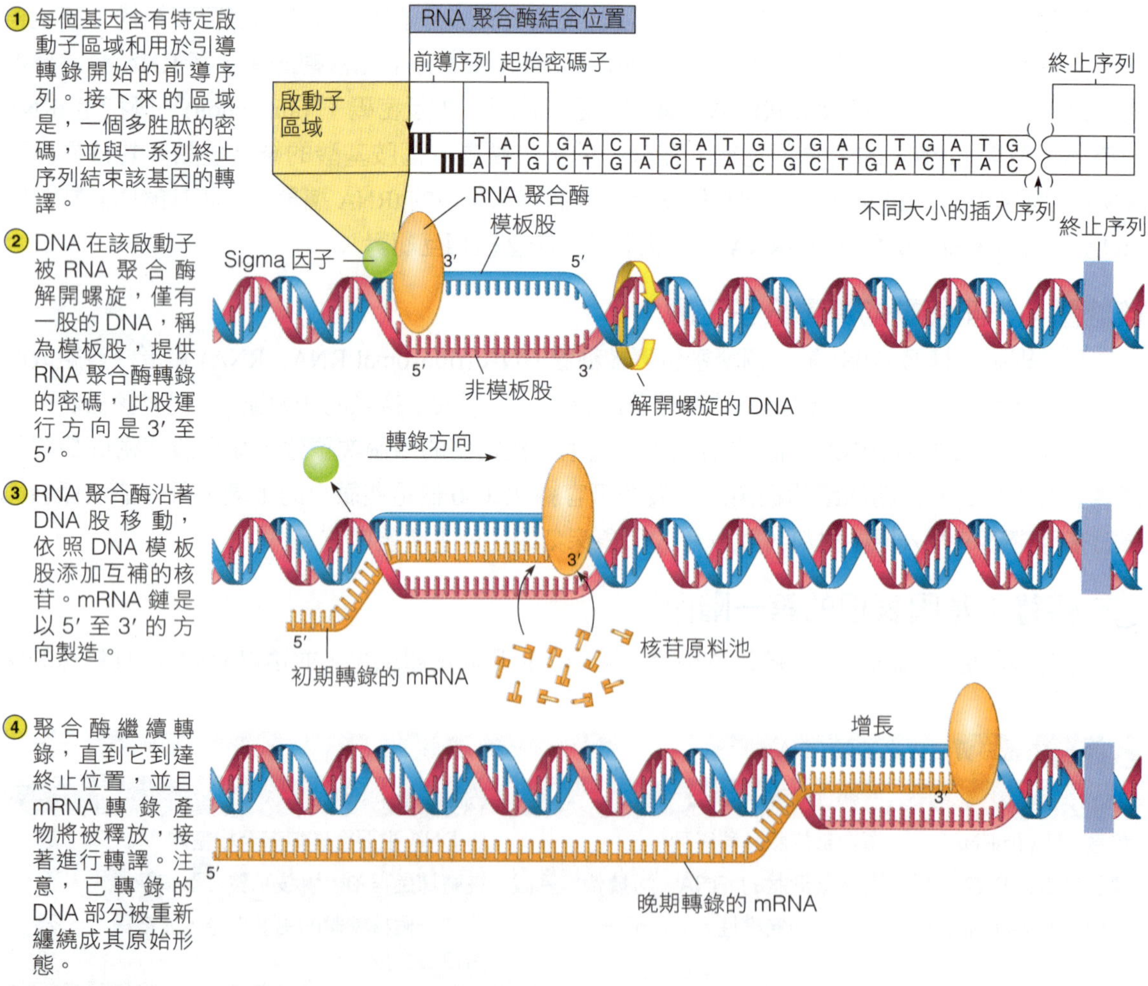
① 每個基因含有特定啟動子區域和用於引導轉錄開始的前導序列。接下來的區域是，一個多胜肽的密碼，並與一系列終止序列結束該基因的轉譯。
② DNA 在該啟動子被 RNA 聚合酶解開螺旋，僅有一股的 DNA，稱為模板股，提供 RNA 聚合酶轉錄的密碼，此股運行方向是 3′ 至 5′。
③ RNA 聚合酶沿著 DNA 股移動，依照 DNA 模板股添加互補的核苷。mRNA 鏈是以 5′ 至 3′ 的方向製造。
④ 聚合酶繼續轉錄，直到它到達終止位置，並且 mRNA 轉錄產物將被釋放，接著進行轉譯。注意，已轉錄的 DNA 部分被重新纏繞成其原始形態。
RNA 聚合酶結合位置
前導序列
起始密碼子
終止序列
啟動子區域
T A C G A C T G A T G C G A C T G A T G
A T G C T G A C T A C G C T G A C T A C
RNA 聚合酶
模板股
不同大小的插入序列
終止序列
Sigma 因子
3′
5′
5′
3′
非模板股
解開螺旋的 DNA
轉錄方向
3′
5′
初期轉錄的 mRNA
核苷原料池
增長
3′
5′
晚期轉錄的 mRNA

圖 7.11 以 mRNA 為模型說明轉錄的主要事項。

放的「泡泡」作為轉錄用 (圖 7.11，步驟 2 和 3)。此泡泡可作為欲合成之 mRNA 中核苷之間實際鍵結的空間。DNA 只有其中一股可作為**模板股** (template strand) 而被轉錄。此 DNA 股作為 RNA 聚合酶合成 mRNA 分子之模板，類似於 DNA 複製過程的模式。由此模板股轉錄取得的 mRNA 將併同轉譯表現胺基酸序列的正確訊息 (蛋白質合成)。另一股即為**非模板股** (nontemplate strand)，有時也被稱為有義股 (sense strand) 或編碼股 (coding strand)，因為它的序列與 mRNA 表達具相同的順序 (雖然它由胸腺嘧啶代替尿嘧啶)。在某些情況下，此股也具有基因的功能，但它是不被轉錄的。使用哪一股作為模板，其實在不同基因之間是有變化的。DNA 模板在早期出現的一組重要的三聯碼是 TAC，其在 mRNA 上將被轉錄成 AUG，我們在圖 7.13 和 7.15 中看到的就是起始密碼子，而且它是基因轉譯起始信號的位置。另外要注意的是，啟動子序列不會被轉錄在最終的 mRNA 分子上。

當 RNA 合成進行延伸過程，聚合酶向前移動轉錄泡泡，露出後續的 DNA 部分。它同時帶來互補於 DNA 模板的核苷，並繼續合成 mRNA 股。如同複製一樣，對於 mRNA 延伸，是發生在 5′ 至 3′ 的方向。已經被轉錄的 DNA 重新繞回其雙股螺旋結構 (圖 7.11，步驟 4)。已形成的 mRNA 股仍附在聚合酶上，但逐漸遠離此聚合酶複合物。

在 RNA 合成終止時，聚合酶在 DNA 上辨識到基因末端的特殊訊號，使得已完成的 DNA 分開並釋放。它會立即去找核糖體的轉譯位置。正如我們將要看到的，mRNA 的訊息以密碼子傳送，它們是蛋白質合成的主密碼。最終產生的 mRNA 分子的長度取決於其多胜肽編碼的長度。最小可以由 100 個核苷，到最大幾千個核苷，平均為 1,200 個核苷。

轉譯：基因表現的第二階段

在轉譯中，所有合成蛋白質所必需的要素，從 mRNA 到帶有胺基酸的 tRNA，都在核糖體聚集 (圖 7.12)。該過程發生五個階段：起始、延伸、終止及蛋白質折疊和加工。

轉譯的啟動

在原核細胞中，mRNA 分子離開該 DNA 的轉錄位置，並直接輸送到核糖體。核糖體次單元以特別方式組合，形成可持有 mRNA 和 tRNA 的專門部位，然後由核糖體識別這些分子並穩定分子之間的反應。較小的核糖體次單元結合於 mRNA 的 5′ 末端，並提供相關分子引發轉譯機制；大次單元帶有 tRNA，並藉由專門的核糖酶 (ribozyme) 活化胜肽鍵的形成，此核糖酶是一種以 RNA 為基礎的催化劑。核糖體小次單元結合在 mRNA 上的特定點，並把**起始密碼子** (start codon) AUG (很少數是以 GUG 為起始) 正確地排列在 P 位點。此步驟提供開始進行轉譯的起動訊號。

將 mRNA 訊息放在組裝核糖體的定位上，轉譯的下一步則是帶有胺基酸的 tRNA 進入。該區周圍的細胞質中包含完整的 tRNA 分子，事先已經連接上正確的胺基酸。互補的 tRNA 配對 mRNA 密碼的步驟，是由核糖體大次單元的兩個位點引導所完成，分別稱為 P 位點 (左側)

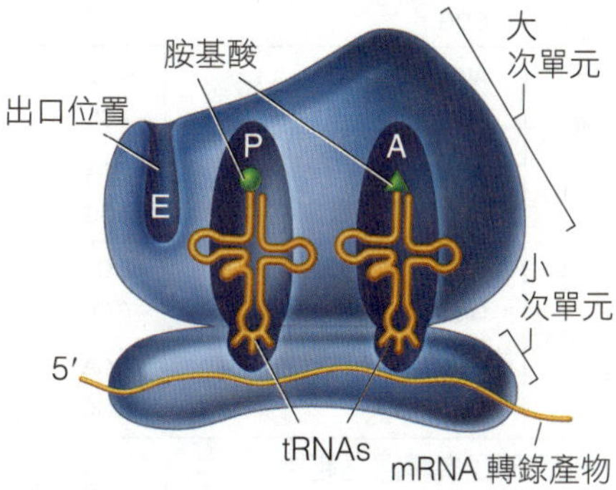

圖 7.12 **轉譯的重要成員。**核糖體作為蛋白質合成的平台。核糖體的小次單元和大次單元組合的結果，形成特異性位點，用於固定 mRNA 和兩個帶有各自胺基酸的 tRNA。

和 A 位點 (右側)[3]，這些位點作為凹陷空間，即兩個核糖體的次單元內凹，每個位點均容納一個 tRNA。核糖體也有出口或稱 E 位點，可釋放已使用過的 tRNA。

主要的基因密碼：mRNA 的訊息

按照慣例，主要的基因密碼是由 mRNA 的密碼子與其特定的胺基酸 (圖 7.13) 來代表。除了極少數情況下 (例如，粒線體和葉綠體的基因)，無論是原核生物、真核生物或病毒，此基因密碼的原則是普遍通用的。值得注意的是，當 mRNA 上的三聯密碼是已知的，其原始的DNA 序列、互補的 tRNA 密碼和蛋白質的胺基酸種類，就自然是已知的 (圖 7.14)。然而，不能從蛋白質結構預測 (回溯) 確切的mRNA 密碼，因為有稱為冗餘 (redundancy) 或兼併 (degeneracy) 的因素存在，這意味著一個特定的胺基酸可以由一個以上的密碼子進行編碼。

圖 7.13 列出 mRNA 的密碼子與其相應的特異胺基酸。因為有 64 個不同的三聯碼 (codes)[4] 但只有 20 種不同的胺基酸，因此預計某些胺基酸可同時由幾種密碼子表示。例如，白胺酸和絲胺酸分別可由任何六種不同的三聯碼表示，僅色胺酸和甲硫胺酸是由單個密碼子表示。如白胺酸這樣的密碼子，只有前兩個核苷酸為正確的胺基酸進行編碼時所必需，第三個核苷酸並不會改變它的意義。此屬性稱為擺動 (wobble)，被視為允許一些變異或突變，而不改變該訊息。

蛋白質合成的開始

以 mRNA 作為指導，此階段最終將進行蛋白質組裝。正確的 tRNA (圖 7.15 中標記為 1) 進入 P 位點，並結合到由 mRNA 提供的起始密碼子 (start codon)(AUG)。配對的規則決定了這個

第一鹼基位置	第二鹼基位置 U		第二鹼基位置 C		第二鹼基位置 A		第二鹼基位置 G		第三鹼基位置
U	UUU	苯基丙胺酸	UCU	絲胺酸	UAU	酪胺酸	UGU	半胱胺酸	U
U	UUC		UCC		UAC		UGC		C
U	UUA	白胺酸	UCA		UAA	終止 **	UGA	起始 **	A
U	UUG		UCG		UAG		UGG	色胺酸	G
C	CUU	苯基丙胺酸	CCU	脯胺酸	CAU	組胺酸	CGU	精胺酸	U
C	CUC		CCC		CAC		CGC		C
C	CUA		CCA		CAA	穀胺醯胺	CGA		A
C	CUG		CCG		CAG		CGG		G
A	AUU	異白胺酸	ACU	蘇胺酸	AAU	天冬醯胺	AGU	絲胺酸	U
A	AUC		ACC		AAC		AGC		C
A	AUA		ACA		AAA	離胺酸	AGA	精胺酸	A
A	AUG*	起始 甲硫胺酸	ACG		AAG		AGG		G
G	GUU	纈胺酸	GCU	丙胺酸	GAU	天門冬胺酸	GGU	甘胺酸	U
G	GUC		GCC		GAC		GGC		C
G	GUA		GCA		GAA	麩胺酸	GGA		A
G	GUG		GCG		GAG		GGG		G

* 此密碼子為轉譯之起始。
** 這些密碼子是終止轉譯的指令，因此沒有相對的帶有胺基酸的 tRNA。

圖 7.13 遺傳密碼：mRNA 的密碼子指定特定的胺基酸。轉譯的主要密碼是由 mRNA 基因密碼子提供。

3 P 代表胜肽 (peptide) 位置；A 代表胺基酸 (aminoacyl) 位置；E 代表出口 (exit) 位置。

4 $64 = 4^3$ (4 個不同的核苷，有 3 個位置的排列組合機率)。

tRNA 的反密碼子將填補在 mRNA 密碼子 AUG 上；因此，帶有反密碼子 UAC 的 tRNA 將首先占用站點 P。在細菌中起始 tRNA 攜帶的胺基酸是*甲醯基甲硫胺酸* ($_f$Met 見圖 7.13)，但在許多情況下，它可能不會留在已完成的蛋白質的永久部分。

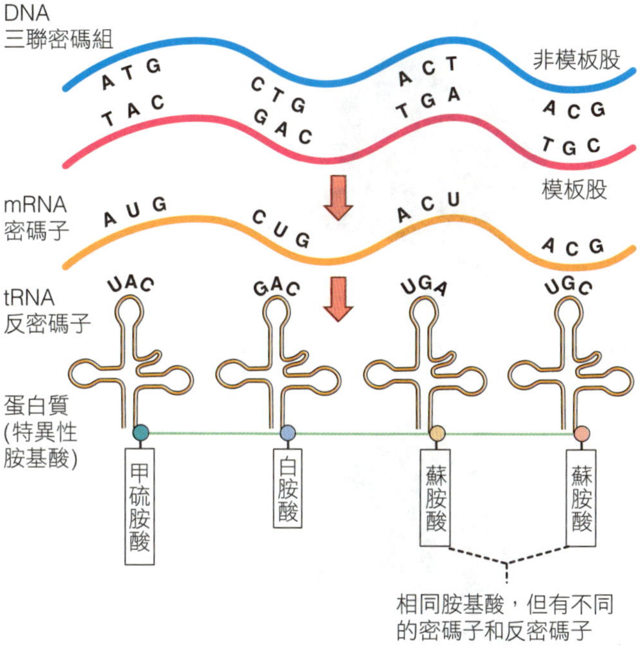

圖 7.14 **解讀 DNA 密碼**。如果該 DNA 序列是已知的，所產生的 mRNA 密碼子是可以推測的，如果一個密碼子是已知的，則反密碼子及最後胺基酸的序列就可被確定。反之則不可能 (從胺基酸序列決定確切密碼子或反密碼子)，因為胺基酸密碼有冗餘現象。

蛋白質合成的延伸和完成：延伸和終止

轉錄過程中形成的 mRNA 以特定的順序提供核苷 (密碼子) 又稱為*讀碼框*，必須以準確的順序被轉譯。在一般情況下，核糖體是會移動的並沿著 mRNA，從一個密碼子移動到下一個，因此使下一個密碼子在核糖體就定位，並騰出空間給下一個 tRNA 可以進入。實際加入的胺基酸是透過*核糖酶* (催化性 RNA 分子) 所攜帶，其屬核糖體大次單元的一部分，它形成相鄰 tRNA 的胺基酸之間的胜肽鍵，並且使多胜肽在長度方面延伸，該過程在此概述如下：

- 由第二個 tRNA 填充 A 位置開始蛋白質合成的延伸階段 (圖 7.15，步驟 1)。此 tRNA 和其胺基酸的種類由第二個 mRNA 的密碼子決定。
- tRNA 2 進入到 A 位置，有利於兩個相鄰的 tRNA 接近，並使所攜帶的胺基酸之間形成胜肽鍵。在 $_f$Met 從第一個 tRNA 轉移至胺基酸 2，導致兩個胺基酸合在一起稱為雙胜肽 (圖 7.15，步驟 2)。
- 為了要進行接下來的步驟，必須使核糖體上騰出一些空間，並且在 mRNA 序列中的下一個密碼子必須被帶入讀取位置。這個過程是由核糖體*移位*完成，核糖體的酵素活性使其移位至 mRNA 股的下一個位置，這將導致無攜帶胺基酸的 tRNA (1) 從核糖體 (圖 7.15，步驟 3) 之 E 位置分離。
- 此方式使得帶有二胜肽的 tRNA 移位至 P 位置，A 位置暫時留空，已被釋放的 tRNA 現在可以自由地漂離，重新接上胺基酸後，之後可能被添加到這個或另一個蛋白質上。
- 現在這階段是依 mRNA 的第三位密碼子所指示將 tRNA 3 插入 A 位置 (圖 7.15，步驟 4)。此次插入後再次使雙胜肽和胺基酸 3 之間的胜肽鍵形成 (產生三胜肽)，將胜肽與 tRNA 2 分開，然後又再次移位 (圖 7.15，步驟 5)。
- 此階段釋放 tRNA 2，轉移 mRNA 至下一位置，移動 tRNA 3 到位置 P，並清空 A 位置，迎接 tRNA 4 (步驟 6)。從這一點上，胜肽延長反覆進行此同一系列的動作，直到 mRNA 的結尾端 (步

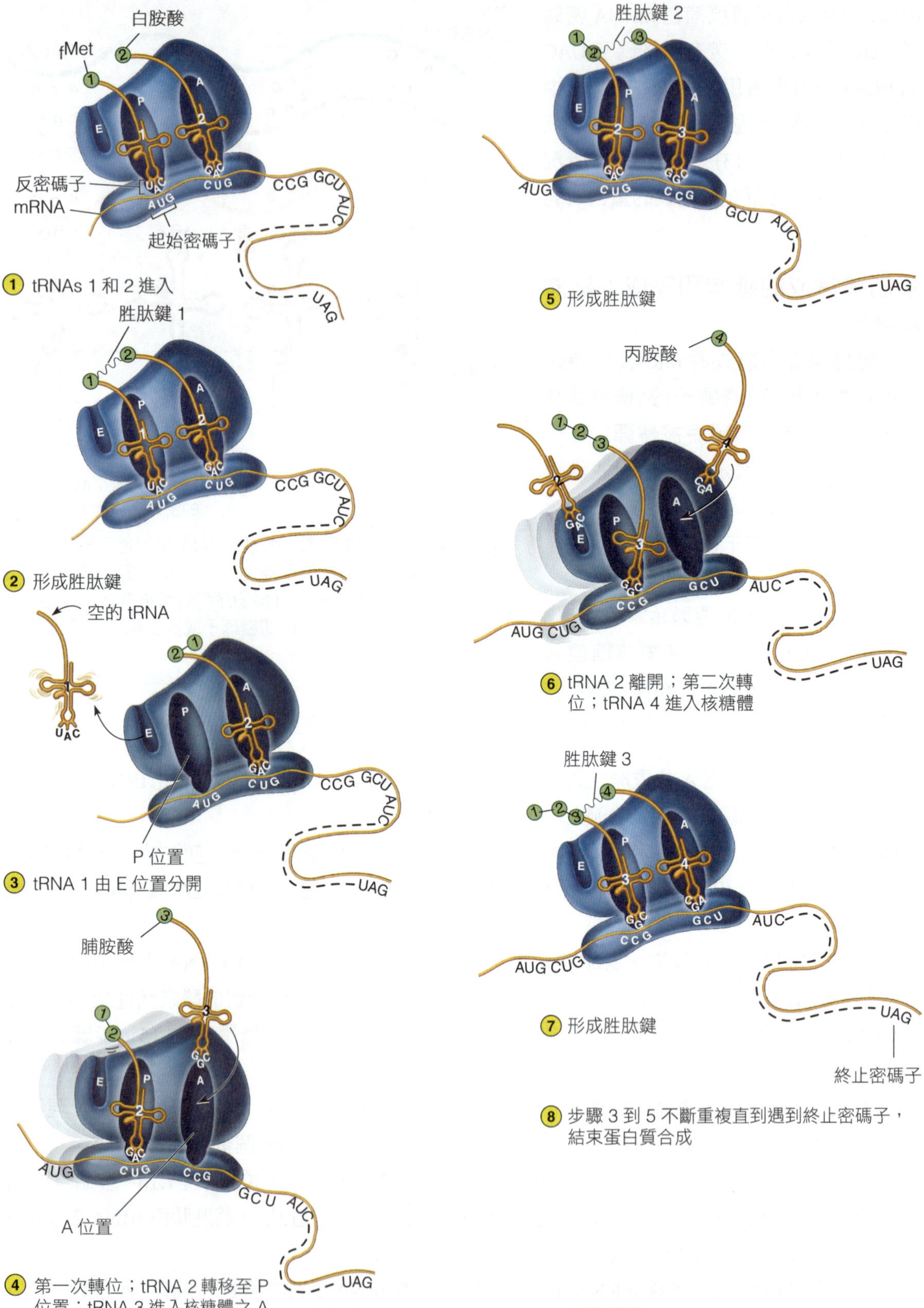
白胺酸
fMet
反密碼子
mRNA
起始密碼子
AUG
CUG
CCG
GCU
AUC
UAG
1 tRNAs 1 和 2 進入
胜肽鍵 1
2 形成胜肽鍵
空的 tRNA
P 位置
3 tRNA 1 由 E 位置分開
脯胺酸
A 位置
4 第一次轉位；tRNA 2 轉移至 P 位置；tRNA 3 進入核糖體之 A 位置
胜肽鍵 2
5 形成胜肽鍵
丙胺酸
6 tRNA 2 離開；第二次轉位；tRNA 4 進入核糖體
胜肽鍵 3
7 形成胜肽鍵
終止密碼子
8 步驟 3 到 5 不斷重複直到遇到終止密碼子，結束蛋白質合成

圖 7.15 蛋白質合成的過程。

驟 7 和 8)。

蛋白質合成的終止，並非簡單地只是到達 mRNA 上的最後一個密碼子就結束。它是透過至少一個特殊的密碼子，它位在最後胺基酸密碼子之後。此特殊的密碼子即是終止密碼子，包含 UAA、UAG、UGA，此類密碼子並無相對應的 tRNA，也稱為**無意義密碼子** (nonsense codons) 或**終止密碼子** (stop codons)，它們攜帶的必要訊息是：到此停止。當達到這個密碼子，一個特殊的酶分開最終的 tRNA 和已完成的多胜肽之間的鍵結，使最終蛋白質產物從核糖體釋放出來。

在新合成的蛋白質可以進行其結構或酶的作用之前，往往需要收尾的動作。甚至在胜肽鏈從核糖體釋放之前，它開始自行折疊，使其具有生物活性的三級結構，其他的加工動作，稱為轉譯後修飾，可能是必要的。某些蛋白必須將起始胺基酸 (formyl 甲硫胺酸) 剪切掉；有些蛋白質則要增加輔助因子而成為複合酶；有些與其他新合成蛋白質結合，形成四級結構。

轉錄和轉譯的工作如同機器一樣精準，細菌的蛋白質合成則是既有效又快速。在 37°C 下，每秒 12 至 17 個胺基酸被添加到正在合成的胜肽鏈。平均約 400 個胺基酸的蛋白質，不到 30 秒可完成，進一步提高效率是當 mRNA 轉錄仍進行時，已出現起始轉譯 (圖 7.16)。單一的 mRNA 足夠長到可同時容納多個核糖體進行轉譯，可允許數百個蛋白質分子沿著同一 mRNA 鏈上排列的一串核糖體進行合成，此**多核糖體複合物** (polyribosomal complex) 確實是大量生產蛋白質的組裝線。蛋白質合成消耗了大量的能量，約 1,200 個 ATP 或與 ATP 等同物的能量消耗，只能合成一個平均大小的蛋白質。

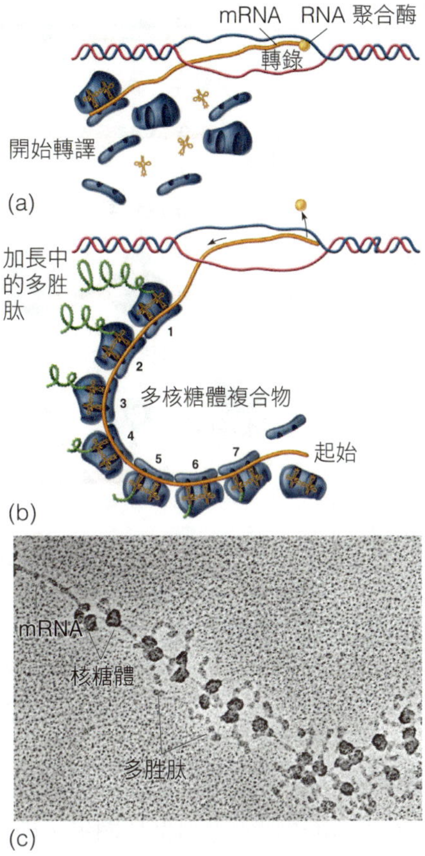

圖 7.16 加快細菌的蛋白質組裝線。(a) mRNA 轉錄物在其離開 DNA 後，立即遇到核糖體元件；(b) 一串核糖體工廠沿 mRNA 進行組裝，每一個核糖體讀取密碼信息，並將其轉譯為蛋白質。許多蛋白質產物甚至在 mRNA 轉錄終止前，就已在合成途徑上；(c) 多核糖體複合物正在工作中之顯微照片。注意，該蛋白質「尾端」的長度依賴於轉譯的階段，而產生不同長度的變化 (30,000 倍)。

真核生物的轉錄和轉譯：類似但卻不相同

真核生物與原核生物的蛋白質合成在許多方面有共同點。它們顯示出以下的相似性，如核糖體的運作、起始和終止密碼子的功能，以及以多核糖體大量生產蛋白質的方式，但它們也有顯著的不同之處，在真核生物中的起始密碼子是 AUG，但它編碼成另一種形式的甲硫胺酸。另一個區別是，一條真核 mRNA 編碼只產生一個蛋白質，不同於細菌的 mRNA 常含有來自多個系列的基因訊息。

原核和真核細胞的基因結構和位置也各不相同。DNA 存在於真核細胞的細胞核中，意指真核的轉錄和轉譯不能像原核細胞一樣可同時進行。mRNA 轉錄產物必須穿過在核膜上的核孔，

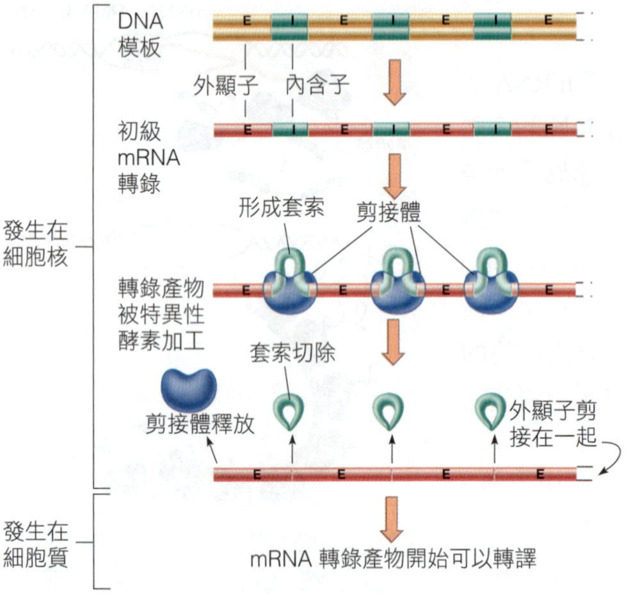

圖 7.17 **真核生物的分離基因**。真核基因在其轉譯，有額外的複雜因子。它們的編碼序列或外顯子 (E)，由稱為內含子 (I) 的序列以一定的間隔中斷隔開，此序列不含該蛋白質的密碼。內含子被轉錄，但沒有轉譯，在轉譯前必須以 RNA 剪接酶去除內含子。

被運送到細胞質之核糖體或內質網進行轉譯。

到目前為止，我們已經介紹了適合大多數原核生物的基因的簡單定義。它們的基因模式是連續線性的，這是指它們由一系列編碼的蛋白質組成，並且不需要任何加工處理[5]；此特性在真核生物的基因是顯著不同的，因為它們不是連續線性的。沿著它們的基因有一至數個三聯碼間隔序列，稱為內含子 (introns)，其不能編碼為蛋白質[6]，內含子散布於編碼區之間，實際蛋白質編碼區稱為外顯子 (exons)，其將被轉譯成蛋白質 (圖 7.17)。我們可以用文字作為例子。簡短的連續線性原核基因可能會讀為 TOM SAW OUR DOG DIG OUT；真核基因對於相同的部分密碼會讀成 TOM SAW XZKP FPL OUR DOG QZWVP DIG OUT。可識別的文字是外顯子，而無意義的字母代表內含子。

這種不尋常的基因結構，也稱為分裂的基因 (a split gene)，需要在轉譯之前先進一步處理，整個基因轉錄包含外顯子和內含子會先被轉錄，產生 mRNA 前驅體 (pre mRNA)。接著，RNA-蛋白複合物稱為剪接酶 (spliceosome)，可識別外顯子和內含子交界處，並透過剪接酶的活性分開它們，此過程稱為 RNA 剪接 (RNA splicing)。這種剪接酶的作用，將內含子形成套索狀，切除它們，並以端點對端點方式銜接外顯子，透過這種方式，製造成無內含子的 mRNA，這樣就產生完整的 mRNA，可進入細胞質中進行轉譯。

已經有幾種不同類型的內含子被發現，其中有一些可作為細胞物質的密碼，大量非蛋白編碼的 DNA 被證明在細胞功能扮演非常重要的角色。在人類中，此內含子的序列，代表染色體中 DNA 組成的 98%。另有驚人的發現是，有些蛋白質片段位在 DNA 編碼序列的相反序列上。在此發現之前，一般認為 DNA 序列決定 mRNA 序列，在 RNA 的內含子被切除後，即可產生胺基酸序列，此為一個不變的規則。然而，有新的數據顯示，細胞可以逆轉 DNA 轉錄的序列，基本上由相同基因產生新的蛋白質。許多內含子已經被發現具有產生酵素的密碼，稱為反轉錄酶，它可以將 RNA 轉換成 DNA，其他內含子被轉譯成核酸內切酶，此酶能剪斷 DNA，而使 DNA 序列被插入或被刪除。

5 線性結構使三聯碼可以解讀成一系列胺基酸。
6 內含子偶爾在原核生物發現 (藍綠藻及古生菌)。

7.3　蛋白質合成和代謝的基因調控

原核生物基因調控的主要形式是透過所謂的操縱組 (operons) 系統，一個操縱組是 DNA 的部分區塊，它包含一個或多個結構基因伴隨著一個相對應控制轉錄的操縱基因，有了這種調控元件設置，將使特定代謝途徑的基因以同一調控元件被誘導或抑制。

操縱組被描述為可誘導的或可抑制的，一種操縱組的類別是由它是如何受細胞內的環境影響來決定，許多代謝操縱組是誘導型的 (inducible)，這是指該操縱組被其結構基因編碼產生的酶的受質啟動 (誘導)，以這種方式，當營養物 (乳糖等) 存在時，該養分的代謝酶才會被產生，抑制操縱組 (repressible operons) 通常包含編碼基因的合成代謝酶，如用於合成胺基酸所需的酶，在這些操縱組的情況下，許多連續的基因被酶所合成的產物所關閉 (抑制)。

☞ 乳糖操縱組：細菌誘導基因調控的模式

最容易理解的細胞系統是以基因誘導解釋調控的乳糖操縱組 (lactose operon 或 lac operon)。該系統由弗朗索瓦•雅各布和雅克莫諾在 1961 年首先描述大腸桿菌之乳糖代謝的調控。至今已確定，許多其他的操縱組有類似的作用模式，而且它們一起提供令人信服的證據表明，細胞的代謝作用可對基因表現產生很大的影響。

乳糖操縱組有三個重要的特徵 (圖 7.18)：

1. 調控子 (regulator)：該基因組成產生之蛋白質能夠抑制操縱組 [抑制子 (repressor)] 的蛋白質編碼。
2. 控制區 (control locus)：由兩個區域組成，分別為 RNA 聚合酶識別的啟動子 (見圖 7.11) 及操縱子 (operator) 充當轉錄啟動 / 關閉轉換的序列。
3. 結構基因，由 3 種基因組成，每個基因編碼為一種乳糖分解代謝所需要的酶。其中一種酶 [β-半乳糖苷酶 (β-galactosidase)] 將乳糖水解成單醣；另外，穿透酶使乳糖穿過細胞膜。

啟動子、操縱子和結構基因彼此位置相鄰，但調控子可能在較遙遠的位置。

在可誘導的系統中，例如乳糖操縱組，在適當的基質原料不存在時，該操縱組通常處於關閉模式，不會引發酵素的合成 (圖 7.18，步驟 1)。該操縱組如何保持在該模式？關鍵在於調節基因編碼所產生的抑制蛋白 (repressor protein)。這種相對較大的分子具有結構可變性 (allosteric)，意味著它的形狀可以被改變，這取決於活性位置和受質所發揮的作用。當一個受質結合到一個活性位置，可以使另一不同的活性位置產生扭曲，進而防止其與其他受質結合。在缺少乳糖時，抑制蛋白可特異性結合到操縱子。使其形成一個臨時的環鈎結構，該環鈎結構可阻擋 RNA 聚合酶接近操縱子的 DNA，並防止轉錄。將抑制蛋白類視為操作操縱子的鎖，如果操縱子已被鎖住，則結構基因不能進行轉錄。重要的是，調節基因位於與操縱子區域分開的位置上，並且不受操縱組中這個區塊的影響。

如果乳糖加入到細胞的環境中，它會觸發打開該操縱組的幾個事件。首先，乳糖結合到抑制蛋白導致抑制蛋白的結構變化，使其從操縱子片段 (圖 7.18，步驟 2) 脫離。這將打開操縱子，使 RNA 聚合酶現在可以結合到它，並開始轉錄。結構基因轉錄在一個完整的 mRNA 上，該 mRNA 具有此三種酵素的所有編碼。但是，在轉譯過程中，每個蛋白質是被分別合成的，因為

① **關閉操縱組：無乳糖存在下**
在沒有乳糖情況下，抑制子之蛋白質 (位於其他任何處的調節基因產物) 附著於操縱組的操縱子，有效地阻止下游 (其右側) 結構基因的轉錄。抑制轉錄 (和轉譯) 可防止不必要的乳糖處理酶的合成。

② **開啟操縱組：乳糖存在下**
一旦進入細胞內，此受質 (乳糖) 接合至抑制子成為基因誘導者，此抑制子即被不活化並失去作用。結果使操縱子不再被封閉，其 DNA 變為 RNA 聚合酶可觸及之狀態。RNA 聚合酶開始轉錄結構基因，產生之 mRNA 再轉譯成酶，可以作用於乳糖受質。

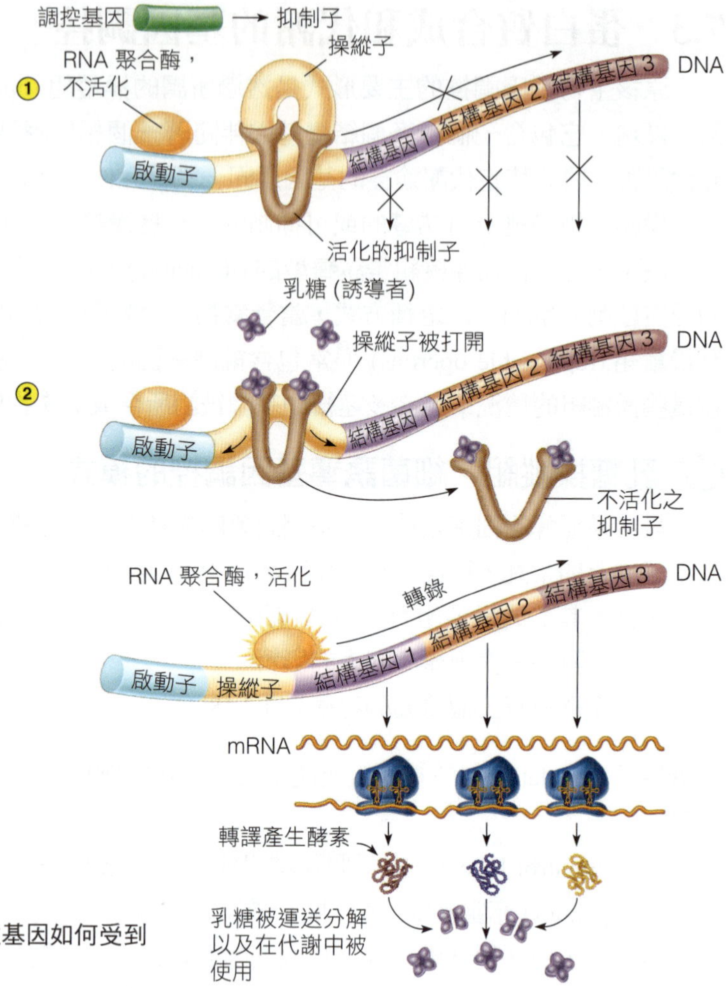

圖 7.18 細菌的乳糖操縱組：誘導性基因如何受到受質的控制。

乳糖最終負責刺激導致蛋白質合成的事件鏈，它被稱為**誘導劑** (inducer)。

當乳糖耗盡後，進一步的酶合成就不是必須的，所以事件的順序顛倒。此時，不再有足夠的乳糖抑制抑制子；因此，抑制子恢復其形狀，附著至操縱子。操縱子被鎖住，而在結構基因的轉錄及和乳糖有關的酶的合成都停止。

關於乳糖操縱組的細節很重要的一點是，它只作用在沒有葡萄糖，或是如果細胞的能源需求，無法獲得充足可利用的葡萄糖時。葡萄糖是優先選擇的碳源，因為它可立即被使用在生長，並且不需要誘導一個操縱組。當葡萄糖存在時，無論乳糖在環境中的含量多少，第二個調控系統將確保乳糖操縱組是不活化的。

可抑制的操縱組

細菌系統合成胺基酸、嘌呤和嘧啶及其他過程等工作，原則上是乳糖操縱組抑制系統的反向運作，類似的因子，例如抑制蛋白、操縱子和一系列結構基因，都是抑制操縱組的一部分，但也有一些重要的差異。不像乳糖操縱組，此操縱組通常是在啟動模式，只有當該途徑的產物不再需要時，才會被關閉。過多的產物發揮**輔助抑制子** (corepressor) 的作用，減慢操縱組的轉錄。

在代謝活躍的細胞，所需要的精胺酸 (Arg)，將用來說明一個抑制操縱組的操作。在這些條件下，精胺酸操縱組被設定為「開」，透過操縱組中酵素產物的作用，積極地合成精胺酸 (圖 7.19，步驟 1)。在這樣的活躍細胞，精胺酸將被立即使用，因為太少自由的精胺酸可進行活化，抑制子將保持不活化 (不能結合到操縱子)。然而當細胞的新陳代謝開始減緩，合成的精胺酸就不再被用盡而逐漸累積，游離精胺酸因此可附著在抑制子，充當輔助抑制子，這種反應改變抑制子的形狀，使得它能夠結合到操縱子並造成轉錄停止。精胺酸將不再進行合成，直至細胞在代謝時再次需要它 (圖 7.19，步驟 2/2)。

☞ 非操縱組控制的機制

對真核細胞的類似基因控制機制並不十分了解，但已知的是基因功能可以透過類似於操縱組之內在調控片段進行改變。有些分子，即所謂的轉錄因子，插入 DNA 分子的螺旋溝，並增加特定基因的轉錄。這些轉錄因子可以調控基因的表現，以因應環境刺激，例如營養素、毒素含

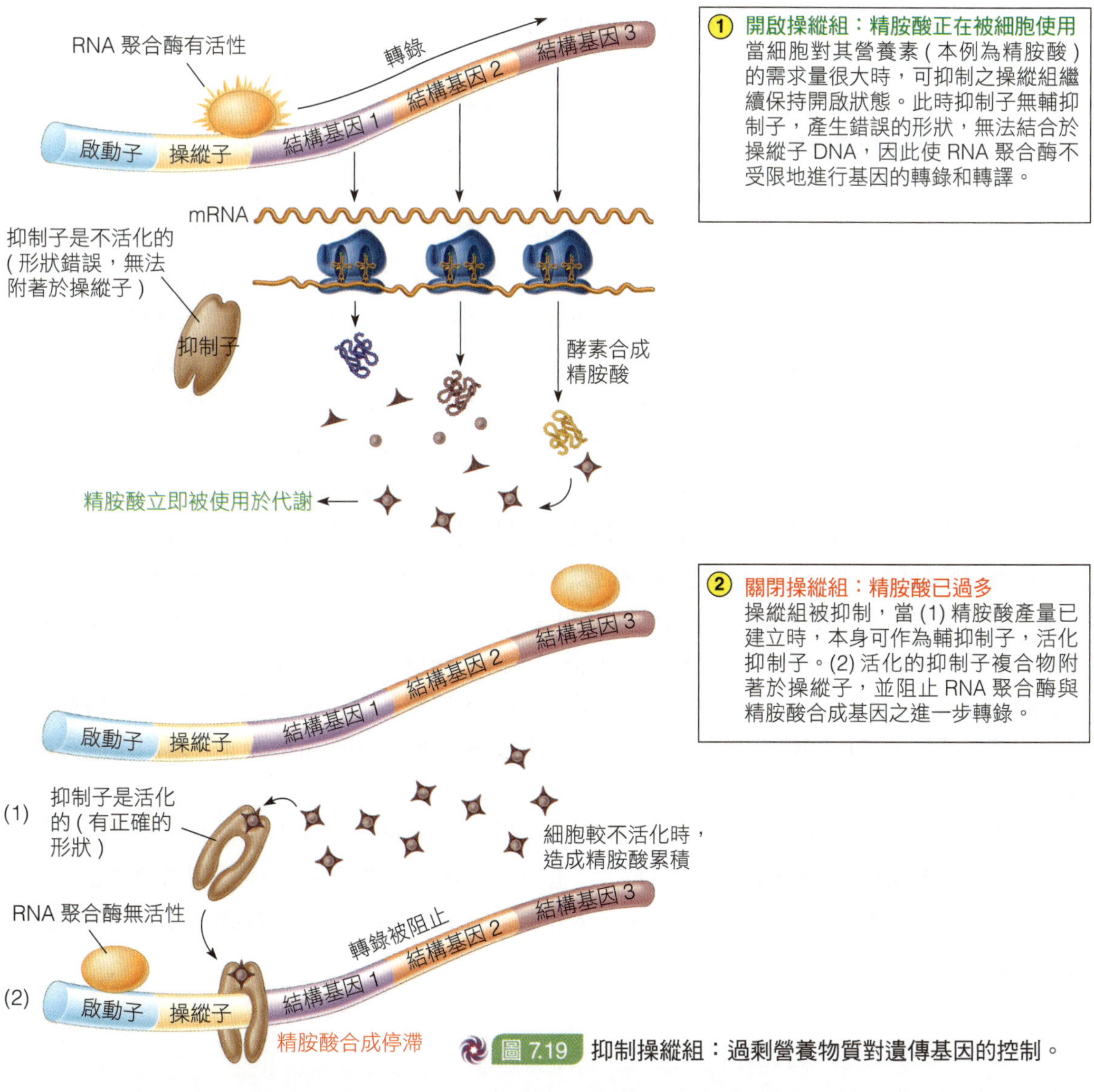

RNA 聚合酶有活性
轉錄
啟動子
操縱子
結構基因 1
結構基因 2
結構基因 3
mRNA
抑制子是不活化的 (形狀錯誤，無法附著於操縱子)
抑制子
酵素合成精胺酸
精胺酸立即被使用於代謝
① 開啟操縱組：精胺酸正在被細胞使用
當細胞對其營養素 (本例為精胺酸) 的需求量很大時，可抑制之操縱組繼續保持開啟狀態。此時抑制子無輔抑制子，產生錯誤的形狀，無法結合於操縱子 DNA，因此使 RNA 聚合酶不受限地進行基因的轉錄和轉譯。
② 關閉操縱組：精胺酸已過多
操縱組被抑制，當 (1) 精胺酸產量已建立時，本身可作為輔抑制子，活化抑制子。(2) 活化的抑制子複合物附著於操縱子，並阻止 RNA 聚合酶與精胺酸合成基因之進一步轉錄。
(1)
抑制子是活化的 (有正確的形狀)
細胞較不活化時，造成精胺酸累積
RNA 聚合酶無活性
(2)
轉錄被阻止
精胺酸合成停滯

圖 7.19　抑制操縱組：過剩營養物質對遺傳基因的控制。

量，甚至溫度等。真核基因在生長發育過程中也能加以調控，導致數百個不同的組織類型，在更高的多細胞生物體中發現。科學家對於調控 RNA 的功能有相當大的興趣，調控 RNA 在幾個層次上控制原核和真核細胞的功能。

7.4 突變：遺傳密碼的改變

由於精確和可預測的基因表現的規則，似乎顯示基因密碼的永久性變化也可能發生。的確，基因改變藉由增加生物群體的變異而成為進化的驅動力。變化可能使基因改變的表現變得明顯，比如在解剖或生理特徵的出現或消失。例如，產色細菌可能會失去它的產色能力，或瘧原蟲能產生抗藥性。表現型的變化是由於基因型的改變，稱為突變 (mutation)。在嚴格的分子層次，突變是在 DNA 中的氮鹼基序列的改變。它可以包括鹼基對的消失、加入或者鹼基對的序列重新排列等。不要與基因重組混淆，其中微生物間相互傳遞整段遺傳訊息。

微生物表現出天然、未突變的特性，被稱為野生型 (wild type) 或野外型菌株，如果微生物蘊藏著突變基因，則被稱為突變株 (mutant strain)。突變株能顯示形態的差異、營養特性、遺傳控制機制、抗化學藥劑、溫度偏好，以及幾乎任何類型的酶在功能上的差異。突變株對追蹤遺傳事件、解開基因結構、精確定位基因標記是十分有用的。

用於檢測突變細菌最簡單的方法，是將其接種於含鑑別性或選擇性物質 (例如代謝物或抗生素) 之固體培養基。將單一菌株培養在平板上，觀察菌落的外觀可以顯示基因突變的菌株。例如，將野生型大腸桿菌培養於鑑別性麥康凱 (MacConkey) 瓊脂，大部分分離的菌落將顯示乳糖醱酵結果為陽性，但總是會有少量菌落是陰性，因為已失去使用乳糖的基因。此菌落可以很容易地挑出進一步研究。抗生素經常被添加到培養基，作為分離出抗藥性細菌的選擇性物質。

另一種用於檢測和分離生長成菌落微生物的突變株，方法是複製塗盤 (replica plating) 技術 (圖 7.20)。這個方法是基於野生菌株與突變株對於營養物質利用之差異性，野生菌株能合成營養素，如胺基酸，而突變株不能。首先，將測試的微生物的培養暴露於已知會導致突變的化學藥劑，然後接種到含有特定營養物質的完全培養基。重要的是，要使細菌可形成單一菌落的方式來進行。在培養平板上菌落位置的保留是透過按壓一個菌落挑選器或複製載體到培養盤上的菌落，然後將該複製載體以同一方向接種在兩個培養平板上。這兩個培養盤包含：(1) 含有被檢測營養物質，屬於營養完全之培養基；(2) 缺乏被檢測營養物質，營養不完全的培養基。在營養完全培養基上生長的菌落可以是野生或突變型的，但只有野生株會生長在營養不完全培養基上。藉由比較兩個培養平板的相對位置，就能夠定位出能在完全培養基上生長但不能在不完全培養基上生長的菌落位置。如此突變株將可被定位出來。因此藉由此方法即可檢測並分離出這個突變菌落。

複本塗盤技術是一種有效的技術，藉以篩選細菌和其他微生物在表現型上的變異株。它有潛力提供各式各樣代謝特性的訊息。例如，它被用來檢測變異株在生化特性，諸如胺基酸合成、受質的利用，以及對抗生素敏感性的變異。突變機率的訊息也可以作為致癌物質測試的依據 (見阿姆氏試驗，203 頁)。

突變的原因

突變可能為自發性或誘發性，這取決於其發生的起源。**自發性突變** (spontaneous mutation) 是 DNA 的隨機改變，即在沒有已知的原因下，DNA 所發生的複製上的錯誤。若干生物的自發性突變頻率已被量測。突變率在生物體之間可以有很大的不同。細菌之突變率從每次複製每個鹼基有 10^{-4} 個突變，到 10^{-11} 個突變。細菌快速的繁殖速率，使我們觀察細菌的突變比在大多數真核生物中更容易。

暴露於已知的**致突變劑** (mutagens) 可能產生**誘發突變** (induced mutation)，其中主要包含物理或化學藥劑，可破壞 DNA 並干擾其正常功能 (表 7.3)。使用精密控制的致突變劑，已被證明是誘導研究所需之微生物突變株的有用方法。

化學致突變劑以不同方式改變 DNA。化學藥劑例如吖啶染料 (acridine dyes) 在 DNA 相鄰鹼基之間完全插入並跨越螺旋結構，這導致 DNA 螺旋結構的扭曲，並會導致移碼 (frameshift) 突變。氮鹼基的類似物 (analogs)[7] (例如 5- 溴脫氧尿嘧啶和 2- 胺基嘌呤) 是天然鹼基的化學模擬物在複製過程中會嵌入 DNA 中。此外，這些不正常鹼基的加入將導致鹼基配對的錯誤。許多化學致突變劑也是致癌物質 (carcinogens)，或致癌劑 (見 203 頁上的阿姆氏試驗的討論)。

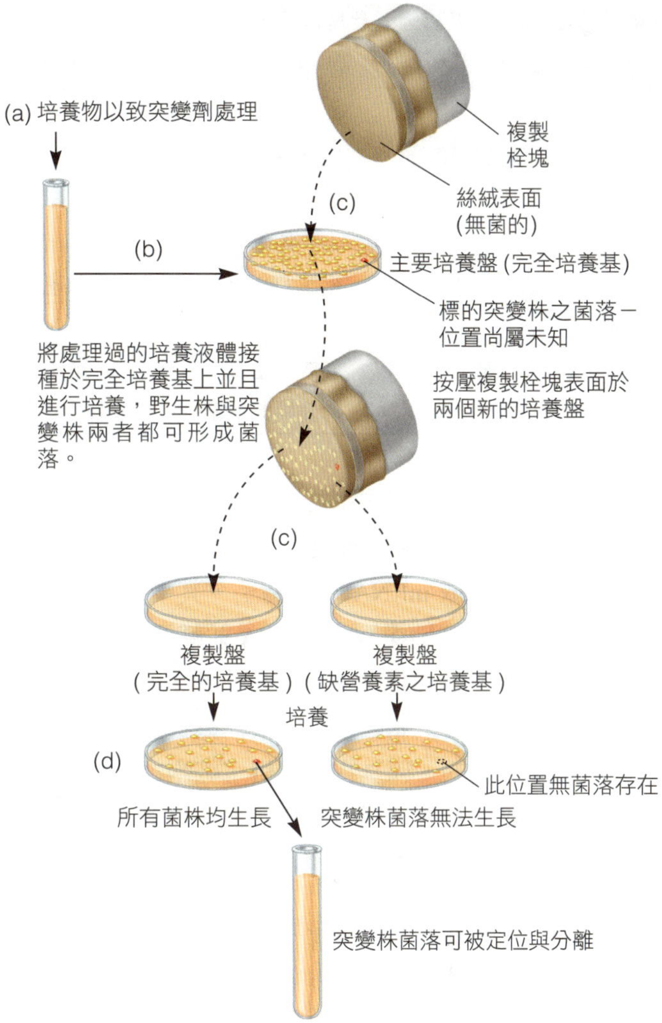

圖 7.20 複製平板方法用於分離突變型細菌。這項技術是由喬舒亞・萊德伯格 (Joshua Lederberg) 所開發。它是基於 (a) 將培養的細菌暴露於致突變劑；(b) 將欲分離之菌落培養在有完全營養素的主要培養盤上；(c) 以無菌載體按壓在菌落表面，藉此挑起少量細菌，並再次按壓到有完全營養素之培養盤上，然後再按壓到到不完全營養物之培養盤上；(d) 在細菌生長後，比較兩個培養盤。菌落所在的位置上，若是可在完全營養物之培養盤上生長，但是相同位置卻無法在不完全營養物之培養盤上生長，此菌落即為突變菌落，可以被挑出繼代。

可改變 DNA 的物理因子主要類型是輻射，高能量的 γ 射線和 X 射線引起 DNA 物理性質的改變，並蓄積可能無法修復的 DNA 斷裂。紫外線 (UV) 輻射導致相鄰嘧啶的異常鍵結，使得該區域的正常複製被阻斷。暴露於大劑量的輻射可能是致命的，這說明了為什麼輻射是非常有效

---

7 analog 除了官能基稍微不同，其化學結構非常類似於某一化合物。

表 7.3 部分致突變因子及其作用

致突變因子	作用
化學	
亞硝酸、亞硫酸氫鹽	從鹼基移除胺基結構
溴化乙錠	插入配對的鹼基之間
吖啶染料	由於鹼基對之間的插入，造成轉譯時移碼
氮鹼基類似物	複製 DNA 時，與自然的鹼基競爭位置
輻射	
離子射線 (γ 射線、X 射線)	形成自由基，導致 DNA 單股或雙股斷裂
紫外線	導致相鄰嘧啶之間的交聯

的微生物控制方法；但輻射對動物也可能有致癌性。用輻射來控制微生物在第 8 章有進一步說明。

突變的類別

突變包括大範圍的突變，其基因序列有大範圍的增加或減少，也可能為小規模的突變，只有影響到基因中的一個鹼基。後者所產生的突變，涉及單一鹼基的添加、去除或取代，被稱為**單點突變** (point mutations)。

為了理解 DNA 中的改變如何影響細胞，要記住，DNA 編碼呈現特定的三聯碼 (三個鹼基) 順序，將被轉錄成 mRNA 的密碼子，其中每一個密碼子均指定特定的胺基酸。當 DNA 序列的永久改變，被忠實地複製成 mRNA 並轉譯成蛋白質，此 DNA 突變可以改變蛋白質的結構。在蛋白質的變化同樣可以改變細胞的形態和生理。大多數基因突變對細胞的影響是有害的，可能導致細胞功能障礙或死亡，這些被稱為致死突變。中性的突變既不產生不利，也無有益的變化，少數突變是有利的，因為它們提供了細胞在結構或生理上的有益改變。

任何密碼的變化若導致置換不同的胺基酸，稱為**錯義突變** (missense mutation)。錯義突變可能產生下列結果之一：

- 產生錯誤、無功能 (或功能少) 的蛋白質
- 製作功能不同的蛋白質
- 對蛋白質的功能沒有顯著改變

在另一方面，**無義突變** (nonsense mutation) 是將正常的密碼子改變成終止密碼子 (無胺基酸編碼)，將停止蛋白質生成，無義突變幾乎都是導致無功能的蛋白質。**沈默突變** (silent mutation) 則是改變 DNA 鹼基，但不改變胺基酸，因此沒有任何影響。例如 ACU、ACC、ACG 和 ACA 等所有密碼子均為蘇胺酸，因此，只有最後一個鹼基改變，將不會改變密碼子的意義。**回復突變** (back-mutation) 發生時，基因發生了突變，反而轉變 (突變回復) 為原來的鹼基組成。

當一個或多個鹼基被插入或從新合成的 DNA 股中刪除，此類突變也可能發生，這種類型的突變，稱為**移碼** (frameshift) 突變，會如此命名是因為該 mRNA 的讀碼框已被更改。移碼突變幾乎總是導致無功能的蛋白質，因為基因突變後，每個胺基酸均與原有的 DNA 編碼不同。值得注意的是，當三的倍數 (3、6、9 等) 鹼基被插入或去除，導致胺基酸的添加或刪除並不會干擾讀碼框，但仍然可能破壞蛋白質的結構，這取決於胺基酸序列中的變化情形。以上這些類型的突變所帶來的影響可以在表 7.4 看出。

突變的修復

先前我們指出 DNA 具有校對機制來修復複製的錯誤，否則可能成為永久性的改變。因為突

表 7.4　主要突變類型之分類

	範例
I. 野生 (原始的、未突變的) 序列	THE BIG BAD DOG ATE THE FAT RED CAT
基因的野生型序列是指在大多數生物中發現的 DNA 序列，通常被認為是「正常的」序列。	
A. 取代突變	
II. 依據 DNA 改變類型的突變分類	
1. 錯義突變	THE BIG BAD DOG ATE THE FIT RED CAT
錯義突變導致不同的胺基酸被加入蛋白質中，基於兩種胺基酸之不同程度，產生的影響從不明顯到嚴重。	
2. 無義突變	THE BIG BAD (stop)
無義突變的密碼子轉換為終止密碼子，導致蛋白質的合成提前終止，這種突變類型的影響幾乎都是嚴重的。	
B. 移碼突變	B ↓
1. 插入	THE BIG BAB DDO GAT ETH EFA TRE DCA T
2. 刪除	THE BIG BDD OGA TET HEF ATR EDC AT ↘A
插入和刪除之突變引起 mRNA 轉譯讀碼的改變，導致蛋白質在突變位置之後的每個胺基酸均受到影響。因此，移碼突變幾乎都會導致無功能蛋白質的產生。	

變對細胞具有潛在致命的威脅，細胞具有更多的系統尋找和修復已遭受各種致突變劑和過程損壞的 DNA，最普通的 DNA 損傷是由專門用於尋找和修復這些缺陷的酵素系統。

經紫外線照射而損壞的 DNA，可透過光激活 (photoactivation) 或光修復 (light repair) 過程，修補已受損之 DNA。這種修復機制需要可見光和光敏感的酶，DNA 光修復酶 (DNA photolyase)，它可以連接到異常嘧啶鍵結位點和恢復原始的 DNA 結構。紫外線修復機制僅對相對小數目的紫外線突變是成功的。突變可以透過一系列酶，刪除不正確的鹼基，並添加正確的鹼基。這個過程被稱為*切除修復* (excision repair)。首先，酶在錯誤的 DNA 位置，分解鹼基和糖 - 磷酸鏈之間的鍵結。不同的酶隨後刪除了有缺陷的鹼基，在同一時間，留下的缺口將由 DNA 聚合酶 I 和接合酶修補，修復系統還可以找到在校對過程中遺漏的配對錯誤的鹼基，例如：C 錯誤搭配 A，或 G 搭配 T，錯誤配對的鹼基必須盡快更換，否則將無法被修復酶辨認。

阿姆氏試驗

新的農業、工業及醫藥等化學品正在不斷地被添加到環境中，人們普通都會暴露到這些化學藥品。研究發現許多這樣的化合物是致突變性的，並且這些有高達 83% 以上致突變劑都與癌症有顯著關聯。雖然動物試驗已經是檢測化學物質之致癌潛力的標準方法，更快速的篩選系統稱為阿姆氏試驗 (Ames test)[8] 也是常用的方法。在此巧妙的實驗，實驗對象是細菌，其基因表達和突變率可以很容易地觀察和監視。前提是任何化學物能突變細菌的 DNA 也可類似地突變哺乳動物 (包含人類) 中的 DNA，因此是潛在的危險。許多潛在的致癌物質 (例如，苯並蒽和黃麴毒素) 僅於哺乳動物的肝臟酵素作用後才是致突變劑，因此需要將這些酶的提取物添加到測試平台。

8 以此方法之創造者名字 (Bruce Ames) 命名。

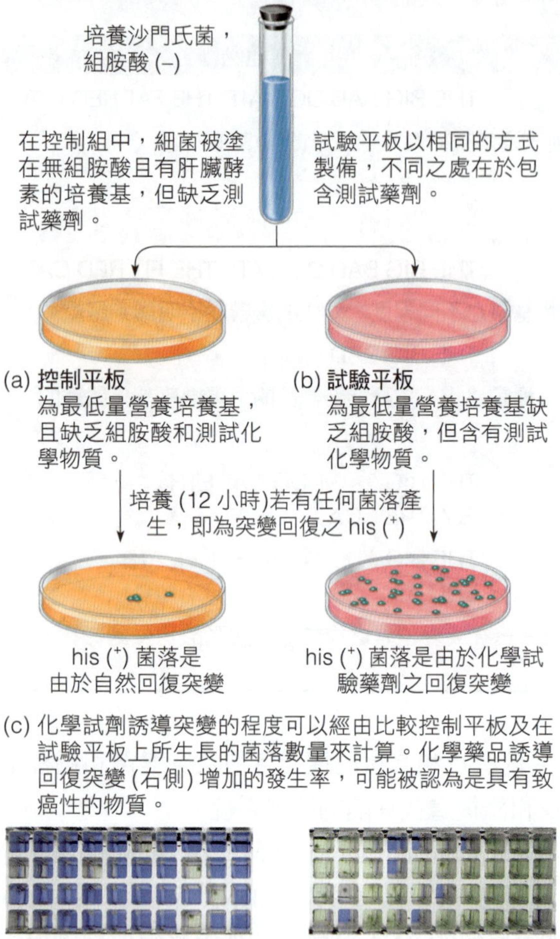
培養沙門氏菌，
組胺酸 (–)
在控制組中，細菌被塗在無組胺酸且有肝臟酵素的培養基，但缺乏測試藥劑。
試驗平板以相同的方式製備，不同之處在於包含測試藥劑。
(a) 控制平板
為最低量營養培養基，且缺乏組胺酸和測試化學物質。
(b) 試驗平板
為最低量營養培養基缺乏組胺酸，但含有測試化學物質。
培養 (12 小時)若有任何菌落產生，即為突變回復之 his ($^{+}$)
his ($^{+}$) 菌落是由於自然回復突變
his ($^{+}$) 菌落是由於化學試驗藥劑之回復突變
(c) 化學試劑誘導突變的程度可以經由比較控制平板及在試驗平板上所生長的菌落數量來計算。化學藥品誘導回復突變 (右側) 增加的發生率，可能被認為是具有致癌性的物質。
(d) 使用多孔之阿姆氏波動測試；藍色孔表示沒有發生回復突變；黃色孔表示有回復突變。

計算 (+) 黃色小孔的數目，提供回復突變株的數目；右側的結果顯示為強的致突變劑。

圖 7.21 阿姆氏試驗。(a、b、c) 在傳統的平板方法，不能合成組胺酸 [his (–)] 的沙門氏菌菌株是測試菌種。如果化學藥品所導致的組胺酸細菌的突變率，與對照組比較有增加的現象，則此化學藥品將被認為具有致突變性；(d) 新式波動測試 (fluctuation test) 是基於相同的基本原理，但是，它具有更高的靈敏度並且更容易評估。

在 Ames 試驗中的一種指示性生物是沙門氏菌 (*Salmonella enterica*)[9] 的突變菌株，其已經失去了合成胺基酸組胺酸的能力，缺乏高度敏感的回復突變，因為該菌株也缺乏 DNA 修復機制。若突變導致回復到野生株，就能夠合成組胺酸，但此自發性突變發生的比率很低。如果被測試樣品增強了回復突變且比率超越自發性突變的速度則此測試樣品就會被認為是一種致突變劑。圖 7.21 取多孔方法與簡化的結果比較試驗的標準版本。Ames 試驗已證明是非常有價值地用於篩選環境和飲食中的致突變性和致癌性化學品的分類，而不用訴諸動物研究。

突變的正面和負面效應

許多基因突變沒有修復好，細胞如何應付此狀況，要視突變的性質和該生物可利用的策略而定。突變基因在生殖過程中可傳遞到生物的後代，或在病毒複製時傳給新病毒。突變基因成了長遠的部分基因庫。大多數突變是有害於生物體的，但有些卻可以提供適應環境的優點。

如果基因突變發生在僅有的一個基因上，導致無功能的蛋白質，例如在單倍體或簡單的生物體，細胞可能會死亡。這種情況發生在大腸桿菌的某些突變株，在修復由紫外線輻射損傷所需要的基因產生突變。人類基因突變影響單一蛋白質 (主要是酶) 的作用也與 3,500 多個疾病有關。

雖然多數自發性突變並不是有利的，只有少數透過產生具替代式表現性狀的變異株，有利於個體和群體。微生物並不會「感知」這個優點，也無法控制這些改變；微生物只能單純地回應它們所遇到的環境。在長遠的觀點下，突變和它們所產生的變化都是微生物族群演化的籌碼。

當產生變異的突變發生頻率夠高時，任何族群即有機會產生一些具有很多特殊性狀的突變株，但只要環境是穩定的，這些突變株絕不會超過族群中很小的比例。但是，當環境發生變化

9 沙門氏菌是禽類腸道的常在菌，會造成人類食物中毒，其被廣泛用於細菌的基因研究。

時，它可能對某些個體的生存有害，只有那些具保護性突變的微生物，可以成為新的環境中的生存者。

這樣的觀察可以透過自然選擇和適者生存的重要生物學原理來解釋。該理論指出，由於有益的突變環境壓力選擇具有更大適應性的生物，它們更容易生存、繁殖並將改變的基因遺傳給後代。在時間上，這些倖存者成為微生物族群的主要成員，只要突變仍有利於它們的生存。天擇最清楚的模式是細菌獲得抗藥性 (第 9 章中討論)。

正如我們將在第 7.5 節看到，細菌有額外的機制來改變它們的遺傳組成，如細菌利用基因重組與其他細菌的基因進行交流與改變。

7.5　DNA 的基因重組事件

透過有性生殖的遺傳重組是在真核生物中基因變異的重要手段。雖然細菌沒有完全等同的有性生殖，它們仍然表現出分享或重組其部分基因體的原始手段。若有一個細菌的 DNA 提供給另一個細菌，此種型式的基因轉移稱為基因重組 (recombination)，最終的結果，是產生全新的菌株，與原來的提供菌株和接受菌株均不相同。在一般情況下，任何生物體獲得的基因，起源於另一個生物體即稱為基因重組株 (recombinant)。

基因重組在細菌中有很大程度是取決於它們獲取的極端多樣性和遺傳物質的表現，其所獲得的遺傳物質可能來自其他細菌，或甚至是其他生物體。這種遺傳物質分享能力對細菌的多樣性和演化，產生了巨大的影響。不似自發性突變，基因重組一般都是有益的。基因重組可以提供額外的基因，包含抗藥性和毒物代謝能力、新的營養和代謝方式、增加毒力並適應不斷變化的環境條件。

細菌遺傳物質的傳播

細菌細胞之間的 DNA 轉移，通常涉及小的 DNA 片段，如質體 (plasmids) 或染色體片段的形式。質體是微小、圓形的 DNA 片段，包含自己的複製起點，因此在細菌染色體外可以獨立地進行複製。質體存在於許多細菌 (以及一些真菌)，並且通常包含幾十個基因。雖然質體對於細菌的存活並非是必要的，它們經常攜帶適應環境的基因，例如抗藥性基因。

病原體接收到數十種來自其他物種的抗藥性基因。染色體片段由溶解的細菌中釋出，這些片段通常與細胞之間的遺傳訊息傳遞有關。質體和染色體片段之間的重要區別在於，質體可以穩定地複製和遺傳給下一代，而染色體片段必須嵌入到細菌染色體中，才能進行複製，最終傳遞給子代細胞。基因重組的過程在自然界是相對罕見的，但其頻率可以在實驗室中增加，在生物體之間進行基因轉移的能力，已經成為研究和技術的重要工具。

取決於傳送的模式，在細菌中的基因重組方法被稱為接合、轉形及轉導。接合 (conjugation) 需要兩個細胞的附著，以及形成可以傳輸 DNA 的橋樑。轉形 (transformation) 限於裸露 DNA 的轉移，不需要特殊的載體。轉導 (transduction) 是透過細菌病毒的作用轉移 DNA (表 7.5)。

接合：透過直接接觸傳遞遺傳物質

接合是一種基因重組的模式，其中質體或 DNA 片段從供體細菌透過直接連接轉移到受體細菌中。革蘭氏陰性和革蘭氏陽性菌可以接合，但只有革蘭氏陰性菌有專門的質體稱為生

表 7.5 細菌基因重組之類型

型式	參與因子	直接或間接 *	基因移轉之例子
接合	提供者細菌有菌毛 提供者細菌有 F 質體 提供者細菌和接受者細菌均活著 細菌之間形成架橋，可傳輸 DNA	直接	抗藥性；耐金屬；毒素的產生；酶；黏附分子；有毒物質降解；鐵的攝取
轉形	自由的提供者 DNA (片段或質體) 活的勝任接受者細菌，提供者細菌一般是死的	間接	多醣體莢膜；選殖技術之基因不受限；代謝酶
轉導	提供者是裂解的細菌細胞 缺陷噬菌體是供體 DNA 的載體 活的接受者細菌，種類與提供者細菌相同	間接	外毒素；醣類醱酵酶；抗藥性

* 直接是指提供者與接受者細菌在質體交換時有接觸；間接則是兩者無接觸。

育 (fertility) 或 F 因子 (F factor)。這種質體可促成獨特菌毛 (pilus) 的合成，也稱為性菌毛 (sex pilus)[10]，此構造在大多數接合傳輸中扮演重要的功能。接受體細菌通常是相關的細菌，在其表面具有與性菌毛相互作用的識別位點 (圖 7.22，步驟 1)。

在接合的細菌作用中，F^+ 細菌表示具有 F 質體，而 F^- 細菌表示缺少 F 質體。當 F^+ 細菌的性菌毛向外長出，附著到 F^- 細菌的表面，收縮並將兩個細菌拉在一起 (圖 7.22，步驟 1) 接觸時。兩個細菌在菌毛接觸位置上會形成一種類似交配或接合型的橋，可作為質體的轉移系統。最新的可靠訊息指示，該菌毛變成複合分泌系統的一部分，打開兩個細菌間之細胞壁和細胞膜的閘道，並作為質體的通路。

有數以百計的接合質體，其性質有一定的差異。最容易理解的質體是在大腸桿菌中的 F 因子，其表現出以下的轉移形式：

1. 由於細菌傾向於保留質體，因此供體細菌首先複製F因子，並同時經過性菌毛的架橋(圖7.22，步驟 2) 傳輸複製的質體。藉由這種方式，原細菌保留了原來的質體，因此仍然是 F^+，可以繼續與其他細菌接合。而原 F^- 細胞已經變成了 F^+，因此也能夠產生性菌毛，與其他細菌接合。在這個傳輸過程中，無其他的基因被轉移。
2. 在高頻率基因重組 (Hfr) 提供者，此 F 因子已經被嵌入 F^+ 提供者細菌之染色體中。

高頻率基因重組一詞的意義是指，具有嵌入 F 因子的細菌比起其他細菌，有更高頻率傳送其染色體基因。這是因為 F 因子可以使提供者染色體的一部分以更全面的方式轉移到受體細菌。這種轉移是透過提供者染色體的複製，隨著 F 因子轉移至接受體細菌。DNA 的一股是由供體細菌保留，而另一股則跨越輸送到受體細菌 (圖 7.22，步驟 3)。F 因子在該過程中可能不被轉移。整個染色體的轉移需要約 100 分鐘，但細胞間的菌毛架橋在這個時間之前，通常已斷裂，因此供體細菌很少可以將整個基因體轉移。

接合具有很大的生物醫學重要性。特殊抗性 (R) 質體 (resistance plasmids 或 R plasmids)，或稱 R 因子 (factors)，帶有抵抗抗生素和其他藥物的基因，透過接合方式在細菌間共享此抗藥基因。R 因子轉移可以賦予多種抗生素之抗藥性，例如四環素、氯黴素、磺胺類和青黴素。此現

10 負責細菌交配之功能，但與細菌缺乏的有性生殖無關。

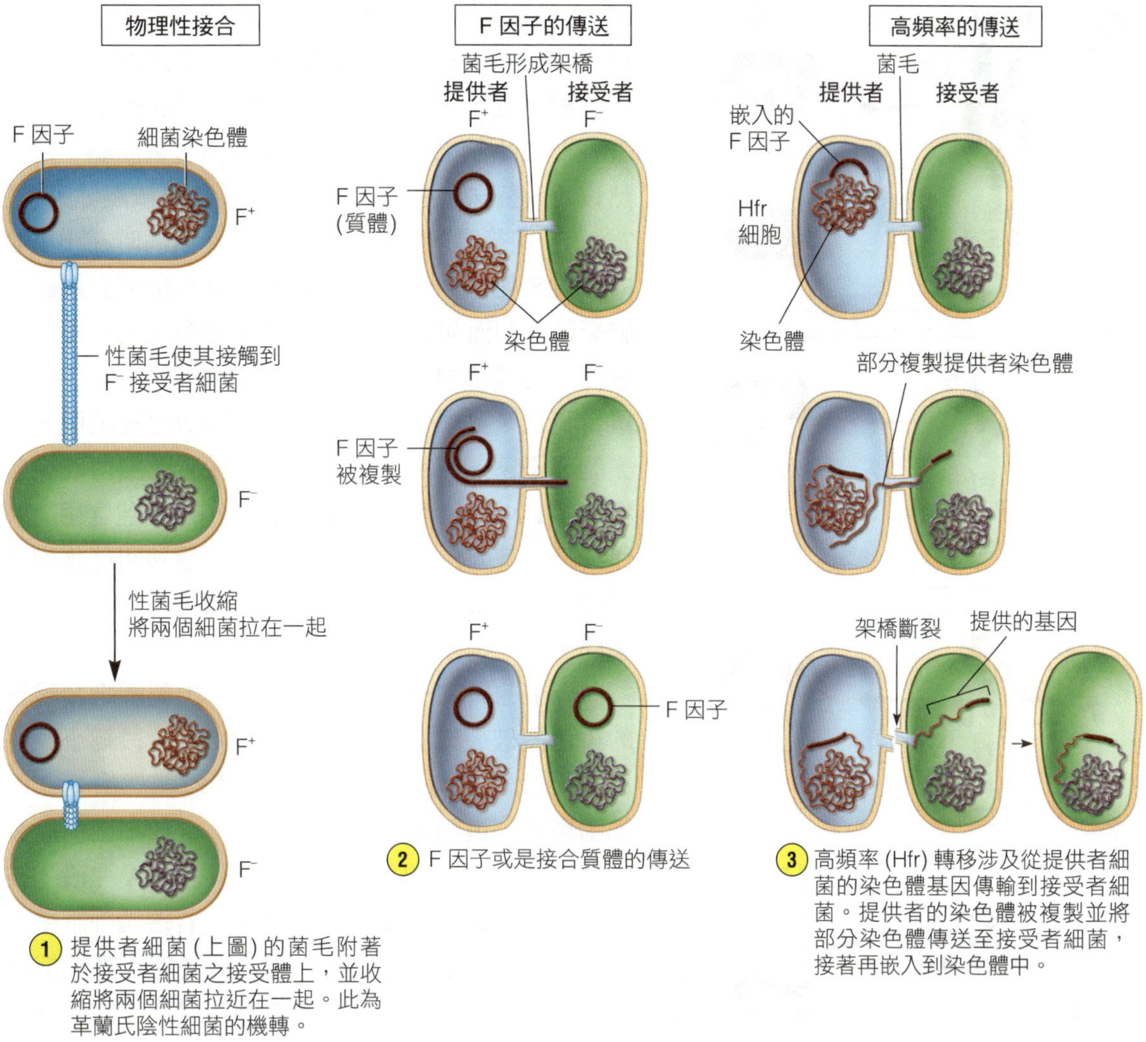

圖 7.22　**接合：藉由兩個細菌之間的直接接觸，傳遞遺傳物質。**

象會進一步在第 9 章討論，其他類型的 R 因子攜帶遺傳密碼可對抗重金屬 (鎳和汞) 或合成毒力因子 (毒素、酶和吸附分子)，可增加細菌菌株的致病性。接合的研究還提供解開細菌染色體圖譜的方法。

革蘭氏陽性菌如芽孢桿菌屬和鏈球菌屬已知可藉由接合進行基因重組。因為它們缺乏菌毛，它們必須透過兩個細菌的黏附過程中，活化運輸質體專用的蛋白質。但所涉及的機制尚未完全被解開。

轉形：從溶液中捕獲游離的 DNA

微生物遺傳學的重大發現，是由英國化學家格里菲斯 (Frederick Griffith) 於 1920 年代後期，在研究肺炎鏈球菌和實驗室小鼠的工作中獲得。肺炎鏈球菌主要有兩個菌株，其差異在於是否有莢膜、菌落形態和致病性。莢膜型菌株具有平滑 (S) 菌落的外觀且有毒力；而缺乏莢膜的菌株則有粗糙的 (R) 菌落外觀且是無毒性的。(複習第 3 章，莢膜可保護細菌抵抗宿主吞噬防禦細

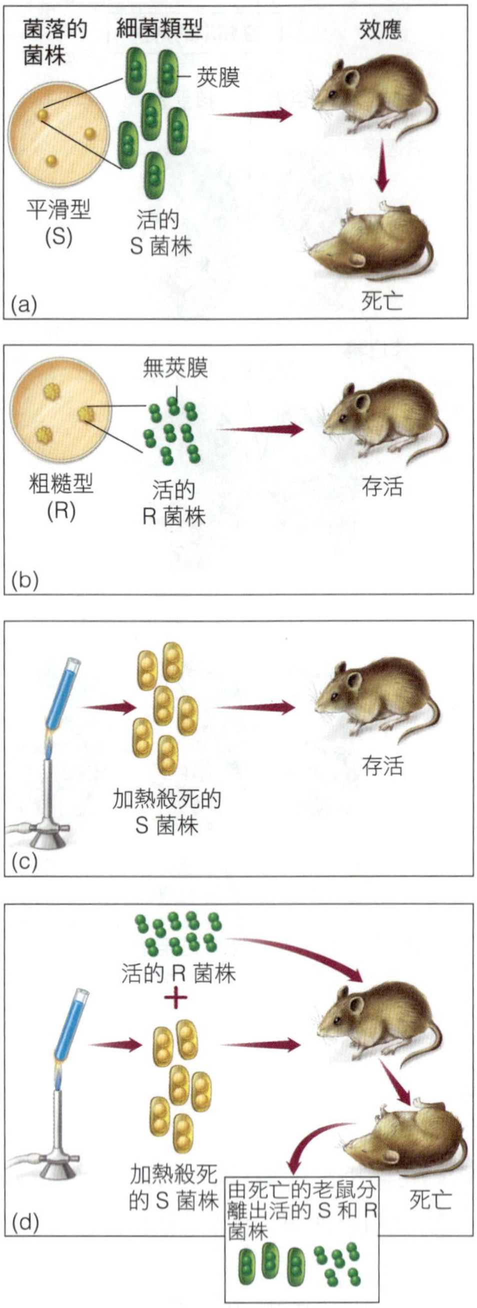

圖 7.23 格里菲斯的經典實驗－轉形。在本質上，該實驗證明了 DNA 從一個被殺死的細菌釋放，可被活細菌獲得。細菌接收到此種新的 DNA 將進行遺傳轉形，在這種情況下，從一個無毒力菌株轉為強毒力之菌株。

胞。) 格里菲斯首先表明，當小鼠被注射了活菌、有毒力 (S) 的菌株，小鼠很快就死亡 (圖 7.23a)。當小鼠注射活菌、無毒力 (R) 的菌株，則依然健康地活著 (圖 7.23b)。接下來，他試圖改變這個試驗。他加熱殺死 S 菌株，注射到小鼠，結果小鼠依然健康 (圖 7.23c)。隨後進行最終試驗：格里菲斯同時在小鼠體內注入 S 死菌株和 R 活菌株，結果小鼠因血液感染肺炎鏈球菌而死亡 (圖 7.23d)。如果殺死的細菌無法復活，而無毒力之活菌株無法造成傷害，為什麼小鼠會死亡？雖然當時並不知道，但他已經證明，死去的 S 細菌，在進入小鼠的身體後，死細菌破裂並釋放其 DNA (偶然的機會，這部分 DNA 包含用於製作莢膜的基因)。有些活的 R 細菌，隨後可能獲取這種游離的 DNA，轉形並轉變成有毒力可產生莢膜的菌株。

後來的研究支持了這個概念，由裂解細菌釋出的染色體破裂成 DNA 片段，此 DNA 片段夠小到足以讓接受體細菌接收，此 DNA 片段雖然由死亡的細菌釋放，但仍保持其遺傳密碼。這種細菌從周圍的環境中，非特異性地獲取可溶性 DNA 片段，被稱為**轉形** (transformation)(圖 7.24)。若透過細胞壁上特殊的 DNA 結合蛋白質，從周圍環境介質中捕獲 DNA，可促進轉形。細菌若能夠透過此方式接受遺傳物質，則被稱為**勝任** (competent)。新的 DNA 穿過位於細胞壁和細胞膜的DNA 攝取系統。在細胞質中，提供菌株之 DNA 插入接受體細菌的染色體中，則稱為被轉形。自然的轉形現象在許多革蘭氏陽性和革蘭氏陰性細菌種類中發現。除了產生莢膜的基因外，細菌也以這種方式交換抗生素抗藥性基因和合成細菌素的基因。

因為轉形並不需要特別的附屬物，以及提供體和接受體細菌不必直接接觸，該方法對某些類型的 DNA 重組技術是有用的。利用該技術，將一個完全無關的生物外源基因插入到質體中，然後透過轉形作用將其引入到勝任細菌中。這些基因重組，可以在試管中進行，人類的基因可以被放入微生物中進行實驗，甚至在人體外表現。轉形作用常用於生產基因工程的生物，例如酵母菌、植物和小鼠等，此技術已被提議未來用於治療人類遺傳疾病。

轉導：以病毒作為載體

噬菌體 (細菌病毒) 先前已被描述為破壞性的細菌寄生蟲。病毒也可以作為遺傳載體 (一種可以將外源 DNA 帶入細菌的實體)。透過噬菌體作為 DNA 的載體，從提供體細菌帶入接受體細菌，此過程稱為**轉導** (transduction)。雖然在自然界中，噬菌體廣泛地存在於細菌中，但是單一轉導事件中，參與的細菌必須是相同物種，因為病毒針對宿主具有其特異性。

有兩個轉導模式。在一般性轉導模式 (圖 7.25)，崩解宿主的 DNA 片段隨機地由噬菌體組裝包裹。幾乎任何來自細菌的基因可以利用此方式傳送。在專一性轉導 (圖 7.26)，宿主基因體中高度特異性的部分 DNA 照例地嵌入病毒，這種特殊性是由於先前存在一個溫和原噬菌體於細菌染色體的固定位置上。當活化時，原噬菌體 DNA 與細菌染色體分離，並帶著一小部分宿主基因，在裂解週期期間，這些特定的病毒宿主基因組合被帶入病毒顆粒，並進入到另一個細菌。轉導的實例包括葡萄球菌屬的抗藥性基因轉導，以及革蘭陰性桿菌如大腸桿菌和沙門氏菌的基因調控子的傳輸。

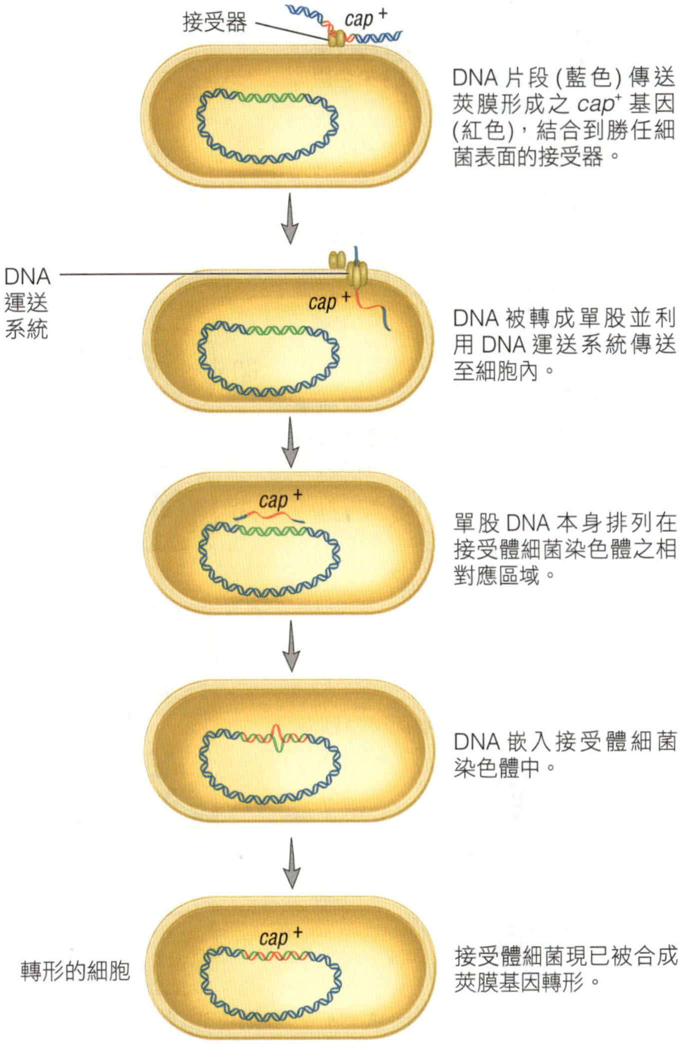

圖 7.24 由肺炎鏈球菌所看到的細菌轉形步驟。這表明莢膜形成的基因編碼如何被帶入細菌，並嵌入到染色體中。*Cap*+ 表示用於形成莢膜的基因。

轉位子：「跳躍基因的例子」　一類非常令人感興趣的遺傳物質轉移，涉及到轉位物質或**轉位子** (transposons)。轉位子可從基因體的一個部分轉移到另一部分，因此被稱為「跳躍基因」。最初是由遺傳學家 Barbara McClintock 提出其存在於玉米植株的想法，當時卻受到廣泛質疑，因為過去一直認為，一個特定基因的位置是固定的，基因不會或不能移動。現在顯而易見的是，跳躍基因在原核、真核細胞和病毒中已廣泛存在。從人類 DNA 的分析結果顯示，跳躍基因占了近 45% 的人類基因體。

所有的轉位子均有共同的特徵，在基因體上從一個位置跳躍到另一個位置上，從一個染色體位置跳到另一個，從染色體跳到質體，或從質體跳到染色體 (圖 7.27)。因為轉位子可發生在

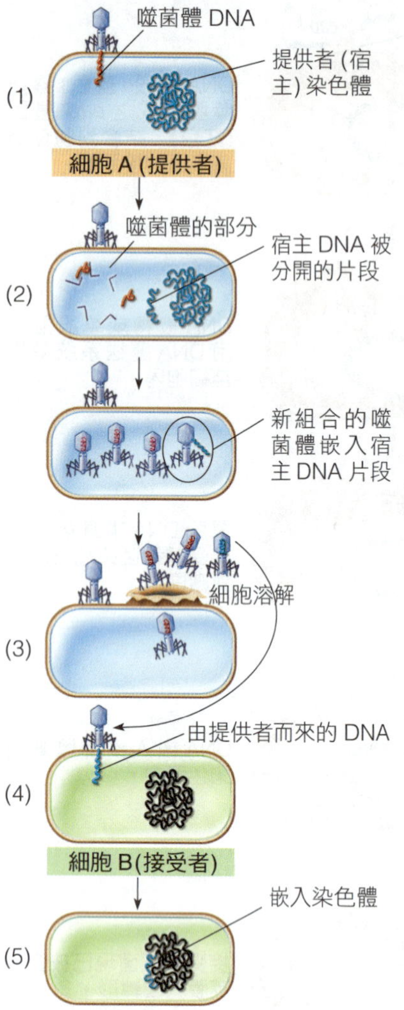

圖 7.25 一般轉導：由病毒載體傳遞遺傳物質的方式。(1) 噬菌體透過正常方式感染細胞 A (提供者細胞)；(2) 在複製和組裝時，噬菌體顆粒錯誤地包裹細菌 DNA 的片段；(3) 細胞 A 裂解，並釋放成熟的噬菌體，包括基因改變的噬菌體；(4) 改變的噬菌體吸附到並穿刺另一個宿主細胞 (細胞 B)，注入細胞 A 的 DNA，而不是病毒核酸；(5) 細胞 B 接收細胞 A 的 DNA 使其與它自身的 DNA 重新組合。因為該病毒是有缺陷的 (無生物活性的病毒)，它是無法完成裂解週期。被轉導的細胞可繼續存活，並且可以使用這個新的遺傳物質。

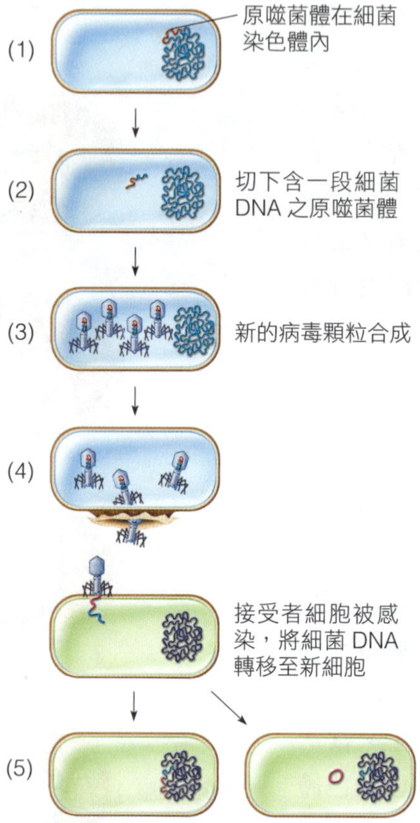

圖 7.26 專一性轉導：特殊的遺傳物質由一種病毒載體來傳輸。(1) 專一性轉導由含有原噬菌體 (紅色) 的細胞開始；(2) 當病毒進入裂解週期，它將自身由宿主細胞切除，並攜帶某些宿主 DNA；(3) 複製和裝配過程會產生含病毒和細菌 DNA 的嵌合病毒 (chimeric virus)；(4) 釋放重組病毒，感染新宿主導致細菌 DNA 在細菌之間轉移；(5) 重組能在新宿主染色體和病毒的 DNA 發生，導致細菌 DNA 或病毒與細菌 DNA 的組合，被嵌入到細菌染色體中。

質體中，因此它們也可以從一個細菌傳到另一個細菌，或在一些真核生物中發生。有些轉位子在跳躍到下一個位置之前會先進行複製，但有些則只有移動而沒有先進行複製。

轉位子含有酵素的 DNA 編碼，此類酵素可作用於轉位子之移除及重新插入基因體中的另一個部位。在 DNA 編碼區的附近序列被稱為反向重複序列 (inverted repeats)，這序列標誌著在該轉位子被移除或重新插入到基因體中的位置。最小的轉位子僅由這兩個基因序列組成，並通常被稱為插入的元件 (insertion elements)。有一型轉位子稱為反轉位子 (retrotransposon) 可以將 DNA 轉錄成 RNA，再反轉錄回到 DNA，以便將 DNA 插入到一個新的位置。另一個例子是整合子 (integron)，它可以攜帶大段的遺傳物質，在傳送藥物抗藥性的能力上，顯得相當突出。

轉位子的整體效果為干擾基因語言，可能是有利或是不利的，這

取決於插入染色體部位所產生的變異，究竟哪些基因被重定位，而有哪些類型的細胞有相關聯。在細菌中，轉位子已知參與

- 改變性狀，如菌落形態、產生色素和抗原特性。
- 更換損壞的 DNA。
- 細菌抗藥性的轉移。

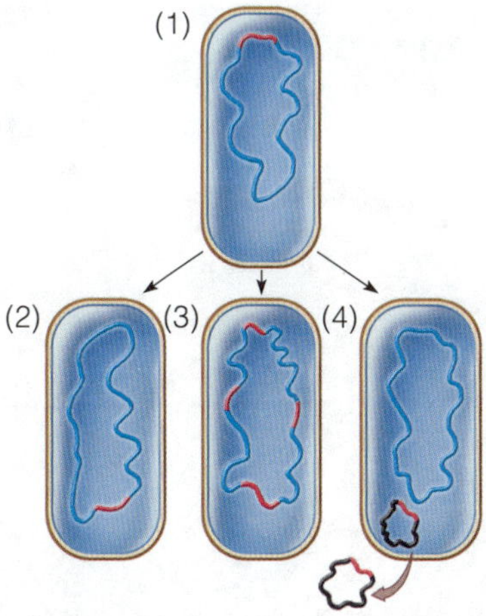

圖 7.27 **轉位子：轉移的基因體片段。**(1) 轉位子以一小段的 DNA 存在，可嵌入宿主細胞染色體 (紅色)；(2) 轉位子切除本身並從一個位置移動到另一個基因體中，保持本身在每個細胞中只有單一複製；(3) 轉位子也可以在移動之前複製，從而導致增加拷貝數，對宿主的基因體中產生更大的影響；(4) 最後，轉位子跳到一個質體，然後可將其轉移到另一個細菌中。

7.6　動物病毒的基因

病毒基本上是由一個或多個 DNA 或 RNA 組成，包裹在保護外殼內。病毒是基因的寄生物，需要利用宿主細胞的遺傳和代謝機制來進行複製、轉錄和轉譯，它們也具有改變細胞基因的潛力。因為它們僅包含生產新病毒基因所需的物質，病毒的基因體往往是非常小且緊密的。

病毒在基因型式上有顯著變異。許多病毒的核酸是線性的形式；也有些病毒則是圓形的。大多數病毒的基因體是一個單一的核酸分子，儘管有少數，它被分割為幾個較小的核酸分子。大多數病毒含有正常雙股 (ds) DNA 或單股 (ss) RNA，但也存在其他形態存在。有單股 DNA 病毒、雙股 RNA 病毒和反轉錄病毒 (由單股 RNA 反向製造雙股 DNA)。在某些情況下，病毒的基因彼此重疊，而有幾個 DNA 病毒，其兩股 DNA 均包含可轉譯的訊息。

除少數例外，DNA 動物病毒的 DNA 分子複製發生在細胞核中，其中含有細胞的 DNA 的複製元件，而 RNA 病毒的基因體則通常是在細胞質中進行複製。在所有的病毒中，病毒 mRNA 利用宿主的 tRNA 及宿主細胞的核糖體，進行病毒蛋白質的轉譯。

動物病毒的複製策略

雙股 DNA 病毒的複製、轉錄和轉譯

雙股 DNA 病毒複製分為幾個階段 (圖 7.28)。在早期階段，病毒 DNA 進入細胞核，在細胞核中有些基因轉錄成 mRNA。接著，mRNA 轉錄物移動到細胞質中轉譯成病毒蛋白質 (酶) 作為複製病毒 DNA 所需。此複製通常發生在宿主細胞核中，宿主細胞本身擁有 DNA 聚合酶，儘管有些病毒 (例如疱疹病毒) 有自己的 DNA 聚合酶。在後期階段，其他病毒基因被轉錄和轉譯為形成蛋白殼和其他結構需要的蛋白質。新的病毒基因體和蛋白殼進行組裝，成熟的病毒可透過出芽或細胞崩解方式釋放。

雙股 DNA 病毒，可直接與其宿主細胞中的 DNA 相互作用。有些病毒的 DNA 藉由插入宿主基因體中的特定位置，而靜默地嵌入到宿主的基因體中。病毒 DNA 的持續性存在，也可能導致宿主細胞轉化成癌細胞。幾個 DNA 病毒，包括 B 型肝炎病毒 (HBV)、疱疹病毒 (herpesviruses) 和乳頭瘤病毒 (papillomaviruses)(疣)，是已知引發癌症的起始者，因此被稱為致癌的 (oncogenic)。

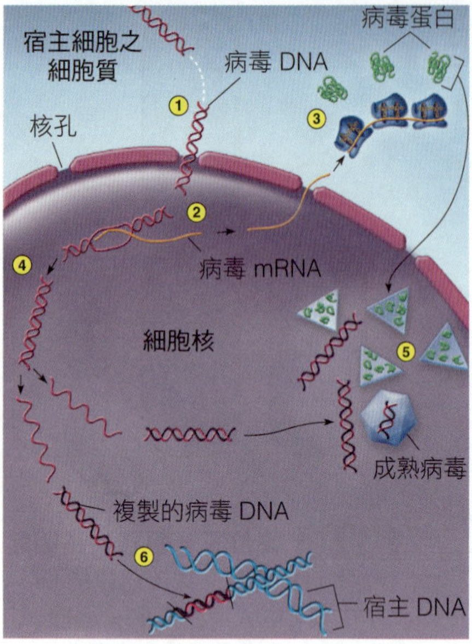

圖 7.28 **雙股 DNA 病毒繁殖的一般階段**。病毒穿透宿主細胞並釋放 DNA，其中一些 DNA：(1) 進入細胞核和 (2) 由宿主細胞的酶轉錄成 mRNA；(3) 病毒的 mRNA 離開細胞核，然後轉譯成病毒的結構蛋白質；這些蛋白質被轉運到細胞核中；(4) 病毒 DNA 在細胞核中反覆複製；(5) 病毒 DNA 和蛋白質在細胞核中被組裝為成熟的病毒；(6) 由於是雙股的，一些病毒 DNA 可以嵌入到宿主的 DNA (潛伏)。有些例外的模式發生在痘病毒。

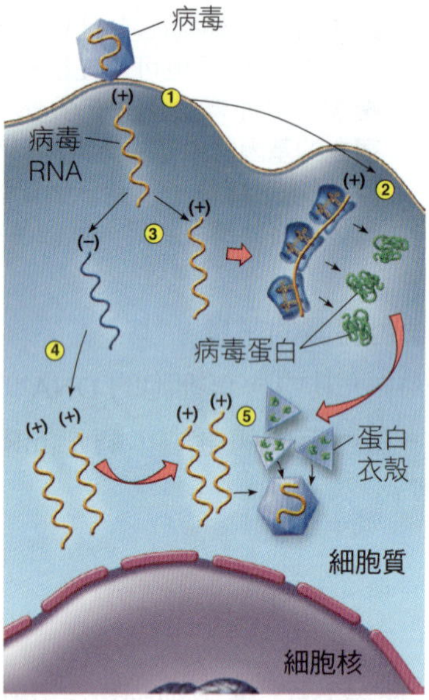

圖 7.29 **正股、單股 RNA 病毒的複製**。在一般情況下，這些病毒不進入細胞核中。(1) 病毒 RNA 的穿入；(2) 由於它是正股信息和單股 RNA，可直接以宿主細胞的核糖體，進行病毒各種必要蛋白質的轉譯；(3) 負的基因體利用正股模板合成，再藉以產生大量的正股基因體，以利最後的組裝；(4) 負的基因體被當作模板，然後用於合成一系列正股複製物；(5) RNA 股與蛋白質組裝為成熟的病毒。

致癌性轉形的機制涉及基因可以調節細胞基因體，並控制細胞分裂發生的基因。

RNA 病毒的複製、轉錄和轉譯

RNA 病毒表現出與 DNA 病毒有許多差異性。RNA 病毒的基因體較小，它們進入宿主細胞中已經是 RNA 的形式，大多數 RNA 病毒的複製週期發生在細胞質中。RNA 病毒可能具有下列遺傳訊息之一：

1. 正股 (+) 基因體，可立即轉譯成蛋白質，
2. 負股 (–) 基因體在轉譯前，必須先轉換為正股，
3. 正股 (+) 基因體，可以被轉化為 DNA 或雙股 RNA 基因體。

正股、單股 RNA 病毒 (圖 7.29)

正股病毒，如脊髓灰白質炎病毒的單股 RNA，可立即被轉譯，因此它被立即轉譯成一個大的蛋白質，再分解成單獨的功能單位。其中之一是 RNA 聚合酶，可啟動病毒核酸的複製。正股訊息核酸的複製以兩個步驟進行。首先，以正股為模板，利用通用的鹼基配對機制來合成負股。得到的負股成為一個主要模板，產生新的正股子代病毒核酸。病毒基因體進一步轉譯產生大量的結構蛋白，進行最後的組裝和產生成熟的病毒。

具反轉錄酶之 RNA 病毒：反轉錄病毒

最不尋常的一類病毒是一種可以反轉遺傳訊息傳遞順序的病毒。迄今在我們的討論中，所有的遺傳實體均顯示出下列的形式：DNA → DNA、DNA → RNA 或 RNA → RNA。反轉錄病毒，包括愛滋病毒 HIV (愛滋病的病原) 和 HTLV I (一種人類白血病的病因)，此類別之病毒，利用自身的 RNA 基因體為模板合成 DNA。它們做到這一點是透過每一個病毒顆粒所包裝的**反轉錄酶** (reverse transcriptase)。此酶以單股病毒 RNA 為模板合成 DNA，然後引導形成該單股 DNA 的互補股，從而產生病毒雙股 DNA。該雙股 DNA 進入細胞核，在那裡它可以透過正常的機制轉錄成新的病毒 ssRNA，然後用於組裝新的病毒顆粒。當有些反轉錄病毒的 DNA 變為嵌入到宿主的 DNA 變成為原病毒 (provirus)，細胞可被轉化並產生腫瘤。嵌入宿主染色體可使愛滋病病毒在受感染的細胞中潛伏好幾年 (見圖 22.16)。

第一階段：知識與理解

這些問題需活用本章介紹的觀念及理解研讀過的資訊。

選擇題

從四個選項中選出正確答案。空格處，請選出最適合文句的答案。

1. 何者是遺傳 (基因) 的最小單位？
   a. 染色體　b. 基因　c. 密碼子　d. 核苷
2. 核苷包含以下哪種結構？
   a. 5- 碳糖　b. 氮鹼基　c. 磷酸　d. 只有 b 和 c　e. 以上所有
3. DNA 中的氮鹼基是鍵結到：
   a. 磷酸　b. 去氧核糖　c. 核糖　d. 氫
4. DNA 複製是半保留，因為________股將成為半個________分子。
   a. RNA，DNA　b. 模板，完成　c. 有意義，mRNA　d. 密碼子，反密碼子
5. 在 DNA 結構中，腺嘌呤是________的互補鹼基，並且胞嘧啶為________的互補鹼基。
   a. 鳥嘌呤，胸腺嘧啶　b. 尿嘧啶，鳥嘌呤　c. 胸腺嘧啶，鳥嘌呤　d. 胸腺嘧啶，尿嘧啶
6. 鹼基對主要能保持在一起是由於：
   a. 共價鍵　b. 氫鍵　c. 離子鍵　d. 解旋酶
7. 為什麼 DNA 的延遲股之複製需要以小片段方式？
   a. 由於空間的限制
   b. 否則螺旋會變得扭曲
   c. DNA 聚合酶只能由一個方向上合成
   d. 為了使密碼更容易被校對
8. 訊息 RNA (mRNA) 是由 DNA 模板股之基因藉由所形成。
   a. 轉錄　b. 複製　c. 轉譯　d. 轉形
9. 轉移 RNA (tRNA) 是具有何種功能之分子
   a. 有助於核糖體的結構
   b. 轉換遺傳密碼到蛋白質結構
   c. 將 DNA 密碼轉移至 mRNA
   d. 提供胺基酸主要密碼
10. 一般規則下，在 DNA 模板股上作為蛋白質開始的第一個密碼子訊號是：
    a. TAC　b. AUG　c. ATG　d. UAC
11. 下列哪些成分參與轉錄？
    a. sigma 因子　b. RNA 聚合酶　c. 啟動子　d. 只有 b 和 c　e. 以上所有
12. 乳糖操縱組 (lac operon) 通常是在________狀態，並且由一個________分子活化。
    a. 開啟，抑制子　b. 關閉，誘導子　c. 開啟，誘導子　d. 關閉，抑制子
13. 突變對於微生物族群的效果，必須是
    a. 可遺傳的　b. 永久的　c. 有利的　d. a 和 b　e. 以上皆是

14. 以下哪些特點，對質體而言「不是」正確的？
 a. 質體是一個圓形的 DNA 片段
 b. 質體是正常細胞的功能所必需的
 c. 質體是在細菌中發現
 d. 質體可以從細菌細胞被轉移到另一細胞中

15. 哪些遺傳物質可以透過微生物間傳遞所有三種方法自然傳播？
 a. 大腸桿菌染色體　b. F 因子
 c. 抗藥性基因　d. a 和 c
 e. 以上皆是

16. 何種特性存在於真核細胞，而非存在於細菌？
 a. 多基因 mRNAs　b. 內含子
 c. 終止密碼子　d. AUG 密碼子

17. 以下何者存在於原核生物，但不存在於真核生物：
 a. 外顯子　b. 多核糖體
 c. 剪接體　d. 同步轉錄和轉譯

18. **配合題**：填入與空格後方述相符的選項 a~j。
 ______蛋白質合成位置
 ______攜帶密碼子
 ______攜帶反密碼子
 ______mRNA 合成的過程
 ______噬菌體參與之轉移
 ______DNA 分子之複製
 ______被轉錄的 DNA 密碼同時被解密成多胜肽的過程
 ______質體參與
 a. 複製
 b. 轉運 NA
 c. 接合
 d. 核糖體
 e. 轉導
 f. 訊息 RNA
 g. 轉錄
 h. 轉形
 i. 轉譯
 j. 以上皆非

申論挑戰

每題需依據事實，撰寫一至兩段論述，以完整回答問題。「檢視你的進度」的問題也可作為該大題的練習。

1. 說明下圖的意義。

2. 在紙上，複製下列的 DNA 片段：
 5′ A T C G G C T A C G T T C A C 3′
 3′ T A G C C G A T G C A A G T G 5′
 a. 標示新股的複製方向，並說明什麼原因導致延遲股和引導股顯示不同的複製模式。
 b. 說明為何這是半保留複製模式。新股與原始 DNA 的片段是否相同？

3. 下面的序列代表了 DNA 三聯碼：
 TAG CAG ATA CAC TCC CCT GCG ACT
 a. 寫出與該序列對應之 mRNA 密碼和 tRNA 反密碼子，然後寫出此多胜肽之胺基酸序列。
 b. 提供一個不同的 mRNA 序列，可用於合成此相同的蛋白質。

4. 描述 DNA 分子複製，所有相關酶的作用。

5. 比較 DNA 聚合酶和 RNA 聚合酶之作用方式有何不同。

觀念圖

在 http://www.mhhe.com/talaro9 有觀念圖的簡介，對於如何進行觀念圖提供指引。

1. 在此觀念圖填入連接詞或短句，並在空格中填入所缺少的內容。

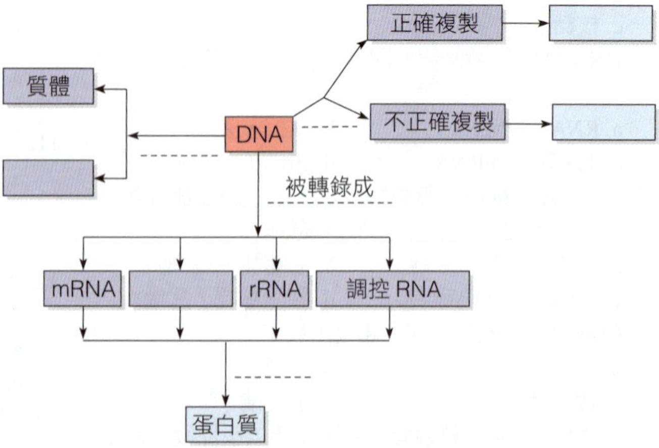

第二階段：應用、分析、評估與整合

這些問題超越重述事實，需要高度理解、詮釋、解決問題、轉化知識、建立模式並預測結果的能力。

批判性思考

本大題需藉由事實和觀念來推論與解決問題。這些問題可以從各個角度切入，通常沒有單一正確的解答。

1. 已知反轉錄病毒進行了相反的轉錄原則，由 RNA 轉錄為 DNA，請提出一種藥物可能可以干擾其複製。
2. 使用申論挑戰問題 3 的 DNA 片段，說明刪除、插入、替換和無義突變。哪些是屬於移碼突變 (frameshift mutations)？你所列的任何突變是否無義或是錯義？(使用通用密碼，確認之。)
3. 為什麼單獨在核糖核酸 (RNA) 密碼的一個錯誤，通常不會導致突變？
4. 進行轉錄和轉譯所需要的酶，是經由相同的方法生產。請你推測在進化過程中，先有蛋白質還是先有核酸，並解釋你的選擇。
5. 為何不能藉由觀察蛋白質的胺基酸序列，可靠地預測 mRNA 或 DNA 的核苷序列？
6. 乳糖操縱組之活化、轉錄和轉譯，實際上將釋出何種營養成分？
7. 說明 RNA 控制轉錄、轉譯和基因表現的機制。
8. 說明表型遺傳學與基因表現如何相關：
   表現型 = 基因型 + 環境。
9. 使用章、字母、圖書館、文字和書籍的概念，做出適合基因結構和功能層次的比喻。

視覺挑戰

1. 參考圖 7.15 步驟 3，標示下圖之每一部分。

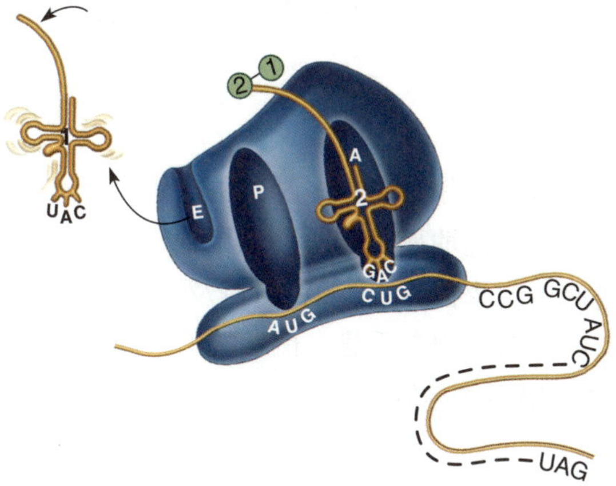

第 8 章 控制微生物之物理及化學因素

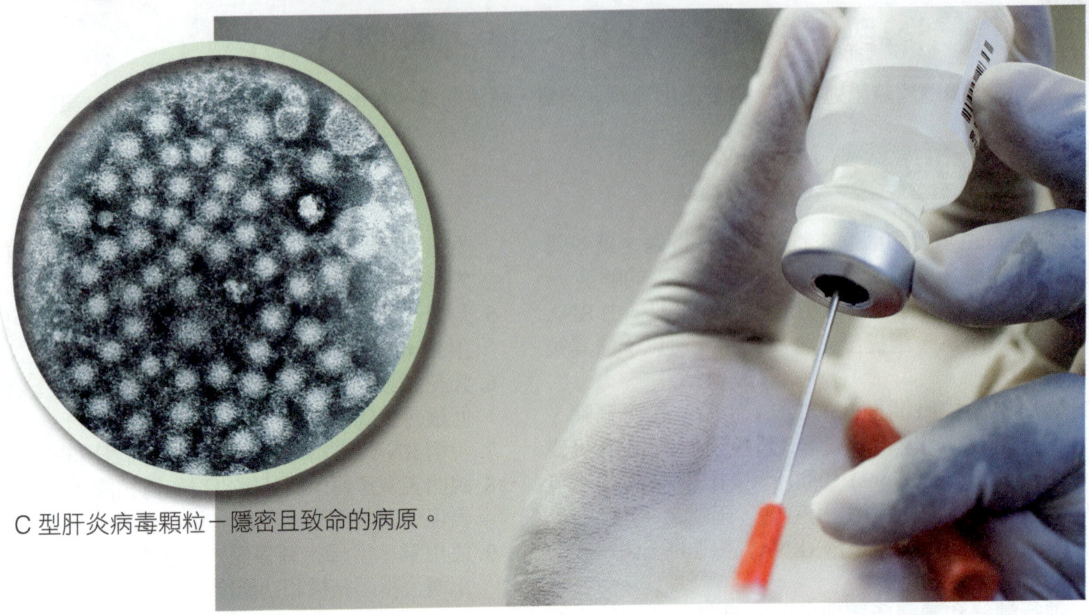
C 型肝炎病毒顆粒－隱密且致命的病原。

8.1 微生物的控制

大部分日常生活中，我們將可飲用的自來水、未腐敗的食物、架上充滿各種殺滅「病原」的產品及治療感染的藥物視為理所當然。我們很關切控制生活上暴露於有害微生物的程度，且作法已有很長及重要的歷史。

微生物控制的一般概念

微生物控制方法屬於*去污*過程的一般類別，即消滅或去除污染物，就微生物學而言，所謂的污染物係指微生物出現在特定地點或特定時間，而此時此地是我們所不願見到的，大部分的去污方法不是使用物理方法 (例如熱或輻射)，就是使用化學物質 (例如消毒劑及防腐劑)。利用物理及化學方法分類很方便，即使採用此分類在某些情形下也有重疊，例如輻射會產生化學物質，或是化學反應會產熱等，圖 8.1 流程圖整理主要的微生物控制方法。

微生物形態之相對抵抗性

微生物控制過程的主要對象是那些對環境或人體會造成感染及腐敗之微生物，此類微生物族群通常不單純，事實上包含全然不同抵抗性及感染性之微生物族群，污染物如果沒適當控制，可能會有深遠的影響，包含細菌菌體、細菌內孢子，黴菌菌絲及黴菌孢子、酵母菌、原蟲滋養體 (protozoan trophozoites) 及胞囊 (cysts)、蠕蟲、病毒及普里昂 (prions) 等。以下將比較不同形態微生物對物理性及化學性方法之抵抗力。

高度抵抗力

普里昂 (prions)：蛋白質類之感染顆粒 (見第 218 頁－有關「普里昂的困難點」)，細菌內孢子。主要由*芽孢桿菌屬* (*Bacillus*) 及梭狀芽孢桿菌 (*Clostridium*) 所產生。

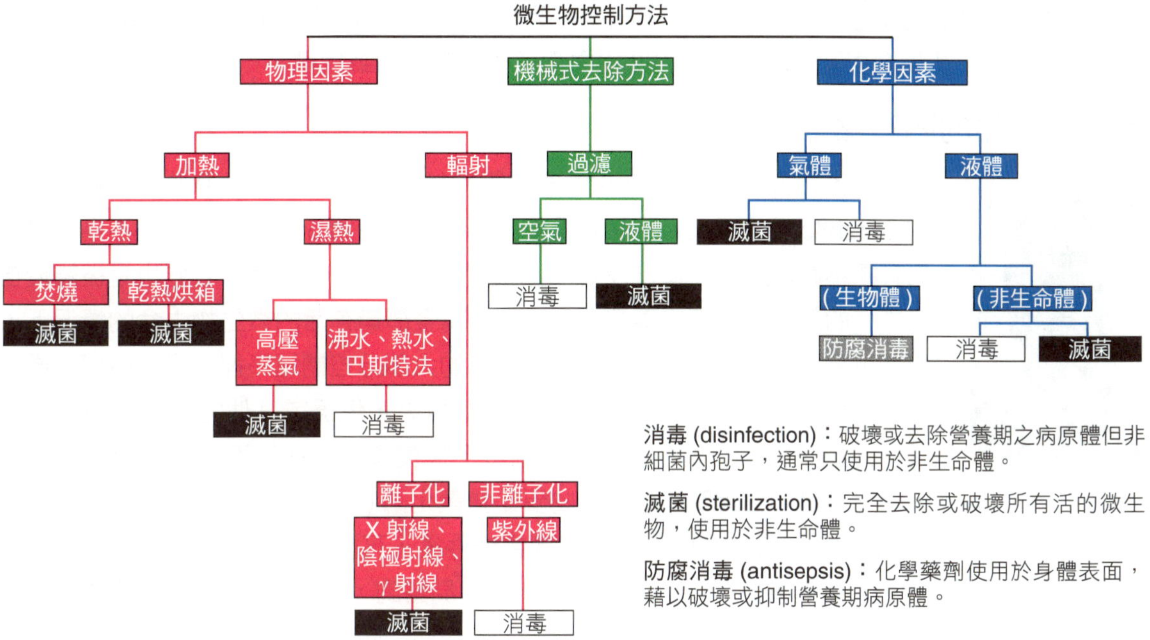

圖 8.1　微生物控制方法的概述。

中度抵抗力

原蟲胞囊、黴菌的有性生殖孢子 [接合孢子 (zygospores)]、部分病毒。通常裸露病毒比套膜病毒更有抵抗力)。

有些細菌雖然不產生內孢子，但其菌體卻逐漸對微生物控制藥劑產生抵抗力，這些細菌包含分枝桿菌 (具有厚的蠟狀層可阻礙許多消毒劑的進入)、綠膿桿菌、不動桿菌 (*Acinetobacter*) 及其他革蘭氏陰性菌之外膜可阻礙某些化學藥劑的滲透；葡萄球菌由於具有厚的胜肽聚醣 (peptidoglycan) 細胞壁，因此成為所有細菌中最耐熱和耐化學藥劑的細菌。

輕度抵抗力

大多數細菌的生長期細胞、真菌孢子 (接合孢子除外) 及菌絲、套膜病毒、酵母和原蟲滋養體。

實際消滅不同群組微生物的比較，如表 8.1 所示，細菌內孢子傳統上比細菌菌體難以破壞，大概比菌體強 18 倍，由於內孢子對於微生物控制方法之抵抗力及其廣泛地存在，消滅內孢子是

表 8.1　細菌的內孢子和營養期細菌，對於控制藥劑的相對抵抗性

方法	內孢子 *	營養期細菌 *	相對抵抗性 **
加熱 (濕熱)	120°C	80°C	1.5 倍
輻射 (X 光) 劑量	4,000 戈雷 (grays)	1,000 戈雷 (grays)	4 倍
滅菌氣體 (環氧乙烷)	1,200 mg/l	700 mg/l	1.7 倍
殺孢子液體 (2% 戊二醛)	3 小時	10 分鐘	18 倍

* 數值是根據該方法 (濃度、暴露時間、強度) 破壞每組中最有抵抗力之病原體所需要的量。
** 此數目是殺內孢子與營養期細菌所需條件的比較，並且是每組中最有抵抗力病原體的平均。

滅菌方法之主要目標 (見下文定義)，任何方法只要能消滅內孢子就能殺滅所有強度較低之微生物。其他控制方法如消毒及防腐，則以強度比內孢子弱之微生物為目標。

有關普里昂的困難點

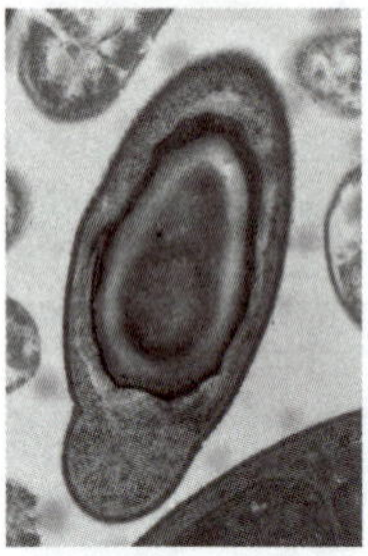
芽孢桿菌之內孢子

普里昂 (prions) 是感染性蛋白質顆粒，在某些進行性腦疾病 [庫賈氏病 (Creutzfeldt-Jakob disease)] 扮演重要角色，在第 5 章曾介紹過，不僅是普里昂有極不尋常活動，當涉及到「滅菌」(sterilization) 過程，它們也是被歸於自己獨特的類別。本章定義滅菌 (sterile) 為全部無存活的微生物生命的情況下，但普里昂不是微生物，而且在這裡介紹的大部分控制程序都不足以破壞它們。普里昂對熱、化學和輻射具有極強的抵抗力，儀器或其他物品若污染到這種獨特的感染物，必須在非常高的溫度下被焚燒，或採用不同化學藥劑的組合去除污染物。已證明最有效的物質是氫氧化鈉 (sodium hydroxide)、次氯酸鈉 (hypochlorite，漂白劑)，當污染物在此藥劑作用適當條件後，可使其成為非感染性。不過，當組織、體液或儀器被懷疑含有普里昂時，建議與疾病管制局諮詢，以確保有效的消毒條件。

在常規的滅菌 (sterilization) 程序方面，本章認為細菌內孢子是微生物生命中對抗菌藥劑最具抗性的形式。普里昂將在第 22 章中更詳細地描述。

專有名詞及微生物控制方法

這幾年來，有關微生物控制的描述和定義方面，相關的名詞不斷出現。更複雜的是，日常使用中的名詞有時是可能模糊或不準確的。例如，偶爾說：進行「滅菌」(sterilize) 或「消毒」(disinfect) 患者的皮膚，即使所使用的方法無法達到此名詞的定義。為建立微生物控制的概念並打好基礎，本書在此提出一系列在微生物控制的概念、定義和用途。

滅菌

滅菌 (sterilization) 是破壞或清除所有活的微生物包括病毒等的過程，任何材料經過這種過程即被認為是**無菌的**，這些名詞術語應當只用在最嚴格的意義，也就是對於已經被證明可達到完全無菌的處理方法，使用對象不能模擬兩可，例如略微無菌或幾乎無菌，或是無菌的或非無菌的。滅菌控制方法通常應用於無生命的物體，因為生物體上要達到完全的無菌，可能要求對生物組織進行嚴酷的殺菌過程，但這將是非常危險且不實用的方式。正如我們將在第 10 章看到的，身體內許多部位，在自然情形下是無微生物的，例如大腦和其他內臟器官。

已滅菌產品，例如手術器械、注射針筒和包裝食品等，雖然只是舉幾個例子，但滅菌確實對人類福祉而言是不可缺少的。雖然大多數滅菌是用物理方法進行，例如加熱，一些化學物質稱為滅菌藥劑也可以被歸類為滅菌的，因為它們具有破壞孢子的能力。

有時，滅菌既不可行，也無必要，現在只有某些微生物的群體被關注。有些抗菌藥物只消除微生物的易感染狀態，但不破壞更耐的內孢子及胞囊階段。請記住，破壞孢子並不總是必要的，因為大多數人類和動物的傳染病是由非孢子形成的微生物引起的。

殺微生物的藥劑

字根 *-cide* 表「殺」，可與其他詞組合來定義一種抗菌劑，旨在消滅某個群體的微生物。例如，殺菌劑 (bactericide) 是一種化學藥劑，可殺死在內孢子階段以外的細菌，它可能無法對其他微生物群體有效。殺真菌劑 (fungicide) 的化學物質，可以殺死真菌孢子、菌絲和酵母菌。殺病毒劑 (virucide) 是使病毒不活化的化學藥劑，特別是針對在活組織。殺孢子 (sporicidal) 藥劑可以破壞細菌的內孢子，這使得它也成為一種滅菌劑。

抑制微生物的藥劑

英文的 *stasis* 與 *static* 這兩個字均代表停滯不前或抑制，它們可以組合使用不同的字首來表示微生物不生長的狀況，稱為微生物抑制 (microbistasis)，其中微生物被暫時阻止繁殖，但不徹底殺死，雖然殺死或永久使微生物不活化，是微生物控制的一貫目標，但微生物抑制的應用也是有意義的。抑菌 (bacteriostatic) 劑防止細菌在組織或環境中的物體生長，而抑制真菌 (fungistatic) 的化學物質抑制真菌生長。用於控制宿主體內微生物的藥劑 [無菌消毒劑 (antiseptics) 和藥物] 通常具有微生物抑制的效果，因為許多殺微生物的化合物，可能對人類細胞具有高毒性。

殺菌劑、消毒及無菌消毒

殺菌劑 (germicide)[1] 也稱為殺微生物劑 (microbicide)，是指任何可殺死致病微生物的化學藥劑。殺菌劑可用於非生物 (無生命的) 材料或生物體組織，但它通常不能殺死具有抗性的微生物細胞。任何物理或化學藥劑可殺死「細菌」，即被聲稱有殺菌的特性。

相關的名詞：消毒 (disinfection)[2]，指的是使用物理過程或化學藥劑，如消毒劑 (disinfectant)，消滅繁殖性病原體，但無法殺滅細菌內孢子。要注意，消毒劑僅通常用於無生命的物體，因為在有效作用所需的濃度時，它們可能對活組織是有毒的，消毒過程也可以從材料去除微生物的有害產物 (毒素)。消毒例子，包括在診查桌上使用 5% 的漂白劑溶液、飲用水照射紫外線輻射和巴氏殺菌法 (pasteurizing) 以加熱方式處理牛奶。

在現今使用情況下，敗血 (sepsis) 被定義為微生物在血液和其他組織的生長，專有名詞無病菌 (asepsis)[3] 指的是防止傳染性病原體進入無菌組織的任何作法，進而防止感染。普遍用於醫療照護的無病菌技術 (aseptic techniques) 其範圍從排除所有微生物到抗病菌消毒 (antisepsis)[4] 的方法。在抗病菌消毒方面，被稱為抗病菌消毒劑 (antiseptics) 的化學藥劑直接應用於暴露的身體表面 (皮膚和黏膜)、傷口、手術切口，藉以破壞或抑制繁殖型病原體。抗病菌消毒的實例包括皮膚手術前在切口用碘化合物處理、用過氧化氫擦拭傷口以及平常洗手使用殺菌肥皂等。

減少微生物數量的方法

醫療應用常常需要無菌 (sterility)，特別是關於侵入儀器，如解剖刀、夾子、牙科手拿工具等，但這種高水平的微生物控制，在某些情形可能是無法保證的或甚至是不需要的。在許多情況下，更重要的是把重點放在降低微生物群體的數量，或它的微生物負荷 (microbial load) 的大

---

1 *germicide* 殺菌劑 (jer′-mih-syd)。拉丁文：*germen* 病菌；*caedere* 殺死。病菌通常是指病原性微生物。

2 *disinfection* 消毒 (dis″-in-fek′-shun)。拉丁文：*dis* 分開；*inficere* 敗壞。

3 *asepsis* 無病菌 (ay-sep′-sis)。希臘文：*a* 無；*sepsis* 敗壞、衰減。

4 *antisepsis* 抗病菌消毒。*anti* 對抗。

小。清潔 (sanitization)[5] 是指任何去除組織碎屑、土壤、微生物和毒素的清潔技術，並以這種方式減少感染和變質的可能性。肥皂和清潔劑是一般最常使用的清潔劑 (sanitizers)。從實際的觀點來看，清潔可能優於無菌。例如，在一間餐廳，你可以得到一把無菌的叉子，雖然已滅菌但卻有別人的食物殘渣在上面；或是無菌玻璃杯但卻有口紅印在杯緣，可見此情形下清潔更為重要。由於一般來說，清潔成本遠比消毒便宜，因此清潔效應具有明顯的優勢。

在活體組織利用機械方式，減少微生物負荷即稱為除菌 (degermation)，這個過程通常涉及擦洗皮膚或浸漬在化學藥品中，或兩者併用。微生物被機械力移除，以及間接經由乳化皮膚的油脂層而去除，此油脂層提供微生物生長的棲息地。除菌程序的實例，包括外科手術手指刷 (handscrub)、酒精棉擦拭，以及傷口用殺菌肥皂和水清洗。表 8.2 總結了幾種涉及微生物控制的重要名詞。

什麼是微生物死亡？

死亡是一種現象，涉及到一個生物體生命過程的永久終止，複雜生物體的生命跡象 (如動物) 是不言而喻的，死亡是明確的失去神經功能、呼吸、心跳等。相反地，死亡在僅一個或幾個細胞的微生物則是難以檢測的，因為它們常常在開始就沒有明顯的生命徵兆。致死藥劑 (如輻射和化學藥品) 不一定會明顯改變微生物細胞的外觀。即使在能動微生物失去運動性，也不能用來表示死亡，此事實使得有必要制定特殊的資格以定義和說明微生物死亡的界定。

化學或物理的破壞作用發生在細胞及分子層次，當細胞暴露於高熱或有毒的化學藥劑，各種細胞結構分解，並且對整個細胞造成不可逆的損傷。目前，檢測這種損傷最實際的方法，是當微生物置於合適的環境下，微生物是否仍可增殖。如果微生物的代謝或結構遭受持續的損傷後，即使在理想的環境中，也無法增殖，此時微生物即被認為不是活的 (nonviable)。在大多數測試情況下，即使在最佳生長條件下，永久喪失增殖能力，已成為微生物死亡 (microbial death)[6] 的有用定義。

表 8.2 微生物控制的專有名詞

專有名詞	定義	範例
去污	破壞、去除或減少有害微生物的數量	無病菌、消毒、清潔、除菌
腐敗	微生物進入組織生長	傷口感染、血液感染
無菌技術	防止微生物進入無菌組織中的技術	手術前用碘清潔皮膚、使用無菌針頭
抗病菌消毒劑	應用於身體表面的化學物質，以破壞或抑制營養期病原體	優碘、抗菌肥皂、氯己啶
消毒	破壞無生命物體的營養期病原體	5% 的漂白粉、沸水
清潔	從無生命表面去除微生物和碎屑的清潔技術	洗碗、洗衣服
除菌	從活組織去除微生物和雜屑的清潔技術	手術的手指刷、酒精擦拭
滅菌	一切活體微生物的清除或破壞	高壓濕熱滅菌、離子輻射 (正確使用)

5 *sanitization* 清潔 (san″ ih-tih-zay′-shun)。拉丁文：*sanitas* 健康。

6 使用這種微生物死亡的定義有一項缺點，有些微生物可能是活的，但進入無法培養狀態，因此難以得知該抗微生物藥劑是殺微生物的 (microbicidal) 或抑制微生物的 (microbistatic)。

影響微生物死亡率的因素

定義微生物死亡的能力具有許多的理論和實務意義，促使醫學和工業試驗殺滅微生物所要求的條件，找出抗菌藥物殺死微生物細胞的方法，並建立消毒和滅菌在這些領域的標準。已經開發了數以百計的測試程序，用於評估物理和化學試劑，有些測試可以在附錄 B 中找到。

培養的微生物細胞給予殺微生物藥劑時，其敏感性有很大差異性，所有的微生物族群並不是瞬間死亡，但達到殺菌劑一定的門檻後就會開始死亡 (時間和濃度的某種組合)。當暴露的時間增加時，微生物以對數方式繼續死亡 (圖 8.2)，因為許多殺微生物藥劑針對微生物的代謝過程，活躍的微生物 (更年輕的、快速分裂的) 往往比代謝活性較少的 (老的、休眠的) 更迅速死亡。最終，達到任何細胞存活的可能性極低的狀態，這狀態相當於滅菌。

除了時間外，特定藥劑的有效性是由幾個因素決定，這些額外的因素可能影響抗菌藥物的作用：

1. 微生物的數量 (圖 8.2b)。含高量微生物的污染物，需要更多的時間來殺滅。
2. 微生物中族群的性質 (圖 8.2c)。在消毒和滅菌最實際的情況下，目標微生物群並不是單一物種的微生物，而是細菌、真菌、芽孢和病毒的混合物，呈現微生物的廣譜抗性。

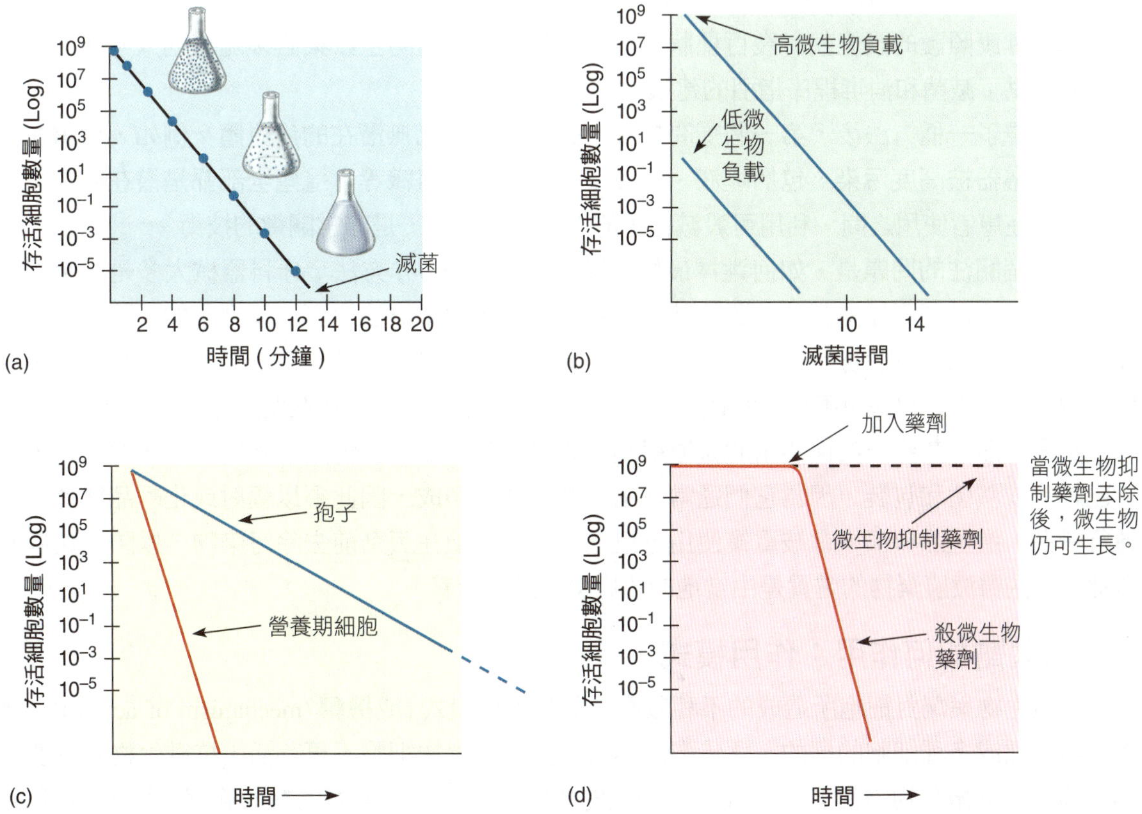

圖 8.2 **影響微生物被抗菌藥物殺死比率的因素。**(a) 暴露抗菌藥物的時間長短。暴露於化學或物理因素的微生物群體，甚至是純培養的各個微生物，不會同時死亡。隨著時間的推移，殘留在活生物體族群的數目對數性減小時，賦予在圖上的直線關係。在該點倖存者的數量無限小時的被認為是殺菌；(b) 微生物負載的影響；(c) 孢子相對於營養期微生物較有抵抗性；(d) 抗微生物藥物作用方式，是殺微生物的或是抑制微生物的。

圖 8.3 美國太空總署的員工，在加州帕莎蒂納火箭推進引擎實驗室 (Jet Propulsion Lab, JPL) 的超清淨室工作。雖然不是完全無菌的，但是在空氣中和在表面上的微生物含量均保持至最低。

3. 環境中的溫度和 pH 值。
4. 物理性處理方法的強度或化學藥劑的濃度 (劑量)。例如，紫外線輻射在 260 nm 波長最有效，而大多數消毒劑在較高濃度下較有殺菌力。
5. 藥劑的作用模式 (圖 8.2d)。它是如何殺死或抑制微生物？
6. 溶劑、干擾性有機物和抑制劑的存在下，例如唾液、血液和糞便會抑制消毒劑作用，甚至加熱的效果。

選擇抗菌劑的實務考量

各式各樣明顯不同的物質和物品，需要殺菌、消毒以及其他形式的去污，其範圍從玻璃和橡膠到高度敏感的液體，例如血漿，甚至人體組織如骨頭；有時整個空間和大型設備，如太空飛行器和衛星需要整個無菌。按照國際協議，所有宇宙飛船登陸外星球，必須做到高標準地降低微生物數量。這項政策是為了防止引進地球微生物，可能潛在地改變這些環境或干擾由美國太空總署 (NASA) 進行的實驗。探針的部分元件用加熱、輻射和某些化學品 (過氧化物) 等進行滅菌，然後保持在高度受控制的潔淨室，此空間需要防止由工作人員污染的嚴格預防措施，「參觀在 Ustream 噴氣推進實驗室 (JPL) 的潔淨室」(圖 8.3)。

單在健康照護的設施就有幾百種狀況發生，然而，如何防止感染必須隨時列入考慮。疾病管制局提供了滅菌和消毒程序指引的建議。

當選擇了一種方法後，第一個疑問是如何確保材料上已無潛在的病原體？例如，可重複使用的牙科儀器被高度污染，包括唾液、血液與其他體液和組織等。這些全部都是潛在的感染來源，所以在患者使用之間，利用可殺滅孢子的方法進行滅菌，是非常關鍵的技術。

另一個關注的問題是，如何選擇最好的滅菌 (sterilization) 方法？牙科器械大多是由金屬製成的，所以可以利用加熱滅菌，雖然某些形式的輻射和化學療法也可以達到目的。診所一般選擇的方法，例如蒸汽消毒是最簡單、最快速且最便宜的，但是對其他精密儀器的類型卻無法適用，例如內視鏡必須採用不加熱的技術，在患者之間使用時，可進行滅菌工作。

另一方面，某些一次性使用的醫療用品，如塑膠注射器、在醫院和診所使用的導管，出廠時已經完成滅菌和包裝。因為它們通常是由怕熱的塑膠製成，因此須以輻射或化學品穿透方式進行滅菌。這些品項都不會被重複使用，但它們仍然必須在丟棄前去除污染物，以防止疾病的傳播，這些醫療廢棄物的處置是由當地的政府機構進行監管。

抗菌劑如何作用：作用模式

抗微生物藥劑對細胞所造成的不利效應，即其**作用模式** [或**機轉** (mechanism of action)]。藥物影響一種或多種細胞的標的，逐步造成傷害，直到微生物細胞不再存活。抗微生物有寬廣的標的範圍，抗微生物方法若具有較少選擇性的標的，則趨於有最廣的有效範圍 (例如加熱和輻射)。更具選擇性的藥劑 (例如藥物) 趨向於標的只有單一的細胞成分，並且更局限於可有效對抗的微生物。

物理和化學藥劑作用於細胞的標的分為四個主要類別：(1) 細胞壁；(2) 細胞膜；(3) 蛋白質

和核酸的合成；(4) 蛋白質結構和功能。

抗菌藥劑對細胞壁的影響

細胞壁維持細菌和真菌細胞的結構完整性。有幾種類型的化學藥劑可以藉由阻斷細胞壁合成、分解或打破其表面，來破壞細胞壁。功能性細胞壁被破壞的微生物細胞變得很脆弱，很容易被溶解。這一類作用模式的例子包括某些抗微生物藥 [青黴素類 (penicillins)]，干擾細菌細胞壁的合成 (在第 9 章中所述)。清潔劑和酒精也可以破壞細胞壁，特別是對革蘭氏陰性細菌。

抗菌藥劑如何影響細胞膜

所有的微生物具有脂質和蛋白質組成的細胞膜，甚至有些病毒具有外膜。正如我們在前面的章節中了解到，細胞的細胞膜提供了內外雙向的運輸系統。如果這種膜被破壞，細胞就失去了選擇的通透性，既不能阻止生命分子的流失，也不能禁止有害化學物質的進入，這些功能喪失，通常會導致細菌細胞的死亡。被稱為**界面活性劑** (surfactants)[7] 的化學物質可作為殺微生物藥劑，因為它們降低細胞膜的表面張力。界面活性劑是極性分子，如清潔劑分子含有親水性和疏水性區域，因此以物理性結合到脂質層而滲透進入膜的內部疏水區。實際上，這個過程「打開」原本緊密的界面，留下細胞膜的滲漏點，使有害的化學物質滲入細胞，並使得細胞內重要離子滲出 (圖 8.4)。酒精發揮溶解細胞膜脂質和細胞膜剝離的連帶效應。

影響蛋白質和核酸合成的藥劑

微生物的生命取決於蛋白質有次序且持續不間斷的供給，並作為酶和結構的分子。正如我們在第 7 章中所看到的，蛋白質轉譯過程在核糖體合成，任何阻止此過程的化學物質都會影響其功能和細胞存活。例如，某些藥物以結合於細菌核糖體的方式，阻止胜肽鍵的形成。在其存在下，許多細菌細胞在形成生長和代謝所需的蛋白質被抑制，因此繁殖被抑制。許多用於治療感染的藥物都是阻斷微生物的蛋白質合成，但對人類細胞沒有產生不良影響。這一主題在第 9 章會進行更詳細的討論。

核酸同樣是微生物持續運作的必要成分，DNA 在生長的細胞中必須被複製和轉錄，任何藥劑若能阻止這些進程或改變遺傳密碼就可能具抗微生物的能力。一些抗菌藥劑以不可逆的方式結合 DNA，阻止轉錄和轉譯，而另一些則是突變劑。γ 射線、紫外線或 X 射線會引發突變，導致 DNA 的永久失活。化學物質，如甲醛 (formaldehyde) 和環氧乙烷 (ethylene oxide) 也會干擾 DNA 和 RNA 的功能。

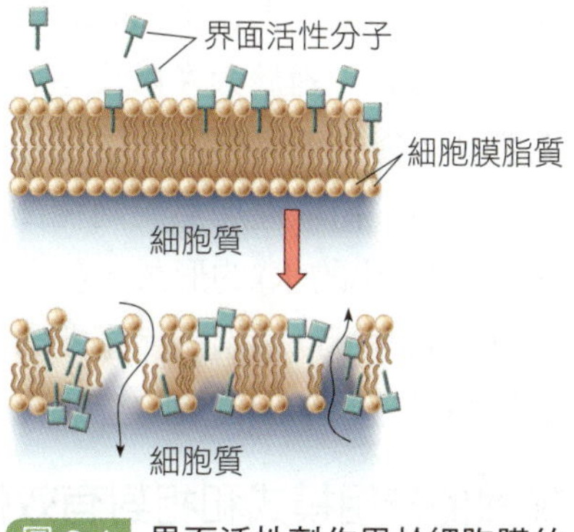

圖 8.4 界面活性劑作用於細胞膜的模式。界面活性劑插入細胞膜的脂質雙層結構中，破壞細胞膜改變通透性，產生異常通道，而引起細胞內容物滲出及細胞外分子的進入。

改變蛋白質功能的藥劑

當微生物保持在所謂的天然狀態的正常 3D 結構中，則其細胞會含有大量的正常蛋白質。抗微生物效能來自其破壞的蛋白質結構，或使蛋白質**變性** (denature) 的能力。在一般情況下，當維持蛋白質的二級結構和三級結構的鍵斷裂後即

7 *surfactant* 界面活性劑 (sir-fak′-tunt)。文字來自於 **surf**ace-**act**ing age**nt**。

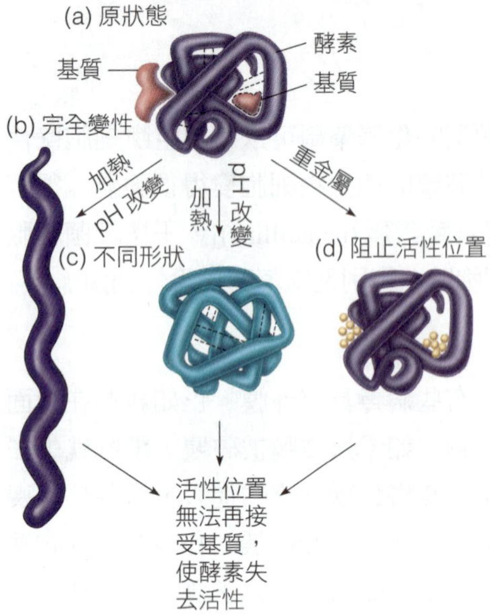

圖 8.5 影響蛋白質功能的作用模式。 (a) 原始 (功能) 狀態有適當的鍵結維持活性位置的結構，適合與基質產生反應。一些藥劑打斷全部或部分二級和三級的鍵結使蛋白質產生變性反應。結果 (b) 完全打開或 (c) 隨機的鍵結和不正確的折疊。(d) 一些藥劑與活性位點的官能基發生反應，並干擾鍵結。

產生變性 (denaturation)，打斷這些鍵結將導致蛋白質展開或產生混亂的鍵結、不規則的環狀和纏繞結構 (圖 8.5)，該蛋白質可變性的一種方式是透過濕熱處理產生蛋白質凝固 (相同的反應也見於蛋白煮後的不可逆固化)。化學品如強有機溶劑 (醇類，酸類) 也會凝結蛋白質。一些抗微生物劑，如金屬離子，連接到蛋白質的活性位點，防止蛋白質與正確的基質相互作用。不顧確切的機制，這種失去正常蛋白質功能的方式，可以適當阻止代謝及對所有類型的微生物產生廣泛的影響。

8.2 物理性控制方法：加熱

微生物已經適應了地球上棲息地的巨大差異，有些環境具有溫度、濕度、壓力和光線等嚴苛條件。對於其他微生物，正常情形下就可承受這種極端的物理條件，因此我們在控制微生物常用的方法可能效果甚微。幸運的是，我們最感興趣的控制對象，是與人類生活在相同環境下的微生物。這些微生物絕大多數都能利用環境的突然變化來控制。物理性抗微生物方法中，最突出的是加熱法。其他較廣泛使用的方法包括輻射和過濾。以下各節將探討這些以及其他方法，探索在醫學、商業和家庭的實際應用。

溫度對微生物活性的影響

微生物突然從適應的溫度移開，可能會對微生物產生不利的影響。其規則如下，溫度超過最大生長溫度是殺菌的 (microbicidal)，而溫度低於最低生長溫度則是抑菌的 (microbistatic)。基本上意味著，對於大多數微生物而言，溫度低於最低的效果是可逆的，而溫度超過最大的生長溫度其影響是不可逆的，並且大多數微生物會被高溫殺死。

使用於物理性加熱的兩種微生物控制條件為濕熱和乾熱。濕熱 (moist heat) 包含熱水、沸水或蒸氣 (汽化的水) 的形式。在實務上，濕熱的溫度通常為 60°C 至 135°C。正如我們將要看到的，蒸汽的溫度可以透過調節密閉容器中的壓力進行調節；乾熱 (dry heat) 是指已被火焰或電加熱線圈加熱過之低水分含量的空氣，在實務操作上，乾熱的溫度範圍可從 160°C 到幾千 °C。

加熱的作用模式和相對有效性

濕熱和乾熱的作用模式不同，且兩者的效率也不同。濕熱與乾熱比較，其作用在較低的溫度和較短的暴露時間，但卻獲得與乾熱相同的效果 (表 8.3)。濕熱破壞許多細胞結構，其中最具殺菌效果的是蛋白質凝固和變性，可迅速並永久停止細胞代謝。

乾熱用適度的溫度使細胞脫水，除去必要代謝反應的水，它會改變蛋白質結構。然而，由於缺乏水，事實上反而增加了蛋白質結構的穩定性，用此乾燥加熱作為微生物控制的方法，需要使用較高的溫度。在非常高的溫度下，使細胞乾熱氧化，並燒成灰燼，此方法用於實驗室的接種環或工業上作為醫療廢棄物焚燒所用的方式。

表 8.3　比較濕熱和乾熱要達到滅菌效果之時間和溫度

	溫度	滅菌時間
濕熱	121 °C	15 分鐘
	125 °C	10 分鐘
	134 °C	3 分鐘
乾熱	121 °C	600 分鐘
	140 °C	180 分鐘
	160 °C	120 分鐘
	170 °C	60 分鐘

耐熱性和加熱殺死孢子和生長期細胞

細菌內孢子對於濕熱和乾熱表現出最強的抵抗性，而細菌和真菌的生長期狀態則顯示最小的抵抗性。破壞芽孢溫度通常需要高於沸點，雖然抵抗力差異很大。下表比較了用濕熱與乾熱殺死芽孢產生菌，所需的時間和溫度要求：

濕熱	溫度 / 時間	乾熱	溫度 / 時間
枯草桿菌	121°C/1 分鐘	枯草桿菌	121°C/120 分鐘
嗜熱脂肪芽孢桿菌	121°C/12 分鐘	嗜熱脂肪芽孢桿菌	140°C/5 分鐘
肉毒桿菌	120°C/10 分鐘	肉毒桿菌	120°C/120 分鐘
破傷風梭狀芽孢桿菌	105°C/10 分鐘	破傷風梭狀芽孢桿菌	100°C/60 分鐘

在一般情況下，可靠殺滅芽孢產生菌的最耐熱物種，需要在 121°C 下進行 20 分鐘的濕熱處理。

生長期細胞對熱的敏感性也各有不同，雖然不是與孢子有相同的程度。細菌死亡條件，其濕熱範圍從 50°C 加熱 3 分鐘 (淋病奈瑟氏球菌)，到 60°C 進行 60 分鐘 (金黃色葡萄球菌)。值得一提的是，芽孢產生菌的營養期細胞與非芽孢產生菌營養期細胞一樣敏感，病原體不比非病原體的敏感度高或少，其他微生物，包括真菌、原生動物和蠕蟲，對熱的敏感性類似。病毒可能具有令人驚訝的耐熱性，耐熱範圍從 55°C 作用 2 至 5 分鐘 [腺病毒 (adenoviruses)] 延伸到 60°C 作用 600 分鐘 (A 型肝炎病毒)。為了實用的目的，所有非耐熱形式的細菌、酵母、黴菌、原生動物、蠕蟲和病毒均以暴露於 80°C，作用 20 分鐘的條件加以破壞。

使用加熱法的實際問題：加熱致死之測量

足夠的滅菌條件需要考慮微生物暴露之溫度和時間。一般的規則是，較高的溫度下使用較短的暴露時間，以及較低的溫度需要較長的暴露時間，這兩個變數的組合構成了**加熱致死時間** (thermal death time, TDT)，定義為於特定的溫度下殺死所有微生物所需的最短時間。在各種可加熱處理的材料中常見的或重要的污染微生物物種，其 TDT 已經以實驗方式確定。另一種方式可用來比較微生物對熱的敏感性是**加熱致死溫度** (thermal death point, TDP)，其定義為在 10 分鐘內殺死樣品中的所有微生物所需的最低溫度。

許多易腐敗物質利用濕熱方法加工，某些產品意圖保持在室溫的架上數月甚至數年。所選擇的加熱處理必須使產品沒有會導致變質或疾病的微生物。同時，產品加工的品質和速度及成本必須加以考慮。例如，在青豆罐頭的商業製備中，罐頭廠的最大問題之一，就是防止肉毒桿菌的生長。從幾個可能的 TDT (也就是時間和溫度的組合) 殺滅肉毒桿菌 (*Clostridium botulinum*) 孢子，罐頭廠必須選擇一種能殺死所有的孢子，但不把青豆煮成青豆粥的方式。這些多方面的考慮產生最佳的 TDT 作為處理方法。商業上低酸性食品罐頭，在 121°C 加熱 30 分鐘後，即殺滅所有微生物。因為對於罐頭這樣嚴格的控制，商業罐頭食品之肉毒桿菌中毒案件已是很罕見的。

濕熱控制的常用方法

濕熱採用了四種方式來控制微生物：

- 加壓下的蒸汽
- 不加壓的蒸汽
- 沸水
- 巴氏殺菌法

加壓蒸汽的滅菌　在海平面上正常大氣壓為 1 個大氣壓 (每平方英寸 15 磅，15 psi)。在此壓力下，水在 100°C 就會煮沸 (從液體變化為氣體)，並且可將所有的水蒸汽都保持在此精確的溫度，但不幸的是此溫度太低無法有效地殺死所有微生物。為了提高蒸汽的溫度，必須將其暴露於更大的壓力。在較高壓力下，水沸騰的溫度和蒸汽都會升高溫度。例如，以 20 psi (比正常壓力增加 5 psi) 的壓力下，蒸汽的溫度為 109°C。當壓力升高到正常以上 10 psi，蒸汽的溫度上升到 115°C，而在正常以上 15 psi (共 2 個大氣壓) 時，將達到 121°C。它不是由升高的壓力本身殺滅微生物，而是此壓力下所產生的水蒸汽的溫度。

這樣的壓力與溫度組合，可以只用一種特殊的裝置，使純蒸汽壓力大於 1 大氣壓來實現。醫療和商業工廠使用的高壓濕熱滅菌釜 (autoclave)，即用於此目的，可以類比的家用產品是壓力鍋。高壓濕熱滅菌釜有著本質上類似的設計：一個封閉金屬鍋，一端有密閉的氣密門及置放物品的架子 (圖 8.6)。其結構包括複雜的閥、壓力和溫度儀表和管道，用於調節和測量壓力，以及引導蒸汽進入滅菌鍋，當蒸汽凝結在蒸氣室中的物體，逐步提高其溫度，達到滅菌的目標。

經驗證明，最有效的壓力與溫度結合以達到滅菌的條件是 15 psi，這將產生 121°C 高溫。它有可能使用較高的壓力，以達到較高的溫度 (例如，增加壓力至 30 psi 會升高溫度至 132°C)，但這樣做不會顯著減少暴露時間，但可能會損害被滅菌的物品。

該方法的持續時間是根據負載 (厚重的材料或大瓶的液體) 的項目，以及蒸氣室的擁擠程度。滅菌時間範圍為 10 分鐘 (少量負載) 到 40 分鐘 (大量負載)；平均時間為 20 分鐘。

不加壓的蒸汽滅菌　不能承受高壓濕熱滅菌釜的物質，選用不加壓的蒸汽方式，可進行間歇滅菌法，也稱為間歇滅菌 (tyndallization)[8]。這種技術需要有蒸氣滅菌室，可容納滅菌物品和儲存的沸水。在蒸氣室中進行 30 至 60 分鐘使滅菌物品暴露於自由流動的蒸汽中。此溫度不足以完全殺滅孢子，所以單次暴露是不夠的。假設存活孢子會萌發成低抵抗力的營養期細胞，該物品必須被放置在適當的溫度下經過 23 至 24 小時，然後再進行水蒸汽處理，連續三天重複此循環。由於溫度永遠不會超過 100°C，即使是經過此處理的三天後，不萌芽的高抵抗力孢子，仍然能存活。

8 以英國物理學家 John Tyndall 的名字來命名，其在早期就已進行滅菌程序之相關實驗。

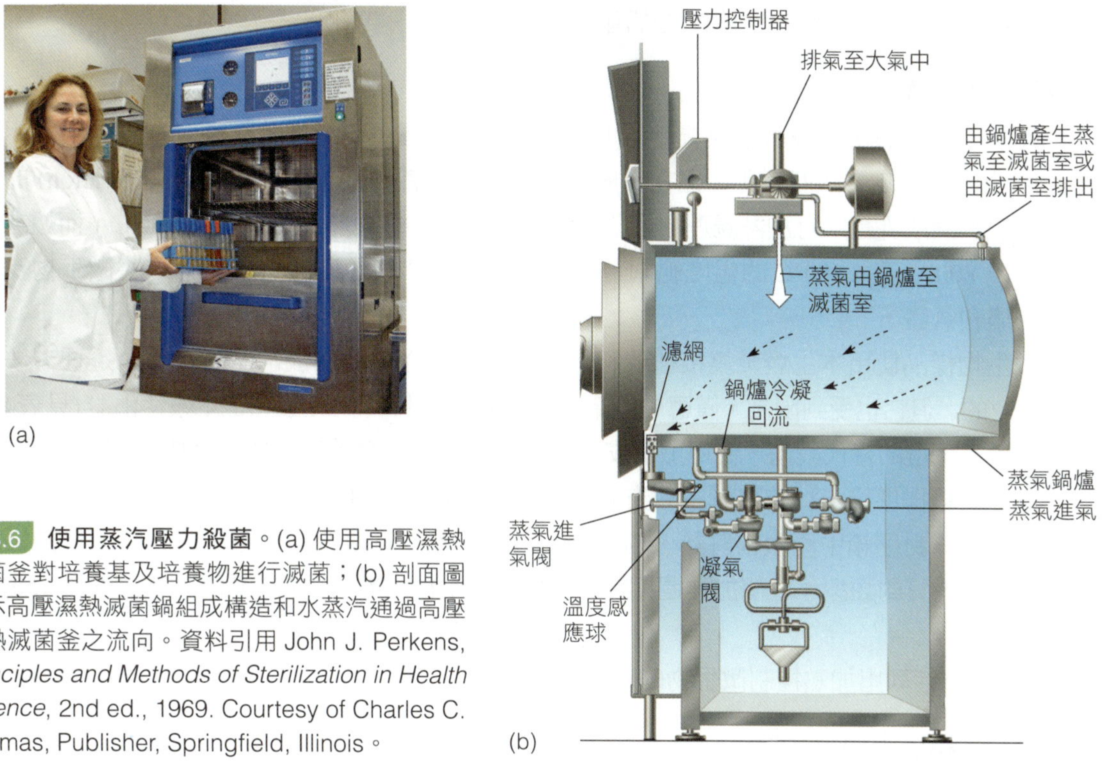

圖 8.6 使用蒸汽壓力殺菌。(a) 使用高壓濕熱滅菌釜對培養基及培養物進行滅菌；(b) 剖面圖表示高壓濕熱滅菌鍋組成構造和水蒸汽通過高壓濕熱滅菌釜之流向。資料引用 John J. Perkens, *Principles and Methods of Sterilization in Health Science*, 2nd ed., 1969. Courtesy of Charles C. Thomas, Publisher, Springfield, Illinois。

沸水：消毒　簡單沸水水浴或沸水鍋消毒，可以快速淨化診所和家庭的物品，因為在 100°C 的單一處理不會殺死所有抗性細胞，這種方法僅用於消毒但未達到滅菌。用沸水煮 30 分鐘將殺死大多數非孢子形式的病原體，包括抵抗性物種，如結核桿菌和葡萄球菌。這種方法可能的最大缺點是，從水中取出時，物品可以很容易地再次被污染。

巴氏殺菌法：飲品的消毒　新鮮飲料如牛奶、果汁、啤酒和葡萄酒的收集和處理過程中容易被污染。因為微生物有破壞這些食品或引起疾病的潛力，加熱方法經常被使用，以減少微生物負載和破壞病原體。**巴氏殺菌法** (pasteurization) 是在液體中加熱，以殺死感染和變質的潛在因素，而同時保持液體的味道和營養價值的技術。

有一種廣泛使用的巴氏殺菌法是**瞬間加熱法** (flash method)，將液體於加熱器中，在 71.6°C 下進行 15 秒。這第一種方法不容易改變味道和營養含量，且它能有效對抗某些抗性病原體如立克次體 (*Coxiella*) 和分枝桿菌屬 (*Mycobacterium*)。雖然這些處理方法破壞大多數病毒，並摧毀了 97% 到 99% 的營養期細菌和真菌，它們不會殺死內孢子或**耐熱的** (thermoduric) 微生物 (主要是無致病性乳酸桿菌、微球菌和酵母菌)。瞬間加熱巴氏殺菌的牛奶在一般的巴氏殺菌處理後並非是無菌的。事實上，它可以包含每毫升 20,000 個微生物或更多，這就解釋了為什麼甚至是未開封的牛奶，最終仍然會腐敗。最新的技術還可以生產無菌牛奶 (或稱保久乳)，有較長的儲存期，這種牛奶加工用超高溫 (ultrahigh temperature, UHT) 在 134°C 下進行 2 至 5 秒。

巴氏殺菌法的重要目標是防止牛奶傳播傳染疾病，包含受感染的奶牛或處理牛奶的工作人員。巴氏殺菌法的主要標的是不形成芽孢的致病菌，例如：沙門氏菌 (食物感染的常見原因)、*Campylobacter jejuni* (急性腸道感染)、李斯特菌 (李斯特菌病)、布氏菌種 (波狀熱)、貝氏柯克

斯體 (Q 熱)、牛分枝桿菌、結核分枝桿菌和某些腸道病毒。

乾熱：熱空氣和焚燒

乾熱不如濕熱法之多用途或廣泛利用，但它具有幾個重要的滅菌程序。在乾熱所採用的溫度和時間根據特定方法而變化，但在一般情況下，它們都大於濕熱。焚燒 (incineration) 的火焰或電加熱線圈或許是所有加熱處理中最嚴酷的。本生燈火焰最熱的點達到 1,870°C，而爐或焚化爐溫度為 800°C 至 6,500°C 的溫度範圍。直接暴露在這樣的嚴酷加熱狀態下，將微生物及物質化為灰燼和氣體。

微生物樣品使用本生燈焚燒接種環和針，是在微生物實驗室很常見的作法。這種方法是快速、有效的，但它也受到限制，僅應用於金屬和耐熱玻璃材料。桌上型紅外線焚化器 (見表 8.4)，是另一種本生燈的替代設備，使用上更安全，可防止接種環焚燒時造成的液體飛濺。

熱風烘箱提供另一種乾熱滅菌的方式。所謂的熱風烘箱通常是用電的 (偶爾使用瓦斯)，具有熱線圈在一封閉箱中產生輻射熱。加熱後，循環的熱空氣傳遞到烘箱中的物質。依據烘箱的形式和去污物質的類型，一個加熱週期需要 12 分鐘到 4 小時，以完成滅菌，其溫度為 150°C 至 180°C。

表 8.4 概括列出加熱控制微生物的應用程序。

冷凍和乾燥的效應

低溫處理的主要好處是，處理和儲存過程中減緩微生物在食品和其他易腐物質中的生長。必須強調的是，低溫只是延緩大多數微生物的活動。雖然這是事實，一些敏感的微生物會在低溫下死亡，但對大部分微生物而言，逐漸冷卻、長期冷藏或冷凍對大部分的微生物並沒有不利影響。事實上，冷凍溫度，範圍從 –70°C 至 –135°C，反而可提供一種長期保存培養的細菌、病毒和真菌的方法。回想第 6 章，有些耐冷菌生長非常緩慢，即使在冷凍溫度下，可以繼續分泌有毒物質。可以在冰箱中存活數月的病原體有金黃色葡萄球菌；梭菌屬 (屬於會產生芽孢的細菌)；李斯特菌；和多種類型的酵母菌、黴菌和病毒。沙門氏菌感染疫情爆發，追溯後發現，冷藏或冷凍食物 (如冰淇淋和雞蛋) 是放在低溫卻無法可靠地殺滅致病菌的證明。

大多數營養期之微生物細胞直接暴露在正常的室內空氣，將逐漸變得脫水或乾燥 (desiccated)[9]，乾燥的病原體如肺炎鏈球菌 (*Streptococcus pneumoniae*)、梅毒螺旋體 (syphilis spirochete)、奈瑟氏淋病雙球菌 (*Neisseria gonorrhoeae*) 可以在幾個小時風乾後死亡，但很多病原體都沒有死亡，有的甚至被保存下來。葡萄球菌 (*Staphylococci*) 和鏈球菌 (*Streptococci*) 在乾燥分泌物中，以及被痰包裹的結核桿菌，可在空氣和灰塵中存活很長的時間。許多病毒 (尤其是無套膜病毒) 和真菌孢子也能長時間承受乾燥。芽孢桿菌 (*Bacillus*) 和芽孢梭狀桿菌 (*Clostridium*) 的內孢子在極端乾旱條件可活數百萬年。乾燥可以說是保存食品的有用方法，因為它大幅減少了可用來支持微生物生長的水含量。

值得注意的是冷凍乾燥法 (lyophilization)[10]，其為一種常用的方法，結合冷凍與乾燥的方式，可維持微生物和其他細胞的存活多年狀態。純培養的微生物瞬間冷凍，並於真空下，可以快速

---

9 *desiccated* 乾燥 (des′-ih-kayt)。在自然溫度下乾燥。

10 *lyophilization* 冷凍乾燥法 (ly-off″-il-ih-za′-shun)。希臘文：*lyein* 溶解；*philein* 喜愛。

表 8.4　加熱方式在滅菌和消毒之應用

加熱形式	設備溫度 / 時間	在醫學和商業之應用及限制
濕熱：利用蒸氣或煮沸的水；作用方式是凝固蛋白質		
加壓蒸氣	高壓濕熱滅菌釜、壓力鍋；121°C，15 psi 壓力下，10 至 40 分鐘，根據微生物負荷大小；殺死內孢子	• 玻璃、衣物、橡膠、金屬等耐熱材料之滅菌；培養基；有些塑膠材料；罐頭食品、調味品 • 培養物的去污 • 不適合用於怕潮濕的油或粉末
不加壓蒸氣 (間歇滅菌)	阿諾滅菌器 (Arnold's Sterilizer)—100°C 處理 30 分鐘連續 3 天；物品在滅菌處理之間必須進行培養，使內孢子發芽	• 有限的使用於有些培養基和食物，不能進行高壓滅菌時的殺菌；可用於有些醫療用品之消毒，但不能達到滅菌
巴氏殺菌法	巴氏殺菌；瞬間加熱法的作用原理，是在 71.6°C，作用 15 秒；超高溫 (UHT) 是使用 134°C 進行幾秒鐘	• 牛奶和乳製品的消毒，破壞乳源性病原體；超高溫可以消毒，使產品有更長的保存期 • 果汁、啤酒和葡萄酒可進行巴氏殺菌，破壞污染物，藉以保存產品
沸水	水浴或水鍋加熱到 100°C；物品可被放置在水中 30 分鐘，以殺死營養期病原體	• 限於消毒和清潔耐熱家用物品，如餐具、衣物、病人房間用品、嬰兒用品、床上用品和水等，在緊急情況下的消毒；會有再次污染的問題
乾熱：採用乾燥的熱空氣、火焰或加熱線圈；工作原理是脫水或燃燒		
熱風烘箱	電動或氣體室加熱至 150°C 至 180°C 進行 2 至 4 小時	• 能夠承受高熱和脫水的材料；玻璃器皿、金屬、粉劑、油 • 用於液體、橡膠及塑料是不適當的選擇；耗時
焚燒設備或爐	本生燈火焰高達 1,800°C；小型紅外線焚化爐達 800°C 焚燒設備或焚化爐可達 6,500°C	• 接種器具尖端之滅菌；僅限於高溫金屬 • 實驗室廢棄物的永久處置；燃燒成灰燼減少了大量的包裝和垃圾。只限於永久丟棄物之處置

在酪農場處理牛奶所使用的小型瞬間巴氏殺菌器

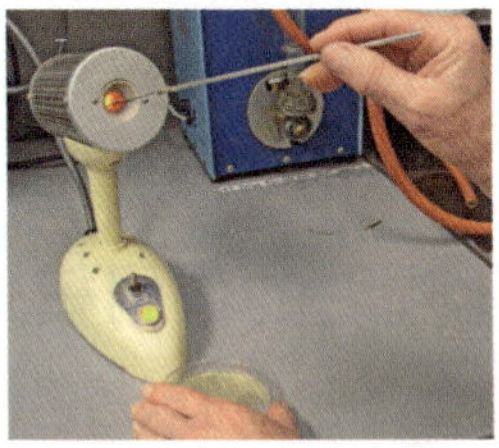

乾熱焚燒法有屏障的紅外線焚燒器，防止焚燒時產生微生物樣品的噴濺。

除去水分。這種方法避免可損傷細胞的冰晶形成。此過程中雖然不是所有的細胞能存活，但已足夠允許這種微生物未來的重新培養。

一般來說，低溫、冷凍和乾燥，不應被理解為消毒或滅菌方法，因為它們的抗菌效果是不穩定和不確定的，任何人無法確定病原體經過此方法處理後已被殺滅。

8.3　物理控制方法：輻射與過濾

輻射的微生物控制方法

使用輻射是另一種方式，這種能量可以作為抗微生物的應用，輻射 (radiation) 的定義為從原

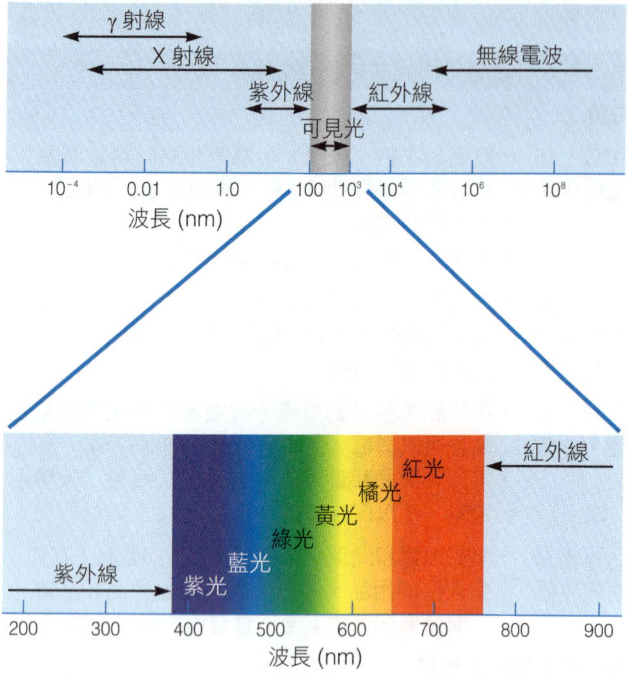

圖 8.7 電磁波譜。波長範圍從最短的 γ 射線到最長的無線電波。下圖顯示紫外線 (UV) 和紅外線之間的可見光頻譜。僅電離輻射、紫外線以及紅外線已應用於微生物控制。

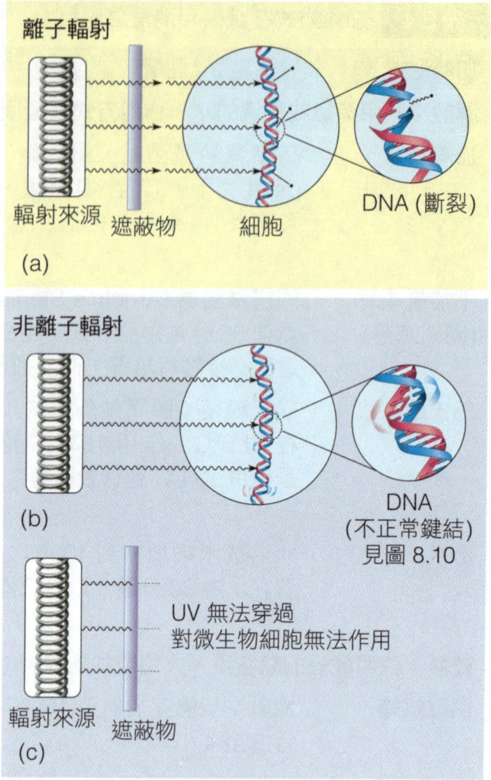

圖 8.8 輻射照射對細胞的影響。(a) 離子輻射可以穿透堅固的屏障、轟擊細胞、穿入並從分子逐出電子。DNA 斷裂造成大量突變；(b) 非離子輻射進入細胞，停止分子運作，以能量激發分子。對 DNA 的影響是突變，因為形成異常的鍵結；(c) 非離子輻射無法穿透堅固的屏障。

子的活動發射並分散在通過物質或空間的高速能量，它的特點是屬於電磁波的波長範圍內 (圖 8.7)，雖然輻射存在於許多的能量狀態，我們只考慮適合微生物控制的類型：γ 射線、X 射線和紫外線輻射。

離子化和非離子化輻射的作用模式

輻射對微生物的實際物理效應，可以透過**輻射照射** (irradiation) 或轟擊的過程，以細胞層次上 (圖 8.8) 來理解。當一個細胞受到某些波長或粒子衝擊時，其分子吸收一些可用的能量，從而導致兩種後果：(1) 如果該輻射將電子從原子的電子軌域中脫離，它會導致離子形成；這種類型的輻射被稱為**離子輻射** (ionizing radiation)。對離子輻射最敏感的指標是 DNA，它會發生規模廣泛的突變。次要的致死作用似乎是在胞器產生的有毒物質的化學變化。γ 射線、X 射線及高速的電子，它們的效應都屬於離子輻射。(2) **非離子輻射** (nonionizing radiation) 的最好例證是紫外線，其激發原子使其上升到較高能態，但不使原子離子化。這個原子激發，反過來導致分子如 DNA 中形成異常鍵結，因此成為突變的來源 (見圖 8.10)。

離子輻射：γ 射線、X 射線和陰極射線

過去的幾年來，離子輻射的使用變得更安全和更經濟，其應用領域已擴大。這是一個非常有效的消毒方法，尤其是對熱或化學品敏感的材料。因為它殺菌方式沒有熱源，輻射照射

(irradiation) 是一種冷 (cold，或低溫) 類型的滅菌 (sterilization)[11] 方法，發射電離射線的裝置包括含有放射性鈷的 γ 射線機，X 射線機類似於在醫學診斷中使用，與陰極射線機等在電視機真空管的作用方式，物品被放置在這些機器並以很短時間照射，其劑量是經過計算的。輻射的劑量單位為戈雷 (grays) [取代舊的單位，侖琴 (rads)]。根據不同的應用，照射範圍為 5 至 50 仟戈雷 (kilograys) (kGy，一個 kGy 等於 1,000 grays)，儘管所有的離子輻射線可以穿透液體和最堅固的材料，γ 射線穿透力最強，X 射線中間，而陰極射線穿透最少。

輻射照射作為微生物控制方法

超過 50 年來，食品利用輻射照射的情形，一直是在有限制的情況下，從麵粉到豬肉和牛肉、水果和蔬菜，輻射被用來殺死細菌病原體、昆蟲、蠕蟲，甚至抑制馬鈴薯發芽。圖 8.9 證實了輻射照射如何使水果可以大大減少腐敗，提高貨架壽命。

然而，一旦與輻射有關，消費者關心該食品可能產生較少的營養，味道差，甚至認為食物在離子輻射下是不安全的。但輻照食物已被廣泛研究，並且這些問題都已獲得解決。

輻射可能會導致食物中的硫胺素 (維生素 B_1) 小幅度下降，但這種減少的量很小，甚至是可忽略的。在照射過程中確實產生短暫的自由基氧化劑，但它幾乎立即消失 (同樣類型的化學中間產物同樣也在蒸煮過程中產生)。某些食物照射後不佳，因此不適合利用這種類型的微生物控制方法，例如雞蛋的蛋白變為乳白狀，而紫花苜蓿種子會不正常發芽。但是應當強調的是，許多研究顯示食物在輻射照射的過程中，並不會變成具有放射性，在動物和人類得出的結論，有食用輻照食物，不會產生任何不良影響。事實上，美國太空總署給太空人的食物就是依賴輻射照射。

輻射照射在食品的潛在好處之一，就如同輻射照射在感染的控制一樣。據估計，50% 的肉類和禽類輻射照射，在美國每年減少 900,000 人次感染病例數，減少 8,500 人次住院，減少 350 人死亡。在美國輻射目前已被批准為減少牛肉和雞肉的細菌性病原體，如大腸桿菌 (*E. coli*) 和沙門氏菌 (*Salmonella*)，減少豬肉中的旋毛蟲 (*Trichinella*)，以及減少水果和蔬菜的病原體和害蟲。照射的額外好處，是使食品變質的微生物連同病原體都被殺死，因此增加貨架壽命。當這種方法已被用來應用於食品時，在任何情況下，任何輻照食品若沒有明確的標示，不可以賣給消費者 (圖 8.9)。

輻射照過之覆盆子莓放在室溫下 5 天仍然可食用

對照組，未經輻射照過的覆盆子莓在室溫放 5 天，長黴腐敗

圖 8.9　**使用離子輻射進行殺菌**。許多食物可以透過利用離子輻射的穿透力而達到有效地滅菌。適用於新鮮食品的 radura 符號，表示該食物已經被輻射照射，所有食物如果經輻射處理過均要標示此符號。

離子輻射應用於醫療產品的滅菌是迅速擴展的領域，藥品、疫苗、醫療器械 (特別是塑膠材料) 及其他精密的材料，可以在不損害它們的情形下進行照射。它的主要優點包括高速、高穿透功率 (它可以通過外封裝和包裝材料進行滅菌)，以及沒有熱能產

11 要釐清「冷」一詞的使用，僅是不加熱的意思。啤酒製造商有時也用此名詞，當他們聲稱產品經過「冷過濾」，其實只是以不加熱的方法過濾處理而已。

生，但它的主要缺點是輻射照射工廠的潛在危險和可能損害某些材料。見表 8.5 對離子輻射應用程序的摘要。

非離子化輻射：紫外線

紫外線 (ultraviolet radiation, UV) 輻射的波長範圍－大約 100 nm 至 400 nm。240 nm 到 280 nm (以及在 260 nm 的波峰) 是對微生物最致命的波長。在日常實務中，紫外線輻射的來源是殺菌燈，其產生的輻射波長為 254 nm。由於其能量狀態比離子輻射線低，紫外線輻射不如離子輻射的穿透力，因為紫外線輻射容易穿透空氣，稍可穿透液體，但穿透固體能力很差，因此待消毒的物體必須直接讓紫外線輻射照射到，才能發揮它的全部效果。

當紫外線輻射穿過細胞，最初是被 DNA 吸收，特定分子的破壞發生在嘧啶鹼基 [胸腺嘧啶 (thymine) 和胞嘧啶 (cytosine)]，此嘧啶鹼基互相形成異常的鍵結，稱為嘧啶二聚體 (pyrimidine dimers) (圖 8.10)。這些鍵結出現在相同的 DNA 股上相鄰鹼基之間，並干擾正常的 DNA 複製和轉錄，結果造成細胞生長的抑制和死亡。除了直接改變 DNA，紫外線輻射也會產生有毒的光化學產物，稱為自由基，進行細胞的破壞。這些高反應性的分子，結合到 DNA、RNA 和蛋白質，干擾細胞必要的過程。紫外線是一種強大的工具，用於破壞真菌和孢子、營養期的細菌、原生動物和病毒。細菌孢子對於輻射的抗性，比起營養期細菌多 10 倍左右，但可以利用增加輻射時

表 8.5 使用輻射消毒滅菌的應用

輻射形式	設備 / 作用類型	在醫學和商業之應用及限制
離子輻射		
殺孢子和具穿透力	鈷輻射照射放出伽瑪射線；有些則是 X 射線。陰極射線。射線打斷 DNA 片段，產生離子化的鹼基；高突變性。	• 冷滅菌法，用於包裝產品，如醫療用品和不能加熱滅菌的器械 • 食品的滅菌，包括水果、萵苣和菠菜、穀物、香料、肉類和包裝食物 • 藥物和疫苗的滅菌 • 快速滲透、防止感染和腐敗
非離子化紫外線 (UV) 輻射		
殺孢子和無穿透力	殺菌燈或紫外光裝置產生紫外線從波長 240 nm 到 280 nm；作用在相鄰胸腺嘧啶和胞嘧啶之間創造異常的鍵結，並產生 DNA 的刪除突變。	• 主要是空氣、有些液體及少數固體之消毒；在醫療和牙科診所、醫院病房和手術室降低空氣中的病原體 • 商業用途的潔淨室、食品加工領域 • 如果以薄層暴露於紫外線，適用於液體，例如水、牛奶、藥物、疫苗 • 固體材料，如房間表面、食品、組織移植、藥物和儀器 • 因為缺乏固體滲透力，故限制其應用範圍；直接暴露可能對眼睛和皮膚是危險的。

整盤蘋果經由可產生 γ 射線的鈷 60 設備照射過。

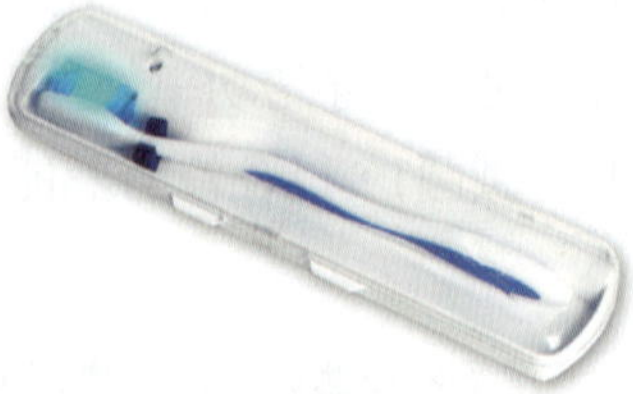

牙刷盒頂部產生紫外線，以進行牙刷毛的消毒。

間殺死它們。

紫外線輻射通常是針對消毒 (disinfection)，而不是滅菌 (sterilization)。殺菌燈可減少空氣中的微生物濃度高達 99% 的效果。紫外線消毒空氣，已被證明能有效減少術後感染、防止飛沫傳播傳染病，並減少微生物在食品加工廠和屠宰場的生長。

液體的紫外線照射，需要特殊的設備，將液體分散成薄的流動膜，使其直接暴露於紫外燈。此方法可用於處理水 (圖 8.11) 和其他純化的液體 (牛奶和果汁)，藉以替代加熱。固體、無孔洞材質的表面，例如牆壁和地板，以及肉類、堅果、移植的組織、藥物等，可以成功地利用紫外線加以消毒，有幾種類型的小型紫外線消毒設備已經上市，應用於個人物品。

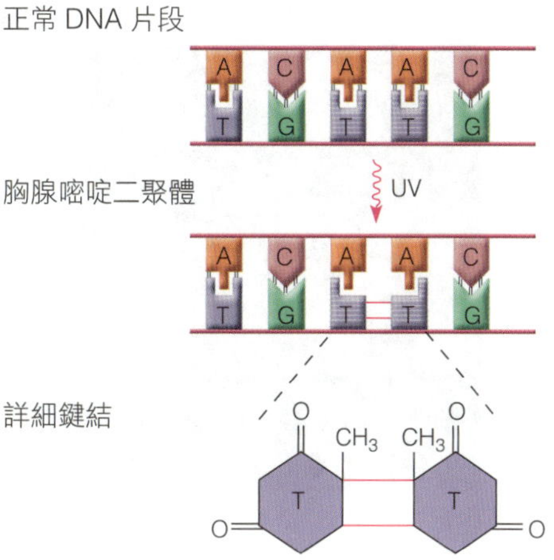

圖 8.10 紫外線 (UV) 輻射的作用形成嘧啶二聚體。圖中顯示，由紫外線引起造成 DNA 的一股兩個相鄰的胸腺嘧啶鹼基彼此橫向地鍵結。放大圖中更詳細地顯示胸腺嘧啶二聚體。二聚體也可以發生在相鄰的胞嘧啶以及胸腺嘧啶和胞嘧啶鹼基之間。如果不修復，二聚體可以防止 DNA 的片段被正確複製或轉錄。高濃度的二聚體對細胞是致命的。

圖 8.11 以紫外線 (UV) 處理系統進行水消毒。水處理廠直接將水通過渠道，經過紫外線燈架上之紫外線 (綠光) 照射。該系統的處理容量是每天幾百萬加侖，可以被用來當作水中加氯的替代方案。也有提供家用系統，適合在水槽下消毒。

紫外線有一個主要缺點是穿過固體材料之穿透力差，如玻璃、金屬、布、塑料甚至是紙。另一個缺點是紫外線過度暴露於人體組織造成的傷害，包括曬傷、視網膜損傷、癌症和皮膚皺紋。當人們直接暴露在紫外線下，這些有害的結果才會出現，因此必須有安全隔離設施，以減少這種可能性。表 8.5 總結紫外線的應用。

過濾 - 物理性去除方法

過濾是一種除去空氣和液體的微生物的有效方法。在實務上，此濾膜的孔徑足以使流體通過，但可阻隔使微生物無法通過 (圖 8.12a)。

現在，大多數微生物過濾膜是薄的膜狀構造，材質有纖維質乙酸酯 (cellulose acetate)、聚碳酸酯 (polycarbonate) 以及各種塑料 [鐵氟龍 (Teflon)、尼龍 (nylon)] 等，其孔徑大小可以精細控制及標準化。普通物質如碳 (charcoal)，矽藻土或無釉瓷也被使用在一些應用中。以顯微鏡觀察，大多數過濾膜的孔徑是非常精確且均勻的 (圖 8.12b)。孔徑範圍從較粗的 (8 μm) 至超細 (0.02 μm) 的變化，可以提供最小孔徑的選擇。更小的孔徑甚至可以達到真正的滅菌，因為可去除病毒，有的甚至可去除較大的蛋白質。吸取液體透過無菌過濾膜流入已消毒的容器中，即可產生無菌液體濾液。這些過濾膜也可用於分離微生物的混合物，在分析水時，可計算水中細菌數量。

過濾滅菌的應用

過濾滅菌被用來製備不能承受加熱的無菌液體，包括血清和其他血液製品、疫苗、藥物、

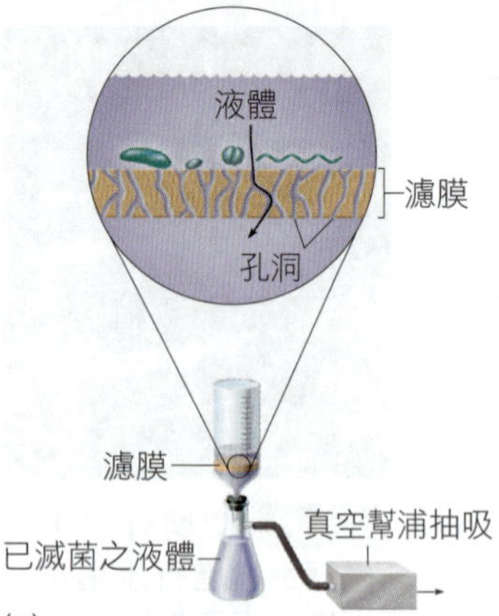

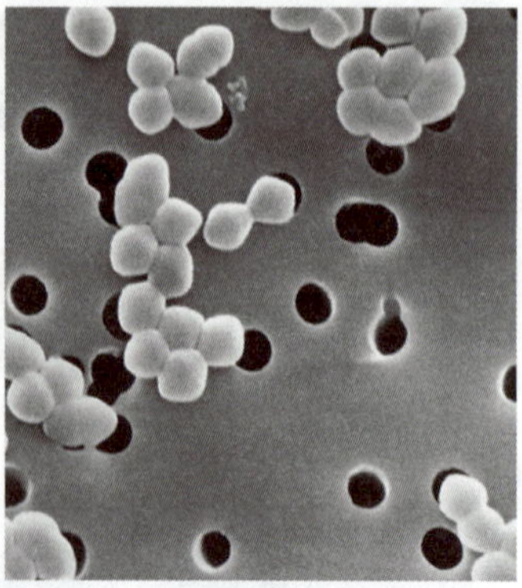

圖 8.12 **薄膜過濾**。(a) 真空組件透過真空抽吸液體進行過濾。放大圖顯示過濾器的橫切面，其通道 (孔) 太小使微生物無法通過，但對液體而言，則夠大可通過；(b) 掃描電子顯微照片顯示截留在薄膜過濾器表面上的腸球菌 (*Enterococcus*)(10,400 倍)。細菌平均測定為約 0.5 至 1 微米的直徑，而薄膜孔徑平均約為 0.3 微米。

靜脈注射液、酶和培養基等。過濾已被作用於消毒牛奶和啤酒，而不改變它們風味的替代方法，過濾也是水質純化的重要步驟，其用途延伸至過濾可導致體內嚴重反應的顆粒性雜質 (例如結晶、纖維)。它的缺點是無法除去可導致疾病的可溶性分子 (毒素)。

過濾也是去除空氣中污染物 (感染和腐敗的常見來源) 的一種有效方法。高效率微粒空氣 (high-efficiency particulate air, HEPA) 過濾膜，廣泛用於提供無菌病房和無菌室的流動空氣。

8.4 控制微生物的化學藥劑

在 1800 年代的早期，化學性微生物控制藥劑可能是一門嚴肅的科學，例如醫生用漂白粉和碘溶液處理傷口以及在手術前洗手。但是目前，大約有 10,000 種不同的抗微生物化學試劑被生產；大概有 1,000 種用於日常的醫療保健和家庭環境。微生物控制確實有存在的必要性，以避免感染和腐敗，但太多產品提供各種用詞，包括「殺菌」、「消毒」、「抗菌」、「清潔和消毒」、「除臭」、「抵抗疾病」和「淨化空氣」等，這些用詞表示從環境中消除微生物是當務之急，但有時似乎是過頭了。

抗微生物的化學物質有液體、氣體或甚至固態，它們充當**消毒劑** (disinfectants)、**抗病菌劑** (antiseptics)、**滅菌劑** (sterilants，可達到滅菌程度的化學物質)、殺菌劑或防腐劑 (抑制物質劣化的化學物質)。在大多數情況下，固體或氣體的抗菌化學物質被溶解在水中、酒精或者是此兩者的混合物，以產生液體溶液。以純水作為溶劑的溶液被稱為**水溶液** (aqueous)，而那些溶解在純酒精或水與酒精混合物的被稱為**酊劑** (tinctures)。

選擇殺微生物的化學方法

醫學和牙科經常關注選擇和合理使用抗菌化學物質。雖然化學去污的實際臨床實務有很大的不同，但是殺菌劑有些理想的特質已經被確定，包括：

- 以低濃度可快速作用。
- 在水或醇具有長期穩定的溶解度。
- 對人體和動物組織不具有毒性，且有廣譜殺菌作用。
- 無生命物體表面的滲透力，以維持累積性或持續性的作用。
- 不受有機物影響其殺菌活性。
- 無腐蝕性或不著色的性質。

・消毒和除臭性。
・可承受性和隨時可用。
・無惡劣氣味。

到目前為止尚無化學品能完全滿足所有這些要求，但氯己啶 (chlorhexidine) 和過氧化氫的方法接近這個理想。同時，我們應該質疑某些商用化學品過度誇大的宣稱，如漱口水和空氣消毒噴霧劑等。

殺菌劑是以破壞醫療和牙科裝置上的微生物之有效性方面進行評估。有三個層次的化學去污層級，分別是高級、中級和低級 (表 8.6)。

表 8.6　應用於醫療保健之化學藥劑的品質

化學藥劑	標的微生物	殺菌作用的程度	毒性	評論
氯	殺孢子 (慢)	中等	氣體有劇毒；溶液會刺激皮膚	有機物會造成不活化；在陽光下不穩定
碘	殺孢子 (慢)	中等	會刺激組織；如果誤食有毒性	優碘 * 是溫和的形式
酚	某些細菌、病毒、真菌	低到中等	可透過皮膚吸收；可引起中樞神經系統的損害	溶解性差；昂貴
洗必泰 *	大多數細菌、有些病毒、真菌	低到中等	低毒性	作用迅速、溫和、有殘餘效果
醇	大多數細菌、病毒、真菌	中等	如果誤食有毒性；輕度刺激；皮膚乾燥	易燃、作用迅速
過氧化氫 *、穩定型	殺孢子	高 (滅菌)	對眼睛有毒性；如果誤食有毒性	提高穩定性；在有機物效果很好
四級銨化合物	有些具有殺菌、殺病毒、殺真菌活性	低	刺激黏膜；如果內服有毒	弱的溶液可以支持微生物生長；易失活
肥皂	某些非常敏感的物種	非常低	無毒；如果有毒性副作用也很輕微	用於去除土、油、雜屑
汞製劑	弱的微生物抑制	低	如果誤食、吸入或吸收會有劇毒	容易失活
硝酸銀	殺菌	低	有毒、有刺激性	皮膚脫色
戊二醛 *	殺孢子	高 (滅菌)	可刺激皮膚；如果被吸收有毒	不會因有機物而失活；不穩定
甲醛	殺孢子	中等至高	刺激非常大；煙霧亦有傷害性、致癌性	作用緩慢；應用有限
環氧乙烷氣體 *	殺孢子	高 (滅菌)	對眼睛及肺部很危險；有致癌性	在純的狀態會爆炸；有良好的滲透力；器材必須被充氣
染料	弱殺菌、殺真菌	低	低毒性	使器材及皮膚染色

* 這些化學藥劑具有下列特性，接近理想目標：廣譜之殺菌範圍、低毒性、作用迅速、具穿透力、殘餘效應、在有機物質具殺菌力以及溶解度高。

- 高級殺菌劑殺滅內孢子，如果使用得當，是滅菌劑。需要高級微生物控制的材料是醫療設備，例如，導管、心肺設備以及植入物，這是不能加熱滅菌的，並且在醫療程序中會進入身體組織。
- 中級殺菌劑殺滅真菌的孢子 (但不是細菌芽孢)，能抵抗病原體，如結核桿菌和病毒。它們可用來消毒產品 (呼吸設備、溫度計)，與黏膜緊密接觸，但無腐蝕性。
- 低級消毒只有消除營養期細菌、營養期真菌以及有些病毒。它們可用於清潔的材料，如電極、錶帶及家具等接觸皮膚表面而不是黏膜。

影響化學藥劑殺菌活性的因素

微生物控制在第 8.1 節介紹的幾個概念，適用於殺菌劑及化學製劑。例如，它們的標的是如先前所討論的相同的細胞結構和功能：細胞壁和細胞膜、蛋白質和核酸。化學藥劑的有效性取決於若干因素。其中包括：(1) 存在微生物的數量和種類；(2) 被處理的材料種類；(3) 需要暴露的時間；(4) 藥劑的強度和作用方式。在這裡，我們只針對後兩者來說明，因為對化學藥劑而言特別重要。

暴露的時間　大多數化合物，需要足夠的接觸時間，使化學藥劑對所接觸的微生物有滲透和作用。材料的組成很顯著影響所需處理的過程。平滑、堅實的材料比有孔或凹陷卡泥土者，能更快速地消毒。欲消毒材料若污染常見生物物質，如血清、血液、唾液、膿液、糞便或尿等，將造成有效消毒的障礙。大量的這類有機材料會阻礙滲透，並且在某些情況下，可以形成鍵結，降低化學藥劑的活性。適當清洗儀器及可重複使用材料，可確保殺菌劑或滅菌劑能更有效地完成其作用。

化學藥劑的濃度　化學藥劑的強度或濃度通常以不同方式表示，這取決於習慣及製備方法，許多化學藥劑的內含物可以被配製成一種以上的藥劑。以稀釋液而言，小體積的液體化學品 (溶質) 被較大量的溶劑稀釋，以達到一定的比例。例如，實驗室常見的酚類消毒劑如來舒 (Lysol) 通常是稀釋為 1:200；也就是一份的化學物質 (溶質) 添加 200 份的水 (溶劑)。例如氯溶液在非常稀釋的濃度下也是有效的，所以用每百萬分之幾 (ppm) 計算。在百分比溶液中，溶質按重量或體積加入溶劑以達到在該溶液中一定的比例。例如酒精，用量百分比從 50% 到 95%。在一般情況下，低稀釋或高百分比的溶液，具有更多的活性化學物質 (濃度較高)，且往往更具殺菌力，但在成本和潛在毒性的考量下，則是需要使用最小強度且是有效的。

測試殺菌劑效力的標準化程序總結在附錄 B。

化學藥劑的分類

有許多群組之化學化合物已被廣泛地應用在醫藥和商業上，作為抗微生物用途 (表 8.6)。比較常用的化學藥劑包括鹵素、酚類化合物、醇類、氧化劑、醛類、氣體、清潔劑和重金屬。這些群組是以每個藥劑的具體形式和作用模式的角度來進行以下說明，應用和使用的方法則在表中進行描述。

鹵素抗菌化學藥劑

鹵素 (halogens)[12] 包含氟、氯、溴、碘，為具有相似化學性質的非金屬元素的家族。雖然它們可以在離子 (鹵化物) 或非離子狀態存在，大部分鹵素發揮它們的抗菌效果主要是在非離子態，而不是鹵化物狀態 (例如氯化物和碘化物)。因為氟和溴的處理是困難和危險的，且沒有比氯和碘更有效，因此只有後兩種 (氯和碘) 使用於一般的殺菌製劑中。這些元素是高效能消毒劑和抗菌劑的有效成分，因為它們具有殺微生物 (microbicidal) 的能力，而不僅僅是抑制微生物，較長的暴露下它們是可以殺滅孢子的 (sporicidal)。由於這些原因，目前銷售的所有抗微生物化學藥劑的有效成分近三分之一是鹵素。

氯及氯化合物　氯被應用於消毒和無菌消毒已經約 200 年。在微生物控制中使用的主要形式是液態和氣態氯 (Cl_2)、次氯酸鹽 (hypochlorites, O^-Cl) 和氯胺 (chloramines, NH_2Cl)。在溶液中，這些化合物與水結合並釋放次氯酸 (hypochlorous acid, HOCl)：

$$Cl_2 + H_2O \rightarrow HClO + HCl \text{ (鹽酸)}$$
$$Ca(OCl)_2 + 2H_2O \rightarrow Ca(OH)_2 + 2HClO$$

次氯酸使半胱胺酸的巰基 (S—H) 氧化，造成許多酶的雙硫鍵 (S—S) 被打斷，使酶產生永久變性、暫停細胞的代謝反應，同時它也會破壞 DNA、RNA 和脂肪酸的結構。

幾乎所有的微生物都會在 30 分鐘內死亡，雖然內孢子可能需要幾個小時。氯化合物如果暴露於陽光、鹼性 pH 值及過量的有機物質，則變成不太有效及相對不穩定。

碘及其化合物　碘 (I_2) 是有刺激性的藍黑色元素，溶解於水時形成棕色溶液。它迅速穿透微生物，干擾蛋白質的雙硫鍵，導致細胞的各種代謝功能被破壞。碘較不容易因為有機物質而失活，但其作用模式也類似於氯，如果使用適當的暴露時間及碘的濃度，所有類別的微生物都可以被殺死。

鹵素的主要用途和形式的相關資料見表 8.7。

苯酚與其衍生物

苯酚 [phenol，石炭酸 (carbolic acid)] 是從煤焦油蒸餾而得的辛味有毒化合物。1867 年 Joseph Lister 首先作為外科殺菌劑，石炭酸是主要的抗菌劑，直到具有更少毒性和刺激性的其他酚類物質被開發。石炭酸的溶液，現在只能在某些有限的情況下被使用，但它仍然是其他酚類消毒劑評比的標準。*石炭酸係數*定量比較了化學品相對於石炭酸的抗微生物性能。化學上與石炭酸相關的物質通常被稱為酚類化合物，現在這些化學物質已有數以百計的種類可使用。

酚類化合物包含一個或多個芳香族碳環及額外的官能基 (圖 8.13)。其中最重要的是烷基化苯酚 [alkylated

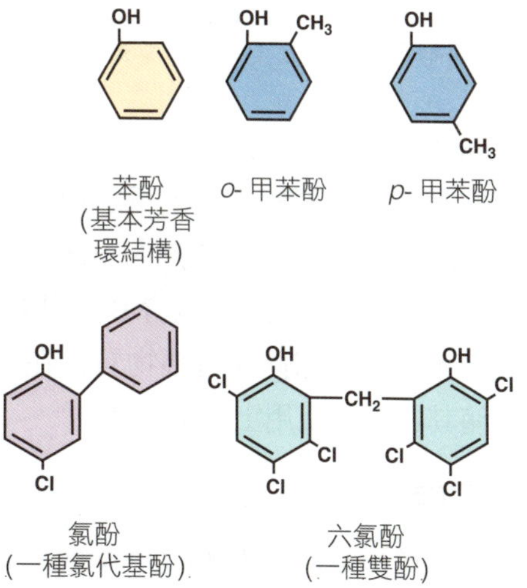

圖 8.13　酚結構的例子。所有化合物均包含基本的芳香環 (aromatic ring) 構造，但這些化合物因為所附加之結構不同，如 Cl 和 CH_3。

12 *halogens* 鹵素 (hay′-loh-jenz)。希臘文：*halos* 鹽；*gennan* 產生。

表 8.7 鹵素的應用

氯的形式	主要應用	如何使用 / 注意事項
氯氣 (Cl_2)	飲用水、污水及廢水的大規模消毒	水中含氯量為百萬分之 0.6 至 1.0 的氯濃度，具有破壞大部分營養期病原體的效果 *
次氯酸漂白水	廣泛使用於食品設備的清潔和消毒、游泳池、水療池、飲用水和新鮮食物的消毒處理；傷口消毒和日常醫療和家用消毒、除臭和去除染色	普通家庭漂白水是 5% 次氯酸鈉溶液；稀釋為 1:10 至 1:1,000 濃度，即為相當有效的殺菌劑
氯胺 [二氯胺、哈拉宗 (halazone)]	以純氯氣處理供應水的替代品；也可作為清潔劑和消毒劑；用於處理傷口和皮膚表面	由於水的標準加氯氣處理，現在認為會產生不安全含量的三鹵甲烷，因此有些供水區需要使用氯胺處理供水
碘的形式	**主要應用**	**如何使用 / 注意事項**
優碘	用於皮膚和黏膜最常見的碘；手術和注射的殺菌準備；手術手部刷洗；設備和表面消毒；可能用於燒傷皮膚；並且可以是一種用於預防新生兒眼部感染的替代品	碘與中性蛋白質聚合的化合物，提供緩慢釋放和降低毒性或組織的刺激；不易染色。常見的產品是聚維酮碘 (Povidone-iodine，PVI；優碘)，其中包含 2% 至 10% 的碘
水溶液或酊劑	手術前局部消毒殺菌劑；有時用於燒傷或受傷的皮膚 中級消毒劑，使用於塑膠器具、溫度計；消毒片劑形式可用於受污染的水	濃度 1% 至 3% 之弱的水溶液或酊劑 水溶液或 5% 至 10% 的酊劑；但由於其毒性和染色傾向，使其應用受限

哈密瓜利用含氯的水消毒，殺死其表面的沙門氏桿菌。

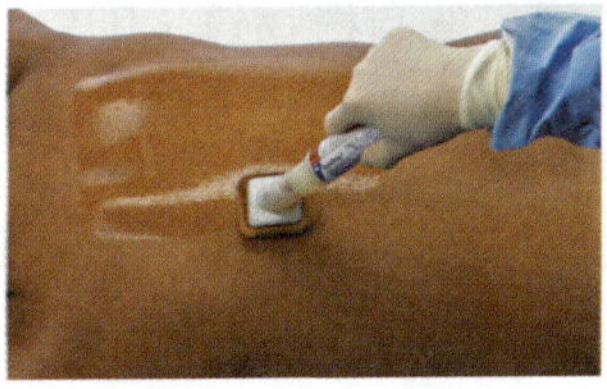

患者已經利用優碘溶液處理，準備進行手術。

* 有些形成囊胞的原生動物如梨形鞭毛蟲及隱孢子蟲能生存在此濃度的氯化中。

phenols，甲苯酚 (cresols)]、氯代苯酚 (chlorinated phenols) 和雙酚 (bisphenols)。在高濃度時，它們對細胞有很高的毒性，可迅速破壞細胞壁與細胞膜並使蛋白質沈澱；在較低濃度下，它們使某些關鍵酵素系統失去活性。酚類化合物有很強的殺菌力，會破壞營養期細菌 (包括結核桿菌)、真菌和大多數病毒 (不包含 B 型肝炎)，但它們不是可靠的殺孢子藥劑。酚類化合物的界面活性能力，有助於它們在有機物質存在下，仍持續有殺菌的活性。不幸的是，許多酚類化合物的毒性使其在無菌使用上具危險性。

氯己啶

化合物氯己啶 (chlorhexidine)(洗必潔、洗必泰) 是含有氯和兩個酚環的複雜有機鹼。它的作用方式主要針對細胞膜，透過降低表面張力和引起蛋白質變性。在中到高濃度，它對革蘭氏陽性和陰性細菌具有殺菌性，但對孢子則無用，其對病毒和真菌的影響各不相同。相較於其他的防腐消毒劑，因為它的溫和性、低毒性和快速動作等，因此具有明顯的優勢，並且不會有任何程度被吸收到深層組織中。這是在醫院控制金黃色葡萄球菌 (MRSA) 和鮑氏不動桿菌 (*Acinetobacter*) 爆發時所選擇的消毒清潔劑。

酚類化合物和氯己啶的應用列於表 8.8。

酒精 (乙醇) 作為抗菌劑

酒精為無色烴類物質，有一個或多個 —OH 的官能基，雖然有許多醇類可用，但只有乙醇和異丙醇適用於微生物控制。甲醇沒有特別的殺菌力，和其他結構較複雜的醇類不是難溶於水就是在常規使用上過於昂貴，酒精可以單獨採用在水溶液中或作為酊劑的溶劑 (例如，用碘)。

酒精的作用機制取決於濃度。50% 和較高的濃度溶解膜的脂質，破壞細胞的表面張力，和破壞膜的完整性，已進入細胞內原生質的酒精可使蛋白質變性凝固，但僅在 50% 至 95% 的乙醇水溶液。一般而言，較高濃度的抗菌化學物質具有較大的抗菌活性，但酒精是例外的。因為水對於蛋白質凝固是需要的，相較於 100% 酒精 (即 0% 的水)，酒精在 70% 的濃度有更大的殺微生物活性 (即 30% 的水)。無水乙醇 (100%) 只能使微生物細胞脫水，抑制其生長，但一般不會有蛋白質凝固劑效果。

雖然有用在中濃度到低濃度的殺菌應用，酒精在室溫下無法破壞細菌孢子，但是若作用的時間是足夠，酒精就可以破壞抵抗性細菌營養體的形式，包括肺結核細菌、真菌孢子。酒精對於套膜病毒往往比無套膜病毒 (例如脊髓灰白質炎病毒和 A 型肝炎病毒) 更容易去活化。

雙氧水 (過氧化氫) 及相關的殺菌劑

過氧化氫 (hydrogen peroxide, H_2O_2) 是一種無色鹼性的液體，在光、金屬或過氧化氫酶的存在下分解成水和氧氣。早期的製劑是不穩定且會被有機物質所抑制，但現在的製造方法，使得合成 H_2O_2 非常穩定，即使是稀釋的溶液下，儲存幾個月仍保持活性。

表 8.8　酚和氯己啶的應用

酚的形式	主要應用	如何使用 / 注意事項
來舒 (Lysol) 及 賽林 (Creolin)	常見的家用酚類；醫院的低級或中級消毒劑	與肥皂結合的 1% 至 3% 乳狀液；用於身體殺菌可能毒性太高；容易被黏膜吸收進入血液
雙酚類	商業、臨床及家用被廣泛採用；來舒液噴霧經常被使用在醫院和實驗室的消毒	鄰苯基酚是消毒噴霧劑之主要成分，同樣的酚類可在有些化合物中發現
六氯酚	曾為醫院和家庭使用之清潔肥皂的普遍添加劑 (pHisoHex)；可用於控制皮膚感染的疫情爆發	當六氯酚被發現會經由皮膚吸收並且是神經損傷的原因，已成為無處方則無法使用的藥劑
三氯沙 (Tnclosan) 二氯苯氧基苯酚 (Dichlorophenoxyphenol)	廣泛應用於抗菌化合物，被添加到肥皂、化妝品及許多家用製品等	可作為消毒劑和殺菌劑，其抗微生物效用是廣譜的
氯己啶 (Chlorhexidine) 的形式	**主要應用**	**如何使用 / 注意事項**
氯己啶 [希必潔 (Hibiclens)、 洗必泰 (Hibitane)]	酒精或水溶液現在通常用於手部刷洗、皮膚手術切口和注射位置之消毒和病人清洗。溶液也可作為產科和新生兒洗淨、傷口殺菌、黏膜沖洗劑和眼睛製劑的防腐劑	複雜的結構含有氯和兩個酚環；作用模式是以細胞膜和蛋白質的結構為目標。在中到高濃度可破壞革蘭氏陽性和革蘭氏陰性細菌，但無法殺死孢子。氯己啶可能有殺真菌和殺病毒能力。它較溫和，比酚毒性較少且不被皮膚吸收

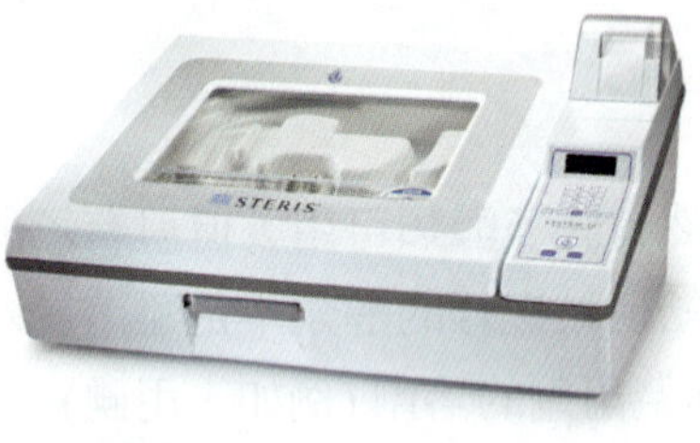

圖 8.14 **使用過氧酸自動處理器，進行化學消毒，可處理需重複使用器材、可浸入器材、對熱敏感及關鍵性和半關鍵性設備。**清潔過的醫療器械，例如內視鏡，可放置在消毒室處理約 23 分鐘。

過氧化氫的殺菌效果是由於氧的直接和間接作用。氧形式的羥自由基 (—OH)，其中，像超氧陰離子自由基 (見第 6 章)，對細胞有劇毒。雖然大多數的微生物細胞產生過氧化氫酶使過氧化氫被代謝而失去活性，但它不能抵消在消毒和防腐過程中已進入細胞的過氧化氫。過氧化氫可殺菌、病毒、真菌，並在較高濃度下可殺死孢子。

許多臨床程序包括精緻可重複使用的器械，如內視鏡和牙科器材。因為這些設備在患者之間可能被組織和體液嚴重污染，它們需要進行滅菌，而不僅僅是消毒，以防止感染，如肝炎、結核病和愛滋病毒 (HIV) 的傳播。這些昂貴的診斷工具 (結腸鏡可能花費 5,000 至 10,000 美元) 衍生了另一種困境。它們可能卡進感染性組織且不容易被除去，這些器材都很精密、複雜且很難清理。傳統的方法不是太傷害儀器 (加熱) 就是消毒太慢無法及時在患者之間完成 (環氧乙烷氣體)。需要有效的快速消毒，導致滅菌包含液態滅菌劑，如過氧化氫或過氧乙酸 (peracetic acid)(圖 8.14) 等化學滅菌釜的發展。汽化形式的過氧化氫是有效的環境滅菌劑，使用於大型空間和對象之去污 (見圖 8.3)。

表 8.9 提供涵蓋酒精和過氧化物的應用。

醛類滅菌劑和消毒

有機物質在末端碳的位置帶有 CHO 官能基 (強還原基)，稱為醛。最常用於微生物控制的兩種醛是戊二醛 (glutaraldehyde) 和甲醛 (formaldehyde)。

戊二醛是一種黃色液體，具有輕微的氣味，該分子的兩個醛基，利於聚合物的形成。活性機制涉及在細胞表面上蛋白質分子的交聯。在這個過程中，胺基酸被烷基化，這意味著胺基酸上的氫原子被替換為戊二醛分子本身，這不可逆地破壞細胞內的酶和其他蛋白質的活性。戊二醛是快速和廣譜的，並且是官方正式接受可作為滅菌劑和高級消毒劑的少數幾個化學品之一。戊二醛在 3 小時內可殺死孢子，在幾分鐘內殺死真菌和營養期細菌 (甚至分枝桿菌和假單胞菌)；病毒 (包括最耐形式的病毒) 在相對短的暴露時間就不活化。稱為化學滅菌釜 (chemiclave)(類似高壓滅菌釜) 的特殊裝置在加壓下將溶液蒸發，不必加熱就可對精密儀器進行滅菌。戊二醛即使在有機物的存在下，仍保持其效力無腐蝕性的、不損傷塑料，並且相較於甲醛是低毒性或低刺激性的。它的主要缺點是稍微不穩定，尤其是在增加 pH 值和溫度下。

甲醛 (formaldehyde) 是一種刺鼻且有刺激性的氣體，容易溶解於水中，形成所謂的福馬林 (formalin) 水溶液。純福馬林是 37% 甲醛氣體溶解在水中的溶液。此化學藥劑的殺菌力是透過其附著到核酸和胺基酸官能基。福馬林是屬於中到高級的消毒劑，但是其強烈的毒性 (其被分類為致癌物質) 和對皮膚與黏膜的刺激性效果，大大限制了它的臨床應用價值。

另一種醛，鄰苯二甲醛 (ortho-phthalaldehyde, OPA)，已通過美國環保署作為高級消毒劑。OPA 是淡藍色的液體，幾乎檢測不到氣味。它具有與戊二醛類似的作用機制，是穩定、無刺激性的，而且對於大多數用途來說其作用比戊二醛快得多。它可有效對抗營養期細菌，包括分枝

表 8.9　醇類和過氧化物 (及其他氧化藥劑) 之應用

醇 * 的形式	主要應用	如何使用 / 注意事項
乙醇 (酒精)	皮膚除菌劑和殺菌劑；界面活性劑的作用可去除皮膚油脂、泥土和某些躲藏在更深層皮膚的微生物；偶爾用來消毒電極和面罩	70% 至 95% 的溶液有殺菌力，且價格低廉、無刺激性；使用上受限於它的蒸發速率。物體要先清潔，然後在乙醇中浸泡 15 至 20 分鐘
異丙醇 (外用酒精)	有些物體及表面的消毒；有限的皮膚清潔	更強的殺菌力且比乙醇便宜，但這些好處必須與其毒性進行衡量；吸入其蒸氣可能對神經系統產生不利的影響
氧化劑的形式	**主要應用**	**如何使用 / 注意事項**
雙氧水 (H_2O_2)	多功能的使用作為殺菌劑，包括皮膚和清洗傷口、褥瘡護理和漱口水；消毒軟性隱形眼鏡、外科植入物、塑料、床上用品和房間內擺飾品	3% 的過氧化氫是最常見的形式，治療厭氧菌感染是有效的，因為所釋放的氧會對厭氧菌產生致死作用
滅菌用雙氧水	氣化 H_2O_2 是滅菌劑的主要類型；過氧化氫漿質滅菌劑用於部分工業元件或醫療用品；也可用於隔離室、潔淨室和太空飛行器	過氧化氫 (35%) 可滲透到精密的醫療器械，殺死最有抵抗性之微生物且不會腐蝕小零件；蒸氣可殺死孢子
過氧乙酸	用於空間、太空梭的滅菌；醫療器械的化學滅菌劑	氧化劑，類似過氧化氫的作用
臭氧 (O_3)	氣體用於消毒空氣、水、工業空調和冷卻水塔	氣態形式處理上較困難

一名護士很方便地利用酒精凝膠手部清潔站，此為醫院診所鼓勵手部消毒非常普遍的設施。

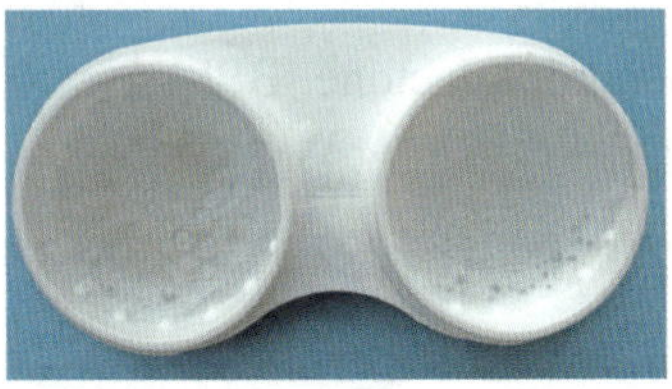

以過氧化物清潔劑進行隱形眼鏡的消毒。注意，氣泡的產生，代表氧氣的釋放。

* 兩種類型之醇類均為凝膠，廣泛用於醫院手部消毒。

桿菌屬 (*Mycobacterium*) 和假單胞菌屬 (*Pseudomonas*)、真菌和病毒，其缺點主要是無法有效地破壞孢子，且有對蛋白質染色的傾向，包括人的皮膚。

氣態滅菌劑和消毒劑

化學蒸氣、氣體和噴霧 (aerosols) 可用於處理無生命物質，並且提供加熱或液體化學品通用的替代方法。目前，這些蒸汽和噴霧應用最廣泛的是環氧乙烷 (ethylene oxide, ETO)，環氧丙烷 (propylene oxide, PO) 和二氧化氯 (chlorine dioxide) 等。

環氧乙烷 (ETO) 和其相對的環氧丙烷 (PO)，在室溫下均是無色氣體。顯示 ETO 的結構如下：

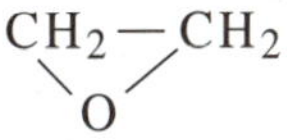

在空氣中這是非常具有爆炸性的氣體，可以透過將其與二氧化碳或碳氟化合物的高百分比的組合消除其爆炸性。如同醛類一樣，ETO 是一種非常強的烷基化劑，它可以與 DNA 和蛋白質的官能基產生劇烈反應。透過這些作用，可同時阻斷 DNA 複製和酶的活性。環氧乙烷是少數公認的化學滅菌劑，如按照嚴格的使用程序，可殺死孢子。有一種特別設計的 ETO 滅菌器，其配備

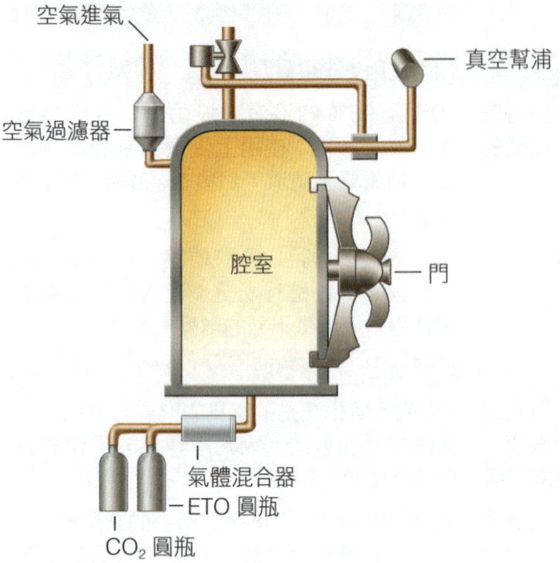

圖 8.15 **使用環氧乙烷滅菌器進行殺菌作用**。此機器配備有氣體罐含環氧乙烷 (ETO) 和二氧化碳，一個腔室可容納物品，並有氣化和引入氣體的機制。

有一個腔室、氣體進出口，以及溫度、壓力和濕度的控制 (圖 8.15)。環氧乙烷具穿透力，但作用相對緩慢，需要 90 分鐘至 3 小時。有些物品會吸收 ETO 殘基，必須通入無菌空氣進行數小時後，盡可能除去多餘的殘留氣體。相對於其有效性，ETO 也有一些不好的缺點，它的爆炸性質使得處理上有危險性，如果直接接觸，也會損傷肺部、眼睛和黏膜，且 ETO 也被政府認定為致癌物，ETO 和氧化丙烯主要用在某些食品和塑膠物品，作為消毒與滅菌劑。

二氧化氯是用於滅菌的另一氣體。儘管名稱含有氯，但是二氧化氯之作用方式與前面章節所討論的含氯化合物完全不同。它是一種強的烷化劑，能破壞蛋白質並且有效對抗營養期細菌、真菌、病毒和內孢子。雖然二氧化氯用於飲用水、廢水、食品加工設備和醫療廢物的處理，其最知名的用途是在 2001 年美國幾個政府部門受炭疽攻擊後的去污染行動。

β - 丙內酯 (Betapropiolactone, BPL) 是一種在應用上有點類似 ETO 的物質，也是快速的殺菌劑，以噴霧或液體用於消毒整個房間和儀器、對骨頭和動脈移植的滅菌和病毒疫苗不活化等。

醛類與滅菌氣體的應用摘要，整理於表 8.10。

具有界面作用之化學品：清潔劑和肥皂

清潔劑是極性分子可充當界面活性劑，大多數陰離子型清潔劑的殺微生物能力有限，其包含大多數肥皂在內。較有效是帶正電的 (陽離子) 界面活性劑，尤其是四級銨化合物 (quaternary ammonium compounds，通常縮寫為 *quats*)。陽離子型清潔劑的活性來自於四個有機基團 (因此稱為四級)，此結構與中央帶有正電荷的氮原子連接。這些基團至少一個是長鏈烴基面活性劑，可破壞較敏感微生物的細胞膜 (表 8.11)，在接觸微生物細胞幾分鐘後，將使之爆裂並且死亡。

清潔劑的作用是多樣的，當四級銨化合物在高濃度使用時，四級銨化合物可有效地對抗一些革蘭氏陽性細菌、病毒、真菌和藻類。在低濃度時，只能顯現抑制微生物效果。四級銨化合物的缺點是在任何濃度下均對結核桿菌、肝炎病毒、假單胞桿菌和內孢子無效。而且，其活性在有機物的存在下會大幅下降，並且需要在鹼性條件下才能發揮作。由於四級銨化合物有這些限制，因此在臨床上被當作低度消毒之用途。

肥皂是油脂中之脂肪酸與鈉或鉀鹽製造而成的鹼性化合物。在一般的使用上，肥皂是弱的殺微生物劑，僅能破壞高敏感形式的微生物，例如淋病、腦膜炎和梅毒的病原。醫院常見的假單胞桿菌致病菌，則是對肥皂有非常高的抵抗力，致使不同種類之假單胞桿菌能在肥皂盤上大量生長。

肥皂的用途主要是作為洗滌劑和工廠、家庭及醫療環境之衛生清潔劑。用殺菌肥皂大力刷洗手部可有效地清除污垢、油脂和表面污染物以及一些常在的微生物，但是無法完全去除皮膚

表 8.10　醛及滅菌氣體的應用

醛的形式	主要應用	如何使用 / 注意事項
戊二醛	通常加熱會損壞的材料之滅菌劑。例子包括呼吸治療設備、止血、纖維內窺鏡、腎透析設備以及牙科器械；也是另一種疫苗防腐劑，和家禽屍體消毒劑	溶液稀釋至 2% 是相對溫和，但需要 2 至 4 小時的浸泡。一般商業產品是 Cidex、速博塞汀 (Sporocidin)。器械在高壓滅菌前必須以戊二醛預先清洗，使 B 型肝炎及血液傳播病毒不活化
甲醛 (福馬林)	有限地應用為手術器械的消毒劑；使用在水產養殖可殺死魚的寄生蟲和控制藻類和真菌的生長；它是防腐液 (與醇及酚) 的活性成分之一	可使用為 8% 酊劑；與身體緊密接觸之物體，必須徹底清洗以除去甲醛殘留，因為甲醛有毒且有致癌性
鄰苯二甲醛 (OPA)	屬高級消毒劑，在用途和效果與戊二醛類似	作用比戊二醛更快且穩定，但較不能殺死孢子
氣體的形式	**主要應用**	**如何使用 / 注意事項**
環氧乙烷 (ETO)	屬官方許可的滅菌劑，適用於加熱敏感的塑料及醫院和工業上精密儀器－預包裝的醫療用品和丟棄式培養皿；廣泛用於消毒食品、調味品、乾燥水果以及藥物	carboxide 和 cryoxide 是商業產品；氣體具有爆炸性，並且必須與穩定劑一起使用；ETO 對人體有相當毒性；穿透力緩慢，需要在特殊腔室內部暴露 1 至 3 小時
環氧丙烷	食品如堅果、粉末、澱粉和調味品的滅菌	與 ETO 的物理性質和作用方式相似，但更安全，因為它可分解成相對無害的物質
二氧化氯	空氣和物體表面的滅菌；飲用水處理、食品加工設備以及醫療廢棄物；整個空間和太空探測器的去除污染	類似於 ETO 的作用，但不需要密閉空間；因此，可有效地應用於大空間或物體

技術員在加熱滅菌前，先以戊二醛處理手術器械。

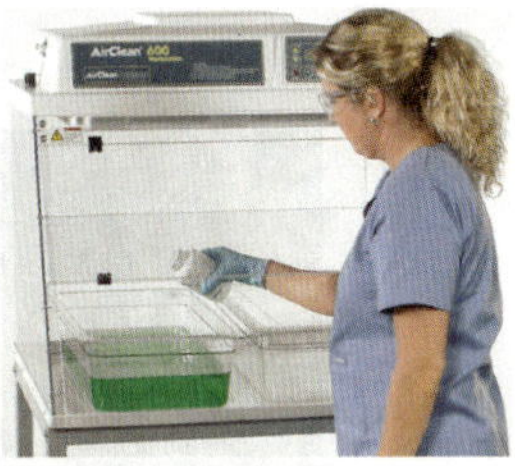

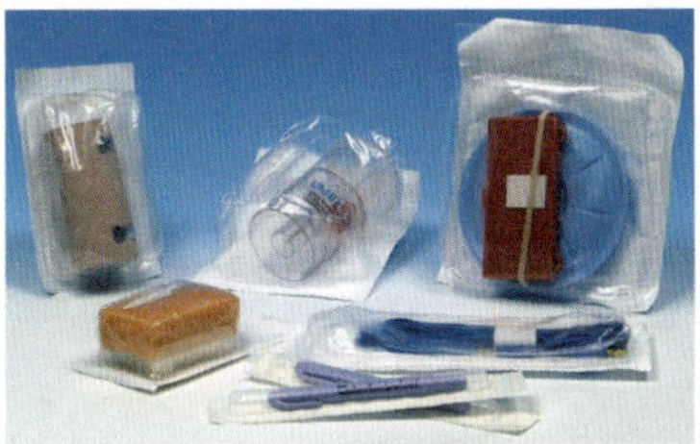

預先包裝的醫療用品以環氧乙烷滅菌器進行滅菌。

菌群 (圖 8.16)。表 8.11 涵蓋清潔劑和肥皂的主要用途。

重金屬化合物

各種形式的金屬元素汞、銀、金、銅、砷和鋅，應用於微生物控制，已經有數個世紀。這些通常被稱為重金屬，因為其有相當高的原子量。不過這份名單中，僅含有汞和銀製品還有殺菌劑意義。雖然某些金屬 (鋅、鐵)，實際上以很小的濃度作為酶的輔因子，分子量較高的金屬 (汞、銀、金) 可毒性很高，即使是微量 (百萬分之幾)。具有極少量抗菌效果的這種特性被稱為**微動作用** (oligodynamic[13] action)(圖 8.17)。重金屬殺菌劑包含無機或有機金屬鹽，且它們具備水性溶液、酊劑、膏劑或皂的形式。

汞、銀及大部分其他金屬發揮殺菌作用，是透過結合到蛋白質的官能基，使微生物失去活性，迅速將代謝停滯 (見圖 8.5c)。此作用模式可能會破壞許多類型的微生物，包括營養期細菌、

13 *oligodynamic* 微動 (ol″-ih-goh-dy-nam′-ik)。希臘文：*oligos* 微小；*dynamis* 力量。

表 8.11 清潔劑或肥皂的應用

清潔劑或肥皂的形式	主要應用	如何使用 / 注意事項
四級銨化合物 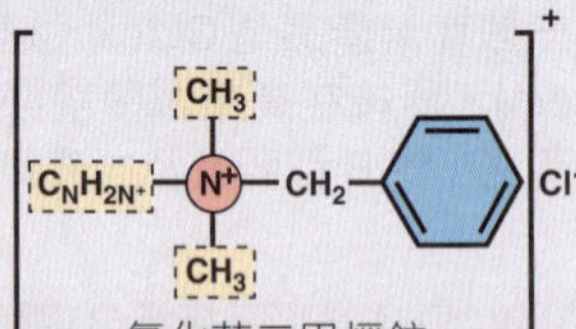 氯化苯二甲烴銨	與清洗劑混合消毒和清潔地板、設備表面和廁所；用於消毒餐館餐具、食品加工設備和服裝；為眼用溶液和化妝品常見防腐劑	名稱包括苯甲烴銨 (Zephiran) 和氯化十六烷基吡啶 (Ceepryn)；稀釋範圍為 1:100 至 1:1,000；用於消毒醫療器械的能力太低
肥皂  適當地用肥皂洗手是醫療保健和個人衛生，最重要的微生物控制方法之一。	工廠和家庭之清潔劑和消毒劑；用於器械加熱滅菌之前處理；擦洗病人的皮膚藉以去除細菌、醫療和牙科人員日常洗手，外科手術及術前手部之刷洗，均會使用肥皂	脂肪酸的鹼性鹽；是弱的殺菌劑，具有優良的起泡性和潤濕性；可以去除表面大量的土壤、油脂等雜質；加入抗菌化學品使殺菌肥皂有更大的消毒能力

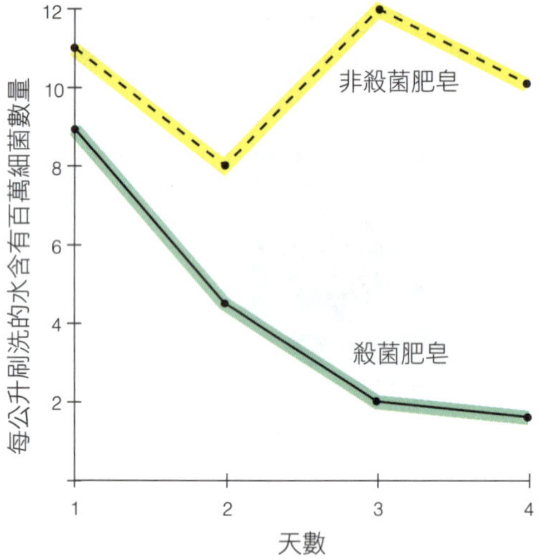

圖 8.16 圖表顯示肥皂洗手的一些影響。使用非殺菌肥皂和殺菌肥皂刷洗幾天的微生物數量比較。殺菌肥皂對皮膚有持續性影響，時間越久，則減少和保持低數量的微生物。單用肥皂無法持續減少微生物數量，甚至產生更多微生物。這種效果可能是由於皮膚層暴露於較高數量的正常菌群。

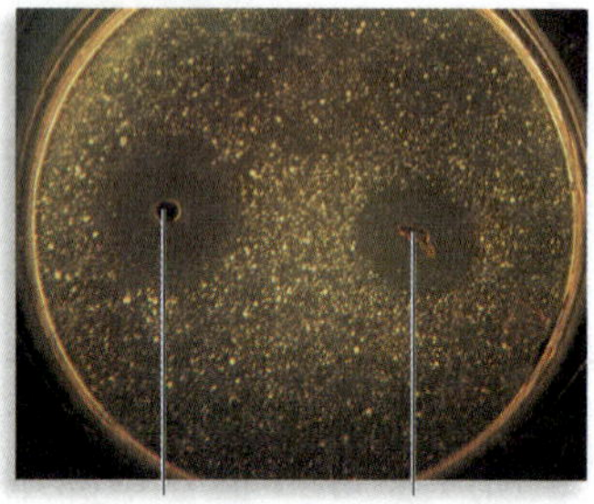

圖 8.17 重金屬的微動力作用。培養平板上接種唾液，再將含有重金屬的小碎片輕輕壓在培養盤上。在培養過程中，兩個小碎片周圍有透明區域，顯示有生長抑制的效果。汞合金 (在牙齒填充物使用) 的周圍有稍大的區域，可能反映了汞合金所含的銀和汞具有協同效果。

真菌細胞和孢子、藻類、原生動物和病毒 (但不包括內孢子)。較新的使用方法是將金屬添加於醫療用品和醫院設施中，銀現在被添加到導管、靜脈注射線和義肢，以防止生物膜的形成和感染。有研究表示，當添加到廁所燈具、門和門把手的金屬零件時，銅擁有比鍍鉻和鋁更優越的殺菌效果。它破壞了最棘手的抗藥性致病菌，如金黃色葡萄球菌 (MRSA)，以及困難梭狀芽孢

桿菌 (*Clostridium difficile*) 營養期細胞、流感病毒和革蘭氏陰性伺機感染細菌。

重金屬主要缺點為：(1) 金屬如果攝入、吸入或經皮膚吸收，即使是少量，對人類也是具有強毒性的，同樣理由對微生物細胞也是有毒的；(2) 經常會引起過敏反應；(3) 大量的生物液體和廢物會中和其殺菌效果；和 (4) 微生物可能對金屬產生耐受性。

表 8.12 提供重金屬應用的概況。

染料作為抗菌劑

染料在染色技術，以及在選擇性和鑑別性培養基是很重要的；它們也是在化學療法中特定藥物的主要來源，其抗菌效果顯然是由於它們可插入核酸而造成突變。也有一些證據顯示它們可干擾細胞壁合成。因為苯胺染料 (aniline dyes) 如結晶紫 (crystal violet) 和孔雀綠 (malachite green)，用來對抗革蘭氏陽性細菌和某些真菌最有效，它們被加入溶液和軟膏中治療皮膚感染 (例如癬)。黃色吖啶 (acridine) 染料、吖啶黃 (acriflavine) 和原黃素 (proflavine)，有時也用於抗菌，及醫學和獸醫臨床之傷口處理。在大多數情況下，染料的應用仍然很有限，因為它們會造成染色且抗菌作用的對象太狹窄。

酸和鹼

非常低或高 pH 值的條件下能夠破壞或抑制微生物的細胞，但由於其侵蝕性、腐蝕性和危險性而使其應用受到限制。鹼性溶液具有良好的清潔也是某種類型的消毒，因其可使蛋白質失去活性。氫氧化銨 (ammonium hydroxide) 是洗滌劑和清潔劑的主要組成，較強的氫氧化鈉溶液，是少數可能有效地破壞普里昂的物質之一。有機酸被廣泛應用於食品保鮮，因為其能防止孢子萌發和細菌及真菌的生長，且一般認為有機酸是安全可食用的。乙酸 (醋的形式) 是一種酸洗劑，可抑制細菌的生長；丙酸 (propionic acid) 通常併入麵包和蛋糕抑制黴菌；乳酸 (lactic acid) 加到泡菜和橄欖，以防止厭氧性細菌 (特別是梭狀芽孢桿菌) 的生長；苯甲酸 (benzoic) 和山梨酸 (sorbic acids) 則被添加到飲料、糖漿和人造奶油中用來抑制酵母菌。

常見於家居產品中的抗菌化學物質，見表 8.13。

表 8.12　重金屬的應用

金屬的形式	主要應用	如何使用 / 注意事項
有機汞	硫柳汞 (Merthiolate) 和硝甲酚汞 (Metaphen) 是弱的殺菌劑和預防感染；可能用於化妝品和眼用溶液的防腐	酊劑 (0.001% 至 0.2%) 是相當有效的，但對於破損的皮膚則是不好的選擇，因為此物質是有毒的，會延緩癒合。紅汞藥水目前被認為是最不合適的殺菌劑。
銀磺胺軟膏	添加於敷料，可有效防止二度和三度燒傷病人的感染	含銀鹽和磺胺類藥物的黃色軟膏
硝酸銀 ($AgNO_3$)	主要是作為口腔潰瘍外用殺菌劑，有時用於牙齒根管	1% 至 2% 的硝酸銀溶液被用於殺菌劑，但它們會使皮膚和其他組織變色
金屬銀	添加於導管，防止在醫院泌尿道感染；加入油漆、塑料和鋼，作為控制微生物生存的方式，例如馬桶座、聽診器，甚至家中的牆壁和地板	
膠體銀	溫和的殺菌藥膏或口、鼻、眼及陰道的沖洗劑	

表 8.13 不同市售抗菌產品之活性成分

市售產品名稱	特異性的化學藥劑	抗微生物藥劑的類別
來舒及高樂氏濕巾	二甲基苯基氯化銨	清潔劑 (quat)
替力和來舒除黴劑	次氯酸鈉	鹵素
愛潔及戴爾抗菌洗手皂	三氯沙	酚類
來舒消毒噴霧	十八烷基二甲基苯基銨	清潔劑 (quat) / 乙醇
瑞霖隱形眼鏡洗潔液	聚胺丙基雙胍	氯己啶
維特王抗菌濕巾	苄索氯銨	清潔劑
Noxzema 三重抗菌洗面乳	三氯沙	酚類
Scope 漱口水	乙醇	醇類
普瑞來淨手消毒液	乙醇	醇類
潘松	松油及界面活性劑	醛類、醇類
愛力根點眼液	氯化鈉	鹵素

第一階段：知識與理解

這些問題需活用本章介紹的觀念及理解研讀過的資訊。

選擇題

從四個選項中選出正確答案。空格處，請選出最適合文句的答案。

1. 殺微生物劑有何效果？
   a. 滅菌　b. 抑制微生物
   c. 對人類細胞有毒性　d. 破壞微生物
2. 微生物控制方法能夠殺死________，就可達到滅菌。
   a. 病毒　b. 結核桿菌
   c. 內孢子　d. 胞囊
3. 用來破壞非生物體上的非孢子形成污染物過程稱為
   a. 無菌消毒　b. 消毒
   c. 滅菌　d. 除菌
4. 清潔是一個過程，其中包含
   a. 減少物體之微生物負載
   b. 物體以化學品滅菌
   c. 擦洗用具
   d. 皮膚清創
5. 一種降低細胞表面張力的試劑是
   a. 苯酚　b. 氯
   c. 酒精　d. 福馬林
6. 高溫可________而低溫可________。
   a. 滅菌，消毒
   b. 殺死細胞，抑制細胞生長
   c. 使蛋白質變性，使細胞破裂
   d. 加快新陳代謝，減緩新陳代謝
7. ________加熱的主要作用是________。
   a. 乾燥，破壞細胞壁
   b. 濕式，殺死營養細胞
   c. 乾燥，溶化脂類
   d. 濕式，使蛋白質變性
8. 用於高壓滅菌釜的溫度與壓力組合是
   a. 100°C 和 4 psi
   b. 121°C 和 15 psi
   c. 131°C 和 9 psi
   d. 115°C 和 3 psi
9. 巴氏消菌法的目標微生物是
   a. 肉毒桿菌
   b. 分枝桿菌
   c. 沙門氏菌
   d. b 和 c
10. 離子輻射是指從原子除去________。
    a. 質子　b. 電波
    c. 電子　d. 離子
11. 非離子輻射的主要作用模式是：
    a. 產生超氧離子　b. 產生嘧啶二聚體
    c. 蛋白質變性　d. 打斷雙硫鍵
12. 對熱敏感的液體，最常用的滅菌方法是

a. 紫外線輻射　b. 暴露在臭氧
c. β 丙內酯　d. 過濾

13. ________為碘消毒藥劑，是傷口處理的首選。
a. 8% 酊劑　b. 5% 水溶液
c. 優碘　d. 碘化鉀溶液

14. 具有殺孢子特性的化學藥品是
a. 酚　b. 酒精
c. 四級銨化合物　d. 戊二醛

15. 磺胺嘧啶銀使用
a. 在燒傷部位的消毒　b. 作為漱口水
c. 處理生殖器淋病　d. 在水的消毒

16. 界面清潔劑是：
a. 高級殺菌劑
b. 低級殺菌劑
c. 優良的無病菌消毒劑
d. 在外科手術儀器消毒用

17. 以下哪項是經過批准的滅菌劑？
a. 氯己啶
b. 優碘
c. 環氧乙烷
d. 乙醇

申論挑戰

每題需依據事實，撰寫一至兩段論述，以完整回答問題。「檢視你的進度」的問題也可作為該大題的練習。

1. 以下的說法：「在接種疫苗前，病人的皮膚用酒精滅菌」，哪裡是錯的？請更改為更正確的說法。
2. 病人已被消毒，是否為恰當的說法？為什麼？
3. 寫出三種情況，其中相同微生物在何種情況下會被認為是嚴重的污染物，而在另一種情況則是完全無害的。
4. 說明內孢子有什麼特點，使得它們對於微生物控制方法有如此的抵抗性，以及滅菌技術如何作用，可以消滅它們。
5. 說明涉及有些精密和對熱敏感儀器的滅菌困難點，如內視鏡、注射器、針頭、導管及其他儀器等。
6. 水果及易腐敗食品透過輻射照射後，其保存期和保鮮品質都大大增強，節省產業和消費者數十億美元。你個人覺得吃輻射照過的水果，會有何種感受？如果調味料以 ETO 滅菌會如何？

觀念圖

在 http://www.mhhe.com/talaro9 有觀念圖的簡介，對於如何進行觀念圖提供指引。

1. 用下面的文字內容作為概念，建構自己的觀念圖。寫出每對觀念之間的連結文字。

鹵素	殺孢子
微動	化學性
界面活性劑	物理性
酒精	銀
酚	

第二階段：應用、分析、評估與整合

這些問題超越重述事實，需要高度理解、詮釋、解決問題、轉化知識、建立模式並預測結果的能力。

批判性思考

本大題需藉由事實和觀念來推論與解決問題。這些問題可以從各個角度切入，通常沒有單一正確的解答。

1. 對於下列表中的每一項，舉出合理的滅菌方法。整個列表中相同的方法不能使用超過三次。該方法必須能滅菌，而不僅僅是消毒；且該方法必須不破壞產品或使其無效，除非沒有其他的選擇。在考慮一種可行的方法後，也思考其他方法為何行不通。注意：如果是某物體包含其他配件，則所有配件也必須滅菌 (例如，罐子和內部的凡士林)。一些方法的實例，例如高壓滅菌釜、環氧乙烷氣體、乾燥爐和離子輻射。

室內空氣	一壺泥土

血清	塑膠培養皿
對熱敏感的藥物	冰箱內部
布敷料	葡萄酒
舊貨店裡的皮鞋	一罐凡士林
起司三明治	塑膠袋內的水果
一瓶營養瓊脂	牛奶
整個房間 (牆壁、地板等)	蘭花種子
橡膠手套	金屬器械
拋棄式注射器	炭疽孢子污染的郵件
狂牛病奶牛的屍體	

2. 使用巴氏殺菌技術為模式比較 TDT，並說明溫度和暴露時間長度之間的關係。
3. 冷凍乾燥可用於保存食品，但也可用於保持培養微生物的存活，此說法可能有些矛盾。說明這些應用程序如何進行協調。
4. 超市或藥局作業：觀察 10 個用來控制微生物的不同產品的標籤，表列出它們的活性成分、建議用途、毒性信息及注意事項。
5. 設計一個實驗，將殺菌和抑菌作用區分開來。
6. 氯被使用於水質淨化的化學物質呈現嚴重的危險，此情形受到許多關注。本章涵蓋什麼樣的替代方法，可用於淨化水的供應並保證供水的安全不受到污染？

視覺挑戰

1. 說明此曲線圖的意義，此圖是以嗜溫細菌對溫度的反應作圖，藍色為存活曲線而棕色為生長曲線。

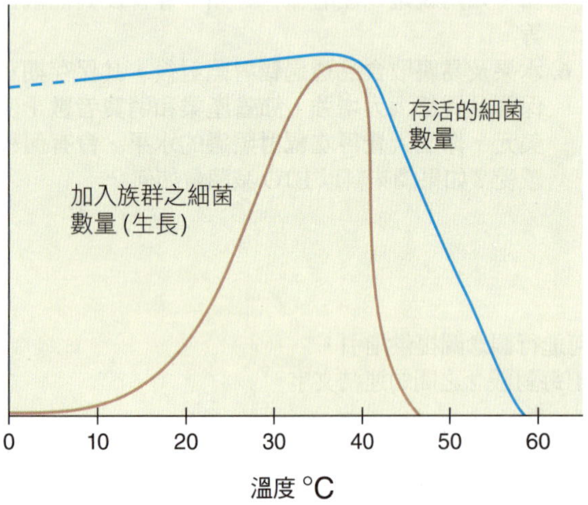

第 9 章 藥物、微生物與宿主——化學治療的物質

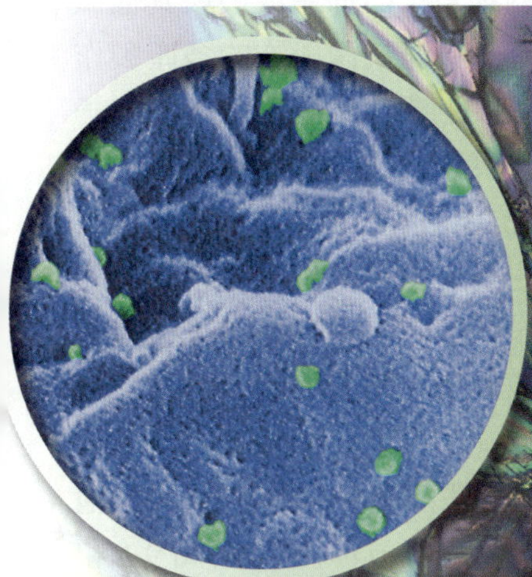

HIV 病毒 (綠色球狀) 由被感染之白血球表面出芽分離。

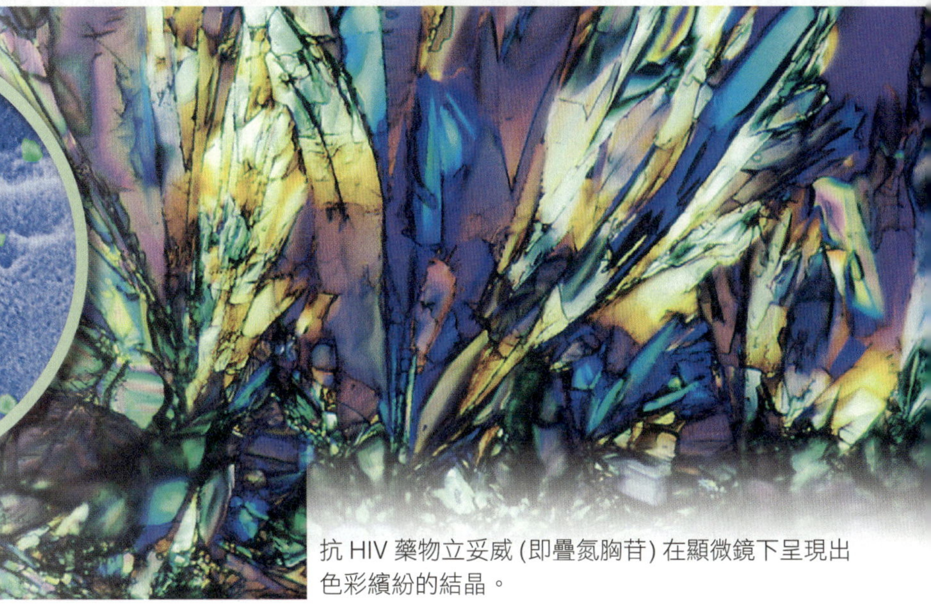

抗 HIV 藥物立妥威 (即疊氮胸苷) 在顯微鏡下呈現出色彩繽紛的結晶。

9.1 抗微生物治療原則

美國在一個世紀前，預估有三分之一的兒童在 5 歲前因感染而死亡，對全世界大多數人口而言，因傳染病如猩紅熱 (scarlet fever)、白喉 (diphtheria)、肺結核 (tuberculosis)、腦膜炎 (meningitis) 以及許多其他細菌性疾病，造成的早死或嚴重的終身衰弱，使人們對生活充滿恐懼，這是不可否認的事實。

在 1930 年代，現代藥物的引進，藉以控制感染是醫療革命，顯著地增加人類的壽命和健康。這也難怪，多年來，特別是抗生素被視為神奇的藥物。在後面的討論中，我們將會說明評估這種對於藥物治療缺點的不重視所造成的誤解。雖然抗菌藥物大大降低某些感染的發生率，但絕對沒有根除傳染病，可能永遠也不會。事實上，在世界的某些地方，傳染病死亡率與抗菌藥物被使用之前一樣高。然而，人類數千年來一直服用藥物以嘗試控制疾病。

抗微生物化學治療 (antimicrobial chemotherapy[1]) 的目標看似簡單：投藥給感染者，藉以破壞感染病原，但不損害宿主的細胞。實際上，這個目標是比較難以實現的，因為常常有相互矛盾的因子必須考慮。理想的藥物應該易於投藥，並且能夠到達感染病原在體內的任何地方，它應該能夠殺死病原體，而不是僅僅抑制其生長和保持藥物活性，可能的話，還可以是安全且容易分解和排泄。總之，完美的藥物不存在，但平衡藥物與藥物間的特性，應該可以實現令人滿意的折衷方式 (表 9.1)。

抗微生物藥物的起源

抗菌藥物的來源是多元化的，有些稱為抗生素 (antibiotics)，是由某些微生物的天然代謝過

1 化療 (chemotherapy) 一詞意為以化學物質進行治療，常使用在癌症治療，但其正式意義是包含抗微生物之治療方法。

表 9.1 理想抗微生物藥物的特性
・選擇性對微生物有毒性，但對於宿主細胞無毒性
・殺微生物而不是抑制微生物
・保持強而有力且足夠長的作用時間，不會過早被分解或排出體外
・不會產生抗藥性
・互補或協助宿主的防禦作用
・即使在體液和組織被稀釋仍保持有效
・容易傳送到感染部位
・合理的價格
・不會因為引發過敏或誘發宿主其他感染而破壞宿主的健康

程產生的物質，能抑制或破壞其他微生物。自然界是抗菌藥物的多產製作者，抗生素主要來自好氧可產生孢子的細菌和真菌，藉由抑制在同一生長環境 [拮抗作用 (antagonism)] 中其他微生物的生長，使得產生抗生素的微生物在養分和空間方面有較少的競爭者。數量最多的抗生素是從細菌鏈黴菌屬 (*Streptomyces*) 和芽孢桿菌屬 (*Bacillus*) 和黴菌的青黴菌屬 (*Penicillium*) 和頭孢菌屬 (*Cephalosporium*) 獲得 (圖 9.1 和表 9.2)。鏈黴菌屬的種類都是最多產的抗生素生產者，三分之二的抗生素來自鏈黴菌，大約有 9,000 個不同生物活性的化合物已被分離。

抗微生物藥物的描述是關於它們的起源、有效性範圍以及它們是否是天然產生的或化學合成的。在表 9.3 中，你會遇到更重要的名詞。

本章將介紹不同種類的抗生素藥物、其作用機轉，以及能有效對抗的微生物種類。

常見的藥物策略

在本章的幾個部分，你會遇到的專有名詞有：預防 (prophylaxis)、合併用藥治療 (combined therapy) 以及藥物協同作用 (synergy)。每一種概念在藥物治療都有自己的特殊利基。服用藥物預防感染的發生，這是發揮在已知或可能暴露的情況下；例如，某些牙科患者在口腔治療程序前，常常預先給予抗生素，因為治療過程中可能唾液會滲入血液循環中。

圖 9.1 製造兩種高產量抗生素的微生物菌落。這些微生物傾向於分泌抗生素到其表面上，這種特性是分離藥物及生產的重要因素。左圖：青黴菌 (特異青黴菌)，含淡黃色液滴的青黴素。右圖：黴菌 (天藍色鏈黴菌)，含有深藍色水滴的放線紫紅素 (actinorhodin)，屬實驗性的抗生素。

表 9.2 抗生素的微生物來源

生產微生物之屬名	微生物之類型	產生之藥物
青黴菌屬	黴菌	青黴素 灰黃黴素
頭孢菌屬	黴菌	頭孢菌素
小單孢菌屬	細菌	見大黴素
芽孢桿菌屬	細菌	桿菌肽 多黏菌素 B
色素桿菌屬	細菌	氨曲南
鏈黴菌屬	絲狀細菌	鏈黴素 紅黴素 四環素 萬古黴素 氯黴素 兩性黴素 B

表 9.3　化學治療的專有名詞

化學治療藥物 (chemotherapeutic drug)	治療、緩解或預防疾病所使用的任何化學
預防 (prophylaxis)*	使用藥物，以防止有潛在感染風險的人
抗微生物化學治療 (antimicrobial chemotherapy)**	使用的化學治療藥物來控制感染
抗微生物藥物 (antimicrobials)	包含任何抗微生物藥物的總括專有名詞，不論其來源
抗生素 (antibiotics)***	由有些微生物天然代謝過程所產生的物質，能抑制或殺滅其他微生物
半合成藥物 (semisynthetic drugs)	從天然來源分離後，再經實驗室改變其化學性質的藥物
合成藥物 Synthetic drugs	透過化學反應，在實驗室所合成的抗微生物化合物
窄譜 (有限的微生物範圍)	抗微生物藥劑有效對抗有限的微生物群組；例如，有些藥物主要對革蘭氏陽性菌有效
廣譜 (較廣的微生物範圍)	抗微生物藥劑有效對抗多種微生物群組；例如，有些藥物能有效對抗革蘭氏陽性和革蘭氏陰性細菌

* *prophylaxis* 預防 (proh″-fih-lak′-sis)。希臘文：***prophyiassein*** 在疾病之前保持防護。預防高危險群之感染或疾病的措施。

** *chemotherapy* 化學治療 (kee″-moh-ther′-uh-pee)。希臘文：***chemieia*** 化學；***therapeia*** 對疾病之措施。使用藥物治療疾病。

*** *antibiotics* 抗生素 (an-tee′-by-aw″-tik)。希臘文：***anti*** 對抗；***bios*** 生命。

合併用藥治療，也稱為 combination therapy，是一種治療方式，以兩個以上的藥物同時治療感染，這是治療肺結核、愛滋病毒 (HIV) 或愛滋病 AIDS，以及淋病的常用方法，其主要理由是為了防止抗藥微生物的生存，但它也可用於由混合感染時，不同微生物之正確治療藥物的選擇。

另一個優勢來自於協同效應，即兩種藥物一起作用往往可以提供協同效果，協同作用可比單獨使用任一藥物時，產生增強的效應，並且這種增強效果，意味著可以使用更小量的藥物。圖 9.18b 顯示出此效果的測試結果。

☞ 藥物和微生物之間的相互作用

抗菌藥物的目的不外乎破壞細菌、真菌和原生動物的細胞過程或結構，以及抑制病毒增殖週期。大部分使用於化學治療的藥物，都會干擾合成或組合大分子所需的酶之功能，但有些會破壞已經在細胞內形成的結構。因此，藥物應該具有**選擇性毒性** (selectively toxic)，這意味著它們可殺死或抑制微生物的生長，但同時又不損害宿主組織。選擇性毒性的概念在化學治療上是非常重要的，最好的藥物是只特別對微生物結構或功能產生作用，但不會作用在脊椎動物細胞。具有優良的選擇性毒性的藥物例子，是那些阻止細菌中細胞壁的合成 [青黴素 (penicillins) 的藥物]。它們具有低毒性，對人體細胞無直接影響，因為人類細胞缺乏細胞壁，因此不受此類抗生素的作用。對人類細胞最有毒的藥物，是同時作用於感染微生物與宿主細胞均具有的結構，如細胞膜，例如，兩性黴素 B (amphotericin B) 可用於治療真菌感染。當傳染性病原體的特性與宿主細胞更類似時，選擇性毒性變得更加難以實現，不希望的副作用發生的可能性就更大。

藥物的作用機轉

化學治療的主要依據是針對傳染性病原體，利用化學物質造成微生物不可逆的損傷或抑制。這方面的知識也是藥物開發的指導方針。大多數類別的抗微生物藥物，具有抗微生物的結構或代謝的某些獨特功能。觀察表 9.4，並注意細胞類型與藥物作用可能產生影響的多樣性。總體而言，在活躍分裂的細胞中，有五個藥物作用之主要標的，分別是細胞壁、細胞膜、遺傳物質、蛋白質合成和代謝途徑。以下大綱及圖 9.2 涵蓋藥物對這些細胞成分的影響：

1. 抑制細胞壁合成。
2. 瓦解細胞膜的結構或功能。
3. 干擾 DNA 和 RNA 的功能。
4. 抑制蛋白質的合成。
5. 阻斷主要代謝途徑。

這些標的並不是完全分開獨立的，有些帶有重疊的效果。例如，如果 DNA 的轉錄被抑制，蛋白質合成也將受影響。病毒是一種特殊情況，具有非常專門的標的藥物 (見表 9.6)。

抗菌藥物的頻譜　由於藥物作用於特定微生物的結構或功能，因此每種藥物都有抗菌活性的特定範圍，稱為藥物的頻譜。傳統上，**窄譜藥** (narrow-spectrum) 是對小範圍的細菌類型有效，通常是因為它們的標的只存在於某些細菌的特定組成。例如，桿菌肽 (bacitracin) 阻止革蘭氏陽性菌的胜肽聚醣伸長，而對革蘭氏陰性菌則沒有效果，因為它們的細胞壁有外膜，成為藥物進入

表 9.4　用於微生物類別之藥物的一般作用

微生物類別	藥物類別 / 範例	藥物作用	微生物類別	藥物類別 / 範例	藥物作用
細菌	青黴素	細胞壁破壞和溶解	真菌	兩性黴素 B	喪失細胞膜的通透性
	頭孢菌素	細胞壁破壞和溶解		唑類	喪失細胞膜的通透性
	桿菌肽	細胞壁破壞和溶解		氟胞嘧啶	抑制 DNA 和 RNA 合成
	胺基糖苷	抑制核糖體蛋白合成	原蟲	奎寧	使寄生蟲的細胞內堆積有毒的廢物
	大環內酯類			滅滴靈	累積有毒的自由基
	紅黴素	抑制核糖體蛋白合成	線蟲	地巴唑	抑制葡萄糖代謝
	萬古黴素	細胞壁破壞和溶解		二乙甲腺	殺死幼蟲形態
	四環素	抑制蛋白質在核糖體合成		哌嗪	麻痺肌肉系統
	氯黴素	抑制蛋白質在核糖體合成		氯硝柳胺	鬆開緊抓住組織的寄生蟲
	氟喏喹酮	阻止 DNA 的複製		愛獲滅	抑制神經肌肉系統
	利福平	停止 mRNA 合成	病毒	奧司他韋	防止病毒出芽釋出
	膜胺藥	抑制葉酸代謝		阿昔各韋	停止病毒複製
	用氧苯啶	抑制葉酸代謝		疊氮胸苷	阻止從 RNA 形成 DNA

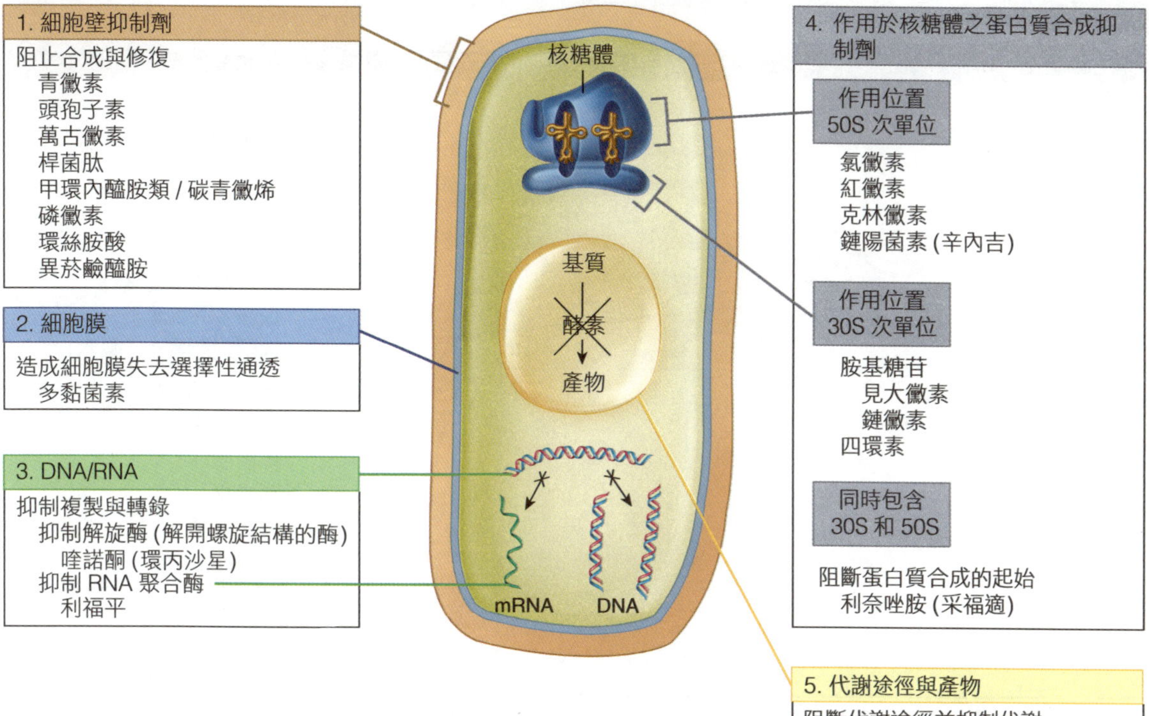

圖 9.2　作用於細菌細胞藥物的主要標的。 每個作用模式相關聯的編號將在內文相對應編號中討論。

的障礙。多黏菌素 (polymyxin) 可分解革蘭陰性菌外膜，但不針對革蘭氏陽性菌。

可有效對抗更廣範圍微生物的藥物稱為中譜或廣譜，這取決於藥物的性質，例如，**中譜藥** (medium-spectrum) 安比西林 (ampicillin) 對革蘭氏陽性和革蘭氏陰性菌有效，但不是對所有種類微生物有效。**廣譜藥** (broad-spectrum) 如四環素 (tetracycline) 有最大的抗菌範圍，它們適用於大多數革蘭氏陰性和陽性菌、立克次氏體 (rickettsias)、黴漿菌 (mycoplasmas) 和螺旋菌 (spirochetes)。廣譜的藥物通常發揮其作用是針對細菌常見的成分，如核糖體，此胞器存在於所有細胞和粒線體中。參考表 9.5 抗菌藥物及其頻譜列表。

1. 影響細菌細胞壁的抗菌藥物　大多數細菌的細胞壁含有堅硬的胜肽聚醣 (peptidoglycan)，此結構可以防止細菌在低滲透壓環境中破裂，活躍的細菌必須不斷地合成新的胜肽聚醣，並運送到其在細菌中的適當的位置。藥物如青黴素類 (penicillins) 和頭孢菌素類 (cephalosporins)，與一種或多種完成此過程所需的酶進行反應，使細菌具有生長的薄弱點，於滲透壓下是脆弱的 (圖 9.3)。產生這種效果的抗生素被認為是具有殺菌力的 (bactericidal)，因為削弱了細菌，使其易受裂解。重要的是，要注意大多數的這些抗生素活性僅對年輕、生長中的細菌有用，因為老的、不活動或休眠細胞是不合成胜肽聚醣的。一例外是新的一類抗生素，名為「青黴烯類」(-penems)。

青黴素和頭孢菌素結合並阻止胜肽酶，交聯多醣分子，進而中斷細胞壁的完成 (圖 9.3b)。無法穿透細菌外膜的青黴素類，對革蘭氏陰性菌效果較差。廣譜青黴素類 (carbenicillin) 和頭孢菌素類「頭孢三嗪」(ceftriaxone)，可以穿過革蘭氏陰性菌的細胞壁。環絲胺酸 (cycloserine) 抑制基本胜肽聚醣次單位的形成，以及萬古黴素 (vancomycin) 可阻礙胜肽聚醣的增長。

表 9.5 抗菌藥物的作用範圍

作用範圍	革蘭氏陽性菌	革蘭氏陰性菌	立克次體	披衣菌	黴漿菌	此範圍藥物之例子
廣譜	+	+	+	+	+	四環素 喹諾酮 氯黴素 多尼培南
中譜	+	+	–	V*	V*	安比西林 先鋒黴素 (keflex) 磺胺 / 甲氧苯啶 大環內酯類 (紅黴素)
窄譜 1	+	–	–	–	–	青黴素 G. V 萬古黴素 桿菌肽 利福平 異菸鹼醯胺 (抗結核菌)
窄譜 2	–	+	–	–	–	多黏菌素 鏈黴素 頭孢克洛 氨曲南

* 表中部分藥物對這些微生物有效。

2. 擾亂細胞膜功能的抗菌藥物 細胞膜有受損的細胞，會因代謝的瓦解或裂解而死亡，微生物甚至不需有活躍的分裂也會被破壞。損傷細胞膜的抗生素類別，通常具有特異性，特定的微生物群，根據其細胞膜中脂質的種類而有差異。

多黏菌素類 (polymyxins) 與細胞膜的磷脂質反應，造成蛋白質和氮鹼基的滲漏，特別是在革蘭氏陰性菌 (圖 9.4)。多烯類 (polyene) 抗真菌抗生素 (兩性黴素 B 及制黴菌素) 與真菌細胞膜的固醇類形成複合物，這會導致細胞膜不正常的開口和小分子的離子滲出。不幸的是，這種選擇性並非準確，以及微生物和動物細胞的細胞膜有相似性，意味著大部分這些抗生素，對人類細胞有相當大的毒性。

3. 影響核酸合成的抗微生物藥物 正如你在第 7 章所看到的，產生的 DNA 和 RNA 的代謝途徑相當冗長，且是由酶所催化的一系列反應，像任何複雜的過程，沿途的許多不同點可能受破壞，在過程中任何一點受到抑制，都可以阻止後續步驟的進行。抗微生物藥物藉由干擾核酸合成、抑制複製或停止轉錄，阻斷核苷的形成。由於 DNA 和 RNA 的功能為蛋白質正確轉譯所需要的，因此對蛋白質代謝的影響可能也是很明顯的。

幾種抗微生物劑抑制 DNA 的合成。廣譜喹諾酮類 (quinolones) 抑制解開 DNA 的酶或解旋酶，進而阻止 DNA 複製和修復。某些抗病毒藥物是嘌呤和嘧啶的**類似物** (analogs)[2]，可如同正常鹼基一樣嵌入病毒核酸中，導致合成再也不能繼續下去時，病毒複製即受阻止 (見表 9.6)。抗真菌藥物氟胞嘧啶 (flucytosine) 是尿嘧啶的類似物，可產生功能失調的 RNA，另外也透過抑制嘌呤合成酶的作用，停止 DNA 的複製，這種雙重攻擊使代謝停頓，並導致細胞死亡。

---

2 *analog* 類似物 (an′-uh-log)。一種結構外觀類似於另一具有細胞反應之化合物。

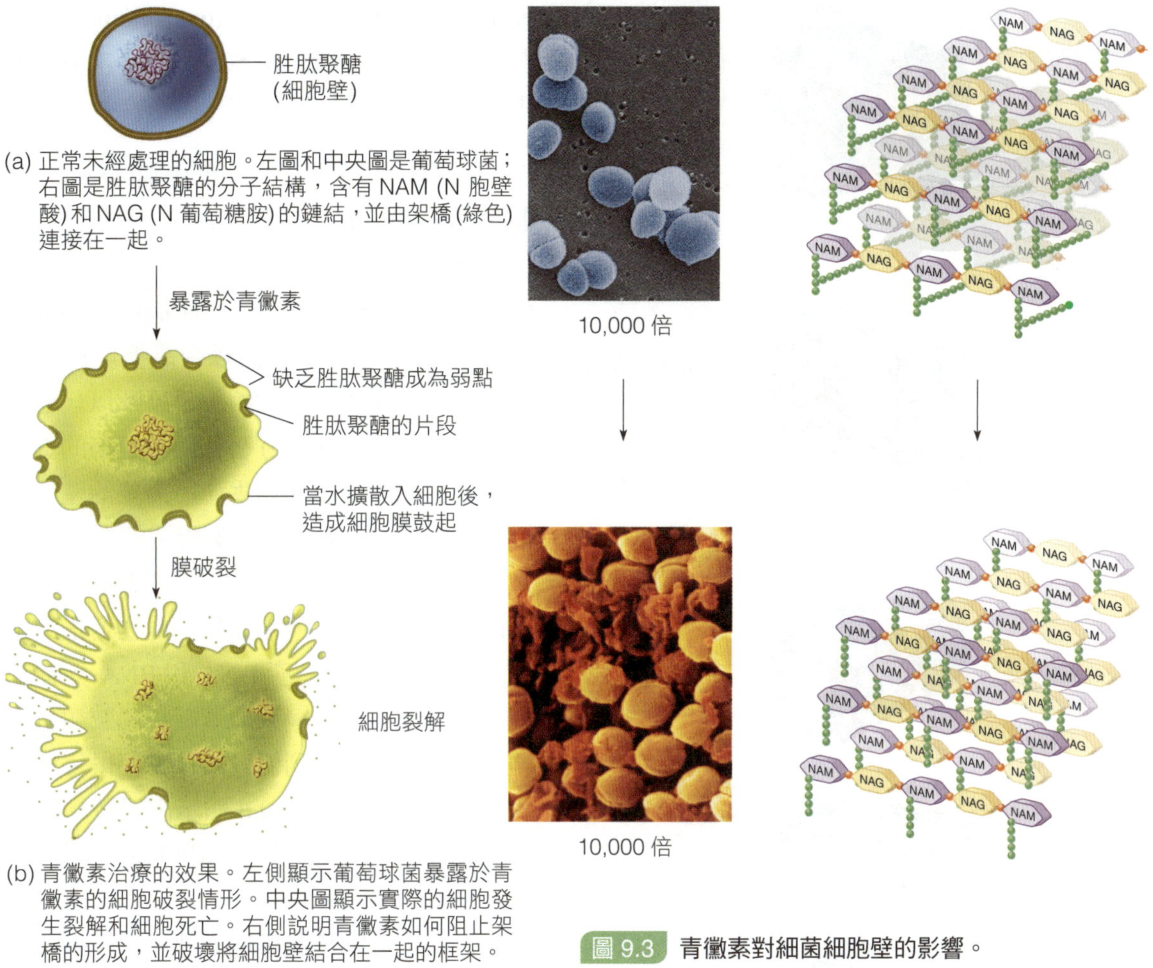
胜肽聚醣
(細胞壁)
(a) 正常未經處理的細胞。左圖和中央圖是葡萄球菌；右圖是胜肽聚醣的分子結構，含有 NAM (N 胞壁酸) 和 NAG (N 葡萄糖胺) 的鏈結，並由架橋 (綠色) 連接在一起。
暴露於青黴素
10,000 倍
缺乏胜肽聚醣成為弱點
胜肽聚醣的片段
當水擴散入細胞後，
造成細胞膜鼓起
膜破裂
細胞裂解
10,000 倍
(b) 青黴素治療的效果。左側顯示葡萄球菌暴露於青黴素的細胞破裂情形。中央圖顯示實際的細胞發生裂解和細胞死亡。右側說明青黴素如何阻止架橋的形成，並破壞將細胞壁結合在一起的框架。

圖 9.3　青黴素對細菌細胞壁的影響。

4. 抑制蛋白質合成的抗微生物藥物　能阻止蛋白質合成的藥物，大多會與核糖體 mRNA 複合物反應，雖然人體細胞也有核糖體，真核細胞的核糖體與原核生物的大小和結構均不同，因此這些抗微生物劑對抗細菌時，其作用通常具有選擇性。結合於原核生物核糖體的藥物，可能有潛在的治療後果，即真核細胞粒線體也可能受到損害，因為其中包含原核核糖體。

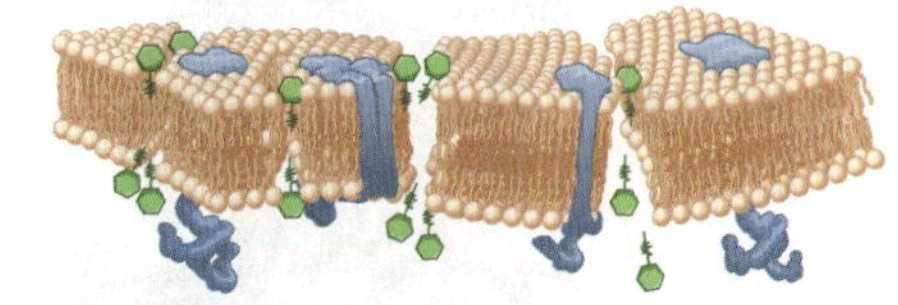
多黏菌素
細胞膜

圖 9.4　**作用於細胞膜的藥物。**多黏菌素的界面活性殺菌作用，多黏菌素結合於外膜和細胞膜，形成異常開口，使得細菌細胞內含物質滲漏和細菌裂解。

核糖體抑制兩種可能的標的分別是 30S 次單位與 50S 次單位 (圖 9.5)。胺基糖苷類 (aminoglycosides，例如鏈黴素和見大黴素等) 插入 30S 次單位之位置，並造成 mRNA 讀取錯誤，導致異常的蛋白質生成。四環素 (tetracyclines) 阻止 tRNA 結合在位點 A，並有效停止蛋白質的合成，其他抗生素附著在 50S 次單位之位置，在轉譯時防止胜肽鍵形成 [氯黴素 (chloramphenicol)] 或抑制核糖體次單位之轉運 (紅黴素

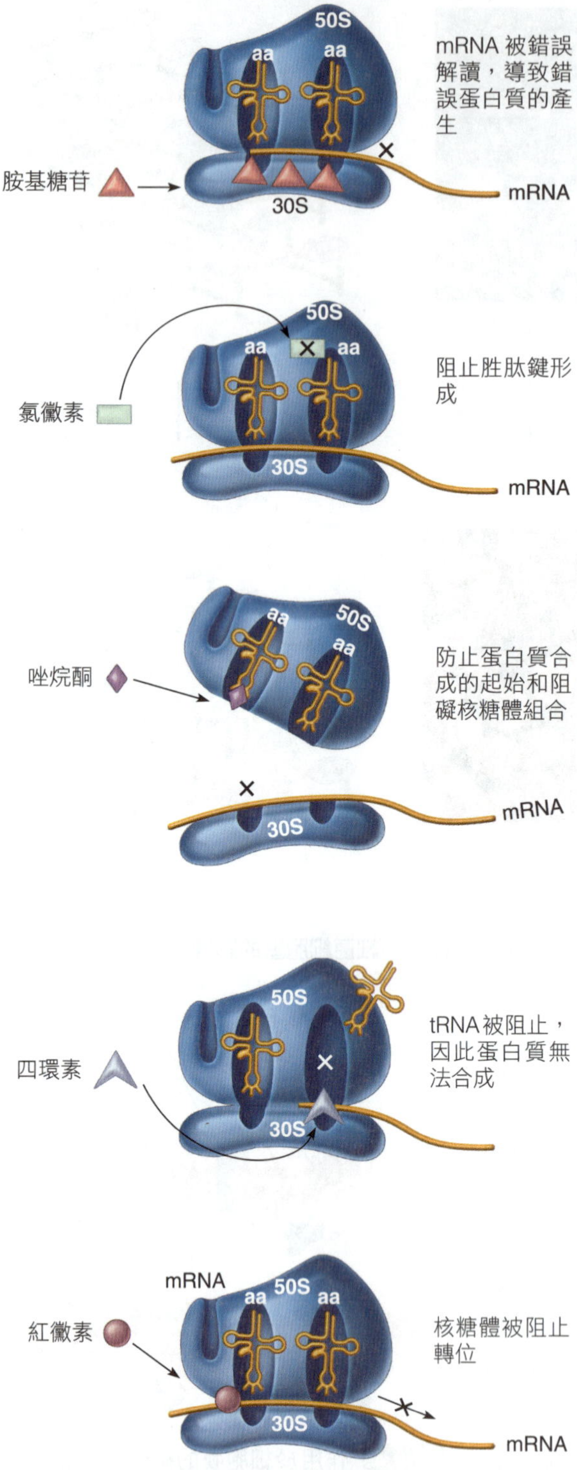

圖 9.5 原核生物核糖體上抑制作用的位置，以及作用於這些位置的主要抗生素。所有方式均可阻擋蛋白質的合成，阻擋的作用是用 X 表示。

erythromycin)。唑烷酮類 (oxazolidinones) 是較新的藥物類，能阻斷 50S 和 30S 次單位的連接部位，影響完整的核糖體組合。

5. 影響代謝途徑的抗微生物藥物　磺胺類 (sulfonamides) 藥物和甲氧苯啶 (trimethoprim) 的藥物，其作用是模擬一種酶的基質，即為**競爭性抑制** (competitive inhibition) 的過程，它們以中高濃度作用於細胞，以確保所需要的酶，是不斷以**代謝類似物** (metabolic analog) 替代而不是酶的真正基質。由於酶不再能夠生產所需要的產物，因此造成細胞的新陳代謝減慢或停止。

磺胺類藥物和甲氧苯啶干擾葉酸代謝，阻斷合成四氫葉酸所需的酶，此物質是細菌合成葉酸和最終生產 DNA 和 RNA 及胺基酸所需的重要分子。甲氧苯啶和磺胺類藥物經常同時給予，達到協同效果，使得每種藥物可用更低劑量。圖 9.6 顯示出磺胺類藥物與 PABA 競爭合成葉酸前驅物的酶之活性位置。

這些化合物具選擇性毒性，原因是哺乳動物從飲食中獲得葉酸，因此不具有這種酶系統，使得這些藥物有可能只抑制細菌和原蟲，因為這些微生物必須自行合成葉酸，因此對人類宿主不會產生影響。

9.2 探索主要抗菌藥物的類別

在美國有許多抗微生物藥物被銷售，雖然醫藥文獻中的名稱廣泛為抗微生物劑，大部分都是少數藥物家族的衍生物。大約有 280 種不同的抗菌藥物目前被歸類在大約 22 個藥物家族。藥物參考書可能給人的印象是有 10 倍，原因是很多藥品公司對相同的仿製藥，給予不同的商品名。例如，安比西林 (ampicillin) 就有 50 個不同的名稱可用。大

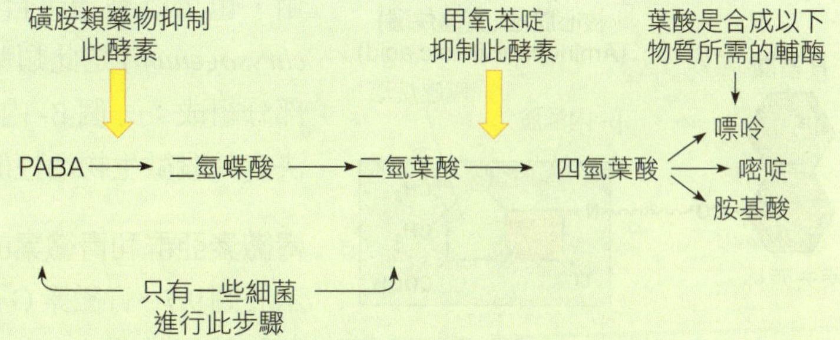

(a) 合成四氫葉酸 (THFA) 所需的代謝途徑包含兩種酶，其為化學治療的標的。在正常情況下，PABA 作為蝶啶合成酶的基質，此酶的產物是最終生產葉酸之所需。

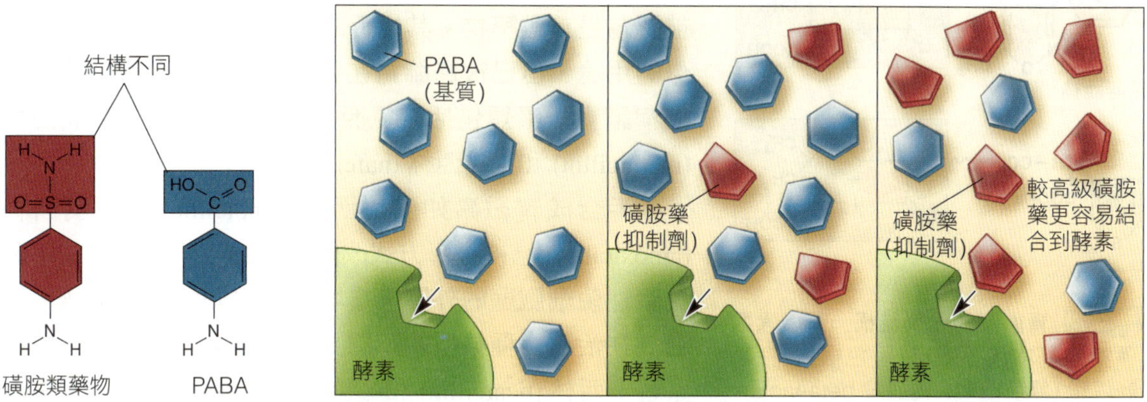

(b) 左圖：比較磺胺分子與 PABA 化學結構。值得注意的是，儘管磺胺類藥物在整體化學結構形狀與 PABA 相似，但卻無法用來製造葉酸。右圖：磺胺類藥物分子可以插入酶的活性位置，此通常為 PABA 的作用位置。其運作只有在當磺胺藥物分子更遍布，可以競爭超過 PABA 並保持此酶之活性位置被占滿之時。因為很少或沒有 PABA 可以結合，所以阻止葉酸的合成。

圖 9.6 **競爭性抑制的作用方式**。這個例子顯示了磺胺類藥物如何阻斷細菌用來合成葉酸的代謝途徑。

多數抗生素對控制細菌感染是很有用的，但我們也應考慮一些抗真菌、抗病毒和抗原蟲藥品。藥物的選擇概要將在後面的傳染性病原體章節中討論。

對細胞壁作用的抗菌藥物

所有 β- 內醯胺 (beta-lactam)[3] 抗生素都含有一個 3- 碳 (carbon)、1- 氮 (nitrogen) 的環狀結構，此構造是相當活躍的，它的主要作用模式是干擾參與細胞壁合成的蛋白質，導致細胞溶解和死亡。所有的抗微生物藥物超過一半以上是屬於 β- 內醯胺類的抗生素，其中以青黴素類和頭孢菌素類是最突出的代表。

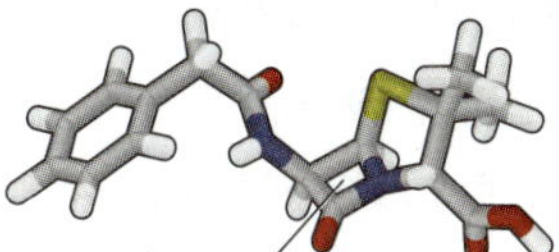

青黴素 G 的結構

青黴素及其衍生物

青黴素 (penicillin) 類別之抗生素，命名係依母體化合物，其為一個大的、多元化的化合物群體，其中大部分的字尾為 *-cillin*。雖然青黴素可完全在實驗室用簡單的原料合成，但由微生物醱酵得到的天然青黴素，是更實際和經濟的方式。天然產物可以未修飾的形式直接使

3 *beta-lactam* β- 內醯胺 (bey′-tuh-lak′-tam)。在某些藥物族群所含分子基團的化學名詞。

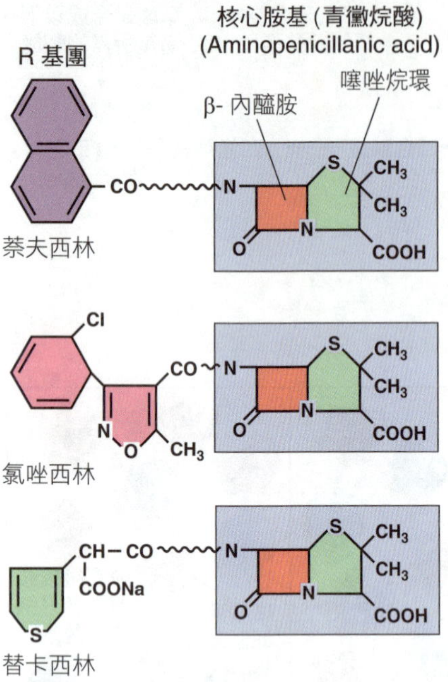

圖 9.7 **青黴素的化學結構。**青黴素類藥物的基本核心結構 (藍色框) 包括噻唑烷環 (綠色) 和 β- 內醯胺 beta-lactam 環 (紅色)，但特定類型的差異是在側鏈 (R 基團)，此側鏈性質與抗革蘭氏陰性菌的各化合物的活性差異有關。

用，也可以製造半合成衍生物。產黃青黴菌 (*Penicillium chrysogenum*) 是此類藥物的主要來源，所有青黴素類由三部分組成：一個 β- 內醯胺、噻唑烷環 (thiazolidinering) 和決定其殺微生物活性的可變支鏈 (圖 9.7)。

青黴素亞群和青黴素的選擇　部分青黴素藥物的特性，顯示於圖 9.7。青黴素 G 是第一個抗生素，且是所有「-cillin」藥物的原始化合物。它是窄譜的，對於感染敏感的革蘭氏陽性菌 (鏈球菌) 和一些革蘭氏陰性菌 (腦膜炎球菌)，被認為是首選藥物。其相近的衍生物 (青黴素 V) 也有類似的用途，但已被修飾為在胃酸中穩定，且可口服。其他窄譜青黴素類包括雙氯西林 (dicloxacillin)、甲氧西林 (methicillin) 和萘夫西林 (nafcillin)。

半合成青黴素如安比西林 (ampicillin) 和阿莫西林 (amoxicillin) 已被化學方式改變其支鏈，幫助其穿透革蘭氏陰性菌細胞壁的外膜。這增加了它們的抗菌頻譜，使它們在治療多種類型的革蘭氏陰性感染是有用的。抗生素替卡西林 (ticarcillin) 和哌拉西林 (piperacillin) 具有擴大的抗微生物頻譜，可以取代抗生素的組合。

許多細菌產生的酶，能夠破壞青黴素的 β- 內醯胺酶環，此酶被稱為**青黴素酶** (penicillinases) 或 β- 內醯胺酶 (beta-lactamases)，使它們擁有多種青黴素之抵抗力。具青黴素酶抗性之青黴素類，如甲氧西林、萘夫西林和氯唑西林 (cloxacillin) 在治療由一些青黴素酶生產菌的感染是有用的。

所有的「-cillin」藥物是相對溫和的，並由於它們特定於細胞壁的作用模式 (是人類所缺乏的)，因此人們對此類藥物有良好的耐受性。但在治療上仍有一些主要問題包括過敏 (與藥物的毒性完全不同的機制) 和病原體的抗藥性菌株。克拉羅酸 (clavulanic acid) 是一種化學物質，可抑制 β- 內醯胺酶，可在青黴素酶生產菌的存在下，增加 β- 內醯胺抗生素的時效。基於這個原因，克拉羅酸常被加到半合成青黴素類，以增加它們的有效性。例如，市售 *Clavamox* 是含阿莫西林和克拉羅酸鹽的組合，其商品名是安滅菌 (Augmentin)。另一種稱為治星 (*Zosyn*) 是類似的組合由 β- 內醯胺酶抑製劑他唑巴坦 (tazobactam) 與哌拉西林組成，可用於各種全身性感染。這些組合藥物表現兩種藥物一起作用的協同效果，因此可擴展其抗微生物的頻譜。

頭孢菌素類群之藥物

頭孢菌素類 (cephalosporin) 抗生素目前占所有抗生素的三分之一，頭孢菌素類似於青黴素；有一個 β- 內醯胺結構，可以利用合成方式改變 (圖 9.8)，並有類似的作用模式。這些化合物的通用名稱通常由字首 *cef*、*ceph* 或 *kef* 的存在下，由其名稱識別。

頭孢菌素類的亞群及使用　頭孢菌素類有通用的特性，它們是相對寬的頻譜，可抵抗大多數青黴素酶，並比青黴素較少有過敏反應。雖然有些頭孢菌素可口服，但有許多從腸道吸收都不佳，必須經由注射 (parenterally)[4]，透過注射到肌肉或靜脈給藥。

有四代頭孢菌素的存在，其中每個群組比前一代對革蘭氏陰性菌更加有效。此外，成功地開發新一代，已改善給藥方案和較少的副作用。第一代頭孢菌素 [頭孢噻吩 (cephalothin) 和頭孢唑啉 (cefazolin)] 對革蘭氏陽性球菌和一些革蘭氏陰性菌最有效。第二代的形式頭孢克洛 (cefaclor) 和頭孢尼西 (cefonicid) 比第一代的形式在治療革蘭氏陰性菌如腸道菌 (*Enterobacter*)、變形桿菌屬 (*Proteus*)，嗜血桿菌 (*Haemophilus*) 的感染更有效。第三代頭孢菌素類，如賜福力欣 (*cephalexin*) [先鋒黴素 (Keflex) 和 [頭孢三嗪 (*ceftriaxone*) (Rocephin)]，是廣譜性，尤其對產生 β- 內醯胺的腸道細菌有很好的作用。第四代藥物，如頭孢吡肟 (cefepime) 擁有最廣泛的抗菌性能。它們對革蘭氏陰性和革蘭氏陽性菌感染是有效的，且殺菌能力迅速。

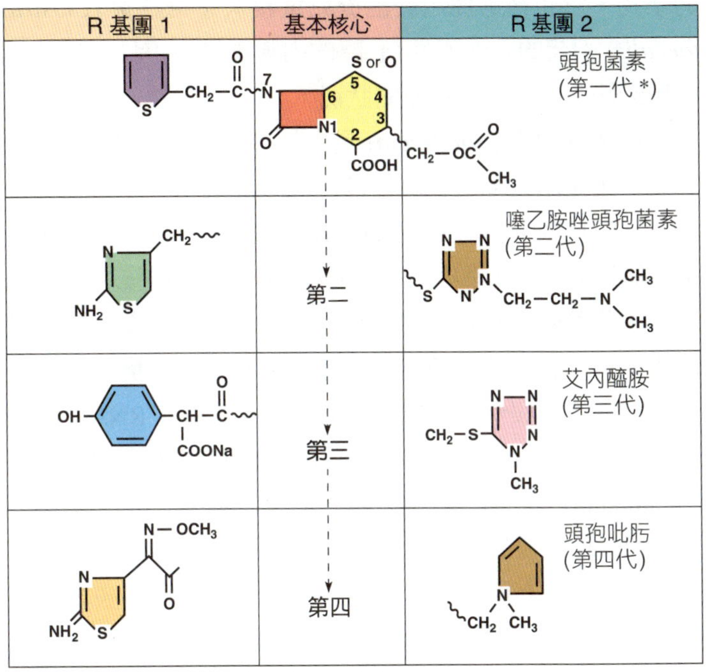

* 新型改進之藥物被視為新「世代」藥物。

圖 9.8 **頭孢菌素類的結構**。類似青黴素，頭孢菌素類的主要基本核心是由 β- 內醯胺 (紅色) 和第二環 (黃色) 組成的。然而，與青黴素類不同，它們有兩個部位可放置 R 基團 (在位置 3 和 7)。這使得有可能衍生幾代的頭孢菌素類分子，具有更多功能和複雜性的結構。

碳青黴烯類 (Carbapenems) 及單環 β- 內醯胺類 (Monobactams) 其他單環 β- 內醯胺類藥物是碳青黴烯類或「penems」和氨曲南 (aztreonam)。亞胺培南 (Imipenem) 和厄他培南 (ertapenem) 是廣譜抗生素，作用模式類似青黴素，但對 β- 內醯胺酶有更大的抗性。它們在非常低的濃度也有活性，並且可以口服，除了過敏外，副作用少。從 2001 年開始，一些碳青黴烯類抗藥的革蘭陰性腸道細菌的菌株，開始在醫院爆發。這些病原體，被稱為 CRE，不斷增加數量，目前已成為一個嚴重的問題。

氨曲南，屬於單環內醯胺類藥物，是一種窄譜抗生素，治療革蘭氏陰性需氧桿菌引起的肺炎、敗血症及尿路感染。治療對青黴素過敏的人，氨曲南是非常有用的，因為它的化學結構不同，不會與青黴素產生的抗體有交叉反應。

其他非 β- 內醯胺類細胞壁抑製劑 萬古黴素 (vancomycin) 為窄譜抗生素，可治療金黃色葡萄球菌感染，在青黴素及甲氧西林 (methicillin) 有抗藥性的病例或對青黴素過敏的患者是最有效

4 *parenterally* 注射 (par-ehn′-tur-ah-lee)。希臘文：*para* 超越；*enteron* 小腸。此名詞是指非由腸道吸收的給藥途徑。

的藥物。它也被選擇用於治療兒童梭狀芽孢桿菌 (*Clostridium*) 感染，及糞腸球菌 (*Enterococcus faecalis*) 引起的心內膜炎 (心臟的內膜感染)。因為它有劇毒，且難以控制，萬古黴素通常僅限使用於最嚴重的、危及生命的狀況。

枯草桿菌素 (*Bacitracin*) 是由枯草桿菌 (*Bacillus subtilis*) 菌株產生的窄譜胜肽抗生素，它的主要作用是阻止革蘭氏陽性菌胜肽聚醣的增長。當第一次被分離時，它的聲名大噪，一直是藥局常見的抗生素軟膏 (Neosporin) 的主要成分，用以治療鏈球菌和葡萄球菌的淺表皮膚感染。為了這個目的，它通常與新黴素 [neomycin，一種胺基糖苷 (aminoglycoside)] 和多黏菌素合併使用。

異菸鹼醯 (*Isoniazid*, INH) 的作用原理是干擾分枝菌酸 (mycolic acid) 的合成，此成分為抗酸性微生物細胞壁的必要組成部分。此藥用於治療結核分枝桿菌感染，但僅針對生長中的細菌有效。它往往是與利福平 (rifampin)(參考作用於 RNA 的藥物) 和其他藥物處方來治療肺結核，口服劑量是用於活動性肺結核和預防結核病 (TB) 陽性病例。與此藥物密切相關的化合物乙胺丁醇 (ethambutol)，是另一種被使用於治療方案中的抗結核藥物。

另一個重要的結核病藥物是利福平，其主要作用在於阻擋 RNA 聚合酶的作用，因此阻止轉錄。它在頻譜有所限制，因為該分子不能穿過許多革蘭氏陰性桿菌的外膜。它主要用於治療某些特定的革蘭氏陽性桿菌和球菌及一些革蘭氏陰性細菌感染。利福平最顯著的治療是在分枝桿菌感染，特別是結核病和痲瘋病，但它通常與其他藥物合併使用，以防止抗藥性的產生。利福平也被推薦用於預防腦膜炎奈瑟氏菌 (*Neisseria meningitidis*) 帶原者和其接觸患者，並偶爾用於治療退伍軍人菌 (*Legionella*)、布氏桿菌 (*Brucella*) 和葡萄球菌 (*Staphylococcus*) 感染。

破壞細菌細胞膜的抗生素

多黏芽孢桿菌 (*Bacillus polymyxa*) 是**多黏菌素** (polymyxins) 的來源，屬於窄譜胜肽類抗生素，以其獨特的脂肪酸組成產生界面活性劑活性 (見圖 9.4)。只有兩個多黏菌素—B 和 E (也稱為 colistin)，任何常規應用中，由於它們對腎臟的毒性，使這些應用受到限制。兩種藥物可以適用於治療由革蘭氏陰性桿菌，例如綠膿桿菌 (*Pseudomonas aeruginosa*) 和鮑氏不動桿菌 (*Acinetobacter baumannii*) 抗藥菌感染。它也是外用劑的軟膏，以防止皮膚感染，例如 Neosporin。

作用於 DNA 或 RNA 的藥物

令人興奮的是由一類奎寧 (quinine) 相關的化學合成藥物，稱為**氟喹諾酮類** (fluoroquinolones) 類藥物。這些藥物結合到 DNA 旋轉酶和相關的酶，[拓撲異構酶 (topoisomerase) IV]，這兩者都是細菌 DNA 複製所必需的。而 DNA 旋轉酶往往是針對革蘭氏陰性菌的主要標的，拓撲異構酶是針對於革蘭氏陽性菌。目前還不知道這些藥物如何鎖定不同細胞中類型不同的酶，但這種作用模式確保諾氟沙星 (fluoroquinolones) 提供廣譜功效，除了作為廣譜性和高度有效的藥物，此藥物很容易從腸道吸收。

主要喹諾酮 (quinolones) 類藥物，諾氟沙星和西波氟沙星 (*ciprofloxacin*)(Cipro)，已成功地用於治療泌尿道感染、性傳播疾病、胃腸道感染、骨髓炎、呼吸道感染和軟組織感染。此類藥物中較新的是史巴氟沙星 (sparfioxacin) 和羅弗氟沙星 (levofloxacin)。這些藥物特別推薦用於肺炎、支氣管炎和鼻竇炎。現在的擔憂已經出現對羅弗氟少星類藥物的過度使用，疾病預防控制中心

(CDC) 建議仔細監測其使用，以防止 ciprofloxacin 抗藥細菌的出現。副作用包括癲癇及腦障礙等，可能限制了喹諾酮的使用。

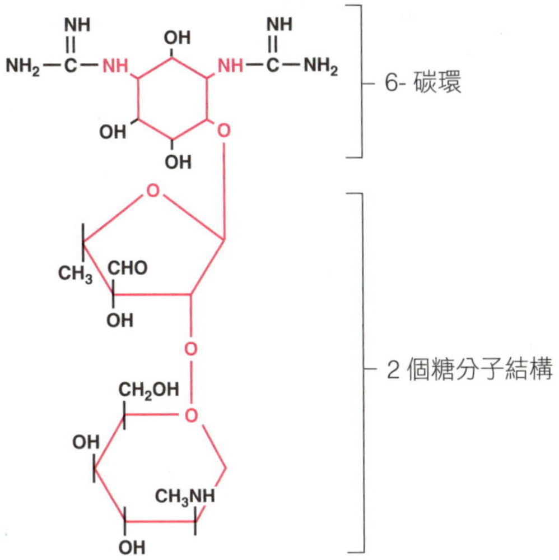

圖 9.9 **胺基糖苷類的結構：鏈黴素**。分子的彩色部分被發現在這類藥物的所有成員中。

干擾蛋白質合成的藥物

胺基糖苷類藥物

抗生素由一個或多個胺基糖 (amino sugars) 和一個胺基環多醇 (6 碳) 環所組成，稱為**胺基糖苷類** (aminoglycosides)(圖 9.9)。這些複雜的化合物只在土壤**放線菌** (actinomycetes) 之鏈黴菌屬 (*Streptomyces*) 和小單孢菌屬 (*Micromonospora*) 產生。

胺基糖苷類的亞群和使用　胺基糖苷類具有相對寬的抗菌譜，因為它們抑制蛋白質的合成，透過結合到核糖體之次單位。它們在治療由需氧革蘭氏陰性桿菌及某些革蘭氏陽性菌引起的感染特別有用。鏈黴素 (streptomycin) 是其中最古老的藥物，但已逐漸被新形式較少哺乳動物毒性的藥物取代。它仍然是用於治療腺鼠疫 (bubonic plague) 和兔熱病 (tularemia) 所選擇的抗生素，並且被認為是一種有效的抗結核藥物。見大黴素 (Gentamicin) 是毒性較低而被廣泛施用引起的革蘭氏陰性桿菌 (大腸桿菌、假單胞菌屬、沙門氏菌屬和志賀氏菌) 感染。兩種相對較新的胺基糖苷類抗生素：妥布黴素 (tobramycin) 和阿米卡星 (amikacin)，也用於革蘭氏陰性菌感染，妥布黴素對治療綠膿桿菌 (*Pseudomonas*) 感染的囊性纖維化患者特別有用。

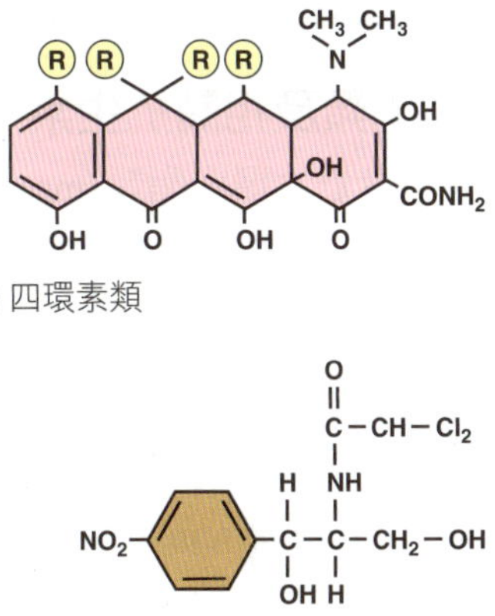

(a) 四環素類

(b) 氯黴素

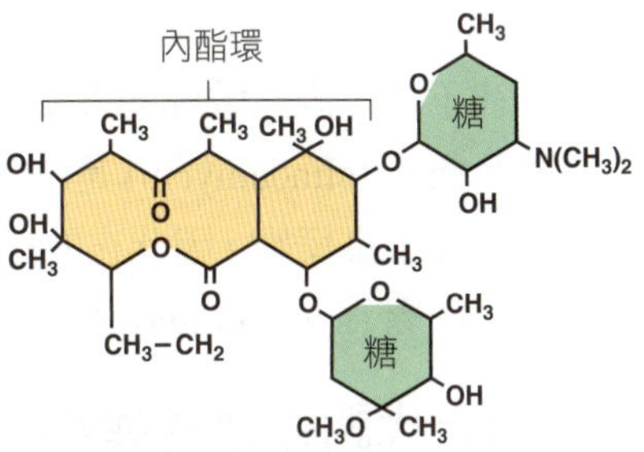

(c) 紅黴素

圖 9.10 **三種作用在原核生物核糖體的抗生素結構**。(a) 四環素類。此命名是因其具有通用的四個環狀結構。幾種類型在結構和活性的變化，係透過在四個 R 基團的取代；(b) 氯黴素；(c) 紅黴素，大環內酯藥物的例子。它的主要特點是兩個己糖連接大內酯環 (lactone)。

四環素類抗生素

在此類別的第一個抗生素是金黴素 (aureomycin)。它可以用來合成土黴素 (terramycin)、四環素 (tetracycline)，和幾個半合成的衍生物，俗稱**四環素類** (tetracyclines)(圖 9.10a)。其結合於核糖體，並阻止蛋白質合成作用，使該類別抗生素具有廣譜抗菌的效果。

四環素類的亞群和使用　四環素類藥物抑制微生物的範圍是非常廣泛的，包括革蘭氏陽性、革蘭陰性桿菌和球菌、需氧和厭氧細菌、黴漿菌、立克次氏體和螺旋菌。四環素類化合物，如多西環素 (*doxycycline*) 和米諾環素

(*minocycline*) 是口服治療多種性病、洛磯山斑疹熱、萊姆病、斑疹傷寒、黴漿菌肺炎、霍亂、鉤端螺旋菌病、痤瘡，甚至有些原蟲感染。替加環素 (老虎黴菌)(tigecycline) 是米諾環素的新型衍生物，開發用於治療嚴重的醫院中皮膚和軟組織感染抗藥性病例 [不動桿菌 (*Acinetobacter*) 和 MRSA)]。雖然通常四環素成本低和易於管理，但由於它的副作用使其應用受到限制。除了改變正常菌群使胃腸混亂外、牙齒的染色及在懷孕期間服用此藥，可能導致胎兒骨骼發育受干擾 (見表 9.9)。

氯黴素

氯黴素 (chloramphenicol) 是一種有效的廣譜抗生素，具有獨特的硝基苯 (nitrobenzene) 的結構 (圖 9.10b)。其對細胞的主要作用是阻止胜肽鍵的形成和蛋白質的合成。它是一種類型的抗生素，不再從天然來源中衍生，但完全可以藉由化學方法合成。雖然這種藥如同廣譜的四環素類，它對人類細胞具有毒性，使其用途受到限制。少數人接受長期治療，這種藥物作用於骨髓，通常會導致致命性再生不良性貧血 (aplastic anemia)[5]，因此其使用目前僅限於傷寒、腦膿腫、立克次體和披衣菌感染，且無其他替代療法時才使用。氯黴素不應該長時間重複給予大劑量，且患者的血液必須在治療期間進行監測。

大環內酯類及相關抗生素

紅黴素是大環內酯類 (macrolides)[6] 抗生素的代表性藥物，其結構由一個附有糖的大內酯環 (圖 9.10c) 組成。此藥有中等的抗菌頻譜和相當低的毒性。其作用方式是利用其連接到核糖體的 50S 次單位，藉以阻止蛋白質的合成。它是經口給藥的，可治療黴漿菌肺炎、退伍軍人菌、披衣菌感染、百日咳、白喉，並且作為腸道手術前之預防性藥物。它還提供了用於治療青黴素抗藥性鏈球菌和淋球菌，並用於治療梅毒和痤瘡之有用的替代藥物。較新的半合成大環內酯類包括克拉黴素 (*clarithromycin*)、阿奇黴素 (*azithromycin*) [目舒 (Zithromax)]。這兩種藥物都對中耳、呼吸道和皮膚感染有效，並已被批准用於愛滋病患者之禽複合物分枝桿菌 (MAC) 感染。克拉黴素另可用於控制幽門螺旋桿菌 (*Helicobacter pylori*) 感染和此菌所造成的胃潰瘍。阿奇黴素是世界上最常用的處方抗生素之一，它被使用於呼吸道、消化道和性接觸之傳染病。此藥嚴重的副作用是心律不整，因此敏感的人使用就受到了限制。

克林黴素 (clindamycin) 是由林可黴素 (lincomycin) 衍生的廣譜抗生素。克林黴素傾向於在胃腸道中引起不良反應，因此它的應用限於：(1) 大腸和腹部嚴重感染厭氧菌 [類桿菌屬 (*Bacteroides*) 和芽孢桿菌屬 (*Clostridium*)]；(2) 青黴素抗藥性的葡萄球菌感染；(3) 施用於皮膚的痤瘡藥物。

阻止代謝途徑的藥物

有許多干擾代謝的藥物是人工合成的。這些抗微生物藥劑族群，並非來自細菌或真菌醱酵。有些由苯胺 (aniline) 染料合成，其他是從植物中分離。雖然這些藥劑已經很大程度地被抗生素取代了，但其中有一些仍然是化學治療不可少的。

在這個類別中最重要的藥物是磺胺類**磺醯胺** (sulfonamides) 或**磺按類藥物** (sulfa drugs)。其

---

5 造血組織無法產生紅血球，造成紅血球過低。

6 此類抗生素均有此化學結構 (大環內酯) 故名。

名稱是來自早期**磺醯胺** (sulfanilamide) 藥物的形式 (圖 9.11)。這些藥物用作代謝類似物阻斷細菌葉酸的合成 (參見圖 9.6)。這些藥物有幾十個已被開發，其中大多數是窄譜。因為它的溶解度，磺胺異惡唑 (sulfisoxazole) 是用於治療志賀菌病、尿道感染和某些原蟲感染的有效選擇。磺胺嘧啶銀 (silver sulfadiazine) 軟膏和溶液被規定用於治療燒傷和眼部感染。另一種藥物甲氧苯啶 (*trimethoprim*)，抑制葉酸合成酶的第二個步驟。正因為如此，甲氧苯啶常常與磺胺甲惡唑合併複方使用，採取兩種藥物 (Septra 及 Bactrim) 協同效應的優點。這個組合對於愛滋病患者中之肺囊蟲肺炎 (*Pneumocystis jiroveci* pneumonia, PCP)、尿路感染及中耳炎是主要治療方法之一。

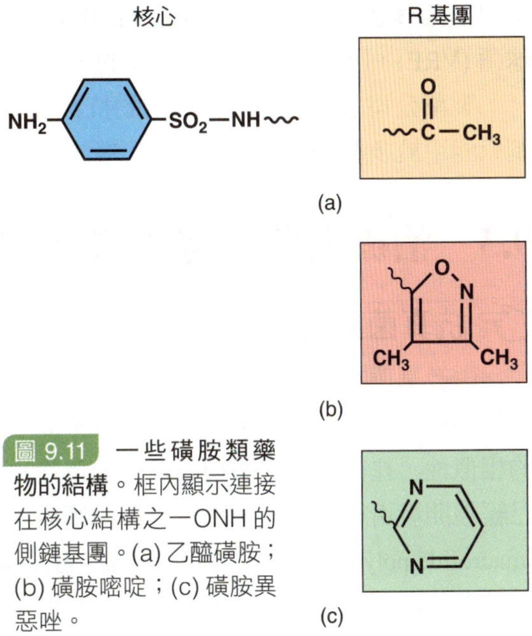

圖 9.11　一些磺胺類藥物的結構。框內顯示連接在核心結構之一ONH 的側鏈基團。(a) 乙醯磺胺；(b) 磺胺嘧啶；(c) 磺胺異惡唑。

磺基 (sulfones) 化合物是化學相關的磺胺類藥物，但缺乏它們的廣譜作用。它們仍然是治療痲瘋病 [韓森氏病 (Hansen's disease) 或痲瘋 (leprosy)] 重要的關鍵藥物。最具活性的形式是二胺苯碸 (dapsone)，通常與利福平和氯苯吩嗪 (一種抗菌染料) 組合長時間給藥。

新開發的抗生素類

雖然大多數新的抗生素已經存在藥物配方中，幾類具有抗菌之新穎作用的藥物，也被添加到藥物治療方案中。

磷黴素氨基丁三酸 (Fosfomycin trimethamine) 是磷酸劑，可有效作為由腸道細菌所引起尿路感染的替代治療。它的作用原理是抑制一種必要的細胞壁合成酶。

辛內吉 (synercid) 屬於鏈陽性菌素類 (streptogramin) 藥物的抗生素，包含兩種活性化學藥品 (奎奴普丁及達福普丁)，它們一起施用於某些細菌，具有協同作用。辛內吉具有殺菌作用，針對引起感染性心內膜炎和外科感染之金黃色葡萄球菌和腸球菌屬及抗藥性之鏈球菌。Synercid 是當其他藥物由於抗藥性而無效時的主要選擇之一，此藥的作用原理是結合在核糖體 50S 的位點，抑制胜肽轉移和伸長。

達托黴素 (daptomycin)[救必辛 (Cubicin)] 主要是針對革蘭氏陽性菌之磷脂胜肽 (lipopeptide)，多方面破壞細胞膜的功能。許多專家敦促醫生使用這些藥物只有在沒有其他藥物可用時才用，以減緩抗藥性的發展。

另一種新型藥物，酮內酯類 (ketolides)，是類似紅黴素的大環內酯類 (macrolides)，卻有著不同的環結構。主要代表泰利黴素 (Ketek)，用於由大環內酯抗藥性的細菌所引起的呼吸道感染。

惡唑烷酮 (oxazolidinone) 藥物操作使用獨特的機制，即抑制蛋白質合成的起始。干擾 mRNA 與轉譯起始必要的兩個核糖體次單位之間的相互作用。在這個類別中，利奈唑胺 (linezolid)(以商品名 Zyvox 銷售) 是唯一的藥物，已被用於治療由兩個最困難的臨床病原體感染，抗甲氧西林金黃色葡萄球菌 (methicillin-resistant *Staphylococcus aureus*)(MRSA) 和抗萬古黴素腸球菌 (VRE)。因為這種藥物是合成的，在自然界中不存在，我們希望抗藥性將是緩慢的發展。

製藥公司首次開發出一種新的抗結核藥物，名為貝達喹啉 (bedaquiline)(Sirturo)，此藥被限制只能用於多重抗藥和目前呈上升趨勢的極端抗藥結核病。

9.3 治療真菌、寄生蟲和病毒感染的藥物

抗真菌藥物

由於真菌的細胞是真核細胞，它們在化學治療呈現特殊的問題。例如，絕大部分化學治療藥物被設計成作用於細菌，並且一般不能有效地防治真菌感染。換言之，真菌和人類細胞之間的相似性，往往意味著藥物對真菌的毒性也能損害人體組織。有幾劑具有特殊的抗真菌特性，已經被開發用於治療全身和表皮真菌感染。目前使用的五個主要的藥物組別為：大環內酯多烯 (macrolide polyene) 抗生素、灰黃黴素 (griseofulvin)、合成的唑類 (azoles)、氟胞嘧啶 (flucytosine) 和棘白菌素 (echinocandins)(圖 9.12)。見表 19.4 對抗真菌藥物的完整輪廓。

多烯 (polyenes) 結合到真菌細胞膜並造成通透性選擇性流失。此類藥物針對真菌的細胞膜，因為真菌細胞膜含有麥角固醇 (ergosterol) 的特定固醇成分，而人類的細胞膜沒有。多烯的毒性是不完全的選擇性，但因為哺乳動物細胞膜中包含了類似於麥角固醇的化合物，可少量結合多烯。

多烯大環內酯類 (macrolide polyenes)，代表性的藥物包含兩性黴素 (amphotericin) B (Fungizone)[因其具備酸性和鹼性兩性 (amphoteric) 屬性而命名]，及制黴菌素 (nystatin)(因為在紐約州被發現而命名)，其結構模擬某些細胞膜的脂質。兩性黴素 B 是目前最通用、有效對抗所有真菌的藥物。它不僅適用於大多數真菌感染，包括皮膚和由白色念珠菌引起的黏膜病變，但它是少數可以注射治療全身性真菌感染，如組織胞漿菌病和隱球菌 (cryptococcus) 腦膜炎的藥物之一。此廣泛使用的兩性黴素其顯著缺點在於嚴重的副作用，其中包括疲勞和不規則的心跳。制黴菌素 (Mycostatin) 僅用於局部或口服治療皮膚和黏膜念珠菌病，但它不適用於皮下或全身性真菌感染或癬。

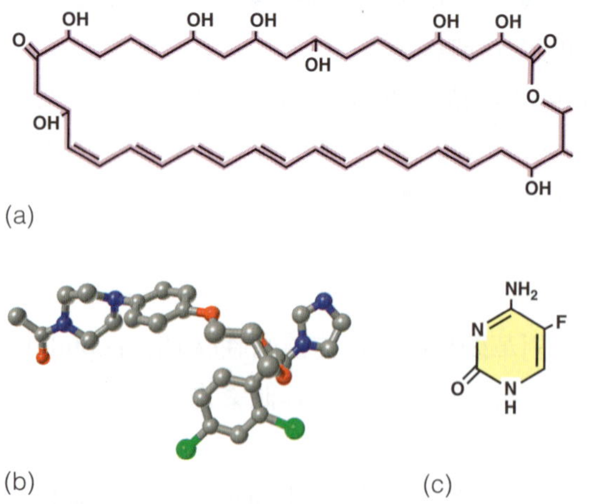

圖 9.12 一些抗真菌藥物的結構。(a) 多烯：所顯示的例子是兩性黴素 B，其為一個複雜的固醇類抗生素，可插入真菌細胞膜；(b) 酮康唑：抑制麥角固醇合成的唑，麥角固醇為真菌細胞膜的成分；(c) 氟胞嘧啶：胞嘧啶的結構類似物，可抑制 DNA 和蛋白質的合成。

灰黃黴素 (griseofulvin) 是一種抗真菌產品，在某些皮膚真菌感染，如運動員的皮癬菌感染。藥物沈積在表皮、指甲和頭髮，抑制其真菌生長。因為完全消除需要數個月，灰黃黴素具有腎毒性，這種治療只在最頑固的情況下才會使用。治療癬和香港腳的新藥物特比奈芬 (terbinifine)[療黴舒 (Lamisil)]，是麥角固醇合成

的抑制劑，很容易沈積在皮膚和指甲。不幸的是，它也必須考慮長時間給藥，並且具有許多副作用，包括肝毒性。

唑類 (azoles) 是廣譜抗真菌藥物，具有複雜環狀結構，它也抑制麥角固醇和細胞膜的合成。當與其他抗真菌藥物進行比較，它們具有較少的副作用。最有效的藥物是酮康唑 (ketoconazole)[仁山利舒 (Nizoral)]，氟康唑 (fluconazole)(泰復肯)、克黴唑 (clotrimazole)(Gyne-Lotrimin)、咪康唑 (miconazole)(Monistat)、伏立康唑 (voriconazole)[黴飛 (VFEND)]，和伊曲康唑 (itraconazole)(適撲諾)。ketoconazole 用來口服和局部使用皮膚真菌病、陰道和口腔念珠菌病，以及一些全身性和侵入性真菌病。氟康唑可用於特定的患者，治療 AIDS 相關性真菌病，如麴菌病 (aspergillosis) 和隱球菌腦膜炎。克黴唑和咪康唑主要用於外用軟膏，治療皮膚、口腔和陰道感染。伊曲康唑 (itraconazole) 一般用於口服的指甲和全身性念珠菌的真菌感染。因為伏立康唑可穿越血 - 腦屏障，它是治療真菌性腦膜炎的選擇。

氟胞嘧啶 (*Flucytosine*) 是鹼基胞嘧啶的類似物，具有抗真菌特性。在口服後吸收迅速，並且很容易溶解在血液和腦脊髓液。單獨使用，也可用於治療某些皮膚真菌病。許多真菌抗氟胞嘧啶，因此它通常與兩性黴素 B 合併使用，藉以有效地治療全身性真菌病。

經過多年的試驗，一種新的抗真菌類藥物已被引入。棘白菌素 (*Echinocandins*)，如卡泊芬淨 (caspofungin)，破壞幾種真菌的細胞壁，使其易於被溶解。此一作用模式的顯著優點是，它不能對人類細胞產生作用。

抗寄生蟲化學療法

原生動物和蠕蟲寄生蟲有顯著的落差，且其相對應的治療方法也有很大差別，此遠遠超出了這本教科書的範圍；然而，本書有介紹一些比較常見的藥物，並在第 20 章針對特定的疾病再次說明。目前只有少數被認可及實驗藥物使用於治療瘧疾、利什曼病、錐蟲病、阿米巴性痢疾以及寄生性蠕蟲感染，但對於更新和更好藥物的需求，刺激了此領域大量的研究。

抗瘧疾藥物：奎寧及其衍生物

奎寧 (quinine) 是一種有毒的化學物質，從金雞納樹皮中提取，是幾百年來治療瘧疾的主要治療藥物，但它已在很大程度上被合成喹啉 (quinolines) 類藥物取代了，主要是*氯奎寧* (*chloroquine*) 和*伯氨喹啉* (*primaquine*)，其對人體毒性較小。因為瘧原蟲 (Plasmodium)(瘧疾寄生蟲) 有許多種類以及生活週期有許多階段，沒有單一藥物可以廣泛地對每一種瘧原蟲或生活階段有效，因此每個藥物在應用上就會受到限制。例如，伯氨喹啉消除肝階段的感染，氯奎寧抑制紅血球感染的急性發作。它也使用於感染流行地區作為預防性處理藥物。氯奎寧通常與其他藥物合併使用，以降低寄生蟲產生抗藥性的機會。

甲氟喹 (mefloquine) 是類似奎寧的半合成藥物，用於治療對氯奎寧有抗藥性之瘧原蟲 (Plasmodium) 感染，此為東南亞地區日益嚴重的問題。最新批准用於治療無併發症瘧疾的藥物，是所謂的*複方蒿甲醚* (Coartem)，由青蒿素和苯芴醇組成，它的目的是為了防止抗藥性，已經成為全世界許多地方的首選藥物。

對其他原蟲感染的化學治療

滅滴唑 (metronidazole)[滅滴靈 (Flagyl)] 為一種廣泛使用的殺變形蟲劑，能有效治療輕度和重度腸道感染引起的痢疾阿米巴 (*Entamoeba histolytica*)，它似乎可不活化病原體的必需代謝酶類。口服可應用於治療感染梨形鞭毛蟲 (*Giardia lamblia*) 和陰道毛滴蟲 (*Trichomonas vaginalis*)。其他具有抗原蟲之藥物，如奎納克林 (quinacrine，以奎寧為基礎的藥物)、磺胺類和四環素類。

驅蟲藥物治療

治療蠕蟲感染一直是所有化學治療中最具挑戰性的任務之一。吸蟲、條蟲和圓頭蠕蟲為比其他微生物大很多的寄生蟲，屬於動物，與人體生理有很大的相似性。此外，通常的策略是使用藥物來阻止它們繁殖，但一般無法成功消滅成蟲。最有效的藥物是固定、崩解或抑制生命週期的各個階段的代謝。

甲苯咪唑 (mebendazole) 和噻苯咪唑 (thiabendazole) 是用於治療多種類型蛔蟲感染的廣譜抗寄生蟲藥。這些藥物局部作用在腸道，抑制蠕蟲的微管、卵和幼蟲，因為此藥會干擾其葡萄糖利用，並且失去功能。化合物抗蟲靈 (pyrantel) 和驅蛔靈 (piperazine) 癱瘓腸蛔蟲的肌肉。氯硝柳胺 (niclosamide) 破壞頭節和條蟲的相鄰節片，進而放鬆了蠕蟲的固著器。在這種形式的療法，該蠕蟲將無法維持其腸壁上的抓地力，並隨糞便通過腸道的正常蠕動而排出。使用此藥物的缺點為治療中因為副作用，產生嚴重的腹絞痛。兩個新的驅蟲藥物是吡喹酮 (praziquantel)(各種條蟲和肝吸蟲感染的治療) 以及愛獲滅 (ivermectin)[原為獸醫用藥，現在用於人類的線蟲病和盤尾絲蟲病 (oncocerciasis)]。

抗病毒的化學治療藥物

病毒感染的化學治療顯現出獨特的問題。由細菌、真菌、原生動物和寄生蟲感染的討論中，我們已經強調了在結構和代謝的差異來引導藥物的選擇。對於病毒，我們所面對的是一種大部分的代謝物依賴宿主細胞之傳染病原。要瓦解病毒的功能，可能需要破壞細胞的代謝，其破壞程度往往大於我們所預期的範圍。換言之，對於病毒感染的選擇性毒性可能難以實現，因為單一的代謝系統負責的既是病毒也是宿主的。一些病毒疾病，如痲疹、腮腺炎和肝炎通常均可由有效疫苗加以防止。不幸的是，許多嚴重的病毒性疾病無可用疫苗，因此實際上仍需要抗病毒藥物。

在過去的幾年中，針對病毒感染週期的特定點，有些抗病毒藥物已經開發了，但由於其中病毒的顯著差異，抗病毒化合物傾向於在其頻譜的限制。

大多數抗病毒藥物的設計，是以阻止病毒週期完成的某一個步驟為目標。抗病毒作用的主要方式包括：

1. 阻止病毒進入宿主細胞。

2. 阻止複製、轉錄和 / 或病毒遺傳物質的轉譯。

3. 阻止病毒顆粒的正常成熟。

雖然抗病毒藥物使已合成的病毒被保留不釋放，藉以保護未受感染的細胞，但大部分藥物都無法消除細胞外的病毒或者是處於潛伏感染狀態的病毒。表 9.6 涵蓋多個抗病毒藥物作用的摘要。

表 9.6　部分抗病毒藥物的作用 *

I. 抑制病毒的進入或釋出

① 恩夫韋肽 (福艾 Fuzeon)

防止病毒的 GP-41 接受體與細胞的接受體結合，阻止病毒與細胞融合

② 馬拉韋羅

遮蓋了細胞接受體；HIV 病毒不能附著，並留在無活性狀態

③ 金剛烷胺、金剛烷乙胺

干擾流感病毒的脫殼和 RNA 釋放，導致無病毒的合成

④ 奧司他韋 (克流感) 扎那米韋 (瑞樂沙)

停止流感病毒神經胺酸酶之作用，使病毒無法出芽及從細胞釋放

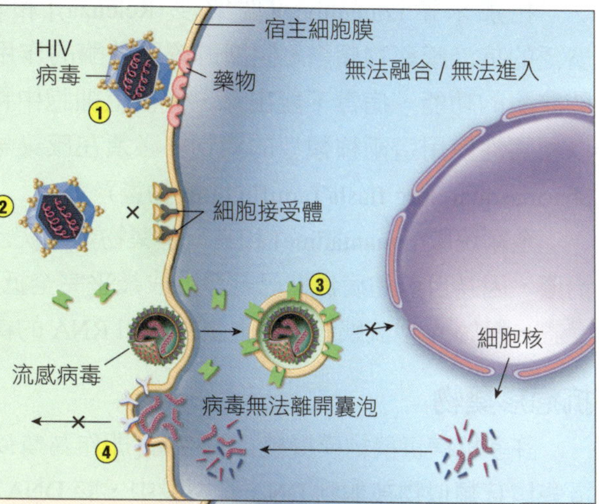

II. 抑制核苷酸形成

⑤ 阿昔洛韋 (舒維療)、其他的「cyclovirs」

終止疱疹病毒 DNA 的複製

⑥ 核苷類似物反轉錄酶 (RT) 抑制劑
[齊多夫定 (zidovudine)、拉米夫定 (epivir)]

停止 HIV 病毒之反轉錄酶的作用，阻斷病毒 DNA 的合成

⑦ 非核苷反轉錄酶抑制劑
[耐呋絡平 (nevirapine)]

附著到 HIV 反轉錄酶的結合位置，阻止其作用

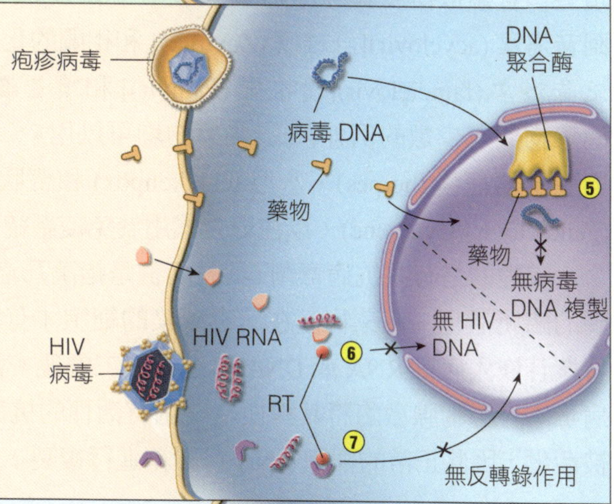

III. 抑制 HIV 病毒嵌入、組合及釋出

⑧ 嵌入酶抑制劑
[拉替拉韋 (raltegravir)]

此藥物與嵌入酶反應，阻止其作用；使 HIV DNA 無法剪接宿主染色體

⑨ 蛋白酶抑制劑
[安普那韋 (amprenavir)、沙奎那韋 (saquinavir)]

此藥物插入 HIV 蛋白酶，此蛋白酶能夠剪切病毒蛋白成為具功能性之病毒蛋白。若病毒蛋白酶被抑制，則病毒會有缺陷，並且不能感染其他細胞

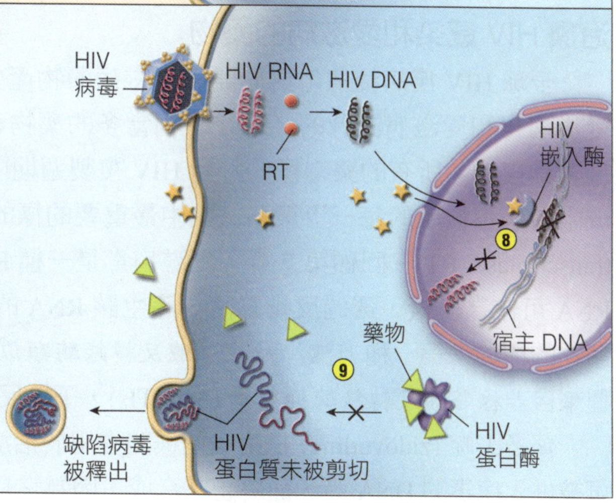

* 詳細的病毒複製週期被省略，使藥物作用較容易觀察。

治療流感藥物

扎那米韋 (zanamivir)[瑞樂沙 (Relenza)] 和奧司他韋 (oseltamivir)[克流感 (Tamiflu)] 具更廣泛的抗流感藥物頻譜，阻斷神經胺酸酶的作用，包含 A 型和 B 型流感病毒。如果沒有神經胺酸酶的功能，病毒不能出芽，從宿主細胞中釋放出來，所以細胞不能產生活性的病毒，可以預防性使用這兩種類型的藥物，必須在感染早期給予最有效 (表 9.6 或上網查詢 http://www.pharmasquare.org/flash/Tamiflu.html 動畫)。

金剛烷胺 (amantadine) 和其衍生藥物金剛烷乙胺 (rimantadine)，基本上已停止使用在流感的治療，因為目前的病毒株已經發展成幾乎完全抵抗此類藥物。此類藥物的作用是阻斷病毒套膜受體，對於 A 型流感病毒脫去蛋白殼和 RNA 的釋放是不可少的步驟。

抗疱疹藥物

許多抗病毒藥物模擬核苷的結構 [即作為*類似物* (analogs)]，可競爭 DNA 複製的位點，一旦這些核苷類似物被加到 DNA 複製股中，該 DNA 股即停止複製，因此可打斷病毒的生命週期。**阿昔洛韋** (acyclovir)[舒維療 (Zovirax)] 和相關的化合物*萬乃洛韋* (valacyclovir)[怯疹易 (Valtrex)]、*泛昔洛韋* (famciclovir)[冷維爾 (Famvir)] 和*噴昔洛韋* (penciclovir)(Denavir) 以這種方式作用 (不同藥物間有少數的例外)，這些藥物均可以用於口服或局部治療常見的疱疹病毒感染，如口腔與生殖器疱疹 (herpes)、水痘 (chickenpox) 和帶狀疱疹 (shingles)。另一個相關的藥物*更昔洛韋* (ganciclovir)(Cytovene)，以注射方式用於免疫系統受損的患者，治療巨細胞病毒感染。

有趣的是有些抗病毒劑 (具體而言是指萬乃洛韋和泛昔洛韋)，這些藥物是由病毒本身所編碼的酶所活化，使藥物僅在病毒感染的細胞才有活性。病毒使用胸腺激酶 (thymidine kinase)，將核苷嵌入病毒 RNA 或 DNA 前進行加工處理。當非活化狀態的藥物進入病毒感染的細胞時，病毒本身的胸腺激酶將其轉換為一個有活性的抗病毒藥劑，而在無病毒感染的細胞，此藥物未被活化，因此正常的細胞 DNA 可繼續進行複製。

治療 HIV 感染和愛滋病的藥物

全球 HIV 疾病疫情，對於開發愛滋病藥物產生強大的刺激，大多數較新的藥物都是專為愛滋病毒和愛滋病設計的。現在有相當多的藥物和藥物組合用來控制病毒，因此使愛滋病治療非常複雜。所有的藥物標的針對 HIV 複製週期中的特定部分 (表 9.6)，目前有藥物可以抑制或阻斷病毒循環的每一步策略，其中最重要的標的是在 HIV 帶入宿主細胞的**反轉錄酶** (reverse transcriptase, RT)。回顧第 7 章，愛滋病毒是一種 RNA 基因體的反轉錄病毒，當進入宿主後此 RNA 可作為模板，透過反轉錄酶，產生該 RNA 的 DNA 複製股。此過程提供兩種類型抗 HIV 藥物的標的：第一種方法涉及*核苷酸反轉錄酶類似物* (NRTIs)，直接造成 DNA 合成停止；第二種來自*非核苷類反轉錄酶抑製劑* (NNRTIs)，干擾反轉錄酶本身的功能。

齊多夫啶 (zidovudine) 是第一個被開發用於治療愛滋病的 NRTI 藥物，它是一種胸腺嘧啶，可被併入病毒的 DNA 股，而終止其合成，因為它是類似物，無法提供正確結合位置。

NNRTIs 藥物同樣也實現了防止 HIV RNA 反轉錄的類似目標，但它們結合到反轉錄酶本身，並防止其反應活性位置進行 DNA 合成，它們通常一起給藥，或與 NRTIs 藥物合併使用。

另一種酶是 HIV 蛋白酶，此酵素是病毒釋放所必需的，參與切割屬於病毒結構部分的必要蛋白質(蛋白殼、酶)。此類藥物稱為*蛋白酶抑製劑*，能阻礙這種酶的作用和引起病毒組合的缺陷，產生無感染性病毒顆粒。

較新的抗 HIV 藥物有兩個方法，一是阻擋病毒開始進入細胞的階段，阻止病毒侵入或與細胞融合；另一種方法是防止病毒崁入宿主基因組。*馬拉韋羅* (maraviroc) 藥物阻止 HIV 進入細胞，是藉由阻止病毒附著到宿主細胞，沒有吸附步驟，病毒就無法侵入。*福艾* (Fuzeon) 防止感染的機轉，是停止病毒在吸附後，其套膜與宿主細胞融合。

針對愛滋病毒治療的另一個重要酵素是 HIV *嵌入酶* (integrase)。這種酶是在 HIV DNA 複製過程的最後一個步驟不可少的。嵌入酶抑製劑阻止病毒 DNA 合併或嵌入到宿主細胞染色體。因為此步驟必須發生以便有完整的病毒功能，因此此藥的作用可造成複製週期終止。

愛滋病毒和愛滋病的治療策略，目前涉及某種形式的合併治療或高效抗反轉錄病毒治療 (highly active antiretroviral therapy, HAART)，減少抗藥性的發生。組合方式可以是兩個、三個或四個藥物同在一個藥丸，至少有一種 NRTI 和一種 NNRTI，有的含有蛋白酶抑製劑和嵌入酶抑製劑。它們被用於治療正在進行的 HIV 感染和 AIDS，以及事前和暴露後預防，表 9.7 總結了 HIV 藥物的類型、作用方式和舉例。

干擾素　應用**干擾素** (interferon, IFN) 是一種明智的人工抗病毒藥物的替代物質，基本上也是人類本身的物質。干擾素主要是由纖維細胞和白血球受到各種免疫刺激反應而產生的醣蛋白。它有許多的生物活性，包括抗病毒和抗癌特性。有研究顯示，干擾素是動物宿主多功能防禦的一部分，在天然免疫扮演主要的作用，其機轉將在第 11 章中討論。

干擾素抗病毒活性的最初研究受限於產量，從人的血液中只能提取極微量的干擾素，目前生產的幾種類型的干擾素倍泰龍 (Betaseron) 及羅飛龍 (Roferon) 是以重組 DNA 技術生產。廣泛的臨床試驗測試干擾素在病毒感染和癌症的效果，干擾素的某些治療優點包括：

1. 減少治癒時間和某些感染的併發症 (主要是疱疹病毒)。

表 9.7　抗 HIV 藥物及其效果與範例概述

抗 HIV 藥物之分類	藥物對病毒之效果	藥物之範例
核苷反轉錄酶抑制劑 (NRTIs)	化學類似物被插入 HIV 病毒 DNA 並終止其合成；這是一種競爭性抑制的類型	retrovir [azidothymidine (AZT)、zidovudine]、lamivudine (Epivir)、abacavir、didanosine、stavudine、tenofovir、emtricitabine (Emtriva)
非核苷反轉錄酶抑制劑 (NNRTIs)	藥物與反轉錄酶作用，阻斷其活性位點；這是一種非競爭性抑制的類型。	nevirapine、efavirenz、delavirdine、rilpivirine
蛋白酶抑制劑	HIV 完成病毒裝配所需的蛋白酶被阻斷，導致不完全和不正常功能的病毒	amprenavir、atazanavir、darunavir、indinavir、saquinavir
進入或融合阻斷劑	maraviroc 遮蓋進入人類細胞的接受體 (CCR5)，防止病毒的結合；enfuvirtide (FUZEON) 停止病毒套膜與細胞膜融合	maraviroc、enfuvirtide
嵌入酶抑制劑	藥物與 HIV 嵌入酶反應，此酶為病毒 DNA 插入 (嵌入) 到人體染色體所必需，因此可停止病毒 DNA 的作用	raltegravir、elvitegravir

2. 防止或減少一些症狀，例如感冒和乳頭瘤病毒 (papillomaviruses)[疣 (warts)]。
3. 減緩某些癌症，包括骨癌和子宮頸癌，以及某些白血病和淋巴瘤的惡化。
4. 治療罕見的癌症如多毛細胞 (hairy-cell) 白血病、C 型肝炎 (病毒性肝感染)、生殖器疣和愛滋病患者的卡波西肉瘤 (Kaposi's sarcoma) 等。

醫學科技對於預防或治療感染，若捨棄一般的抗生素及合成藥物而使用另類療法，則其審查是很嚴格的。

9.4 微生物和藥物之間的相互作用：獲得抗藥性

使用抗微生物劑的不幸結果是發展出微生物**抗藥性** (drug resistance)，此為適應性反應，微生物開始耐受過去可被藥物抑制的量。耐受抗菌藥物的機制是微生物族群的遺傳多樣性和適應性的結果，抗藥性的性質可以是本身原本具有的能力或是後來獲得的。原有抗藥可用以下事實說明，細菌原本就必須能夠抵抗它們本身所產生的任何抗生素。這種類型的抗藥性影響是有限的，若只有少量的微生物具抵抗力，則通常不會是抗微生物化學治療所關切的問題。然而最重要的是原本敏感的微生物經由其他微生物而獲得抗藥性。本書的內容中所提的抗藥性是指後者，即抗藥性是後來獲得的。

抗藥性如何發展？

與一般的看法相反，抗生素的抗藥性不是新的現象，早在 1940 年，某些細菌已發展出抗青黴素能力，甚至在該藥物被批准使用的前三年。這個問題在 1980 至 1990 年代變得明顯，當時的科學家和醫師觀察到大規模的治療失敗。

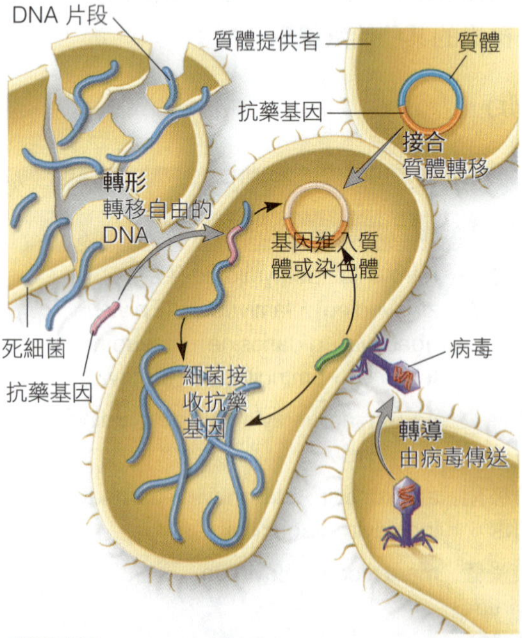

圖 9.13 **抗藥性的轉移**。細菌傳播 R 因子往往透過接合、轉導及轉形方法，R 因子包含許多抗藥性的基因。這種抗藥性基因交換的普遍發生使抗藥性迅速蔓延。

微生物在以下事件之一發生後，變成為以一種新的方式抵抗該藥物：(1) 在關鍵的染色體基因自發性突變或 (2) 透過從其他物種的轉移，而獲得全新的基因或基因組。染色體抗藥性通常是由於細菌族群的自發隨機突變。這種突變成為有利的機會很小，能賦予特定藥物的抵抗性也很低。然而，任何微生物族群如果數目龐大，加上穩定的突變速率，這種利用突變產生抗藥性就可能發生。最終結果，可能造成微生物對藥物敏感性的些微改變，此結果可以使用更大劑量的藥物來克服，但也有可能結果是對藥物敏感性完全喪失。

透過微生物間轉移，抗藥源於染色體基因和質體稱為**抗藥因子**或 **R 因子** (resistance factors 或 R factors)，方法是利用我們曾在第 7 章討論的過程：接合、轉形或轉導 (圖 9.13)。研究顯示，在微生物暴露於藥物之前，原本已經有抗藥性基因編碼存在於質體中。這樣的特性是以「伺機」的機會來表現，並賦予此微生物對抗生素的適應性。許多細菌也保有可轉移的抗藥性序列 (跳躍基因子)，被複製並嵌入另一個質體，或者由質體嵌入到染色體上。染色體基因以及含有抗藥基因密碼的質體被完整且正確地複製，並遺傳至所有其後的子代。這種共享抗藥基因可促進抗藥菌種快速增殖。越來越多的證據指向，在生物膜 (biofilms) 本體生活之完全不同的細菌，可在細菌間及生存環境間，輕易且頻繁地進行基因轉移。

藥物抗藥性的特異性機制

在細菌的內部，這些基因轉移的最後效應是以下其一，實際造成細菌產生抗藥性 (請注意，下面的數字對應於圖 9.14 的數字)：

1. 誘導替代酶使藥物失活 (只發生在獲得新的基因時)。
2. 降低或消除藥物滲透或吸收進入細菌。
3. 微生物啟用消除藥物的特殊藥物轉運幫浦。
4. 減少藥物結合位置的數量或親合力 (可能透過突變或獲得新的基因而產生)。
5. 一種會受藥物影響的代謝途徑被關閉或使用替代路徑 (此作用的發生是由於代謝原始酶的突變)。

某些細菌間接以進入休眠而產生抗藥性，或者在青黴素的情況下，透過變換為無細胞壁之缺陷形態 (L 型)，該微生物可以不受青黴素影響而間接產生抗藥性。有些感染，包括心內膜炎、尿路感染、中耳炎、骨髓炎和肺炎，因為它們發展為生物膜，使這些微生物對藥物更有抵抗力 (見臨床實務)。

藥物失去活性的機轉

微生物所產生的酶，永久改變藥物結構，使藥物失活。例如，細菌胞外酶 (β- 內醯胺酶) 水解一些青黴素和頭孢菌素的 β- 內醯胺環結構，使該藥物失效。兩種 β- 內醯胺酶 (如青黴素酶和頭孢菌素酶) 破壞青黴素或頭孢菌素分子的結構，使它們的活性損失 (圖 9.14，第 1 部分)。因此，許多金黃色葡萄球菌菌株可產青黴素酶，因此造成一般青黴素很少被當作治療的選擇。現在，有些淋病奈瑟氏菌株，稱為 PPNG[7] 可產生青黴素酶，因此也改變了治療淋病的藥物。其他許多革蘭氏陰性菌由於天然存在的 β- 內醯胺酶，因此對於青黴素和頭孢菌素都具有抗藥性。

減少藥物滲透性或增加藥物的清除

有些細菌的抗藥性可能是由於阻止藥物進入細胞，以致於藥物無法作用於目標。例如，某些革蘭氏陰性菌的細胞壁外膜，對於一些青黴素藥物是天然的封鎖。抵抗四環素可能來自質體 DNA 密碼所產生的蛋白質，可將該藥物抽到細胞外。胺基糖苷類之抗藥性已知是在運輸系統或外膜的蛋白質引起的單點突變，而改變藥物滲透性 (圖 9.14，第 2 和 3 部分)。

許多細菌具有多重抗藥 (MDR) 的幫浦，主動將藥物和其他化學物質轉送出細胞外。這些幫浦蛋白質是由質體或染色體所編碼的。此類幫浦在細胞膜上，並以類似 ATP 的合成方式 (圖 9.14，

7 PPNG 代表 penicillinase-producing *Neisseria gonorrhoeae*。

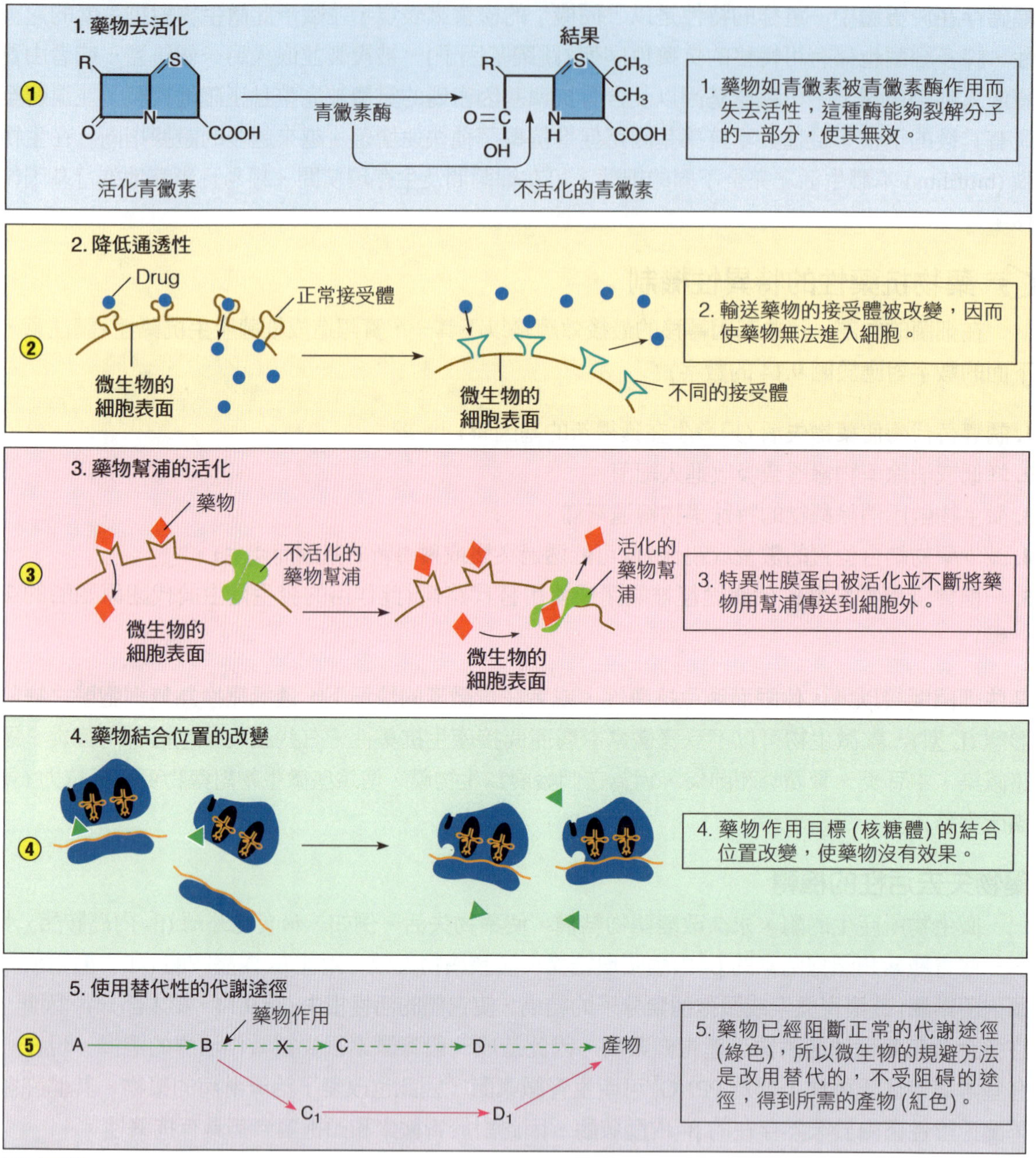
1. 藥物去活化
結果
活化青黴素
青黴素酶
不活化的青黴素
1. 藥物如青黴素被青黴素酶作用而失去活性，這種酶能夠裂解分子的一部分，使其無效。
2. 降低通透性
Drug
正常接受體
微生物的細胞表面
微生物的細胞表面
不同的接受體
2. 輸送藥物的接受體被改變，因而使藥物無法進入細胞。
3. 藥物幫浦的活化
藥物
不活化的藥物幫浦
微生物的細胞表面
活化的藥物幫浦
微生物的細胞表面
3. 特異性膜蛋白被活化並不斷將藥物用幫浦傳送到細胞外。
4. 藥物結合位置的改變
4. 藥物作用目標 (核糖體) 的結合位置改變，使藥物沒有效果。
5. 使用替代性的代謝途徑
藥物作用
A B C D 產物
C1 D1
5. 藥物已經阻斷正常的代謝途徑 (綠色)，所以微生物的規避方法是改用替代的，不受阻碍的途徑，得到所需的產物 (紅色)。

圖 9.14 獲得抗藥性機制的例子。

第 3 部分) 以質子驅動的力量將分子排出。它們賦予許多革蘭氏陽性致病菌 (葡萄球菌、鏈球菌) 和革蘭氏陰性菌 (假單胞菌、大腸桿菌) 抗藥性。因為這些幫浦蛋白質缺乏選擇性，一種類型的幫浦可排出許多不同物質，如抗菌藥物、清潔劑以及其他有毒物質。

更改藥物的受體

因為大多數藥物作用於特定標的，例如蛋白質、RNA、DNA 或細胞膜結構，微生物可改變該標的之性質而逃避藥物的作用。細菌在核糖體蛋白質產生單點突變，而產生對胺基糖苷類有

抗藥性 (圖 9.14，第 4 部分)。紅黴素 (erythromycin) 與克林黴素 (clindamycin) 之抗藥性與 50S 核糖體結合位置的改變相關。肺炎鏈球菌對青黴素抗性和金黃色葡萄球菌對甲氧西林 (methicillin) 的抗性是與細胞壁結合蛋白相關的改變有關。幾個腸球菌種類對萬古黴素 (vancomycin) 產生了抗藥性，是藉由類似細胞壁蛋白質的改變。真菌可透過降低其合成的麥角固醇 (ergosterol) 產生抗藥性，此為某些抗真菌藥物的主要接受體。

改變代謝模式

作用於代謝的藥物，如果微生物能夠發展替代的代謝途徑或酶 (圖 9.14，第 5 部分)，則該藥物會失效。磺胺類藥物和甲氧苯啶 (trimethoprim) 抗藥性的發展，是當微生物的葉酸合成的正常模式有所改變時。真菌可以透過完全切斷某些代謝活動，而產生對氟胞嘧啶 (flucytosine) 抗藥性。

天擇和抗藥性

到目前為止，我們一直在考慮細胞和分子層次的抗藥性，但只有當這種抗藥性出現在整個微生物族群時，其全面的影響才會被感覺得到。讓我們來看看這是如何發生的和長期治療的後果。

任何數量眾多的微生物，很可能會包含某些個別的微生物個體，因為之前突變或轉移質體已經具有抗藥性 (圖 9.15a)。只要在藥物不存在的環境下，這些抗藥性形式的微生物數量將保持很低，因為它們沒有特別的生長優勢。但如果微生物暴露於這種藥物 (圖 9.15b)，敏感的微生物被抑制或摧毀，使抗藥性微生物生存並繁殖。隨著微生物的不斷增長，這些抗藥細菌的後代將保有此一抗藥性。經過一段時間後，會將微生物更換成更多的具抗藥性，並且可以最終成為完全抗藥性 (圖 9.15c)。在生態和演化方面，環境因素 (在這種情況下是指藥物) 已經對微生物產生篩選壓力，讓更多的「適合」微生物 (具抗藥性者) 生存和發展。最終的結果是，演變為抗藥性的微生物族群。

抗藥性的天擇，似乎是一種普遍的現象，它發生在最頻繁的各種自然環境、醫療環境中及藥物治療期間，以及在人類和動物的體內發生。表 9.8 總結了正在考慮減慢抗藥性發展的行動。

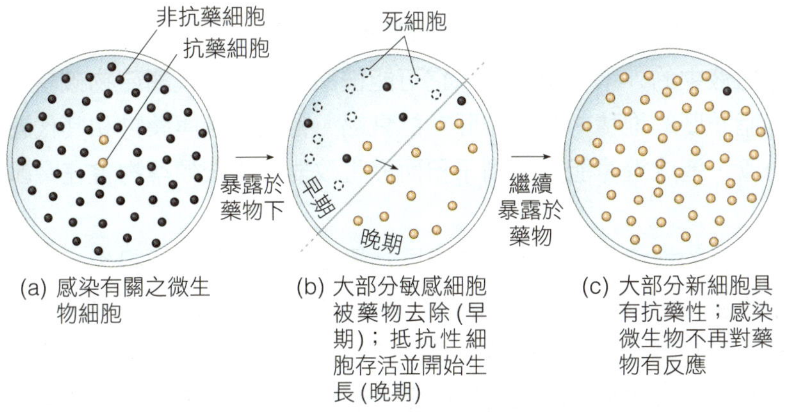
非抗藥細胞
抗藥細胞
死細胞
暴露於藥物下
早期
晚期
繼續暴露於藥物
(a) 感染有關之微生物細胞
(b) 大部分敏感細胞被藥物去除 (早期)；抵抗性細胞存活並開始生長 (晚期)
(c) 大部分新細胞具有抗藥性；感染微生物不再對藥物有反應

圖 9.15 抗藥性產生的自然選擇模式。 (a) 一般情況下，任何微生物族群，均會有幾個細胞原來已突變成具有抗藥性；(b) 環境壓力 (在此情形，暴露於藥物下) 選擇了這些抗藥性細胞的存活；(c) 在一段時間後，抗藥性細胞成為主要的細胞族群。

表 9.8 限制微生物產生抗藥性的策略
藥物使用
• 醫生有責任做出準確的診斷和正確的治療藥物處方。 • 遵守醫生的指導原則：患者應採取正確的劑量，以最好的途徑及適合的期限投藥。這減少篩選抵抗血中低藥物濃度之微生物突變種的機會，以確保病原體的消滅。 • 組合療法以兩種或多種藥物一起，使得至少一種藥物能有效作用，而減低任一藥物之抗藥性突變種存在的可能性。
藥物研究
• 研究的重點是開發較短期、較高劑量的抗微生物劑且，更有效的，成本更低，並且副作用較少。 • 製藥公司不斷尋求新的抗菌藥物，其結構不容易被微生物的酶破壞，或是其藥物作用模式不容易被微生物規避。
長期策略
• 建議減少抗生素濫用，範圍包含醫院工作者的教育計畫，以及調整某些類型抗生素的使用規定。 • 特別有價值的抗微生物藥物，應該限制它們的使用，僅用於一種或兩種類型的感染。 • 全世界必須削減在動物飼料中加入抗微生物藥物。 • 政府在有效的治療方案中，應增加提供給低收入族群。 • 疫苗應盡可能使用，提供另一層面的保護。

9.5 藥物和宿主之間的相互作用

到現在為止，本章著重在抗微生物藥劑與其標旳微生物之間的相互作用。感染期間，微生物是生活在宿主體內或表面，因此將藥物施用到宿主身上，雖然它的對象是微生物。正因為如此，該藥物對宿主的影響，始終必須加以考慮。

雖然抗微生物的選擇性毒性是不斷追求的理想，化學治療就其本質涉及接觸到外來的化學物質，可能會損害人體組織。實際上，估計值顯示，所有的人至少有 5% 使用抗微生物藥物後，曾經歷某種類型的嚴重不良反應，藥物的主要副作用 (side effects) 分為三類：毒性直接破壞組織、過敏反應以及破壞正常微生物菌群的平衡。發生的抗微生物藥物的傷害可能是短期的、可逆的或永久性的，其程度從皮膚症狀到致命都有。

對器官的毒性

藥物可能對下列器官產生不利影響：肝 (肝毒性)、腎 (腎毒性)、胃腸道、心血管系統和造血組織 (造血毒性)、神經系統 (神經毒性)、呼吸道、皮膚、骨骼和牙齒等。

因為肝臟是負責代謝和解毒血液中的外來化學物質，它可能被藥物或它的代謝產物破壞。損傷肝細胞可能導致酶的異常、脂肪肝的堆積、肝炎和肝功能衰竭。腎臟是參與藥物和其代謝產物的分泌，有些藥物刺激腎小管，造成過濾能力受到干預而發生改變。磺胺類藥物會在腎臟結晶和形成結石阻礙尿液流動。

與口服抗生素治療相關，最常見的抱怨是腹瀉，可能發展為嚴重的腸道刺激或腸炎。雖然有些藥物直接刺激腸壁，平時胃腸道的抱怨是因腸道菌群的破壞造成的 (在隨後的章節中討論)。

寄生蟲感染給藥時，許多藥物對心臟有毒性，導致心律不整，甚至在極端情況下可能使心臟驟停。氯黴素可嚴重地影響骨髓的造血細胞，以致產生可逆或永久 (致命) 的貧血。一些藥物使紅血球溶血，降低白血球數，還有損害血小板或干擾它們的形成，進而抑制血液凝固。

某些抗菌藥物直接作用於大腦而引起癲癇發作。其他，如胺基糖苷類，損害神經 (經常發生的是第八對顱神經)，導致頭暈、耳聾或運動和感覺障礙。當藥物阻斷膈膜的衝動傳輸，可導致呼吸衰竭。

皮膚經常是藥物引起副作用的標的，皮膚反應可能是一種藥物過敏症狀，或直接毒性作用。有些藥物與陽光相互作用導致光敏性，產生皮膚炎症。四環素類藥物對出生到 8 歲兒童有禁忌 (不建議)，因為它們會與牙齒的琺瑯質結合，形成永久的灰色至褐色變色 (圖 9.16)。孕婦應避免四環素類，因為它們可穿過胎盤，並沈積在胎兒的骨骼和牙齒。

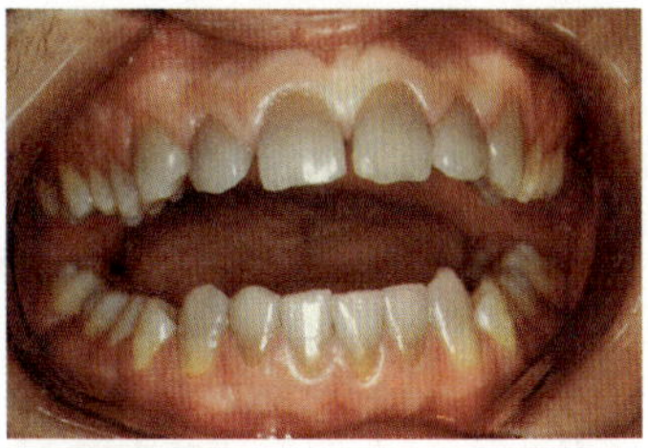

圖 9.16　**藥物引起的副作用。**四環素給幼兒的不良影響，是牙釉質持續到成年的永久性褐色變色。

對藥物產生過敏性反應

最常見的藥物反應是高度敏感或過敏 (allergy)，發生此反應的原因是把藥物當作抗原 (能夠刺激免疫系統的外來物質)，並刺激免疫系統而產生過敏反應。過敏反應可透過完整的藥物分子或藥物在體內代謝後產生的物質引起。在青黴素的情況下，例如，青黴素的過敏是由其代謝產物苯青黴噻羅 (benzylpenicilloyl) 分子所引發，並非青黴素本身引起的過敏性反應，每一種主要類型之抗微生物藥物均有過敏反應報告，但青黴素占抗微生物過敏的最大比例，其次是磺胺類。

對藥物過敏的人，第一次接觸的過程中會產生敏感化，但一般無自覺症狀，一旦免疫系統敏感化，第二次暴露於藥物可導致反應如皮疹 (蕁麻疹)、呼吸道炎症和 (很少) 過敏反應，其為一種急性、不可擋的過敏反應，發展迅速，且可能是致命的，本主題在第 13 章有更詳細的討論。

抗微生物藥物抑制和改變微生物相

大多數正常健康的身體表面，如皮膚、大腸、泌尿生殖道的開口與口腔，提供大量的生存環境，有如微生物的虛擬「後花園」。這些正常的菌叢或微生物，被稱為微生物相 (microbiota)，主要包括無害或有益的細菌，但也有數量很少且有可能成為病原體的細菌。本書將在第 10 章及之後的章節中詳細討論這個主題，這裡我們重點將放在藥物對這些微生物族群的普遍影響。

假如以一種廣譜抗菌劑加以治療感染，此藥會消滅微生物，不顧其維持微生物平衡的角色，影響的不只是針對傳染源，也有很多在此位置但與最初的感染相去甚遠的微生物受到影響 (圖 9.17)。當這種療法破壞有益的菌種，抗藥性微生物族群原本只是小數量，開始過度生長而致病。這種併發的感染被稱為二次感染 (superinfection)。

一些常見的例子證實微生物菌群的干擾，將導致微生物菌群替換和重複感染。廣譜頭孢菌素用於治療由大腸桿菌引起的尿路感染，雖可以治癒感染，但卻破壞在陰道內的乳酸桿菌，此菌可維護陰道內具有保護性之酸性環境。廣譜頭孢菌素對白色念珠菌沒有效果，其為存在於正常陰道內之酵母菌。由於乳酸桿菌所提供的抑制環境被改變，白色念珠菌即大量增殖而產生症狀。念珠菌可引起口咽 (鵝口瘡) 和大腸的類似重複感染。

口服治療以四環素類、克林黴素和廣譜青黴素類及頭孢菌素類，與嚴重、潛在致命的疾病有關，如抗生素相關性結腸炎 (偽膜性腸炎)。這種情況是由於困難梭狀芽孢桿菌 (*Clostridium difficile*) 在腸道過度生長，它是一種能抵抗抗生素的內孢子形成細菌，能侵入腸壁，釋放毒素誘

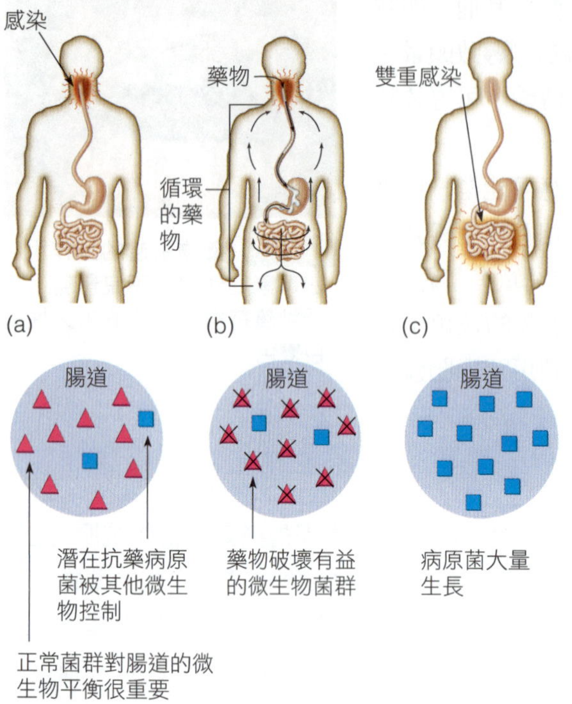

圖 9.17 抗菌藥物在破壞微生物群，引起二次感染的角色。(a) 在喉部的主要感染以口服抗生素治療；(b) 藥物被運送到小腸和被吸收進入血液循環；(c) 原發喉部感染被治癒，但抗藥性病原體生存，造成腸道二次感染。

發腹瀉、發燒和腹痛。

參見表 9.9 了解主要的藥物類別及其副作用的整體概述。

9.6 選擇抗微生物藥物之注意事項

在實際抗菌治療開始之前，必須考慮到至少三個因素：

1. 微生物引起感染的性質。
2. 微生物對各種藥物的敏感程度 (也稱為靈敏度)。
3. 病人的整體醫療狀況。

病原的確定

從身體取到樣品應儘快進行傳染性病原體的鑑定，這是特別重要的工作，在任何抗微生物藥物給予之前採取樣品，以避免失去傳染病原體。直接檢查體液、唾液或糞便，可作為細菌或黴菌快速檢測方法，醫師往往基於這樣的即時檢查結果開始治療。藥物的選擇將基於已知的有效抗微生物藥物的經驗。例如，喉嚨痛似乎是由化膿性鏈球菌引起的，醫生可能會開青黴素，因為到目前為止，該微生物幾乎是普遍對此藥物有敏感性。如果病原體沒有或不能被分離，在特定的感染情形下，流行病學統計資料可能需要被運用來預測最可能的病原。例如，肺炎鏈球菌 (*Streptococcus pneumoniae*) 占兒童的大多數腦膜炎，接著是腦膜炎奈瑟氏球菌 (*Neisseria meningitidis*) 和流感嗜血桿菌 (*Haemophilus influenzae*)。

檢測微生物對藥物的敏感性

通常表現出抗藥性的細菌族群之敏感性測試是必要的，主要是針對葡萄球菌屬 (*Staphylococcus*)、淋病奈瑟氏球菌 (*Neisseria gonorrhoeae*)、肺炎鏈球菌、糞腸球菌 (*Enterococcus faecalis*) 以及需氧革蘭氏陰性腸道桿菌等。然而，並非所有感染病原體，需要進行抗微生物的敏感性試驗。某些族群，如 A 群鏈球菌和大多數厭氧細菌已知普遍對青黴素 G 敏感，抗微生物測試可能不是必需的，除非患者對青黴素過敏。測試方法可用於真菌(見圖 9.21)、原生動物和病毒，雖然抗微生物的敏感性試驗，可能不是經常用於這些微生物族群。

選擇合適的抗微生物藥劑，首先透過標準化方法，證實幾種藥物對病原體的體外活性。在一般情況下，這些測試包括暴露細菌的純培養菌株，並觀察幾種不同的藥物對其生長的影響。

柯一鮑二氏紙錠技術 (Kirby-Bauer technique) 是瓊脂擴散試驗，提供有關微生物對藥物敏感程度的有用數據。在該試驗中，特殊培養基平板的表面上塗滿欲測試細菌，將含有定量抗微生

表 9.9　常見藥物類別之主要副作用毒性反應

抗微生物藥物	主要的傷害或異常的產生
抗菌	
青黴素 (Penicillin) G	皮膚過敏
安比西林 (Ampicillin)	腹瀉和腸炎
頭孢子菌素 (Cephalosporins)	凝血酶原合成的抑制 減少流通 腎炎
四環素 (Tetracyclines)	腹瀉和腸炎 牙釉質變色 在陽光下反應 (光敏)
氯黴素 (Chloramphenicol)	損傷紅血球、白血球前軀細胞
胺基醣苷類 (Aminoglycosides) [鏈黴素 (streptomycin)、見大黴素 (gentamicin)]	腹瀉和腸炎；聽力損失、頭暈、腎損傷
阿奇黴素 (Azithromycin)	心律不整
異菸鹼醯 (Isoniazid)	肝炎 癲癇發作 皮炎
磺胺藥 (Sulfonamides)	腎結晶的形成；阻塞尿液流動 溶血 減少血小板的數量
多黏菌素 (Polymyxin)	損害腎小管的膜 削弱肌肉的反應
喹諾酮 (Quinolones)[氟沙星 (floxacins)]	頭痛、頭暈、胃腸窘迫、肌腱炎
利福平 (Rifampin)	破壞肝細胞 皮膚炎
抗真菌	
兩性黴素 B (Amphotericin B)	干擾腎臟過濾
氟胞嘧啶 (Flucytosine)	白血球數量減少
抗原蟲	
甲哨唑 (Metronidazole)	噁心、嘔吐
氯奎寧 (Chloroquine)	嘔吐、頭痛、搔癢
抗線蟲	
氯硝柳胺 (Niclosamide)	噁心、腹痛
噻嘧啶 (驅蟯)(Pyrantel)	刺激 頭痛、頭暈
抗病毒	
阿昔洛韋 (Acyclovir)	癲癇發作、意識模糊 皮疹
金剛烷胺 (Amantadine)	緊張、輕微頭痛 噁心
疊氮胸苷 (AZT)	免疫抑制、貧血
蛋白酶抑制劑 (Protease inhibitors)	肝損傷、脂肪的異常沈積、糖尿病

物藥物的小紙錠放在菌落上。在培養結束後，測量紙錠周圍的抑制區域，並與每種藥物 (圖 9.18) 標準進行比較。抗菌敏感性，或抗菌圖譜，可提供藥物選擇之參考數據。此紙錠技術對於厭氧菌、生長非常挑剔的或生長緩慢 (分枝桿菌) 的細菌較無效。

另一種定量的系統，*Etest*® 提供了藥物有效性的定量評價 (圖 9.19)。除了提供一個精確的數字等級 (MIC)，該方法可以檢測各式各樣藥物和微生物的類型，包括厭氧菌、分枝桿菌和真菌。

柯 - 鮑二氏紙錠擴散試驗

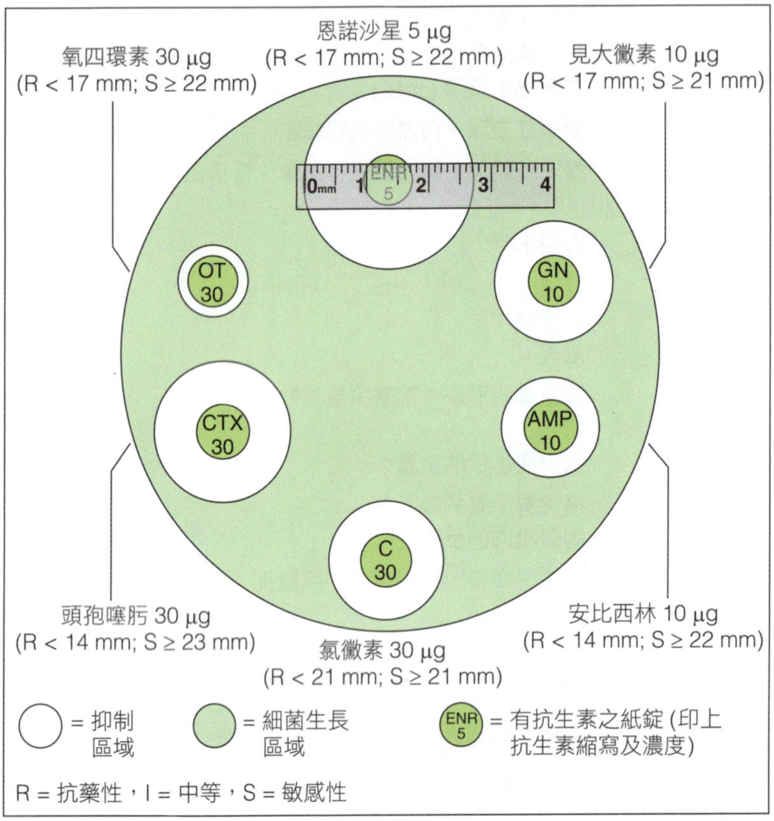

(a) 瓊脂擴散藥物敏感試驗的實例和判讀。如果測試細菌對藥物敏感，圍繞試驗紙錠的抑菌圈會發展出來。這個抑菌圈的大小越大，代表細菌對此藥物越敏感。每個抑菌圈的直徑以公厘為單位測量，比較藥物抑菌圈標準 (R、I 或 S)，評價細菌對藥物敏感性或抗性。

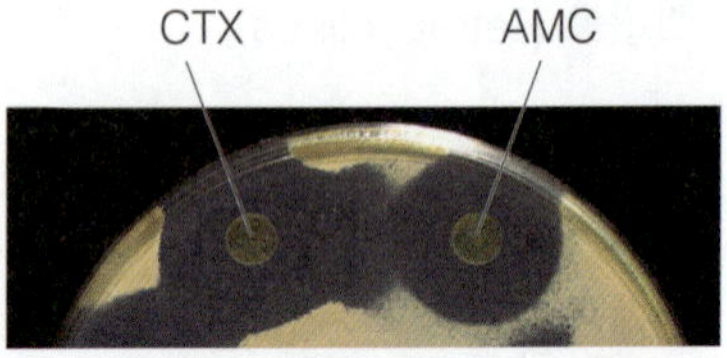

(b) 結果為革蘭陰性肺炎克雷伯桿菌 (*Klebsiella pneumoniae*)，以抑制區域指示對頭孢噻肟 (cefotaxime, CTX)、安比西林和克拉維酸 (clavulanic acid, AMC) 的靈敏度。觀察這兩種藥物之間擴大的抑菌圈，顯示兩者合用時的加強效果或協同作用。

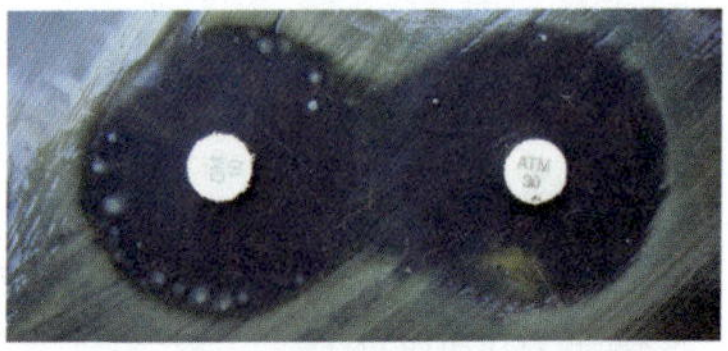

(c) 革蘭氏陽性的金黃色葡萄球菌 (*Staphylococcus aureus*) 使用見大黴素 (gentamicin, GM，左邊) 和胺曲南 (aztreonam, ATM，右邊) 的結果。雖然細菌對兩種藥物敏感，見大黴素有幾個菌落在抑菌圈內出現，顯示針對此藥的濃度，有些細菌已發展出抗藥性。

圖 9.18 紙錠擴散試驗的製備技術和判讀。

圖 9.19 Etest®：確定藥物靈敏度的定量方法。本試驗採用的塑膠條，包含了預先測量濃度梯度的藥物，並標記有刻度，表示增加的藥物濃度 (μg)。當塑膠條被放置在塗滿試驗微生物的培養盤，橢圓形區域稱為橢圓抑菌圈產生在鄰近條帶位置。在標尺上的最低點 (最低濃度是朝向該培養盤的中間)，其中橢圓開始形成之處相當於 MIC。(IP = 亞胺培南和 TZ= 頭孢菌素)。Etest® 和 Etest 梯度條被登記為 AB BIODISK 的商標。

更靈敏定量的結果也可以試管稀釋試驗來獲得。首先，抗微生物藥物在試管中以培養液進行連續稀釋，然後在每個試管中接種少量均勻純培養的樣品、培養並檢視生長情形 (濁度)。藥物在系列稀釋中可明顯抑制生長的最小濃度被稱為**最小抑制濃度** (minimum inhibitory concentration, MIC)。MIC 是決定藥物的最小有效劑量，並提供對其他抗菌藥物非常有用的比較指標 (圖 9.20、9.21 和表 9.10)。在許多臨床實驗室，這些抗菌測試過程自動化機器，可同時進行數十種藥物和微生物的測試。

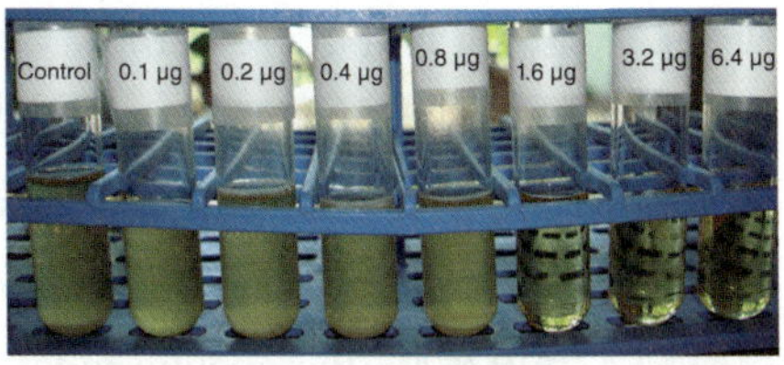

圖 9.20　試管稀釋試驗測定最小抑制濃度 (MIC)。抗生素經過液態培養液的試管連續稀釋，使得試管中的濃度從 6.4 μg/ml 至 0.1 μg/ml 的範圍。所有的管子都接種了相同的試驗菌，然後培養。左側的第一根試管是控制組，無添加藥物，混濁表示細菌的生長正常。從左向右判讀，MIC 是在連續稀釋中沒有細菌生長的第一根試管 (不混濁)。

MIC 和治療指數

抗微生物敏感性試驗結果可指引醫生選擇合適的藥物，如果治療已經開始，就必須確定是否該試驗支持所使用特定的藥物。一旦治療已經開始，觀察患者的臨床反應是很重要的，因為藥物的體外活性與在生物體內的作用，並非總是有正相關性。若抗菌藥物治療無效，則此治療的失敗可能由於：

1. 藥物不能擴散到身體區域 (腦、關節、皮膚)。
2. 有少數抗藥性微生物，未出現在抗菌敏感性試驗的培養中。
3. 由一種以上的病原體 (混合) 所引起的感染，且其中一些病原具有抗藥性。

如果治療真的失敗，不同的藥物、綜合治療或不同的給藥方法必須加以考慮。

除了微生物對藥物的敏感外，有許多因素影響抗微生物藥物的選擇。藥物的本質和標的範圍，其潛在的不

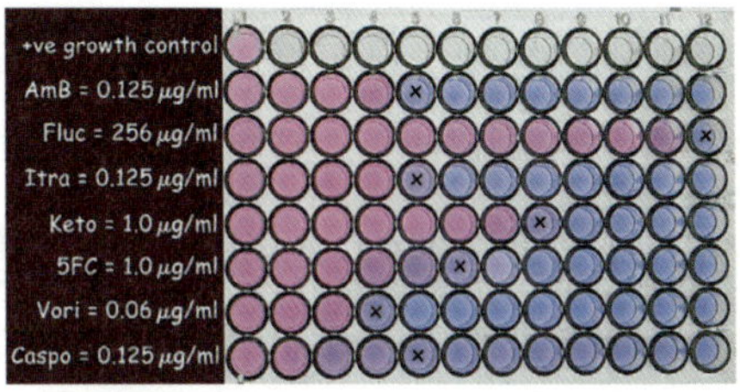

圖 9.21　致病性酵母菌以微量培養液稀釋在多孔盤中。被測試藥物包含兩性黴素 B (AmB)、氟胞嘧啶 (5 FC)、氟康唑 (Fluc)、唑類藥物 [伊曲康唑 (itra)、酮康 (Keto)、伏立康唑 (vori)]，和卡泊芬淨 (caspo)。粉紅色表示酵母菌有生長而藍色則沒有生長，藥物濃度由數字 2 至 12 逐漸增加 (毫克 / 毫升)，第一行則是沒有添加藥物，沒有生長的第一個稀釋濃度劃 x，測試藥品之 MIC 結果顯示於左側框中。

表 9.10　比較常見藥物及病原體的 MIC (μg/ml)

	青黴素 G	安比西林	磺胺甲惡唑	四環素	頭孢克洛
金黃色葡萄球菌	4.0	0.05	3.0	0.3	4.0
糞腸球菌	3.6	1.6	100.0	0.3	60.0
淋病球菌	0.5	0.5	5.0	0.8	2.0
大腸桿菌	100.0	12.0	3.0	1-4.0	3.0
綠膿桿菌	>500.0	>200.0	>100.0	>100.0	4.0
沙門氏菌	12.0	6.0	10.0	1.0	0.8
產氣芽孢梭菌	0.16	NA	NA	3.0	12.0

利影響、患者的狀況也是非常重要的。當幾個抗微生物藥物可用於治療感染，最終藥物的選擇已進步到新系列的考慮。在一般情況下，如果病原體是已知的，最好是選擇那些有效的最窄譜藥物。這降低了雙重感染和其他不良反應的可能性。

因為藥物毒性是值得關注的，最好是選擇對病原體有高選擇性的毒性，且對人類為低毒性的藥物。治療指數 (therapeutic index, TI) 被定義為，與藥物的劑量相比，其最低有效劑量與對人體有毒 (治療) 劑量的比率。兩個數字越靠近 (較小的比例)，則有更大毒性藥物反應的可能性。例如，一種藥物具有治療指數：

$$\frac{10\,\mu g/ml\text{: 有毒劑量}}{9\,\mu g/ml\,(MIC)} \quad \boxed{TI = 1.1}$$

以上有風險，若改為以下則較無風險

$$\frac{10\,\mu g/ml}{1\,\mu g/ml} \quad \boxed{TI = 10}$$

藥廠建議的劑量是可抑制微生物，但對病人細胞沒有產生不利影響。當一系列具有相似 MIC 的藥物考慮進行治療，具有最高治療指數的藥物通常具有最寬的安全性範圍。

☞ 選擇抗微生物藥物的患者因素

醫生還必須考慮患者的詳細病史，藉以發現任何預先存在的醫療條件，這將影響到藥物或患者反應的活性。對某一類藥物有過敏史的患者，應排除此類藥物及任何與此藥物相關的使用。潛在的肝臟或腎臟疾病，通常必須修改藥物治療方式，因為這些器官對藥物的代謝或排泄扮演著重要的角色。嬰幼兒、老人和孕婦需要特別的注意事項。例如，年齡可減少胃腸道吸收和器官的功能，並且大多數抗菌藥物可穿過胎盤，可能影響胎兒的發育。

其他藥物的攝入量必須仔細研究，因為不相容性可能增加毒性或一個以上藥物的失敗。例如，胺基糖苷類和頭孢菌素的結合增加腎毒性的影響；抗酸劑降低異菸鹼醯的吸收；四環素或利福平與口服避孕藥的相互作用，可能抵消避孕的效果。某些藥物 (青黴素與某些胺基糖苷類，或兩性黴素 B 和氟胞嘧啶) 協同作用，進而可以使每一個藥物降低劑量。

選擇藥物的其他問題包括，患者的任何遺傳或代謝異常、感染部位、給藥途徑和藥物的成本。

即使當所有的訊息都傳入了，藥物的最終選擇並不總是直截了當。試想老年酗酒病人感染克雷伯桿菌 (*Klebsiella*) 引起的肺炎和肝腎降低功能的複雜情況。所有藥物必須以注射方式給予，因為先前已損害腸胃內壁，使胃腸吸收不良。藥物的試驗顯示，感染原是對第四代頭孢菌素，見大黴素、亞胺培南和替卡西林敏感。病人的病史表明以前對青黴素類過敏，所以這些將被排除在外。頭孢菌素類與老年患者嚴重出血有關，所以它可能不是一個很好的選擇。胺基糖苷類如見大黴素具腎毒性且難以被損傷的腎清除。亞胺培南是因為它的廣譜性和低毒性，可能是最好的選擇。

第一階段：知識與理解

這些問題需活用本章介紹的觀念及理解研讀過的資訊。

選擇題

從四個選項中選出正確答案。空格處，請選出最適合文句的答案。

1. 由細菌或真菌合成，可以破壞或抑制其他微生物生長的化合物，是屬於下列何者？
   a. 合成藥物　b. 抗生素
   c. 抗微生物藥物　d. 競爭性抑制劑
2. 哪種說法不是抗微生物化學治療用藥的目的？此藥物應該：
   a. 有選擇性毒性
   b. 甚至在高稀釋度仍有活性
   c. 被分解，並迅速排出
   d. 具有殺死微生物的能力
3. 微生物對於藥物有抗藥性是以何種方式獲得？
   a. 接合　b. 轉形
   c. 轉導　d. 以上皆是
4. R 因子是屬於________具有________之密碼。
   a. 基因複製　b. 質體，抗藥性
   c. 轉座子，干擾素　d. 質體，接合
5. 當病患的免疫系統對藥物產生反應時，這是下列何種現象？
   a. 雙重感染　b. 抗藥性
   c. 過敏　d. 毒性
6. 抗生素破壞了正常菌群，可能引起
   a. 牙齒變黃　b. 再生不良性貧血
   c. 二次感染　d. 肝毒性
7. 大多數驅蟲藥的功能是下列何者？
   a. 弱化蠕蟲，這樣可以使寄生蟲由腸道被沖刷掉
   b. 抑制蠕蟲的新陳代謝
   c. 阻斷營養物質的吸收
   d. 抑制產蛋量
   e. 以上皆是
8. 選擇可以防止病毒核酸複製的藥物。
   a. 疊氮胸苷　b. 阿昔洛韋
   c. 金剛烷胺　d. a 和 b
9. 下列何者為抗病毒藥物沒有的效果？
   a. 殺細胞外的病毒　b. 阻止病毒合成
   c. 抑制病毒的成熟　d. 阻止病毒受體
10. 以下哪些作用模式，最具有選擇性毒性？
    a. 中斷核糖體的功能　b. 溶解細胞膜
    c. 阻止細胞壁合成　d. 抑制 DNA 的複製
11. MIC 是藥物抑制微生物生長的________。
    a. 最大濃度　b. 標準劑量
    c. 最小濃度　d. 最低稀釋
12. 一種抗微生物藥物有________治療指數比起________治療指數是更好的選擇。
    a. 低，高　b. 高，低
13. **配合題**。左列中的每個藥物的作用方式選擇其作用方式；所有選項，只能選擇一個。

____磺醯胺	a. 反轉錄酶抑製劑
____齊多夫定	b. 阻止 tRNA 附著於核糖體
____青黴素	c. 干擾病毒套膜的脫殼
____四環素	d. 干擾葉酸的合成
____紅黴素	e. 分解細胞膜完整性
____喹諾酮	f. 防止核糖體的轉運
____金剛烷胺	g. 阻止胜肽聚醣的合成
____多黏素	h. 抑制 DNA 解旋酶

申論挑戰

每題需依據事實，撰寫一至兩段論述，以完整回答問題。「檢視你的進度」的問題也可作為該大題的練習。

1. 使用示意圖作為指引，簡介此三個因素在藥物治療之交互影響。

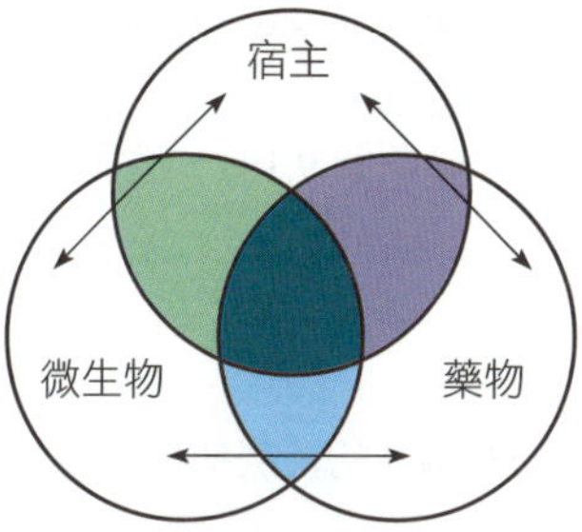

2. 觀察表 9.4 關於微生物的種類，以及結構或功能受到藥物的影響。寫出簡短的段落解釋藥物能影響微生物的不同方法，以及如何影響藥物的選擇性及其抗微生物之範圍。
3. 藥物往往給手術病人、有心臟疾病之牙科患者，或者健康的家庭成員暴露於傳染性疾病之風險。
   a. 你會用什麼名詞來形容這種使用藥物的情況？
   b. 這種形式的治療目的是什麼？
   c. 說明這種療法之一些潛在的不良影響。
   d. 說明益生菌的定義，以及使用它們的方式。
4. 寫出有關抗菌藥物治療的主要問題，包括抗藥性、

過敏、雙重感染等不良影響。

5. a. 說明合併用藥治療的基礎。
   b. 使用合併用藥治療在治療 HIV 感染，可能有幫助的原因。
6. 說明創造半合成抗生素的原因和方法。
7. 關於抗微生物藥物，我們發現自己處於一個「藥物兩難」的情況，請寫出主要的理由。

觀念圖

在 http://www.mhhe.com/talaro9 有觀念圖的簡介，對於如何進行觀念圖提供指引。

1. 利用連接線與連接詞完成此觀念圖。
2. 從章節大綱與重要詞彙選取 6 到 10 個重要詞彙，創造你自己的觀念圖，並填入連接詞。

青黴素

兩性黴素 B　滅滴靈　磺胺甲惡唑 - 甲氧苯氨嘧啶

原蟲　真菌　細菌

第二階段：應用、分析、評估與整合

這些問題超越重述事實，需要高度理解、詮釋、解決問題、轉化知識、建立模式並預測結果的能力。

批判性思考

本大題需藉由事實和觀念來推論與解決問題。這些問題可以從各個角度切入，通常沒有單一正確的解答。

1. 我們偶爾會聽到微生物已經對藥物產生「免疫」的說法。
   a. 是否有更好的方式來解釋發生了什麼？
   b. 說明簡單的測試方法，確定所培養的微生物是否具有抗藥性。
2. a. 你的鄰居懷孕了，每日口服四環素治療痤瘡。你覺得這種療法對她而言是否正確？為什麼？
   b. 某位女性已經口服使用廣譜的頭孢菌素治療鏈球菌性咽喉炎。除了治療被感染的喉嚨外，是否有其他可能的後果？
   c. 某人有嚴重的鼻竇炎，但細菌病原體是陰性的。醫師開立口服抗菌藥物進行治療。究竟是對還是不對的治療？
3. 由紙錠抑菌圈試驗的抑制區採取樣本，接種到非選擇性培養基的平板上。
   a. 如果在新的平板出現生長，有何意義？
   b. 如果沒有長，有何意義？
4. 依據圖 9.21 所顯示的結果，確定哪些藥物可用於治療酵母菌感染。考慮其不良的副作用，何種藥物可能是最好的選擇？
5. 說明為什麼對原核生物之核糖體有干擾作用的藥物，可能對人類患者有不良的副作用。
6. 假如在某病例中，無法培養傳染性病原體 (如中耳感染) 或進行藥物測試，如何選擇適當的藥物？
7. 回顧藥物的特點，針對下列每個情形選擇一種抗微生物藥物 (說明你的理由)：
   a. 成年病人有黴漿菌肺炎
   b. 小孩有細菌性腦膜炎 (藥物必須進入腦脊髓液)
   c. 有披衣菌感染之病人且對阿奇黴素 (azithromycin) 過敏
   d. 小孩的洛磯山斑疹熱
   e. PPNG 抗藥性之淋病
8. a. 使用表 9.10 作為參考，找出金黃色葡萄球菌和綠膿桿菌結果之間的差異並說明其原因。這些藥物是否有廣譜的抗菌範圍？
   b. 解釋大腸桿菌對於青黴素與安比西林之 MIC 的差異。
   c. 參照圖 9.18a，進行測量，並解釋其結果。

視覺挑戰

對於下圖 a-c 所顯示的微生物感染，研究書中的章節，找到一個適當的治療藥物，並說明其對微生物的影響。

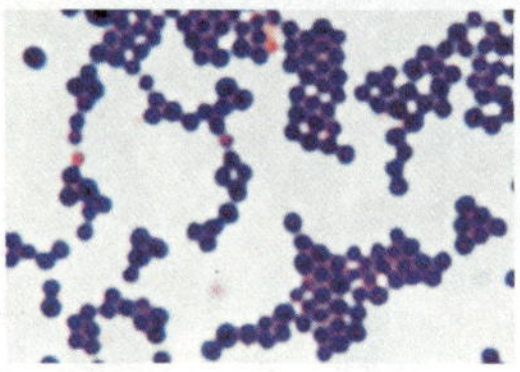

(a) 圖 15.1

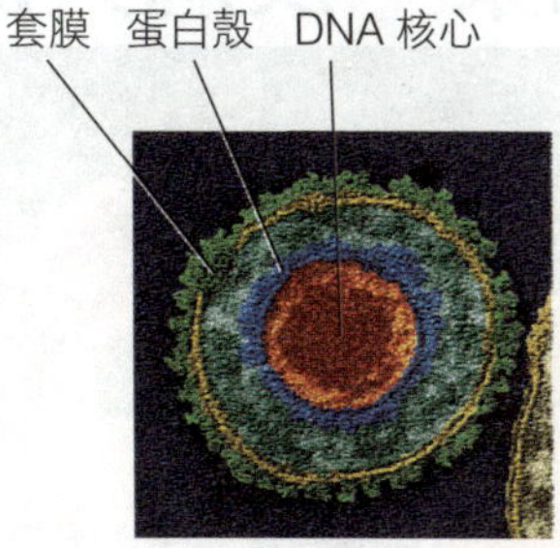

(b) 圖 5.8b

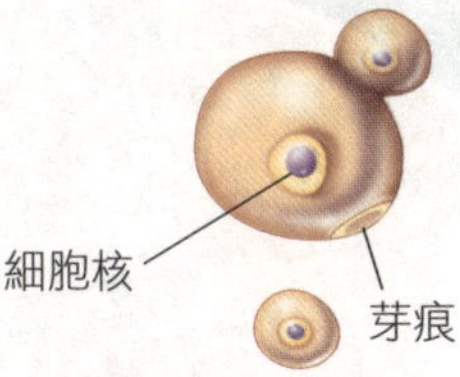

(c) 圖 4.15c

(d) 圖 4.26c

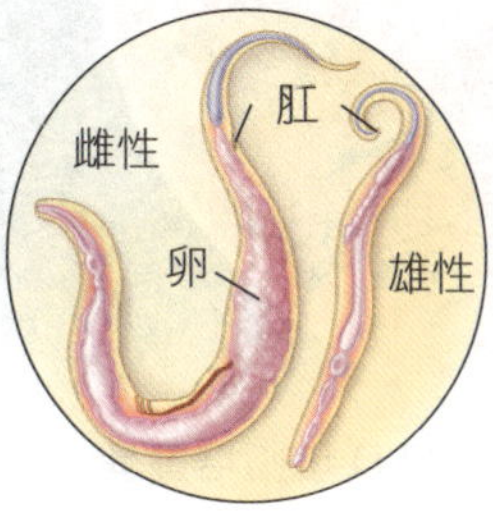

(e) 圖 4.28

第10章 微生物與人類：感染、疾病與流行病學

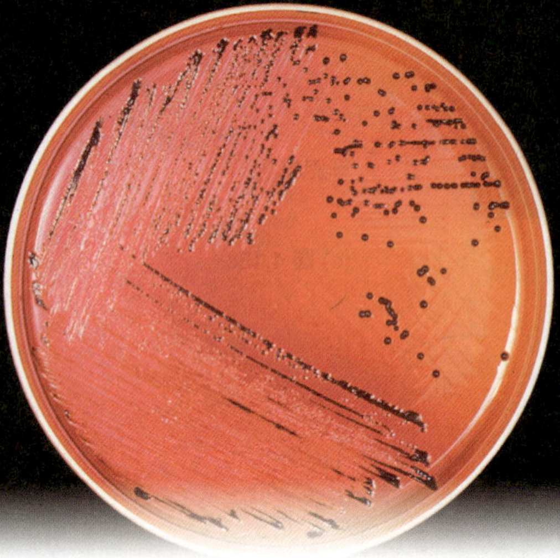

沙門氏菌 (*Salmonella*) 培養於 XLD 瓊脂培養基。

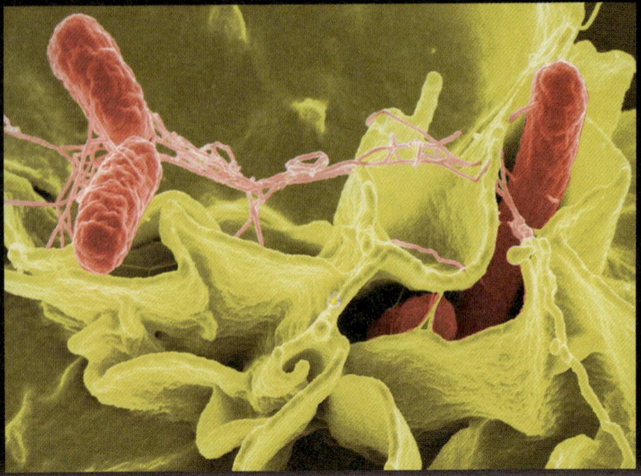

左：腸炎沙門氏菌以其鞭毛(粉紅色線狀物)黏附上宿主細胞。
右：細菌正被宿主的細胞膜吞入。

10.1 我們並非單一個體

人體與微生物存在著動態平衡，健康的人體可以維持與微生物平衡共存。某些情況下，這平衡被破壞，微生物就會造成感染或疾病。本章將探討人與微生物之間的一切因子，包含常態下的微生物有何性質及功能，感染及疾病的階段，流行病學的統計及疾病的模式。第 11 及 12 章將提及宿主如何進行防禦，之後的章節將進一步介紹致病的微生物。

人體與微生物的許多交互反應會牽涉到生物膜 (biofilm) 的形成。這是微生物結合上我們的細胞的各種相關性，微生物以不同的方法來進行。當我們在本章探討這些題目時，必須明瞭微生物在人體的菌落化 (colonization)，是維持著「施與受」(give and take) 的常規。這些交互作用的重要意義，歸納如下：

- 微生物正常存在時，可以提供體表保護及穩定的效果。
- 微生物與人體防禦系統的成熟及免疫系統的發展有關。
- 當微生物入侵並生長於無菌的組織時，會因為破壞組織器官而造成疾病。

接觸、菌落化、感染與疾病

在第 6 章，我們首次討論到人類與微生物間的幾種基本關聯性。大多數的微生物棲息地需有營養供給，微生物也會保護棲息地。人類與微生物間的關係範圍很廣，從互利共生到片利共生，再到寄生，會有互蒙其利、不受干擾或傷害等不同的結果。

若微生物以互利共生或片利共生的方式與人類相處，則屬於常在菌叢 (normal resident microbiota)。也會用其他的名詞描述這樣的微生物，如原生菌叢 (indigenous[1] microflora)、常在

1 *indigenous* 原生 (in-dih′-juh-nus)。所有的、天生的。

菌叢 (normal flora) 及共生菌 (commensals)。這些微生物是座落在表面上，並不入侵到組織內或生長於體液或血液中。一旦這些微生物突破宿主的防禦，入侵無菌組織，進而繁衍複製，就形成**感染** (infection)，而此微生物就是**致病原** (pathogen)。若感染會造成組織器官的破壞，就形成了**感染性疾病** (infectious disease)。疾病的定義指的是偏離健康的狀態。造成疾病的因素很多，例如感染、飲食、基因及老化等。本章所討論的疾病是由微生物及其產物所造成的。

圖 10.1 提供了感染及疾病可能面向的概略圖像。疾病的成因太多了，會跟宿主的防禦力、致病原的致病力有關，不是任一種接觸都會造成感染，也不是所有的感染都會造成疾病。事實上，接觸不造成感染，感染不形成疾病，其實是常見的。

在開始詳細介紹感染及疾病前，先來了解微生物如何能菌落化於人體，因而建立長期、互蒙其利的關係。

常在菌：人體為其棲息地

人體提供了一個看似無窮變化的微環境及角落，溫度、酸鹼值、營養、濕度及氧氣，每個位置都有差異。變異性如此大的棲息地，不意外可以供養極多微生物。事實上，我們的身體是極受歡迎的，供養了比我們自身細胞數量多十倍的微生物。

如同表 10.1 所列，人體很大部分與微生物存在的外界接觸。黏膜表面提供了一個極具吸引力的表面以供接觸。身體的其他位置，包括內部器官組織及體液通常是無菌的 (表 10.2)。若微生物出現在這些地方，那表示可能發生感染了。

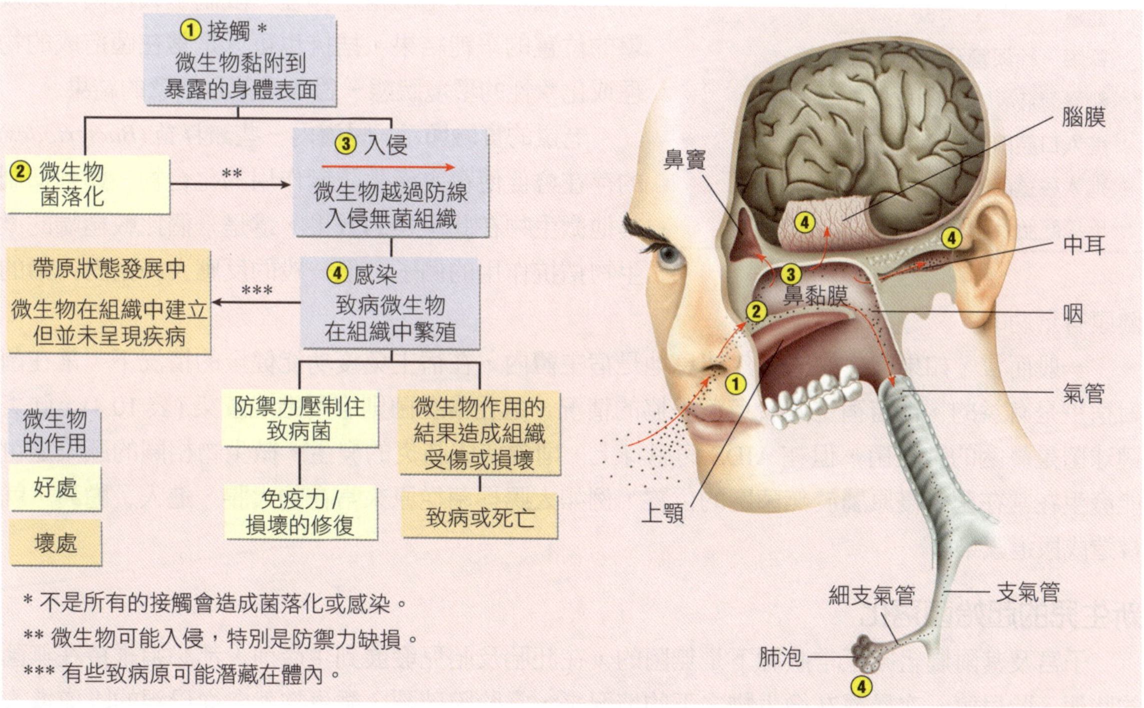

圖 10.1　微生物與人類的相關性。與微生物接觸之後的影響能朝不同的方向發展，其範圍可由無影響到菌落化，從感染到造成疾病，或誘發免疫反應。圖中顯示接觸肺炎鏈球菌 (*Streptococcus pneumoniae* 或 pneumococcus) 之類的致病原可能發生的事件。此菌存在於上呼吸道可能是無害的，但它也可能入侵並感染耳朵、顱骨及呼吸道。

表 10.1 常在微生物存在的位置

- 皮膚及與其相連的黏膜
- 上呼吸道 (口腔、咽、鼻黏膜)
- 腸胃道 (口腔、大腸、直腸、肛門)
- 尿道外部開口
- 生殖器外部
- 陰道
- 耳朵外部及耳道
- 眼睛外部 (眼瞼、睫毛毛囊)

表 10.2 無菌的解剖位置及體液

所有內在的器官及組織	
心臟及循環系統	骨頭
肝臟	卵巢 / 睪丸
腎臟及膀胱	腺體 (胰臟、唾液腺)
肺臟	竇
腦部及脊隨	中耳及內耳
肌肉	眼睛內
器官或組織內的體液	
血液	
腎臟、輸尿管及膀胱內的尿液	
腦脊髓液	
進入口腔前的唾液	
進入尿道前的精液	
環繞胚胎及胎兒的羊水	

為數眾多的微生物會接觸人體，但大部分通常會在菌落化前被清除掉，這些微生物只是**暫居** (transients) 一小段時間而已。其餘可以較長久留下來的微生物就稱為**常在菌** (residents)，這些菌重要的適應之一是躲避人體的防禦。這些微生物會跟宿主共同進化成較複雜的關係，直至這些常在菌不會傷害宿主，反之亦然。

微生物的存在通常是穩定的，但會隨著健康狀態、年齡、飲食、衛生、荷爾蒙及藥物治療，而有所變化。有許多例子顯示，有些微生物的存在可以避免有害微生物的過度生長。一個常見的例子是乳酸菌的肝醣醱酵，可以維持陰道酸性環境，避免白色念珠菌 (*Candida albicans*) 及其他致病原的過度生長。另一個常見的例子發生在大腸，大腸桿菌 (*Escherichia coli*) 產生的蛋白質可避免致病性的沙門氏菌 (*Salmonella*) 及志賀氏菌 (*Shigella*) 的生長。

一般將常在菌對抗入侵微生物的好效果，稱為**微生物的拮抗作用** (microbial antagonism)。微生物一旦形成生物膜，就不容易被入侵菌取代。拮抗的保護作用只是因為常在菌的穩定存在，限制了入侵菌可以攻擊的位置的單純結果。拮抗也可以是常在菌造成的物理或化學性的環境狀態，對入侵菌是敵意的結果。

老鼠的實驗顯示，腸道內一些類桿菌 (*Bacteriodes*) 的存在會促使宿主產生防禦作用的化合物，達到抑制其他微生物在此生長的效果。這是一個比較極端的微生物拮抗作用的例子，但一般的反應大多是對人類的健康有幫助的。

一般而言，如果微生物的天然棲息地是宿主體內，在宿主免疫功能健全的情況下，常在菌對宿主是有益的。但若宿主處於免疫妥協的情況，這些常在菌則容易造成感染 (表 10.4)。肺炎鏈球菌是鼻咽的常在菌，但在 AIDS 病患身上，則會造成肺炎的發生。微生物相關的感染還可能發生在常在菌入侵原屬於無菌區的位置，例如大腸桿菌從原來常在的大腸，進入了膽囊，就會造成尿道感染。

新生兒的起始菌落化

子宮及其附屬組織正常狀態下是無菌的，在胚胎及胎兒發展到生產前，都必須維持在無菌的狀態。胎兒第一次暴露在微生物之下的情況是，當胎膜破裂，微生物就會從母親的陰道進入子宮。生產的過程中，與微生物接觸的機會大增，在產道中，胎兒不可避免的與微生物密切接觸 (圖 10.2)。出生後 8 到 12 小時，從母親而來的一些細菌，如鏈球菌、葡萄球菌及乳酸桿菌，會開始菌落化。皮膚、腸胃道、呼吸道口及泌尿生殖道口開始因為接觸到家庭成員、照護者、環境及食物，而開始有菌落化的形成。

在大腸菌落化的細菌會因為嬰兒是奶瓶餵食或是母親親餵，而有所不同。奶瓶餵食牛奶或配方奶，通常會得到大腸桿菌群、乳酸桿菌、腸道鏈球菌及葡萄球菌等混合菌群。母親親餵的嬰兒則較容易從母乳中得到生長因子的雙歧桿菌 (*Bifidobacterium*)。這細菌會將糖代謝為酸，因而避免致病原的感染。

微生物菌叢發展的一個重要時間點在換牙、斷奶及初次進食固體食物。雖然暴露於微生物之中是不可避免，也是必須的，這樣才能建立常在菌叢，但仍有接觸到致病原的危險。小嬰兒的防禦機制尚未成熟，尤其是免疫的防禦，因此就更容易感染了。

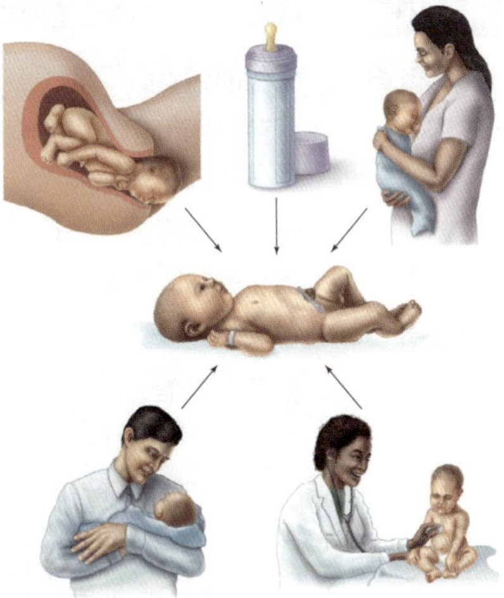

圖 10.2　**新生兒身上微生物菌叢的起源**。新生兒身上有豐富且不同的常在菌棲息所。藉由生產過程、雙親、照護者及探視者的接觸造成新生兒有很多微生物的菌落化。

特殊位置的原始微生物群

雖然我們傾向將微生物群視為一個單一群體，實際上，其中混雜多種微生物，每一種微生物所具有的質跟量會不同於其他種微生物。研究顯示，大多數人的身上聚集了一些特殊、可群聚的細菌、黴菌、原生動物，甚至是病毒及節肢動物。表 10.3 呈現了常在菌叢的種類及原始所在位置。

常在菌叢般的病毒

病毒扮演如常在菌叢的角色是複雜的一件事，因為一般認知的病毒是致病原。而且，病毒必須棲息於細胞內，這與大多數的常在菌叢相距甚遠。但現在已知有些病毒存在身體並無毒害，甚至有些是有利的。人類基因體定序計畫發現，我們的基因體中有 8% 到 10% 的序列與內源性反轉錄病毒 (endogenous retroviruses, ERVs) 相同。目前的假想是，這些 ERVs 在古老的年代造成感染，之後隨著人類發生演化而演化，與人類的遺傳物質形成了互惠共存。這些病毒在宿主體內可能是有助於發育或基因表現的重要因子。

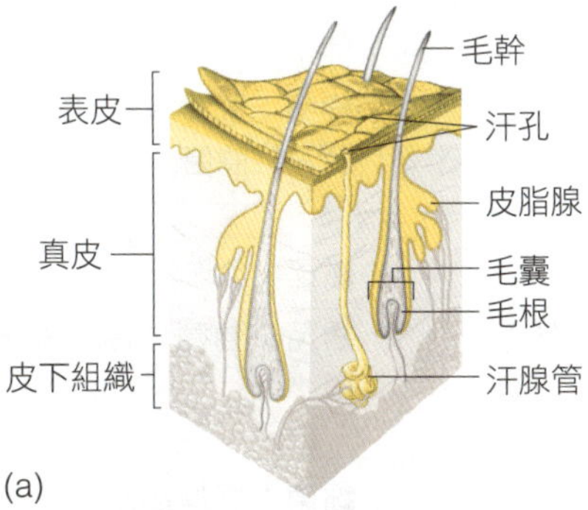

(a)

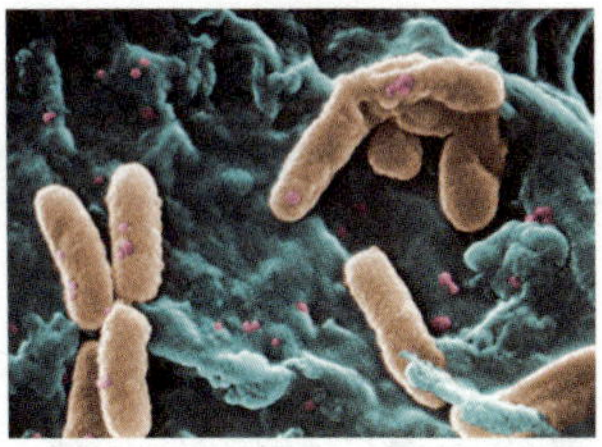

(b)

圖 10.3　**皮膚的剖面圖**。(a) 表皮 (有顏色處) 及其相關的腺體及毛囊，具有大量且不同的菌叢。淡色區域是真皮及皮下組織，為無菌；(b) 皮膚層高倍放大 (7,500 倍)，可見到球狀及桿狀菌黏住皮膚細胞 (藍色)。

人類皮膚的殖民者

人體器官中，皮膚是最大且最容易接觸到的器官。主要的分層是在最外層的表皮，其老廢細胞逐漸蛻掉及被取代，真皮則位於組織皮下層的上方 (圖 10.3a)。由於位置的關係，皮膚具有毛囊及數種腺體，最外層由含蠟的角質層形成保護，也讓微生物可黏附上。常在菌叢只處於老廢細胞層之上或之內，並

表 10.3 與人體共存：不同部位所帶有的微生物及代表例子

解剖位置	一般菌叢	備註
皮膚	細菌：假單胞菌、微球菌、棒狀桿菌、丙酸桿菌、葡萄球菌及鏈球菌	細菌只生活在表皮、腺體及毛囊的較上層死細胞；真皮及其下層的位置是無菌的
	黴菌：念珠菌、馬拉色氏菌、紅酵母菌	依賴皮膚脂肪而活
	節肢動物：毛囊蟎	出現在皮脂腺及毛囊
腸胃道		
口腔	細菌：葡萄球菌、奈瑟氏菌、韋榮氏球菌、梭狀桿菌、乳酸桿菌、擬桿菌、放線菌、埃肯菌、螺旋菌、嗜血桿菌	位於臉頰、牙齦、咽的表皮層、牙齒表面，唾液中菌叢很多；有些細菌與蛀牙及牙周病有關
	黴菌：念珠菌屬	念珠菌會造成鵝口瘡
	原生動物：牙齦阿米巴	居住在口腔衛生不佳者的牙齦
大腸及直腸	細菌：擬桿菌、梭狀桿菌、雙歧桿菌、梭狀芽孢桿菌、糞鏈球菌及葡萄球菌、乳酸桿菌、大腸菌群 (大腸桿菌、腸桿菌)、變形桿菌	下消化道除了大腸及直腸外的區域有很稀少或無菌。此處菌叢多屬絕對厭氧菌，有些是氧妥協或兼性厭氧
	黴菌：念珠菌	酵母菌可在此處生存，但菌絲不行
	原生生物：大腸阿米巴、人毛滴蟲	以大腸的廢物為生
上呼吸道	微生物位於鼻腔咽喉，由於相近，菌叢與口腔的相似	氣管有稀少菌，支氣管、細支氣管及肺泡因為宿主防禦系統而無菌
生殖道	細菌：乳酸桿菌、鏈球菌、白喉桿菌 (棒狀桿菌及其相關菌)、大腸桿菌、加德納菌	在女性，微生物占據外生殖器、陰道及子宮頸表面，內生殖結構正常保持無菌。陰道菌叢會因荷爾蒙而改變
	黴菌：念珠菌	酵母菌感染之病因
尿道	細菌：葡萄球菌、鏈球菌、棒狀桿菌、乳酸桿菌	在女性，微生物僅存在於尿道黏膜的第一部分，其他部位無菌。除了尿道前端一小部分外，男性的泌尿生殖道多是無菌的
眼	細菌：凝集酶陰性的葡萄球菌、鏈球菌、奈瑟氏菌	眼瞼及毛囊處的菌叢與皮膚的相似，結膜有暫時的菌叢，深部組織無菌
耳	細菌：葡萄球菌、類白喉桿菌 黴菌：麴菌、青黴菌、念珠菌、酵母菌	外耳菌叢與皮膚的相近，中耳以內通常無菌

且除了在毛囊及腺體內它不會延伸入真皮或皮下組織。族群天性的不同決定居留位置。油性且潤澤的皮膚比乾燥的皮膚，支持更多、更豐富的微生物存在。濕度、職業及衣物也會影響菌叢的存在。鼻子、口腔及外生殖器的皮膚與黏膜層交接處，匯聚最豐富的菌叢。

一般而言，皮膚上有兩大群菌叢。一群是**暫居型的** (transients)，不會在此生長，需要例行性及長時間與人接觸才能存在，這些菌通常不會長存於人體，會因為個人衛生狀況而影響。

另一群則長居於表皮的深部、腺體及毛囊內 (圖 10.3b)。這些菌較穩定，種類也可預測，較不受衛生狀態影響。正常皮膚的常在菌有細菌 [特別是葡萄球菌 (*Staphylococcus*)、棒狀桿菌 (*Corynebacterium*) 及丙酸桿菌 (*Propionibacterium*)] 及酵母菌。潮濕的皮膚皺摺處，特別是腳趾間，較易有黴菌存在，而嗜脂性的分枝桿菌 mycobacteria 及葡萄球菌則較常出現在腋下皮脂

(sebaceous)[2] 分泌處、外陰部及外耳道。其中一株菌，恥垢分枝杆菌 (*Mycobacterium smegmatis*)，位於男女的外陰部。

腸胃道的常在菌

腸胃道負責接收、移動、消化、吸收食物及移除廢物，其包含口腔、咽喉、胃、小腸、大腸、盲腸及肛門。先前提到，體內器官一般為無菌狀態，消化道是例外，但也不能例外。此話甚為矛盾。消化道是個具有許多囊袋及彎折的長型管狀構造，一端連接著口腔黏膜，另一端連接著肛門。因為大多數的表面都暴露於環境，位置的分類上屬體外，因此如是說。

消化道的顯微解剖可見到酸鹼度及氧壓力的改變，因而影響微生物的種類及分布 (圖 10.4)。有些微生物黏附在表皮黏膜上，其他則在腸腔 (lumen)[3]。雖然有大量的營養供應，但只有在口腔、大腸及直腸，有菌叢常駐。食道有少量的菌，是隨著唾液而來的。胃酸可以抑制大多數的微生物，雖然少數為乳酸桿菌及幽門螺旋桿菌可定居於此。小腸除了其末段之外，具有稀疏的乳酸桿菌及鏈球菌族群，其末段菌叢更相似於鄰近的大腸。

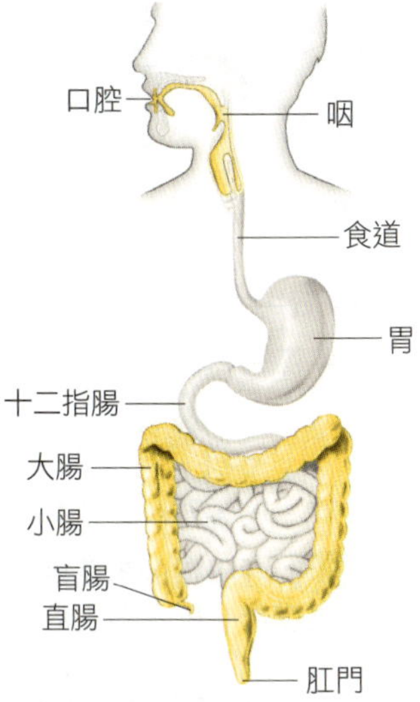

圖 10.4　腸胃道中微生物的分布。有顏色處為腸胃道中微生物主要聚集處。淡色區域無顯著的常在菌。

口腔的微生物叢

口腔的菌叢相當獨特，是人體中菌叢最多且差異性最大的部位。微生物棲息於臉頰表皮、牙齦、舌頭、口腔內壁及牙齒的琺瑯質。粗略估計，至少有 600 種以上的微生物棲息於此。最常見的是好氧的鏈球菌群－血鏈球菌 (*Streptococcus sanguis*)、唾液鏈球菌 (*Streptococcus salivarius*) 和緩鏈球菌 (*Streptococcus mitis*)，座落於平滑的表面。轉糖鏈球菌 (*Streptococcus mutans*) 及血鏈球菌是造成蛀牙的主要菌叢，將糖存在處形成黏著的聚葡萄糖黏液層。黏附上聚葡萄糖的牙齒表面會黏附上其他細菌，形成生物膜。

牙齦間隙會形成一個厭氧的棲息空間，有些厭氧菌會在此菌落化，導致蛀牙或牙周 (periodontal)[4] 感染。分泌至口腔的唾液瞬間充滿常在菌及暫存菌。唾液通常含菌量高 (可高至每毫升有 5×10^9 隻菌)，所以漱口水的效果可能不會太好，而且被人咬一口是很危險的。

大腸的微生物叢

腸道菌叢的棲息是複雜的，且與宿主會產生微妙的互動。大腸 (盲腸與結腸) 及直腸帶有大量的微生物，每公克的糞便約有 10^8 至 10^{11} 隻微生物。由於微生物數量多繁殖旺盛，因此約占糞便體積的 30% 或更多。即使是長期禁食的人，其糞便中仍帶有大量的微生物。

盲腸被認為是個使用率不高的器官，最近的研究顯示盲腸貢獻於常在菌叢的增殖 (臨床實務)。腸道環境適合絕對厭氧菌生長，例如：擬桿菌、梭狀桿菌、雙歧桿菌、梭狀芽孢桿菌。

---

2 字源 sebum，為毛囊腺體分泌出的脂質。

3 *lumen* 腸腔 (loo′-men) 管狀結構內的空腔。

4 座落於牙齒或是牙齒周圍。

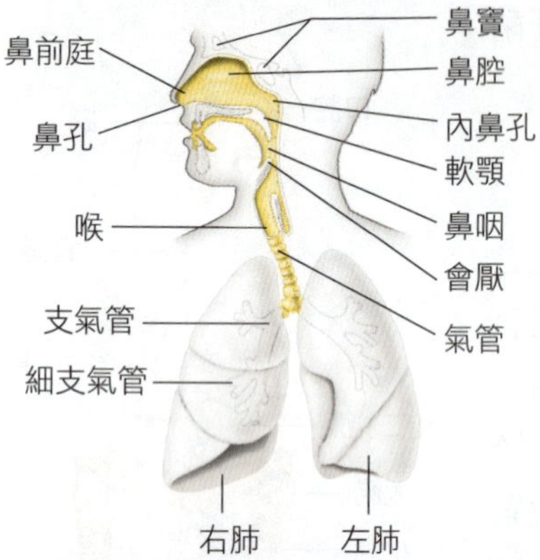

圖 10.5 **呼吸道的落菌處**。鼻咽的濕潤黏膜層有確定存在的常在微生物 (有顏色處)。有些會菌落化於較上方的氣管，但是較下部的支氣管、細支氣管及肺部缺少常在微生物。

大腸菌群 (coliforms)[5]，如大腸桿菌、腸桿菌及檸檬酸桿菌，數量較少。在糞便中，有些菌會醱酵廢棄物質，產生維生素 (B_{12}、K、B_6、B_2 及 B_1) 及酸 (乙酸、丁酸及丙酸)，貢獻給宿主。有時細菌的分解酵素會將雙醣分解為單醣，或促進類固醇代謝。

腸道菌會產生**糞臭素** (skatole)[6]、胺類及氣體 (CO_2、H_2、CH_4 及 H_2S)，形成腸道氣味。腸道氣體會形成脹氣，脹氣排出就是屁。有些氣體的產生是細菌作用在一些蔬菜，如甘藍菜、玉米及豆類的碳水化合物。細菌平均每天產生 8.5 公升的氣體，只有少數形成屁排出。偶有報導在腸道手術時，可燃氣體在氧氣存在下，發生爆炸，炸破結腸。

過了兒童時期，有些人失去分泌乳糖酶的能力。當攝食了牛奶或含乳糖的食物，腸道內的細菌取代乳糖酶，與乳糖作用，而使腸道感到不適。乳糖酶缺陷建議的處理方式是飲食盡量避免含乳糖的食物。

呼吸道的棲息者

首先菌落化於上呼吸道 (鼻腔及咽) 的微生物主要是口腔的鏈球菌群。金黃色葡萄球菌喜好座落在鼻腔入口、鼻腔前庭及鼻咽的前段，奈瑟氏菌喜好落腳於上顎後鼻咽的黏膜上 (圖 10.5)。鏈球菌群及嗜血桿菌群則座落於扁桃腺及下咽部。下呼吸道 (氣管及肺部) 則無常在菌叢。

泌尿生殖道的微生物叢

泌尿生殖道有微生物聚集的區域，在女性是陰道及尿道的出口處，男性則是尿道的前端 (圖 10.6)。內部的生殖器官藉由子宮頸及人體的防禦所形成的防線，則維持無菌。腎臟、輸尿管、膀胱及上尿道則藉著尿液的流出及膀胱的排空，維持無菌。女性尿道只有 3.5 公分長，容易造成尿道感染。尿道的常在菌叢有非溶血性的鏈球菌、葡萄球菌及棒狀桿菌，偶有大腸菌群。

生理的變化會影響常在菌叢的組成，陰道是個值得注意的例子，其中一個重要的影響因子

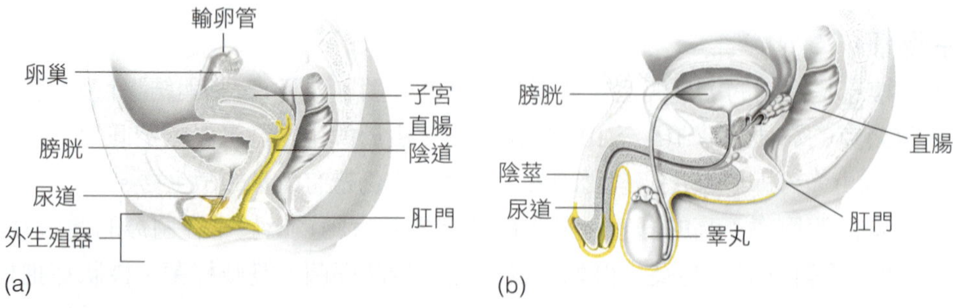

圖 10.6 **生殖道的微生物叢**。(a) 女性和 (b) 男性的生殖道微生物叢(顏色顯示菌叢所在位置)。

5 *coliform* 大腸菌群 (koh′-lih-form)。拉丁文：*colum* 圓柱形。革蘭氏陰性菌、兼性厭氧菌及乳酸醱酵菌。
6 *skatole* 糞臭素 (skat′-ohl)。希臘文：*skatos* 糞便。一種化學物質會產生糞便樣的臭氣。

是雌激素。雌激素刺激陰道黏膜分泌出的糖原 (肝糖)，有些細菌 (主要是乳酸桿菌) 會在此醱酵，使得環境的酸鹼度降至 4.5 左右。青春期之前，女孩只產生一點點雌激素及糖原，所以陰道的酸鹼度約為 7，適合的菌叢有類白喉菌 (diphtheroids)[7]、葡萄球菌、鏈球菌及一些大腸菌群。到了青春期，荷爾蒙上升，陰道開始累積糖原，微生物群開始轉變為產酸的乳酸桿菌。陰道的酸性環境被認為可以形成保護，避免微生物入侵傷害發育中的胚胎。雌激素與糖原的效應會一直持續從生育期至更年期，菌叢與青春期時的混合狀態相似。這些轉變不是突然發生的，而是需歷經數月甚至數年。

常在菌叢的維持

常在菌叢的存在對人類及動物的健康是必須的，這無庸置疑。當常在菌叢平穩地與宿主共存時，會形成一種環境可以避免感染，增加宿主的抵禦能力。一般而言，微生物在一定區域內的數量及種類會維持恆定。但微生物相的確切內容並不固定。一些變化甚至會破壞平衡。廣譜抗生素的使用、飲食的改變或是潛在的疾病，都可能改變菌相，甚至導向疾病。逐漸獲得認同的一種治療方式是使用培養的已知活菌，形成益生菌 (probiotics)(第 9 章中討論)。這些已知菌需經過攝食，定植於腸道。這些菌已獲確認有益，且無致病性。

10.2　造成感染的主要因素

在這章節，我們追蹤感染的過程，一系列的過程綜合於圖 10.7。致病原是寄生的微生物，會造成宿主的感染與疾病。感染的形態及嚴重程度端賴微生物的致病力及宿主的情況。廣義而言，致病力是指生物導致感染及疾病的能力，藉此將致病性的微生物區分成兩類。真致病原 (true pathogens, primary pathogens) 會對免疫狀況正常的健康者致病。通常與特定確認的疾病有關，嚴重程度差異性大，從輕微的 (感冒) 到嚴重的 (瘧疾)，甚至是致死 (狂犬病)。流感病毒、鼠疫桿菌及腦膜炎球菌都屬真致病菌。

伺機性致病原 (opportunistic pathogens) 是在宿主免疫妥協 (compromised)[8] 的情況下，或是在身體的某不正常的部位建立菌落，就會造成疾病。伺機性致病菌通常對免疫正常的人而言，無致病力，不像真致病菌一般，有明確的毒力性質。假單胞菌 (*Pseudomonas*) 及白色念珠菌

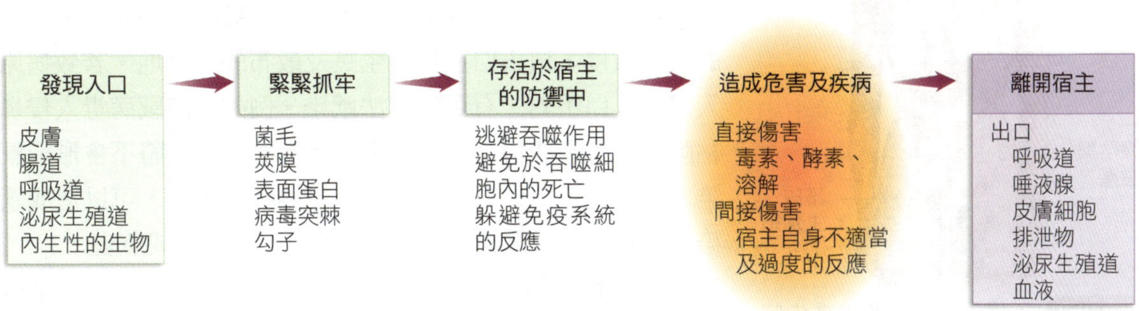

圖 10.7　感染性物質進入、建立及脫離相關事件的流程圖。

7 棒狀桿菌屬 (*Corynebacterium*) 中的任何非致病菌。
8 免疫力弱的人通常稱免疫妥協 (immunocompromised)

表 10.4 弱化宿主防禦力及增加感染機會的因素 *
・年紀大及年紀很小 (嬰兒、早產兒)
・先天或後天型的免疫缺陷
・手術及器官移植
・器官性疾病：腫瘤、肝臟失能、糖尿病
・化療 / 免疫抑制藥物
・生理及心理的壓力
・其他感染

* 這些因素讓防禦或免疫反應妥協了。

(*Candida albicans*) 就屬伺機性致病菌。真致病菌及伺機性致病菌造成感染的主要因子，表列於表 10.4。

微生物致病的嚴重程度端視其**毒力** (virulence)[9]。雖然致病性 (pathogenicity) 與毒力這兩個名詞常互用，但毒力是描述致病性程度的精確用詞。微生物的毒力是以其坐大程度及致病程度來決定，因此會牽涉到幾個步驟。微生物要在宿主身上落地生根，必須進入宿主、穩固的連接上宿主組織及存活於宿主的防禦中。要造成損傷，微生物要侵入組織，產生毒素，或誘導出宿主的反應，而這反應會傷害宿主本身。微生物有利於感染或致病的任一特性或結構皆稱為**毒力因子** (virulence factor)，毒力可以是單一因子或多因子。有些微生物的毒力因子已被確認，有些則尚待釐清。接下來的章節將說明毒力因子的效能，及其於感染過程中所扮演的角色。

結合許多概念，致病原被區分為真致病原或伺機性致病原，是方便於討論的。事實上，致病性是從低到高的連續範圍。為了辨識，美國疾管局 (CDC) 依照致病原的致病性等級及操作的相對危險性，將其分列於不同的生物安全等級中。這個系統將微生物的生物安全等級分成四級。已知不會造成疾病的微生物列於第一級，具高度傳染性及危害性的病毒列在第四級，中等毒性的微生物則分列第二或三級。較詳細的分級，請見附錄表 B-1。

落地生根：第一步—入侵入口

感染要發生，微生物必須要能通過特定的入口進入人體，**入侵入口** (portal of entry，圖 10.8) 通常是皮膚或黏膜的邊界。當致病原是**外源性** (exogenous)，來源就會是外界的環境、其他人或動物，若感染原是**內源性** (endogenous) 的，就會是原先已存在的、常在菌叢或是潛伏感染。

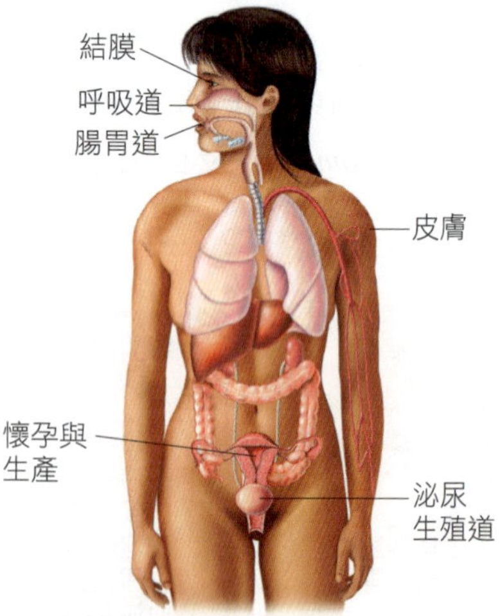

圖 10.8 **入侵入口**。感染性微生物由不同的路徑入侵人體。多數的微生物有其特定的入侵入口。

通常這些入侵入口的位置與常在菌存在的位置相同：皮膚、腸胃道、呼吸道及泌尿生殖道。多數的致病原會由特定的入口入侵，這入口還提供生長及散布的棲息地。若致病原入侵的入口不對，有可能無法感染。例如，流感病毒入侵鼻黏膜，就會造成流感，若流感病毒接觸皮膚，將不會形成感染。同樣的，造成香港腳的黴菌接觸到腳趾縫，可以造成感染，若吸入了這黴菌，對健康人體倒是不會造成危害。

有些致病原可以有一個以上的入侵入口。例如，結核分枝桿菌 (*Mycobacterium tuberculosis*) 可以由呼吸道及腸胃道入侵，而致病性的鏈球菌 (*Streptococcus*) 及葡萄球菌

9 *virulence* 毒力 (veer-yoo-lents)。拉丁文：*virulentia* 病毒、毒素。

(*Staphylococcus*) 則有多個入侵管道，如皮膚、泌尿生殖道及呼吸道。同一致病原由不同入侵管道進入，可能會造成不同的疾病。金黃色葡萄球菌 (*Staphylococcus aureus*) 感染毛囊，會造成膿腫，若入侵呼吸道則會造成嚴重的肺炎。

由皮膚入侵的致病原

皮膚是個很常見的感染原入侵管道。實際上的入侵位置多為缺口、磨損及刺傷處 (有可能小到沒注意到)，而非平整、無破損的皮膚。金黃色葡萄球菌 (造成膿腫)、化膿性鏈球菌 (*Streptococcus pyogenes*，造成膿疱)、皮膚絲狀菌、造成壞疽及破傷風的致病原都是由損傷的皮膚入侵。單純疱疹病毒 (cold sore virus, herpes simplex virus) 是入侵接近嘴唇的黏膜。

有些致病原會利用自身的分解酵素，穿透皮膚，為自己製造特定的入侵管道。例如，有些寄生蟲可以鑽透皮膚，進入組織。另有些致病原藉著叮咬進入，昆蟲蜱及一些動物的叮咬為病毒、立克次體及原蟲建立入侵管道。有一些是人為的，例如藥物濫用者使用受污染的針具，進行靜脈注射。藥物注射易感染一些疾病：肝炎、HIV/AIDS、破傷風、肺結核、骨髓炎及瘧疾。有些感染的再復發是可以直接連結到藥物濫用的。受到皮膚或環境中細菌污染的針具會造成心臟疾病 (心內膜炎)、肺膿腫及在注射位置造成慢性感染。

眼結膜是個相對好的屏障，保護眼睛免於感染，有些細菌會造成此處的感染，如：砂眼披衣菌 (*Chlamydia trachomatis*，造成砂眼) 及奈瑟氏淋病雙球菌 (*Neisseria gonorrhoeae*)。

以腸胃道為入侵入口

污染食物、飲品的致病原會以腸胃道為入侵入口。這些致病原可以存活於消化酵素及劇烈酸鹼環境的改變。多數腸道致病原以特定的機制，進入或定植於小腸或大腸的黏膜。最為人所知的致病原是一些革蘭氏陰性桿菌，如：沙門氏菌、志賀氏菌 (*Shigella*)、弧菌 (*Vibrio*) 及特定的大腸桿菌 (*E. coli*)。會穿腸進行感染的病毒有，小兒麻痺病毒 (poliovirus)、A 型肝炎病毒 (hepatitis A virus)、伊科病毒 (echovirus) 及輪狀病毒 (rotavirus)。重要的腸道原蟲有痢疾阿米巴原蟲 (Entamoeba histolytica，造成阿米巴痢疾) 及梨型鞭毛蟲 (Giardia lamblia，造成鞭毛蟲症)。肛門通常不是致病原的入侵入口，除非肛交。

以呼吸道為入侵入口

口腔及鼻腔都是呼吸道的入口，是最大量致病菌的入侵入口。因為有連續的黏膜覆蓋著上呼吸道、鼻竇及耳道，微生物可以從一個位置轉移到另一個位置。至於入侵的物質可以到達何處，端賴其大小，小細胞及顆粒可以到達較深的部位。

會由此管道入侵的有會造成喉嚨痛、腦膜炎、白喉、百日咳的細菌，及會造成流感、麻疹、腮腺炎、德國麻疹、水痘及一般感冒的病毒。致病原一旦進入下呼吸道 (支氣管及肺部) 會造成肺炎，肺部的發炎反應。某些細菌 [肺炎鏈球菌 (*Streptococcus pneumoniae*)、克雷白氏菌 (*Klebsiella*) 及黴漿菌 *Mycoplasma*)] 及黴菌 [隱球菌 (*Cryptococcus*) 及肺囊蟲 (Pneumocystis jirovecii)] 會造成肺炎。還有一些會造成特定的肺部疾病，如結核分枝桿菌 (*Mycobacterium tuberculosis*) 及組織漿菌 (*Histoplasma*)。

表 10.5 美國最常見的性傳播感染 / 疾病 (STI/STD) 的病例數 *

STI/STD	美國每年的新增病例
人類乳突瘤病毒	14,100,000
披衣菌症	2,860,000
砂眼症	1,090,000
淋病	820,000
單純疱疹	776,000
梅毒	55,400
新的 HIV 感染	41,400
B 型肝炎	19,000

* 資料來源：CDC，2013 年，通報統計及臨床資料。

以泌尿生殖道為入侵入口

致病原會以泌尿生殖道為入侵入口，通常是性接觸而來的。在古代，愛的女神維納斯以批判的態度認為，性會引起疾病。較現代的說法是性傳佈感染 (sexually transmitted infection, STI) 或性傳播疾病 (sexually transmitted disease, STD) 是較正確的。「性傳播感染」這個名詞通常用於有些疾病仍是由性接觸傳染的，但不見得有症狀。STI 及 STD 占全世界感染的 4%，在美國每年約有 1,900 萬個新病例。關於性相關感染及疾病的最新資料 (2013) 列於表 10.5。

STI 或 STD 的微生物會通過陰莖、外生殖道、陰道、子宮頸及尿道的皮膚或黏膜。有些可以突破無破損的表面，有些則需要傷口幫忙。STD 以前較多的病例是梅毒及淋病，現今則是生殖道疣 (HPV)、披衣菌疾病 (chlamydia) 及滴蟲症 (trichomoniasis)。因為性行為而增加 STI 或 STD 的發生機會，這是從前不常見的，有些疾病原來並不被認為與性行為有關，如今都已被分類[10]。其他常見的性傳染病原有 HIV、單純疱疹病毒、白色念珠菌 (一種酵母) 及 B 型肝炎病毒。

並非所有泌尿生殖道的感染都透過性行為。有些感染是微生物錯置造成的 (例如，腸胃道的常在菌叢造成泌尿道的感染)，或是常在菌叢的過度生長 (「酵母菌的感染」)。

懷孕及生產時造成感染的致病原

胎盤是母親與胎兒之間的交換器官，讓母親將營養及氣體經由血流，運送給發育中的胎兒。胎盤也是個有效率的屏障，阻絕在母體循環中的微生物入侵胎兒。但仍有少數的微生物，如梅毒螺旋體，可以經由胎盤、進入臍靜脈，藉由胎兒的循環進入胎兒的組織 (圖 10.9)。

單純疱疹病毒的感染發生在胎兒通過受污染的產道。胎兒及嬰兒較常遇到的感染，縮寫成 STORCH，醫護人員必須小心注意。STORCH 代表梅毒 (syphilis)、弓漿蟲症 (toxoplasmosis)、其他疾病 (other diseases，B 型肝炎、AIDS 及披衣菌)、德國麻疹 (rubella)、巨細胞病毒 (cytomegalovirus) 及單純疱疹病毒 (herpes simplex virus)。STORCH 感染最嚴重的併發症是自發性流產、先天畸形、腦部缺損、早產及死產。

形成感染所需的劑量

感染能形成，另一個關鍵的因素是多少量的致病原入侵。對多數的感染原而言，能形成感染的最低量稱為感染劑量 (infectious dose, ID)。許多微生物都透過實驗測出其 ID。一般而言，微生物的 ID 較小，顯示毒力較強。表 10.6 列舉了一些致病原的 ID，從小劑量到大劑量。此外，有些微生物 (霍亂及傷寒) 需要通過胃，暴露於胃酸，所以 ID 會較高。若入侵的數量不及 ID，

10 阿米巴痢疾、疥瘡、沙門氏菌症及糞小桿線蟲症等都是例子。

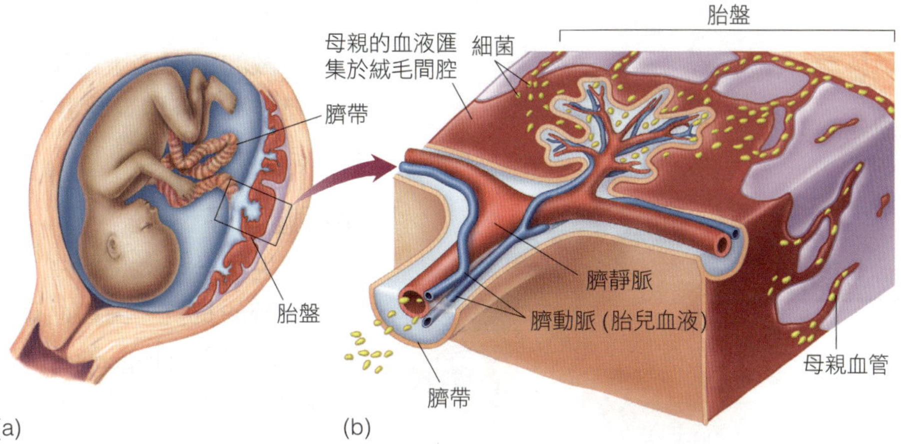

圖 10.9 **透過胎盤造成胎兒的感染**。(a) 胎兒在子宮；(b) 特寫圖，微生物穿過母親的血管，進入胎盤的血流中。透過臍靜脈入侵胎兒的循環。

就可能不發生感染及疾病。若入侵量遠大於 ID，可能會使病情加速。即使是較弱的致病原，只要數量多，仍能造成大毒害。

我們對於感染模式及 ID 的知識，多數來自於人體及動物的實驗。

表 10.6 特定致病原造成感染估計所需劑量 *

致病原	感染劑量 (估計)	初次感染路徑
麻疹	1 隻病毒	呼吸道
Q 熱	1 至 10 個細胞	呼吸道
兔熱病 (tularemia)	10 至 50 個細胞	有不同管道
天花	10 至 100 隻病毒	呼吸道
布魯氏菌症 (Brucellosis)	10 至 100 個細胞	有不同管道
病毒性腦炎	10 至 100 隻病毒	蚊子叮咬
鼠疫	100 至 500 個細胞	跳蚤咬
淋病	1,000 個細胞	性接觸
炭疽病	8 千至 5 萬個孢子	呼吸道，皮膚
傷寒	1 萬個細胞	飲食
霍亂	1 億個細胞	飲食

* 其中有多種被認為有成為生物戰劑的潛力。

第二步：接合上宿主

致病原如何接合上宿主

黏附 (adhesion) 是微生物穩固立足於入侵入口的一個步驟。黏附需要宿主與致病原間特定分子的結合，因此致病原有其一定能感染的細胞或組織。一旦能穩固地黏附上，致病原就有利於侵犯人體。細菌、黴菌及原生生物等致病原會以附屬物及表面結構進行黏附，例如纖毛、鞭毛、黏性黏液或莢膜；病毒以特定的接受器進行 (圖 10.10)；寄生蟲以機械力攀上入侵入口，如吸盤、鉤子、倒鉤。微生物的黏附方式及其所造成的疾病表列於表 10.7。穩固地黏附在宿主組織是造成疾病的先決條件，所以宿主本身有許多機制可將微生物或外來物沖走。

第三步：入侵宿主及建立地盤

微生物有很多特性可以增進其侵襲力，如逃避宿主防禦及入侵更深的組織的能力，這會讓它們更容易生長及建立地盤。所有有助於毒力的特性，都被視為**毒力因子** (virulence factor)。毒力因子的層級視其發生及造成疾病的嚴重程度而定。致病原的毒力因子效力差異性大，例如：感冒病毒會入侵及複製，但造成的危害不大。而破傷風桿菌及狂犬病病毒就會造成嚴重的傷害，

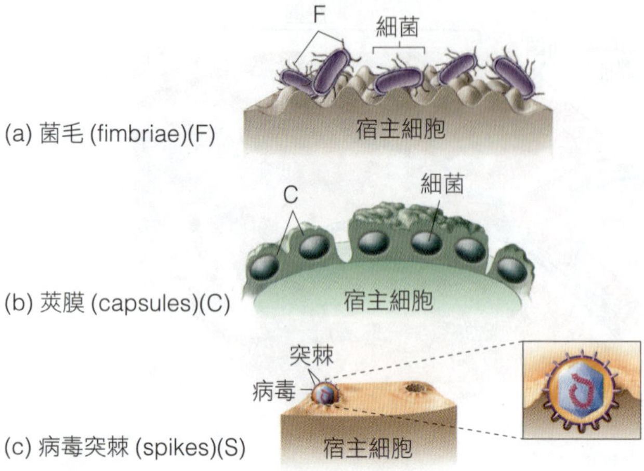

圖 10.10 **致病原的黏附機制。**(a) 纖毛，一個微型鬃毛的附屬結構；(b) 具黏附力的細胞外莢膜，由黏液或其他黏性物質組成；(c) 病毒套膜突棘。舉例於表 10.7。

甚至致死。

多數的毒力因子可區分為三大類：抗吞噬作用、外酵素及毒素。圖 10.11 描繪一些因子的作用。

抗吞噬因子

微生物一旦入侵宿主，即開始遭受防禦系統的抵抗。由白血球起始的作用稱為吞噬作用 (phagocytes)。這些細胞可以將致病原吞入，以酵素或抗菌的化學物質將其消滅 (見第 11 章)。

抗吞噬因子 (antiphagocytic factor) 是一種毒力因子，一些致病原可藉此避開吞噬細胞，或規避掉一些吞噬的過程 (圖 10.11c)。細菌最積極的策略就是直接殺掉吞噬細胞。鏈球菌及葡萄球菌會產生殺白血球素 (leukocidins)，就是對白血球有毒性的物質。有些微生物會在細胞表面分泌形成一層細胞外結構 (黏液或莢膜)，讓吞噬細胞不容易將它們吞入。肺炎鏈球菌 (*Streptococcus pneumoniae*)、傷寒沙門氏菌 (*Salmonella typhi*)、腦膜炎奈瑟氏菌 (*Neisseria meningitidis*) 及新型隱球菌 (*Cryptococcus neoformans*) 就是這樣的典型例子。有些細菌在被吞噬後，能存活於吞噬細胞內。退伍軍人桿菌 (*Legionella*)、分枝桿菌 (*Mycobacterium*) 及一些立克次體 (rickettsias) 很容易被吞噬掉，但不會被進一步摧毀。存活於吞噬細胞內有特別的意義，它們躲在細胞內，生長繁殖，還藉此傳播到體內的其他部位。

表 10.7 微生物的黏附特性

微生物	疾病	黏附機制
淋病雙球菌	淋病	纖毛黏附生殖道的表皮細胞
大腸桿菌	下痢	豐富的纖毛
志賀氏菌及沙門氏菌	腸胃炎	纖毛黏附腸道的表皮細胞
霍亂弧菌	霍亂	糖盞固著到腸道表皮細胞
梅毒螺旋體	梅毒	尖鉤埋入宿主細胞
黴漿菌	肺炎	特別的尖端與肺表皮融合
綠膿桿菌	肺部感染	纖毛及黏液層黏住宿主細胞
轉糖鏈球菌 (*Streptococcus mutans*)	蛀牙	糖黏層將球菌黏上牙齒表面
流感病毒	流感	病毒突棘接合到呼吸道接受器
小兒麻痺病毒	小兒麻痺症	病毒殼體附著到標的細胞的接受器
HIV	AIDS	病毒突棘附著到白血球接受器
梨形鞭毛蟲	鞭毛蟲症	在下邊的吸盤附著到腸道表面
錐形蟲	錐蟲症	鞭毛幫助穿入宿主細胞

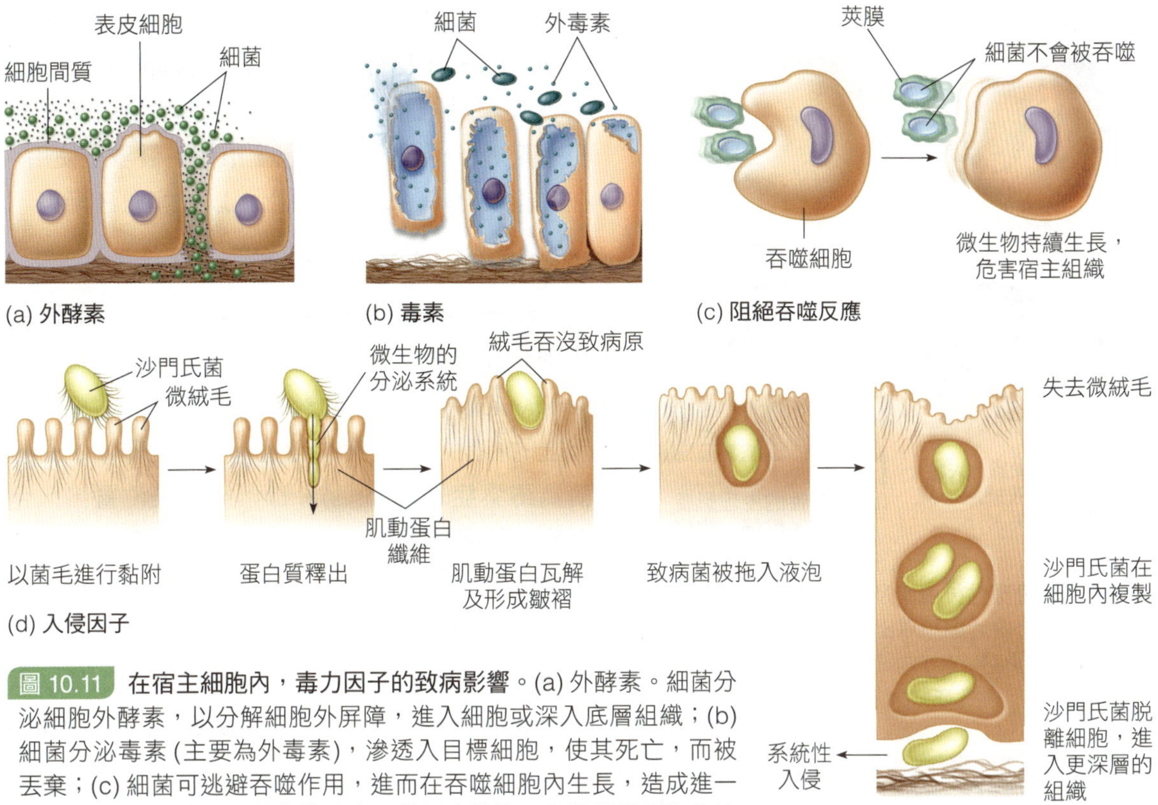

圖 10.11　**在宿主細胞內，毒力因子的致病影響。**(a) 外酵素。細菌分泌細胞外酵素，以分解細胞外屏障，進入細胞或深入底層組織；(b) 細菌分泌毒素 (主要為外毒素)，滲透入目標細胞，使其死亡，而被丟棄；(c) 細菌可逃避吞噬作用，進而在吞噬細胞內生長，造成進一步的感染；(d) 沙門氏菌藉著破壞肌動蛋白纖維而入侵腸道細胞的連續動作。細胞膜會形成一連串的皺褶，以包圍細菌，將細菌拖入細胞內。

進入宿主細胞內　有些致病原發展出一套分泌系統，可將特別的毒性蛋白插入宿主細胞內 (圖 10.11d)。沙門氏菌及大腸桿菌的毒性蛋白會破壞腸道細胞的肌動蛋白細胞骨架，讓細胞表面形成皺摺，使得致病原被拖入細胞內。一旦進入細胞內，致病原會在液泡內繁殖，利用此細胞深入更深層的組織。李斯特菌及志賀氏菌則會竊取肌動蛋白，利用肌動蛋白為移動胞器，而入侵細胞。

細胞外酵素

許多致病性的細菌、黴菌、原生生物及寄生蟲會分泌外酵素 (exoenzyme)，以破壞組織的結構。有些酵素會分解宿主的防禦屏障，加速微生物散布到體內的更深處。舉例說明如下：

1. 黏蛋白酶 (mucinase)，可分解黏膜表面的保護層，是痢疾阿米巴的一個入侵因子。
2. 角質酶 (keratinase)，可分解皮膚及頭髮的主要成分，是造成輪癬的真菌所分泌。
3. 膠原蛋白酶 (collagenase)，分解結締組織的主要成分，是梭狀芽孢桿菌及一些寄生蟲的入侵因子。
4. 玻尿酸酶 (hyaluronidase)，分解玻尿酸，玻尿酸是將動物細胞黏在一起的基底物質。這酵素是葡萄球菌、梭狀芽孢桿菌、鏈球菌及肺炎球菌的重要毒力因子 (圖 10.11a)。

有些酵素會與血球的成員作用。致病性葡萄球菌會分泌凝固酶 (Coagulase)，造成血球或血

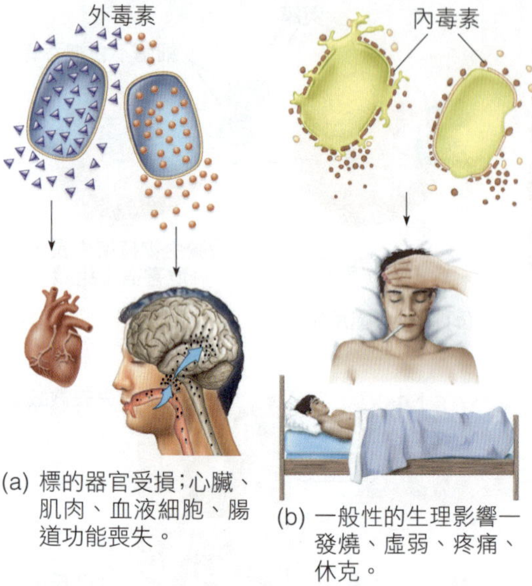

(a) 標的器官受損；心臟、肌肉、血液細胞、腸道功能喪失。

(b) 一般性的生理影響—發燒、虛弱、疼痛、休克。

圖 10.12 循環性外毒素及內毒素的起源及影響。 (a) 外毒素，由活細胞釋出，攻擊特定的細胞，造成生理上的影響；(b) 內毒素，當革蘭氏陰性菌的細胞壁破損，會造成較大規模的生理影響。

漿的凝集。另一方面，細菌的激酶 [鏈球菌激酶 (streptokinase) 及葡萄球菌激酶 (staphylokinase)] 則會破壞纖維蛋白的凝集，促進壞損組織的侵害。事實上，鏈球菌激酶已上市作為醫療上使用。在血栓或栓塞[11] 的病人身上，以分解血液凝集。

細菌毒素：有毒產物

毒素 (toxin) 是細菌、植物及一些動物的特別化學產物，用以毒殺其他的生物。**產毒性** (toxigenicity) 是產生毒素的能力，是一些細菌基因上的特點，對疾病的發生有不良的作用，一般稱為**毒素症** (toxinoses)。毒素從感染位置滲入到血液，就稱為**毒血症** (toxemias)(破傷風及白喉)，因為攝食而中毒稱為食物中毒 (intoxications，如肉毒桿菌中毒)。毒素會因其作用而命名：神經毒素 (neurotoxins) 作用在神經系統；腸毒素 (enterotoxins) 作用在腸道；溶血毒素 (hemotoxins) 作用在紅血球；腎毒素 (nephrotoxins) 傷害腎臟。

一種更傳統的細菌毒素分類法是依其起源 (圖 10.12)。**外毒素** (exotoxin) 是活菌分泌，釋放至被感染的組織。**內毒素** (endotoxin) 存在於菌體，當菌體遭到破壞，內毒素才會有作用。其他重要的不同點表列於表 10.8。

外毒素對特定細胞的針對性極強，也很有效，有時甚至會致死。通常是藉著破壞細胞膜，

表 10.8 細菌外毒素及內毒素特性的差異

特點	外毒素	內毒素
毒性	小量即有毒性	較大劑量才有毒性
在身體的作用	針對特定的細胞 (血液、肝臟、神經)	系統性；發燒、發炎、虛弱、休克
化學組成	小蛋白	細胞壁的脂多醣
在 60°C 熱變性	不穩定	穩定
類毒素的形成	可轉變為類毒素 *	無法轉變為類毒素
免疫反應	刺激抗毒素 **	不會刺激抗毒素
發燒	通常不會	會
釋放方式	由活細胞釋出	細胞分解時，由細胞壁釋出
來源	少數的革蘭氏陽性及陰性菌	所有的革蘭氏陰性菌
疾病舉例	破傷風、白喉、霍亂、炭疽病	腦膜炎、內毒素休克、沙門氏菌症

* 一種去活化的毒素，用做疫苗。
** 抗毒素是因應特定毒素所產生的抗體。

11 這些情況都是血管內血液凝集，造成循環堵塞。

造成細胞分解，或擾亂細胞內的功能，而導致細胞膜破損 (圖 10.11b)。**溶血毒素** (hemolysins)[12] 是一種外毒素，會破壞紅血球的細胞膜 (有些細胞也會受影響)。紅血球破損，導致血紅素溶出，就是**溶血** (hemolyze)。溶血毒素會增加致病性，包括化膿性鏈球菌的鏈溶素 (streptolysins) 及葡萄球菌的 alpha (α) 及 beta (β) 毒素。培養於血液培養盤的細菌產生溶血素，會在菌落周圍形成區隔圈。溶血的樣態可用以區別細菌種類及其致病力。

白喉、破傷風及肉毒桿菌的外毒素會附著特定的標的細胞，被吞入細胞內，干擾細胞必要的路徑，細胞破壞的影響視標的而定。

有一類外毒素稱為 **A-B 毒素** (A-B toxin，圖 10.13)。會如此命名是因為這毒素由 A (活性區) 及 B (結合區) 兩部分組成。B 部分結合到宿主細胞表面的特定接受器，之後，A 部分被移動穿越細胞膜進入細胞內，通常是 A 部分會干擾細胞正常的蛋白合成。蛋白無法正常作用，就會造成特定細胞或組織損壞。

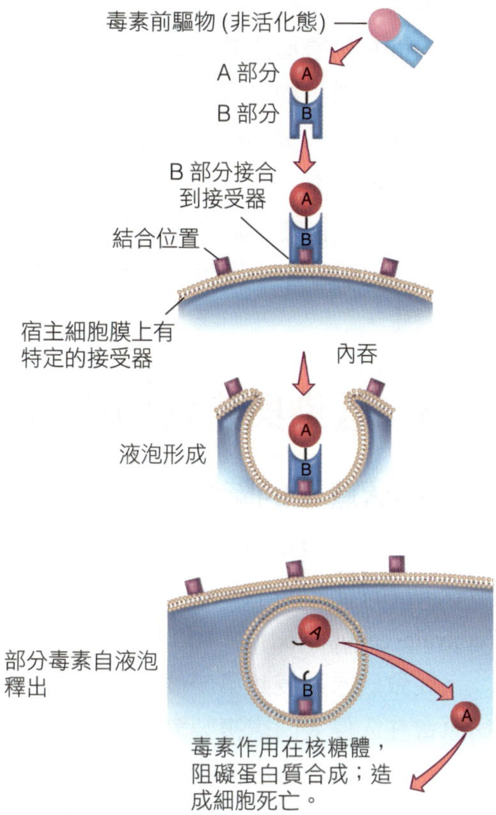

圖 10.13 **白喉棒狀桿菌 (*Corynebacterium diphtheria*) 的 A-B 毒素的作用。**B 部分結合到細胞膜的特定接受器，毒素被內吞入液泡中。AB 兩部分分離，A 部分釋放入細胞質，阻斷正常細胞功能所需的蛋白質的合成。這毒素對細胞破壞性高，特別是心臟及神經系統。

破傷風梭狀芽孢桿菌 (*Clostridium tetani*) 的毒素會阻斷脊髓神經的活動；肉毒梭狀芽孢桿菌 (*Clostridium botulinum*) 的毒素會干擾神經肌肉刺激的傳導；百日咳毒素會讓呼吸道纖毛不活動；霍亂毒素會招致大量的鹽及水分由腸道細胞流失。更多外毒素的致病性詳述於後面的章節 (見圖 16.9 及 18.14)。

不同於外毒素，內毒素只有單一種類，就是脂多醣 (lipopolysaccharide, LPS)，是革蘭氏陰性菌外膜的一種成分。革蘭氏陰性菌造成感染時，有些菌體會分解，而將脂多醣釋放至被感染的部位或進入循環。內毒素與外毒素不同的是，內毒素通常會造成組織或器官各種系統性的影響。端視所呈現的量，內毒素會造成發燒、發炎、溶血及下痢。沙門氏菌、志賀氏菌、腦膜炎奈瑟氏菌及大腸桿菌造成的血液感染，非常危險，因為會造成致死性內毒素休克 (見第 17 章)。

器官及身體系統的感染效應

致病原的酵素、毒素、其他因子及複製繁殖等不良效應，都會弱化宿主的組織。致病原可以導致管狀結構阻塞，例如血管、淋巴管、輸卵管及膽管。累積的破壞會導致細胞及組織的死亡，稱為**壞死** (necrosis)。病毒不會產生毒素或破壞性酵素，病毒是以大量複製及溶解細胞，來破壞細胞。很多病毒感染的細胞病變是代謝異常及細胞死亡所造成的 (見第 5 章)。

12 *hemolysins* 溶血 (hee-mahl′-uh-sinz)。拆字：*hemo* 血液；*lysin* 裂開。

酵素及毒素這些毒力因子會對細胞、組織及器官造成危害。值得注意的是，有些微生物型疾病是間接傷害造成的，或是宿主過度或不當的反擊所致。也就是說，疾病不單是微生物造成的，宿主與微生物之間的交互作用也會對病情有影響。肺炎鏈球菌的莢膜就是個好例子。它的存在可避免細菌被肺部的吞噬細胞清除，但會使白血球發動強大的發炎反應，導致體液湧入肺部間隙形成肺炎。

研究微生物的毒素或酵素直接造成的傷害是較容易的，因此這些致病原必須先被清楚了解。過去的 15 到 20 年，微生物學家已著手研究微生物與宿主間的交互作用，這會更有助於了解疾病的發生。

10.3 感染與疾病的後續

臨床感染的階段

宿主因應致病原的入侵及產毒活動所產生的反應，在感染及疾病的發生上可分成四期：潛伏期 (incubation period)、症狀前期 (prodromal stage)、侵犯期 (period of invasion) 及復原期 (convalescent period)(圖 10.14)。

從致病原入侵到第一個症狀出現，這段時間稱為**潛伏期** (incubation period)。在這段期間致病原會在入侵入口處複製繁殖，但數量還不夠造成危害。每一種微生物的潛伏期都相對容易界定及預期，但仍會因為宿主的防禦、毒性等級及入侵入口到標的器官的距離，而有所變化。潛伏期的長短因病而異，從數小時的肺炎性鼠疫，到數年的痲瘋病。多數感染的潛伏期多在 2 到 30 天。

感染最早出現可被注意到的病徵，可能是不舒服的模糊感覺，如痛、肌肉疼痛、疲勞、胃不舒服及疲累感。這段短時間 (1 至 2 天) 稱為**症狀前期** (prodromal stage)。致病原下一步就進入**侵犯期** (period of invasion)，此時致病原的複製數量到達高峰，毒力達到最強，並在標的器官站穩腳步。這段時間通常會有發燒及其他顯著的病徵，包括咳嗽、疹子、下痢、肌肉失去控制力、腫大、黃疸、出現分泌物、嚴重疼痛等，依感染不同而有所不同。時間長短也有很大的差異。

當病患開始對感染有所反應，症狀就會開始緩解，緩解的速度也不一定。這段時間稱為**復原期** (convalescent period)，病患的免疫反應開始清除感染原，受損的組織開始重建，病患就會漸漸恢復力氣及健康。若病患沒有復原而死亡，感染被認為終結了這一切。

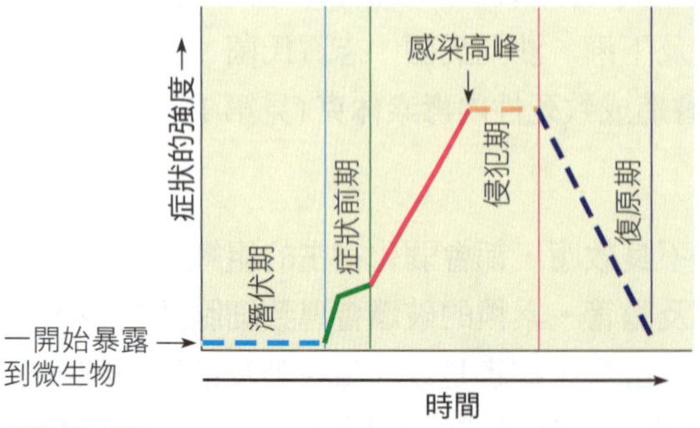

圖 10.14 **感染與疾病發展的階段**。虛線表示時間長短有不同的期間。

在這四階段，微生物各自有其基本的傳染力。少數的致病原 (痲疹) 在潛伏期就有傳染力，許多是出現在侵犯期 (志賀氏菌)，也有的在這四階段都具傳染力 (B 型肝炎)。

感染模式

感染模式多且變化大。最簡單的狀況是**局部感染** (localized infection)，微生物入侵身體，

停留在特定的組織 (圖 10.15a)。局部感染的例子有膿腫 (boils)、黴菌的皮膚感染及疣 (warts)。

許多感染原不會停留在局部位置，而會從原來感染的入口散布到其他組織。事實上，散布對如狂犬病毒及 A 型肝炎病毒而言，是必須的，因為它們的入侵入口到致病組織，還有一段距離。狂犬病毒從咬傷的傷口進入，沿著神經上行，它的標的器官是腦；A 型肝炎病毒則會從腸道，藉著循環系統到達肝臟。致病原通常會藉著血液系統，散布到其他位置或組織，稱為系統性感染 (systemic infection，圖 10.15b)。系統性感染的例子，在病毒性疾病有麻疹、德國麻疹、水痘及 AIDS；細菌性疾病有布魯氏菌症、炭疽病、傷寒及梅毒；黴菌性疾病有組織漿菌症及隱球菌症。致病原會順著神經 (狂犬病)，或腦脊隨液 (腦膜炎)，到達目的地。

病灶感染 (focal infection) 是致病原突破防線，在局部造成感染，或擴散至其他組織 (圖 10.15c)。這樣的感染有結核病及鏈球菌咽喉炎，後者還會進一步造成猩紅熱。這種情況稱為毒血症 (toxemia)[13]，指感染仍停留在入侵入口，但致病原所產生的毒素隨著血液到達標的組織。這樣會造成致病原與其毒素作用的位置不同。

感染不總是單一致病原造成。混合性感染 (mixed infection) 是多種致病原同時在感染位置建立感染 (圖 10.15d)。在一些混合感染或同步感染中，微生物合力破壞組織。有些混合感染是由一種微生物建立一種環境，讓其他種微生物可以入侵。氣性壞疽、傷口感染、蛀牙及咬傷都容易形成混合性感染。這又被稱為多種微生物 (polymicrobial) 疾病，可能會在感染位置形成生物膜。

有些疾病的發生是相關感染的後續。起始發生初級感染 (primary infection)，之後由另一種

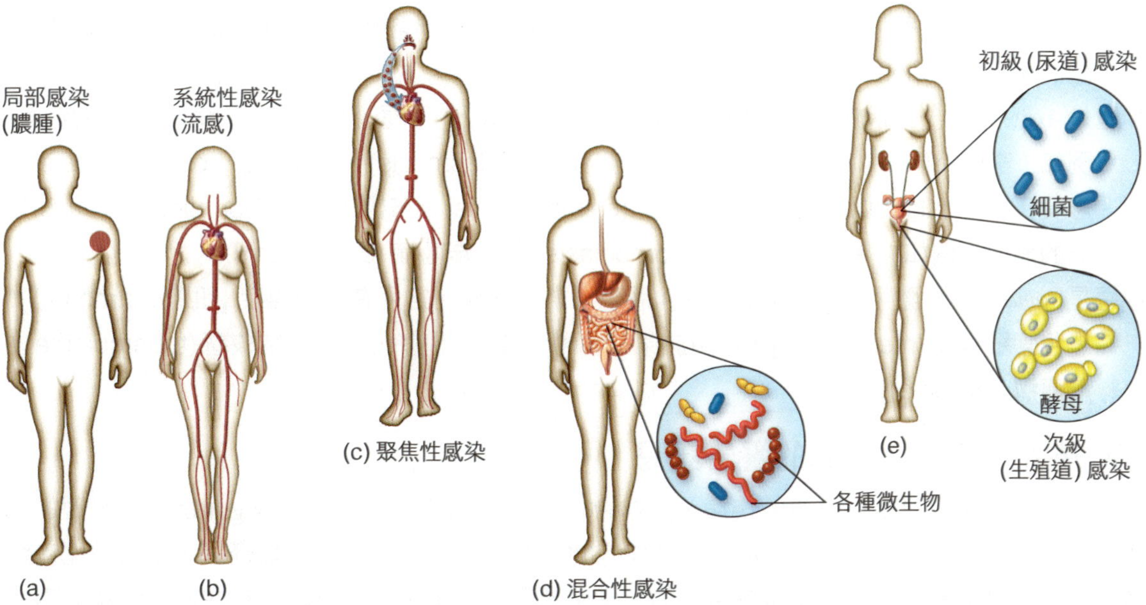

圖 10.15　感染的發生與位置及後續有關。(a) 局部感染：致病原局限於特定位置；(b) 系統性感染：致病原會隨著循環系統散布到幾個位置；(c) 聚焦性感染的發生初始是一種局部感染，但情勢發展也可能讓微生物被帶到系統的其他位置；(d) 混合性感染：同一時間，數種微生物造成一處的感染；(e) 初級與次級感染，初級感染在相同或不同位置併發次級感染，並由不同的微生物造成。

13 勿與妊娠毒血症混淆，其為一種代謝障礙而非感染。

微生物再造成感染，這稱為次級感染 (secondary infection，圖 10.15e)。這情況常發生於兒童，初級感染為水痘，之後由金黃色葡萄球菌形成次級感染。另一個例子是發生在老年人，流感形成的次級感染是肺炎。次級感染不一定會與初級感染發生在同一個位置，但通常顯示宿主的防禦力改變了。

如果感染發生快速且嚴重，也很快結束，稱為急性感染 (acute infections)。如果感染經歷了一段長時間，就稱為慢性感染 (chronic infections)。感染與疾病的名詞指引 (Terminology of Infection and Disease) 說明了感染性疾病的常用名詞。

感染與疾病的名詞指引

醫用名詞通常精簡、有力。一個專有名詞常可取代一整個片語或句子，以便在病歷上書寫時可以省時也省空間。新生看到這堆新名詞常覺得不堪負荷，但了解一些字根及解剖學名詞，可有助於學習這些字，或是可推斷一些不熟悉的字。以下有些例子。

字尾是 *-itis*：發炎；當一個解剖名詞字尾加上 itis，指這個解剖位置有發炎反應。因此，腦膜炎 (meningitis) 指圍繞著腦部的腦膜有發炎情況；腦炎 (encephalitis) 則是腦部發炎；肝炎 (hepatitis) 是肝臟發炎；腸胃炎 (gastroenteritis) 發生在腸道；中耳炎 (otitis media) 是中耳發炎，雖然不是所有的發炎都是感染造成的，但許多感染性疾病會在標的器官發炎。

字尾是 *-emia*：從希臘字 haeima 而來，意指血液。加在字尾，表示與「血液相關」。敗血症 (septicemia) 指感染發生於血液中，發生敗血症 (sepsis)；細菌血症 (bacteremia) 指血液中有細菌；病毒血症 (viremia) 是病毒在血液中；黴菌血症 (fungemia) 是黴菌在血液中。有時也會用在較特別的地方，例如：毒血症 (toxemia)、淋球菌血症 (gonococcemia)、螺旋體血症 (spirochetemia)。

字尾是 *-osis*：表「一種疾病或病態的過程」。常加在致病原的字尾，表示是此致病原造成的疾病，例如：李斯特菌症 (listeriosis)、組織漿菌症 (histoplasmosis)、弓漿蟲症 (toxoplasmosis)、志賀氏菌症 (shigellosis)、沙門氏菌症 (salmonellosis)、布魯氏菌症 (borreliosis)。*-iasis* 是它的變型，例如：陰道滴蟲症 (trichomoniasis) 及念珠菌症 (candidiasis)。

字尾是 *-oma*：從希臘字 onkomas (腫大) 而來，意指腫瘤。常用在描述癌症 [肌瘤 (sarcoma)、黑色素細胞瘤 (melanoma)]，也用於某些會導致腫塊或腫大的疾病 [結核瘤 (tuberculoma)、痲瘋瘤 (leproma)]。

徵兆及症狀：疾病的警告訊息

當感染造成病理變化而導致疾病，通常會伴隨著徵兆及症狀。徵兆 (sign) 是疾病客觀的證據，可被旁人觀察到；症狀 (symptom) 是疾病的主觀證據，病人自身的察覺。徵兆通常比症狀準確，也多可量測。兩者都是疾病造成的。當腦部發生感染，徵兆是細菌存在於腦脊髓液中，症狀是頭痛。發生鏈球菌感染，喉嚨痛是症狀，喉嚨發炎是徵兆。疾病的指標可以被感覺及觀察，以被報告的方式來決定是徵兆或症狀。當疾病被明確的徵兆及症狀所確認時，就稱為症候群 (syndrome)。表 10.9 羅列了診斷感染性疾病的重要徵兆及症狀。

發炎的徵兆及症狀

因為活化了身體的防禦，成為疾病最早形成的症狀，稱為發炎 (inflammation)[14]。發炎反應包含細胞及化學物質，這些都是組織損傷時所引發的非特異性反應。第 11 章有較深入的探討，值得注意的是，系統性地動員造成感染的徵兆及症狀。發炎的一般症狀包含了發紅、疼痛、痠痛及腫大。發炎的徵兆包括水腫 (edema)[15]，體液累積在被影響的組織；肉芽腫 (granulomas) 及膿腫 (abscesses)，發炎的細胞及微生物被隔離在組織內；淋巴結發炎 (lymphadenitis)，淋巴結腫大。

表 10.9　感染性疾病常見的徵兆與症狀

徵兆	症狀
發燒	發冷
敗血症	疼痛、刺激
體液中有微生物	噁心反胃
胸腔有異音	全身無力、疲勞
皮膚異常出疹	胸部緊張
白血球增多症	癢
白血球低下症	頭痛
淋巴結腫大	虛弱
囊腫	腹部抽筋
心跳過快	厭食
血清中有抗體	喉嚨痛

皮膚出現疹子，是許多疾病常見的徵兆及症狀，因為疹子的相似度高，因此想單靠疹子的樣態確定疾病，是有困難的。感染或疾病發生的位置稱為病灶 (lesion)[16]。皮膚的病灶發生於表皮、表皮的腺體及毛囊，也可能蔓延至真皮組織或皮下組織。有些感染的病灶隨著疾病的進程，會出現典型的改變及發生位置，因此會切合於多個分類中。

血液感染的徵兆

循環的白血球數量改變，被認為是感染可能的徵兆。白血球增多症 (leukocytosis)[17] 指白血球數量增加，白血球低下症 (leukopenia)[18] 指白血球數量減少。感染的其他徵兆圍繞著微生物的發生及其產物，存在於血液中。血液感染的名詞，敗血症 (septicemia)，指的是血液中有大量複製的微生物。若血液中的細菌或病毒數量不多，正確的名詞會是細菌血症 (bacteremia) 或病毒血症 (viremia)，意指微生物存在於血液中，但沒有必要性的複製繁殖。

感染時，正常的宿主必定會有免疫反應發生，可能是血清中抗體的形成，或針對微生物，某些免疫形態變敏感了。在診斷感染性疾病，如 HIV 感染或梅毒，就有多種血清學試驗可執行。有些特殊的免疫反應是身體因應致病原，而特別發展出來的。我們將在第 11 及 12 章詳細介紹。

被忽略的感染

感染發生時，即使微生物活躍於宿主組織中，通常不太會產生會被注意到的症狀。一些例子中可看到感染發生時，並沒有顯現明顯的指示。感染的性質是無症狀 (asymptomatic)、臨床症狀不明顯的 (subclinical) 或沒顯現，是病人沒有感受到疾病的症狀，也就不會受到醫療系統的矚目了。但需注意的是多數的感染是會有些可被偵測到的徵兆。在第 10.4 節，我們將針對在致病原的傳染時，述及無症狀感染的意義。

---

14 *inflammation* 發炎 (in-flam-aye′-shun)。拉丁文：*inflammation* 燃燒。

15 *edema* 水腫 (uh-dee′-muh)。希臘文：*oidema* 腫大。

16 *lesion* 病灶 (lee′-zhun)。拉丁文：*laesio* 受傷。

17 *leukocytosis* 白血球增多症 (loo″-koh′-sy-toh′-sis)。源自於 *leukocyte* 白血球，在其字尾加上 -osis。

18 *leukopenia* 白血球低下症 (loo″-koh′-pee′-nee-uh)。源自於 *leukocyte* 及 *penia*，失去或缺少。

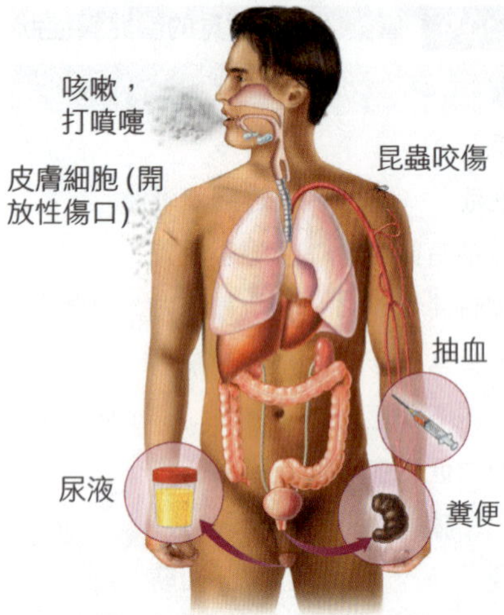

圖 10.16 **感染性疾病的主要出口。** 致病原藉著分泌物、排泄物或流出液脫離身體。

出口：放棄宿主

先前介紹過一個概念，不成功的寄生是指無法從一個宿主離開，侵入下一個宿主。多數致病原會從特定的通道離開，稱為出口 (portal of exit，圖 10.16)。通常致病原會藉著分泌物、排泄物、流出液或壞死脫落組織，而離開宿主。在這些物質中所帶有的大量致病原，增加了毒性及感染下一個宿主的可能性。有些致病原入侵入口與出口相同，有些則不同。下一章節可見到流行病學家很重視出口，因為這關乎到感染在族群中的傳播。

呼吸及唾液出口

黏液、痰、鼻腔分泌物及其他黏性分泌物是致病原感染呼吸道的逃脫液體。最有效的逃脫方式是咳嗽及打噴嚏 (見圖 10.19)，雖然它們也可以藉著說話或大笑脫離。液狀小粒進入空氣中，會形成氣霧或小滴，可將致病原傳播給其他人。結核病、流感、痲疹及水痘最常藉著氣霧小滴脫離宿主。造成腮腺炎、狂犬病及感染性單核球增多症等的病毒會藉著口水脫離宿主。

表皮細胞

皮膚及頭皮的最外層會持續脫落。家中多數的灰塵都帶有皮膚細胞。一個人平均一天可有數百萬個表皮細胞脫落，被稱為散布者 (shedders) 的人更會藉此散布大量的細菌到環境中。在疣、黴菌感染、囊疱、單純疱疹、天花及梅毒，皮膚病灶及流出液都是出口。

糞便排出

糞便是很重要的脫離出口。有些腸道致病原在腸道黏膜生長，造成發炎反應，而增加了腹腔的運動。這增加的運動加速蠕動，導致下痢，含水量較大的糞便加速致病原的脫離。多數的蠕蟲會將牠們的囊胚及卵排放至糞便中。帶有致病原的糞便污染飲用水或給農作物施肥時，就會造成公共健康問題。

泌尿生殖道

性傳播的致病原會藉著陰道分泌物或精液脫離宿主。通常也會造成新生兒的感染，如單純疱疹、披衣菌及白色念珠菌，在新生兒通過產道時造成感染。少數的一些致病原感染腎臟，就會藉著尿液脫離宿主，例如：造成鉤端螺旋體症、傷寒、結核病及血吸蟲病的致病原。

藉著血液或出血而脫離

雖然血液不是直通外界的管道，但在人為的血管穿刺時，就會形成脫離管道。會吸血的蜱及蝨子就是致病原常見的傳播者。HIV 及肝炎病毒會藉著共用針頭而傳播，或在性接觸時因為黏膜的磨損而傳播。

由於許多微生物會藉著捐血而傳染，監測捐血者及捐出的血液必須一絲不苟的執行。1980

年代中期，數千名血友病患因為輸入了被病毒污染的凝血因子，而感染了 HIV。輸血造成感染的機率約為千萬分之一。輸血還會增加一些未被偵測的致病原的感染機會，如西尼羅病毒 (West Nile virus) 及錐蟲病 (Chagas disease)。

微生物的延續及致病情況

宿主的復原不總是表示微生物完全被防禦系統清除或分解。一些慢性感染的初期症狀發生後，致病原會進入一種稱為**潛伏** (persistence 或 latency) 的階段。有些潛伏的例子會週期性地活化，造成疾病的復發。單純疱疹病毒、帶狀疱疹病毒、B 型肝炎病毒、AIDS 及 Epstein-Barr 病毒都會長期的潛伏於宿主體內。梅毒、傷寒、結核病及瘧疾也都有潛伏期。病患攜帶進入潛伏期的致病原可能會，也可能不會釋出。一旦釋出，這個病人就成為慢性帶原者，作為感染其他人的源頭。

有些疾病會留下**後遺症** (sequelae)[19]，可能是長期或永久性地傷害器官或組織。例如：腦膜炎的後遺症是耳聾，鏈球菌造成喉嚨的感染，後遺症是風濕型心臟病，萊姆病會造成關節炎，小兒麻痺會導致癱瘓。

10.4 流行病學：疾病在人群中的研究

到目前為止，我們探討了發生在個人身上的感染性疾病。接著將焦點放在群體中疾病的影響—**流行病學** (epidemiology)[20] 的領域。這個名詞涵蓋了群體中，疾病的頻率、發生範圍及其相關的健康因子等的研究。這牽涉到許多學科 (微生物學、解剖學、生理學、免疫學、醫學、心理學、社會學、經濟學及統計學)，所探討的疾病也不只是感染性疾病，還有心臟病、癌症、藥物成癮及精神疾病。

流行病學家是醫學偵探，收集致病原、病理、來源及傳染模式的線索，在群體中追蹤疾病的病例數及分布性。為了滿足這些要求，流行病學家問了有關疾病的人事時地物如何、為何及發生了什麼 (who、when、where、how、why 及 what)。這些研究的結果有助於公共健康部會執行預防及治療的計畫，也建立預測機制。

感染性微生物的源頭及傳播

儲存處：致病原的居所

流行病學的一個重要考量是，致病原的起源處及傳播方式。疾病爆發的每一個線索面向，都需要詳細檢視。

致病原能一直存在並散布出去，必定有一個永久的儲存所在。**儲存處** (reservoir) 是自然界中的第一個棲息地，致病原的起源。人類、動物、土壤、水及植物都會是微生物的儲存處。儲存處與**感染原** (infection source) 不一定是一樣的，感染原是直接散布，造成感染。梅毒的儲存處與感染原是一樣的 (人體)；A 型肝炎的儲存處是人體，感染原是受污染的食物。

19 *sequelae* 後遺症 (su-kwee′-lee)。拉丁文：*sequi* 接著。
20 *epidemiology* 流行病學 (ep″-ih-dee-mee-alh′-uh-gee)。希臘文：*epidemio* 流行的。

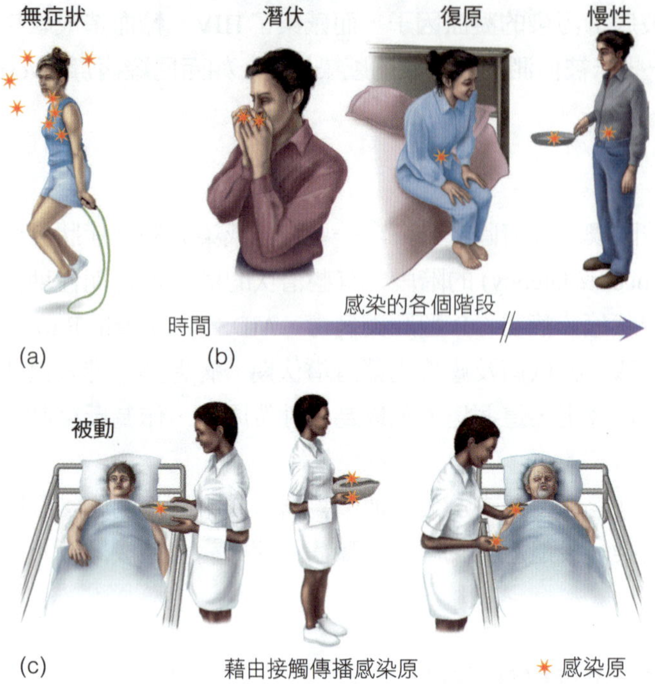

圖 10.17 **帶原者參與感染原的傳播**。(a) 無症狀的帶原者被感染，但無症狀；(b) 潛伏性、復原性及慢性帶原者可以在症狀期間的前後傳播感染；(c) 被動帶原者是被致病原污染，並不是被感染，藉著物理性接觸散播致病原。

活體儲存處

許多致病原能持續存在及散布，是因為有個宿主族群在保存它們。無症狀感染的人或動物就會是明確的感染來源，**帶原者** (carrier) 的定義不同，帶原者會不被查覺地釋出致病原，在沒人注意到的情況下，造成旁人的感染。人類帶原者很偶爾地會經由例行的篩檢或其他流行病學的設計被偵測到，大多數的情況下，帶原者並不容易被發現及控制。如果致病原的儲存處一直處於帶原者的狀態，這個疾病就會一直存在於群體，疫情就需要持續治療。帶原者狀態的時間長短不一，帶原者本身也有可能沒經歷過這微生物造成的疾病。

很多情況會形成帶原者狀態。被感染的**無症狀帶原者** (asymptomatic carriers)，在被偵測到前，並無症狀顯現 (圖 10.17a)。少數無症狀感染 (例如淋病及生殖道疣) 沒有明顯的表現而被完整記錄。圖 10.17b 表現三類帶原者，致病原的感染沒有跡象，同時也會造成傳染。潛伏帶原者 (incubation carriers) 是在潛伏期時即可傳播致病原。例如被 HIV 感染的人可以庇護及傳播病毒，直到第一個症狀出現。復原而無症狀的病人若能傳播致病原，導致他人感染，就稱其為復原帶原者 (convalescent carriers)。白喉患者在病情消退後 30 天，仍有能力散布致病原。

若在疾病緩解一段長時間之後，仍有能力散布致病原，就稱為慢性帶原者 (chronic carriers)。結核、肝炎及疱疹的感染，復原後很容易長時間帶著致病原，進入慢性帶原的狀態。傷寒病患約有 20 分之一的機會能讓傷寒沙門氏菌 (*Salmonella typhi*) 潛藏於膽囊，長達數年，甚至有人是終生。最有名的例子是「傷寒瑪莉」(Typhoid Mary)，她是一名廚師，在二十世紀初，將傷寒傳染給數百人。

被動帶原者 (passive carrier) 在疾病期就需非常小心 (見後面章節的院內感染)。醫療或牙醫人員需要處理來自病患的組織切片或血液檢體，這些都帶著致病原的污染，因此也有機會將致病原傳播給其他人 (圖 10.17c)。正確地洗手、處理檢體及無菌的技術，都會降低這些風險。

以動物為儲存處及來源　目前為止，我們都將動物與人類一起當作活體儲存處及帶原者來討論，但是動物有個特別的角色，就是感染的媒介。**媒介** (vector) 這個字，流行病學家用來指一個活體，會將一致病原從一個宿主傳給另一個宿主 (這個字有時被誤用在傳播疾病的其他物件上)。主要的媒介是節肢動物，如跳蚤、蚊子、蒼蠅及蜱，大型的動物也會傳播感染，如哺乳類動物 (狂犬病)、鳥類 (鸚鵡熱) 或低等脊椎動物 (沙門氏菌症)。

蚊子

傳統上，依動物與微生物的關係，將媒介分成兩類。**生物型媒介** (biological vector) 主動參與在致病原的生活史中，在致病原的複製或完整的生活史中扮演一個角色。生物型媒介將致病原藉由叮咬、氣霧形成或接觸，傳給人類宿主。叮咬型的媒介可以將帶致病原的唾液注入血液中 (蚊子)、排便在叮咬的傷口邊 (跳蚤) 或是將血液回流入傷口 (采采蠅)。

蒼蠅

機械型媒介 (mechanical vectors) 不需進入致病原的生活史，只需傳播，不用被感染。動物的外表因物理性接觸，而被致病原污染了。這致病原再間接藉由食物，或是直接接觸 (造成眼睛的感染) 傳染給人。家蠅就是個惡名昭彰的機械型媒介。它們在腐敗的垃圾及糞便上進食，腳及口器就被污染。它們也會反芻一些液體到食物，去軟化及消化它。蒼蠅可以散布至少 20 種細菌、病毒、原生生物及寄生蟲感染。其他不叮咬的蒼蠅傳播熱帶潰瘍、雅司病 (yaws) 及砂眼。蟑螂有一些同樣不好的習慣，扮演機械性媒介糞便中的致病原，也會導致氣喘兒童的氣喘發作。

許多媒介及動物儲存處散布他們自身的感染給人類。一個可以傳染給動物及人類的感染，就稱為**人畜共通感染** (zoonosis)[21]。在這些感染模式中，人類是感染史的最末端，不會再延續微生物的存在。有些人畜共通感染 (例如狂犬病) 會有多種宿主參與，另外則是在野外的循環非常複雜 (鼠疫)。人類與動物的緊密接觸會促進人畜共通疾病的傳播。生活在以動物為主的人們或戶外專家處於最大的風險。世上至少有 150 種人畜共通傳染疾病，將最常見的表列於表 10.10。人畜共通傳染疾病占新興傳染病的 70% 以上。值得注意的是要想清除人畜共通傳染疾病，必須連動物儲存處一併清除，才能完成，例如清除蚊子及一些囓齒類動物。2009 年 H1N1 流感盛行時，為了控制疫情散布，不當屠殺數千隻豬。

有一個技術使用在一些蚊子媒介的人畜共通傳染疾病的早期警示，就是使用哨兵動物 (sentinel animals)。通常是人類畜養的 (雞或馬)，牠們在很多疾病例如西尼羅熱、多種病毒性腦炎及瘧疾上都是宿主的角色。哨兵動物被放在社群的許多地方，牠們的血液定期被拿來監測抗體，以確認近期因蚊子叮咬而傳播的感染原。被感染動物的存在於人類暴露的可能性上提供了有用的資訊，它也協助建立人畜共通傳染疾病的流行病學上的模式，包括可能傳播的地區。

非活體儲存處

微生物明顯棲息在所有地方，包括土壤、水及空氣。雖然多數的微生物是腐生的，只會造成小傷害，甚至對人類有益，有些是伺機性感染，少數則是例行性的致病原。因為人類宿主一般都會接觸環境中的各種來源，就會從天然棲息地得到這些致病原，這也是流行病學上重要的證據。

土壤中有細菌、原生生物、寄生蟲及黴菌存在，也包括了它們的抗環境結構及發展中的各個階段，如孢子、囊體、卵及幼蟲。細菌致病原包括炭疽桿菌及一些會造成氣性壞疽、肉毒桿菌中毒及破傷風的梭孢菌。致病性黴菌，如球黴菌及孢漿菌會把孢子散布在土壤及灰塵中。鉤蟲 (*Necator*) 的侵襲期就存在土壤中。水中含有的養分比土壤少，但仍可支持一些致病原的存在，

21 *zoonosis* 人畜共通 (zoh″-uh-noh-sis)。希臘文：*zoion* 動物；*nosos* 疾病。

表 10.10 常見的人畜共通傳染疾病

疾病 / 致病原	初級動物儲存處	感染模式
病毒		
狂犬病	所有哺乳動物	叮咬；氣霧
黃熱病	野生鳥類、哺乳動物、蚊子	蚊子咬
病毒熱	野生哺乳動物	各種蚊子
漢他病毒	嚙齒類動物	空氣傳播的廢棄物傳染
流感	雞、豬	空氣的傳播分泌物
西尼羅病毒	野生鳥類、蚊子	蚊子咬
細菌		
洛磯山斑點熱	狗、蜱	蜱叮咬
鸚鵡熱	鳥類	空氣傳播分泌物
鉤端螺旋體病	家中畜養的動物	動物排泄物 (尿)
炭疽病	家中畜養的動物	空氣傳播孢子、皮膚接觸
布魯氏症	牛、羊、豬	空氣及食物傳播
鼠疫	囓齒動物、跳蚤	跳蚤叮咬；氣霧
沙門氏菌症	各種哺乳動物、鳥類、嚙齒動物	食物傳播
兔熱病	囓齒動物、鳥類、節肢動物	蜱叮咬、空氣傳播
其他		
輪癬	家中畜養的哺乳動物	皮膚接觸
弓漿蟲症	貓、囓齒動物、鳥類	食物傳播、接觸
錐蟲病	家中畜養及野生的哺乳動物	采采蠅、椿象
旋毛蟲病	豬、熊	吃入囊體
絛蟲	牛、豬、魚	吃入卵
疥瘡	家中畜養的動物	皮膚接觸

如退伍軍人桿菌 (*Legionella*) 隱孢子蟲 (*Cryptosporidium*) 及梨形鞭毛蟲 (*Giardia*)。

傳染原的獲得與傳播

感染性疾病可以依其感染的模式做分類。**傳播型的** (communicable) 疾病指被感染的宿主可以將致病原傳給另一個人，並在另一個人身上建立感染。雖然這是標準名詞，但不是所有微生物造成的疾病都是傳播型的，因此有時會用另一個字，*感染的* (infectious)。致病原可以直接或間接傳播，致病原造成疾病的狀態差異性大。如果此致病原是高傳染性的，特別是接觸型感染，這疾病就**具傳染性** (contagious)。流感及麻疹從一個宿主到另一個宿主傳播速度快，就形成傳染病，而痲瘋就是低度傳播性的。因為傳播型的會造成人群中的傳播，因此是以下章節的重點。

相反的，**非傳播型的** (noncommunicable) 感染性疾病是沒有致病原在宿主間傳播的。這樣的感染及疾病需透過其他特別的形式。非傳播型的感染主要發生在免疫妥協的人身上，可能是被自身的微生物叢入侵 (如肺炎)，或是偶然的接觸，讓存在於非活體儲存處，如土壤中的微生物，造成兼性寄生。一些黴菌症是藉由吸入黴菌的孢子；破傷風則是土壤中的破傷風桿菌入侵傷口，人們因此受到感染，但不會成為感染來源。

傳播型疾病的傳染模式

疾病傳染的模式及路徑很多，也很不同。疾病的傳播有直接或間接的接觸、有生命物或無生命物的接觸、垂直或水平傳染。水平傳染的意思是，疾病在人群中的傳播是一人傳給一人；垂直傳染的意思則是，疾病藉由卵子、精子、胎盤或母乳傳染給子代。微生物造成的傳染非常複雜，難以歸類。然而，本書還是簡易地將其歸成兩大類，顯示於圖 10.18：傳染是藉由直接路徑或是間接路徑，後者是指某些感染有輸送媒介存在。

直接傳染的模式　直接傳染的微生物，有些需要與染病者有皮膚或黏膜的直接接觸。可想像成致病原的出口與入口直接相通，沒有經由其他物質或路徑。這項分類中包括經由噴嚏或咳嗽造成的飛沫傳染 (與在空氣中形成小滴，而能有一段距離的傳播不同)。多數的性傳染病就是直接傳播。藉由親吻或生物型媒介叮咬的感染也是直接型。多數絕對寄生的致病原無法離開宿主而存活，因此也是直接接觸傳染。疾病垂直地由母親傳染給子代也屬此類。

間接傳染的模式　間接型的傳染是致病原需要從染病者，藉著中間輸送者將其送給另一個宿主。這種類型的傳播特別指因為受污染無生命物、食物或空氣造成感染。致病原的傳遞者可以是被

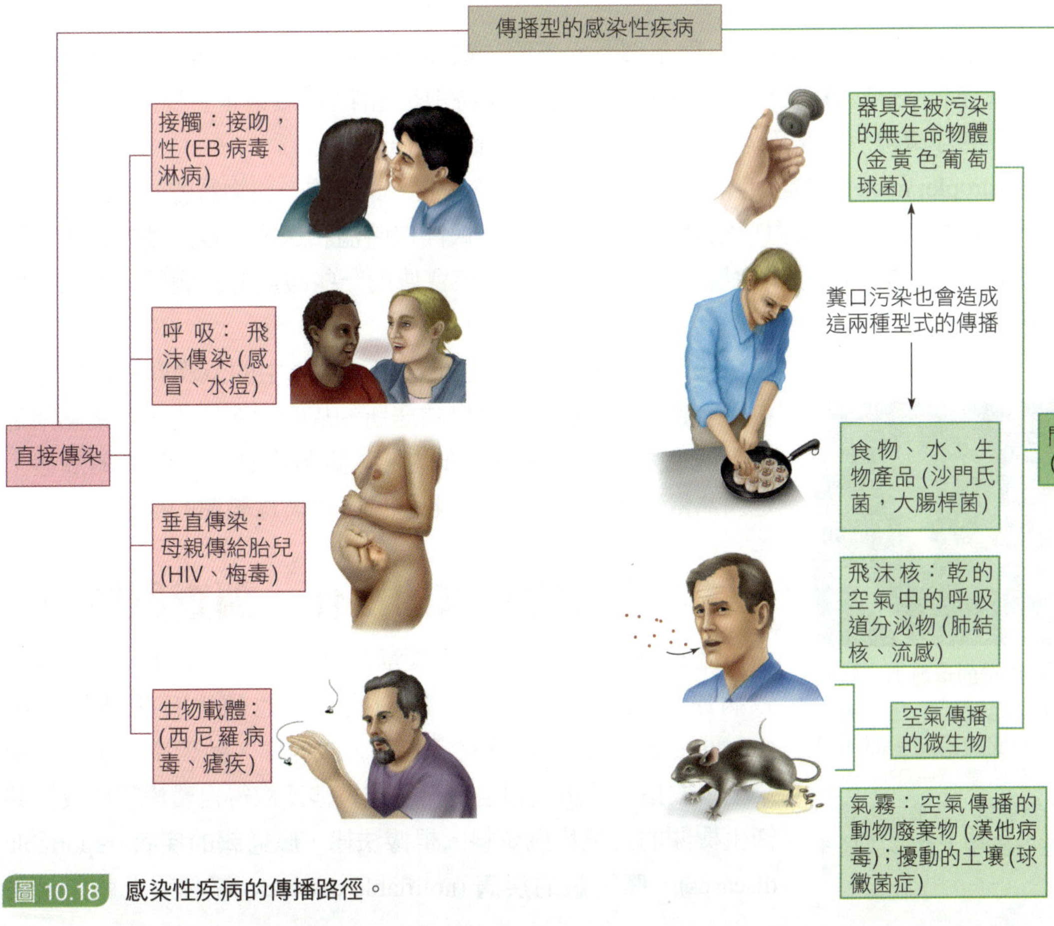

圖 10.18　感染性疾病的傳播路徑。

感染的或只是攜帶。

藉著媒介物傳播感染：受污染的物質 媒介物 (vehicle) 一詞特別指人類常使用的無生命物質，而會傳遞致病原。一個常見的媒介物 (common vehicle) 或來源 (source) 是單一物件，造成許多人感染的來源。有些特別的媒介物是食物、水、不同的生物製劑 (如血液、血清及組織) 及污染物。

污染物 (fomite) 是無生命物質，而可以儲存及傳遞致病原。其可能的名單長到無法想像。最常見的大概是門把、電話、按鈕、握把，會因為操作而污染。共用床具、手帕、馬桶墊、玩具、食具、衣物、個人物品或針具都是例子。雖然紙鈔都有用消毒劑處理過，以杜絕微生物，但仍可在紙鈔或硬幣上分離出致病原。

食物中毒的爆發通常食物就是個媒介物的角色。感染源的來源可以是土壤、操作者或機械媒介物。因為牛奶對微生物而言是極營養的培養基，所以從生病的動物、被感染的牛奶操作者及污染的環境因子傳遞致病原，是重要的方法。布魯氏症、結核病、Q 熱、沙門氏菌症及李斯特菌症都會藉著污染的牛奶，造成傳染。水也常因受到糞便或尿液的污染而帶有沙門氏菌、弧菌 (霍亂)、病毒 (A 型肝炎、小兒麻痺病毒) 及致病性原蟲 (鞭毛蟲、隱孢子蟲)。

有一種稱為糞口傳染 (oral-fecal route) 的傳染方式，經由食物的處理，將糞便污染物造成食物的污染，讓無辜的人吃下了污染。A 型肝炎、阿米巴痢疾、志賀氏菌症及傷寒熱就是這樣造成的。糞口感染的污染物也包括了玩具及尿布。它是間接感染中特別的一種，特別之處在於媒介物是因為接觸了糞便，再以某種方式進入某人的口中。

藉著媒介物傳播感染：空氣為媒介 與土壤及水不同，室外空氣無法提供養分讓微生物生長，較不適合傳遞空氣攜帶型致病原。另一方面，室內空氣 (特別是密閉空間) 會是一種重要的介質，藉由飛沫核及懸浮微粒，懸浮及疏散一些特定的呼吸道致病原。

飛沫核 (droplet nuclei) 是從口腔或鼻腔噴出的黏液及唾液，其中的一些物質乾燥後形成的。它們通常因打噴嚏或咳嗽，強力噴出 (圖 10.19)，或在一般開口時溫和送出。較大型的濕潤粒子會較快速落地，小一點的粒子則會懸浮一段時間。飛沫核會傳遞一些嚴重的致病原，例如結核菌及感冒病毒。

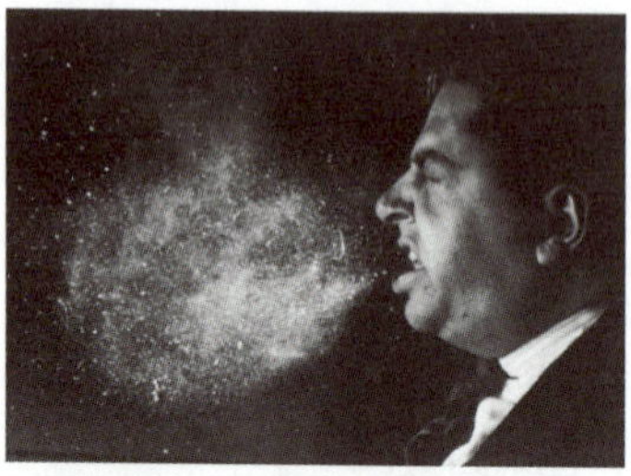

圖 10.19 **噴嚏的爆發力。**特別的攝影神奇地捕捉了在順暢的噴嚏中所形成的飛沫。即使只是用一隻手稍微遮一下，都會相當減少其影響。當飛沫乾燥，仍懸浮在空氣中，就形成飛沫核。

懸浮微粒 (aerosols) 是小灰塵或空氣中的濕潤顆粒的懸浮，會帶著致病原。Q 熱是從動物居所的灰塵散布出的，鸚鵡熱則是由生病鳥類的懸浮微粒散布的。球黴菌症 (肺部感染) 的爆發，是因為當地風揚起或挖掘揚起的塵土帶著球黴菌的孢子。

10.5 流行病學家的工作：調查與監視

流行病學家綜合思考本章所探討的所有因子：毒力、致病原的入口與出口及疾病的病程。他們也有興趣於監控 (surveillance)，也就是針對發生率、致病率、致死率、感染的傳染上，收集、分析及報告資料。監控涉及取得自醫療院所及公共衛生機關的大量病例資料。根據法律，應通報的疾病 (reportable diseases)、應注意的疾病 (notifiable diseases) 都必須上報所管轄的機關，其餘的疾病基本上則是自願的。

在地方、區、州、國家及國際間的個人及機構，都應形成良好的網絡系統，以追蹤感染性疾病。醫生及醫院應通報所有應注意的疾病，以引起關注。病例報告則是著重在單一個人或單一族群。

地方公共衛生機關首先收到病歷資料，即決定如何處理。多數的情況下，衛生機關官員會調查病患的病史及動向，以追蹤他們之前接觸的人，以儘早控制感染的擴散，可藉由藥物治療、免疫療法及教育來達成。在性傳染病，病患必須提供其伴侶的名字，才可被注意、檢測及治療。在這些報告中，保密是非常重要的。負責追蹤全國感染性疾病的政府官員是任職於喬治亞州亞特蘭大的疾病管控及預防中心 (CDC)，其為美國公共衛生部門之一。CDC 每週公布應注意的疾病《發病率與死亡率週報告》(*the Morbidity and Mortality Weekly Report*)，每週提供 50 種應注意及 65 種應通報的疾病及死亡的總數，強調重要不尋常疾病，呈現美國主要區域相關疾病的發生率。每個人都可以在 http://www.cdc.gov/mmwr/ 得到這些資料。最終，CDC 將這些統計資料提供給世界衛生組織 (World Health Organization, WHO) 以進行全世界的製表及管控。

流行病學的統計：病例的頻率

疾病的**盛行率** (prevalence) 是整個群體中，發現病例數的統計。通常以群體中的百分比來呈現，顯示疾病的常見程度。疾病**發生率** (incidence) 是計算一段時間內，群體總數中新發生病例數的百分比。這樣的統計也被稱為發病率，顯示那段時間感染這疾病的危險機率。方程式如下：

$$\text{盛行率} = \frac{\text{群體中的總病例數}}{\text{群體總人數}} \times 100 = \%$$

$$\text{發生率} = \frac{\text{新發生病例數}}{\text{易感染群眾總數}} \text{(通常通報為每十萬人的發生率)}$$

舉個例子，一班 50 位同學，暴露在新型流行性感冒病毒中。暴露前，盛行率與發生率都是 0 (0/50)。若一週中，有 5 人染病，盛行率為 10% (5/50)，發生率為 1/10。若一個月內多了 25 人罹病，盛行率為 30/50 = 60%，發生率為 25/50 或 5/10。

以 AIDS 的真實通報資料為例，1981 至 2011 年共有 1,200,000 病例，盛行率是 0.39%。2011 年有 50,007 例新病例，發生率為 19.1/100,000。

發生率與盛行率不同，通常都需要追蹤一季或年等一段長時間，才能看到趨勢 (圖 10.20)。流行病學家關心的統計是疾病的比例，與性別、種族或地區的相關性。**致死率** (mortality rate) 是另一個重要的統計，這是統計一個群體中，某個疾病導致死亡的比例。過去的一個世紀，全球疾病感染的死亡率是下降的，但**發病率** (morbidity)[22] 仍是相當高的。

監測統計讓定義群體中疾病的發生率變成可能。**區域性** (endemic) 指感染性疾病在一定區域內，統計一段長時間，會得到一個相對穩定的發生頻率 (圖 10.21a)。會有這樣區域特性化的原因通常是病原儲存處存在於局部的地方。例如，萊姆病 (Lyme disease) 局部發生在美國的一些地方，因為在這些地方才有媒介蜱 (tick vector)。每年在此地可預期有一定數字的新病例。當疾病

22 *morbidity* 發病率 (mor-bih'-dih-tee)。拉丁文：*morbidis* 生病，正處於生病的狀態中。

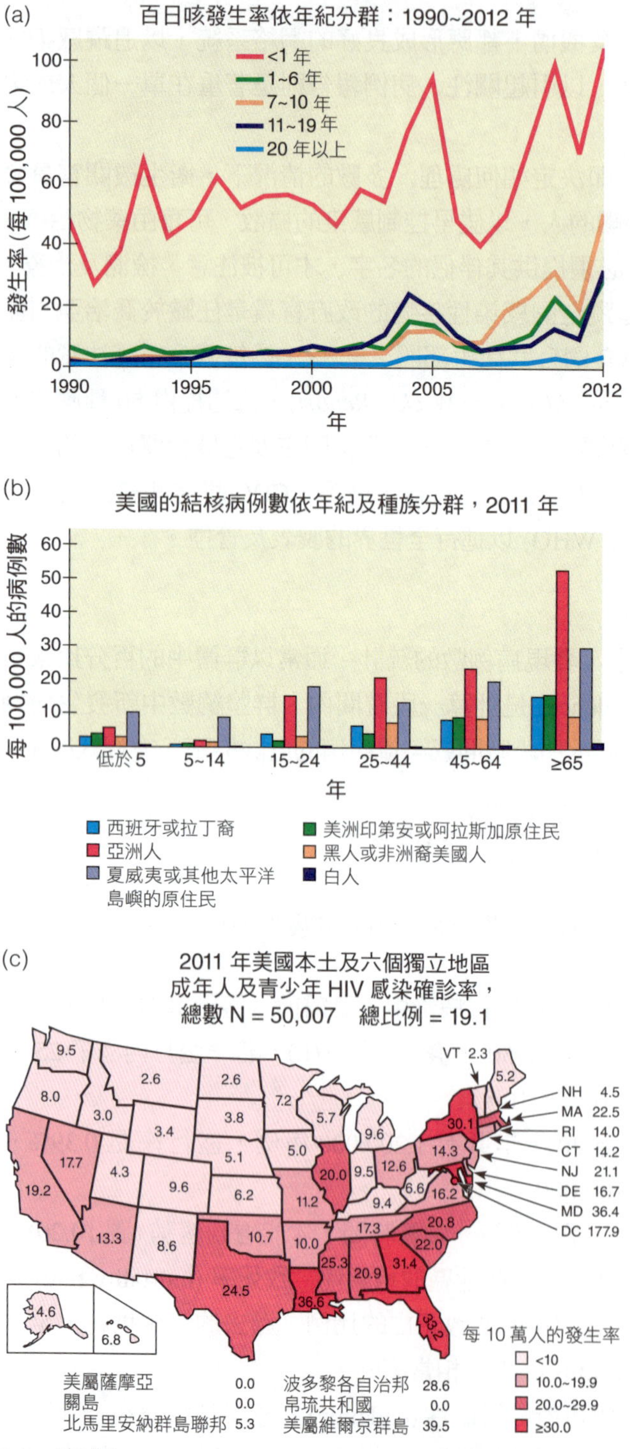

注意：此數據包括診斷出 HIV 感染的病人，和診斷時疾病的階段無關。

圖 10.20 CDC 分析的流行病學範例。(a) 百日咳的發生率，依照年紀分群追蹤 22 年；(b) 單一年度肺結核的發生率比較，以年齡及種族兩項因素來看；(c) 此地圖追蹤單一年度 HIV 感染的新病例。所有資料來源自 CDC。

是**偶發性的** (sporadic)，指偶發的疾病在隨機的地點、不規律的時間內發生 (圖 10.21b)。美國的破傷風及傷寒就是偶發性的疾病 (每年少於 500 個病例)。

當統計顯示新病例數增高到非預期的狀態，已不是區域性或偶發性的統計時，就稱為**流行性** (epidemic)(圖 10.21c)。流行性指在特定的群體，疾病有增加的趨勢。並不規範時間區間，時間範圍可以是食物中毒的數小時，到 STD、STI、淋病或梅毒的數年。

爆發 (outbreak) 與流行性，這兩個詞常被交替使用，但爆發通常描述在一個較小的區域內。在本章的案例研究中，案例剛開始被定位為爆發，隨著時間延長，案例數及發生範圍逐漸擴大，就到達流行性的等級了。其實並沒有一個明確的百分比規範流行性與爆發的確切區隔點。在美國有好幾個疾病到達流行性的等級，最近的例子是披衣菌及百日咳。

對爆發而言，一個有用的資料分析是，在時間範圍內呈現病例數於一張統計圖表中 (圖 10. A、B、C)。流行性疾病通常有以下三個模式之一：(1) **點源疫情** (point-source epidemic)，指致病原前後時間來自單一源頭；(2) **共源流行疫情** (common-source epidemic)，指所有病例暴露於相同的來源，感染發生一段時間；(3) **傳播疫情** (propagated epidemic)，指病例持續增加一段時間，表示屬於人傳人的疾病。

流行性疾病傳播至別的大陸，就成為**大流行** (pandemic)，就像 AIDS 及流感 (圖 10.21d)。

流行病學有一個真理稱為「冰山效應」(iceberg effect)，是指顯現的部分極

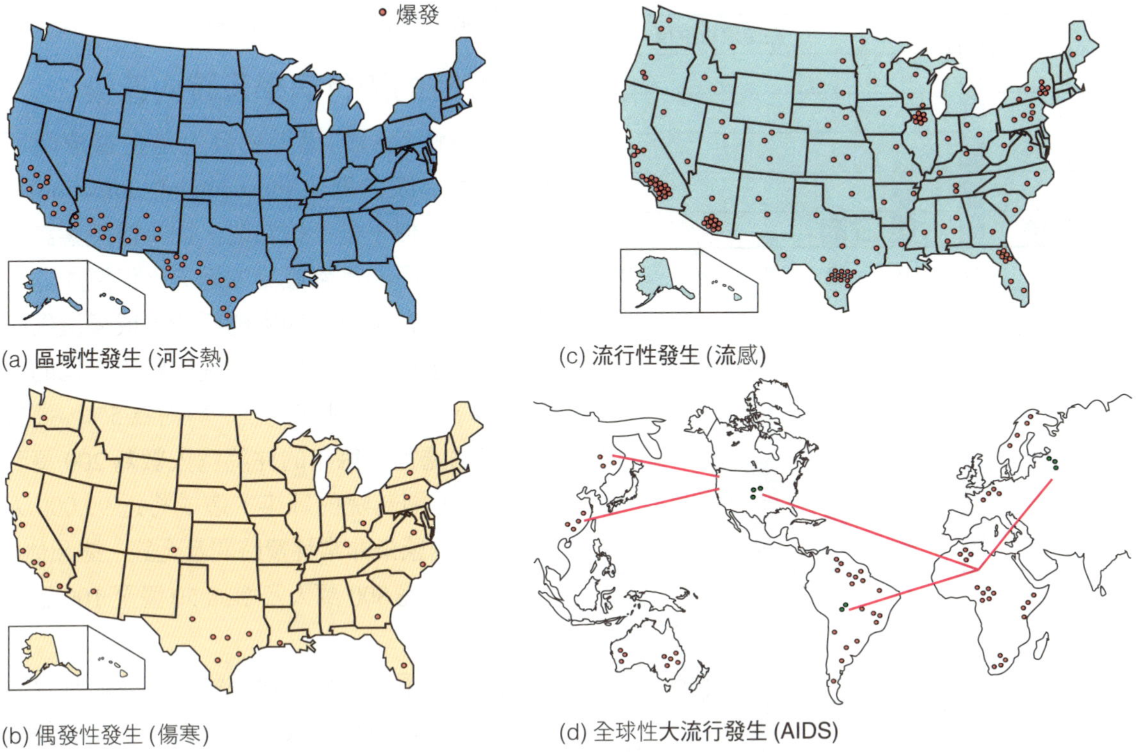

圖 10.21　**感染性疾病發生的樣式**。(a) 在區域性發生，病例集中在一個區域，維持著相對穩定的比例；(b) 在偶發情況，少量的病例隨機出現在一個大範圍；(c) 流行性的病例數是增加的，通常統計的是集聚的地理區域；(d) 大流行指流行範圍超過一個大陸。

小，如同冰山浮於水面上的部分一般，未被看見的如同沈在水面下的部分般的巨大。不管是病例報告及公共健康篩檢，在群體中，未檢測出及未被通報的，絕對是大數目。以沙門氏菌症為例，每年通報病例約四萬例。流行病學家預估實際數字可能會介於一百萬至兩百萬之間。性傳染病的冰山效應可能有更大的差距。美國報告疾病的表列在本書的最後一頁。

流行病學家的研究策略

在群體中，一個新疾病或一個流行性疾病的開始證據是非常片段的。少數偶發病例是被健康照護提供者或官方報告提出。但之前會有許多報告被記錄，達到警示的目的。流行病學家及公共衛生部門在醫學偵測系統中所做的是，收集所有片段報告、匯整分析、查出其中的關聯性。通常也需要在爆發或流行的疾病中，進行可能因子的重建。一個完整的新疾病需要極大量的初步研究，因為需要分離出致病原，確立與疾病的直接關聯性。早先出現引導研究進行的資訊就稱為**索引案例** (index case)，其定義為第一個引起醫療官方注意的感染或疾病。也許不是發生的第一例，但一定是被報導的第一例。大多時候，之後的案例會援例進行，隨後的統計有助於微調研究的進行。索引案例的一個例子是 C 型肝炎的第一例，發生在洛杉磯的爆發中。

所有與疾病相關的因子都要被審查。研究者搜尋案例的群聚性，以顯示感染的散播是人與人之間，或是有一個公共共通的源頭或媒介物。他們也搜尋可能接觸到的動物、受污染的食物、水及公共設施、人的相互關係或社群結構的改變。跳脫病例資訊的迷宮，研究者希望能確認感

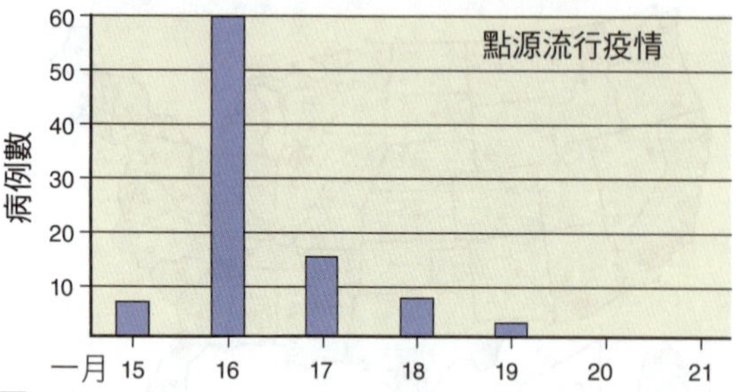

圖 10A

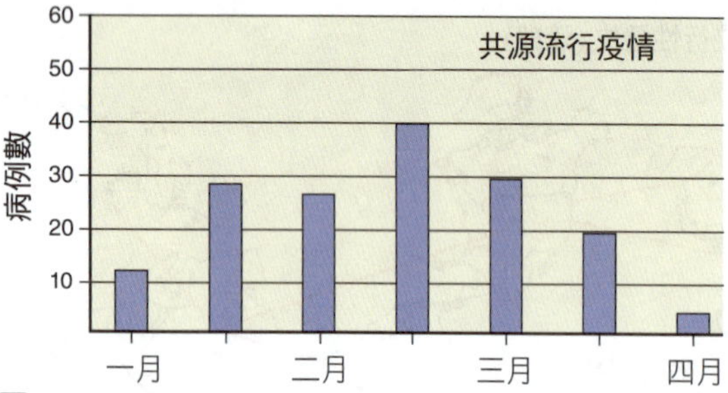

圖 10B

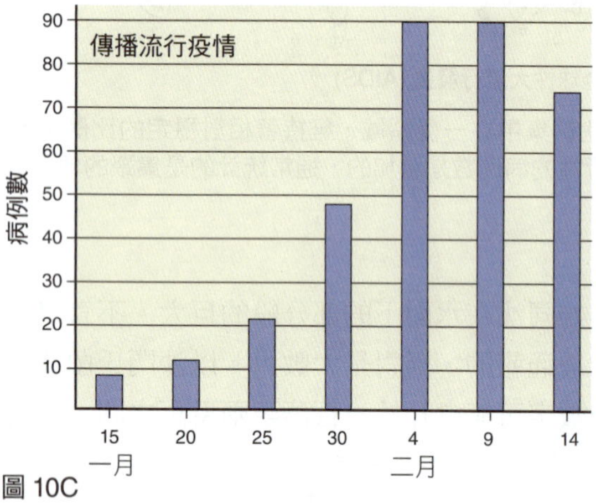

圖 10C

染的源頭，以盡快移除或控制它。

醫院的流行病學及院內感染

感染性疾病的獲得或發生是在醫療院所內，就稱為**院內感染** (nosocomial[23] infection)。這樣的概念似乎是不恰當的，因為醫院應該是治療疾病，而非得到感染的地方。但這並非不常見，例如在手術切開處的感染，或燒燙傷病人的肺炎感染。住院病人的院內感染率低的可到 0.1%，高的可到 20%，平均約為 5%，這端賴臨床的處置。每年的住院病人數為 200 萬到 400 萬，會因為院內感染，造成將近 99,000 人死亡。院內感染非常耗費時間及金錢。據預估，一年會多住院 800 萬天及增加 50 億至 100 億美元的花費。

許多因子都一致將醫院的環境連結到院內感染，不可避免地造成一些感染。畢竟醫院內有的是免疫妥協的病人，醫院內也網羅了些特定的致病原。有些病人因為手術的過程造成感染，或因為抵抗力太低而無法抵禦感染的入侵。有些病人直接或間接接觸了污染物、醫療器材、其他病人、醫護人員、探視者、空氣及水，而造成了感染。

健康照護程序可能增加致病原傳播的可能性。重複使用的醫療器材，如呼吸器及內視鏡，都可能潛藏致病原。留置器材，如導管、人工心臟瓣膜、移植體、引流管及氣切管，容易成為感染原的入侵點及棲息處。有大量的住院病人在住院期間接受抗微生物藥物治療，比起沒住院的人，更有機會被抗藥性細菌侵襲。

常見的院內感染包括尿道、呼吸道、手術傷口及血液 (敗血症)(圖 10.22)。一半以上的院內感染病人被培養出革蘭氏陰性腸道菌叢 (大腸桿菌、克雷白氏菌及假單胞菌)。革蘭氏陽性菌 (葡萄球菌及鏈球菌) 及酵母菌則囊括了其餘的部分。真致病菌，如結核分枝桿菌、沙門氏菌、B 型肝炎病毒及流感病毒仍可在臨床照護機構內傳播。

院內感染潛在的嚴重性及影響需要院方組成委員會監控爆發的感染，對感染控制及清除感染做出指導原則。

醫療無菌操作是可以降低病人、照護者及醫療環境的微生物數量的操作措施。這包括正確地洗手、消毒及清潔，連帶著病人的隔離。表 10.11 對主要的隔離類別，列出了指導原則。這

---

23 *nosocomial* 醫院內 (nohz″-oh-koh′-mee-al)。希臘文：*nosos* 疾病；*komeion* 照顧。即醫院內得到感染。

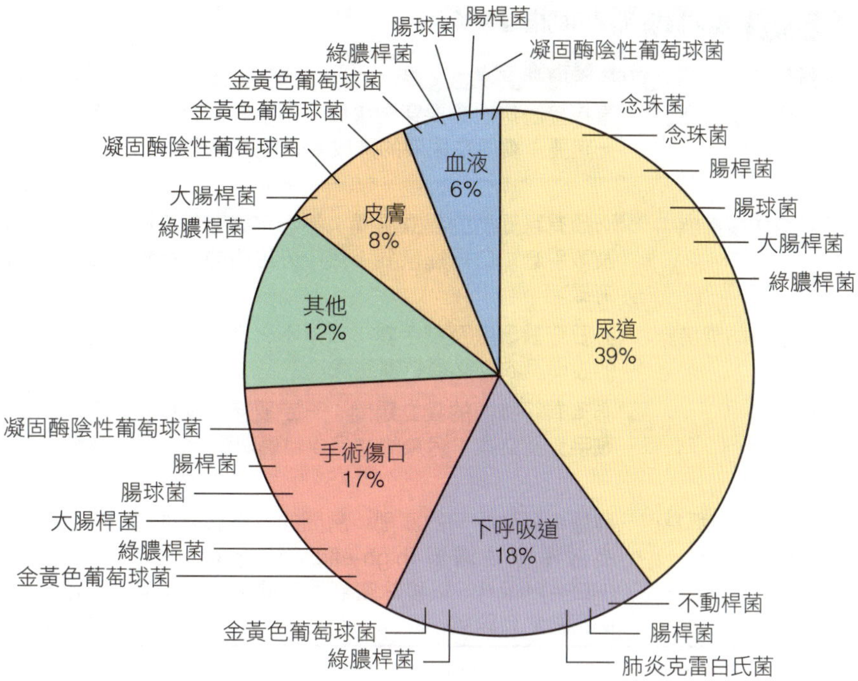

圖 10.22 **院內感染**。身體各位置的相對比例。資料來源：CDC 所屬的國家院內感染監控(National Nosocomial Infections Surveillance)。

些措施的目的是減少感染原的傳播。手術無菌等級高規格的嚴格程度是除了之前提到的措施外，再加上手術程序完全在無菌的狀況下進行。包含了手術器械、衣物、海綿等，如人員的衣物必須完全無菌，手術房的環境及空氣也要消毒完全。

醫院通常會聘請感染控制人員，不僅要全院落實適當的操作及程序，還要監控可能的爆發，確認無菌的缺口，及訓練照護人員正確的無菌操作。最需要這些訓練的是醫護人員及照護人員，他們的工作暴露在處理過病人的針具、病人的感染性分泌物與血液，以及與病人接觸。正確的操作阻絕了感染的發生。基於這個理由，多數的醫院遵循了通用的防禦措施，將院內所有的分泌物都視為可能的傳染物質而嚴格處理。

通用的血液及體液防禦措施

醫療院所需要嚴格管理以杜絕病人對病人、病人對工作人員及工作人員對病人發生的院內感染。即使有了這些防禦措施，這樣的感染率仍高。資料顯示，大於三分之一的院內感染需要更持續及嚴格管控方式。

先前的管控原則是疾病專一性的，對明確的感染原採取特別的防範及操作。現在做了些調整，工作人員在操作被標示「感染性」物質時，會比沒標示的更加小心。AIDS 的盛行促使重新檢視政策。由於考量到感染 HIV 但未被檢出的可能性，CDC 更嚴格地規範病人及其檢體的處理。這些規範被定名為通用防禦措施 (universal precautions, UPs)，是將所有病人及病人檢體視為帶有傳染性物質，而高規格小心處理。其中也包括了病人檢體的採集與分離技術。

值得注意的是，這些防禦規範是為了保護臨床醫療機構內的病人、工作人員及在這空間的所有人而設計的。其中包括了預防接觸致病原或污染物的技術層面，若預防是不可能的，要採取特意的措施將可能的感染性物質去污染。附錄 B 有更詳細的通用防禦措施。

表 10.11 臨床機構所採用的隔離等級

隔離類別 *	保護措施 **	可防禦散播
腸胃道防禦措施	直接接觸病人必要穿醫事服及帶手套；口罩不一定要；糞便及尿液的排放要有特定的程序	下痢；志賀氏菌、沙門氏菌、大腸桿菌及難治梭狀芽孢桿菌；霍亂；A 型肝炎；輪狀病毒及鞭毛蟲症
呼吸道防禦措施	必須有可關門的獨立房間；不一定要穿醫事服及戴手套；口罩通常要；污染分泌物的物品要消毒	結核病、麻疹、腮腺炎、腦膜炎、百日咳、德國麻疹及水痘
排放系統防禦措施	必要穿醫事服及戴手套；口罩不一定要；污染的設備及衣物必須特別注意	葡萄球菌及鏈球菌的感染；氣性壞疽；帶狀疱疹；燒傷感染
嚴格隔離	必須有可關門的獨立房間；一定要穿醫事服及戴手套及口罩；污染的物品要包裹消毒。	多為高毒性或傳染性微生物；包括結核病、某些肺炎、嚴重的皮膚或燒傷感染、單純疱疹或帶狀疱疹
反向隔離 (也稱為保護性隔離)	與嚴格隔離相同的原則；房間的換氣必須通過高效率微粒濾膜 [high-efficiency particulate (HEPA) filter]，以移除空氣致病原；被感染者必須被約束隔離	用以保護因癌症治療、手術、基因缺陷、燒傷、早產或 AIDS 而極度免疫妥協的病人，他們容易被伺機性致病原攻擊

* 防護措施主要針對致病原的入侵入口及傳染性來處理。

** 在所有的例子中，探視者要進入病房前要先通報護理站；所有探視者及醫護人員在進出病房時，都需做手部清潔。

第一階段：知識與理解

這些問題需活用本章介紹的觀念及理解研讀過的資訊。

選擇題

從四個選項中選出正確答案。空格處，請選出最適合文句的答案。

1. 對於常在菌叢最好的描述名詞是
   a. 片利共生者　b. 寄生者
   c. 致病原　d. 污染物
2. 常在菌叢通常被發現於何處？
   a. 肝臟　b. 腎臟
   c. 唾液腺　d. 尿道
3. 正常的常在菌叢不會在何處出現？
   a. 咽　b. 肺
   c. 腸道　d. 毛囊
4. 毒力因子包括：
   a. 毒素　b. 酵素
   c. 莢膜　d. 以上皆是
5. 溶血素的特別作用是
   a. 破壞白血球　b. 造成發燒
   c. 破壞紅血球　d. 造成白血球增多症
6. 致病原入侵到第一個症狀出現，這段期間稱為：
   a. 症狀前期　b. 侵犯期
   c. 復原期　d. 潛伏期
7. 疾病早期的一小段時間會有疲累及疼痛表現的時期稱為：
   a. 潛伏期　b. 症狀前期
   c. 後遺症　d. 侵犯期
8. 細菌出現在血液中，稱為
   a. 敗血症　b. 毒血症
   c. 菌血症　d. 二次感染
9. 醫院內發生的感染稱為：
   a. 臨床感染　b. 病灶感染
   c. 院內感染　d. 人畜共通感染
10. 致病原被動動物傳播者，稱為：
    a. 人畜共通感染　b. 生物型媒介
    c. 機械型媒介　d. 無症狀帶原者
11. 下列何者為非傳播型感染？

a. 痲疹　b. 痲瘋
c. 結核病　d. 破傷風

12. 下列哪一個字表示白血球數量增加？
a. 白血球低下症　b. 發炎
c. 白血球增多症　d. 白血病

13. 萊姆病的盛行區是蜱的主要生存區，這樣的疾病歸類為：
a. 流行性　b. 大流行
c. 區域性　d. 偶發性

14. HIV 的陽性抗體測試是一種感染的
a. 徵兆　b. 症狀
c. 症候群　d. 後遺症

15. 下列何者不是入侵入口？
a. 腦膜　b. 胎盤
c. 皮膚　d. 小腸

16. 下列何者「不是」柯霍氏假說的情況？
a. 分離疾病的致病原
b. 在實驗室中培養此菌
c. 植入實驗動物身上觀察疾病表現
d. 在人體測試致病原的作用

申論挑戰

每題需依據事實，撰寫一至兩段論述，以完整回答問題。「檢視你的進度」的問題也可作為該大題的練習。

1. 陽性的血液或腦脊髓液的臨床重要意涵為何？
2. 免疫妥協的人暴露於真致病原中，預期其結果。
3. 說明內毒素如何進入血流中，造成內毒素休克。
4. 簡單描述 A-B 型毒素的作用。
5. 對於每個入侵入口，舉一例攜帶致病原的媒介物，並描述侵入組織的必要行經路線。
6. 致病原出口的重要概念為何？
7. 沙門氏菌症有冰山效應的意思為何？
8. a. 列出五種臨床的隔離。
   b. 描述感染控制人員的工作。
9. 完成表格。

	外毒素	內毒素
化學組成		
一般來源		
毒性等級		
在細胞的影響		
疾病的症狀		
舉例		

觀念圖

在 http://www.mhhe.com/talaro9 有觀念圖的簡介，對於如何進行觀念圖提供指引。

1. 在此觀念圖填入你自己的連接詞或短句，並在空格填入缺少的觀念。
2. 從章節大綱與重要詞彙挑選 6 到 10 個重要詞彙，創造你自己的觀念圖，並填入連接詞。

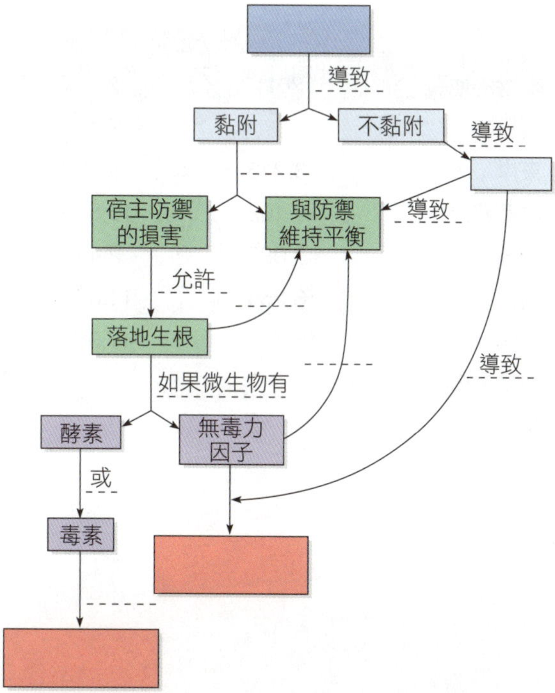

第二階段：應用、分析、評估與整合

這些問題超越重述事實，需要高度理解、詮釋、解決問題、轉化知識、建立模式並預測結果的能力。

批判性思考

本大題需藉由事實和觀念來推論與解決問題。這些問題可以從各個角度切入，通常沒有單一正確的解答。

1. a. 討論陰道菌叢與新生兒菌落化的關聯性。
   b. 你能想到這關聯性在醫療上的後續發展嗎？
   c. 什麼原因讓常在菌叢發生感染時，有些是嚴重的，而有些則較輕微？
2. 下列病人的檢體培養於適當的培養基，出現陽性反應，這樣是否能表示處於生病的狀態，為什麼？由尿道取到的尿液、肝臟活體組織、血液、肺臟活體組織、咽喉、從膀胱取到的尿液、唾液、腦脊髓液、精液。
3. 運用下面的方程式，解釋許多因子的相互關係，及當其改變時，會有何後續？

$$感染(感染性疾病) = \frac{微生物數量 \times 毒力}{宿主的防禦}$$

4. 假設你被指派的工作是發展出無菌雞。
   a. 列出主要步驟。
   b. 你會對這些動物做哪些可能的實驗？
5. a. 運用下表的統計，對表中的三個疾病做出一張簡報圖。確認哪個是區域性、偶發性或流行性。並說明你如何做出這樣的決定。

美國的地區	病例	
	2011	2012
百日咳		
東岸	3,213	8,162
中西部	6,162	15,845
南部	3,089	2,445
西部	6,255	11,864
總數	18,719	41,880
隱球黴菌症		
東岸	13	12
中西部	186	174
南部	8	10
西部	22,432	16,749
總數	22,634	16,939
登革熱		
東岸	75	97
中西部	34	48
南部	132	149
西部	31	63
總數	251	357

   b. 說明這些疾病若要形成大流行的分布，要有哪些狀況發生？
6. 使用正確的科技性名詞描述以下的感染。(這樣的描述可能適合一種以上的類別) 使用的名詞有初級、次級、醫院內的、性傳播疾病、混合型、潛伏的、毒血症、慢性的、人畜共通的、無症狀的、局部的、系統性的、itis 發炎、血液疾病。
   在牙科診間針刺造成的
   愛滋病患的肺囊蟲肺炎
   鼠類跳蚤叮咬造成鼠疫
   白喉
   未確診的披衣菌症
   急性壞死性牙齦炎
   長期的梅毒
   血液中有大量革蘭氏陰性桿菌
   後頸部的膿腫
   腦膜發炎
7. a. 解釋為何尿道、呼吸道及手術感染，是最常見的院內感染？
   b. 健康照護者為了預防或降低院內感染的發生，必須隨時執行的措施有哪些？
8. 總結圖 10.20 中三個表的流行病學的發現。

視覺挑戰

1. 以圖 10.11 為例，說明在沙門氏菌 (粉紅色) 與宿主細胞表面 (黃色) 之間發生作用。

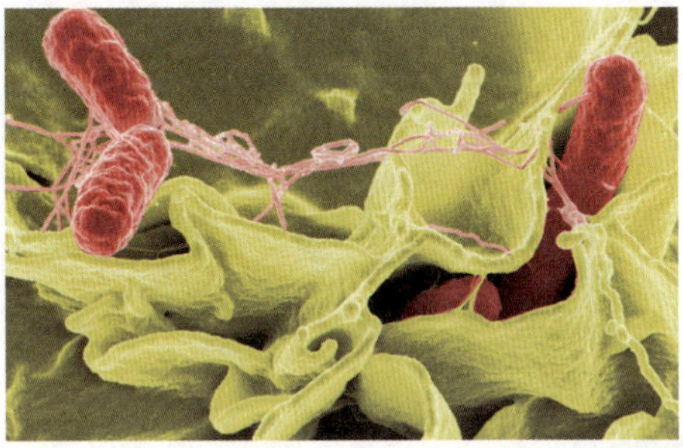

第 11 章 宿主防禦和先天免疫的介紹

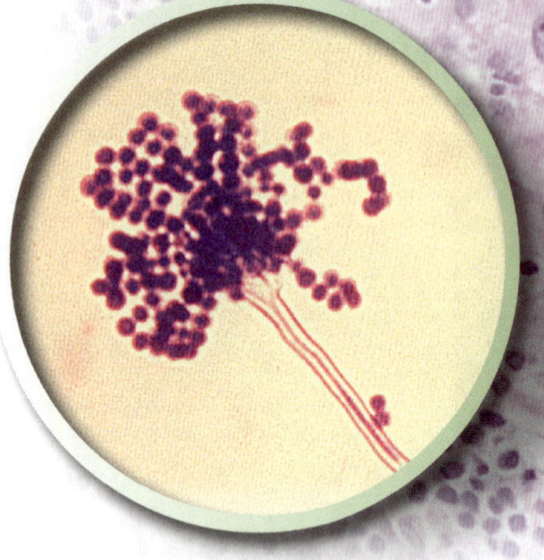

煙麴黴菌是一種致病的黴菌，在人體組織和器官長得很好，此圖為它的分生孢子頭。

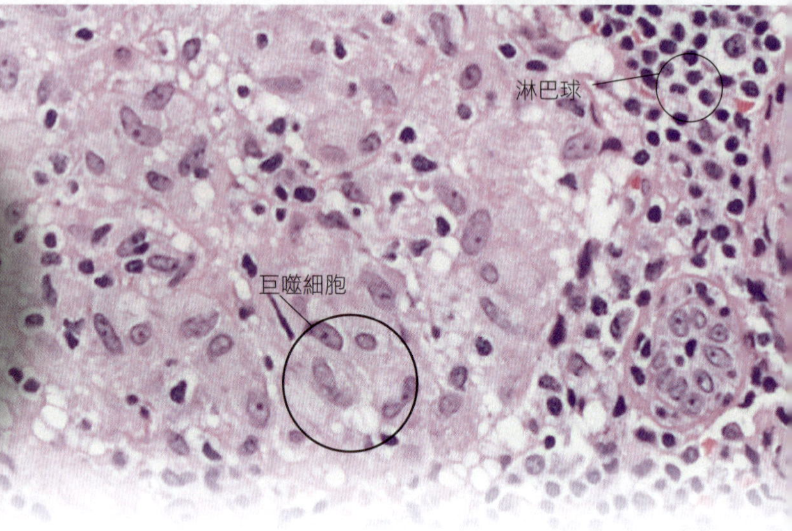

此圖為一堆巨噬細胞被淋巴球圍繞所造成的肉芽腫。

11.1 宿主防禦機制概論

活的宿主細胞如何避免危害的微生物和其他外來物質進入體內造成傷害，主要取決於本身的防禦網絡。當外來物進入，宿主細胞立即啟動更多防禦功能來避免外來物在組織上生長。防禦包含屏障、細胞和化學物質，範圍從非特異性到特異性和先天性到後天獲得。這個章節主要介紹人類先天性的防禦。調查的主題包含解剖學、生理系統如何偵測、確認且破壞外來物質，和解釋個體對於感染和疾病的非特異性抵抗力的主要活性。

在第 10 章，我們探討人類和微生物間的關係並強調微生物在疾病上扮演的角色。在這個章節，我們檢視微生物另一面向的關係一宿主對於微生物的防禦。正如之前所陳述，有鑑於人類的殖民和網絡的接觸，我們的身體沒有持續感染和生病這真的是件奇蹟。這是由於我們的身體裡複雜的系統使我們克服了微生物不斷的攻擊。

為了保護我們的身體對抗致病原，免疫系統依賴複雜網絡的宿主防禦 (host defenses) 來執行不同層級的防禦，包含先天、天生防禦 (innate, natural defenses)，也就是一出生就擁有對抗感染的非特異性抵抗力和適應性免疫 (adaptive immunities)，及後天獲得的特異性抵抗病原能力。保護的層級被分成幾個類別：第一線防禦、第二線防禦和第三線防禦 (表 11.1)。

第一線防禦包含任何阻擋入侵的屏障。大多是非特異性的防線，可限制外來物進入人體的內在組織。然而，這並不是真正的免疫反應，因為它並不能辨識特異性外來物質。

第二線防禦包含發炎反應和吞噬作用，是一個更能保護細胞和體內流體的內化系統。當第一道防線被突破，第二道防線會快速地在局部和全身作用，且大多為非特異性的。

第三線防禦是後天性且其具有特異性，是根據外來物質進入個體遇到稱為淋巴細胞的白血球而獲得。對於每個不同的微生物產生獨特不同的保護物質來回應，而且如果微生物又再來襲，

表 11.1 宿主防禦的基本特徵

防禦線	先天 / 後天	有無特異性	免疫記憶力的發展	例子
第一線	先天	非特異性	無	身體的屏障：皮膚、眼淚、咳嗽、打噴嚏 化學屏障：低 pH 值、溶菌酶 (lysozyme)、消化酵素 基因屏障：宿主基因構成的抵抗力 (致病原無法入侵)
第二線	先天	大多非特異性	無	吞噬作用、發炎、發燒、干擾素、補體
第三線	後天獲得	特異性	有	T 淋巴球、B 淋巴球、抗體

記憶細胞會參與反應。關於第三線防禦提供長期免疫的細節將會在第 12 章討論，而此章節著重在第一線和第二線防禦。

不同層級的防禦功能不會以完全分開的方式執行，大多防禦功能會重疊，甚至在它們的一些功能上會顯得多餘。在不同前線上，這種協力合作的關係會立即標的侵入的微生物，使微生物不大可能存活。為了顯示宿主先天免疫的交互作用，我們從基本觀念開始介紹，而較複雜的免疫系統關係稍後再介紹。

入侵的屏障：天生的第一線防禦

許多的防禦是身體結構學和生理學的正常部分。這些天生、非特異性的防禦用來阻礙微生物還有外來物質的進入，可分成生理、化學和基因的屏障 (圖 11.1)。

人體表面生理結構的屏障

呼吸道跟消化道的皮膚和黏膜有一些內置的防禦。皮膚的外層 (角質層) 是由上皮細胞緊湊接合組成，並且被不可溶的蛋白質和角質浸潤。所以這層是厚而堅硬且不透水的一層。這個打不破的屏障，尤其是在腳掌和手掌這些角質層比其他部位厚的地方，很少致病原可以通過。皮膚的其他屏障包含毛囊和皮線，毛幹屬週期性伸出而濾泡細胞會**脫落** (desquamation)[1]。汗腺的沖刷功能也能幫助驅趕微生物。

消化道、尿道、呼吸道和眼睛的皮膚黏膜是濕潤且可浸透的。儘管這些上皮細胞會耗損和撕裂，這些受傷的細胞也會快速地被取代。膜表面上的黏膜外層防止細

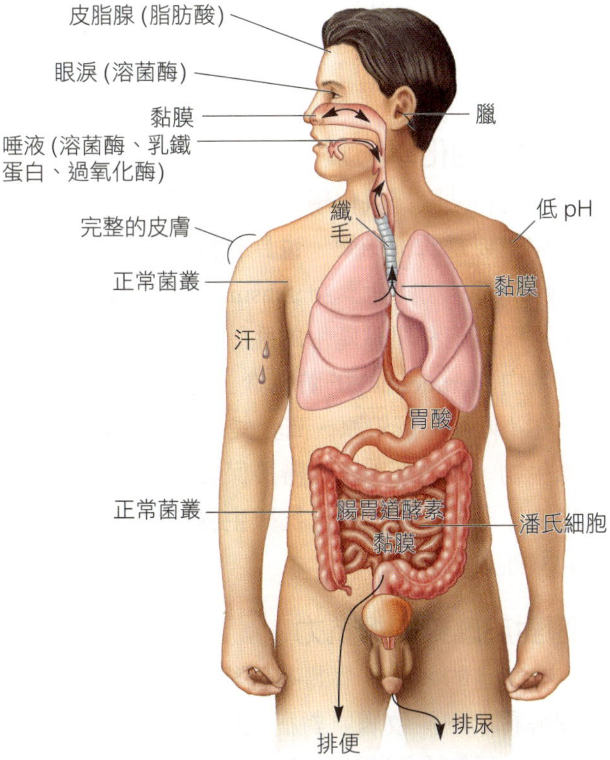

圖 11.1 防禦。一些非特異性的防禦屏障幫助阻止微生物入侵宿主組織。

1 *desqumated* 脫落 (des′-kwuh-mayt)。拉丁文：*desquamo* 脫離。使濾泡細胞脫離表皮。

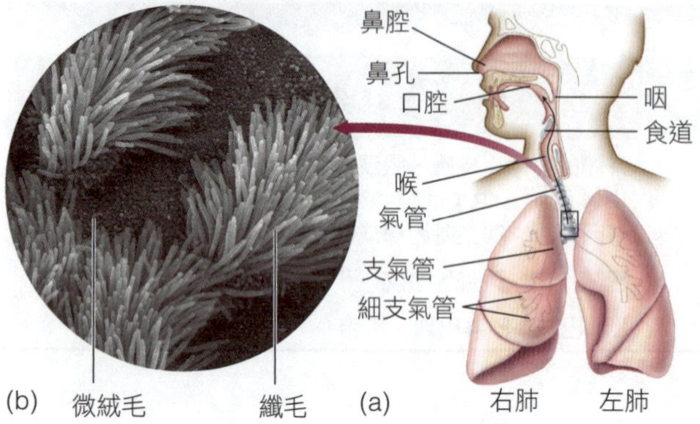

圖 11.2 **呼吸道的纖毛防禦**。(a) 氣管和支氣管的上皮內層有纖毛的刷毛，可困住或推進外來物質到咽；(b) 氣管的特徵 (5,000 倍)：細胞表面具有一叢一叢的纖毛和微絨毛。

菌的入侵和黏附；眨眼和淚液的產生 (催淚作用) 是用淚液沖洗眼睛的表面來避免刺激物；唾液的不斷流動幫助攜帶微生物進入胃的艱困環境中。嘔吐和排便將則是有害物質和微生物排出體外。

呼吸道是藉由持續的高功能適應避免感染。鼻毛會困住大的物質。鼻黏膜炎，即鼻黏膜表面發炎，常發生在感冒和過敏時，特點是會有大量的黏液產生，發揮沖洗的功用。在呼吸道裡 (主要是氣管和支氣管) 有一個具有纖毛的表皮 (稱為纖毛活動梯)，將外來物運輸進入黏膜後到咽移除 (圖 11.2)。鼻腔的刺激物初始反射會快速排出大量空氣，也就是打噴嚏。相同地，當外來物入侵極為敏感的氣管、支氣管和喉時會誘發咳嗽來驅逐外來物。

泌尿生殖道透過輸尿管不斷導出部分的尿和膀胱週期性清空沖洗尿道。

微生物的組成和它的保護功能在第 10 章討論。即使正常菌叢的駐留沒有構成身體或結構上的屏障，它們的存在可以阻擋致病原通過上皮細胞表面，並可藉由營養物質的競爭或是局部 pH 值的改變創造一個不適合致病原的環境。腸道的一些細菌分泌大量細菌素，可以抑制或殺死其他細菌。

非特異性的化學防禦

皮膚和黏膜提供化學防禦的變異性。皮脂腺的分泌給予一種抗微生物的功能，像是眼瞼的瞼板腺主要是潤滑結膜，也具有抗微生物的功能。其他防禦的腺體像是唾液和眼淚會分泌溶菌酶 (lysozyme) 和防衛素 (defensins)。溶菌酶是一種可以水解細菌細胞壁上肽聚醣的酵素；防衛素是由不同細胞和組織產生的胜肽，可以損害細胞膜且溶解細菌和黴菌。皮膚細胞產生一種叫皮西丁蛋白 (dermicidin) 的防衛素，可以幫助去除細菌，而且在腸裡的潘氏細胞分泌的防衛素可以作用在不同種的感染原。高乳酸、汗的電解質濃度、皮膚的酸性 pH 值和脂肪酸成分也能抑制許多微生物。在內部，胃的鹽酸保護我們不被吞嚥進來的微生物攻擊。腸道的膽汁也有可能破壞微生物。即使精液也包含抗微生物的化學物質以抑制細菌，陰道藉由乳酸桿菌維持一個具保護性的酸性 pH 值。

基因對於感染的抵抗力

在特定的案例，個體基因構成的不同足以使我們免受某些致病原感染。對於這個假說有一個解釋，一些致病原對宿主的種類有特異性，所以無法感染其他種類的宿主。另一種說法是：「人類無法從貓獲得犬瘟熱，貓也無法從人類獲得痲疹。」這個特異性在病毒來說是正確的，病毒只能藉由黏附到特異宿主的接受器上入侵宿主。但它並不適用於那些攻擊大範圍動物的人畜共通傳染原。在同一物種中，基因不同會有不同的感受性。具有鐮刀型貧血基因的人對瘧疾有抵抗力。基因差異也存在於對結核病、痲瘋病和某些全身性真菌感染之易感性。

當人們失去屏障或不曾有過屏障，則屏障的貢獻更加明確。因為燙傷而嚴重皮膚損傷的病人非常容易被感染；有唾液腺、淚腺、腸道和尿道阻塞的病人有高風險的感染機率。雖然第一線防禦很重要，但只有它也無法提供適當保護。因為很多致病原藉由毒力因子找到一個方式進入屏障 (第 10 章討論)，當它們進入屏障後，發炎反應、吞噬作用和特異性的免疫反應已準備好去對付它們。

11.2 防禦與免疫器官的結構和功能

免疫學 (immunology) 研究身體的第二線和第三線防禦。雖然這個章節主要關注感染性的微生物，但注意免疫學也集中於研究多樣化的如癌症和過敏的領域。在第 12、13 和 14 章將會介紹在醫療保健、實驗室或是商業上許多免疫的應用和發展。

健康免疫系統的主要功能統整如下：

1. 器官、組織和其他腔室的監督。
2. 辨識和區別身體的正常組成和外來物質像是致病原。
3. 攻擊和破壞外來入侵物。

因為感染物質可能透過許多孔洞進入，免疫系統的細胞不斷在體內移動，監看組織內是否有致病原 (圖 11.3)。這個過程主要由一開始就有辨識和區別外來物質能力的白血球 (white blood cells, WBCs 或 leukocytes) 來執行。

外來的物質通常稱為體內的異物 (nonself)。正常體內的細胞稱為本體的 (self)，可以被監控和辨識並且通常不會被免疫系統攻擊。第 13 章，我們會看到當免疫系統出問題時自體免疫疾病如何發生。當外來細胞被辨識為可能的威脅時，系統會適當地處理它，正常細胞不會被免疫防禦攻擊，除了「異常」或損害的本體 (例如癌細胞)。

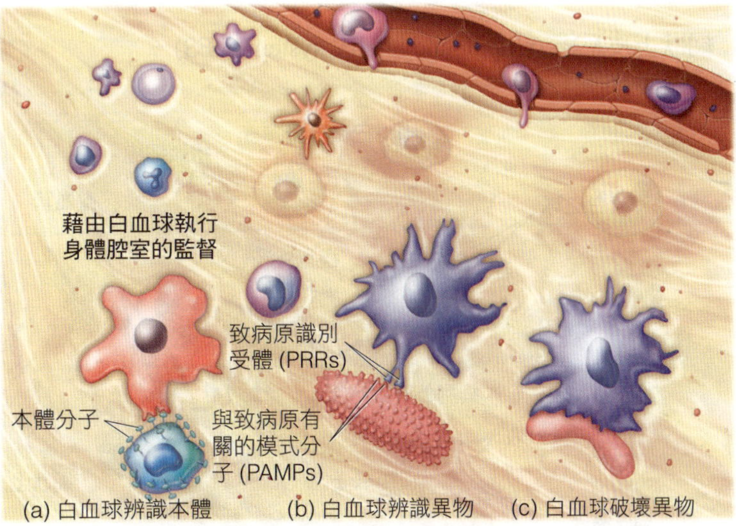

圖 11.3 **免疫系統尋找、辨識和除去外來物的功能。**在示意圖裡白血球配備有高度發展的「觸摸」意識。(a, b) 當白血球對在理清組織時其感覺周遭的環境係藉由致病原的辨識接受器分辨是外來物或異物；(c) 當異物分子 (PAMPs) 被偵測到，白血球立刻黏上微生物帶走它。本體分子不會誘發這些反應。PAMPs 是很多致病原都會顯現的致病原表面的分子。

白血球如何執行辨識和監督功能？

白血球能在組織及身體腔室到處移動，以尋找任何通過第一線防禦的外來物。即使每種血球在防禦中扮演著特別的角色，它們大多都有能力去找尋外來物及與外來物作

用 (圖 11.3)。在它們的膜上會顯示特別的分子，稱為模式識別受體 (pattern recognition receptors, PRRs)，其如同探測器般探測致病原。在辨識裡有許多不同種的模式識別受體，包含激酶、凝集素和甘露糖分子。最容易了解的模式識別受體是 toll 樣受體 (toll-like receptor, TLR)，存在於早期反應細胞的膜上，像是吞噬細胞。

雖然 PRR 和 TLR 並沒有對特異性的微生物反應，但是它們可以立即與致病原有關的模式分子 (pathogen-associated molecular pattern, PAMP) 辨認和作用。PAMP 是許多微生物都有的分子，在先天免疫裡對白血球來說是個「危險信號」。藉由 PRR 和 TLR 偵測致病原上 PAMP，提供早期入侵的警訊並且在致病原入侵更多前誘發反應控制它們。PAMP 的例子包含細菌細胞壁的肽聚醣、脂磷壁酸、細菌細胞壁的脂多醣、某些病毒的雙股 RNA、真菌細胞壁的酵母聚醣和細菌的鞭毛素。我們將在第 11.4 節再度回到吞噬細胞這個主題。

因為許多致病原和非特異性的單細胞形態都有這些成分，只有一小部分的 TLR 需要去辨識廣大不同種類的微生物。強調單細胞形態微生物的非特異性或選擇性的辨識是很重要的，先天免疫不應該和第三線防禦的特異性後天獲得的免疫混淆。

腔室和免疫系統的關聯

不同於許多身體系統，免疫「系統」並非單一存在且好定義的，它將會在後面的章節說明得更加清楚。相反地，它是由一個巨大、複雜的細胞和液體的傳播網絡組合而成，可以穿透到各組織器官。這樣的安排幫助監督和辨識的過程，也幫助尋找身體內的有害物質。

身體被區分成幾個充滿液體的區域，稱為細胞內、細胞外、淋巴、腦脊髓和循環腔室。雖然這些腔室在身體上是分開的，但其實有很大關聯性。它們的結構和組成允許強大的內在改變和溝通 (圖 11.4)。最廣泛的體內腔室參與的免疫功能為：

1. 網狀上皮系統 (reticuloendothelial system, RES)。

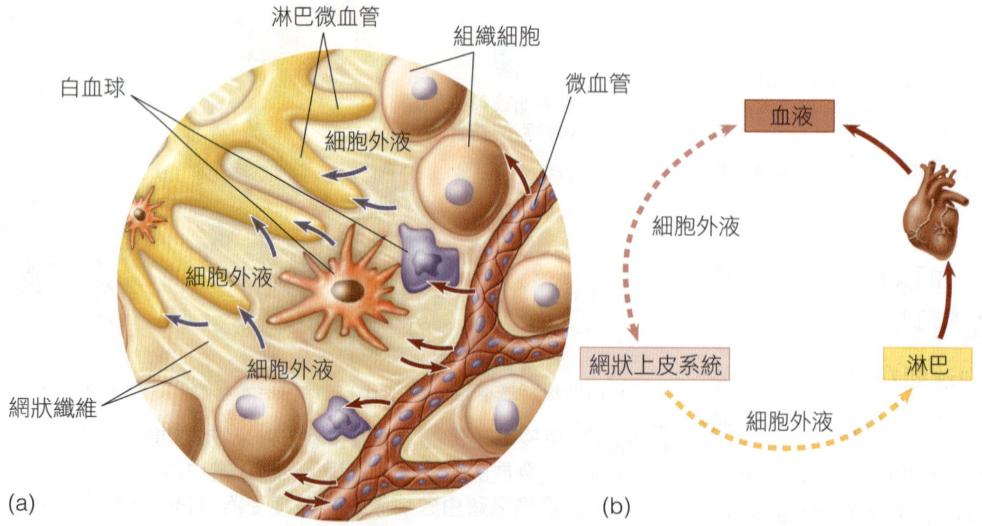

圖 11.4 身體腔室的關聯性。(a) 主要的液體腔室在微觀層面的會合點。在細胞層次鄰近的腔室得以不斷交換細胞、液體和分子 (箭頭處)；(b) 示意圖顯示主要的液體腔室如何形成連續可交換的循環系統。腔室透過直接的 (→) 或是間接的 (⇢) 連接，快速地從一處循環到另一處。

2. 細胞外液 (extracellular fluid, ECF)。
3. 血流 (bloodstream)。
4. 淋巴系統 (lymphatic system)。

有效的免疫反應會將活動力從一個液體腔室傳到另一個腔室。讓我們透過微觀層面的組織來看這是如何發生的 (圖 11.4a)。在此層面，組織細胞直接與細胞外液和網狀上皮系統相連，細胞外液為營養物質與氣體的交換場所。血液和淋巴穿透其他腔室 (血管)。此親密的關聯性使得從網狀上皮系統和細胞外液發源的細胞和化學物質往淋巴和血液移動；任何淋巴反應的產物可以透過兩個系統之連接直接穿透進入血液；發源於血液中的必要細胞和化學物質可以透過血管壁移動到細胞外的地方並移入淋巴系統 (圖 11.4b)。

系統之中的流動取決於感染物質和外來物質的侵犯而決定。典型的過程可能始於外在細胞處和網狀上皮系統，移動到淋巴循環，最終到血液。在微觀層面，不管哪個腔室先被暴露，免疫反應最終會被傳到它們的任何一個之中。完整系統的明顯好處是，身體裡沒有細胞會遠離這樣完全的保護，不論那個細胞是多麼的孤立。讓我們分別更仔細的來看這些腔室。

網狀上皮系統的免疫功能

身體的組織藉由結締組織纖維或是發源於細胞基底膜的網狀組織去和鄰近細胞相互連結並且用大量結締組織網住周圍所有的器官。這個網絡即網狀上皮系統 (圖 11.5)，具有內在免疫功能，因為它可以提供組織和器官的通路。它也賦予單核吞噬系統 (mononuclear phagocyte system) 的白血球很重要的功能。這個系統等待攻擊通過的外來入侵，當它們到達皮膚、肺、肝、淋巴結、脾和骨髓。透過此網絡，網狀上皮系統在運送細胞外液遍及網絡提供一個另外的角色。

起源、組成和血液的功能

循環系統的組成包含心臟、動脈、靜脈和微血管的循環系統，及包含淋巴血管和淋巴器官 (淋巴結) 的淋巴系統。這兩條循環系統平行、互聯且與另一條互補。

會通過動脈、靜脈和微血管的物質稱全血 (whole blood)，由血球 (blood cells) 及血漿 (plasma) 組成。當一個管子裡裝了沒有凝固的血液任其靜置或在離心機中旋轉過後，便可以用肉眼看到這兩個成分。由細胞的密度不同使它們位在管內的位置不同，血球在管底，血漿為黃色液體，在頂部。血清 (serum) 本質上和血漿是一樣的，不同的是它是從凝結的血液離心出來的清澈液體，所以它少了凝血蛋白。血清常用來做免疫試驗和治療 (第 12 章)。

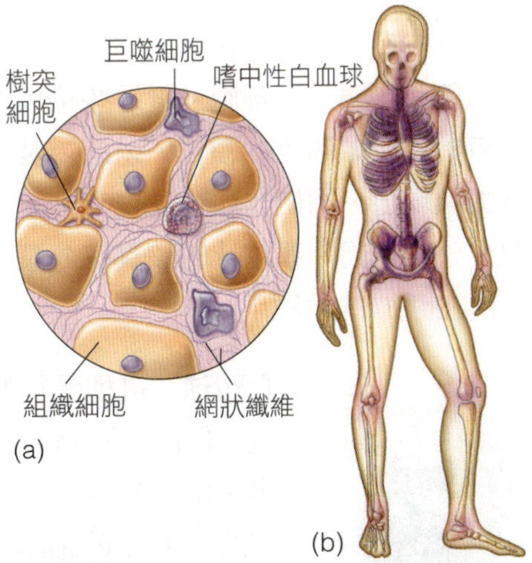

圖 11.5　網狀上皮系統作為一個遍及全身的連續結締組織架構。(a) 在微觀層面這個系統開始於用一個纖維的支持網絡 (網狀纖維) 使每個細胞都進入。這個網絡在組織或器官內連接一個細胞到另一個細胞，提供有吞噬功能的白血球通道使其在組織內或之間爬行；(b) 身體上陰影的深淺變化是吞噬細胞的濃度 (越黑濃度越高)。

血漿的基本特色　血漿包含了從肝臟白血球、內分泌

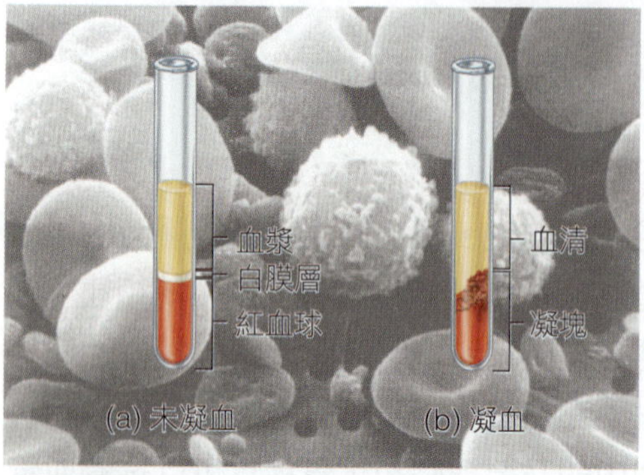

圖 11.6 肉眼可見的全血組成。(a) 當沒有凝結的血液在管子裡，它分層成一個透明層的血漿、一個薄層的類白色物質稱為白膜層 (包含白血球) 和在底部的紅血球；(b) 血清是從凝血來的清澈液體。凝集使細胞在管子底部集中成塊。

和神經系統製造的上百種不同的化學物質，以及從消化道吸收的物質。血漿的主要成分是水 (92%)，剩餘物包含蛋白質像是白蛋白、球蛋白 (包含抗體)、其他免疫物質、纖維蛋白原和其他凝血因子、荷爾蒙、營養物、鐵、可溶的氣體 (二氧化碳跟氧氣) 和廢物 (尿素)。這些物質支持正常的生理功能、成長、保護、體內平衡和免疫。我們回到主題：血漿，而其在免疫裡的功能會在稍後的章節介紹。

血球的調查　血球的產生，也就是造血 (hemopoiesis 或 hematopoiesis[2])，開始於胎兒生長期時的卵黃囊 (胚胎膜)。之後，造血系統被肝和淋巴器官取代，並且完全且永久的被紅髓取代。雖然許多新生兒的紅髓致力於造血的功能，活化的骨髓處會逐漸退化，大約四歲時，只剩肋骨、胸骨、骨盆帶、頭顱跟脊柱的扁骨和肱的近側部分與大腿骨是血球的產生處。

在人類生命裡相對短命的血球需要持續快速周轉。主要的新血球前驅物是一攤在骨髓裡的未分化細胞稱為多功能幹細胞 (stem cells)[3]。經過成長，這些幹細胞增生和分化一意指未成熟的或非專一的細胞生長成為專一且具功能性的成熟細胞。這個過程中主要的成長細胞為紅血球 (RBCs)、白血球 (WBCs) 和血小板。白血球最後會分化成很多種細胞 (圖 11.7)。白血球在免疫功能作用上很重要。

這些白血球 (leukocytes)[4] 的傳統評估法是藉由它們的反應與血液染色，包含混雜的染劑和藉由顏色和形態分別細胞。當這些染色使用在血液抹片和以光學顯微鏡評估，白血球在細胞質裡有無出現明顯顏色的顆粒，以此為基礎可將白血球分成兩種：顆粒球和非顆粒球。更大的放大倍數顯現出，即使非顆粒球也有細小的顆粒在它的細胞質中，所以一些血液科醫生也用核的外觀去分辨它們。顆粒球的核具有分葉，非顆粒球不具有分葉，它的核是圓的。這兩種白血球的特色在圖 11.7 裡顯現。

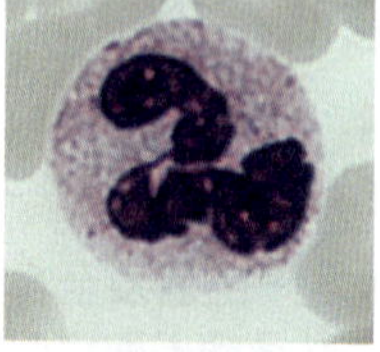

嗜中性球

顆粒球　這種顆粒的白血球存在血流中為嗜中性球、嗜酸性球和嗜鹼性球。這三個命名原因為它的細胞質顆粒用酸性染劑 (伊紅) 和鹼性染劑 (甲基藍) 綜合染出的顏色。這些顆粒不只對診斷很有用，它們在生理上也有許多功能。查閱圖 11.7 的細胞種類描述。

嗜中性球 (neutrophils)[5] 可藉由它們明顯易見的核分葉和淺紫色顆粒來分辨它與其他白血球。剛從骨髓釋放出來的嗜中性白血球的核形狀是馬蹄形，

---

2 *hematopoiesis* 造血，血球製造 (hem″-mat-o-poy-ee′-sis)。拉丁文：*haima* 血液；*poiesis* 製造。

3 多功能幹細胞可發展成多種不同的血球，單功能幹細胞則只能發展成一種特定的細胞。

4 *leukocyte* 白血球 (loo′-koh-syte)。希臘文：*leukos* 白色；*kytos* 細胞。在棕黃層裡有白血球。

5 *neutrophil* 嗜中性球 (noo′-troh-fil)。拉丁文：*neuter* 皆不；希臘文：*philos* 喜愛。嗜中性，不跟酸性或鹼性染料作用，在臨床報告稱多型核嗜中性球。

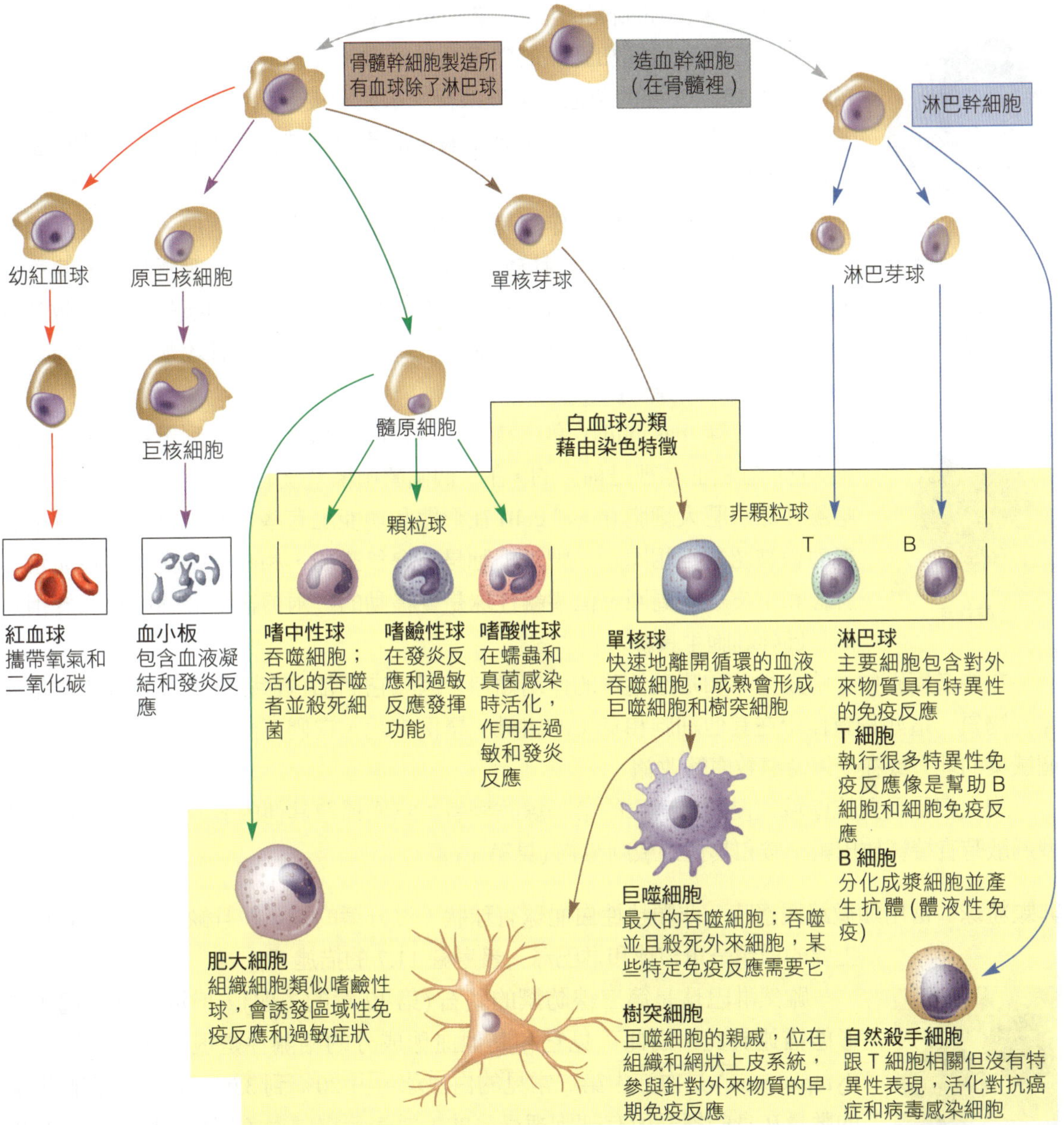

圖 11.7 **血球和血小板發展簡化圖**。中間有些步驟被省略。未分化的幹細胞在紅骨髓引起一些不同的細胞生長線開始成長，逐漸增加特異性，直到細胞成熟被釋放到血液循環。黃色區域是成熟的白血球細胞。主要循環白血球的顯微鏡照片在下一頁。

當它們越大，會形成越多分葉 (最多到五個分葉)。這些細胞，也稱為多型核嗜中性球 (PMNs)，占整個循環系統的白血球 55% 到 90%，大約 2,500 億的細胞在循環系統。嗜中性球主要的工作是進行吞噬作用。在血液及組織中，大量的嗜中性球可適時對抗致病原。許多細胞質顆粒攜帶可以降解吞噬物質的消化酵素和其他化學物質 (見第 11.4 節討論的吞噬作用)。嗜中性球平均壽命只有兩天，大多時間都在組織裡，只有 4 到 10 小時在循環系統中。

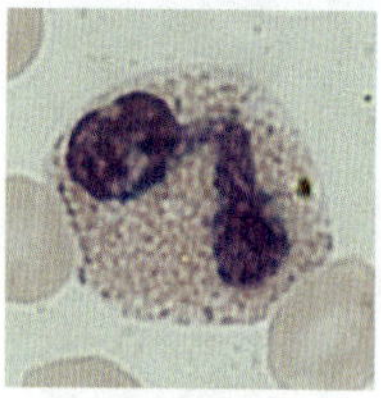
嗜酸性球

嗜酸性球 (eosinophils)[6] 藉由其染色出來大的、橘紅色的顆粒和兩個分葉來辨別。它們在骨髓和脾臟的數量高於循環，在血液循環中只占所有白血球的 1% 至 3%。主要的角色在免疫系統中未完全被定義，雖然有一些功能是有被討論的。它們的顆粒包含過氧化酶、溶菌酶、其他消化酵素、有毒的蛋白和發炎物質。

嗜酸性球的主要保護作用是攻擊和破壞大的真核致病原。嗜酸性球也參與發炎反應和過敏反應。它們的重要標的是對抗會造成蛔蟲病、絲蟲病和血吸蟲病的蠕蟲寄生蟲的幼蟲形態。嗜酸性球會和幼蟲的表面結合並且釋放有毒的化合物進入幼蟲的細胞導致幼蟲解體。嗜酸性球是最早期的細胞，會在靠近發炎和過敏反應的地方堆積並且攻擊其他白血球和釋放出化學的媒介物質。

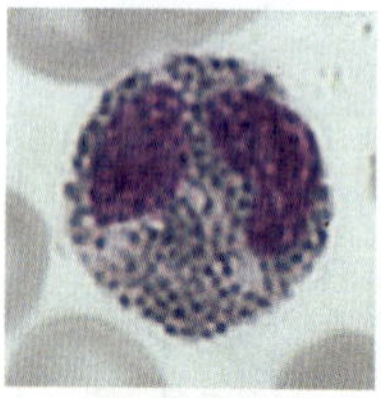
嗜鹼性球

嗜鹼性球 (basophils)[7] 藉由淺染、收縮的核和明顯深藍到黑色的顆粒來辨別。它們在白血球裡是稀少的，在一個個體循環系統的白血球中占不到 0.5%。嗜鹼性球跟**肥大細胞** (mast[8] cell) 在形態和功能上有些相似。雖然這兩個細胞形態曾被認為是相同的，肥大細胞是不會移動的，和結締組織連接在血管、神經和上皮細胞周圍，但嗜鹼性球是會移動的。兩種細胞形態都起源於相同的骨髓幹細胞生長線。

在許多反應中，嗜鹼性球和嗜酸性球的作用類似，因為它們都包含顆粒具有高效能的化學媒介物質。這些物質作用在其他細胞和身體的組織。舉例來說，它們可能會吸引白血球前往一個感染的地方或在受傷時導致血管收縮。

肥大細胞是對抗區域入侵的致病原的第一線防禦者；它們抓取其他的發炎細胞並且在立即型過敏時直接釋放出組織胺和其他過敏刺激物 (見第 13 章)。

非顆粒球 當用顯微鏡觀察時，非顆粒性白血球有球狀、沒分葉的核，並且缺乏細胞質顆粒。主要的種類是單核球和淋巴球。參考圖 11.7 的描述。

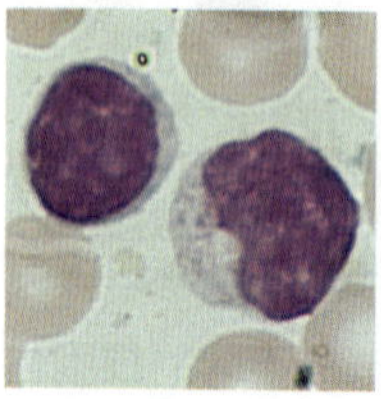
淋巴球

雖然淋巴球是第三線防禦的基石 (第 12 章的主題)，但淋巴球的起源和形態描述於此，由此可見它和其他血球成分的相關性是很明顯的。**淋巴球** (lymphocytes) 是血液中第二常見的白血球，占 20% 到 35%。事實上它們全部的數量在身體裡是所有細胞裡最高的，這表示它們對免疫是多麼重要。初步估計一個成年人的所有身體細胞的十分之一都是淋巴球，只有被紅血球和纖維細胞超過。

在染色的血液抹片，大多數淋巴球是小而圓的細胞、有均勻的黑、圓的核被一層透明的細胞質所包圍，雖然在組織裡，它們可以變得比較大甚至在外表上跟單核球一樣。淋巴球存在兩種功能形態，**B 淋巴球** (**B 細胞**) 胸線衍生出的，和 **T 淋巴球** (**T 細胞**)。在人類，B 細胞在骨髓成長；T 細胞在胸腺成長。兩種細胞都被運送到血液和淋巴，並且自由地在結締組織和淋巴器官間移

---

6 *eosinophil* 顆粒與酸作用 (ee″-oh-sin′-oh-fil)。希臘文：*eos* 開始，粉紅色；*philos* 喜愛。伊紅是一種紅色酸性染劑，可黏附在顆粒上。

7 *basophil* 顆粒與鹼作用 (bay′-soh-fil)。希臘文：*basis* 基礎。顆粒黏附到鹼性染劑上。

8 *mast* 來自德文的 *mast* 食物。早期細胞學家認為這些細胞充滿液泡。

動。

淋巴球在第三線防禦是主要的細胞，並且具有特異性的免疫反應。當被外來物質 (抗原) 刺激，淋巴球轉換成活化的細胞，可以中和並且摧毀這些外來物質。B 細胞致力於體液免疫 (humoral immunity)，其定義為在體液中攜帶的保護性分子。活化的 B 細胞形成特異的漿細胞 (plasma cell)，其會製造抗體 (antibodies)[9]。抗體是蛋白質分子，會結合外來細胞或分子，並且參與它們的毀壞。活化的 T 細胞從事大範圍的免疫功能，稱為細胞調節免疫 (cell-mediated immunity)，T 細胞調整免疫系統並且殺死外來細胞。這兩種淋巴球的作用皆具有特異性和記憶性。淋巴球在身體裡是非常重要的防禦，第 12 章會有更詳細的討論。

單核球 (monocytes)[10] 是最大的白血球，在血液循環系統中是第三常見的，占 3% 至 7%。成熟時，單核球的核會變成橢圓或是腎臟型且會偏向細胞的一邊，並且常扭曲有細的皺褶。細胞質有許多內含消化酵素的細小液泡。單核球由骨髓排出進入血液，在血液裡像是吞噬細胞般地過幾天。之後，它們離開血液循環進行最後的分化形成巨噬細胞 (macrophages)[11]。巨噬細胞是最萬用且最重要的細胞。一般來說，它們主要負責：

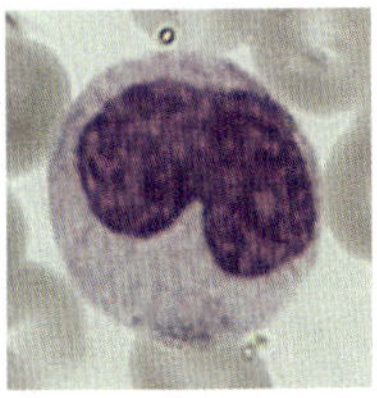

單核球

1. 許多特異和非特異的吞噬和殺菌功能 (它們假定這個工作是細胞的管家，擦掉由感染和發炎反應創造的「髒亂」)。
2. 處理外來分子並且將其呈獻給淋巴球。
3. 分泌具生物活性的化合物來幫助、媒介、吸引和抑制免疫細胞和反應。

我們在隨後的章節會探討這些功能。

另一條單核球生命線的產物是樹突細胞 (dendritic cells)，因其長而細的細胞突觸而命名。未成熟的樹突細胞從血液移動到網狀上皮系統和淋巴組織，它們可以在這些地方抓取致病原。細菌和病毒的吞入刺激樹突細胞移動到淋巴結和脾臟以便和淋巴球參與反應。

紅血球和血小板生長線　這些物質適當地留在循環系統。它們的成長也可以在圖 11.7 看到。

紅血球 (erythrocytes) 從骨髓裡的幹細胞成長並且在進入循環系統之前失去它的細胞核。最後生成的紅血球是簡單的，雙凹囊含，有血紅素，可以運送氧氣和二氧化碳來回進出組織。紅血球是最多的循環血球，染色起來呈現小粉紅的圓型。紅血球不具有免疫功能，雖然它們可以成為免疫反應的標的物。

血小板 (platelets) 在循環血液裡形成，它並非一個完整的細胞。血小板的形成是藉由大顆多核的巨核細胞的解體。染色下，血小板是藍灰色、帶有細小的紅色顆粒，且藉由它的小尺寸很容易跟其他細胞分辨。血小板的功能主要是血液恆定 (堵住破掉的血管停止流血) 和釋放化學物質作用在血栓和發炎反應上。一些主要的白血球特徵統整在表 11.2。

---

9 *antibody* 抗體、與抗原結合 (an′-tih-bahd″-ee)。希臘文：*anti* 抗和字源 *bodig* 身體。

10 *monocyte* 單核球 (mon'-oh-syte)。來自 *mono* 一個和 *cytos* 細胞。

11 *macrophage* 巨噬細胞 (mak'-roh-fayi)。希臘文：*macro* 大和 *phagein* 吃。它們是組織中最大的吞噬細胞。

表 11.2 白血球的特色

細胞形態	在循環系統中的比例	主要功能	特徵	外觀
嗜中性球	占白血球的 55% 至 99%	一般的吞噬作用	壽命 2 天，只有 4 至 10 小時在循環中	多分葉核；小紫色顆粒具有消化酵素
嗜酸性球	占白血球的 1% 至 3%	破壞寄生的蠕蟲；過敏的媒介者	在骨髓和脾臟的數量比較多	雙分葉核，有大橘色的顆粒，內含有毒的蛋白、發炎的媒介物質和消化酵素
嗜鹼性球	占白血球的 0.5%	在過敏、發炎和寄生蟲感染時活化	細胞質顆粒內含組織胺、前列腺素和其他過敏反應的化學媒介物質	淺染、收縮的核，深藍到藍色顆粒
單核球	占白血球的 3% 至 7%	吞噬作用，最後分化成巨噬細胞和樹突細胞	單核球分泌一些化學物質調節免疫系統的功能	最大的白血球；核大、卵形常呈鋸齒狀，用光學顯微鏡觀察沒有顆粒
淋巴球	占白血球的 20% 至 35%	特異性免疫 (後天免疫)	兩種形態的淋巴球：T 細胞負責細胞免疫，B 細胞負責體液免疫	小球形細胞有一致的深色圓核

淋巴系統的功能和成分

循環系統的淋巴部分是一個由導管、細胞和特別附屬器官構成的區隔性網絡 (圖 11.8)。它始於最遠的組織，像是微小的微血管，它會運送特別的液體 (淋巴液) 經過逐漸增大的導管和過濾器 (淋巴結)，最終連接主要血管回到常規的循環系統。一些跟免疫防禦相關的淋巴系統 (lymphatic system 或 lymphoid system) 主要功能是：

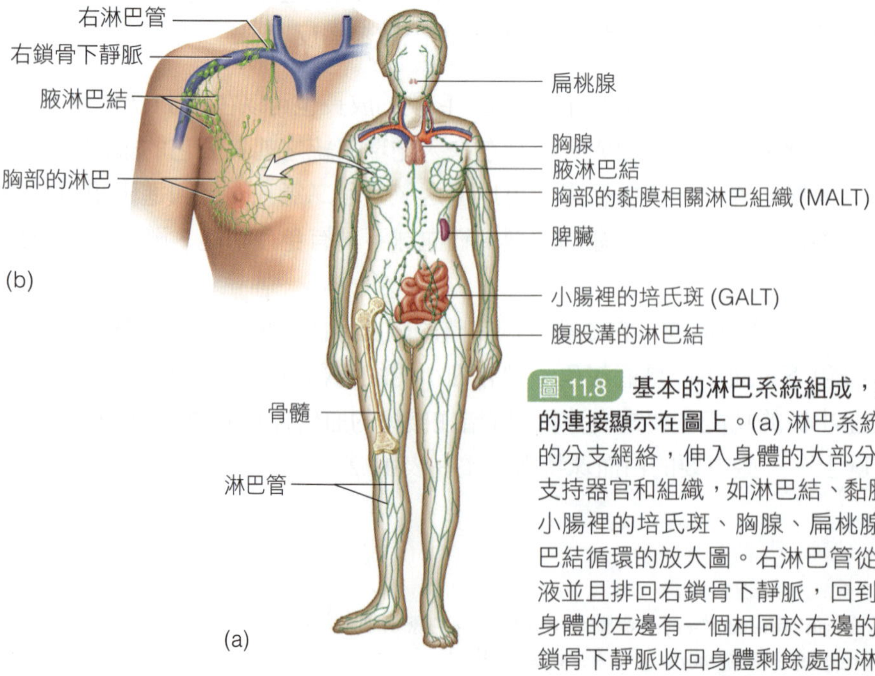

圖 11.8 **基本的淋巴系統組成，排水模式與常規循環系統的連接顯示在圖上。**(a) 淋巴系統的基本描述其為特化導管的分支網絡，伸入身體的大部分區域。它包含一些種類的支持器官和組織，如淋巴結、黏膜相關的淋巴組織、脾臟、小腸裡的培氏斑、胸腺、扁桃腺和骨髓；(b) 右胸和腋淋巴結循環的放大圖。右淋巴管從右腋和頭部區域收到淋巴液並且排回右鎖骨下靜脈，回到常規的血液循環系統。在身體的左邊有一個相同於右邊的排列，胸部的淋巴管從左鎖骨下靜脈收回身體剩餘處的淋巴液。透過這些直接的連接，所有的淋巴液最終會進入循環血液。

1. 提供另一個路徑給要回到適當循環系統的細胞外液。

2. 對發炎反應作為一個「排掉」的系統。

3. 透過淋巴球、吞噬細胞和抗體的系統，給予監控、辨識和保護對抗外來物質。

淋巴液　淋巴液 (lymph) 是血漿般的液體，藉由淋巴循環攜帶。形成於當血流成分離開血管進入細胞外的地方而擴散或移入微淋巴管時。由於這個原因，淋巴的組成跟血漿在許多地方都很相似。淋巴液是由水組成，有溶解的鹽類和 2% 至 5% 的蛋白質 (尤其是抗體和白蛋白)。淋巴液如同血液，可以運送許多白血球 (尤其是淋巴球) 和其他物質像是脂肪、細胞碎片和從組織間通過的感染原。跟血液不同的是，紅血球不會正常地在淋巴液裡被發現。

淋巴管　是運送淋巴的導管系統，其沿著血管而建造 (圖 11.9)。最細小的導管即微淋巴管 (lymphatic capillaries)，伴隨著血液的微血管。微淋巴管穿透所有身體的部位除了中樞神經系統和特定器官像是骨頭、胎盤和胸腺。它們的薄壁有一層上皮細胞，就像血管的微血管一樣，上

(a) 精細層次的淋巴循環始於盲目的微細管 (綠色) 從周遭組織撿起外來物質並且運送入淋巴，此係透過小導管的系統而遠離終端。

(b) 導管攜帶淋巴液進入一個較大導管的循環，最終流進多叢的過濾器官－淋巴結。

(c) 透過淋巴結切面顯示，傳入導管，汲取淋巴液進入淋巴竇，該處是許多種白血球的房子。在這裡，外來物質被過濾掉，並由淋巴球、巨噬細胞和樹突細胞加以處理。

(d) 和 (e) 淋巴液持續從淋巴結流出，經過傳出的導管進入比較大的排放導管的系統，最終連結心臟附近的大靜脈，透過這條路徑，細胞和免疫的產物持續的進入常規的循環中。

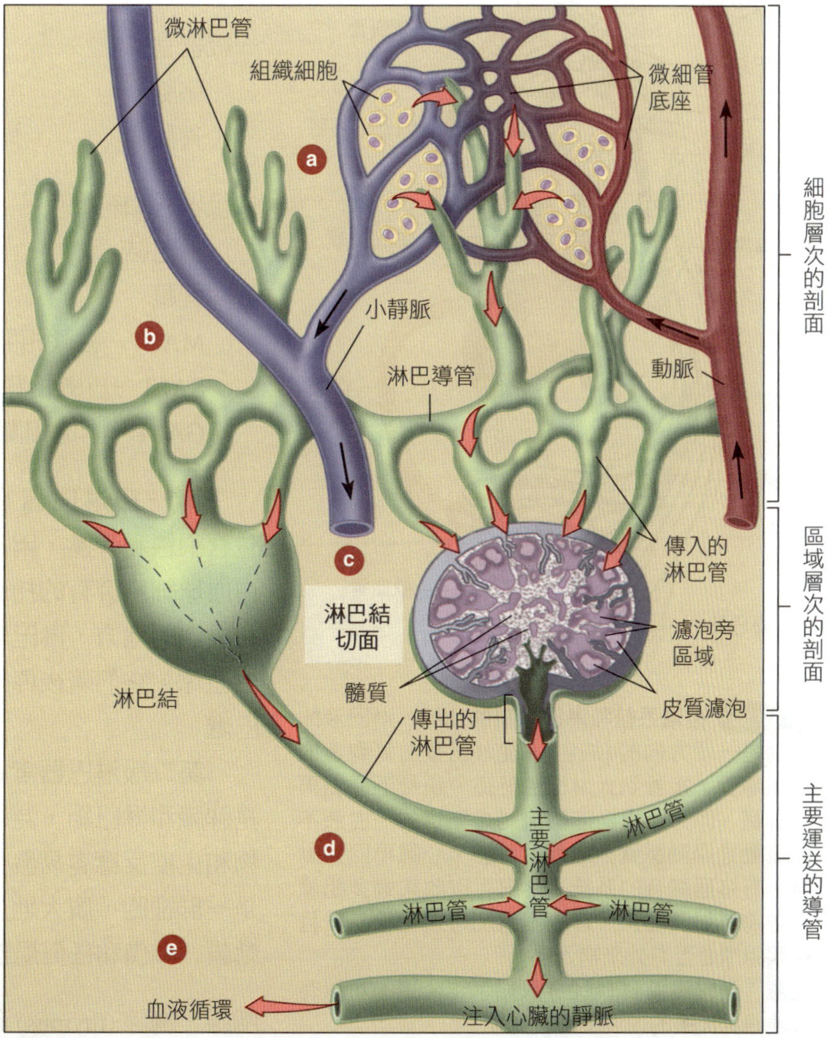

圖 11.9 淋巴血管和淋巴結的循環圖

皮細胞的連結鬆散，可以讓收集自循環系統的細胞外液自由進入 (圖 11.4)。淋巴管在手、腳和胸部的乳暈周圍特別多。

血管和淋巴系統有兩個差異很重要 (圖 11.10)。第一，淋巴系統的其中一個主要功能是回收淋巴液到循環中，淋巴液流動只有一個方向，從四肢流到心臟。最終它會透過胸管和脖子底部附近的右淋巴管回到血流 (見圖 11.8)。第二個不同是，淋巴液運送是透過淋巴系統的導管，然而血液運送到身體是藉由專用的幫浦 (心臟)，淋巴液移動只有透過圍繞淋巴管附近的骨骼肌收縮。依靠肌肉收縮移動的方式有助於說明有時候晚上手和腳腫脹 (當肌肉沒動時) 但醒了之後就會消失。

寄生蟲感染的絲蟲症是一個很好的例子，當發生寄生蟲感染的絲蟲症時，淋巴結被感染原塞住 (見圖 20.25)，絲蟲幼蟲被困在淋巴結和四肢的淋巴管裡並將其塞住，阻止淋巴液流入附屬導管並回到循環系統中。大量淋巴液的累積造成四肢和其他身體部分如陰囊之扭曲變形。

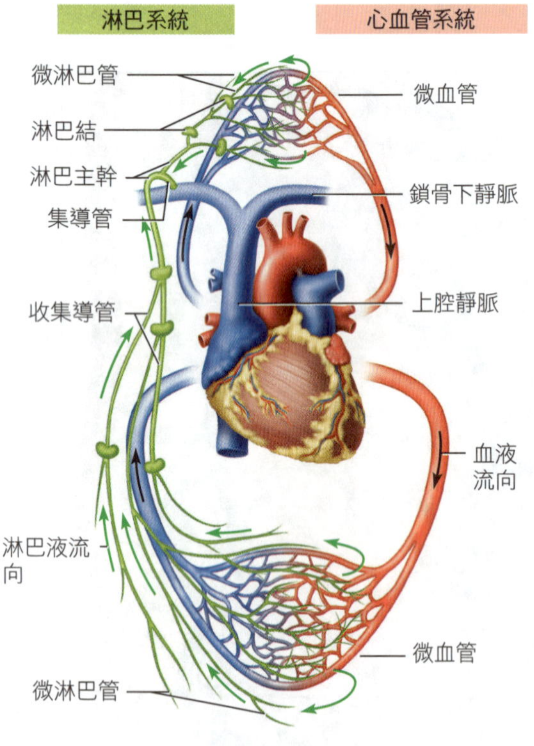

圖 11.10 循環系統和淋巴系統的比較。淋巴液的流動是一個方向的 (綠色)，從淋巴微血管到集血管和導管，接著到大淋巴主幹道、鎖骨下靜脈再到心臟。而另一邊血液的流動是循環的，血液不斷流動通過動脈到微血管、靜脈、心臟再回到動脈。有這個綜合的系統，淋巴可以收集過多組織液並將其送回血流。這兩個系統可以互相參與且視察組織是否有外來物入侵。
注意：淋巴液流動 (綠色) 只顯示出一邊，可以有效地跟另一邊的血液循環做比較。

淋巴器官 有免疫功能的淋巴器官和組織，可以被分類為一級和二級，分類如下：

一級器官：
- 胸腺
- 骨髓

二級器官和組織：
- 淋巴結
- 脾臟
- MALT—黏膜相關的淋巴組織
- SALT—皮膚相關的淋巴組織
- GALT—腸道相關的淋巴組織 (培氏斑)

第一級淋巴器官 (primary lymphoid organs) 包含胸線和骨髓，因為它們是免疫細胞的來源和白血球細胞發育的托育所。此處為淋巴球的發源和成熟的地方，淋巴球是具有免疫特異性功能的白血球。它們隨後釋放這些細胞，填充第二級淋巴處。

第二級淋巴器官 (second lymphoid organs) 像是脾臟和淋巴結，為循環基底處，此為遭遇微生物和免疫反應容易發生的地方。相關的淋巴組織是一群細胞，廣大地分散到全身組織像是皮膚和黏膜，準備和任何局部區域進入的感染原反應。

胸腺 胸腺 (thymus) 起源在胚胎時，是由在咽的區域由兩葉聚成一個三角形結構。它位在胸腔靠近胸骨的頂端。胸腺的大小，就比例而言，出生時最大 (圖 11.11)，並且直到青春期它持續產生高頻的活動和成長，成人期後將會逐漸縮小。

小孩出生沒有完整的胸腺 [狄喬治症候群 (DiGeorge syndrome)，見第 13 章] 或進行胸腺摘除手術都是嚴重的免疫缺乏，難以茁壯成長。成人時期，成熟的 T 細胞會離開胸腺，而胸腺逐漸減少它的功能。切勿將甲狀腺和胸腺搞混，甲狀腺位於脖子靠近喉的區域，跟胸腺的功能完全不同。

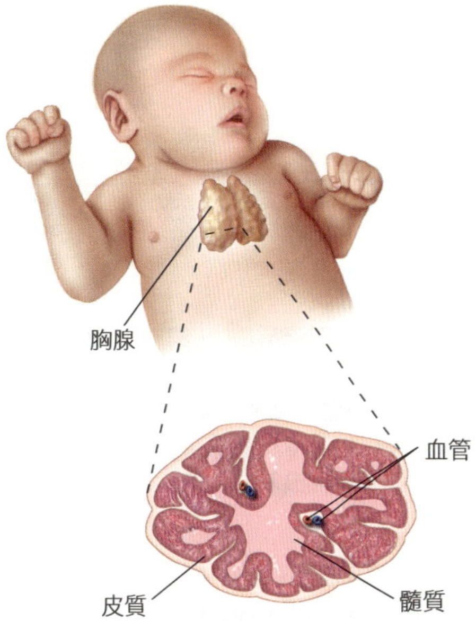

圖 11.11 **胸腺**。出生後，這個大器官胸腺幾乎立即填滿了該區域，越過了上胸部區域的中線。然而，在成人時期，它會成比例變小 (見圖 11.8a 以比較兩者)。切片圖顯示胸腺主要部分的結構區域。不成熟的 T 細胞進入皮質，成熟時進入髓質。

淋巴結　淋巴結是小的、被包裹的豆子狀器官，通常是沿著淋巴的通道和胸的大血管和腹腔成簇聚集 (圖 11.8)。主要的淋巴結聚集發生在鬆散的結締組織，像是：腋窩 (腋淋巴結)、鼠蹊部 (腹股溝淋巴結) 和脖子 (頸淋巴結)。這些淋巴結的位置和結構都很特別，可以幫助它們過濾掉進入淋巴的物質並且提供適當細胞和免疫反應的利基。

脾臟　脾臟是一個淋巴器官，位在腹腔較上部位，依偎橫膈膜下面和胃的左邊。它跟淋巴結有點相似，除了它是過濾血液而不是淋巴液。然而脾臟的主要功能是從循環中移除老舊的紅血球，其最重要的免疫功能是從血液中過濾掉致病原，而它們隨後被常駐的巨噬細胞進行吞噬作用。雖然成人的脾臟若被移除還能生活得像正常人，然而沒有脾臟的小孩是很嚴重的免疫低下。

相關的淋巴組織　於布滿黏膜的系統，到處嵌入有離散成束的淋巴球和其他白血球，稱為黏膜相關的淋巴組織 (mucosal-associated lymphoid tissue, MALT)。這個廣大系統的位置對於因應從胃腸道、呼吸道、尿道和其他入口進入的微生物刺激，提供一個區域性且快速的機制。咽提供 MALT 主要的來源形成扁桃腺。懷孕和泌乳女人的胸部常變成淋巴組織暫存的地方，會增加保護的抗體進入母乳裡。

腸胃道容納一群發育最好的淋巴組織，稱為腸道相關淋巴組織 (GALT)。GALT 的例子包含盲腸和培氏斑 (Peyer's patches)，有淋巴球緊密聚集在小腸的迴腸。GALT 提供免疫功能對抗小腸的致病原並且是某些種抗體的重要來源。另一方面，還有其他組織性較差的第二級淋巴組織，包含皮膚相關淋巴組織和支氣管相關淋巴組織。

11.3 第二線防禦：發炎

既然我們已介紹免疫系統在解剖和生理上的主要架構，接著要介紹一些在宿主防禦中扮演重要角色的機制：(1) 發炎；(2) 吞噬作用；(3) 干擾素；(4) 補體。這些天然防禦在功能上並沒

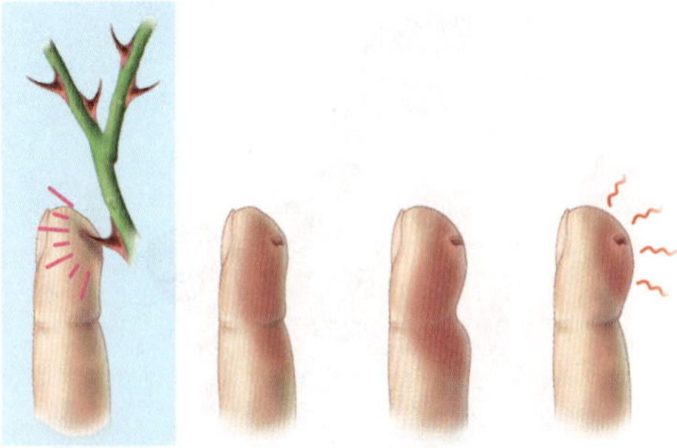

圖 11.12 **受傷的回應**。這是對於組織遭受攻擊而產生的典型連續反應。圖上的任何一個事件都是發炎機制之一的指標，本章節會描述。

有特異性，然而它們可以支持並和特異性免疫反應互動，這在第 12 章會加以描述。

發炎反應：受傷的複合協調反應

在一般層級，發炎是對任何發生在組織裡的創傷並且恢復體內平衡時會有的反應，這是個正常且必須的過程，可以幫助清除細胞碎片。我們大多數人以某種程度來說每天都會發生發炎反應，它發生在割傷、燙傷、感染的痛和過敏的症狀，但有時候它發生時不會有感覺。

它很容易被辨識，藉由一系列經典的徵兆和症狀，可由這四個拉丁字表現：紅 (rubor)、熱 (calor)、腫 (tumor) 和痛 (dolor)。紅是因為在受傷的組織增加循環和血管舒張造成的；熱是因為血流增加放熱所導致；腫是因為細胞外液堆積在組織所造成的；而痛是因為神經末端遭受腫脹的壓力或化學媒介物質的刺激導致的 (圖 11.12)。第五個症狀是「失去功能」，有時候伴隨著發炎產生。雖然這些徵兆通常是不舒服，但它們提供一個重要的警告通知受傷發生了，並且給予回應：紅腫熱痛，這樣可避免身體再度受傷。

可以誘發發炎反應的因子包含來自感染的創傷 (這裡主要的重點)、組織受傷或死亡以及特異性免疫反應。雖然發炎的細節非常複雜，其主要功能可以被統整如下：

1. 發動並吸引免疫組成成分到達受傷部位。
2. 啟動機制修復受損組織並局部集中和清除有害物質。
3. 破壞並阻擋微生物繼續入侵 (圖 11.13)。

發炎反應是個強大的防禦反應，是為了維持身體穩定和受傷後恢復身體的手段。但當發炎反應是慢性的，它會導致組織受傷、破壞和生病。

發炎的階段

導致發炎的過程是一個動態順序的事件，可以是急性的—持續幾分鐘到幾小時，也可以是慢性的—持續幾天、幾星期或是幾年。一旦最初的傷害行為發生，一長串的反應將會在受傷的組織進行，召喚有益的細胞和液體到受傷部位幫忙。舉例來說，我們在微觀層面看傷口並觀察其主要事件的走向 (圖 11.13)。

血管的改變：早期發炎時期

受傷後，有些早期的改變發生在受傷部位鄰近處的血管 (動脈、微血管、靜脈)。這些改變由受傷處的血液細胞、組織細胞和血小板釋放出來的**化學媒介物質** (chemical mediators) 和**細胞激素** (cytokines)[12] 以及神經刺激所控制。有些媒介物質是作用於血管的，它們影響血管的內皮

12 *cytokine* 細胞激素 (sy′-toh-kyne)。希臘文：*cytos* 細胞；*kemein* 移動。由白血球分泌的蛋白質，會調控宿主防禦。

細胞和平滑肌細胞。其他物質則是**趨化因子** (chemotactic factors 也稱為 chemokines)，會影響白血球。發炎媒介物質導致發燒，刺激淋巴球，避免感染擴散，並且導致過敏症狀 (圖 11.14)。雖然動脈收縮是最初的刺激，然而它只持續幾秒或幾分鐘。一旦血液凝結形成避免血液流失，它便迅速變成**舒張** (vasodilation) 狀態。血管舒張的功能是為了增加血流到受傷的區域，促進免疫物質流入並導致紅和熱。

水腫：血管液體滲透進入組織

微血管後靜脈是微血管床排放血液進入的小靜脈，在免疫的幾個方面是很重要的。當它們收縮，會導致緩慢的循環並且在此處產生細胞外液的匯集。有些血管活化物質導致靜脈內壁的內皮細胞分開形成縫隙，使得血液攜帶的組成成分可以穿透過去到達細胞外。微血管在細胞激素的影響下也可以變成有縫隙的。滲透到組織外的液體稱為滲出液 (exudate)。這些液體的堆積使得區域腫脹硬化稱為**水腫** (edema)，這些水腫的液體包含不同的漿蛋白，像是球蛋白、白蛋白、凝集蛋白纖維質原、血球和細胞碎片。滲出液取決於其成分，可能是澄清的 (稱為漿液性)，也或者含紅血球或**膿** (pus)，則為混濁的。膿主要是由白血球、微生物和吞噬作用產生的碎片所組成。在一些種類的水腫，纖維質原被轉化成纖維絲進入受傷部位 (見圖 11.13c)。一小時內，許多對特別訊號分子進行趨化反應的嗜中性球聚集在受傷部位。

白血球獨特的動態性格　白血球為了離開血管進入組織裡，它們黏附小血管如微血管和靜脈的內層血管壁。從此位置得知，它們自然從血液跑進組織裡的過程稱為**血球滲出** (diapedesis)[13]。

血球滲出，也稱為穿越移動，是借助於白血球的幾個相關特性。舉例來說，白血球可活

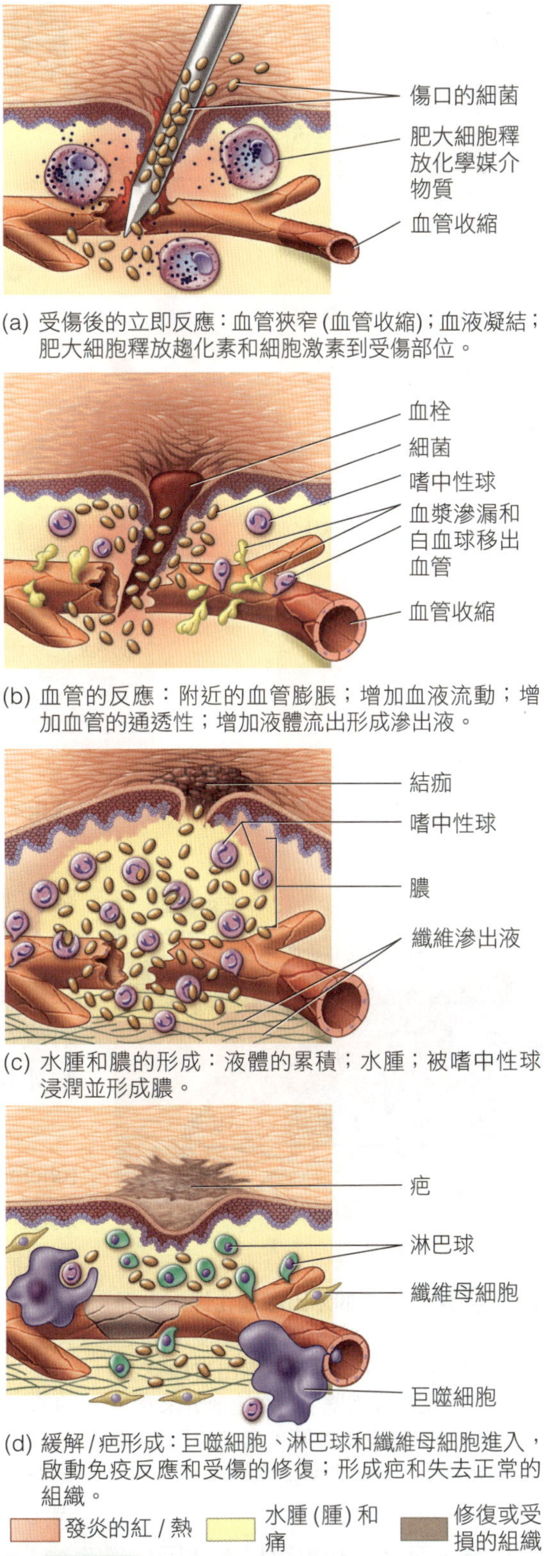

傷口的細菌
肥大細胞釋放化學媒介物質
血管收縮
(a) 受傷後的立即反應：血管狹窄 (血管收縮)；血液凝結；肥大細胞釋放趨化素和細胞激素到受傷部位。
血栓
細菌
嗜中性球
血漿滲漏和白血球移出血管
血管收縮
(b) 血管的反應：附近的血管膨脹；增加血液流動；增加血管的通透性；增加液體流出形成滲出液。
結痂
嗜中性球
膿
纖維滲出液
(c) 水腫和膿的形成：液體的累積；水腫；被嗜中性球浸潤並形成膿。
疤
淋巴球
纖維母細胞
巨噬細胞
(d) 緩解 / 疤形成：巨噬細胞、淋巴球和纖維母細胞進入，啟動免疫反應和受傷的修復；形成疤和失去正常的組織。
發炎的紅 / 熱
水腫 (腫) 和痛
修復或受損的組織

圖 11.13　發炎的主要事件。

13 *diapedesis* 血球滲出 (dye″-ah-puh-dee′-sis)。希臘文：*dia* 經由；*pedan* 滲出。

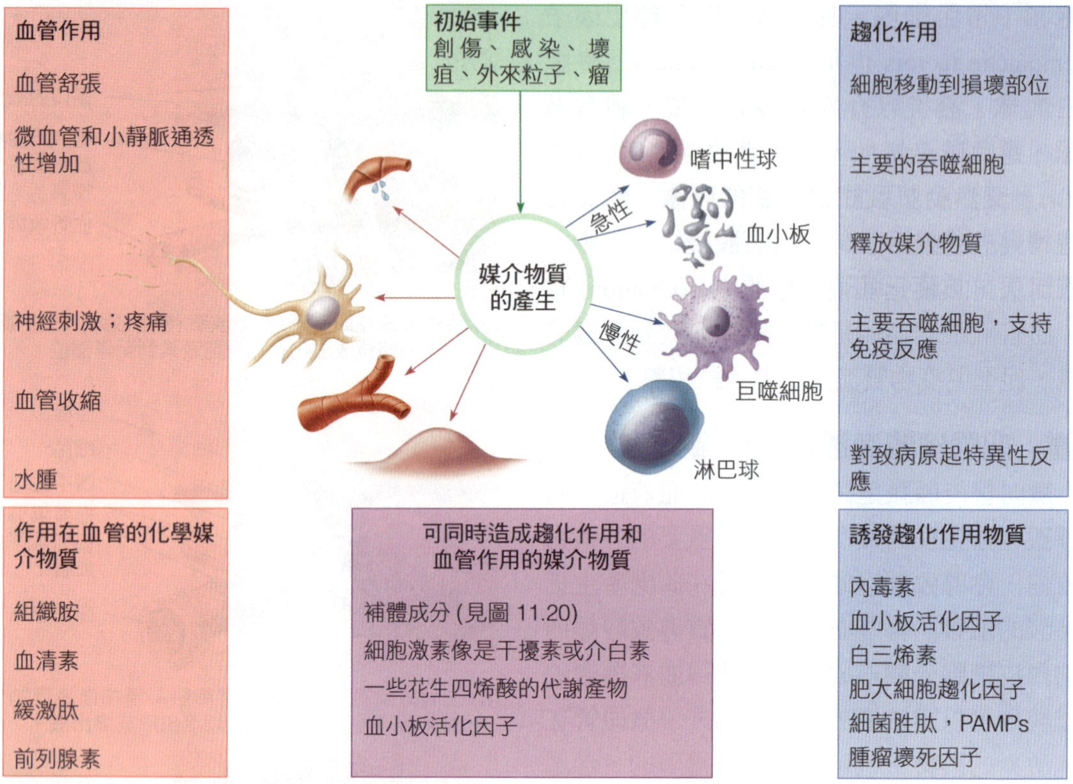

圖 11.14 主要發炎反應的化學媒介物質和其作用。

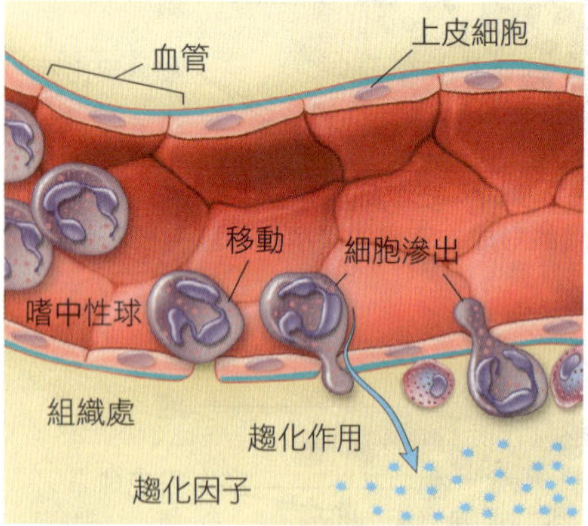

圖 11.15 **白血球的滲出和趨化性**。由靜脈的橫切面來描述白血球擠壓變形通過血管壁。這個過程同時也指出白血球如何黏附到上皮細胞壁上。從這部分來看，它們指出當發炎反應時，白血球回應釋放趨化因子，爬出血管進入組織。

躍的運動且形狀可以改變。它們的移動受助於小靜脈內層內皮細胞的特性。小靜脈有複雜的黏附接受體，它在免疫媒介物質的影響下可以增加黏性。這導致白血球黏附或在內皮細胞的邊緣。在此位置，它們易於爬行到細胞外的地方去 (圖 11.15)。

另一個造成白血球爬行的因子是**趨化作用** (chemotaxis)[14]，是由受傷或感染部位釋放出的特別化學刺激使細胞移動到受傷處的趨向性。透過這個方式，細胞從腔室中遊走到感染部位，停留該處並執行基本功能，例如：吞噬作用、修復作用和特異性免疫反應。對大部分的免疫反應，這些為了相互溝通和細胞配置的基本的特性是絕對必須的。

水腫和趨化作用的好處　水腫滲出液和嗜中性球的浸潤，兩者都是對身體有用的作用。液體的聚集沖淡了毒性物質，而纖維凝集可以有效困住微生物，使它們無法更加擴散。嗜中性球聚集在發炎處，並且立即進行吞噬作用、破壞微生物、死組織跟物質顆粒 (第 11.4 節討論的吞噬作用機制)。某些

14 *chemotaxis* 趨化作用 (kee-moh-tak′-sis)。荷蘭文：*chemo* 化學；*taxis* 排列。

發炎反應會聚集吞噬細胞造成膿的產生。特定的細菌 (鏈球菌、葡萄球菌、淋病球菌、腦膜炎雙球菌) 特別會吸引嗜中性球前往，造成膿的產生，稱為化膿 (pyogenic) 或產生膿的細菌。

發炎反應後期　有時候比較溫和的發炎作用可以被吞噬作用和水腫解決。發炎反應持續幾天以上會吸引一堆的單核球、淋巴球和巨噬細胞到達反應部位。巨噬細胞會清除膿、細胞碎片、死的嗜中性球和損壞的組織，巨噬細胞是唯一可以吞噬和丟棄如此大量的物質。同時，後天性免疫反應的特異性免疫開始啟動。B 淋巴球藉由產生特異性抗微生物蛋白 (抗體) 來和外來分子與細胞反應，而 T 淋巴球會直接殺死入侵物。後期，組織會完全修復，也有可能被結締組織取代形成疤痕 (見圖 11.13d)。如果發炎無法藉由這個方法被緩解或解決的話，它可能變成慢性並且產生長期的致病情況。

發燒：發炎反應的附屬物

發炎的重要系統性要素是發燒，定義為異常升高的體溫。雖然發燒是一般感染會有的症狀，它也跟特定的過敏、癌症和其他疾病有關。導致發燒的原因是未知的，稱為未知原因的發燒，簡稱 FUO。

正常的體溫調控是藉由腦部的下視丘控制中樞調控。這個溫控器調控身體熱的產生和散熱，並且將核心溫度設為 37°C 左右 (98.6°F)，在一天的循環中有輕微波動 (1°F)。

發燒始於一個稱為熱原 (pyrogen)[15] 的循環物質，重置了下視丘的溫控器達到一個較高的設定。這個改變驅使肌肉增加熱的產生，而周圍動脈透過血管收縮減少熱的散失。發燒的嚴重範圍從低 (37.7°C 到 38.3°C 或 100°F 到 101°F) 到中 (38.8°C 到 39.4°C 或 102°F 到 103°F) 到高 (40.0°C 到 41.1°C 或 104°F 到 106°F)。熱原被描述為外源性的 (exogenous，從身體外來的) 或內源性的 (endogenous，源於內在的)。外源性熱原是感染原的產物，如病毒、細菌、原蟲和黴菌。

一個特性很清楚的外源性熱原是內毒素，其為革蘭氏陰性菌細胞壁的脂多醣。血液、血液產物、疫苗或注射溶液內也包含外源性的熱原。內原性的熱源是在吞噬過程中出現的天生免疫反應，由單核球、嗜中性球和巨噬細胞所釋出。兩個被巨噬細胞釋放出的有效熱原為介白素 (IL-1) 和腫瘤壞死因子 (TNF)。

發燒的優點　發燒和感染的關聯性非常強大，因此認為發燒是對身體有益的角色，然而此觀點仍在爭論中。除了它的實用性和對於醫療的重要性來說它是生理中斷的象徵，體溫的增加還有額外的好處：

- 發燒抑制對溫度敏感的微生物，例如脊髓灰白質炎病毒、感冒病毒、帶狀疱疹病毒、全身性和皮下的黴菌致病菌、數種分枝桿菌和梅毒螺旋菌。
- 發燒藉由減少鐵的利用來阻礙細菌的營養。當發燒期間，巨噬細胞會停止釋放它儲存的鐵，這會延遲一些細菌生長所需要的酵素反應。
- 發燒增加代謝率並且刺激免疫反應和天生的生理保護反應，還可以加速造血作用、吞噬作用和特異性免疫反應。

15 *pyrogen* 致熱源 (py′-roh-jen)。希臘文：*pyr* 火；*gennan* 產生。與 *funeral pyre* 和 *pyromaniac* 相同來源。

發燒的治療 由於對於發燒的觀點有修訂，因此對於是否要抑制它是困難的決定。有些人主張在健康成人身上輕度及中度發燒是不需被抑制的，所有醫學專家同意當小孩或有心血管疾病、癲癇和呼吸疾病的病人身上發生高溫和長期的發燒是很危險的，因此必須立即給予發燒抑制劑。臨床上對於發燒的藥物為解熱藥像是阿斯匹靈或乙醯胺基酚 (Tylenol)，這些藥可以降低下視丘中心的溫度設定並恢復正常體溫。任何可以增加溫度散失 (例如：微溫的洗澡水) 的物理性作法都可以幫忙降低核心溫度。

11.4 第二線防禦：吞噬作用、干擾素和補體

吞噬作用：發炎和免疫的夥伴

以任何標準，吞噬細胞是個令人印象深刻的生存器具，在組織中漫遊去尋找、捕抓並且摧毀標的。吞噬細胞的基本作用為：

1. 調查組織腔室並且找尋微生物、顆粒性物質 (灰塵、碳粒子、抗原抗體複合物) 和受傷或死亡的細胞。
2. 吞噬和除掉這些物質。
3. 從外來物萃取免疫形成資訊 (抗原)。

主要吞噬細胞種類

一般來說所有細胞都有能力去吞噬物質，然而專業的吞噬細胞是為了存活下去才去吞噬這些物質。主要的三種吞噬細胞為嗜中性球、單核球和巨噬細胞。

嗜中性球和嗜酸性球 以前認為嗜中性球是通用的吞噬細胞，在早期發炎反應時對細菌、其他外來物質和損壞的組織作用。常見的細菌感染徵兆是有大量的嗜中性球出現在血液裡 (嗜中性球增多症)，且嗜中性球也是膿的主要成分。嗜酸性球被吸引到達寄生蟲感染和抗體抗原反應的部位，它們只占吞噬角色的一小部分。

嗜中性球的功能延伸 嗜中性球是先天免疫的主力。除了它們的吞噬功能，它們還有一個獨特的系統可以捕抓致病原，稱為*嗜中性球細胞外陷阱* (NET)。嗜中性球吞噬、殺死細菌和其他致病原後即會死去。但是它們的死並不會結束它們的保護作用。即使在細胞完全溶解之後，死去的嗜中性球伸出一個由 DNA、酵素、組織蛋白和其他細胞成分組成的纖維基質，持續阻止微生物入侵。NET 的作用有幾個不同的層級來困住細菌和黴菌，降解它們的毒性因子，並且使用殺微生物的化學物殺死它們，更有甚者，固定住微生物並且避免它們擴散。

巨噬細胞：大組織吞噬細胞 當從血液中進入組織裡，單核球將被發炎媒介物質轉變成巨噬細胞。在這個過程中大小會增加，也會增強溶菌素和其他胞器的發展 (圖 11.16)。曾經，巨噬細胞被歸類為可以固定在組織中或徘徊在組織移動，然而這個說法是誤導的。所有巨噬細胞保留移動的能力。不論它們待在特定的器官或是徘徊，這仰賴於它們成長的階段和它們獲得的免疫刺激。特化的巨噬細胞稱為*組織細胞* (histiocyte)，在它們的生命週期裡移動到特定組織或待在

原地。例如在肺臟的巨噬細胞；在肝臟的庫佛氏細胞；在皮膚的朗格漢細胞和在脾臟、淋巴結、骨髓、腎、骨頭和腦的巨噬細胞。其他巨噬細胞不會永久停留在特定組織，會透過網狀上皮系統流動到其他地方。巨噬細胞不只是動態的清道夫，也會處理外來物質準備好給特定的淋巴球反應 (見第 12 章)。

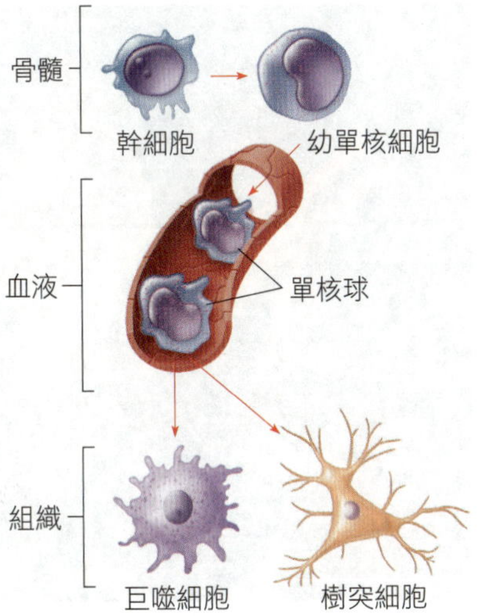

圖 11.16　單核球和巨噬細胞的成長階段。細胞在骨髓和周邊血液進展到成熟的階段。一旦進入組織，巨噬細胞可以繼續流浪或占據特異器官。

吞噬辨認、吞噬和殺害機制

吞噬作用一詞意為「吃掉細胞的過程」。但是吞噬作用不只是生理作用的吞食而已，因為吞噬細胞也會主動攻擊並使用一系列的抗微生物物質分解外來物。吞噬作用可以發生在一個獨立的事件，藉由一個吞噬細胞回應一個在它區域的刺激，或是成為第 11.3 節描述發炎的協調作用中之一部分。在吞噬作用裡的事件有趨化作用、消化作用、吞噬溶酶體的形成、破壞和消除 (圖 11.17)。

趨化作用、結合作用和消化作用　吞噬細胞會被受傷的宿主組織和致病原梯度分布的刺激產物吸引而移動到發炎的區域。一旦吞噬細胞遇到致病原，它用它的 TLRs (於第 11.2 節討論) 去和致病原連結 (圖 11.17)。TLRs 是接受器，可以辨認並連結微生物的致病原有關的模式分子 (PAMP)。吞噬細胞的膜上有 10 種不同的 TLRs。接受體的末端勾住 PAMP 並立即形成雙分子，或與第二個接受體相連包覆住分子的末端 (圖 11.18)。傳達訊息進入核，刺激細胞內的吞噬過程並釋放化學媒介物質。

在發炎反應的地點，吞噬細胞通常用結締組織的纖維網絡或血液和淋巴管壁困住細胞或碎片。一旦吞噬細胞「抓住」它的獵物，它延伸偽足圈住細胞或顆粒，並將它內化進入囊泡稱為吞噬小體。

吞噬溶酶體形成和殺死　在短暫時間裡，**溶酶體** (lysosomes) 移動到吞噬小體的地方並且和它融合形成**吞噬溶酶體** (phagolysosome)。其他包含抗菌物的粒子會被釋放進入吞噬溶酶體，形成一個有效的來源用來毒殺及將消化的物質拆解掉 (圖 11.17)。吞噬作用的破壞明顯，此由細菌接觸到抗微生物物質後的 30 分鐘內死亡可知。

破壞和消除系統　破壞的化學物質等待微生物進入吞噬溶酶體。稱為**呼吸爆炸** (respiratory burst)，或是氧化爆炸的需氧系統釋放氧代謝的產物稱為**氧反應的中間物** (ROI)。骨髓過氧化酶是在顆粒球裡發現的酵素，形成鹵素離子 (OCl^-)，是很強的氧化物質。其他氧代謝的產物像是過氧化氫、超氧陰離子 (O_2^-)、活化或是單一的氧離子 ($^1O^-$) 和羥自由基 (HO)，分開來或一起時具有強大的殺害能力。這系列的反應氧產物提供一個「打倒」需氧致病原像是黴菌和很多細菌的能力。一起作用的化學物質有乳酸、溶菌素和一氧化氮 (NO)，一氧化氮是一個強大的媒介物質，可以殺死細菌和抑制病毒複製。破壞細菌細胞膜的陽離子蛋白和一堆蛋白水解與其他水解酵素一起完成此工作。一些未被消化的碎片從巨噬細胞藉由胞吐作用釋放出來。正如我們在第

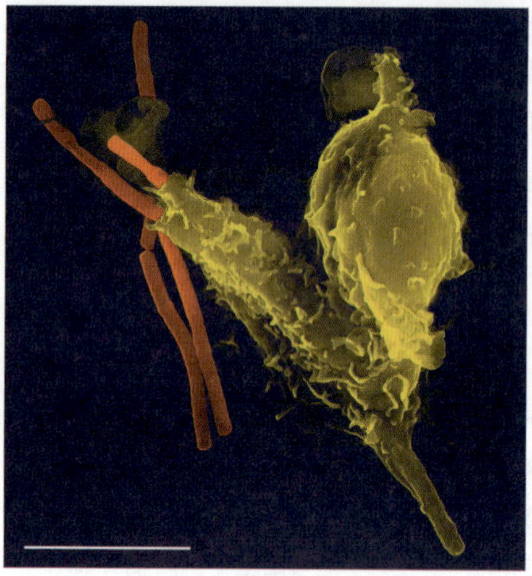

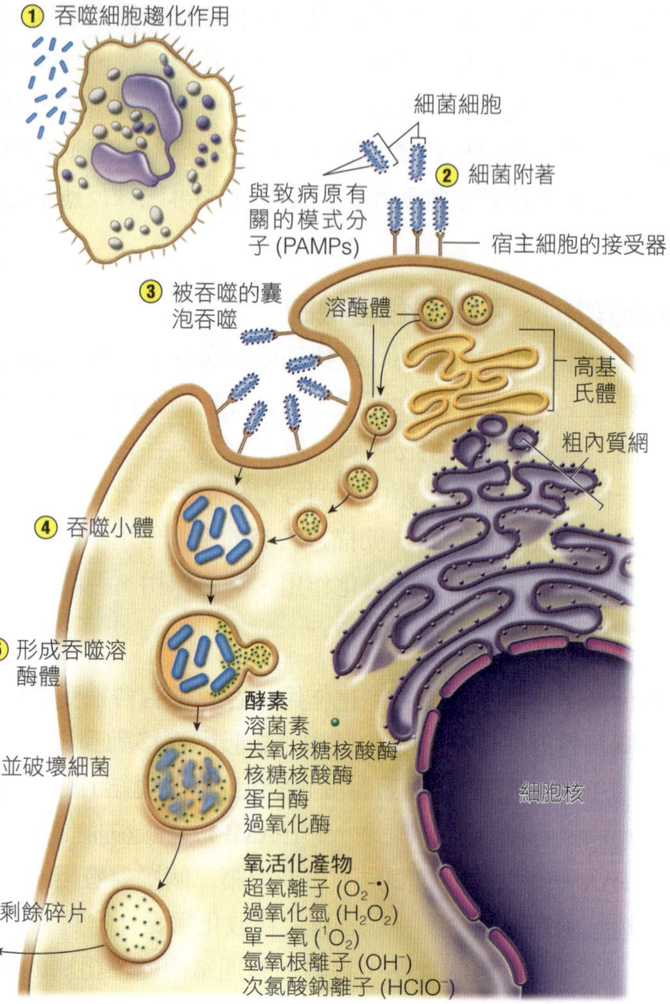

圖 11.17 吞噬作用的順序。(1) 吞噬細胞被細菌吸引；(2) 細菌藉由其 PAMP 附著到吞噬細胞接受體的特寫圖；(3) 當細菌被吞噬時囊泡形成；(4) 吞噬小體消化囊泡產生；(5) 溶酶體和吞噬小體融合形成吞噬溶酶體；(6) 酵素和有毒氧產物殺死並消化掉細菌；(7) 未消化的粒子被釋出。左圖：掃描嗜中性球的掃描式電子顯微鏡圖 (黃色) 主動吞食炭疽菌 (橘色)(10,000 倍)。

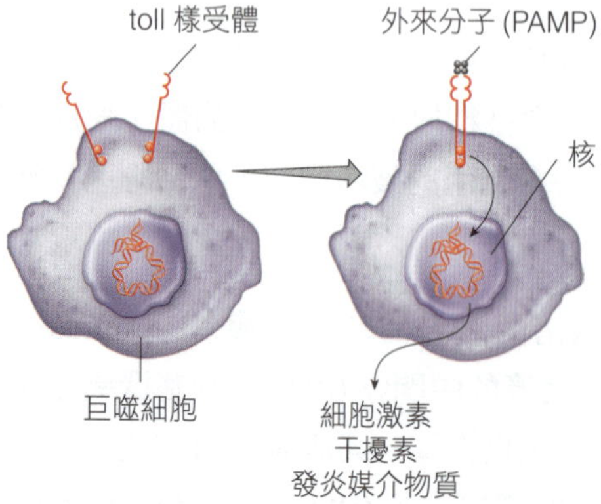

圖 11.18 吞噬細胞偵測和用 toll 樣受體接收訊號。toll 樣受體在吞噬細胞和其他免疫系統細胞的膜上。當一個分子例如特定致病原的 PAMP 被這個接受體辨識，toll 樣受體結合上外來分子。此將誘發化學物質的產生並且激發吞噬。

12 章看到的，巨噬細胞和樹突細胞聯合執行細胞吞噬作用，伴隨著進一步的微生物抗原處理以提供特定的淋巴球免疫反應之需求。

干擾素：抗病毒細胞激素和免疫刺激物

干擾素 (interferon, IFN) 在第 9 章所述，是由特定白血球和組織細胞產生的小蛋白。干擾素被用來治療對抗特定病毒感染和癌症，並且可被當作免疫強化因子。雖然以往認為干擾素系統是直接專門對抗病毒，現在卻發現它還參與防禦其他微生物和免疫調節跟相互溝通的作用。三種主要的干擾素是干擾素 α，淋巴球和巨噬細胞的產物；干擾素 β，纖維細胞和上皮細胞的產物；干擾素 γ，T 細胞的產物。

三種類型的干擾素是因為受到病毒、RNA、免疫產物和各種抗原刺激而產生的。它們的生物作用很廣泛。在所有例子裡，干擾素和細胞表面結合並誘導基因表現產生改變但真正的結果多變異。除了下一節討論的抗病毒作用，所有的干擾素都可以抑制癌症基因的表現並有腫瘤抑制功能。干擾素 α 和 β 刺激吞噬細胞，干擾素 γ 是巨噬細胞和 B 與 T 細胞的免疫調控物。

抗病毒干擾素的特色

當病毒結合上宿主細胞的接受體，訊號被送進細胞核，直接使細胞合成干擾素。經過轉錄和轉譯干擾素基因後，新生成的干擾素分子快速被分泌，進入細胞外與宿主的其他細胞結合。干擾素結合到第二個細胞會誘發另一系列的蛋白產生，可以藉由預防病毒蛋白的轉譯抑制病毒繁殖 (圖 11.19)。干擾素是非病毒特異性的，所以它即使是因某一種病毒型態所誘導產生，也會保護對抗其他類型的病毒。因為這個蛋白是病毒的抑制劑，它對於很多病毒感染已成為有價值的治療。

干擾素的其他角色

干擾素在免疫調節細胞激素裡也很重要，它可以活化或指導白血球成長。舉例來說，干擾素 α 由 T 淋巴球產生活化稱為自然殺手細胞 (NK) 的細胞亞群。此外，一種干擾素 β 在 B 和 T 淋巴球的成長和發炎反應中扮演一些角色。干擾素 γ 抑制癌症細胞，刺激 B 淋巴球，活化巨噬細胞和強化吞噬作用。

補體：一個多功能的支援系統

有眾多重疊的功能中，免疫系統有另一個複合和多功能的系統稱為**補體** (complement)，它就像發炎反應和吞噬作用，作用分為幾個層級。補體系統以它「互補」免疫反應的性質而命名，由至少 30 種血液蛋白組成，作用一致地破壞大量的細菌、病毒和寄生蟲。補體因子的來源是肝臟細胞、淋巴球和單核球。

補體功能是一個*正向迴饋的反應*或串聯式反應。它主要的作用是一系列的生理反應，像是血液凝集一樣，第一個物質活化下一個物質，下一個物質又再活化下一個物質，以此類推直到最終產物到達。

三個不同的補體路徑在圖 11.20。分辨它們的主要特徵為它們如何活化、主要的參與因子和

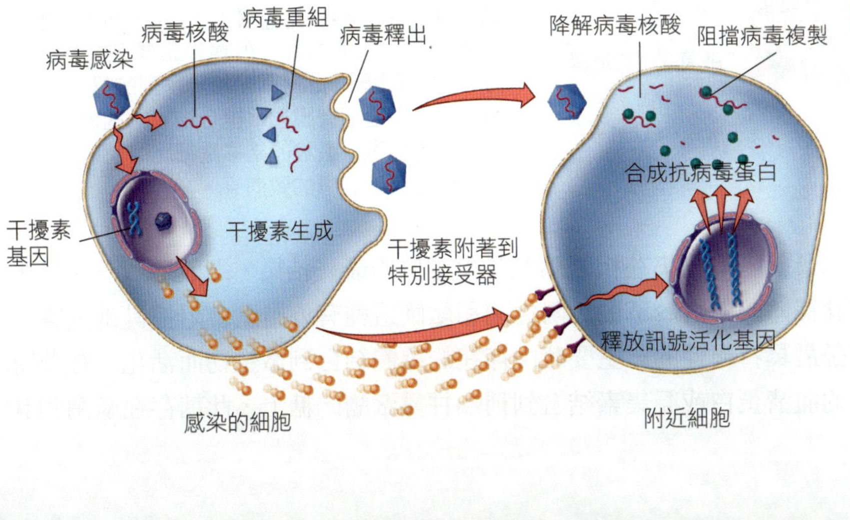

圖 11.19 干擾素的抗病毒作用。當一個細胞被病毒感染，它的核會被激發以轉譯和轉錄干擾素基因。干擾素擴散出細胞並和附近未感染細胞上的干擾素接受器結合，並且刺激誘發蛋白的產生消除病毒基因和阻擋病毒複製。注意：原始的細胞並未被干擾素保護，且干擾素並不會避免病毒入侵保護的細胞。

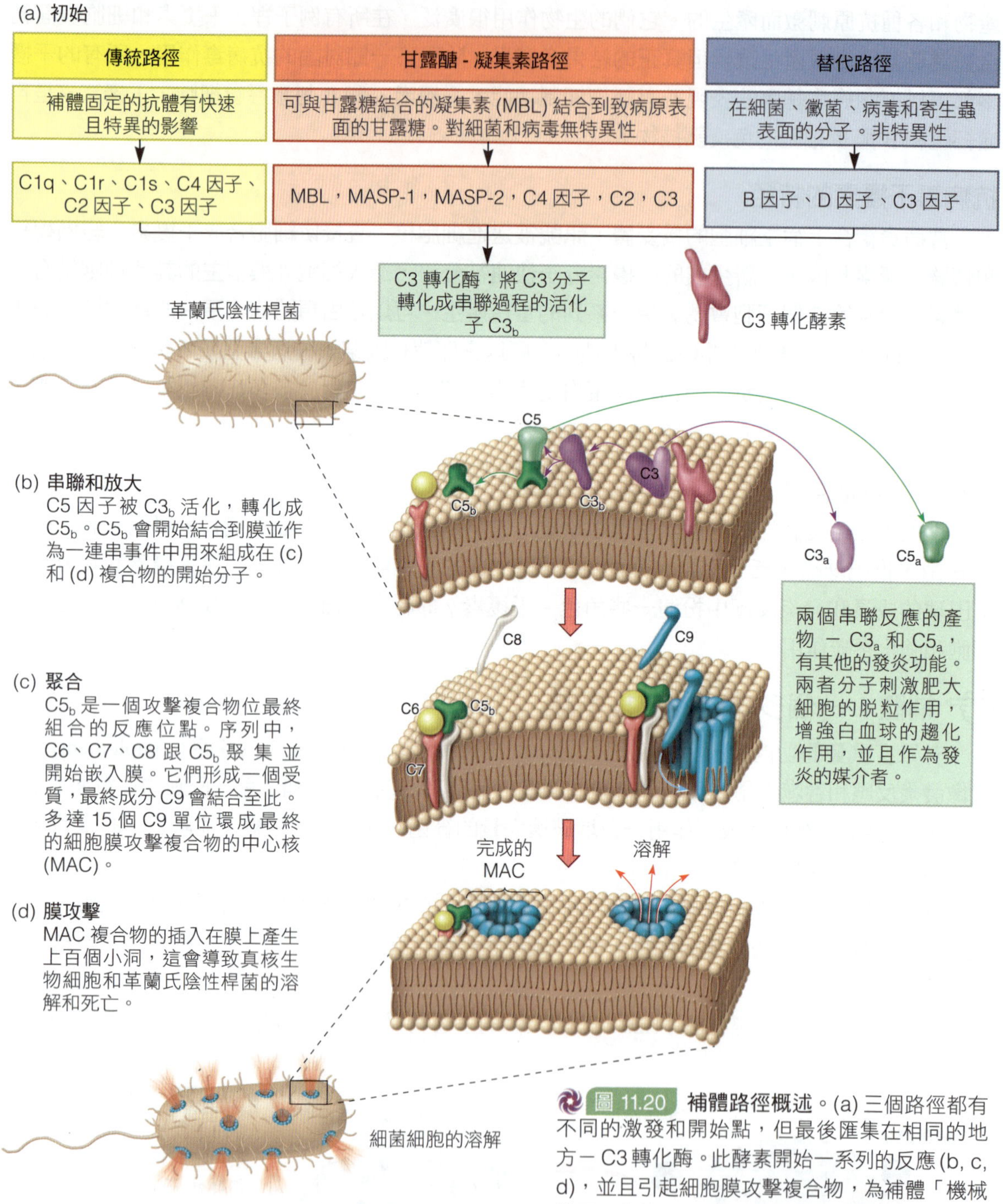

(a) 初始
傳統路徑
補體固定的抗體有快速且特異的影響
C1q、C1r、C1s、C4 因子、C2 因子、C3 因子
甘露醣 - 凝集素路徑
可與甘露糖結合的凝集素 (MBL) 結合到致病原表面的甘露糖。對細菌和病毒無特異性
MBL，MASP-1，MASP-2，C4 因子，C2，C3
替代路徑
在細菌、黴菌、病毒和寄生蟲表面的分子。非特異性
B 因子、D 因子、C3 因子
C3 轉化酶：將 C3 分子轉化成串聯過程的活化子 $C3_b$
C3 轉化酵素
革蘭氏陰性桿菌
(b) 串聯和放大
C5 因子被 $C3_b$ 活化，轉化成 $C5_b$。$C5_b$ 會開始結合到膜並作為一連串事件中用來組成在 (c) 和 (d) 複合物的開始分子。
C5
C3
$C5_b$
$C3_b$
$C3_a$
$C5_a$
兩個串聯反應的產物 − $C3_a$ 和 $C5_a$，有其他的發炎功能。兩者分子刺激肥大細胞的脫粒作用，增強白血球的趨化作用，並且作為發炎的媒介者。
C8
C9
(c) 聚合
$C5_b$ 是一個攻擊複合物位最終組合的反應位點。序列中，C6、C7、C8 跟 $C5_b$ 聚集並開始嵌入膜。它們形成一個受質，最終成分 C9 會結合至此。多達 15 個 C9 單位環成最終的細胞膜攻擊複合物的中心核 (MAC)。
C6
$C5_b$
C7
完成的 MAC
溶解
(d) 膜攻擊
MAC 複合物的插入在膜上產生上百個小洞，這會導致真核生物細胞和革蘭氏陰性桿菌的溶解和死亡。
細菌細胞的溶解

圖 11.20 補體路徑概述。(a) 三個路徑都有不同的激發和開始點，但最後匯集在相同的地方－C3 轉化酶。此酵素開始一系列的反應 (b, c, d)，並且引起細胞膜攻擊複合物，為補體「機械裝置」的特徵。最終的結果是細胞膜上產生細小的開口並且破壞標的致病原。

特異性。這三個補體路徑的最終階段匯集在相同點並產生相似的最終結果，即破壞致病原。由於主要是破壞細胞膜，因此補體防禦對於革蘭氏陽性菌和黴菌這種有外層壁會阻擋其進入膜的菌類沒有功效。傳統路徑是最具特異性的，主要藉由存在的抗體結合到微生物而活化。在非特異性凝集素路徑中，宿主的血清蛋白或凝集素結合到稱為甘露聚醣的糖上，此糖存在黴菌和其

他微生物的細胞壁 (和碳水化合物結合的蛋白稱為凝集素)。替代路徑一開始是由補體蛋白結合到特定微生物表面的分子。注意：補體數目 (C1 至 C9) 是由其發現順序而命名，然而有些因子不會依數目順序來活化。

補體串聯的全面階段

一般來說，補體串聯有四階段：初始、擴增和串聯、聚合和細胞膜的攻擊。一開始的反應需要一些類型的初始分子像是抗體、凝集素或微生物的表面接受體 (圖 11.20a)，取決於路徑。此初始物存在於致病原的膜上推動了補體作用的一連串反應，包含的補體化學物有 C1 到 C4，每個步驟都有雙重目的。

我們省略補體系統的擴增細節，但最終的分子是 C3。在後續將其餘的補體因子聚合在標的細胞膜上的反應中，C3 是關鍵因子。C3 藉由轉化酶酵素作用，會分裂成 $C3_a$ 和 $C3_b$ 因子。$C3_b$ 會形成辨識位點，固著該處等待終場系列反應的到來 (圖 11.20b)。$C3_b$ 自己提供一個額外的防禦稱為調理作用，去包裹上一些細菌的表面並且使細菌容易被吞噬掉。這個作用跟第 12 章討論的抗體作用很相似。

接下來 $C3_b$ 藉分裂 C5 因子形成 $C5_a$ 和 $C5_b$ 來推動串聯反應向前進行。$C5_b$ 是完成其餘補體因子聚合作用的關鍵。而且 $C3_a$ 和 $C5_a$ 都有它們自己的功能，它們都參與發炎和吞噬作用。

補體系列反應的最後事件包含了 $C5_b$、C6、C7 和 C8 的相互作用，形成嵌在細胞膜上的複合物 (圖 11.20c)。接下來是幾個 C9 分子形成環狀，插入在膜上，稱為膜攻擊複合物 (membrane

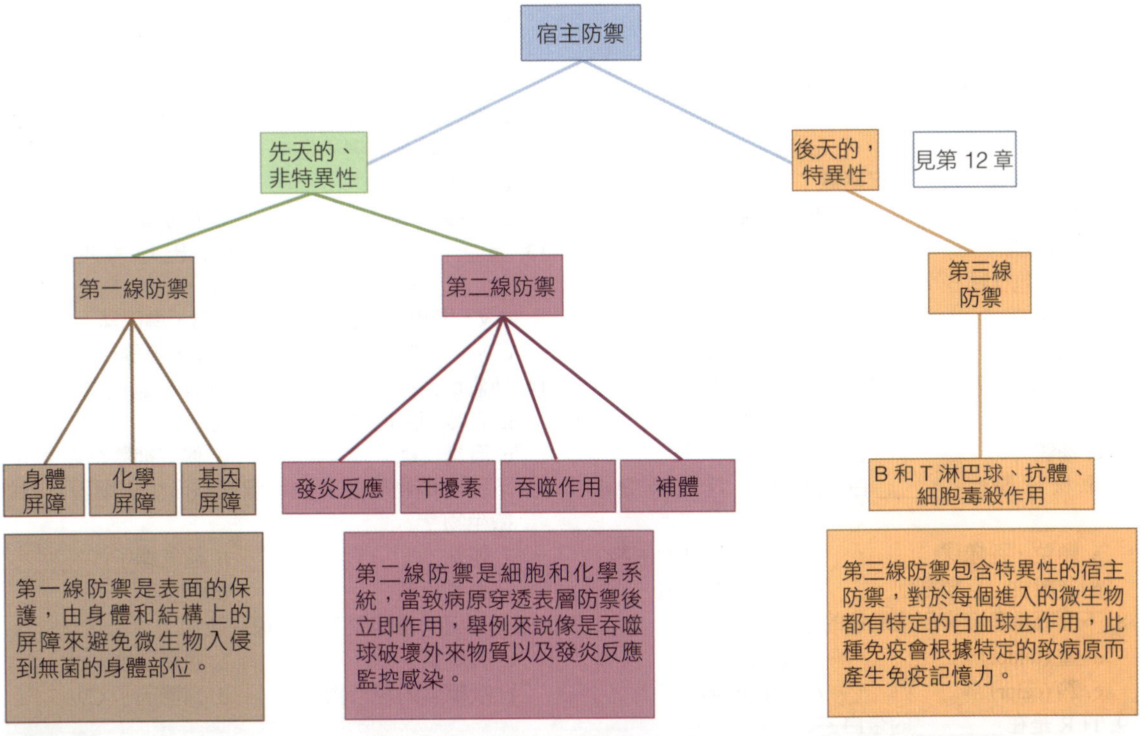

圖 11.21 **表圖統整宿主防禦的主要成分**。宿主防禦被分為二種：(1) 先天性或非特異性；(2) 後天性或特異性。這些也可以再被分為第一線、第二線和第三線防禦，每一線防禦都有不同的程度和保護型式，其中第三線防禦最為複雜，負責特異性免疫，在第 12 章會有更詳細的介紹。

attack complex, MAC)(圖 11.20d)。MAC 是補體系統的主要破壞力，它會使革蘭氏陰性菌、黴菌、原蟲寄生蟲和有套膜的病毒穿孔並且溶解掉。除了傳統路徑，其他的反應是非特異性且可對付廣大範圍的微生物。

主要宿主防禦的大綱

在宿主防禦上有很多種方法對抗致病原，可能同時多種方式攻擊，但在不同層級有不同的攻擊方式，此說法可在圖 11.21 認證，宿主防禦由三道防禦線所組成，第 12 章將會介紹第三線防禦—後天免疫。

第一階段：知識與理解

這些問題需活用本章介紹的觀念及理解研讀過的資訊。

選擇題

從四個選項中選出正確答案。空格處，請選出最適合文句的答案。

1. 非特異性的化學屏障對抗感染的例子是：
   a. 未破的皮膚　b. 唾液裡的溶菌素　c. 呼吸道上的纖毛　d. 以上皆是
2. 哪個非特異性的宿主防禦是跟氣管有關的？
   a. 流淚　b. 纖毛層　c. 脫皮　d. 乳酸
3. 下列哪一種血球功能跟吞噬球一樣？
   a. 嗜酸性球　b. 嗜鹼性球　c. 淋巴球　d. 嗜中性球
4. 下面哪一個「非」淋巴組織？
   a. 脾臟　b. 甲狀腺　c. 淋巴結　d. GALT
5. GALT 包含哪些？
   a. 胸腺　b. 培氏斑　c. 扁桃腺　d. 胸淋巴腺
6. 吞噬細胞會辨認微生物上的哪個分子？
   a. 熱源　b. PAMP　c. 補體　d. 凝集素
7. 單核球是________白血球，並且成長變成________。
   a. 顆粒，吞噬球　b. 非顆粒，肥大細胞　c. 非顆粒，巨噬細胞　d. 顆粒，T 細胞
8. 下面哪個是發炎反應的痛的症狀？
   a. 腫 (tumor)　b. 痛 (dolor)　c. 熱 (calor)　d. 紅 (rubor)
9. TLR 是在________的蛋白。
   a. 辨識外來物的吞噬細胞
   b. 刺激免疫反應的病毒
   c. 提供屏障的皮膚細胞
   d. 破壞寄生蟲的淋巴球
10. 刺激血管舒張的發炎物質的例子為：
    a. 組織胺　b. 膠原　c. 補體 $C5_a$　d. 干擾素
11. ________是發炎物質刺激趨化作用的例子。
    a. 內毒素　b. 血清素　c. 纖維蛋白凝塊　d. IL-2
12. 外源性熱源的例子是：
    a. IL-1　b. 補體　c. 干擾素　d. 內毒素
13. ________干擾素，是由 T 淋巴球產生，活化________細胞並參與破壞病毒。
    a. γ，纖維母蛋白　b. β，淋巴球　c. α，自然殺手細胞　d. β，纖維母細胞
14. 腫瘤壞死因子「沒有」包含在什麼過程中？
    a. 吞噬細胞的趨化作用　b. 發燒　c. 發炎反應　d. 傳統補體路徑
15. 下面哪個物質並非由吞噬細胞產生去摧毀吞噬的微生物？
    a. 羥基　b. 超氧離子　c. 過氧化氫　d. 緩激肽
16. 下列何者是補體系統的最終產物？
    a. 裂解素　b. 連續反應　c. 攻擊膜的複合物　d. 補體因子 C9

申論挑戰

每個問題需依據事實，撰寫一至兩段論述，以完整回答問題。「檢視你的進度」的問題也可作為該大題的練習。

1. a. 使用圖上的線去描述第一級防禦的主要成分。
   b. 這些防禦對微生物的影響為何？

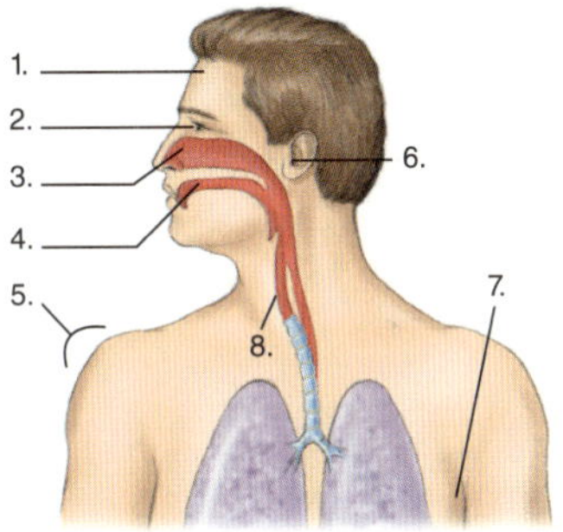

2. a. 描述當遇到外來物的初級反應系統。
3. 解釋 PRR 和 TLR 是什麼，並說明它們和 PAMP 的互動。
4. 用圖簡示 TLR 的功能。
5. 描述白血球從血管移動到感染區的機制。什麼物質刺激它們移動？
6. 簡述細胞造血作用的大綱。
7. 討論多功能重複的免疫系統，哪一個組織和器官包含在免疫反應，並說明它們每個的功能。
8. 吞噬細胞在哪些方面具有消毒劑的作用？
9. 簡述什麼導致圖上的結果，寫出部位的名稱和此結構的作用。
10. 巨噬細胞執行最終的工作是移除組織碎片和其他感染的產物。指出一些可能的影響造成這些清道夫不能成功完成吞噬作用的原因。

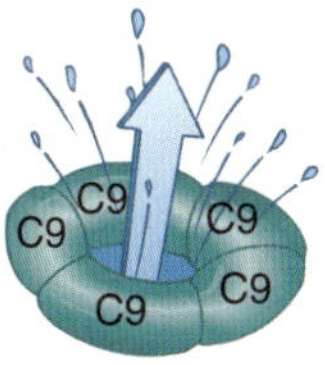

觀念圖

在 http://www.mhhe.com/talaro9 有觀念圖的簡介，對於如何進行觀念圖提供指引。

1. 運用以下文字建構自己的觀念圖，寫出每一對觀念之間的連接文字。

防禦	發炎
白血球	抗體
淋巴球	嗜中性球
單核球	發燒
巨噬細胞	

第二階段：應用、分析、評估與整合

這些問題超越重述事實，需要高度理解、詮釋、解決問題、轉化知識、建立模式並預測結果的能力。

批判性思考

本大題需藉由事實和觀念來推論與解決問題。這些問題可以從各個角度切入，通常沒有單一正確的解答。

1. 舉出一些有很多免疫反應的作用和互動的例子。
2. a. 什麼的缺失會造成小孩出生時失去正常功能的淋巴系統？
   b. 骨髓移植最重要的萃取成分是什麼？
3. 一個病人的圖表顯示出嗜酸性球增加。
   a. 這會讓你懷疑是什麼疾病？
   b. 假如嗜鹼性球增加會是什麼情況？
   c. 如果嗜中性球也增加呢？
4. 成人移除胸腺、脾臟、扁桃腺或淋巴結後，淋巴系統如何正常作用？
5. 說明 X 聯結類型的慢性肉芽腫疾病在男孩比較常見且比體染色體類型更嚴重的原因。
6. 梅毒的過時治療包含在感染病人身上故意誘發發燒。一個實驗型的 AIDS 治療包含誘發感染瘧疾病人發燒。針對這些形式的治療提出一些合理的解釋。
7. 結核病患者通常會有疤和肺臟的損傷並且經常復發感染。說明這些在發炎反應的影響。
8. 志賀氏菌、分枝桿菌和其他致病原已發展出避免被吞噬細胞殺死的機制。

a. 舉出兩個或三個避免它們被巨噬細胞破壞的因子。
b. 舉出這些感染的巨噬細胞可能會發展成的疾病。

9. 說明注射破傷風和感冒疫苗後，幾個發生在注射部位的發炎症狀。

10. a. 發燒既有害也有益，什麼準則決定它好或不好？
b. 什麼是特異性的發燒抑制藥物？

視覺挑戰

1. 圖 1-4 的代表細胞都提供免疫反應。A-D 圖都是致病的微生物。寫下它的防禦名稱並連結它主要的標的微生物和影響。

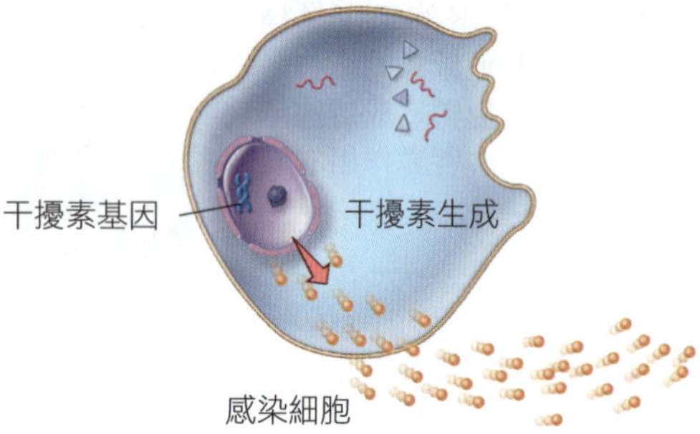

(1) 圖 11.19

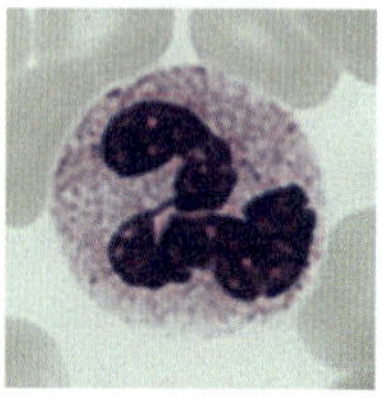

(2) 第 326 頁

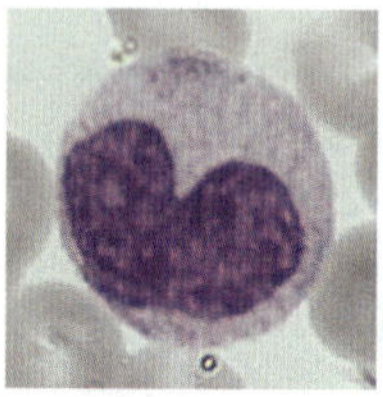

(3) 第 329 頁

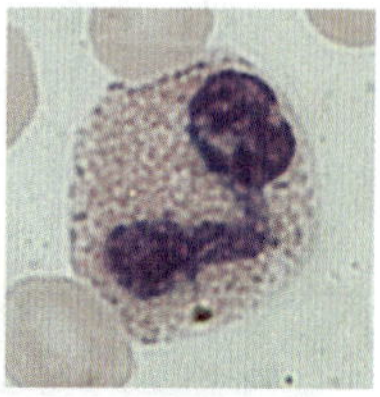

(4) 第 328 頁

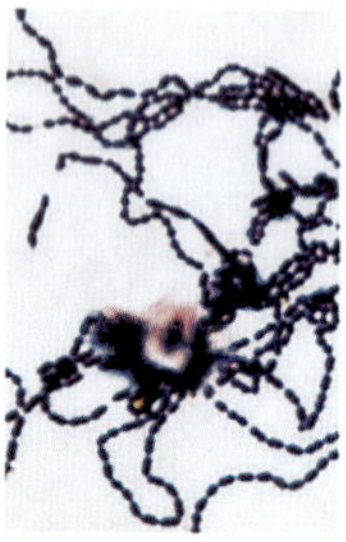

A 圖 15.8

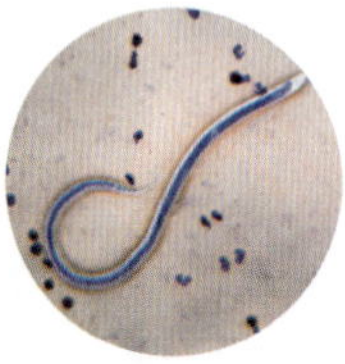

B 圖 20.21 嵌入圖

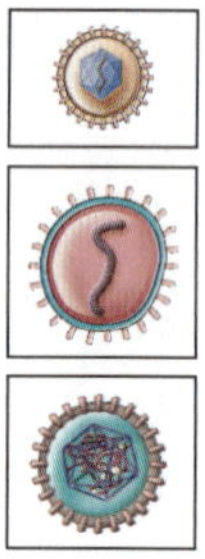

C 表 22.1

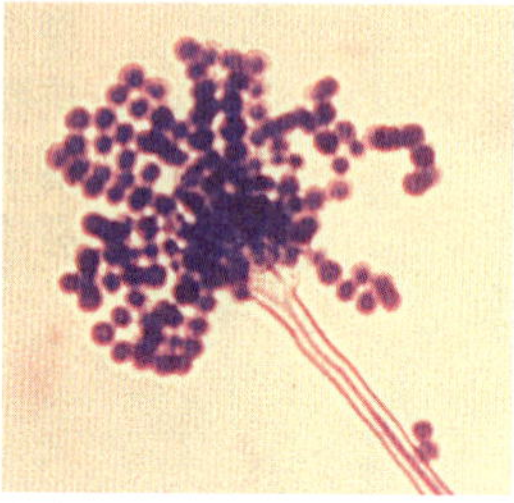

D 第 11 章章首圖

第 12 章 後天性、特異性免疫和免疫接種

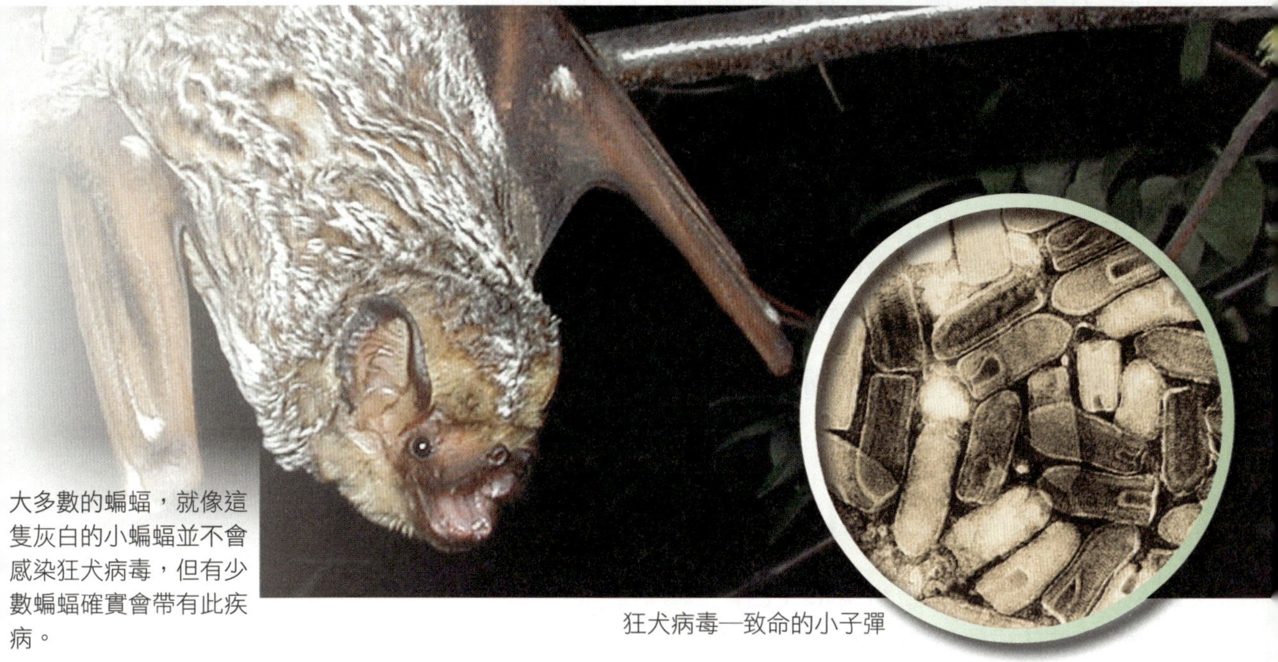

大多數的蝙蝠，就像這隻灰白的小蝙蝠並不會感染狂犬病毒，但有少數蝙蝠確實會帶有此疾病。

狂犬病毒─致命的小子彈

12.1 特異性免疫：後天免疫防線

在第 11 章裡，我們探討了免疫系統的審視、辨識和對外來的細胞和分子反應的能力。在該章節，我們概述了先天性免疫，例如解剖和生理上的屏障，吞噬作用和發炎反應作用。我們也提供了血液細胞和淋巴組織的主要背景知識。在圖 11.21 利用流程圖來說明宿主各種防禦間的關係。在防禦系統中最不可缺少的並非先天性而是後天性免疫，此將是本章節主要的重點。

正常人體內都有一套非常特異且有效的系統來對抗感染，稱為適應性 (adaptive) 或是後天免疫 (acquired immunity)，有時也被稱為人體的第三線防禦。這是透過感染 (麻疹或腮腺炎) 或是施打疫苗所發展出的長時間保護作用。在免疫系統基因缺陷的孩童或是已失去此的愛滋病患者對於後天免疫是很需要的。即使利用超級的措施將感染者隔離、對抗感染或恢復淋巴組織，受害者還是不斷受到威脅生命的感染之傷害。

後天免疫是由兩種特化的白血球－ B 淋巴細胞和 T 淋巴細胞所產生的一個雙重系統。在胎兒發育時期，淋巴細胞會經由篩選的過程使其只會辨認一種特定抗原。在這段時期身體的免疫能力 (immunocompetence)，即體內辨認外來抗原的能力開始發育。理論上嬰兒一出生後便會對外來上百萬的物質或抗原產生免疫反應，但是要完整的免疫能力必須花很長一段時間，甚至到青春期才會出現。

抗原 (antigens) 在特異性免疫中是非常重要的。它們的定義是任何一種可刺激 T 細胞和 B 細胞反應的分子。包含了蛋白質、多醣類和其他細胞或病毒的物質。環境中的化學物質也會是抗原，我們將在第 13 章的過敏反應看到此例子。事實上，任何暴露在外或是釋出的物質即使是來自本身的細胞都可能形成抗原。也因此我們將在後面做討論，我們本身的抗原通常不會引發本身的免疫反應，但可能會對其他人誘發免疫反應。

在第 11 章我們討論了病原體相關的模式分子 (PAMPs) 在先天免疫期間藉由吞噬細胞來誘發免疫反應。PAMPs 是多種微生物所共有的分子，其可誘發非特異性的免疫反應。相對的，抗原為獨特的分子，可刺激特定的免疫反應。這兩種分子都共享兩個特點：(1) 它們是外來細胞 (微生物) 的「一部分」；(2) 它們藉由和宿主的白血球作用而誘發免疫反應。

後天性免疫和先天免疫最大的不同點在於特異性 (specificity) 和記憶性 (memory)。不像解剖屏障或吞噬作用的機制，後天免疫是選擇性的。例如感染水痘病毒後產生的抗體無法對抗麻疹病毒。記憶性是指淋巴細胞在第一次遇到抗原後會記住，並在第二次遇到相同抗原時可以快速反應。這部分在後面的章節有進一步的探討。

特異性免疫反應的總覽

免疫反應是複雜且受調控的，它們代表的是細胞和化學物質在身體內最精密和協調的網絡之一。為了有條理地清楚說明免疫系統，我們發現了有幫助且可以利用相關性來區分的方式，每個細節都包含了免疫反應的發展，涵蓋的部分如下：

I. 免疫系統的發育和分化 (第 12.1 節)
II. 淋巴細胞的成熟和抗原的特性 (第 12.2 節)
III. 在抗原呈現時淋巴細胞間的合作關係 (第 12.3 節)
IV. B 淋巴細胞的反應和抗體產生及作用 (第 12.3 節)
V. T 淋巴細胞的反應 (第 12.4 節)

我們探討的內容涵蓋在這些章節中，我們將會循著「地圖」的排序進行。圖 12.1 呈現出主要的階段將會相輔相成。這些圖也變成每個章節擴大的主題。

免疫系統的發育

在我們對淋巴細胞發育和功能進行深入的探討前，必須先回顧一些觀念如分子的獨特結構 (特別是蛋白質)、細胞表面的特性 (細胞膜和套膜)、基因表現的方式、免疫辨認以及分辨本體和異物。最終，蛋白接受器的形狀和功能及一些白血球表面的標記都是基因表現而來，這些分子負責了免疫系統特異性的辨認和免疫反應。

用來辨識本體或異物的細胞表面標記

第 11 章探討了細胞表面接受器具有特異性和辨識的功能，一個細胞可表現數種不同接受器，每種皆可在偵測、辨識及細胞之間訊息傳遞過程扮演著獨特且重要的角色。免疫接受器的主要功能如下：

- 察覺並接觸非本身的或外來抗原。
- 加強辨識自身抗原。
- 接受並傳送系統中其他細胞的化學訊息。
- 幫助細胞發育。

由於接受器在免疫反應上的重要性，因此我們將集中探討淋巴細胞和巨噬細胞上主要的接受器。

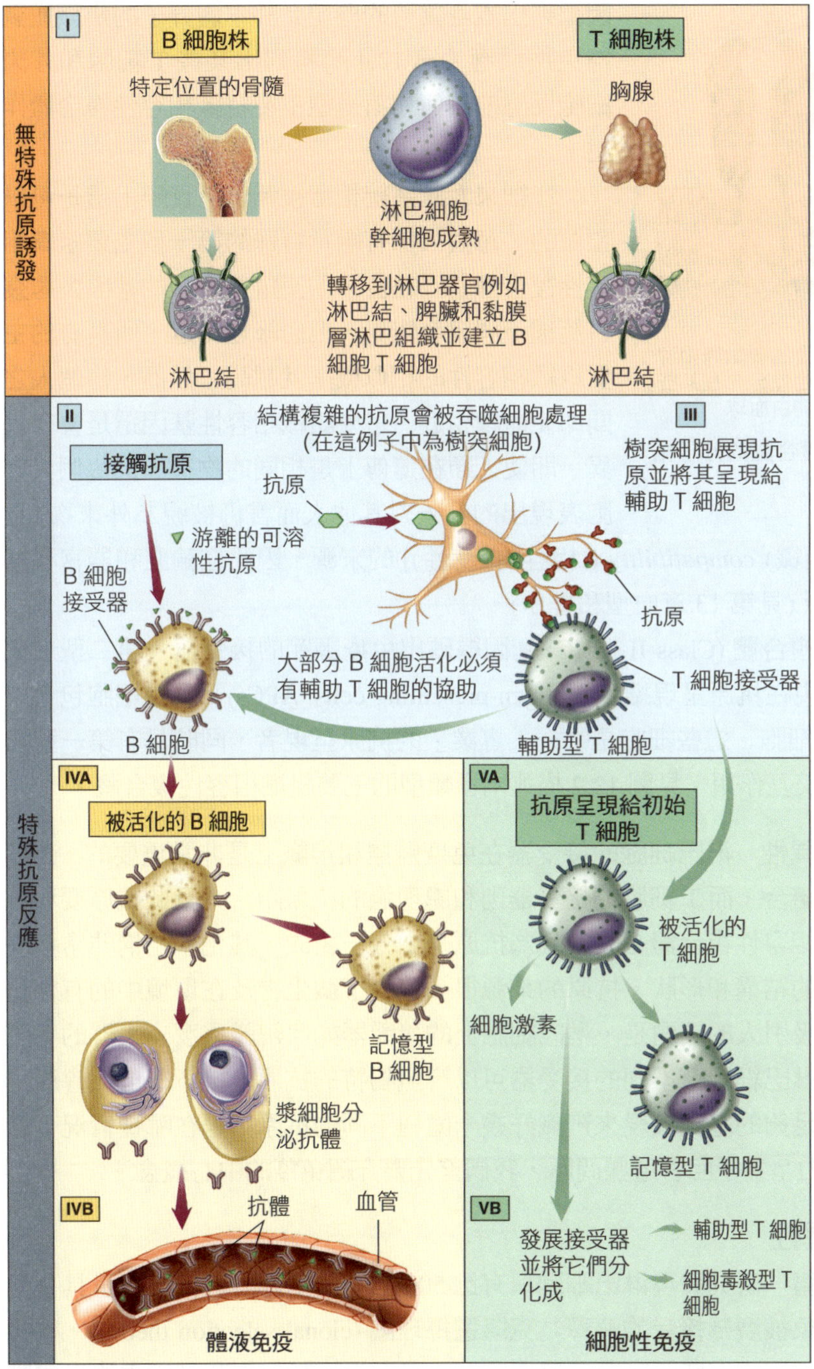

I. **淋巴系統的發育。**淋巴細胞源自相同的幹細胞，但在早期分化成兩種明顯不同的細胞。B 細胞在特殊的骨髓成熟，而 T 細胞則是在胸腺成熟。成熟的淋巴細胞將定居在淋巴器官，以作為對抗感染原的穩定攻擊力量。

II. **接觸抗原** **III.** **藉由抗原呈現細胞 (APCS) 呈現抗原。**外來的細胞帶有分子 (抗原) 被抗原呈現細胞如樹突細胞所辨識並吞噬。對大部分的反應而言，輔助型 T 細胞首先接受由抗原呈現細胞處理過的抗原，並進一步活化 B 細胞和其他種類的 T 細胞 (見圖 12.4b 和 12.9)。

IVA. **B 細胞免疫。**輔助型 T 細胞可活化 B 細胞，使 B 細胞增生，產生記憶型細胞在遇到相同抗原時可快速回憶起抗原。漿細胞則是分泌被稱為抗體的蛋白 (見圖 12.9B 部分)。

IVB. **體液免疫 *。**抗體在體液 (血液、細胞外液、淋巴) 中循環提供了體液免疫。抗體將和特定的抗原反應並將抗原標記來增強免疫反應。(見圖 12.12 和 12.13 表 12.2)

VA. **T 細胞的活化和** **VB.** **T 細胞反應。**活化的 T 細胞形成記憶型細胞並分化成輔助型 T 細胞和細胞毒殺型 T 細胞。T 細胞免疫被稱為細胞媒介的，是因為 T 細胞直接破壞微生物而不是透過分泌物質到體液中。(見圖 12.14 和 12.15 以及表 12.3)

* 身體內的液體被稱為體液

圖 12.1 **適應性免疫反應的起源和過程。**第 12.2 到 12.4 節的總結。

主要組織相容性複合體　編碼人類細胞接受器的一組基因，就是**主要組織相容性複合體** (major histocompatibility complex, MHC) 基因，可表現一系列的醣蛋白 (稱為主要組織相容性複合體分子) 分布在紅血球以外的所有細胞。MHC 又稱為**人類白血球抗原** (human leukocyte antigen, HLA) 系統。這個接受器複合物在免疫系統辨識上以及器官移植產生的排斥反應扮演重要角色。

主要組織相容性複合體的功能已經被發現。**第一型主要組織相容性複合體** (Class I MHC) 基

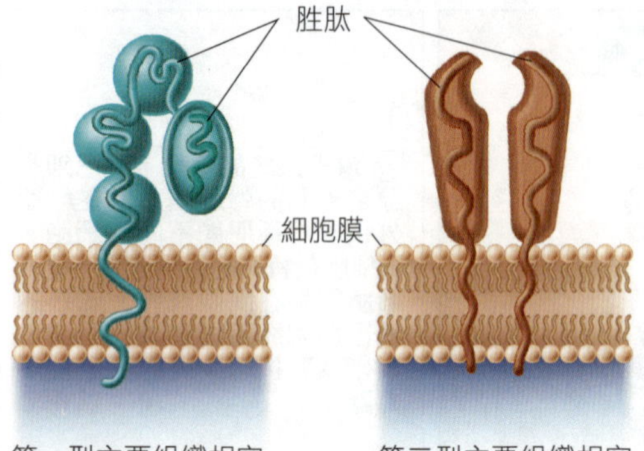
胜肽
細胞膜
第一型主要組織相容性複合體分子分布在所有有核的人類細胞
第二型主要組織相容性複合體分布在某些種類的白血球

圖 12.2 人類主要組織相容性複合體的分子結構。

因編碼出本身獨特的標記允許本體分子的辨識並調控免疫反應。第 12.4 節將列出某些 T 細胞和外來細胞反應前如何和第一型主要組織相容性複合體作用。

仔細來看此系統相當複雜，但實際上這是可以預測的，每個人都有繼承特殊的第一型主要組織相容性複合體基因組合，即使這些人類的基因多達幾百萬種不同組合變異，但血緣越相近，所具有的主要組織相容性的相似機率就越高。然而，每個人之間即使血緣相近，主要組織相容性基因還是會有差異。即使人類在遺傳上是相同的物種，但每個人細胞表現出的分子對其他人而言仍被視為外來物 (具抗原性)。這是字母 *histo-* (組織) *compatibility* [(相容 (接受性)] 的來源。因此在輸血和器官移植時必須檢測 MHC 和其他抗原 (見第 13 章血型和排斥)。

第二型主要組織相容性複合體 (Class II MHC) 基因編碼出免疫調節的接受器。第二型主要組織相容性複合體主要是表現在**抗原呈現細胞** (antigen-presenting cells, APCs)。此種細胞包含了巨噬細胞、樹突狀細胞和 B 細胞。這些細胞是唯一「專業」的抗原呈現者，同時具有第一型和第二型接受器，為與 T 細胞交互作用。見圖 12.2 描述兩種類型的主要組織相容性複合體。

淋巴細胞的接受器和抗原特異性　淋巴細胞的接受器在免疫監控和辨識上是非常重要的。B 細胞的接受器會和游離的抗原結合，而 T 細胞的接受器則和處理過的抗原結合，且此抗原要和抗原呈現細胞表面的主要組織相容性複合體結合。因為抗原是由分子組成，其化學結構非常多變化，可表現出幾十億種不同的結構和形狀。抗原的來源很多包含了微生物及在環境中的有害化學物質。在免疫學中有一個吸引人的問題是，淋巴細胞上的接受器如何辨識這麼一大群的不同抗原？畢竟目前的概念已知淋巴細胞上不同的接受器可以辨識獨特的抗原，接下來自然會產生的其他問題是：細胞如何有足夠的基因表現來辨識好幾十億種不同的抗原？是在哪種情況下產生辨認本體和異物的組織能力？為了回答這些問題，我們首先要介紹免疫的中心概念。

免疫反應的多樣性和特異性

克隆選擇理論和淋巴細胞發育　研究發現淋巴細胞只有比 500 稍多的基因，但表現大量具特異性的辨識抗原接受器。這現象被廣為接受的解釋為**克隆選擇理論** (clonal selection theory)。根據這個理論，早期未分化的淋巴細胞在胚胎和嬰兒發育時期，是經過不斷分裂和基因重組形成數億種不同的細胞形態，每一種細胞的接受器都帶有特異性。

此機制在 T 細胞和 B 細胞都相同， 可以總括為某些在骨髓中的幹細胞會分化成特別的白血球，像是顆粒性白血球 (granulocytes)、單核球 (monocytes) 或淋巴球 (lymphocytes)。淋巴幹細胞分化成 T 細胞或 B 細胞。註定要變成 B 細胞的細胞待在骨髓；T 細胞則以胸腺為家。成熟的 B 細胞和 T 細胞會再轉移到第二淋巴組織 (圖 12.3)。經由第一淋巴組織中一系列的作用，這些第二淋巴組織中的 T 細胞和 B 細胞將不斷地被供給。

在 T 細胞和 B 細胞到達淋巴組織之時，每種細胞已經配備好可以與單一獨特的抗原反應。這種驚人的變異性產生的原因是透過 T 細胞和 B 細胞接受器基因重組產生多樣性 (圖 12.4a)。多樣的基因重組結果使淋巴球的種類眾多[1]。而每種由基因重組而來的獨特淋巴球細胞就稱為克隆 (clone)。記住就是由這些基因在淋巴細胞表面表現出具有獨特結構的蛋白質接受器，且對抗原具有特異性和反應性。

淋巴球在發育過程的增生階段不需要外來抗原的實際存在，但需要另一種重要的步驟—意即去除或抑制會和本身主要組織相容性複合體抗原反應的淋巴球。一旦免疫系統誤將本體分子視為外來的抗原產生反應對抗本體的組織，這種「被禁止的克隆」之存在將會造成嚴重的傷害。因此，部分的克隆選擇理論指出有些克隆在發育時期將

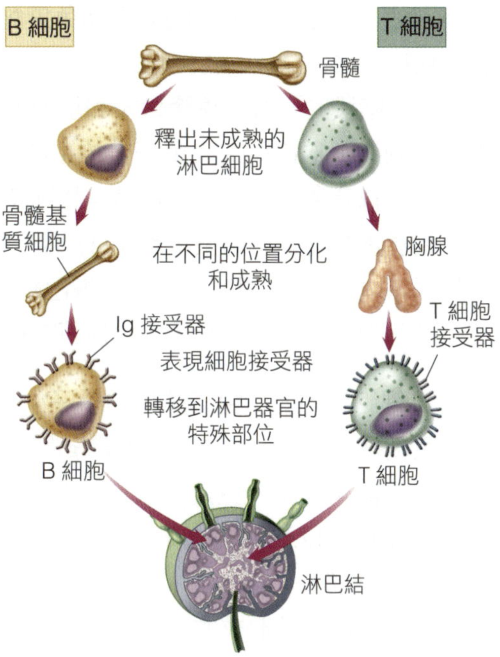

圖 12.3 B 細胞和 T 細胞的主要發育階段。

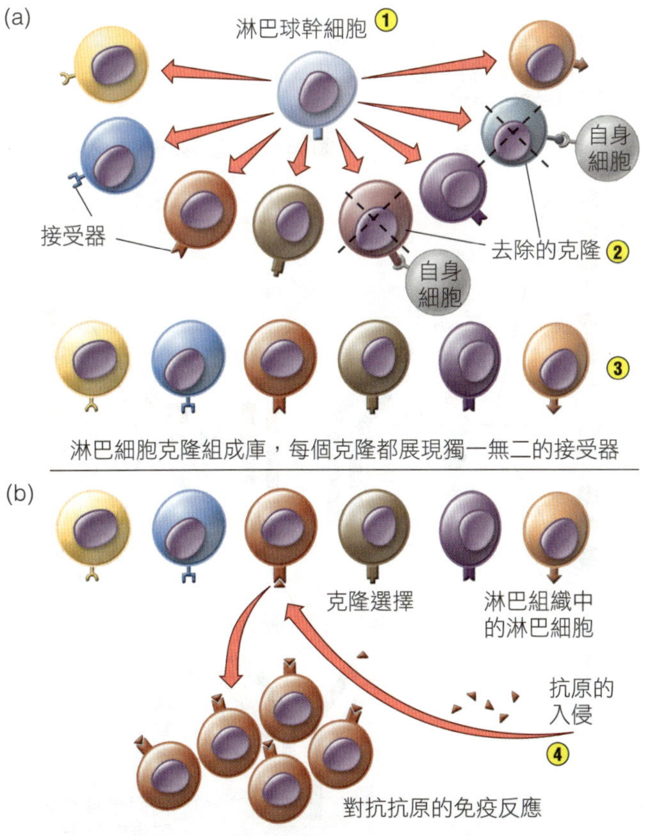

(a) 不依賴抗原時期

① 在早期的淋巴細胞從幹細胞發育而來時，每個既定的幹細胞快速分裂而產生許多後代。在早期細胞分化過程，負責編碼細胞表面蛋白接受器的基因會隨機重組，結果產生一大堆基因各異的細胞，被稱為克隆。每一種克隆具有不同的接受器，只和單獨一種外來分子或抗原反應。

② 在此時，帶有會辨認自身分子且可能會造成傷害的淋巴克隆將會被移除。此為獲得免疫耐受性的方法。

③ 針對單一抗原分子具特異性的淋巴細胞會形成克隆。結果形成了許多成熟但尚未活化的淋巴細胞，這些細胞在它們的居所器官及免疫刺激的影響下準備進一步的分化。

(b) 抗原依賴時期

④ 淋巴細胞轉由居所移到淋巴器官，在那裡會有機會遇到抗原。特定的抗原進入後會只挑選細胞表面具有相對應表面接受器的淋巴克隆，繼而依據挑選出的淋巴克隆種類而引發不同的的免疫反應。

圖 12.4 **淋巴細胞發育和變異的克隆選擇理論概觀**。詳見圖 12.5 B 細胞接受器的發育。

1 估計理論上可能產變異的數目可從 10^{14} 到 10^{18} 不同特異性—明顯足以和可能遇到的抗原反應。

會被剔除。去除有害潛力的克隆為**免疫耐受性** (immune tolerance) 或對本身耐受性的一個基礎，有些疾病 (自體免疫) 的產生是由於失去了免疫耐受性伴隨著對自體反應所造成 (於第 13 章介紹)。

第二階段的發育－**克隆選擇和增殖** (clonal selection and expansion) 必須依賴抗原例如來自微生物的刺激。當抗原進入免疫監控系統，將會遭受特異的的淋巴細胞辨識。此接觸刺激淋巴細胞進行有絲分裂，產生較大量具有相同特異性的淋巴球群體，增強了對該抗原的免疫反應。

克隆選擇理論有兩個重點：(1) 淋巴細胞的特異性在抗原尚未進入組織前已經預先設計並存在基因組成；(2) 每個基因不同的淋巴細胞只表現單獨一種特異性，只能和單一種的抗原反應。其他淋巴細胞反應系統的重要特性將在後面的章節裡討論。

特定 B 細胞接受器：免疫球蛋白分子　在 B 淋巴細胞中，那些經過重組過程後的接受器基因掌控了**免疫球蛋白** (immunoglobulin, Ig)[2] 的合成。免疫球蛋白是大分子的醣蛋白組成作為 B 淋巴細胞的接受器和抗體。免疫球蛋白的基本組成是 4 個多胜肽鏈：一對相同的重鏈 (H) 和一對相同的輕鏈 (L)(圖 12.5a)。每條輕鏈和一條重鏈結合，而兩條重鏈間則是有雙硫鍵相連接，形成對稱的 Y 字形結構。

在輕鏈和重鏈形成的叉口末端包含口袋是為**抗原結合位** (antigen binding sites)。此位置在形狀上有高度變異性，以適合許多不同的抗原。這樣極端變化的原因是由於 B 淋巴細胞的每個克隆之間的**變異區** (variable regions 或 regions) 中胺基酸的組合高度變異的結果 (第 12.3 節有進一

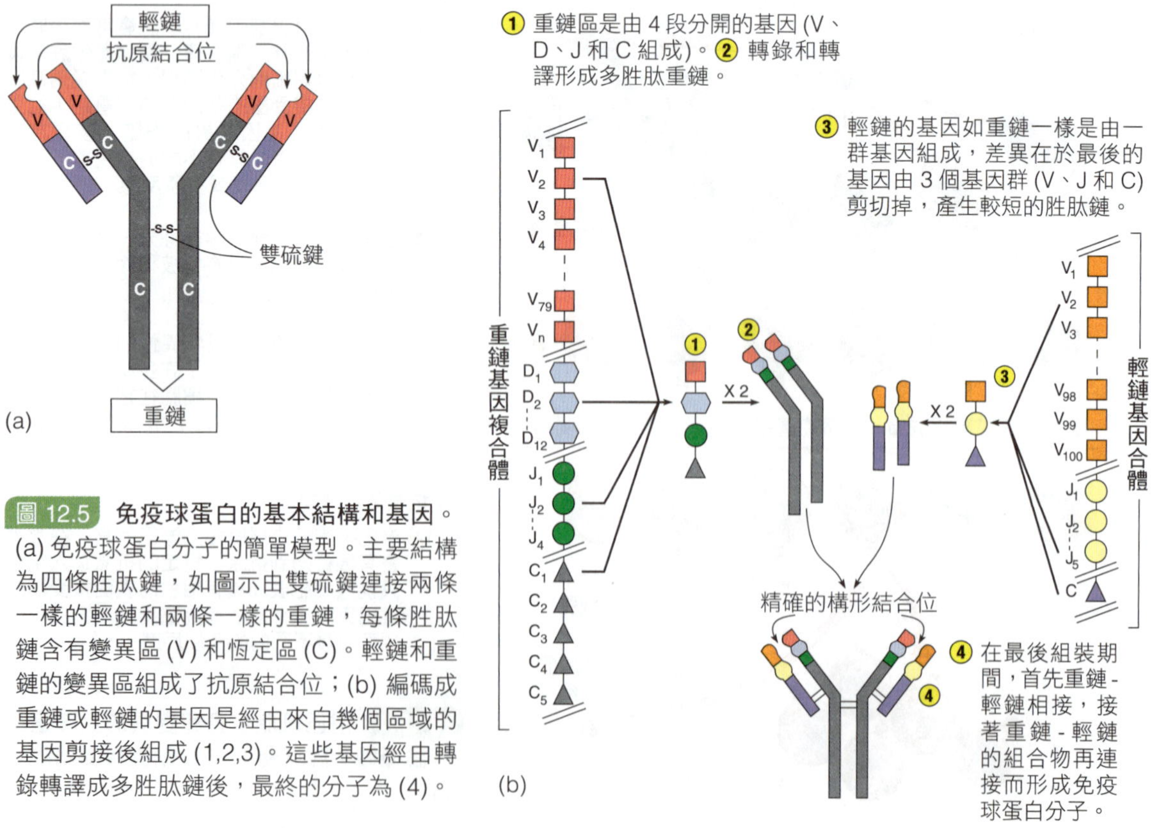
輕鏈
抗原結合位
V
C
S-S
雙硫鍵
重鏈
(a)
① 重鏈區是由 4 段分開的基因 (V、D、J 和 C 組成)。② 轉錄和轉譯形成多胜肽重鏈。
③ 輕鏈的基因如重鏈一樣是由一群基因組成，差異在於最後的基因由 3 個基因群 (V、J 和 C) 剪切掉，產生較短的胜肽鏈。
重鏈基因複合體
輕鏈基因合體
X 2
精確的構形結合位
④ 在最後組裝期間，首先重鏈-輕鏈相接，接著重鏈-輕鏈的組合物再連接而形成免疫球蛋白分子。
(b)

圖 12.5 免疫球蛋白的基本結構和基因。(a) 免疫球蛋白分子的簡單模型。主要結構為四條胜肽鏈，如圖示由雙硫鍵連接兩條一樣的輕鏈和兩條一樣的重鏈，每條胜肽鏈含有變異區 (V) 和恆定區 (C)。輕鏈和重鏈的變異區組成了抗原結合位；(b) 編碼成重鏈或輕鏈的基因是經由來自幾個區域的基因剪接後組成 (1,2,3)。這些基因經由轉錄轉譯成多胜肽鏈後，最終的分子為 (4)。

2 *immunoglobulin* 免疫球蛋白 (im″-yoo-noh-glahb′-yoo-lin)。

步的討論)。輕鏈和重鏈中其他部分的胺基酸序列在各抗體間變化不大，稱為恆定區 (constant regions 或 C regions)。圖 12.10 有詳細的抗體結構。

B 淋巴細胞接受器在細胞成熟時期的發育　編碼出免疫球蛋白的基因位在三條不同的染色體上。尚未分化的淋巴細胞大約有 150 個不同的基因編碼輕鏈的變異區和大約 250 個基因編碼重鏈的變異和多樣性區域 (diversity regions 或 D regions)。恆定區及最後連結各個片段的連結區 (joining regions) 只有少數的基因會表現。發育時期廣泛的基因重組結果是，只有篩選過的 (V 和 D 基因) 基因片段在成熟的細胞中是有表現的，而其他的 V 和 D 基因則會被去除 (圖 12.5b)。這就是淋巴細胞特異性形成的原因。

可以透過分子的「剪貼」來模擬這過程。基因片段以確定的順序排列在染色體上後，有個複雜的酵素系統隨機挑選並將特定的 DNA 片段切出並剪接起來。所有留下來沒有用到的基因片段，被永久自細胞的基因體移除，只留下選擇過後的片段，將編碼出特異的多胜肽受體。其步驟如下：

- 對重鏈而言，變異區的基因片段和多樣性區域基因片段會先從成百的可用片段中各選出一個，並剪接至一個連結區基因和一個恆定區基因。
- 輕鏈則是由一個變異、一個連結和一個恆定區的基因片段經由基因剪接在一起。
- 每個基因複合體經過轉錄和轉譯後形成了一條多胜肽鏈、一條重鏈和一條輕鏈組成半個免疫球蛋白；而兩組半個免疫球蛋白再組合成一個完整蛋白 (圖 12.5b)。

如圖 12.11 所示，一旦免疫球蛋白合成後，會被運送出而插在細胞膜上，作為決定該細胞特異性的受體，可與抗原反應。很顯然，每個淋巴細胞的特異性是源自於被挑選出的變異區基因，而且不會改變。此特性將會延續到淋巴細胞的後代。我們將在第 12.3 節討論不同 Ig 抗體分子的功能。值得注意的是抗體分子的恆定區可能會改變而產生不同功能 (見表 12.2)。

T 細胞的抗原受體　T 細胞上的抗原受體和 B 細胞的受體是屬於相同蛋白家族。其蛋白基因的修飾過程和 B 細胞相似，都有變異區和恆定區，一樣會被運送到細胞膜上，兩條平行的多胜肽鏈形成抗原結合位 (圖 12.6)。但不像免疫球蛋白，T 細胞上的受體相對比較小，它等同於 B 細胞的接受器上交叉的部位且不會被分泌到細胞外。在第 12.5 節將進一步介紹 T 細胞受體。

表 12.1 總結 B 細胞和 T 細胞在結構和功能上的差異。

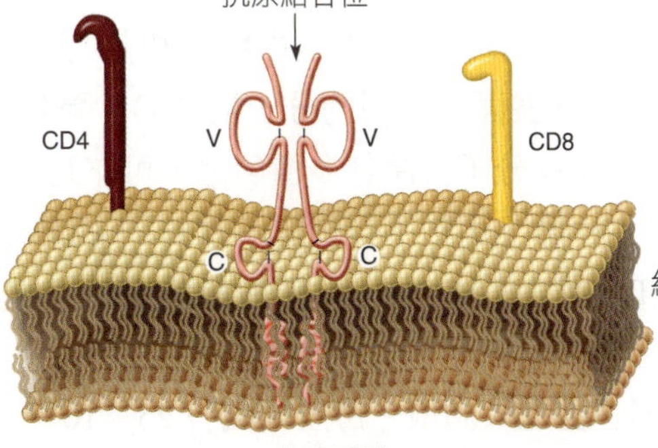

圖 12.6　與抗原結合的 T 細胞受體 (TCR) 的結構和 CD 受體。T 細胞受體的結構類似免疫球蛋白，包含兩條胜肽鏈類似免疫球蛋白的一個手臂結構。T 細胞受體的變異區有高多樣性的抗原辨認區，而在恆定區則沒有太大的變化。另一種類的 T 細胞受體為 CD 受體，功能為訊號傳遞。CD4 和 CD8 受體將在第 12.4 節討論。

表 12.1 B 細胞和 T 細胞功能上的比較

	成熟位置	表面免疫標記	在血液中含量	抗原受體	在淋巴器官的分布	是否需要免疫複合體呈現抗原	抗原刺激後的產物	一般功能
B 細胞	骨髓	免疫球蛋白 MHC I 和 MHC II	低	免疫球蛋白 D 和 M	皮質 (在濾泡)	不需要	漿細胞和記憶型細胞	產生抗體中和抗原，使抗原失去作用
T 細胞	胸腺	T 細胞受體，CD 分子，人類主要組織相容性複合體第一型 (MHCI)	高	T 細胞受體	副皮質區 (在濾泡內)	需要	輔助型和細胞毒殺型 T 細胞及記憶型細胞	調控免疫功能、殺死外來和感染的細胞、合成細胞激素

12.2 淋巴細胞的成熟和抗原的性質

隨著對於免疫特異性的發育知識上的了解，我們可以依照圖 12.1 的大綱繼續探討免疫反應。

B 細胞成熟的特定事件

B 細胞成熟的地方為位在骨髓內特定的*基質細胞*。這些龐大的細胞滋養淋巴幹細胞並提供啟動 B 細胞發育的化學訊號。基因修飾和篩選的結果發展出幾億種 B 細胞 (見圖 12.4a)。這些尚未活化的淋巴細胞將被送到特定位置的淋巴結、脾臟和黏膜相關的淋巴組織 (mucosalassociated lymphoid tissue, MALT)，在這些地方淋巴球將會黏附到特異性的結合分子。在此，它們一生將會和抗原接觸。B 細胞會展現出好幾類免疫球蛋白中之一類作為抗原的表面受體 (見表 12.2)。

T 細胞成熟的特定事件

T 細胞的發育和成熟是由胸腺和其荷爾蒙所主導。T 細胞複雜的功能將在第 12.4 節討論，因為 T 細胞表面有不同的分子稱為 **CD 受體** (clusters of differentiation)，在成熟期間將表現在細胞表面。CD 分子扮演許多種角色，可作為細胞受體或參與細胞的黏附以及不同細胞之間的溝通橋樑。CD 命名用數字作為標示 (CD1、CD2 等)。我們將會關注兩種在 T 細胞上的 CD 分子：輔助型 T 細胞上的 CD4 以及細胞毒殺型 T 細胞上的 CD8。免疫反應發生時，CD 分子和其他白血球上的主要組織相容性複合體產生交互作用。和 B 細胞一樣，成熟的 T 細胞也會轉移到特定的淋巴器官且進入循環。每天大概有 25×10^9 個 T 細胞通過淋巴和循環系統。

抗原和免疫球蛋白的特性

在早期，我們對於**抗原** (antigen)[3] 的概念定義為，任何可能誘發淋巴細胞免疫反應的分子或分子片段。此特性為**抗原性** (antigenicity)。作為抗原，其標準如外來性、大小、形狀和易接近度將在下一章節討論。一組相關更具特異性的名詞稱之為**免疫抗原** (immunogen) 及**免疫原性** (immunogenicity)。免疫抗原為抗原的一種，當進入身體時確實會誘發特定的免疫反應。

這些名詞之間的差異很小並說明此事實，即有些抗原並不會在實際情況下誘發免疫反應，

3 *antigen* 抗原 (an′-tih-jen) 意指抗體產生器。

但免疫抗原則會。其中有一個例子為有一株流感嗜血桿菌 (*Haemophilus influenzae*) 莢膜上的多醣會造成腦膜炎。這些分子為外來的抗原，但其分子太小以致於無法誘發淋巴球反應：它們是抗原但沒有免疫原性。為了利用此抗原生產疫苗，必須增加抗原的免疫性，實際上這部分已經完成 (見討論中的半抗原)。大部分的免疫反應將在後面討論，在此我們將會多探討抗原，因為它包含了引發免疫反應的所有可能性。

抗原有一個重要的特徵，它不是身體的正常成分，被免疫細胞視為異物或外來物而誘發免疫反應。一個完整或局部的微生物、細胞或是從人體、動物、植物和各種分子衍生而來的物質全都具有這種外來物品質，因此都有成為抗原的潛力來誘發個體的免疫反應 (圖 12.7)。複雜的分子組成例如蛋白質和蛋白質化合物被證明是比由單一類型單元重複構成的聚合物，具有更強的免疫原性。大部分的物質都可以作為抗原，可依化學類別分為以下幾類：

- 蛋白和多胜肽鏈 (酵素、細胞表面結構、荷爾蒙、外毒素)。
- 脂蛋白 (細胞膜)。
- 醣蛋白 (血球表面標記)。
- 核蛋白 (DNA 和蛋白的複合物，但 DNA 本身的結構則是太過於規律和重複)。
- 多醣類 (一些細菌的莢膜) 和脂多醣。

抗原的分子形狀和大小之影響

為了啟動免疫反應，物質必須夠大，才能和活細胞接觸。很少分子量小於 1,000 MW 的抗原，而 1,000 MW 和 10,000 MW 之間也不是很好的抗原，大部分的抗原為大於 100,000 MW 以上的巨型分子，以大的蛋白質為主。但要注意巨型分子未必有抗原性，如肝醣為葡萄糖聚合，有高度重複的結構，分子量超過 100,000 MW 但卻不具正規的抗原性，而胰島素是 6,000 MW 蛋白能具抗原性。

淋巴細胞區分分子形狀的差別能力非常好，以致能辨認並只會和抗原的一部分有反應。這些分子片段稱為**抗原表位** (epitope) 或是抗原決定位，提供分子為外來物的重要訊息 (圖 12.7b)。這些決定位的形狀有如鑰匙對應到淋巴球上的受體「鎖」，受體會辨認並與之反應。一些蛋白質表面的胺基酸分子或是突出的碳水化合物側鏈是典型的例子。許多

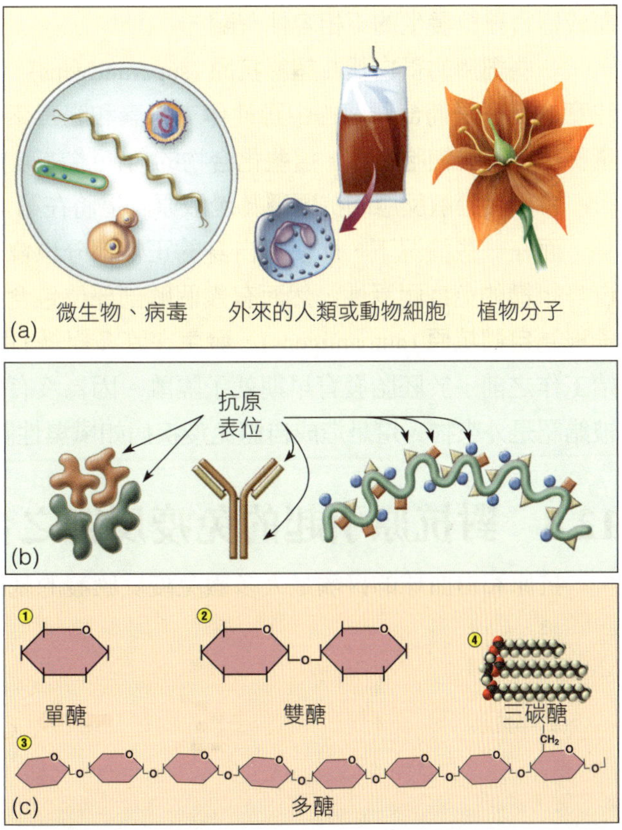

圖 12.7　抗原特性。(a) 完整的細胞和病毒為好的抗原；(b) 具幾個抗原表位的複合物分子為好的抗原；(c) 欠佳的抗原包含沒有連接其他載體分子的小而簡單的分子 (1、2) 及大而高度重複的分子 (3、4)。

外來的細胞或是分子都是複雜的抗原，帶許多決定位，每個都會激起一個分開的和不同的淋巴細胞反應。這些多重的或鑲嵌性的抗原例子，包含細菌的細胞壁、細胞膜、鞭毛、莢膜和毒素抗原，以及病毒表現出多樣的表面及核心抗原。

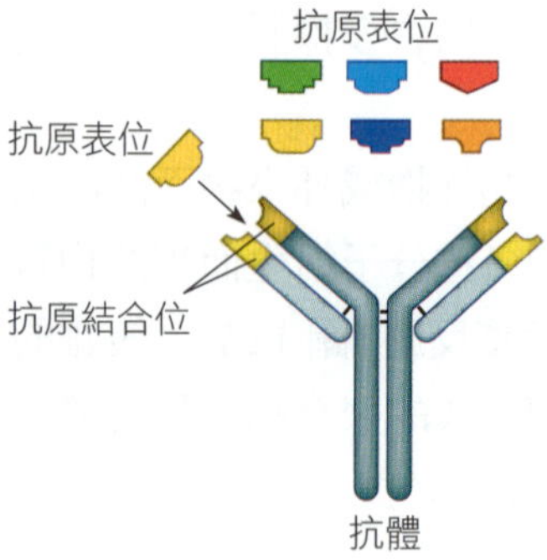

小的外來分子只有一個決定位，且分子太小而無法由自己來誘發免疫反應，稱為**半抗原** (haptens)。然而一旦這種不完整的抗原連結到一個較大的攜帶分子，此組合將會誘發免疫反應 (圖 12.8)。所攜帶的分子使得複合物變大且增進了抗原的取向，而半抗原則作為抗原表位。半抗原包含如疫苗抗原的分子、藥物、金屬和家庭、工業、環境中的化學物質。許多半抗原在身體內會與大的攜帶分子如血清蛋白組合而發展成具有免疫抗原性 (見第 13 章－過敏)。

功能類抗原

因為每個人在基因和生化上的獨特性 (雙胞胎除外)，一個人身上的蛋白和其他分子可能會對另一個人有抗原性。**同種抗原** (alloantigens) 為細胞表面的標記和分子，並且只會出現在相同的物種而不會出現在不同物種身上。同種抗原是個體血型和主要組織相容性圖譜的基礎，和輸血或器官移植發生的不相容性有關。

一些細菌的蛋白稱為**超級抗原** (superantigens)，會強烈刺激 T 細胞反應。在這種抗原中值得注意的例子是葡萄球菌的中毒性休克毒素和腸毒素。和超級抗原反應後可能會造成細胞激素大量釋出，造成細胞死亡。這些化合物的角色將在第 12.4 節進行討論。

會引發過敏反應的抗原稱為過敏原，這將在第 13 章有進一步的討論。

而在一些情況下，即使是自身的正常部分也會變成抗原。在淋巴細胞分化期間，會發生對自身組織的免疫耐受性，然而有幾個解剖部位包含有隱藏的分子逃過免疫耐受性過程。這些分子稱為**自體抗原** (autoantigens)，發生在許多組織 (例如：眼睛和甲狀腺體)，它們在監控系統開始工作之前，於胚胎發育早期就予隔離。因為沒有建立對於這些物質的免疫耐受性，因此就會被錯認是外來物，這是造成自體免疫疾病如風濕性關節炎的機制 (見第 13 章)。

12.3 對抗原引起的免疫反應之合作

抗原和白血球的接觸是大多數免疫反應發的基礎。微生物和其他外來物質最常透過呼吸道

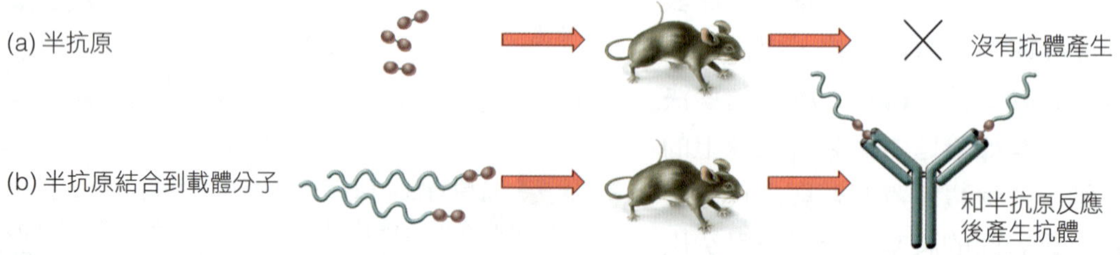

圖 12.8 **半抗原－載體現象**。(a) 半抗原為抗原的一種，但由於太小而難以被動物免疫系統辨認因而無法誘發免疫反應；(b) 一旦半抗原和大分子結合後，半抗原會作為抗原表位並刺激免疫反應產生針對它的抗體。

或腸胃道黏膜進入體內，有少部分則是透過其他黏膜或是皮膚。抗原進入靜脈後存留在肝臟、脾臟、骨髓、腎臟和肺臟。如果抗原透過其他路徑進入，會被帶到淋巴液中並濃縮在淋巴結內。淋巴結和脾臟在濃縮抗原是很重要的，在此它們會和抗原呈現細胞及淋巴細胞接觸。抗原呈現細胞和淋巴細胞其後循環進入液體隔間來尋找它們的特定抗原。

抗原的修飾和呈現的角色

大部分的免疫反應中，抗原在接觸到免疫細胞前是未加工的狀態，必須經由**抗原呈現細胞** (antigen-presenting cells, APCs) 修飾才呈獻給 T 細胞。有三種細胞可作為抗原呈現細胞：巨噬細胞、**樹突細胞** (dendritic[4] cells) 和 B 細胞，雖然樹突細胞是最常見和抗原第一次接觸的抗原呈現細胞。抗原呈現細胞可以修飾抗原，使抗原可以更容易誘發免疫和受到辨認。在處理完成後，抗原將運送到抗原呈現細胞表面和第二型主要組織相容性複合體受體結合，使其在呈現時讓 T 細胞容易接近 (見圖 12.9A)。

T 細胞和抗原呈現細胞上的抗原接觸前，會遇到一些情況。T 細胞依賴性抗原通常是以蛋

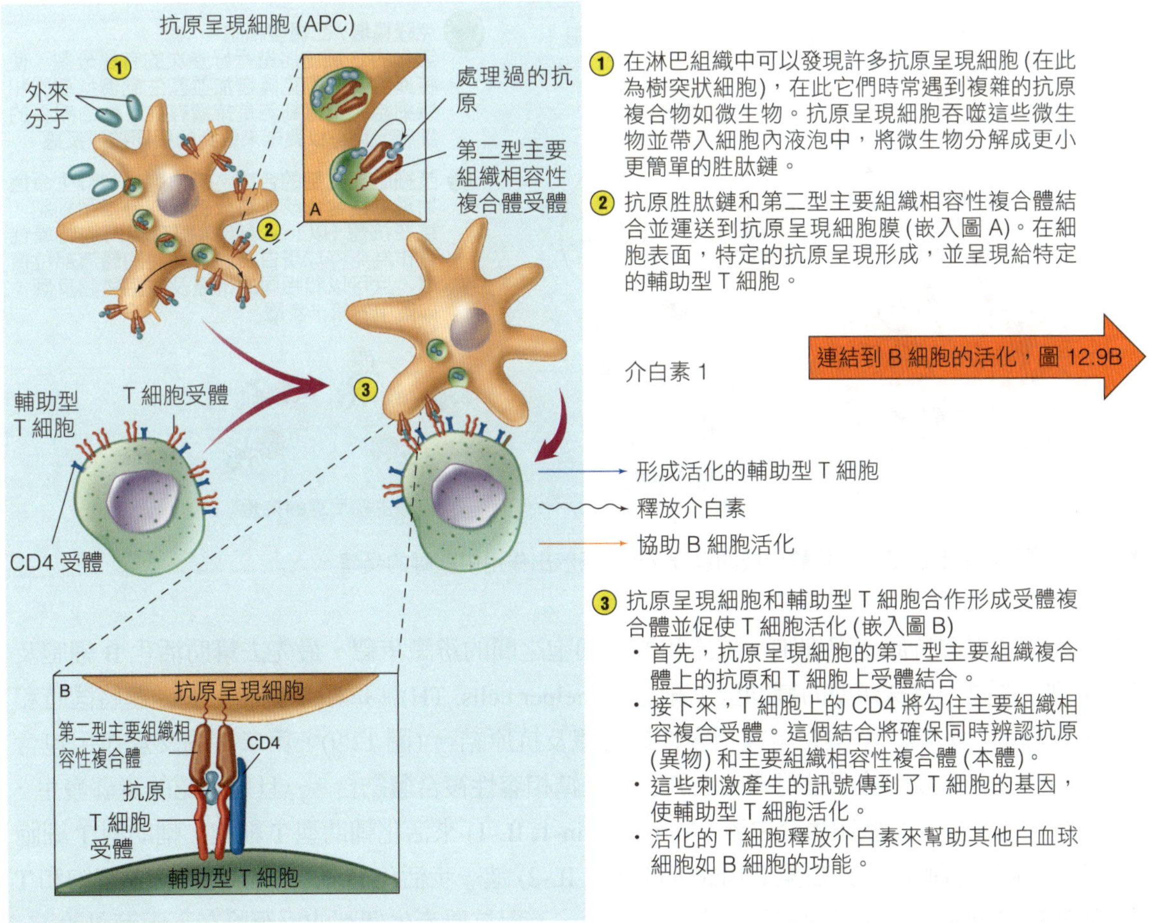
抗原呈現細胞 (APC)
1
外來分子
處理過的抗原
第二型主要組織相容性複合體受體
A
2
1 在淋巴組織中可以發現許多抗原呈現細胞 (在此為樹突狀細胞)，在此它們時常遇到複雜的抗原複合物如微生物。抗原呈現細胞吞噬這些微生物並帶入細胞內液泡中，將微生物分解成更小更簡單的胜肽鏈。
2 抗原胜肽鏈和第二型主要組織相容性複合體結合並運送到抗原呈現細胞膜 (嵌入圖 A)。在細胞表面，特定的抗原呈現形成，並呈現給特定的輔助型 T 細胞。
介白素 1
連結到 B 細胞的活化，圖 12.9B
輔助型 T 細胞
T 細胞受體
3
CD4 受體
形成活化的輔助型 T 細胞
釋放介白素
協助 B 細胞活化
3 抗原呈現細胞和輔助型 T 細胞合作形成受體複合體並促使 T 細胞活化 (嵌入圖 B)
• 首先，抗原呈現細胞的第二型主要組織複合體上的抗原和 T 細胞上受體結合。
• 接下來，T 細胞上的 CD4 將勾住主要組織相容複合受體。這個結合將確保同時辨認抗原 (異物) 和主要組織相容性複合體 (本體)。
• 這些刺激產生的訊號傳到了 T 細胞的基因，使輔助型 T 細胞活化。
• 活化的 T 細胞釋放介白素來幫助其他白血球細胞如 B 細胞的功能。
B
抗原呈現細胞
第二型主要組織相容性複合體
CD4
抗原
T 細胞受體
輔助型 T 細胞

圖 12.9A **抗原呈現細胞和輔助型 T 細胞 (CD4) 間的交互作用為 T 細胞活化所需。**為了讓 T 細胞可以辨識外來抗原，這些抗原必須經受專業的抗原呈現細胞如樹突細胞的處理。見下頁圖 12.9B。

---

4 *dendritic* 樹突狀的 (den′-drih-tik)。希臘文：Gr. *dendron* 樹突，指像樹的樹枝一樣。

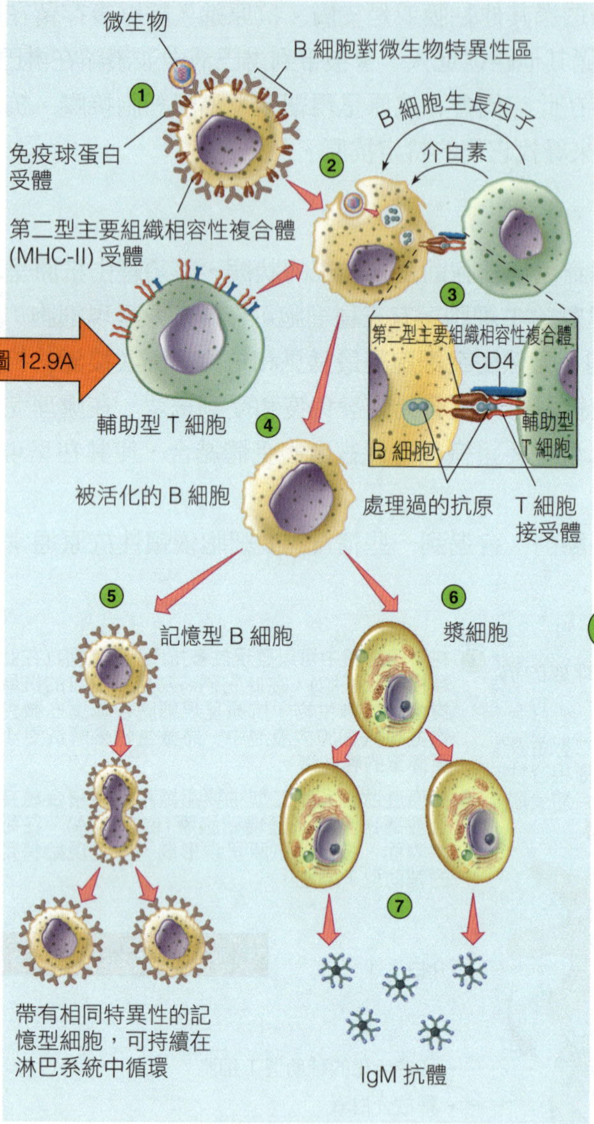

1 **克隆選擇和抗原結合**。B 細胞可以獨立辨認微生物 (在這邊的例子是病毒) 和其他外來抗原，並以其免疫球蛋白受體與它們結合。此為對抗原特異性 B 細胞克隆選擇的起始。

2 **抗原的處理和呈現**。一旦附著到微生物，B 細胞便開始進行吞噬作用，並將其處理成較小蛋白單位，接著將此抗原表現在第二型主要組織相容性複合體上 (類似於其他抗原呈現細胞)。這將會呈現給特別的輔助型 T 細胞。

3 **B 細胞和輔助型 T 細胞相互合作和辨識**。大部分 B 細胞要變成具功能，它們必須用同樣的抗原和 T 細胞有交互作用。T 細胞也許已經被抗原呈現細胞所活化 (見圖 12.9A)。這兩種細胞進行辨識連接，B 細胞上第二型主要組織相容性複合體受體上的抗原結合到 T 細胞上的抗原受體和 CD4 分子 (插圖)。

4 **B 細胞活化**。T 細胞另外釋放出訊號形成介白素和 B 細胞生長因子，這些相接的受體和化學刺激將活化 B 細胞。這些活化的訊號會增加細胞的代謝，使細胞變大、增生和分化。

5–6 **克隆擴增 / 記憶型細胞**
活化的 B 細胞將進行好幾次的有絲分裂，使特異性的細胞克隆增加並產生記憶型細胞和漿細胞。記憶細胞是持續存在、生命期長的細胞，且可以與未來遇到的相同抗原反應。

7 **漿細胞和抗體的合成**。漿細胞是一群生命週期短、且會合成並釋放抗體的分泌型細胞。這些抗體 (以 IgM 為例) 都有相同的特異性可作為免疫球蛋白受體在身體的體液部位循環，且可以和相同的抗原及微生物起反應，如圖中的第一步驟。

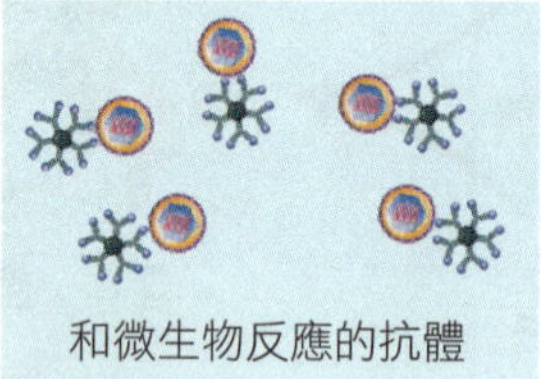

圖 12.9B **B 細胞的活化和抗體合成的過程**。* 僅標示出作用中關鍵的受體。

白為基礎，其需要抗原呈現細胞、抗原和淋巴細胞之間的辨識步驟。最先去幫助活化 B 細胞及其他 T 細胞的是一特殊類型的**輔助型 T 細胞** (T helper cells, TH)。這類 T 細胞上的受體將同時和抗原呈現細胞上的第二型主要組織相容性複合體及抗原結合 (圖 12.9)。第二次的交互作用包含 T 細胞上的 CD4 受體和抗原呈現細胞上的主要組織相容性複合體結合。一旦這辨認的步驟發生，抗原呈現細胞會產生**細胞激素介白素 1** (interleukin-1, IL-1) 來活化輔助型 T 細胞。輔助型 T 細胞因此產生不同的**細胞激素介白素 2** (interleukin-2, IL-2) 進一步活化 B 細胞和 T 細胞。B 細胞和 T 細胞如何被 T 細胞一抗原呈現細胞的複合體活化，及對抗原產生個別的反應將在下兩節討論。

一些抗原可以不用透過抗原呈現細胞或輔助型 T 細胞，即可刺激 B 淋巴球的反應，這些非依賴 T 細胞的抗原通常是簡單的分子，如醣類這種帶有重複不變的決定位基團。例如在大腸桿菌細胞壁的脂多醣、肺炎鏈球菌的莢膜上的多醣體及狂犬病毒和 EB 病毒上的分子。由於此類型的抗原很少，大部分的 B 細胞活化需要輔助型 T 細胞協助。

☞ B 細胞反應

B 淋巴細胞的活化：克隆選擇、擴增和抗體的產生

大部分 B 細胞活化的免疫反應需要一連串的過程 (圖 12.9B)：

1. **克隆選擇和結合抗原**。在這案例中，屬一個特定克隆特異性的 B 細胞，以它的免疫球蛋白受體挑取抗原並將其處理成小片段的胜肽決定位。此抗原接著和 B 細胞上的第二型主要組織相容性複合體 (MHC-II) 結合。B 細胞上的主要組織相容性複合體抗原之複合物會和 T 細胞上的受體結合。
2. **透過化學介質下指令**。B 淋巴細胞從巨噬細胞和 T 細胞收到發育訊號 (介白素 2 和介白素 6) 及各種其他的生長因子，如介白素 4 和介白素 5。
3. 綜合這些在細胞膜受體上的刺激，把訊息向內傳入 B 細胞的細胞核。
4. 這些過程將促使 B 細胞的活化。活化的 B 細胞稱為*淋巴母細胞* (lymphoblast)，其大小和 DNA 及蛋白的生成都會增加，準備進入細胞週期和有絲分裂。

5-6. **克隆擴增**。藉由刺激 B 細胞使其不斷有絲分裂，產生大量基因完全相同的子細胞。有些細胞停止分裂不久並完全地分化成記憶細胞，其將長時間保留以便於以後可以和相同的抗原反應。這反應也擴增了克隆的大小，以便在其後接觸抗原時可以提供更多具特異性的細胞。克隆大小的擴增也增加了記憶反應。最多的子代是細胞形狀巨大、具特異性，最後分化結束的 B 細胞稱為**漿細胞** (plasma cells)。

7. **抗體的產生和分泌**。漿細胞的主要作用是將作為初始受體並具相同特異性的大量抗體分泌到周圍組織中 (圖 12.9B ⑦)。雖然每個漿細胞每秒可以產生 2,000 個以上的抗體，但並無法持續地一直產生。漿細胞不能長久存活，且在產生抗體後會惡化。

B 淋巴細胞的產物：抗體的結構和功能

免疫球蛋白的結構　稍早之前我們看到基本的免疫球蛋白 (immunoglobulin, Ig)[5] 分子，其包含由雙硫鍵所連結的四個胜肽鏈。因為抗體是一種免疫球蛋白，所以它們有相同的結構。就讓我們用 IgG 作為模型來回顧其結構。兩段具有不同功能且可以被區分的區域為片段，兩個和抗原結合的「手臂」為**抗原結合片段** (antigen binding fragments, Fabs)，其餘的分子則稱為**可結晶片段** (crystallizable fragment, Fc)，如此稱呼是因為其純化形式可以形成結晶。每個抗原結合片段的胺基尾端 (包含重鏈和輕鏈的變異區) 摺疊成凹槽狀，可容納一個抗原表位。在抗原結合片段和可結晶片段之間連接的部位存在特殊的區域允許 Fabs 旋轉。以這種方式，就可以改變它們的角度，以適應鄰近的抗原位點在距離和位置略微的變化。Fc 的功能為和免疫系統的各種細胞及分子結合。圖 12.10 為抗體的結構。

抗原抗體反應和 Fab 的功能　在抗體上與抗原決定位結合的部位是由含高度變化的胺基酸序列的高度變異區組成。抗原結合位的凹槽有特別的 3D 結構可適合抗原 (圖 12.11)。抗原結合位對

5 Ig 是簡寫。免疫球蛋白為一種蛋白質，在血清中的球蛋白層所發現，帶有抗體的免疫功能。

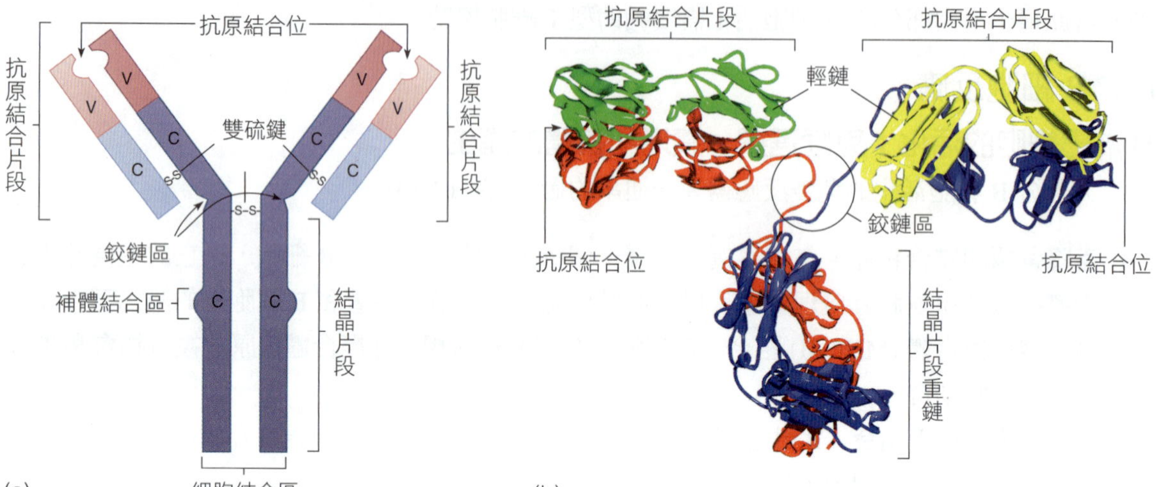

圖 12.10 抗體結構的分子模型。(a) IgG 的模型示意圖描繪出分子的主要區段 (抗原結合片段和結晶片段)。注意抗原結合片段在絞鍊區可以扭轉提供彈性的位置；(b) 免疫球蛋白的 3D 模型顯示藉由鏈內和鏈間的鍵結及輕鏈和重鏈成分的位置形成三級和四級結構。

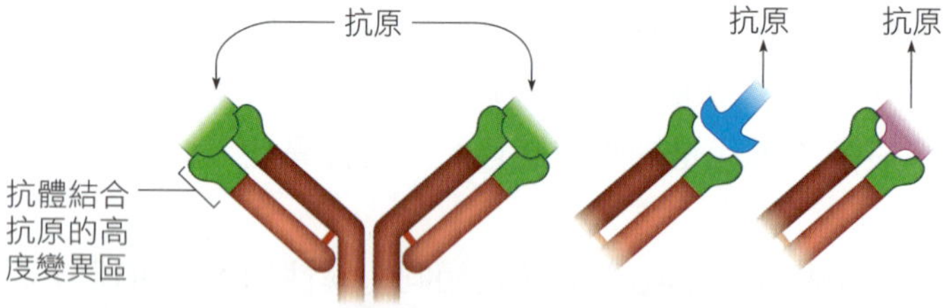

圖 12.11 抗原和抗體間的結合。抗體和抗原之間藉由微弱的連結特別是氫鍵和靜電間的吸引，形成一定程度的契合。較好的結合 (例如抗原 (a) 對比於抗原(c)) 有助於在活化時提供淋巴細胞更大的刺激。

抗原的特異性很像酵素和基質，而一些抗體也已經被當做酵素使用。一些免疫球蛋白對抗原的特異牲到了可以分辨在單一功能群中的幾個原子。因為 Fab 位置的特異性相同，一個 Ig 分子可以和在相同細胞或兩個分開細胞上的抗原決定位結合並將它們連接在一起。

抗體的基本活性為聯合、固定、徵召或中和那些啟動抗體產生的抗原 (圖 12.12)。抗體又可稱為**調理素** (opsonins) 刺激調理作用 (opsonization)[6]，其為一種過程可將微生物或其他顆粒包覆一層特殊的抗體使其更容易被吞噬細胞所辨認，以進一步作處置。調理作用已經被比喻成在光滑的物品上加個把手使物品更好握住。

抗體可以藉由交叉連接方式聚集或**凝集** (agglutinate) 細胞成大的團塊。凝集作用使得微生物固定不動並增強吞噬作用。**沈澱作用** (precipitation) 有相似的反應，但發生在抗體與小分子的游離抗原作用。這兩個過程可作為免疫測試，將在第 14 章討論。抗體和補體間的作用可導致細胞和某些病毒的特異性破壞，這將出現在補體的傳統路徑活化中的固定作用 (見圖 11.20 和 14.13)。

在**中和** (neutralization) 反應中，抗體填充了病毒表面受器或細菌蛋白之活性位，使它們無法接觸到標的細胞。**抗毒素** (antitoxins) 為一種特殊類型的抗體可以中和細菌的外毒素。但須注意

6 *opsonization* 調理作用 (awp″-son-uh-zay′-shun)。拉丁文：*opsonium* 食物或糧食；*izare* 成為。

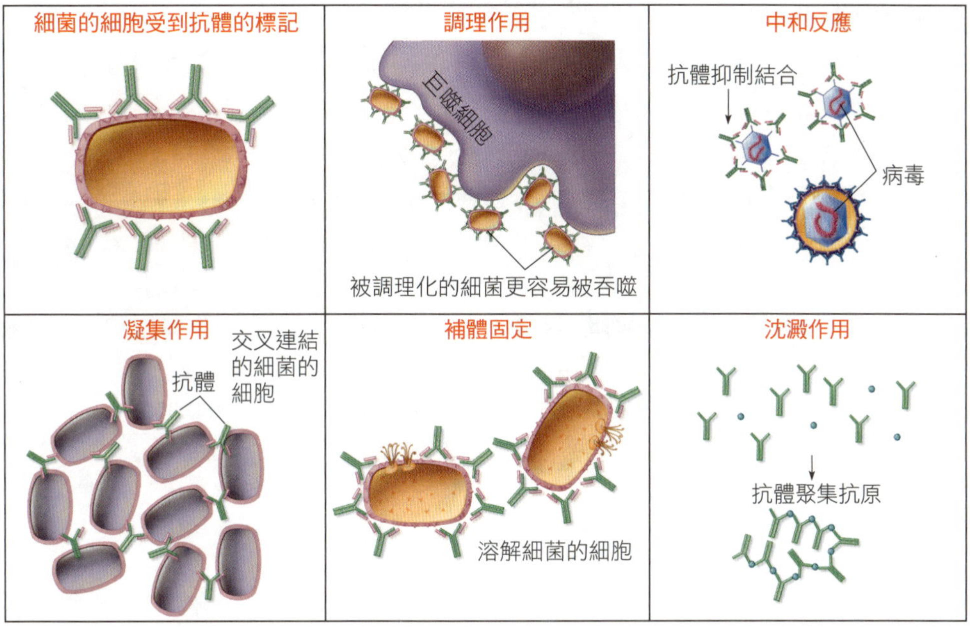

圖 12.12 **抗體的功能總結**。固定補體、凝集作用和沉澱作用將在第 14 章中涵蓋更深入的說明。

並不是所有的抗體都有保護作用，有些既無益也無害，少數如自體抗體和來源自過敏反應的抗體會造成疾病的發生。

結晶片段的功能　雖然 Fab 和抗原結合，但結晶片段則有不同的結合功能。在大部分類型的免疫球蛋白，結晶片段的尾端含有一作用因子可和細胞膜結合，如巨噬細胞、嗜中性球、嗜酸性球、肥大細胞、嗜鹼性球和淋巴細胞。抗體的結晶片段結合到細胞的影響視細胞的角色而定。在調理作用中，抗體附著到外來細胞或病毒，露出 Fc 給吞噬細胞。

一些抗體在 Fc 片段上有區域來固定補體，而在某些免疫反應中，和 Fc 的結合造成細胞激素的釋放。例如，和過敏相關的抗體 (IgE) 的結晶片段尾端會結合到嗜鹼性球和肥大細胞，造成過敏的媒介物質組織胺的釋放。結晶片段的大小和胺基酸序列的組成也決定了抗體的滲透性，以及在體內的分布和種類。

免疫球蛋白上的附屬分子　所有的抗體除了有基本的胜肽鏈外，也含有其他分子。大部分的例子中，各種數量的碳水化合物附於恆定區 (見圖 12.10b 和表 12.2)。另外兩個附屬分子稱為 J 鏈，協助保持 IgA 和 IgM 的單體相連在一起，而游離分泌成分則幫助 IgA 穿越過黏膜。這些蛋白只發生在某些類型的免疫球蛋白。

免疫球蛋白的種類　免疫球蛋白依結構和功能分類稱為同型 (isotypes)(在表 12.2 有差異上的比較)。會有不同的分類是因為在結晶片段的多種變化。這些種類藉由不同的簡寫 Ig 來分辨：IgG、IgA、IgM、IgD、IgE[7]。

7 相對於希臘文 gamma, alpha, mu, delta 和 epsilon 的字母也可用來描述它們恆定區的結構。

表 12.2 各類免疫球蛋白的特性

	IgG	IgA (二聚體)	IgM	IgD	IgE
	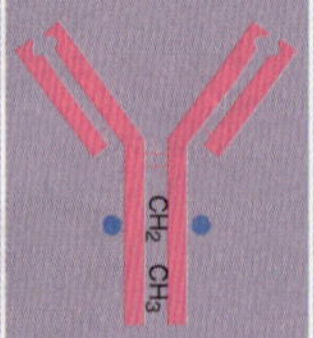		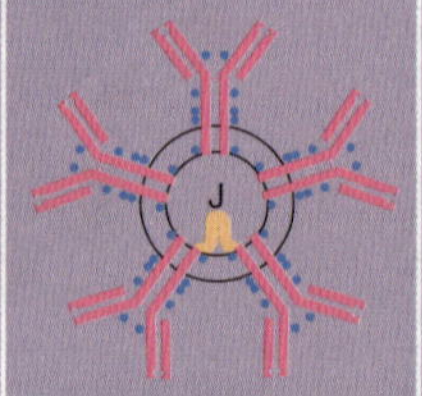	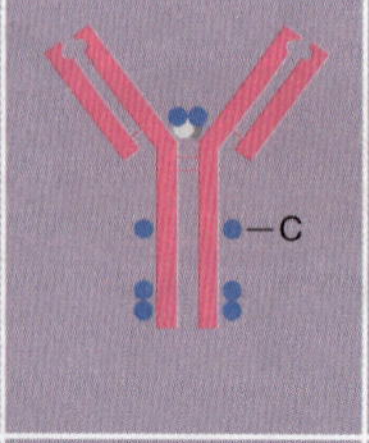	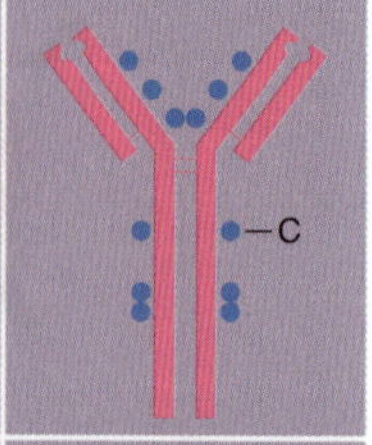
	單體	**二聚體、單體**	**五聚體**	**單體**	**單體**
抗原結合位數目	2	2 或 4	10	2	2
分子量	150,000	170,000~385,000	900,000	180,000	200,000
在血清中所占的總抗體比例	80%	13%	6%	0.001%	0.002%
在血清的平均壽命 (天)	23	6	5	3	2.5
是否可通過胎盤	可以	不行	不行	不行	不行
是否可以固定補體	可以	不行	可以	不行	不行
結合的細胞	吞噬細胞	上皮細胞	無	無	肥大細胞和嗜鹼性球
生物功能	長時間的免疫；記憶性抗體；中和毒素，病毒	分泌性抗體；位在黏膜細胞膜上	最先在遇到抗原後產生的抗體；可作為 B 細胞的受體	B 細胞上的受體用來辨認抗原	和過敏、寄生蟲感染產生的抗體

C：碳水化合物；J：J 鏈。

IgG 的結構已經知道，是個單體 [8]，在第一次的免疫反應之晚期由漿細胞製造出，且在第二次記憶型細胞對相同抗原刺激反應時又製造出來。這是在血液循環、淋巴及細胞外液最常見的抗體。它有很多功能：中和毒素、調理作用及固定補體，也是唯一可以穿過胎盤的抗體。

IgA 有兩種形態：(1) 在血液中循環的小量單體；(2) 為二聚體，是黏膜和唾液腺、小腸、鼻黏膜、乳腺、肺臟和消化道的漿液和分泌中的重要成分。二聚體 IgA 又稱為分泌型 IgA，為漿細胞產生經由 J 鏈將單體組成二聚體。為了幫助 IgA 可以穿過細胞膜，之後在黏膜層之上皮細胞加上具有分泌功能的片段。IgA 將膜的表面包住且自由出現在唾液、淚液、初乳和黏液中。它賦予腸道、呼吸道及生殖泌尿道局部的免疫能力，以消除黏膜上的外來致病原。

IgM 為一個巨大分子，由 5 個單體 (形成了五聚體) 藉由結晶片段連結至中央的 J 鏈。包含 10 個結合位，此分子有很大的能力結合抗原。IgM 為宿主初次遭遇抗原時所產生的第一類型抗體，它有凝集和固定補體的功能，使它成為免疫反應中重要的抗體。它主要在血液中循環，由於分子太大以致於無法穿過胎盤的障礙。

IgD 為單體，在血液中的含量稀少，且沒有固定補體、調理或穿過胎盤的功能。主要的功

8 單體的意思為「一個單元」或「一個部分」。於是，二聚體意思為「二個單元」，四聚體意思為「四個單元」以及多聚體意思為「多個單元」。

能是作為 B 細胞上的抗原受體，通常會伴隨著 IgM。似乎作為 B 細胞活化的刺激分子。

IgE 在血液中也不常見，通常在過敏或是遭受寄生蟲感染才會表現。它的結晶片段區域會和肥大細胞及嗜鹼性球上的受體交互作用。其生物上的意義為透過肥大細胞及嗜鹼性球釋放的有力生理物質來刺激發炎反應。因為發炎時會招募血球細胞如嗜酸性球及淋巴球到發炎部位，定可用來抵禦寄生蟲。不幸的是，IgE 有另一個不好的作用，為引起過敏性反應、氣喘和其他的過敏 (見第 13 章)。

血清中抗體的蹤跡

無論抗體最初在何處分泌，大量的抗體終將透過身體內的溝通網絡傳遞到血液中。假如把**抗血清** (antiserum) 的樣品 (含有特定的抗體) 進行蛋白泳動實驗，主要的一群蛋白會依其運動性和大小而移動。在球蛋白部分會出現一個條帶，而球蛋白則會出現四個條帶，分別是 α_1、α_2、β 和 γ。大部分的球蛋白為抗體，此為免疫球蛋白一詞的來源。IgG 主要為 **γ 球蛋白** (gamma globulin) 主要由 IgG 組成，而 β 和 α_2 球蛋白是一種 IgG、IgA 和 IgM 的混合物。

隨著時間監測抗體的產生：對抗原的初級及次級反應

我們可以從血液中抗體的含量隨時間的變化來了解免疫系統如何和抗原反應 (圖 12.13)。表現一定的量可稱為抗體的**效價** (titer)[9] 或濃度。系統在第一次遇到抗原或是免疫抗原時啟動**初級反應** (primary response)。此反應的最早期為潛伏期，缺乏辨認抗原的抗體，但大部分的反應都呈現活化的狀態。在這期間抗原被濃縮在淋巴組織且會被 B 細胞的正確克隆所處置。當漿細胞

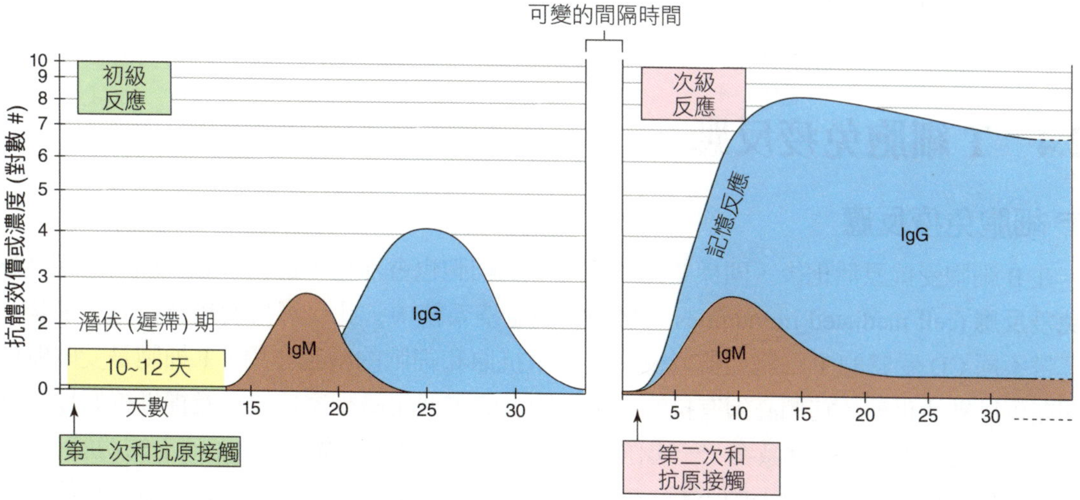

初級反應。在一早開始的潛伏期沒有抗體可以被偵測。首先出現的抗體是 IgM，接著才是初次記憶型細胞活化和 IgG 的提升。在幾星期內抗體的量將恢復低水平。

次級反應。缺乏潛伏期是因為其他起自較早反應的記憶型淋巴細胞能立即反應。快速提高了抗體的效價，主要是 IgG，並會持續產生好幾星期。而原始的 B 細胞則會表現較少量的 IgM。

圖 12.13　抗原刺激後的初級和次級免疫反應圖。在一開始 (第一次) 和第二次反應時偵測抗體的效價或濃度會產生一個不同的模式。當記憶反應發生時，抗體的量會高於第一次反應的 1,000 倍 (對數的增加)，這對於防禦功能更加提升。

9 *Titer* 效價 (ty′-tur)。法文：titre 標準。決定效價的方法顯示在圖 14.9。

合成抗體時，血清中的效價也會上升到一定高度，在數週或數月後逐漸減少。

在免疫反應期間，可以透過反應的特徵測試出抗體的種類。事實證明在早期免疫反應，大部分的抗原為 IgM，其最先由漿細胞分泌出來。其後，抗體的種類 (但不是它們的特異性) 被轉變成 IgG 或其他種類 (IgA 或 IgE)。

當免疫系統在數星期、數月或數年後再遇到相同的抗原，會發生**次級反應** (secondary response)。抗體合成的速率、抗體的波峯含量和抗體續存的時間將比初級反應大為增加。這快速反應及擴增是歸功於初級反應中形成的記憶型 B 細胞。因為重新被喚起的關係，次級反應又稱為**記憶反應** (anamnestic[10] response)。記憶的效應縮短了潛伏或遲滯期，且產生更快更強且更持久的抗體反應，主要的原因為記憶型 B 細胞不需要經歷活化的早期步驟，也不需要太多訊號來形成漿細胞。

這反應的好處明顯為：在其後遇到感染原時可以提供快速的保護機制。這記憶效應為疫苗追加注射的基本依據，此將在第 12.6 節討論。

單株抗體：癌細胞有用的產物

抗體一作為定位和鑑定抗原的工具，其價值已廣為接受。多年來，抗體的來源主要是抽取人類或動物的抗血清用來作為測試和治療，然而大部分的抗血清都有一個基本的問題，它含**多株抗體** (polyclonal antibodies)，意即混合了多種不同的抗體，因為它反應出由廣大不同的 B 細胞克隆而來的數十個免疫反應。因為不同免疫反應可以同時發生，這特性是可以預料到的；甚至單一種微生物也可以誘發不同類型的抗體產生。在免疫應用上需要純度高的**單株抗體** (monoclonal antibodies, MABs) 其來自單一個克隆且只對單一個抗原有特異性。目前可利用基因工程的方式來製作人類單株抗體。

12.4 T 細胞免疫反應

細胞免疫反應

在 B 細胞受抗原活化後，同樣的免疫系統中 T 細胞也會活化，這種 T 細胞的反應稱為**細胞型免疫反應** (cell-mediated immunities, CMIs)。在免疫系統中，此反應相對較為複雜與多樣。包含了帶不同 CD 受體的 T 細胞亞群以及對抗外來抗原和細胞的精確作用。T 細胞是受限制的，意即在可以被活化前，它們必須有抗原呈現細胞上的主要組織相容性複合體提供抗原以確保自身的辨認。它們皆產生細胞激素，一起作用，顯示出一系列的生物效應和免疫上的功能。

T 細胞和 B 細胞有功能上的不同。T 細胞不會釋放抗體來控制外來抗原，而是直接和標的細胞接觸，不像 B 細胞分泌分子到循環中。T 細胞也會刺激其他種 T 細胞、B 細胞和吞噬細胞。

T 細胞的活化和分化成亞群

淋巴器官中成熟的 T 細胞被引發和樹突細胞及巨噬細胞上已經處理過並呈獻給它們的抗原反應。它們會辨認的抗原是只有當它的呈現與主要組織相容性複合體之攜帶者相關 (圖 12.14)。

---

10 *anamnestic* 記憶 (an-am-ness′-tik)。希臘文：*anamnesis* 重新喚起。

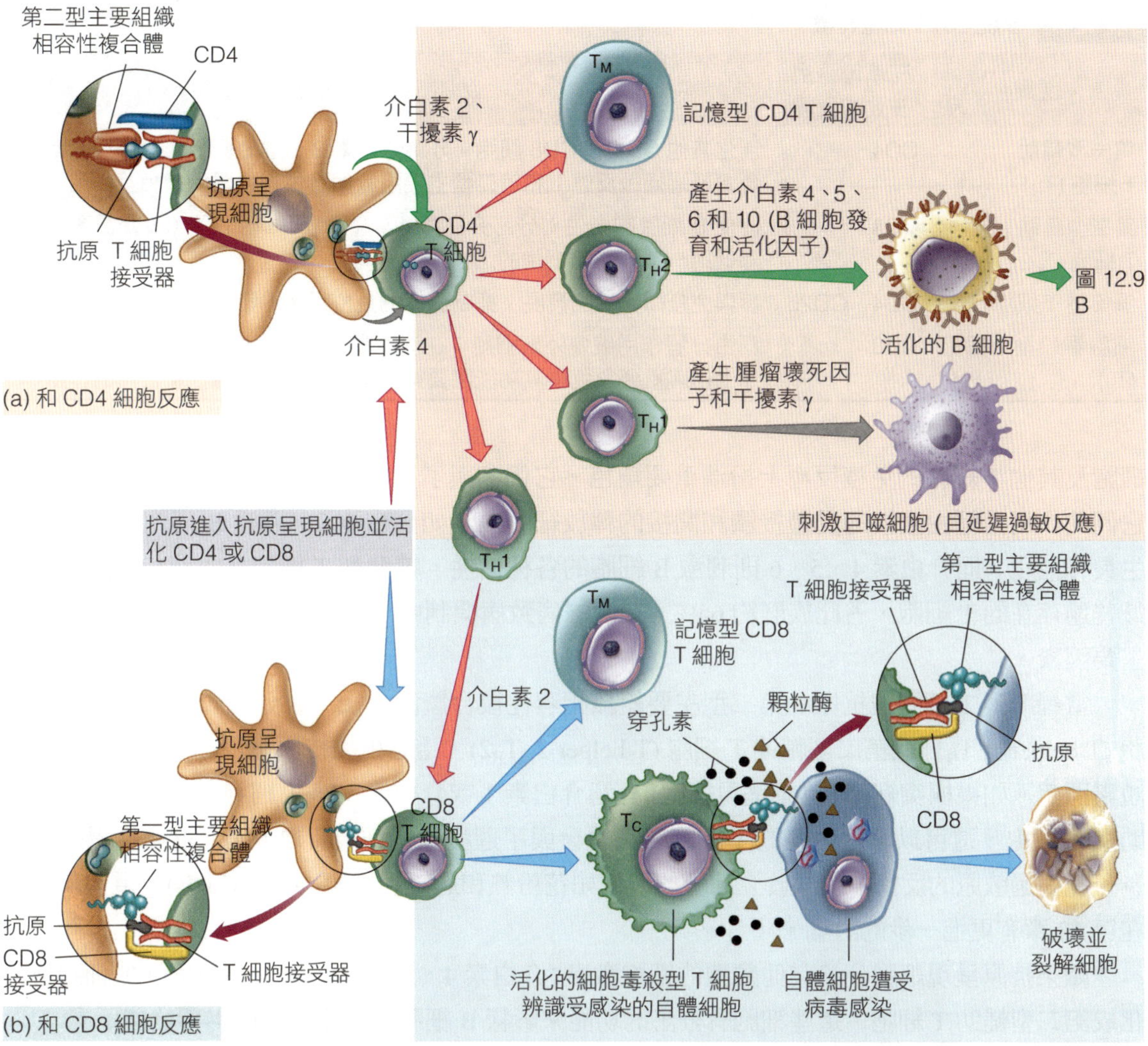

圖 12.14 **T 細胞的活化和分化成不同類型的 T 細胞。**抗原呈現細胞將抗原胜肽呈現給帶 CD4 (a) 或 CD8 (b) 的 T 細胞。(a) CD4 細胞和抗原呈現細胞上的第二型主要組織相容性複合體 / 抗原之複合物結合，且根據抗原呈現細胞釋放出不同的細胞激素，T 細胞會形成第一型輔助 T 細胞或第二型輔助 T 細胞。第一型輔助 T 細胞合成介白素 2 來活化 CD8 細胞並使巨噬細胞破壞攝入的微生物或使巨噬細胞更加活化。第二型輔助 T 細胞分泌細胞激素促進 B 細胞的活化；(b) 和第一型主要組織相容性複合體 / 抗原之複合物結合後，CD8 T 細胞會分化成細胞毒殺型 T 細胞，會結合到有表現第一型主要組織相容性複合體 / 抗原之複合物的受感染細胞，並釋放穿孔素和顆粒酶。這將造成受感染的細胞走向細胞凋亡 (程序性死亡)。

帶有 CD 4 受體的 T 細胞可辨認呈現在第二型主要組織相容性複合體 (MHC II) 上吞噬作用過的胜肽，而帶有 CD8 受體的 T 細胞可辨認呈現在第一型主要組織相容性複合體 (MHC I) 上的胜肽。

T 細胞一開始被抗原 / 主要組織相容性複合體與其受體的結合激活。和 B 細胞一樣，活化的 T 細胞轉形準備好進行有絲分裂，它們會分裂成其中一種作用細胞和記憶型細胞，在其後的接觸可與抗原作用 (表 12.3)。記憶型 T 細胞為已知細胞中某些生存最長的血液細胞 (壽命為數十年，而不是其他淋巴細胞的數星期或數個月)。

輔助型 T 細胞：活化特定的免疫反應　**輔助型 T 細胞** (T helper cells 或 CD4) 在調控對抗原、B

表 12.3 各類型的 T 細胞特徵

種類	在 T 細胞上主要的受體	功能 / 重要的特徵
第一型輔助 T 細胞 (T_H1)	CD4	活化其他 CD4 和 CD8 細胞；分泌介白素 2、腫瘤壞死因子、干擾素 γ；負責延遲過敏反應；和第二型主要組織相容性複合體受體相互作用
第二型輔助 T 細胞 (T_H2)	CD4	促使 B 細胞的增生；分泌介白素 4、介白素 5、介白素 6、介白素 10；降低第一型輔助 T 細胞的活性
調節型 T 細胞 (T_{reg})	CD4、CD25	參與免疫耐受性的發展；抑制病態的免疫反應、發炎和自體免疫的發生
細胞毒殺型 T 細胞 (T_C)	CD8	藉由分解作用破壞外來細胞；在消滅腫瘤細胞、病毒感染細胞和移植排斥上扮演重要角色；其功能需要第一型主要組織相容性複合體的作用

細胞及其他 T 細胞的免疫反應上扮演重要角色。它們參與了巨噬細胞的活化和增強吞噬作用。它們的作用是經由直接的受體接觸和間接的釋放細胞激素如介白素 2，刺激 B 細胞和 T 細胞的生長和活化，而介白素 4、5、6 則刺激 B 細胞的各種活性。輔助型 T 細胞是血液和淋巴器管中最普遍存在的 T 細胞，占此族群約 65%。在愛滋病致病機制中，輔助型 CD4 T 細胞被抑制是其主要因素。

當輔助型 T 細胞被抗原、第二型主要組織相容性複合體活化後，會分化成第一型輔助 T 細胞 (T helper 1, T_H1) 或第二型輔助 T 細胞 (T helper 2, T_H2)，這是根據抗原呈現細胞所分泌的細胞激素而定。如果樹突細胞 (抗原呈現細胞) 分泌介白素 1 或介白素 12，T 細胞會分化成第一型輔助型 T 細胞，這可以活化更多的 T 細胞。它也參與了遲發性過敏 (圖 12.14a)。遲發性過敏反應為一種對過敏原的反應，不同於立即性的過敏如花粉熱和過敏性反應 (anaphylaxis)。這些反應將在第 13 章有更進一步的討論。

如果抗原呈現細胞分泌其他類型的細胞激素 (介白素 4、介白素 5 和介白素 6)，T 細胞會分化成第二型輔助 T 細胞。這些細胞有分泌的功能來影響 B 細胞的分化，因而影響抗體反應。

調節型 T 細胞 大部分的生理作用都會有系統來做調控，並維持在一定的功能。這在免疫系統中也有調控系統。當出現免疫平衡受到破壞時，會有一群細胞來調控，稱為調節型 T 細胞 (regulatory T cells, T_{regs})，其表現的受體為 CD4 和 CD25 (表 12.3)。這些 T 細胞被稱為抑制型細胞來改變其他 T 細胞或 B 細胞的免疫反應。即使詳細的作用機制尚未完全明瞭，有證據顯示它們可以維持免疫耐受性並避免免疫系統的過度活化而造成傷害。它們在調控發炎、過敏、自體免疫、抗體產生、癌症和移植排斥中扮演重要的角色。

細胞毒殺型 T 細胞 (TC)：細胞殺死其他細胞 當 CD8 細胞被抗原 / 第一型主要組織相容性複合體 (antigen/MHC I) 活化後，將分化成毒殺型 T 細胞 (殺手型 T 細胞)。細胞毒殺作用 (cytotoxicity) 為一些 T 細胞殺死特定的細胞。它的迷人之處及強大的功能代表我們很多的免疫在對抗外來細胞及癌。在於某些情況下，也會造成疾病的產生。當殺手型 T 細胞開始活化時，它必須辨認由第一型主要組織相容性複合體受體所攜帶的外來胜肽，並直接攻擊標的細胞。在活化後，細胞毒殺型 T 細胞會分泌穿孔素 (perforins)[11] 和顆粒酶 (granzymes，圖 12.14b) 來破壞標的細胞。穿孔

11 perforin (穿孔素) 這個英文字的來源為 perforate (穿洞)。

素為一種蛋白質可以標的細胞的細胞膜上穿孔，而顆粒酶則是一種酵素可以分解蛋白質。首先穿孔素會使標的細胞離子洩漏並建立通道讓顆粒酶進入。顆粒酶會誘發細胞失去選擇性通透，使標的細胞死亡，這死亡稱為**細胞凋亡** (apoptosis)[12]。細胞凋亡是有程序的，並會造成細胞核瓦解及細胞裂解和死亡。

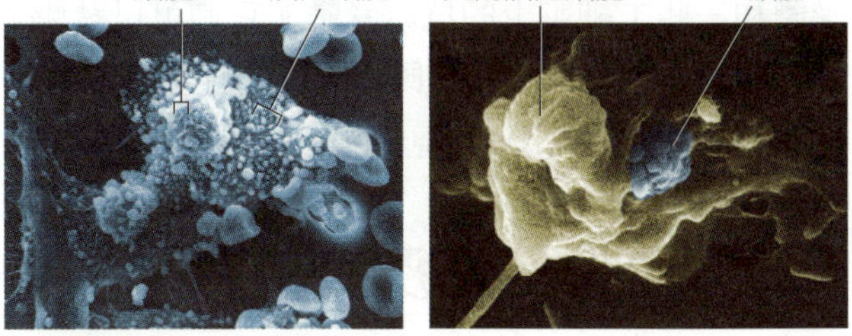

圖 12.15 細胞毒殺型 T 細胞的攻擊。左圖：T 細胞會辨認並且結合癌症細胞，將細胞打洞。右圖：癌症細胞崩解並凋亡。

細胞毒殺型 T 細胞的標的有：

- 被病毒感染的細胞 (圖 12.14b)。細胞毒殺型 T 細胞辨認這些細胞是因為病毒的胜肽主要組織相容性複合體之組合表現在它們的表面上。細胞毒殺作用為重要的病毒防禦方式。
- 癌細胞。T 細胞時常調查組織是否異常，當發現異常時可以立刻攻擊遇到的不正常細胞 (圖 12.15)。最重要的是當 T 細胞功能缺陷時，會使人容易得癌症 (第 13 章)。
- 從其他動物或人類來的細胞。細胞毒殺的細胞性免疫是移植排斥最重要的因素。在這例子中，細胞毒殺型 T 細胞會攻擊已經植入接受者身體的外來組織。

其他類型的毒殺型細胞　**自然殺手** (natural killer, NK) 細胞。為淋巴細胞的一種，和 T 細胞相似為細胞毒殺的細胞性免疫之一部分。它們在脾臟、血液和肺臟中循環，可能是第一種攻擊癌症細胞及受病毒感染細胞的殺手細胞。它們殺死細胞的機制和細胞毒殺型 T 細胞類似 (圖 12.16)。它們的活性受細胞激素如介白素 12 和干擾素的調控，因此也屬於細胞性免疫。

T 細胞和超級抗原　大部分的 T 細胞對我們都是有益的且有保護作用。但是有一個反應會產生激烈的後果，而且可能會造成疾病。例如有一個例子是 T 細胞暴露於**超級抗原** (superantigens)。這些抗原主要出現在細菌和病毒中，形成一種毒性因子。如致病的葡萄球菌中之腸毒素、某些 A 型鏈球菌所產生的毒素，以及 EB 病毒的蛋白。這些將引起經由大量 T 細胞過度誘發造成的

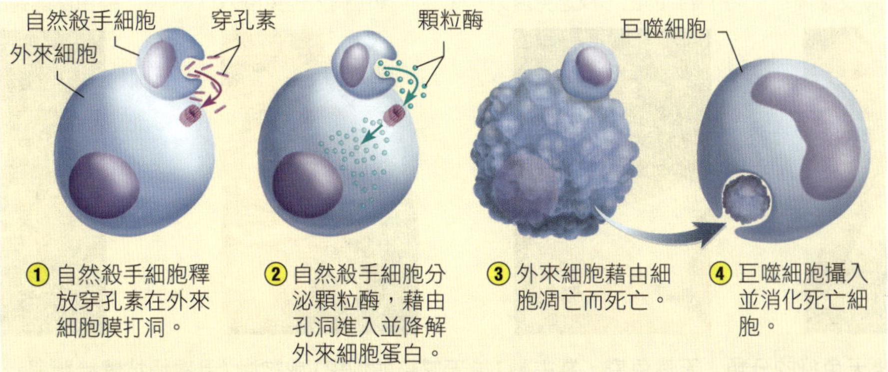

自然殺手細胞
穿孔素
外來細胞
顆粒酶
巨噬細胞
① 自然殺手細胞釋放穿孔素在外來細胞膜打洞。
② 自然殺手細胞分泌顆粒酶，藉由孔洞進入並降解外來細胞蛋白。
③ 外來細胞藉由細胞凋亡而死亡。
④ 巨噬細胞攝入並消化死亡細胞。

圖 12.16 自然殺手細胞的作用。

12 *apoptosis* 調理素 (ah-poh-toh′-sis)。希臘文：*apo* 遠離；*ptosis* 掉落。

免疫反應而無關 T 細胞的特異性。超級抗原分子的結構可以橫跨第二型主要組織相容性複合體受體和一些 T 細胞上的抗原受體。它們可以誘騙大量 T 細胞分泌大量的細胞激素如腫瘤壞死因子和介白素 1 和 6。大量具破壞性的介質流入後導致血管破壞、毒性休克和多重器官衰竭，為造成中毒性休克的因子 (見第 15 章)。

12.5 後天性免疫的特性

人類利用幾個方式發展出適應性免疫，如圖 12.17 總結。這個分類是依據免疫力的來源，是由本身免疫系統所產生或接受自另一個人。此分類系統可作為醫療的方針，並快速分辨及解釋免疫力的來源。

後天免疫的分類

主動免疫 (active immunity) 發生於當個體遭受免疫刺激 (如微生物)，活化特異的淋巴細胞，造成如抗體產生等免疫反應。主動免疫有幾個明顯的特徵：(1) 它是有免疫能力個體的基本屬性；(2) 可形成記憶，當再遇到相同微生物時可快速啟動免疫反應；(3) 免疫細胞的發育需要數天的時間；(4) 時效長，有些可以到終生。主動免疫可以被自然或是人工的方法刺激。

被動免疫 (passive immunity) 發生於當個體接受其他人或動物因主動免疫所產生的免疫物質 (主要是抗體)。雖然接受者沒有接觸到微生物，但仍有一定時間的保護。被動免疫的特色為：(1) 缺乏對原始抗原的記憶；(2) 不會產生新的抗體對抗該疾病；(3) 馬上就能產生保護；(4) 抗體的功能有時效，因此效期短。最終，接受者的體內會把它們處理掉。被動免疫抗體的來源可以是天然或是人工。

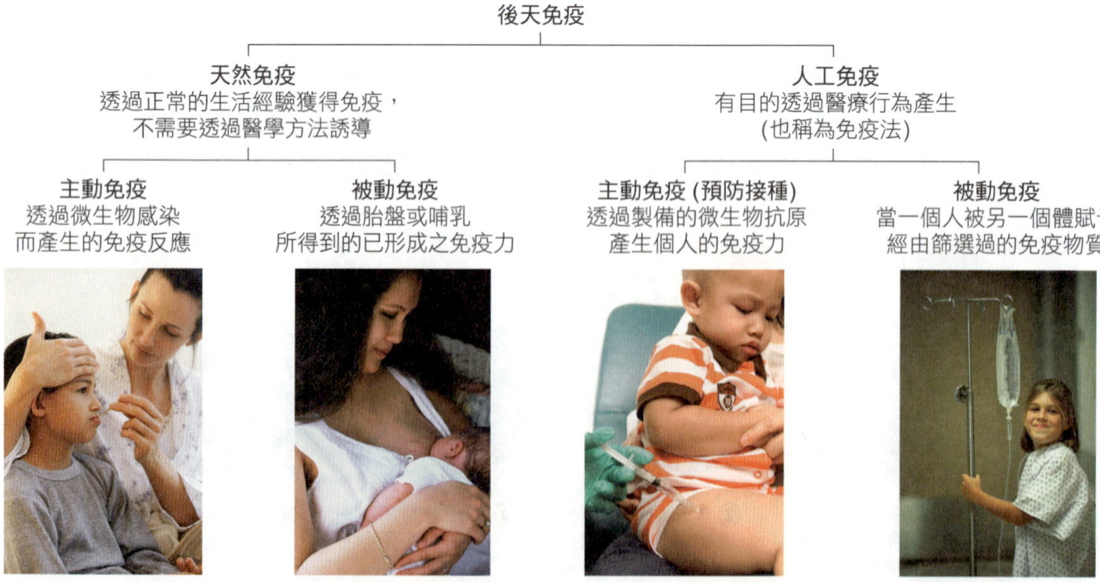

圖 12.17 **後天免疫的分類**。天然免疫，為主動 (後天感染並恢復) 或被動 (母親把抗體給胎兒)，在日常生活中產生。人工免疫則必須透過醫療行為且可以被活化 (用抗原做免疫接種來誘發免疫反應) 或透過被動方式 (以含有抗體的血清做免疫治療)。

天然免疫 (natural immunity) 包括個人由正常生物經歷上所獲得的免疫，不需透過醫療方式的介入。

人工免疫 (artificial immunity) 透過醫療程序來產生保護作用免受感染。此類型的免疫力是由疫苗和免疫血清的接種所誘發。

總結以上的分類，我們得到免疫的來源可以用四個例子說明。

1. 天然主動免疫：感染

從感染性疾病恢復後，根據疾病的不同，一個人可能在一定的時間內可主動抵抗再次感染。以孩童期的病毒感染為例，例如在兒童時期感染了麻疹、腮腺炎和德國麻疹後，這將提供終生免疫。其他的疾病則有數月到數年間的免疫 (像是肺炎鏈球菌和桿菌性痢疾)，因此有再次感染的可能。甚至無臨床症狀的感染仍可刺激天然主動免疫的產生。這可說明，事實上有些人則是不需要顯著感染過或是接種疫苗就可以對一些感染有免疫。

2. 天然被動免疫：母親給小孩

天然被動免疫的產生是藉由產前和產後母親和小孩之間的關係。在胎兒時期，IgG 抗體會在母親的血液中循環，且由於形狀夠小因此可以主動穿過胎盤。對抗破傷風、白喉、百日咳，以及病毒的抗體可常規地穿透胎盤。這天然機制提供很多母體的混合抗體給嬰兒，可保護他在子宮外的最初幾個重要月份，而在這期間胎兒本身的免疫系統正在逐步發展主動免疫。根據微生物的不同，被動免疫的效果可以長達數個月或是數年，但總有效果失去的時候。大部分的孩童都會定期接種疫苗，是為了在對抗常見的兒童傳染病時沒有失效。

另一個給嬰兒自然被動免疫的來源是母奶。即使嬰兒獲得的大部分被動免疫來自子宮，但有些是經由看護，母奶中的 IgA 抗體可對抗進入腸道微生物。這獨特的免疫力是無法透過可穿過胎盤的抗體取得。

人工免疫：免疫接種

免疫接種是臨床上受試者產生免疫的過程，通常用在可以給予進一步的保護避免感染，又稱為免疫預防。這在第 12.6 節將有進一步的討論。

3. 人工主動免疫接種：疫苗接種

疫苗接種 (*vaccination*) 一詞源自於拉丁文字 *vacca* (牛)，因為牛痘病毒最先用在疫苗製作以對抗天花。疫苗是讓人體接觸特別製備的微生物的一部分 (抗原) 來誘發免疫系統，產生抗體和記憶型細胞來預防相同微生物的感染。其保護效果與效期就隨著天然主動免疫而不同。市場上已經有許多種對抗微生物感染的疫苗。

4. 人工被動免疫：免疫療法

在免疫療法中當病人獲得特定感染處在危險狀態時，被施打特異性抗體製劑對抗該感染原。通常來源為匯集捐血者的人類血清 (γ 球蛋白) 和含高濃度抗體的免疫血清球蛋白。免疫血清球蛋白用來作為治療已經遭受 A 型肝炎病毒、狂犬病毒及破傷風桿菌感染的病人。

12.6 免疫接種：操縱免疫的方式來達到治療的目的

主動或被動免疫的免疫接種可用來作為預防疾病和治療的方式。這些術語往往是不精確的，應當強調的是主動免疫，其中一個施打抗原為和疫苗接種是同義字。被動免疫如為接受外來的抗體則是一種免疫治療 (immunotherapy)。

人工被動免疫接種

最初被動免疫的嘗試為將含有抗毒素的馬血清用來預防破傷風或是治療白喉感染的病人。從那時開始，動物的抗血清取代了有許多特異性的人類血清。免疫血清球蛋白 (immune serum globulin, ISG)，有時又稱為 γ 球蛋白，含有至少由 1,000 位捐血者匯集血液中萃取的免疫球蛋白。免疫血清蛋白的處理方法濃縮了抗體來增加效能和去除可能會引發疾病的致病原 (如 B 型肝炎病毒和 HIV 愛滋病毒)。此為免疫低下的病人預防痲疹和 A 型肝炎的一個選擇處理。大部分免疫血清球蛋白為肌肉注射，以減少不良的反應，且提供至少 2 到 3 個月的保護力。

有一種被稱為特異性免疫球蛋白 (specific immune globulin, SIG) 的製劑，是從篩選過的捐血者提供。製造特異性免疫球蛋白的公司從曾經感染百日咳、破傷風、水痘和 B 型肝炎後痊癒的有超級免疫的人取得血清。偏向用這些球蛋白作為特異性免疫球蛋白的來源是因為可從病患較小匯集的血清中獲得更高效價的特異性抗體。雖然其對個人可能遭受感染的預防有用，但這些血清通常很難取得而有使用上之限制。

當一個人的免疫球蛋白不足時，從動物身上取得的抗血清和抗毒素便可產生效用。從馬身上產生的血清對白喉、肉毒、狂犬病、毒蜘蛛和蛇類的咬傷有用。但不幸的是，馬的抗原通常會誘發過敏，如血清病或過敏性反應。雖然這些免疫力的時效很短，但它們可立即作用，保護沒有有效醫療或疫苗來治療的病人，如無法接種疫苗的免疫功能低下的患者。

人工主動免疫：疫苗接種

主動免疫可以利用沒有致病性但具免疫刺激性的抗原來做人造的疫苗誘發，此為醫學史上發展最快速且最重要的開發。疫苗接種的基本原理為刺激初級的反應，誘發免疫系統以應付未來接觸的致病原。如果病原入侵身體，次級免疫反應將為立即、強大且持續。第二次或疫苗額外的劑量也會誘發記憶性反應。

疫苗已大為減少很多在以前為常見和時常致死的感染疾病之盛行和衝擊。本節我們將討論疫苗製作的原理和疫苗的適應症及安全性；疫苗在往後的感染及器官系統章節將被討論。

疫苗製作的原理

疫苗的製作必須考量免疫抗原的選擇、效用、容易施打、安全性和所需的花費。在天然免疫中，感染原會刺激相對長時間且有保護性的免疫反應。在人工主動免疫中，目的為改變微生物或其組成分來獲得可以和天然免疫一樣的反應。有效疫苗的品質列在表 12.4。大部分的疫苗製備都是根據以下抗原製劑而來 (圖 12.18)：

1. 已被殺死的完整細胞或是不活化的病毒。

2. 活的減毒細菌或是病毒。

3. 從細菌或病毒來的抗原分子。或
4. 利用基因工程製作的微生物或是微生物的抗原。

主要被批准上市的疫苗和其適應症列在表 12.5。

表 12.4　有效疫苗的條件清單

- 其副作用和毒性必須很低且不會造成嚴重的傷害。
- 必須可以保護且對抗環境中的野生型病原體。
- 必須可以誘發抗體的反應 (B 細胞) 和細胞免疫 (T 細胞) 反應。
- 必須有長時間且持久的效用 (產生記憶)。
- 不需要大的劑量來追加。
- 必須是廉價，可長時間保存且易於施打。

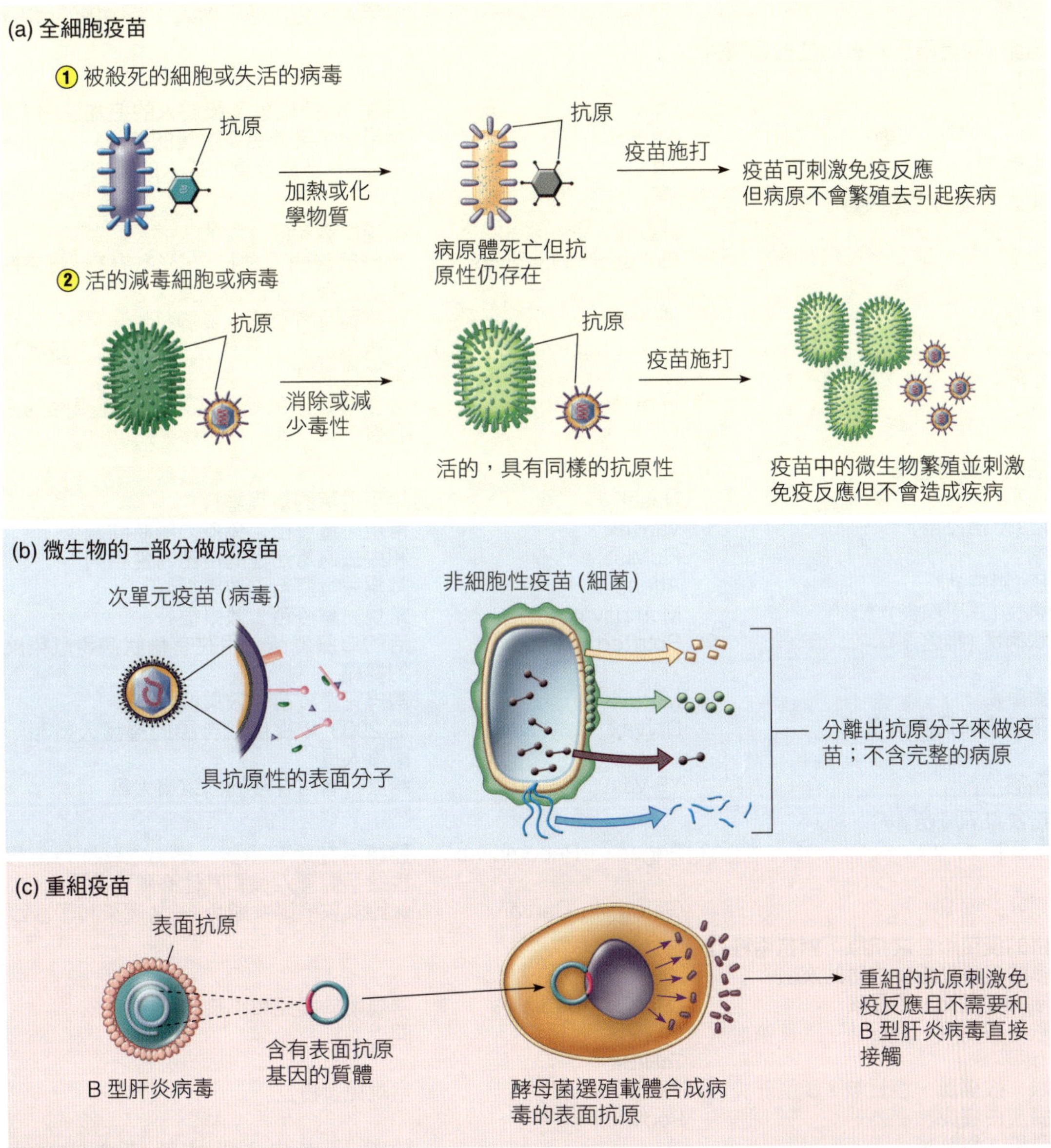

圖 12.18　疫苗設計的策略。(a) 已被殺死或減毒的完整細胞或病毒；(b) 非細胞的或次單位疫苗，藉由破壞病毒或細菌後所釋放出的抗原分子或組成成分，可被分離與純化；(c) 重組疫苗的製作則是分離病原體抗原的基因 (圖中為肝炎病毒) 剪接入質體中。再讓重組的質體插入選殖的宿主細胞 (酵母菌)，來大量產生病毒的表面抗原作為疫苗的製備。

表 12.5 美國地區上市的疫苗

疾病 / 疫苗的製備	商品名	使用建議 / 評論
含活的、減毒細菌		
肺結核	卡介苗	高風險職業的人使用；保護效果易改變
傷寒	伯納	主要給有去疫區旅行的人使用
非細胞性疫苗 (莢膜的多醣或蛋白)		
炭疽病	Bio Thrax	保護新招募的新兵，職業接觸的人
腦膜炎 (腦膜炎雙球菌)**	美那查克、美諾蜜	保護高風險的嬰兒、招募的新兵、大學生，效用短
腦膜炎 (流感嗜血桿菌)**	Pedvax HIB、ActHIB	給嬰兒和孩童；可能會和 DTaP 一起施打
肺炎球菌性肺炎	Prevnar、Pneumovax	對高風險的人們很重要，包括：年輕人、中年人、免疫低下病人；有中等的保護性
類毒素 (利用福馬林去活性的細菌外毒素)		
白喉 **	Dt	用在 10 多歲孩童和成人的追加注射 (大寫字母表示需要更多劑量的抗原)
破傷風 **	Td	用在 10 多歲孩童和成人的追加注射
含失去活性的完整病毒		
A 型肝炎	Havrix、Vaqta	保護旅客和收容院的人們
流感	FluLaval、Flucelvax	給高風險的人施打；必須持續更新來對抗新的品種；免疫力不持久
日本腦炎	JE-Vax	給疫區及實驗室人員施打
小兒麻痺 **	IPOL (inactivated polio)	常規用於孩童時代施打的疫苗；活病毒效果最佳
狂犬病	Imovax、RabAvert	被動物咬傷的病患或可能暴露風險的人；有效
含活的、減毒病毒		
腺病毒	Nasal	給予招募的新兵施打
水痘 (水痘疫苗)**	Varivax	常規兒童疫苗；免疫力隨時間減少
流感	FluMist	和失去病毒活性的疫苗特性相同
麻疹 (風疹)**	Attenuvax	常規兒童疫苗；效果很好
腮腺炎 (耳下腺炎)**	Mumpsvax	常規兒童疫苗；效果很好
輪狀病毒 (輪達停)	RotaTeq、Rotarix	活的口服疫苗，用在有輪狀病毒感染風險的嬰兒
德國麻疹 **	Meruvax	常規兒童疫苗；效果很好
天花病毒和猴痘病毒	Dryvax	從 2003 年提供給自願的醫護人員和一些軍事人員
黃熱病	YF-Vax	給旅行者，在疫區的軍事人員
病毒次單元疫苗		
B 型肝炎 *、**	Engerix、Recombivax	建議用在所有小孩，剛出生就開始施打，也給予醫護人員和其他高風險的人
人類乳突病毒 *	Gardasil、Cervarix	保護女孩或婦女避免 HPV 感染和子宮頸癌
合併的疫苗所含之抗原可對抗兩種或更多的疾病以減少注射的次數		
白喉、破傷風、百日咳	DTaP、Tripedia、Infanrix	常規用於嬰兒和小孩的疫苗
白喉、破傷風、百日咳、流感嗜血桿菌 b 型	TriHIBit	同上
白喉、破傷風、百日咳、B 型肝炎、脊髓灰白質炎	Pediarix	常規兒童疫苗
B 型和 A 型肝炎	Twinrix	於嬰兒出生 6 個月時結合 Havrix 和 Recombivax 施打
麻疹、腮腺炎、德國麻疹	MMR II	推薦的兒童疫苗－皆為減毒的病毒
麻疹、腮腺炎、德國麻疹、水痘	ProQuad	推薦的兒童疫苗－皆為減毒的病毒

* 這些疫苗以重組方式製成。

** 通常合併其他疫苗一起使用。

巨大、複雜的抗原如整個細胞或病毒都是很有效的免疫抗原。它們是被殺死或是減毒，取決於疫苗。死亡 (killed) 或失活 (inactivated) 疫苗的製備是培養想要的一株或多株細菌或病毒將其以福馬林、輻射線、加熱或一些物質處理，但不改變抗原的結構。針對細菌疾病如霍亂之疫苗即為此類。不活化小兒麻痺疫苗 (IPV) 和一些流感疫苗含有失去活性的病毒。因為微生物無法繁殖，因此死疫苗常需要打入大劑量及更多的追加注射才有效用。

有一些疫苗的成分是減毒微生物，減毒是讓病毒或細菌的毒性大量減少或抹殺的任何過程。通常是利用改變生長環境或是改變微生物的基因來消除毒性因子。減毒的方式包含長時間的培養、在低溫環境下篩選突變株 (低溫突變)、繼代培養微生物於非自然的宿主或組織培養，以及移除有毒性的基因。肺結核疫苗 (BCG) 為牛結核菌經過 13 年的次代培養後取得。麻疹、腮腺炎、小兒麻痺 (口服) 和德國麻疹等疫苗為沒有毒性的活病毒。

這些製備方式的好處是：(1) 活的微生物就像自然的生物能夠繁殖並產生感染 (但不是疾病)；(2) 有長時間的保護效果；(3) 和其他種疫苗來比只需要少的劑量及追加。

使用用活微生物為疫苗的缺點則是需要特殊的保存環境，且可能傳染給其他人，以及可以想像地能再經由突變恢復成原來的毒性株。

如果可以精確地知道刺激免疫反應的抗原決定位，這些物質就可以從微生物中分離出來作為疫苗的基礎 (圖 12.18b)。從細菌的一部分作成的疫苗稱為非細胞的 (acellular) 或次細胞 (subcellular) 的疫苗。假如是從病毒分離出來的就稱為次單位疫苗 (subunit vaccines)，這些疫苗的抗原從所培養的微生物經由基因工程或化學合成來產生。

目前在使用的萃取抗原有例如肺炎球菌及腦膜炎球菌的莢膜、炭疽病的蛋白表面抗原，以及 B 型肝炎病毒的表面蛋白。有一種特殊類型的是疫苗類毒素 (toxoid)，含有純化的細菌外毒素片段，已經過去活化。藉由刺激抗毒素的產生可以中和自然的毒素，類毒素疫苗提供保護並對抗毒素性疾病如白喉和破傷風。

新疫苗的開發

儘管疫苗開發極為成功，仍有數十種細菌、病毒、原蟲和真菌的疾病仍沒有疫苗可以預防。到目前為止，沒有可靠的疫苗可預防瘧疾、HIV 愛滋病、各種腹瀉 (大腸桿菌、志賀氏菌)、幾種呼吸道疾病和蠕蟲感染，這些每年影響了世界上 2 億多人口。疫苗專家面臨的挑戰為，很難挑選安全且可以誘發免疫反應的抗原。目前，疫苗的製備正聚焦於更新的策略，即採用抗原合成、重組 DNA 和基因選殖技術。

當抗原決定位已經知道後，有時可能以人工合成。這種能力允許保留抗原性的同時，也增加抗原的純度和濃度。目前瘧疾的疫苗是由寄生蟲來的三個合成胜肽，且已經在南美洲和非洲做測試。一些生技公司利用植物來大量生產疫苗抗原，利用番茄、馬鈴薯和香蕉來合成霍亂、肝炎病毒、人類乳突病毒和大腸桿菌病原體的蛋白，此試驗正在追行途中。這個策略是為了可以收獲有經濟價值的疫苗抗原，也讓疫苗可以給那些不用此方法就接觸不到疫苗的族群。

基因工程疫苗

基因工程的概念所提供新的方法可運用在疫苗的開發。這些方法用在絕對寄生物的疫苗設計格外有效，尤其是那些高花費且很難養的寄生蟲，例如梅毒螺旋體或瘧原蟲。DNA 重組技術為將各種不同的微生物抗原基因接到特定質體載體，並於合適宿主中選殖。重組後的產物可依所需是多樣性的。例如，選殖宿主被刺激去合成並分泌蛋白 (抗原)，再將產物分離並純化 (圖 12.18c)。肝炎病毒疫苗和人類乳突病毒疫苗即為用此方式生產。同樣的，梅毒、吸血蟲和流感的抗原基因也分離出並選殖，成為理想有潛力的疫苗材料。

另一個利用基因重組技術的疫苗為木馬疫苗，此名稱來源為希臘傳說，希臘士兵藏在一個巨大、可移動的木馬中，潛入了 Trojan 敵人的堡壘。在相當於木馬的微生物，將所選出的感染原之遺傳物質插入活的非致病的微生物攜帶者中。理論上，此重組的微生物會繁殖並表現外來的基因，接種疫苗的人將被免疫來對抗此微生物抗原。牛痘，此病毒一開始是用來做天花疫苗，而腺病毒也被證明可應用於此技術。牛痘病毒在針對 AIDS、第二型單純疱疹、麻瘋和肺結核的試驗性疫苗中作為攜帶者。

DNA 疫苗 (DNA vaccines) 為另一種可誘發免疫反應的途徑。此技術和基因治療類似，除了這例子為微生物 (不是人類) DNA 接入質體載體中並接種到接受者中 (圖 12.19)。預期結果是人類細胞將攝入一些有帶微生物 DNA 的質體並以蛋白形式表現該 DNA。因為這些蛋白為外來的，它們將在免疫系統監控時被辨認，並且造成 B 細胞和 T 細胞被敏感化並形成記憶型細胞。注意，即使 DNA 是從微生物來的，也不會誘發免疫反應，因為 DNA 的分子結構本身並沒有高度免疫刺激性。

動物實驗中發現，這種疫苗的安全性高且只需要少量的外來抗原需要被表現即可達到免疫的效果。另一個優點為這方法可用來表現任何數量的有潛能微生物蛋白，使抗原的刺激更加複雜且增加改進的可能性，這將刺激抗體和細胞媒介免疫。同時，萊姆病、C 型肝炎、單純疱疹、流感、肺結核、乳突病毒、瘧疾及 SARS 疫苗正在做試驗中，大部分都有不錯的效果。

免疫接種的途徑和疫苗的副作用

大部分的疫苗注射方式為皮下注射、肌肉注射、真皮內注射。口服疫苗只有用在少數幾項疾病 (表 12.5)，但它們有不同的益處。口服疫苗可以在入口黏膜上刺激保護 (IgA) 作用。口服疫苗較容易給予及被接受且耐受性好。其他顯示有希望的方式有氣霧或滴狀的滴鼻疫苗 (例如流感

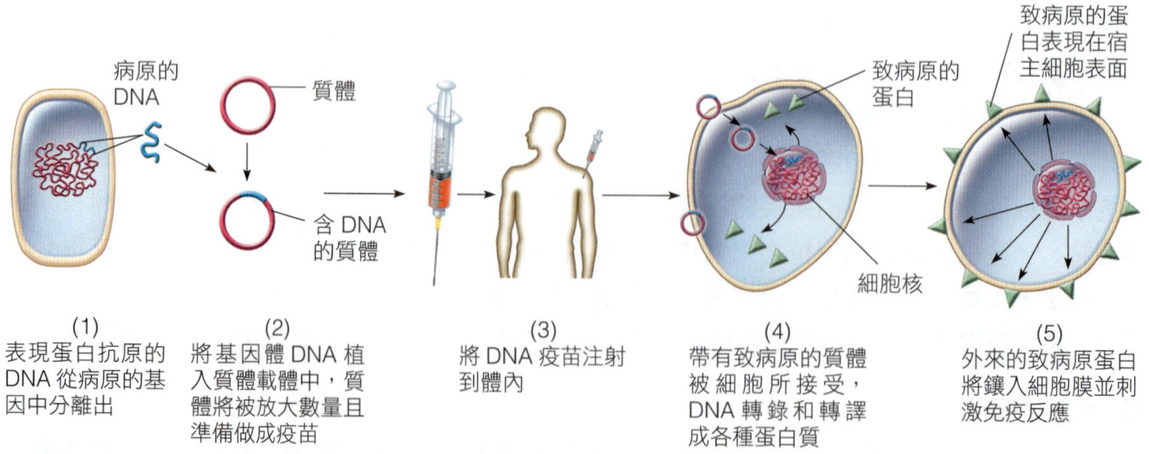
病原的
DNA
質體
含 DNA
的質體
致病原的
蛋白
致病原的蛋
白表現在宿
主細胞表面
細胞核
(1)
表現蛋白抗原的 DNA 從病原的基因中分離出
(2)
將基因體 DNA 植入質體載體中，質體將被放大數量且準備做成疫苗
(3)
將 DNA 疫苗注射到體內
(4)
帶有致病原的質體被細胞所接受，DNA 轉錄和轉譯成各種蛋白質
(5)
外來的致病原蛋白將鑲入細胞膜並刺激免疫反應

圖 12.19 DNA 疫苗的製備。DNA 疫苗包含了病原全部或一部分的 DNA，用來「感染」接受者細胞。DNA 的處理導致抗原蛋白的產生，可刺激對抗病原的特異性反應。

病毒的鼻腔噴霧流感疫苗) 和皮膚貼劑。

有些疫苗藉由添加佐劑 (adjuvant)[13] 來增加效果。佐劑可以由任何可增強免疫反應的物質所組成，會在注射位置延長抗原的停留時間。佐劑和抗原形成沈澱並會停在組織使其可以緩慢地釋放。推測這種漸增的釋放方式可以促進抗原接觸抗原呈現細胞和淋巴細胞。常見的佐劑有鋁 (氫氧化鋁)、佛朗氏完全佐劑 (含有乳化的礦物油、水和分枝桿菌的萃取物) 和蜂蠟。

疫苗在正式許可前必須經過很多年的動物實驗和人類自願者試驗。即使已經被核准上市之後，和所有的治療藥物一樣，沒有辦法避免併發症。最常見的併發症發生在施打的位置，產生發熱、過敏和一些不良的反應。比較少見的反應 (每 300,000 接種者會有一名) 為全腦炎 (麻疹疫苗)、已經突變的病毒再突變回原來的病毒株 (小兒麻痺症疫苗)、其他危險的病毒或化學物的污染引起的疾病、不明原因造成神經系統的傷害 (百日咳和豬流感疫苗)。有些病人則會對培養液 (蛋或組織培養) 產生過敏而不是疫苗的抗原。

當知道或疑似有副作用產生時，疫苗將會被改變或是銷毀。例如，有一個全細胞的疫苗因為造成神經傷害而被替換成無細胞的莢膜。萊姆病疫苗則因為會造成關節炎和其他副作用而被銷毀。小兒麻痺症疫苗原本是活細胞疫苗被換成死毒疫苗，當太多的麻痺性疾病病例發生來自於回復突變的疫苗儲存庫。疫苗製造公司也分階段淘汰防腐劑的使用，如會造成病人過敏和其他副作用的硫柳汞。

專業的接種者接種疫苗時必須了解疫苗風險，但也要了解傳染病的風險往往超過了疫苗不良反應的機會。最要小心的是，當免疫低下的人或懷孕者要進行活疫苗的注射時必須謹慎地評估，後者可能會造成嬰兒的傷害。

疫苗注射：為何要注射、誰必須被注射和注射的時間

接種疫苗賦予個人長時間或是一生的保護，且在整體公共衛生上是很重要的。接種疫苗被證明為建立群體免疫 (herd immunity) 的方法。根據此概念，個人對傳染性疾病產生的免疫將使傳染病無法躲藏，因此降低了致病原的存在。當有大部分的人接種過疫苗時，沒有接種的人就不太會被感染。事實上，透過大規模免疫的集體免疫將間接保護沒有免疫的人 (如小孩)。最有效的群體免疫為健康的人都接種疫苗，因為大部分的疫苗接種對象都是年輕人和老年人 (包含身體弱的人)，群體免疫將不完整。透過預防接種來維持群體免疫在預防流行病上被認為是最有價值的方式。

表 12.6 包含兒童和青少年進行免疫接種的建議時間表，並依照年齡和醫療狀態分類。表 12.7 列出建議成人進行免疫接種的時間表。有些疫苗為綜合性疫苗；從一些病原體中的抗原混合而成，來減少免疫接種的次數 (列在表 12.5 最後面)。同時施打疫苗目前仍是很常見的，例如在軍隊的新兵幾分鐘內接受了 15 次的預防接種，以及小孩在接種麻疹、流行性腮腺炎和風疹 (MMR) 混合疫苗時同時接種了白喉、破傷風、非細胞性百日咳混合疫苗 (DTaP) 和小兒麻痺疫苗。專家懷疑免疫干擾 (由一個免疫反應抑制另一個免疫反應) 在這些例子中是一個明顯的問題，混合性疫苗應該要小心避免這狀況。主要問題是同時施打時產生的副作用將會被放大。

---

13 *adjuvant* 佐劑 (ad′-joo-vunt)。拉丁文：*adjuvans* 幫助的物質。

表 12.6 2013 年 0 到 18 歲者免疫接種的建議時間表 *

年齡 0~3 歲

疫苗	出生	1 個月	2 個月	4 個月	6 個月	9 個月	12 個月	15 個月	18 個月	19-23 個月	2-3 歲
B 型肝炎	第一次注射	第二次注射					第三次注射				
輪狀病毒 第一型 (2 次) 第 5 型 (3 次)			第一次注射	第二次注射							
白喉、破傷風、非細胞性百日咳混合疫苗 (<7 歲)			第一次注射	第二次注射	第三次注射			第四次注射			
破傷風、白喉混合疫苗、非細胞性百日咳混合疫苗 (≥ 7 歲)											
流感嗜血桿菌 b 型 (Hib)			第一次注射	第二次注射			第三或四次注射				
結合型肺炎鏈球菌疫苗 (PCV 13)			第一次注射	第二次注射	第三次注射		第四次注射				
肺炎鏈球菌多醣體疫苗 (PPSV 23)											
失活小兒麻痺病毒疫苗 (<18 歲)(IPV)			第一次注射	第二次注射			第三次注射				
流感病毒疫苗 (IIV; LAIV)，某些人分兩次							每年接種 (僅 IIV)				
麻疹、腮腺炎和風疹綜合疫苗 (MMR)							第一次注射				
水痘疫苗 (VAR)							第一次注射				
A 型肝炎 (HepA)								第二次注射			
人類乳突病毒 (HPV2：女性專屬) (HPV4：女性和男性)											
腦膜炎球菌疫苗 (Hib-MenCY ≥ 6 週、MCV4-D ≥ 9 個月 MCV4-CRM ≥ 2 歲											

表 12.6　2013 年 0 到 18 歲者免疫接種的建議時間表 (續)

4~18 歲

疫苗	4-6 歲	7-10 歲	11-12 歲	13-15 歲	16-18 歲
B 型肝炎 (HepB)					
輪狀病毒 第一型 (2 次) 第 5 型 (3 次)					
白喉、破傷風、非細胞性百日咳混合疫苗 (<7 歲)	第五次注射				
破傷風、白喉混合疫苗、非細胞性百日咳混合疫苗 (≥ 7 歲)			白喉百日咳疫苗		
流感嗜血桿菌 b 型 (Hib)					
結合型肺炎鏈球菌疫苗 (PCV13)					
肺炎鏈球菌多醣體疫苗 (PPSV23)					
失活小兒麻痺病毒疫苗 (<18 歲)	第四次注射				
流感病毒疫苗 (IIV; LAIV)，分兩次	每年接種 (IIV 或 LAIV)				
麻疹、腮腺炎和風疹綜合疫苗 (MMR)	第二次注射				
水痘疫苗 (VAR)	第二次注射				
A 型肝炎 (HepA)					
人類乳突病毒 (HPV2：女性專屬) (HPV4：女性和男性)			第三次注射		
腦膜炎球菌疫苗 (Hib-MenCY ≥ 6 週、MCV4-D ≥ 9 個月 MCV4-CRM ≥ 2 歲			第一次注射		追加劑量

- 建議所有小孩的年齡範圍
- 建議疫苗追打的年齡
- 建議高危險群施打的年齡
- 建議高危險群疫苗追打的年齡
- 建議不需常規注射

* 這是一般建議。更詳細的預防注射，登入 http://www.cdc.gov/mmwr/preview/mmwrhtml/su6201a2.htm

第一階段：知識與理解

這些問題需活用本章介紹的觀念及理解研讀過的資訊。

選擇題

從四個選項中選出正確答案。空格處，請選出最適合文句的答案。

1. 哪些不是適應性或後天免疫的特色？
   a. 特異性　b. 趨化性　c. 辨認功能　d. 記憶性
2. B 細胞最初的細胞表面接受器為________：
   a. IgD　b. IgA　c. IgE　d. IgG
3. 在人類中，B 細胞在________成熟，T 細胞在________成熟
   a. 腸道相關淋巴組織，肝臟
   b. 黏液囊，胸腺
   c. 骨髓，胸腺
   d. 淋巴結，脾臟
4. 小且簡單的分子為________抗原。
   a. 拙劣的　b. 從不　c. 有效的　d. 鑲嵌
5. 哪一種細胞分泌抗體？
   a. T 細胞　b. 巨噬細胞　c. 漿細胞　d. 單核球
6. CD4 細胞為________細胞，而 CD8 為________細胞
   a. 殺手，抑制　b. 輔助型，毒殺型　c. 毒殺型，輔助型　d. B，T
7. 輔助型 T 細胞需要從________接觸抗原，而毒殺型 T 細胞則從________接觸抗原
   a. 巨噬細胞，B 細胞
   b. 第二型主要組織相容性複合體，第一型主要組織相容性複合體
   c. 病毒，細菌
   d. 第一型主要組織相容性複合體，第二型主要組織相容性複合體
8. 抗原和抗體間的結合稱為
   a. 調理作用　b. 交叉反應　c. 黏合作用　d. 補體固定作用
9. 最大的補體濃度可以在血清的________發現
   a. γ 球蛋白　b. 白蛋白　c. β 球蛋白　d. α 球蛋白
10. ________T 細胞作為協助 B 細胞和其他 T 細胞的功能
   a. 敏感性　b. 細胞毒殺型　c. 輔助型　d. 自然殺手
11. 毒殺型 T 細胞的重要性為控制：
   a. 病毒感染　b. 過敏　c. 自體免疫　d. 以上皆是
12. 疫苗接種為________免疫。
   a. 先天活化　b. 人工被動　c. 人工活化　d. 先天被動
13. 以下何種細胞可作為抗原呈現細胞？
   a. T 細胞　b. B 細胞　c. 巨噬細胞　d. b、c 和 d
14. 由活的減毒微生物作為疫苗必須考量其
   a. 毒性　b. 減毒　c. 變性　d. 佐劑
15. 含有病毒一部分的疫苗為：
   a. 非細胞性疫苗　b. 重組疫苗　c. 次單位疫苗　d. 減毒疫苗
16. 普及的免疫保護避免了疾病的擴散稱為：
   a. 血清陽性
   b. 交叉反應
   c. 流行病預防
   d. 群體免疫
17. DNA 疫苗包含________DNA 可以刺激細胞產生________抗原
   a. 人類，RNA　b. 微生物，蛋白　c. 人類，蛋白　d. 微生物，多醣體
18. 佐劑的功用為？
   a. 殺死微生物
   b. 停止過敏反應
   c. 促進抗原和淋巴細胞的接觸
   d. 使抗原可以更溶在組織中
19. 配合體。填入合適的答案到空白處
   ___IgG　___IgE
   ___IgA　___IgM
   ___IgD
   a. 出現在黏液分泌
   b. 為單體
   c. 為二聚體
   d. 有很多的 Fab 片段
   e. 初級免疫反應開始時最先產生的抗體
   f. 次級免疫反應開始時最先產生的抗體
   g. 通過胎盤
   h. 固定補體
   i. 參與過敏反應

j. 主要為 B 細胞表面的接受器

20. 配合題。以下列出了在 11 章和第 12 章圖 11.21 宿主對抗外來物的機制。你必須複習這兩部分所提到的免疫反應，即可從中找到以下問題的答案。左邊空白欄位需填入相符的宿主防禦機制和免疫反應代號。

___ 減毒疫苗
___ 眼淚中的溶菌酶
___ 利用馬血清免疫接種
___ 抗體穿過子宮
___ 追打白喉疫苗
___ 初乳
___ 干擾素
___ 嗜中性球活化
___ 注射 γ 免疫球蛋白
___ 腮腺炎恢復病例
___ 水腫
___ 從犬瘟熱病毒得到保護
___ 胃酸
___ 氣管內的纖毛

a. 活化
b. 被動
c. 自然的
d. 人工
e. 後天
f. 先天、天生
g. 化學防護
h. 機械性防護
i. 基因防護
j. 特異性
k. 非特異性
l. 發炎反應
m. 第二線防禦

申論挑戰

每題需依據事實，撰寫一至兩段論述，以完整回答問題。「檢視你的進度」的問題也可作為該大題的練習。

1. 利用幾個單字和箭頭，完成下列免疫反應，從抗原進入開始，包含步驟、細胞間的交互作用、所參與的細胞激素，以及最後 B 細胞和 T 細胞的反應。
2. a. 說明為什麼大部分的免疫反應為產生多株抗體。
   b. 單株抗體和多株抗體的不同為何？
   c. 描述單株抗體在醫療上的應用。
3. 用免疫的觀點解釋為何每年都有很多人即使打了流感疫苗還是會感染流感。
4. 以免疫的觀點解釋記憶性抗體反應。
5. 說明體液免疫和細胞免疫的不同。
6. a. 結合不同的免疫球蛋白功能來解釋天然被動免疫的機制 (來源含胎盤及初乳)。
   b. 解釋為何這類的免疫力時效短。

觀念圖

在 http://www.mhhe.com/talaro9 有觀念圖的簡介，對於如何進行觀念圖提供指引。

1. 在此觀念圖填入你自己的連接或短句，並在空格填入缺少的觀念。

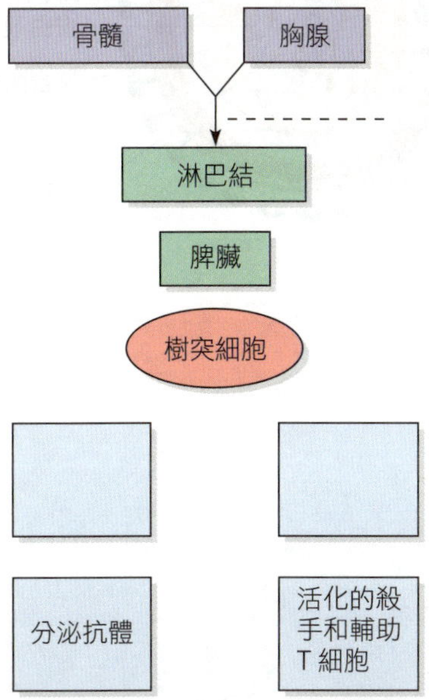

2. 運用以下文字建自己觀念圖，寫出每一對觀念之間連接文字。

主動免疫
被動免疫
天然免疫
人工免疫
先天免疫
疫苗
干擾素
發炎反應
記憶

第二階段：應用、分析、評估與整合

這些問題超越重述事實，需要高度理解、詮釋、解決問題、轉化知識、建立模式並預測結果的能力。

批判性思考

本大題需藉由事實和觀念來推論與解決問題。這些問題可以從各個角度切入，通常沒有單一正確的解答。

1. 細胞含有自殺基因，在特定的條件下會使細胞走向細胞凋亡，你可以說明為什麼在免疫系統發育的過程中會有細胞走向細胞凋亡嗎？
2. a. 描述免疫的三 R：辨認 (recognize)、作用 (react)、記憶 (remember)。
   b. 為什麼 T 細胞會和抗原及本身 (主要組織相容性複合體) 結合？
3. 雙股 DNA 是一個大而複雜的分子，但是不會引起免疫反應，除了接上蛋白或是碳水化合物外？你可以思考其原因嗎？(提示：DNA 的普遍特性為何？)
4. 說明從血液檢測梅毒、愛滋病和傳染性單核細胞增多等疾病為何會出現偽陽性？
5. 描述抗毒素、毒素和類毒素之間的關係。
6. 根據疫苗無法預防感染的說法，相反的，疫苗可以使免疫系統產生立即反應並防止感染的擴散。說明這個說法的意思，並概述施打疫苗後在身體的細胞或分子上和病原體接觸後所發生的變化。
7. CDC 研究指出美國部分地區只有 73% 的孩童有打過疫苗，而有幾百萬名孩童則處在感染的高風險中。
   a. 舉出此狀況發生的因素。
   b. 說明為何在疫苗接種後群體的免疫力降低。
8. a. 從表 12.6 和表 12.7 中，確認哪些疫苗你已經接種過而哪些是要定期去接種。
   b. 建議你將來可能會用到的疫苗。

視覺挑戰

1. 利用圖 12.9A，畫出線條和箭頭，並解釋 1、2 和 3 所發生的事。

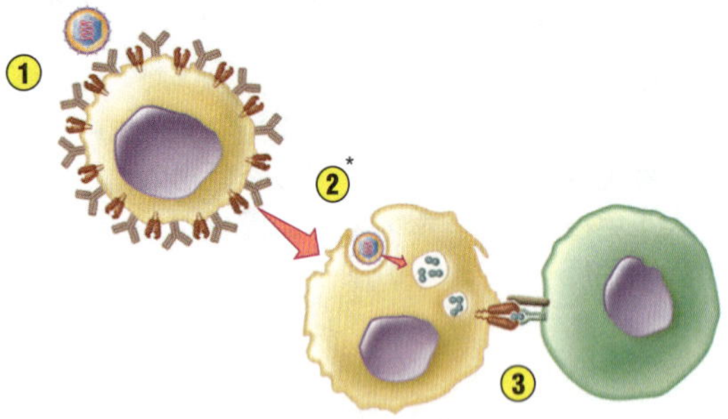

2. 檢視圖 22.13，找出 HIV 的哪個結構和抗原有關。

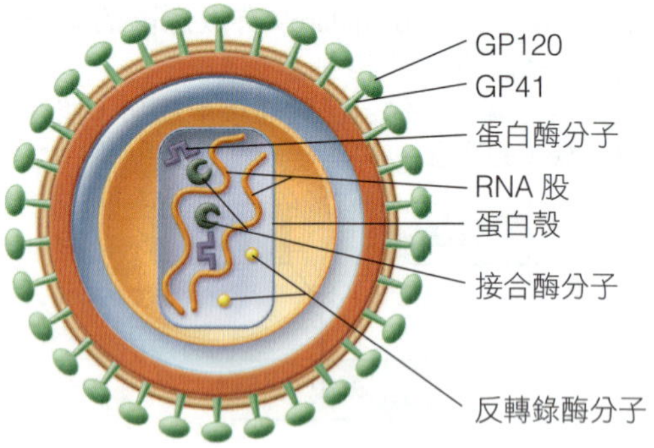

第 13 章 免疫疾病

不正確的輸血導致抗體 (IgM) 凝集紅血球細胞。

經清洗的紅血球細胞裝入袋，準備輸血。

13.1 免疫反應：一體兩面

人類有一個強大而複雜的防禦系統，就本身性質而言也可能造成傷害和疾病。大多數情況下，自身免疫功能障礙常出現花粉症或皮炎的不舒服症狀。而異常的免疫反應也使人衰弱或出現危及生命的疾病，如哮喘、過敏症、類風濕關節炎和癌症。

除少數例外，我們曾經討論過免疫反應相關的有益效果。精確協調的系統可以辨識和破壞入侵的微生物，但是它也會帶來另外一面，可能引發而不是預防疾病。在本章中，我們探討免疫病理學 (immunopathology)，研究與免疫反應的過度反應或反應不足有關的疾病狀態 (圖 13.1)。在過敏和自體免疫 (autoimmunity) 的情況下，由於免疫功能不能分辨自身組織和表現外來抗原者，而攻擊無辜的自身組織。在移植 (grafts) 和輸血 (transfusions)，接受者對另一個人的外來組織和細胞會產生反應。免疫缺陷 (immunodeficiency) 疾病是指免疫功能未完全開發、被抑制或被破壞。癌症 (cancer) 屬於一個特殊類別，因為它既是造成免疫功能障礙的原因，也是結果。正如我們所見，研究免疫失調的過程中有額外令人驚喜的收穫，讓我們更深入了解免疫系統的基礎功能。

對抗原之過度反應：過敏 / 過敏反應

過敏 (allergy) 一詞是指改變反應的一種狀況或過度的免疫反應所表現的發炎症狀。儘管它有時和超敏反應 (hypersensitivity) 互換使用，有些專家將即時性反應如花粉熱歸為過敏，而將遲發性反應定義為超敏反應。過敏和超敏性個體對重複接觸的抗原十分敏感，此抗原稱為過敏原 (allergens)，而非過敏性的人不會有顯著影響。雖然過敏是有害的，但我們必須了解過敏反應和對抗感染的保護性免疫是相同類型的免疫反應，這些包括體液免疫和細胞媒介作用、發炎反應、吞噬作用和補體。這種關聯性表示在特定情況下所有的人均可能出現過敏或超敏症的症狀。

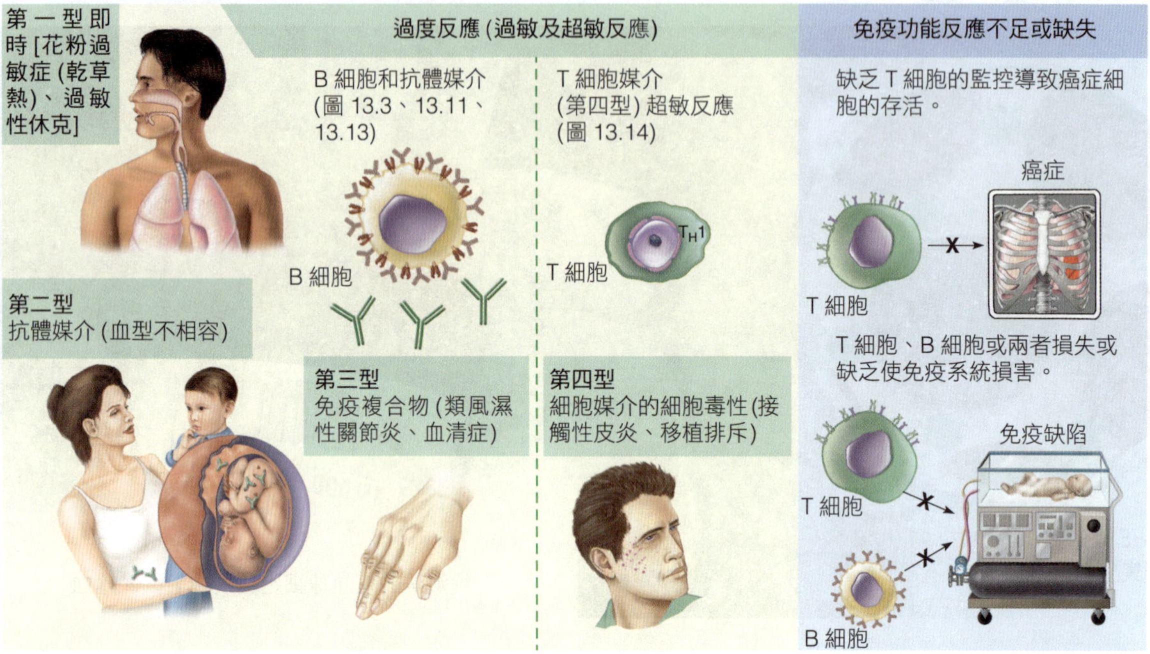

圖 13.1 **免疫系統疾病概述(免疫病理學)**。T 細胞和 B 細胞的系統提供宿主必要的保護以對抗感染和疾病，而此同一系統亦可經由對免疫刺激的過度反應或反應不足而產生嚴重或衰弱的狀況。

最初，過敏被定義為即時或遲發，取決於與引起症狀的過敏原接觸和出現症狀之間的時間長短。然後，它們被區分為由體液與細胞媒介。但當累積了過敏免疫反應性質的資訊，則明顯看出這些規畫雖然有用，但對一群非常複雜的反應則又過於簡單化。最廣為接受的分類，首先由免疫學家 P. Gell 和 R. Coombs 提出，包括四個主要分類：第一型 (「常見的」過敏及過敏性休克)、第二型 (IgG、IgM 媒介細胞傷害)、第三型 (免疫複合物) 以及第四型 (遲發型過敏反應)(表 13.1)。一般而言，第一、二、三型與 B 細胞免疫球蛋白反應相關，而第四型則與 T 細胞反應有關 (圖 13.1)。引起這些反應的抗原可以是外源性，即源自體外 (微生物、花粉和外源細胞及蛋白質)，或內生性，即起源於自身組織 (自體免疫)。

表 13.1 超敏反應類型

類型		系統與機制	例子
第一型	即時過敏	IgE 媒介；涉及肥大細胞、嗜鹼性顆粒細胞和過 敏性媒介物	過敏性休克、例如花粉 (乾草) 熱、哮喘之過敏
第二型	抗體媒介的不相容	IgG、IgM 抗體與補體作用於細胞，而引起細胞溶解；包括一些自身免疫性疾病	血型不相容、惡性貧血；重症肌無力症
第三型	免疫複合物疾病	抗體媒介的發炎反應；循環性 IgG 抗體複合物在標的器官的基底膜沈積；包括一些自體免疫性疾病	系統性紅斑性狼瘡；類風濕關節炎；血清症；風濕熱
第四型	T 細胞媒介的超敏反應	遲發型過敏反應及組織內的細胞毒性反應	感染性反應；接觸性皮膚炎；移植排斥；某些種類的自體免疫

如第 11 章所述，過敏很容易被誤認為是感染的原因是兩者皆會導致組織損壞因而引發發炎反應。許多發炎的症狀和病徵 (發紅、發熱、皮疹、水腫及肉芽腫) 是過敏的顯著特徵，由某些相同的化學介質所引起。

13.2 第一型過敏反應：異位性過敏和過敏性休克

所有第一型過敏反應有著相似的生理機制，是立即發病並與接觸特定的抗原有關。然而，其嚴重性可以分為兩種程度：異位性過敏 (atopy)[1] 是任何慢性局部過敏，如花粉熱和哮喘；過敏性休克 (anaphylaxis)[2] 是一種全身性，有時甚至是致命的反應，包括呼吸道阻塞和循環崩潰。在下面的章節中，我們將研究與第一型過敏反應相關的過敏原、接觸途徑、疾病的機制以及第一型過敏的特異性綜合症。

接觸過敏原的模式

過敏影響醫療和經濟效益。過敏症專科醫師 (專門治療過敏症的醫師) 估計約 10~30% 人口很容易出現異位性過敏反應。其中，用非處方藥自我治療的病例是被漏報的。3,500 萬人口受花粉症困擾占總人口的 15~20%，且每年花費大約五億美元在治療上，員工的虛弱和缺勤所造成的金融損失是無法估計。大多數第一型過敏症是相對溫和的，但某些形式，例如哮喘和過敏性休克可能需要住院治療，並且可能導致死亡。

第一型過敏症的前置因子與家族性有密切關聯。遺傳性是指廣義的易感性，而不是指對特定物質的過敏。舉例來說，對豚草花粉過敏的父母親會有對貓毛過敏的小孩。如果父母一方是異位性過敏的體質，則孩子至少有 25% 會發展異位性過敏，如果祖父母或兄弟姊妹也是，則會增加到 50%。異位性過敏的實際基礎似乎是遺傳了基因有利於過敏性抗體 (IgE) 的產生，增強肥大細胞的反應性，並增加了標的組織對過敏介質的敏感性。過敏的人常常出現綜合症，如花粉症、濕疹和氣喘。

影響過敏發生的其他因素為年齡、感染和地理區域等。過敏的人尤其在遷移或改變生活方式後，往往會出現新的過敏現象。對某些人而言，異位性過敏症持續了一生；有些是長大後才有，有些則是晚年才有。過敏的某些特徵還沒有辦法完全解釋。

過敏原的特性和侵入口

過敏原與其他抗原一樣具有特定的免疫特性。不出所料，蛋白質比碳水化合物、脂肪、核酸引發更多的過敏。一些過敏原是不完全抗原，為分子量小於 1,000 的非蛋白質物質，能與體內載體分子形成複合物 (見圖 12.9)。工業和家用產品、化妝品、食品和藥物內的有機和無機化學品通常是這種類型。表 13.2 列出過敏性物質和侵入口。

過敏原通常透過呼吸道、消化道和皮膚的上皮細胞進入體內，腸道和呼吸道的黏膜表面上存在薄的、潮濕的表面通常很容易滲透。乾燥、覆滿強硬角質層的皮膚是低滲透性，但過敏原仍然可以由微小的傷口、腺體和毛囊通過。值得注意的是，表現過敏反應的器官可能是相同的

1 *atopy* 異位性過敏 (at′-oh-pee)。希臘文：*atop* 不正確地方。

2 *anaphylaxis* 過敏性休克 (an″-uh-fih-lax′-us)。希臘文：*ana, excessive* 過度；*phylaxis* 保護。

表 13.2 常見的過敏原，依據侵入途徑分類

吸入性	攝入性	注入性	接觸性
花粉	食物 (牛奶、花生、小麥、貝類、大豆、堅果、雞蛋、水果)	膜翅目昆蟲毒液 (蜜蜂、黃蜂)	藥物
粉塵	食品添加劑	藥物	化妝品
黴菌孢子	藥物 (阿斯匹靈、青黴素)	疫苗	重金屬
皮屑		血清	清潔劑
動物毛髮		酵素	福馬林
昆蟲部分物		荷爾蒙	橡膠
福馬林			溶劑
藥物			染料

入侵口，也可能是不同入侵口。

空氣中的環境過敏原，如花粉、房子灰塵、皮屑或真菌孢子被稱為吸入劑。每個地區空氣中的過敏原有特定組合；而這種組合會隨季節和濕度變化 (圖 13.2a)。花粉，最常見的侵犯者，會季節性的隨松樹和開花植物 (雜草、樹木和草類) 的生殖結構而釋放。黴菌孢子，不像花粉它是整年都存在，特別是在家中和花園潮濕地區很多。空氣中的動物毛髮和皮屑、羽毛、狗和貓的唾液都是常見的過敏原來源。屋塵是主要的灰塵過敏原，但造成過敏的成分並不是土壤或其他雜物，而是微小的塵蟎 (mite) 被分解的骨骼 (圖 13.2b)。有些人會對他們的工作產生過敏，就意義而言，他們是暴露在工作上的過敏原。例如花匠、木匠、農民、藥品處理者和塑料生產商他們的工作會加重吸入和接觸過敏原。

過敏原經由口進入 (稱為攝入性) 導致食物過敏，注入性過敏是用在診斷、治療或預防疾病的藥物或其他物質產生的不良副作用。天然的注入性來源可能是被膜翅目昆蟲螫到所釋出的毒液，包括蜜蜂和黃蜂。接觸性過敏原是透過皮膚而進入的過敏原，大部分為第四型遲發型過敏

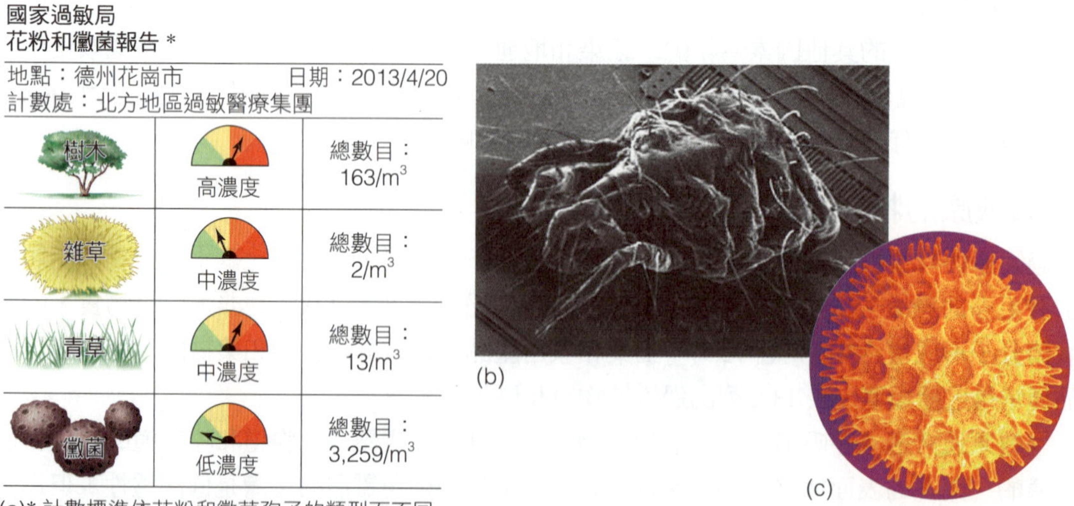

(a)* 計數標準依花粉和黴菌孢子的類型而不同。

圖 13.2 監測空氣中的過敏原。(a) 在溫和的氣候中，大量植被處空氣中散布著許多過敏原如花粉和黴菌孢子。這些數量隨季節變化；(b) 塵蟎 *Dermatophagoides* 主要以房子灰塵中的人體皮膚細胞為食，並可以在床上和地毯大量被發現。空氣中塵蟎糞便和它們的外骨骼所產生顆粒是造成過敏的重要來源；(c) 這是牽牛花花粉 (5 千倍) 經掃描電子顯微放大的照片。一朵牽牛花可以釋放數以百萬計花粉。

反應，在稍後第 13.5 節會討論。

第一型過敏反應的機制：致敏化和誘發反應

為什麼有些人只要到了春天就會打噴嚏和氣喘，而對其他人則沒有影響？我們可藉由檢查過敏患者的組織發生了什麼改變，而正常人則無此病變來回答此問題，但如再問為什麼過敏如此常見，且影響著超過全球人口的 40%，這個問題就很難回答。如果有任何功能，有什麼是有用的？它有可能進行嗎？

通常，第一型過敏症有階段性發展 (圖 13.3)。初次碰到過敏原且達**致敏化劑量** (sensitizing dose) 會先讓免疫系統作準備，以待下次碰到該過敏原，但一般不會引發症狀或病徵。以後當相同過敏原達到**誘發劑量** (provocative dose) 時，記憶細胞和免疫球蛋白就會準備好進行反應。這樣的劑量會引起過敏的症狀和產生病徵。儘管有許多傳聞的報導表示是第一次與過敏原接觸而引起過敏反應，但其實有可能患者在以前不知不覺中已經接觸過這些過敏原。胎兒藉由母親的血液循環暴露在過敏原當中即為可能性之一，並且食物可能就成為「隱藏」過敏原的主要來源，如青黴素。

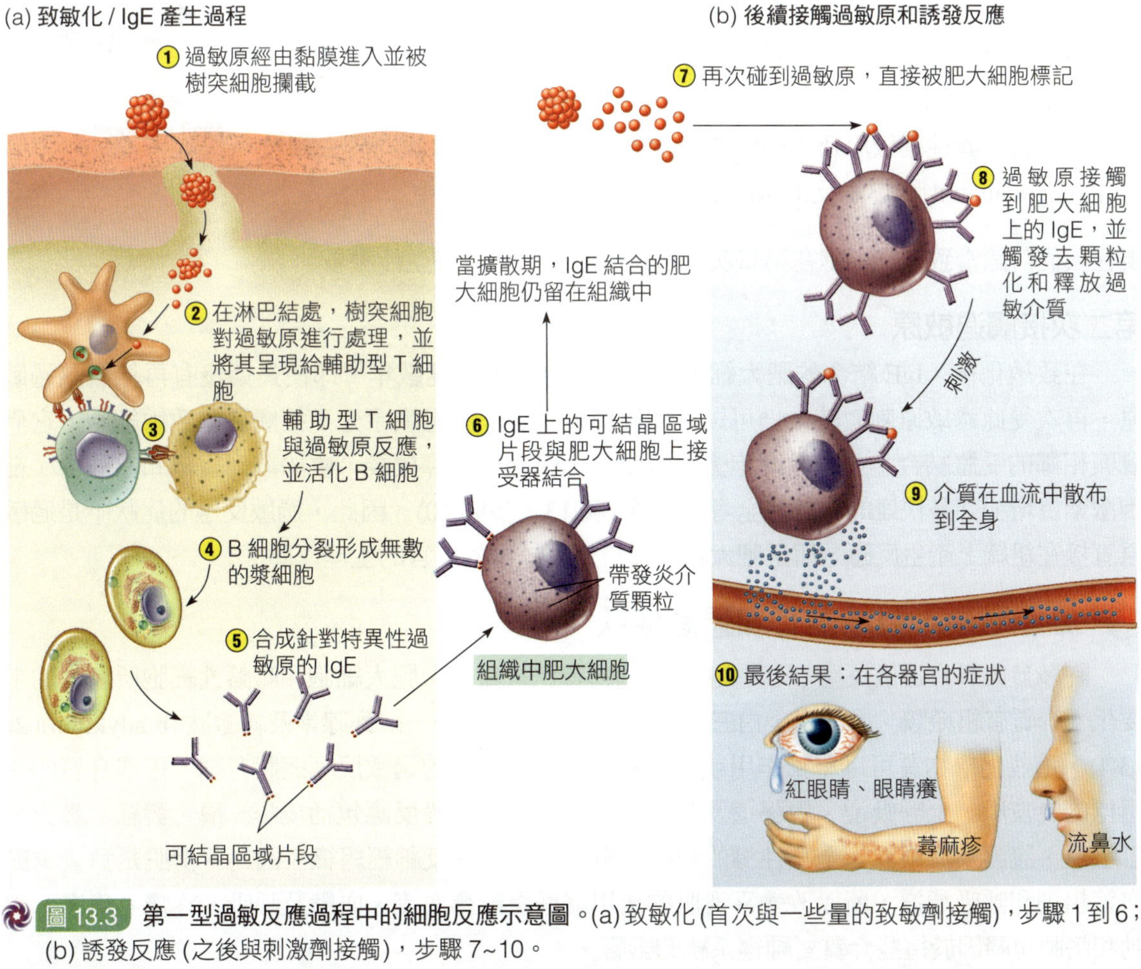

圖 13.3 第一型過敏反應過程中的細胞反應示意圖。(a) 致敏化 (首次與一些量的致敏劑接觸)，步驟 1 到 6；(b) 誘發反應 (之後與刺激劑接觸)，步驟 7~10。

IgE 媒介過敏反應的生理學

在初次接觸和致敏化時，過敏原會由入口穿透侵入(圖 16.3 步驟 1 到 6)。當大顆粒如花粉粒、毛髮和孢子接觸到潮濕的細胞膜，會先被樹突細胞攔截，將其處理並在淋巴結將過敏原呈現給 T 細胞。此處，T 細胞會與 B 細胞克隆作用，活化 B 細胞對這個特異性過敏原產生反應。將導致漿細胞增生，過程與典型對抗原的免疫反應順序類似。這些漿細胞會產生免疫球蛋白 E (IgE) 即過敏性抗體。IgE 與其他免疫球蛋白不同，它的 Fc 區域對肥大細胞和嗜鹼性細胞有很大的親和性。如果再次暴露於相同過敏原，IgE 會結合到這些組織中的細胞，設置反應場景 (圖 13.3 步驟 7 到 10)。

肥大細胞與嗜鹼性細胞的角色

肥大細胞與嗜鹼性細胞的重要特性與過敏反應的關聯有：

1. 它們普遍存在組織中。實質上所有器官的結締組織中均有肥大細胞，尤其在肺臟、皮膚、胃腸道及生殖泌尿道中的濃度更高。嗜鹼性細胞在血液中循環，但容易移動到組織。
2. 在致敏化過程它們可與 IgE 結合 (圖 13.3)。每個細胞帶有 3 萬到 10 萬個細胞接受器，所以可結合 1 萬到 4 萬個 IgE 抗體。
3. 它們細胞質中的顆粒 (分泌囊泡) 含有具生理活性的細胞激素 (組織胺、血清素—於第 11 章介紹)。
4. 當它們被特異性過敏原藉由與它們結合的 IgE 刺激後，會傾向於去顆粒化 (degranulate)(圖 13.3 及 13.4) 或釋放顆粒內含物到組織中。

肥大細胞的掃描電顯圖，表面有皺摺的細胞膜和 IgE 受體。

現在我們討論當致敏化細胞在第二次受到過敏原刺激時會發生什麼事。

第二次接觸過敏原

在致敏化後，IgE 結合的肥大細胞，可留在組織中長達數年。即使長期沒有再接觸該過敏原，再次受此過敏原刺激時，仍可以立即反應。當下一次過敏原分子接觸這些致敏細胞，它們會與相鄰的受體結合，並刺激細胞去顆粒化。化學介質被釋放後，會擴散到組織和血液中。細胞激素會增加許多快速的局部和全身性反應 (圖 13.3 步驟 10)。因此，過敏反應的症狀不是過敏原直接在組織上產生反應，而是肥大細胞介質作用於標的器官的生理反應。

細胞激素、目標器官和過敏症狀

許多參與媒介過敏反應 (及發炎反應) 的物質已被鑑定。肥大細胞和嗜鹼性細胞所產生的主要化學介質有組織胺、血清素、白三烯素、血小板活化因子、前列腺素及緩激肽 (bradykinin)(圖 13.4)。這些化學物質可以單獨作用或共同參與，與大部分的過敏反應症狀有關。這些介質的作用標的為皮膚、上呼吸道、胃腸道及眼結膜。這些器官一般反應包括皮疹、癢、發紅、鼻炎、打噴嚏、腹瀉及流眼淚。全身性標的包括平滑肌、黏液腺及神經組織。因為平滑肌是負責調節血管粗細和呼吸通道，所以改變平滑肌的作用就嚴重影響血流、血壓及呼吸。疼痛、焦慮、激動和嗜睡也歸因於這些介質對神經系統的影響。

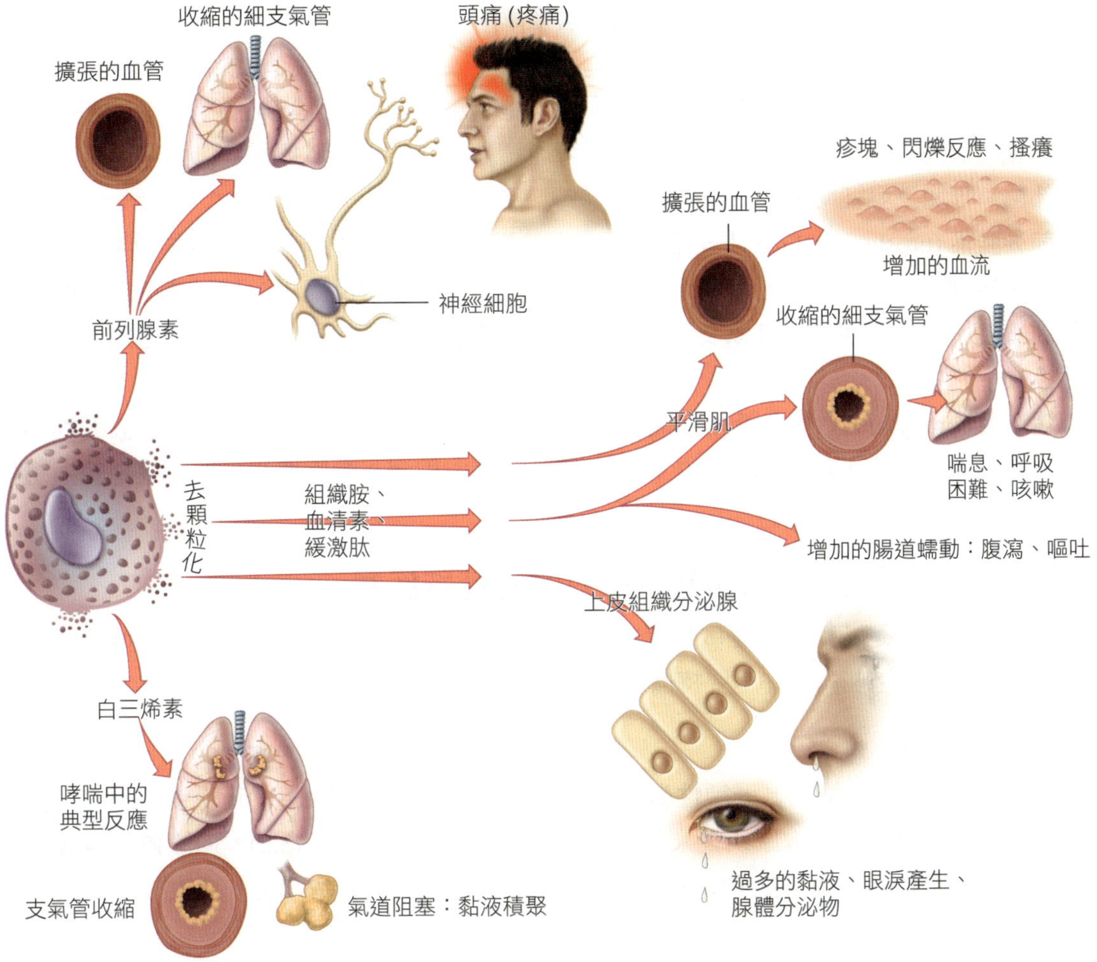

圖 13.4 **肥大細胞釋放發炎細胞激素反應示意圖及所引起的標的組織和器官常見病徵**。注意廣泛的重疊效果。

組織胺 (histamine)[3] 濃度最高且作用最快的過敏介質。它是平滑肌、腺體和嗜酸性細胞的強效刺激物。組織胺對平滑肌的作用隨位置不同而異。它可以使支氣管和腸道的平滑肌層收縮，因而造成呼吸困難和增加腸道蠕動。相反的，組織胺會放鬆血管平滑肌及擴張小動脈和小靜脈。此反應與皮膚會有疹塊 (wheal)[4] 及發紅 (圖 13.6)、搔癢及頭痛有關。更嚴重的反應如過敏性休克會伴隨水腫和血管擴張，並導致低血壓、心動過速、循環性衰竭及常會出現休克。唾液、淚液、黏膜液和胃腺體也是組織胺的標的。

雖然在人類過敏中血清素 (serotonin)[5] 的角色還不明確，但其效果似乎可以與組織胺互補。在動物實驗中，血清素可以增加血管通透性、毛細血管擴張、平滑肌收縮、腸道蠕動和呼吸率，但它卻減少中樞神經系統的活性。

白三烯素 (leukotriene)[6] 的類型，被認為是「過敏性休克的慢反應物質」，誘導平滑肌的逐漸

3 *histamine* 組織胺 (his′-tah-meen)。希臘文：*histo* 組織和胺。
4 *wheal* 疹塊 (weel)。皮膚紅腫 (斑) 周圍平滑稍隆起，暫時性疹塊。
5 *serotonin* 血清素 (ser″-oh-toh′-nin)。拉丁文：*serum* 流體；*tonin* 延伸。
6 *leukotriene* 白三烯素 (loo″-koh-try′-een)。希臘文：*leukos* 白血球細胞；*triene* 化學的字尾。

收縮。白三烯素是負責哮喘患者持久的支氣管痙攣、血管通透性和黏膜分泌。其他白三烯素會刺激多形核白血球的活性。

血小板活化因子是由嗜鹼性細胞、嗜中性細胞、單核細胞和巨噬細胞所釋放的脂質。這個因子的生理反應與組織胺相似，包括增加血管通透性、肺部平滑肌收縮、肺水腫、低血壓及在皮膚部位有疹塊及發紅反應。

前列腺素 (prostagl andins)[7] 是一群強而有力的發炎劑。正常情況下，這些物質可以調節平滑肌收縮。舉例來說，在分娩過程中可以刺激子宮收縮。在過敏反應中，可以使血管擴張、增加血管通透性、增加疼痛敏感度以及支氣管收縮。某些抗發炎藥物的作用機制就是防止前列腺素的活性。

緩激肽 (bradykinin)[8] 與血漿和組織胜肽有關，已知為激肽 (kinin) 其可參與血液凝固和趨化作用。在過敏反應中，可以導致持久的細支氣管收縮、周圍小動脈擴張、增加毛細管通透性以及增加黏液分泌。

與 IgE 和肥大細胞所引起過敏有關的特殊疾病

前面所說明的是花粉熱、過敏性哮喘、食物過敏、藥物過敏、濕疹及過敏性休克的基本機制。本節將會提及這些病情的主要特徵以及偵測和治療的方法。

異位性過敏疾病

花粉熱 (hay fever) 通稱為**過敏性鼻炎** (allergic rhinitis)[9]，是吸入植物花粉或黴菌的一種季節性反應，或對空氣中的過敏原或吸入劑所引起的慢性常年反應 (表 13.2)。過敏標的是典型的呼吸道膜，而病徵包括鼻塞、打噴嚏、咳嗽、大量黏液分泌，眼睛癢、紅、流淚以及輕度的支氣管收縮。

過敏性哮喘 (allergic asthma)[10] 是是呼吸道疾病，由於嚴重的支氣管收縮而導致阻礙呼吸。哮喘病人的氣管會敏銳的對吸入的微量過敏原、食物或其他刺激，如傳染性的病原體產生反應。哮喘的症狀從偶爾的，煩人的發作呼吸困難到致命的窒息。或多或少出現呼吸困難、呼吸氣短、哮喘、咳嗽、呼吸音有**囉音** (rales)[11]。哮喘的人呼吸道是慢性發炎和嚴重對過敏性化學物質過度反應，特別是從肺肥大細胞釋出的白三烯素和血清素。其他病理成分為肺泡中充滿厚厚的黏液和可能導致長期呼吸窘迫的肺部損傷，在呼吸道平滑肌的神經調節不平衡顯然與哮喘有關，人的心理狀態也是強烈地與神經系統相連結。

據估計，美國有超過一千萬名哮喘患者，其中近三分之一是兒童。致病原因尚未明確，而哮喘人數持續在增加，即使現今擁有比以往更有效的藥物來控制病情，死亡率自 1982 年以來已經增加了一倍。有人提出，現代的、高度封閉的建築物，已經造成室內氣含有高濃度的外來分子，包括空氣中的過敏原和臭氧。

---

7 *prostaglandin* 前列腺素 (pross″-tah-glan′-din)。從前列腺來。最初是從精液中分離得到該物質。

8 *bradykinin* 緩激肽、緩動素 (brad″-ee-kye′-nin)。希臘文：*bradys* 慢；*kinein* 移動。

9 *rhinitis* 鼻炎 (rye-nye′-tis)。希臘文：*rhis* 鼻子；*itis* 發炎。

10 *asthma* 哮喘 (az′-muh)。希臘文：喘氣。

11 *rales* 囉音 (rails)。不正常的呼吸聲。

異位性皮膚炎是皮膚產生強烈搔癢的發炎性疾病，也稱為**濕疹** (eczema)[12]。致敏化是透過攝入性、吸入性和偶爾經皮膚與過敏原接觸。它通常發生於嬰兒期有發紅、水泡、哭鬧和皮膚病變 (圖 13.5a)。它在兒童期和成年期，會進展到乾燥、有鱗屑的、逐漸增厚的皮膚狀況。病變可能出現在臉部、頭皮、頸部和四肢軀幹的內表面。發癢、痛苦的病變會造成相當大的不適感，並且它們往往會有繼發性細菌感染。一位不知名作家曾經適切地描述濕疹如「癢的皮疹」或是「搔一次實在是太多了，但一千次又是不夠的」。

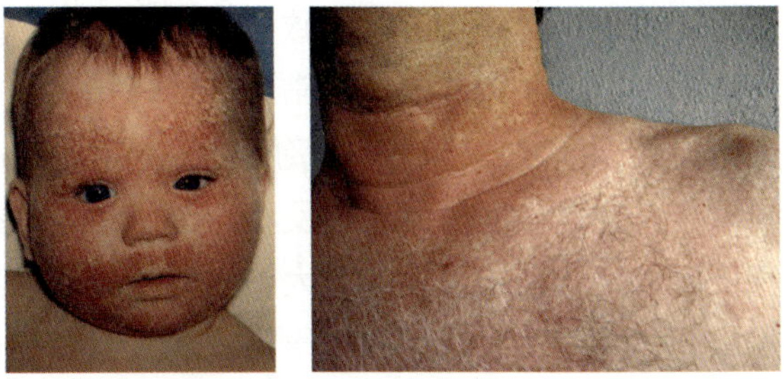

(a) (b)

圖 13.5 **異位性過敏在皮膚上的表現。**(a) 異位性皮膚炎或濕疹。患者嬰兒出現典型的水泡、結外殼病變。此情況是足以占流行兒科護理的 1%；(b) 草莓引起過敏的皮疹。微凸起的紅色病變，稱為蕁麻疹，有時會合併形成一個固態的紅色皮疹。

食物過敏

普通的飲食中含有多種化合物，而這些化合物可能含有致敏原。雖然進入的途徑是腸道，但是食物過敏亦會影響皮膚和呼吸道。胃腸道症狀包括嘔吐、腹瀉和腹痛。在嚴重的病例中，營養吸收不良，導致生長遲緩和破壞幼兒成長。食物過敏的其他症狀包括濕疹、蕁麻疹 (圖 13.5b)、鼻炎、哮喘及偶爾發生過敏性休克。典型的食物過敏涉及了 IgE 和肥大細胞的去顆粒反應，但不是所有的反應都用這類機制。常見的食物過敏原來自花生、魚、牛奶、雞蛋、貝類和黃豆[13]。

藥物過敏

現代的化學療法促成了許多醫療的進步。但不幸的是，藥物是外來化合物會刺激產生過敏反應。事實上，對藥物過敏是最常發生的治療副作用 (約占住院病患中的 5~10%)。藥物過敏是否發生端視過敏原、進入途徑和個體敏感性而異，實質上身體的任何組織均會受影響，而反應範圍從輕微的異位性過敏到致命的過敏性休克。化合物最常見的是抗生素 (青黴素排名第一)、人工合成的抗菌劑 (磺胺類藥物)、阿斯匹靈、鴉片和 X 光的顯影劑。實際的過敏原不是完整的藥物本身，而是肝臟處理藥物後產生的半抗原。有些青黴素敏感性是由於肉類、牛奶和其他食物存在少量的藥物，並由於暴露於青黴菌存在的環境中。

過敏性休克：對抗過敏原強而有力的系統性反應

過敏性休克 (anaphylaxis) 這個名詞是第一個用來表示在動物注射外來蛋白的反應。雖然動物在第一次接觸時沒有反應，但其後再次重新接種相同蛋白時，牠們會表現出急性症狀 (搔癢、打噴嚏、呼吸困難、虛脫和抽搐)，並且很多在數分鐘內死亡。人類常見的兩種臨床過敏性休克：**皮膚過敏** (cutaneous anaphylaxis) 是局部注射過敏原後產生的水泡和眩光的炎症反應；**全身性過敏反應** (systemic anaphylaxis)，也稱為**過敏性休克** (anaphylactic shock)，其特徵在於突發性呼吸

12 *eczema* 濕疹 (eks′-uh-mah 或 ek-zeem′-uh)。希臘文：*ekzeo* 沸騰。

13 不要混淆食物過敏與食物不耐症。舉例來說，許多人因分解牛奶糖分的酵素不足，而有乳糖不耐症。

循環的破壞，可在幾分鐘內致命。人類的過敏原和進入途徑具多樣性，被蜜蜂螫和注射抗生素或血清最常見。蜜蜂和其他膜翅目昆蟲螫刺是過敏性休克最常見的原因之一。蜂毒在接觸後數十年通常還是可以持續產生敏感度。

全身性過敏反應的生理反應與遺傳性過敏症相同，但是化學介質的濃度和反應強度則是被大大的放大。一個敏感的人其免疫系統接觸到激發劑量的過敏原，會突然大量釋放化學物質進入組織和血液中，迅速在標的器官做出反應。喉嚨腫脹、呼吸受到損害、血壓下降和心臟停止。過敏的人都知道呼吸道完全阻塞後 15 分鐘就會致死。花生過敏以其相當快速和靈敏而惡名昭彰。有死亡病例的發生僅是因為親吻了吃花生的人或是使用接觸過花生的器具。

過敏的診斷

因為過敏仿效感染和其他情況，確定此人是否有過敏反應是很重要的。如果可能或必要時，也有助於辨別特定的過敏原或很多過敏原。過敏反應診斷有幾個測試，包括在體外和體內的非特異性方法。

一個可區分是否病人經歷過敏攻擊的測試是度量由肥大細胞釋出的胰蛋白酶在血液中上升的濃度。在過敏反應中酶的量會增加。幾類型的特異性試管測試可由病人的血液檢體中決定顯著的過敏徵兆。區分的血球計數可以指出嗜鹼性和嗜酸性球的數量，數量多表示有過敏反應。白血球組織胺釋放試驗可度量病人在接觸到特異性過敏原時，嗜鹼性球所釋放組織胺之含量。血清學試驗利用放射免疫法 (見第 14 章) 顯示 IgE 的數量和類型，在臨床上也是有用的。

皮膚試驗

皮膚試驗可以精確檢測出異位性過敏或過敏性休克。利用這種技術，會在病人皮膚注射、刮取或扎以少量的純化過敏原萃取物。藥廠可以提供大量的標準過敏原萃取物，包含空氣中常見的過敏原 (植物和黴菌孢子) 和較不常見的過敏原 (驢毛、劇院灰塵、鳥毛)。不幸的是，在食物過敏使用食物萃取物的皮膚試驗在大多數病例中是不可靠的。

對有多種過敏症狀的患者，可依照預先決定的圖譜在前臂內側面的皮膚或背部於皮內注入所述的過敏原 (圖 13.6a)，以形成過敏原測試圖。經過敏原刺激約 20 分鐘，每個部位會出現表示由組織胺釋放引起的紅斑反應。測量紅斑的大小，並評分 0 (沒有反應) 到 4+ (大於 15 mm)。圖 13.6b 顯示一個對吸入性過敏原極端過敏者的皮膚試驗結果。較新的快速檢測提供了另一種系統比皮膚試驗的準確度更高，且不需要注射過敏原。

過敏的治療和預防

一般而言，治療和預防第一型過敏的方法為：(1) 避免過敏原，雖然在許多例子這個或許是難執行的；(2) 服用藥物阻斷淋巴細胞、肥大細胞或化學介質的活性；(3) 去敏感化治療。

不可能完全預防初期的敏感化，因為無法提前知道特定物質將引發過敏。在兒童預防食物過敏時，使用延後食用固體食物的作法確實具有優點，即使是母乳也可能含有母親食入的過敏原。嚴格的打掃及空調可以減少與空氣中過敏原的接觸，但是一個人要隔離所有過敏原是不可行的，這就是藥物的控制是如此重要的原因。

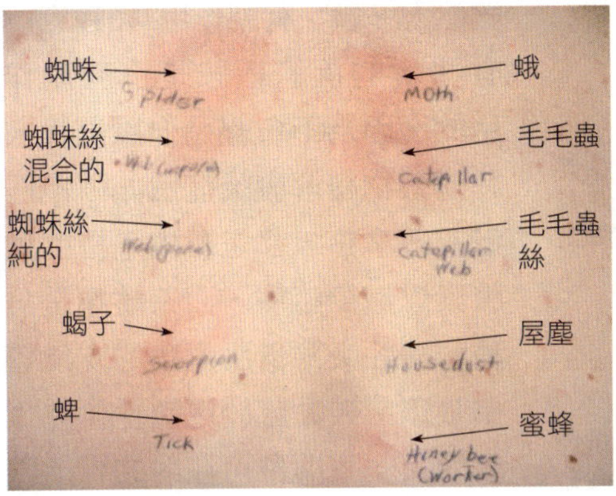

(a)

環境的過敏原

NO. 1 標準系列

名稱	
+++	1. 阿拉伯膠
+++	2. 貓毛
++++	3. 雞毛
++++	4. 棉絮
++	5. 狗毛
+	6. 鴨毛
+	7. 動物性膠
++	8. 馬毛
✕	9. 馬血清
+++	10. 屋塵
+	11. 木棉
+	12. 羊毛
+	13. 紙張
++++	14. 除蟲菊
+++	15. 地毯墊
+	16. 絲塵
+	17. 煙草塵
+	18. 黃蓍膠
+++++	19. 內裝塵
+++	20. 毛

NO. 2 空氣中的顆粒

名稱	
+++	1. 蟻
+++++	2. 蚜
++++	3. 蜂
++++	4. 蠅
✕	5. 蟎
+++	6. 蚊
++++	7. 蛾
+++	8. 蟑螂
++	9. 黃蜂
0	10. 胡蜂
	空氣中懸浮孢子
++	11. 鏈格孢
+++	12. 黃麴黴
++	13. 枝孢菌
+++	14. 芽生菌
0	15. 青黴菌
+	16. 莖點黴菌
+++	17. 根黴菌
	18. ....

✕ - 沒作用
0 - 沒有反應
\+ - 微反應
+++++ - 極端的過敏反應
++ - 輕度反應
+++ - 中度反應
++++ - 重度反應

(b)

圖 13.6 皮膚測試第一型過敏反應的方法。 此背部或前臂被繪製的像地圖，並被注射了挑選的過敏原萃取物。過敏專治醫師必須很清楚這些注射引發的潛在過敏性攻擊 (a) 圖為節肢動物過敏原對於皮膚反應測試，範圍從重度反應 (蜘蛛) 到沒有反應 (毛毛蟲絲)；(b) 此紀錄為病患對常見環境過敏原有著多種重度過敏反應，甚至有超過 4+ 的極度過敏反應。

治療以消除過敏

抗過敏藥物治療的方法是阻斷在 IgE 產生前和症狀出現之間的過敏反應過程 (圖 13.7)。口服消炎藥 (如類固醇) 可以抑制淋巴細胞的活性並因此減少 IgE 的產生，但是有危險的副作用，因此不能長期服用。有些藥物可阻斷肥大細胞的去顆粒和減少發炎的細胞激素含量，最有效的有乙胺嗪 (diethylcarbamazine) 及色甘酸 (cromolyn)。氣喘及鼻炎的緩解可藉由藥物阻斷白三烯素 [孟魯司特納 montelukast (欣流 Singulair)] 的合成和單株抗體 [奧馬佐單抗 omalizumab (樂無喘 Xolair)] 使 IgE 失活。

廣泛用於預防異位性過敏症狀的藥物為**抗組織胺** (antihistamines)，它是大多數過敏管制藥中非處方用藥的活性成分。抗組織胺是藉由結合標的組織上組織胺接受器以干擾組織胺的活性。

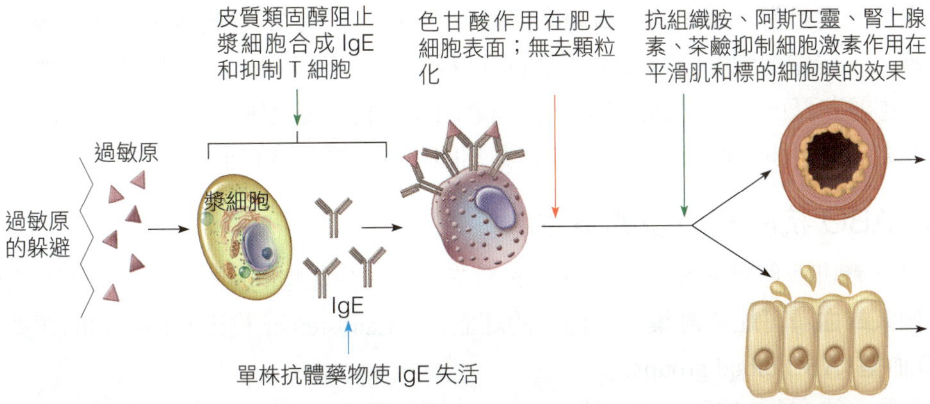

圖 13.7 避免過敏性攻擊的策略。

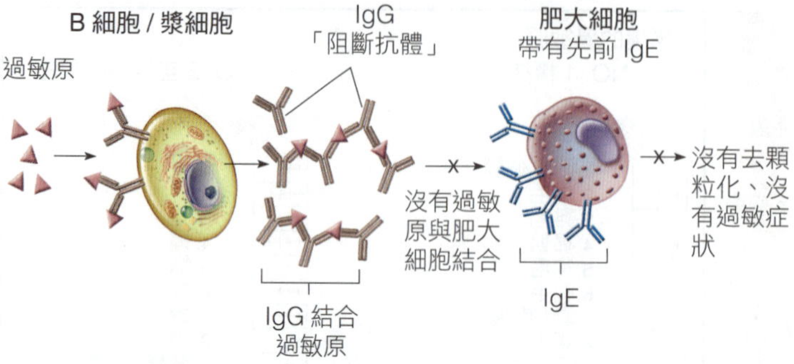

圖 13.8 過敏去敏化的阻斷抗體理論。過敏原的注射導致 IgG 抗體產生而不是 IgE；在過敏原與肥大細胞上 IgE 反應前，這些阻斷抗體先與過敏原交叉連結且有效地去除過敏原。

雖然大多數都有副作用 (如睡意)，有些新的抗組織胺是沒有副作用的，因為不會經過血腦屏障。其他藥物緩解發炎症狀如阿斯匹靈及普拿疼，都是藉由干擾前列腺素以減少疼痛，而茶鹼類是一種舒緩呼吸平滑肌痙攣的支氣管擴張劑。鼓勵苦於過敏性休克攻擊的人一直攜帶可注射的腎上腺素，以及辨識標籤指明他們的敏感度。含有腎上腺素的氣霧吸入劑也可以提供快速緩解。腎上腺素可以倒轉氣道收縮，減緩過敏介質的釋放。

大約 70% 的過敏病患受益於控制性的注射，藉由皮膚試驗所確定之特異性過敏原。這項技術稱為**去敏感化** (desensitization) 或**脫敏作用** (hyposensitization)，治療方式是去預防在過敏原、IgE 及肥大細胞間的反應。過敏原製劑包含純化、保鮮處理的懸浮性植物抗原、毒液、塵蟎、皮屑和黴菌。脫敏作用的較新實驗方法涉及舌下療法，將微小劑量事先度量之過敏原置於舌下以便吸收。這項測試對花生等食物過敏，甚至鼻炎和皮炎都有成功案例。

這種治療的免疫學基礎與以往的解釋不同。有一種理論是，注射的過敏原刺激了高量對過敏原有特異性的 IgG 形成 (圖 13.8) 而不是 IgE。有人提出是 IgG 阻斷抗體 (blocking antibody) 在 IgE 結合過敏原之前就先由系統中除過敏原，因此可防止肥大細胞的去顆粒反應。也有可能，以這種方式傳送的過敏原與 IgE 本身結合，並在其與肥大細胞反應前，將其由循環中帶走。

13.3 第二型超敏反應：溶解外源細胞的反應

第二型超敏反應疾病是一個複雜的綜合症，它牽涉細胞受到直接針對其表面抗原之抗體 (IgG 和 IgM) 及補體協助之破壞 (溶解)。這一類包括輸血反應和某些自體免疫 (第 13.6 節討論)，紅血球經常是被破壞的標的，但其他細胞也是有可能。

第 11 和 12 章描述過細胞膜上獨特表面標記的功能。通常這些分子在運輸、辨識和發育上扮演重要角色，但是當一個人的組織親密接觸另一個人時，它們在醫學上也變得重要。輸血及器官捐贈導入了捐贈細胞的同種異體抗原 (在同種之間的不同分子)，會被接受者的淋巴細胞辨識。這些反應並非真正的免疫功能不良，如同過敏及自體免疫反應。免疫系統事實上功能正常，但未配備能力去區別移植組織這種有益的外源細胞和微生物這種有害的細胞。

人類 ABO 抗原和血型的基礎

1904 年，澳洲病理學家 Karl Landsteiner 首先提出人類血型的存在。在研究不相容輸血中，他發現一個人的血清可能會凝集另一個人的紅血球。Landsteiner 找出四個不同的類型，後來命名為 **ABO 血型** (ABO blood groups)。

如白血球上的 MHC 抗原，紅血球上 ABO 抗原標記是由基因決定，並由醣蛋白組成。這些

ABO 抗原繼承了三個替代等位基因 (alleles)[14]：A、B 或 O 中之兩個 (從父母中各取得一個)。A 和 B 等位基因比 O 型更為顯性，而彼此間為共同顯性如表 13.3 所述，這種遺傳模式導致四個血型 (表現型)，與基因特定的組合有關。帶 *AA* 或 *AO* 基因會呈現 A 型血；帶 *BB* 或 *BO* 基因則會呈現 B 型血；帶 *AB* 基因則是產生 AB 型血；帶 *OO* 基因則產生 O 型血。以下是一些關於血型的重點：

1. 它們是依照顯性抗原來命名。
2. O 型者的紅血球缺少 A 和 B 抗原，但它們帶其他類型的抗原。
3. 除了紅血球，其他組織則帶有 A 和 B 抗原。

AB 抗原和血型如圖 13.9 所示。在紅血球成熟的過程中，A 基因和 B 基因各含一種酵素會在紅血球表面分子加上一個末端醣類。A 型紅血球含有可以將分子加上 N- 乙醯半乳糖胺的酵素；B 型紅血球則含有將分子加上 D- 半乳糖的酵素；AB 型紅血球則含有兩種可以加上兩種醣類的酵素；O 型紅血球則缺乏基因及酵素而無法加上末端分子並且也沒有抗原性。

抗體對抗 A 及 B 抗原

即使個人沒有正常表現抗體來對抗自己的紅血球抗原，且從未接觸過其他血型的血液，血清也可能包含抗體與具另一個抗原類型的血液反應，這些先前形成的抗體解釋了輸血時會產生即時且強烈的反應。一般而言，A 型血液中含有抗體 (抗 B 抗體會對抗 B 型和 AB 型紅血球上的 B 抗原。B 型血液中則含有抗 A 抗體會和 A 型及 AB 型紅血球上的 A 抗原反應。O 型血液中含有對抗 A 和 B 抗原的抗體。AB 型則不含對抗 A 或 B 抗原的抗體[15] (見

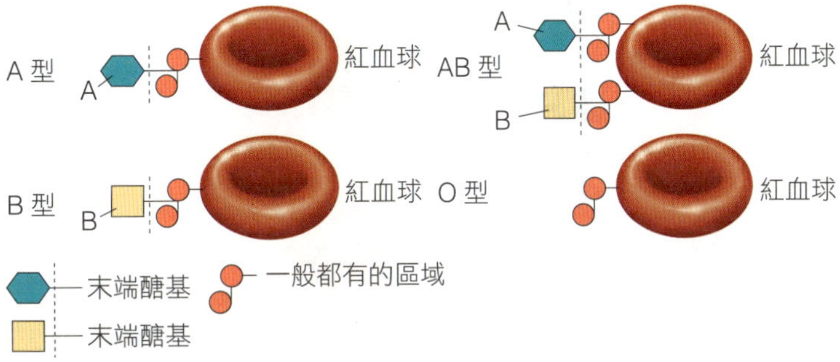

圖 13.9　**紅血球細胞上 A 和 B 抗原 (接受器) 的基因 / 分子基礎。** 一般而言，具有 A、B 和 AB 血型的人繼承了一個或多個酵素基因，可將一個末端醣基加到基本的紅血球接受器上。O 型人則不帶有這些酵素且缺乏末端醣基。

表 13.3　ABO 血型的特性

基因型	血型	在紅血球膜上的抗原表現	血漿抗體	在美國各型的發生率 白人 (%)	亞洲人 (%)	非洲人及加勒比海血統 (%)
AA、AO	A	A	抗 b	41	28	27
BB、BO	B	B	抗 a	10	27	20
AB	AB	A 及 B	不是抗 a 也非抗 b	4	5	7
OO	O	不是 A 也非 B	抗 a 及抗 b	45	40	46

14 *allele* 等位基因 (ah-leel′)。希臘文：*allelon* 另一個。基因的替代型，可用於特定的試驗調查中。
15 為何這是事實？答案在此段的第一句。

表 13.3)。抗 a 和抗 b 抗體的來源為何？這些抗體似乎是因為在嬰兒發育早期接觸了在自然界的抗原而產生。這些抗原是細胞和植物細胞表面分子，因為其結構和 A 抗原及 B 抗原相似而使抗體產生，造成輸血時發生反應。

輸血的臨床考量

ABO 抗原及 a、b 抗體的存在是給予輸血時的數種臨床考量的基礎。首先，捐血者和接受者個人的血型必須先被確認。利用標準技術，用一滴血和含對抗 A 抗原和 B 抗原的抗體血清混合，並且觀察是否有凝集的現象 (圖 13.10)。

知道血型後可以使輸血更具安全性。相容性法則為捐血者的紅血球抗原不會和接受者的血液中抗體凝集 (圖 13.11)。理想狀態下輸血時有很好的相容性 (A 型對 A 型，B 型對 B 型)。但即使在此情況下，血液樣品在輸血前還是必須做交叉比對，因為其他的血型不相容性可能存在。此測試包含捐血者血液和接受者的血清混合來檢查是否有凝集反應。

在某些特定情況下 (急救及戰場上)，可以使用輸血的一般基本概念。為了了解這是如何運作，我們必須運用前幾段提到的內容。O 型血液缺乏 A 和 B 抗原且不會因為其他的血型而產生凝血，因此 O 型血理論上可以適用於任何血型。我們稱這種血型的人為**全適供血者** (universal

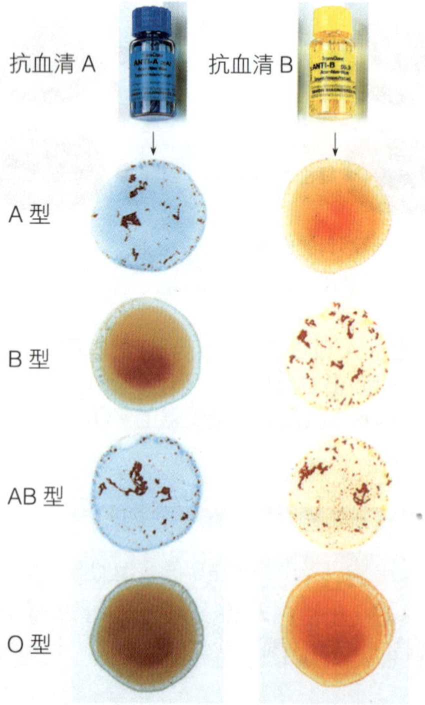

圖 13.10 **檢視血型**。在這測試中，一滴血混有抗血清 A，其含 A 型抗原的抗體 (藍色)，抗血清 B，其含有 B 型抗原的抗體 (黃色)。假設沒有這些抗原，在蓋玻片上的血滴便不會凝集，而形成均勻的混合液。如果有抗原的存在，血液中的紅血球會凝結形成可以看見的團塊 (小的紅色部分)。在此顯示為四種血型的圖形和解釋。

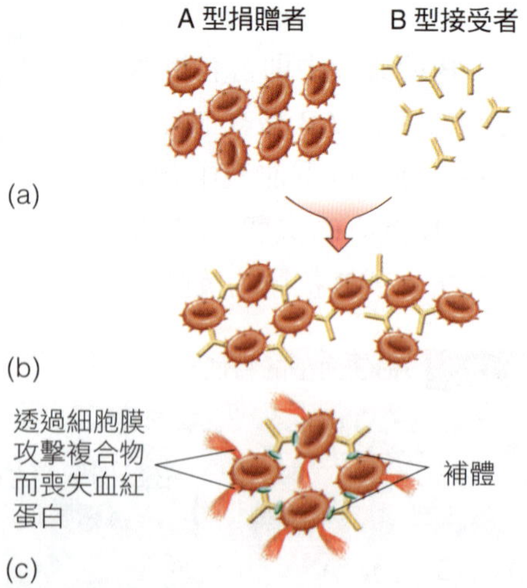

圖 13.11 **顯微視野下的輸血反應**。(a) 不相容的血型。捐贈者 A 型血液的紅血球表面帶 A 抗原，B 型接受者的血清中有 a 抗體，會使捐贈者細胞形成凝集；(b) 凝集複合物會抑制血流循環；(c) 紅血球表面的抗體活化補體造成溶血及貧血。這種錯誤的輸血是非常少見的，因為目前血庫都會先確認血型是否有正確的配對。

donor)。因為 AB 型的人缺乏凝集的抗體，因此這種血型的人可以接受任何血型的血液稱為全受血者 (universal recipients)。雖然這兩種輸血類型含有抗體的不相容性，但是這些比較少被關注，因為捐血者血液在接受者身體內將被稀釋。其他和輸血有關的的紅血球標記還有 Rh、MN 以及 Kell 抗原 (見下一節)。

當輸錯血型時會造成不同程度的不良反應。當捐血者的紅血球和接受者抗體接觸並引發補體聯級反應時，最嚴重的反應為大量溶血 (圖 13.11)。紅血球被破壞的結果將造成系統性休克及腎絲球 (血液過濾器) 因細胞碎片阻塞造成腎衰竭。通常最後結果就是死亡。紅血球被破壞的其他反應為發燒、貧血以及黃疸。輸血反應需立即停止，利用藥物移除血液中的血色素，並且開始另一次輸入正確血型的紅血球。

Rh 因子及其臨床重要性

另一種臨床上被關注的紅血球抗原為 Rh 因子 (Rh factor)，又稱為 D 抗原 (D antigen)，這因子最早是在探究動物間的遺傳關係之實驗中被發現的。家兔接種恆河猴的紅血球後產生的抗體，也會與人的紅血球反應。進一步的測試發現猴子的抗原 (Rh 為獼猴) 存在於 85% 人類中而 15% 則沒有。Rh 的遺傳比 ABO 更為複雜，簡單來說，一個人的 Rh 血型的成因為兩個可能的等位基因組合──一個是占主導的地位，編碼此因子，另一個是隱性則無。一個人的遺傳基因中含有 Rh 基因就會帶 Rh 陽性 (Rh^+)；若沒有遺傳 Rh 基因則為 Rh 陰性 (Rh^-)。陽性和陰性為標在血型後的 Rh 狀態，如 O^+ 或是 AB^-。然而不像 ABO 抗原，接觸環境中的抗原並不會使 Rh 陰性的人對 Rh 因子產生敏感。人唯一會發展抗體來對抗此因子的方式，是透過胎盤致敏化或錯誤的輸血。

新生兒溶血症和 Rh 不相容性

當母親的血型為 Rh 陰性而未出生的胎兒為 Rh 陽性時有可能發生胎盤致敏化。母親和胎兒之間顯而易見的親密關係，使得分娩過程中，胎兒的紅血球會滲入母親的血液循環中，特別是透過胎盤剝離過程中胎兒血液進入了母體循環。母親的免疫系統會偵測到外來的胎兒紅血球上的 Rh 因子並且產生抗體及記憶型 B 細胞。第一個 Rh 陽性的小孩通常不會受到影響，因為這過程在懷孕期開始的如此之晚，以致於在整個致敏化完成前小孩就已出生。然而，母親的免疫系統已經產生對 Rh 因子的辨認，因此之後若懷孕，免疫系統就會產生強烈的反應 (圖 13.2a)。

下次懷孕時胎兒若為 Rh 陽性，胎兒的血液在懷孕後期逃入母親的循環後會引出記憶反應。當母親的抗 Rh 抗體通過胎盤進入胎兒的血液循環中，就會對胎兒產生危險，在胎兒體中的 Rh 抗體會結合到胎兒的紅血球造成補體媒介的紅血球溶解，造成新生兒溶血症 (hemolytic disease of the newborn, HDN)，亦稱為胎兒紅血球母細胞增多症[16]。這個字的來源為在血液中出現了未成熟的具核紅血球稱為紅血球母細胞。它們被釋放到嬰兒的血液循環中來替補被母體產生的抗體大量破壞的紅血球。其他症狀還有會造成嚴重貧血、黃疸以及肝脾腫大。

母親胎兒之間的不相容也可能發生在 ABO 血型，但此不相容反應的發生比率比 Rh 低，其原因為這些抗原所誘發產生的抗體為 IgM 而不是 IgG，且大部分無法穿透過胎盤。儘管有很大接觸的可能性，母親和胎兒之間的關係本就是一個外來組織不會被排斥的驚人例子。那是因為胎盤形成了屏障使胎兒隔離在他自身沒有抗原的環境中。胎盤外圍布滿緊密且多層的套膜，可

---

16 *erythroblastosis fetalis* 胎兒紅血球母細胞增多症 (eh-rith″-roh-blas-toh′-sis fee-tal′-is)。

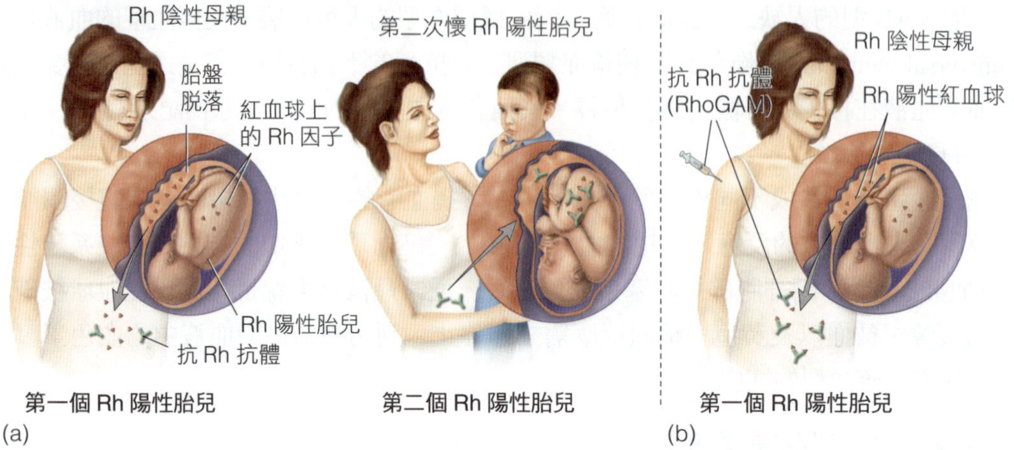

圖 13.12 **Rh 因子的不相容性會造成紅血球的溶解。**(a) 當 Rh 陽性胎兒在 Rh 陰性母親體中發育，會自然發生紅血球的不相容。當胎兒血液通過胎盤時會初始致敏化母親的免疫系統。在大部分的例子中，胎兒通常都發育正常，然而之後懷 Rh 陽性的胎兒多會造成嚴重的胎兒溶血；(b) 不相容的控制：抗 Rh 抗體 (RhoGAM) 可以施打至在懷孕期間的 Rh 陰性母親以助於結合、去活性及移除任何可能從胎兒來的 Rh 因子。在一些例子中，RhoGAM 在致敏反應發生前施打。

避免母體細胞穿透，並且積極地吸收、移除並使循環的抗原不活化。

新生兒溶血症的預防

一旦母親對 Rh 因子產生致敏化，所有其他 Rh 陽性的胎兒便有發生新生兒溶血症的危險。預防方式為需要小心了解 Rh 陰性懷孕婦女的家族史，可以用來預測她是否已經產生致敏性或正懷有 Rh 陽性的胎兒。必須考慮她的其他小孩的 Rh 血型，以及父親的 Rh 血型。如果父親為 Rh 陰性，小孩便是 Rh 陰性即不會有危險，一旦父親為 Rh 陽性，小孩有 50% 或 100% 的機會帶 Rh 陽性，這和父親帶的基因有關。如果胎兒可能是 Rh 陽性，母親就必須被動注射抗含 Rh 因子抗體 (Rh_0 [D] 免疫球蛋白，或 RhoGAM)[17] 的抗血清。此抗血清在 28 到 32 週之間注射並且在生產後立即再注射，以維持母體的免疫系統無法識別已逃入母親循環中的胎兒紅血球 (圖 13.12b)。每位懷有 Rh 陽性胎兒的孕婦都必須施打抗 Rh 抗體。如果母親已經被之前的 Rh 陽性胎兒或錯誤輸血致敏化，則此抗血清是無效的，這可以透過血清學的方法來做測試。

和 ABO 血型一樣，輸血時 Rh 血型必須正確的配對。雖然不清楚自己 Rh 血型的人，還是可以接受 Rh 陰性的血液。

其他類型的 RBC 抗原

即使 ABO 血型和 Rh 血型是最重要的，目前還有其他 20 種的紅血球抗原被發現。例如 *MN*、*Ss*、*Kell* 和 *P* 血型。這些血型因為無法相容，因此在輸血時必須篩選來防止交叉反應的發生。這些血液抗原的研究 (包含 ABO 和 Rh) 提供許多種應用。例如，可以使用在法醫醫學上 (犯罪調查)、研究種族的世系，以及追蹤人類學上的史前遷移。許多血球細胞抗原是非常堅韌的，可以在乾的血液、精液和唾液中檢測到。甚至是 3,300 年前的木乃伊圖坦卡門的血液也被檢測出帶有 A_2MN ！

---

17 RhoGAM：人類抗 Rh 血清的免疫球蛋白部分從大量人類血清製備而得。

13.4　第三型超敏反應：免疫複合體反應

第三型超敏反應包含可溶性抗原和抗體反應並形成免疫複合體沈積在上皮組織的基底膜。因為涉及在重複接觸抗原之後 IgG 和 IgM 抗體的產生及補體的活化，因此和第二型相似。第三型和第二型的不同為第三型的抗原不會附著在細胞表面。這些抗原和抗體的反應產生自由漂浮的複合體可沈積在組織上，造成免疫複合體反應 (immune complex reaction) 或是疾病。這包含因做治療而造成的副作用 [血清病和亞瑟氏 (Arthus) 反應] 以及很多自體免疫疾病 (如腎絲球腎炎和紅斑性狼瘡)。

免疫複合體疾病的機制

在一開始暴露了一多量的抗原後，免疫系統會產生大量的抗體並進入體液循環中。當此抗原第二次進入身體後，將和抗體形成抗原抗體複合體 (圖 13.13)。這些複合體會召喚如補體和嗜中性球等各種發炎物質接近，這通常會將抗原抗體複合物清除，為正常免疫反應的一部分。然而這些複合體如此之多以致於沈積在上皮組織的基底膜 (basement membranes)[18] 並且變得難以接近。為了要因應這種狀況，嗜中性球會釋放溶酶體顆粒來分解這些組織，造成破壞性的發炎狀況。第三型超敏的症狀是因此病理狀態所造成。

免疫複合體的疾病類型

早期利用動物做免疫治療的試驗時，對血清和疫苗誘發超敏反應是常見的。除了過敏性休克外，也發現了亞瑟氏反應 (Arthus reaction)[19]，和血清病 (serum sickness)。這些症狀和一些類型的被動免疫有關 (特別是來自動物的血清)。

血清病和亞瑟氏反應就像是過敏性休克，需要致敏化及事先產生的抗體。它們和過敏性休克不同處在於：(1) 它們依賴 IgG、IgM 或 IgA (抗體沈澱) 而不是 IgE；(2) 它們需要大量的抗原 (不是一個輕微的劑量就如同在過敏性休克中)；(3) 它們造成症狀的時間是延遲的 (數小時到數天)。

亞瑟氏反應和血清病在一些重要的部分是不同的。亞瑟氏反應是局部性的皮膚傷害，是因為注射抗原附近的血管

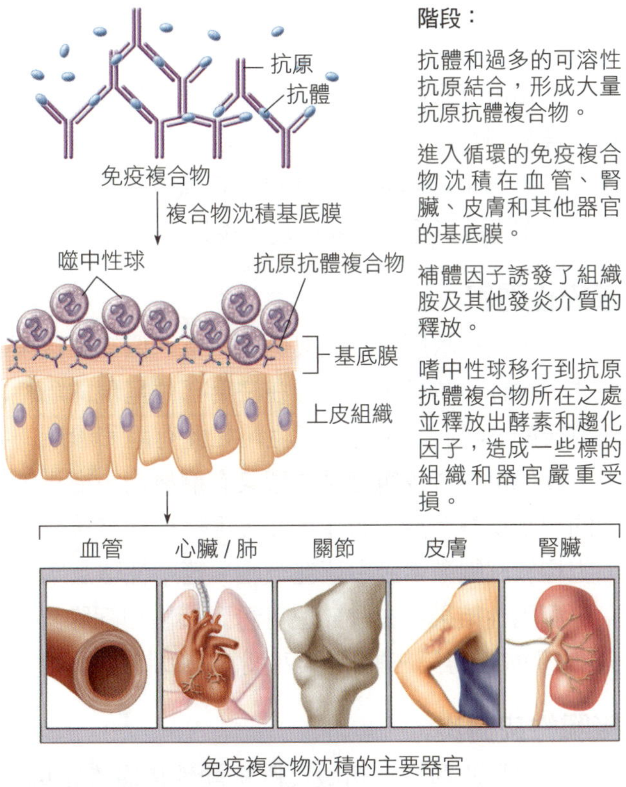
抗原
抗體
免疫複合物
複合物沈積基底膜
嗜中性球
抗原抗體複合物
基底膜
上皮組織
血管
心臟 / 肺
關節
皮膚
腎臟
免疫複合物沈積的主要器官
階段：
抗體和過多的可溶性抗原結合，形成大量抗原抗體複合物。
進入循環的免疫複合物沈積在血管、腎臟、皮膚和其他器官的基底膜。
補體因子誘發了組織胺及其他發炎介質的釋放。
嗜中性球移行到抗原抗體複合物所在之處並釋放出酵素和趨化因子，造成一些標的組織和器官嚴重受損。

圖 13.13　免疫複合物疾病的致病因。

18 基底膜為在上皮中用來正常地過濾掉抗原抗體複合物的基層分區。
19 根據莫里斯・亞瑟 (Maurice Arthus)，其為一位生理學家，第一位發現局部的發炎反應。

發炎所造成。血清病則是一種系統性的傷害，因為抗原抗體複合體進入血液循環並會沈積在各種部位的基底膜。

亞瑟氏反應

亞瑟氏反應通常是一種急性反應，因為第二次注射疫苗 (追加) 或藥物的位置和第一次一樣所造成。在幾小時內，注射部位會發紅、觸碰發熱、腫脹，且非常痛。此症狀主要是因為血管內及周圍組織受到破壞且肥大細胞和嗜鹼性球釋放出組織胺。雖然此反應是自限的且迅速消除，但其血管內的血液凝固偶爾會引發組織的壞死和喪失。

血清病

血清病的命名起源於士兵在重複注射馬血清治療破傷風後所誘發的狀況，它也會因注射動物的荷爾蒙或是藥物所引起。免疫複物會進入血液循環中流經全身，最終沈積在腎臟、心臟、皮膚以及關節的血管內 (圖 13.13)。這情況可變成慢性，引起淋巴腫大、紅斑、關節痛、腫大、發熱及腎功能障礙等症狀。

13.5 T 細胞所參與的免疫病理疾病

☞ 第四型遲發型超敏反應

到目前為止我們提到的有害免疫反應為 B 細胞和抗體的參與造成。一個顯著的區別存在於第四型超敏反應中，其主要涉及免疫系統的 T 細胞分支。第四型的免疫功能障礙有一個傳統名稱為遲發型超敏反應，因為第二次和抗原接觸幾天後才會產生症狀。整體而言，第四型的過敏疾病起因為 T 細胞和表現在自身組織或是移植的外來細胞上之抗原反應。其例子包含對感染原的遲發型過敏反應、接觸性皮膚炎以及移植排斥。

感染性過敏

遲發型超敏反應的經典例子為當一個被結核菌感染致敏化的人注射結核分枝桿菌的萃取物 (結核菌素) 所誘發，是一種在注射部位呈現的急性的皮膚發炎，又稱為結核菌素反應，通常在注射後的 24 到 48 小時內產生。如此有用和診斷的技術對檢測現在或先前肺結核病具有篩檢能力，其他用類似皮膚測試的感染有痲瘋病、梅毒、組織胞漿菌、弓蟲症以及念珠菌病。這種形式的超敏反應會產生特定的 T 細胞 (T_H1) 來接受由樹突細胞處理過的過敏原。活化的輔助型 T 細胞釋放細胞激素吸引巨噬細胞、嗜中性球及嗜酸性球等許多不同的發炎細胞聚集。在結核菌素檢測陽性結果中在該部位可看到液體和細胞累積產生的紅色的丘疹 (圖 16.17c)。在慢性的感染中 (例如梅毒第三期)，第四型的過敏將透過肉芽腫的形成而極度傷害器官。

接觸性皮膚炎

最常見的遲發型超敏反應接觸性皮膚炎是因暴露於有毒的常春藤樹脂或毒橡樹、存在於家庭中及個人用品 (珠寶、化妝品及運動內衣) 的半抗原和一些藥物。正如立即性異位性皮膚炎，對這些過敏原之反應通常需要一致敏化和一誘發性的劑量的過敏原才會被誘發。一開始過敏原會先穿透皮膚外層，受到皮膚的朗格漢 (Langerhans) 細胞 (皮膚的巨噬細胞) 處理後呈獻給

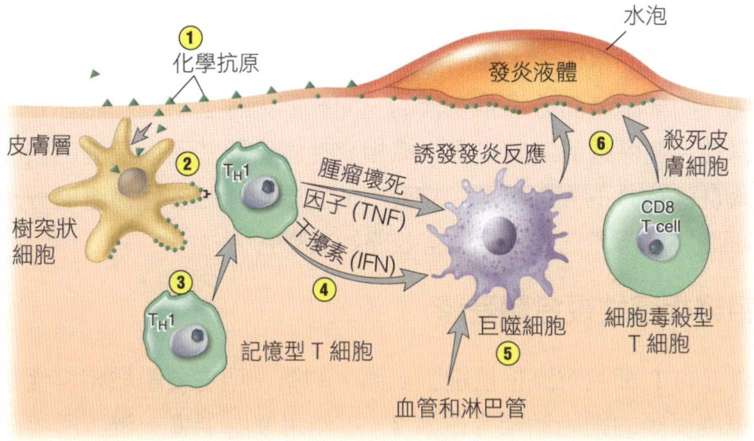

(a)

1. 脂溶性兒茶酚被皮膚吸收。
2. 樹突細胞靠近上皮細胞並吞噬過敏原，將其處理後呈現在主要組織相容性複合體接受器上。
3. 先前已經有接觸過相同抗原的第一型輔助型 T 細胞 ($CD4^+$) 辨認呈現的過敏原。
4. 致敏的輔助型 T 細胞被活化且釋放細胞激素 (干擾素和腫瘤壞死因子)。
5. 這些細胞激素吸引巨噬細胞和細胞毒殺型 T 細胞到該處。
6. 巨噬細胞釋放出媒介物質刺激強烈局部的發炎反應。細胞毒殺型 T 細胞直接殺死細胞並使皮膚受損。造成水泡的產生。

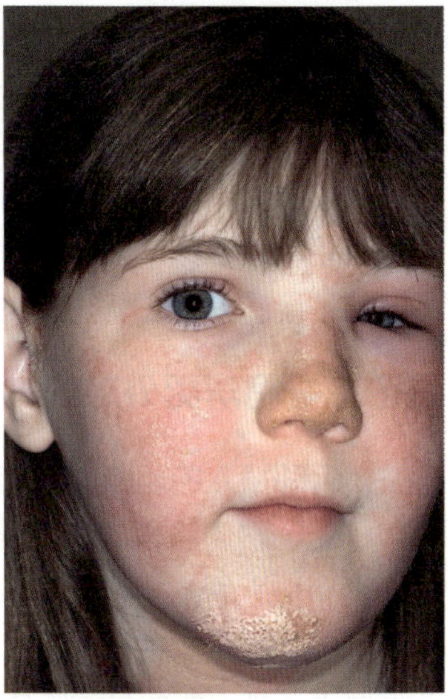

(b)

圖 13.14　接觸性皮膚炎。(a) 接觸性皮膚炎的形成；(b) 毒藤造成接觸性皮膚炎，顯示早期的症狀有發炎及水泡為過敏物沉積處。

T 細胞。當其後的接觸吸引淋巴細胞和巨噬細胞到此部位，這些細胞分泌出一些酵素及發炎的細胞激素嚴重傷害緊鄰的表皮 (圖 13.14a)。早期症狀會出現強烈搔癢的丘疹和水泡 (圖 13.14b)。在癒合階段，表皮會被一個厚的角質層取代。從開始接觸到痊癒時間取決於藥物劑量和每個人的敏感性，可長達兩週。許多過敏學家用皮膚點刺測試來偵測對接觸過敏原之不同程度的遲發型超敏反應 (圖 13.15)。

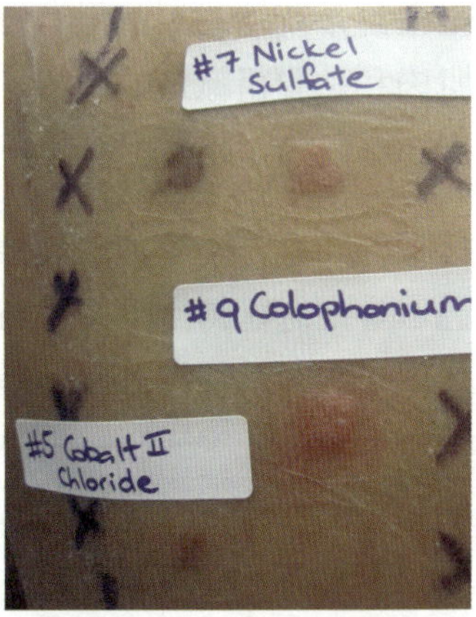

圖 13.15　接觸性皮膚炎皮膚試驗。大部分的測試為居家中的化學物質、化妝品、植物物質和金屬。過敏原注入皮膚並等 48 小時。此圖顯示大部分的反應為陰性的，但有三個點為不同程度的陽性反正。最明顯的為對於松香的反應，松香為一種植物樹脂用於很多產品，對於鎳則產生中度的陽性反應，對鈷的反應則最為溫和。

在器官移植中 T 細胞扮演的角色

器官和組織移植是一種常見的醫療方式。即使為活體，此技術還是會被淋巴細胞視為外來抗原並產生移植排斥 (graft rejection) 而破壞。其發生在移植排斥時對器官的傷害是來自細胞毒殺型 T 細胞及自然殺手細胞的表現。本節介紹了參與移植排斥、移植兼容性的試驗、對移植器官反應的機制、移植排斥的預防及移植的類型。

排斥的遺傳以及生化基礎

在第 12 章，我們討論了人類主要組織相容性複合體 (MHC 或 HLA) 基因以及細胞表面的標記在免疫功能的角色。一般而言，第一型和第二型主要組織相容性複合體的基因和標記在辨認自身以及調控免疫反應上極為重要。這些分子也會對移植排斥啟動一系列的事件。人類的主要組織相容性複合體基因是從一個大的基因庫中遺傳而來，因此每個人的細胞表面分子是多樣的。同一個人身上不同細胞都是一樣的且會和相關的兄弟姐妹有相似性，關係越遙遠其主要組織相容性複合體基因以及細胞表面的標記相似性越低。當捐贈者組織 (移植物) 的表面標記和接受者的主要組織相容性複合體分子不同時，接受者 (又稱宿主) 的 T 細胞將會辨識它為外來器官並開始攻擊它。

透過 T 細胞辨認外來的主要組織相容性複合體受體

宿主排斥移植入的組織　當某些宿主的 T 細胞辨識移植細胞表面上的第一型主要組織相容性複合體標記，它們將釋放驅動部分免疫反應的細胞激素介白素 2。這作用擴增了專一辨認所植入細胞表面抗原的輔助型 T 細胞和毒殺型 T 細胞。在移植兩週內毒殺型細胞結合到移植組織上並分泌淋巴細胞激素而開始排斥反應 (圖 13.16a)。在這過程的晚期對抗移植組織的抗體形成促成免疫傷害。最重要的是這將使供應組織血液的血管受損，促成了移植的組織死亡。

移植入的組織排斥宿主　有些類型的免疫缺陷阻止宿主排斥移植物，但這排斥的失敗可能無法保護宿主免於嚴重傷害，因為移植不相容是一種兩個方式的現象。有些移植入的組織 (特別是骨髓) 會含有原本就存在的淋巴球，被稱為過客淋巴細胞。這會使移植入的組織對宿主產生排斥，造成了移植物對抗宿主疾病 (graft versus host disease, GVHD)(圖 13.16b)。因為任何帶有主要組織相容性複合體標記被移植物辨認為外來的宿主組織皆會被攻擊。移植物對抗宿主疾病的影響是全身系統性的，且是有毒的。一種丘疹，脫皮的皮疹是最常見的症狀；也會對肝臟、小腸、肌肉和黏膜組織造成影響。先前的研究發現移植物對宿主疾病有 30% 發生在骨髓移植後的 100 到 300 天內。此發生率在發展出較好的移植組織篩選及選擇後有逐漸下降的趨勢。

移植的類型　移植通常是根據捐贈者和接受者間的親緣關係來做分類。移植組織的來源為從自己本身來的稱為自體移植 (autograft)。典型的例子有燒傷後的皮膚移植及使用靜脈於冠狀動脈繞頸術。而同系移植 (isograft) 中，移植組織來源是完全相同的雙胞胎。因為同系移植不會含有外來抗原，因此不會發生排斥反應。但這類型的移植顯然有其限制性。異體移植 (allografts) 又稱同種異體移植 (allogeneic grafts)，為最常見的移植方式，移植組織來源和接受者都是同物種 (人類)。其異體移植的親緣關係越接近越好 (見下一部

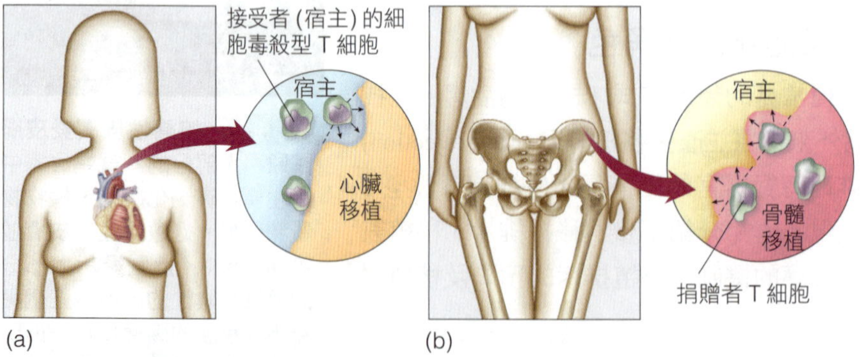

圖 13.16 **移植的可能反應。**(a) 宿主的免疫系統 (主要是細胞毒殺型 T 細胞) 遇到捐贈的器官 (心臟)，造成對器官產生排斥；(b) 移植入的組織 (骨髓) 含有原本的 T 細胞；會辨認宿主的組織將其視為外來物並對很多的組織和器官做攻擊。接受者將發展出移植物對抗宿主疾病。

分)。**異種異體移植** (xenograft) 為不同物種之間的移植。除非能夠解決排斥的問題，大部分的異種異體移植多作在實驗階段或者只是一種臨時療法。

移植不相容的預防和控制

移植造成的排斥反應可以透過捐贈者和接受者的比對來避免或減輕排斥作用，已經有一些方法用在組織的配對。在混合淋巴球反應中，將兩個人的淋巴球混合並共同培養，如果會發生不相容反應，有些細胞將會被活化並且增生。組織型鑑定除了所使用的抗血清是使用已知的淋巴球表面的 HLA 抗原外，其方法類似於血型鑑定。在大部分的移植中 (骨髓移植除外)，必須做 ABO 血型配對。雖然在一些移植 (肝臟、心臟和腎臟) 可以忍耐小量的不相容，但是越相近的配對越可能成功，所以要尋找最可能接近的配對。

移植的實例

目前移植是一個公認的醫療行為，其益處反應在此事實，在美國每年有超過 100,000 個移植手術。幾乎身體每個主要器官都可以移植，甚至一部分的腦也可以。最常做移植的器官有皮膚、肝臟、心臟、腎臟、冠狀動脈、眼角膜和血液幹細胞。移植器官和組織的來源為活的捐贈者 (腎臟、皮膚、骨髓、肝臟)、過世的人 (心臟、腎臟、眼角膜) 及胎兒組織。在過去十年，我們目睹一些不尋常類型的移植如移植胎兒胰臟作為糖尿病和胎兒腦組織作為帕金森氏症的潛在治療。

同種異體的造血幹細胞移植為免疫缺陷、再生性不良貧血、血癌和其他癌症及輻射傷害患者最常見的醫療方式之一。此種幹細胞有三個主要的來源，分別是骨髓、周邊血液和臍帶血。這些移植只在最嚴重且具高死亡率時才會嘗試，而花費也相當多，從 100,000 美元到 250,000 美元不等。對骨髓移植而言，必須和捐贈者的主要組織相容性複合體圖譜有密切接近的配對。捐贈者會先被麻醉，再利用特殊的針刺入可接近的骨髓腔中抽取骨髓樣品。最常抽取的部位為髂骨 (為骨盆主要的位置)。在這過程中，利用特殊的注射器抽出約 500 到 800 毫升的骨髓液。在幾星期後捐贈者的骨髓便會自然地自行恢復。將骨髓植入接受者體內是非常方便的，不需要直接將其置入接受者的骨髓腔，它是利用在靜脈打點滴的方式進入循環中，新的骨髓細胞會自動到適當的骨髓區域。

在接受者準備注射骨髓的過程中，必須先利用化學物質或是全身照放射線將接受者的血液幹細胞殺死，來避免接受新的幹細胞後產生排斥反應。在注射後兩週到一個月的時間內，移植入的細胞會建立在接受者體內。因為捐贈者的淋巴細胞還是可能會誘發移植物對抗宿主疾病，因此接受者還是必須服用抗排斥藥物。令人驚訝的結果是接受者的血型會改變，會變成和捐贈者一樣的血型。

隨著幹細胞的技術進步，可以直接從捐贈者的血液中收集幹細胞，採用的方法為用分離技術分離並利用流式細胞儀將幹細胞鑑定並收集 (見第 6 章)。血液幹細胞的另外一個來源為新生兒的臍帶血。臍帶血的優點是在其中的幹細胞表面尚未發育出捐獻者的接受器，因此較不容易發生移植排斥。

13.6 自體免疫疾病－自我攻擊身體組織器官

到目前為止我們探討的免疫疾病皆為外來抗原所造成。在自體免疫中，個人會發展出對自己的細胞產生免疫的情況。這造成病理的過程便稱為自體免疫疾病 (autoimmune diseases)，其自體抗體 (autoantibodies)、T 細胞在一些情況下，兩者都會對自身抗原異常攻擊。自體免疫疾病的範圍非常廣泛。通常，它們是全身系統性的，影響數個主要器官，或是器官專一性，影響一個特定的組織或器官。它們通常為第二類型或第三類型的超敏反應，這是依據自體抗體產生後如何造成傷害而分類。表 13.4 列出一些主要的自體免疫疾病、影響的標的器官以及基本的病理 (過敏的種類可參考表 13.1)。

基因及性別和自體免疫疾病的相關性

在大部分的病例中，自體免疫疾病的發生原因仍不清楚。只知道和遺傳及性別有關。在家族中有一群人發病，沒有發病的人也會產生該自體免疫疾病的自體抗體。更多直接證據來自主要組織相容性基因複合體的研究，發現一些和第一型及第二型主要組織相容性複合體有關的基因與自體免疫疾病有關。例如，自體免疫關節炎如類風性關節炎及僵直性脊椎炎較常見於具 B-27 人類白血球抗原 (HLA) 型之人；紅斑性狼瘡、葛瑞夫茲氏症及重肌無力症則和白血球抗原 B-8 HLA 有關。為何自體免疫疾病 (僵直性脊椎炎除外) 患者多為女性仍然是個謎。女性在生育年齡比在青春期前或更年期後更容易得自體免疫疾病，表示在懷孕時免疫系統可能遭受破壞。

表 13.4 挑出的自體免疫疾病

疾病	目標	過敏類型	特色
系統性紅斑性狼瘡	系統性	第二和三型	許多器官都會發炎；抗體對抗紅血球、白血球、血小板、凝結因子、細胞核 DNA
類風濕性關節炎和僵直性脊椎炎	系統性	第三和四型	血管炎；常見的標的為關節內層；抗體對抗其他類型的抗體 (類風濕因子)
硬皮症	系統性	第二型	過量的膠原沈積在器官；產生的抗體對抗很多細胞內的胞器
橋本氏症	甲狀腺	第二型	甲狀腺濾泡受破壞
葛瑞夫茲氏症	甲狀腺	第二型	抗體對抗刺激甲狀腺的荷爾蒙接受器
惡性貧血	胃壁	第二型	抗體對抗維生素 B_{12} 的接受器使其無法運送到細胞內
重肌無力症	肌肉	第二型	抗體對抗肌肉和神經之間的乙醯膽鹼接受器來改變其功能
第一型糖尿病	胰臟	第二型	抗體刺激破壞分泌胰島素的細胞
多發性硬化症	髓鞘	第二和四型	T 細胞以及抗體對髓鞘敏感造成神經損傷
肺出血 - 腎炎綜合症 (腎小球腎炎)	腎臟	第二型	抗體對抗腎絲球的基底膜並造成腎臟的傷害
風濕熱	心臟	第二型	抗體對抗 A 群鏈球桿菌並與心臟組織交叉反應

自體免疫疾病的來源

因為原本在健康的人體內就有少量的自體抗體，因此它們可能會有一些正常功能。一個溫和受調控的自體免疫力可能需要用來清除老舊細胞和細胞的殘骸。疾病明顯的發生於當調控或辨認的工具發生錯誤。雖然對自體免疫疾病仍然無法完整的解釋好幾個理論已被提出。

隔絕抗原理論 (sequestered antigen theory)，在胚胎生長期，一些組織具免疫特權，也就是說，它們隔離在解剖的屏障之後，而且不會被免疫系統察覺。這些部位的例子如中樞神經系統的區域被腦膜和血腦屏障屏蔽，眼睛內的晶體被一厚鞘包覆，及在甲狀腺和睪丸裡的抗原被隔絕在上皮屏障之後。當這些抗原藉由感染、損傷和惡化及時暴露，免疫系統會視為是外來的抗原。

依據克隆選擇理論，胎兒的免疫系統會藉摧毀或靜默所有自體反應的淋巴細胞克隆，稱為阻斷性克隆 (forbidden clones)，而只保留和外來抗原反應的克隆來發展自我耐受性。有些被阻斷的克隆可能會存活下來，因為它們沒有遭受耐受性的處理過程，會錯把自身分子當作抗原而攻擊帶有這些分子的組織。

免疫系統缺陷的機制 (theory of immune deficiency) 提出：(1) 一些淋巴細胞的受體基因突變使它們對自體反應；(2) 正常地維持對自體耐受的調節性 T 細胞變得功能失調。這兩方面都為自體免疫作好了準備。不正常地表現 MHC II 標記於本不會正常表現它們的細胞上，已被發現會引起其他的免疫反應對抗自體。與此一個相關的現象為，已知 T 細胞的活化會錯誤地啟動 B 細胞與自體抗原反應，此現象稱為旁觀者效應 (bystander effect)。

有一些自體免疫疾病看起來是由模仿分子 (molecular mimicry) 引起，其中的微生物抗原帶有與正常人類細胞相似的分子決定位。感染會引起與組織交叉反應的抗體產生。此為一種聲稱造成風濕性熱病理的解釋。另一個由模仿導致自體免疫疾病的可能例子是皮膚疾病牛皮癬。雖然這疾病的病因複雜並牽涉遺傳了某些類型的 MHC 同位基因，A 群鏈球菌的感染也扮演了一個角色。科學家報導 T 細胞被誘發與鏈球菌的表面蛋白反應，也會與皮膚內的角質細胞反應，引起它們的增生。基於這個理由，牛皮癬患者常報導是在鏈球菌的喉嚨感染之後突然發生。

其他的自體免疫疾病，像是第一型糖尿病和多發性硬化症，可能是由病毒感染引發的疾病。病毒會更改細胞的受器，使免疫系統來攻擊帶有病毒受器的組織。

一些研究者相信，假如不是大部分，也有很多自體免疫疾病在日後會被發現有潛在的微生物病因，一是藉由模仿分子或病毒改變宿主的抗原，一是由於在受自體免疫影響的部位中存在有尚未被偵測到的微生物。

自體免疫疾病的例子

全身性的自體免疫疾病

全身性紅斑性狼瘡 (systemic lupus erythematosus[20], SLE) 為最嚴重的慢性自體免疫疾病之一。因為在這些患者的鼻子和雙頰上覆蓋有蝴蝶狀的紅斑而命名 (圖 13.17a)，顯然古代的醫生認為紅斑類似狼咬的樣子 (*lupus* 為拉丁文的「狼」)。全身性紅斑性狼瘡的疾病表現有很多種，但是所有的患者產生自體抗體對抗很多不同的器和組織，大部分涉及的器官有腎臟、骨髓、皮膚、

---

20 *systemic lupus erythematosus* 全身性紅斑性狼瘡 (sis-tem′-ik loo′-pis air″-uh-theem-uh-toh′-sis)。拉丁文：*Lupus* 狼；*erythema* 發紅。

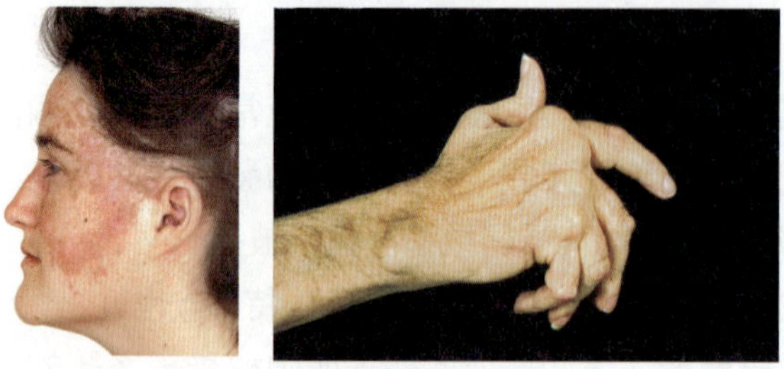

(a) (b)

圖 13.17 **常見的自體免疫疾病**。(a) 全身性紅斑性狼瘡會在鼻子、臉頰和額頭上產生顯著的紅斑症狀，而在胸部和四肢會有丘疹和斑塊；(b) 一般風濕性關節炎的標的為關節的滑膜。在慢性發炎時，滑膜會增厚，使關節軟骨受到侵蝕並融合關節，這些影響造成關節扭曲變形並嚴重限制關節的活動能力。

神經系統、關節、肌肉、心臟和腸胃道。抗體對抗細胞內的物質如細胞核的核蛋白及粒線體也為常見。

在全身性紅斑性狼瘡，自體抗體 - 自體抗原複合物，會沈積在各種組織器官的基底膜中，並引發腎臟衰竭、紅血球異常、肺臟發炎、心肌炎和皮膚潰瘍等顯著的症狀。此疾病常循環在爆發期和緩和期之間。慢性狼瘡 (稱為盤狀紅斑) 的患者，會受到暴露在紫外線照射的影響，主要是折磨皮膚。狼瘡的病因仍未完全了解，不知這種全身性的喪失自體耐受是如何發生的，儘管我們懷疑可能是經由病毒感染和抑制性 T 細胞功能的喪失，事實上生育年齡的婦女，大約占 90% 的病例，此指出懷孕期的免疫抑制可能有關。通常由症狀及合併使用血液檢驗的方式診斷全身性紅斑性狼瘡病患，常見有抗體對抗核 DNA 和 RNA 與各種組織 (利用間接性螢光抗體和輻射免疫分析技術進行檢測)。狼瘡因子 (一種抗核因子) 的陽性反應代表有疾病。在臨床上控制爆發疾病的治療，使用類固醇、甲胺蝶呤和貝利單株抗體粉劑 (Benlysta)。

類風濕性關節炎 (Rheumatoid arthritis, RA)[21]，是另一種會造成漸進性關節侵蝕的全身性自體免疫疾病。某些患者的肺臟、眼睛、皮膚和神經系統都會受到影響。類風濕性關節炎是由自體抗體的複合物與關節的滑膜結合，並活化巨噬細胞刺激細胞激素的釋放所引起。慢性的發炎會導致組織結痂與關節受到破壞。最先受到影響為手和腳的關節，接者為膝關節和髖關節 (圖 13.17b)。然而，至今還是無法理解造成類風濕性關節炎的真正原因，雖然曾經懷疑有可能是感染 EB 病毒所引起。在這個自體免疫血液檢驗中，經常可以檢測到一種稱為風濕性因子 (RF) 的 IgM 抗體，直接對抗其他抗體。雖然這不是造成此疾病的真正原因，但是還是將抗體當作臨床上的主要診斷。類風濕性關節炎比其他自體免疫疾病研發出更多種治療的藥物，包括甲胺蝶呤、TNF 抑制劑 [etanercept (Enbrel)]、阿達木單抗 (Humira)、英夫利西單抗 (Remicade)、利妥昔單抗 (Retuxan)、阿巴西普 (Orencia) 和塔西單抗 (Actrema)。這些藥劑都是用來抑制一些負責類風濕性關節炎過度反應的關鍵免疫細胞或物質。

內分泌腺的自體免疫疾病

有時，甲狀腺是自體免疫的標的。葛瑞夫茲氏症 (Graves' disease) 此疾病潛在的原因為產生的自體抗體會附著到分泌賀爾蒙甲狀腺素之囊泡細胞的受體。這些細胞不正常的刺激，引起過分產生此賀爾蒙造成甲狀腺機能亢進的症狀。橋本氏甲狀腺疾病 (Hashimoto's thyroiditis) 的自體抗體和 T 細胞皆會對甲狀腺反應，但在此例中，它們藉著破壞囊泡細胞及不活化賀爾蒙，導致甲狀腺分泌量減少，最後這些患者的結果變為甲狀腺機能低下。

胰臟及其賀爾蒙因素林胰島素是其他自體免疫的標的。第一型糖尿病 (diabetes mellitus) 為

21 *rheumatoid arthritis* 類風濕性關節炎 (roo′-muh-toyd ar-thry′-tis)。希臘文：*rheuma* 濕氣；*arthron* 關節。

一種與胰臟和胰島素相關的自體免疫疾病。這個疾病起因於胰臟中產生胰島素的 β 細胞或細胞對它的利用產生功能性障礙。這個疾病所產生的自體抗體與敏感化的 T 細胞對 β 細胞進行破壞，產生複雜的發炎反應，導致這些細胞溶解，大為減少胰島素的分泌量。在這幾年間，已經倡議第一型糖尿病與克沙奇病毒的感染有相關，其為常見的感冒和腸道性感染的原因，可能是由於模仿分子所造成。

神經肌肉的自體免疫疾病

重肌無力症是因為會造成長久的肌肉無力的症狀而命名。雖然此疾病會使所有的骨骼肌稍微運動後就感到疲乏，但首先影響的是眼睛和咽喉部的肌肉部位。有些案例顯示，此疾病會喪失肌肉的功能，甚至造成死亡。目前還尚未明白病因，但是此疾病好發於 40 歲以下的女性和 60 歲以上的男性，並且與其他的自體免疫疾病有相關的影響。造成此疾病的原因為這些自體抗體會結合乙醯膽鹼的接受器上，乙醯膽鹼是將神經衝動越過突觸連接傳導到肌肉所需之化學物質。這種免疫攻擊會造成嚴重性的肌肉細胞膜損害，導致化學物質的傳送被阻斷和肌肉麻痺。治療的藥物通常為免疫抑制劑藥物和去除循環中的自體抗體的治療。實驗上的治療使用免疫毒素破壞產生自體抗體的淋巴球，顯示有一些前景。

多發性硬化症 (multiple sclerosis, MS) 是種麻痺性的神經肌肉疾病。造成的原因為圍繞中樞神經系統白質內神經之隔離髓鞘受到損傷引起。此疾病產生的自體抗體與 T 細胞皆會破壞神經髓鞘，這種損傷會嚴重影響神經傳導的能力。主要的運動和感覺症狀為肌肉無力和肌肉產生震顫，語言和視覺困難，呈現一些癱瘓的狀態。在臨床上，大多數的多發性硬化患者為年輕的成人，他們在復發前病情會緩解，但是終其一生疾病會復發。

儘管多年的研究，仍無法得知造成多發性硬化症的真正原因，有可能是合併遺傳、暴露的環境和病毒的感染所引起。它是免疫所誘導的，但是造成攻擊神經髓鞘的抗原還不知道。有些研究檢視了腦部感染病毒的相關性，像是麻疹、疱疹和德國麻疹，但只有 EB 病毒與多發性硬化症有關聯，但在分離病毒時，卻找不出造成疾病的原因。此疾病的治療是利用口服藥物去抑制淋巴球的免疫功能，藥物包括可體松和 β 干擾素，但是所有治療此疾病的藥物全部都有影響正常免疫功能的副作用。

13.7　免疫缺陷疾病：失衡的免疫反應

免疫系統的正常發展和功能是非常不可思議的。在人類出生時，有可能發生了某種錯誤，造成免疫系統發展不全。在很多案例中，這些「大自然的實驗」已經可以對這些特定細胞、組織和器官的功能提供透視觀點，因為這些免疫缺陷患者都會表現出特定的症狀和徵兆。這些免疫缺陷顯著的影響為時常受到機緣性微生物之復發性；爆發性的感染。免疫缺陷分為兩種類型：**原發性疾病** (primary diseases) 是一出生 (先天性) 就帶有基因的錯誤，而**次發性疾病** (secondary diseases)，是後天由環境或是人工試劑造成的免疫缺失疾病 (表 13.5)。

原發性的免疫缺陷疾病

免疫缺陷會影響如成抗體產生的特異性免疫和較不特異的吞噬作用。參照圖 13.18 調查正

表 13.5 常見的免疫缺陷疾病分類及例子

原發性免疫缺陷(遺傳性)	
B 細胞缺陷 (B 細胞及抗體低於一般水平	無 γ 球蛋白血症 (X- 染色體連鎖，非性聯遺傳) γ 球蛋白低下白血症 選擇性免疫球蛋白缺陷
T 細胞缺陷 (缺乏所有類型的 T 細胞)	胸腺發育不全 [狄喬治症候群 (DiGeorge syndrome)] 慢性皮膚黏膜念珠菌病
B、T 細胞同時缺陷 (嚴重複合型免疫缺乏症)	嘌呤去胺酶缺乏症 介白素缺陷引起 X- 染色體連鎖嚴重複合型免疫缺乏症 維奧二氏症候群 共濟失調毛細血管擴張症
吞噬細胞缺陷	先天性白血球顆粒異常症候群 (Chédiak-Higashi syndrome) 兒童慢性肉芽腫 缺乏表面黏附分子
補體缺陷	缺少其中一種補體 遺傳性血管水腫 類風濕疾病
次發性免疫缺陷 (後天性)	
自然引起	感染：後天性免疫缺乏症候群、痲瘋病、肺結核、麻疹 其他疾病：癌症、糖尿病 營養不良 壓力 懷孕 老化
免疫抑制劑	輻射 嚴重燒傷 類固醇激素 (皮質素) 移植排斥反應和癌症藥物治療 脾臟摘除

常連續發展淋巴球細胞的處所，在該處可能會產生的缺陷及影響。在許多情形下，缺陷是由於遺傳的不正常，雖然對很多疾病其不正常的真正性質並不清楚。因為 B 細胞與 T 細胞的發展在同時間點分開，個體可以缺少其一種或兩種細胞，然而必須強調的是有些缺失會影響其他細胞的功能。例如一個 T 細胞缺失會因輔助型 T 細胞的角色能影響 B 細胞的功能，而在某些缺失的情形下，有問題的淋巴細胞是完全的缺失或是存在很低量，而在其他，淋巴細胞存在但功能異常。

臨床上 B 細胞發展或表現的缺失

當 B 細胞的基因缺失時，通常免疫球蛋白也會表現不正常。在某些情形下，只有某些類型免疫球蛋白會缺失；而在其他情形下，甚至所有類型的免疫球蛋白 (Ig) 的量都會降低。有一種顯著數目的 B 細胞缺陷是發生在男性孩童的 X 染色體上的隱性遺傳疾病，主要出現在 B 細胞 X 染色體 (稱為性聯染色體)。

無 γ 球蛋白血症 (agammaglobulinemia)，字義上是缺乏 γ 球蛋白，其為血清中的成分，包含免疫球蛋白。因為免疫球蛋白很少完全缺乏，有些醫生偏好用的詞為 **γ 球蛋白低下白血症** (hypogammaglobulinemia)[22]。在這些疾病的患者中，T 細胞的功能是正常的，但這些症狀通常出現在出生後 6 個月，造成復發的嚴重性的細菌感染。最常引起的細菌為化膿性球菌、綠膿桿菌屬和流行性感冒嗜血桿菌；而它們最常感染肺、鼻竇、腦膜和血液。有許多的免疫球蛋白缺失的患者會有復發性感染病毒和寄生蟲。大多數的患者呈現消瘦症狀並

---

22 *hypogammaglobulinemia* γ 球蛋白低下白血症 (hy′-poh-gem-ah-glob-yoo-lin-ee′-mee-ah)。希臘文：*hypo* 表示免疫球蛋白低下。

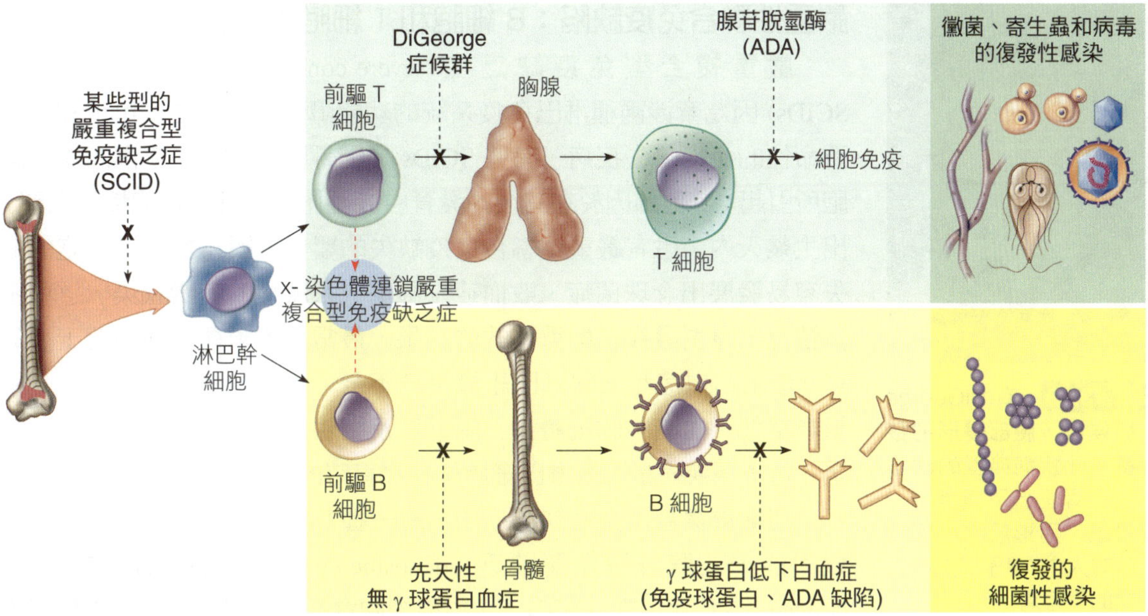

圖 13.18　**B 細胞和 T 細胞的功能和發育階段，這些細胞的功能性失調會引起免疫缺陷。**虛線代表期間引發的損傷所造成的症狀。

減少壽命，但是現代治療已改善了他們的癒後，有關此情況僅能使用的治療為使用免疫血清球蛋白的被動免疫和抗生素的連續治療。

缺少特定類型的免疫球蛋白是相對常見的情況。雖然是由基因調控，但機制仍然是未知的，大約每 600 就有 1 位是 IgA 缺失的病人，此為免疫球蛋白缺失最常見的類型。雖然這群人擁有正常量的 B 細胞和其他的免疫球蛋白，但是他們無法合成 IgA，所以當他們被局部的微生物侵襲黏膜時，缺乏保護來對抗，因而遭受呼吸道和腸胃道的復發性感染。此症狀無法使用替代性的免疫球蛋白治療方法，因為常規的免疫製劑 IgG 而非 IgA 之含量太高。

臨床上 T 細胞發展或表現的缺失

因為 T 細胞是免疫防禦的重要角色，當其基因缺失時，會引發廣泛性的疾病，包括嚴重性的機緣性感染、消瘦和癌症。事實上，因為輔助型 T 細胞為輔助大部分特異性的免疫反應之所需，所以 T 細胞的功能喪失比 B 細胞來得可怕，而這些缺失可延著發育範圍發生在任何地方，從胸腺到成熟循環的 T 細胞。

胸腺不正常的發育　最嚴重的 T 細胞缺失與胸腺的先天性缺乏和不成熟有關。造成胸腺發育不全或 DiGeorge 症候群的原因是在胚胎時期第三和第四的咽囊發育失敗，大部分例子在第 22 對染色體上發生刪除變異所引起。這些發育不全的胸腺和細胞調節的免疫缺失，會造成孩童極易受到黴菌、寄生蟲和病毒的感染。常見的，通常始孩童期的感染如水痘、麻疹或腮腺炎會對孩童造成爆發性的影響，甚至有可能致命。即便施打減毒微生物疫苗還是有危險性。胸腺發育不正常也會產生其他的後果，包括生長的減緩、身體消瘦、臉部變形和增加淋巴癌的發生率 (圖 13.19)。而這些孩童體內的抗體量較低，不能排斥移植。主要的治療是移植胸腺組織。

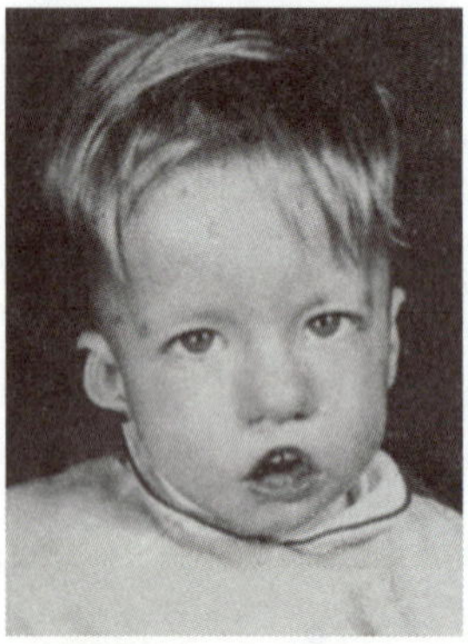

圖 13.19 **有 DiGeorge 症候群，臉部變形的孩童。**此疾病典型的缺陷包括耳垂低下與變形、斜眼、弓形般的小嘴和沒有人中 (鼻子與上唇之間的垂直溝)。

嚴重性聯合免疫缺陷：B 細胞和 T 細胞的功能喪失

嚴重複合型免疫缺乏症 (severe combined immunodeficiencies, SCIDs) 因為牽涉兩種淋巴免疫系統的功能障礙，所以是最可怕和潛在致命性的免疫缺失疾病。有些 SCIDs 是因骨髓內完全缺乏淋巴球幹細胞所引起；其他歸因於在其後的發育中 B 細胞和 T 細胞功能性的失調。出生幾天內，患有嚴重性聯合免疫缺失的嬰兒，因為體內 T 細胞的缺失容易發展出念珠菌症、敗血症、肺炎或系統性的病毒感染。這些不良情況，會引發幾種嚴重型式的結果，最常見的兩種類型為瑞士型的無 γ 球蛋白血症和胸腺淋巴組織發育不全，所有類型的淋巴球細胞數量非常低、血液中的抗體大為降低以及胸腺和細胞誘導的免疫發育不全。這兩種疾病是因為淋巴細胞株在發育時的遺傳缺陷。

在嚴重複合型免疫缺乏症中，有一種較罕見的自體隱性缺乏腺苷代謝能力的腺苷脫氫酶缺乏 (adenosine deaminase deficiency 或 ADA deficiency) 疾病。在此疾病下，淋巴細胞會發育，但代謝產物累積到不正常的濃度，並選擇性地破壞細胞。患有 ADA 缺乏的嬰兒很容易受到復發性的感染和嚴重性消瘦所引起的典型缺陷。少數造成此 SCID 疾病的原因，是因為在 B 細胞和 T 細胞上的接受器發育缺失所引起。大約每 50,000 至 100,000 名新生兒就有一名患有與 X- 染色體連鎖的介白素受體缺陷的問題，這也是被隔離在「塑膠囊泡」空間內的大衛 (圖 13.20) 之疾病原因。我們為大衛的生活感到非常的心痛，但他也提供了一個從前不可能的方式來研究和了解此病。其後的研究發現，他遺傳了一個缺陷基因，其負責幾種介白素受體內的重要分子。這阻礙 T 和 B 細胞接收訊息以控制生長、發育及回應。因為細胞毒殺和體液性免疫受到阻斷，使得身體容易遭受感染和癌症。

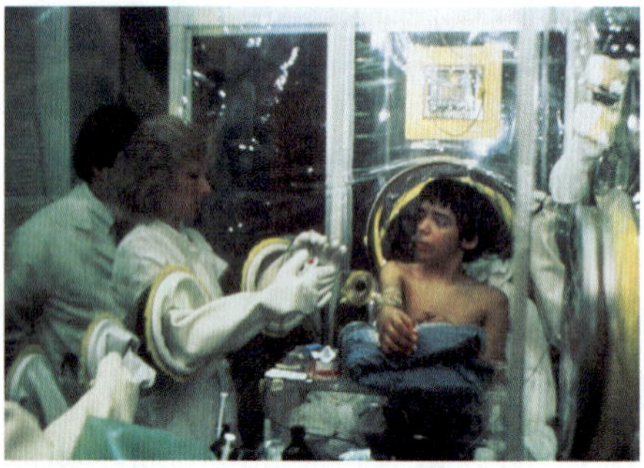

圖 13.20 **回答大衛之謎。**大衛・維特是最著名的複合型免疫缺乏症孩童，除了生命結束前兩週，一直都住在無菌環境中，以便與可能很快會結束他生命的微生物隔離。當時大衛 12 歲，他的主治醫師們利用他姐姐的骨髓為他進行骨髓移植手術，但是在骨髓中卻帶有人類疱疹 (Epstein-Barr) 病毒。因為他缺乏對致癌病毒的保護免疫功能，所以癌症很快擴散到他的全身。

在這些 SCID 的孩童中，因為遺傳基因的缺陷，使他們無法產生特異性的適應性免疫力，所以只能用嚴格的無菌技術空間保護他們，避免機緣性感染。與其置身於無菌塑膠囊泡的空間內，現今為了長期存活的選擇方法為自一個相容性捐贈者早期替換病人體內失調的淋巴幹細胞。有些嬰兒由胎兒肝臟或幹細胞移植獲益。雖然相容骨髓移植治癒此病之成功機率大約為 50%，但是移植後，還是有可能引發移植物對抗宿主的疾病。而一些 ADA 缺陷患者的情況，可以透過週期性輸入含大量正常酵素的血液之方式，獲得部分的改正。現在所有類型的 SCID 患者都可以利用基因的治療方式，達到持續性的治療。至今為止，醫學遺傳學家已經治癒了 20 位 SCID 的孩童患者，是透過基因治療的方式，插入正常基因取代缺失的基因。

次發性免疫缺陷疾病

造成 B 細胞和 T 細胞次發的後天性缺失主要的四個原因：(1) 感染；(2) 器官性的疾病；(3) 化療；(4) 放射線。

經由感染產生的免疫缺陷疾病，最知名的為後天性的免疫缺陷症候群 (acquired immunodeficiency syndrome, AIDS)。此症狀的引起是當好幾類型的免疫細胞如輔助型 T 細胞、單核球、巨噬細胞和抗原呈現細胞被人類免疫缺陷病毒 (HIV) 感染時。人們普遍認為，輔助型 T 細胞的缺失和免疫反應功能障礙，最終引發癌症和伴隨此病的機緣性寄生蟲、真菌與病毒的感染 (見第 22 章，HIV 和 AIDS 的論述)。其他像是結核病、痲瘋病和瘧疾的感染，也會引發免疫耗損的反應。

以骨髓和淋巴器官為標的之癌症，使體液性和細胞免疫產生極嚴重的無功能。白血球癌為大量癌細胞競爭性地占據空間取代骨髓和血液內的正常細胞。漿細胞瘤會產生大量的非功能性抗體，而胸腺瘤，造成嚴重性的 T 細胞缺失。

13.8　癌症相關的免疫系統功能

癌症 (cancer) 一詞來自於拉丁文，意指蟹指附肢狀突起，如散布的腫瘤發展。癌症界定為不正常細胞的新生。癌症也可被稱為是腫瘤 (neoplasm)[23] 的同義詞，或更具特異性的名詞就是其英文字尾通常是 -oma。腫瘤學 (Oncology)[24] 是指專注在癌症上的醫學領域。

不正常的細胞生長或瘤，一般區分為良性或惡性。良性腫瘤 (benign tumor) 會自我包含在生長的器官中，但並不會擴散至其他鄰近的組織。良性腫瘤通常是緩慢地生長，圓形的，與它來源的組織並沒有太大的差異。良性腫瘤通常不會導致死亡，除非長在重要的空間如心臟瓣膜或腦室。最能區別惡性腫瘤 (malignant tumor) 的特徵是 (癌症) 在正常組織中，非控制性地生長不正常的細胞。一般來說，癌症起源於像皮膚或骨髓細胞類的細胞保留不斷分裂的能力，而成熟的細胞 (例如：神經細胞) 失去分裂的能力，通常不會產生癌化現象。

最近研究發現，癌症與基因損傷或承繼遺傳的前置因子有關，這些因子改變某些稱為癌基因的基因功能，所有細胞正常存在有此種基因。這些基因改變破壞正常的細胞週期，使細胞轉形 (transform) 為癌細胞。癌細胞的發育包含很多複雜的，在基因、它們的產物和細胞所接收的外來訊號之間的相互作用。事實上，至少要由 8 種不同的缺陷基因才能夠導致結腸癌，且幾乎許多與乳癌有相關。

其實許多癌症相關的疾病都與遺傳有關。過去的研究發現，至少有 30 種腫瘤疾病與家族性遺傳有相關。但令人驚訝的是，有些動物的癌症是由內生性的病毒基因透過交配後傳給子代所引起，而也有許多的癌症是由遺傳和環境因子所造成的。例如肺癌主要是因為抽菸造成，但並不是所有的肺癌患者都是因為抽菸而引起，也不是所有的肺癌患者抽菸。

到底免疫系統在控制癌症上演什麼樣的角色？有一種觀念容易解釋檢測和消除癌細胞，就是免疫監控 (immune surveillance)。許多專家認為具有癌細胞潛能的細胞不斷在體內生長，但是

---

23 *neoplasm* 腫瘤 (nee′-oh-plazm)。希臘文：*neo* 新的；*plasm* 形成。

24 *oncology* 腫瘤學 (awn-kaw′-luh-gee″)。希臘文：*onkos* 癌症。

免疫系統通常發現它們並予破壞，因此維持癌症的檢查監控。哺乳動物的實驗很多證實，細胞誘導的免疫其組成分與腫瘤及其抗原相互作用。操作監控和破壞腫瘤細胞的主要細胞類型為細胞毒殺型 T 細胞、自然殺手細胞 (NK) 和巨噬細胞，似乎是這些細胞藉由辨認腫瘤細胞上不正常的或外來的表標記並藉由圖 13.16 的機制破它們。抗體藉由與巨噬細胞及自然殺手細胞的相互作用，幫助破壞腫瘤。免疫系統參與癌症細胞的破壞已經啟發了特殊的治療。

我們如何根據強力抗癌的防禦範圍說明癌症的共通性？某種層面上，此答案是簡單的，如同針對感染，免疫系統可能失敗也的確失敗。在某些例子，癌症可能不具足夠的免疫刺激性，它保留自體標記且不會被監控系統列為標的。在其他的例子，腫瘤抗原可能突變逃避偵測。如我們早期所見，患有免疫缺陷如 AIDS 和 SCID 之病人，較易罹患各種癌症，因為他們缺乏重要的 T 細胞或細胞毒功能。可能大部分的癌症與某種的免疫缺陷有關，即使是一點點或暫時性的一種。

令人諷刺的是，在保命治療程序，可能會抑制病人的免疫系統。有些預防 T 細胞造成的移植排斥所使用的免疫抑制藥物也會抑制有益的免疫反應。雖然放射治療和抗癌藥物為第一線治療很多類型癌症的方法，但是這兩種治療方法，會導致患者的骨髓和體內其他的細胞受到破壞。

第一階段：知識與理解

這些問題需活用本章介紹的觀念及理解研讀過的資訊。

選擇題

從四個選項中選出正確答案。空格處，請選出最適合文句的答案。

1. 花粉是屬於哪一類型的過敏原？
   a. 接觸性　b. 攝入性
   c. 注入性　d. 吸入性
2. B 細胞參與哪種過敏反應？
   a. 哮喘　b. 過敏性休克
   c. 結核菌素反應　d. a 和 b 兩者
3. 哪種過敏反應需要 T 細胞參與？
   a. 第一型　b. 第二型
   c. 第三型　d. 第四型
4. 接觸過敏原而產生的症狀稱為？
   a. 致敏化劑量　b. 去顆粒化劑量
   c. 誘發劑量　d. 去敏感化劑量
5. IgE 的產生及肥大細胞去顆粒化參與哪個反應？
   a. 接觸性皮炎　b. 過敏性休克
   c. 亞瑟氏反應　d. a 和 b 兩者
6. 直接導致過敏症狀是什麼被活化？
   a. 過敏原直接在平滑肌上
   b. 過敏原在 B 淋巴細胞上
   c. 肥大細胞和嗜鹼性細胞釋放過敏介質
   d. IgE 在平滑肌上
7. 理論上，________型血可以捐贈給所有人，因他缺乏________。
   a. AB，抗體　b. O，抗原
   c. AB，抗原　d. O，抗體
8. 何者為第三型免疫複合體疾病？
   a. 血清病　b. 過敏性休克
   c. 移植排斥　d. 過敏性體質
9. 第二型超敏反應的起因為：
   a. IgE 與肥大細胞反應
   b. T 細胞毒性活化
   c. IgG 過敏原複合物在上皮組織形成
   d. 抗體存在時複合物引起細胞溶解
10. 自體抗體的產生是由於？
    a. B 細胞禁止克隆的產生
    b. 產生抗體對抗隔離組織
    c. 接受器感染引起變化
    d. 以上皆是
11. 類風濕性關節炎是一個________影響________。
    a. 免疫缺陷疾病，肌肉
    b. 自體免疫疾病，神經
    c. 過敏，軟骨
    d. 自體免疫疾病，關節

12. 何者為陽性結核菌素皮內測試？
    a. 延遲型過敏　b. 自體免疫
    c. 急性接觸性皮炎　d. 濕疹
13. 接觸性皮炎是如何發生？
    a. 花粉粒　b. 皮膚吸收化學物質
    c. 微生物　d. 食物的蛋白
14. 哪種疾病與 AIDS 是相同病理？
    a. x 染色體連鎖無 γ 球蛋白血症
    b. SCID
    c. ADA 缺乏症
    d. DiGeorge 症候群
15. 正常組織中癌症細胞不正常生長的特性稱為？
    a. 細胞毒性　b. 突變
    c. 良性　d. 惡性腫瘤
16. 什麼原因導致免疫系統參與癌症的產生？
    a. 免疫監控失調
    b. T 細胞毒性突變
    c. 自體抗體形成
    d. 環境化學物質過度反應

申論挑戰

每題需依據事實，撰寫一至兩段論述，以完整回答問題。「檢視你的進度」的問題也可作為該大題的練習。

1. 比較第一型 (過敏性) 與第四型 (遲發型) 過敏反應其機制、症狀、誘發因子和過敏原。
2. 為何 Rh 陰性母親會產下 Rh 陽性胎兒？
3. 為何溶血性輸血反應被認為是超敏反應？
4. 描述三個環境可能產生抗體去對抗自身組織。
5. 說明為何人類自體免疫可以發展抗體對抗外來物質 (細胞核、粒線體和 DNA)。

觀念圖

在 http://www.mhhe.com/talaro9 有觀念圖的簡介，對於如何進行觀念圖提供指引。

1. 運用右方文字建構自己的觀念圖，寫出每一對觀念之間連接文字。

溶解的細胞	過敏原
去顆粒釋放介質	細胞結合的抗體
免疫複合物	處理的抗原
因 T 細胞受損	可溶性抗原

第二階段：應用、分析、評估與整合

這些問題超越重述事實，需要高度理解、詮釋、解決問題、轉化知識、建立模式並預測結果的能力。

批判性思考

本大題需藉由事實和觀念來推論與解決問題。這些問題可以從各個角度切入，通常沒有單一正確的解答。

1. 舉出過敏原可能產生的生理效益。
2. 三週大新生兒產生嚴重濕疹，在第一時間以青黴素治療。說明發生什麼事。
3. 為什麼有人吃了草莓後產生過敏反應，但是在皮膚試驗時卻沒有產生反應？
4. a. 抗組織胺藥物、皮質醇及去敏感作用如何作用在第一型過敏原？
   b. 比較 montelukast (Singulair) 及 omalizumab (Xolair) 的作用部位。
5. 雖然我們都說 O 型血是萬能的捐贈者，而 AB 型血是萬能的接受者，但 O 型捐贈者或 AB 型接受者在輸血過程中，可能產生哪些問題？
6. 說明乾淨的生活和醫療的進步如何導致過敏。
7. 為何 Rh 陰性孕婦免疫對抗 Rh 因子而需人工流產或子宮外孕？
8. 如何預防對毒橡樹產生過敏？感染過敏的基礎是什麼？
9. 為何原發性免疫缺陷又稱為「自然界的實驗」？
10. a. 說明為何嬰兒患有無 γ 球蛋白血症。
    b. 說明為何 B 細胞缺陷對人工被動免疫療法是有益的。說明疫苗接種是否有作用。
    c. 說明為何 T 細胞缺陷通常比 B 細胞缺陷導致更嚴重的影響。
11. 癌症可能以何種方式成為免疫缺陷的原因及症兆？

視覺挑戰

1. 見圖 12.8。說明這現象如何與過敏有關。

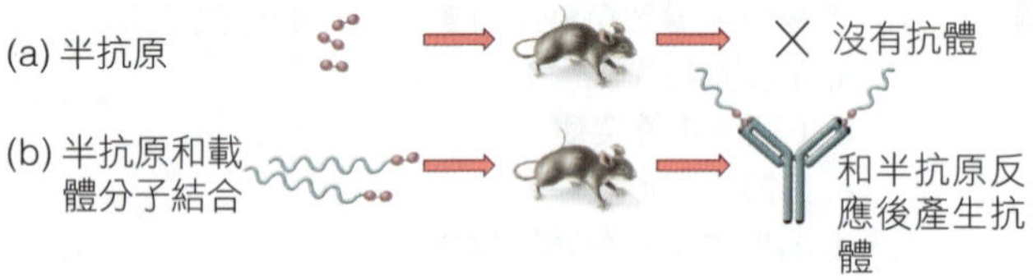

2. 血液分型結果觀察如下，請寫出各為何種血型，包括 Rh 型。哪種血型最常見及最罕見？

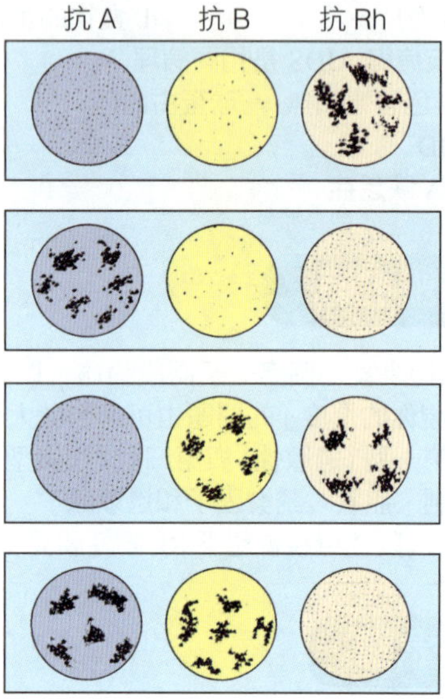

第 14 章　鑑定致病原及診斷感染原的過程

像小型的香腸，這些細菌 (13,000 倍) 是海鮮中導致食物中毒的主要原因。

甲殼類經常藏匿致病性弧菌。

14.1　臨床微生物學概論

第 15 到 22 章概述臨床常見的主要細菌、黴菌、寄生蟲及病毒疾病。這些章節涵蓋流行的感染情況、致病的物種以及一些診斷要素。籌備這些章節時，我們介紹鑑定及診斷試驗上的基本背景資訊。綜觀來說，大多數適合特定族群較細部的檢驗在較後面的章節介紹，其中包含個別的致病微生物的討論。

對許多微生物學的學生及教授來說，較迫切的主題是在檢體或培養時如何鑑定未知的微生物。強調方法學的微生物學家過去利用三種主要分類將細菌鑑定至屬及種的層次：表現型 (phenotypic)，包含形態學的考量 (顯微鏡及肉眼所見)，也就是細菌的生理學和生化學；免疫型 (immunologic)，指分析血液或血清；及基因型 (genotypic) 遺傳技術。

這些檢驗交叉比對後的結果能給予各個分離物一個獨有的特性資料。在鑑定細菌上越來越多單獨使用基因型作為鑑定細菌的資源。隨著普遍使用的微生物基因特性資料庫越臻完備，與過去十年相比，現在這種分析類型提供更正確、快速鑑定微生物的方法。然而，仍有許多生物體需要仍必須經由傳統的生化學、血清學及形態學方法鑑定。血清學對許多疾病來說是可信賴的步驟，且因快速且經濟實惠，至今仍喜愛用來篩檢大量人口。在此強調的初步方法是表現型、血清型及基因型分析。更多鑑定細菌的方法可參考附錄 C。

☞ 表現型方法

顯微鏡形態學

有助於鑑定細菌的特徵綜觀細胞形狀及大小，革蘭氏染色、抗酸染色及特殊的結構，包含內胞子、顆粒及莢膜。電子顯微鏡研究更多極小的結構特徵 (像是細胞壁、鞭毛、線毛、菌毛)。

顯微鏡分析也被用來分析檢體在培養前的品質，這通常能縮小致病原範圍到細菌、黴菌或原蟲。

肉眼形態學

肉眼可見的特徵在診斷上也非常有用，包含生長外型、涵蓋質地、大小、形狀、菌落色素、生長速度及對特定選擇性和分離培養基的反應。

生理學 / 生化學特徵

這些曾是傳統細菌鑑定的主幹。細菌的酵素及其他生化特性尚可信賴且在每一個物種的化學鑑定上穩定的表現。目前存在數十種診斷方法能偵測特定酵素的表現且獲悉營養物及代謝活性。例如：醣類醱酵試驗；能消化或代謝複雜的聚合物像是蛋白質或多醣類；氣體的製造；過氧化氫酶、氧化酶及脫羧酶等酵素表現；對抗生素的敏感性。特異性的快速鑑定檢驗系統能記錄培養時主要的生化反應，使資訊蒐集更為精要。

☞ 基因型方法學

檢驗它自己的基因物質在鑑定及分類細菌上是革命性的進展。在方法可行時，基因型方法學較表現型有許多優點。最大的優點是有時培養細菌是非必要的。近幾十年，科學家了解到比起我們能在實驗室生長的微生物有更多是無法生長。另一個優點是基因型方法越來越自動化，結果取得非常快速，常常較表現型方法更精準。

☞ 免疫學方法

細菌及其他微生物的表面分子 (稱為抗原) 能夠被免疫系統所辨識。針對抗原的一種免疫反應是製造能緊密結合抗原的抗體。抗體反應的特性能夠經由血液 (或其他組織) 的檢體確定。若表現可疑的致病原特異性抗體被高度懷疑是感染，這通常較檢驗微生物本身更簡單，特別是在病毒感染的案例。多數 HIV 檢驗個人的血液是否表現病毒的抗體。以此為基礎的實驗室檢驗套組能快速鑑定一些致病原。這些方法在第 14.4 節有更詳盡的介紹。

☞ 追蹤感染原：檢體的採集

姑且不論診斷方法，檢體的採集是引導每個醫療團隊成員在健康照護決策上的常見要點。事實上，鑑定及治療的成功取決於如何採集、處理及保存檢體。檢體的取得可經由臨床實驗室的科學家、醫檢師、護士、醫生，甚至是病患自己。然而，基本的無菌操作是非常重要的，包含無菌的檢體保存容器及其他避免環境或病患污染的工具。圖 14.1a 繪製最常見的採檢位置及過程。

在常在菌叢的位置上，應採集來自被感染位置而非周圍部位的檢體。有一種常見採集系統的類型是無菌的棉棒傳輸管 (圖 14.1b)，能用來採檢、運輸及保留檢體原始的狀態。當利用棉棒採集喉嚨及鼻咽部位的檢體時，棉棒不應該接觸舌頭、臉頰或唾液。唾液是最不想要的污染，因為它每毫升含有數百萬的細菌，多數是常在菌叢。痰液是黏液型的分泌物覆蓋在下呼吸道表面，特別是肺臟，必須經由咳嗽排出或是經由導管取得以避免唾液污染。皮膚應依受傷的特徵情況，經由棉棒或是外科用手術刀刮取底層。黏液覆蓋的陰道、子宮頸或尿道能經由棉棒或是採檢棒採檢。

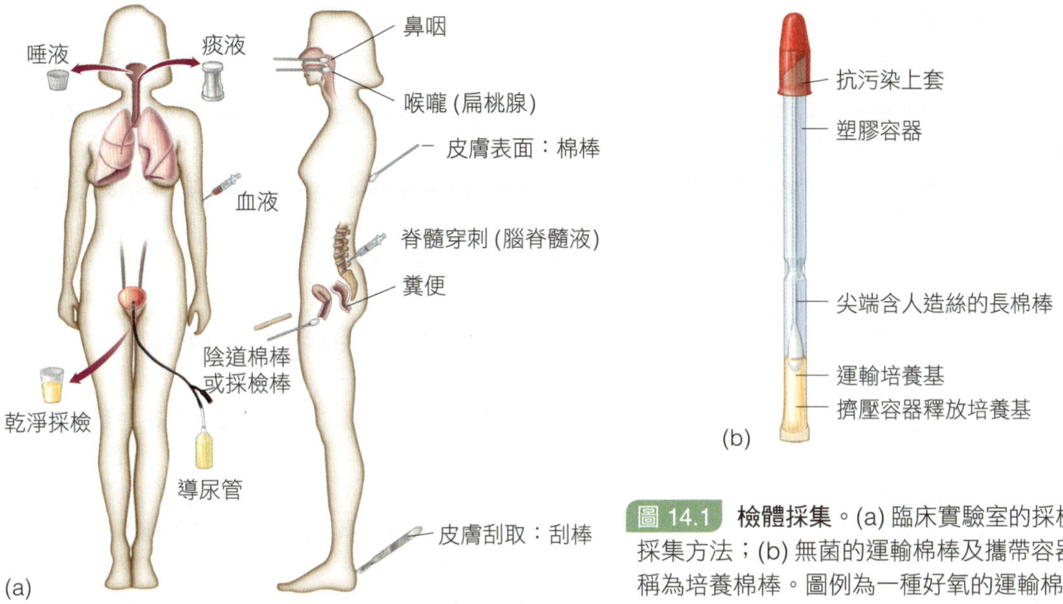

圖 14.1 **檢體採集**。(a) 臨床實驗室的採檢部位及採集方法；(b) 無菌的運輸棉棒及攜帶容器一有時稱為培養棉棒。圖例為一種好氧的運輸棉棒。

無菌尿液的採集會利用一種稱為導尿管的細管。另一種方法稱為「乾淨採檢」，是經由清洗尿道外部後採集中段尿液。後面的方法無可避免的在檢體納入一些常在菌叢，但這些通常能與實際感染的致病原區分。一些診斷技術則需要第一段的「污染採檢」尿液。

無菌的物質像是血液、腦脊髓液及組織液必須經由無菌的針頭抽取。在這些例子中穿刺部位的消毒是非常重要的。其餘檢體來源像是陰道、眼睛、耳道、鼻腔會 (皆以棉棒採集) 以及手術移除的患部組織 (組織切片)。

在適當的採檢後，檢體應迅速運送到實驗室，若要等待一段時間，則應適當地加以保存 (通常是冷藏)。特別是非無菌的檢體，例如尿液、糞便及痰液，在室溫下特別容易敗壞。在檢體中過度繁殖的常在菌叢會干擾致病原的分離，也可能改變細胞的組成比例，使得後續分析更加困難。許多運輸裝置含有無養份的保存培養基 (因此微生物不會生長)，這是一種緩衝溶液系統，視需求提供有氧或是無氧的環境，以維持需要氧氣或被氧氣破壞的微生物。

檢體採集指南的整理見表 14.1。

檢體分析的特殊考量

在檢體分析的途徑有 (1) 顯微鏡、免疫學或基因型特徵直接檢驗能提供立即性的線索用來鑑定檢體中的微生物；(2) 用常規或特殊方法培養、分離。鑑定致病原通常耗時數天才有結果 (圖 14.2)。

多數檢驗結果分成兩大類：推測假定的數據，以及更特異且可用於確認的數據，前者將分離出的微生物做初步分類，像是屬；後者則提供更多確認證據至種的層級。某些試驗對某一群細菌來說更為重要。分析時間從數分鐘的鏈球菌性的喉嚨痛至數天的結核桿菌分析都有。

某些疾病不需由檢體鑑定出微生物即可診斷。病患血清的血清學試驗能偵測抗體反應的徵兆。相隔數天分別採集檢體，可看抗體效價是否上升，如此就能夠釐清陽性的檢驗結果是正在感染或曾經感染。皮膚試驗能夠精確鎖定微生物引起的遲發型過敏反應，亦能用來篩檢大眾經

表 14.1 檢體採集指南 *

檢體種類	採集方法	評論
皮膚或膜膿瘍或褥瘡潰瘍	無菌棉棒表面清創；利用無菌針頭及針筒吸取液體	組織檢體的汲取傾向使用棉棒，轉移到厭氧的運輸系統
厭氧培養	採集表面之下較深層的組織，使用無菌針筒	檢體必須避免接觸空氣，立刻轉移到實驗室厭氧系統
血液	碘液消毒皮膚；使用真空或細菌血液收集管	立刻接種到血液培養瓶
骨髓	準備手術切位；用特殊針頭抽取檢體	多數檢體來自胸骨或腸脊骨；置於血瓶培養
腦脊髓液	從腰椎穿刺無菌取出腦脊髓液	將腦脊髓液置於無菌管；避免冷藏；立刻送到實驗室處理
糞便	將小量檢體置於滅菌容器，上蓋後運送	冷藏的檢體能保存 1 小時；培養主要是排除腸道病原；特殊試劑套組能偵測原蟲的囊體和營養體以及腸道蠕蟲的卵及幼蟲
生殖道 / 尿道	子宮頸黏液的無菌棉棒；棉棒拭過尿道膜或插入空腔後扭轉	直接置於選擇性培養基及含高量二氧化碳的環境中或利用厭氧的運輸棉棒系統採集；立刻檢驗
下呼吸道	讓病人咳嗽以鬆散黏液並咳出膿痰後吐到無菌杯運送	病患需在採樣前刷牙及漱口。若咳嗽無效，讓病患吸入氣霧機的無菌生理食鹽水誘導痰液
上呼吸道	清潔並清創口腔腔膜；劇烈擦拭傷處；喉部培養檢體由擦拭後部的咽喉、扁桃腺及發炎處採集	自感染部位汲取組織為佳；喉部檢體主要檢驗鏈球菌；特別要求才會培養其他喉部致病原 (病毒除外)；需特別注意避免正常組織及唾液污染
尿液 (兩種方式)	採集乾淨中段尿後，置入無菌容器	清理外陰道，分離開陰唇 (女性) 或後拉包皮 (男性) 並排尿一小段時間，隨後採集 100~200 毫升檢體 (中段尿)；未立刻檢驗的檢體需冷藏
	膀胱置入無菌導尿管採檢；尿液被導入無菌容器	清潔並潤洗尿道開口；膀胱感染僅能使用檢體導尿管採檢；患者在置入導尿管後通常會有微生物存在膀胱

* 更詳盡的檢體採集和保存方法，請搜尋 http://www.medicine.uiowa.edu/path_handbook/Appendix/Micro/mi 和 http://www.dshs.state.tx.us/LAB/bac_guidelines.shtm#guidelines.

常性暴露的感染原，像是德國麻疹或結核。

微生物學正經歷檢驗方法選擇的極大改變時期。臨床微生物學的實驗室檢驗方法受到費用、特殊材料及設備的取得以及建立訓練的限制。

14.2 表現型檢驗方法

立即性的檢體直接檢驗

直接用顯微鏡觀察新鮮或是染色的檢體是決定推測結果或確認特徵最快速的方法之一。最常用於細菌的染色是革蘭氏染色以及抗酸染色 (見圖 16.15)。對許多種族來說，這些普通的染色是有用的，但它們不適用於某些特定生物。對這些微生物來說，直接螢光抗體檢驗能藉由標記抗體而突顯其在顯微鏡下的存在 (圖 14.3)。直接螢光抗體試驗特別有用於細菌，像是梅毒螺旋

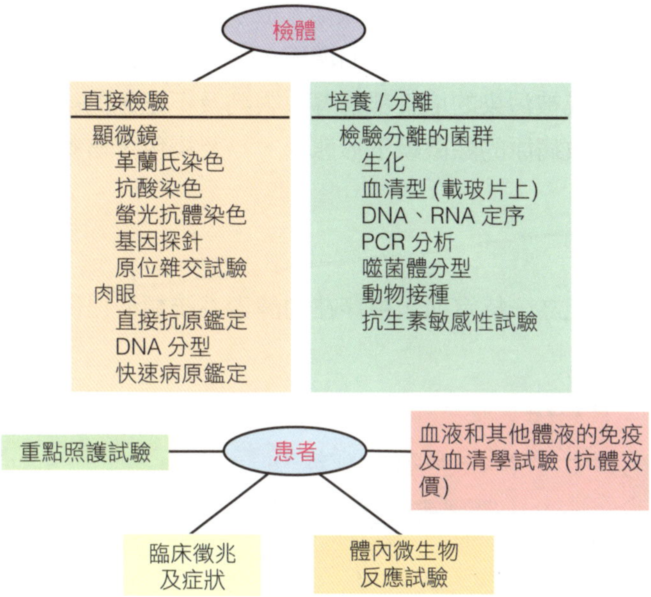

圖 14.2 檢體分離及鑑定流程。

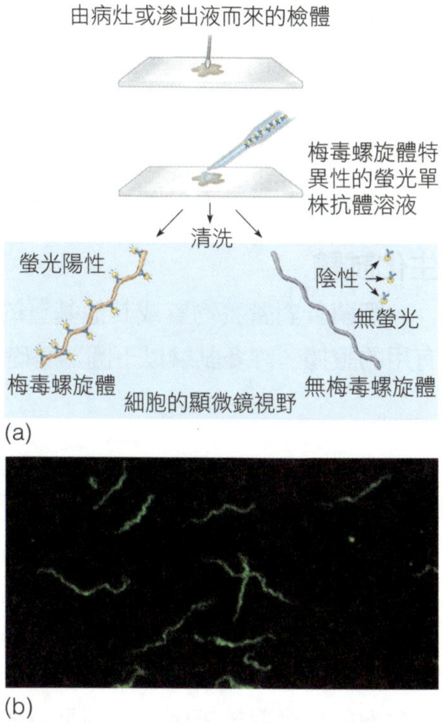

圖 14.3 直接螢光抗體試驗。(a) 圖中為梅毒螺旋體 (*Treponema pallidum*，俗名 syphilis spirochete) 和無關的螺旋體；(b) 梅毒患者的下疳透過紫外光顯微鏡觀察到許多螢光螺旋體。

體，因它們不易在實驗室中進行培養。

另一種分析檢體的方法是直接抗原檢驗。這項技術與直接螢光抗體檢驗相似，是用已知的抗體去鑑定細菌分離株的表面抗原。但是直接抗原檢驗的結果能直接用肉眼判讀 (見圖 14.8b)。快速的試劑套組大為加速金黃色葡萄球菌、鏈球菌群、奈瑟氏淋病雙球菌、流感嗜血桿菌、奈瑟氏腦膜炎球菌以及沙門氏桿菌的臨床診斷速度。然而當檢體中的微生物含量稀少，直接檢測的效能較低，欲鑑定出來則需要更敏感的方法。

檢體的培養

分離培養基

有非常多樣化的培養基可以用來分離微生物，因此根據檢體的特性預先的選擇是有必要的。當樣品含有如此少數的致病原，以致於它可能輕易錯失掉或過度生長，檢體通常會培養在滋養培養基，能夠將致病原擴增。例如，弧菌喜歡在含有 1~2% 鹽類的生長環境，又如糞便、黏液或尿液的檢體則具有較多及較多樣化的細菌，會利用選擇性的培養基來促進標的微生物生長外，還可抑制正常微生物菌群的生長。這些培養基具有中度的抑制效力，像是單純生長革蘭氏陽性或革蘭氏陰性菌的培養基，或者是具有高度抑制性且可促進特定單一群或種之細菌生長的培養基。舉例來說，一種用於篩選臨床檢體的培養基僅能培養李斯特單胞菌，它含有六種選擇性因子，其中三種是抗生素。這些培養基具有能夠快速經由單一步驟就選出標的致病菌的好處。

在多數的案例中，檢體常被培養在鑑別型培養基，這些培養基能夠界定出病原的特性如在血液中反應的特徵 (血液瓊脂培養基) 及其醱酵型式 (甘露醇鹽類以及麥康凱瓊脂培養基)。病患的血液通常被培養在特殊的液態培養基，能夠針對生長做週期性採樣。很多其他檢體分離、鑑別及生化反應的培養基在第 2 章介紹。為使下一步的鑑定盡可能的準確，從分離菌落或單一菌落純培養等所有工作都必須完成，因為混合的或被污染的培養都會導致誤判及不正確的結果。從這類分離菌落中，臨床微生物學家能夠得到致病原的顯微鏡下形態學，以及染色、培養的外觀、運動性、氧氣需求以及生化特徵等資訊。

生化試驗

細菌針對營養物質或其他基質的生理反應能為一特定種類中存在的酵素系統類型提供間接有用的證據。許多試驗以下圖為基礎：

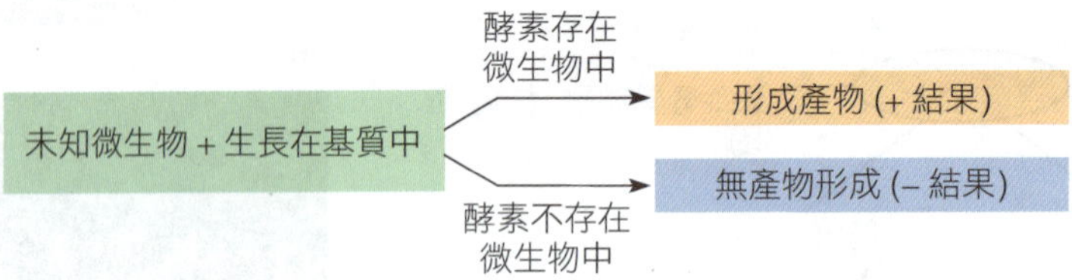

此微生物在含特殊受質的培養基中培養，接著檢驗特定的最終產物。最終產物的出現顯示該酵素會在該物種中被表現出來；若無產物則表示缺乏在該特定方式中使用此受質的酵素，這些類型的反應對於細菌來說別具意義，這些細菌含單套並且通常為了使用供給的營養而表現它們的基因。

主要的生化反應是醣類醱酵反應 (產酸或產氣)；幾丁質、澱粉以及其他多聚體的水解反應；過氧化氫酶、氧化酶以及凝固酶的酵素作用；以及許多代謝反應的副產物。很多在快速縮小版的系統進行，在每一個小杯或每個區塊能同時決定多達 23 種特徵 (圖 14.4)。還有重要的加分作用是，複雜的生化反應圖譜易適應於電腦化的分析。

鑑定細菌常用的圖譜多少為人工的但是方便，它們建立在簡易判讀的基礎上。像是運動性、氧氣需求、革蘭氏染色反應、形狀、是否產生孢子以及多樣化的生化反應。利用以下的流程 (圖

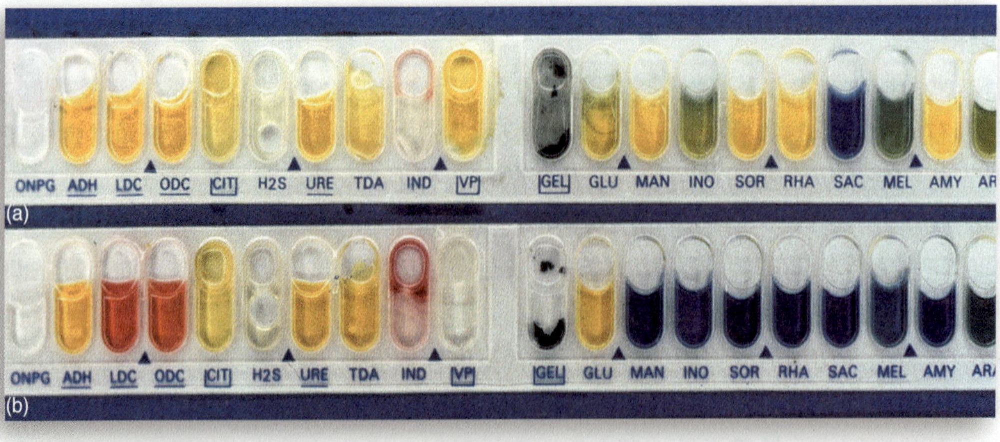

圖 14.4 **快速鑑定試驗**。API 20E 手工操作微生物鑑定的生化試驗。每個小杯接種了細菌培養後，將此長條孵育幾個小時。此橫切面圖示的生化試驗足以用來分離許多常見的細菌族群；(a) 20 種試驗呈現陽性的結果；(b) 同樣的試驗呈現陰性的結果。

14.5)，或提供成對的相反特徵來進行鑑定 (例如陽性或陰性)。最終，符合特殊特徵組合的屬或種會出現。

多樣化的試驗

在許多情況，形態學及許多生化試驗並非確定的或相關聯，通常需要其他方法做輔助。

以細菌為宿主的病毒稱為噬菌體，對菌種或菌株的特異性很高。利用病毒對宿主的選擇在鑑定細菌上非常有用，主要是葡萄球菌以及沙門氏桿菌。噬菌體分型的鑑定技術包含接種細胞於培養盤上，按圖示放置於方塊中且每一方塊用於一個不同噬菌體。溶解的細胞對應較透明的區塊指出對此噬菌體具有敏感性，噬菌體分型主要用來追蹤流行病的細菌菌株。

動物也需用於培養細菌，像是痲瘋桿菌以及梅毒螺旋菌，此外鳥類胚胎以及細胞培養可用來培養立克次體、披衣菌以及病毒。接種動物通常用來測試細菌或黴菌的毒性。

抗生素敏感性試驗不僅對於用藥非常重要 (見圖 9.18)，其敏感性圖譜亦可用來推測鑑定某種鏈球菌、假單胞菌以及梭狀芽孢桿菌。抗生素也使用在許多培養基中作為選擇性的試劑。

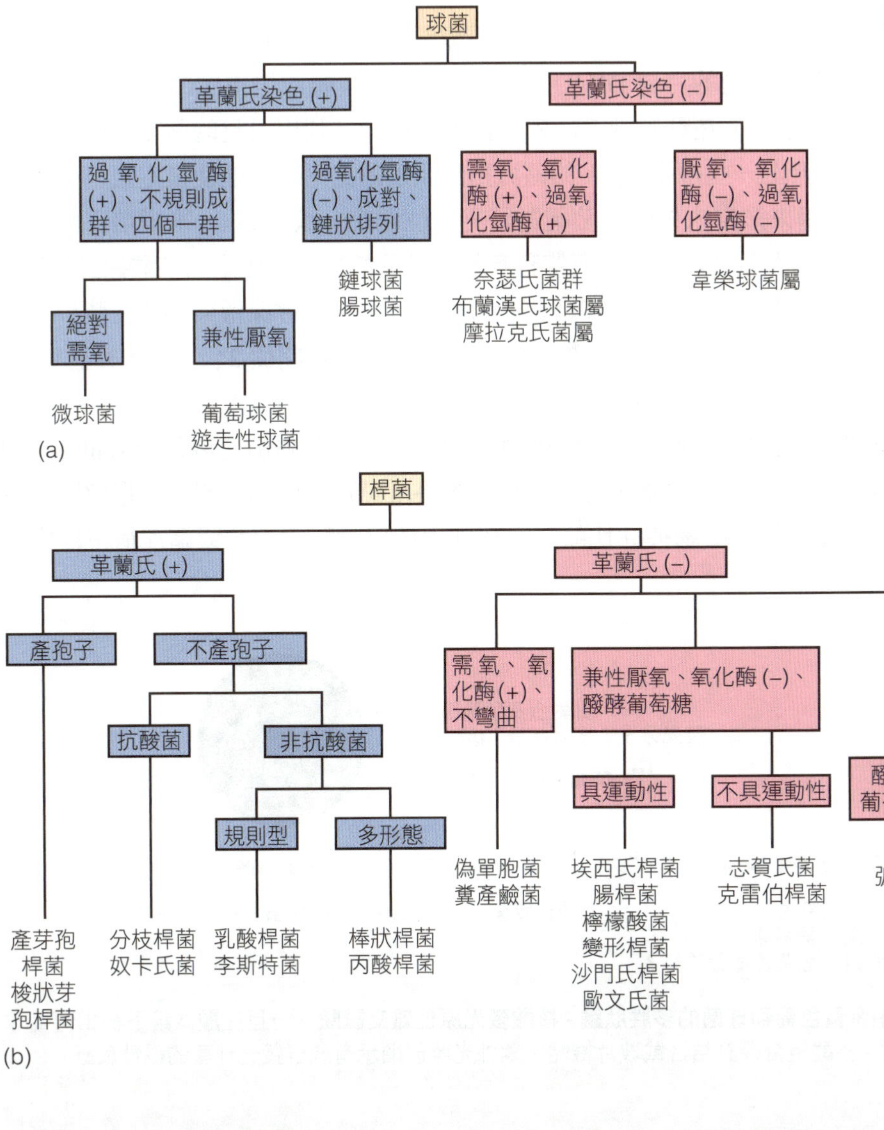

圖 14.5 分離檢體中常見的革蘭氏陽性菌及革蘭氏陰性菌的流程圖。 人類疾病常見的 (a) 球菌及 (b) 桿菌。這些族群在第 15、16、17、18 章節中有更詳細的介紹。

決定臨床培養的特徵

對於虛弱的患者或伺機性感染而言，有些問題很難卻必須回答：分離出的細菌是否具有臨床上的重要性，以及我們如何知道是污染或僅只是一部分正常的微生物菌群？微生物在檢體中的數量是有用的標準。例如，尿液檢體中少數個大腸桿菌菌落能簡單的被判定為正常菌群。但數百個則意味著感染。相反地，實際致病原如痰液檢體中的結核桿菌單一菌落，或是存在無菌部位如腦脊髓液或血液的伺機性感染菌則高度指向其在疾病的角色。此外，重複分離出相關的單一菌落表示其為疾病的致病原，在診斷上必須注意。臨床實驗室面對的挑戰是，正常微生物菌群的相關較毒菌在形態上與具致病力的菌株非常相似。臨床微生物學家能夠運用經驗以及實驗室工具的輔助，解決最困難的鑑定。

14.3 基因型方法

使用基因探針分析 DNA

對每一個生物體來說，DNA 編碼的排列是獨特的。利用一種稱為雜交 (hybridization) 的技術，藉由分析它們 DNA 的片段能夠鑑定細菌的菌種。這需要小片段的單股 DNA (或 RNA) 稱為探針 (probe)，能夠互補特定微生物的特異 DNA 序列。檢驗時由檢體或培養中的細胞抽取未知 DNA 且將它結合上特殊的點墨紙。在點墨紙上加入一些不同探針，利用可見的徵兆觀察被結合上的探針 (雜交)。探針會結合上一些待測 DNA 的區域指出相近的對應點，並使鑑定更為正確。

有一種 DNA 雜交技術用來鑑定未知的細菌稱為螢光原位雜交，或 FISH。未經培養的檢體像是血液、病灶或喉嚨棉棒抹上載玻片，而後與帶有多胜肽以及螢光染料標定的核酸探針反應。探針能夠偵測核糖體 RNA 特定的片段。若未知細菌能對應探針，它們會保留染料並在紫外光顯微鏡下發出螢光 (圖 14.6)。這項技術大為降低鑑定腐敗的血液培養時間從 24 小時縮短至 90 分鐘。

另一個以基因為基礎的技術常用來分析疾病爆發或大流行，稱為脈衝電場電泳 (pulse-field gel electrophoresis, PFGE)。這個快速的 DNA 分型方法能夠將所疑致病原的限制片段指紋置於單一個膠體上，再與其旁邊置放的分離物彼此比較。它特別用於追蹤特定來源或儲存宿主群中的致病原。

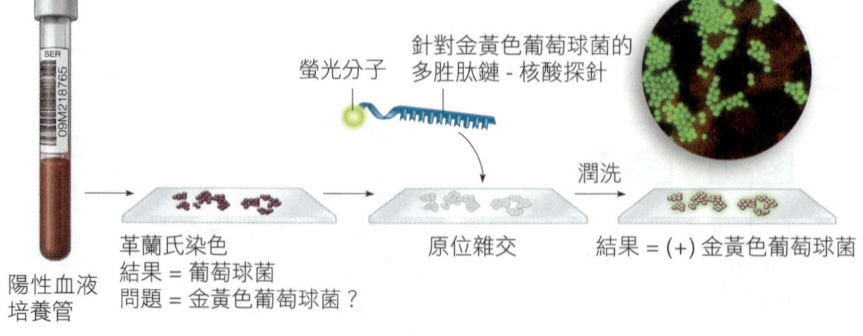

圖 14.6 **針對血液培養中金黃色葡萄球菌的多胜肽鏈 - 核酸螢光原位雜交試驗。**一旦在顯微鏡下檢出葡萄球菌，就能利用螢光多肽鏈 - 核酸組合探針結合載玻片檢體。紫外光照射顯示有成群螢光球菌的陽性反應。

☞ 聚合酶連鎖反應以及核糖體 RNA 在鑑定時的角色

聚合酶連鎖反應是分析 DNA 及 RNA 最實用的工具之一。它可以快速合成數十萬甚至數百萬的特定片段的 DNA 複製股。它不僅非常敏感且特異性高，能擴增未知檢體中可能失去的小量內含物。被廣泛使用於法醫學以及分子生物學，但它亦可用於鑑定微生物。利用這個方法實驗室能跳過傳統培養技術直接在幾小時內診斷出病原。

以 PCR 為基礎的試驗可作為常規的 HIV 檢測，萊姆病、人類乳突狀病毒、結核病、肝炎以及一些細菌及病毒感染 (圖 14.7)。在許多實驗室，PCR 或一些類似的快速試驗被用來鑑定淋病以及披衣菌。有一種技術稱為即時定量 PCR，能從檢體中提取 DNA，記錄瞬間的合成量並鑑定之。

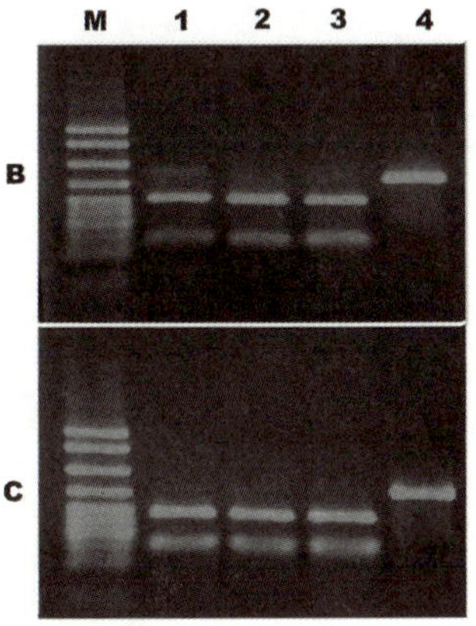

圖 14.7 鑑定致病原的 PCR 結果。PCR 膠上 (B、C) 鑑定出非常態症狀患者的創傷弧菌分離菌。圖譜上 1 至 4 行呈現的條帶模式為創傷弧菌的特異性細胞毒素基因。M = 分子量標記。

另一方面，PCR 能夠結合其他技術有更多的應用。例如待測檢體主要是 RNA (來自 RNA 病毒或核糖體)，首先利用反轉錄酶將 RNA 轉成 DNA，再利用 PCR 擴增這個 DNA。反轉錄 PCR 技術能用於許多 RNA 病毒，像是狂犬病毒 (見圖 14.16f)。PCR 來源的 DNA 能用其他工具：探針、雜交、指紋以及定序分析。

用於指出演化相關性以及親屬關係最有效的方法之一是比較核糖體 RNA 的核酸序列，它是核糖體主要的組成分，核糖體在所有細胞具有相同功能 (蛋白合成)。且長期以來，它們傾向於在自身的核酸組成，保持或多或少的穩定性。因此，核糖體 RNA 中序列的主要差異或「特徵」可能指一些在世系上的距離。這項技術在兩個層次上非常有用：有效分析族群的不同處 (分離自然三大界，如第 1 章討論過)，且它亦能微調用來鑑定種別。

14.4　免疫學方法

免疫反應時形成的抗體在對抗感染時非常重要，但它們還有額外的價值。抗體的特徵如它們的含量或特異性能顯示患者接觸微生物或其他抗原的歷史，這就是血清學試驗的基石。**血清學**是免疫學的一個分支，用於傳統上體外檢測血清的方法。血清學試驗奠基於抗體皆能與抗原具有高度特異性的特徵，當特殊抗原暴露於其特異性的抗體，它會適應的就像手與手套的關係。利用某些方法顯現此交互作用的能力，可以提供強大的工具用來偵測、鑑定和定量抗體，或者應該說抗原。因情況不同分為兩種方式。有一種利用已知的抗原能偵測或鑑定未知的抗體，或一種利用已知特異性的抗體，幫助偵測或鑑定未知的抗原 (圖 14.8)。現代血清學試驗已發展成不僅只用於血清檢驗。尿液、腦脊髓液、整個組織及唾液都能決定患者的免疫狀態。這些及其他免疫試驗有助於確認可疑的診斷或篩檢特定的疾病族群。

☞ 免疫試驗的主要特徵

免疫檢驗的策略非常多樣，在亮麗且想像的方式之下，抗原及抗體能作為有效工具。我們將它們總結在以下幾個主題，如凝集、沈澱、補體固定、螢光抗體試驗，以及免疫分析試驗。

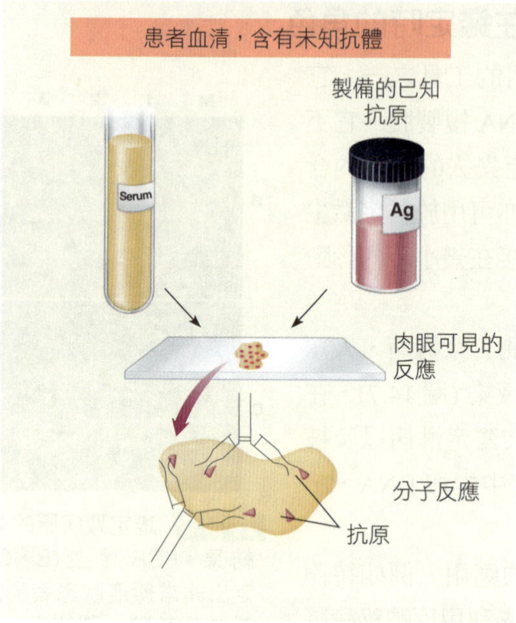

(a1) 疾病的血清學診斷是利用已知特異性抗原檢測血液檢體中的抗體。陽性反應常會有可見的徵兆，像是顏色改變或聚集，這些指出抗體與抗原具特異性反應。(處於分子層次的反應很少被觀察到。)

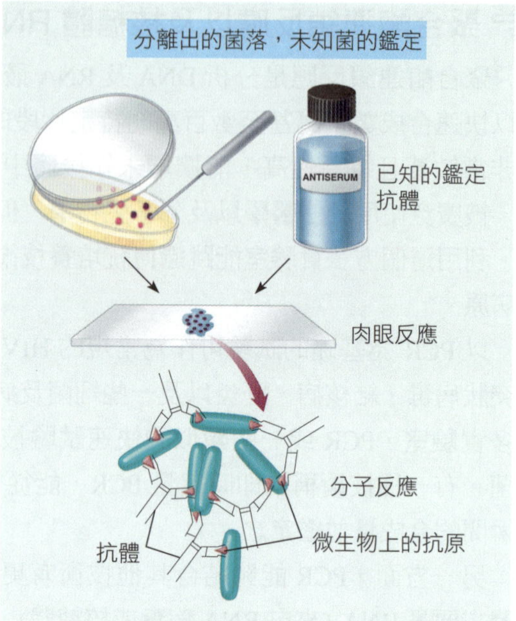

(b1) 一種未知的微生物與包含已知特異性抗體的血清混合，就是血清學分型的過程。肉眼或顯微鏡見到聚集指出抗原與抗體有正確對應，亦能確認微生物的鑑定。

(a2) 用五種不同的已知抗原及一個陽性對照檢測卡片上的未知血清。團塊指出沈澱的抗原以及患者可能感染。

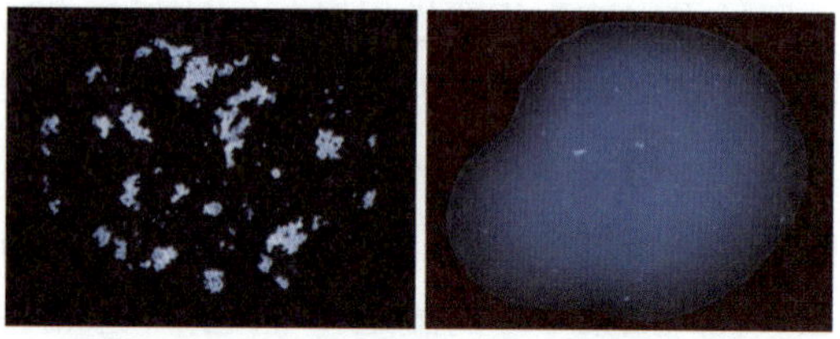

(b2) 來自劃線接種培養盤上未知的待測菌落與奈瑟氏腦膜炎球菌抗血清混合；左邊的凝集表示該病原是陽性。

圖 14.8 **血清學檢驗的基石是利用抗體與抗原。** (a) 血清學診斷；(b) 直接抗原檢驗。

首先我們概觀免疫試驗的一般特性，接著再分別檢視。

最有效的血清學試驗具有高度的特異性及敏感度 (圖 14.9)。**特異性** (specificity) 是指某些抗體或抗原不會與無關的或遠距相關的分子反應。**敏感性** (sensitivity) 是指檢驗時能偵測非常小量的抗體或抗原，其為試驗中的標的。若一個檢驗具高度敏感性則能偵測低度陽性的患者。現代使用單株抗體的系統已大幅改進其特異性，而那些使用放射線、酵素和電子系統的方式則改進其敏感性。

抗原 - 抗體交互作用之顯現

多數試驗的主要基礎是抗體能夠結合抗原分子上特異的部位。因為反應無法立即經由電子

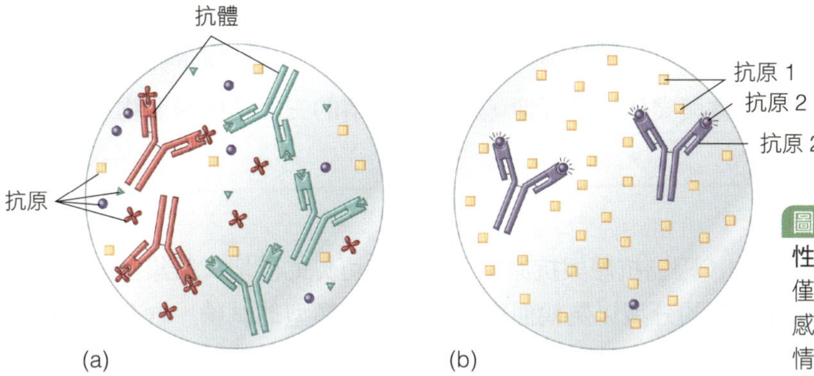

圖 14.9 **免疫反應的特異性及敏感性。**(a) 這個測試表現抗體實際上僅結合一種抗原的特異性；(b) 敏感性是指抗體能在抗原被大量稀釋情況下仍可偵測到抗原。

顯微鏡觀察，試驗的終反應類型可由肉眼觀察或放大效果，告訴我們結果為陽性或陰性。以大的抗原如細胞為例，抗體結合抗原形成在肉眼或顯微鏡下可見的聚集或凝集 (圖 14.10a)。較小的抗體抗原複合物若無法立即觀測到結果的改變，則需要特殊的指示劑才能觀察。終反應常經由染劑或螢光試劑標定待測分子顯示結果。相似的是，嵌入抗原或抗體的放射線同位素構成敏感的追蹤劑，可用感光膠片偵測。

一個抗原與抗體的反應能力可用**效價** (titer) 或血清中抗體的含量判讀。效價可經由試管或多孔盤中的序列稀釋檢體混合抗原後決定 (圖 14.10b)，結果經由可與抗原產生反應的最高稀釋倍數血清所決定。效價是稀釋倍數的分母。檢體稀釋更多次仍能與抗原反應，表示檢體中抗體的濃度更高，其效價更高。

凝集及沈澱反應

凝集與沈澱反應最基本的

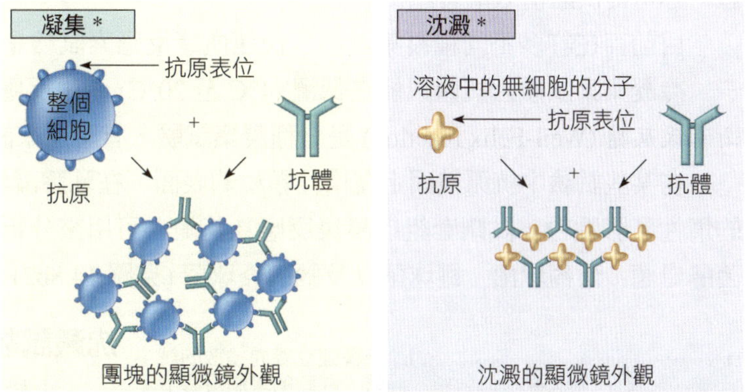

(a) 凝集包含整個細胞聚集，沈澱是在無細胞的溶液中形成抗原與抗體的複合物。兩種反應都可於試管內以肉眼觀察到可見的團塊或沈澱 (見 (b) 或圖 14.11)。

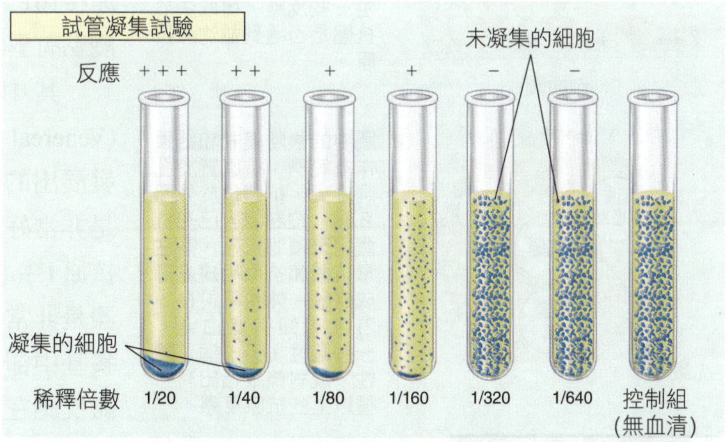

(b) 試管凝集試驗。患者血清樣品利用生理食鹽水序列稀釋。這種稀釋使得下一個試管中抗體量減半。等量的抗原被加入試管中 (在此為藍色細菌細胞)。控制組試管有抗原但無血清。在孵育及離心後，每個試管與控制組無聚集的試管比較凝集的團塊量，這個效價等同於產生凝集的最高稀釋倍數的分母。

* 儘管抗體是 IgG，IgM 亦參與反應。

圖 14.10 **凝集或沈澱反應產生可見的抗原抗體複合物在細胞或分子層次的圖示。**

不同在於抗原大小、溶解度以及結合位置。在凝集反應，抗原是其表面具有決定位的整個細胞如紅血球或細菌，在沈澱反應，抗原是可溶性分子。在這兩種情況下，當抗原抗體在任一者皆不過量情況下適當結合，一個抗原會與幾個抗體互連，形成不可溶的三級結構凝聚物，其因體積大無法懸浮在溶夜中才析出。

凝集試驗

凝集 (agglutination) 是可識別的，因為抗體與抗原結合而形成可見的團塊。凝集試驗常為血庫用來決定 ABO 及 Rh (Rhesus) 血型的分型以為輸血準備。在這種類型的試驗，含有針對紅血球上血型抗原的抗體之抗血清與少量血液樣品混合後，經由團塊的有無來進行判讀。威達試驗 (Widal test) 是試管凝集試驗的一個例子，可用來診斷沙門氏菌病及波狀熱。除了偵測特異性抗體，亦可提供血清效價資訊。

目前存在許多不同種凝集試驗。快速血漿反應素試驗是常用於診斷梅毒抗體的一些試驗之一。冷凝集素試驗因抗體只能在低溫 (4°C 至 20°C) 產生反應而命名，可用來診斷肺炎黴漿菌。衛菲氏反應 (Weil-Felix reaction) 是一種凝集試驗，有時用來診斷立克次體感染。

在某些試驗中抗原被固定在惰性顆粒的表面。在乳膠凝集 (latex agglutination) 試驗，內含小的惰性乳膠顆粒，試劑套組以凝集反應為基礎，可用來分析懷孕時尿液中的荷爾蒙；鑑定念珠菌酵母菌、葡萄球菌、鏈球菌以及腦膜炎球菌 (見圖 14.8b2)；亦用來診斷風濕性關節炎。

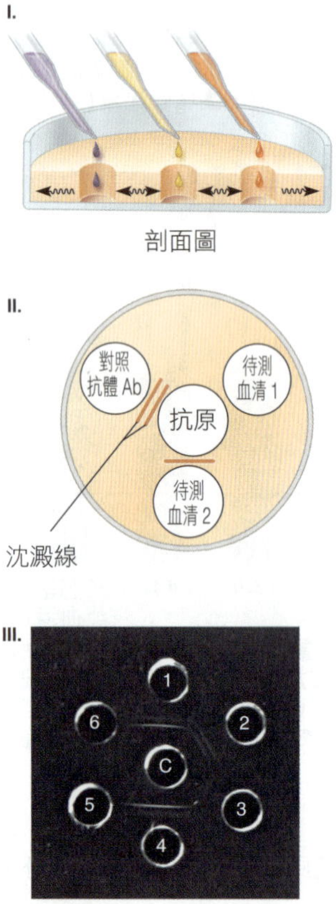

I. 一種建立雙向擴散的試驗，在軟的瓊脂凝膠上打洞，隨後抗體與抗原如圖示加入。當孔洞內含物向彼此擴散，會產生一些反應，這取決於抗體是否遇到並沈澱抗原。

II. 圖中的檢驗模式和結果作為範例。抗原置於孔洞中央，抗體位於外圈孔洞。控制組含已知抗體用來偵測抗原。需注意抗體和抗原相遇處形成條紋。外圈孔洞 (1、2) 含未知待測血清。一個陽性，另一個是陰性。成對條紋指出有一種以上的抗原反應。

III. 實際檢驗真菌病原胞漿菌感染的結果。1、4 是對照組，2、3、5 及 6 是患者待測血清。你能夠決定哪一個患者被感染而誰沒有嗎？

圖 14.11 **沈澱反應**。此範例顯示半固態基質中的雙向擴散試驗。

沈澱試驗

沈澱反應中，可溶性抗原經由抗體沈澱 (成不可溶)。這個反應可在試管內觀察，抗原檢體已被小心地覆蓋於抗血清溶液，在接觸點有雲霧狀或模糊帶產生。

其中一個例子是由性病研究實驗室 (Venereal Disease Research Laboratory, VDRL) 發展出的檢驗，能偵測梅毒的抗體。儘管它是非常好的篩檢試驗，但是它仍含有嗜異性抗原 (牛心脂) 可產生偽陽性的結果。雖然沈澱是非常有用的偵測工具，沈澱物在液態培養基中卻非常容易被破壞，因此大多數的沈澱反應在瓊脂凝膠中進行。這些基質夠軟使得反應物 (抗體及抗原) 自由的擴散，也夠堅固能保留抗原與抗體沈澱於適當的位置。一種應用於微生物鑑定及診斷疾病的技術稱為雙向擴散 (Ouchterlony，圖 14.11)。它被稱為雙向擴散是因為它包含抗原與抗體兩者的擴散。檢驗時經由在瓊脂凝膠上打一種模式的小洞並填入待測抗原及抗體，在兩孔間形成條紋表示一個孔洞中的抗體與另一孔洞中抗原相遇並產生反應。這個技術的多樣結果用來鑑定未知抗體及抗原。

偵測蛋白質的西方點墨法

西方點墨法 (Western blot test) 與前述檢驗方法相似，因為它可利用電泳分離蛋白質後，進行免疫分析偵測這些蛋白質。這個檢驗與偵測 DNA 的南方點墨法互相對應。它用來鑑定或證實檢體中特殊的蛋白質 (抗體或抗原)，具有高度特異性及敏感性 (圖 14.12)。首先，待測物質經由膠體電泳分離出特殊條帶，接著膠體被轉移到特殊的點墨紙上，能在適當的位置結合反應物。點墨紙被放在標示具有放射線、螢光或冷光標籤的抗原或抗體溶液中作用，特異性的結合位置會呈現一個模式的條帶可與已知的陽性或陰性對照組樣品比較。這通常被用來再次確認 HIV 的 ELISA 試驗抗體出現陽性的結果 (於第 14.5 節中描述)，因為它可以檢測多種抗體並且比其他抗體試驗有較少的錯誤解釋。這項技術已顯著用來偵測檢體中的微生物及它們的抗原。

補體固定

需要補體才能完全溶解帶有其抗原的標的細胞之抗體，稱為溶解素 (lysin) 或細胞溶解素。當溶解素和內生的補體系統結合，作用在紅血球上時，細胞會產生溶血 (溶解並釋出血紅蛋白)。這個由溶解素誘導的溶血是一群稱為補體固定試驗的基礎 (圖 14.13)。

補體固定 (complement fixation) 檢驗需四大要素：抗體、抗原、補體、致敏化的綿羊紅血球，且包含兩個階段。

HIV 陽性患者 30 天的連續檢測顯示條紋隨時間加深，這是由於持續形成 HIV 的抗體。

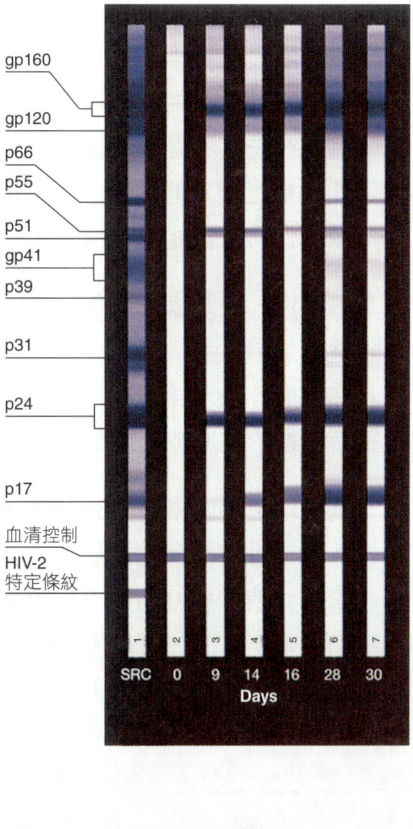

圖 14.12 **西方點墨法過程**。範例顯示對幾種 HIV 抗原之抗體偵測試驗。膠體經電泳分離 HIV 表面抗原及核抗原，並經點墨法轉移到特殊濾紙。試紙與血清檢體孵育產生放射線或呈色。在 HIV 抗原結合抗體的位置產生條紋。陽性對照組 (SRC) 含針對所有 HIV 抗原的抗體可用來做比較。

陽性結果的解釋

標記對應醣蛋白 (glycoproteins, gp) 或 HIV-1 抗原結構部分蛋白的位置。

- 若條帶發生在如下兩個位置則視為陽性：gp160 或 gp120 以及 p31 或 p24。
- 若針對任何 HIV 抗原沒有條帶出現則表示陰性。
- 需再追蹤的檢體是指條帶出現於非主要的位置。這個結果需要過一陣子再重新檢測。

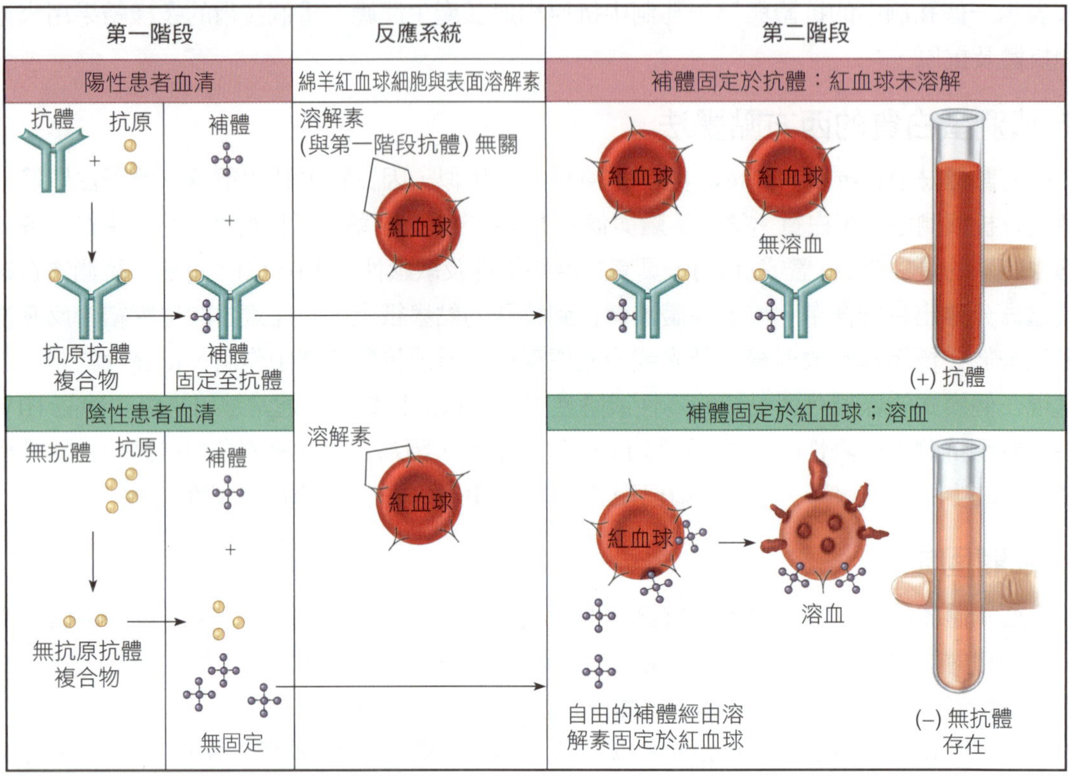

圖 14.13 **補體固定試驗**。範例中，兩個血清檢體用來檢測特定感染原的抗體。在解讀試驗時，觀察試管雲霧狀。若為雲霧狀，紅血球未溶解且試驗為陽性。若為澄清的粉紅色，紅血球被溶解且試驗為陰性。

第一階段在不含補體的情況下，待測抗原與待測抗體反應 (至少其中一方為已知)。如果抗原與抗體對彼此具特異性，它們會形成複合物。隨後加入由天竺鼠血液純化的補體蛋白。若抗原與抗體在先前步驟形成複合物，它們會結合或固定補體，因此不會參與後續沈澱反應。

任何補體固定的程度由第二階段由帶有表面溶解素分子的綿羊紅血球決定。綿羊紅血球作為指示複合物，也能固定補體。第一階段與第二階段試管內含物混合並由肉眼觀察是否溶血。

- 若不溶血，表示補體在第一期抗體抗原複合物被使用掉，且實際存在未知抗原或抗體，這是陽性結果。
- 若有溶血，表示第一管內未固定的補體與紅血球複合物反應導致綿羊紅血球溶血。這個結果對待測標的抗原或抗體是陰性。補體固定試驗用來診斷流感、小兒麻痺以及多種黴菌感染。

抗鏈球菌溶血素 O (antistreptolysin O, ASO) 的效價試驗是度量對抗鏈球菌溶血素毒素的抗體量，此毒素是鏈球菌的重要溶血素，它與補體固定的技術有關。血清檢體暴露於已知的鏈球菌溶血素懸浮液並與紅血球共同孵育。未見溶血表示患者血清抗鏈球菌溶血素抗體被鏈球菌溶血素中和後阻止溶血。這是用來證實腥紅熱、風濕熱或其他與鏈球菌相關症狀的重要驗證過程 (見第 15 章)。

多樣化的血清學試驗

一種根基於顯微鏡下細胞活性的試驗是梅毒螺旋體固定試驗 (*Treponema pallidum* immobilization, TPI)。在待測血清及補體中失去運動性的梅毒螺旋體表示血清中含抗梅毒螺旋體抗體。在毒素中和 (toxin neutralization) 試驗中，待測血清與產生毒素的微生物共同孵育。若血清抑制微生物生長，則能得到抗毒素出現的結論。

血清學分型是一種運用抗原抗體反應的技術，可用來鑑定、分類並將某些細菌群次分為血清型。抗血清針對的細胞抗原像是莢膜、鞭毛及細胞壁，它被廣泛用於沙門氏菌種與菌株之分型，且為鑑定多種鏈球菌血清型的基石。莢膜腫脹試驗能鑑定肺炎球菌的血清型，其中包含抗體與莢膜多醣體的沈澱反應。儘管反應使莢膜看似腫脹，它實際反映的區域是抗原抗體複合物位於細胞表面的位置。

螢光抗體及免疫螢光試驗

第 2 章曾討論過某些染劑對紫外光反應釋出可見光的性質，螢光的性質被應用於許多免疫學診斷。免疫螢光試驗的基石是螢光抗體 (fluorescent antibody)，即標記螢光染劑的單株抗體 (產螢光的物質)。

螢光抗體 (FAB) 使用的兩種方式見圖 14.4。直接檢測 (direct testing) 時，未知檢體或抗原被固定於載玻片並暴露於已知成分的螢光抗體溶液，若抗體與材料中的抗原互補，則會結合。經潤洗玻片，移除了未結合的抗體後，利用螢光顯微鏡觀察。螢光細胞或斑點指出抗原抗體複合

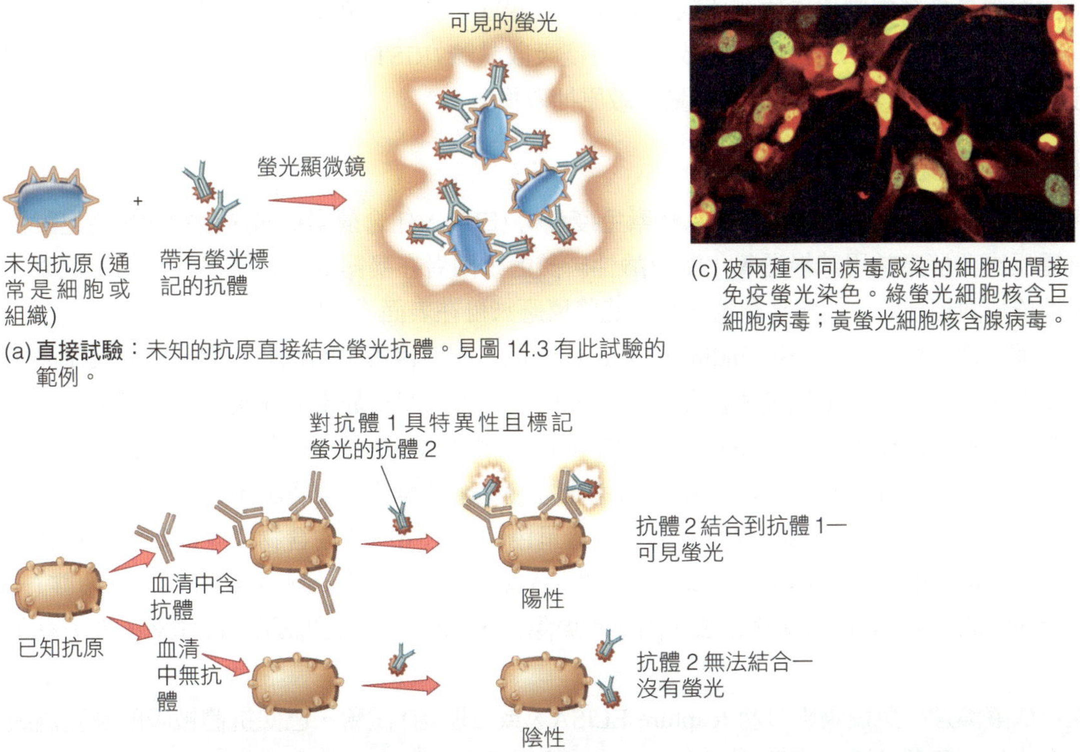

(a) **直接試驗**：未知的抗原直接結合螢光抗體。見圖 14.3 有此試驗的範例。

(b) **間接試驗**：已知的抗原被用來檢測未知的抗體；陽性反應發生在帶有螢光的第二種抗體結合至第一種抗體。

(c) 被兩種不同病毒感染的細胞的間接免疫螢光染色。綠螢光細胞核含巨細胞病毒；黃螢光細胞核含腺病毒。

圖 14.14 免疫螢光試驗。

物的形成且為陽性。這些試驗對鑑定及定位細胞表面或組織中抗原，以及鑑定引起梅毒、淋病、披衣菌、百日咳、退伍軍人症、鼠疫、陰道滴蟲病、腦膜炎及李斯特菌病的病原非常實用。

在間接檢測 (indirect testing) 法中，製作的螢光抗體會與別的抗體的可結晶片段 (Fc) 反應 (記得抗體具有抗原性)。在這個模式中，一種已知特徵的抗原 (如細菌細胞) 與未知成分的待測血清抗體結合。能與未知抗體反應的螢光抗體溶液，被應用並潤洗過以顯現血清是否含有能固定抗原的抗體。陽性結果會見到螢光聚集在細胞，表示螢光抗體結合未標記的抗體。陰性結果不會出現螢光複合物。這個技術常用於診斷梅毒或許多病毒感染。

14.5 免疫分析：高敏感性試驗

微生物學者及免疫學者的一流工具逐漸在運動學、犯罪學、政府及商業上用來測試一些微量物質如荷爾蒙、代謝物及藥物。但傳統的血清學技術仍不足以偵測化學物質的少量分子。高度敏感的替代方法用於偵測抗原或抗體稱為免疫分析 (immunoassays)。例如利用放射線同位素標記、酵素標記及敏感的電子偵測器偵測小量的抗原或抗體。這些檢驗方法以特殊的單株抗體作為基礎。

放射線免疫分析方法

被標記放射線同位素的抗體或抗原能用來檢出相互對應的很小量抗原或抗體。實用上非常複雜，這些分析法是比較檢體在與已知且被標記的抗原或抗體共同孵育前後的放射線含量。被標記的物質與自然存在、未經標記的物質競爭結合位。大量結合的放射線物質表示不含未知待測物。放射線量是經由同位素偵測器或放射線光譜度量。放射線免疫分析被用來測量胰島素及其他荷爾蒙和診斷過敏原，主要透過放射線免疫吸收試驗 (RIST) 測量過敏患者 IgE，而放射線過敏原吸收試驗 (RAST) 用來標準化定量過敏原抽取物。

酵素連結免疫吸附分析

酵素連結免疫分析 (ELISA) 又稱為酵素免疫分析 (EIA)，包含酵素抗體複合物能呈色追蹤抗原與抗體反應。酵素常用辣根過氧化酶及鹼性磷酸酶，兩者在暴露到基質時都會釋出呈色原。這項技術依賴固相輔助，如塑膠微量多孔盤能將反應吸附在表面 (圖 14.15)。

間接酵素連結免疫吸附分析 (indirect ELISA) 能抓住血清檢體中的抗體。與其他間接試驗相同，最終的陽性反應是產生抗體與抗體的反應。指示用的抗體與酵素形成複合物會隨著陽性的血清檢體產生顏色的變化 (圖 14.15a、b)。起始的反應物是已知的抗原吸附到孔洞表面。接著，加入未知待測血清。在潤洗後，將能和未知待測抗體反應的酵素 - 抗體試劑加入孔洞。接著加入酵素基質，並掃描孔洞顏色的改變。患者血清呈色則表示所有的內含物反應而且抗體存在於病人血清。這是常用於篩檢 HIV、多種立克次體、A 型及 C 型肝炎、霍亂弧菌及螺旋桿菌群 (一種導致胃潰瘍的細菌) 的抗體檢驗方法。因會有偽陽性，因此需要確認試驗 (如 HIV 的西方點墨法)。

在抓取酵素連結免疫吸附分析 (capture ELISA，或三明治) 試驗，已知抗體被吸附到孔洞底部與含有未知抗原的溶液共同孵育 (圖 14.15c)。洗去過多未結合的內容物後，加入能與抗原反

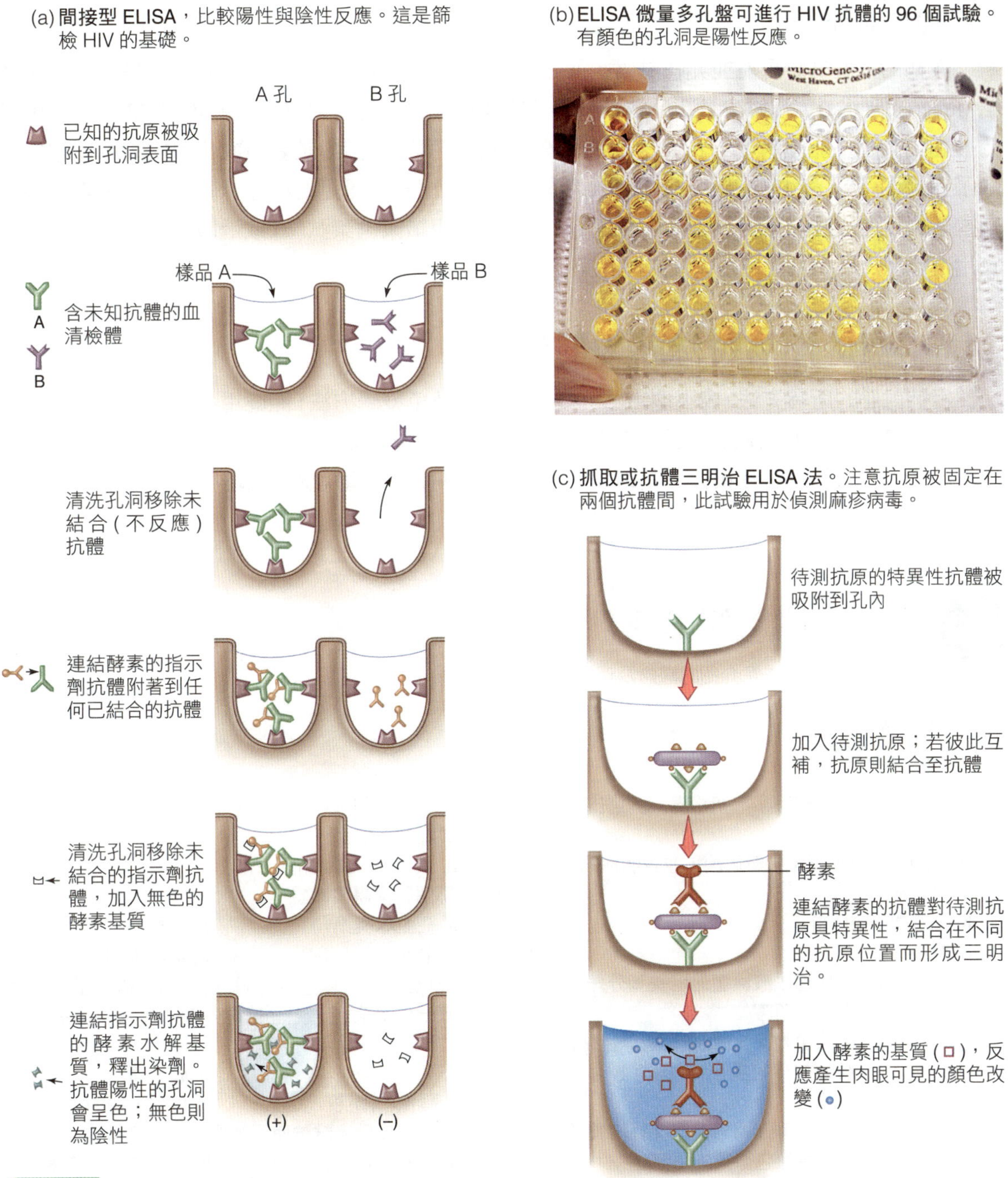
(a) 間接型 ELISA，比較陽性與陰性反應。這是篩檢 HIV 的基礎。
A 孔
B 孔
已知的抗原被吸附到孔洞表面
樣品 A
樣品 B
A
B
含未知抗體的血清檢體
清洗孔洞移除未結合（不反應）抗體
連結酵素的指示劑抗體附著到任何已結合的抗體
清洗孔洞移除未結合的指示劑抗體，加入無色的酵素基質
連結指示劑抗體的酵素水解基質，釋出染劑。抗體陽性的孔洞會呈色；無色則為陰性
(+)
(−)
(b) ELISA 微量多孔盤可進行 HIV 抗體的 96 個試驗。有顏色的孔洞是陽性反應。
(c) 抓取或抗體三明治 ELISA 法。注意抗原被固定在兩個抗體間，此試驗用於偵測麻疹病毒。
待測抗原的特異性抗體被吸附到孔內
加入待測抗原；若彼此互補，抗原則結合至抗體
酵素
連結酵素的抗體對待測抗原具特異性，結合在不同的抗原位置而形成三明治。
加入酵素的基質（□），反應產生肉眼可見的顏色改變（●）

圖 14.15　ELISA 檢驗方法。

應的酵素 - 抗體指示劑。若含有抗原，它會吸引指示劑的抗體並將其留在原地。接下來，此酵素的基質被置入孔洞後孵育。酵素固定到抗原上水解基質並釋出有色染劑。因此，孔洞有顏色出現為陽性結果。若無色，則表示沒有抗原且酵素連節的抗體複合物會在接下來的潤洗被移除。抓取的技術用來偵測漢他病毒、德國麻疹病毒及弓漿蟲抗體。

體內試驗

最初的免疫試驗可能並非在試管，而是在它自己體內進行，一個典型的例子是結核菌素試驗 (tuberculin test)，注射少量的分枝結核桿菌的純化蛋白衍生物到皮膚上，48 到 72 小時內出現的紅腫、突起、加厚病灶，表示之前暴露於結核病。實際上體內試驗與血清學試驗原理相似，除了在這個例子，一個抗原或抗體進入患者體內會引出一些可見的反應。就像結核菌素試驗，這些診斷用的皮膚試驗對於評估由黴菌 (球蟲菌素及組織漿菌素試驗) 或過敏原引起的感染非常實用。過敏反應和其他免疫系統失調在第 13 章介紹。

14.6　病毒作為特殊診斷的例子

目前討論的所有方法 (表現型方法、基因型方法及免疫學方法) 能應用到許多不同類型的微生物。病毒有特殊的困難點，因為它們並非細胞，在實驗室培養更加不容易。圖 14.16 概觀能用來診斷病毒感染的各種技術。其範圍由觀察症狀到直接顯微鏡檢查到培養、血清學和基因分析。

第一階段：知識與理解

這些問題需活用本章介紹的觀念及理解研讀過的資訊。

選擇題

從四個選項中選出正確答案。空格處，請選出最適合文句的答案。

1. **配合題**。配合培養結果與適義，並說明你的選擇。
   a. 可能感染
   b. 正常微生物菌群
   c. 環境污染
   ________1. 由接種尿液檢體的培養基分離兩個大腸桿菌菌落
   ________2. 痰液檢體有 50 個肺炎鏈球菌菌落
   ________3. 喉嚨棉棒培養出 80 個菌落含多種鏈球菌
   ________4. 糞便分離細菌常在選擇性培養基上長出黑色麵包黴菌的菌落
   ________5. 血液培養瓶見到大量生長
2. 下列哪個方法用於鑑定不同菌株的微生物最有效？
   a. 顯微鏡檢驗
   b. 血液培養基上的溶血
   c. DNA 分析
   d. 凝集試驗
3. 凝集反應中，抗原是一種________；沈澱反應中，它是一種________。
   a. 可溶性分子，整個細胞
   b. 整個細胞，可溶性分子
   c. 細菌，病毒
   d. 蛋白質，碳水化合物
4. 哪個反應需要補體？
   a. 紅血球凝集　b. 沈澱
   c. 溶血　d. 毒素中和
5. 一位具有________針對致病原的抗體效價的患者較一位具有________抗體效價的患者更具有保護力。
   a. 高，低　b. 低，高
   c. 陰性，陽性　d. 舊的，新的
6. 直接免疫螢光試驗使用被標定的抗體鑑定：
   a. 一種未知的微生物　b. 一種未知的抗體
   c. 固定補體　d. 凝集抗原
7. 西方點墨法用來鑑定：
   a. 未知抗體　b. 未知抗原
   c. 特異的 DNA　d. a. 及 b.
8. 體內血清學試驗的範例是：
   a. 間接免疫螢光　b. 結核菌素試驗
   c. 放射線假說　d. 補體固定
9. 下列何種檢體需無菌技術採檢？
   a. 糞便　b. 尿液
   c. 上呼吸道　d. 血液

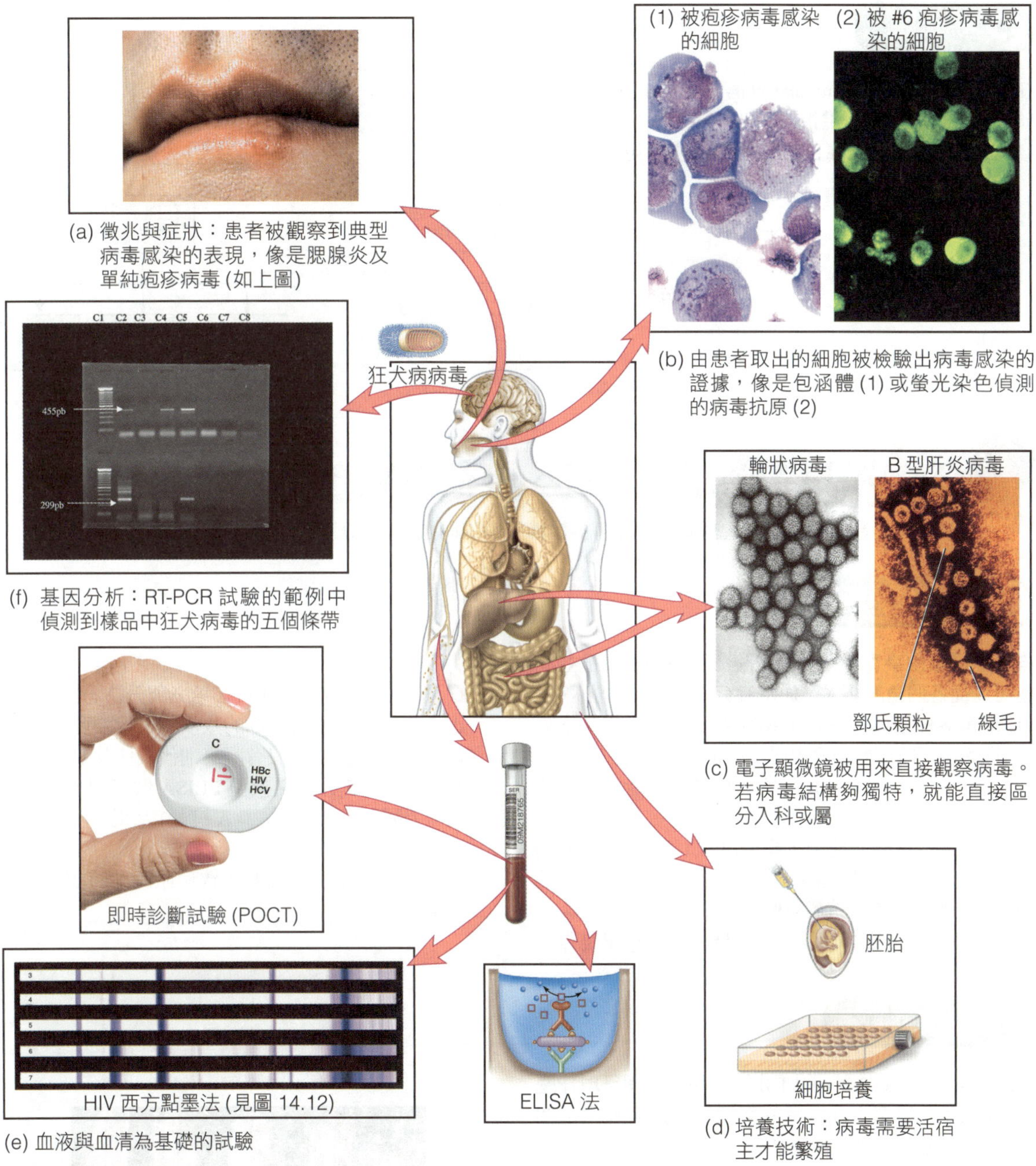
(a) 徵兆與症狀：患者被觀察到典型病毒感染的表現，像是腮腺炎及單純疱疹病毒 (如上圖)
(1) 被疱疹病毒感染的細胞
(2) 被 #6 疱疹病毒感染的細胞
(b) 由患者取出的細胞被檢驗出病毒感染的證據，像是包涵體 (1) 或螢光染色偵測的病毒抗原 (2)
C1 C2 C3 C4 C5 C6 C7 C8
455pb
299pb
狂犬病病毒
(f) 基因分析：RT-PCR 試驗的範例中偵測到樣品中狂犬病毒的五個條帶
輪狀病毒
B 型肝炎病毒
鄧氏顆粒
線毛
(c) 電子顯微鏡被用來直接觀察病毒。若病毒結構夠獨特，就能直接區分入科或屬
C
HBc
HIV
HCV
即時診斷試驗 (POCT)
胚胎
細胞培養
(d) 培養技術：病毒需要活宿主才能繁殖
HIV 西方點墨法 (見圖 14.12)
ELISA 法
(e) 血液與血清為基礎的試驗

圖 14.16 診斷病毒感染的方法總結。

申論挑戰

每題需依據事實，撰寫一至兩段論述，以完整回答問題。「檢視你的進度」的問題也可作為該大題的練習。

1. 為何補體固定試驗中的陽性溶血反應被解讀為試管內物質為陰性？
2. 抗體效價能夠告訴我們關於個人免疫狀態的什麼資訊？
3. 簡述使用免疫電泳、西方點墨法、補體固定試驗、免疫螢光試驗 (直接和間接) 和免疫假說 (直接和間接 Elisa) 方法的原理，並請舉例。
4. 區分用於鑑定分離培養致病原的血清學試驗及圖 14.8 那些用患者血清來診斷疾病的方法。
5. 說明為何必須使用基因技術鑑定 RNA 病毒。

觀念圖

在 http://www.mhhe.com/talaro9 有觀念圖的簡介，對於如何進行觀念圖提供指引。

1. 在此觀念圖填入你自己的連接詞或短句，並在空格填入缺少的觀念。

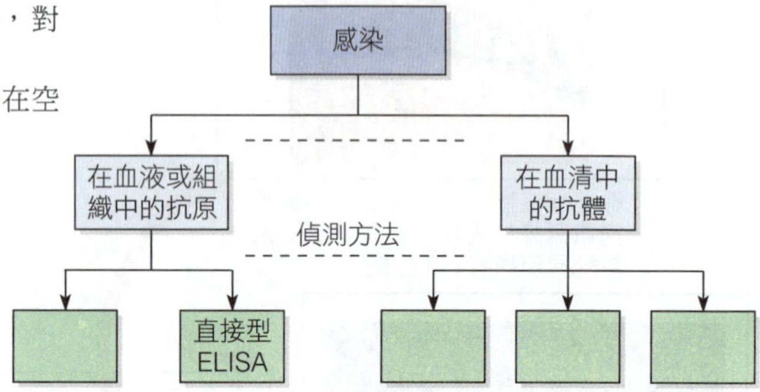

第二階段：應用、分析、評估與整合

這些問題超越重述事實，需要高度理解、詮釋、解決問題、轉化知識、建立模式並預測結果的能力。

批判性思考

本大題需藉由事實和觀念來推論與解決問題。這些問題可以從各個角度切入，通常沒有單一正確的解答。

1. 十年後你會如何解釋生物學中，目前一些非感染性的疾病將可能被發現是由微生物所引起？
2. 非常敏感的 PCR 使用於臨床檢體的可能遭遇的問題？
3. 為何某些檢驗血清中抗體的試驗 (如 HIV 與梅毒) 需要後續的確認試驗背書？
4. a. 見圖 14.10b，抗體效價為何？
   b. 若效價曾是 40，個人的免疫狀態的資訊是否有不同的解釋？
   c. 哪一個患者在圖 14.11，第三部分為陽性？
   d. 若在兩週後測得 280 的效價代表什麼意思？
   e. 若任一個試管都沒有凝集則代表什麼？
5. 觀察圖 14.15 針對間接型 ELISA 做筆記。陽性反應需要哪四大要素 (除了 A 抗體)？提 示：若沒清洗會發生什麼事？
6. 區分能夠診斷感染及鑑定致病原的即時照護試驗並舉例。

視覺挑戰

1. 由第 2 章，圖 2.20a 的 TSI 培養基。該圖呈現什麼樣的生化特徵？在本章的案例研究如何利用這個培養基鑑定分離出細菌？

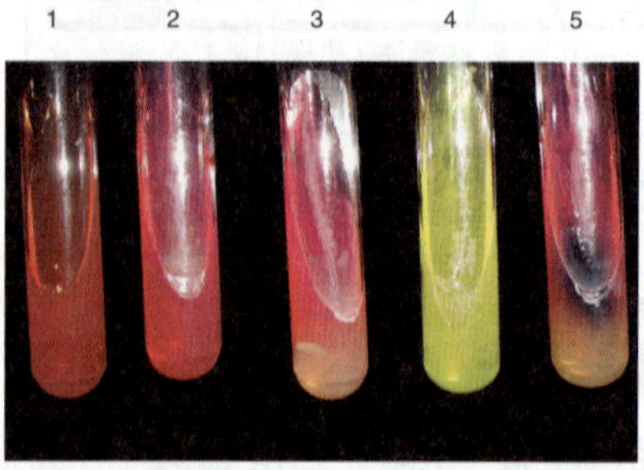

第 15 章 醫學上重要的革蘭氏陽性與革蘭氏陰性球菌

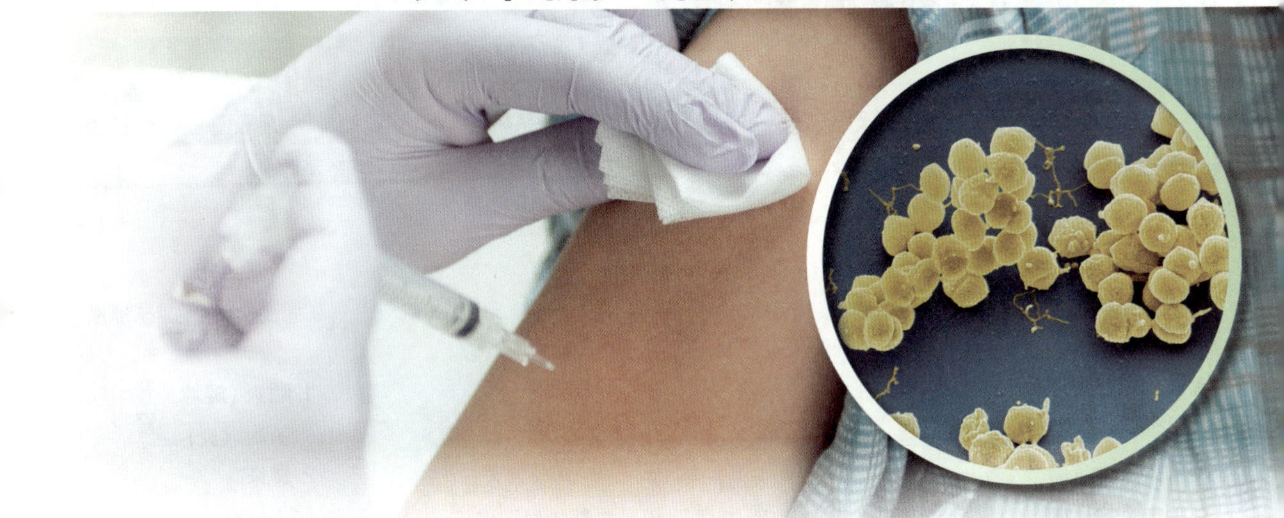

掃描式電子顯微鏡下的腦膜炎雙球菌。此種球菌成對存在，且以較平或是呈凹陷狀的一面彼此相對排列。

病原體簡介與系統簡介

革蘭氏陽性與革蘭氏陰性球菌是在人體上所出現最重要的感染病原體，同時它們也經常是皮膚、口腔及腸道的常在菌叢。因為感染了這類細菌之後經常會引發化膿性的症狀，統稱為化膿性球菌 (pyogenic cocci)。在此類感染菌中最常見的菌種分屬四個菌屬：葡萄球菌屬、鏈球菌屬、腸球菌屬以及奈瑟氏菌屬。系統簡介 15.1 中列出此類病原體感染的目標器官與系統。

15.1 葡萄球菌的一般性質

葡萄球菌屬 (*Staphylococcus*) 是皮膚與黏膜上常在菌叢，同時也造成相當比例的人類感染疾病 (常稱之為「staph」感染症)。圓形菌體主要排列成不規則的簇狀，偶爾排列成短鏈狀或是成對存在 (圖 15.1)。雖然葡萄球菌是典型的革蘭氏陽性球菌，但在培養過久的菌落中或是臨床檢體中的菌體，其染色特性有時會較不典型。整體來說，葡萄球菌無孢子及鞭毛，有時可觀察到莢膜的存在。

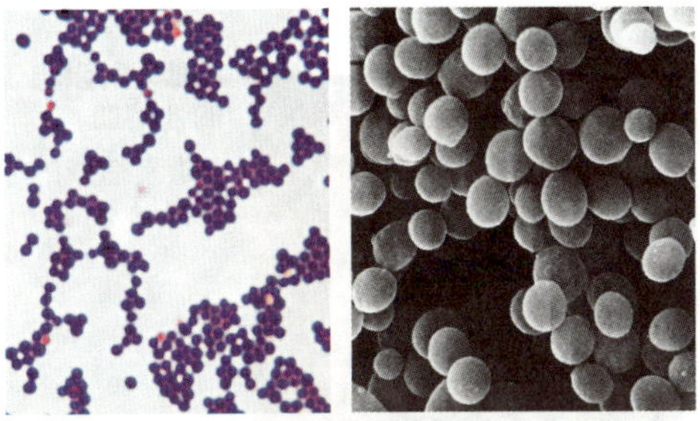

圖 15.1 **金黃色葡萄球菌的形狀及排列。** 此屬細菌由於其葡萄狀的簇狀排列而得名。(左) 革蘭氏染色的結果，可見到不規則簇狀排列的革蘭氏陽性球菌 (1,000 倍)。(右) 掃描式電子顯微鏡的影像，明顯可見立體的球狀外形 (7,500 倍)。

近來，共有 47 個菌種被歸屬於葡萄球菌屬之下，但最重要的人類病原體只有：

1. 金黃色葡萄球菌 (*Staphylococcus aureus*)[1]
2. 表皮葡萄球菌 (*Staphylococcus epidermidis*)、頭癬葡萄球菌 (*Staphylococcus capitis*)、人型葡萄球菌

1 源自拉丁文 aurum，有「金色」之意，因某些菌株具有生產金黃色色素的能力而命名。

系統簡介 15.1 病原性革蘭氏陽性與革蘭氏陰性球菌

細菌種類	皮膚 / 骨骼	神經 / 肌肉	心血管 / 淋巴系統 / 全身系統性	腸胃道	呼吸道	泌尿生殖道
金黃色葡萄球菌	1. 癤，癰 2. 膿皰 3. 脫皮症 4. 骨髓炎		1. 心內膜炎 2. 毒性休克症候群	食物中毒	肺炎	
凝固酶陰性葡萄球菌	外科手術感染		心內膜炎			尿道感染
A 群化膿性鏈球菌	1. 膿皮症 2. 丹毒 3. 壞死性筋膜炎		1. 猩紅熱 2. 風濕熱		1. 咽炎 (鏈球菌咽喉炎) 2. 竇炎	腎小球腎炎
B 群無乳鏈球菌	傷口感染	新生兒腦膜炎	1. 新生兒敗血症 2. 心內膜炎		新生兒肺炎	
腸球菌	傷口及手術感染					院內尿道感染
草綠色鏈球菌			亞急性心內膜炎	齲齒		
肺炎鏈球菌		肺炎球菌性腦膜炎 (成人)			1. 肺炎 2. 中耳炎 3. 竇炎	
奈瑟氏淋病雙球菌						淋病
奈瑟氏腦膜炎球菌		腦膜炎球菌性腦膜炎				

(*Staphylococcus hominis*)

3. 腐生葡萄球菌 (*Staphylococcus saprophyticus*)

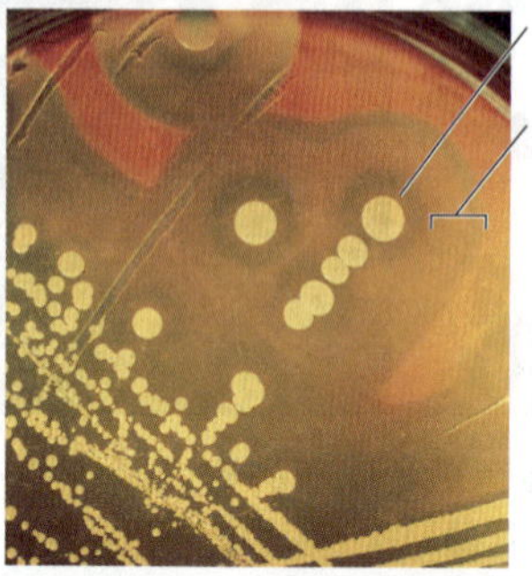

圖 15.2 生長在血液培養基上的金黃色葡萄球菌。有些菌株會呈現雙區溶血，較透明的內圈是由 α 毒素所引起；較模糊或是需經冷藏之後才較明顯的外圈則是由 β 毒素造成，β 毒素又稱為「hot-cold」溶血素，因為在培養基經過冷藏後其效果會較明顯可見。

在葡萄球菌中，金黃色葡萄球菌被認為是最嚴重的病原體，但其他的成員也逐漸發現其與伺機性感染的關聯性增高，不再能將其視為是無害的人類共生菌。整體來說，葡萄球菌每年約造成全球 80,000 人次死亡，也造成相當比例的院內感染。接下來的部分將分別針對每一種葡萄球菌的重要特徵進行說明。

金黃色葡萄球菌的生長及生理特性

金黃色葡萄球菌的菌落為圓形不透明外觀 (圖 15.2)，最佳生長溫度為 37°C，但在 10°C 至 46°C 的範圍內皆可生長。本菌屬於兼性厭氧菌，在有 O_2 與 CO_2 的環境下生長較佳。對營養成分無特殊需求，在一般實驗室常規使用的培養基上即可生長良好，大部分的菌種可代謝的營養成分種類極廣，可消化蛋白質與脂質，並可醱酵許多不同的醣類。金黃色葡萄球菌在所有不會形成孢子的病原菌中具有最強的環境抵抗力，如高鹽濃度 (7.5%~10%)、極端的 pH 值以及高溫 (可耐 60°C 至 60 分鐘)。同時在乾燥的環境下可存活數個月，且對許多不同的消毒劑及抗生素都具有抵抗力。這些特性使得金黃色葡萄球菌成為一個麻煩的院內感染原。

表 15.1　金黃色葡萄球菌的主要毒力因子

名稱	酵素 / 毒素	作用
凝固酶	酵素	凝固血漿
玻尿酸酶	酵素	分解宿主結締組織
葡萄球菌激酶	酵素	分解血塊
脂肪酶	酵素	分解油脂，使細菌更容易於皮膚上菌落化
青黴素酶	酵素	破壞青黴素，使細菌獲得抗藥性
溶血素 (α、β、γ、δ)	毒素	溶解紅血球
殺白血球素	毒素	溶解嗜中性球與巨噬細胞
腸毒素	毒素	造成噁心、嘔吐及腹瀉
脫皮毒素 (A、B)	毒素	造成皮膚脫皮
毒性休克症候群毒素	毒素	造成發燒、嘔吐、紅疹、器官受損

金黃色葡萄球菌的毒力因子

金黃色葡萄球菌有許多不同的毒力因子，但其毒性並非由單一的毒素或是酵素所造成 (表 15.1)。

致病性的金黃色葡萄球菌最典型的特性為**凝固酶** (coagulase) 陽性，會造成血漿凝固 (圖 15.6b)。但凝固酶對於疾病的真正重要性，至今仍未清楚。可能的一個重要性為：凝固酶可造成纖維蛋白沈積在菌體旁，以抵禦宿主免疫細胞的吞噬能力，或是促進菌體黏附到組織。約有 97% 從人體中分離出來的金黃色葡萄球菌都具有凝固酶，因此，凝固酶成為一個鑑定金黃色葡萄球菌的重要指標。

另一個能增加金黃色葡萄球菌侵襲力的酵素為玻尿酸酶，或稱之為「擴散因子」，此酵素會將宿主結締組織中扮演「膠水」功能的玻尿酸分解掉。金黃色葡萄球菌所擁有的酵素還包括有可將血凝塊分解掉的葡萄球菌激酶、分解 DNA 的核酸酶，以及可幫助細菌在含有油脂的皮膚表面菌落化的脂肪酶。臨床上大部分的分離株還擁有對抗青黴素的青黴素酶或是對抗其他藥物的酵素，且許多分離株呈現出多重抗藥的能力。

金黃色葡萄球菌製造出來的毒素包括有血球細胞毒素 (溶血素及殺白血球素)、腸毒素 (intestinal toxin)，以及表皮毒素 (epithelial toxins)。溶血素 (hemolysins) 可溶解紅血球，此影響經常可在實驗室的鑑定過程中觀察到 (圖 15.2)。而在溶血素中，對宿主生物功能影響最重大的毒素為 α 毒素 (α-toxin)，此毒素除了會造成紅血球溶血之外，也會造成白血球、腎組織、骨骼及心肌的損傷。其他的溶血素則分別以希臘字母 β、δ 及 γ 加以命名 (須注意的是此處的希臘字母命名，與第 10 章提到的溶血能力並不相關，例如：α 毒素其溶血性為 β 溶血)。

葡萄球菌所製造的外毒素還包括會破壞嗜中性球與巨噬細胞細胞膜的**殺白血球素** (leukocidin)，此毒素會造成這些細胞溶解，用來對抗宿主的免疫吞噬作用防線。有些菌株還會製造另一種稱之為**腸毒素** (enterotoxins) 的外毒素，作用在人類的腸胃道上。另有少數的菌株生產一種稱為**脫皮毒素** (exfoliative[2] toxin) 的外毒素，會造成上皮細胞層與真皮層分離，使得皮膚

2 *exfoliative* 脫皮 (eks-foh′-lee-ay″-tiv)。希臘文：*exfoliatio* 一層層脫落之意。

出現脫落的現象，是造成葡萄球菌燙傷樣皮膚症候群 (staphylococcal scalded skin syndrome) 的主因，患者的皮膚會呈現如燒傷般的脫皮外觀 (圖 15.5b)。另一個最近極受重視的毒素為毒性休克症候群毒素 (toxic shock syndrome toxin, TSST)，此毒素出現在毒性休克症候群罹難者體內，代表它對此症候群發展出的危險情況扮演了可能重要的角色。

金黃色葡萄球菌的流行病學與致病性

金黃色葡萄球菌這種毒力強的菌種，在人類族群中可以如此普遍存在，實在是一件令人訝異的事情。它存在於大部分人類生存的環境中，也經常於腐敗物中被分離出來。新生兒出生後幾小時內金黃色葡萄球菌就有可能進入身體，且持續存在一生。正常健康成年人的帶菌率約為 20%~60%，但經常是間歇性的出現在體內而非長期存在。傳播時大多是經由鼻孔，偶爾會經由皮膚、鼻咽部及腸道來進行。通常這種細菌在人體內的存在並不會伴隨著症狀的出現，而且通常也不會引起帶菌者及與他們接觸者的疾病。造成宿主因為感染此菌而產生疾病的原因，通常包括不佳的衛生與營養狀況、已有組織的損傷、原本已經有其他的感染、糖尿病及免疫力缺陷等。金黃色葡萄球菌是新生兒照顧室及外科病房中排名第三常見到的感染原。這類稱為「院內株」的菌種很容易造成醫院內外的感染疫情。

一種在人類社會中逐漸增加其感染比率的金黃色葡萄球菌，稱之為 MRSA (methicillin-resistant S. aureus)，造成了嚴重的威脅。已經有數起由這種金黃色葡萄球菌所造成的嚴重感染在監獄囚犯、運動員及學童的團體中爆發。感染大多是經由接觸皮膚的病灶所造成，同時這類感染非常難以治療與控制。

葡萄球菌相關疾病

根據金黃色葡萄球菌所造成的侵襲程度或是毒素的產生狀況，將其所造成的疾病分為局部性及全身系統性兩類。局部的葡萄球菌感染往往呈現發炎的纖維化的病灶，於其核心有膿稱之為膿腫 (abscess)(圖 15.3a)。而由毒素所造成的疾病呈現毒血症 (toxemia)，這是由於宿主體內的細菌製造出毒素；或是食物中毒，由於食入了食物中的金黃色葡萄球菌製造出來的毒素所致。

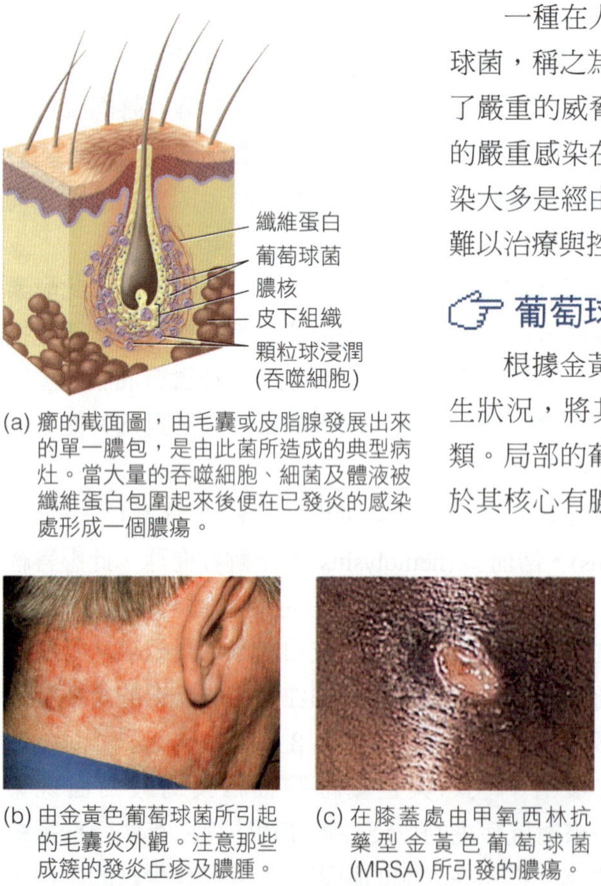

(a) 癤的截面圖，由毛囊或皮脂腺發展出來的單一膿包，是由此菌所造成的典型病灶。當大量的吞噬細胞、細菌及體液被纖維蛋白包圍起來後便在已發炎的感染處形成一個膿瘍。

(b) 由金黃色葡萄球菌所引起的毛囊炎外觀。注意那些成簇的發炎丘疹及膿腫。

(c) 在膝蓋處由甲氧西林抗藥型金黃色葡萄球菌 (MRSA) 所引發的膿瘍。

圖 15.3 金黃色葡萄球菌造成的皮膚疾病。基本上，都是屬於皮膚膿瘍，只有在體積、深度及被影響的組織範圍上的差異。

局部性的皮膚感染

金黃色葡萄球菌經常會透過皮膚上的傷口、毛囊或皮脂腺入侵。最常見的感染是一種溫和的表淺性的毛囊發炎或是腺體感染，分別稱之為毛囊炎 (folliculitis)(圖 15.3b) 及汗腺炎 (hidradenitis)。雖然這類病灶通常在消退後不會造成併發症，但也有可能演變成皮下組織的感染。癤 (furuncle)[3] 的起因是由單一個毛囊或是皮脂腺發炎之後，進展成一個大而紅腫、非常柔軟的膿腫或膿包 (pustule)(圖 15.3c)。癤通常會在身體的臀部、腋窩及頸部後方這些經常會有皮膚與皮膚間，或是皮膚與衣服間發生摩擦的部位成簇出現，稱之為癤病 (furunculosis)。另一種由金黃色葡萄球菌所引起的疾病稱作癰 (carbuncle)[4]，這是由好幾個癤所聚集而成的一種較深的大塊病灶 (有時甚至會大如棒球)，這種病灶較常出現在較厚、較硬的皮膚處，例如在頸後處。癰非常疼痛，而且在一些較年長的患者身上如果發展成系統性的疾病時將有可能致命。還有一種不局限在毛囊或是皮膚腺體處發生的葡萄球菌皮膚疾病，為呈現皰狀外觀的膿疱症 (impetigo)[5]，皮膚會呈現泡狀腫脹然後破裂脫落，就像只發生在局部的脫皮症候群 (圖 15.5a)。這種膿疱症最常出現在新生兒身上。

其他的系統性感染

大部分的葡萄球菌系統性感染都是由局部的皮膚感染開始，然後經由血液循環轉移到其他位置。在骨髓炎 (osteomyelitis) 中 (圖 15.4)，細菌會感染各種不同種類骨頭中有大量血管分布的幹骺端 (metaphyses) 區域，包括股骨、脛骨、足踝或是腕部。在病灶處所形成的膿瘍會造成一個外觀隆起醒目的疙瘩，最後會出現壞死現象甚至骨組織的斷裂 (圖 15.4b)。骨髓炎的症狀包括發燒、畏寒、疼痛及肌肉痙攣。這種疾病經常好發在生長期的孩童、青少年及靜脈藥物使用者的身上。另一種稱之為第二型骨髓炎 (secondary osteomyelitis) 則發生在癌症或是糖尿病患者發生創傷 (複合式骨折) 或是手術之後。

葡萄球菌系統性感染會影響相當多的器官，其中之一為肺。因為這些細菌存在於鼻咽處，可藉由呼吸而進入肺部，造成一種多發性肺膿瘍肺炎，伴隨著有發燒、胸痛及痰中帶血等症狀。雖然在這類肺炎的致病因中，葡萄球菌只占了一小部分，但是卻有高達 50% 的死亡率。這類肺炎大多發生在患有纖維囊腫及麻疹的新生兒及兒童身上，且這種肺炎也是在罹患流感的老年人身上最嚴重的併發症之一。

在帶有慢性疾病的住院病人中，葡萄球菌所引起的菌血症也造成了非常高的死亡率。菌血症的起因通常是細菌離開其原始感染部位，或經由一些醫療設備 (如導管、引流管) 進入血流。進入

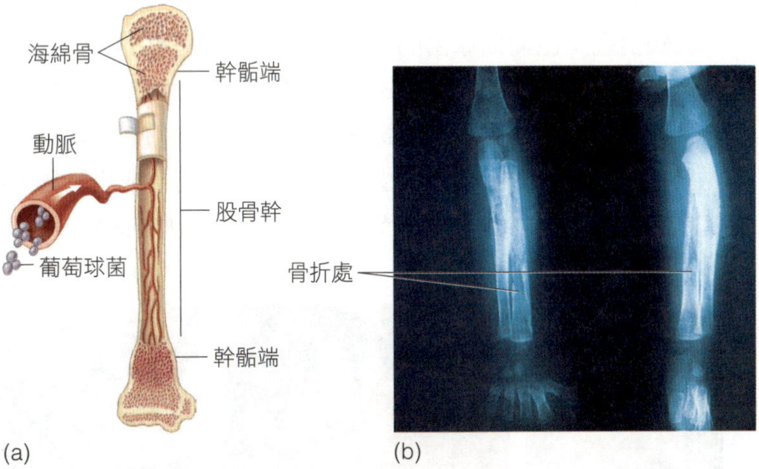

(a) (b)

圖 15.4 **發生於長骨的葡萄球菌性骨髓炎。**(a) 最常見的感染形式為細菌由其他感染部位散布進入循環，經由動脈到達骨髓中的空腔的小血管。在此生長的細菌造成發炎及腫脹、壞死等損傷；(b) 由骨髓炎所造成之尺骨斷裂的 X 光影像。

3 *furuncle* 癤 (fur′-uńkl)。拉丁文：*furunculus* 小賊之意。
4 *carbuncle* 癰 (car′-bunkl)。拉丁文：*carbunculus* 小煤礦之意。
5 *impetigo* 膿疱症 (im-puh-ty′-goh)。拉丁文：*impetus* 攻擊之意，由 A 群鏈球菌所引起。

循環系統的細菌會轉移到腎臟、肝臟及脾臟，造成膿瘍及釋放毒素進入循環系統。另一嚴重的葡萄球菌菌血症所引起的症狀為致死性的心內膜炎，細菌會在心臟內壁增生，造成心臟異常及心瓣膜的快速損壞。若感染到關節則會造成變形性關節炎 [如杓狀關節炎 (pyoarthritis)]。金黃色葡萄球菌若侵入腦部也會造成嚴重的腦膜炎 (約占腦膜炎的 15%)。

毒素性的葡萄球菌疾病

與金黃色葡萄球菌所製造出的毒素有關的疾病包含食物中毒、脫皮症候群及毒性休克症候群。某些菌株所產生的腸毒素是造成美國食物中毒病例的最常見因素。此疾病與牛奶蛋糊、醬料、奶油糕點、加工過的肉類、馬鈴薯沙拉或是處理之後但卻超過數小時未冷藏的沙拉醬等食物相關。因為金黃色葡萄球菌具有耐高鹽的能力，因此就算是食物含有鹽作為防腐劑也無法避免被污染。細菌繁殖所產生的毒素對食物的風味並無明顯的影響，因此不容易被發覺。腸毒素屬於對熱穩定的毒素，需要在 100°C 下加熱至少 30 分鐘才能破壞其毒性，因此若是毒素已經出現在食物中，加熱並沒有辦法避免疾病的發生。食入的毒素會作用在腸胃道的上皮細胞並刺激神經，造成一些急性症狀在 2~6 小時後出現，例如：抽筋、噁心、嘔吐以及腹瀉等。但這些症狀的復原時間也快，大約在 24 小時之內會緩解。

臍帶或是眼睛遭受金黃色葡萄球菌感染的孩童很容易發展成一種稱為**葡萄球菌脫皮症候群** (staphylococcal scalded skin syndrome, SSSS) 的毒血症。當毒素影響皮膚時，會使全身皮膚表面出現一種疼痛且光亮的紅斑，此紅斑一開始會先變成水泡，接下來便會開始脫皮 (圖 15.5)。絕大多數的 SSSS 發生在新生兒以及四歲以下的兒童。此種脫皮毒素 (exfoliative toxin) 在所有年齡層的人身上則會造成局部的大疱型膿皰症 (bullous impetigo)。

宿主對金黃色葡萄球菌的防禦機轉

人類對金黃色葡萄球菌的感染發展出一套完整的防禦能力。在人類志願者身上所做的實驗證實，當把數十萬顆金黃色葡萄球菌注射進未受損的皮膚內時，並無法引發膿瘍的形成。然而，如果將只含有數百個金黃色葡萄球菌的縫合線縫入皮膚時，便會快速形成一個典型的感染病灶，這現象指出外來物的影響是提供金黃色葡萄球菌形成生物膜 (biofilm) 的表面。大部分的葡萄球菌抗原都會引發宿主製造出特異性的抗體，但這些抗體的防禦效果幾乎都不佳 (抗 SSSS 毒素的

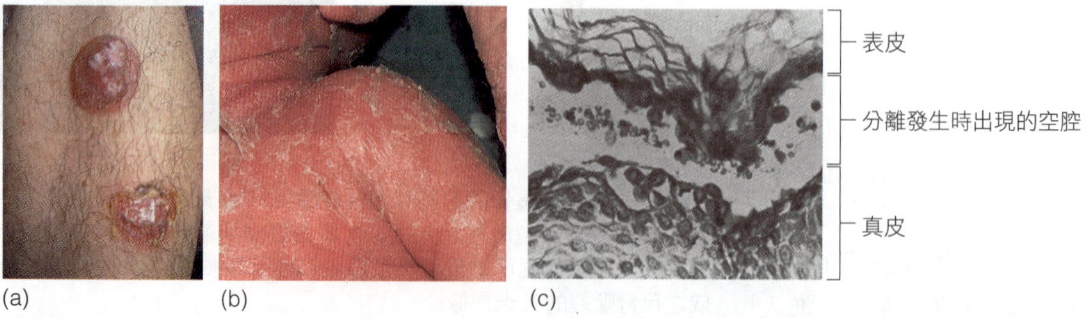

圖 15.5 葡萄球菌毒素對皮膚造成的影響。(a) 大皰型膿皰症為葡萄球菌所引起的局部感染具有充滿和塌陷的大疱；(b) 由局部感染產生的脫皮毒素所引起的葡萄球菌性脫皮症，皮膚外層會出現起泡並脫離的現象；(c) 受到 SSSS 影響之皮膚的顯微照片。表皮發生脫落、脫屑的位置是在真皮層。因為皮膚脫落發生的位置非常表淺，所以病灶會癒合。

抗體除外)。而宿主最有力的防禦機制則是來自嗜中性球及巨噬細胞的吞噬作用，若再配合補體的調理作用來加強吞噬反應之後，更能有效破壞葡萄球菌對組織的感染。發炎反應與細胞性免疫反應會刺激膿瘍的形成，使葡萄球菌在內而抑制其進一步的擴散。

其他重要的葡萄球菌

除了金黃色葡萄球菌外，大多的葡萄球菌均缺乏凝固酶，因此將這些葡萄球菌稱之為凝固酶陰性葡萄球菌 (coagulase-negative staphylococci)。這群葡萄球菌的成員很多，有些來自人類，有些則來自感染人類之外的哺乳動物。雖然過去將這類葡萄球菌認為是無臨床意義的菌種，但近 20 年來它們的重要性卻已大大增加，造成許多院內感染，以及在免疫妥協的病人身上造成伺機性感染。

表皮葡萄球菌 (*Staphylococcus epidermidis*) 是皮膚及黏膜上的常在菌叢，人型葡萄球菌 (*Staphylococcus hominis*) 則生存在皮膚汗腺分布較多的區域，頭癬葡萄球菌 (*Staphylococcus capitis*) 的族群則出現在頭皮、臉部以及外耳處。這些細菌會經由皮膚的破損處侵入體內，因此這類感染經常發生在外科的處置之後，例如安裝了引流管、導管及各種需要穿過皮膚表面的人造材料。這些外來物支持了細菌形成生物膜，因而發展出厚而黏附的莢膜以幫助感染。這些感染隨著病患維生技術的進步而增加，尤其值得我們警覺。雖然表皮葡萄球菌的侵襲力或是毒性並不如金黃色葡萄球菌般強大，但它也可引起心內膜炎、菌血症及尿道的感染。

另一種葡萄球菌，腐生葡萄球菌 (*Staphylococcus saprophyticus*) 的分布與流行病學則所知較少。它不常出現在皮膚、下腸胃道及陰道中，但在泌尿道的感染中扮演重要角色。因為一個目前仍不清楚的原因，腐生葡萄球菌通常好發在性活耀的年輕女性身上，且是造成此族群患者泌尿道感染的第二常見致病原。

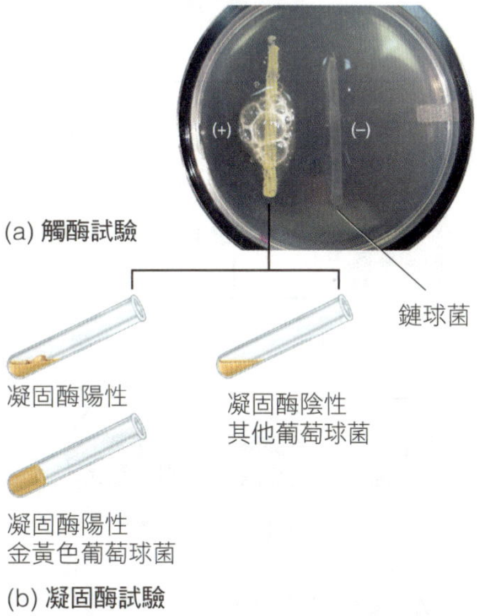

圖 15.6　區分葡萄球菌與鏈球菌屬，以及鑑定金黃色葡萄球菌。(a) 葡萄球菌會產生觸酶，將氧化代謝過程中產生的過氧化氫分解；鏈球菌則無。在培養盤觸酶試驗中，將 3% 的過氧化氫溶液滴在培養盤表面的菌落上，若是觸酶陽性的細菌，則會有劇烈的氣泡反應；若是觸酶陰性細菌則無氣泡生成；(b) 葡萄球菌凝固酶會與血漿中的因子反應而產生凝塊。在凝固酶試驗中，將細菌接種進試管中的血漿，如果血漿始終保持液狀，則為陰性反應；若血漿中出現凝塊，或是完全凝固，則為陽性反應。

臨床檢體中的葡萄球菌之鑑定

葡萄球菌經常由膿、組織滲出液、痰液、尿液及血液中被分離出來。將檢體接種在含有綿羊或是兔子紅血球的培養基上可將其初步分離。若是一些污染較嚴重的檢體，則可將之接種在如甘露醇培養基之類的選擇性培養基上。經過培養之後，利用革蘭氏染色可觀察到呈現不規則簇狀排列的革蘭氏陽性球菌菌體。

僅利用菌落以及菌體的形態特性並無法區分不同種類的革蘭氏陽性球菌，因此需要利用其他的鑑定試驗來進行判別 (圖 14.5)。傳統上，要區別葡萄球菌屬與鏈球菌屬可利用觸酶 (catalase) 的產生能力來加以鑑別，葡萄球菌為觸酶陽性，鏈球菌則為陰性 (圖 15.6a)。若是要與

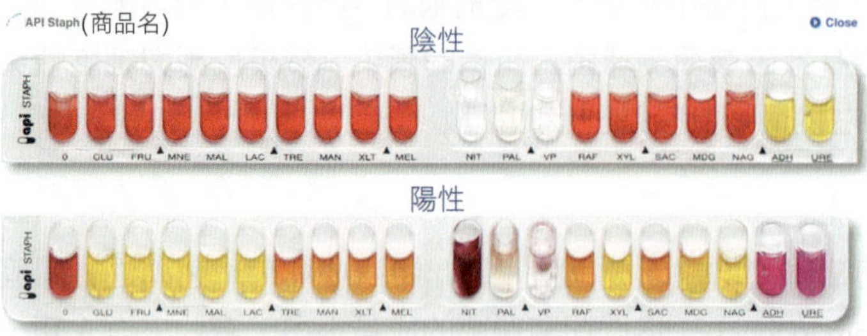

圖 15.7 用於進一步鑑定葡萄球菌分離株之小型化鑑定系統。利用這套系統可鑑定出 23 種不同的革蘭氏陽性球菌，其中包括 20 種臨床上重要的葡萄球菌。每一個反應凹槽含有可用來區分革蘭氏陽性球菌的糖類，或是其他的生化基質，以及反應指示劑。藉由每個反應不同的陽性或陰性結果的組合，便可用來鑑定未知菌的種類。

表 15.2 臨床重要葡萄球菌菌種的分離

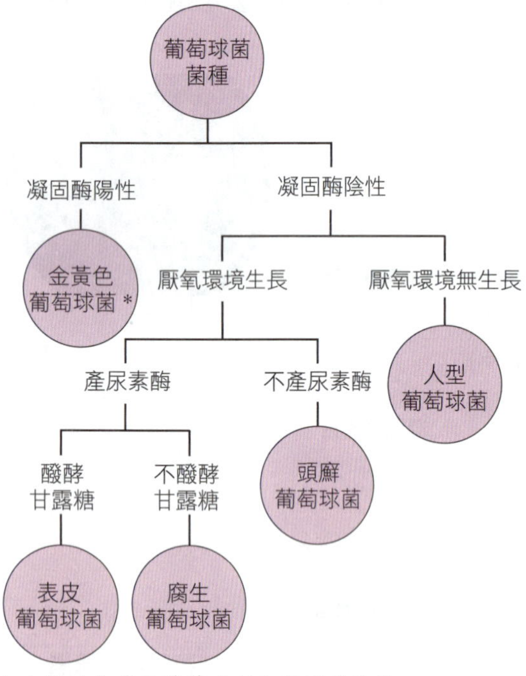

* 少數的金黃色葡萄球菌為凝固酶陰性

微球菌屬 (*Micrococcus*) 區別，則可利用生化特性與培養特性的差異 (圖 15.7)。金黃色葡萄球菌是葡萄球菌屬中唯一凝固酶 (coagulase) 陽性者 (圖 15.6b)，此特性可將其與其他的葡萄球菌區分出來。其他較新的鑑定方法，包括利用吸附有抗體的乳膠粒子，或是利用核酸聚合酶連鎖反應 (PCR)，可更快速地將原本需要 2 至 3 天的鑑定時間縮短到只需數小時。PCR 技術之優點更可一併將 MRSA 在單一步驟中便鑑定出來。

其他凝固酶陰性葡萄球菌的鑑定主要有：利用 novobiocin 的抗藥性鑑定腐生葡萄球菌、甘露糖的醱酵能力鑑定表皮葡萄球菌、缺乏尿素酶的特性來鑑定頭癬葡萄球菌、無法在厭氧環境下生長的特性來區分人型葡萄球菌等等。而利用葡萄球菌間生化及生理特性的不同而設計出來的商品化鑑定套組，可更快速進行葡萄球菌的鑑定 (圖 15.7)，並可取代進行大量單一個別鑑定試驗的需求 (表 15.2)。

葡萄球菌感染的臨床注意事項

葡萄球菌因為具有對新藥發展出抵抗力的能力，以及持續對抗醫藥對它們的控制而惡名昭彰。正因為葡萄球菌對一般常見的藥物可能具有抗藥性，因此在選擇藥物之前的抗生素感受性試驗就變得非常重要。

95% 以上的金黃色葡萄球菌已經擁有製造青黴素酶的基因，這使得它們能對抗一些傳統的抗生素如青黴素及安比西林 (ampicillin)。同樣的問題也出現在 MRSA 菌株，這類細菌具多重抗藥能力，可對抗極廣泛的抗菌劑，包括甲氧西林 (methicillin)、見大黴素 (gentamicin)、頭孢菌素 (cephalosporins)、四環黴素 (tetracycline)、紅黴素 (erythromycin) 甚至 quinolones 等。CDC 估計每年約有 82,000 個新感染病例，其中約有 11,500 個病人會因感染這種「超級細菌」而死亡。一些菌株能夠對抗除了萬古黴素 (vancomycin) 之外的主要各類抗菌藥物，它們主要都是在醫院中被分離出來 (HA-MRSA)，造成院內 80% 的葡萄球菌感染症。而目前甚至連具有萬古黴素抗藥力的金黃色葡萄球菌菌株都已經被發現，感染專家們正在嚴密監控這種新的抗藥株。

最新而引人關注的是一種在醫院之外的社區接觸中所傳播的抗藥性金黃色葡萄球菌株 (CA-MRSA)，這類菌株引起一些常見的葡萄球菌皮膚感染症，但也經常與致死性的系統性疾病有關。這類金黃色葡萄球菌經常出現在一些人們會聚集並共用一些器材的地方，例如健身房、學校及監獄中。雖然這類細菌的感染數量逐步在增加，但還是遠低於由醫院型 MRSA 所造成的感染數。CA-MRSA 也對較多的抗生素仍然具有感受性，因此在治療上有較多的藥物可供選擇。近來 CDC 也已經開始要求將這些菌株列進需要注意的疾病清單中，以進一步監控其流行病學。

葡萄球菌感染的治療

選擇正確的藥物來治療葡萄球菌感染，需高度仰賴分離株的培養與抗生素感受性試驗。較不具抗藥性的金黃色葡萄球菌一般利用頭孢氨苄 (cephalexin)、磺胺類藥物 (sulfa drugs)、四環黴素或克林黴素 (clindamycin) 來治療。若為 MRSA 菌株，仍有少數藥物可用，包括萬古黴素、頭孢洛林 (ceftaroline)、利奈唑胺 (linezolid) 以及達托黴素 (daptomycin)。使用時可能需要以上兩種藥物組合治療，以減少發展出進一步的抗藥性。而對 VISA 與 VRSA 的治療，quinupristin/dalfopristin 是最後的可選擇藥物。

臨床經驗顯示，膿瘍對治療無反應，除非利用穿孔手術清除膿液與外來異物後治療才會有效果。嚴重的系統性感染如心內膜炎、敗血症、骨髓炎、肺炎與毒血症等對治療的反應緩慢，需要密集的、長期的口服或注射藥物甚至或兩者合併來進行治療。

葡萄球菌感染的預防

因為人類是致病性葡萄球菌的主要儲存宿主，所以有可能總是成為帶菌者及受到感染。要完全阻止葡萄球菌在人體菌落化存在是非常困難的，但藉著小心地清潔及對外科傷口及燒傷傷口進行充分的清洗，可盡量降低院內感染發生的機會。要控制增加中的院內感染爆發發生率，特別是針對那些高風險病人 (手術病人與新生兒)，對醫護人員來說真是一項挑戰。病人或是那些醫院人員中的無症狀帶菌者或已有明顯感染者都是最常見的感染來源。最有效的預防方法還是要小心翼翼的洗手、適當的處置感染性衣物及廢棄物、隔離有開放性病灶的患者，以及注意留置的導尿管與針頭的衛生。

如果可能，其他的預防措施也必須加以制定，例如：鼻腔內帶有金黃色葡萄球菌的醫院工作人員可能須禁止其進入托兒所、手術室以及產房。帶原者可接受數個月的複方抗生素治療，例如百多邦 (bactroban) 及雙氯西林 (dicloxacillin)，以降低病原菌在臨床單位中的來源。金黃色葡萄球菌的疫苗目前正在進行臨床試驗當中。

15.2 鏈球菌與相關菌屬的一般性質

鏈球菌屬 (*Streptococcus*)[6] 是一個極大且複雜的菌群，有些是人類或動物身上的常在菌叢，有些則會造成疾病，另外也有屬於環境中的微生物。這群細菌是一種會排列成一長鏈，呈現串

6 *Streptococcus* 鏈球菌屬 (strêp′t-kŏk′əs)。希臘文：*streptos* 為彎曲、扭曲之意。菌體排列呈鏈狀，是由於菌體分裂時均發生在同一平面所造成。

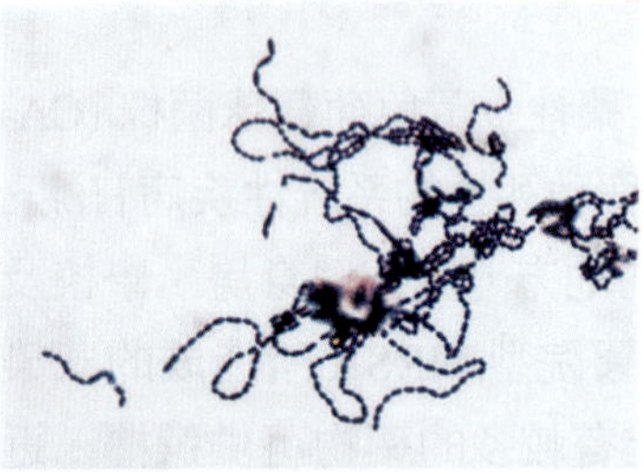

圖 15.8 **一張漂亮的微生物學影像：剛分離出之鏈球菌的長鏈狀相互纏繞排列形態。**只有在營養成分受到限制的液態培養基中生長的鏈球菌，才會出現這樣的標準排列。

珠狀的球菌，排列出來的鏈長度不定，甚至經常僅成對存在 (圖 15.8)。這類細菌一般呈現球形，但在快速分裂繁殖的新鮮培養系統中，有時也會以卵形或是桿狀外形出現。

鏈球菌不形成孢子也沒運動能力 (極少數有鞭毛的菌種例外)，能形成莢膜與黏液層。屬於兼性厭氧菌，可醱酵許多不同的糖，通常產生乳酸 [同質醱酵 (homofermentative)]。鏈球菌不製造觸酶，但擁有能夠活化過氧化氫的過氧化酶 (peroxidase) 系統，用來保護它們能在有氧氣的環境中存活。大部分的致病性菌種為營養挑剔性細菌，培養時需要使用滋養培養基。菌落外觀大多為小型、無色素且光亮。成員大多為對乾燥、熱、消毒劑與藥物極端敏感，少數如肺炎球菌與腸球菌發展出有意義的抗藥能力。

鏈球菌屬中的菌種最早是利用一套由 Rebecca Lancefield 在 1930 年代所設計出來的系統加以分類，此系統將鏈球菌分為 17 個不同的群，以細胞壁中的碳水化合物為分類的依據，稱之為 Lancefield 氏分類，分別以英文字母的順序來命名 (A 群、B 群等)。但此套系統並不完整，例如有些鏈球菌其細胞壁上並沒有碳水化合物，因此需要利用其他的方法來鑑定。一個在實驗室中經常利用來對鏈球菌進行初步鑑定的技術，為觀察菌落在血液培養基上所呈現出來的特性 (圖 15.9a~c)。表 15.3 將各群鏈球菌依照各自的棲息地、溶血型與致病性分別加以整理。

許多鏈球菌種以常在菌叢的形式存在口腔中，有些則是家畜，例如寵物身上的共生菌，也可生活在人類身上造成感染。主要與人類疾病相關的菌種有：化膿性鏈球菌 (*S. pyogenes*)、無乳糖鏈球菌 (*S. agalactiae*)、草綠色鏈菌群 (*viridans streptococci*)、肺炎鏈球菌 (*S. pneumoniae*) 及糞腸球菌 (*Enterococcus faecalis*)，過去稱為糞鏈球菌 (*Streptococcus faecalis*)。

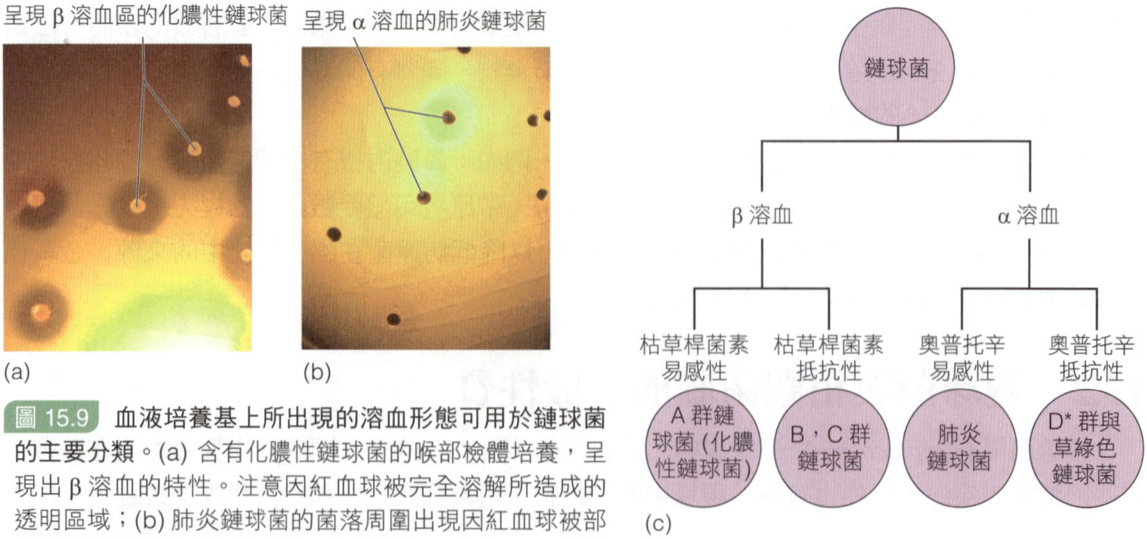

圖 15.9 **血液培養基上所出現的溶血形態可用於鏈球菌的主要分類。**(a) 含有化膿性鏈球菌的喉部檢體培養，呈現出 β 溶血的特性。注意因紅血球被完全溶解所造成的透明區域；(b) 肺炎鏈球菌的菌落周圍出現因紅血球被部分溶解所造成的綠色溶血區，為典型的 α 溶血；(c) 利用溶血特性與抗藥性進行鏈球菌的鑑定。

* 部分 D 群鏈球菌為 β 溶血或是不溶血。

表 15.3　主要的鏈球菌種及相關菌種

菌種	Lancefi eld 分類群	溶血型	棲息地	造成的人類疾病
S. pyogenes **化膿性鏈球菌**	A	Beta (β)	**人類喉嚨**	**皮膚、喉嚨感染、猩紅熱**
S. agalactiae **無乳糖鏈球菌**	B	β	**人類陰道、牛隻乳腺**	**新生兒、傷口感染**
S. equi 馬鏈球菌	C	β	各種哺乳類	罕見，存在於膿瘍
S. dysgalactiae 停乳鏈球菌	C	β	牛	罕見
Enterococcus faecalis **糞腸球菌**	D	α、β、N	**人類及動物腸道**	**心內膜炎、泌尿道感染 ***
E. faecium 屬糞腸球菌、*E. durans* 耐久腸球菌	D	Alpha (α)	人類及動物腸道	與糞腸球菌相似
S. bovis 牛鏈球菌	D	N	牛	亞急性心內膜炎、菌血症
S. anginosus 咽峽炎鏈球菌	F、G、L	β	人類、狗	心內膜炎、上呼吸道 ** 感染
S. sanguinis **血鏈球菌**	H	α	**人類口腔**	**心內膜炎**
S. salivarius 唾液鏈球菌	K	N	人類唾液	心內膜炎
Lactococcus lactis 乳酸乳球菌	N	V	乳製品	很罕見
S. mutans **變形鏈球菌**	NI***	N	**人類口腔**	**齲齒**
S. uberis 乳房鏈球菌、*S. acidominimus* 少酸鏈球菌	NI	V	哺乳類家畜	罕見
S. pneumoniae **肺炎鏈球菌**	NI	α	**人類呼吸道**	**細菌性肺炎**

注意：粗黑字的菌種是人類感染和疾病中最有意義的來源。N 代表無；V 代表各種型式。
* 尿道感染　** 上呼吸道　*** 無群分類的 C- 炭水化合物可供鑑定

β 溶血性鏈球菌：化膿性鏈球菌

化膿性鏈球菌是迄今為止感染人類的鏈球菌中最嚴重的，也是 A 群鏈球菌中的代表性菌種。它是相對全然的致病菌，大多居住在人類的喉嚨、鼻咽，偶爾出現在皮膚。導致嚴重疾病發生的原因部分是由表面的抗原、毒素或是分泌的酵素所引起。

細胞表面的抗原與毒力因子

鏈球菌可呈現許多種類的表面抗原 (圖 15.10)。

- 碳水化合物：出現在細胞壁表面的特化多醣體，同時也是 Lancefield 分類法的依據。對致病力的貢獻為能夠保護菌體免於遭受宿主的溶菌酶 (lysozyme) 攻擊。
- 菌毛 (fimbriae) 上的脂胞壁酸 (lipoteichoic acid)：可幫助化膿性鏈球菌黏附於皮膚或咽部的上皮細胞。

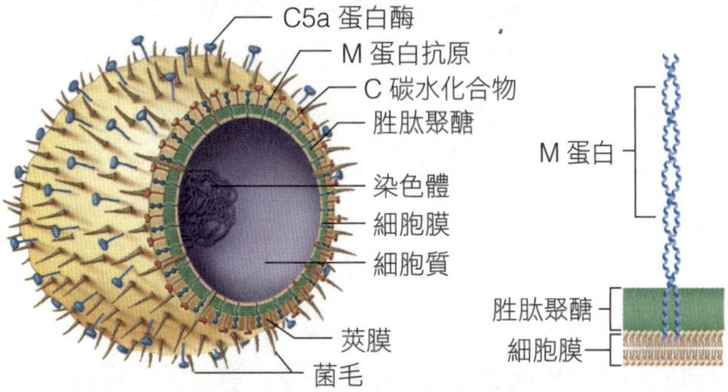

圖 15.10　**A 群鏈球菌的剖面圖。**(a) 最外端為菌毛，部分由 M 蛋白抗原所組成。其他構成細菌套膜的外層組織其成分有莢膜、蛋白抗原及 C- 碳水化合物抗原；(b) M 蛋白的詳細構造以及在細胞套膜的位置。

- 另一種型專一性分子為 M 蛋白 (M-protein)：約有 80 種不同的亞型。此蛋白會在菌體造成凹凸不平的表面，能夠抵抗宿主的吞噬作用及增加菌體的黏附能力以加強其毒性。
- 大部分的化膿性鏈球菌擁有由玻尿酸 (hyaluronic acid, HA) 所組成的莢膜，因為此種玻尿酸在化學組成上與人類組織中的玻尿酸無法區別，所以不會引發宿主的免疫反應。
- C5a 蛋白酶：能催化宿主補體系統中 C5a 蛋白的切割。研究顯示此能力不只可以阻礙宿主免疫系統中的補體相關反應，也會干擾嗜中性球的趨化作用。

分泌至細胞外的主要毒素 A 群鏈球菌的部分毒力來自於其所製造出來的溶血素，稱之為**鏈球菌溶血素** (streptolysins)，共有兩種類型，分別為鏈球菌溶血素 O (streptolysin O, SLO) 與鏈球菌溶血素 S (streptolysin S, SLS)[7] (兩者都會在綿羊血液培養基上呈現出溶血)。這兩種溶血素均能迅速的傷害許多細胞與組織，包括白血球、肝臟與心肌等。

造成猩紅熱 (將於本章稍後討論) 的毒素稱為**紅斑毒素** (erythrogenic[8] toxin) [又稱為**致熱源毒素** (pyrogenic toxin)]，此毒素會造成猩紅熱典型的鮮紅型紅疹，也會干擾體溫調節中樞而導致發燒。只有受到一種潛溶性噬菌體感染而獲得此毒素基因的化膿性鏈球菌才具有生成此毒素的能力。

部分的鏈球菌製造的毒素 (例如紅斑毒素與鏈球菌溶血素 O) 具有**超級抗原** (superantigens) 的特性 (見第 12 章)，會增加對組織的傷害。這類毒素會增加對 T 細胞的刺激。過度活化的 T 細胞會增殖，同時產生一連串的免疫反應釋放出腫瘤壞死因子 (tumor necrosis factor) 與其他的細胞激素，這些細胞因子會導致血管的傷害。這可能是導致鏈球菌毒素性休克症候群及壞死性筋膜炎嚴重病理現象的機制。

分泌至細胞外的主要酵素 數種 A 群鏈球菌所製造用以分解大分子物質的酵素均為毒力因子。鏈球菌激酶 (streptokinase)，一種與葡萄球菌激酶相似的酵素，會活化分解纖維血凝塊的路徑，增加菌體的侵襲力。玻尿酸酶 (hyaluronidase) 會破壞結締組織間的連結，促進菌體在組織間的散播。鏈球菌核酸酶 (streptodornase, DNase) 則會藉著將 DNA 分解來液化膿樣分泌物，使細菌容易擴散。

化膿性鏈球菌的流行病學與致病機轉

化膿性鏈球菌自古以來就與各式各樣的疾病相關聯，在抗生素發明之前是造成許多人類的各種感染，以及因風濕熱 (rheumatic fever) 與產褥熱 (puerperal sepsis) 而死亡的主要病原體。雖然近來其重要性已逐漸降低，但最近的流行病學研究卻提醒我們其仍有造成忽然且嚴重疾病的潛在危機。

人類是化膿性鏈球菌唯一有意義的保存宿主，大約 5~15% 的人口身上攜帶著具有毒力的菌株。感染通常是藉由直接接觸、飛沫，偶爾經由共用的器械來傳染。往往是在宿主的抵抗力較弱時，經由皮膚或是咽部來入侵。發生率與感染的類型會隨著氣候、季節與生活條件而有不同。

---

7 在 SLO 中的 O 代表氧氣 (oxygen)，因為此物質會被氧氣破壞。大部分的化膿性鏈球菌均能製造 SLO。而在 SLS 中的 S 代表血清 (serum)，因為此物質會與血清中的蛋白質結合。SLS 對氧氣呈現穩定，不受其破壞。

8 *erythrogenic* 紅斑毒素 (eh-rith″-roh-jen′-ik)。希臘文：*erythros* 紅色；*gennan* 產生，由兩字組合而成；*pyrogenic* 一詞則表示其具有致發燒的作用。

皮膚的感染較常發生在較暖和的夏秋兩季，咽部的感染則較常發生於冬季，5 至 15 歲的兒童是這兩類感染均會發生的主要族群。除了局部性的皮膚與咽喉的感染之外，化膿性鏈球菌的感染如果沒有適當的治療，也可能會造成全身系統性感染以及嚴重的後遺症。

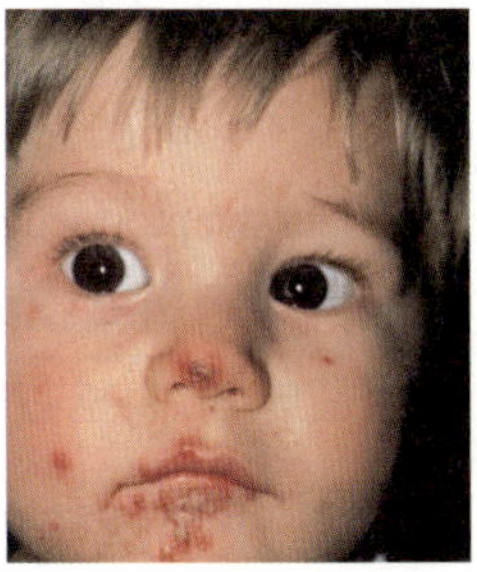

(a)

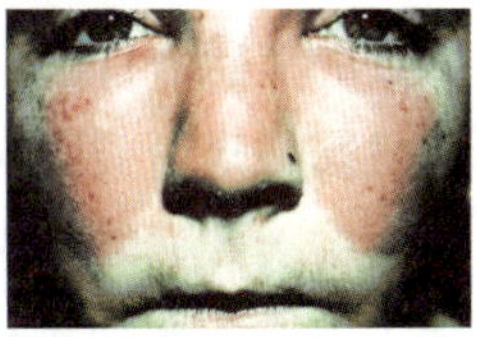

(b)

圖 15.11　鏈球菌的皮膚感染。(a) 臉部的膿疱病灶；(b) 臉部的丹毒。雖然是表淺性的感染，但發炎反應會自最初的侵入處水平往外擴散。出現一個有明顯邊界軟性、紅腫、膨大的病灶，會破裂及分泌出液體。

皮膚感染　當一具有毒力的鏈球菌侵入皮膚或是喉嚨黏膜上的一個小缺口時，就會造成一個發炎的病灶。在皮膚局部入侵後的化膿性感染會發展成稱之為膿皮症或是丹毒，同樣的狀況若發生在喉嚨則會發展成咽炎 (pharyngitis) 或扁桃腺炎 (tonsillitis)。

鏈球菌造成的**膿疱症** (impetigo) 或是**膿皮症** (pyoderma) 具有出現灼熱感與搔癢感丘疹的特徵，此一丘疹會破裂而形成一嚴重感染的黃色痂疤 (圖 15.11a)。膿疱症經常在學校的兒童間造成流行，與昆蟲叮咬、衛生不佳或過於擁擠的生活環境有關。另一種有較高侵襲力的皮膚症狀稱為**丹毒** (erysipelas)[9]，致病原通常經由臉上或是四肢上的一個小傷口或是破損處入侵，然後散布到真皮層與皮下組織。初期症狀會在皮膚傷口附近出現水腫及發紅、發燒，以及畏寒，之後病灶開始向外擴張，出現一具有稍微隆起邊緣的發紅、發熱區域，甚至發展為水泡 (圖 15.11b)。根據病灶深度的不同，以及感染進展的狀況不同，皮膚上的病灶可能會維持在皮膚發展或是發展成長期的系統性併發症。大面積皮膚受損的嚴重病例亦有致死的可能性。

大部分的人都曾患過咽喉炎 (strep throat)，醫學上的名稱為**鏈球菌咽炎** (streptococcal pharyngitis)，每個人在一生中幾乎都有感染過的經驗。生長在扁桃腺或是咽部黏膜上的微生物經常會造成組織紅腫、擴張和極度柔軟，引起吞嚥困難與疼痛感 (圖 15.12)。這些症狀還會伴隨著發燒、頭痛、噁心與腹痛。其他可能的病症還包括扁桃腺出現**膿** (purulent)[10] 樣滲出液、淋巴結腫大，有時還會出現扁桃腺有白色、充滿膿液的膿瘍。

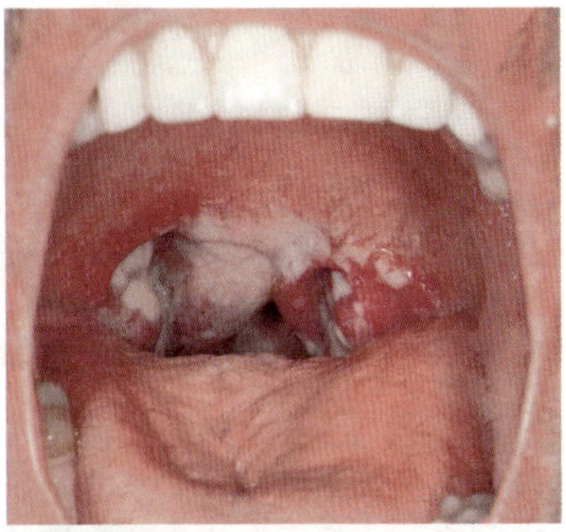

圖 15.12　咽炎及扁桃腺炎的喉嚨外觀。咽部及扁桃腺會變成鮮紅且化膿，白色區域為含有膿液的小結。在嚴重的病例中，兩側的扁桃腺會因腫脹而互相碰觸，被稱為「接吻」。

系統性的感染　鏈球菌的喉嚨感染如果是由帶有產生紅斑毒素原噬菌體的化膿性鏈球菌所引起者，則有可能會造成**猩紅熱** (scarlet fever)。這種毒素如果在宿主體內系統性擴散之後，會出現發高燒以及在臉部、軀幹、四肢內側甚至舌頭上出現鮮紅色擴散性的紅疹。在症狀產生後十天內，紅疹及發燒會逐漸消退，並伴隨著表皮脫落的情形產生。許多咽炎甚至是猩紅熱的病例其症狀是溫和且單純的，但有時也會出現嚴重的後遺症。鏈球菌擴散進淋巴及血液系統會造成敗血症，為少見的併發症，只限於發

9 *erysipelas* 丹毒 (er″-ih-sip″-eh-las)。希臘文：*erythros* 紅色；*pella* 皮膚。
10 *purulent* 膿 (puh′-roo-lent)。拉丁文：*purulentus* 發炎，與膿 (pus) 同義。

生在一些已經因為其他疾病而較虛弱的病患身上。另一種較少發生的疾病為化膿性鏈球菌肺炎，大約占所有細菌性肺炎中的 5%，經常是流感或是其他肺部疾病的繼發性感染。鏈球菌毒性休克症候群 (streptococcal toxic shock syndrome) 也是一種嚴重且具侵襲力的感染症，也是造成嚴重菌血症與深層組織感染的原因，往往會導致多重器官的快速衰竭。在有治療的狀況下，甚至都還可能造成 30% 左右的病人死亡。

A 群鏈球菌感染的長期併發症

A 群鏈球菌偶爾在最初的感染痊癒之後，會在數週內又出現長期的併發症，其中有兩種最重要的症狀：(1) 風濕熱 (rheumatic[11] fever, RF)，會造成關節、心臟與皮下組織出現延遲性發炎；(2) 急性腎絲球腎炎 (acute glomerulonephritis, AGN)，發生在腎絲球與腎小管上皮的疾病。在這兩種疾病中，致病的原因都是宿主本身的免疫系統。在 RF 中，對心臟組織的傷害來自第二型過敏反應，由原本要對抗鏈球菌細胞壁與細胞膜的抗體，因為交叉反應的原因轉而攻擊與細菌抗原相似的宿主分子。而在 AGN 中，傷害來自於第三型過敏反應，由免疫複合物沈積於腎絲球負責過濾液體的上皮細胞處，造成發炎與傷害。

風濕熱　風濕熱通常是兒童感染了鏈球菌咽炎之明顯或亞臨床案例而後出現的併發症，主要的臨床症狀為心肌炎，出現不正常的心電圖、疼痛的關節炎、舞蹈症 (chorea)、皮下出現結節以及發燒[12]。病程大約延續 3 到 6 個月，通常不留下永久性的傷害。但在心肌炎較嚴重的患者身上，心瓣膜及心肌的廣泛損傷還是有可能發生 (圖 15.13)。雖然永久性損傷的程度在中年之前都不容易被發現，但一旦發現之後，其嚴重性卻常需要靠瓣膜移植來進行治療。由於對鏈球菌感染方面的診斷及治療技術的進步，因 RF 所引發的心臟疾病已經逐漸減少，但在美國仍舊造成每年數千人的死亡，而在世界其他地區的死亡人數更數倍於此。

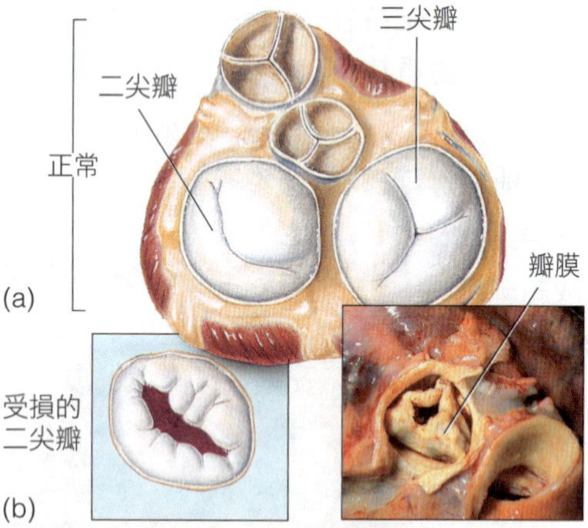

圖 15.13 **因風濕熱所引起的心臟併發症**。A 群鏈球菌感染所造成的病害可延伸到心臟。在本例中，一般認為宿主所製造的抗體因交叉反應而同時攻擊鏈球菌與心臟本身的蛋白質，因而造成心臟瓣膜漸進性的損傷 (特別在二尖瓣處)。結疤與變形造成瓣膜關閉及幫助血液分流的功能受損；(a) 正常的瓣膜，俯瞰圖；(b) 左圖描繪出受損二尖瓣上的疤痕組織，右圖為典型的風濕熱結疤所引起的呈現狹窄變化的瓣膜照片。

急性腎絲球腎炎　在 AGN 的病患身上，腎臟被嚴重損傷導致無法有效進行血液過濾的工作。第一個出現的症狀為腎炎 (nephritis)，患者會有手腳腫脹及低尿量的徵狀、高血壓且偶爾會有心臟衰竭。尿液檢查會出現不正常的大量紅血球、白血球與蛋白質。許多的 AGN 患者可自然痊癒，但有些會變成慢性甚至發展為腎衰竭。

有兩種抗體能長期提供人體對 A 群鏈球菌的保護能力，第一種是對抗 M 蛋白的形態專一性抗體，

---

11 *rheumatic* 風濕熱 (roo-mat′-ik)。希臘文：*rheuma* 溢出，意指涉及關節、肌肉與結締組織的發炎現象。

12 心肌炎 (carditis) 指心臟組織的發炎現；舞蹈病 (chorea) 是一種神經異常疾病，具有出現無法控制的抽筋動作的特性。

但這種抗體並沒有辦法預防宿主被不同株的 A 群鏈球菌感染 (這解釋了為何人會重複感染鏈球菌咽炎)。另一種抗體是一種中和性抗毒素，可對抗造成猩紅熱的紅斑毒素，防止發燒與猩紅熱紅疹。抗鏈球菌抗體的血清學技術主要用來偵測是否有鏈球菌的新感染或持續性感染發生，也可用來評估患者是否有可能發展成風濕熱及腎絲球腎炎。

因為有發生這類嚴重或長期併發症的可能性，因此當發生嚴重喉嚨痛的症狀時需要特別留意。利用簡單的喉嚨棉棒就可鑑定出喉嚨痛是由 A 群鏈球菌或是其他的病原體所造成，必要時就可立刻投予抗生素加以治療。

☞ B 群鏈球菌：無乳糖鏈球菌

數種生存於人類或是其他哺乳類動物身上屬於常在菌叢的 β- 溶血鏈球菌，可被分類為 B 群、C 群及 D 群，這些鏈球菌有可能在病人的組織臨床檢體中被分離出來。B 群鏈球菌 (group B streptococci, GBS) 的代表性細菌為無乳糖鏈球菌 (*S. agalactiae)*，此菌可用來證明一個病原體如何在很短的時間內改變其分布狀態的現象。這隻細菌是感染牛的細菌，經常造成牛隻的乳腺炎[13]；也可成為人類陰道、咽喉以及大腸等處的常在菌。當進入人體定居之後，在新生兒以及免疫妥協病人身上便造成許多嚴重的感染。CDC 估計每年大概有 25,000 病例發生。

無乳糖鏈球菌主要與新生兒腦膜炎、傷口與皮膚感染、心內膜炎有較高的相關性。在一些罹患糖尿病及心血管疾病的老年人身上，也很容易造成傷口的感染。因為陰道中也存在此菌，所以在分娩的過程中也極容易傳播至新生兒身上，有時會導致嚴重的後續疾病，出生後數天發展出早發性的感染，伴隨著有敗血症、肺炎以及相當高的死亡率。

此細菌是美國與歐洲最常見造成新生兒肺炎、敗血症及腦膜炎的病原，單在美國每年就大約有 2,200 名嬰兒遭受感染。感染之後 2 至 6 週出現腦膜炎的併發症，如發燒、嘔吐及癲癇，大概有 20% 的孩童會有長期性的神經傷害。因為大多數的病例都發生在醫院中，所以必須特別留意病原被動傳染的危險，特別是在新生兒與手術單位。懷孕婦女應該在第三個三月期進行篩檢，如果有感染狀況發生就必須注射免疫球蛋白及進行抗生素治療。

☞ D 群腸球菌與 C、G 群鏈球菌

糞腸球菌 (*Enterococcus faecalis*)、屬糞腸球菌 (*E. faceium*) 及耐久腸球菌 (*E. durans*) 已被分類為「腸球菌」(enterococci)，因為它們主要分布在人類的大腸中。D 群鏈球菌的另外兩個成員，牛鏈球菌及馬鏈球菌則不屬於腸球菌，主要感染其他動物，偶爾出現在人類身上。由糞腸球菌造成的感染經常發生於進行手術之後的老年人，造成對泌尿道、傷口、血液、心內膜、闌尾及其他腸道結構的影響。腸球菌由於多重抗藥株出現上升，特別是對萬古黴素的抗藥株 (vancomycin-resistant enterococci, VRE)，因此成為了一個新興的嚴重院內感染菌。

C 群與 G 群鏈球菌屬於家畜的正常菌叢，但也經常在人類的上呼吸道中分離出來。

它們偶爾會如同 A 群鏈球菌一般造成咽炎及腎絲球腎炎，更常造成在嚴重免疫妥協病人身上的菌血症及散播性深層感染。

---

13 乳腺的發炎現象。

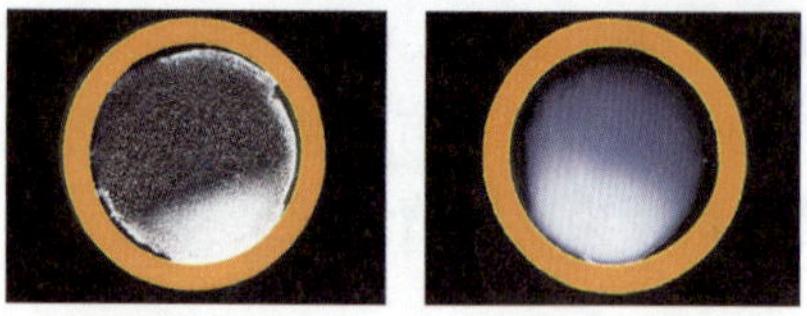

圖 15.14 用於 A 群鏈球菌感染的直接、快速鑑定試劑。將病人的咽喉棉棒與含有單株抗體的乳膠粒子混合，(左) 在陽性反應中，A 群鏈球菌體表面的 C- 碳水化合物會出現可見的凝集反應。(右) 陰性反應則呈現出均勻、乳狀的結果。

實驗室鑑定技術

如同先前所提到的，若無法及時對 A 群鏈球菌的感染做出確認，就算是極輕微的感染也會造成嚴重的影響。快速的培養與診斷技術，對提供適當的治療及預防措施來說是非常重要的，目前已有數家公司開發出用於診所及醫院的快速鑑定試劑，可檢測咽棉棒檢體中的 A 群鏈球菌。這些試驗都是利用可以辨認 A 群鏈球菌的 C 碳水化合物類的單株抗體所設計出來，具有高度的專一性及敏感性 (圖 15.14)。

在現今的大型臨床實驗室中，利用傳統的微生物學技術來進行鏈球菌鑑定已經非常少見了。在技術成熟之後，應用單株抗體的商品化檢測試劑，已可運用在大多數檢體的快速鑑定，其速度與精確度都是傳統上依賴培養技術的鑑定方法所比不上的。然而在某些情況下，包括在小型或是獨立的實驗室中，以及利用血清學的鑑定方法得到無法確定的結果時，傳統培養技術始終還是值得依賴的；且事實上目前對所有菌種的鑑定，傳統的培養技術還是公認的「黃金標準」(gold standard)。表 15.4 簡述用於分離不同 β 溶血性鏈球菌時所使用的特性，圖 15.5 (與圖 15.4) 利用圖解的方式說明幾個表中所提到的試驗法。

表 15.4 區分 β 溶血性鏈球菌的流程

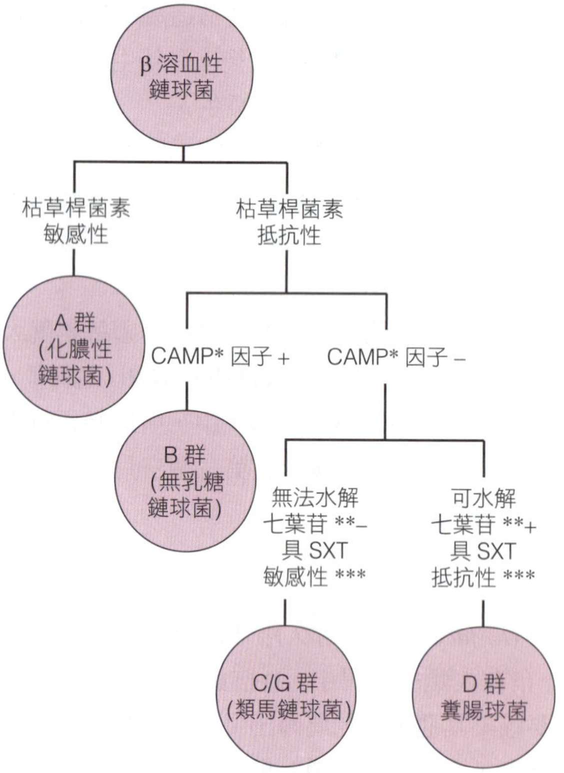

* 命名來自於發現者群名字第一個字母。CAMP 為一種由 B 群鏈球菌製造的可擴散物質，於葡萄球菌溶血素存在下溶解綿羊紅血球。

** 一種能被分解成葡萄糖與七葉苷原的糖。D 群鏈球菌可在含有 40% 膽汁的環境下將其分解。

*** 由 sulfamethoxazole 與 trimethoprim 組合而成的抗生素。本試驗以紙錠擴散法進行(如同枯草桿菌素試驗)。

A 群、B 群與 D 群鏈球菌感染的治療與預防

抗生素治療是主要用來治療感染與預防併發症的方法，大多數的化膿性鏈球菌株仍然對青黴素或是其衍生物有著相當高的敏感性。在咽喉炎的病例中，年紀較小的孩童通常會給予 600,000 單位的苄基青黴素進行肌肉注射，此劑量可以使 10 天內的血中濃度達到足夠的殺菌力，較大的孩童則注射 900,000 單位，成年人則是 120 萬單位。另一經常用於治療膿疱症的治療方式則是口服青黴素 V 十天。在一些對青黴素過敏的患者身上，則可

以紅黴素 (erythromycin) 或是頭孢菌素 (cephalosporin) 取代青黴素。

阻止風濕熱或急性腎絲球腎炎的唯一方法是妥善治療一開始的化膿性鏈球菌感染，因為這兩個化膿性鏈球菌併發症一旦開始發生，就沒有特殊的治療方法。

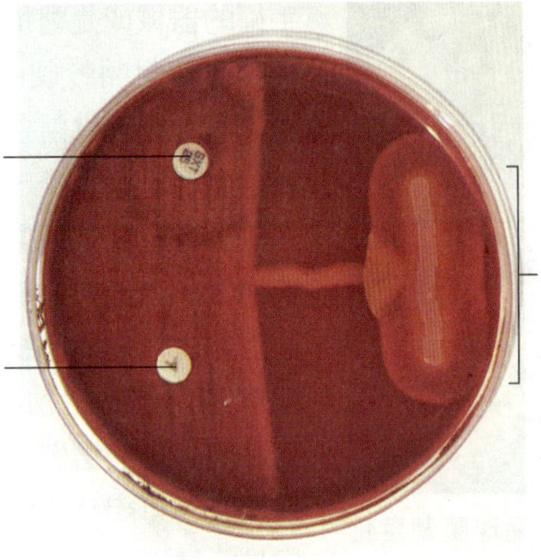

圖 15.15　**其他 β 溶血性鏈球菌特性的鑑定**。在 CAMP 試驗中，將能夠與 B 群鏈球菌 (GBS) 協同反應的 β 溶血金黃色葡萄球菌接種在待測菌旁，若待測菌為 GBS，則會在與金黃色葡萄球菌接種線靠近的位置出現加強溶血區。(注意：B 群鏈球菌在枯草桿菌素試驗與 SXT 試驗均呈現陰性結果。)

有些醫師會建議有過風濕熱病史或重複感染鏈球菌咽炎的患者，長期連續服用青黴素作為預防性治療。對於可能暴露在感染危險中的團體生活年輕人，例如在寄宿學校、軍營以及其他有已知帶原者出現的機構中者，團體性的預防措施也是必要的。在過去，扁桃腺切除術廣泛使用在預防鏈球菌感染，但其效果值得懷疑，因為在喉嚨中並不是只有扁桃腺會受細菌感染。在醫院中，化膿性鏈球菌的帶原者不適宜在外科及產科工作，也不適宜接觸免疫力不好的病患。感染 A 群鏈球菌的病患必須隔離，且被病患具感染性分泌物污染過的物品必須仔細加以處理。

治療 B 群鏈球菌感染的抗生素首選為青黴素 G，替代藥品為萬古黴素與見大黴素。有些醫師主張給予帶菌的母親與胎兒青黴素來作為預防性治療，但其他醫師則擔心這樣會增加過敏與產生抗藥性菌株的機率。最近的作法則是利用人為被動免疫，使用人類的免疫球蛋白來治療及預防高危險群的母親與胎兒。有一種新發展用來預防婦女感染 B 群鏈球菌的疫苗，目前已經進入臨床試驗階段。

在治療腸球菌的感染方面，通常需要合併安比西林與任一種胺基糖苷類抗生素 (如正大黴素) 一起使用，發揮藥物彼此間的協同作用，以克服可能出現的抗藥性問題。

α 溶血性鏈球菌：草綠色鏈球菌群

草綠色鏈球菌 (viridans)[14] 包含了無法利用 Lancefield 血清學分類法分類的人類鏈球菌群，它們為口腔中數量種類最多且廣泛分布的常在菌 (牙齦、臉頰、舌頭、唾液腺)，也發現存在於鼻咽、生殖道及皮膚。雖然這群細菌缺乏在大多數的毒性鏈球菌身上會見到的毒素與酵素，且大多屬於伺機性感染，但它們還是有機會可以引起嚴重的全身系統性感染。這群鏈球菌中的幾個主要菌種：緩症鏈球菌 (*Streptococcus mitis*)、轉糖鏈球菌 (*S. mutans*)、咽峽炎鏈球菌 (*S. anginosus*)、唾液鏈球菌 (*S. salivarius*)、血鏈球菌 (*S. sanguinis*) 都具有 α 型溶血能力。至於鑑別這些細菌的方法則不在本書的範圍之內。

因為草綠色鏈球菌不具有高度侵襲能力，因此其進入組織的方法通常是經由牙科或是外科

14 *viridans* 草綠色鏈球菌 (vih′-rih-denz)。拉丁文：*viridis* 綠色。來源為 α 溶血性細菌的菌落周圍會出現綠色的顏色。

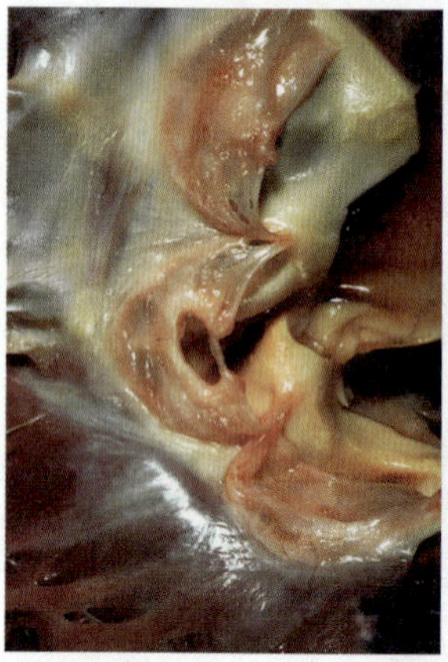

圖 15.16 **鏈球菌菌落化生長造成的影響**。沿著經手術打開的二尖瓣上緣，可見到細菌的聚生處。此細菌聚生的位置 (白色區域) 會不斷將細菌釋放進宿主的循環中。

手術的器械或是醫療過程來入侵。這些細菌是牙齦及牙齒上的常在菌叢，有時咀嚼較硬的糖果或是刷牙這些可能會損傷口腔內表面的動作，可能會提供這些細菌一個入侵的管道。牙科治療的過程有機會造成菌血症、腦膜炎、腹部感染及牙膿瘍，但由草綠色鏈球菌感染所引起最重要的併發症則是亞急性心內膜炎 (subacute endocarditis)。在此疾病中，血液中的細菌會聚集在早先可能因風濕熱或是瓣膜手術之類原因而受損過的心臟內膜以及瓣膜處，在這些表面聚集的草綠色鏈球菌會形成厚的生物膜，稱之為增殖體 (vegetation)(圖 15.16)。隨著疾病發展，這些增殖體會變大，偶爾會脫落進入循環中，而這些脫落物或栓塞物可能會經過肺及腦，進而阻塞循環而使那些器官受損。因為這是一種漸進式及隱蔽性的過程，這類心內膜炎便被稱為亞急性，而非急性或是慢性。臨床上的症狀包括發燒及心雜音，以及體重減輕與貧血等。

心內膜炎幾乎只能靠血液培養來診斷，如果菌血症的血液檢體能夠重複培養出細菌的話，便可高度懷疑有心內膜炎發生。治療的方法為完全清除在增殖體中的細菌，可利用長時間使用青黴素 G 來達到此治療的目的。因為在心臟本身已經有異常的患者身上，極易受到草綠色鏈球菌感染而發展成心內膜炎，因此這些患者可以在接受牙科或是外科手術治療之前，便先給予抗生素的預防性治療。

另一種常見與草綠色鏈球菌相關的牙科疾病是齲齒。在有糖分存在的情況下，口腔鏈球菌與格氏鏈球菌 (屬於轉糖鏈球菌群) 會製造出由葡萄糖聚合而成的黏液層，緊緊黏在牙齒表面。這些緊密黏附在牙齒表面的多醣類便是牙菌斑，這些在牙齒表面的白色黏附物質會與其他細菌一起造成共同感染，是許多牙科疾病的溫床。

肺炎鏈球菌：肺炎球菌

肺炎鏈球菌 (*Streptococcus pneumoniae*) 排名在人類病原菌排行榜中的前幾名，過去被稱為雙球菌，直到基因分析後發現與鏈球菌較為相似之後才重新分類為鏈球菌家族的一員。肺炎鏈球菌也稱為肺炎球菌 (pneumococcus)，是細菌性肺炎 (bacterial pneumonias) 的主要病原菌，主要造成免疫力不佳的病人生病；同時也是造成小朋友腦膜炎 (meningitis) 與中耳炎 (otitis media) 的主要病原菌。由肺炎患者的痰液檢體革蘭氏染色結果，可見到小的、柳葉形成對或短鏈狀排列的細胞。因為肺炎鏈球菌是營養挑剔菌，所以必須培養在血液培養基上，會長出平滑或黏液狀呈現 α 型溶血的菌落 (圖 15.9b)。培養時添加 5~10% 的 CO_2 能夠增進生長，但因其缺乏觸酶 (catalase) 與過氧化酶 (peroxidases)，所以在有氧環境下會死亡。

所有具毒性的菌株都擁有一大型的莢膜，是主要的毒力因子。這些擁有莢膜的菌株在固態培養基表面上，呈現出光滑的菌落外觀。反之，無莢膜的菌株其菌落外觀呈現粗糙狀，且缺乏毒性。莢膜可幫助肺炎鏈球菌逃避宿主的吞噬作用，其為宿主對化膿性感染的主要防禦。莢膜主要組成成分為一種稱為特異性可溶物質 (specific soluble substance, SSS) 的多醣體抗原，在不同型的肺炎鏈球菌之間具有化學變異性，能夠刺激宿主產生特異性抗體。到目前為止，已有 90 種不同的莢膜型別已被鑑定出來 (分別以數字 1、2、3……加以命名)。

肺炎球菌的流行病學與致病機轉

約有 5~50% 不等的人在鼻咽部帶有肺炎鏈球菌，其屬於常在菌叢的一部分。雖然感染經常是來自於患者本身原本就攜帶的常在菌叢，但偶爾也可能來自與其他帶原者的直接接觸或是飛沫傳染。肺炎鏈球菌非常嬌弱，一旦離開生長位置就很容易死亡。容易出現肺炎症狀的因子包括老年人、季節因素 (冬季最高)、其他因肺部疾病或病毒感染造成的抵抗力虛弱，以及與已感染的患者親密接觸等。

肺炎鏈球菌的致病機轉　健康人一般在經呼吸道吸入微生物之後並不會產生疾病，原因是呼吸道有宿主的免疫防禦機制。肺炎的發生通常都是在免疫力較低下的易感個體中，其將呼吸道中含有大量細菌的黏液由咽部吸進到肺所造成。在進入細支氣管以及肺泡之後，肺炎鏈球菌便開始複製並引發嚴重的發炎反應，這會導致肺部出現大量的液體。這種由肺炎鏈球菌造成的肺炎又稱之為**大葉性肺炎** (lobar pneumonia)，含有紅血球與白血球的液體會累積在肺泡當中。隨著感染及發炎狀況快速擴及整個肺之後，病人事實上是「溺死」在他自己的分泌物之中。如果這些滲出液、細胞及細菌的混合物在肺部的空腔中凝固的話，便會出現稱為**實變** (consolidation)[15] 的變化 (圖 15.17)。在嬰兒與老年人中，感染位置通常呈現分散狀，中心點較常在支氣管而非肺泡 (支氣管型肺炎)。

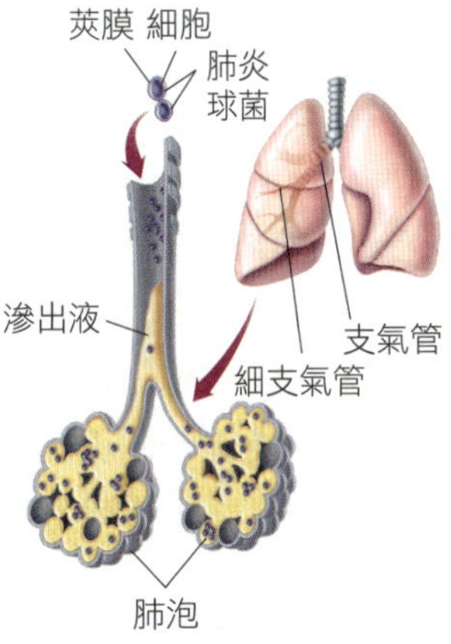

圖 15.17　細菌性肺炎的過程。當肺炎球菌進入呼吸道後，會造成嚴重發炎反應並形成大量分泌物。圖中顯示被發炎細胞及發炎產物堅實化所阻塞的細支氣管與肺泡。

肺炎球菌型肺炎的症狀包括：寒顫、顫抖、呼吸急促及發燒，病人會感到胸壁嚴重疼痛、發紺 (氧氣吸入不足造成)、咳嗽伴隨鐵鏽色痰液 (血痰) 及異常的呼吸雜音。與肺炎相關的系統性併發症包括胸膜炎與心內膜炎，但對患者而言最危險的則是肺炎球菌菌血症及腦膜炎。

對此菌來說，經由耳咽管進入中耳區域是很普遍發生的狀況，會引起中耳區域的感染稱之為**中耳炎** (otitis media，圖 15.18)。此症狀極易發生於兩歲以下的孩童，因為他們的耳咽管較短。在美國，中耳炎是孩童常見疾病中的第三名，最主要的病原之一就是肺炎球菌。在中耳區域的小空間處嚴重的發炎，會導致劇烈的耳痛甚至暫時性耳聾 (圖 15.19)。

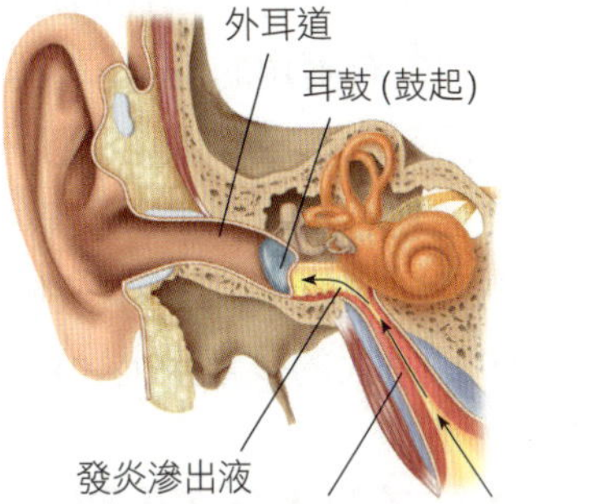

圖 15.18　耳部的解剖剖面圖，指出感染的路徑與主要目標。咽部與中耳之間相通的耳咽管使得此感染途徑得以發生。

在幼童身上，肺炎鏈球菌是造成上呼吸道感染普遍的病原，也容易擴散到腦膜而造成腦膜炎。在不同年齡層的腦膜炎患者中，致病原為肺炎球菌者占了 10~50% 不等。在成年人的族群中，肺炎球菌也是造成腦膜炎的最常見病因。

健康人對肺炎球菌有高度的自然防禦能力，藉由黏

15 *consolidation* 實變。拉丁文：*consolidatio* 使之固定。

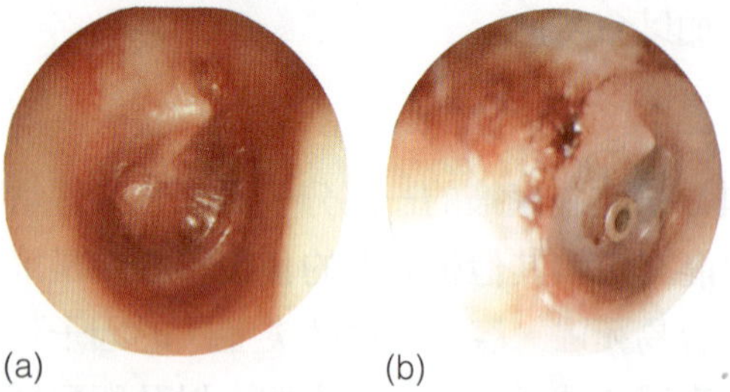

(a) (b)

圖 15.19 **肺炎球菌性中耳炎**。(a) 由急性發炎與中耳感染造成的內部壓力，在由耳內視鏡所觀察到的發紅與鼓起的鼓膜明顯易見；(b) 慢性感染的孩童可利用手術將一中耳管置入鼓室以平衡內外壓力，可緩解疼痛與壓力。

膜與呼吸道纖毛的幫助，可以將肺炎球菌捕捉加以排出。呼吸道中的吞噬細胞同樣在清除過程中也相當重要，但它們只有在菌體表面已被調理素 (opsonins) 結合的情況下會發生作用。感染痊癒之後，已感染過的個體會對曾感染過的型別的肺炎球菌產生出免疫力，而避免再一次感染。此一特性也是目前所發展出來的肺炎球菌疫苗的基礎。

實驗室的培養與鑑定 診斷肺炎球菌感染之前必須先收集患者檢體，因為有許多不同的微生物都有機會造成肺炎、敗血症及腦膜炎等疾病，因此常見的檢體包括血液、痰液、胸膜液與脊髓液等。利用革蘭氏染色來觀察檢體是一個容易鑑定肺炎鏈球菌的技術，且單純只利用此法也是一經常被採取的初步鑑定方式。另一個可高度鑑別肺炎鏈球菌的技術稱之為腫脹反應，為一種血清學試驗，將痰液檢體與含有抗莢膜抗體的抗血清混合之後，在顯微鏡下觀察，可見到因抗體結合在莢膜表面而造成的莢膜腫脹外觀。α 溶血的特性也可將肺炎鏈球菌與其他的 β 型溶血鏈球菌區分開來。其他的確認鑑定方法包括對奧普托辛易感的試驗、膽汁溶解反應陽性及醱酵菊糖陽性等。

肺炎球菌感染的治療與預防 傳統用來治療肺炎球菌感染的方式為每日給予高劑量的青黴素 G 或青黴素 V。然而，近來的報告發現臨床上有越來越多抗藥株出現的趨勢。事實上，平均大約有 15% 的分離株具有多重抗藥性，稱之為 DRSP，因此治療之前的藥物敏感試驗就變得相當重要。而可選用的替代藥物包括有頭孢菌素、磺胺藥、喹諾酮及泰利黴素。美國疾病預防與控制中心 (CDC) 建議患有鐮狀細胞貧血症的孩童每日服用預防性的藥物，以避免遭到肺炎球菌的反復感染，因為在這類孩童身上，未經治療的肺炎球菌感染其死亡率可高達 30%。

隨著抗藥株的廣泛出現，為了避免肺炎球菌感染復發的狀況出現，主動免疫的建立已經變成治療的主要目標。幸運的是，目前肺炎鏈球菌是所有鏈球菌種中少數已經有有效疫苗問世的菌種。目前有兩類的疫苗，較早發展出來的 Pneumovax 含有 23 種最常見血清型的莢膜抗原，適用於年紀較大的成年人，以及一些高感染危險的族群，包括患有鐮狀細胞貧血、缺少脾臟的患者、充血性心臟衰竭、肺疾病、糖尿病及腎臟疾病等患者，施打後在 60~70% 的接種者身上能出現約五年的效力。而另一種疫苗為肺炎球菌結合型 (conjugate)[16] 疫苗 Prevnar 13，建議使用於 2 至 59 個月大的孩童身上，可有效預防由肺炎鏈球菌引起的中耳炎與腦膜炎。

15.3 奈瑟氏菌科：革蘭氏陰性球菌

奈瑟氏菌科 (Neisseriaceae) 的成員屬於溫血動物黏膜上的常在菌叢，大多數的菌種屬於無害的共生菌，但其中有兩種是屬於人類的重要致病菌。本科中共有奈瑟氏菌 (*Neisseria*)、布蘭漢氏菌 (*Branhamella*) 及莫拉克氏菌 (*Moraxella*) 三個菌屬，其中 *Neisseria* 最具有臨床意義。

16 *conjugate* 結合型。由細菌的莢膜多醣類與載體蛋白接合在一起而成的疫苗，在孩童身上可產生較好的免疫反應。

奈瑟氏菌 (*Neisseriae*)[17] 的一個最明顯特徵是，其細胞外型並非是完美的圓球狀而是豆狀，且成對存在，以彼此的扁平面相對並列在一起 (圖 15.20)。沒有鞭毛與內孢子，但在致病株上可見莢膜。屬於革蘭氏陰性菌，細胞壁含有一由脂寡醣構成的外膜，許多菌株同時還擁有菌毛。

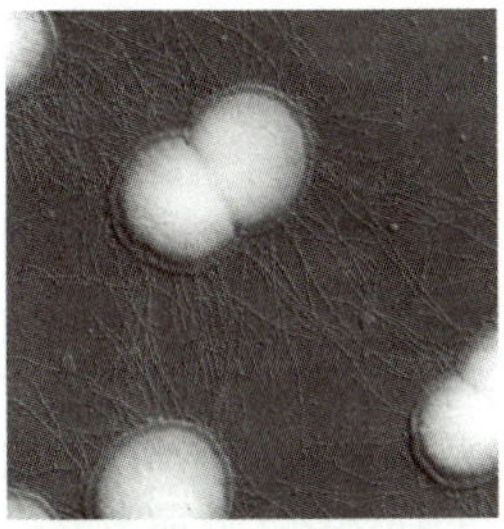

圖 15.20 奈瑟氏菌的穿透式電子顯微鏡照片 (52,000 倍)。此橫切圖顯示球菌如何以其扁平面彼此相對。注意那些由表面所延伸出來的細長菌毛。

大多數的奈瑟氏菌屬於嚴格寄生，無法在宿主之外的環境長時間存活，特別是在一些不良的環境條件下，如：乾燥、寒冷、酸性或明亮的光線等。奈瑟氏菌屬於嗜氧 (aerobic) 或微需氧菌 (microaerophilic)，以氧化形式進行代謝。它們可製造用來醱酵許多種不同碳水化合物的催化酶 (catalase)，以及一種可用來作為奈瑟氏菌鑑定特徵的細胞色素氧化酶 (cytochrome oxidase)。淋病奈瑟氏菌 (*N. gonorrhoeae*) 與腦膜炎奈瑟氏菌 (*N. menigitidis*)，這兩種致病性奈瑟氏菌培養時需要成分複雜的滋養培養基，且培養在含有 CO_2 的環境中。在接下來的內容中，我們將詳細說明致病性奈瑟氏菌的其他特性。

淋病奈瑟氏菌：淋病球菌

淋病 (gonorrhea)[18] 自古就是一個廣為人知的性傳染疾病，此名稱的來源為一位希臘醫師 Claudius Galen，他認為此疾病是一種因精液過剩而流出的現象。在歷史上，有相當長的一段時間淋病與梅毒是無法清楚分辨的，直到微生物學家培養出淋病奈瑟氏菌 (又稱為淋病球菌) 後，才證明這就是淋病的病原體。

淋病球菌的致病相關因子

淋病球菌的毒力主要來自於菌毛及其他的表面分子，這些位於表面的成分提供細菌間彼此的黏附力，以及細菌侵襲及感染宿主上皮細胞的能力。除了黏附能力之外，菌毛似乎也可減緩宿主巨噬細胞與嗜中性球的吞噬效能。另一個重要的致病因子為蛋白酶，會分解宿主黏膜表面的分泌性抗體 (IgA)，以終止其保護能力。

淋病的流行病學與病理學

淋病是絕對的人類感染病，全世界分布極廣，且是性傳染疾病中 (sexually transmitted diseases, STDs) 的前五名。雖然美國每年的病例有 300,000 人，但實際的感染數應該更高，如果將無症狀的感染一併計算進去的話，感染人數應該高達百萬人。大多數的病例是擁有多重性伴侶的年輕人 (18~24 歲)。圖中呈現出淋病與梅毒的流行率，波動的情況通常與不同時代的性觀念相關聯 (圖 15.21)。一個有趣的現象發生在 1960 年代的性革命期間，當時口服避孕藥較保險套受到人們信賴，反而造成了淋病的流行。

在男性志願者身上進行的實驗證實，造成感染所需的菌量約在 100~1000 個菌落形成單位 (CFU) 之間。在傳染媒介物中的淋病奈瑟氏菌無法存活超過 1~2 個小時，其主要靠著直接接觸來進行傳播。除了新生兒感染之外，淋病球菌的傳染主要是靠直接傳至生殖器或是一些生殖器

17 *Neisseria* 奈瑟氏菌 (ny-serr′-ee-uh)。由德國醫師 Albert Neisser 於 1879 年發現之淋病病原菌。

18 *gonorrhea* 淋病 (gä-nə -′rē-ə)。希臘文：*gonos* 精液；*rhein* 流洩。

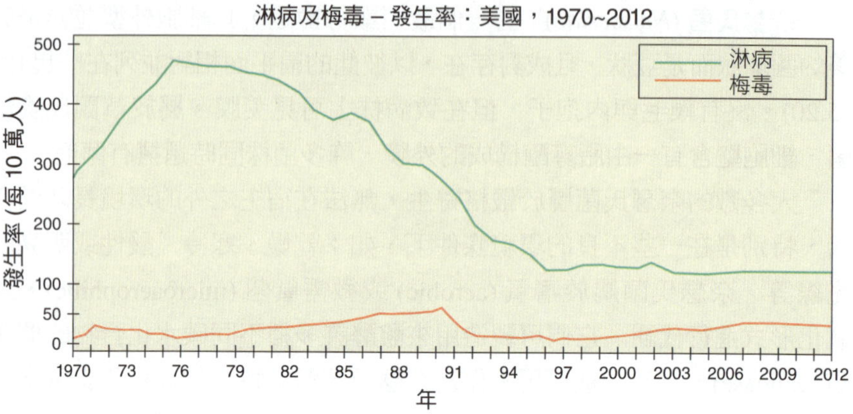

圖 15.21 兩種傳染性性病的發生率比較。 注意 1970~1976 年增加的病例數，此與改變的性伴侶增加有關。流行病學家認為口服避孕藥的出現也與此一流行週期有關。

以外的部位 (如：直腸、眼、喉嚨) 而進入人體。藉著菌體表面的菌毛黏附在上皮細胞表面之後，細菌便開始侵襲進入下層的結締組織，2 至 6 天之內便會出現明顯或是較不明顯的發炎反應。10% 的男性與 50% 的女性感染後並無症狀，此現象是造成此菌持續感染與散布的最重要原因。接下來的內容中，將會探討淋病的幾種不同表現。

男性的生殖道淋病 尿道的感染會引起尿道炎，在大多數的病例中會有排尿疼痛與膿樣分泌物的症狀 (圖 15.22b)。感染通常局限在遠端泌尿生殖道，但有時也會從尿道擴散到前列腺及附睪 (圖 15.22a)。侵襲性的感染痊癒時在輸精管留下的結痂組織，有可能會造成不孕。但這種後遺症隨著診斷及治療技術的改進而變得越來越少見。

女性的泌尿生殖系統淋病 由於生殖道與泌尿道開口接近的緣故，使得這兩個系統在性行為的過程中很容易同時被感染。大約半數的病例會出現黏液膿狀或是帶血的陰道分泌物，如果尿道同時也被感染，則還會伴隨著排尿疼痛的症狀。當感染由陰道及子宮頸處往更高處進行，造成

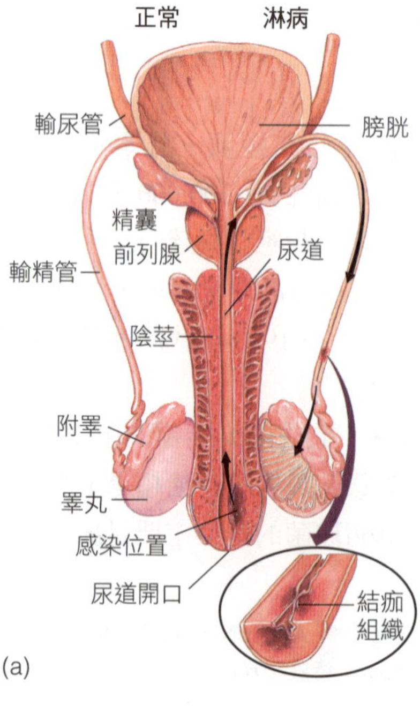

(a)

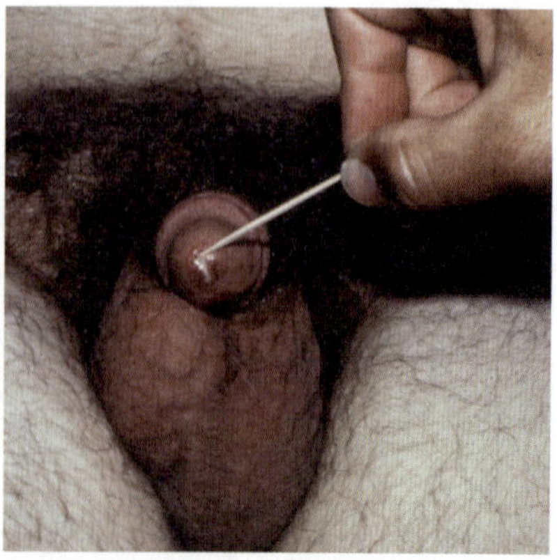

(b)

圖 15.22 淋病對男性生殖道造成的損傷。 (a) 男性生殖道正面圖。(圖左側) 正常未感染的狀態。輸精管從睪丸至尿道開口處皆暢通。(圖右側) 淋病併發症的上升路徑。感染發生於尿道前端，經由尿道上升至陰莖然後進入輸精管，偶爾也會進入附睪及睪丸。(嵌入圖) 輸精管損傷可能會產生結痂組織且造成阻塞，此一阻塞會影響精子通過而造成不孕；(b) 尿道出現乳狀或是黃色分泌物是淋病感染常見的症狀。

子宮及輸卵管這些生殖系統也發生感染時，會產生嚴重的併發症 (圖 15.23)。其中一種疾病為**輸卵管炎** (salpingitis)[19]，又稱為**骨盆腔炎** (pelvic inflammatory disease, PID)，會有發燒、腹痛及觸痛等症狀。在淋病球菌與其他厭氧菌混合感染時，經常會出現這個併發症。結痂組織的出現可能會造成輸卵管的阻塞，引起不孕與異位妊娠 (ectopic pregnancies) (注意 PID 也可能由披衣菌及一些偶發的非經由性行為傳染的細菌感染所造成)。

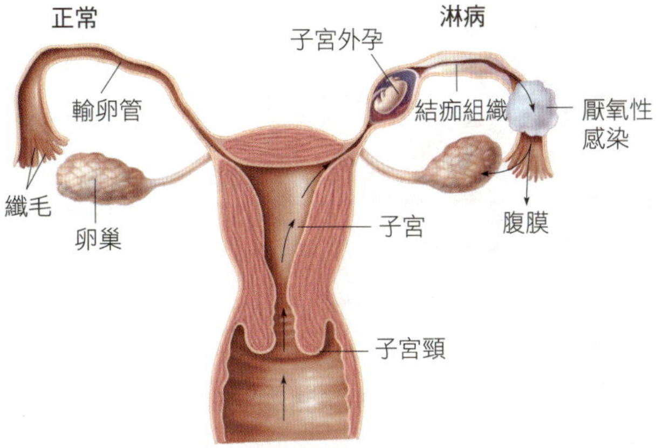

圖 15.23 **女性的上升式淋病感染。**(左) 正常狀態。(右) 上升式淋病。淋病球菌由子宮頸開口向上通過子宮進入輸卵管。在罕見狀況下，淋病球菌可進入腹膜且侵入卵巢，可能引起腹膜炎。骨盆腔炎 (PID) 是一種嚴重的併發症，會導致輸卵管結痂、子宮外孕及混合厭氧菌感染。

成年人的生殖器以外的淋病球菌感染　淋病球菌在生殖器之外的性傳播或是帶菌的狀況並不罕見，如肛交會引起直腸炎、口交會引起咽炎與牙齦炎。不良的個人衛生習慣也可能會造成自身眼部的異位感染，引發一種嚴重的結膜炎。在少部分的病例中，淋病球菌進入血流，進而侵入關節與皮膚，入侵手腕及足踝可能會引發慢性關節炎，四肢出現一種散發性具疼痛感的丘疹。較少發生的併發症還包括淋病球菌菌血症、腦膜炎及心內膜炎。

孩童的淋病球菌感染　淋病球菌帶菌的母親生產時，通過產道時新生兒會暴露在危險的感染風險中。因為此菌對胎兒有潛在的危害，所以臨床醫師通常會針對產婦進行淋病的篩檢。淋病球菌造成的眼睛感染相當嚴重，經常造成角膜炎、新生兒眼炎甚至導致失明 (圖 15.24)。為了避免這類併發症的發生，新生兒的結模囊在出生時立刻給予含抗生素、硝酸銀或是其他抗菌成分的眼藥水，是目前普遍採用的方法。淋病球菌也會感染新生兒的咽部及呼吸道。在孩童身上發現淋病，通常可作為孩童是否被感染的成年人性虐待的強烈證據，一旦發生此類病例，除了須進行完整的細菌學檢驗之外，也需交由兒童福利保障的諮詢。

淋病球菌感染的臨床診斷與控制

淋病感染的診斷相對直接了當，觀察出現在來自尿道、陰道、子宮頸或是眼睛分泌物中的嗜中性球內是否出現革蘭氏陰性的雙球菌即可診斷，因為淋病球菌在被吞噬細胞吞噬之後往往還是活的 (圖 15.25)。因此，利用簡單的革蘭氏染色即可提供淋病的初步證據。其他可用於鑑定淋病奈瑟氏菌或是將其與其他相關細菌做鑑別的測試方法，將在稍後討論。

估計美國每年大約有兩百萬個淋病新病例發生，2010 年所分離出來的菌株中有 27.2% 對青黴素、四環黴素、環丙沙星

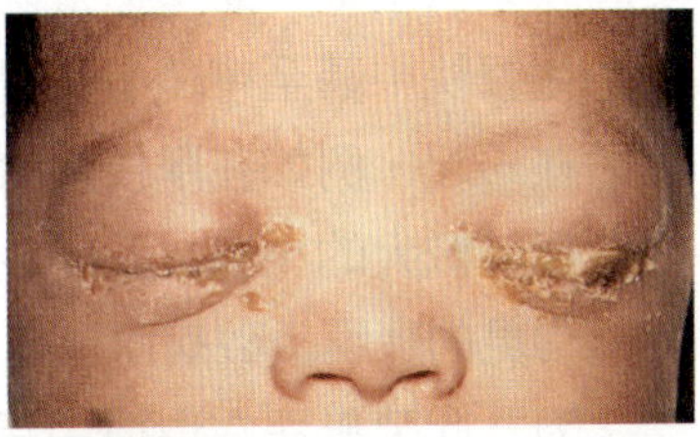

圖 15.24 **生產過程中感染所造成的新生兒淋病性眼炎。**此種感染有明顯的發炎與水腫現象，如果讓症狀持續則可能引起傷害導致眼盲。幸運的是目前這種感染已可完全預防與治療。

19 *salpingitis* 輸卵管炎 (sal″-pin-jy′-tis)。希臘文：*salpinx* 管子；*itis* 發炎。為一種輸卵管發炎疾病。

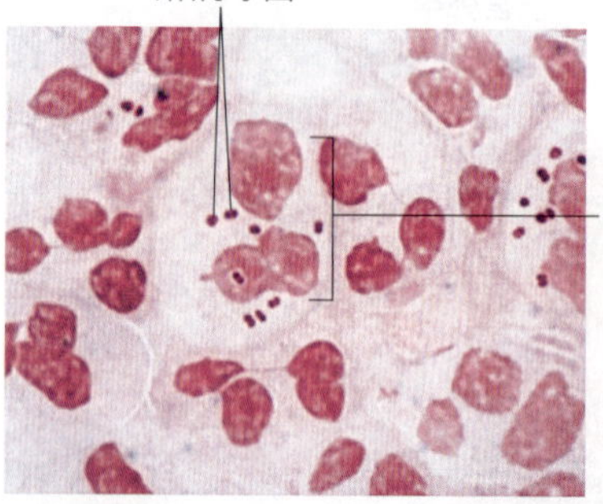

圖 15.25 來自淋病患者尿道膿液的革蘭氏染色結果 (1,000 倍)。注意在多形核白血球 (嗜中性球) 細胞內被吞噬的革蘭氏陰性雙球菌。

(ciprofloxacin) 或是以上數種抗生素的結合同時呈現抗藥性。因為有很大一部分的淋病患者會同時罹患其他的性病，例如披衣菌，因此在治療時經常採用複方療法，用廣效性的頭孢菌素 (頭孢三嗪) 治療淋病奈瑟氏菌的感染，而用多喜黴素 (doxycycline) 來治療披衣菌。如果對頭孢菌素過敏的淋病患者，則改用阿奇黴素 (azithromycin) 治療。

雖然淋病球菌的感染會引發局部抗體生成及活化補體系統，但這些反應並無法發展成持續性的免疫力，甚至某些個體還會重複性被淋病球菌所感染。

淋病是一個需要呈報的感染性疾病，當有醫師診斷出淋病病例之後，便必須向公共衛生單位反應此一資訊。而後續的處置包括追蹤患者所接觸過的性伴侶，並提供其預防性的抗生素治療。另外，對無症狀的帶原者以及其性伴侶的追蹤與治療是另一件相當重要的事項，但對這一類的族群進行完全的控制與掌握卻幾乎不可能。其他的管控措施還包括了強調性傳播疾病影響的衛生教育，以及推廣如使用保險套的安全性行為。

腦膜炎奈瑟氏菌：腦膜炎球菌

另一個嚴重的人類病原菌是腦膜炎奈瑟氏菌 (*Neisseria meningitidis*)，亦稱為腦膜炎球菌 (meningococcus)，會造成流行性腦脊髓腦膜炎 (cerebrospinal meningitis)。腦膜炎球菌入侵的重要因子有：多醣體莢膜、黏性菌毛及 IgA 分解酶。腦膜炎球菌共有 12 種不同菌株的莢膜抗原，但其中的 A、B 及 C 三種血清型造成大部分的感染。脂寡醣是另一個有潛在病理影響的毒力因子，也就是內毒素 (endotoxin)，在細菌分解時會由細胞壁中被釋放出來。

腦膜炎球菌的流行病學及致病機轉

腦膜炎奈瑟氏菌所造成的疾病好發在晚冬或是早春時節，鼻腔中帶有腦膜炎球菌的人是主要的感染供菌源，而這種帶菌的狀態可持續數天至數個月之久，而約有 3~30% 的成年人帶有此菌，在醫院中甚至帶菌者可高達 50%。當帶原者與一些未擁有腦膜炎球菌免疫能力的個體密切生活在一起，例如在學校宿舍、照護中心以及軍隊營舍中時，傳染便很容易發生。6~36 個月大的孩童，較大的小孩以及 10~20 歲的青年是被感染的高危險群。而此菌是繼肺炎鏈球菌之後，第二常見的腦膜炎致病原。

因為此菌無法在環境中長時間存活，所以通常是透過與分泌物或是飛沫親密接觸而傳染。當到達鼻腔中的入口之後，腦膜炎球菌便以其菌毛黏附在許多個體身上，此一現象便可造成一些無症狀的感染。然而，在一些免疫力較弱的個體身上，腦膜炎球菌會被黏膜上皮細胞吞噬，並進一步侵入附近血管，此過程造成上皮細胞受損且引起咽炎。

細菌進入血流後，很快便會穿越血腦障壁，滲透至腦膜處，並在腦脊髓液中生長。腦膜炎的症狀包括發燒、喉嚨痛、頭痛、脖子感覺僵硬、抽筋及嘔吐 (圖 15.26)，而這些症狀在新生兒及老年人身上有可能不出現。腦膜炎球菌最嚴重的併發症是引起腦膜炎球菌菌血症

(meningococcemia) 及腦部感染。病菌會將內毒素釋放進入循環系統，誘發一些白血球反應。而細胞激素的增加會誘發血管壁出血與凝血產生，造成血管的損傷，進而使組織的供氧量減少，這種狀況經常發生在四肢處。出現的整塊病灶稱之為瘀斑 (petechiae)[20]，約有半數的患者會出現在軀幹及四肢上。

在少數的病患中，腦膜炎球菌菌血症會發展為休克、四肢的組織壞死甚至失去四肢。症狀發作非常突然，會出現明顯的發燒 (高過 40°C)、寒顫、譫妄及大量瘀斑 (ecchymoses)[21] (圖 15.27)。出現瀰漫性血管內凝血、心臟衰竭、腎上腺受損且會在數小時內死亡。中樞神經系統感染後的永久性傷害包括認知障礙、學習障礙以及約有 10% 至 20% 的患者會耳聾。

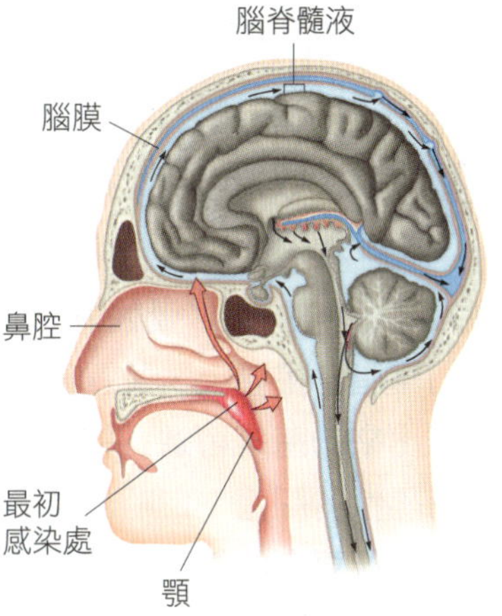

圖 15.26　自鼻咽處感染的腦膜炎球菌傳播途徑。細菌散布至鼻腔的頂端，此處是位於腦部下方一血管密布的邊界區域，由這個區域細菌進入血流與腦脊髓液中。腦膜的感染會引起腦膜炎與造成腦表面出現由發炎造成的膿樣分泌物。

腦膜炎球菌疾病的臨床診斷

疑似細菌性腦膜炎的患者必須立刻處理，鑑別診斷必須快速且精準，因為各種的併發症將會快速出現且極易致死。腦脊髓液及血液檢體可直接利用染色進行觀察，看是否有典型的革蘭氏陰性雙球菌出現。需要進行細菌培養以與其他細菌做鑑別。目前已有快速鑑定試劑，無須培養，直接可偵測檢體中是否出現腦膜炎球菌的莢膜多醣體或是菌體。

腦膜炎球菌感染的免疫、治療與預防

在人類大部分的族群中，腦膜炎球菌的感染率並不高，表示大部分的人已經擁有自然免疫力，此免疫力可能是在出生後不久便接觸到腦膜炎球菌或是相關菌種而發展出來。對抗血清群 A 及 C 的腦膜炎球菌菌體莢膜多糖體的抗體，以及對抗血清群 B 的細胞膜抗原的抗體，是主要抵抗力的來源。

因為連在有治療的情況下，腦膜炎球菌引起的疾病死亡率都高達 15%，因此以一或多種藥物盡快開始治療是非常重要的，甚至在致病原尚在鑑定時就可以先給藥。腦膜炎球菌引起的腦膜炎治療首選藥物是第三代的頭孢菌素，例如頭孢三嗪是種廣效性且可穿越血腦障壁的抗生素。病患同時可能也需要針對休克及血管內凝血的相關治療。

當家庭成員、醫護人員或是托育中心的孩童與感染者有過密切接觸之後，可利用利福平或是頭孢三嗪做預防性的投藥。針對 11 至 18 歲的孩童以及其他高危險群人口如學生、新兵以及在流行

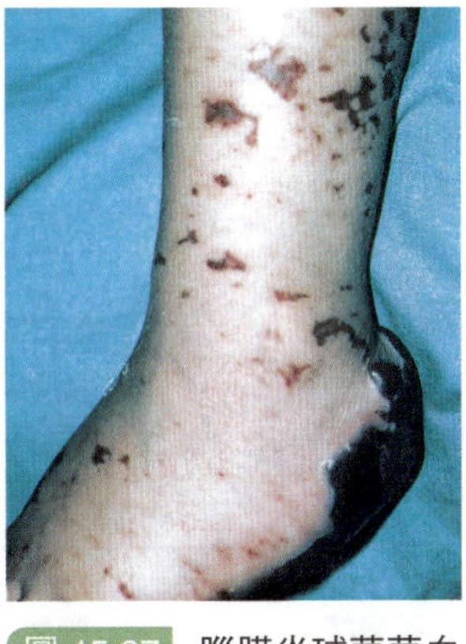

圖 15.27　腦膜炎球菌菌血症的臨床徵狀之一。皮膚上的點狀稱之為瘀斑，是由皮下出血所造成。此現象可出現在身體各處，包括黏膜與結膜。血液感染時所釋放出來的內毒素，是主要造成此一病理症狀的原因。

20 *petechiae* 瘀斑 (pee-tee′-kee-ee)。由皮膚內出血所造成的小而無突起的紫色斑點。較大的斑點則稱為大量瘀斑 (ecchymoses)。

21 *ecchymoses* 大量瘀斑 (ek″-ih-moh′-seez)。皮下出血形成之較大的斑點。

期中有感染可能的人，建議進行預防注射。目前有兩種疫苗，MCV4 (Menactra) 是一種結合型腦膜炎球菌疫苗，適用於 2 至 55 歲的人；MPSV4 (Menomune) 則建議用於 55 歲以上的人。

區別致病與非致病性奈瑟氏菌

將存在人體及也可出現在感染液體中的正常奈瑟氏菌，與真正致病的奈瑟氏菌區別出來，通常是必需的工作。檢體採集之後必須立刻將其接種在改良的 Thayer-Martin (MTM) 培養基或巧克力瓊脂培養盤上，並置入含有高 CO_2 的培養箱中進行培養。利用革蘭氏染色及氧化酶試驗對分離出來的菌落可進行初步的菌屬鑑定，而要將兩致病性的奈瑟氏菌區分出來，或是與其他氧化酶陽性的細菌、口咽部及泌尿生殖道處的正常菌叢等與致病菌會互相混淆的細菌區分開，則需再進行更多的試驗。糖類氧化反應、生長特性、硝酸鹽還原反應及色素產生能力等，都是可用做區分試驗的項目 (表 15.5)。目前已有數種快速鑑定套組可供使用，也有許多實驗室採用一快速的 PCR 試驗來直接偵測尿液檢體中的淋病球菌 DNA。

表 15.5 區分革蘭氏陰性球菌與球桿菌的流程

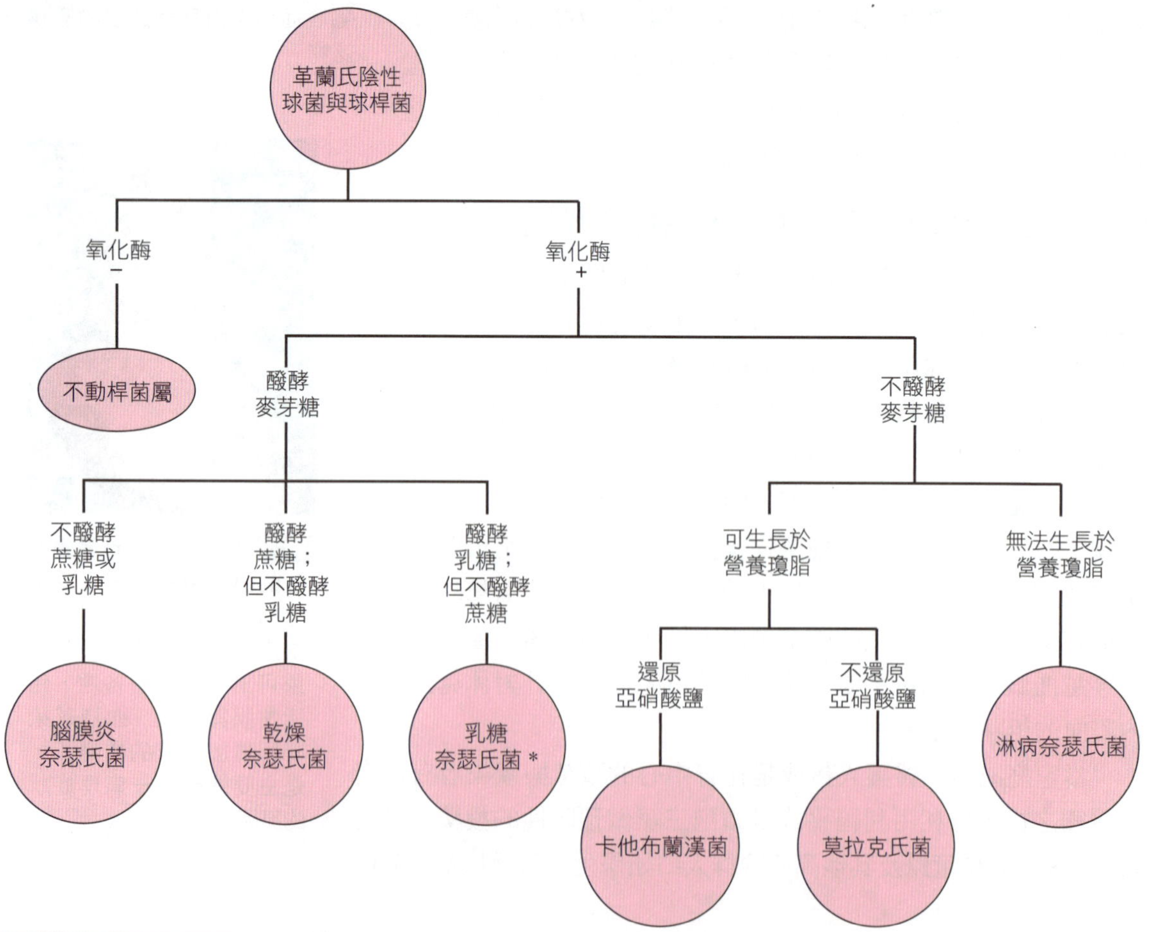

* 為一弱致病菌，發現於小孩的鼻咽，有時會被誤為腦膜炎奈瑟氏菌。

其他的革蘭氏陰性球菌與球桿菌

因為有著類似的形態與生化特性，布蘭漢氏菌、不動桿菌與莫拉克氏菌等菌屬與奈瑟氏菌歸在同一科中。這些菌大多為人類及其他哺乳動物身上的無害共生菌，或是生活在水中或土壤中的腐生菌。然而，在過去幾年中發現有兩種菌可能會在免疫缺陷的宿主身上伺機感染；第一個菌種是卡他布蘭漢菌 (卡他莫拉克菌) [*Branhamella* (*Moraxella*) *catarrhalis*][22]，存在正常人的鼻咽部，具有引發化膿性疾病的能力，此菌感染會出現數種臨床症狀，包括腦膜炎、心內膜炎、中耳炎、支氣管肺泡感染及新生兒結膜炎。患有白血病、酗酒、惡性腫瘤、糖尿病或是類風濕性疾病的成年患者，是最容易遭到這類細菌感染的族群。

因為布蘭漢氏菌在形態上與淋病球菌及腦膜炎球菌相當類似，因此需要利用生化方法才能加以鑑別。卡他布蘭漢菌的主要特徵為完全缺乏醱酵碳水化合物的能力，以及具有硝酸鹽還原能力。此菌感染的治療方法為給予紅黴素或頭孢菌素，因為許多菌株已經具有製造青黴素酶的能力。

第二個菌種為鮑氏不動桿菌 (*Acinetobacter baumannii*)，廣泛的分布在土壤與水中，對環境具有相當強的抵抗力，能夠在如水龍頭、衛浴設備、被單、門把、水槽、呼吸輔助設施以及導管等物的表面存活數個月。近來，鮑氏不動桿菌已成為一個重要的院內及社區感染的病原菌。此菌最初的主要感染是發生在傷口、肺部、泌尿道、燒傷及血液中；也廣泛出現在戰爭時受傷的軍人身上，由於戰爭時不易控制及治療，因此也增加細菌進入血流的機會。另一個麻煩處是出現多重抗藥的菌株，能夠對抗廣效性的抗生素。在治療時需含數種抗生素的組合，有碳青黴烯 (arbapenems)、黏菌素 (colistin) 及安比西林。而對此菌的控制也包含分離時的流程、手部衛生及環境消毒等。

莫拉克氏菌 (Moraxella) 此菌種通常具有肥短狀球桿菌外觀，有些具有抖動型的運動能力。廣泛分布於家畜與人類的黏膜表面，通常被分類為弱致病性或是無致病性細菌，部分菌種罕見地與人類的耳朵感染及結膜炎有關聯。

第一階段：知識與理解

這些問題需活用本章介紹的觀念及理解研讀過的資訊。

選擇題

從四個選項中選出正確答案。空格處，請選出最適合文句的答案。

1. 下列何者是化膿性球菌？
   a. 鏈球菌　　b. 葡萄球菌
   c. 奈瑟氏菌　　d. 以上皆是
2. 凝固酶是用來鑑別金黃色葡萄球菌與下列何種細菌？
   a. 其他的葡萄球菌　　b. 鏈球菌
   c. 微球菌　　d. 腸球菌
3. 猩紅熱所出現的症狀是由何種毒素所造成？

22 *Branhamella catarrhalis* 卡他布蘭漢菌 (卡他莫拉克菌)(bran″-hah-mel′-ah cah-tahr-al′-is)。此菌之命名係以一位專研奈瑟氏菌的細菌學家 Sarah Branham 之姓為屬名，以及拉丁文之 catarrhus 黏膜炎為種名加以命名。雖然有些分類學家將此菌歸屬於莫拉克氏菌屬，但我們仍使用此一屬名來紀念這位科學家。

a. 鏈球菌溶血素　　b. 凝固酶
c. 紅斑毒素　　d. alpha 毒素

4. 最嚴重的鏈球菌疾病是由何種細菌所造成？
a. B 群鏈球菌　　b. A 群鏈球菌
c. 肺炎球菌　　d. 腸球菌

5. 風濕熱破壞________，而急性腎絲球腎炎則破壞________。
a. 皮膚，心臟　　b. 關節，骨髓
c. 心臟瓣膜，腎臟　　d. 腦，腎臟

6. ________溶血型是由細菌的溶血素引起紅血球的部分溶血所造成。
a. γ　　b. α
c. β　　d. δ

7. 草綠色鏈球菌常會引起：
a. 肺炎　　b. 腦膜炎
c. 亞急性心內膜炎　　d. 中耳炎

8. 下列哪一個病原菌株的發生率最低？
a.VRE　　b. VRSA
c. MRSA　　d. MRSE

9. 中耳炎是一個經常由________引起的______感染。
a. 金黃色葡萄球菌，骨
b. 淋病奈瑟氏菌，眼
c. 肺炎鏈球菌，中耳
d. 腦膜炎奈瑟氏菌，腦

10. 下列哪一個菌屬可能造成眼盲？
a. 鏈球菌屬　　b. 葡萄球菌屬
c. 奈瑟氏菌屬　　d. 布蘭漢氏菌

11. 鑑定奈瑟氏菌時所用的一重要試驗項目為：
a. 產生氧化酶　　b. 產生觸酶
c. 糖類醱酵　　d. β 溶血

12. 男性及女性的生殖道淋病都會出現的後遺症為：
a. 不孕　　b. 骨盆腔發炎
c. 關節炎　　d. 眼盲

13. 下列哪一個毒力因子與腦膜炎所造成的皮膚出血現象有關？
a. 腦膜炎奈瑟氏菌造成的皮膚入侵
b. 血液凝集
c. 丹毒
d. 血液中的內毒素

14. 本章所提到的感染性致病原中，下列何者最易由污染的門把傳染？
a. 金黃色葡萄球菌　　b. 化膿性鏈球菌
c. 腦膜炎奈瑟氏菌　　d. 肺炎鏈球菌

15. 下列哪些項目是由細菌的感染性生物膜所造成：
a. 散播性感染　　b. 藥物治療失效
c. 著生於組織　　d. A 及 B
e. B 及 C　　f. 以上皆是

16. 配合題：
____癤
____骨髓炎
____凝固酶
____紅斑毒素
____風濕熱
____β 溶血
____實變
____草綠色鏈球菌
____丹毒
____心內膜炎
____鏈球菌溶血素
____鏈球菌激酶
a. 紅血球完全溶解
b. 與心瓣膜損傷有關的物質
c. 溶解血凝塊的酵素
d. 致病性金黃色葡萄球菌的酵素
e. A 群鏈球菌的皮膚感染症
f. 肺泡的纖維實質化病變
g. 淋病奈瑟氏菌的獨特致病特徵
h. 一個膿泡
i. 造成牙齒膿瘍
j. 長骨的焦點性感染
k. 口腔鏈球菌在心臟著生
l. 造成猩紅熱
m. 鏈球菌喉炎的長期併發症

申論挑戰

每題需依據事實，撰寫一至兩段論述，以完整回答問題。「檢視你的進度」的問題也可作為該大題的練習。

1. 說明下列每一個毒力因子的作用方式：
a. 溶血素　　b. 殺白血球素
c. 激酶　　d. 玻尿酸酶
e. 凝固酶

2. 哪一種條件容易發生葡萄球菌的食物中毒？

3. 說明何謂 HA-MRSA 及 CA-MRSA？它們為何重要？

4. a. 描述 A 群鏈球菌造成的主要感染。
b. 為何鏈球菌咽喉炎是一個必須注意的疾病？

5. 討論風濕熱與急性腎絲球腎炎的主要病理學特徵。

6. 對肺炎球菌疫苗的施打方式有何建議？

7. a. 比較男性與女性間生殖道淋病的不同。
b. 描述至少兩項發生於生殖道之外的淋病併發症。

觀念圖

在 http://www.mhhe.com/talaro9 有觀念圖的簡介，對於如何進行觀念圖提供指引。

1. 利用下列名詞架構出屬於自己的觀念圖；並在每一組名詞間填入關連字句。

葡萄球菌	鏈球菌
SLS	SLO
骨骼	凝固酶
心臟	觸酶
殺白血球素	皮膚
溶血素	毒素

2. 請在此觀念圖中填入你自己的關連線與敘述。

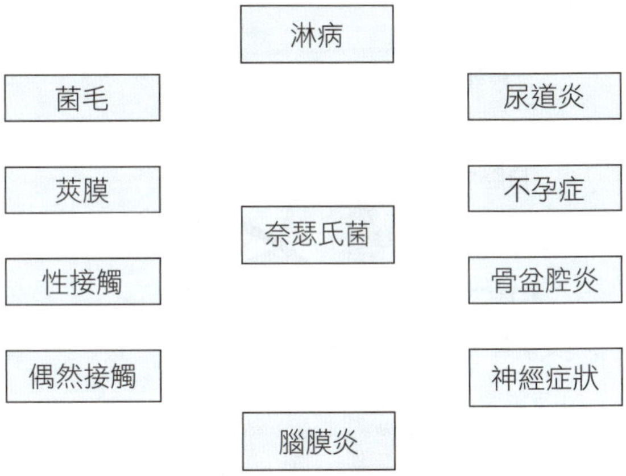

第二階段：應用、分析、評估與整合

這些問題超越重述事實，需要高度理解、詮釋、解決問題、轉化知識、建立模式並預測結果的能力。

批判性思考

本大題需藉由事實和觀念來推論與解決問題。這些問題可以從各個角度切入，通常沒有單一正確的解答。

1. 你被指派利用單一項試驗來鑑定淋病，你會選擇哪一項試驗？原因為何？
2. 你被指派針對醫院中一個已經分離出金黃色葡萄球菌的嬰兒室進行防止 SSSS 爆發感染的工作，請問：
   a. 什麼會是你主要的考量？
   b. 針對此一考量你要採取何種措施？
3. 你被指派要針對一位患了中耳炎的孩童進行檢體採集，並利用培養技術來確定病原，請問：
   a. 你要在哪一個部位採檢？
   b. 為何這種疾病普遍發生在孩童身上？
4. a. 舉出三個最常與新生兒疾病相關的化膿性球菌。
   b. 說明嬰兒如何感染這些疾病。
5. 說明為何取得牙科患者的詳細心血管與感染病史是非常重要的？

視覺挑戰

1. 第 11 章圖 11.2a，身體的防禦系統如何抵抗肺炎鏈球菌的感染？

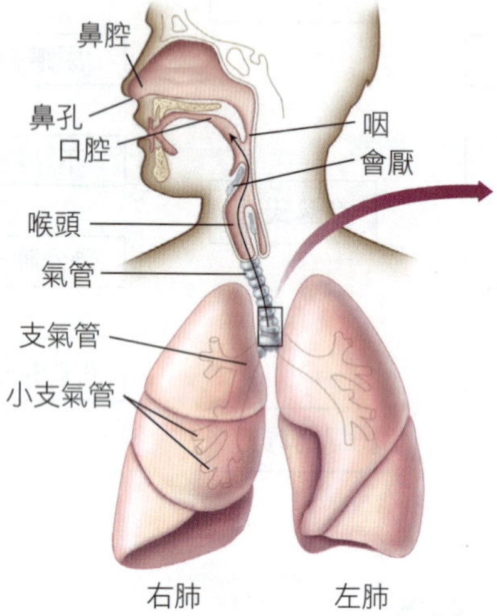

2. 第 14 章圖 14.8b1，請解釋此技術如何用於診斷 A 群鏈球菌的感染。

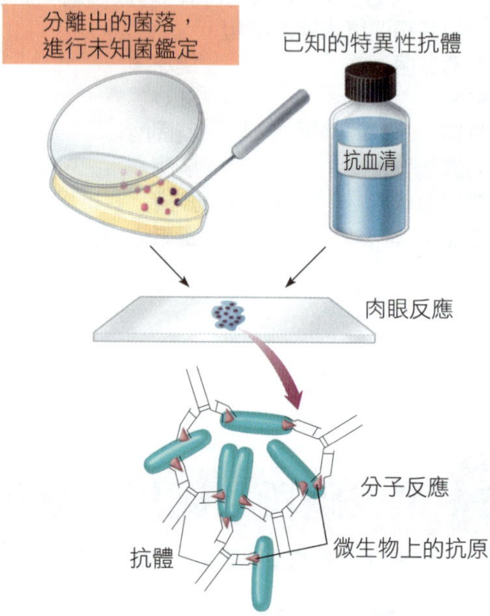

第 16 章 醫學上重要的革蘭氏陽性桿菌

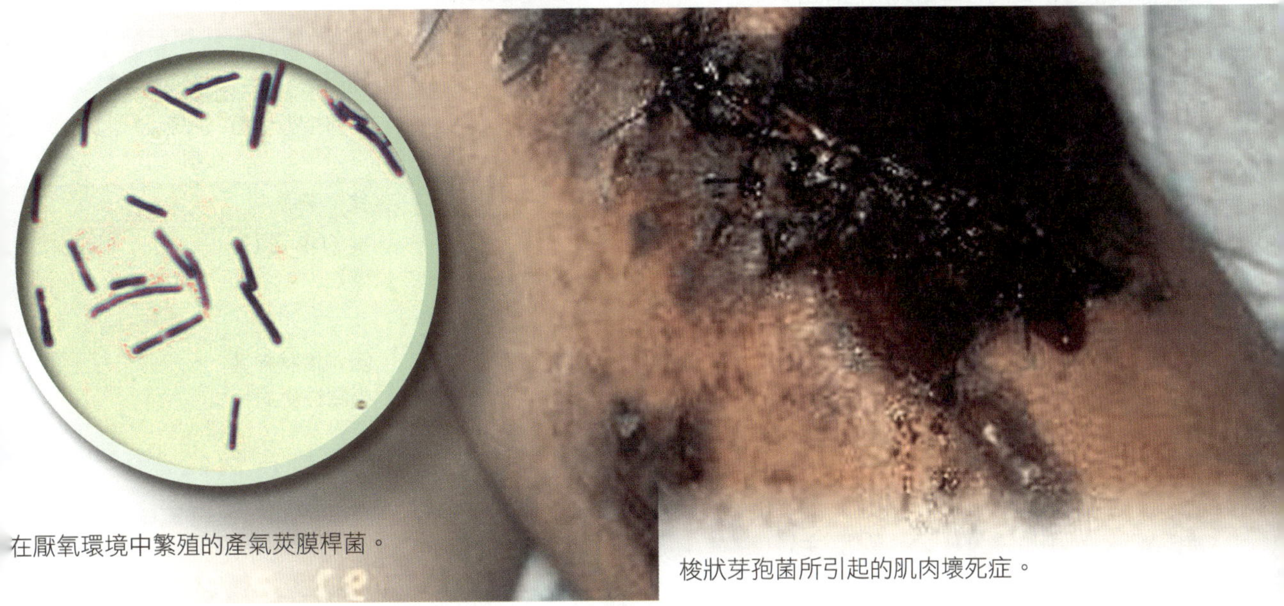

在厭氧環境中繁殖的產氣莢膜桿菌。

梭狀芽孢菌所引起的肌肉壞死症。

16.1 醫學上重要的革蘭氏陽性桿菌

革蘭氏陽性桿菌可根據是否會產生內孢子，以及是否具有抗酸性 (acid-fastness) 來加以分成三大群，可再根據對氧氣的需求程度以及細胞的形態做更進一步的分類。最重要的革蘭氏陽性桿菌病原體請見表 16.1 與系統簡介 16.1。

16.2 革蘭氏陽性產孢桿菌

大多數會產生內孢子的細菌皆為革蘭氏陽性、具運動性的桿菌，屬於桿菌屬 (*Bacillus*) 或梭狀芽孢桿菌屬 (*Clostridium*) 的成員。內孢子是一種緻密的存活單體，會在細菌遭遇營養缺乏之時

表 16.1 革蘭氏陽性桿菌的分類

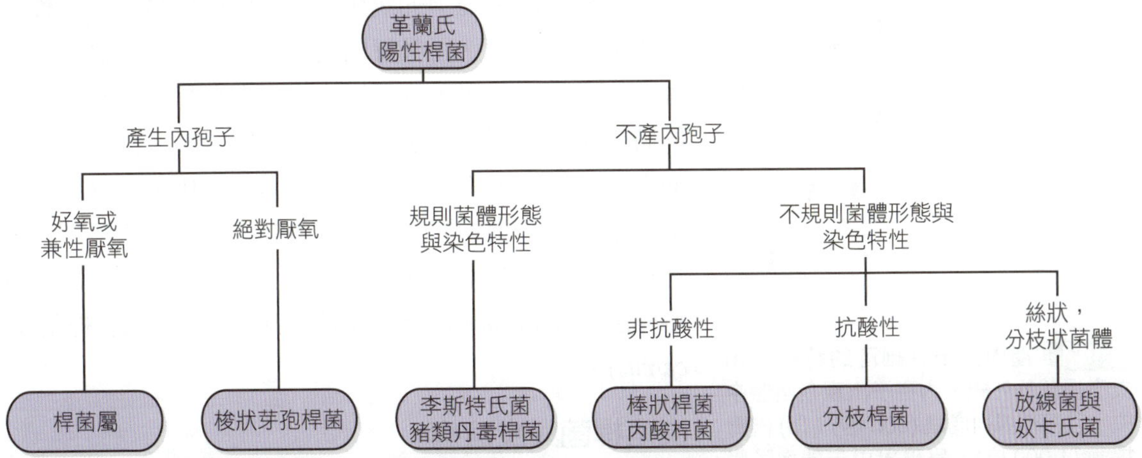

系統簡介 16.1 致病性革蘭氏陽性桿菌

細菌	皮膚 / 骨骼	神經 / 肌肉	心血管 / 淋巴 / 全身系統	腸胃道	呼吸系統
炭疽桿菌	皮膚型炭疽			腸胃道型炭疽	呼吸道型炭疽
臘狀桿菌				食物中毒	
產氣莢膜桿菌	氣性壞疽 (肌肉壞死)	氣性壞疽 (肌肉壞死)		食物中毒 (輕微)	
破傷風桿菌		破傷風			
困難梭狀芽孢桿菌				困難梭狀桿菌相關性疾病	
肉毒桿菌	傷口型肉毒桿菌症	肉毒桿菌症 (傷口、嬰兒、食因性)			
單核球增多性李斯特氏菌		腦膜炎 (免疫妥協宿主)	敗血症	腹瀉	喉嚨痛
豬類丹毒桿菌	丹毒				
白喉棒狀桿菌	皮膚型白喉				白喉
痤瘡丙酸桿菌	痤瘡 (粉刺)				
結核分枝桿菌		復發型結核病	肺外結核		初級結核病
痲瘋分枝桿菌	痲瘋病	痲瘋病 (類結核型)	痲瘋病 (痲瘋瘤型)		

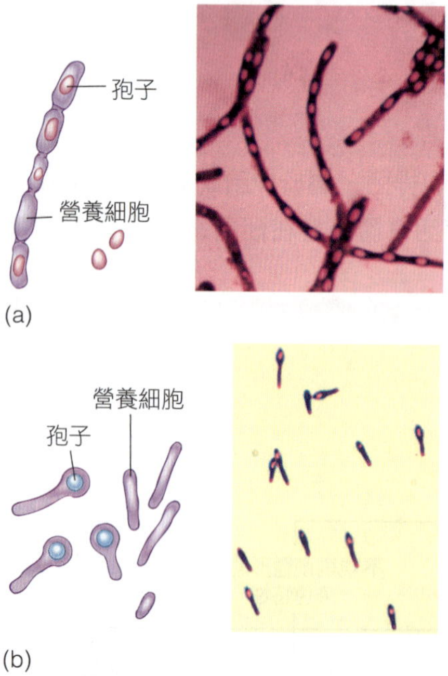

圖 16.1 產內孢子性細菌的範例。(a) 炭疽桿菌的外觀，內孢子出現在菌體中央，且菌體排列成鏈 (600 倍)；(b) 肉毒桿菌 (1,000 倍)，呈現出由末端孢子膨脹孢子囊所造成之典型網球拍狀外形。

於營養體內發展出來 (圖 16.1；見圖 3.22)。內孢子對熱、乾燥、輻射線、影響生存的化學物質具有很強的抵抗能力，可長時間存活於生態環境中，並對細菌的致病能力來說也是個重要的因子。

桿菌屬的一般性質

桿菌屬包括相當多的組成成員，其中大多數都是廣泛分布於地球環境中的腐生菌。桿菌屬成員為需氧性且為觸酶陽性，雖然對營養的需求各異，但都不是營養挑剔菌。這類細菌對大分子複合物具有各種的分解能力，同時也是許多不同抗生素的來源。因為許多菌種的主要棲息地是土壤，所以孢子會持續藉由土壤進入水中，並進入植物或是動物體內。儘管這屬的細菌無所不在，但仍有兩種是具有重要的醫學意義，一是造成炭疽病的炭疽桿菌 (*B. anthracis*)，另一是造成食物中毒的臘狀桿菌 (*B. cereus*)。

炭疽桿菌與炭疽病

炭疽桿菌 (*Bacillus anthracis*) 是致病性細菌中體型最

大者，外觀呈現磚頭狀、有角的無運動性桿菌，3~5 μm 長、1~1.2 μm 寬，在各種環境下生存時均可見到在菌體中央有孢子存在，只有在活宿主體內生長時例外 (圖 16.1a)。毒力因子包括有胜肽類的莢膜，以及不同組合的外毒素會造成細胞水腫及死亡。幾百年來，炭疽病 (anthrax)[1] 一直被認為是屬於草食性畜牧動物 (綿羊、牛、山羊) 的疾病。炭疽桿菌在醫用微生物學的歷史上也扮演了一個重要的角色，因為他是 Robert Koch 在 1877 年提出的假說中所使用的模型；之後，巴斯特也利用炭疽病來證明疫苗接種的效力。

炭疽桿菌為兼性厭氧菌，在土壤中進行其營養生長週期並產孢。當動物放牧在沾染有孢子的草地上時便會被感染，而動物體內的菌體經由動物的糞便或是屍體再度回到土壤中時，便會再度形成孢子存在，變成一個長期的動物感染原。炭疽病主要發生在非洲、亞洲與中東地區的家畜，最近大部分發生在美國的人類感染病例，大多出現在處理進口動物毛皮或是相關製品的紡織廠工作人員身上。2008 年，一位倫敦的製鼓者死於吸入性的炭疽病，原因是他在磨擦預備用來製作鼓面的山羊皮革時遭到感染，而這些皮革是由非洲進口而來，該處正是炭疽病的疫區，類似的事件也發生在 2006 年的紐約及 2005 年的蘇格蘭。在美國因為有著有效率的管控步驟，使得發生的病例數相當低 (一年不超過 10 個病例)。

在人體上發生的感染形式，取決於細菌進入人體的途徑為何，最常見且最不危險的是所謂的皮膚型炭疽 (cutaneous anthrax)，是由孢子經由皮膚上的小傷口或小擦傷進入所造成。在皮膚內萌發及生長的病菌會先形成丘疹，然後逐漸壞死，最後會破裂而形成一個不痛、黑色的焦痂 (eschar)[2] (圖 16.2)。

另一類更具破壞性的感染類型稱為肺炎型炭疽 (pulmonary anthrax)，又稱為羊毛工人病 (woolsorter's disease)，是由吸入來自動物製品或是污染的土壤孢子而感染。造成感染所需的孢子劑量相對低，大約 8,000 至 50,000 個孢子。孢子進入肺部後，會被吞噬細胞吞噬然後輸送至淋巴結，在那裡萌發並且分泌外毒素進入循環系統。毒素會與巨噬細胞的細胞膜結合，並藉著吞噬作用進入細胞內。此毒素毒性極強，會導致大量的巨噬細胞死亡，且釋放出化學媒介物來。此現象對病理的影響非常廣泛，包括微血管血栓、心血管性休克，且若未加以治療的話會造成超過 99% 的病患快速死亡。另一種腸胃道型的感染則更少見 (美國在過去 70 年只有一個病例)，但與肺炎型炭疽有著相似的致命力，不同的地方在於腸胃型的感染途徑是經由受孢子污染的食物所造成。

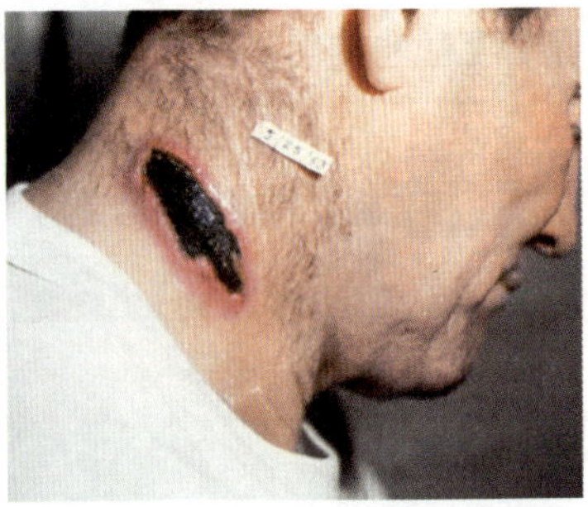

圖 16.2　皮膚型炭疽病。症狀開始之初，在細菌入侵處周圍的組織會呈現發炎與水腫現象，之後發展成一層厚的壞死病灶，稱之為焦痂，通常會自行脫落與癒合。

2001 年發生的恐怖攻擊事件引起了對生物恐怖攻擊的高度關注，但這並不是第一次認為可將炭疽菌的自然毒力當作戰爭的武器來使用。

炭疽病的控制方法　進行中的炭疽病可用克林黴素、多喜黴素是環丙沙星加以治療。但是因為治療時主要是針對細菌本身攻

1 *anthrax* 炭疽病 (an′-thraks)。希臘文：*anthrax* 癰。
2 *eschar* 焦痂 (ess′-kar)。希臘文：*eschara* 痂。

擊，對血液中的毒素並無法消滅其毒力，所以患者仍然會死亡。然而，一種在 2012 年晚期被美國食品與藥物管理局 (FDA) 核准的藥物，稱為 raxibacumab，利用單株抗體與炭疽桿菌分泌出來的毒素之一結合，以避免毒素進入細胞內，此藥物明顯地降低了炭疽病的嚴重性。一種含有來自特殊炭疽菌菌株的活孢子與類毒素的疫苗，已使用於世界上炭疽菌的流行地區，用以保護家畜。另一種稱為 Biothrax 的疫苗，成分為純化的類毒素，建議使用於人類身上，包括高危險族群以及軍方人員。有效的預防接種須在一年半的時間內接種五劑疫苗並每年追加注射，但此種疫苗有副作用，促使替代疫苗的研究與發展持續地進行中。因炭疽病而死亡的動物屍體在埋葬前必須利用焚化或是化學去污處理，以免細菌散布到土壤之中；含有動物皮革、毛髮與骨骼的進口貨品也都需要進行氣體消毒後方可進口。

與人類疾病有關的其他桿菌屬細菌

臘狀桿菌 (*Bacillus cereus*) 是一種常見藉由空氣或是灰塵傳播的細菌，能在煮熟的食物例如米飯、馬鈴薯以及肉類食物中快速繁殖。此菌的孢子在食物短暫的烹調或是重新加熱的過程中能保持存活，而當食物在室溫中存放時孢子便會萌發，並且釋放出腸毒素。食入含有毒素的食物會造成噁心、嘔吐、腹部痙攣以及腹瀉等症狀。此菌並無特殊的治療方法，症狀通常會在 24 小時內消失。

多年以來，最常見的其他種藉由空氣傳播桿菌屬細菌被認為是無害的污染物，只有極弱甚至完全沒有致病性。然而，在免疫受抑制的人，以及插管病患，還有未使用消毒針具的藥物成癮者身上，此類菌種的感染病例逐漸增加。造成這樣的感染增加的原因主要有兩個，其一是環境中隨處可見的孢子，另一是常用的消毒與殺菌的方法對孢子來說效果都不好。

梭狀芽孢桿菌屬

另一個革蘭氏陽性產芽孢的桿菌是在自然界中分布極廣的梭狀芽孢桿菌 (Clostridium)[3]，與桿菌屬細菌比較起來最大的不同是厭氧性與觸酶陰性 (表 16.2)。這個龐大的菌屬 (超過 120 種細菌) 棲息地非常廣泛，腐生型的菌種經常可在土壤、污水、植物及有機廢棄物中發現，也會以共

表 16.2 重要的產孢菌的區別

細菌	氧氣需求度	運動能力	人類疾病	治療
炭疽桿菌	需氧	–	皮膚型炭疽病 肺炎型炭疽病 腸胃型炭疽病	抗生素 高危險群注射疫苗 抗生素
臘狀桿菌	兼性厭氧	+	食物中毒	無；疾病具自限性
產氣莢膜桿菌	絕對厭氧	–	氣性壞疽 食物中毒 (輕微)	清創；抗生素；氧氣治療 無；疾病具自限性
困難梭狀桿菌	絕對厭氧	+/–	抗生素相關性大腸炎	撤除抗生素使用；接種益生菌
破傷風桿菌	絕對厭氧	+	破傷風	疫苗；被動免疫
肉毒桿菌	絕對厭氧	+/–	肉毒桿菌症	抗毒素

3 *Clostridium* 梭狀芽孢桿菌 (klaws-trid′-ee-um)。希臘文：*closter* 紡錘。

生的形式存在於人類與動物的體內。致病性的菌種通常都不是傳染性的，大多是藉由孢子侵入受傷的皮膚而感染。

梭狀芽孢桿菌會產生卵形或是圓形的孢子，在菌體中經常呈現膨脹狀的外觀 (圖 16.1b)，而孢子只會在厭氧的狀況下產生。此菌對營養的需求相當複雜，能夠分解相當多的物質作為營養來源，也能合成有機酸、乙醇及利用醱酵反應合成其他的溶劑，這樣的能力使得某些梭狀桿菌成為生物技術產業中的必要工具。另外，其他的細胞外產物主要是外毒素，在各種梭狀芽孢菌疾病中如肉毒桿菌病與破傷風，也扮演了很重要的角色。

梭狀芽孢桿菌在感染與疾病中的角色

梭狀芽孢桿菌造成的疾病可分為兩大類：(1) 傷口感染與組織感染，包括肌肉壞死、抗生素相關性大腸炎以及破傷風；(2) 產氣莢膜桿菌與肉毒桿菌造成的食物中毒。這些疾病絕大部分都是肇因於會個別作用在不同目標器官的各種外毒素，事實上造成這些疾病的外毒素幾乎是地球上最具毒性的物質，比番木鱉鹼 (Strychnine) 或是砷化物 (arsenic) 還毒上百萬倍。

氣性壞疽 / 肌肉壞死

由梭狀芽孢桿菌所造成的軟組織與傷口感染，致病菌主要是**產氣莢膜桿菌** (*Clostridium perfringens*)、諾維梭狀芽孢菌 (*C. novyi*) 以及腐敗梭狀芽孢菌 (*C. septicum*)。這些細菌的孢子可在土壤中、人類的皮膚上、人類的腸道及陰道中發現，造成的疾病一般稱之為**氣性壞疽** (gas gangrene)[4]，因為細菌在生長時會在組織中製造出大量的氣體因而得名。技術上將其命名為厭氧性蜂窩組織炎或**肌肉壞死** (myonecrosis)[5]。病患之所以會發生氣性壞疽，通常是因為手術傷口、複合性骨折、糖尿病性的潰瘍、敗血性流產、穿刺或槍傷的傷口以及粉碎性傷害等等的原因造成的傷口，受到身體或是環境中的細菌孢子污染所造成。

因為梭狀芽孢桿菌並不具有高度的侵襲能力，因此感染時需要有受傷或是壞死的組織，提供生長因子以及營造出厭氧環境細菌才能生長。低氧含量的環境經常是因為阻斷了血流供應以及一些需氧性細菌的生長消耗氧所造成，由於這些互動，氣性壞疽的發生通常是以混合性感染的形態出現。適當的環境會使孢子萌發，且在壞死組織上快速生長出營養菌群，並釋放出外毒素。產氣莢膜桿菌會製造數種具生理活性的毒素，其中毒力最強的為 α 毒素 [卵磷脂酶 (lecithinase)]，會造成紅血球破裂、水腫以及破壞組織 (圖 16.3)。其他會增強組織損傷的毒力因子還包括膠原蛋白酶 (collagenase)、玻尿酸酶

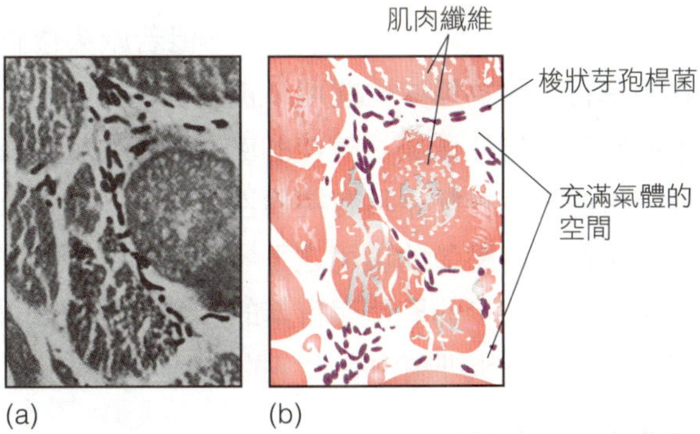

圖 16.3　產氣莢膜桿菌的生長 (肥胖桿菌)，造成氣體形成以及使肌纖維分離。(a) 梭狀芽孢桿菌性肌肉壞死症的顯微鏡鏡檢，發生壞疽現象的肌肉組織切片圖；(b) 同一切片的圖解。

(a) 圖取自於 N. A. Boyd et al., *Journal of Medical Microbiology*, 5:459, 1972. 由 Longman Group, Ltd. 同意轉載使用。

---

4 *gas gangrene* 氣性壞疽 (gang′-green)。希臘文：*gangraina* 腐蝕性的瘤。一種伴隨著氣體產生的壞死狀況。

5 *myonecrosis* 肌肉壞死 (my″-oh-neh-kro′sis)。希臘文：*myo* 肌肉；*necros* 死。

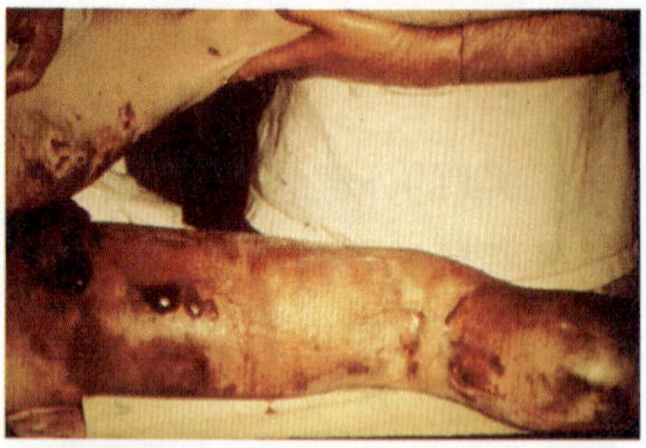

圖 16.4 **在複雜性骨折的腿部所發生的肌肉壞死症其臨床外觀。**壞死部位已由最初的傷口處蔓延到腿部的其他區域。注意圖中患部的嚴重程度，呈現發黑、組織破壞及皮膚出現因底部組織產生氣體而形成的水泡。

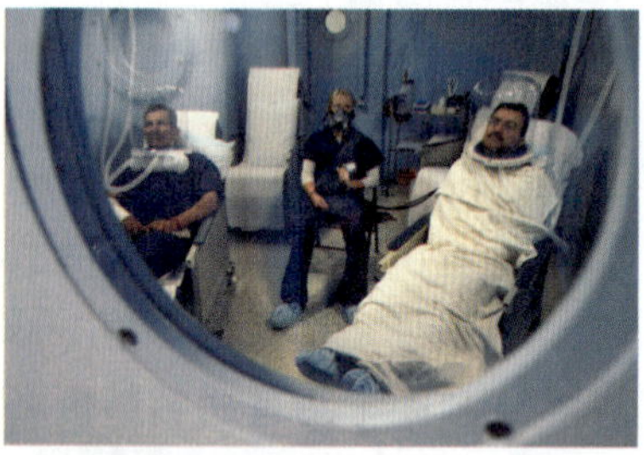

圖 16.5 **傷口感染與糖尿病性潰瘍所進行的高壓治療。**這種治療必須將病人固定在一個充滿高壓氧氣的腔室中，以抑制厭氧菌的感染，與促進傷口癒合。

(hyaluronidase) 以及核酸酶 (DNase)。組織當中所出現的氣體，來自於肌肉中的碳水化合物醱酵之後所產生出來，也會破壞肌肉結構。

感染的範圍與症狀 目前已發現兩類的氣性壞疽，在厭氧性的蜂窩性組織炎中，細菌會在壞死的肌肉組織中散布，產生毒素與氣體，這類的感染比較局限，並不會擴散到健康組織。而另一類屬於真正的肌肉壞死性的感染，病理特性更具破壞，某方面看起來就像壞死性筋膜炎。毒素會由如大腿、肩膀及臀部等處的大型肌肉處被製造出來，然後擴散至附近的健康組織引起局部壞死。而這些遭到破壞的組織會繼續提供細菌生長，並繼續產生毒素與氣體，這類型的疾病會進展至整條肢體或是身體，所到之處破壞組織 (圖 16.4)。最初的症狀包括疼痛、水腫以及傷口處會滲出血水，接著便開始發燒、心搏過速以及觀察到壞死的組織發黑並出現充滿了氣體的泡。發生在子宮的壞疽通常是由於敗血性流產所造成，而梭狀芽孢桿菌敗血症，是一種非常嚴重的疾病，如果沒有及早加以處置，致死率非常高。

壞疽的治療與預防 最有效可預防傷口被梭狀芽孢桿菌感染的方法，就是對深處的傷口、褥瘡、複合性骨折以及已感染的切口，進行立即與完善的清理及手術修補。對受損組織進行**清創手術** (debridement)[6] 可消除氣性壞疽感染擴散的狀況，但若感染位置發生在腸道或是身體的孔洞處，清創手術便不容易進行，因為那些位置可以被移除的組織相當有限。清創手術必須與抗生素治療一同執行，才能有效控制住感染。較佳的處方為使用克林黴素搭配青黴素一起給予，因為約有 5% 的梭狀桿菌可能對克林黴素具有抗藥性。另外，也可使用高壓氧進行治療，在高壓氧艙中將受感染的部位暴露於高壓氧的環境之下，也可減少感染的嚴重性 (圖 16.5)，因為組織增加的氧氣濃度會阻斷細菌進一步的繁殖與毒素的產生。嚴重的肢體肌肉壞死可利用外科手術移除，甚至進行截肢。因為在這類細菌中有太多的抗原血清型，因此目前並沒有疫苗可用。

破傷風或顎緊鎖

破傷風 (tetanus)[7] 是一種神經肌肉方面的疾病，其別名為 lockjaw，因此疾病最早所影響的為顎部的肌肉 (jaw muscle) 而得名。此病的病原為**破傷風梭狀芽孢桿菌** (*Clostridium tetani*)，是一種普遍出現於耕地土壤與動物腸胃道中的細菌。細菌的孢子通常是經由意外造成的穿刺傷口、燒傷、臍帶、凍傷或是身體其他的碎壓傷口進入體內。

---

6 *debridement* 清創手術 (dih-breed′-ment)。利用外科手術移除壞死或損傷組織。
7 *tetanus* 破傷風 (tet′-ah-nus)。希臘文：*tetanos* 伸展。

破傷風在北美的發生率並不高，大部分的患者為老年病患以及靜脈注射藥物的濫用者。因為臍帶感染或是割禮而造成的新生兒型的破傷風，較常發生於一些特殊文化習俗的區域，在那些地方常用糞土或泥土來止血或是作為儀式的一部分。在這些開發中的國家，每年約有數十萬名新生兒因此感染破傷風而死亡。

感染與疾病的過程　感染破傷風的危險是發生在細菌的孢子進入受傷的組織時，但是只有孢子進入傷口並不足以引發感染，因為此菌並無法輕易地侵入受損的組織中，同時它又是一個絕對厭氧菌，孢子只有在傷口處的組織壞死並缺乏血液供應之後，待環境適宜了才有辦法開始萌發並建立起感染。

當細菌營養體細胞生長繁殖時，許多種不同的代謝產物會被釋放到感染位置，在這些代謝產物中，最重要的是一種稱為**破傷風痙攣毒素** (tetanospasmin) 的物質，是造成破傷風主要症狀的一種神經毒素。毒素擴散至受傷組織附近的運動神經末梢並與之結合，再經由軸突移動到脊髓的腹角 (ventral horns) 處 (圖 16.6)。在脊柱中毒素會與負責抑制骨骼肌收縮的神經元上的一特殊標的區域結合，抑制神經傳導物質的釋放，且只要極小量的毒素就能導致症狀出現。疾病的潛伏期約 4 至 10 天，潛伏期越短代表感染的狀況越嚴重。

痙攣毒素改變了肌肉收縮的正常調節機制，結果造成肌肉收縮無法被抑制，而呈現出不受控制的收縮狀態。一些強大的肌肉群受的影響最大，初期的症狀為牙關出現緊閉現象，接著便會出現背部的強烈反弓、手臂蜷曲以及腿部伸展等等肌肉強直收縮的狀況 (圖 16.7)。緊閉的牙關造成一種奇特的表情稱為*痙笑* (risus sardonicus)，患者看起來就像是露出詭異的微笑 (圖

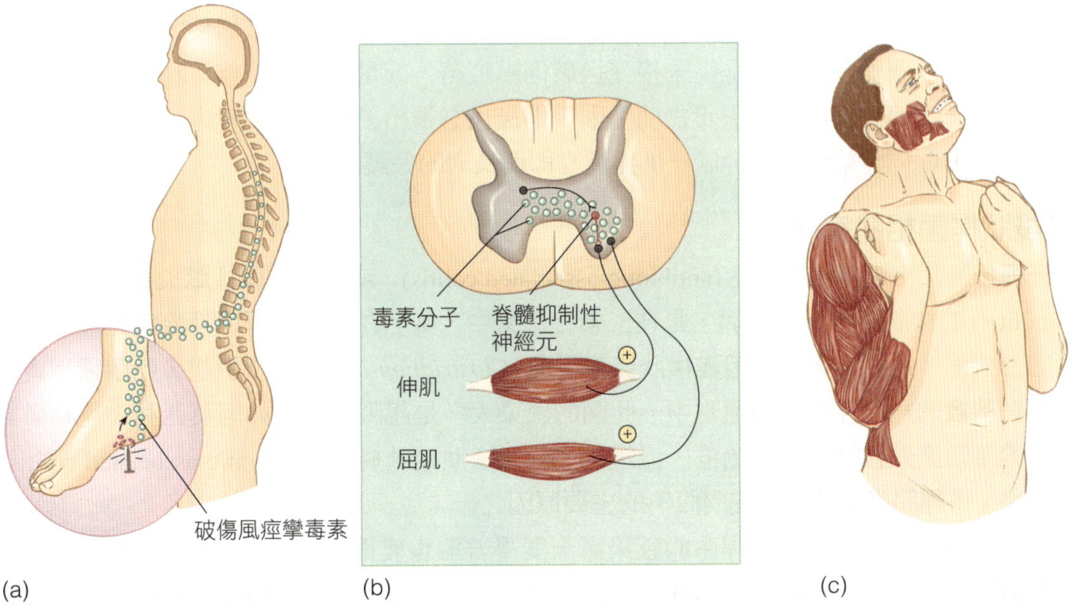

圖 16.6　**破傷風發生時身體內所出現的事件**。(a) 創傷發生後，桿菌感染局部組織且分泌破傷風痙攣毒素，這些毒素會被周邊的神經軸突所吸收，並被運送到位於脊柱中的目標神經元 (不按比例尺)；(b) 在脊柱裡，毒素會附著在調節神經元的接合處，這些神經元的功能是抑制不適當的肌肉收縮。當肌肉的收縮開始不受到抑制作用所調節時，會出現位在相同部位的伸、屈側肌肉群同時接收到持續刺激的現象，開始不受控制的收縮；(c) 肌肉出現痙攣性收縮，且缺少調節機制或自主控制。注意圖中因牙關緊閉所造成的痙笑 (risus sardonicus) 現象。

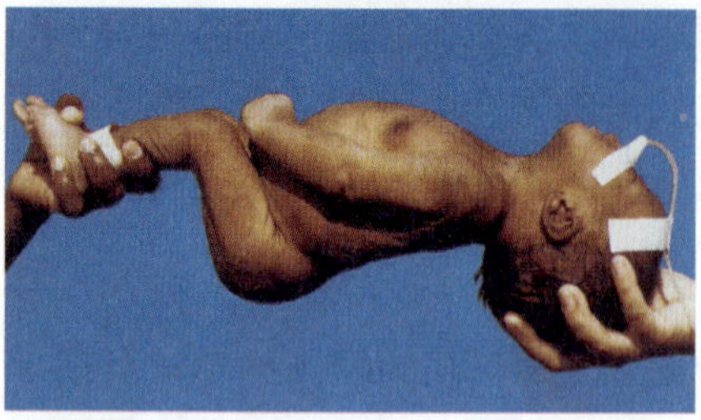

圖 16.7 **新生兒破傷風。**患有新生兒破傷風的嬰兒，出現因脊椎旁肌肉造成的痙攣性麻痺現象，背部會呈現僵直弓狀。同時也可觀察到手臂與腿部也出現不正常的屈曲狀。

16.6c)。這些肌肉收縮的狀況會斷斷續續地出現，並且非常疼痛，肌肉的強力收縮有時甚至會造成骨折，特別是在脊椎的部位。死亡通常是由於呼吸肌肉群的麻痺及呼吸衰竭而致，致死率從 10~70%。越慢送醫及潛伏期較短的患者，或是傷口在頭部的患者，死亡率都會較高。完全復原通常需要數週的時間，除了會有一些短暫的僵硬感之外，通常並不會有顯著的肌肉傷害存留下來。

破傷風的治療與預防 破傷風的治療著重在降低血液中的毒素，並且提供病人支持性的治療為主。一個出現破傷風臨床徵狀的病患必須立刻施以抗毒素治療，如利用人類破傷風免疫球蛋白 (tetanus immune globulin, TIG)，而來自於馬匹體內生成出來的破傷風抗毒素 (tetanus antitoxin, TAT) 也可使用，但由於有可能誘發過敏反應，因此接受度較低。雖然這些抗毒素可以破壞循環中的毒素，但對那些已經結合至神經細胞的毒素卻無作用。其他的治療方法還包括徹底移除損傷組織、以青黴素或四環黴素控制感染，並同時給予肌肉鬆弛劑。病患可能也需要呼吸器與施行氣管切開術[8]，以避免如吸入性肺炎或是肺塌陷等併發症的發生。

破傷風是世界上最容易預防的疾病之一，主要是因為有一種由破傷風類毒素製成的有效疫苗 (DTaP) 之故。在二次大戰期間，2,750,000 個接受過破傷風疫苗注射的受傷士兵中，只有 12 人產生破傷風的症狀。建議的接種方式為嬰兒每隔兩個月接種一劑，一共接種三劑，之後在一年及四年後再各追加一劑。孩童時期的預防注射可提供大約 10 年的保護。而若要對抗新生兒破傷風，則需要在母親懷孕之前就接受預防注射，如此一來母體產生的抗體便會透過胎盤而傳送到胎兒體內。一個受傷的人若是從未接受過破傷風疫苗，或是之前的疫苗接種程序未完成，或是他的最後一次追加疫苗已是十年之前，則受傷後也必須給予破傷風類毒素。疫苗可與提供被動免疫力的 TIG 同時給予患者，以一併提供立即與長期的保護力。

困難梭狀桿菌相關疾病

一種稱為抗生素相關性腸炎 (antibiotic-associated colitis)，或稱為偽膜性腸炎 (pseudomembranous colitis) 的梭狀芽孢桿菌疾病，是在工業化國家中，排名在沙門氏桿菌性疾病之後，第二常見的腸道疾病。這種疾病是由困難梭狀芽孢桿菌 (*Clostridium difficile*) 所引起，此菌通常會少量的以常在菌叢的角色存在於腸道當中。此菌的感染大多是起因於利用如阿莫西林、克林黴素與頭孢菌素這類廣效性抗生素來治療，但這也是抗生素相關性腸炎 (antibiotic-associated colitis) 名詞的由來，這種腸炎是造成醫院內腹瀉的主要原因之一。

在過去幾年中，困難梭狀桿菌的感染漸漸變得普遍也變得更嚴重，2012 年 CDC 估計大約有 300 萬個感染病例，其中有 14,000 例因此菌而死亡，甚至超越了 MRSA 感染的數量。現在有許多病例所感染的菌株會產生較正常多 20 倍的外毒素，這些毒性較強的菌株很有可能在醫院外出現，且並不一定是與抗生素治療有關聯性。使用如 famotidine (Pepcid) 及 omeprazole (Prilosec) 這類的胃酸抑制劑，會增加此疾病的發生率，因為較低的胃酸量會增加此菌在胃及小腸內的存

8 利用外科手術方法在氣管上開孔形成一空氣通道。

活率。

雖然困難梭狀桿菌相較之下較無侵襲力，但是當大腸內原本的常在菌叢若是被破壞時，它便會造成嚴重的感染。此菌會製造使腸壁細胞壞死的腸毒素，最明顯的症狀為腹瀉，發生於治療的後期甚至是治療停止之後，更嚴重的病例甚至會出現腹部絞痛、發燒與白血球增多等症狀。同時大腸會發炎，並逐漸將由纖維蛋白與細胞所構成呈現膜狀的偽膜脫落掉 (圖 16.8)。如果症狀一直無法改善，腸穿孔甚至死亡都有可能發生。

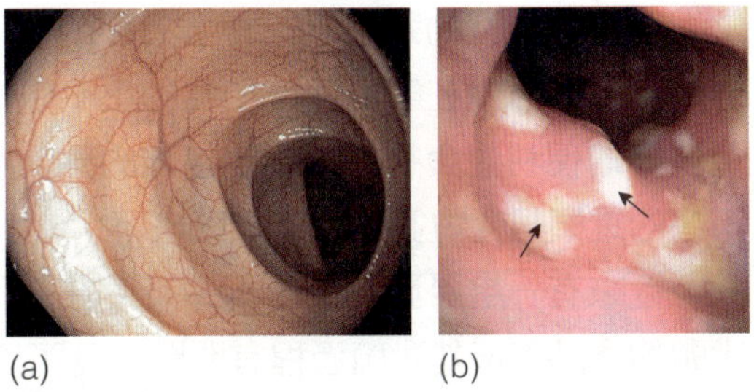

圖 16.8　**進行結腸鏡檢查時，乙狀結腸鏡所觀察到的抗生素相關性結腸炎的影像。**(a) 正常的結腸；(b) 箭頭所指的白色斑點或是偽膜，便是結腸中的上皮細胞因發炎或是脫皮現象所造成。

較溫和與簡單的病例會隨著停用抗生素，以及將治療方式改為補充流失的體液與電解質，而獲得緩解。較嚴重的感染則需靠著改以口服萬古黴素或甲硝唑，加上重新回復腸道內的常在菌叢來進行治療。近年來，一種稱為糞便常在菌叢移植的方法，藉著將健康人的糞便以灌腸的方法或是直接接種到受困難梭狀桿菌感染的病人大腸內，對此疾病有相當好的治療成效，但此方法至今仍未被 FDA 所准許使用。據稱，此方法可以快速地建立患者大腸內的菌叢，而迅速治癒 80~90% 的患者。因為接種他人的菌叢至病患身上，有著潛在的危險性及道德上的問題需要考量，以致於 FDA 對此治療法的臨床實驗或是發布管理此過程的規定，一直抱持猶豫的態度。

臨床上，必須嚴格避免病菌由已感染者身上散播出來，並傳播至正在接受抗生素治療的其他患者身上，特別須注意的是已感染者的糞便中會有大量的細菌孢子存在。可利用快速 ELISA 試劑對糞便檢體進行毒素的檢測，以作為快速診斷的方法。而目前利用困難梭狀桿菌的類毒素進行疫苗開發的工作正在進行中，希望能盡快使用於一些高危險的族群身上。

梭狀芽孢桿菌造成的食物中毒

有兩種梭狀芽孢桿菌經常造成食物中毒，肉毒桿菌 (*Clostridium botulinum*) 會造成極嚴重的食物中毒，經常存在於家用瓶裝食物；A 型產氣莢膜桿菌 (*Clostridium perfringens*) 會造成溫和的腸道疾病，是一種全世界最常出現的食物中毒原因之一。

肉毒桿菌食物中毒的流行病學　肉毒桿菌是一種會產孢子的厭氧菌，經常出現在土壤及水裡，偶爾出現在動物的腸道中。全世界均可見到它的蹤跡，但在北半球較常出現。此菌有八個不同的型別 (A、B、C_α、C_β、D、E、F 及 G)，不同型別在動物及世界上的分布範圍不同，且產生的外毒素也不同。人類的疾病通常與 A、B、E 與 F 型有關，動物的疾病則與 A、B、C、D 與 E 型有關。

肉毒桿菌症 (botulism)[9] 是一種毒素中毒，經常與食用罐頭食品相關，但它也可能經由感染造成。近年來，此疾病變得較為常見，也變成是一個常見的致命疾病；但同時，現在的食物保存技術與醫療水準，也相對降低了它的發生率及致死率。然而，在被餵食了污染飼料的家畜與吃了腐壞植物的水鳥身上，肉毒桿菌症仍是一個很常見的致死原因。

飲食文化的偏好與藉食物傳播的肉毒桿菌症之間有著相當高的關聯性，在美國，此疾病經

9 *botulism* 肉毒桿菌症 (boch′-oo-lizm)。拉丁文：*botulis* 臘腸。此疾病最早被認為與壞掉的臘腸有關。

常與一些低酸性的蔬菜 (如青豆、玉米)，以及偶爾與肉類、魚類、乳製品相關。大多數的肉毒桿菌症爆發發生在家庭製作的食物上，包括如罐裝蔬菜、煙燻肉類及塗抹用的起司。而對預先包裝好的便利性食物，如真空包裝的熟食蔬菜與肉類的需求，提高感染此菌的危險性；但一般市售的罐頭類食物並不常造成感染。

近來有一起爆發感染的事件發生在一位購買罐裝辣椒醬的人身上，追蹤之後發現，生產該罐頭的食品工廠其殺菌過程有問題。為了安全起見，這個工廠所生產的其他 90 種產品全部都被回收，數以百萬計含有胡椒、馬鈴薯或是肉類的罐頭從各處的商店中紛紛下架。這次的事件是近十年來，第一個發生在由工廠製造販賣的食物發生肉毒桿菌事件，且這次的事件強調了一個事實，那就是要預防肉毒桿菌造成的感染，就必須優先注意罐頭工廠的安全。由於肉毒桿菌的孢子會持續不斷出現在土壤裡及製造產品，這代表著在食物製造過程的品管上，必須是零失誤的。

肉毒桿菌的致病機轉 食物製造過程中是否會出現肉毒桿菌污染，取決於幾個狀況。孢子在蔬菜或肉類食品原料採集時出現在其上，只利用沖洗很難將之移除。當受污染的食物裝瓶後且置於壓力鍋中蒸煮時，壓力跟溫度可能無法達到殺死孢子的條件 (肉毒桿菌的孢子對熱具有極強的耐受力)。在此狀況下，壓力足以排除掉空氣並創造出厭氧的環境，適合孢子萌發並開始繁殖。生長時的新陳代謝產物之一為**肉毒桿菌毒素** (botulinum toxin)，是目前已知由細菌製造的毒素中毒性最強的。

此菌生長時不一定會對瓶子或罐頭外觀或食物的風味產生影響，且只會產生小量的毒素。毒素被食入之後進入小腸，吸收後進入淋巴與循環系統，藉此，毒素便可被送到它作用的位置，也就是骨骼肌的神經肌肉接合處 (圖 16.9)。

肉毒桿菌毒素會抑制刺激肌肉收縮的神經傳導物質乙醯膽鹼的釋放，症狀出現前的潛伏期大約 12 至 72 小時，潛伏期的長短取決於毒素劑量的大小。神經性的肌肉症狀最先影響的為頭部的肌肉，會造成複視、吞嚥困難及頭暈等症狀，但不會造成感覺或智力上的異常。雖然噁心與嘔吐的症狀在發病早期也可能出現，但是並不常見。後期的症狀則會造成向下肌肉的麻痺與呼吸衰竭。在過去，造成死亡的原因通常是因為呼吸衰竭，但現今在呼吸器的幫忙之下，死亡率已經降低到約只有 10%。利用此毒素中斷不想要的肌肉收縮現象，是此毒素在醫學上的一個有趣運用。

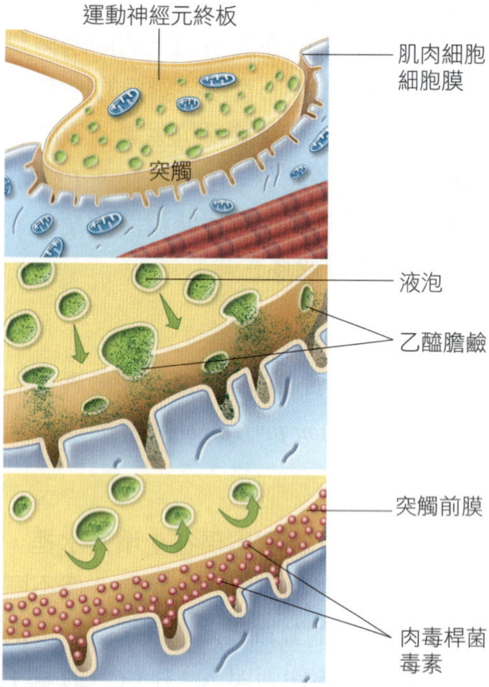

圖 16.9 肉毒桿菌毒素對病理及生理上的影響。(a) 在神經肌肉接合處，運動神經元與肌肉之間的關聯性；(b) 在正常狀況下，突觸處所釋放出來的乙醯膽鹼會刺激肌肉，並產生神經衝動使肌肉收縮；(c) 但在肉毒桿菌症中，毒素會進入運動神經元終板並吸附在突觸前膜上，因而阻斷神經傳導物質的釋放，使得神經衝動無法傳遞，肌肉變得無法收縮。造成鬆弛性的麻痺現象。

嬰兒與傷口的肉毒桿菌症　在一些少數的例子中，肉毒桿菌會引起稱之為嬰兒與傷口肉毒桿菌症的疾病，此疾病是因為肉毒桿菌的孢子在體內萌發，並且在體內製造出毒素。

嬰兒肉毒桿菌症最早是在 1970 年代晚期，發生於 2 週至 6 個月大食入了肉毒桿菌孢子的孩童。此種肉毒桿菌症也是現今在美國最常見的類型，每年約有 80 至 100 個病例。實際造成中毒的食物種類並不一定每個病例都清楚，然而未經純化的蜂蜜，以及家庭自製的嬰兒食品在部分病例中被指為是感染原。嬰兒之所以容易感染這類疾病的原因，似乎是跟腸道以及腸道中的常在菌叢都尚未成熟，使得孢子可以生存、萌發並開始製造神經毒素有關。與發生在成人身上的症狀相同，發病的嬰兒會出現鬆弛性麻痺症狀、吸吮反應降低、身體肌肉失去張力 [嬰兒癱軟症候群 (floppy baby syndrome)] 以及呼吸併發症。雖然成年人也可能食入受污染蔬菜或是其他食物上的孢子，但成人的腸道會抑制這類型的感染發生。

而傷口型的肉毒桿菌症，孢子會進入傷口或皮膚遭穿刺處，與發生在破傷風感染時的狀況一樣，但症狀卻是與食入性的肉毒桿菌症類似。這類型的肉毒桿菌症，在藥物注射者的族群中有增加的現象，尤其是在經皮膚注射海洛因的人感染率最高。

肉毒桿菌症的治療與預防　要將肉毒桿菌症與其他的神經肌肉症狀區分出來，通常需要針對食物檢體、病患腸道內檢體以及病患的糞便，來偵測是否有肉毒桿菌毒素或是肉毒桿菌的存在。在治療開始之初，必須儘早使用由美國疾病管制局 (CDC) 所提供的，來自馬身上製備出來的抗 A、B 及 E 三種血清型的三價抗毒素，以獲得最好的療效，病人同時也需要使用呼吸及循環的輔助系統。感染性的肉毒症利用青黴素治療可控制肉毒桿菌的生長及毒素的製造。

對那些會食用自家製作的罐裝保存食物的人來說，肉毒桿菌始終是一個潛在的威脅。預防此菌的感染，需要藉著教育大眾保存與處理罐裝食物的正確方法。壓力鍋具要測試其殺菌能力，家庭罐頭製造商也必須留意容易引起肉毒桿菌感染的食物及狀況。其他有效預防感染的方法還包括添加防腐劑，如硝酸鈉、鹽或是醋 (降低 pH 值)。已成鼓脹狀的罐頭或是瓶裝食物，看起來或是聞起來疑似已經腐壞的話，就必須丟棄勿食。所以家裡自行裝瓶的食物，在食用前都必須再度煮沸十分鐘，因為毒素對熱敏感，100°C 下便能將其快速破壞掉。

梭狀芽孢桿菌性腸胃炎　產氣莢膜桿菌的孢子會污染許多不同類型的食物，但最常造成疾病的是未經充分烹調以破壞細菌孢子的動物肉品 (肉、魚) 以及蔬菜 (豆類)。當這些食物烹調完成後若沒有放入冰箱保存，孢子便可能在冷卻的食物上萌發並開始繁殖。當這些食物要再度被食用時，如果未經充分再加熱，活的產氣莢膜桿菌便會隨食物進入小腸，並釋出腸毒素。毒素會作用在腸道的上皮細胞，在 8 至 16 小時內造成急性腹痛、腹瀉與噁心的症狀。發作過後疾病復原極快，也很少會造成死亡。產氣莢膜桿菌也會引起腸結腸炎 (enterocolitis)，與由困難梭狀桿菌所引起者相似。這種造成腹瀉的感染是由污染的食物造成，也可能經由非生命體來傳染。

梭狀芽孢桿菌的鑑別診斷

雖然梭狀芽孢桿菌是一種經常被分離到的菌種，但是其臨床意義並不總是立刻就很明顯可見。診斷通常需要依賴幾個要素：細菌的量、重複採檢時細菌持續出現以及病患的狀況。實驗室裡可依靠形態與培養的特性、細菌所分泌的酵素、醣類醱酵能力、在牛奶中的反應以及產毒能力與致病力等來做鑑定。有些實驗室會利用氣相色層分析 (gas chromatography) 此複雜的方法，來分析菌種間化學性質上的差異，作為鑑定菌種的方法。其他重要的鑑定方法還有：直接以 ELISA 試驗分離的菌種，再利用老鼠或天竺鼠進行毒力試驗、利用抗毒素中和反應進行血清學分型，以及利用 PCR 進行檢體分析。

16.3 典型革蘭氏陽性非產孢桿菌

革蘭氏陽性非產孢桿菌由數個菌屬所組成，可藉由形態學以及染色的特性加以次分類。一個粗略的分類原則，將七個不同的菌屬歸類在典型 (regular) 革蘭氏陽性非產孢桿菌之中，因為這些菌的染色結果均勻，且菌體形態不會呈現多形性。這些典型的菌屬包括乳酸桿菌、李斯特氏菌、類丹毒菌、庫特氏菌、顯核菌、環絲菌及腎桿菌等。

此群細菌中最主要的病原體為單核球增多性李斯特氏菌與豬類丹毒桿菌 (*Erysipelothrix rhusiopathiae*)。乳酸桿菌 (*Lactobacillus*) 普遍存在於環境中，是人類腸道與陰道中的常在菌。還有一些其他細菌在乳製品的處理過程中很重要，但很少致病。

單核球增多性李斯特氏菌：一種新興的食物傳播病原菌

單核球增多性李斯特氏菌 (Listeria monocytogenes)[10] 的形態變化較大，從球桿菌到呈現柵欄狀排列的長絲狀菌都有。菌體具有翻滾運動的能力，擁有一到四條鞭毛，不具莢膜也不產孢子。生長時對營養需求並不挑剔，且對冷、熱、鹽分、pH 值與膽汁都有耐受力。在其生活史中，有部分時間進行細胞內寄生，在誘發它自己被細胞吞噬之後，會呈現特殊的繁殖生活史，並在宿主細胞的細胞質中進行複製。因為李斯特氏菌會直接由一個細胞移動到另一個細胞，而不需離開胞內環境，所以可以逃避宿主的體液性免疫反應，更加強了它的毒力。

李斯特氏菌症的流行病學與病理學

由於單核球增多性李斯特氏菌在自然界中的分布非常廣泛，因此非常難以判定其儲存處為何。此菌可自世界各地的水、土壤、植物以及健康的哺乳動物的腸道 (含人類)、鳥類、魚類與無脊椎動物中分離出來。主要的儲存處似乎是土壤與水，而動物、植物與食物則是會造成感染的第二來源。雖然大多數的李斯特氏菌症 (listeriosis) 都與食入被污染的乳製品、禽類與肉類有關，但在 2011 年一場非常不尋常、造成 33 人死亡 1 人流產的大爆發中，卻是由污染的哈密瓜所造成。這場最近發生的疫情，開啟了對這些來源的單核球增多性李斯特氏菌所造成的感染率的研究。此菌可在 12% 的碎牛肉及 15% 的雞肉中分離出來，也出現在 6% 的午餐肉、熱狗與乳酪當中。利用生乳製作出來的陳年乳酪需要特別注意，因為李斯特氏菌可耐長期保存，並能在冷藏的環境下繼續繁殖。李斯特氏菌症是繼沙門氏菌症 (salmonellosis) 與弓漿蟲症 (toxoplasmosis) 之後，第三常見造成死亡的食物型感染症。

誘發李斯特氏菌症發生的因子之一，似乎是宿主腸黏膜抵抗能力的減弱，因為研究報告指出，免疫力完整的個體對李斯特氏菌的感染較具有抵抗能力。在正常成年人身上發生的李斯特

---

10 *Listeria monocytogenes* 單核球增多性李斯特菌 (lis-ter′-ee-ah；mah″-noh-sy-toj′-uh-neez)。Listeria 是紀念 Joseph Lister 而命名，他是外科手術消毒技術的先驅者。monocytogenes 是此菌對單核球會造成影響，因此命名。

氏菌症，大多是輕微的感染，會出現如發燒、腹瀉與喉嚨痛這類的普通症狀。然而，在免疫力缺損的人、胎兒與新生兒身上，李斯特氏菌症則會影響腦與腦膜，並造成敗血症，由於此致病原的毒性，死亡率約有 20%。懷孕婦女特別容易遭受感染，且在產前即可經由胎盤將細菌傳染給胎兒，在生產的過程中新生兒也可能在通過產道的時候被感染。子宮內感染症狀是全身性的，經常會造成流產以及胎兒死亡。新生兒若腦膜遭到感染，沒有及早治療則會對神經系統造成嚴重影響。

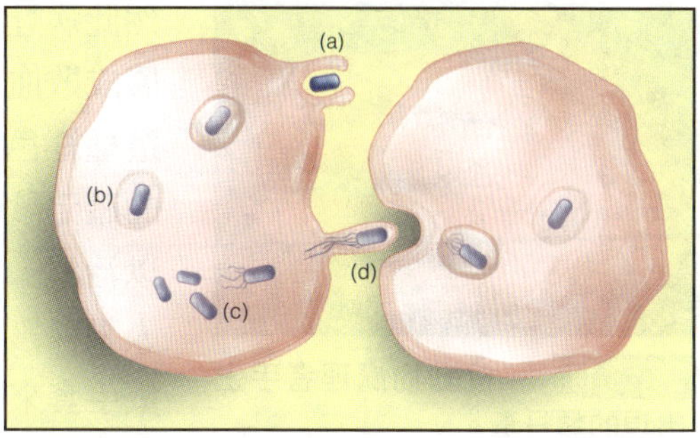

圖 16.10 **單核球增多性李斯特氏菌的複製生活史。**(a) 感染的開始位置在腸道黏膜，單核球增多性李斯特氏菌藉著誘發細胞的吞噬作用入侵細胞內；(b) 進入細胞之後，細菌會將其所在的吞噬小體溶破，而進入細胞質中快速繁殖；(c) 細菌成熟之後，會發展出利用宿主細胞的肌動蛋白所組成的一條蛋白質構成的尾巴，利用這條尾巴將菌體由原來的宿主細胞推向另一顆細胞；(d) 這樣的機制可幫助細菌散布到其他的細胞。

李斯特氏菌症的診斷與控制

對李斯特氏菌症的診斷可能會因為細菌的分離困難，而遭到延誤。利用冷增菌法 (cold enrichment) 可改善細菌的分離成功率，此法是將檢體冷藏於 4°C 的環境下，再定期取出檢體接種至培養基，但是此法可能要花費 4 週的時間。單核球增多性李斯特氏菌可藉著比較一些如細胞形狀、菌體排列、運動能力、產生觸媒與否及 CAMP 試驗呈現陽性等特點，來與非致病性的李斯特氏菌和外表相似的其他細菌作區別。利用 ELISA、免疫螢光法與 DNA 分析等不同原理所設計出來的快速診斷試劑，目前也已被使用於食物檢體的直接檢驗。

在懷疑是李斯特氏菌症的感染早期，就必須盡快開始進行抗生素治療，安比西林與見大黴素是首選藥物，次選藥物則是 trimethoprim/sulfamethoxazole。預防工作可藉由使用適當溫度的巴斯特滅菌法，以及對可能遭受動物糞便污染的食物進行充分烹調來加以改善。美國農業部實施了一套規範，來避免李斯特氏菌進入肉類製品與家禽製品當中，在這套規範之下，使用較寬鬆的微生物控管方法的公司，將會受到政府單位較高頻率的檢查；相對的，使用較嚴格控管的公司則會受到較少的檢查。

豬類丹毒桿菌：一種人畜共通病原菌

流行病學、致病因與控制方法

豬類丹毒桿菌 (*Erysipelothrix rhusiopathiae*)[11] 是一種廣泛分布於動物與環境中的革蘭氏陽性桿菌，主要儲存位置為健康豬隻的扁桃腺，也是其他脊椎動物身上的常在菌叢，經常可由綿羊、雞以及魚類中分離出來。它可長時間存活在污水、海水、土壤及食物中，引起流行性豬隻的類丹毒症 (swine erysipelas) 及其他飼養或野生動物的零星感染。人類最容易感染的族群為從事處理動物、屍體及肉類的工作人員，例如屠宰場工人、屠夫、獸醫、農夫與漁夫等。

最常造成人類感染的侵入位置為手或是手臂上的擦傷破損傷口，細菌會在入侵處繁殖，發展成所謂的**類丹毒症** (erysipeloid)，出現一個發炎、感覺灼熱且癢的暗紅色病灶 (圖 16.11)。雖

11 *Erysipelothrix rhusiopathiae* 豬類丹毒桿菌 (er″-ih-sip′-eh-loh-thriks)。Erysipelothrix 為希臘文：*erythros* 紅色；*pella* 皮膚；*thrix* 絲狀物。rhusiopathiae 為希臘文：*rhusios* 紅色；*pathos* 疾病。

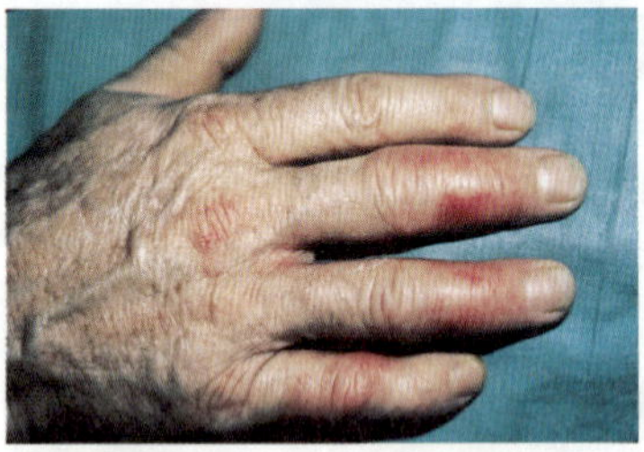

圖 16.11 一位動物處理者手上出現的類丹毒。

然此病灶大多不會留下任何後遺症而痊癒，但少數的病例會發展成敗血症與心內膜炎。在前述高危險群工作者的手上若出現這種紅色疼痛的發炎現象時，可推測可能是類丹毒症，但最終的確定診斷還是需要進行細菌培養。利用青黴素或紅黴素可加以治療。豬隻的丹毒可藉由疫苗加以預防，但此疫苗無法提供人類保護效果。高危險群的工作者，如處理動物者，可利用穿戴手套來降低感染風險。

16.4 非典型的革蘭氏陽性非產孢桿菌

非典型的 (irregular) 非產孢桿菌一般常呈現多形性，且染色不均勻。這類細菌約有 20 個菌屬，其中最有臨床意義者包括棒狀桿菌 (*Corynebacterium*)、分枝桿菌 (*Mycobacterium*)，以及奴卡氏菌 (*Nocardia*)。這三個菌屬常被歸為同一群，因為它們有類似的形態、遺傳特性及生化特性，都會產觸酶 (catalase) 與製造黴菌酸 (mycolic acid)，且細胞壁中都有一種特殊的胜肽聚醣 (peptidoglycan)。接下來的章節，將探討與棒狀桿菌 (*Corynebacterium*) 及丙酸桿菌 (*Propionibacterium*)、分枝桿菌 (*Mycobacterium*)、放線菌 (*Actinomyces*) 與奴卡氏菌 (*Nocardia*) 等相似菌屬相關的疾病。

白喉棒狀桿菌

雖然在人體內可發現數種不同的棒狀桿菌 (*Corynebacterium*)[12]，但大部分的人類疾病都是與白喉棒狀桿菌 (*Corynebacterium diphtheria*) 有關。此菌在形態上多呈直的或在菌體尾端稍微彎曲的錐狀，但也可能出現很多不同的多形性，包括棒狀、絲狀以及膨大狀。較老的菌體內會充滿異染 [多磷酸鹽 (polyphosphate)] 顆粒，以及菌體之間會呈現並排的柵狀排列 (圖 16.12)。

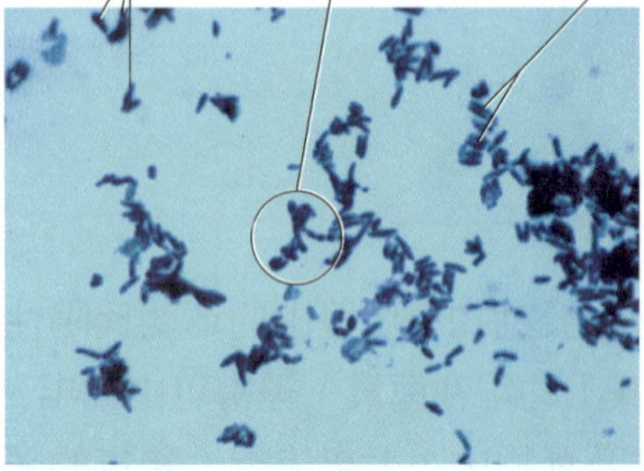

圖 16.12 白喉棒狀桿菌。圖為白喉棒狀桿菌在顯微鏡下的照片，可見到其多型性的特徵 (特別是棒狀的菌體外觀)、異染顆粒，以及菌體之間的柵狀排列 (600 倍)。

白喉的流行病學

數百年來，白喉 (diphtheria)[13] 一直是引起疾病不適及死亡的一個重要原因。但是這五十年來，全世界的病例數或是死亡率都已穩定的下降。美國最近的感染率大約是每百萬人中會有 0.01 個病例，最後確定的病例發生在 2003 年。最近一次皮膚型白喉的爆發，發生在一些美洲的原住民與無家可歸者身上。因為許多族群是此菌的健康帶菌者，所以至目前為止，發生白喉的潛在危機還是持續存在。大多數的白喉病例出現在居住於擁擠且衛生條件不好地區的 1 至 10 歲、未接受過預防注射的孩童身上。

白喉的病理學

暴露於白喉桿菌通常是因為親密接觸到帶菌者的飛沫

12 *Corynebacterium* 棒狀桿菌 (kor-eye″-nee-bak-ter′-ee-um)。希臘文：*koryne* 棒；*bakterion* 小棍子。
13 *diphtheria* 白喉 (dif-thee′-ree-ah)。希臘文：*diphthera* 膜。

或主動感染，偶爾是因接觸到穢物或是受污染的牛乳所致。臨床的症狀可分為兩階段：(1) 遭受白喉桿菌局部感染；(2) 毒素生成且發展成毒血症。首次感染最常發生的位置是上呼吸道 (扁桃腺、咽、喉與氣管)，而皮膚型白喉通常則是以二次感染的形式出現，會在皮膚出現深的、侵蝕性且癒合緩慢的潰瘍傷口 (圖 16.13a)。細菌靠毒力因子建立感染，這些毒力因子能幫助菌體黏附及生長。菌體一般侵襲力不強，通常會停留在原始的入侵部位。在美國此類型的白喉感染有增加的趨勢。

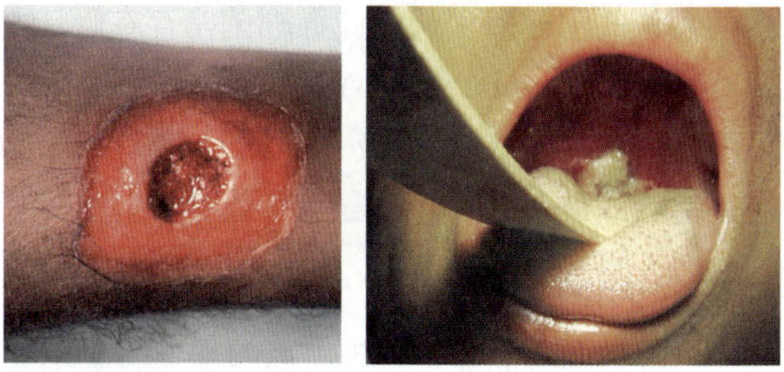

(a)　(b)

圖 16.13　白喉的臨床表徵。(a) 皮膚型白喉外觀像是一很深的侵蝕性潰瘍，癒合緩慢；(b) 呼吸道白喉包括了咽部與扁桃腺的總體發炎，且外觀呈現淺灰色的區塊 (偽膜)，整個感染區域會出現腫脹。

白喉毒素與毒血症　雖然要發展出疾病，必須先有感染發生，但主要的致病原因則是白喉毒素 (diphtherotoxin) 的產生。根據研究顯示，白喉毒素只會由具產毒能力的白喉桿菌菌株製造，而此種白喉桿菌產毒株則是因為藉由傳導作用獲得了來自噬菌體的產毒結構基因，才具備了製造毒素的能力 (請見第 7 章)。此種細胞毒素含有兩個胜肽片段，B 片段會與哺乳動物的心臟與神經系統上的標的細胞結合，並藉由細胞的內吞作用進入細胞質；A 片段則是於代謝時與細胞質內重要的因子結合，中斷細胞的蛋白質合成 (圖 10.13)。

白喉毒素對身體的影響可分為兩階段，第一階段為局部感染造成發炎反應，出現喉嚨痛、噁心、嘔吐、頸部淋巴結腫大、嚴重的頸部腫脹，以及發燒等症狀。其中有一項會造成生命危險的併發症是所謂的偽膜 (pseudomembrane)，是一層出現在咽喉部的灰綠色膜狀物，由發炎過程中出現的滲出物固化之後所形成 (圖 16.13b)。這層偽膜如皮革般的堅韌且黏稠，如果要強行將它移除，通常會造成出血。若其在氣道形成，則有可能造成窒息。

最危險的全身系統性併發症是白喉毒素造成的毒血症 (toxemia)，發生於當毒素被喉嚨吸收之後，隨著血流運送到特定的目標器官，主要是心臟與神經系統；毒素會造成心肌炎與異常的心電圖，頭蓋與周邊神經被影響之後，會出現肌肉無力與麻痺症狀。雖然毒素所造成的影響通常是可逆的，但若病人沒有充分治療的話，經常還是會因窒息、呼吸併發症或是心臟損傷而死亡。

棒狀桿菌的診斷方法

因為白喉有著非常嚴重的傷害力，因此醫師經常需要在細菌學的完全鑑定出來之前，就先做預測性的診斷且開始治療。雖然有些其他疾病也會在喉嚨出現灰色偽膜及腫脹現象，但這兩個症狀同時也是白喉的重要診斷指標。流行病學上的因子如居住環境、旅遊史及免疫史 [如陽性的錫克氏 (Schick) 試驗] 等，都可以作為初步診斷的指標。

利用鹼性甲基藍溶液 (alkaline methylene blue) 對白喉桿菌進行簡單染色，可見到帶有多形性顆粒的細胞。其他的鑑定方法還包括：利用抗體偵測毒素的 Elek 試驗，以及擴增白喉桿菌特定 DNA 序列等。將白喉桿菌與「類白喉」分辨出來是非常重要的，所謂的類白喉是由一種與白喉桿菌類似的菌種所引起，此種細菌常存在臨床材料中，但它並不是主要的致病原。乾燥棒狀桿菌 (*Corynebacterium xerosis*)[14] 通常生存在眼睛、皮膚及黏膜上，是一種伺機性的眼部與手術後感染菌。偽白喉棒狀桿菌 (*Corynebacterium pseudodiphtheriticum*)[15] 是人類鼻咽中的常在菌叢，能夠在正常的或是人工的心臟瓣膜處增生。

白喉的治療與預防

白喉桿菌毒血症可利用自馬匹身上製備出來的白喉抗毒素 (diphtheria antitoxin, DAT) 加以治療。注射之前病人必須先測試對馬血清是否過敏，如果需要的話則必須先進行減敏作用。感染可利用青黴素或紅黴素此類抗生素來進行治療。臥床休息、心臟的藥物治療以及氣管切開術，或是利用支氣管內視鏡移除偽膜等，都可能是必須採取的處置方式。預防白喉可很容易藉由注射類毒素製成的疫苗來達成，此疫苗通常與破傷風及百日咳的疫苗一同給予 (DTaP)。七歲以下的孩童建議施打五劑疫苗，分別在兩個月大、四個月大、六個月大、15 至 18 個月大及 4 到 6 歲時施打。7 歲至 18 歲以及對此毒素無免疫力的成年人可利用施打兩劑的破傷風、白喉、百日咳混合疫苗 (Tdap) 來進行預防接種。

丙酸桿菌屬

丙酸桿菌 (*Propionibacterium*)[16] 在菌體型態及排列上與棒狀桿菌相似，但在對氧氣的耐受力、厭氧性以及不產毒的特性上與棒狀桿菌不同。最常見的菌種為痤瘡丙酸桿菌 (*P. acnes*)[17]，是人類皮膚皮脂腺 (pilosebaceous)[18] 以及偶爾出現在上呼吸道中的正常菌叢。此菌最主要的重要性是與所熟悉的青春期皮膚表面出現的青春痘有關聯性。青春痘是一種受到遺傳與荷爾蒙，甚至表皮構造也會對其造成影響的複雜疾病，但它同時也是一種感染症。丙酸桿菌偶爾也會造成眼睛與人工關節的感染。

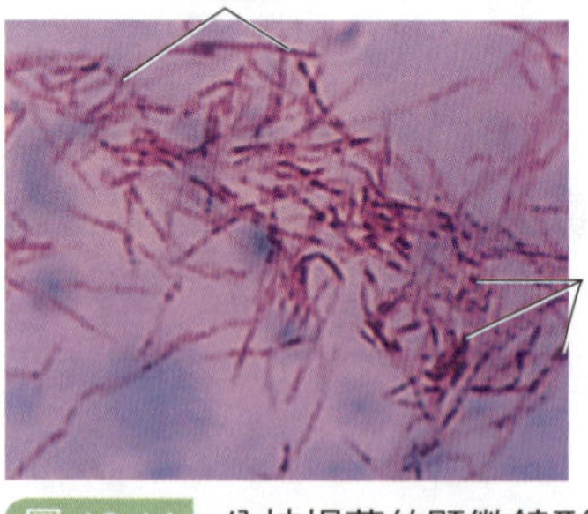

圖 16.14 **分枝桿菌的顯微鏡形態。** 此為來自一位結核患者痰液檢體經抗酸性染色後所見的結核分枝桿菌。請注意其不規則的形態、顆粒及絲狀型式 (700 倍)。

16.5 分枝桿菌：抗酸性桿菌

分枝桿菌屬 (*Mycobacterium*)[19] 有著含有高分子量黴菌酸 (mycolic acids) 及蠟質 (waxes) 所組成的複雜多層結構，此種高脂質含量的特性使其擁有抗酸 (acid-fastness) 的特性，也使其對乾燥、酸及各式的殺菌劑具有抵抗能力。分枝桿菌的菌體是直線細長形或彎曲的桿菌，有點傾向絲狀或是分支狀 (圖 16.14)。菌體內經常帶有顆粒及空泡，不形成莢膜、鞭毛與孢子。

大部分的分枝桿菌都是極端需氧菌，給予簡單的營養成

14 *xerosis* 乾燥棒狀桿菌 (zee-roh′-sis)。希臘文：*xerosis* 乾裂的皮膚。
15 *pseudodiphtheriticum* 偽白喉棒狀桿菌 (soo″-doh-dif-ther-it′-ih-kum)。希臘文：*pseudes* 偽；*diphtheriticus* 膜的。
16 *Propionibacterium* 丙酸桿菌 (pro″-pee-on″-ee-bak-tee′-ree-um)。希臘文：*pro* 之前；*prion* 胖；*backterion* 小棍子。
17 *acnes* 痤瘡丙酸桿菌 (ak′-neez)。希臘文：akme 小點。因其會製造丙酸而命名。
18 *pilosebaceous* 皮膚皮脂腺 (py″-loh-see-bay′-shus)。拉丁文：*pilus* 毛髮；*sebaceous* 脂。
19 *Mycobacterium* 分枝桿菌屬 (my″-koh-bak-tee′-ree-um)。希臘文：*myces* 黴菌；*bakterion* 小棍子。

分或是培養基便能生長良好。與其他的細菌相比，分枝桿菌的生長速度相對顯得緩慢，每分裂一次的時間從兩小時至數天不等。此屬細菌中有些成員的菌落呈現出黃色、橘色或是粉紅色的類胡蘿蔔類色素，這些色素常需要光線的誘發才會製造出來，其他的成員則不具有製造色素的能力。大多數的分枝桿菌都屬於腐生菌，生活在土壤與水中，少部分幾種是屬於人類的重要致病原，全世界有數億人口患有結核病與痲瘋病。一些屬於伺機性感染的分枝桿菌被粗略地分類在同一類型的細菌，稱為 NTM [非結核性分枝桿菌 (nontuberculous mycobacteria)]，這類細菌逐漸對一些免疫受抑制的病患身上造成嚴重的問題。

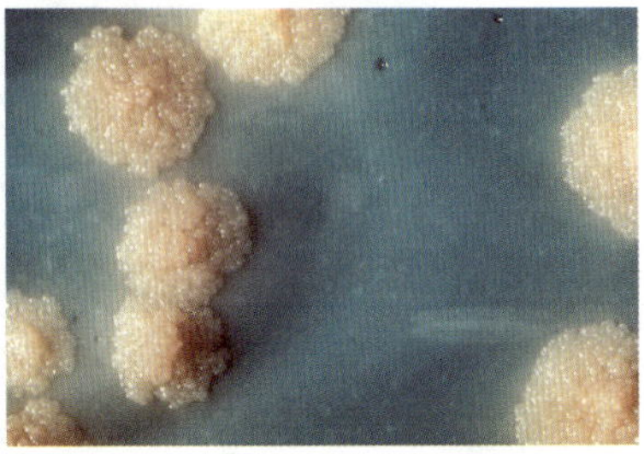

(a)

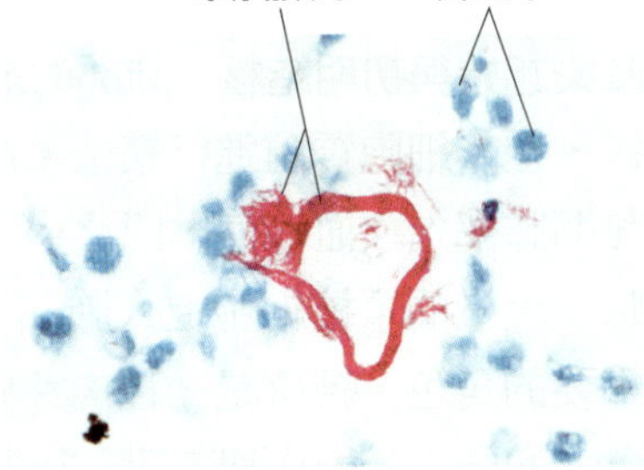

(b)

圖 16.15　結核菌的診斷。(a) 結核桿菌的培養外觀。菌落呈現一種典型的顆粒且呈臘樣的生長特性；(b) 在感染組織中產生繩索狀。由許多呈長絲狀物的 TB 菌組合而成。注意它們被染成紅色，表示其具有抗酸性。

結核分枝桿菌：結核桿菌

結核 (turbercle)[20] 桿菌是一細長型桿菌，一群菌體生長呈捲曲狀或是繩索狀，稱之為索狀排列 (cords)。與其他致病原不同的是，此菌不會製造幫助感染的外毒素或是酵素，大多數的結核菌會製造複雜的蠟質 (waxes) 以及索狀因子 (cord factor，圖 16.15)，這兩項物質與細菌的毒力有關，能夠避免被巨噬細胞中的溶菌小體所破壞。存活在體內的菌體會以胞內寄生的形式存在，並進一步侵襲宿主。

結核病的流行病學與傳播

由石器時代、古埃及以及秘魯流傳下來的木乃伊身上，可發現結核病 (TB) 是一種自遠古時代即存在於人類社會中的疾病。事實上，因為此疾病是導致死亡的極常見原因，所以又被稱之為「亡者首領」(Captain of the Men of Death)，以及「白色瘟疫」(White Plague)。

結核病是一種異常複雜的疾病，對世界上許多不同族群的健康以及經濟造成深遠的影響。開發中國家的人們經常在嬰兒時期就感染此菌，潛伏多年之後在青年階段才爆發症狀。據估計，世界上約有三分之一的人口，以及 1,500 萬名美國人身上攜帶有 TB 菌。

在美國的病例顯現出結核菌的感染與患者的年齡、性別，以及最近的移民史之間有高度的關聯性，65 歲以上的人，以及由東南亞、拉丁美洲以及非洲的特定區域移入的族群，還有 AIDS 的患者，都是結核病的高度發病族群。關於結核病流行病學的最近趨勢。

結核病的病原菌幾乎只靠著空氣中來自呼吸道黏膜表面的細小飛沫傳播，結核菌有著極強的環境抵抗力，在細小的噴霧微粒中甚至可存活超過八個月。雖然較大的粒子會被黏膜捕捉並加以排除，但較小的粒子卻能直接被吸入小支氣管以及肺泡之內。這種傳播模式對共處在空氣不流通、陽光不充足的小而密閉房間中的人們來說，傳播的效力是非常強大的。而影響人體對結核菌感受性的因素包括營養不良、免疫力低下、不良的醫療照護、肺損傷以及遺傳。

---

20 *tubercle* 結核 (too′-ber-kul)。拉丁文：*tuberculum* 腫瘤或結節。

感染與疾病的發展病程

在感染結核菌與結核病發作之間，有著一道明確的界限。一般來說，人類相較之下容易被結核菌感染，但是卻對結核病發病有著相當的抵抗力，估計大概只有 5~10% 感染結核菌的人會發展成為結核病。未經治療的結核病病程發展依然緩慢，甚至可持續終身，此期間健康與不適會交替存在。雖然結核菌可在身體任何器官中造成結核，但 85% 的結核病主要還是發生在肺部。主要的臨床症狀為初期結核、晚期再活化結核與散播性的肺外結核，將在下一節與圖 16.16a 中加以說明。

感染起始與初期結核　肺部的最小感染菌量大約只要 10 個菌體，菌體被肺泡處的巨噬細胞吞噬後，在其細胞質內進行繁殖。此時隱藏的感染是無症狀的，或是只有輕微的發燒，部分細胞會離開肺部進入血液與淋巴之中。三至四週之後免疫系統開始複雜的細胞性免疫，對細菌進行攻擊。大量的單核細胞進入肺部，對形成一種稱之為結核 (tubercles) 的特殊感染部位，扮演相當重要的角色。結核是一種肉芽腫在中央部分含有 TB 菌與膨大巨噬細胞，外層圍繞著纖維細胞 (fibroblasts)、淋巴細胞與嗜中性球 (圖 16.16b)。雖然此一反應提供進一步檢查感染散布的依據，

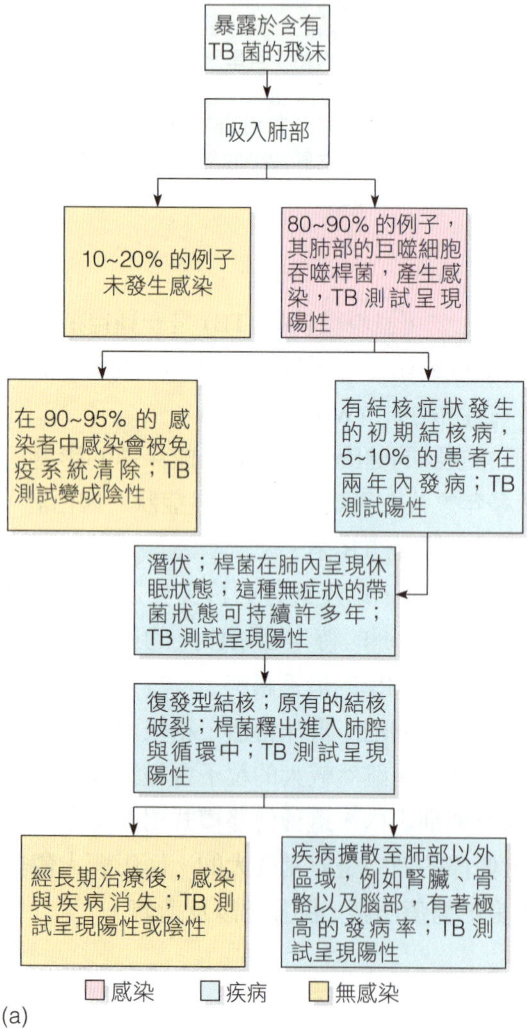

(a)

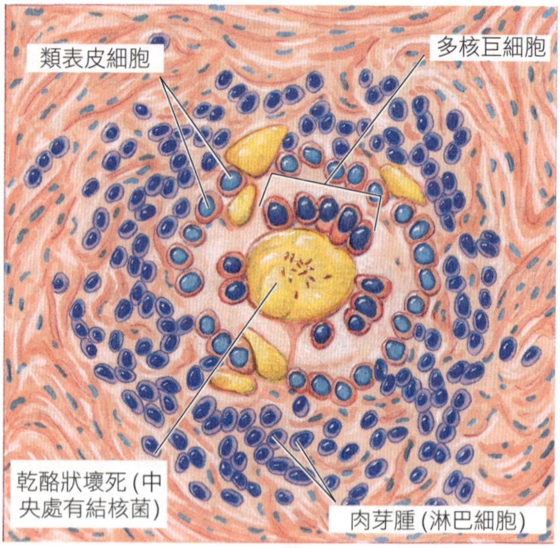

(b)

圖 16.16 結核病的特徵。(a) 結核病的病程為最初的接觸感染、潛伏期以及發病期。疾病的徵狀是由於慢性感染所造成，並非每一個感染者都會有症狀發生。在有適當的治療之下，每一階段的結核病都可能被控制與治癒。感染與產生症狀，可以造成宿主呈現永久性的結核菌素試驗陽性反應；(b) 結核處的切片，可見到肉芽腫是如何出現浸潤現象，呈現一圈密集的纖維細胞、淋巴細胞與類表皮細胞的區域。結核的中心區域呈現乾酪狀，內含結核桿菌。

也幫助避免疾病的發生，但也具有造成肺部傷害的潛在可能。結核的中央部分經常會碎裂，變成壞死的乾酪狀病灶 (caseous[21] lesions)，當肺組織被沈積的鈣取代，此病灶會漸漸藉由鈣化而癒合。結核分枝桿菌蛋白會活化 T 細胞，引起一種細胞媒介性免疫反應，最明顯的是一種稱之為結核菌素反應 (tuberculin reaction)，可用於結核病的診斷與流行病學研究 (圖 16.17)。

結核病的潛伏與復發　雖然大多數的結核病患者能夠由初次感染中完全或部分痊癒，但活的結核菌仍舊可以潛伏於患者體內或是在數週、數月甚至數年後再度活化起來，特別是在那些免疫力較弱的個體身上更容易發生。在復發型結核病中，充滿菌體的結核會擴張並進入支氣管與上呼吸道中。漸漸地，病患表現出來的症狀越來越嚴重，包括劇烈的咳嗽、綠痰或是血痰、輕微發燒、厭食、體重減輕、極端疲勞、夜間盜汗以及胸痛等。這樣身體逐漸消瘦的情況，正是結核病一個古老名稱「銷蝕症」(consumption) 的由來。未經治療的復發性結核病，其死亡率約有 60% 左右。

肺外結核　在復發性結核病的病程中，結核菌快速散布到肺以外的位置稱為肺外結核 (extrapulmonary TB)。最常發生的器官有局部的淋巴結、腎臟、長骨、生殖道、腦以及腦膜等處。因為此類的病患通常較虛弱且體內的菌量亦較大，所以併發症通常也較為嚴重。

腎結核會導致腎髓質、骨盆、子宮與膀胱等處的壞死及產生疤痕組織。生殖道結核經常會導致生殖器官的損傷，對男女患者皆然。骨頭與關節處的結核也為常見的併發症，脊柱為常見的感染位置之一，其他如臀部、膝蓋、腕部與手肘也都是會被感染的位置。退化性的病變會造成脊椎的毀壞，造成胸椎或腰椎處不正常的彎曲。而對神經系統的損傷則來自於對神經的壓迫所造成，會造成大範圍的麻痺以及感覺功能喪失。

結核性腦膜炎是由活躍的腦中的結核病灶將菌體擴散至腦膜處所引起，數週頭蓋部位的感

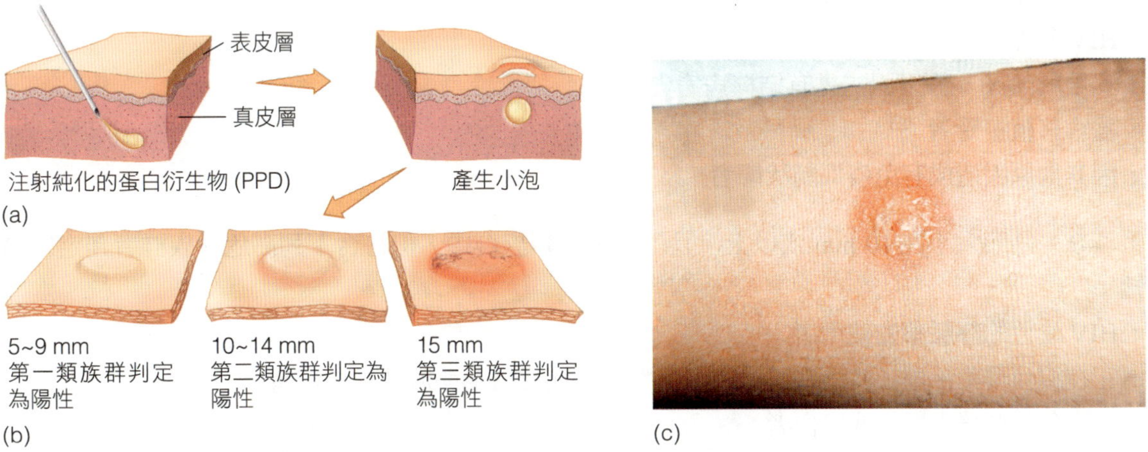

圖 16.17　**結核病的皮膚試驗**。(a) 曼托試驗。將結核菌素注射至真皮層，會從注射的液體形成一小泡，一段短時間後這小泡會被吸收；(b) 48 至 72 小時後，對皮膚上出現反應結節的程度 (或大小) 進行判讀。反應若小於 5 mm，則不管是哪一類受測者均判定為陰性；(c) 第三類族群的曼托試驗陽性結果。測量時僅計算腫脹區域的直徑，不包括周邊發紅的區域。

21 *caseous* 乾酪狀病灶 (kay′-see-us)。拉丁文：*caseus* 乳酪。意指外觀看起來像似乳酪或凝固的牛奶。

染便會出現智力減退、永久性的遲緩、眼盲與耳聾等症狀。此種結核病如果不加以治療，死亡率百分之百，就算加以治療也一樣有高達 30~50% 的死亡率。

偵測結核病的臨床方法

傳統上結核病的臨床診斷方法是由以下這些技術結合起來：

1. 結核菌素或是免疫學測試
2. 放射線檢查 (X 光)
3. 痰液或是其他檢體的直接抗酸性細菌鑑定
4. 細菌培養以進行分離與鑑定

不管是明顯的或是潛伏型的結核病，最終的確定診斷都不能只靠單一項試驗，而必須經過完整的醫學評估才能加以確診。

結核菌素感受性與測試　因為感染結核菌後會引發對菌體蛋白的遲發型過敏反應，因此測試是否有過敏反應出現，就成為用來篩檢是否有受到結核菌感染的重要方法。結核菌素試驗，又稱為曼托試驗 (Mantoux test)，將來自結核分枝桿菌培養液中所純化出來的蛋白質衍生物 (PPD)，以皮內注射的方式注射於前臂，即刻形成一個小泡。經過 48 與 72 小時之後，觀察注射位置是否有出現紅塊，稱之為硬結 (induration) 反應，並根據其大小進行判讀 (圖 16.17)。

目前結核菌素試驗是用於針對特定的高危險群進行篩檢，而非使用於所有的兒童與成人進行常規的篩檢。這樣的改變其背後原因是為了能將篩檢工作聚焦在需要的族群身上，以及減少昂貴及不必要的後續測試與處置。各種結果與測試的判讀標準，列在下方的摘要中。

第一類　皮膚反應中硬結的大小在 5 mm 或以上，且屬於下列族群者，歸類為陽性：

- 曾與開放性肺結核患者接觸者。
- HIV 陽性者
- 利用胸部 X 光證實過去曾有結核病病史者
- 器官移植接受者
- 因其他原因造成有免疫抑制狀態者

第二類　結節大小在 10 mm 或以上，且不在第一類族群中，但符合下列高危險族群者判定為陽性：

- HIV 陰性的靜脈藥物使用者
- 正在接受醫藥治療，使得有可能由潛伏型結核病發展為開放性結核病者
- 於高危險環境中居住或工作者
- 來自高 TB 感染率國家的新移民
- 接觸過高危險群成人的兒童
- 分枝桿菌實驗室的工作人員

第三類　結節大小在 15 mm 或以上，且不屬於第一類與第二類者，判定為陽性。

來自以上任一類的陽性反應者，都有很高的機率是最近遭受到感染，或是潛伏性感染。但結核病的最後確認不能只單靠此一結果便下定論，因為此測試並非 100% 具特異性，偶爾會出現偽陽性。接種過結核病疫苗 (BCG) 的個體也會出現陽性反應，所以臨床醫師必須綜合衡量患者的病史，特別是那些來自於結核病疫苗是常規注射國家的新移民。另一造成偽陽性的原因為患者感染了與結核菌相似的分枝桿菌。

皮膚試驗陰性結果代表目前並沒有正在進行中的結核菌感染，但在某些例子中，也有可能出現偽陰性，因為可能感染剛發生，患者尚未有反應。另一原因為測試太早進行，這種患者必須相隔一段時間之後再進行一次試驗。另外，一些嚴重免疫系統不良的人，如 AIDS 患者、老年人與慢性疾病患者，就算他們真的已遭受感染也可能會無法測得陽性反應。所以在此類的族群中，皮膚試驗便無法作為診斷的依據。

結核菌的體外測試方法

CDC 目前已經接受兩種新的結核菌測試方法，可排除掉大部分的偽陽性結果。QuantiFERON-TB Gold test 與 T-SPOT TB test 兩套試劑都是以血液為檢體，間接測定是否有感染發生。取新鮮血液檢體與人工合成之結核分枝桿菌蛋白混合反應一天，如果血液中已經存在有對結核菌蛋白具敏感性的淋巴細胞，則這些細胞會釋放出 γ 干擾素 (interferon gamma)，利用儀器可測得此干擾素的量。此方法的優點有快速、容易判讀、病人無須暴露於接觸 TB 菌的風險中 (結核菌素試驗則有)，以及不會受到過去是否有接種過 BCG 疫苗影響。最後一點對於排除掉有接種過疫苗的移民來說，是非常有用的。

結核病與放射線檢查　胸部 X 光檢查可用來評估結核病，但不能完全依賴其下診斷。然而，此檢查可用來排除掉皮膚結核菌素試驗呈現陽性，但卻沒有任何疾病症狀出現的受試者，其感染肺部結核的可能性。X 光片可顯示出不正常的射線不透性斑 (radiopaque patches)，這些呈現與其所在位置可作為結核的重要判斷依據。初次的結核菌感染會在肺部的下側及中間部分呈現出明顯的浸潤情形，同時可看到腫大的淋巴結。再次的感染則在 X 光片中會看到更嚴重的浸潤出現在肺的上部以及支氣管處，並可見到有結核的出現 (圖 16.18)。較早的感染所產生的疤痕組織也經常可在 X 光片上看到，可提供作為新舊感染比較的基礎。

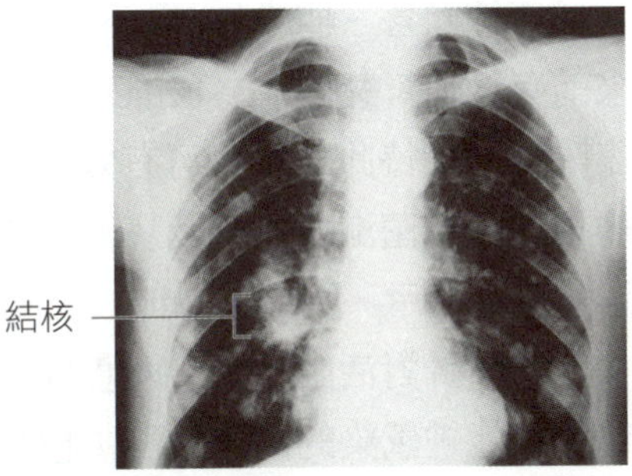

圖 16.18　**繼發型結核菌感染的胸部 X 光影像，可見到肺部出現許多結核與空洞。**

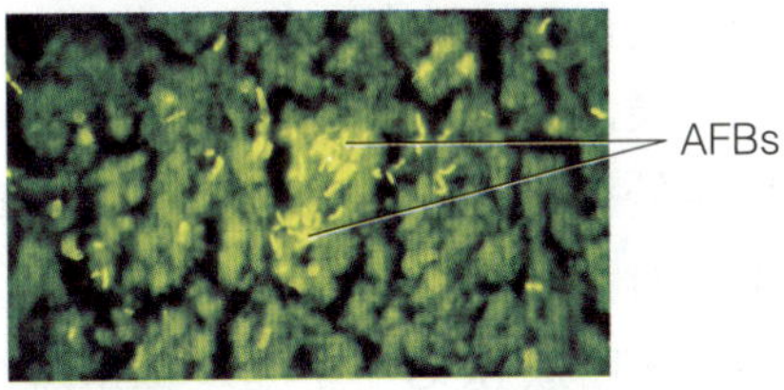

圖 16.19　**痰液中結核分枝桿菌的螢光抗酸性染色。**痰液抹片用來計數每個視野中出現的抗酸性細菌數量，並以 0 至 4+ 加以分級。0 級表示未見到抗酸性細菌，4+ 級代表每個視野中見到大於 9 隻抗酸性細菌。

抗酸性染色　痰液或其他檢體的抗酸性染色可用來偵測分枝桿菌，目前有數種技術皆在使用當中。Ziehl-Neelsen 法可在藍色的背景中，染出亮紅色的抗酸性細菌 (acid-fast bacilli, AFB)，螢光染色則可在黑暗的背景中呈現出黃綠色螢光的菌體 (圖 16.19)。螢光抗酸性染色已變成目前最常被選擇使用的方法，因為螢光具鮮明對比的特性較容易進行判讀。

實驗室細菌培養與鑑定　最精確的結核分枝桿菌鑑定技術，還是來自致病原純培養之後的分離與鑑定。因為此種方式需要專業知識與技術，因此大部分的臨床實驗室都不會把這種鑑定方法列為常規的項目。在美國，對處理疑似有結核菌存在的檢體或是培養，都受到聯邦法律的嚴格規範。

分辨結核菌與其他分枝桿菌之間的鑑別，必須儘速完成，因為適當的處置工作以及隔離措施才能儘快設立。結核菌的培養必須在不同溫度以及光照條件下進行，以便觀察菌落生長時對溫度需求以及產生色素與否的特性。數種較新的培養方法可將傳統上需要六至八週的培養時間，縮短至只要數天。其他如應用 DNA 探針來偵測結核菌的特殊標的基因，可在感染的早期便可確認陽性的檢體。這些快速的鑑定技術，在公共衛生以及病患的治療上，扮演了相當重要的角色。

結核病的管理與預防

TB 的治療主要是靠夠長時間的用藥，以殺滅存在肺部、器官中與巨噬細胞內的所有細菌，通常需要用藥半年至兩年。而因為抗藥性變得越來越嚴重，大部分對 TB 菌的治療都採取至少含有兩種以上藥物的複方治療，候選藥物有 10 種，分別是異菸鹼醯 (INH)、利福平、乙胺丁醇、鏈黴素、pyrazinamide、thiacetazone 與 para-aminosalicylic acid (PAS)。藥物的選擇取決於藥物的效力、有無不良副作用、價格以及病人特殊的醫療問題。有一種單一藥錠的方案稱為衛肺特，此種藥錠內含三種成分 (異菸鹼醯、利福平、pyrazinamide)，被視為目前最佳的治療方案。40 年來前有一種新藥物稱為 bedaquiline (Sirturo) 首度問世，主要被用來治療多重或是嚴重抗藥菌株，臨床醫師期待此種新藥可有效降低這類危險抗藥株的擴散。後來，在用藥後的患者痰液抹片中的抗酸性細菌減少，以及痰液培養呈現陰性，證實了此種藥物是成功的。然而，如果患者沒有遵守用藥指示，治療則會無效，同時這也是許多結核病患者會復發的原因。

雖然針對活動性 TB 病患的鑑定與治療是非常重要的，但是發現那些身處在感染的早期、或是可能被感染的高危險群，也是同等重要。治療的對象可分為不同的群組，一種為結核菌素陽性的「轉換」患者，此類患者已經有潛伏性感染；另一類為結核菌素陰性的受測者，例如那些接觸過結核病患的高危險群。標準的治療流程為每天服用一劑異菸鹼醯，連續服用九個月，或是連續服用利福平四個月。在醫院中，可在空調系統裡加入 UV 光的照射功能，並將 TB 患者安置於負壓隔離病房中，這些都能有效控制病菌的擴散。

最常見的疫苗為來自牛結核菌 (*M. bovis*) BCG (bacilli Calmette-Guérin) 株的減毒疫苗，經常使用於結核菌高感染率國家的孩童。研究顯示此疫苗在孩童的預防成功率約有 80%，在成人身上則有 20~50%。疫苗的保護期從 5 至 15 年不等。在美國，因為結核病的發生率不若其他國家般高，所以 BCG 並非是一種常規注射的疫苗，只有一些可能暴露於 TB 帶原者環境中的特定人員，例如健康照護人員或是軍隊，才有施打。而利用結核桿菌 (*M. tuberculosis*) 所製備出來的減毒疫苗，目前仍在研究中。

痲瘋桿菌

痲瘋桿菌 (*Mycobacterium leqrae*) 是造成痲瘋病的病原菌，最早是由一位名為 Gerhard

Hansen 的挪威醫師所發現，為了表彰其貢獻，痲瘋桿菌又被稱為漢生桿菌 (Hansen bacillus)。痲瘋桿菌一般的形態及染色特性與其他分枝桿菌類似，但有兩個較為特別的地方：(1) 痲瘋桿菌屬絕對細胞內寄生菌，無法在人工培養基或是人類組織培養生長；(2) 是所有分枝桿菌中生長速度最緩慢者。痲瘋桿菌於適當的溫度 30°C，在宿主細胞內複製成一個大型的泡稱為菌團 (globi)。痲瘋瘤桿菌 (*Mycobactorium lepromatosis*) 是另一種在 2008 年才被發現的菌，被認為是造成一些流行於墨西哥的特殊痲瘋病的病因。

痲瘋病 (leprosy)[22] 是一種慢性、漸進性的皮膚與神經系統疾病，以及其在醫療與文化方面具有廣泛的分歧而為人所知。在古時候，痲瘋病患者因為嚴重的毀容而被污名化，甚至相信這種疾病是神的詛咒。彷彿疾病本身造成的折磨還不夠似的，痲瘋患者還會遭受到惡意的暴行，以及監禁在暗無天日的地方。如今對痲瘋病的觀點已經變得開明許多，我們知道這種疾病並不是那麼容易傳染，且患者也不應該因此被社會所放逐。因為 *leper* 一詞有著不祥的意涵，意思是被迴避或是排斥的人，因此改用痲瘋病人、漢生疾病病人或是痲瘋的來稱呼痲瘋患者會是較好的取代。

痲瘋病的流行病學與傳播

在全世界一同控制的努力下，痲瘋病的發生率近來已經降低。世界衛生組織 (WHO) 估計約有 50 萬至 100 萬個病例，大多都在亞洲、非洲、中南美洲與太平洋島嶼等流行區域。然而，痲瘋病並非僅會發生於溫暖氣候的地區，已有通報在西伯利亞、韓國與中國北方都有病例出現。在美國一些地區亦有病例通報，包括夏威夷、德州、路易斯安那州、佛羅里達州與加州，全美每年約有 50 至 100 個新病例，這些新病例大多都屬於最近的移民。

痲瘋病在人類的傳播機制至今並未完全明瞭，理論上推測是在與痲瘋患者接觸後，或經由機械性的媒介，細菌直接由皮膚進入或是吸入飛沫所造成。

雖然人體被認為是痲瘋菌的唯一天然宿主，但目前知道犰狳帶有一種與痲瘋菌在遺傳上很近似的分枝桿菌，且可發展出一種與痲瘋病很相似的肉芽腫疾病。雖然從犰狳身上傳染到痲瘋病的機會相當低，但人畜共通所造成的感染在美國每年仍有 30~40 個病例，而這些感染者都是沒有到過疫區的在美出生者。

因為痲瘋桿菌毒力並不強，所以大多數的人與之接觸之後並不會感染而發病。跟結核病一樣，健康狀態與居住環境會影響對疾病的易感性與疾病的進程。T 細胞的調節出現缺損，是發病的一個明確的誘發因子。越來越多的證據顯示，有些類型的痲瘋病與特殊的遺傳因子有關。與痲瘋患者長期的居家接觸、不良的營養條件，以及居住在擁擠環境中，都會增加感染的風險。許多人都是在兒童時期便已感染，菌體便一直藏在體內直到成年。

感染與疾病的進程

在正常的情況下，當痲瘋菌進入人體後，巨噬細胞會成功將細菌摧毀，感染不會發生。但在少部分的案例中，因為被感染者本身的巨噬細胞與 T 細胞的反應較弱或是較慢，使得細菌可以在細胞內存活下來。一般感染的潛伏期大約是 2 至 5 年，特殊的例子可從 3 個月到 40 年不

---

22 *leprosy* 痲瘋病 (lep′-roh-see)。希臘文：*lepros* 鱗片狀或粗糙。譯自希伯來文，意指不乾淨。

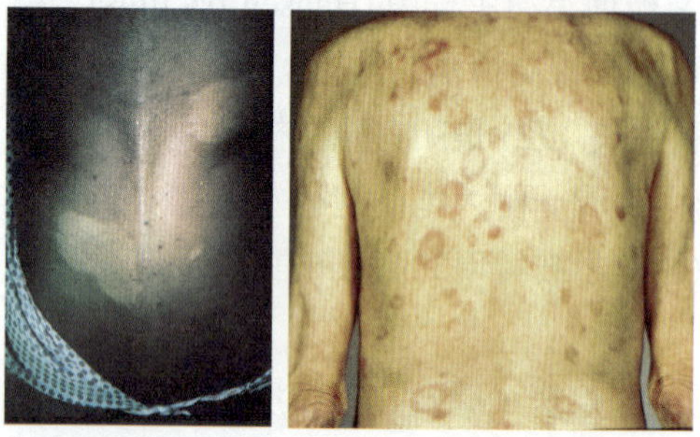

(a) (b)

圖 16.20 **痲瘋病的病灶**。兩圖均是類結核型痲瘋病患者背部病灶。(a) 深色膚色的患者呈現出淺色斑；(b) 淺色膚色的患者身上則見到紅色的斑或是丘疹。

等。痲瘋病最早的徵狀為軀幹與四肢處的皮膚出現小的、點狀的病灶，呈現出與周遭皮膚不同的顏色 (圖 16.20)。在未治療的情形下，菌體會在皮膚中的巨噬細胞及周邊神經的許旺細胞 (Schwann cells) 緩慢生長，逐漸出現症狀。

D. S. Ridley 與 W. H. Jopling 發展出一套有用的痲瘋病分級系統，分級的兩端分別為類結核型痲瘋病 (tuberculoid leprosy, TL) 與痲瘋瘤型痲瘋病 (表 16.3)，在這兩級之間的為邊緣類結核型 (borderline tuberculoid, BT)、邊緣型 (borderline, BB)，以及邊緣痲瘋瘤型 (borderline lepromatous, BL) 痲瘋病。患者可能同時出現一種以上的痲瘋類型，也可能由一種類型轉變為另一種。

類結核型痲瘋病 (tuberculoid leprosy) 是最輕微的類型，具有不對稱型的表淺皮膚病灶，且只含有非常少量的菌體 (圖 16.20)。顯微鏡觀察可以發現病灶處呈現輕微的肉芽腫與膨大的皮膚神經，這些神經的損傷經常會造成局部的痛覺與感覺功能喪失。此類的痲瘋病較少併發症，且比其他類型的痲瘋病容易治療。

痲瘋瘤型痲瘋病 (lepromatous leprosy) 為造成痲瘋病患毀容的痲瘋病類型，因為菌體在體內分布範圍廣泛，所以造成慢性、嚴重的併發症。痲瘋菌最初在身體中較冷區域處的巨噬細胞內生長，包括鼻子、耳朵、眉毛、下巴與睪丸處。隨著細菌繁殖得越多之後，患者的臉部會開始出現增厚的皺褶與肉芽腫，稱為痲瘋瘤 (lepromas)，是由痲瘋菌體在細胞內過度生長所造成 (圖 16.21)。進展式的痲瘋瘤型痲瘋病會使病患喪失靈敏度，使患者容易遭遇創傷甚至是斷肢、二次感染、眼盲以及腎臟或是呼吸衰竭等狀況。擴散式的痲瘋瘤型痲瘋病，是一種在墨西哥流行的特殊類型，被認為是由一種在 2008 年首次發現的菌種 *M. lepromatosis* 所引起。

邊緣型痲瘋病的患者有可能往痲瘋瘤型或是類結核型轉變，全視其所接受的治療與免疫狀

表 16.3 痲瘋病的兩種主要臨床類型

類結核型痲瘋病	痲瘋瘤型痲瘋病
病灶處菌量少	病灶處菌量多
表淺性皮膚病灶出現在多處	許多較深的病灶集中在體溫較低區域
病灶處喪失痛覺	疾病後期，喪失大多數的感覺能力
無皮膚結節出現	皮膚出現大型結節
偶爾造成四肢斷損	經常造成四肢斷損
對痲瘋菌素有反應 *	對痲瘋菌素無反應
淋巴結無桿菌浸潤	淋巴結出現大量桿菌浸潤
細胞性免疫反應 (T 細胞) 較強	T 細胞反應不良

* 痲瘋菌素是一種來自痲瘋桿菌的萃取物，如同結核菌素一樣，利用皮下注射可用來偵測受測者是否對痲瘋桿菌會出現遲發型過敏反應。

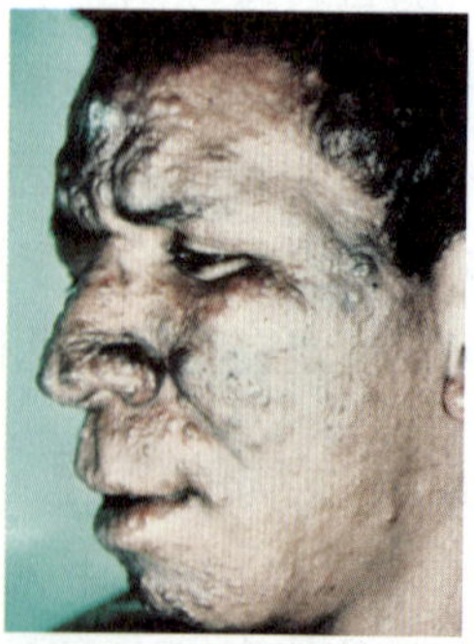

圖 16.21 **一位痲瘋瘤型痲瘋病患者的臨床照片**。鼻子、嘴唇、下巴與眉頭處的感染，產生中等程度的顏面變形，屬於典型的痲瘋瘤型。

態而定。這種中間型的痲瘋病最嚴重的症狀是造成控制手與腳部肌肉的神經損傷，接著出現肌肉退化與控制能力，呈現足垂症 (drop foot) 及鷹爪手 (claw hands)(圖 16.22)。感覺神經的受損則會使患者容易發生創傷，甚至失去手指或是腳趾。

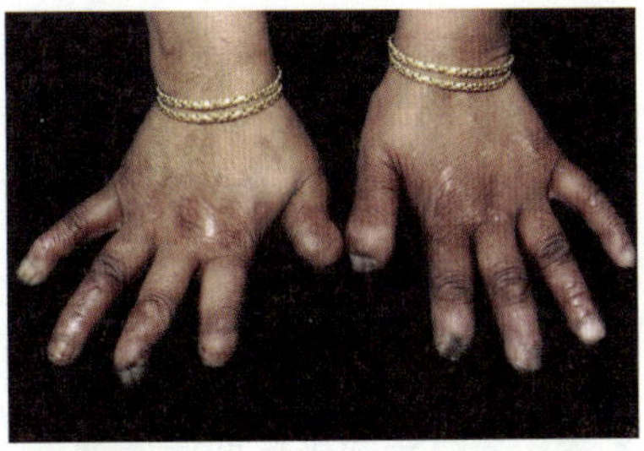

圖 16.22 邊緣型痲瘋病所引起的手部變形。手部呈現鷹爪型及毀損，主要都是因為神經損傷，使得肌肉骨骼的活動受到影響所引起。個體在此病晚期可能失去手指。

痲瘋病的診斷

痲瘋病的診斷是依靠綜合了症狀學、病灶處檢體的顯微鏡檢查以及病患的個人病史而得出。有一種針對流行區域族群進行的簡單又有效的測試，稱為羽毛測試 (feather test)，皮膚上如果出現了喪失知覺以及對搔癢沒反應的區域，就可能是痲瘋的早期症狀。手部與腳部的麻木感、喪失對冷熱的感覺、肌肉衰弱、耳垂增厚以及慢性的鼻塞，都是診斷痲瘋病額外的證據。實驗室診斷依賴來自皮膚病灶處、鼻腔分泌物與組織檢體等的抹片的抗酸性染色。另外，患者先前與痲瘋病患接觸的資訊也可協助診斷。在實驗室中要進行痲瘋菌的分離培養很困難，並非常規項目之一。

痲瘋病的治療與預防

痲瘋病可利用藥物加以控制，但治療必須在對神經與其他組織造成明顯損傷出現之前就進行，才能有最佳的效果。由於抗藥菌株的增加，多重藥物治療變成是必要手段。類結核型痲瘋病可服用利福平及氨苯碸 12~24 個月來進行控制，痲瘋瘤型痲瘋病則需要綜合利福平、氨苯碸與 clofazimine，並持續服用直到病灶處的抗酸性細菌數量降低為止 (大約需要 2 年)。之後可改為僅服用氨苯碸，服藥時間則不一定 (10 年或是更久)。

痲瘋病的預防需要持續對高危險族群加以監控，以便能早期發現感染的發生。也需要對與痲瘋病患有密切接觸的健康人進行預防性藥物治療，同時對痲瘋病患進行需要的隔離。WHO 目前正在贊助一項以死痲瘋菌為基礎的疫苗測試，目前在臨床測試階段已看到初步成效。

非結核分枝桿菌的感染

許多年來，大多數的分枝桿菌都被認為對人類僅有很低的病害性。腐生菌與共生菌種常分離自土壤、飲用水、游泳池、灰塵、空氣、生乳甚至在人體，這些細菌與人類的接觸與無症狀的感染皆普遍發生。然而，近來由分枝桿菌引起的伺機性與院內感染逐漸增加，證明了許多菌種並非那麼的無害。

AIDS 患者散播的分枝桿菌感染　鳥分枝桿菌複合群 (*Mycobacterium avium* complex, MAC) 經常引起低 T 細胞數值的 AIDS 病患的二次感染。事實上，MAC 已是造成這類患者死亡三大原因中的其中一個，另兩個為肺囊蟲 (*Pneumocystis jiroveci*) 造成的肺炎與巨細胞病毒 (cytomegalovirus) 的感染。這種常常存在土壤中的細菌通常是經由呼吸道進入人體，然後複製並快速傳播。在缺乏有效的免疫反擊情況下，細菌會蔓延到身體各處，尤其是血液、骨髓、支氣管、腸道、腎臟與肝臟等處。治療需要結合兩種或更多種藥物，如利福布汀 (rifabutin)、阿奇黴素 (azithromycin)、乙胺丁醇 (ethambutol) 與利福平，服藥通常需要數個月甚至數年。

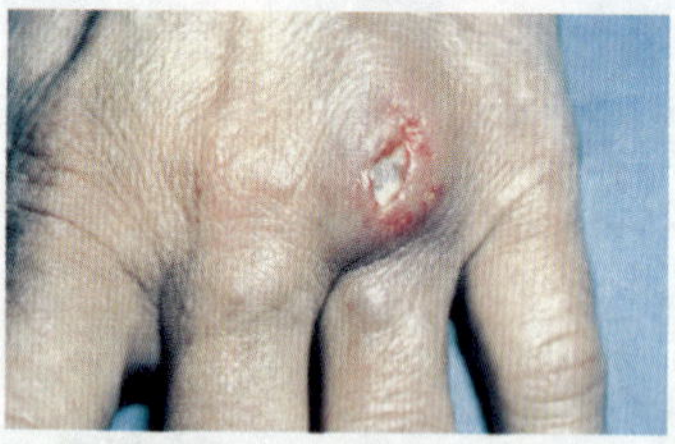

圖 16.23 手部出現的慢性泳池肉芽腫。

非結核型肺疾病　由共生性的分枝桿菌所引起的肺部感染，其症狀就像較溫和的結核病，但不具傳染性。堪薩斯分枝桿菌 (*Mycobacterium kansasii*) 的感染經常發生在中東、美國西南部以及部分英格蘭地區的城市地區。最常被感染的族群為已經患有肺氣腫或是支氣管炎的白人男性。偶發分枝桿菌 (*Mycobacterium fortuitum*) 複合群會引起手術後皮膚與軟組織的感染，在免疫力受到抑制的患者身上引起肺部的併發症。

有一類由牛分枝桿菌 (*M. bovis*) 所引起的結核病曾經相當普遍，但在經過對牛隻進行疾病控制之後，幾乎已經被完全控制。新的群聚感染曾再出現於紐約與加州，原因都是因為未經巴斯特滅菌法所製造出來的乳酪所引起。

其他分枝桿菌的感染　一種由海洋分枝桿菌 (*M. marinum*) 所造成的感染被稱為泳池肉芽腫，因為此疾病是被泳池粗糙的表面刮傷後所引起。此疾病一開始會出現局部的小結節，通常出現在手肘、膝蓋、腳趾或是手指處，接著這些小結節會變大、潰瘍與滲液 (圖 16.23)。這種肉芽腫會自動痊癒，但也可能持續存在，需要長期治療。

淋巴結核分枝桿菌 (*Mycobacterium scrofulaceum*) 引起居住在加拿大大湖區與日本的孩童頸部的淋巴結感染，似乎與攝入了污染的食物或牛奶有關。會影響口腔與頸部的淋巴結。在大多數的病例中，此感染並不會產生併發症，但部分孩童會出現一種稱為淋巴結核 (scrofula) 的淋巴結症狀，會導致淋巴結潰瘍與滲液現象。

針對一種稱為克隆氏症的慢性腸道症狀的研究發現，此疾病與副結核分枝桿菌 (*Mycobacterium paratuberculosis*) 有強烈的關聯性。當檢驗人員利用 PCR 分析直腸檢體內的 DNA 時，發現有 65% 的克隆氏症疾病患者能夠檢出副結核分枝桿菌陽性。進一步的研究證實此菌也出現在牛奶中，可能是感染的主要來源。

16.6　放線菌：絲狀桿菌

病原性放線菌 (actinomycetes)[23] 是一群與分枝桿菌密切相關的細菌，形態上屬於無運動性的絲狀桿菌，可能具有抗酸性。部分成員呈現與黴菌相似的菌絲形態與孢子，會造成慢性肉芽腫疾病。放線菌目中主要與人類疾病有關的為放線菌屬 (*Actinomyces*) 與奴卡氏菌屬。

放線菌病

放線菌病 (actinomycosis) 是一種發生於頭頸部、胸部或是腹部的內生性感染，由居住於人體口腔、扁桃腺與腸道中屬於常在菌叢成員中的放線菌所造成。發生於頭頸部的疾病可能是由拔牙、不良的口腔衛生以及嚴重蛀牙所造成常見的併發症。其他如肺部、腹部與子宮也都是可能的感染位置。

頭頸部的感染多由衣氏放線菌 (*A. israelii*) 所造成，經由口腔黏膜的破損處進入，並在該處開始繁殖。診斷時可觀察的症狀為頸部或顎部出現腫脹且柔軟的結節，並會分泌出含有大小約

---

23 *actinomycetes* 病原性放線菌 (ak″-tih-noh-my′-seets)。希臘文：*actinos* 放射；*myces* 黴菌。為放線菌目的成員。

1 至 2 mm 硫磺顆粒的分泌物 (圖 16.24)。在大部分的病例中，感染會局限在局部區域，但在健康不佳的患者身上可能會侵入骨頭及擴散至全身。胸腔部位的放線菌病多為肺部的壞死，可能會穿透胸壁以及肋骨。而腹部的放線菌病則為闌尾破裂、槍傷傷口、潰瘍或是腸損傷所造成。子宮處的放線菌病在使用子宮內避孕器的婦女身上有增加的趨勢。放線菌的感染可利用外科手術引流法，以及使用青黴素、紅黴素、多喜黴素或是磺胺劑進行藥物治療。

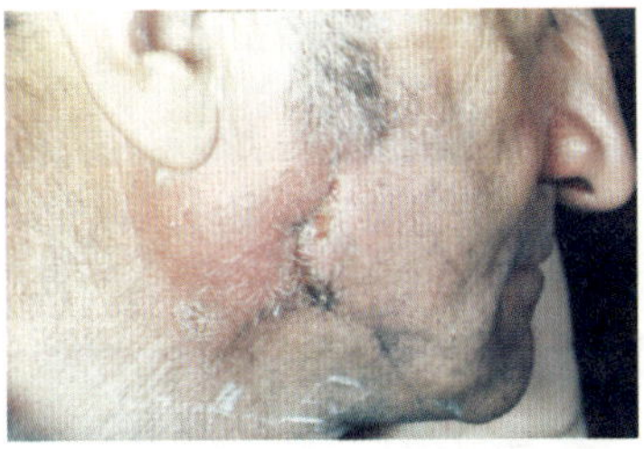

圖 16.24　放線菌病的臨床徵狀。在頸顏部發生的疾病中，早期牙周病灶會穿透至表面。此病灶最終會爆裂，並且滲出液體。

一個引人注意的證據顯示，口腔中的放線菌在牙菌斑及齲齒的形成過程中也扮演了重要的角色。對口腔環境的研究顯示，黏放線菌 (*A. viscosus*) 以及一些口腔鏈球菌是最早出現在牙齒表面的菌落，這兩類細菌都具有特殊黏附在牙齒表面的能力，並可彼此相黏，甚至與其他種細菌相黏 (見第 18 章)。

奴卡氏菌病

奴卡氏菌 (*nocardia*)[24] 屬廣泛分布於土壤中，大多的菌種並無感染能力，但巴西奴卡菌 (*N. brasiliensis*) 是一個主要的肺部病原菌，星型奴卡氏菌 (*N. asteroides*) 與豚鼠奴卡氏菌 (*N. caviae*) 則造成伺機性感染。奴卡氏菌病會造成肺部的、皮膚或是皮下的感染。在美國，多數的感染病例都是免疫有缺陷的患者，但也有少數是發生在健康的個體上。

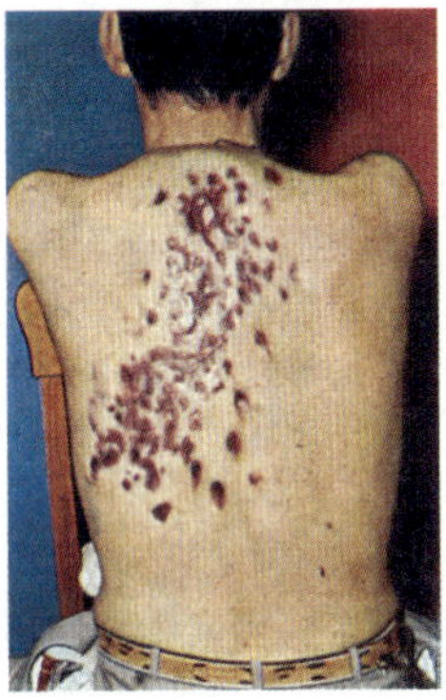

圖 16.25　奴卡氏菌病。本例中的肺部疾病已穿透胸壁及肋骨，到達皮膚表面。

肺部的奴卡氏病是一種與肺結核在病理學上與症狀上都很相似的細菌性肺炎。肺部會出現膿瘍與結節，並可能出現實質化病變。病灶經常會延伸到胸膜與胸壁處，並且擴散到腦、腎臟及皮膚 (圖 16.25)。巴西奴卡氏菌 (Nocardia brasiliensis) 是一個造成足菌腫 (mycetoma) 的主要病因，將於第 19 章中討論。

第一階段：知識與理解

這些問題需活用本章介紹的觀念及理解研讀過的資訊。

選擇題

從四個選項中選出正確答案。空格處，請選出最適合文句的答案。

1. 下列何處是產內孢子致病菌最常出現的棲息地？
   a. 動物腸道　b. 灰塵與土壤
   c. 水　d. 食物
2. 大部分桿菌屬的細菌為
   a. 絕對致病原　b. 伺機性致病原
   c. 非致病性　d. 共生菌
3. 許多梭狀芽孢桿菌疾病需要一個________的環境以利它的發展。
   a. 活體組織　b. 厭氧
   c. 需氧　d. 低 pH

---

24 *Nocardia* 奴卡氏菌 (noh-kar′-dee-ah)。以 Edmund Nocard 之名命名，是第一個觀察並描述此菌屬的法國籍獸醫。

4. 產氣莢膜桿菌會引起
   a. 肌肉壞死 b. 食物中毒
   c. 抗生素引起之大腸炎 d. a 與 b 皆是
5. 破傷風外毒素作用於
   a. 神經與肌肉接合處 b. 感覺神經元
   c. 脊內神經 d. 大腦皮層
6. 肉毒桿菌毒素作用於
   a. 脊神經 b. 大腦
   c. 神經與肌肉接合處 d. 平滑肌
7. 一種屬於豬的感染，但當傳染至人類身上時會引起
   a. 炭疽病 b. 白喉
   c. 結核病 d. 類丹毒症
8. TB 如何傳播？
   a. 污染的器械 b. 食物
   c. 呼吸道飛沫 d. 病媒
9. 與臉部嚴重毀容相關的痲瘋病類型為
   a. 類結核型 b. 痲瘋瘤型
   c. 邊緣型 d. 丘疹型
10. 土壤中的分枝桿菌會引起
    a. 結核病 b. 痲瘋病
    c. 泳池性肉芽腫 d. 類丹毒症
11. 下列何者為含有發炎性白血球細胞的乾酪樣病灶？
    a. 痲瘋病 b. 偽膜
    c. 焦痂 d. 結核
12. 下列何種致病原屬於絕對細胞內寄生菌？
    a. 結核桿菌
    b. 白喉棒狀桿菌
    c. 痲瘋桿菌
    d. 困難梭狀芽孢桿菌
13. 下列何種感染屬於人畜共通？
    a. 炭疽病 b. 白喉
    c. 氣性壞疽 d. a 與 b 皆是
14. 放線菌屬於________，會引起________。
    a. 絲狀桿菌，慢性肉芽腫
    b. 多型性細菌，類丹毒
    c. 產孢子菌，牙齒衰敗
    d. 菌絲，偽膜
15. **多重配合題**。請選出所有適合的敘述。
    ________桿菌屬
    ________梭狀芽孢菌屬
    ________分枝桿菌屬
    ________棒狀桿菌屬
    ________李斯特氏菌屬
    1. 抗酸性
    2. 細胞形態不規則、多形性
    3. 可形成異染顆粒
    4. 形狀規則的桿菌
    5. 形成內孢子
    6. 嗜冷
    7. 主要為厭氧
    8. 需氧
    9. 與乳製品有關
    10. 細胞可延伸為絲狀
    11. 菌體呈現柵狀排列
16. **單一配合題**。疾病與其致病原主要進入途徑的配對。

1. 炭疽病	a. 皮膚
2. 肉毒桿菌症	b. 腸胃道
3. 氣性壞疽	c. 創傷組織
4. 抗生素性大腸炎	d. 呼吸道
5. 破傷風	e. 泌尿生殖道
6. 白喉	f. 胎盤
7. 李斯特氏菌症	g. 以上皆非
8. 結核病	
9. 痲瘋病	

申論挑戰

每題需依據事實，撰寫一至兩段論述，以完整回答問題。「檢視你的進度」的問題也可作為該大題的練習。

1. a. 在感染中孢子所扮演的角色為何？
   b. 敘述產孢細菌的一般分布狀況。
2. a. 梭狀芽孢桿菌的何種特性與其致病力有關？
   b. 比較破傷風痙攣毒素與肉毒桿菌毒素的毒性。
   c. 哪些因素造成病人容易感染梭狀桿菌？
3. a. 概述狀芽孢桿菌造成的傷口感染與食物中毒之流行病學重點。
   b. 在氣性壞疽中所見到的氣體來源為何？
4. a. 在破傷風中造成牙關緊閉的原因為何？
   b. 在沒明顯感染跡象的病患身上，卻出現破傷風症狀的可能原因為何？
5. 肉毒桿菌症與破傷風之間的異同為何？
6. a. 為何在冷藏食品中，李斯特氏菌症依然是一個嚴重的問題？
   b. 哪個族群的人是發生嚴重併發症的最高度危險群？
7. 為何類丹毒症是一種與職業類型相關的感染？
8. a. *Corynebacteroim* 在形態上與眾不同的特性為何？
   b. 偽膜為何會為影響到生命安全？

c. 白喉毒素的根本起源為何？

9. a. 概述分枝桿菌的獨特性質。
   b. TB 的流行病學為何？
   c. TB 感染與 TB 疾病之間的差異為何？
   d. 結核是什麼？
   e. 敘述 BCG 疫苗的應用。
10. a. 痲瘋桿菌具有何種與其他分枝桿菌不同的特性？
   b. 類結核型與痲瘋瘤型痲瘋病之間的差異為何？
11. a. 非結核分枝桿菌的重要性為何？
   b. 請敘述鳥分枝桿菌複合群對 AIDS 病人的影響。
12. a. 描述放線菌群中的細菌，並說明此類細菌的哪些特性使它們看起來與黴菌相似？
   b. 簡述兩種由這類細菌所引起的常見疾病。

觀念圖

在 http://www.mhhe.com/talaro9 有觀念圖的簡介，對於如何進行觀念圖提供指引。

1. 使用 6 至 10 個出現在章節大綱中的粗體字來建構一個觀念圖，並將字與字之間加以連結以完成此觀念圖。
2. 在此概念圖中加入你自己的連結線與簡短敘述。

第二階段：應用、分析、評估與整合

這些問題超越重述事實，需要高度理解、詮釋、解決問題、轉化知識、建立模式並預測結果的能力。

批判性思考

本大題需藉由事實和觀念來推論與解決問題。這些問題可以從各個角度切入，通常沒有單一正確的解答。

1. a. 避免發生氣性壞疽的主要臨床策略為何？
   b. 此策略為何有效？
2. a. 為何像破傷風與肉毒桿菌症這類疾病無法完全被根除？
   b. 舉出數種本章所出現過的可被完全根除的細菌性疾病，並說明其原因。
3. 破傷風與肉毒桿菌症的致死原因為何相似？
4. a. 為何肉毒桿菌毒素不影響感覺神經？
   b. 為何肉毒桿菌症不常引起腸道症狀？
5. 說明為何加熱煮沸無法破壞肉毒桿菌的孢子，但可使肉毒桿菌毒素失去活性。
6. 充分的烹調是避免食物中毒的最有效方法，但為何對產氣莢膜桿菌與桿菌屬所引起的食物中毒無效？
7. a. 為何經歷破傷風與肉毒桿菌症存活下來的病人通常並無後遺症？
   b. 現代醫學如何提高這兩種疾病的存活率？
8. 單純感染而無毒血症出現的白喉最可能的後續結果為何？
9. 如何知道青春痘涉及到哪些感染現象？
10. 你認為上世紀中所使用的痰盂對控制結核病有無效果？為何有或為何無效果？
11. a. 請對 TB 與痲瘋病是「家庭性的疾病」此一敘述提出一個解釋。

b. 如果多重抗藥性結核病出現的話，可做何處置？
c. 請對美國之所以不對一般大眾施打 BCG 疫苗提出一個重要的理由。

12. 仔細比較圖 16.11 與 16.23。
 a. 敘述這兩種狀態下的病灶有何主要不同？
 b. 說明你將如何進行鑑別診斷？
13. 本章中哪一種疾病沒有真正離開人體的管道？

視覺挑戰

1. 由第 6 章之圖 6.11，圖中的哪一支硫乙醇酸鹽的試管含有桿菌屬與梭狀芽孢桿菌？解釋其原因。

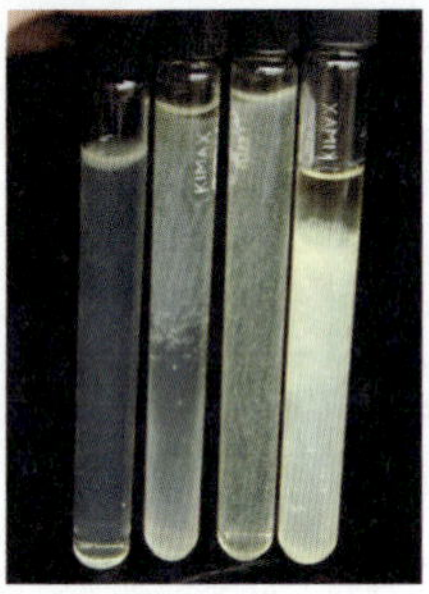

2. 由第 2 章之圖 2.9，哪一種細菌的感染可利用本圖的染色法加以鑑定？此結果為何？

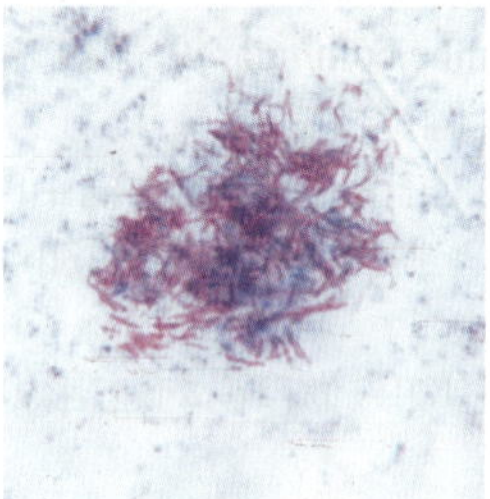

第 17 章 醫學上重要的革蘭氏陰性桿菌

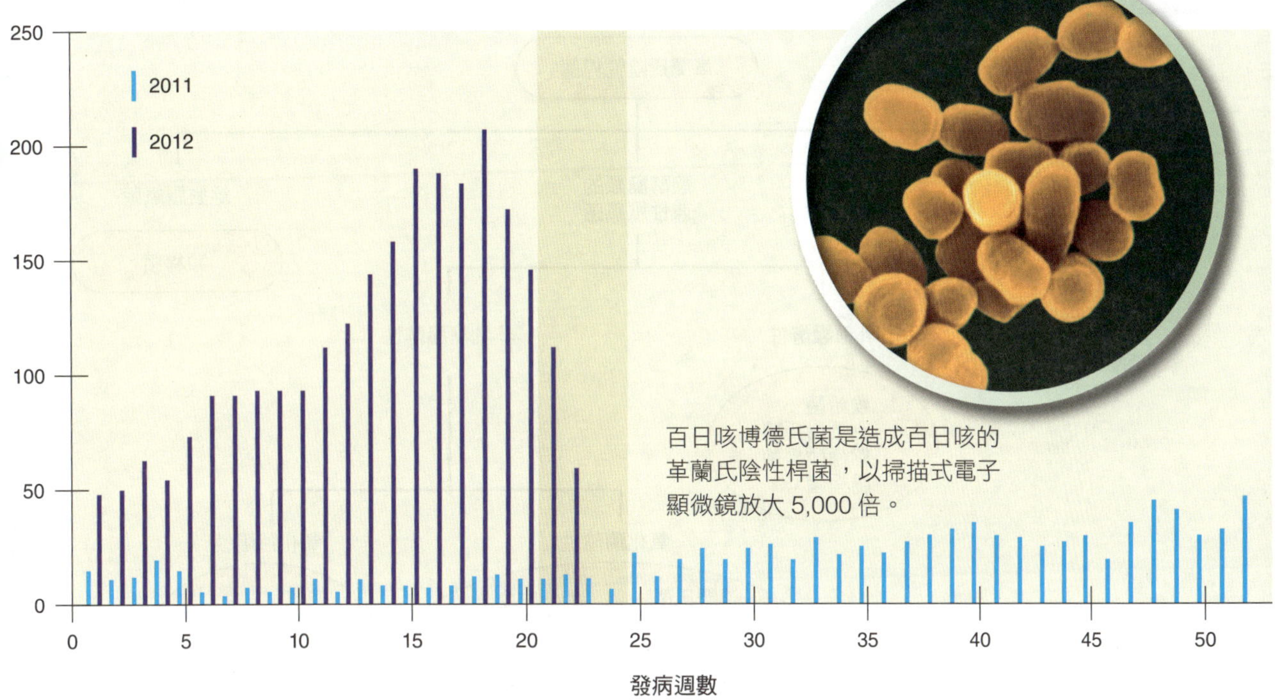

華盛頓地區自 2011 年 1 月 1 日至 2012 年 6 月 16 日，每週所出現的百日咳確認與疑似病例之發病數統計。

百日咳博德氏菌是造成百日咳的革蘭氏陰性桿菌，以掃描式電子顯微鏡放大 5,000 倍。

革蘭氏陰性桿菌包括一群數量非常龐大且分布在不同棲息地與區域又不產孢子的細菌。這群細菌在分類學上屬於變形菌門，內有 500 多個不同的菌屬，彼此在代謝特性與致病性上都有非常高的相異性。因為此群細菌非常龐大與複雜，且許多成員在醫學上並不具重要性，所以本章僅討論那些屬於人類致病菌的成員。

許多不同菌屬的革蘭氏陰性桿菌棲息在大腸中，有些是人畜共通，有些則棲息在人類的呼吸道，更有一些是居住在土壤與水中。區分出哪些菌屬是屬於會感染大部分人類的絕對致病菌 [如沙門氏菌、鼠疫桿菌 (*Yersinia pestis*)、博德氏菌及布魯氏桿菌]，以及哪些是屬於常在菌叢或腐生菌，但在免疫力較弱的人身上會造成伺機性感染的 [如假單胞菌 (*Pseudomonas*) 與大腸桿菌群] 是非常重要且有用的。

17.1 需氧性革蘭氏陰性非腸內桿菌

醫學上重要的需氧性革蘭氏陰性桿菌是由許多菌屬所組成，包括屬於土壤菌的假單胞菌與伯克氏菌，屬於人畜共通菌的布魯氏菌與法蘭西斯菌 (*Francisella*)，以及屬於主要人類致病菌的博德氏菌與退伍軍人菌等。革蘭氏陰性桿菌可用幾種不同的方法加以分類， 在這邊為了簡單起見，將這些細菌依照其對氧氣的需求程度與對乳糖的醱酵能力分成三個主要的分類 (表 17.1)。

所有的革蘭氏陰性桿菌都有一個值得注意的成分，就是位在細胞壁外膜上的脂多醣，此成分扮演了**內毒素** (endotoxin) 的角色 (見第 10 章)。由革蘭氏陰性菌引起的敗血症中，被釋放到血液裡的內毒素，會造成嚴重且影響深遠的病理生理上效應。

表 17.1 革蘭氏陰性病原菌

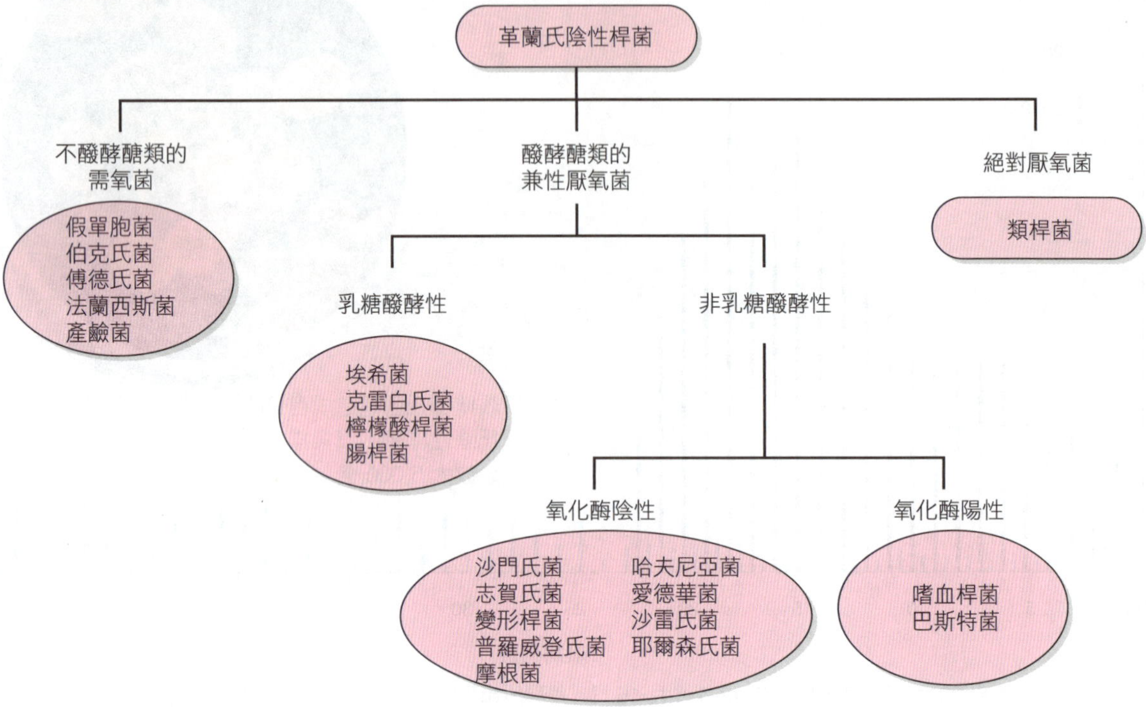

假單胞菌

假單胞菌是假單胞菌科 (Pseudomonadaceae) 家族成員中的一員，是一大群主要生長於土壤、海水及淡水中的細菌。它們也可以生活在植物與動物體內，也經常造成居家以及醫療單位的污染。這種小的、革蘭氏陰性的桿菌，具有單一極鞭毛 (圖 17.1)，能夠製造氧化酶與觸酶，而且無法醱酵醣類。雖然此菌通常是在有氧狀態下進行氧化代謝途徑來獲得能量，但部分菌種也可在有硝酸鹽這類鹽類存在下，於厭氧環境中生存。許多菌種會製造綠色、棕色、紅色或是黃色的色素，這些色素會擴散至培養基中，造成培養基顏色的改變。

假單胞菌 (*Pseudomonas*)[1] 具有高度適應性，能在各種環境中生存，並自極微量的營養物質中獲得所需的能量。大部分的成員能在含有礦物質及簡單有機物化合物的培養基中生長。這樣的適應力使它們能在環境中持續存在，以及在宿主體內迅速繁殖。它們利用蛋白酶、澱粉酶、果膠酶、纖維質酶及各種其他的酵素，來分解很多的胞外物質。

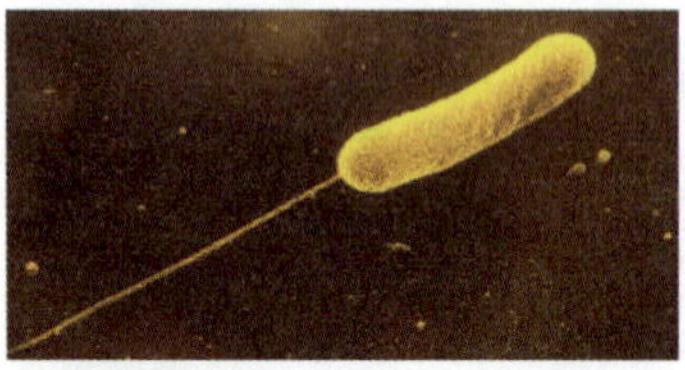
圖 17.1 電子顯微鏡下的假單胞綠膿桿菌，有一條單端的極鞭毛。

假單胞菌對生態、農業與商業各方面都有廣泛的影響，它們是重要的分解者與生物復育者，能夠分解數以百計的自然物質。此一特性使它們可用於清除原油漏油，以及清除殺蟲劑。有些菌種造成食物腐敗及植物的病害，有些菌種則可製造一種稱為假單胞黴素 (pseudomycins) 的抗生素，正在測試其於治療黴菌感染的效力。

1 *Pseudomonas* 假單胞菌 (soo″-doh-moh′-nas)。希臘文：*pseudes* 假；*monas* 單元。

系統檔案 17.1　致病性革蘭氏陰性桿菌

細菌種類	皮膚 / 骨骼	神經 / 肌肉	心血管 / 淋巴 / 全身系統性	腸胃道	呼吸道	泌尿生殖系統
綠膿桿菌	燒燙傷併發症、皮膚疹	角膜潰瘍、腦膜炎	心內膜炎		囊性纖維腫併發症	泌尿道感染
土拉倫斯氏法蘭西斯菌			兔熱病			
百日咳博德氏菌					百日咳	
退伍軍人菌					1. 肺炎 2. 龐地亞克熱	
大腸桿菌				急性腹瀉		泌尿道感染
大腸桿菌 O157:H7				急性腹瀉 大腸炎		出血性尿毒症候群
肺炎克雷白氏菌	傷口感染	腦膜炎			肺炎	泌尿道感染
變形桿菌	傷口感染				肺炎	泌尿道感染
傷寒沙門氏菌			敗血症	傷寒熱		
沙門氏菌				急性腹瀉		
志賀氏菌		神經傷害		急性腹瀉與細菌性痢疾		
鼠疫桿菌			腺鼠疫		肺鼠疫	
流行性感冒嗜血桿菌	結膜炎	腦膜炎				

綠膿桿菌 (*Pseudomonas aeruginosa*)[2] 是一種普遍棲息於土壤及水中的細菌，在 10% 的正常人腸道中都存在，偶爾可在唾液中甚至是皮膚上分離出來。因為此菌對肥皂、染劑、某些消毒劑、藥物以及乾燥都具有抵抗力，因此成為一種經常出現在呼吸器、靜脈輸液以及麻醉儀器上的污染菌。甚至消毒過的工具、器具、衛浴設備以及拖把等，都曾經是造成院內爆發感染的起因。

與第 17.3 節介紹的腸道菌相同，綠膿桿菌是一個典型的伺機性感染菌，無法穿透健康、完整的解剖構造上的屏障，因此只能經由侵入性的醫療過程，或是宿主本身抵抗力較弱時才能造成感染。一旦進入組織後，綠膿桿菌便開始表現其毒力因子，包括外毒素、可抗吞噬作用的黏液層，以及能夠分解宿主組織的各種酵素，也能夠造成由內毒素所引起的中毒性休克。

假單胞菌的院內感染最常發生在嚴重燒傷、惡性腫瘤與早產兒這些免疫狀況不佳的個體身上。在一些有肺部疾病的囊性纖維腫患者身上的黏液中，會出現由假單胞菌製造出的堅韌且具保護性的生物膜。假單胞菌引起的敗血症會引起多種不同且嚴重的狀況，例如心內膜炎、腦膜炎與支氣管肺炎等。健康人則可能藉由公用的浴缸以及游泳池，而遭受暴發性皮膚紅疹、泌尿道感染及外耳道感染等症狀。海綿與浴巾是本菌常見的儲存處，如果用了這些污染的用具擦洗皮膚，便有可能引起紅疹 (圖 17.2)。隱形眼鏡若是保存不當，或是使用了污染的清潔液，也可能會造成角膜潰瘍。

綠膿桿菌的感染特性是會出現有如葡萄的氣味，以及造成組織滲出液出現特殊的顏色 (藍膿，blue pus)，這種顏色是由於細菌所製造出來的藍綠色或是黃綠色的螢光色素 (綠膿青素) 所

2 *aeruginosa* 綠膿桿菌 (uh-roo″-jih-noh′-suh)。拉丁文：*aeruginosa* 充滿藍綠銅銹之意。

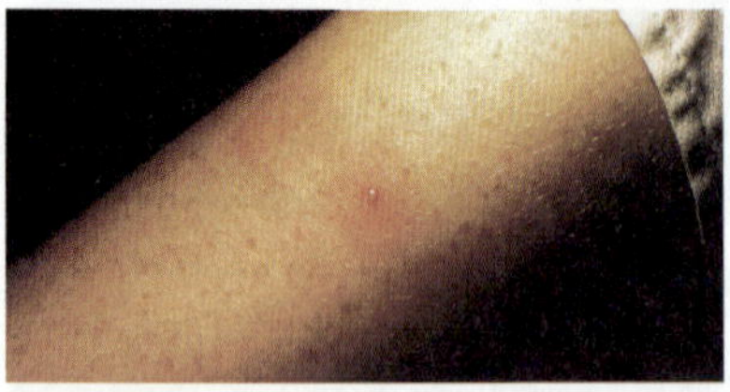

圖 17.2 **皮膚上的紅疹可能是因為一個很普通的原因所造成。**發生於病患前臂的膿丘疹病灶，此病灶的起因為使用了帶有大量綠膿桿菌的絲瓜海綿所造成。

引起 (圖 17.3)。實驗室裡對此菌的鑑定是用一套類似鑑定腸內桿菌科所用的測試組合 (圖 17.9)，而因為此菌有惡名昭彰的多重抗藥性，因此大多數的分離菌務必要進行抗生素感受性試驗。目前對假單胞菌感染的控制較有效果的藥物包括第三及第四代的頭孢菌素與胺基糖苷類的抗生素，例如阿米卡星與單環內醯胺類。

17.2 相關的需氧性革蘭氏陰性桿菌

變形菌門 (proteobacteria) 中有一群細菌，包括伯克氏菌 (*Burkholderia*) 與寡養單胞菌 (*Stenotrophomonas*) 等菌屬，這些菌屬的成員與假單胞菌在許多生理與致病的特性上類似，兩者均屬於絕對需氧菌，可利用各種有機質且無法醱酵醣類。它們容易在血液培養盤、麥康凱培養盤及其他實驗室常用的培養基上生長。這類細菌生活在土壤、水以及環境中各式各樣的地方，在這些棲息地建立可循環利用養分的利基，偶爾會在免疫妥協的人身上造成伺機性的感染。

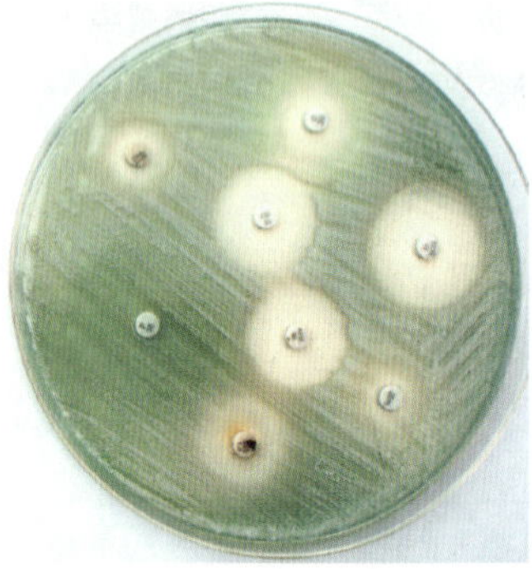

圖 17.3 **綠膿桿菌的特徵。**綠膿桿菌會產生擴散至培養基的藍綠色色素。綠膿桿菌通常也具有抗藥性，可在數個抗生素紙錠周圍見到較小或不完整的抑制環。

洋蔥伯克氏菌 (*Burkholderia cepacia*) 是一種經常可於潮濕環境中分離出來的細菌，在植物的黴菌性疾病控制上，扮演一個生態上的重要角色。它也具有對許多不同毒性物質進行生物分解的能力，因此在一些生物復育計畫中也相當有用處。但不幸的是，此菌也是一個潛在的呼吸道、泌尿道及偶爾在皮膚的伺機性感染菌。在纖維囊腫患者身上，由洋蔥伯克氏菌引起肺炎的機率提高很多，因為這類患者肺部的狀況很適合此菌生長。而此菌因為具有快速突變的趨勢，以及對抗生素具有抵抗力，因此要找到能成功治療感染的方法是一項挑戰。而此菌與假單胞菌的共同感染，可能造成 80% 的患者出現嚴重的呼吸妥協 (respiratory compromise) 症狀以及死亡。

類鼻疽伯克氏菌 (*Burkholderia pseudomalle*) 是洋蔥伯克氏菌的相關細菌，生存於熱帶地區的土壤與水中。它所引起的疾病稱為類鼻疽 (melioidosis)，盛行於東南亞許多地區，以及部分的非洲、印度與中東地區。感染方式大多是經由沾了泥土的物體造成的穿刺傷，或是吸入環境中的帶菌物，較少是因為與已感染的人接觸而造成感染。傷口感染會出現局部的皮膚小結，伴隨發燒以及肌肉疼痛症狀。肺部感染則會引起支氣管炎與肺炎 (圖 17.4)，會有咳嗽與胸

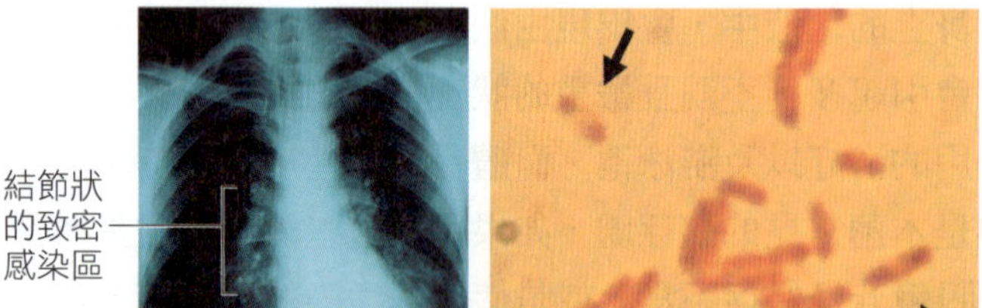

圖 17.4 **類鼻疽伯克氏菌所引起的肺部感染。**(a) X 光檢查可見空腔出現在肺的中部區域，該處為感染聚集處；(b) 痰液的革蘭氏染色可見典型具雙極性染色特徵的革蘭氏陰性桿菌 (1,500 倍)。

痛的症狀發生。慢性感染則可能造成敗血症、內毒素休克以及造成肝臟與腦等器官的膿瘍。在免疫系統不佳的患者身上，則會引起嚴重的散播性疾病，偶爾會造成死亡。

嗜麥芽寡養單胞菌 (*Stenotropho-monas maltophilia*) 天然棲地為淡水與植物根部的土壤，同時也是人類糞便菌叢中的一員，也可由家畜身上分離出來。在臨床環境中此菌主要為一種污染菌，出現於消毒劑、透析儀器、呼吸器、飲水機與導管處。造成此菌容易在環境中菌落化生長的因子之一，為其具有形成生物膜 (biofilms) 的能力，使它可對抗藥物及殺菌劑。

此菌是臨床上顯著的分離菌，同時也經常於呼吸道、血液、脊髓液以及眼科檢體中出現，在癌症病人以及裝有侵入性留置裝置的病患身上具有較高的感染率。雖然此菌是最強的抗藥菌之一，但利用 trimethoprim 與 sulfamethoxazole 來進行複合式治療，通常具有相當好的效果。

布魯氏菌與布魯氏症

波狀熱 (undulant fever)、馬爾他熱 (Malta fever) 以及班氏症 (Bang disease)[3]，都是布魯氏病 (brucellosis) 的不同稱呼，這是一種人畜共通疾病，可由攜帶有布魯氏菌 (*Brucella*)[4] 的感染動物或是動物製品傳至人身上。這種微小的革蘭氏陰性球桿菌有兩個主要菌種，流產布魯氏菌 (*B. abortus*)(來自牛) 以及豬布魯氏菌 (*B. suis*)(來自豬)。動物的布魯氏症可經由胎盤感染，並造成動物流產，最具代表性的疾病為發生於牛隻身上的班氏症。人類若感染這兩種布魯氏菌中的任一種，則會出現嚴重的發燒症狀，但不會造成流產。

布魯氏症全世界都有可能發生，主要出現在歐洲、非洲、印度以及拉丁美洲，被感染者通常與其職業性質有相關性，例如屠宰場、家畜處理人員以及動物買賣等。感染的發生通常透過與血液、尿液、胎盤接觸，以及食用生乳和乳酪，人與人之間的傳播則非常少見。布魯氏症在野生的野牛與麋鹿群中，也是一種很普遍的疾病。與這些野生動物共用放牧地的牛群，經常會爆發嚴重的班氏症感染。

在人類，布魯氏菌主要是經由破損的皮膚或是消化道、結膜、呼吸道等處的黏膜進入人體。

布魯氏菌最重要的毒力因子，是其能夠在巨噬細胞內生存並生長，而這些受到感染的巨噬細胞，可將這些致病原運送至血流中，並在肝臟、脾臟、骨髓與腎臟等處造成聚焦性病灶。人類布魯氏症的主要表現是一種呈現波動形式的發燒，這也是將布魯氏病稱之為波狀熱 (undulant fever) 的由來，通常還會伴隨畏寒、盜汗、頭痛、肌肉痛與虛弱，以及體重減輕等症狀。此菌並不常造成死亡，但症狀通常可持續一段時間，甚至在有治療的狀態下都還能持續數週到一年。而這種慢性的感染現象，與此菌能夠隱藏在巨噬細胞內有關。

病人的病史、血液的血清學試驗 (圖 17.5)，以及針對病原菌的血液培養，都對此菌的診斷極有幫助。一項較新的基因試驗法已被發展出來，但目前尚未廣泛應用。使用多喜黴素與利福平進行為期六週的複合治療，對感染的控制具有良好的成效。而在預防方面，主要是依靠對感染動物的檢測與撲殺、對進口動物的檢疫，以及對牛奶的巴斯特滅菌法。雖然目前已有數種的動物疫苗問世，但人類疫苗的發展卻還不夠有效率與不夠安全。此菌因為具有潛在被當作生物武器的可能性，因此人類疫苗的發展是相當重要且急迫的。

3 以一位丹麥醫師 B. L. Bang 之名命名。

4 *Brucella* 布魯氏病 (broo-sel′-uh)。以首位分離出此菌者 David Bruce 而命名。

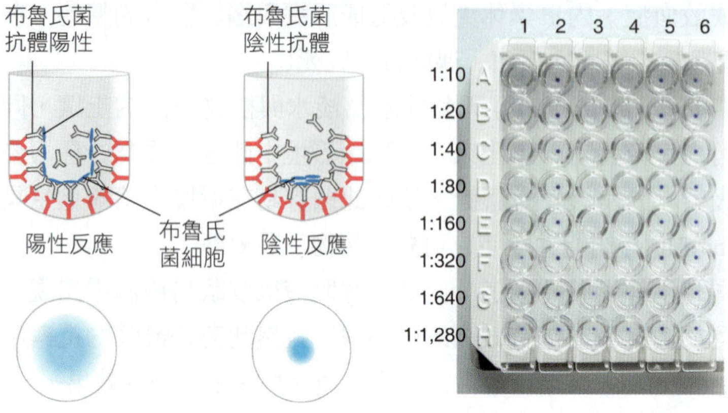

(a) 血清中含有布魯氏菌特異性抗體會捕捉測試細胞 (抗原)，並分散在測試盤壁上。

(b) 血清中無布魯氏菌特異性抗體不會產生反應，抗原會沈澱至反應盤中底部。

(c) 上方數字為血清檢體編號。血清中的抗體效價可藉由 A 至 H 的序列稀釋後，觀察在序列稀釋中最後一個陽性結果出現在哪一個反應孔中，該孔的稀釋倍數即為抗體效價。

圖 17.5 布魯氏症的血清凝集效價試驗與其原理。

土拉倫斯法蘭西斯菌與土拉倫斯氏症

土拉倫斯法蘭西斯菌

(*Francisella tularensis*)[5] 引起的土拉倫斯氏症 (Tularemia) 是一種流行於北半球各種哺乳動物的人畜共通疾病。許多特性都與造成鼠疫的鼠疫桿菌 (*Yersinia pestis*)(於第 17.5 節中討論) 相當類似，這兩種細菌過去都曾是巴斯特氏菌 (*Pasteurella*) 菌屬中的成員。因為土拉倫斯氏症會造成野兔疾病的爆發，因此也將其稱之為兔熱病 (rabbit fever)。

土拉倫斯氏症廣泛分布於北歐、亞洲及北美等地區很多之動物宿主與昆蟲病媒身上，但不見於熱帶地區。此疾病具有值得注意的複雜流行病學與多變的症狀，雖然兔子與囓齒類 (如麝鼠與地松鼠) 是此菌主要的儲存宿主，但其他的野生動物 (如鼬鼠、狸、狐狸、負鼠) 以及一些家畜都會被感染。超過 50 種吸血的節肢動物病媒攜帶有土拉倫斯法蘭西斯菌 (*F. tularensis*)，其中半數會叮咬人類。蜱 (tick) 是最常見的一種，其次是咬人蠅 (biting flies)、蟎 (mites) 與蚊子。

土拉倫斯氏症進入人體的方式以及疾病的表現形態，有著驚人的變異性。在大部分的病例中，感染是來自於皮膚或眼睛與已感染的動物、動物製品、污染的水以及灰塵接觸所造成。病媒的叮咬也是一個經常發生的感染原因，但此疾病並不會人傳人。因為據估計 *F. tularensis* 的感染菌量約在 10~50 隻細菌之間，因此被認為是所有細菌中，感染力最強的細菌之一。此菌與鼠疫以及其他數種強毒力的病原體，已受到高度關注，是最值得注意具有作為生物恐怖攻擊之用的病菌。

法蘭西斯菌與布魯氏菌相似，都屬於細胞內寄生的細菌，具有能在巨噬細胞生存並散布至許多位置的特性。經過數天至三週的潛伏期後，頭痛、背痛、發燒、寒顫以及全身乏力等急性症狀開始出現。臨床表現還包括潰瘍性的皮膚病灶、淋巴腺腫脹、結膜發炎、喉嚨痛、腸破損以及肺部疾病。全身系統性感染以及肺部感染的死亡率約有 10%，但經過適當的以見大黴素 (gentamicin) 或是鏈黴素 (streptomycin) 治療之後，死亡率可降至幾乎為零。因為 *F. tularensis* 具有細胞內持續感染的特性，因此有復發的可能性，在利用抗生素治療時不可太早中斷用藥。目前已有活的減毒疫苗可用，同時實驗室的工作者及其他可能在工作中接觸到病菌的人員，可利用手套、面罩以及眼鏡加以防護。

---

5 *Francisella tularensis* 土拉倫斯法蘭西斯菌 (fran-sih-sel′-uh too-luh-ren′-sis)。以此菌的發現者之一 Edward Francis 之名，以及此菌首次被鑑定出來的地區，加州的 Tulare 郡而命名。

百日咳博德氏菌及其相關菌種

百日咳博德氏菌 (*Bordetella pertussis*)[6] 是一種極小且有莢膜的球桿菌 (coccobacillus)，會造成百日咳 (pertussis 或 whooping cough)。此疾病是一種孩童的傳染性疾病，會造成急性呼吸道症狀。此疾病與一般認為它是溫和的、具自限性的印象相反，在嬰兒身上經常會造成嚴重且具生命威脅性的併發症。副百日咳博德氏菌 (*Bordetella parapertussis*) 則是一種具高度親緣性的菌種，會引起較溫和的感染。

此菌的主要感染途徑為直接與來自已感染且正在咳嗽期的患者所散布出來的飛沫或是氣霧接觸，大約有半數的百日咳病例都發生在出生至四歲之間的孩童身上。

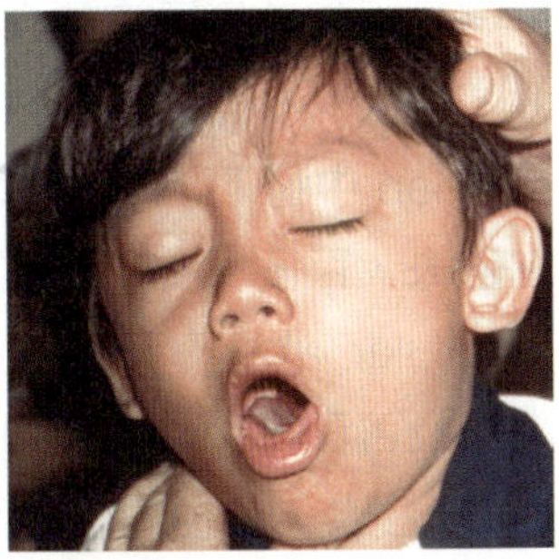

圖 17.6 正因百日咳而處於劇烈咳嗽階段的小男孩。染病的大部分小孩將需要住院進行感染狀況的監控。

百日咳博德氏菌的主要毒力因子為：(1) 具特異性與呼吸道上皮細胞纖毛結合的黏附分子；(2) 會破壞及移除纖毛細胞 (宿主的主要防禦層) 的毒素。當纖毛細胞的防禦機轉失效之後，便會造成呼吸道的黏液堆積及阻塞呼吸道。百日咳的初期稱之為卡他期 (catarrhal stage)，會有流鼻水與鼻塞、打噴嚏的症狀，偶爾出現咳嗽。隨著症狀逐漸惡化進入發作期 (paroxysmal stage) 後，病童會出現重複且持續性的咳嗽。這種咳嗽會有連續性的猛烈乾咳，之後伴隨著用力吸氣的動作，在此動作下空氣會被帶過阻塞的喉部，便會出現喘咳 (whoop) 的現象 (圖 17.6)，許多百日咳的併發症都是由於呼吸功能低下而造成。標準的治療及預防需要一整週服用阿奇黴菌 (azithromycin) 或是克拉黴菌 (clarithromycin) 的療程。

目前已有非細胞性疫苗 (acellular vaccine, aP) 作為常規施打之用，施打開始於 6 週大的嬰兒。此種疫苗含有類毒素與其他抗原成分，且能與 DT 疫苗合併施打，稱之為 DTaP，這種三合一疫苗施打方式為分五劑施打於兩個月大至六歲之間。由於在疾病的流行病學上可觀察到明顯的改變 (圖 17.7)，因此很明顯地，目前的疫苗施打策略需要靠增加劑量來作為因應。美國疾病管制局 (CDC) 現在已建議針對 10 至 18 歲的年輕人，追加一劑含白喉、破傷風與百日咳的非細胞性疫苗。進一步的隔離與預防措施則是要著重在托兒所以及照護中心上，要避免已

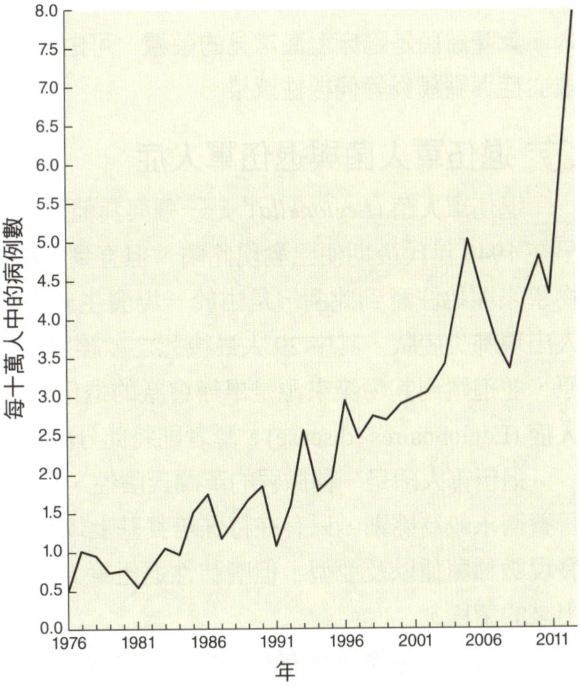

圖 17.7 美國的百日咳發生率。自 1976 年以來，儘管疫苗已常規施打，但百日咳的報告病例仍明顯上升。

6 *Bordetella pertussis* 百日咳博德氏菌 (bor-duh-tel′-uh pur-tus′-is)。由 Jules Bordet 和 O. Gengou 分離出病原菌而命名。拉丁文：*per* 強烈；*tussis* 咳嗽。

感染百日咳的工作人員接觸孩童與嬰兒，因為這類人員是造成疾病嚴重散播的最高危險因子。

留意各種不同的疫苗成分

用於提供對百日咳、白喉與破傷風保護的疫苗，有幾種不同縮寫方式表達的疫苗 (DPT、DTwP、DTaP、Tdap、DT 及 Td 等)，這些各式各樣的疫苗甚至連經過訓練的醫護人員有時也會混淆，對病人產生潛在的危險。為了要釐清這些可能混淆的疫苗，我們在此提供了簡短的說明。

白喉與破傷風疫苗含有去活化的外毒素成分，稱之為類毒素 (toxoids)，這種類毒素已無毒性，但仍保有抗原性，會誘發免疫系統產出保護性抗體。縮寫中的大寫字母 (如 DPT 中的 D 或是 Tdap 中的 T) 代表全效劑量的類毒素，而小寫字母 (如 Tdap 中的 d) 表示降低強度的配方。在過去，百日咳疫苗含有全細胞性抗原 (whole-cell, w)，但較新的配方則是使用非全細胞性抗原 (acellular, a)，表示只有菌體的一部分成分使用在疫苗之中。1990 年代，全細胞性的白喉、破傷風及百日咳系列疫苗 (DPT 或 DTwP) 已被使用含非全細胞性百日咳成分的疫苗 (DTaP) 所取代。而 DT 疫苗，亦即只含有高劑量的白喉與破傷風成分的疫苗，則使用於對百日咳抗原缺乏耐受性的孩童身上。近來有一類需要醫師處方才可注射的 Tdap 疫苗，包括 Boostrix 及 Adacel 這兩種，則是使用於青少年身上作為追加注射之用。破傷風與白喉混合疫苗 (Td) 則建議每十年便須再注射一次，或是在可能暴露於破傷風感染下時也須注射。

產鹼菌 (*Alcaligenes*)[7] 菌屬是另一群非醱酵性、氧化酶陽性、具運動能力的細菌，與博德氏菌屬於同一家族。產鹼菌屬的成員主要生活在土壤與水中，也能以正常菌叢的形式存在於人體內。糞產鹼菌是臨床上最常見的菌種，可由糞便、痰液與尿液中分離出來，偶爾會造成如肺炎、敗血症與腦膜炎等伺機性感染。

退伍軍人菌與退伍軍人症

退伍軍人菌 (*Legionella*)[8] 是一種與其他革蘭氏陰性絕對需氧菌無演化親緣關係的細菌。雖然早在 1940 年代後期便已發現此菌，但直到 1976 年才清楚它與人類疾病之間的關係。醫用微生物學家開始注意到此菌，是由於一場發生於美國退伍軍人會議中所爆發的感染，當時共有 200 人出現肺炎症狀，其中 29 人最後死亡。經過六個月的詳細分析之後，流行病學家分離出了致病原，並追蹤到其污染來源是舉辦會議的退伍軍人飯店的空調管道，新聞媒體便將之稱為**退伍軍人症** (Legionnaires' disease)，學者則將此分離到的細菌命名為退伍軍人菌。

退伍軍人菌是一種微弱的革蘭氏陰性、具有運動能力的桿菌，菌體形態由球狀至絲狀都有。營養需求較為挑剔，只有在特殊培養基上以及細胞培養中才能進行人工培養 (圖 17.8a)。目前已發現數種菌種以及亞型，但嗜肺性退伍軍人菌 (*L. pneumophila*)(親肺性) 是最常在感染中被分離出來的菌種。

退伍軍人菌廣泛分布在一些潮濕的環境中，如自來水系統、冷卻水塔、SPA、池塘及其他淡水中。此菌在這些棲息地中的生存與持續性，與行自由營生的阿米巴原蟲間具有高度關聯性 (圖 17.8b)。在水霧形成的過程中此菌就可能被釋放至環境中，並且可被攜帶很長一段距離。從

7 *Alcaligenes* 產鹼菌 (alk′-uh-lij′-uh-neez)。古英語：alkaly 鹽；拉丁文：*generatus* 產生。
8 *Legionella* 退伍軍人菌 (lee″-jun-ell′-uh)。

超級市場中使用的蔬菜噴霧器，到聖海倫火山噴發出來的物質中都可發現此菌的存在。

一項自 1976 年開始的研究證實，退伍軍人症並不是一個新的疾病，過去的爆發感染多與意外暴露在受細菌污染的環境有關。目前知道此疾病世界各地都會發生，而且好發於 50 歲以上的男性。院內型的感染最常發生在有糖尿病、惡性疾病、器官移植、酗酒及肺部疾病的老年住院患者身上。感染此病的患者並不會傳染給其他人。

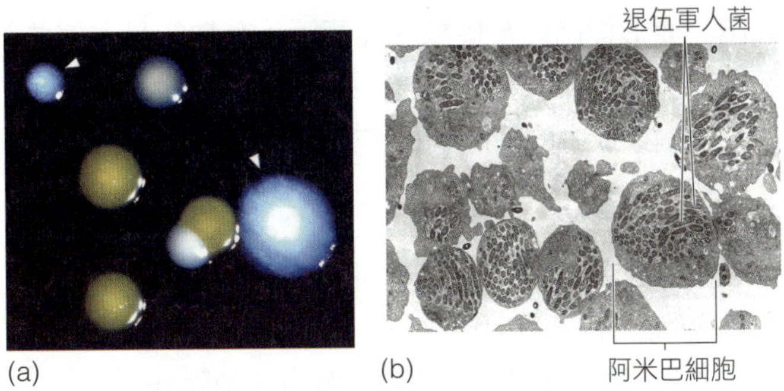

圖 17.8　嗜肺性退伍軍人菌的外觀。(a) 位於活性碳酵母菌萃取物培養基上的退伍軍人菌與其他細菌混合生長的菌落。箭頭所指處為退伍軍人菌的菌落，具有藍色的邊緣與灰白色的中心；(b) 在哈氏阿米巴細胞內的退伍軍人菌 (4,000 倍)。生長於自然界水中的阿米巴原蟲為此菌的儲存宿主，這表示此菌在不良環境中也可靠著阿米巴原蟲而生存。退伍軍人菌在人類的致病原因，同樣與其可被巨噬細胞吞噬且生存於巨噬細胞內有關。

兩種主要的臨床疾病類型為*退伍軍人症*與*龐蒂亞克熱*，兩者的症狀都包含發高燒 (高達 41°C)、咳嗽、腹瀉及腹痛。兩者中退伍軍人症的症狀較為嚴重，會發展至肺部堅實化影響呼吸功能與造成器官受損，致死率約有 3~30%。相較之下龐蒂亞克熱不會造成肺炎，也很少造成死亡。

退伍軍人菌造成的疾病可藉著表現出來的症狀及病人的病史加以診斷。實驗室的分析則包括檢體的螢光抗體染色、CYE (炭及酵母萃取物) 培養盤上的培養，以及 DNA 探針的鑑定等。疾病可使用 levofloxacin 或阿奇黴素 (azithromycin) 等抗生素加以治療。退伍軍人菌這種廣泛分布於潮濕環境中的特性，使得我們對它的控制變得相對困難，透過水中加氯以及經常清理可能的人為棲息環境，或許可以達到一些效果。

17.3　腸內桿菌科家族的鑑定與區分的特性

腸內桿菌科 (Enterobacteriaceae) 是一個由具有相當相似性的各種革蘭氏陰性菌所組成的大家族，雖然許多成員棲息在土壤、水以及腐敗物中，但它們也普遍出現在人類與動物的大腸之中。所有的成員都是小型 (平均寬 1 μm，長 2~3 μm)、不產孢子的桿菌，在有空氣的環境中生長良好，但它們為兼性厭氧菌，可在無氧環境下醱酵醣類。這類細菌或許是在臨床檢體中最常分離到的細菌，有些是正常菌叢，有些則是致病菌。

腸道病原菌是最常造成腹瀉疾病的原因，每年約造成全世界 300 萬人死亡，估計約有 40 億人被感染。計算那些有就診的病例數，加上那些未通報、未就醫的推估病例數，腸道疾病的發病率大概比任何其他疾病還多。顯著的腸道致病菌包括沙門氏菌、志賀氏菌以及埃希氏菌菌株，當中有許多都是由人類帶菌者所攜帶著。

革蘭氏陰性腸道菌 (包含假單胞菌以及不動桿菌) 造成超過 30% 的院內感染 (見圖 10.22)，其在院內感染的廣泛散布，可能是由於它們在醫院環境中持續存在，且對乾燥、消毒劑與藥物等都具有抵抗力所造成。腸道菌經常可由肥皂盒、水槽以及一些侵入性器械如氣管插管與留置的導尿管處分離出來。最重要的伺機性腸道菌為大腸桿菌 (*E.coli*)、克雷白氏菌、腸桿菌、沙雷氏菌、變形桿菌以及檸檬酸桿菌等。有趣的是，這些細菌所引起的疾病經常包括腸胃道之外的系統，例如肺部以及泌尿道感染。

這個家族中的菌屬成員有幾個關鍵特性如下：

- 可醱酵葡萄糖。
- 還原硝酸鹽。
- 氧化酶陰性。
- 大多具有鞭毛 (志賀氏菌與克雷白氏菌除外)。
- 規則狀的直桿菌。

成組的生化試驗經常用來鑑定主要的腸內菌屬與菌種，雖然此鑑定過程的細節不在本書範圍之內，但主要步驟摘要請見圖 17.9。

因為糞便檢體中含有大量的正常菌叢，因此可將檢體接種進增菌培養基中 (例如 selenite 或 GN [革蘭氏陰性] broth)，以抑制正常菌叢並有利於致病原生長。增菌之後的檢體以及非糞便檢體可以劃線方式接種至選擇性、區分性的培養基如麥康凱培養盤 (MacConkey)、伊紅美藍培養盤 (EMB) 或是海克頓腸內菌培養盤 (Hektoen enteric agar) 上，培養 24 至 48 小時。在這些培養基上的菌落生長狀況，可初步將細菌區分為乳糖醱酵菌與非乳糖醱酵菌 (圖 17.10，見圖 2.19b)。

分離出來的菌落可次培養至三糖鐵 (triple-sugar iron, TSI) 斜面培養基上進行進一步的分析。如同在圖 17.9 中所見，更多的試驗可將分離出來的菌落鑑別至屬的層級 (表 17.2)。有一系列的反應稱之為 IMViC [吲哚 (indole)、甲基紅 (methyl red)、伏普試驗 (Voges-Proskauer) 及檸檬酸試

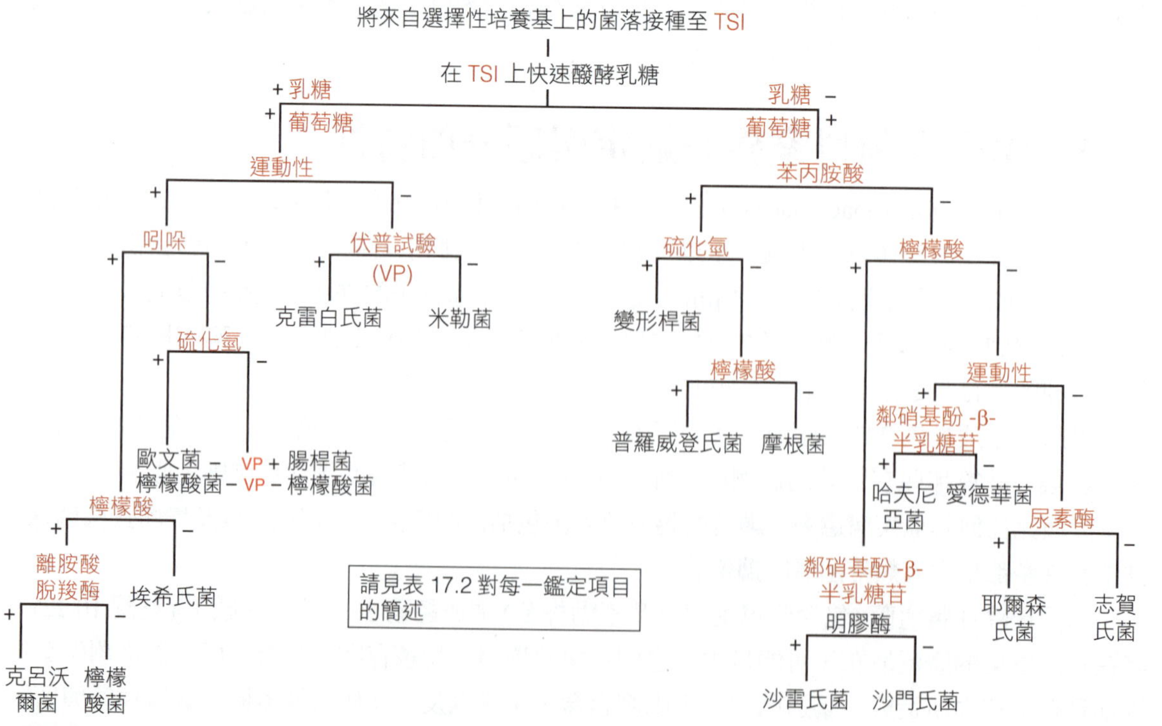

圖 17.9 腸內菌屬的生化鑑定重點。此流程圖依照本書所提到之常用或是主要的生化特性而繪製。

驗 (citrate)]，是一組傳統用來區分數個菌屬的試驗項目 (表 17.3)。一般來說，一個分離出來的菌種是否有臨床意義，取決於其所採檢的位置。例如，由糞便檢體中所分離出來的正常菌叢，通常在其所在位置裡出現並無臨床上的意義，但同樣的細菌如果由腸以外的位置分離出來，例如痰液、血液、尿液以及脊髓液，就要考慮可能是發生了伺機性感染。

腸內菌科傳統上可再分為兩大次分類，大腸桿菌群 (colifoms) 包括 *E. coli* 及其他可快速醱酵乳醣 (48 小時內醱酵) 的革蘭氏陰性腸道內常在菌叢；非大腸桿菌群包括乳糖非醱酵菌或是慢速乳糖醱酵菌，其中有些是正常菌叢，有些則是一般致病菌。雖然這樣的分類法有時會有少數例外出現，但對實驗室、臨床上以及流行病學研究的使用來說，這樣的分類法具有相當實用的優點。腸內桿菌科成員的重點系統性條列整理如下。

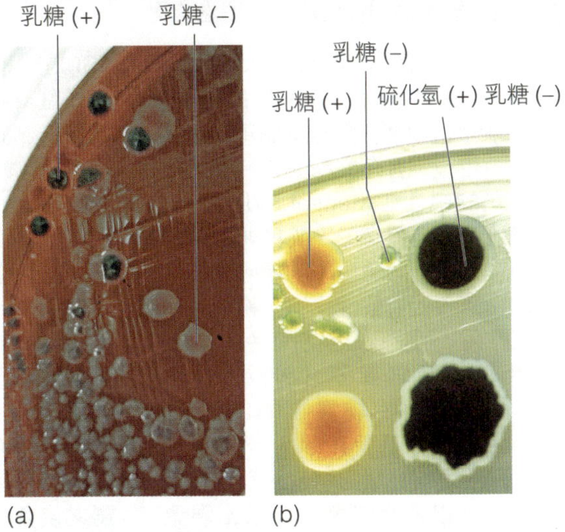

圖 17.10　腸內菌的分離培養基，圖中顯現出不同的反應。(a) 伊紅美藍瓊脂培養基；(b) 海克頓腸菌瓊脂培養基。(見表 17.2)

正常菌叢中的大腸桿菌：以正常菌叢或是伺機性感染菌存在的快速乳糖醱酵腸道菌 (某些血清型的 *E. coli* 為真正的致病菌)，包括有：

- 大腸桿菌 (*Escherichia coli*)
- 腸桿菌 (*Enterobacter*)
- 沙雷氏菌 (*Serratia*)
- 克雷白氏菌 (*Klebsiella*)
- 哈夫尼亞菌 (*Hafnia*)
- 檸檬酸桿菌 (*Citrobacter*)

正常菌叢中的非大腸桿菌：以正常菌叢或是伺機性感染菌存在的乳糖非醱酵性腸道菌：

- 變形桿菌 (*Proteus*)
- 普羅威登氏菌 (*Providencia*)
- 摩根菌 (*Morganella*)
- 愛德華菌 (*Edwardsiella*)

真正的致病性腸道菌

傷寒沙門氏菌 (*Salmonella typhi*)、腸炎沙門氏菌 (*S. enterica*)

痢疾志賀氏菌 (*Shigella dysenteriae*)、弗氏志賀氏菌 (*S. flexneri*)、鮑氏志賀氏菌 (*S. boydii*)、索氏志賀氏菌 (*S. sonnei*)、小腸結腸炎耶爾森氏菌 (*Yersinia enterocolitica*)、假結核耶爾森氏菌 (*Y. pseudotuberculosis*)

真正的致病性非腸道菌

鼠疫桿菌 (*Yersinia pestis*)

表 17.2 分離與鑑定腸內菌屬之流程

- **麥康凱培養基 (MacConkey agar)** 含有膽鹽 (bile salts) 與結晶紫 (crystal violet)，能夠抑制革蘭氏陽性菌生長。含有乳糖與作為酸鹼指示劑的中性紅 (neutral red)，可分辨乳糖快速醱酵菌、乳糖非醱酵菌與慢速乳糖醱酵菌。乳糖醱酵陽性的菌落會因為酸性代謝產物與中性紅作用，而呈現紅至粉紅色。
- **伊紅美藍培養基 (Levine's EMB agar)** 同樣含有膽鹽，再加上伊紅 (eosin) 與甲基藍 (methylene blue) 染劑，可讓乳糖醱酵菌落呈現深色核心，以及有時會在表面出現金屬光澤。非乳糖醱酵菌則菌落呈現淡紫色與無中央深染的核心 (圖 20.10a)。
- **海克頓腸內菌培養基 (Hektoen enteric agar)** 也含有膽鹽，特別適合分離致病菌。內含溴麝香草酚藍 (bromthymol blue) 與酸性複紅 (acid fuchsin) 作為酸鹼指示劑，可用來區分乳糖醱酵菌 (粉紅色至橘色菌落) 以及非乳糖醱酵菌 (綠色、藍綠色菌落)，同時也可偵測細菌是否會產生 H_2S 氣體，使菌落中心點變黑 (圖 17.10b)。
- **乳糖利用試驗**，乳糖是一種雙糖，需要兩種酵素：穿透酶 (permease) 將乳糖帶進細胞內，β- 半乳糖苷酶 (β-galactosidase) 則將其分解為葡萄糖與半乳糖兩種單糖分子。快速醱酵菌含有這兩種酶，緩慢醱酵菌只含有半乳糖苷酶。ONPG 是一種化學物簡寫，用於試驗中偵測乳糖緩慢醱酵菌。
- TSI 是一種非選擇性培養基，可藉著酚紅 (phenol red) 這種酸鹼指示劑，來測試細菌對醣類的醱酵反應 (主要測試乳糖及葡萄糖，蔗糖也可測試)。此培養基也可偵測是否會產生氣體與硫化氫 (H_2S)(見圖 2.20a)。硫化氫氣體是硫被還原之後的產物，與鐵鹽反應之後升成黑色的硫化鐵 (ferric sulfide) 沈澱物，此顏色變化可作為指示之用。
- **吲哚 (Indole) 試驗**可測試待測菌是否會分解色胺酸 (tryptophan) 產生吲哚，如果可以，則加入科瓦克試劑之後會與吲哚反應，在試管表面產生亮紅色反應物。
- **甲基紅 (methyl red) 試驗**可用於測試待測菌是否會醱酵葡萄糖而產生大量的混合酸堆積在培養基中。在此狀況下 pH 值會下降至約 4.2，會使添加進試管內的甲基紅呈現紅色。
- **VP (Voges-Proskauer, VP) 試驗**可測試葡萄糖醱酵後是否產生乙醯甲基甲醇 (乙偶姻)，此化合物會與巴利特氏試劑反應而在培養基中形成玫瑰紅色產物。
- **檸檬酸鹽 (citrate) 培養基**中，檸檬酸鹽是此培養基唯一的碳源，如果細菌可利用此碳源，便會產生鹼性副產物，可使酸鹼指示劑溴麝香草酚藍由綠 (中性) 轉藍 (鹼性)。
- **離胺酸 (lysine) 與鳥胺酸 (ornithine) 脫羧酶 (decarboxylase)(LDC、ODC) 試驗**可偵測這些酵素是否存在， 羧酶會將 CO_2 自胺基酸分子上移除而產生鹼性產物胺，導致 pH 值上升。
- **尿素 (urea) 培養基**含有 2% 尿素與作為酸鹼指示劑的酚紅，尿素為哺乳類動物的含氮代謝廢棄物，被尿素酶 (urease) 分解之後會產生氨，使培養基的 pH 上升，並使酸鹼指示劑顏色轉亮紅。
- **苯丙胺酸 (PA) 脫胺酶 (deaminase)** 是一種主要由變形桿菌屬產生的酵素，可將苯丙胺酸上的胺基移除而產生苯丙酮酸。此反應可藉著添加氯化鐵與苯丙酮酸反應產生橄欖綠的顏色變化加以觀察。
- **運動性**可用懸滴玻片法或是運動性測試培養基進行。

抗原結構與毒力因子

革蘭氏陰性的腸道菌有著複雜的表面抗原，這些抗原對其致病力重要，同時也是宿主對其產生免疫反應的基礎 (圖 17.11)。依照慣例，這些抗原可分為 H- 鞭毛抗原 (flagellar antigen)，K- 莢膜抗原 (capsule antigen) 與 (或) 菌毛抗原 (fimbrial antigen)，O- 體抗原 (somatic) 或細胞壁抗原 (cell wall antigen)[9]。並非所有的菌種都帶有 H 與 K 抗原，但所有的細菌都有 O 抗原，脂多醣會

9 H 縮寫取自於德文 hauch「氣息」之意，代表細菌生長在潮濕的固態培養基時，所呈現出的散布狀的運動能力。K 縮寫則取自於德文 kapsel。O 源自 ohne-hauch 無運動力之意。

表 17.3 鑑別常見伺機性感染腸道菌之 IMViC 測試結果

菌屬	吲哚試驗	甲基紅試驗	伏普試驗	檸檬酸試驗
埃希氏菌屬	+	+	–	–
檸檬酸桿菌屬	+	+	–	+
克雷白氏菌屬 / 腸桿菌屬	+/–	–	V*	+
沙雷氏菌屬	–	V*	+	+
變形桿菌屬	+	–	–	+
普羅威登氏菌屬	+	+	–	+
假單胞菌	–	–	–	V*

*V = 隨菌種不同而有改變

造成由內毒素所引起的休克。因為 H、K、O 這三種抗原在化學結構上些許的差異，使得大部分革蘭氏陰性腸道菌菌種擁有各種的亞種或是血清型，通常可利用血清分型技術加以鑑定。此技術是利用特異性抗體與待測的培養菌混合之後，觀察其凝集或是沈澱反應發生的程度來加以量測 (見第 14 章)。血清分型不只在對部分細菌種類的鑑定上有幫助，也對查明爆發流行時的特定血清型病菌來源相當重要，使得此技術在流行病學的研究上成為一個有用的工具。

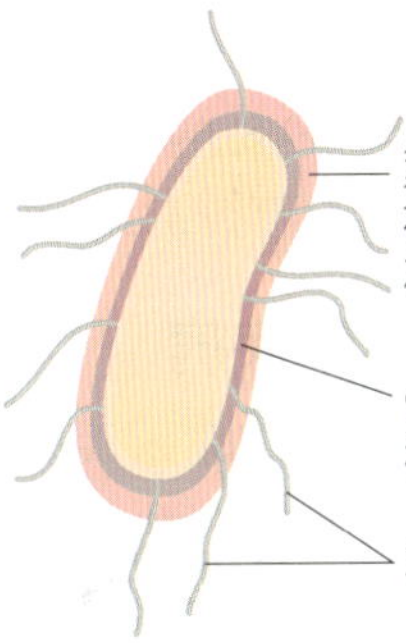

圖 17.11 **革蘭氏陰性腸道桿菌之抗原結構**。這些抗原不同的組成，提供了大部分菌屬的血清學分型依據。

腸內菌的致病能力與其產生的內毒素、外毒素、莢膜、菌毛以及黏附到宿主細胞上的分子等有關，這些因子會造成對組織的侵襲與破壞。雖然大部分的腸內菌都是共生菌，但大部分的成員都具有快速改變其致病能力的潛能，如同我們在第 7 章與第 9 章中所見，革蘭氏陰性菌常能自由傳送其染色體或是質體上的基因，這些基因往往與抗藥能力、毒素產生能力以及其他所需的適應能力有關。當這種基因轉移的現象發生在糞便中常在菌的混合族群 (例如在帶原者的腸道) 之間時，一些原本為無致病性或是低致病性的菌株，便有可能獲得到較強的毒力 (見第 17.4 節處關於 *E. coli* 的討論)。可被轉移的最常見毒力基因包括毒素、莢膜、溶血素以及菌毛基因等，能夠增強細菌對腸道或是泌尿道上皮的侵襲力。

17.4 大腸桿菌群細菌與其相關疾病

大腸桿菌：最常見的腸內桿菌

大腸桿菌 (*Escherichia*[10] *coli*) 是最為人所熟悉的大腸桿菌群細菌，因為它是在實驗室當中最被廣泛使用的菌種。雖然它被命名為大腸桿菌，而且也被認為是人類腸道中主要的菌種，但實際上 *E. coli* 與腸道中不容易被培養出來的絕對厭氧菌 [類桿菌 (Bacteroides) 與雙岐桿菌] 的數量相比，只有 1 比 9。此菌在臨床檢體以及感染性疾病中的高盛行率，起因於它是腸道中最常見

10 *Escherichia* 埃希氏菌屬 (ess-shur-eek′-ee-uh)。以德國醫師 Theodor Escherich 之名加以命名。

的需氧且非營養挑剔性細菌。雖然 *E. coli* 主要是以共生菌的形式存在，但它並非是完全無害的。在多達 150 種的 *E. coli* 中，許多菌株都不具高感染性，但有部分菌株經過質體轉移之後，卻發展出極高的毒力，其他的則是伺機性感染菌。

以下是數種具致病力的 *E. coli* 菌株：

- **腸產毒性** (enterotoxigenic) *E. coli* 引起嚴重的腹瀉症狀，致病因為兩種外毒素，一種為對熱不穩定 (LT)，另一種為對熱穩定 (ST)，會刺激升高的分泌及液體流失，與霍亂的致病機轉類似 (請見圖 18.11)。此種血清型的 *E. coli* 也具有菌毛，能夠提供對小腸的黏附力。
- **腸侵襲性** (enteroinvasive) *E. coli* 引起發炎性疾病，與 *Shigella* 造成的**痢疾** (dysentery)[11] 類似，會造成大腸黏膜的侵襲性破壞與潰瘍。
- **腸致病性** (enteropathogenic) *E. coli* 菌株與耗損形式的嬰兒腹瀉有關，目前致病機轉還不清楚。
- **腸出血性** (enterohemorrhagic) *E. coli* O157:H7 引起出血性腸炎，可能引發溶血性尿毒症候群 (hemolytic uremic syndrome, HUS)，會造成嚴重的腎損傷。因為此種 *E. coli* 的毒力有許多是由志賀氏菌獲得的志賀毒素 (shiga toxin) 而來，因此又稱為 **STEC**。

大腸桿菌的臨床疾病

大部分 *E. coli* 的臨床疾病只在人類之間傳播，致病株經常造成嬰兒的腹瀉，也是造成嬰兒死亡的最大單一原因，在世界上的部分地區約有 15~25% 的五歲以下兒童死於與 *E. coli* 為主因或併發其他疾病的腹瀉。在人口稠密的熱帶地區感染的比率較高，該處衛浴設備較差，供水也遭到污染，而且成年人身上帶有致病性的菌株，對此他們已發展有免疫力。

未成熟且不具免疫力的新生兒腸道，對這些經由不潔的水或食物進入的致病原不具抵抗能力。在將乾粉混合了污染的水來製備配方奶時，此操作等同是將致病原接種入了嬰兒。常常一個嬰兒本身已經營養不良了，卻又進一步喪失身體的水分與電解質，會更快導致孩子的死亡。開發中國家的母親更應鼓勵他們親自哺乳，如此一來孩童才能獲得較好與較安全的營養來源，同時也能得到較好的腸胃道免疫力。

儘管人們相信所謂的「蒙特祖馬的復仇 (Montezuma's revenge)」、「德里腹 (Delhi belly)」以及其他的旅行相關腸胃道疾病，是由一些外來的病原菌所引起，但超過 70% 的旅行者腹瀉其實都是由腸產毒性的 *E. coli* 菌株所引起。旅行者食用了受污染的水或食物，吃進了毒力較強的菌株後，在 5 至 7 天內便會出現嚴重的水瀉、輕微發燒、噁心及嘔吐等症狀。部分旅行者甚至會發展成類似志賀氏菌或沙門氏菌感染所造成的較慢性的腸侵襲性痢疾。

口服的抗菌藥物對早期的感染可能有效果，非處方藥物如高嶺土 (kaolin) 或洛哌丁胺 [loraperamide (Imodium)] 等會減緩腸道的運動，能夠舒緩腹瀉症狀，但也可能延長致病原停留在體內的時間。這些藥物或許都不如水楊酸鉍 [bismuth salicylate (Pepto-Bismol)] 混合物這種藥來得有效，因為這種藥物一方面可以中和腸毒素，同時又具有抗菌能力。

大腸桿菌在食因性感染中所扮演的角色

E. coli 中最被高度宣傳的一種菌株，是因為它在 1982 年首次造成了因速食店漢堡污染所引

---

11 *dysentery* 痢疾 (dis′-en-ter″-ee)。希臘文：*dys* 壞；*enteria* 腸。

起的感染而聲名大噪。自那時起，這種菌株就被以它的抗原性 O157:H7 加以命名，表示其體抗原 (O) 為 157 型，鞭毛抗原 (H) 則為第 7 型。又因為它對人體造成的影響之一為引起腸道的出血，所以它又被認為是一種腸出血性的致病原。這種細菌的毒力來源為細胞壁上的接受器，這些接受器會與宿主的細胞膜結合，結合之後創造出一個可讓細菌分泌的毒素與其他的蛋白質直接進入宿主細胞中的孔道。STEC 類型的 *E. coli* 同時獲得來自志賀氏菌的志賀毒素基因，這種毒素進入宿主細胞後會與核糖體結合，並干擾蛋白質的合成，造成腸道細胞的死亡與脫落。

這種細菌可生存在黃牛的腸道中，且不會對黃牛造成影響。以牛為起點，細菌可經由污染的牛肉、水及生鮮蔬菜等進入食物鏈。商品化供應的漢堡變成是一個傳播的來源，因為肉類處理工廠經常混合使用來自數百個來源的肉，其中只要有一頭動物攜帶病菌，數千磅的牛肉便可能全部受到污染。感染所需的菌數僅僅只要 100 隻菌，只要一小塊未經煮熟的肉就可能已經含有這個數量。此外，蔬菜、果汁以及受到動物廢棄物污染的地下水都可能變成污染源。每年通報到 CDC 的案例數大約有 2,000 例至 4,000 例，但實際的案例數可能是這個數字的數倍之多。

此株 *E. coli* 所引起的症狀從腸胃炎與痢疾到發燒與急性腹痛，與志賀氏菌引起的症狀相當類似。約有 10% 的病例會出現一種較嚴重的疾病，稱為溶血性尿毒症候群 (hemolytic uremic syndrome, HUS)。此疾病是由於志賀毒素作用在血液與腎臟，造成溶血與腎臟損傷甚至衰竭。孩童、老年人以及免疫妥協的病人對此併發症有較高的風險。抗生素治療經常無效。

此致病原的出現促使美國農業部 (USDA) 的食品及安全查驗局，提高對新鮮肉類與香腸製品的監測。快速鑑定此菌的主要方法為在實驗室中利用選擇性培養基來篩檢 (圖 17.12)。目前，對 O157:H7 的檢測為隨機抽樣，而且並未強迫屠宰場及肉類供應商進行，不過還是曾成功地由肉類中鑑定出致病原，並召回數百萬磅的漢堡。目前主要就是因為這個致病原的緣故，所有的新鮮肉類以及禽類製品都必須貼上一張小小的警告標籤，以提醒消費者較安全的食物處理方式。

其他的感染

大腸桿菌經常侵入腸道以外的位置，例如，它也造成 50~80% 發生於健康人的泌尿道感染 (urinary tract infections, UTI)。泌尿道感染通常是因為感染者內生性的細菌侵入尿道所造成。女性發生機率較高，原因是女性的尿道較短，細菌容易自尿道向上感染到膀胱 (膀胱炎)，偶爾會感染腎臟。裝置膀胱內導尿管的病人也是感染 *E. coli* 尿道炎的高危險群。其他的由 *E. coli* 所造成的腸道外感染還包括新生兒腦膜炎、肺炎、敗血症以及傷口的感染。這些感染經常都伴隨手術、內視鏡、氣管切開術、導尿、腎臟透析以及免疫抑制治療等一同發生。

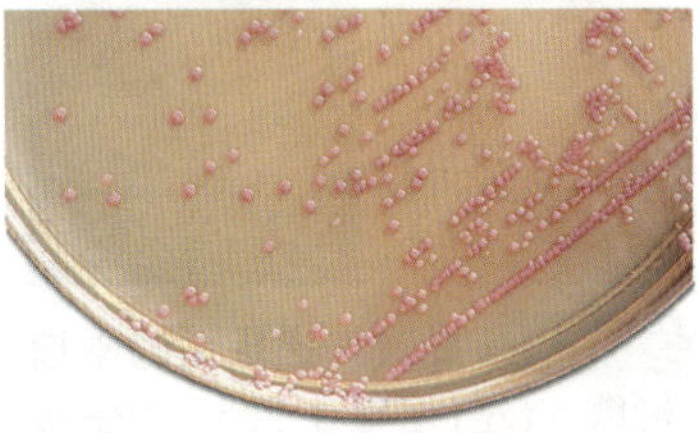

圖 17.12 *E. coli* O157:H7 的快速鑑定。在一擁有選擇性與鑑定能力的培養基 CHROMagar O157 上，*E. coli* O157:H7 會產生紫紅色的菌落。其他的細菌在此培養基上則呈現受抑制完全不生長的狀況，或是產生其他顏色的菌落。

E. coli 與大腸桿菌群細菌的數量

因為這些菌在大部分的人體內主要是以正常腸道內細菌的角色出現，因此目前 *E. coli* 便成為一個用來監控水、食物及乳製品是否有遭受到糞便污染的指標細菌之一。根據這個原因，如果 *E. coli* 出現在水質檢體中，則其他的糞便病原菌如沙門氏菌、病毒或甚至是致病性的原蟲，就都可能一併出現在水中。

使用如 *E. coli* 這類的大腸桿菌群細菌作為偵測對象，主要是因為其數量較大、能存活於環境中，而且較真致病原容易並可快速被偵測出來。如果有一定數量的大腸桿菌群細菌出現在檢體中，則此受測的水就須被判定為不適合飲用。

其他的大腸桿菌群細菌

其他臨床上具有重要性的大腸桿菌群細菌大多屬於伺機性細菌，包括克雷白氏菌、腸桿菌、沙雷氏菌及檸檬酸桿菌等 (見圖 17.9)。這些細菌的感染主要發生在宿主的先天防禦系統失效時，而通常與醫療過程有關。這類細菌的不同成員幾乎都能夠感染任何器官，但最嚴重的併發症通常為敗血症與內毒素血症。因為它們分布極廣、又具有抗藥性，加上它們所感染的病患通常處於不良的醫療狀態，因此要完全控制這些細菌的感染，幾乎不可能達成。

克雷白氏菌 (*Klebsiella*)[12] 除了棲息在人類與動物的腸道，也可在健康人的呼吸道中發現，其菌落化生長可能會造成慢性的肺部感染。克雷白氏菌擁有大型的莢膜，可用以抵抗吞噬細胞的吞噬作用而促進感染 (圖 17.13)。有些菌株也能製造毒素。此菌屬最重要的菌種為肺炎克雷白氏菌 (*Klebsiella pneumoniae*)，常是造成院內感染的肺炎、腦膜炎、菌血症、傷口感染及泌尿道感染的第二入侵細菌。

腸桿菌 (*Enterobacter*) 及其相關菌屬哈夫尼亞菌 (*Hafnia*) 一般棲息在土壤中、污水裡以及乳製品中。腸桿菌所造成的臨床疾病中，最主要的為泌尿道感染。此菌也可由手術的傷口、脊髓液、痰液以及血液中分離出來，雖然有時候被認為是次要的致病原，但若進入血流中也足以致命。在一次因為靜脈注射液受到腸桿菌污染而引發的敗血症流行爆發中，有 150 位病患遭到感染，其中有 9 位死亡。

圖 17.13 肺炎克雷白氏菌的黏液狀菌落，此外觀是本菌擁有厚重莢膜的證據。

檸檬酸桿菌 (*Citrobacter*) 是一種平常棲息於土壤、水以及人類大腸中的細菌，偶爾造成伺機性的泌尿道感染，以及在衰弱患者身上造成菌血症。

沙雷氏菌 (*Serratia*) 在自然界中生存於土壤、水以及腸道中。黏質沙雷氏菌 (*Serratia marcescens*)[13] 在室溫下生長時，會製造出明顯的紅色色素 (圖 17.14)。這隻細菌曾被微生物學家認為是無害的，甚至被用來追蹤醫院中及跨城市間的氣流運動，也被用來證明在拔牙之後患者會出現短暫的菌血症。但不幸的是，此菌對免疫妥協的宿主還是具有侵襲能力。沙雷氏菌引起的肺炎好發在酗酒者身上，藉著污染的呼吸器與輸液進行傳播。此菌也經常造成燒傷與傷口的感染，也造成免疫抑制患者的致死性敗血症與腦膜炎。

圖 17.14 黏質沙雷氏菌的兩種形態。(左) 培養在 25°C 所生長的菌落會產生紅色色素。(右) 培養在 38°C 下則不產生色素，菌落呈現白色 (10 倍)。

---

12 *Klebsiella* 克雷白氏菌 (kleb-see-el′-uh)。以德國細菌學家 Theodor Klebs 之名加以命名。

13 *Serratia marcescens* 黏質沙雷氏菌 (sur-at′-ee-uh; mar-sess′-uns)。紀念偉大的自然學家 S. Serrati，而 *marcescens* 為「逐漸消失」之意。

17.5　非大腸桿菌群的腸內菌

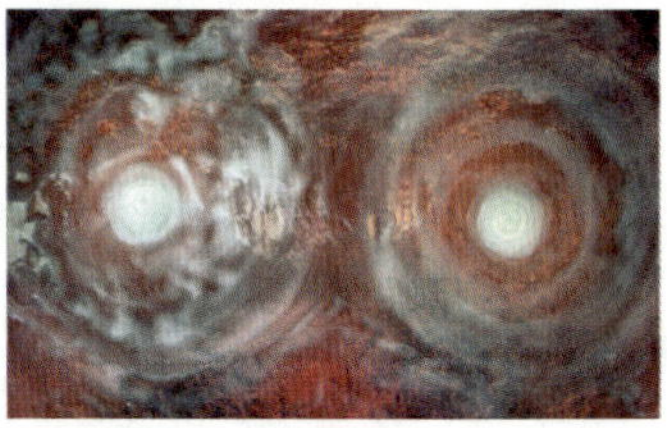

圖 17.15　**普通變形桿菌所呈現出的典型波浪狀遊走現象。**在培養基上的菌落會產生同心圓的生長現象，此現象增加了在含有變形桿菌的混合感染中進行菌落分離的困難度。

伺機性感染菌：變形桿菌與相關菌種

有三個親密相關的菌屬變形桿菌 (*Proteus*)[14]、摩根菌 (*Morganella*)[15] 以及普羅威登氏菌 (*Providencia*)[16]，三者都是土壤、肥料、糞便、髒水以及污染水中的腐生菌，同時也是人類與其他動物身上的共生菌。儘管分布很廣，這些細菌對健康的個體來說都是無害的。變形桿菌會在潮濕的培養盤表面出現游走現象 (swarm)，出現明顯的同心圓生長特性 (圖 17.15)。它們經常出現在泌尿道感染、傷口感染、肺炎、敗血症，以及偶爾造成嬰兒的腹瀉。變形桿菌造成的泌尿道感染，經常也會刺激腎結石的產生並造成腎臟損傷，這是因為此菌會製造尿素酶導致尿液的 pH 值上升所致。摩氏摩根菌以及普羅威登氏菌都會造成類似的感染，其中一個伺機性感染菌斯氏普羅威登氏菌 (*P. stuartii*)，經常出現在燒傷患者身上。抗生素的治療效果會因細菌對數種抗生素的抗藥性而受到阻礙。

真正的腸道致病菌：沙門氏菌與志賀氏菌

沙門氏菌及志賀氏菌與其他的大腸桿菌群細菌及變形桿菌類的細菌不同，因為它們有發展完備的毒力因子，使其成為人類主要的病原菌，而不是正常菌叢。它們所引起的疾病稱為沙門氏菌病 (salmonelloses) 以及志賀氏菌病 (shigelloses)，會出現腸胃道症狀以及腹瀉，但也經常會造成其他系統的症狀。

傷寒熱與其他的沙門氏菌症

沙門氏菌 (*Salmonella*)[17] 菌屬中最嚴重的病原菌是傷寒沙門氏菌 (*S. typhi*)，是造成傷寒熱的致病原。其他的沙門氏菌成員則被分類至一個很大的，稱為腸炎沙門氏菌 (*Salmonella enterica*) 的超級菌種中，此種底下再分為五個亞種，內有超過 2,500 種不同血清型的成員。血清型主要是根據 O、H 與 Vi 三個主要的抗原來分型。可利用英文正體字來為血清型命名，這種命名法可反映某特定血清型的發源地，例如鼠腸炎沙門氏菌 (*S. enterica* Typhimurium)(於齧齒類中發現)，或是新港腸炎沙門氏菌 (*S. enterica* Newport)(以分離到的城市命名) 等。經常需要 CDC 的專家才能夠區別這些複雜的血清型。

沙門氏菌具有鞭毛，易於生長在大多數的培養基上，且在宿主體外的環境中，如淡水中以及冷凍低溫下都還能生存。這些病原菌對膽鹽以及染料這類的化合物 (選擇性培養基中用以分離這類細菌的依據) 具有抵抗性，且在人工環境下培養長時間之後仍舊保有毒力。

傷寒熱 (typhoid fever)，如此命名是因為它的症狀與立克次體所引起的斑疹傷寒 (typhus) 表面上看起來很相似，雖然事實上這兩種疾病完全不相同。在美國，從 1970 年代至今，傷寒熱的

14 *Proteus* 變形桿菌 (pro′-tee-us)。以 Proteus 命名，為一位能以不同形態出現的希臘海神。
15 *Morganella* 摩根菌 (mor-gan-ell′-uh)。以 T. H. Morgan 之名命名。
16 *Providencia* 普羅威登氏菌 (prah-vih-den′-see-uh)。以 Providence, RI. 之名命名。
17 *Salmonella* 沙門氏菌 (sal-moh-nel′-uh)。以美國病理學家 Daniel Salmon 之名命名。

發生率一直維持在一穩定的比率，僅僅是偶爾才會出現病例 (圖 17.16)。在每年所出現的約 2~4 萬的病例中，大概有一半是從疫區境外移入。在世界上其他地區，傷寒熱則仍舊是一個嚴重的健康問題，每年約有數百萬的感染病例，其中有 20 萬例死亡。

傷寒桿菌通常隨著受到糞便污染的水或是食物進入消化道，偶爾可透過人與人的親密接觸傳播。因為人類是傷寒沙門氏菌的唯一宿主，因此無症狀帶菌者對傷寒桿菌的延續及散播扮演了相當重要的角色。超過半數的患者，就算已經過了恢復期六週之後，仍舊可排放出細菌。少數人可長期帶有此菌，細菌可生存在這些人的膽囊內，並持續排放至腸道以及糞便中。

沙門氏菌造成感染所需的吞入的菌量約在 1,000 至 10,000 隻細菌之間。在小腸黏膜處細菌會黏附並開始發展性的侵襲性感染，最終造成敗血症。症狀包括發燒及腹痛，伴隨著交替出現的腹瀉與便秘。傷寒菌會在腸繫膜的淋巴結以及肝與脾的吞噬細胞出現浸潤現象，在某些個體中小腸會出現潰瘍，甚至出現出血、穿孔以及腹膜炎 (圖 17.17)。細菌出現在循環系統中可能會引發肝臟或是泌尿道處的結節或是膿瘍。盡快治療可大大的降低引起死亡的可能性。

病患的病史以及所呈現出來的症狀可作為傷寒熱初步診斷的依據，血中升高的抗體效價也可作為診斷的輔助 (見第 14 章)，然而最終的確認診斷還是需要進行傷寒桿菌的分離。環丙沙星 (Ciprofloxacin) 或是頭孢三嗪 (ceftriaxone) 均可作為治療藥物，但還是有一些抗藥菌株出現。抗生素對慢性帶菌者通常有效，但對一些有慢性膽囊炎的患者來說，有時仍必須進行膽囊切除術。

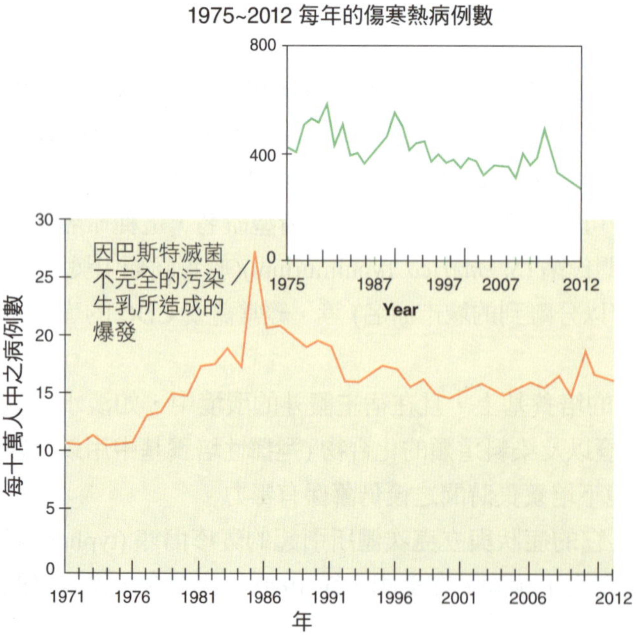

圖 17.16 **1971 至 2012 年間沙門氏菌感染的發生率。**絕大多數的病例都是屬於腸熱症 (enteric fevers)，而屬於傷寒熱則如本圖中的嵌入圖所示。本疾病在美國多為零星發生，且經常為境外移入病例。

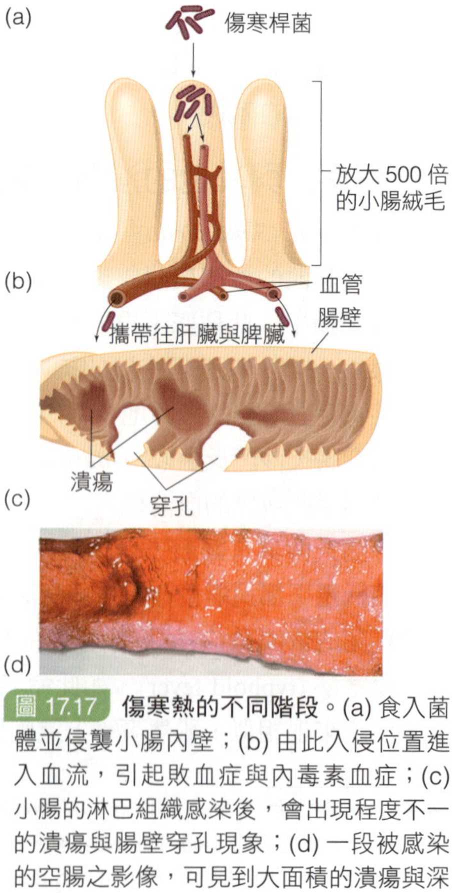

圖 17.17 **傷寒熱的不同階段。**(a) 食入菌體並侵襲小腸內壁；(b) 由此入侵位置進入血流，引起敗血症與內毒素血症；(c) 小腸的淋巴組織感染後，會出現程度不一的潰瘍與腸壁穿孔現象；(d) 一段被感染的空腸之影像，可見到大面積的潰瘍與深穿孔。

目前有兩種疫苗可用，一種是活菌減毒疫苗，另一種則是莢膜製成的多醣體疫苗。兩種疫苗都只能提供暫時性的保護，可供旅行者以及軍人使用。

動物的沙門氏菌症

除了傷寒熱之外的沙門氏菌病通常都稱為沙門氏菌食物中毒，或是沙門氏菌腸胃炎，症狀通常較傷寒熱輕微。非屬於傷寒的沙門氏菌通通都歸屬於腸炎沙門氏菌這個菌種下的五個亞種之中，這五個亞種分別是：副傷寒 (*paratyphi*)、鼠傷寒 (*typhimurium*)、腸炎 (*enteriditis*)、豬霍亂 (*cholerasuis*) 及亞利桑那 (*arizonae*)。這個菌種內含有至少 2,500 種不同的血清型，但最常引起腸胃炎流行的血清型為腸炎 (Enteriditis)、鼠傷寒 (Typhimurium)、新港 (Newport) 與海德堡 (Heidelberg)。

非傷寒沙門氏菌症比傷寒熱有較高的發生率，每年的報告病例大概都穩定的有 40,000 至 50,000 個，而 CDC 估計每年真正的發生率大概高達 150 萬個 (見圖 17.16)。不同於傷寒熱，所有其他的沙門氏菌株在來源上都是人畜共通的，但在特定的環境下，人類有可能成為帶菌者。沙門氏菌是牛、家禽、嚙齒類及爬蟲類腸道中的正常菌叢。肉類與乳類這些動物製品，在屠宰、收集與加工製造的過程中都有可能被污染。食入未經充分煮熟的牛肉，或是未經過巴斯特滅菌法處理的鮮乳、奶粉、冰淇淋以及乳酪等，就有內在的風險。另一特別需要留意的是食物是否有被嚙齒類動物的糞便污染，幾次感染的爆發已追蹤到不潔的食物保存，或有大鼠及小老鼠出沒的食物處理工廠。

據估計每三隻雞當中便有一隻被沙門氏菌所污染，其他如鴨與火雞等家禽類也有類似的狀況。蛋類是一個特別重要的問題，因為細菌會在蛋殼形成的過程中進入到蛋內。家禽養殖場現已開始使用由常在菌叢混合而成的益生菌混合物來噴灑到剛孵化的雞隻身上，以便讓新生的小雞就帶有這些益生菌，這樣的技術似乎可抑制相當高比例的沙門氏菌感染。一般來說，在處理禽類或是禽類製品時，均應以假設它們都帶有沙門氏菌的狀況來小心處理，注意清理的技術以及充分煮熟後再食用。沙門氏菌的抗藥性也正在逐漸增加中，部分原因是因為飼料中加入了抗生素所造成。

大部分感染的病例都可追蹤到常見的食物來源，例如牛奶或是蛋類。過去曾爆發過大流行的感染曾與牛奶、家庭中利用生雞蛋製成的冰淇淋以及生菜沙拉等食物有關，部分是與衛生狀況不好有關。其中曾有一次感染爆發在丹佛動物園，在參觀了科摩多巨蜥之後，造成了約 60 人的感染。這些人顯然是在摸過巨蜥展示場的欄杆與護欄之後忘了洗手，才受到感染。

沙門氏菌感染的症狀、毒力以及流行等狀況，可用一個金字塔來形容，發展為傷寒熱的只占頂端小部分，腸胃炎則占了金字塔的中間部分，更多的是無症狀的感染，位於金字塔最大的底部。在傷寒熱患者身上會比腸胃炎患者容易見到體溫升高及敗血症等症狀，而腸胃炎患者的症狀為嘔吐、腹瀉、體液流失以及黏膜受損等。在健康人身上，這些症狀約在 2 至 5 天後會自動消失。通常在美國的老年人族群中，沙門氏菌在所有的腸道病致原中是死亡率最高的一種。

在給予患者藥物進行治療之前並不需要進行細菌的血清型鑑定，只有在爆發流行時，需要追蹤感染的來源，才會進行血清型鑑定。沙門氏菌可由血液、尿液或是糞便中進行培養，此法仍是目前可用的鑑定方法之一。對較複雜的腸胃炎的治療方法與傷寒熱類似，而如果是較單純的腸胃炎，則只需補充水分與電解質即可。

志賀氏菌與桿菌性痢疾

志賀氏菌 (*Shigella*)[18] 會引起一種常見但經常會使人無法自在行動的痢疾，稱之為**志賀氏菌病** (shigellosis)，其最大特徵為出現令人癱瘓無法行動的腹部痙攣，及頻繁的排出充滿黏液與血液的水瀉。致病原包括：痢疾志賀氏菌 (*Shigella dysenteriae*)、索氏志賀氏菌 (*S. sonnei*)、弗氏志賀氏菌 (*S. flexneri*)、鮑氏志賀氏菌 (*S. boydii*)，這些菌雖然可以感染類人猿，但都是屬於主要的人類致病原，都會造成症狀類似但強度不同的疾病。這些細菌無運動性、無莢膜，也非營養挑剔性，在許多特性上與一些致病性的 *E. coli* 非常相像，因此這兩者被歸在同一個次分群當中。

雖然痢疾志賀氏菌會造成最嚴重的痢疾，但此菌在美國並不普遍，主要發生於東半球。在過去十年中，美國曾經流行的志賀氏菌有索氏志賀氏菌與弗氏志賀氏菌，每年約造成 10,000 至 15,000 起病例，其中半數是 1 至 10 歲之間的孩童。志賀氏菌病主要是因為吃了受糞便污染的食物而感染，快速的記憶口訣為「糞便傳播至食物、手指、蒼蠅，有時還有其他病媒 (feces transferred to food, fingers, flies, and sometimes fomites)(五個 F)」。此菌也可經由直接的人傳人來傳播，多因其所需的感染菌量很小(約 100~200 隻菌)。此菌造成的疾病主要是與不佳的環境衛生、營養不良以及過分擁擠有關，並在如日間照護中心、監獄、精神病院、療養院與軍營等等地方造成流行。如同其他的腸道感染一樣，志賀氏菌在某些人身上也會變成慢性的帶菌，並持續數月之長。

志賀氏菌病與沙門氏菌病不同，志賀氏菌比較會侵襲大腸的絨毛細胞，而不是小腸。此外，志賀氏菌的侵襲力也沒有沙門氏菌強，無法穿透小腸或是進入血流之中。此菌藉著派亞氏 (Peyer's) 淋巴結中的淋巴細胞進入腸道黏膜，進入黏膜之後志賀氏菌會誘發免疫反應，造成廣泛的組織損傷。而由菌體所釋放出來的內毒素則會造成發燒，腸毒素也會造成黏膜與絨毛的損傷。局部區域的糜爛會造成出血以及黏液的大量分泌 (圖 17.18)。痢疾志賀氏菌會製造一種熱不穩定外毒素 (志賀毒素)，此種毒素有數種不同的影響，包括傷害神經細胞與傷害腸道，同時也會利用與 *E. coli* O157:H7 相同的機制來對腎臟造成傷害，會引起出血性尿毒症 (hemolytic uremic syndrome)。

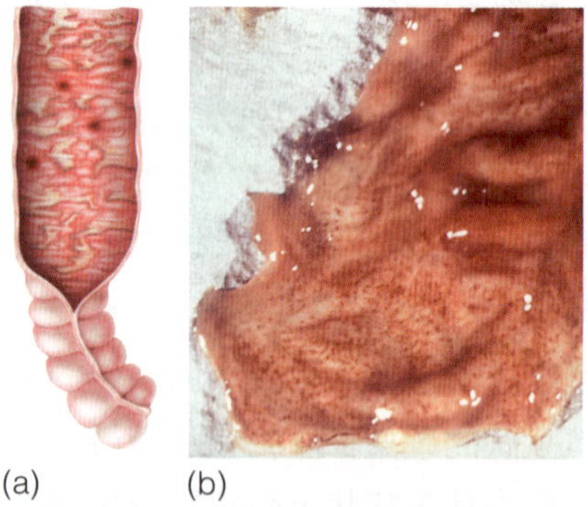

圖 17.18 志賀氏菌型痢疾 (桿菌性痢疾) 的大腸黏膜外觀。(a) 本圖中強調出帶有血液與黏液的區域、糜爛的腸壁內襯，以及未出現穿孔的現象；(b) 一段大腸的切片，可見到釋出血液分泌物的出血點。

因為會造成出血性腹瀉的病原菌有好幾種，例如 *E. coli*、原蟲中的痢疾阿米巴原蟲與梨形鞭毛蟲等，因此在疾病的診斷上是相當複雜的。分離與鑑定的方法與一般的腸內菌相同，感染的治療則利用補充液體與口服如環丙沙星與 sulfatrimethoprim (SxT) 這類的抗生素，但若在有抗藥性出現的情況下，則利用阿奇黴素或頭孢菌素類的抗生素來取代。預防的方法則與沙門氏菌病相同，目前尚無疫苗可用。

生鮮食物與感染間的關係

生鮮產品大約與半數食因性的感染有關，最常見的感染來源以發生次序排列包括生菜、芽菜、果汁、瓜類、番

18 *Shigella* 志賀氏菌 (shih-gel′-uh)。以日本醫師 K. Shiga 之名命名。

茄以及菠菜。這些食物之所以與感染相關的主要原因是它們多為生食，因此無法透過加熱來降低微生物的數量。感染最主要的菌種為大腸桿菌、沙門氏菌、李斯特氏菌以及志賀氏菌。如果這些作物是生長在污染的土壤以及水中，又沒有經過適當的清洗與儲藏的話，就更容易帶有致病原甚至讓其生長。過去十年來，這類產品的消費量大量增加，同時也在全世界造成了數百起的感染爆發。在其中一件受到詳盡研究的案例中，結果顯示有數起腹瀉疾病的爆發是發生在一家餐廳中那些吃了香菜的顧客們身上，研究人員追溯其感染原頭後發現，有一株志賀氏菌菌株出現在沙拉與開胃菜裡，其中所使用的香菜生產於墨西哥的下加利福尼亞半島，並且在運送與保存的過程中使用了受到污染及未以氯處理過的水製成的冰塊。此菌以低的感染菌量而惡名昭彰，同時最終在全美造成了十幾例的感染。其他數例受到大眾矚目的食物感染案例，表列如下：

病原菌	病例數	受污染的食物	病菌的可能來源
E. coli O157:H7	204	菠菜	牛糞
李斯特菌	146	哈密瓜	污染的包裝工具
沙門氏菌	561	鮮採番茄	種植場污染？
沙門氏菌	714	花生醬	許多媒介因子

由於食物供應的全球化趨勢，產品的來源可能是世界上任何一個地方，從一個地區的小農場可被運送到遠在千里之外的另一個國家。有一個稱作 PulseNet 的全國性資訊系統，利用一種稱為脈衝凝膠電泳法 (pulsed-field gel electrophoresis) 的強大且特異性極高的技術，已開始針對這些感染的爆發進行研究與統計。

腸道耶爾森氏菌

耶爾森氏菌 (*yersinia*)[19] 屬的成員共有三個菌種，每種菌都能引起稱為耶爾森氏菌病 (yersinoses) 的人畜共通性疾病。小腸結腸炎耶爾森氏菌以及假結核耶爾森氏菌棲息於野生動物與家畜的腸道中，會引起人類的腸道感染，而鼠疫桿菌 (*Y. pestis*) 則不屬於腸道病原菌，而是造成腺鼠疫。

小腸結腸炎耶爾森氏菌可由健康的及生病的農場動物、寵物、野生動物以及魚類身上被分離出來，同時在水果、蔬菜及飲水中也可發現。在為期約 4 至 10 天的潛伏期中，細菌會侵入小腸黏膜，有些並進入淋巴系統成為吞噬細胞的胞內寄生菌。迴腸以及腸繫膜淋巴結的發炎會引起如闌尾炎般的劇烈腹痛。假結核耶爾森氏菌與小腸結腸炎耶爾森氏菌在許多的特性上非常相似，但前者所造成的感染較為輕微，大多造成淋巴結的發炎而非黏膜。

非腸道性的鼠疫桿菌與鼠疫

鼠疫 (Plague)[20] 這個字會讓人自然而然聯想到死亡，以及與其他感染性疾病不同的發病率。雖然鼠疫的流行可能早從遠古時代便已存在，但最早的可靠記載則是在西元 6 世紀，該次大流行共造成了 1 億人死亡。最接近現代的一次大流行則是發生於 19 世紀初葉晚期，靠著船上的鼠類將此疾病傳播到全世界。鼠疫傳進美國約發生在 1906 年的舊金山港，受感染的老鼠與本地的

19 *Yersinia* 耶爾森氏菌 (yur-sin′-ee-uh)。以法國細菌學家 Alexandre Yersin 之名命名。

20 源自拉丁文 *plaga*，有侵襲、侵擾或是受疾病、災害或其他惡靈折磨之意。

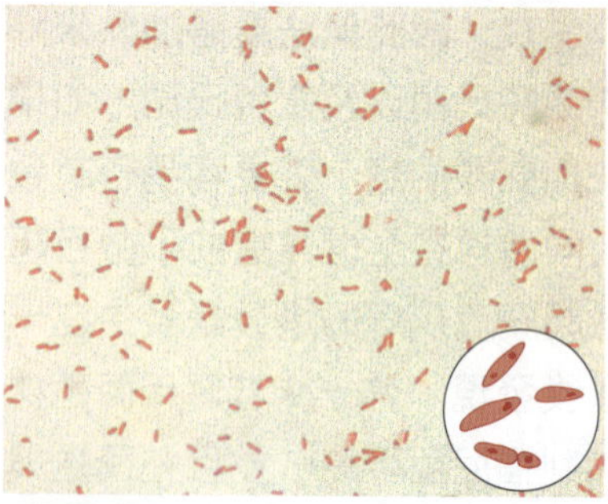

圖 17.19 **來自一感染老鼠血液中的鼠疫桿菌革蘭氏染色結果。**菌體呈現特殊的兩端較濃染的雙極性形態，使其看起來像「安全別針」。

鼠類族群混雜，並逐漸將族群擴散到西部與中西部。造成這種令人恐懼的疾病的致病原是一種微小的、看似無害的一種革蘭氏陰性桿菌，稱為鼠疫桿菌，此菌有一種不尋常的雙極性 (bipolar) 染色特性以及具有莢膜 (圖 17.19)。

毒力因子

今日所見的鼠疫桿菌，其毒力與中世紀時所見到的完全相同。與高發病率及死亡率相關的毒力因子為菌體上的莢膜與套膜蛋白，這些蛋白質會保護菌體免於被吞噬細胞吞噬，且讓細菌能夠在細胞內生長。此菌也會製造凝固酶，可造成凝血以及造成鼠蚤的食道阻塞，也會使人類的血管阻塞。其他與致病力相關的因子還有內毒素及一種高效的鼠類毒素。

鼠疫複雜的流行病學與生活史

即使在大多數的地區，鼠疫的發生率已經降低，但自然界中鼠疫桿菌仍存在於世界各處的許多動物體內。現在的非洲、南美洲、中東地區、亞洲以及前蘇聯，鼠疫仍然以地方性的疾病形式存在著，有時甚至會爆發流行。在美國，零星的案例 (通常少於 10 件) 都與和野生動物或是家畜接觸而造成，自 1924 年後便已無人傳人的案例發生。最可能遭到感染的高危險群為獸醫，與居住及工作在接近樹林與森林地區的人口。在美國發生的病例都局限在密西西比河以西的局部地區。

鼠疫的流行病學是所有疾病中最複雜的，因為牽涉到數種不同的脊椎動物以及蚤類病媒，甚至在不同地區的感染循環方式也都不完全相同。一般的感染循環方式如圖 17.20 所示。人類感染鼠疫的方式，可透過與野生動物接觸 [森林型鼠疫 (sylvatic plague)]，或是與家畜或是半野生的動物接觸 [城市型鼠疫 (urban plague)]，或是與受感染的人類接觸而造成。

動物儲存宿主 鼠疫桿菌可在 200 種不同的哺乳動物身上發現，而主要與流行相關的長期儲存宿主為老鼠與田鼠等各種不同的齧齒類動物，這些動物可攜帶病菌但卻不會產生疾病。會將疾病傳播給其他種類哺乳動物的宿主 (hosts) 稱為*擴增宿主* (amplifying hosts)，這種宿主會被細菌感染，且在疾病流行時會大量相繼死亡，包括大鼠、地松鼠、花栗鼠與兔子等，都是人類鼠疫的常見病菌來源。而在感染過程中，到底最重要的哺乳動物是何種，則與不同的地區有關。其他的哺乳動物，如駱駝、綿羊、郊狼、

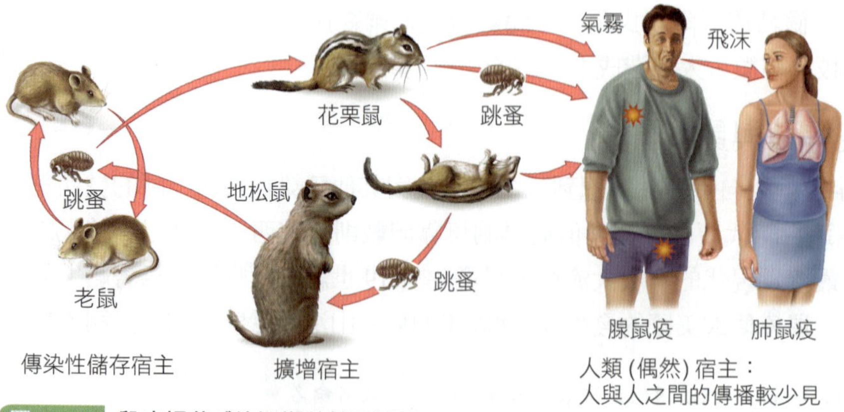

圖 17.20 **鼠疫桿菌感染週期的簡要圖示。**

鹿、狗與貓等，也可能參與疾病傳播的循環。

蚤類病媒　在鼠疫桿菌傳播的過程中，由儲存宿主傳播至擴增宿主再傳播至人類的主要媒介為蚤類。這些微小、吸血的昆蟲 (見圖 20.26) 與此致病原有特殊的關聯性。當蚤從一隻已感染的動物身上吸食血液之後，鼠疫桿菌便會在蚤類的腸道內繁殖。在有效傳播桿菌的蚤類，凝固的血液會阻塞了食道。使其無法順利進食，餓壞了的蚤便會從一隻動物跳到另一隻動物身上，嘗試想要吸更多的血液獲得營養，但卻徒勞無功。在這過程中，蚤類口中反芻的感染性物質在叮咬時，便會傳播進動物被叮咬的傷口當中。

在正常情況下，蚤類應該只會在同一族群的動物間傳播疾病，但許多蚤類並無宿主專一性，它們會嘗試自不同種類的動物身上吸食血液，包括人類。在人類的鼠疫中，來自老鼠與松鼠身上的鼠蚤是主要的病媒，但有時寄生於人類身上的蚤也能夠傳播病菌。人類也可藉處理已被感染的動物、動物皮膚或肉類，以及吸入飛沫造成感染。

鼠疫的病理學

鼠疫所需引起感染的菌量極小，大約只要 3 至 50 隻細菌即可引起疾病。感染後會造成腹股溝腺炎 (bubonic)、敗血症或是肺炎型鼠疫。在**腺鼠疫** (bubonic plague) 中，鼠疫桿菌會在被蚤類叮咬處繁殖，然後進入淋巴系統，並在淋巴結中被過濾下來。這樣的感染形式會造成淋巴結的壞死與腫脹，稱之為**橫痃** (bubo)[21]，最常發生於腹股溝處，較少出現在腋窩與頸部。潛伏期持續 2 至 8 天，然後突然出現發燒、寒顫、頭痛、噁心、虛弱與腫脹的淋巴結軟化等症狀。

腺鼠疫經常會演變成血液中出現大量細菌生長的**敗血性鼠疫** (septicemic plague)，細菌所釋放出來的毒力因子會引起瀰漫性血管內凝血、皮下出血與紫斑症，還可能演變為組織壞死與壞疽。因為在皮膚表面可見到變黑的區域，所以這種鼠疫也經常被稱為黑死病。而在**肺鼠疫** (pneumonic plague) 中，感染區域發生在肺部，透過痰液與飛沫具有高度傳染性，而這種鼠疫無適合的治療方法，幾乎一定會造成患者死亡。

診斷、治療與預防　因為症狀一旦出現，患者最快可能會在 2 至 4 天後死亡，因此鼠疫的診斷與治療有相當的急迫性。病患的病史，包括最近是否有至疫區旅行、症狀以及取自腫脹淋巴結處抽吸物的實驗室鑑定，都對診斷有幫助。鏈黴素是抗生素中的首選，經治療後鼠疫約有 90~95% 的存活率。

鼠疫的威脅是國際中三大重要檢疫疾病之一 (另兩者為霍亂與黃熱病)。除了在流行期間需要進行檢疫之外，鼠疫的控制也可經由捕捉與毒殺城市中及市郊的鼠類，以及向鼠類的洞穴噴灑殺蟲劑以殺死蚤類等動作來進行。然而，這些方法並無法控制儲存宿主，因此鼠疫的威脅在流行地區中始終存在，特別是當人類侵入到嚙齒類棲息地的地區，威脅更為嚴重。

巴斯特菌科家族中的氧化酶陽性非腸道病原菌

多殺巴斯特菌

多殺巴斯特菌是一種人畜共通細菌，在動物身上為正常菌叢，對獸醫人員而言是一種需小

---

21 *bubo* 橫痃 (byoo′-boh)。希臘文：boubon 腹股溝。

心關注的細菌。在已知的六種菌種中，多殺巴斯特菌 (*Pasteurella multocida*)[22] 會造成許多的伺機性感染。例如，家禽與野禽都很容易發生類霍亂的流行，而牛隻則特別容易發生出血性敗血症 (hemorrhagic septicemia) 或是稱為「運送熱」(shipping fever) 的肺炎這種流行性感染。這類細菌也存在於家貓的鼻咽中，同時也是狗扁桃腺上的正常菌叢。因為此菌許多的宿主都是與人類生活緊密接觸的家畜，因此人畜共通的感染就變成一個無法避免且嚴重的併發症。

通常來自貓或狗所造成的咬傷或是抓傷，會引起可擴散至關節、骨骼與淋巴結的局部性膿瘍。因肝硬化或是類風濕性關節炎而免疫功能不足的患者，是出現敗血性的併發症以及中樞神經系統與心臟異常的高危險群。慢性支氣管炎、肺氣腫、肺炎或其他呼吸系統疾病的病人，都可能會出現肺衰竭的症狀。與許多具有抗藥性的革蘭氏陰性桿菌不同，多殺巴斯特菌與其他相關的細菌對阿莫西林 (amoxicillin) 具有感受性而多喜黴素 (doxycycline) 是一有效的替代。

嗜血桿菌：喜歡血液的細菌

嗜血桿菌 (*Haemophilus*)[23] 是一個小型的 (1 × 2 μm) 革蘭氏陰性帶莢膜桿菌 (圖 17.21)，這個家族的成員對營養需求較為挑剔，且對乾燥、極端溫度以及消毒劑等敏感。雖然這種細菌的名字意為「喜愛血液」，但沒有任何成員可在沒任何特殊技術處理下生長在單純的血液培養基上。嗜血桿菌需要紅血球溶解後所釋放出來的特定因子，以作為其生長時的能量代謝之用。這些可利用的因子存在如巧克力培養盤 (chocolate agar) 這種含有煮過的血液的培養盤 (見第 2 章)，以及法爾茲 (Fildes) 培養基等類的培養基上。有些嗜血桿菌是上呼吸道或是陰道的正常菌叢，而有些 [主要是副流行性感冒嗜血桿菌 (*H. parainfluenzae*) 與杜克嗜血桿菌 (*H. ducreyi*)] 則是孩童的腦膜炎以及軟性下疳的致病原。

流行性感冒嗜血桿菌 (*Haemophilus influenzae*) 命名的由來是因為在大約一百年前，自一位患了「流行性感冒」的病人身上所分離出來，但在經過 40 年之後，真正導致流感的致病原 (流行性感冒病毒) 被發現之後，才確認當初對此菌的命名是錯誤的。而這隻細菌在扮演致病原的角色上一直並不清楚，直到發現它會造成人類的急性細菌性腦膜炎 (bacterial meningitis) 後才獲得確認，而此疾病主要是由此菌的 b 血清型菌種所引起。在過去幾年來，可能因為加強預防接種之故，孩童感染此菌的發病率已開始呈現下降趨勢 (圖 17.22)。其他重要的造成腦膜炎的病菌還包括腦膜炎奈瑟氏菌 (*N. meningitidis*) 與肺炎鏈球菌 (*S. pneumonia*)，這三種細菌所造成的細菌性腦膜炎占了總病例數的 85%。因為疫苗以及更好的診斷技術與治療方法之故，這些感染在近年來已經明顯下降。

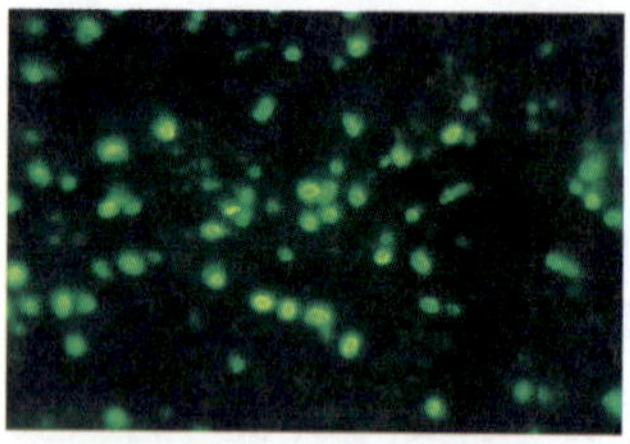

圖 17.21 螢光顯微鏡下的流行性感冒嗜血桿菌。在 1918 年流感流行期間，*H. influenzae* 在許多流感病人的痰液中被發現，因此被誤認為是流感的致病原。

與奈瑟氏菌所造成的腦膜炎相比，嗜血桿菌所造成的腦膜炎並不會在一般人群中造成流行，而較常偶發性地發生在日間照護中心與家庭當中。此菌藉著與鼻部及喉嚨的分泌物親密接觸而傳播，健康的成年帶菌者則是常見的儲存宿主。

嗜血桿菌性腦膜炎與腦膜炎球菌造成的腦膜炎非常相似 (第見

22 *Pasteurella multocida* 多殺巴斯特菌 (pas″-teh-rel′-uh mul-toh-see′-duh)。以 Louis Pasteur 之名命名，加上拉丁文：*multi* 多；*cidere* 殺。

23 英文亦可拼為 Hemophilus。

15 章)，症狀都是發燒、嘔吐、頸部僵硬以及神經損傷。未經治療的患者大約有 90% 的死亡率，但就算有即時診斷並進行積極治療，仍有 20% 的孩童會遭受到殘疾。其他由流行性感冒嗜血桿菌所引起的重要疾病還包括發生在年紀較大的孩童與年輕成人身上的嚴重會厭炎 (epiglottitis)，這種疾病需要立即進行插管治療或是氣管切開術以解除氣道阻塞的狀況。此菌還會造成中耳炎、竇炎、肺炎與支氣管炎。

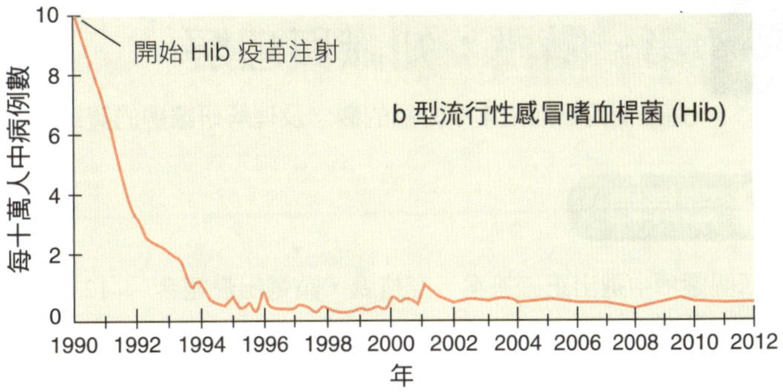

圖 17.22 **美國的腦膜炎病例**。流行性感冒嗜血桿菌的發病率，注意 1991 年可見到孩童腦膜炎大幅降低的現象，在那時間點開始大部分的五歲以下孩童都接受了流行性感冒嗜血桿菌的疫苗接種。

嗜血桿菌性腦膜炎通常利用第三代的頭孢菌素 (cephalosporin) 以及地塞米松 (dexamethasone) 進行治療，而發生在家庭中以及日間照護中心的感染爆發，則需用利福平 (rifampin) 對所有接觸者進行預防性治療。常規的預防注射是利用 b 型血清型的多醣體所製成的次單位疫苗 (Hib)，建議所有兩個月大的孩童都須接受第一劑注射，後續則需再追加注射三劑。經常與 DTaP 合併注射。

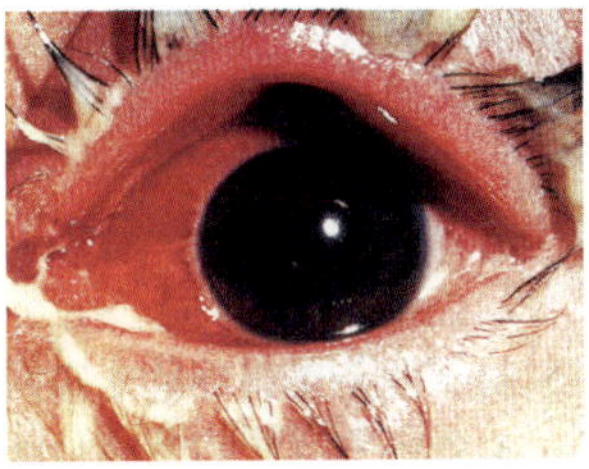

圖 17.23 急性結膜炎，又稱為粉紅眼，是由流行性感冒嗜血桿菌的亞型埃及型所引起。

嗜血桿菌的亞型埃及型 (*aegyptius*) 是造成急性傳染性**結膜炎** (conjunctivitis) 的主要致病原，有時也將此疾病稱為「粉紅眼」(pinkeye)。因感染所造成的結膜下出血，造成鞏膜呈現亮粉紅色 (圖 17.23)。這種疾病主要發生在孩童，全世界各地均會發生，透過污染的手指與共用個人物品而感染，蚊蚋與蒼蠅也會造成傳染。可利用含有抗生素的眼藥水治療。

杜克嗜血桿菌 (*Haemophilus ducreyi*) 是**軟性下疳** (chancroid, soft chancre) 的致病原，此疾病是一種性傳染疾病，好發於熱帶與亞熱帶，主要感染男性。此菌主要透過與感染病灶直接接觸而傳播，在濫交者與個人衛生習慣不佳的人身上更常出現。在 2 至 14 天的潛伏期之後，病灶會在生殖器官或是肛門周圍發展出來。最先出現的是一個發炎的斑疹，慢慢演變成疼痛的壞死性潰瘍，與出現在淋巴肉芽腫 (lymphogranuloma venereum) 及梅毒患者身上的病灶相似 (見第 18 章)。經常在病灶區域的淋巴結會腫脹成橫痃狀 (bubolike)，甚至會腫脹至爆裂。利用阿奇黴素或是頭孢三嗪進行治療通常有不錯的效果。

副流行性感冒嗜血桿菌 (*Haemophilus parainfluenzae*) 與**嗜沫嗜血桿菌** (*H. aphrophilus*) 均屬於口腔與鼻咽部的正常菌叢，會造成患有先天性或是風濕性心臟病的成人的感染性心內膜炎。這類感染通常起因於一般的牙科治療、牙周病或是其他的口腔傷口。

第一階段：知識與理解

這些問題需活用本章介紹的觀念及理解研讀過的資訊。

選擇題

從四個選項中選出正確答案。空格處，請選出最適合文句的答案。

1. 可幫助鑑定假單胞菌的特殊特性為
   a. 糞便的惡臭味　b. 綠色螢光色素
   c. 抗藥性　d. 運動性
2. 人類的布魯氏病為：
   a. 班氏病　b. 波狀熱
   c. 兔熱病　d. 馬爾他熱
3. 土拉倫斯法蘭西斯菌由何途徑進入人體？
   a. 蜱叮咬　b. 腸道
   c. 呼吸道　d. 以上皆是
4. 百日咳的典型症狀為；
   a. 呼吸困難　b. 陣發性咳嗽
   c. 抽搐　d. 頭痛
5. 百日咳的嚴重症狀是由何引起？
   a. 細菌對聲門的刺激
   b. 肺炎
   c. 呼吸道上皮細胞被破壞
   d. 氣道阻塞
   e. c 和 d 皆有
6. 大腸桿菌會表現何種抗原？
   a. 莢膜抗原　b. 體抗原
   c. 鞭毛抗原　d. 以上皆是
7. 下列何者不是伺機性腸道菌？
   a. 沙雷氏菌　b. 克雷白氏菌
   c. 變形桿菌　d. 志賀氏菌
8. 下列何者是沙門氏菌與志賀氏菌感染之間的主要差異？
   a. 傳播方式
   b. 出現敗血症的可能性
   c. 進入入口
   d. 有 / 無發燒與腹瀉
9. 傷寒熱的併發症為：
   a. 神經損傷　b. 腸穿孔
   c. 肝膿瘍　d. b 與 c
10. 志賀氏菌的傳播藉由：
    a. 食物　b. 蒼蠅
    c. 糞便　d. 以上皆是
11. 腺鼠疫中所出現的橫痃 (bubo) 是一種：
    a. 跳蚤叮咬處引起的潰瘍
    b. 皮膚肉芽腫
    c. 腫脹的淋巴結
    d. 受感染的皮脂腺
12. 流行性感冒嗜血桿菌是________且生長需要特殊的________。
    a. 具運動性的，溫度
    b. 具莢膜的，礦物質
    c. 細胞內寄生的，採檢棉棒
    d. 營養挑剔的，血液因子
13. 下列何者與流行性感冒嗜血桿菌的感染無關？
    a. 發燒　b. 感冒
    c. 脖子僵硬　d. 頭痛
14. 下列哪些主要的人畜共通疾病？
    a. 兔熱病　b. 沙門氏菌病
    c. 志賀氏菌病　d. 布魯氏病
    e. 巴斯特氏病　f. 腺鼠疫
15. 單一配合題。請選擇一個與致病菌最相關的疾病。
    ____土拉倫斯法蘭西斯菌 (*Francisella tularensis*)
    ____鼠疫桿菌 (*Yersinia pestis*)
    ____大腸桿菌 O157：H7 (*Escherichia coli* O157:H7)
    ____志賀氏菌 (*Shigella species*)
    ____腸炎沙門氏菌 (*Salmonella enterica*)
    ____傷寒沙門氏菌 (*Salmonella typhi*)
    ____綠膿桿菌 (*Pseudomonas aeruginosa*)
    ____百日咳博德氏菌 (*Bordetella pertussis*)
    ____嗜肺性退伍軍人菌 (*Legionella pneumophila*)
    ____埃及型流行性感冒嗜血桿菌 (*H. Influenzae aegyptius*)
    ____流行性感冒嗜血桿菌 (*Haemophilus influenza*)
    ____杜克嗜血桿菌 (*Haemophilus ducreyi*)
    ____多殺巴斯特菌 (*Pasteurella multocida*)
    a. 痢疾
    b. 局部性潰瘍
    c. 軟性下疳
    d. 腸熱症
    e. 百日咳
    f. 腦膜炎
    g. 傷寒熱
    h. 溶血性尿毒症候群
    i. 腺鼠疫
    j. 龐蒂亞克熱
    k. 毛囊炎
    l. 兔熱病
    m. 粉紅眼

申論挑戰

每題需依據事實，撰寫一至兩段論述，以完整回答問題。「檢視你的進度」的問題也可作為該大題的練習。

1. 寫一段短文概述革蘭氏陰性菌造成伺機性感染的情況。
2. 流行性 *E. coli* O157:H7 (STEC) 的獨特特徵為何？
3. 說明幾個居家或是旅行時可用來避免腸道感染與腸道疾病的作法。
4. a. 列出本章已有一般性常規疫苗的細菌。
   b. 本章的特殊細菌群哪些已有疫苗？
   c. 哪些細菌目前並無疫苗？
5. 簡述本章的人畜共通性感染，並說明其如何傳播至人類。

觀念圖

在 http://www.mhhe.com/talaro9 有觀念圖的簡介，對於如何進行觀念圖提供指引。

1. 利用下列名詞建構自己的觀念圖，並在每一組名詞間填入關聯字句。

乳糖	溶血性尿毒症候群
大腸桿菌群	傷寒熱
非大腸桿菌群	桿菌性痢疾
大腸桿菌群	外毒素
沙門氏菌	內毒素
志賀氏菌	腸毒素
腹瀉	

2. 在下方的觀念圖中填入連結字句、線條與概念。

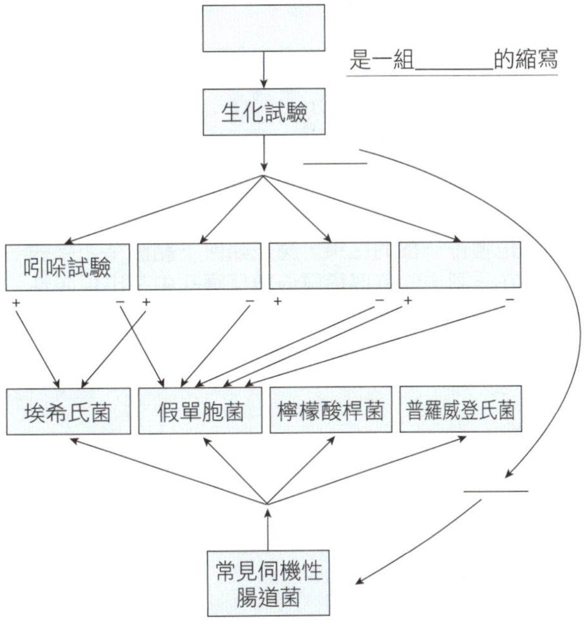

第二階段：應用、分析、評估與整合

這些問題超越重述事實，需要高度理解、詮釋、解決問題、轉化知識、建立模式並預測結果的能力。

批判性思考

本大題需藉由事實和觀念來推論與解決問題。這些問題可以從各個角度切入，通常沒有單一正確的解答。

1. 利用測試 *E. coli* 是否存在來作為水是否有被糞便污染的指標，這背後的邏輯為何？
2. 利用圖 17.9，以下列的特性進行菌屬鑑定：
   a. 乳糖 (–)、苯丙胺酸及尿素酶 (–)、檸檬酸 (+)、ONPG (鄰硝基酚 -β- 半乳糖苷)(–)
   b. 乳糖 (+)、運動性 (–)、伏普試驗 (–)、吲哚試驗 (+)
   c. 乳糖 (+)、運動性 (+)、吲哚試驗 (–)、硫化氫 (+)
   d. 乳糖 (–)、苯丙胺酸及尿素酶 (+)、硫化氫 (–)、檸檬酸 (+)
3. 鑑於有這麼多的感染都是由革蘭氏陰性伺機性桿菌所引起，當受感染的患者數量增加時，你會如何預測將要發生的事？為何你會如此預測？
4. 在腸道感染中，所需的感染菌量為數百萬個細菌，看起來相當多。
   a. 這樣數量的細菌你能夠用肉眼看到它們的存在

嗎？

b. 根據第 6 章中所提到的細菌生長週期，由單一隻細菌開始，大概要花多久時間可以繁殖出感染所需的百萬隻細菌？

c. 為什麼腸道疾病比非腸道疾病需要相對更多的感染菌量？

d. 說明為何使用於革蘭氏陰性菌感染的抗生素治療，反而是造成疾病產生而不是治癒它？

5. 課堂上的學生經常會問，在一場自助餐宴中的一個腸道菌帶原者怎麼有辦法感染 1,000 個人？我們總是建議學生發揮一下自己的想像力。現在請你提供一個詳細的事件過程，說明為何會引發這類的感染大爆發。

6. 說明百日咳病例出現增加現象的原因 (想想疫苗)。

7. 比較腦膜炎球菌及流行性感冒嗜血桿菌引起的腦膜炎之間在病理學、診斷及治療上的異同。

8. a. 舉出 6 個出現在第 16 章與第 17 章中可作為生物戰之用的細菌。

b. 有哪些可能的方式可將它們使用為戰爭武器？

c. 你對使用微生物作為武器的個人觀點為何？

9. 微生物學家 Ron Schnitzer 如是說「沒有任何環境讓你可以同時將 2.3 億隻細菌煮死。我不願意冒著有任何一隻病原菌可能存活下來的風險」。對此，你認為這位微生物學家所指為何？

視覺挑戰

1. 由圖 17.5，使用第 423 頁的內容作為解答的參考。編號 1 至 6 為不同病人的血清，A 至 H 則為不同的血清稀釋倍數。鑑定檢體中是否有布魯氏菌的感染，並測定其抗體效價。哪一個陽性檢體中有最少的抗體？如果一週後此病人進行第二次測試還是獲得一樣的結果，應該如何下結論？如果病人在一列中的每個稀釋倍數反應孔中都出現陽性結果，則結論為何？

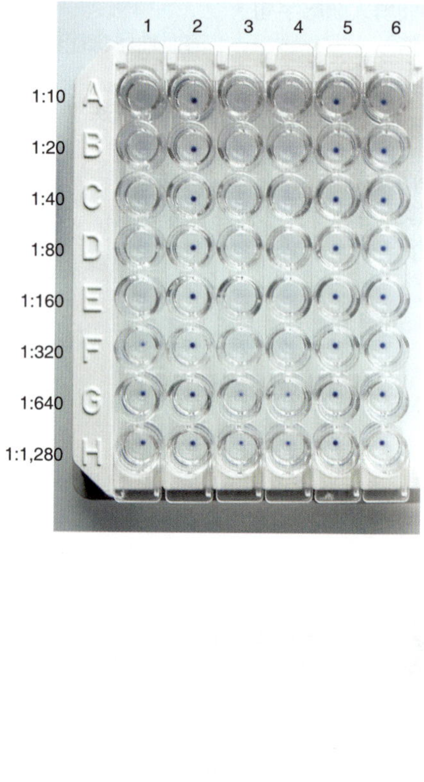

第 18 章 其他細菌性致病原

致病性鉤端螺旋體的菌體形態。

自然界的水經常成為感染源。

有許多的細菌性致病原並無法歸入常用的革蘭氏陽性或革蘭氏陰性桿菌與球菌之中，這些細菌包括螺旋體 (spirochetes) 與曲狀菌 (curviform bacteria)、絕對細胞內寄生菌如立克次體 (rickettsias) 與披衣菌 (chlamydias)，以及黴漿菌 (mycoplasmas) 等。本章內容不只涵蓋上述的細菌，還包括造成口腔疾病的混合感染菌，均會在本章一併討論。

18.1 螺旋體

螺旋體 (spirochetes) 在活體且未染色的狀態下利用暗視野或相位差顯微鏡觀察，可見到引人注意的典型螺旋狀外觀，以及因鞭毛而造成的運動模式。其他的特徵還有典型的革蘭氏陰性細胞壁，以及一發展完備且圍繞有鞭毛的膜周腔 (periplasmic space)。螺旋體的鞭毛稱為內鞭毛 (endoflagella) 或膜周鞭毛 (periplasmic flagella)(圖 18.1a)，雖然這種內生性的鞭毛有點像在睡袋裡受到限制的四肢，但它們具有彎曲性可藉著旋轉與爬行般的動作來推動菌體運動。螺旋體分類上屬於螺旋體門包括 3 科 13 屬。大多數的螺旋體是自由生長的腐生物或動物的共生物，而非主要的病原體。主要的致病性螺旋體分三個屬：密螺旋體 (*Treponema*)、鉤端螺旋體 (*Leptospira*) 與疏螺旋體 (*Borrelia*)(見圖 18.1b 與圖 18.6)。

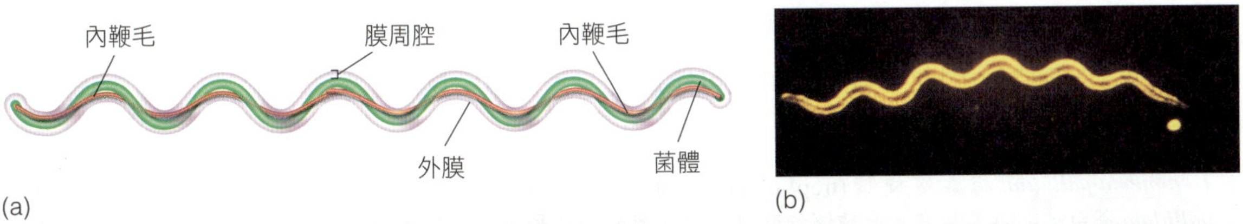

圖 18.1 **典型的螺旋體。**(a) 圖為一般螺旋體的形態，具有一條自菌體兩端的孔中伸出來且位於外膜下方膜周腔內的內鞭毛；(b) 不同的螺旋體其螺旋數量不同。例如，疏螺旋體約有 3~10 個疏鬆、不規律的螺旋 (1,500 倍)。

密螺旋體：密螺旋體屬的成員

密螺旋體是一種外觀細且呈現規則螺旋狀的細菌，生活在人類與動物的口腔、腸道以及生殖道周邊區域。這種致病原屬於絕對細胞內寄生，生長時有複雜的營養需求，因此必須在活細胞中才能進行培養。由密螺旋體所引起的疾病稱為密螺旋體症 (treponematoses)，其中梅毒螺旋體蒼白亞種 (*Treponema pallidum1*[1] *pallidum*) 此亞種會引起性病與先天性梅毒。而另一種亞種梅毒螺旋體地方亞種 (*T. p. endemicum*) 則會引起非性病流行性梅毒，又稱之為班氏病 (bejel)；梅毒螺旋體極細亞種 (*T. p. pertenue*) 則引起亞司病 (yaws)；品他密螺旋體 (*Treponema carateum*) 則是品他病 (pinta) 的致病原。這幾種感染均起自於皮膚，然後漸漸侵犯到其他組織，且經常會有痊癒後又復發重複循環的特性。在此處我們主要討論的對象為梅毒，因此任何提到的梅毒螺旋體 (*T. pallidum*) 都是指梅毒螺旋體蒼白亞種 (*T. p. pallidum*) 這個亞種。其他重要的密螺旋體還包括牙齦的感染。

梅毒螺旋體：引起梅毒的螺旋體

梅毒 (*syphilis*)[2] 的起源是一種推測的、模糊不清但有趣的主題。梅毒這個疾病第一次被確認是在 15 世紀的歐洲，正好與哥倫布自西印度回歐洲的時間相同，這也使得一些醫藥學者認為此病是由這些探險者帶入歐洲。DNA 分析的資料也顯示由螺旋體所引起的疾病是一種遠古便存在，且全世界都有的疾病，甚至連野生的靈長類動物都攜帶有與人類身上所發現相關的密螺旋體菌株。不管此菌的起源為何，當它變成了可經由性接觸而傳播之後，最終此病原菌就被帶到世界各處了。

梅毒的流行病學與毒力因子

雖然梅毒螺旋體可在實驗動物身上引發感染，但經證實人類為此菌唯一的天然宿主與傳播來源。此菌是一種極端營養挑剔且對環境敏感的細菌，無法於宿主體外長期存活，熱、乾燥、消毒劑及其他的環境不利因素都可迅速殺死此菌。如果菌體存在於人體的分泌物中，可存活約幾分鐘至數小時，而在儲存的血液中則可存活約 36 小時。人類的研究中發現，被一個已感染的性伴侶傳染此菌的機率約為 12~30%，另一些較少見的傳染途徑還包括在子宮內傳染給胎兒，以及實驗室或醫療上的意外所造成的感染。經由輸血或是與污染的物件接觸而造成的梅毒感染非常少見。

梅毒與其他的性傳染疾病 (sexually transmitted diseases, STDs) 相同，都曾在社會動盪不安時出現周期性增加的情況。在經過 1990 年代的病例數降低之後，又出現逐漸增加的狀況 (見圖 15.22)。事實上，從 2000 年開始病例數已增加一倍以上，造成增加的主要原因為大都會區的男性同性戀與雙性戀者。而其他造成病例增加的原因還與賣淫與靜脈藥物的濫用有關。因為有許多病例並未被通報，因此實際的感染數可能比目前報告中所見的還要高上數倍之多。梅毒到目

1 *Treponema pallidum* 梅毒螺旋體 (trep″-oh-nee′-mah pal′-ih-dum)。希臘文：*trepo* 旋轉；*nema* 線。拉丁文：*pallidum* 蒼白，則為其種名。此種螺旋體以一般常用的細菌學技術無法成功染色。

2 *syphilis* 梅毒，這個名詞首次出現在一首詩名中。「Syphilis sive Morbus Gallicus (西非利斯：高盧病)」作者 Fracastorius (1530 年)。詩的內容是關於一位虛構且名為 Syphilis 的牧羊人，而他的名字最後成為了他所染上的疾病的代名詞。

系統簡介 18.1　其他的細菌性病原體

菌名	皮膚 / 骨骼	神經 / 肌肉	心血管 / 淋巴 / 全身系統性	腸胃道	呼吸道	泌尿生殖道
梅毒螺旋體蒼白亞種	皮膚紅疹 (第二期梅毒)	第三期梅毒	第二期梅毒 第三期梅毒			下疳 (第一期梅毒)
致病性鉤端螺旋體		鉤端螺旋體病	鉤端螺旋體病			鉤端螺旋體病
鮑氏疏螺旋體	萊姆病	萊姆病	萊姆病			
霍亂弧菌				分泌性腹瀉		
副溶血性弧菌				腸胃炎		
空腸彎曲桿菌				腸胃炎		
幽門螺旋菌				胃炎、消化性潰瘍與十二指腸潰瘍		
普氏立克次體	流行性斑疹傷寒	流行性斑疹傷寒				
立氏立克次體	洛磯山斑疹熱	洛磯山斑疹熱	洛磯山斑疹熱			
埃立克體			埃立克體病			
伯納特科克斯氏體			Q 熱			
韓瑟勒巴東氏菌	局部丘疹		貓抓熱			
砂眼披衣菌	1. 新生兒結膜炎 2. 砂眼					披衣菌病、花柳性淋巴肉芽腫
肺炎黴漿菌					非典型性肺炎	

前為止仍然是一個世界性的嚴重問題，特別是在非洲與亞洲。感染梅毒的病患經常也同時感染其他性病，包括披衣菌、單純疱疹病毒、淋病與 AIDS 等。

一次黑暗的人體試驗事件

美國曾發生一件在梅毒研究史上最令人不堪回首的事件，事件起始於 1932 年，美國政府進行了一項研究稱為「在黑人男性進行之梅毒無治療研究」，此研究對象為 399 位居住於南方的貧窮非裔美籍男性，這些感染梅毒的男性被用來觀察在自然未經治療的狀況下此疾病的病程。這些受試者從未被告知他們已感染梅毒，甚至在青黴素已被證實是有效的治療藥物之後，這些受試者也未曾接受過治療，而此一研究一直到 1972 年被公開之後才結束。1997 年美國政府對允許此研究持續如此之久進行公開道歉，而且開始對這些受害者以及其後代給付數百萬美元的賠償金。

致病因與宿主反應

藉由直接的黏膜或是皮膚傷口的接觸，梅毒螺旋體可利用它的鉤狀末端緊黏於上皮細胞上。

在人類自願者造成感染所需的細菌數約為 57 隻。在菌體黏附的位置上螺旋體開始進行複製，同時在短時間內便會穿透入微血管中。一旦進入了循環系統之後，幾乎在任何組織皆可生長。

梅毒螺旋體的特殊毒力因子似乎是其外膜上的蛋白質，它並不會產生毒素也不會直接殺死細胞。研究顯示體內的吞噬細胞會活躍的對付螺旋體，也可觀察到有數種抗螺旋體抗體生成，但細胞性的免疫反應卻無法抑制它。當螺旋體侵入動脈周圍的空間且刺激發炎反應時，初期的病灶便會形成。而當肉芽腫形成在上述的位置並阻斷循環，器官便會受損。

臨床表現 未經治療的梅毒病程可分為數個臨床階段，分別是初期、第二期與第三期梅毒。這些階段會出現許多徵兆與症狀，而會與許多其他的疾病混淆 (表 18.1)。梅毒也具有長短不定的潛伏期，在潛伏期中疾病會呈現靜止狀態。在初期與第二期梅毒中，螺旋體會出現在病灶處與血液中，此時最具有傳染性。而在第三期梅毒時大多不具傳染力，但在潛伏期初期還是可傳染的。

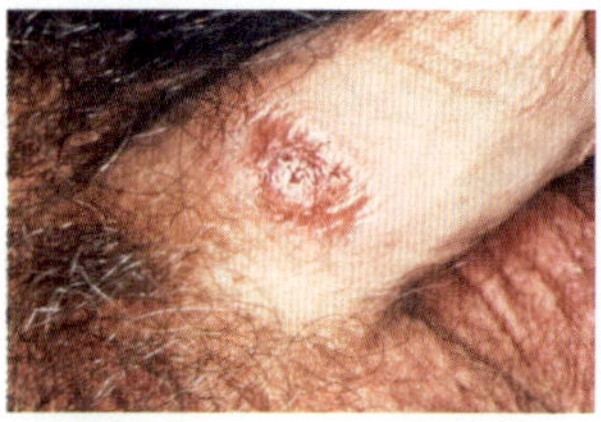

圖 18.2 **第一期梅毒的病灶：下疳**。這種下疳是一種緻密、無色的潰瘍斑點。大多出現在生殖器與嘴巴。

初期梅毒 梅毒感染最早的症狀是在 9 天至 3 個月不等的孵育期 (incubation period) 之後，在感染位置出現所謂的硬性下疳 (chancre)[3] (圖 18.2)。下疳由一個小的、紅色的硬塊開始，變大並破裂，留下一個有著堅硬邊緣的淺坑，在硬殼表面下的下疳基部有螺旋體群集。大多數的下疳出現在內外生殖器，但也有大約 20% 出現在嘴唇、乳頭、手指或是肛門周圍。因為出現在生殖道的病灶傾向不會疼痛，所以在某些病例往往會被忽略。引流受影響的區域使得淋巴結腫脹變硬，但通常不會出現全身系統性的症狀。硬性下疳在 3 至 6 週後會自動痊癒，且不會留下任何疤痕，但這種痊癒是一種假象，因為

表 18.1 梅毒：階段、症狀、診斷與控制

階段	平均期間	臨床背景	診斷	治療
孵育期	3 週	無病灶；螺旋體黏附並穿透進上皮層；繁殖之後開始散播	無症狀期	無
第一期	2~6 週	感染位置開始出現下疳；體內出現大量活躍的螺旋體；下疳不久後消失	暗視野顯微鏡；VDRL、FTA-ABS、MHA-TP 等試驗	苄星青黴素 G、2×10^6 單位；多喜黴素
第一次潛伏期	2~8 週	下疳癒合；少量疤痕產生；血中出現螺旋體；幾乎無症狀	血清學試驗 (+)	同上
第二期	下疳消失後 2~6 週	皮膚與黏膜出現病灶；掉頭髮；具高度感染性；發燒、淋巴結腫大；症狀可持續數個月	病灶的暗視野檢查；血清學試驗 (+)	同上
潛伏期	6 個月至 8 年或更多年	螺旋體靜止，直到再度復發才出現；病灶可能再度出現	血清陽性的血液試驗	同上
第三期	不一定，甚至長達 20 年	神經與心血管症狀；各器官出現梅毒腫；血清學試驗陽性	組織進行 DNA 分析偵測螺旋體	同上

3 *chancre* 下疳 (shang′-ker)。法文 *canker*；源自拉丁文 *cancer* 螃蟹，意指一有害的瘡。

實際上螺旋體正在進入另一個嚴重的系統性感染的週期中。

第二期梅毒　在硬性下疳癒合之後的 3 週到 6 個月 (平均為 6 週) 之後，第二期梅毒開始。這時候身體許多系統已被侵襲，出現的症狀也更多與激烈，最初會出現發燒、頭痛與喉嚨痛，接著會出現淋巴結腫大以及在身體各處皮膚出現奇特的紅色或棕色的疹子，包括手掌與腳掌均有 (圖 18.3)。與下疳一樣，病灶處含有許多螺旋體，而且在數週後會自動消失。主要的併發症會出現在骨頭、頭髮的毛囊、關節、肝臟、眼睛以及腦部，會逗留數月至數年之久。

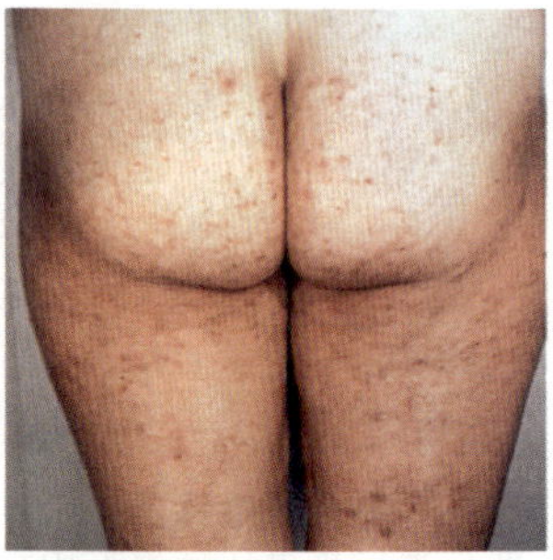

圖 18.3　**第二期梅毒的症狀**。第二期梅毒的皮疹會出現在身體各處，不痛不癢，可持續數個月。

潛伏期與第三期梅毒　第二期梅毒結束之後約有 30% 的患者會進入高度變化的潛伏期，持續時間可能長達 20 年甚至更久。潛伏期又可再區分成早期與晚期，在此時期雖然易偵測到抗螺旋體的抗體，但卻偵測不到螺旋體本身。梅毒的最後一個階段，可稱為晚期梅毒或是第三期梅毒，在今日因為廣泛使用抗生素來治療其他感染的關係已經相當少見。當一個病患進入此期梅毒之後，許多病理的併發症便發生在易感的組織與器官。心血管梅毒是梅毒晚期的一種併發症，供應心臟以及主動脈的小血管被梅毒感染，造成血管收縮與阻斷。在此同時供應這些器官的循環會被破壞，引發心臟衰竭與形成主動脈瘤。

在另一種類型的第三期梅毒中，會出現一種疼痛的梅毒性腫瘤稱之為**梅毒腫** (gummas)[4]，會長在肝臟、皮膚、骨頭以及軟骨處的組織 (圖 18.4)。梅毒腫通常為良性，只偶爾會造成死亡，但這種腫瘤會妨礙到組織的正常功能。神經性梅毒可侵入任何一處的神經系統，但特別發生在腦部的血管、顱神經以及脊柱的背根神經處。對部分脊柱造成的破壞會引發肌肉損耗與喪失活力及協調性。其他的表現還包括嚴重頭痛、抽筋、意識不清、視神經萎縮、眼盲以及阿羅氏 (Argyll-Robertson) 瞳孔反應這種瞳孔呈現縮小且對光無反應的現象等等 (圖 18.4)。這大概是今日最常見到的第三期梅毒徵狀，會出現這種反應是因為虹膜內側出現沾黏，使得瞳孔的位置被固定而呈現出一個不規則的圓形。

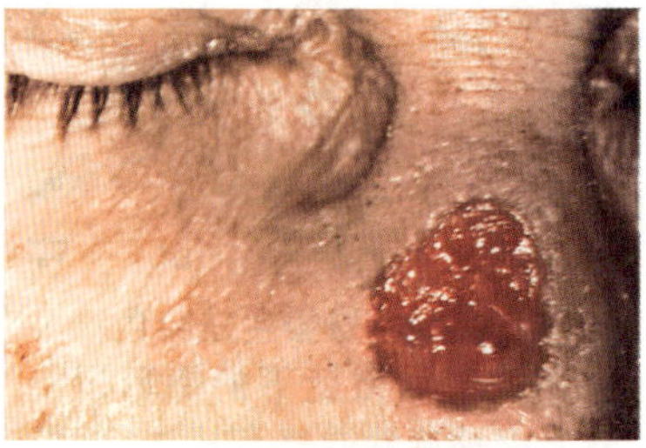

(a)

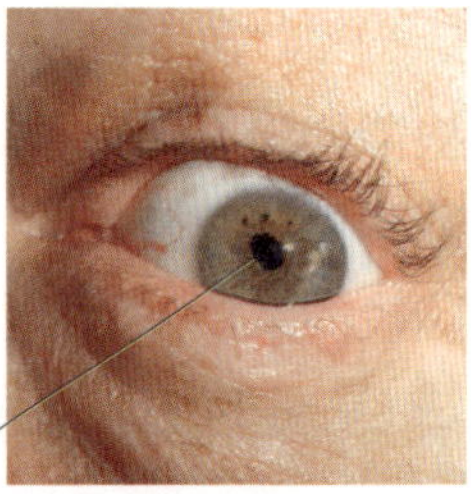

(b)

圖 18.4　**晚期或第三期梅毒的病理學**。(a) 一個出現在患者鼻子的梅毒腫，此患者也可能還有其他長在體內的梅毒腫；(b) 阿羅氏瞳孔反應，可見到瞳孔收縮呈不規則形狀，這表示控制虹膜的神經已經受到損傷。虹膜本身也可能出現變色的突起區域。

先天性梅毒　梅毒螺旋體能經由懷孕婦女的循環系統進入胎盤傳至胎兒的組織中，在懷孕的任何一個三月期所發生的感染都可能造成先天性梅毒，但第二與第三個三月期較為常見。致病原會抑制胎兒的生長，並擾亂重要的發育週期，造成不同程度的影響，從輕微到極端嚴重的自然流產或是胎死腹中。早期先天性梅毒包含從出生至兩歲間發病者，通常首次發現大多是在出生

4 *gumma* 梅毒腫 (goo′-mah)。拉丁文：*gummi* 膠，意指一軟的腫瘤塊，內含有肉芽腫組織。

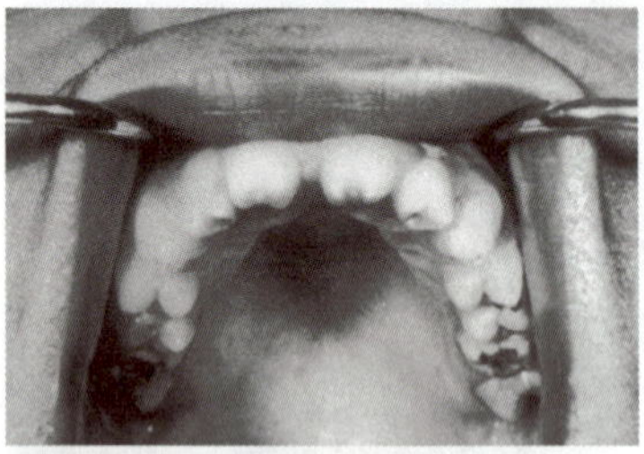

圖 18.5 **先天性梅毒**。常見的晚期先天性梅毒的特徵為出現有缺損的桶型牙齒 (哈氏齒)。

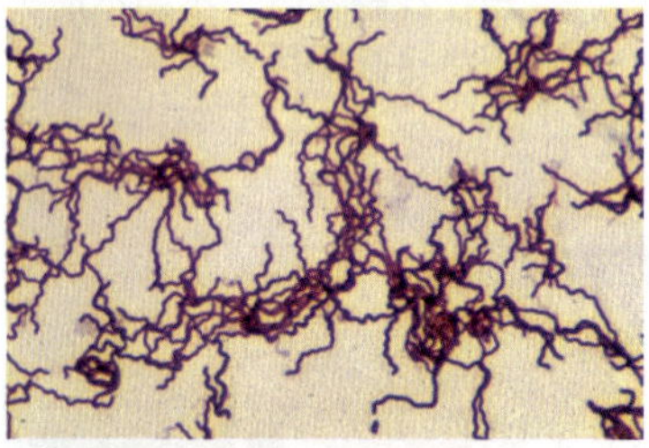

圖 18.6 **經特殊染色法染色後，於明視野顯微鏡下的梅毒螺旋體**。密螺旋體通常有 6~14 個螺旋。

後 3 到 8 週。新生兒時常會有一些徵狀例如流鼻涕、皮膚發疹與脫落、骨骼變形以及神經系統異常等，晚期的形式會造成骨骼、眼睛、內耳以及關節處產生一些特殊的表徵，還會形成所謂的哈氏齒 (Hutchinson's teeth)(圖 18.5)。先天性梅毒的病例數量與成人的疾病發生率緊密相關，因為先天性梅毒有時並未診斷出來，所以一些孩童終身都會承受毀容之苦。

臨床與實驗室診斷 梅毒的外在表現造成了診斷上許多的複雜性，不只發展的階段與其他疾病類似，甚至它們的表現在不同時間中看起來似乎毫無關聯。下疳以及第二期梅毒的病灶必須與各種的細菌、黴菌以及寄生蟲感染、腫瘤甚至過敏反應作區別。重疊合併發生的症狀，以及淋病或是披衣菌病的性傳播感染都可能進一步使診斷變得更複雜。臨床醫師必須權衡出現的症狀、病人的病史以及顯微鏡檢查與血清學試驗等，來做出確定的診斷。

雖然如密螺旋體這類的螺旋體用傳統染劑並不容易染色，但利用特殊的銀染法仍可使它們在亮視野的顯微鏡下變得較易觀察 (圖 18.6)。另一個用來診斷初期梅毒、早期先天性梅毒、較輕微的第二期梅毒所用的較快速、少見的技術為可疑病灶處檢體的暗視野顯微鏡觀察。輕壓或是刮取病灶處以取得澄清的滲出液，再利用濕抹片製備法來觀察梅毒螺旋體的大小、形狀與運動力。單一次的陰性結果不足以排除梅毒的感染，必須進行隨後的試驗。另一種直接偵測檢體中螺旋體的顯微鏡測試為使用單株抗體的直接免疫螢光染色法 (見圖 14.3)。病人的檢體也可利用針對不同螺旋體基因序列的 DNA 探針來進行偵測。

梅毒的血液試驗 血清學試驗的原理是藉由偵測梅毒螺旋體感染之後，宿主免疫系統所製造的出來的抗體 (表 18.1)。有數種不同的試驗，包括快速血漿反應素試驗 (rapid plasma reagin, RPR)、性病研究實驗室凝集法 (VDRL)、科爾默試驗 (Kolmer) 等，都是利用華瑟曼 (Wasserman) 發展出來的利用一種許多細胞都有的天然成分稱為牛心脂 (cardiolipin) 來作為抗原的偵測法所演變出來。雖然抗牛心脂抗體對梅毒並無專一性，但這是一種有效的測試，用來篩選族群中可能的感染者，包括一些高危險群如同性戀者、男性或女性性工作者、感染其他性病者以及懷孕婦女。

當出現陽性結果時，必須接著偵測抗體效價是否升高，此為是否有進行中的感染存在的重要指標，同時也排除掉來自之前感染治療後所殘餘的抗體。因為這些最常使用的篩檢試驗 (RPR 與 VDRL) 都是測試會與人類正常組織上的成分反應的物質，因此在一些有其他感染或是免疫疾病的病患身上，極可能發生生物偽陽性。此時更專一性的試驗就必須用於那些被懷疑有偽陽性結果的人。

典型的專一性試驗為梅毒螺旋體微量血球凝集試驗 (MHA-TP)，此試驗使用吸附有梅毒螺旋體抗原的紅血球，若此血球會被加入的受試者血清所凝集，表示血清中含有抗梅毒螺旋體的抗體，代表有感染。另一種標準測試法是間接免疫螢光法，稱為密螺旋體螢光抗體吸附試驗 [FTA-ABS (fluorescent treponemal antibody absorbance)]。受試血清先與螺旋體細胞進行吸附作用，再與以螢光染劑標示之抗人類球蛋白抗體進行反應，若受試血清中存在有抗螺旋體抗體，則在這些反應後細胞外層的螢光染劑便可在螢光顯微鏡下清楚觀察到。另一種試驗稱為梅毒螺旋體止動試驗 (*T. pallidum* immobilization, TPI)，是將活的梅毒螺旋體與受試血清混合，觀察螺旋體是否會因此喪失活動性。這些試驗都具有高度敏感性與專一性，可排除偽陽性結果。疑似有先天性梅毒的孩童也可利用西方墨點法進行確認。

治療與預防　青黴素 G 對各階段以及各類型的梅毒均有極佳的治療效果，以腸外給藥的方式搭配苄星或普魯卡因 (procaine) 給與大劑量，維持血中濃度到達螺旋體的致死濃度至少七天 (表 18.1)。替代的藥物 (四環黴素與多喜黴素) 則效果較差，通常只使用於對青黴素過敏的患者身上。重要的是，所有病患都必須注意其是否照規定服藥，或是可能出現治療失敗的狀況。

一個有效的預防計畫其核心為偵測與治療梅毒患者的性接觸對象，公共衛生單位與醫師負責詢問患者與追蹤他們曾接觸過的對象。所有追蹤到的人都必須假定為有遭到感染的危險，就算是未出現任何感染的症狀，也要立刻給予單一且長效性的預防性青黴素。具保護效果的免疫反應確實在人類以及實驗室中的感染兔身上皆有出現，這使得未來發展出有效的預防注射計畫的可能性大為提高。利用重組 DNA 技術進行梅毒螺旋體表面抗原的基因選殖，對疫苗與新診斷技術的發展均有所支持。

非梅毒螺旋體症

其他的螺旋體症屬於遠古便存在的疾病，雖然這些疾病很少經由性行為傳播或是先天性傳染，但它們所造成的影響卻與梅毒相當。這些感染包括班氏病、亞司病與品他病，在一些熱帶與亞熱帶地區造成流行。造成這些感染的螺旋體與梅毒螺旋體在形態與行為上很難區分，疾病的進行緩慢，並為進展性的分為初期、第二期與第三期。疾病開始於螺旋體侵入局部的皮膚或是黏膜，接下來再散布到皮下組織、骨頭以及關節處。利用青黴素、紅黴素或是四環黴素可對這些螺旋體症進行治療。

班氏病　班氏病又稱為流行性梅毒 (endemic syphilis) 以及非性病性孩童梅毒 (nonvenereal childhood syphilis)，此疾病的致病原是一種梅毒螺旋體的亞型梅毒螺旋體地方亞種，棲息在一小群的中東與北非乾旱地區的遊牧與半遊牧民族身上。這是一種慢性發炎的孩童疾病，藉由直接接觸或是共用家中的器具或其他污染物，透過皮膚或黏膜上的輕微擦傷或破口而感染。感染經常開始於口腔中一個小型濕潤的病灶 (圖 18.7a)，然後再擴散到身體皮膚的皺褶與手掌處。

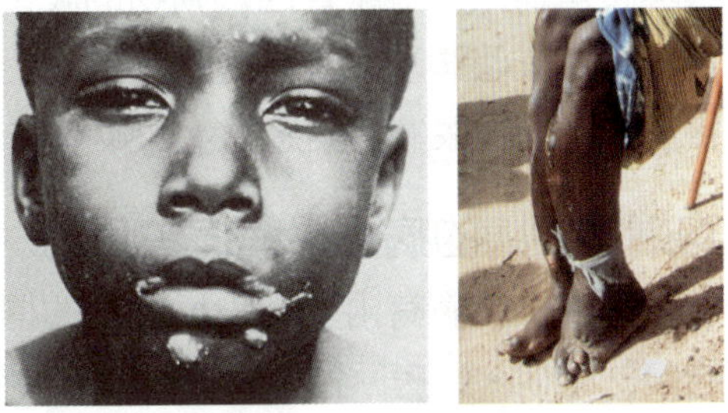

(a)　(b)

圖 18.7　**流行性密螺旋體症**。(a) 在一個感染流行性梅毒 (班氏病) 小孩的皮膚與黏膜上出現的結節；(b) 亞司病的臨床表徵。在一些先天性梅毒的孩童與一些亞司病患者身上，可見到其下肢呈現彎曲狀變形。

亞司病　亞司病是一種西印度地區的慢性疾病，當地稱之為 bouba、frambesia tropica 以及 patek，流行於非洲、亞洲及南美洲溫暖、潮濕的熱帶地區。病原菌為梅毒螺旋體極細亞種，容易藉著與皮膚病灶或是污染物的直接接觸而傳染。擁擠的居住條件以及不佳的環境衛生或個人衛生都是造此疾病傳播的重要因子。最早的症狀為出現大型的膿瘍性丘疹，稱為「初發亞司疹 (mother yaw)」，通常出現於腿部或是下半身。當最初的病灶癒合之後，繼發性，同時湧現的一群濕潤結節性腫塊開始出現在皮膚、骨膜以及骨頭處，但並不會侵入內臟 (圖 18.7b)。亞司病可藉著改善衛生、避免皮膚上的小傷口遭到污染，以及對新病例進行監控而加以預防。

品他病　品他病的在地名稱為 *mal del pinto* 與 *carate*，是一種由品他密螺旋體 (*T. p. carateum*)[5] 所引起的慢性皮膚感染。疾病的傳播明顯需要數年以上的親密個人接觸，並伴隨不良的衛生以及不足的健康設施。即使品他病目前並非是一種傳播廣泛的疾病，仍可發現在拉丁美洲的熱帶叢林及山谷地區居住的隔離族群中。感染開始時皮膚出現乾燥的鱗狀丘疹，此種外觀讓人聯想到牛皮癬或是痲瘋病。同時，第二期的有色斑疹與第三期的白色病灶開始接續出現。品他病並不會危及生命，但經常會在病灶發生位置留下疤痕。

鉤端螺旋體與鉤端螺旋病

鉤端螺旋體 (*Leptospira*) 是一種典型的螺旋體，具有 12~18 個緊密、規則狀的獨特螺旋，在菌體的一端或是兩端呈現彎曲或鉤狀 (請見本章章首的嵌入圖)。在本屬中只有兩個菌種：致病性鉤端螺旋體 (*Leptospira interrogans*)[6] 引起人類與動物的鉤端螺旋病；雙曲鉤端螺旋體 (*L. biflexa*) 則是一種無害、行自由生活的腐生菌，這兩種菌在血清學、基因學以及生理學上都不同。分布在不同動物身上的致病性鉤端螺旋體經證實約有 200 種不同的血清型，這說明了造成人類鉤端螺旋病的極大差異。

鉤端螺旋病的流行病學與傳播

鉤端螺旋病是一種人畜共通疾病，在許多的野生動物如齧齒類、臭鼬、浣熊、狐狸以及一些家畜特別是馬、狗、牛與豬身上都可見到。雖然這些儲存宿主在世界各地都可見到，但疾病本身主要發生於熱帶地區。鉤端螺旋體會釋出於感染動物的尿液中，在中性或是鹼性的土壤及水中可存活數個月之久。感染幾乎全是經由皮膚或黏膜的破損處與動物尿液或是受尿液污染的環境接觸而來，並不會因為動物的咬傷、直接吸入或是人與人的直接接觸而傳染。在美國，每年約有 100 個鉤端螺旋病的通報病例，其中大約一半都發生在夏威夷。最常受感染的對象包括接觸到受動物尿液污染過的水的較大孩童以及年輕成人，以及進行叢林訓練的軍人。

鉤端螺旋病的病理學與宿主反應

鉤端螺旋病有兩個階段，主要的標的為腎臟、肝臟、腦部以及眼睛。在疾病早期或鉤端螺旋體的時期，致病原會出現在血液以及腦脊髓液中。症狀有忽然發高燒、寒顫、頭痛、肌肉痛、結膜炎以及嘔吐等。在疾病的第二期，又稱免疫期，血液中的感染已被先天防禦清除，此時的症狀為溫和的發燒、由鉤端螺旋體腦膜炎所引起的頭痛以及威爾氏 (*Weil's*) 症候群，此症候群包

---

5 *carateum* 品他密螺旋體 (kar-uh′-tee-um)。源自 *carate*，品他病在南美洲的稱呼法。

6 *Leptospira interrogans* 致病性鉤端螺旋體 (lep″-toh-spy′-rah in-terr′-oh-ganz)。希臘文：*leptos* 細或精巧；*speira* 捲曲。屬名 *interrogans* 是因其外觀上為單勾型，看起來像似「問號」而加以命名。

含一連串因為腎臟被侵襲、肝臟疾病、黃疸、貧血，以及神經異常所造成的症狀。對腎臟與肝臟造成的損傷可能導致長時間的失能甚至死亡，但這類的嚴重傷害只發生於感染了毒力較強的菌株，或是老年人身上。

診斷、治療與預防

病患的環境暴露史及所呈現出來的症狀，都可作為初步鑑定鈎端螺旋病的指標，但最終的確認診斷還是需要靠檢體的暗視野顯微鏡鏡檢、鈎端螺旋體的培養，以及血清學試驗來進行。因為鈎端螺旋體的感染會引發強烈的體液性免疫反應，因此可偵測病人血清內是否有抗體效價的升高狀況出現。有一種快速、特異性高且又具效率的檢驗法稱為巨觀玻片凝集試驗，最常使用於常規的篩檢。將活的或是經福馬林處理過的致病性鈎端螺旋體菌體與病人的血清混合，然後在暗視野顯微鏡下觀察是否有凝集或是菌體溶解現象發生。

利用青黴素或多喜黴素進行早期的治療可快速減輕症狀及縮短病程，但如果延遲治療效果則會降低。目前已有利用死菌製成的菌株特異性疫苗已可使用於人類、狗以及牛身上，但這些疫苗都只對特異的地方性菌株具有保護效果。預防接種主要是針對那些具有最高危險性的族群所規劃，例如在叢林地區進行訓練的作戰部隊，以及動物照護中心與豢養家畜的工作者。最佳的保護方式為穿保護性的鞋與衣物，以及避免在動物使用過的水中游泳或涉水。

疏螺旋體：利用節肢動物傳播的螺旋體

疏螺旋體 (*Borrelia*)[7] 菌屬的成員在形態上與其他的致病性螺旋體不同，相較之下這群細菌體型較大，寬度大約 0.2 至 0.5 μm，長度大約 10 至 20 μm，含有 3 至 10 個間隔不規則且疏鬆的螺旋 (見圖 18.1b)，還有許多 (約 30~40 條) 周質鞭毛。疏螺旋體的營養需求相當複雜，所以只能生長在特殊配方的人工培養基上。

人類感染疏螺旋體稱為疏螺旋體病 (borrelioses)，都是藉由一些節肢動物病媒所傳播，常見的為蜱 (ticks) 或蝨子 (lice)。兩種最重要的人類疾病為回歸熱 (relapsing fever) 與萊姆病 (Lyme disease)。

回歸熱的流行病學

赫姆斯疏螺旋體 (*Borrelia hermsii*) 是由蜱攜帶而引起的回歸熱之病原菌，主要由鈍緣蜱 (*Ornithodoros*) 屬的軟蜱所攜帶。此一人畜共通病的哺乳類動物儲存宿主有松鼠、花栗鼠與其他的野生嚙齒類，人類一般只是此菌的偶然宿主。此螺旋體在蜱的唾液腺與腸道內成長與持續存在，結果造成被蜱叮咬或是嘗試去抓蟲體的時候都可能會造成感染。由蜱所傳播的回歸熱在美國屬於偶發性疾病，通常發生於露營者、背包客以及西部各州較高海拔地區的林業人員身上。熱帶地區的流行區域裡有較高的感染發生率，特別是那些住宅區內有鼠類的地方。

由蝨子作為媒介的流行性回歸熱經常發生在無論何時有飢荒、戰爭或是天然災害並伴隨不良的衛生、擁擠的環境以及不足的醫療照顧時。這類的環境條件適合人體蝨 (*Pediculus humanus*) 這種蝨子的生存與傳播，而這種蝨子在其體腔內便帶有回歸熱疏螺旋體 (*B. recurrentis*)。當宿主身上的蝨子被壓碎或是因抓搔而進入傷口或是皮膚之後就會造成感染。這種由蝨子所傳播的發

7 *Borrelia* 疏螺旋體的屬名 (boh-ree′-lee-ah)。以法國細菌學家 Amédé Borrel 之名命名。

熱症最常見於中國的部分地區、阿富汗以及非洲。

回歸熱的致病機轉與其性質 蜱與蝨子所造成的回歸熱其病理表現相當類似，在經過 2 至 15 天左右的孵育期之後，病人會忽然發高燒、發冷顫抖、頭痛以及感到疲勞，疾病的後續特徵還包括噁心、嘔吐、肌肉痛以及腹痛等症狀。在許多病例中還可見到肝臟、脾臟、心臟、腎臟以及顱神經的廣泛性損傷。半數的患者會有大量的出血進入器官，有些會在肩膀、軀幹以及腿部出現紅疹。未加以治療的話病程會相當冗長，病人會越來越衰弱，造成約 40% 的死亡率。

就如同回歸熱這個病名所示，發燒的現象會呈現一種波動的週期，之所以會有這種表現，可解釋為螺旋體的改變與嘗試控制它的免疫系統有關 (圖 18.8)。疏螺旋體有一個用來逃避免疫系統及避免自己被破壞的高明策略，它們在生長期間會改變自己的表面抗原。因此，宿主免疫系統針對較早之前的抗原所產生出來的抗體很快就會失效，帶有新抗原的細菌可繼續生存、複製以及引起第二波的症狀。在此同時，免疫系統也會再產生新的抗體，但細菌的抗原同樣又會再度改變，周而復始。目前已知一株疏螺旋體在感染的過程中總共會變化出 24 種不同的血清型。最後，為了對付各種不同變化出來的抗原而相對發展出來的抗體群，所累積的免疫力使得患者可以完全康復。

診斷、治療與預防 病人的暴露史、臨床症狀以及染色的血液抹片中觀察到的疏螺旋體等，都是用來診斷疏螺旋體病的明確證據。除了孕婦與幼童以外，多喜黴素或是四環黴素是治療的首選藥物，紅黴素則為替代的選擇。因為目前無疫苗可用，因此回歸熱的預防主要靠控制齧齒類以及避免被蜱叮咬。而蝨子傳播的回歸熱則可靠著改善衛生來加以控制。

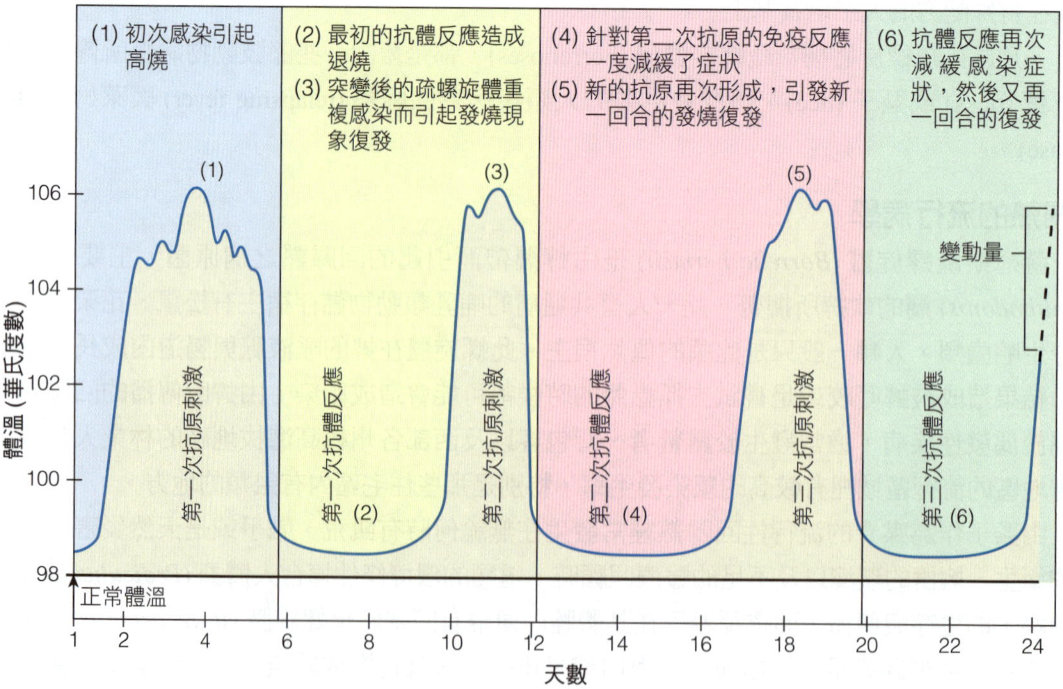

圖 18.8 回歸熱隨時間所表現症狀 (發燒) 的發生模式，縱軸為體溫，橫軸為時間。抗原相的改變可持續好幾天。

鮑氏疏螺旋體與萊姆病

萊姆病是美國最重要的疏螺旋體病，由鮑氏疏螺旋體 (*Borelia burgdorferi*)[8] 所引起，主要藉著硬蜱中的硬蜱 (Ixodes) 屬來傳染。在美國東北部，肩板硬蜱 (*Ixodes scapularis*)(一種黑腳鹿身上的蜱) 會在兩種主要的宿主身上經歷複雜的兩年生活史 (圖 18.9)。這種蜱於幼蟲期或稚蟲期會在在一種白足鼠 (white-footed mouse) 身上覓食，在該處獲得了致病原，而稚蟲時期的蜱對其宿主並無專一性，幾乎能在任何的脊椎動物身上覓食，因此這時期的蜱是最容易叮咬人類的階段，而變為成蟲後的蜱在鹿身上完成其生活史中的繁殖期。在加州，整個傳播的循環包含大西洋硬蜱 (*Ixodes pacificus*) 這種蜱，與暗足林鼠 (dusky-footed woodrat) 這種儲存宿主。

萊姆病的發生率呈現逐漸上升的趨勢，從 1991 年的每年約 10,000 例，變成 2012 年的 27,000 例。此增加現象部分可能是與診斷技術進步有關，但部分也反映了宿主與病媒可能在數量上發生了改變。在老鼠與鹿隻族群數量多的地區，也是萊姆病最容易發生的地區，大多數的病例發生在紐約、賓州、康乃狄克州、紐澤西州、羅德島以及馬里蘭州，但是在中西部與西部的病例數也在增加中。高危險族群包括徒步旅行者、背包客，以及居住在靠近林地與森林的新開發社區的居民。夏季與初秋則是主要的好發季節。

萊姆病並不會致死，但經常演變成類似神經肌肉性以及類風濕性的緩慢發展性症狀。

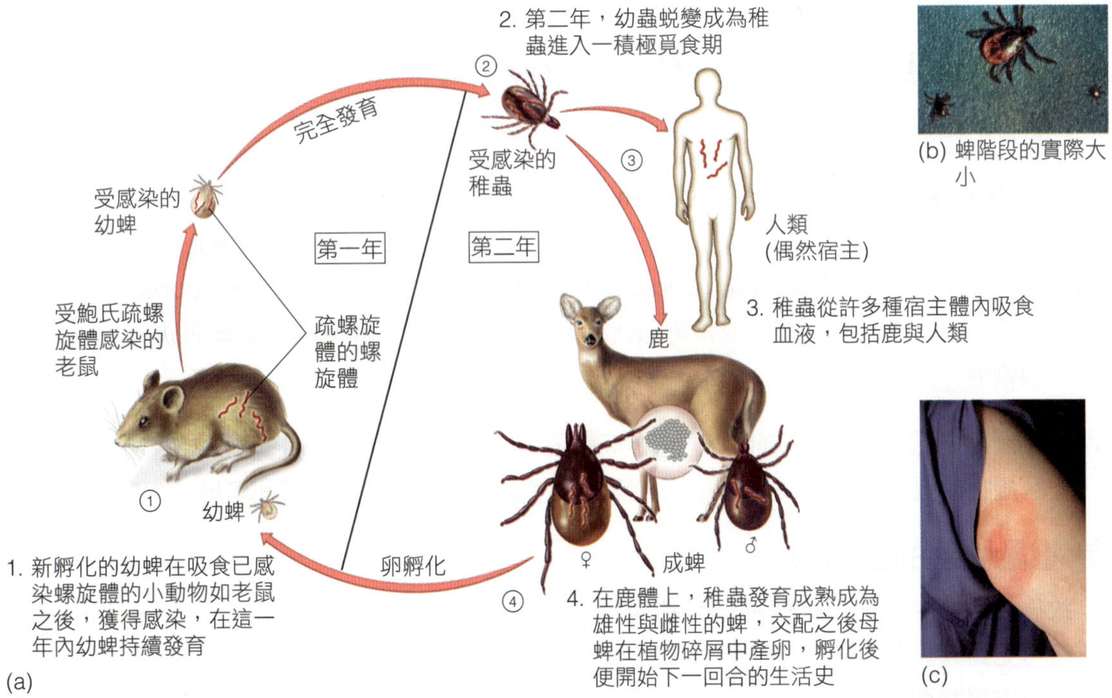

圖 18.9　美國東北部之萊姆病的循環。(a) 此疾病與蜱這種病媒的生活史緊密相關，蜱可在兩年內發育成熟。不同地區的蜱種類與宿主種類不盡相同，但基本的生活史相同；(b) 黑腳蜱 (*Ixodes scapularis*) 會在吸食血液的同時將萊姆病傳染給人類與動物；(c) 大約 80% 的萊姆病患會出現遊走性紅斑，是一種環繞在最初感染位置的紅色形似牛眼的紅疹。

8 *burgdorferi* 鮑氏疏螺旋體的種名 (berg-dor′-fer-eye)。以發現者 Willy Burgdorfer 博士之名命名。

50~70% 的患者會出現的早期症狀之一為在被蜱的幼蟲叮咬的位置出現紅疹，此病灶稱之為遊走性紅斑 (erythema migrans)，會呈現出一個中心部分較白，周圍則向外逐漸擴張的突起環形紅疹、看似如牛眼般的外觀 (圖 18.9c)。在某些病例中，則會出現一連串的紅色丘疹或是點狀紅疹。其他早期症狀還包括發燒、頭痛、頸部僵硬以及頭暈。

如果未加以治療或是太晚開始治療的話，此病就可能進入第二階段，在此階段會出現心臟與神經的症狀 (臉部麻痺)。在數週或數月之後，一種嚴重損害性的多發性關節炎開始影響關節，特別是一些出現在歐洲的菌株更易出現這種症狀。有些人還會出現慢性神經性的併發症，而造成嚴重的失能狀況。

因為症狀過多之故，所以萊姆病的診斷相當困難。主要的鑑定依據為環狀的病灶、自病患身上分離出螺旋體，以及利用 ELISA 法偵測是否有抗體效價上升來進行早期的血清學檢驗。而偵測檢體中的螺旋體 DNA，對後期的診斷最為有效。利用多喜黴素或安比西林進行早期治療效果有效，其他如頭孢三嗪與阿奇黴素則是用於治療後期的萊姆病。

因為狗也會感染此疾病，所以市面上已經有犬隻專用的疫苗。給高危險群使用的人類疫苗因為擔心有副作用所以銷量不佳，因此已經不再使用。每個人在進行戶外活動時都應該穿著保護衣物、靴子、腿套，以及使用含有敵避 (DEET)[9] 的驅蟲劑。暴露在重度橫行地區的人應該例行地檢查自己的身體是否有蜱出現，如果有的話則必須以不破壞蟲體的方法將其小心移除，例如使用鑷子或是手指戴上手套，因為蜱的糞便或是體液都可能會造成感染。

18.2 革蘭氏陰性曲狀菌與腸道疾病

三群曲狀菌依其科、屬以及特性整理於下：

弧菌科 (Vibrionaceae)	彎曲桿菌科 (Campylobacteraceae)	螺旋桿菌科 (Helicobacteraceae)
弧菌 (*Vibrio*)[10]	彎曲桿菌 (*Campylobacter*)[11]	螺旋桿菌 (*Helicobacter*)[12]
逗點狀桿菌，具有一根鞭毛	短螺旋或是彎曲狀桿菌，具有一根鞭毛	緊密螺旋與彎曲狀桿菌，具有數根極鞭毛

這群當中有許多致病原都具有能在腸道的不良環境中存活的適應力，它們易在黏液包覆層內移動，並且避免自己被腸道的蠕動所掃除。螺旋桿菌還能夠在強酸性的胃部環境中生存。

霍亂弧菌的生物學

致病性弧菌中最重要的菌種就是造成霍亂 (cholera) 的霍亂弧菌 (Vibrio cholerae)[13]，新鮮的分離菌可見到其具有快速的運動能力、略微呈弧形或逗點狀的外觀 (圖 18.10)。弧菌與腸內桿菌科的成員在培養與生理特性上有許多相似之處，兩者是很近似的細菌。它們可在一般的常用培

9 *N-diethyl-m-toluamide* 為歐護 (OFF!) 與 Cutter 等驅蚊產品中的主要活性成分。

10 *Vibrio* 弧菌 (vib′-ree-oh)。拉丁文：*vibrare* 抖動。

11 *Campylobacter* 彎曲桿菌 (kam″-pih-loh-bak′-ter)。希臘文：*campylo* 彎曲；*bacter* 桿。

12 *Helicobacter* 螺旋桿菌 (hee″-lih-koh-bak′-ter)。希臘文：*helicos* 捲曲。

13 *cholerae* 霍亂 (kol′-ur-ee)。希臘文：chole 膽汁。本菌過去稱為 *V. comma*，因其有著如逗號狀的外形。

養基，或含有膽鹽的選擇性培養基上，於 37°C 環境中醱酵醣類並生長。它們擁有特殊的 O (體) 抗原、H (鞭毛) 抗原，以及細胞膜上的接受器抗原，可作為分類的依據。

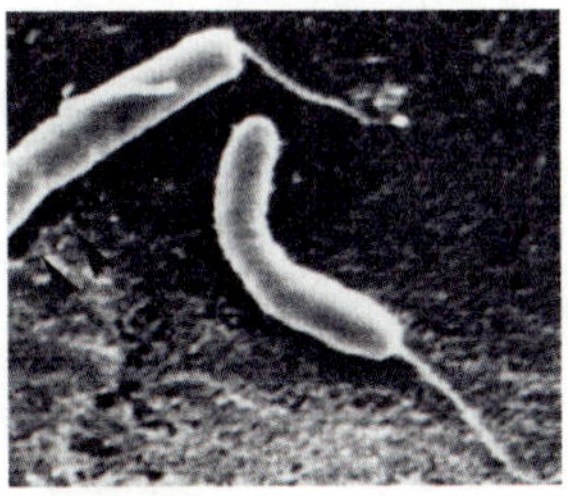

圖 18.10　**霍亂的病原。** 霍亂弧菌，可見到它的特殊弧狀外形以及單一極鞭毛 (2,500 倍)。

霍亂的流行病學

流行性霍亂，或稱為亞洲型霍亂，幾百年來都一直是一種高度破壞性的疾病。雖然曾一度認為人類的腸道是此菌的主要生長位置，但目前已知此菌在一些特定的流行地區也能自由生活。

霍亂的傳播與流行的發生受季節與氣候的影響極大，寒冷、酸性、乾燥的環境都會抑制弧菌的移動與存活，反之溫暖、雨季、鹼性環境以及鹽濃度則會幫助生長。自 1961 年起，當艾托 (*El Tor*) 生物型的霍亂弧菌開始遍布全世界之後，此疾病就一直是一種重要的流行性疾病。這種菌株在環境中存活久，就感染更多人口，且比其他種類的菌株更易形成慢性帶原。近來歷史上最嚴重的一次流行是在 2010 年的海地大地震之後不久，並且持續至今。2013 年後期世界衛生組織 (WHO) 統計共有 670,000 個通報病例，其中有 8,300 例死亡，其中大部分應該都是可以預防的。對維持生命的關鍵服務系統與衛生措施的極度破壞已大大地增加了控制疾病的複雜度。此疾病的發病率與死亡率排名在前七名，影響亞洲與非洲流行地區數百萬人。

在美國這類的非流行地區，細菌可藉由被無症狀帶菌者污染過的水與食物來傳播，但此情況較為少見。偶發性的暴發感染偶爾會出現在墨西哥灣地區，且此區的貝類中偶爾也可分離到霍亂弧菌。

霍亂的致病機轉：產毒性腹瀉

在藉著食物或水被食入之後，霍亂弧菌必須先通過胃部的酸性環境，為了要克服此困難，感染所需的菌量就變得相當高 (10^8 隻細菌)。在一些可提供細菌保護的食物搭配下，致病的菌量就可以稍微降低一些。在十二指腸與空腸的黏膜處，弧菌會穿透黏液的障礙而駐留在靠近上皮細胞的表面。弧菌是一種絕對的上皮細胞的病原菌，並不會進入細胞內或更與深層的組織中，其毒力完全是依靠一種稱為*霍亂毒素* (cholera toxin, CT) 的腸毒素，此毒素會干擾正常的腸道細胞生理作用，當毒素特異性地結合到腸道的接受器之後，一個二級訊號系統便會被活化。在被此訊號系統的影響之下，細胞便會排放大量的電解質進入腸道中，同時也造成大量的水分喪失 (圖 18.11)。大部分的霍亂病例是溫和或具有自限性的，但若發生在孩童或是身體較虛弱的患者時，疾病就會變得進展快速又猛烈。

經過了數小時到數天的孵育期之後，症狀會突然以嘔吐拉開序幕，接著出現大量水瀉，稱為**分泌性腹瀉** (secretory diarrhea)。這種排泄出來的液體中含有顆粒狀的組織殘渣，因此又稱為「洗米水樣糞便」(rice-water stool)。在嚴重的病例中，每一小時大約流失高達一公升的液體，未經治療的患者在整個病程中會喪失高達 50% 的體重。這樣的腹瀉會引起血液容積下降、碳酸氫根離子流失造成酸中毒，以及鉀離子不足。這些狀況造成患者出現肌肉抽筋、嚴重口渴、皮膚鬆弛以及眼窩凹陷等現象，在幼童甚至還會造成昏迷與抽搐。繼發的循環影響還包括低血壓、心搏過速、發紺，以及在 18 至 24 小時內發生休克而虛脫。而如果繼續不加以治療，在 48 小時

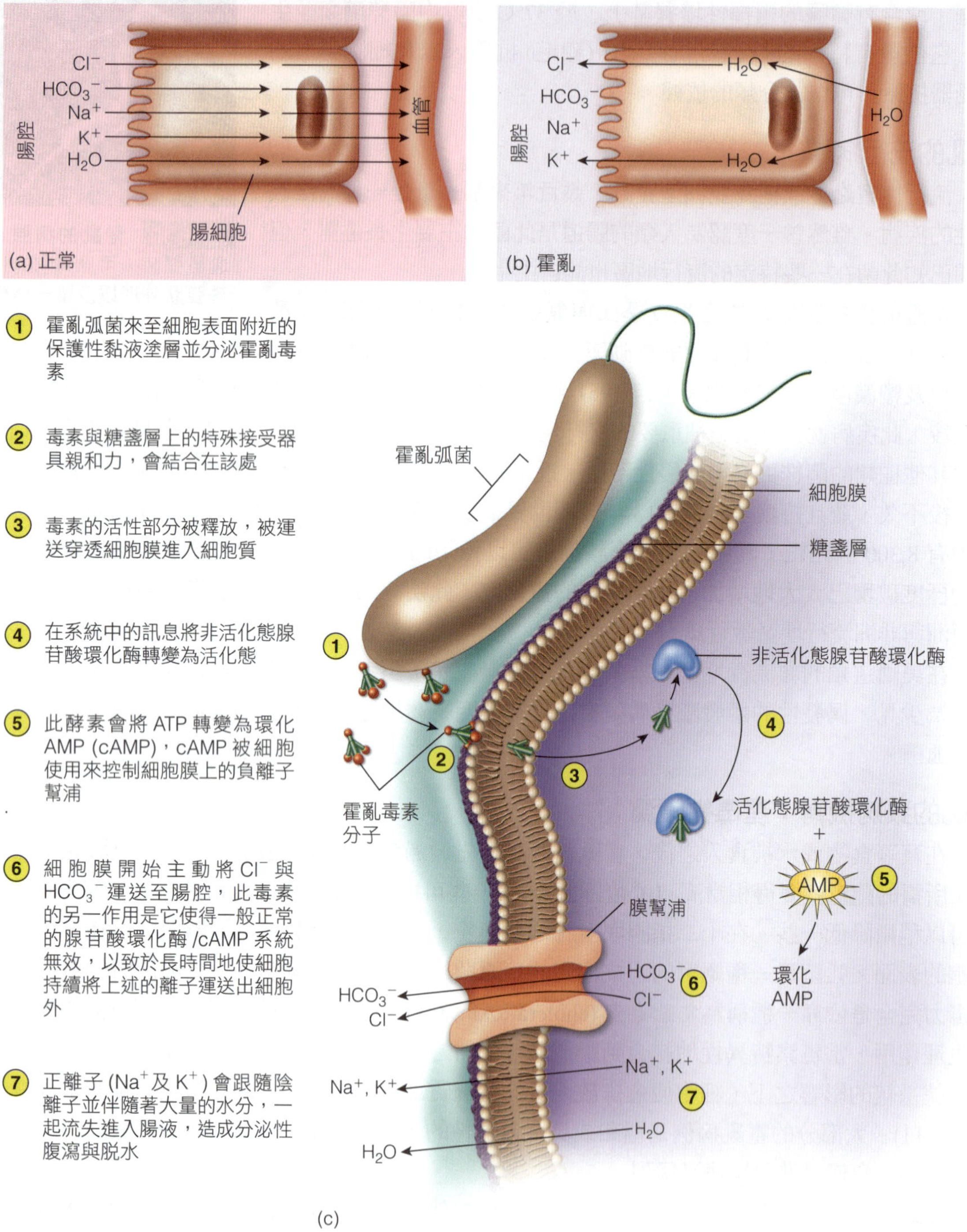

Cl^-
HCO_3^-
Na^+
K^+
H_2O
腸腔
血管
腸細胞
(a) 正常
Cl^-
HCO_3^-
Na^+
K^+
H_2O
H_2O
H_2O
腸腔
(b) 霍亂
1 霍亂弧菌來至細胞表面附近的保護性黏液塗層並分泌霍亂毒素
2 毒素與糖蓋層上的特殊接受器具親和力，會結合在該處
3 毒素的活性部分被釋放，被運送穿透細胞膜進入細胞質
4 在系統中的訊息將非活化態腺苷酸環化酶轉變為活化態
5 此酵素會將 ATP 轉變為環化 AMP (cAMP)，cAMP 被細胞使用來控制細胞膜上的負離子幫浦
6 細胞膜開始主動將 Cl^- 與 HCO_3^- 運送至腸腔，此毒素的另一作用是它使得一般正常的腺苷酸環化酶 /cAMP 系統無效，以致於長時間地使細胞持續將上述的離子運送出細胞外
7 正離子 (Na^+ 及 K^+) 會跟隨陰離子並伴隨著大量的水分，一起流失進入腸液，造成分泌性腹瀉與脫水
霍亂弧菌
細胞膜
糖蓋層
非活化態腺苷酸環化酶
霍亂毒素分子
活化態腺苷酸環化酶
+
AMP
環化 AMP
膜幫浦
HCO_3^-
Cl^-
Na^+, K^+
H_2O
(c)

圖 18.11 **霍亂毒素造成的腸功能改變**。(a) 腸吸收作用的正常狀態；(b) 霍亂毒素對電解質與水的影響；(c) 腸細胞對霍亂毒素的反應。

內病人將會死亡，死亡率高達 55%。

診斷與補救措施

流行期間，臨床的證據通常便足以對霍亂進行診斷，但疾病的最後確認對流行病學的研究，以及對偶發性病例的偵測來說經常是相當重要的。霍亂弧菌在實驗室中易由糞便檢體中分離與鑑定。利用暗視野顯微鏡直接觀察，可見到有快速運動特性的彎曲型細菌，可作為確認的證據。利用群特異性抗血清使菌體不動或是螢光染色，也是很好的確認方法。對較困難或是較難確認的病例，則可藉著追蹤血清中抗毒素的抗體效價是否有升高來進行追蹤。

對霍亂治療的關鍵因素是迅速補充水分與電解質，可藉著不同供液的技術來補充失去的水分與電解質 [例如口服復水治療 (oral rehydration therapy, ORT)]。

而對已經失去意識或是有嚴重脫水併發症的患者，則需要使用靜脈輸液法加以治療。口服如多喜黴素抗生素與 trimethoprim/sulfamethoxazole 這類藥物，能夠在 48 小時之內止住腹瀉症狀，同時也能加速病患的恢復與減少將弧菌排出體外的時期。

最有效的預防方法就是完善的污水管線系統以及水純化系統。對輕微症狀或是無症狀的帶原者進行偵測與治療，也是一個防治霍亂的重要目標，但此目標並不容易達成，因為在一些霍亂流行的國家其醫療支援通常是較為不足的。目前對旅行者以及生活在疫區的人口已有疫苗可用，此二疫苗均是屬於全細胞型死菌疫苗，能夠提供兩年的有限保護力。世界衛生組織 (WHO) 建議在流行地區必須施打疫苗，然而對水質與衛生條件的長期改善計畫才是更重要的課題。

☞ 副溶血弧菌與創傷弧菌：海鮮中的致病原

兩種與霍亂弧菌相關的致病菌，有著同樣的形態、生理與生態上的適應性。副溶血弧菌與創傷弧菌都是生活在大海的沿岸水域，以及海洋無脊椎動物身上的耐鹽性細菌。在溫帶地區，弧菌藉著置身在海洋沈積物中來度過冬天，當溫暖季節到來時，細菌被湧流翻攪起來而再度進入食物網中，最終可在魚類、貝類與其他的食用海鮮中生長。

副溶血弧菌所引起之腸胃炎的特徵

副溶血弧菌 (*Vibrio parahaemolyticus*) 感染所引起的急性腸胃炎，首次發現於 30 多年前的日本，主要的病例都是因為吃了生的，或是未充分煮熟以及保存不佳的海鮮食品所造成。最常見的相關海鮮食物包括魷魚、鯖魚、沙丁魚、金槍魚、螃蟹、蝦、牡蠣與蛤蠣等。疫情經常爆發於夏季與初秋的沿海地區，感染後約有 24 小時的孵育期，接著出現伴隨噁心、嘔吐、腹部抽筋、偶爾還出現發燒的嚴重水瀉症狀。此弧菌的毒素所引起的症狀可持續約 72 小時，但也可能長達 10 天之久。

由創傷弧菌 (*Vibrio vulnificus*) 所引起的食物中毒，其症狀與副溶血弧菌所引起的相當類似，經常與食用生牡蠣有關，在患有糖尿病或是肝疾的病人身上會引起非常嚴重的後果。在某些地區，此菌是食因性所造成感染的疾病中，死亡率最高的一種疾病。

治療嚴重的腸胃炎需要補充液體與電解質，偶爾也需要使用抗生素。主要的控制方法為控制海鮮食物中細菌的數量，藉著在運送及保存時將食材保持在冷藏狀態下、烹調時溫度要夠高及迅速供餐等方法，將菌量控制在感染劑量以下。在購買牡蠣 (或其他的貝類) 時必須了解可能的風險，在某些地區，美國的農業部要求超市與餐廳必須張貼這類健康警告。

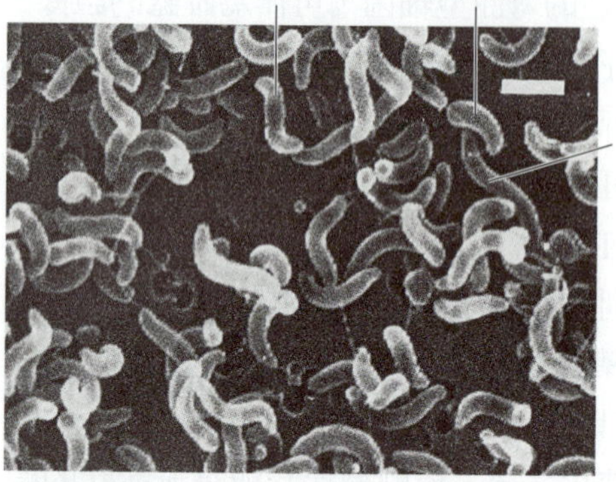

圖 18.12 空腸彎曲桿菌的掃描式電子顯微鏡照片，圖中可見呈逗點狀、S狀與螺旋狀的形態 (750 倍)。

彎曲桿菌引起的疾病

彎曲桿菌 (Campylobacter) 是一種曲狀或螺旋狀的桿菌，經常呈現 S 型或是海鷗型的外觀 (圖 18.12)。極鞭毛造成了菌體活躍旋轉式的運動能力。生理特性包括微嗜氧 (microaerophilic)、氧化酶陽性，以及無法進行醱酵反應。這類細菌屬於鳥類與哺乳類動物腸道、泌尿生殖道以及口腔內的常在菌叢。彎曲桿菌屬中在醫學與獸醫學上最重要的菌種為空腸彎曲桿菌與胎兒彎曲桿菌。

空腸彎曲桿菌與腸炎

空腸彎曲桿菌 (*Campylobacter jejuni*)[14] 是一個相當重要的致病原，是世界上造成細菌性腸胃炎最重要的細菌之一。美國每年大約有 130 萬的病例發生。流行病學與病理學的研究顯示，此菌是經由污染的飲料與食物傳播的主要致病原，特別是水、牛奶、肉類與雞肉等。

食入空腸彎曲桿菌之後，細菌會進入小腸 (迴腸) 最後一節的黏膜，此處靠近與大腸連接處。黏附之後便鑽過黏液，然後菌體被腸道細胞攝入。在細胞內開始破壞細胞骨架、對腸上皮造成損傷，以及穿透腸壁。經過 1 至 7 天的孵育期之後。急性症狀如頭痛、發燒、腹痛以及血便或水瀉就開始出現。致病機轉包含一種稱為空腸彎曲桿菌腸毒素 (C. jejuni enterotoxin, CJT) 的對熱不穩定腸毒素，會刺激患者出現類似霍亂的分泌性腹瀉。還有一種稱為格林 - 巴利 (Guillain-Barré) 症候群的後遺症，這是一種神經性疾病，偶爾可能發生。

空腸彎曲桿菌所引起的腸炎通常可利用糞便檢體，以及偶爾利用血液檢體加以診斷。這種細菌屬於微需氧與嗜熱性細菌，分離時需要特殊的培養基，可將其接種在 CCD 培養基上並置入微氧培養箱中進行培養。利用糞便進行暗視野顯微鏡鏡檢，觀察菌體成彎曲狀桿菌的外觀，以及強力的運動能力等特性，可以較快獲得初步診斷。

大多數的病例可以利用補充水分與電解質的平衡療法來加以進行治療，在較嚴重的病人身上可能需要追加紅黴菌或環丙沙星等抗生素治療。因為疫苗尚在發展當中，因此主要的預防方法只能依賴水與牛奶在供應上的嚴格衛生控制，以及注意食物的製備過程。

傳統上較受到獸醫重視的胎兒彎曲桿菌 (性病亞種) 會引起綿羊、牛以及山羊等動物經由性接觸傳染的疾病，在這類動物身上會造成流產，對畜牧業來說會造成重大的經濟衝擊。大約 40 年前，胎兒彎曲桿菌首次被確認也是一種人類的致病原，但在人類間要如何傳播至今尚不清楚。此菌是一種伺機性細菌，會攻擊衰弱的病人或是懷孕後期的孕婦，造成的疾病包括腦膜炎、肺炎、關節炎，以及新生兒的敗血感染，偶爾在成年人身上也會造成性傳染型的直腸炎。

---

14 *jejuni* 空腸彎曲桿菌 (jee-joo′-nye)。拉丁文 *jejunum*，意指小腸中位於十二指腸與迴腸之間的區域。

幽門螺旋桿菌：胃部致病原

雖然人類的胃對大部分的細菌而言是個非常不適合生存的環境，但對幽門螺旋桿菌 (*Helicobacter pylori*) 這種不尋常的螺旋狀細菌而言卻是主要的棲息地。如同彎曲桿菌一般，此菌也是微嗜氧及氧化性，但不同的是此菌具有多根的具外鞘的極鞭毛。此菌不只能夠生長在酸性的環境中，許多證據也已經證明它與許多胃部疾病有直接的關聯性。它會引起稱為胃炎 (gastritis) 的胃內壁發炎症狀，並與 90% 的胃潰瘍與十二指腸潰瘍有關。它同時也是腺癌 (adenocarcinoma) 這種常見的胃癌在發展時的重要輔助因子。

這種新的病原菌是在 1979 年由 J. Robin Waren 在胃潰瘍病人的病理切片組織中發現的，他與他的助手 Barry J. Marshall 由培養中分離出此菌，同時也藉著親自吞入適量的分離菌以測試此菌的影響，他們兩人在此實驗中最後都出現了短期胃炎的症狀。他們對此菌的非凡發現，以及證實了此菌與胃部疾病的關聯性，使得這兩位科學家在 2005 年贏得了諾貝爾獎。

後續的研究也證明了此菌存在於許多人體內，約有 25% 的健康中年人以及 50% 60 歲以上的成年人胃部有此菌存在。幽門螺旋桿菌可能是藉由口對口或口對糞途徑造成人與人之間的傳播，也可藉由家蠅當作傳播的病媒。此菌似乎在人類幼年時期便已感染，而一直以無症狀的形式帶菌，直到它的活動開始對消化道黏膜造成損傷。因為其他的動物也會被 幽門螺旋桿菌 所感染並引發慢性胃炎，所以此菌也被認為可能是一種人畜共通疾病，而動物扮演儲存宿主的角色。此菌屬中還有數種不同的菌種，已自貓、狗以及其他哺乳動物中被分離出來。

其他的研究也幫助解釋了此菌如何可以生活於腸胃道中，首先它穿透位於上皮組織最外側的黏液，然後與細胞表面特定的位置結合並將自己固定住 (圖 18.13)。事實證明，一種螺旋桿菌的特異性接受器與 O 型血的接受器相同，此說明了在 O 型血的族群中可觀察到較高的潰瘍發生率 (1.5~2 倍)。此菌的另一個保護適應機制是製造尿素酶，這種酵素可將尿素分解成氨與碳酸氫根，兩者都是鹼性化合物，可中和胃酸。當免疫系統發現並開始對此病原菌進行攻擊時，某些白血球會開始對上皮細胞產生某些程度的損傷而造成慢性活動性胃炎。在某些人身上這些病灶會變成較深的糜爛與潰瘍，最終可能導致癌症的發生。

幽門螺旋桿菌最早是由病理切片檢體中分離出來。利用血清學試驗偵測出現在糞便中的幽門螺旋桿菌抗原，此方式不具侵襲性又有高的敏感度，所以已經成為目前較受歡迎的檢查方式。

了解此菌的致病機制，對治療的發展來說相當有用。胃炎與潰瘍在傳統上都利用藥物 [cimetidine (Tagamet)、ranitidine (Zantac)] 進行治療，這些藥物都是藉著降低胃中胃酸的分泌來減緩症狀，必須持續無限期服用，且常見復發。最新的建議療法則是服用 2 至 4 週的克拉黴素 (clarithromycin) 以排除細菌的感染，同時搭配胃酸抑制劑一併使用，這種治療方式能夠確實治癒感染並消除症狀。

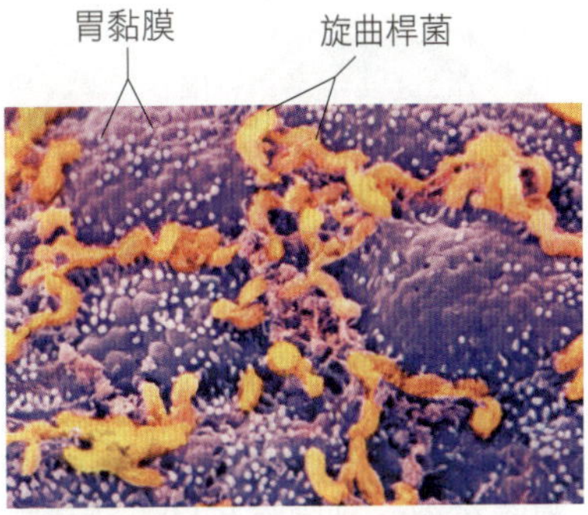

圖 18.13 胃潰瘍的致病原。經上色處裡過之胃壁中的幽門螺旋桿菌在掃描式電子顯微鏡下的照片。其特徵為疏鬆與較淺的螺旋，同時菌體表面較為粗糙 (2,500 倍)。

18.3 具有特殊形態與生物特性的醫學重要細菌

具有非典型性形態、生理學以及行為的致病性細菌包含了有：(1) 立克次體與 (2) 披衣菌，屬絕對細胞內寄生革蘭氏陰性球桿菌，以及 (3) 黴漿菌缺乏細胞壁的高度多形性細菌 (圖 18.24)。這三群細菌在演化上關係並不密切，但因為具有類似的形態與致病能力，因此將其一併討論。

立克次體目

立克次體目中含有大約 24 種致病原，其中大多屬於立克次體 (*Rickettsia*)[15] 屬，其他還有屬於埃立克體 (*Ehrlichia*)[16]、無形體 (*Anaplasma*) 以及最近命名的東方體 (*Orientia*，從前為立克次體) 的成員。這些細菌一般都將其稱之為立克次體 (rickettsias 或 rickettsiae)，而由其所引起的疾病則稱之為立克次體病 (rickettsioses)。

立克次體都絕對依賴它們的宿主細胞，培養時也都需要在活細胞中進行，它們的部分生活史會在節肢動物中進行，這些節肢動物扮演了病媒的角色。立克次體病是最重要的新興疾病，在 14 種已被確認的疾病中，有 6 種是在近 20 年才被鑑定出來。

立克次體在形態上與生理上的差別

立克次體擁有革蘭氏陰性細胞壁、二分裂生殖法、合成與生長所需的代謝路徑，以及同時具有 DNA 與 RNA 分子。它們是最小的細胞，大小約寬 0.3~0.6 μm，長 0.8~2.0 μm。無運動能力的多形性桿菌或球桿菌 (圖 18.14)。

立克次體確實的營養需求非常難以確認，因為它們與宿主細胞的代謝緊密相連。它們之所以為絕對細胞內寄生是因為無法代謝 AMP，而 AMP 是 ADP 與 ATP 的前驅物，它們只能由宿主細胞處獲得。立克次體對環境相當敏感，但傷寒立克次體 (*R. typhi*) 在乾燥的跳蚤排泄物中卻可存活好幾年。

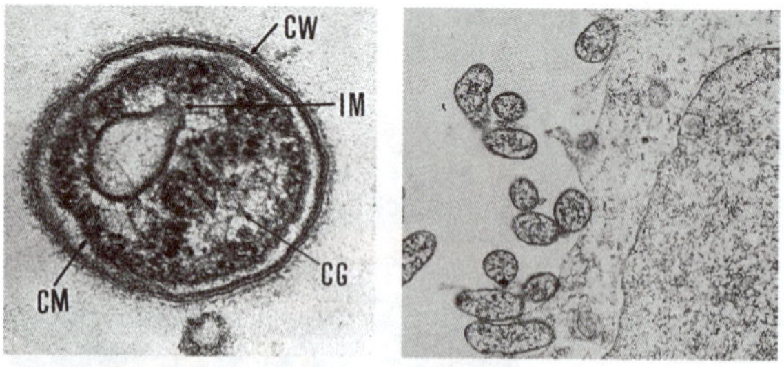

(a) (b)

圖 18.14 立克次體形態。(a) 數個特徵，包括：細胞壁 (CW)、細胞膜 (CM)、染色質顆粒 (CG) 與中體 (IM)，是一種小型、多型性的革蘭氏陰性菌 (185,000 倍)；(b) 正由老鼠的組織培養細胞表面出芽的立克次體。

立克次體疾病的分布與其生態

節肢動物病媒的角色 立克次體在吸血節肢動物 (arthropod)[17] 宿主，與脊椎動物宿主之間，有著複雜的生活史 (見第 20.8 節)。有八種蜱 (tick) 屬、兩種跳蚤 (fleas) 以及一種蝨 (louse) 扮演了將立克次體傳播至人類的角色。除了由蝨所傳播的斑疹傷寒 (typhus) 與戰壕熱 (trench fever) 之外，人類是藉著職業上與動物接觸而意外進入立克次體原本在動物體內的生活史。大部分的病媒帶有立克次體都是無

15 *Rickettsia* 立克次體 (rik′-ett′-see-ah)。以一位致力於研究此菌的美國細菌家 Howard Ricketts 之名命名。
16 *Ehrlichia* 埃立克體 (ur-lik′-ee-ah。以一位德國免疫學家 Paul Ehrlich 之名命名。
17 蜱在分類學上屬於蛛形綱，蝨與蚤則屬於昆蟲綱，兩者均屬節肢動物門。

症狀的，但有些如人類的體蝨在感染斑疹傷寒之後便會死亡，而無法繼續讓致病原寄生。在一些病媒中 (洛磯山斑疹熱蜱)，立克次體會藉著已感染的雌性宿主的卵而傳給下一代。這種將病菌藉著多代而持續傳播的過程，使得蜱成為一種長期的儲存宿主。

這些節肢動物靠著哺乳類動物宿主的血液或組織液存活，但並非所有的節肢動物都是靠著唾液將立克次體傳播出去。蜱是直接利用其口器將病菌接種到宿主皮膚處，但跳蚤與蝨子則是將病菌存於其腸道中，當它們停留在宿主身體時，它們排泄糞便或是被壓碎時，就會將立克次體釋放至宿主的皮膚上或是進入傷口中。但諷刺的是，搔抓被叮咬的傷口往往也能夠幫助此病原菌進入較深處的組織中。

立克次體的病理學與分離時的一般特性

立克次體感染的常見標的為小血管的內皮層，細菌會辨認、進入且在內皮細胞中繁殖，引發血管內壁的壞死。立即性的病理變化有血管炎、血管周邊的發炎細胞浸潤、血管滲漏以及血栓形成。這些病理上的影響會造成皮膚出現紅疹、水腫、低血壓以及壞疽。在腦部的血管內凝血則會造成昏睡性的神智變化，偶爾也會發生其他神經症狀。

大部分的立克次體要由臨床檢體中進行分離，需要適當的活細胞以及特殊的實驗室設備，包括門禁管制與生物安全櫃等。常規的生長與維持，常見的系統為雞胚胎蛋的卵黃囊、雞的胚胎細胞培養，以及較少使用的老鼠與天竺鼠。

立克次體病

立克次體病可依其臨床特徵與流行病學分成 (表 18.2)：

1. 斑疹傷寒 (typhus) 群。
2. 斑疹熱 (spotted fever) 群。
3. 恙蟲病 (scrub typhus)。
4. 埃立克體病 (ehrlichiosis) 與無形體病 (anaplasmosis)。

表 18.2　與人類疾病相關之主要立克次體的特性

疾病群	菌種	疾病	病媒	主要儲存宿主	傳播至人體的模式	發現於何處
斑疹傷寒	普氏立克次體	流行性斑疹傷寒	體蝨	人類	蝨子糞便擦拭進入叮咬傷口；吸入	全世界
	傷寒立克次體 (莫氏)	鼠傷寒	跳蚤	囓齒類	跳蚤糞便擦拭進入皮膚；吸入	全世界
斑疹熱	立氏立克次體	洛磯山斑疹熱	蜱	小型哺乳類	蜱叮咬；氣霧	北美與南美
	小蛛立克次體	立克次體痘		小鼠	蟎叮咬	全世界
恙蟲病	恙蟲東方氏體	–	蟎 (不成熟的蟎)	囓齒類	叮咬	亞洲、澳洲、太平洋島嶼
人類埃立克體病	查非埃立克體	人類單核球埃立克體病	蜱	–	蜱叮咬	與洛磯山斑疹熱相似
人類無形體病	嗜吞噬球無形體	人類顆粒球無形體病	蜱	鹿、囓齒類	蜱叮咬	不明

普氏立克次體與流行性斑疹傷寒

流行性或是由蝨子傳播的斑疹傷寒 (typhus)[18] 總是與戰爭、貧窮與飢荒伴隨出現。在 1900 年代初期，Howard Ricketts 與 Stanislas von Prowazek 的廣泛調查中發現了立克次體這種致病原以及其病媒，此研究並非沒有致死的危險，但這兩位學者後來都死於他們所調查的疾病。普氏立克次體 (*Rickettsia prowazekii*) 此菌的命名就是用來紀念他們的先驅性貢獻。

流行性斑疹傷寒的流行病學　人類是人類體蝨的唯一宿主，也是普氏立克次體的唯一儲存宿主。蝨子藉著將排泄物污染進它叮咬的傷口，或是宿主皮膚上其他的破損處而傳播感染。眼部或呼吸道的感染則可能藉由直接接觸或是吸入含有乾燥的蝨子糞便的灰塵所造成，但這種傳播形式極少發生。

蝨子的傳播會因為環境擁擠、不常更換衣物以及共用衣物而增加。在美國，流行性斑疹傷寒發生率相當低，自 1922 年之後就未曾再出現流行。雖然在世界上那些生活已改善的區域中斑疹傷寒已不再普遍，但在非洲、中美洲以及南美洲的地區仍持續存在。

斑疹傷寒的疾病表現與免疫反應　進入循環之後，立克次體會經過一段大約 10 至 14 天的孵育期，而最先出現的臨床症狀為持續出現的高燒、寒顫、前額頭痛以及肌肉痛。在七天內全身會出現紅疹，最先出現在軀幹然後擴散到四肢。接著人格會出現變化、少尿、低血壓，在較嚴重的患者身上還會合併有壞疽的發生。孩童的死亡率最低，但超過 50 歲的病人則有高達 40~60% 的死亡率。

痊癒後通常會獲得對斑疹傷寒的抵抗力，但在某些病例中立克次體無法被免疫反應完全清除，而進入潛伏期。經過數年之後，一種稱為 *Brill-Zinsser* 病的較輕微復發性疾病會出現，這種疾病最常見於自流行地區移民而來的人身上，也是最需注意的病患，因為這些移民扮演了此病病原持續性儲存宿主的角色。

斑疹傷寒的治療與預防　斑疹傷寒的標準化學藥物療法為多喜黴素或氯黴素。儘管已進行抗生素治療，在一些有進一步循環系統或腎臟併發症的患者身上，其預後仍可能不佳。藉著清除病媒而將斑疹傷寒根除，在理論上是可以辦到的。在人類居住範圍內大量噴灑殺蟲劑已經對環境控制獲得不錯的效果，而在體表使用抗蝨洗髮精或是軟膏也同樣有效。

流行性斑疹傷寒的流行病學與臨床表徵

流行性斑疹傷寒的病原菌為傷寒立克次體 (莫氏立克次體)，此菌與普氏立克次體有許多特性極為相似，但傷寒立克次體的毒力較強。此一立克次體病的同義詞包括流行性斑疹傷寒、齧齒類 (老鼠) 斑疹傷寒與跳蚤傳播型傷寒等。此種疾病流行於中美洲與南美洲的特定地區以及美國的東南、墨西哥灣沿岸、西南地區等。這些地區的在地齧齒類動物與負鼠是傷寒立克次體的儲存宿主，並在被吸血時傳播到跳蚤身上。人類是透過被跳蚤叮咬或是偶爾經由吸入而被感染。在美國，大部分的病例偶發出現在一些有大鼠出沒的工業區工人身上。

流行性斑疹傷寒的臨床表現包括發燒、頭痛、肌肉痛以及全身乏力。五天之後在症狀較溫

---

18 *typhus* 斑疹傷寒 (ty′-fus)。希臘文：typhos 煙或朦朧。意在強調此疾病會出現智力衰退的現象。*typhus* 此字經常與 typhoid fever (傷寒熱) 搞混，後者是由傷寒沙門氏菌 (*Salmonella typhi*) 所引起的腸道疾病。

和的患者身上開始短暫出現皮膚紅疹，由軀幹開始往四肢蔓延，症狀會在約兩週內消失。多喜黴素和氯黴素是有效的人類治療藥物，同時也有許多不同的殺蟲劑可用來控制病媒與齧齒類動物。

洛磯山斑疹熱：流行病學與病理學

在所有立克次體疾病中，對居住在北美的居民有最大影響的就是洛磯山斑疹熱 (Rocky Mountain spotted fever, RMSF)，以這疾病首次被發現的地方 (蒙大拿州與愛達荷州的洛磯山地區) 來加以命名。Howard Ricketts 由受感染的動物與病人的抹片中鑑定出立氏立克次體 (*Rickettsia rickettsii*)，且之後又發現此菌是藉著蜱來傳播。雖然此疾病有個跟地理相關的名字，但實際上卻很少發生在美國的西部地區，病例主要的發生位置是在東南與東海岸地區 (圖 18.15)，在加拿大與中美洲、南美洲也都有病例發生。感染大多發生在蜱這種病媒最活耀的春季與夏季。RMSF 的年平均發生率為每百萬人約六至七例，且與天氣的變動狀況和蜱的蔓延程度相關聯。自 2010 年以來，疾病的發生率正穩定增加中。

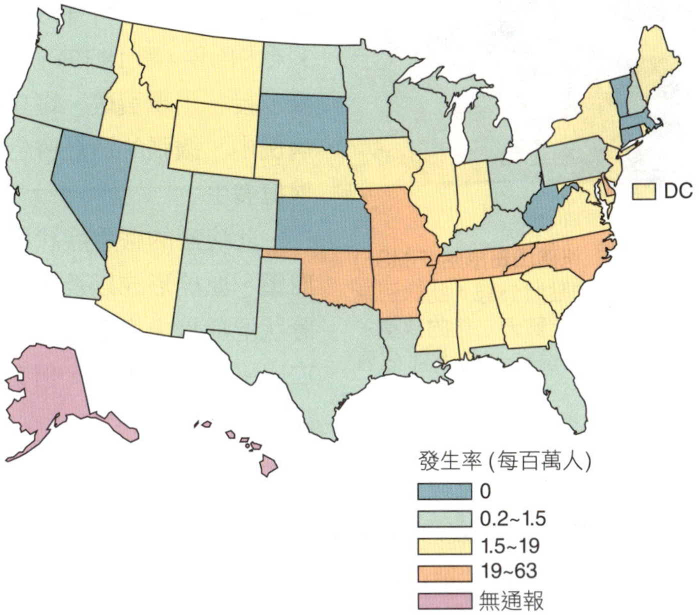

圖 18.15　洛磯山斑疹熱的感染趨勢。地圖顯現洛磯山斑疹熱病例的分布狀況。本疾病在阿拉斯加或夏威夷並無通報。

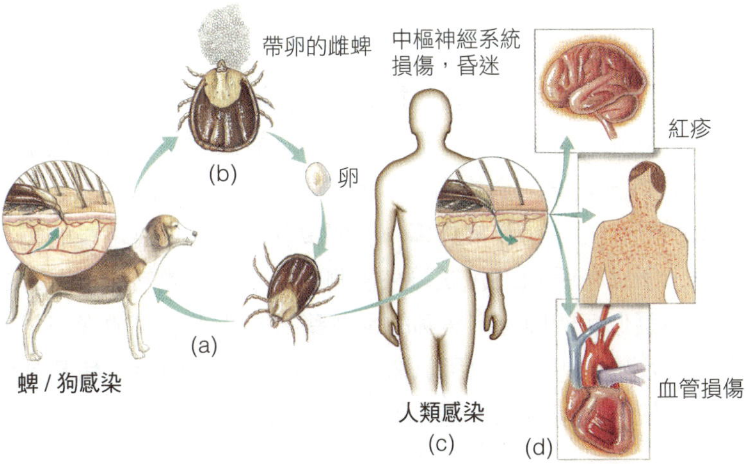

圖 18.16　洛磯山斑疹熱的傳播循環，狗蜱與木蜱為主要的病媒。(a) 蜱在吸血時被哺乳類儲存宿主感染；(b) 立氏立克次體通過卵巢傳送至蜱卵，使其成為蜱族群中連續的感染來源；已感染的卵會產生感染的成蟲；(c) 蜱黏附至人體，將其頭部埋入皮膚開始吸血，同時也將立克次體排放至其叮咬處；(d) 系統性的影響會出現嚴重頭痛、發燒、紅疹，昏迷以及血液凝固或出血這類的血管損傷。

立氏立克次體的主要儲存宿主與病媒是硬蜱類的昆蟲，例如木蜱 (*Dermacentor andersoni*)、美國狗蜱 (*D. variabilis*) 以及孤星蜱 (*Amblyomma americanum*)。其中狗蜱可能是將疾病傳至人身上的最主要品種，因為它在美國東南方是主要的病媒 (圖 18.16)。

斑疹熱的致病機轉與臨床表徵　在 2 至 4 天的孵育期之後，最初的症狀是持續發燒、寒顫、頭

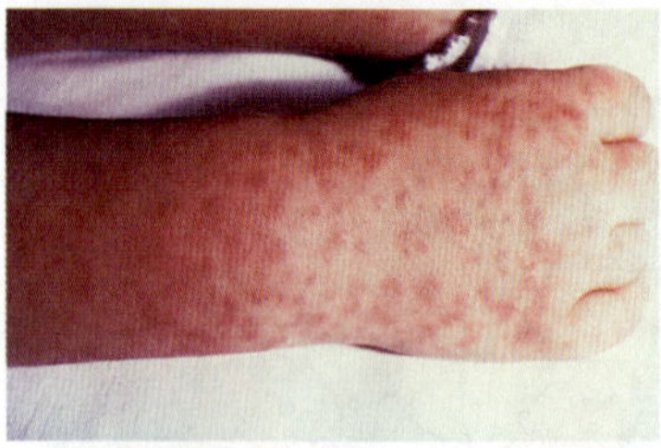

圖 18.17 洛磯山斑疹熱 (RMSF) 出現紅疹的點狀外觀。此病例為一位開始發燒數天之後的孩童，此紅疹可出現在身體大部分區域。

痛以及肌肉痛。特殊的斑點狀紅疹會在初期症狀出現後的 1 至 3 天內出現 (圖 18.17)，早期出現的病灶有點斑駁狀像麻疹的外觀，接著出現黃斑、斑丘疹以及甚至瘀斑。在最嚴重的未治療病例中，擴張的病灶會合併、變成壞死，誘發腳趾或指尖處的壞疽發生。

此疾病的嚴重症狀還包括心血管系統的破壞，症狀包括低血壓、血栓形成以及出血。躁動、譫妄、驚厥、顫慄以及昏迷等狀況都是中樞系統已經受到影響的警告。未經治療的病例死亡率平均約為 10%，但有接受治療的病患中則只有不到 1% 的死亡率。

斑疹熱的診斷、治療與預防 任何一例出現的洛磯山斑疹熱病例都必須受到高度關注與立刻進行治療，甚至在實驗室的確定診斷出來之前就必須開始進行。底下列出的幾個指標，足以用來提示醫師對病患開始進行抗生素治療：

1. 症狀群出現，包括忽然發燒、頭痛與出現紅疹。
2. 最近曾與蜱或是犬隻接觸。
3. 在春季或是夏季時分，曾經可能因為職業或是娛樂的關係，有過暴露在有病媒的環境中的紀錄。

早期的診斷可藉著利用螢光抗體對組織切片中的立克次體進行直接染色。由病患的血液或組織中進行立克次體的分離，是我們所希望能做到的檢驗，但是這樣的技術相當昂貴，同時也需要有經過特殊訓練的合格人員以及實驗室的設備才能完成。由紅疹處所取得的檢體可用來進行 PCR 分析，此技術非常具專一性與敏感性，可規避培養的需求。因為感染之後抗體出現相對地快速，所以利用 ELISA 試驗來偵測血清中的抗體效價可作為確定初步診斷的方法。

對疑似病例與確定病例的選擇藥物為使用多喜黴素一星期，孕婦以及對四環黴素類抗生素有過敏反應的患者可改用氯黴素。預防措施則與萊姆病及其他靠蜱傳播的疾病相同：穿著保護衣物、使用殺蟲劑，以及認真去除蜱害等。

新興的立克次體病

其他與立克次體相似的菌屬還有埃立克體 (*Ehrlichia*) 及無形體 (*Anaplasma*)，這兩種密切相關的絕對細胞內寄生菌，是藉由蜱來傳播。雖然這些立克次體類的致病原目前已知是狗、馬，以及有時是其他哺乳動物的致病原，但它們最近也在人類身上造成感染。查非埃立克體 (*Ehrlichia chaffeensis*) 會造成人類的單核球埃立克體病 (human monocyte ehrlichiosis, HME)，而嗜吞噬球無形體 (*Anaplasma phagocytophilum*) 則造成人類的顆粒球無形體病 (human granulocytic anaplasmosis¸ HGA)。這些疾病在美國與歐洲的許多地區都有發現，而且似乎有增多的趨勢。這兩種人類的致病原會引起急性的流感樣疾病，症狀從輕微至嚴重均有，甚至可造成死亡。白血球是這兩種病原原主要的感染標的。

人類的單核球埃立克體病與接觸孤星蜱有關，立克次體藉著蜱的叮咬進入人體內，接著被單核球與巨噬細胞吞噬，此過程會造成細胞死亡以及引發白血球減少症 (leukopenia)。細菌會被帶往許多器官，且在其通過的路徑上造成廣泛性的發炎，主要症狀有發燒、肌肉痛、頭痛以及紅疹。CDC 每年約接到 850 例左右的案例報告。

嗜吞噬球無形體是人類顆粒球無形體病 (HGA) 的致病原，主要的儲存宿主與病媒和鮑氏疏螺旋體非常類似。此細菌由白腳鼠 (white-footed mice) 與鹿所攜帶，而病媒則是硬蜱 (*Ixodes*) 屬的蜱類。感染的主要標的為嗜中性球與其他顆粒球，病原菌會破壞嗜中性球的功能以及造成免疫力降低。症狀與埃立克體病類似，但也包括呼吸道與腸胃道、腎臟以及肝臟等。每年在美國約有 1,000 例病例出現，但流行病學家認為實際的感染數量應該高出許多。

大部分的病人都會迅速痊癒且不會留下後遺症，但大約 5% 較老年的慢性病患者會死於散播性的感染症。可利用 PCR 與間接螢光抗體分析法進行快速診斷。鑑別或偵測是否有與造成萊姆病的疏螺旋體出現共同感染是相當重要的，這兩種細菌它們都會由相同的蜱所攜帶。多喜黴素可在 7 至 10 天內將感染清除完畢。

科克斯氏體與巴東氏菌：由其他病媒傳播的致病原

Q 熱 (Q fever)[19] 首次被鑑定出來是在澳洲的昆士蘭，它的來源有很長一段時間一直是個謎，直到在蒙大拿州工作的 Harold Cox 與在澳洲的 Frank Burnet 發現此菌的存在，之後並將其命名為伯納特科克斯氏體 (*Coxiella burnetii*)[20]。這種細菌與立克次體相似，都屬於細胞內寄生菌，但此菌因為能產生一種特殊的孢子，所以更具抵抗力 (圖 18.18)。此菌存在於各式各樣的脊椎動物與節肢動物中，尤其是蜱扮演一個在野生動物與家畜之間傳播此菌的重要角色。人類的感染主要是透過環境污染以及空氣傳播，感染的來源物質包括來自感染動物的尿液、糞便、牛乳以及空氣中的懸浮粒子。主要進入人體的途徑為肺、皮膚、結膜以及腸胃道。

伯納特科克斯氏體已從世界大部分地區分離到，美國只有偶發病例，但一般相信大多數的病例均未被偵測到。人類感染的最高危險群包括有農場工作者、肉類處理人員、獸醫、實驗室技術人員，以及生乳的消費者。科克斯氏體感染後的典型臨床表現有突然的發燒、寒顫、頭痛與肌肉痛，以及偶爾產生紅疹。疾病有時併發肺炎、肝炎以及心內膜炎。輕微或無明顯臨床症狀的病例會自然緩解，而較嚴重的病例則須以多喜黴素進行治療。目前在世界上許多地區都可取得疫苗，主要是針對美國軍人進行施打。家畜工作者應該避免接觸排泄物和分泌物，並應該遵守去污的注意事項。

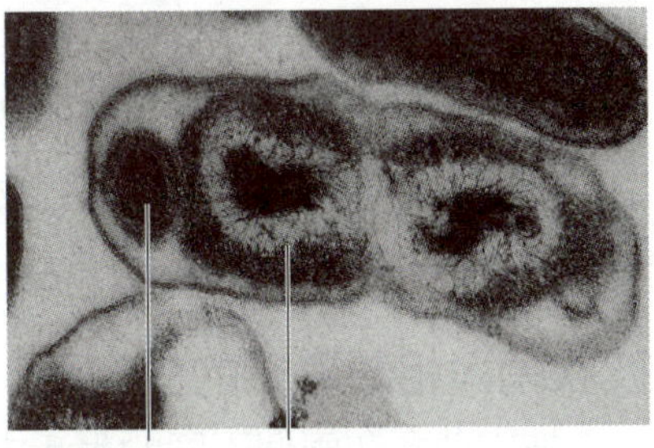

圖 18.18 Q 熱的致病原。伯納特科克斯氏體的營養體會產生特殊的內孢子，當菌體分解時便會被釋放出來。自由態的孢子可在宿主體外存活，同時也是重要的傳染源 (150,000 倍)。

巴東氏菌科 (Bartonellaceae) 含有巴東氏 (*Bartonella*)[21] 菌屬，此菌屬目前也包括先前稱之為羅沙利馬氏體 (*Rochalimaea*) 的細菌。這些小型的革蘭氏陰性桿菌屬於挑剔性細菌，但並非絕對細胞內寄生菌，易在血液培養盤培養。巴東氏菌目前被認為是一群新興的致病原。有一個歷

19 Q 代表 query，「疑問」之意，表示對其來源有疑問或是未知之意。

20 *Coxiella burnetii* 伯納特科克斯氏體 (kox′-ee-el′-uh bur′-net-ee′-eye)。

21 *Bartonella* 巴東氏菌 (barr″-tun-el′-ah)。以首次描述此菌屬的秘魯醫師 A. L. Barton 之名命名。

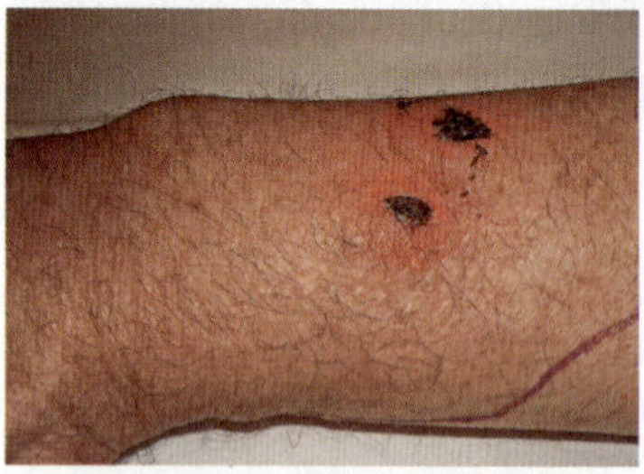

圖 18.19 貓抓熱。初期的結節在 21 天後出現在被抓傷或咬傷的部位。注意圖中咬傷的感染傷口處的痂形成狀況、腫脹以及發炎的情況。

史悠久的疾病稱之為**戰壕熱** (trench fever)，曾是在戰爭時期軍人常見的疾病，此疾病的致病菌為五日熱巴東氏菌 (*Bartonella quintana*)，是一種由蝨子傳播的疾病。大多數的病例出現在歐洲、非洲與亞洲的流行地區，其症狀非常多變，可能包括有 5~6 天發燒 (因此又稱為五日熱)、腿痛 [特別是發生在脛骨部分，又稱脛骨熱 (shinbone fever)]、頭痛、寒顫，以及肌肉痛等，同時也可能出現斑狀紅疹 (macular rash)。細菌在恢復期過後很久仍可持續出現在血液中，這也是造成復發的原因。

韓瑟勒巴東氏菌 (*Bartonella henselae*) 是造成**貓抓熱** (cat-scratch disease, CSD) 的最常見致病原，是一種與貓抓或貓咬相關的感染。此菌可自超過 40% 的貓身上分離，特別是小貓。在美國每年約有 25,000 個病例發生，80% 是 2~14 歲間的孩童。感染後 1~2 週症狀開始出現，首先是感染位置出現一群小丘疹，數週後延著淋巴引流的淋巴結開始腫脹並化膿 (圖 18.19)。大多數的感染不會擴散，且在數週後會緩解，但多喜黴素、紅黴素與立福平這類藥物可有效地治療。此疾病可藉著對被貓咬傷或抓傷的傷口進行徹底除菌來加以預防。

巴東氏菌對 AIDS 病人來說也是一個確認的重要新興致病原，它是桿菌性血管瘤 (bacillary angiomatosis) 的致病因，會造成嚴重的皮膚與系統性的感染。皮膚處的病灶一開始是以紅色的結節或痂出現，可能會被誤認為是卡波西氏瘤 (Kaposi's sarcoma)。人體最易被影響的系統是肝臟與脾臟，症狀則包括了發燒、體重減輕以及夜間盜汗等，治療方法則與 CSD 相似。

其他的絕對細胞內寄生菌：披衣菌科

雖然與立克次體的親緣關係並不密切，披衣菌科的成員卻同樣也是絕對細胞內寄生菌，依賴宿主細胞的特定代謝成分生長和維持。它們與立克次體還有更進一步的相似之處，它們都是小型細菌，都有著多型性，但兩者在生活史上卻相當不同。醫學上最重要的披衣菌為砂眼披衣菌 (*Chlamydia trachomatis*)[22]，是一種可經由性接觸傳播、新生兒以及眼部疾病 [砂眼 (trachoma)] 的很常見之致病原。另一相關的菌屬 *Chlamydophila*，成員中的肺炎披衣菌 (*C. pneumoniae*) 會造成一種非典型性肺炎，而鸚鵡披衣菌 (*C. psittaci*)[23] 則引起一種鳥類與哺乳動物的人畜共通疾病，造成人類的鳥疫 (ornithosis)。

披衣菌與相關形式的生物學

披衣菌會在兩個不同的生活史階段中轉換：(1) 無代謝活性但有感染力的形式，稱為**原質小體** (elementary body)，可由被感染的宿主細胞釋放出來；(2) 無感染力但具活躍分裂的形式，稱為**網狀小體** (reticulate body)，生長在宿主細胞的液泡之內。網狀小體以形成新的原質小體來完成其生活史 (圖 18.20)。原質小體被包在一個硬的、無法滲透的套膜裡，此套膜可確保原質小體能在真核宿主細胞外存活。網狀小體為一種能量需求寄生菌，缺乏可代謝葡萄糖與合成 ATP 的酵素系統。它們確實具備核糖體，以及合成蛋白質、DNA 與 RNA 的途徑。

---

22 *Chlamydia trachomatis* 砂眼披衣菌 (klah-mid′-ee-ah trah-koh′-mah-tis)。希臘文：*chlamys* 披風；*trachoma* 粗糙。
23 *psittaci* 鸚鵡披衣菌 (sih-tah′-see)。希臘文：*psittacus* 鸚鵡。

砂眼披衣菌造成的疾病

人類身體是砂眼披衣菌致病菌株的儲存宿主，在人類族群中的分布非常廣泛，經常以無症狀的形式帶原，原質小體可藉由與分泌物接觸而傳播。雖然感染可發生在所有的年齡層，但在新生兒與孩童身上的疾病最為嚴重。有兩個感染人類的菌株，其一為砂眼 (*trachoma*) 菌株，會攻擊眼睛、泌尿生殖道以及肺部黏膜的鱗狀或柱狀上皮細胞。另一個菌株為花柳性淋巴肉芽腫 (*lymphogranuloma venereum*, LGV)，會侵襲生殖器官的淋巴組織。

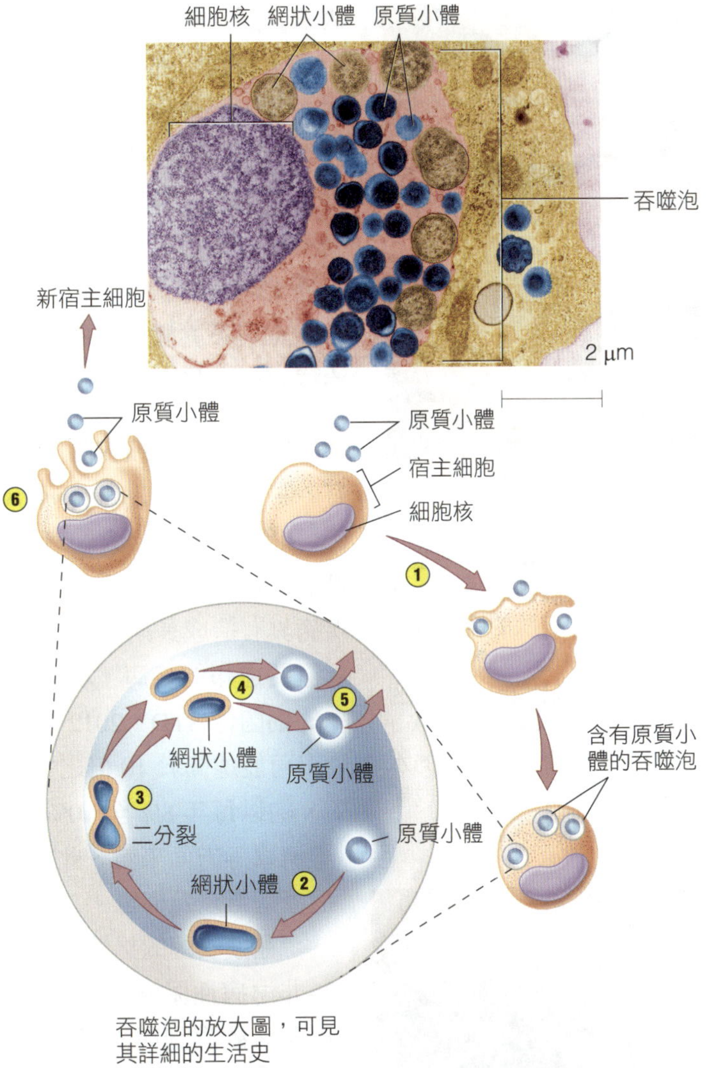

圖 18.20 **披衣菌的生活史。**(1) 感染階段，或稱原質小體 (EB)，會被宿主細胞吞噬進入吞噬泡中；(2) 在吞噬泡裡每一個原質小體會發展為網狀小體 (RB)；(3) 網狀小體可藉著二分裂法複製；(4)~(5) 成熟的網狀小體再重整轉變成原質小體；(6) 成熟的原質小體會由宿主細胞釋放出來。上方嵌入圖為一個含有網狀小體與原質小體的吞噬泡 (2,000 倍)。長度標示為 2 微米。

眼部的披衣菌疾病　有兩種披衣菌相關的眼部疾病，**砂眼** (ocular trachoma) 與**包涵體結膜炎** (inclusion conjunctivitis)，兩者的傳染方式與生態並不相同。砂眼是一種眼部上皮細胞的感染，是一種很古老便已存在的疾病，在世界的一些特定地區是主要造成眼盲的原因。雖然在美國每年僅有少數病例發生，但在非洲與亞洲的部分地區卻有數百萬的病例流行。污染的手指、污染物、蒼蠅，以及又熱又乾燥的氣候有利於疾病的傳播。

感染的第一個徵兆是結膜出現輕微的滲出液，同時也有輕微的發炎現象。接著在感染區域出現明顯的淋巴球與巨噬細胞浸潤現象，當這些細胞聚積之後，在上眼瞼的內側會出現類似石塊 (粗糙) 的外觀 (圖 18.21a)，在此同時一個由滲出液與發炎細胞所形成的血管性偽膜會滿布在角膜表面，此種現象稱之為*血管翳* (pannus)，會持續好幾個星期。慢性感染與繼發性感染會造成角膜損傷甚至傷及視力。此疾病的早期治療可使用阿奇黴素，效果相當好且可避免任何的併發症出現。在講究預防醫學的今日，世界上仍有數百萬的孩童因為感染此疾病而造成眼盲，原

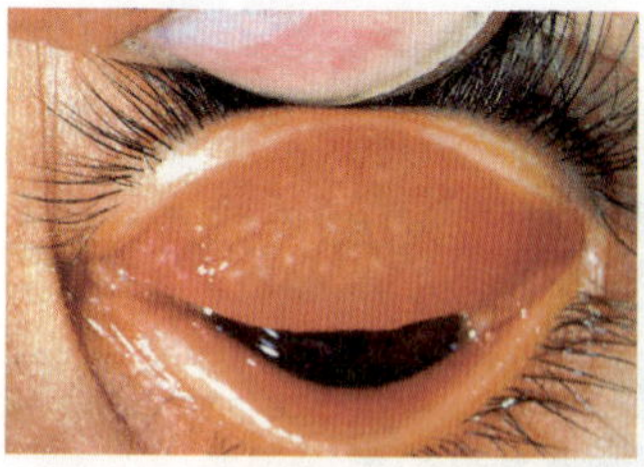

(a)

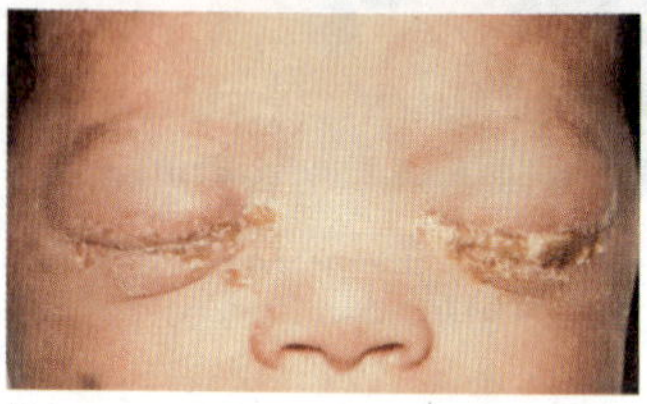

(b)

圖 18.21 **主要的眼部披衣菌感染的病理現象**。(a) 砂眼、結膜與內眼瞼處出現的一個早期呈現卵石狀的發炎現象 (注意：此圖中的眼瞼被翻起，以便觀察病灶)；(b) 新生兒的包涵體結膜炎。在 5~6 天內，結膜囊周圍會出現大量的水樣分泌物。目前這是造成新生兒眼炎的最常見原因。

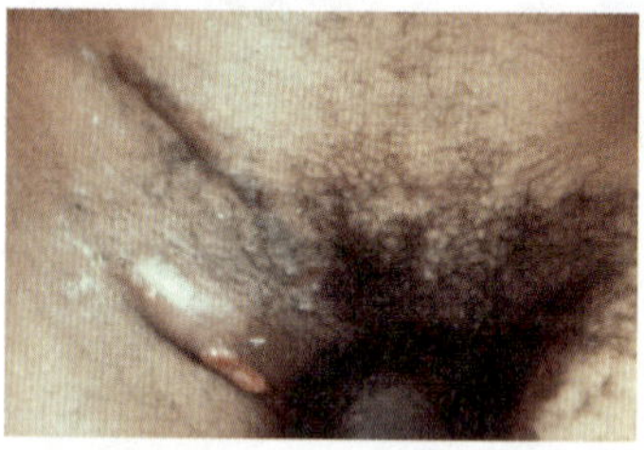

圖 18.22 **在一位男性病患的進階性花柳性淋巴肉芽腫之臨床表徵**。慢性的局部發炎阻斷淋巴管，造成靠近陰囊處的組織腫脹與變形。

因只是因為缺乏僅僅要價數美元的抗生素，這實在是一場悲劇。

包涵體結膜炎通常是經由與已感染的泌尿生殖道的分泌物接觸而感染。在生產時若嬰兒通過已感染母親的產道，則會在出生後 5~12 天發展成嬰兒結膜炎 (infantile conjunctivitis)，這是美國最常見的結膜炎 (每年約有 100,000 起病例)。起始的徵狀為結膜出現刺激感、黏性分泌物增加、發紅以及腫脹 (圖 18.21b)。雖然此疾病通常可自行癒合，但砂眼狀的疤痕組織往往會產生，因此使用紅黴素與多喜黴素類的抗生素來對所有新生兒進行常規的預防性治療 (如同淋病球菌之感染) 是相當重要的。

經性行為傳染的披衣菌疾病 據估計約有 10% 的族群生殖道中帶有砂眼披衣菌 (*C. trachomatis*)，若是在私生活較複雜的個人，其比例可能還會更高。大約有 70% 的女性在感染後，細菌會在子宮頸無症狀地存在著，而 10% 的感染男性不會有徵兆或症狀產生。此疾病具有造成長期生殖能力受損的可能，因此從 1995 年開始被列為需要通報的疾病。現在的統計結果顯示，披衣菌病是發生率最高的細菌性 STD，2012 年的報告病例高達 120 萬例，但實際的感染率可能遠高於 10 倍之多。發生在年輕、性活躍的青少年的感染率，約以每年 8% 至 10% 的比例增加中。不論是從醫學或是社會經濟學等方面來看，此疾病的重要性已超越了淋病、第二型單純疱疹病毒以及梅毒。

在披衣菌的男性感染者身上出現的症狀之一為尿道發炎，稱為非淋病性尿道炎 (nongonococcal urethritis, NGU)。其診斷方法可藉著觀察到與淋病相似的症狀表現，但卻沒有涉及到淋病球菌。有症狀的披衣菌感染婦女會發生子宮頸炎，同時還伴隨白色引流物、子宮內膜炎以及輸卵管炎 (骨盆腔發炎疾病，PID)。如同一般的性傳染疾病一樣，披衣菌經常以混合感染的形式存在，會同時出現淋病球菌與其他的泌尿生殖道病原菌的感染，因此需要大為複雜的治療。

當一株具特殊毒力的披衣菌菌株在泌尿生殖道造成慢性感染時，會引起嚴重且造成毀容的疾病稱為花柳性淋巴肉芽腫 (LGV)[24]，這種疾病流行於南美洲、非洲與亞洲，但在世界其他地方則較為少見，在美國的發生率每年約 500 個病例。披衣菌由生殖道周邊皮膚或黏膜上的小缺口及破損處進入，形成一經常會被忽略的小而無痛的水泡狀病灶。其他的急性症狀還包括頭痛、發燒與肌肉痛。當靠近病灶處的淋巴結開始充滿肉芽腫細胞後，這些淋巴結會腫脹且變得堅韌有彈性 (圖 18.22)。這些淋巴結，或稱為橫痃 (buboes)，會引起長期的淋巴阻塞，造成生殖器與肛門出現慢性的變形性水腫。

24 亦稱為熱帶橫痃或腹股溝淋巴肉芽腫。

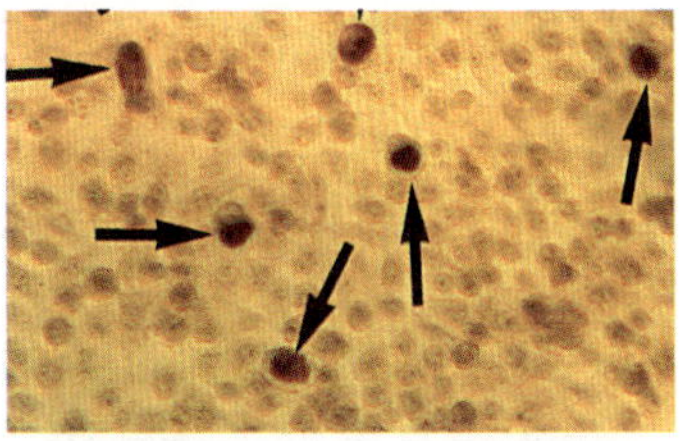

圖 18.23 **感染砂眼披衣菌的組織培養細胞**。箭頭所指染色較暗的包涵體，是內含各個不同發展階段披衣菌的吞噬泡。此種染色結果可作為披衣菌症的診斷工具。

披衣菌的鑑定、治療與預防　因為披衣菌存在於細胞內，所以在採集檢體時必須施以足夠的力量將部分細胞由黏膜表面分離出來。採集生殖道檢體時必須將棉棒插入尿道或子宮頸數公分後，以轉動及左右移動的動作來進行採檢。雖然最精確的鑑定需要靠在雞胚胎、小鼠或是細胞株中的培養來進行，但這些方法對常規的 STD 門診來說都太過昂貴與耗費時間，然而，它又是一個診斷新生兒感染的必要項目。目前最具敏感性與特異性的試驗方法為以免疫螢光法，及以 PCR 為基礎的探針直接分析檢體。可用於診斷包涵體結膜炎的技術為 Giemsa 染色法或碘液染色法 (圖 18.23)，但此技術並不適用於泌尿生殖道檢體的檢查，因為它的低敏感度，且在無症狀的病患可能出現偽陰性。

泌尿生殖道的披衣菌感染可利用如多喜黴素與阿奇黴素這類作用於細胞內的藥物，其治療效果最好。青黴素與胺基糖苷類藥物則效果不佳，所以並不適用。因為此菌有高帶原率及不易偵測的特性，因此如何避免披衣菌的感染就成了公共衛生上的優先議題。一般來說，感染者的性伴侶必須接受藥物治療以避免感染，而性活躍的人可藉著使用保險套來獲得一些保護效果。

披衣菌

披衣菌 (*Chlamydophila*) 是絕對的致病菌，其成員過去歸屬在 *Chlamydia* 屬之中，其中之一為肺炎披衣菌 (*Chlamydophila pneumoniae*)，屬於絕對人類致病菌，此特性與本屬的其他成員不同。此菌與一類呼吸道疾病具關聯性，包括咽炎、支氣管炎以及肺炎。通常在年輕成人身上疾病溫和，而在氣喘病人身上則能引起嚴重的反應增加死亡率。有部分證據顯示此菌也可能造成心臟疾病。

鸚鵡披衣菌與鳥疫

鸚鵡熱 (psittacosis) 這個詞過去用於描述一種在上世紀發生於進口鸚鵡與其他鸚鵡般鳥類的工作者身上一種類似肺炎的疾病，但隨著此疾病也暴發在一些沒有鸚鵡存在的地區後，證明了其他的鳥類也能攜帶並傳播此一微生物到人類與其他動物身上。因此，後來就改用**鳥疫** (ornithosis)[25] 這個名詞來取代原本的鸚鵡熱。

鳥疫是一種全世界各處均有的人畜共通疾病，在野生以及馴化的鳥類身上以潛伏態存在，但在一些壓力因子如過度擁擠的影響之下，此菌便會開始活化。在美國，家禽已受到廣泛的流行性感染並造成了近 30% 的族群死亡。此菌也可藉由污染的糞便與其他排泄物所變成的空氣微粒被吸入之後，造成其他種類的鳥類、哺乳動物以及人類的感染。美國的零星病例主要發生在家禽與鴿子的相關工作者身上。

人類的鳥疫症狀與流感及肺炎球菌性肺炎的症狀相當類似，早期的症狀有發燒、寒顫、前額頭痛，以及肌肉痛；後期則會出現咳嗽與肺實變。未經證實的推測認為此菌的感染也可能會造成系統性的併發症，包括腦膜、腦、心臟或肝臟均可能受到影響。雖然大部分的病人對多喜黴素或紅黴素的治療反應良好，但恢復速度常緩慢且經常復發。對此疾病的控制方法主要為對

---

25 *ornithosis* 鳥疫 (or″-nih-thoh′-sis)。希臘文：*ornis* 鳥。超過 90 種以上的鳥帶有鸚鵡披衣菌。

進口的鳥類實施檢疫，以及在處裡鳥類、羽毛以及排泄物時採取相關的預防措施。

18.4 柔膜菌綱與其他細胞壁缺陷性細菌

柔膜菌綱 (Mollicutes) 中的細菌又稱為黴漿菌 (mycoplasmas)，是能自行複製的最小細菌。所有的成員先天性均缺乏細胞壁 (圖 18.24a)，其中除了一屬的成員之外，其他均為動物或是植物的寄生菌。臨床上最重要的兩個菌屬為黴漿菌與尿漿菌 (*Ureaplasma*)，呼吸道的疾病主要與肺炎黴漿菌 (*Mycoplasma pneumoniae*) 有關，而人類黴漿菌 (*M. hominis*) 與溶尿素尿漿菌 (*Ureaplasma urealyticum*) 則是與泌尿生殖道的感染有關。

黴漿菌的生物特性

因為沒有堅硬的細胞壁固定形態，黴漿菌呈現出極端的多型性。小型 (0.3 至 0.8 μm) 且具彈性的細胞可呈現出各種不同的形狀，從球菌、絲狀菌到甜甜圈狀、棒狀與螺旋狀都可能出現 (見圖 3.16)。黴漿菌並非絕對寄生菌，能生長在非細胞性培養基上，可自行產生代謝能量，也可合成自己所需的酵素。然而，大多數的成員營養需求較為挑剔，需要含有固醇類、脂肪酸，以及預製的嘌呤與嘧啶等成分的複雜培養基才能生長。黴漿菌有時被歸類為膜寄生菌，因為它們會從宿主的細胞膜上獲得某些必需的脂肪 (圖 18.24b)。造成的感染為慢性且不容易排除，因為黴漿菌會與呼吸道和泌尿生殖道細胞表面的接受器緊密結合，尋常的人體防禦機制並不容易將其移除。

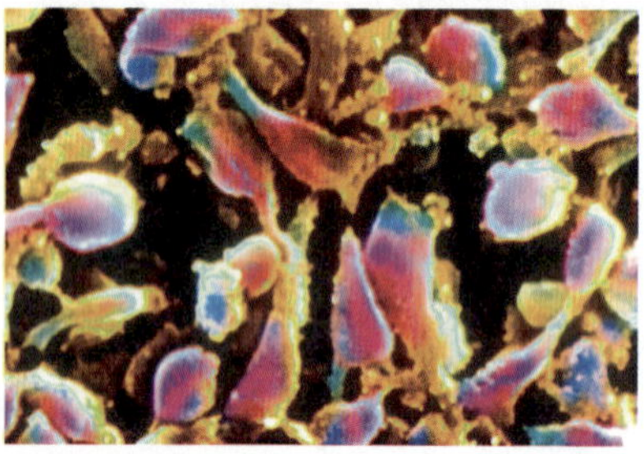

(a)

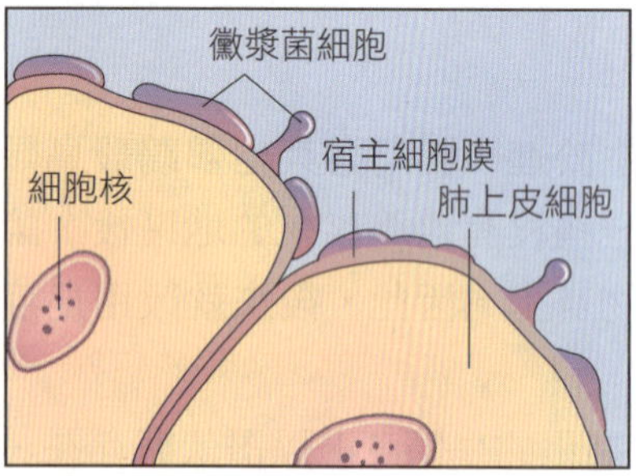

(b)

圖 18.24 黴漿菌的形態。(a) 肺炎黴漿菌的色彩強化掃描式電子顯微鏡圖 (10,000 倍)。注意其多形性的菌體形態以及延長的附著突起。黴漿菌利用這些突起將自己固定在宿主細胞上；(b) 本圖描繪一肺炎黴漿菌如何變成一個與宿主細胞表面緊密黏合與融合的膜寄生菌。這樣的融合現象使此菌非常難以破壞與移除。

肺炎黴漿菌與非典型肺炎

肺炎黴漿菌 (*Mycoplasma pneumoniae*) 是一種人類的寄生菌，是主要非典型性肺炎 (primary atypical pneumonia, PAP)[26] 的最常見病原。此種肺炎出現的症狀不典型，與由肺炎球菌所引起的肺炎症狀並不類似。人與人之間的黴漿菌性肺炎，是依靠密閉局限的生活環境中的氣霧飛沫傳播，特別是發生在家人、學生以及軍隊中。這種肺炎的社群抵抗力相當高，只有 3~10% 遭受暴露的人會被感染，同時死亡率也相當低。

肺炎黴漿菌會與呼吸道上皮細胞的特殊接受器結合，菌體會在其次的 2 至 3 週逐漸蔓延，破壞纖毛以及損壞呼吸道上皮。最先出現的症狀為發燒、全身乏力、喉嚨痛以及頭痛，並不會轉變成肺炎。咳嗽並非顯著的早期症狀，當此症狀出現時大多是輕微的。隨著疾病發展，會出現鼻部的症狀、胸痛以及耳朵痛。在大多數的病患中並無急性

26 原發性非典型肺炎也可由立克次體、披衣菌、呼吸道融合病毒以及腺病毒等所引起。

的疾病出現，因而將此疾病暱稱為行走型肺炎 (walking pneumonia)。

診斷　因為培養需要 2 至 3 週的時間，所以要進行肺炎黴漿菌的早期診斷較為困難，主要是靠密切的臨床觀察來排除其他可能的細菌性或病毒性的感染原。痰液的染色觀察無法見到細菌、白血球的數量也在正常範圍，X 光檢查也無異狀。血清學試驗中的補體固定試驗、免疫螢光法以及間接血液凝集試驗，在疾病後期都是有用的檢測技術。

多喜黴素與阿奇黴素可抑制黴漿菌的生長，同時可幫助快速消除症狀，但卻無法停止患者排放出活的黴漿菌。如果治療未持續 14 至 21 天的話，病人經常會出現疾病復發的狀況。預防的方式包括控制器具的污染、避免接觸飛沫核，以及減少氣霧的產生。

其他的黴漿菌

生殖道黴漿菌 (*Mycoplasma genitalium*) 與溶尿素尿漿菌 (*Ureaplasma urealyticum*) 被歸類為弱生殖病原菌，經常出現在新生兒與成人的尿道、陰道與子宮頸檢體中。這些細菌最初的菌落化是發生在嬰兒出生時，但在接下來的幼童與孩童時期則消失不見。第二次的菌落化與持續存在則出現在性生活開始之後。

生殖道內的黴漿菌與人類疾病之間具有關聯性的證據很多，且正逐年增加中。溶尿素尿漿菌也與某些非特異性或非淋病球菌性的尿道炎與前列腺炎之間有關聯。逐漸增加的證據顯示，這些黴漿菌在胎兒與胎膜的伺機性感染上扮演一定的角色。這類細菌似乎也造成一些流產、死胎、早產以及新生兒的呼吸道感染。

生殖道黴漿菌是造成性傳播疾病 (SID) 的病原菌之一，在女性與男性的生殖道中都相當普遍，且經常與其他的性傳播疾病合併出現。此菌也是造成女性發生骨盆腔炎 (PID)、子宮頸炎、尿道炎以及陰道炎的原因之一。研究也顯示此菌會被精蟲攜帶而進入子宮內。生殖道黴漿菌會引起男性的非淋病性尿道炎、前列腺炎以及副睪炎。

失去細胞壁的細菌

將典型具有細胞壁的細菌暴露於一些特定藥物如青黴素或一些酵素如溶菌酶 (lysozyme) 之後，就會形成細胞壁缺損的細菌，稱之為 L 型變異菌 (L forms)。許多種的細菌都可被誘發或自發性地出現 L 型變異菌，這些 L 型變異菌甚至可以變成穩定狀態存在，以及仍具有繁殖能力，但它們與黴漿菌並無關聯。

L 型變異菌與疾病

一些 L 型變異菌在人類與動物的疾病中，極可能扮演著重要角色，但是要證明其為主要的病因卻不容易，因為這類細菌的感染非常不易確認。有一個理論假設，若利用攻擊細胞壁類的抗生素進行治療的話，就可能使一些感染性病原菌變成 L 型變異菌。這些細菌在這種缺乏細胞壁的狀態下，反而變成對原本的抗生素具有抵抗能力，因此可以一直保持潛伏的狀態直到治療結束，屆時它們可以重新再獲得細胞壁，並且回復原本的致病能力。偶爾可見到包括由 A 群鏈球菌 (*Streptococci*)、變形桿菌 (*Proteus*) 以及棒狀桿菌 (*Corynebacterium*) 等菌的 L 型變異菌所造成的感染報告。在一些慢性腎盂腎炎與心內膜炎的病例中，這些細胞壁缺陷的細菌是唯一可從病患身上分離出來的可能致病菌。對一種稱為克隆氏症的慢性腸道症候群的病患研究中發現，此疾病與鳥分枝桿菌副結核亞種菌 (*Mycobacterium avium paratuberculosis*, MAP) (一種 TB 桿菌相關菌) 所形成的細胞壁缺陷菌之間有著高度關聯性。利用 PCR 技術分析大腸檢體內的 DNA 後發現，65% 的克隆氏症患者可測得鳥分枝桿菌副結核亞種陽性的結果，代表此菌至少是此種疾病發展時的一個共同因子。

18.5 牙齒疾病中的細菌

人類與其口腔中微生物之間的關係，是一種複雜且動態的微生態系統。口腔提供多變的各種表面可供細菌菌落化，包括舌頭、牙齒、牙齦、齒顎以及兩頰，同時口腔也提供各種不同的環境，包括需氧、厭氧及微嗜氧等不同的微棲地，估計約有 600 種不同的口腔微生物與人類共生。口腔中的棲地是溫暖、潮濕的，被週期注入的食物所充分滋養。在大多數的人身上，這些相關的聯繫維持在平衡狀態，少有不良的影響。但在口腔衛生不佳的人身上，卻經常徘徊在產生疾病的邊緣。

牙齒的結構與相關組織

牙齒的疾病幾乎能影響口腔中的任何部分，但大多數包括牙齒本身以及周邊的支持構造，統稱為牙周 (periodontium[27]，包含牙齦、韌帶、膜及骨頭，圖 18.25)。一顆牙齒是由突出於牙齦之上的喇叭型牙冠，與插在骨槽中的根部所組成。牙冠的外表面由緻密的琺瑯質所保護，琺瑯質是由一種緊包成桿狀的羥基磷灰石 (hydroxyapatite) 結晶體 [$(Ca_{10}(OH)_2(PO_4)_6)$] 所構成的非常堅硬的非細胞性物質。而牙根則被一層牙骨質所環繞，牙骨質又藉由韌帶固定在骨槽的牙周膜上。牙冠與牙根內的主要部分，由稱為牙本質的高度規則排列的鈣化物質所組成，而中心則有一牙髓腔，內含血管與神經用以滋養活組織。根管是牙髓伸進根部的部分。環繞牙齒的空間由牙齦所保護，牙齦是一個由覆蓋有黏膜的結締組織所組成的軟組織。牙齒感染的主要位置為琺瑯質上的溝槽，特別是突起處與縫隙處，或是牙齦與牙齒之間的縫隙處。

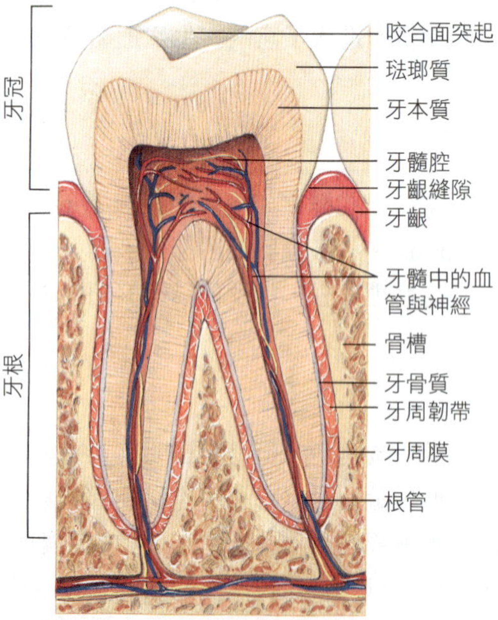

圖 18.25 牙齒的解剖構造。

牙科病理學通常影響硬組織與軟組織 (圖 18.26)，雖然這兩類疾病都是由細菌黏附在牙齒表面且形成牙菌斑開始，但後續的發展不同。在齲齒的病例中，琺瑯質漸進的崩壞造成牙齒本身的侵襲性疾病。而在軟組織的疾病中，鈣化的牙菌斑會破壞精細的牙齦組織，使牙周容易受到細菌的侵襲。以上這些情況都會導致掉牙，齲齒經常發生在孩童身上，成年人則較易出現牙周感染。

27 *periodontium* 牙周 (per′-ee-oh-don′-shee-um)。希臘文：*peri* 周圍以及 *odous* 牙齒、牙齦、骨頭與牙骨質。

硬組織的疾病：齲齒

齲齒 (dental caries)[28] 是最常見的人類疾病，這是一種複雜的齒系生物膜感染 (biofilm infection)，會漸漸破壞琺瑯質，且經常是深部組織遭到破壞的根本原因。此疾病最常發生在牙齒表面那些不易接觸與不易清潔的部分，而這些部分正好提供細菌可以固著的凹槽與縫隙。齲齒通常發生在琺瑯質的凹洞與縫隙處，特別是那些咬合面。但齲齒也可以發生在較平坦的牙冠表面，以及在牙齦下方的牙根處。

目前已有數種觀點提出來解釋齲齒如何開始發生，有一段時間專家認為糖、微生物以及酸是造成牙齒衰敗的原因。利用無菌的動物進行研究後發現，沒有任何一種單一原因可以造成齲齒，而是每個原因都很重要。齲齒的發展發生在許多的階段，而且需要多重的交互反應，包括宿主的解剖學、生理學、飲食與微生物菌群等。

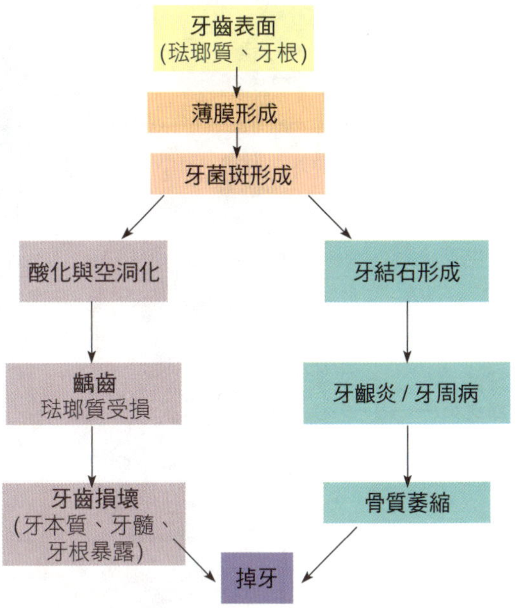

圖 18.26　造成齲齒、牙周病，以及骨頭與牙齒喪失的原因摘要。

牙菌斑與齲齒的形成

一顆剛清潔過的牙齒對細菌而言是最佳開始菌落化的場所 (圖 18.27)，在很短的時間內便會發展出一層薄的黏液層，稱為唾液薄膜 (acquired pellicle)，是由唾液中的黏附蛋白質所構成。這種構造提供一個有潛力的基質讓特定細菌首先獲得立足。牙齒的菌落化之後，接著便形成典型的生物膜。最突出的先驅菌落屬於鏈球菌屬，這些革蘭氏陽性球菌擁有如凝集素 (lectin) 這類黏性接受器以及黏液層 (slime layers)，可將自己黏附在牙齒表面，也與其他的細菌同伴相黏，形成一成熟生物膜聚集的基礎，即為所知的**牙菌斑** (plaque)[29]。高蔗糖、高葡萄糖以及含某些複雜的碳水化合物的飲食，會使轉糖鏈球菌 (*Streptococcus mutans*) 群的細菌分泌出黏性的葡萄糖聚合物，稱為果聚醣 (fructans) 與葡聚醣 (glucans)，形成生物膜的基質與主體。隨著這些最初的入侵者持續在牙齒表面建立起群聚，它們與一種細的、分枝的放線菌 (*Actinomyces*) 細胞聚集在一起。當牙菌斑的生物膜變厚便產生一個無氧的微環境有利於厭氧菌的菌落化。這些第二批的入侵者包括梭狀桿菌 (*Fusobacterium*)、卟啉單胞菌 (*Porphyromonas*) 以及密螺旋體 (*Treponema*) 等。利用顯微鏡觀察牙菌斑，可見到由細菌菌體以及其產物與上皮細胞及液體所形成的一種豐富又多變的網絡 (圖 18.28)。

如果成熟的牙菌斑沒有從容易獲得食物的位置移除，便會發展成齲齒 (圖 18.27)。牙菌斑在齲齒發展的過程中所扮演的角色，主要是與鏈球菌醱酵食物中的碳水化合物直接相關。在牙菌斑的較緻密處，酸可累積並直接與琺瑯質表面接觸，甚至將 pH 值降低到 5 以下，這樣的酸度已

---

28 *caries* 齲齒 (kar′-eez)。拉丁文：腐爛。

29 *plaque* 牙菌斑 (plak)。法文：補丁。

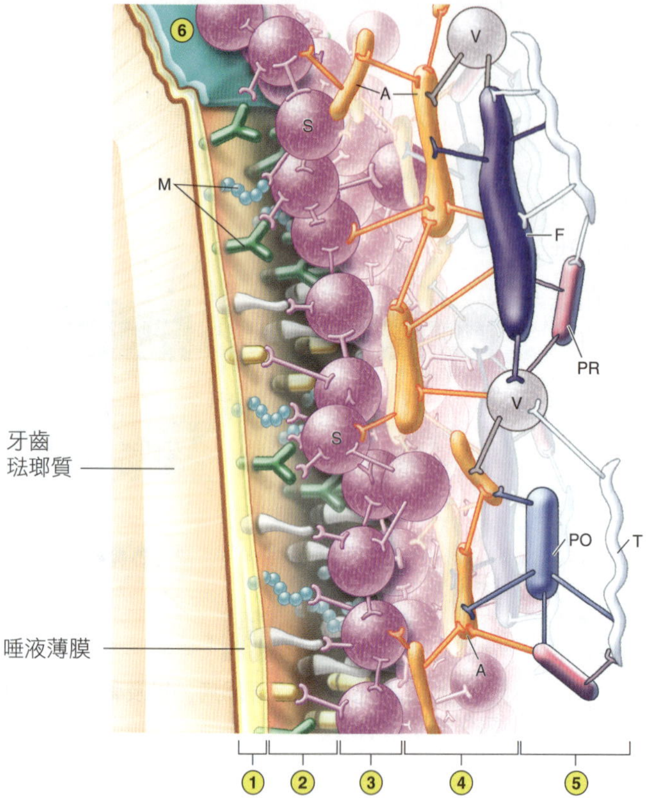

① 剛刷牙過的牙齒表面立刻發展出一層薄的唾液糖蛋白膜 (唾液薄膜)。

② 由蛋白質、抗體、唾液酶、細菌殘渣以及其他唾液中的分子所形成的纖維黏附至唾液薄膜 (M)。

③ 最早在牙齒開始生長的細菌為轉糖鏈球菌菌群 (口腔鏈球菌及格氏鏈球菌)。這些細菌具有可與唾液薄膜外側的分子相結合的特殊接受器，同時菌體與菌體之間也會彼此相連結，而形成牙菌斑的起始基礎。

④ 下一階段包含細胞與細胞之間的訊息傳遞，以及與其他菌落共同聚集的現象。最常加入此階段之生物膜形成的細菌是放線菌屬中的絲狀桿菌 (A)。鏈球菌 (轉糖鏈球菌群) 中的其他菌種會利用食物碳水化合物而產生葡聚醣，並利用此產物加入基質中，作為糖的來源。

⑤ 當最初的網狀結構穩定之後，便進入第二階段的凝結期，用以形成最終的緻密牙菌斑。在此牙菌斑中生長的細菌經常為厭氧菌，例如梭狀桿菌 (F)、卟啉單胞菌 (PO)、普雷沃爾菌 (PR)、韋榮氏球菌 (V)，以及密螺旋體 (T)。

⑥ 圖的左上方可見到已經開始出現損傷的琺瑯質，這是由於靠近琺瑯質表面的鏈球菌醱酵牙菌斑中的糖，將其轉變為乳酸、醋酸與其他的酸性物質，這些酸性物質被堆積在牙齒表面造成侵蝕，齲齒於是發生。

圖 18.27 **牙菌斑生物膜與齲齒形成的不同階段。**此過程包含由口腔微生物互動、辨認與聚集之後形成的具多層構造的生物膜，特異地結合至琺瑯質表面的現象。

圖 18.28 **牙菌斑在顯微鏡下觀察到之外觀。**(a) 牙菌斑的掃描式電子顯微鏡圖，可見到發展出的豐厚生物膜 (1,800 倍)；(b) 下頜的小臼齒與臼齒的放射影像，可見到上方的牙結石與右邊的齲齒病灶。兩顆牙齒都可見到由牙周病所引起的骨頭缺損。

(a)

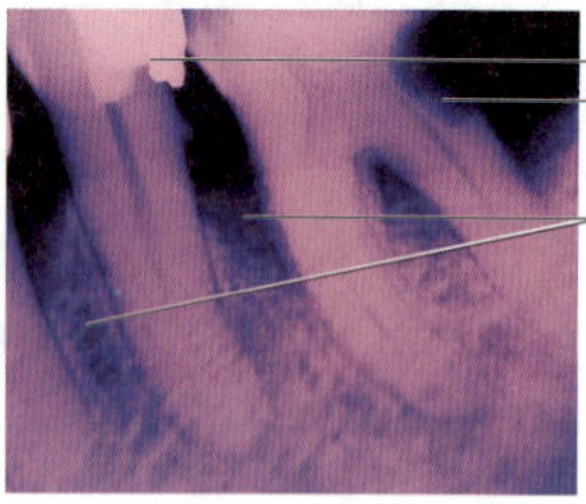

(b)

足夠開始將琺瑯質中的磷酸鈣溶解掉。這種初期的病灶可能局限在琺瑯質 (第一級齲齒)，而且可利用不同的惰性材料 (fillings) 進行修復。當齲齒的程度已經惡化到侵入牙本質層時 (第二級齲齒)，牙齒的破壞便會加速，且牙齒可能會被快速地摧毀。當牙髓腔暴露出來 (第三級齲齒) 之後，就會開始嚴重的牙痛與觸痛，保存這顆牙齒的機會就減少了。

軟組織與牙周疾病

97%~100% 的人口 45 歲前都有一些牙齦與牙周疾病，最常見的前置情況發生在牙菌斑因鈣及磷酸鹽結晶而變成鈣化時。此過程產生出一種堅硬的多孔性物質稱為牙結石 (calculus)，可出現在牙齦的上方與下方，造成不同程度的牙周傷害 (圖 18.28b)。其他造成牙齦與牙周疾病的因子還包括糖尿病、抽菸、免疫缺陷與壓力等。

結石堆積在牙齦溝會造成精緻的牙齦膜的磨損，這種慢性的創傷也會引起明顯的發炎反應。受損的組織會變成各種常在菌入侵的途徑，包括放線桿菌、卟啉單胞菌、類桿菌、梭狀桿菌、普雷沃爾菌以及密螺旋體等菌屬。在這些感染位置中，厭氧菌與需氧菌的數量比為 100:1。因應混合感染，受損的區域會出現白血球浸潤的現象，而引起更進一步的發炎與組織傷害 (圖 18.29a)。**牙齦炎** (gingivitis) 的最初症狀為腫脹、失去正常的輪廓、出現紅色斑塊，以及牙齦出血增加。不同深度的空間或凹溝也會在牙齒與牙齦之間發展出來。

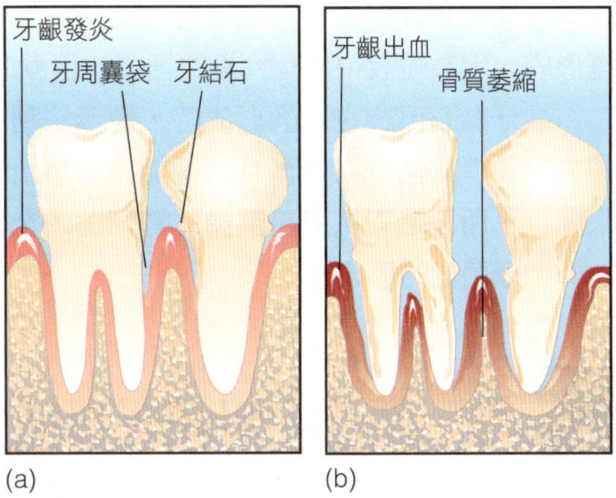

圖 18.29 **軟組織感染、牙齦炎與牙周病的各階段。** (a) 牙結石堆積與牙齦炎；(b) 牙周病後期，組織出現損傷、形成深槽、牙齒鬆動以及骨頭流失。

如果此狀況一直持續，便會發生更嚴重的疾病稱為**牙周炎** (periodontitis)，這是由於疾病自然擴展至牙周膜與牙骨質所造成。這種較深層的傷害會造成慢性發炎、韌帶損傷，以及形成更深的溝槽。它也會引起骨質的再吸收，嚴重的話會造成骨槽中的牙齒鬆動，如果繼續任由狀況惡化的話，牙齒最終會脫落 (圖 18.29b)。

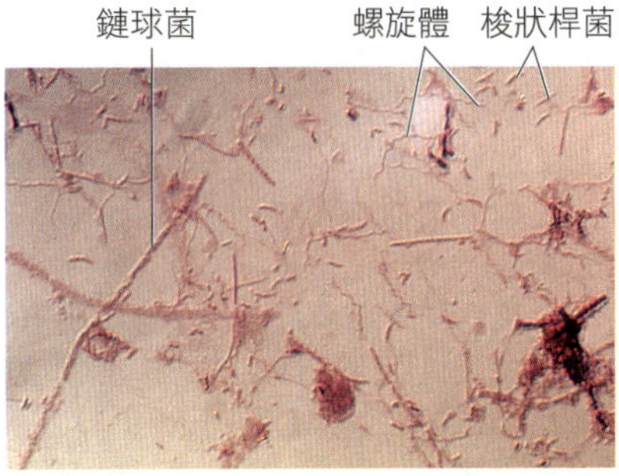

圖 18.30 **來自牙齦槽滲出物的檢體 (560 倍)**。出現許多的螺旋體、梭狀桿菌與鏈桿菌。

慢性的牙周感染可能造成壞死性潰瘍性牙齦炎 (necrotizing ulcerative gingivitis, NUG)，之前稱之為戰壕口腔牙齦炎 (trench mouth) 或文生氏症 (Vincent disease)。這種疾病是一種包含了文生特密螺旋體 (*Treponema vincentii*)、福塞類桿菌 (*Bacteroides forsythus*) 及梭狀桿菌所造成的協同感染 (圖 18.20)。這些病原菌一起產生數種侵襲因子，造成快速侵入牙周組織，引發劇烈疼痛、流血、偽膜形成以及壞死等現象。NUG 通常是由於不良的口腔衛生、宿主的防禦能力改變，或是因先前的牙齦疾病所造成，並不會傳染給他人，廣效抗生素都可加以治療。

牙齒疾病的相關因子

營養與飲食習慣與口腔疾病緊密相關，攝取大量精緻糖 (蔗糖、葡萄糖以及果醣) 的人較容易發生齲齒，特別是如果整天持續的吃這些甜食而沒刷牙的話，齲齒更易發生。讓寶寶入睡時還含著有果汁或牛奶的奶瓶，這種作法也會引起嚴重的齲齒 (奶瓶型齲齒)。除了飲食之外，許多解剖上、生理上以及遺傳方面的因子都可能影響口腔疾病的發生。牙齒琺瑯質的結構可能會受到遺傳因子，以及氟化物這類可強化琺瑯質鍵結的環境因子所影響。唾液中如抗體以及溶菌酶這類的抑制因子，也可藉著抑制細菌的黏附與生長，來避免牙齒的疾病發生。

控制牙齒疾病的最好方法為預防性的牙科治療，包括規律的刷牙與使用牙線清除牙菌斑，因為只要阻止牙菌斑的形成便可自動降低齲齒與牙結石的產生。漱口相較之下較無法控制牙菌斑形成，因為唾液中含有大量的細菌，但漱口的作用時間卻相對短暫之故。

當牙結石已經在牙齒形成時，便無法利用刷牙將其去除，但可請牙醫師利用洗牙的方法將其去除。有一個令人興奮且值得期待的事情是，避免牙齒被細菌初步菌落化的疫苗有可能在未來問世，所製造對抗引起齲齒的鏈球菌的全細胞及放線菌菌毛的疫苗，已經在實驗動物身上成功抑制牙菌斑的形成。

第一階段：知識與理解

這些問題需活用本章介紹的觀念及理解研讀過的資訊。

選擇題

從四個選項中選出正確答案。空格處，請選出最適合文句的答案。

1. 梅毒螺旋體是培養在
   a. 血液培養基　b. 動物組織
   c. 含血清的培養液　d. 蛋
2. 梅毒腫是
   a. 梅毒的原發病灶　b. 梅毒性腫瘤
   c. 先天性梅毒造成　d. 損壞的主動脈
3. 梅毒治療的選擇是
   a. 氯黴素　b. 青黴素
   c. 抗血清　d. 磺胺類藥物
4. 哪個密螺旋體不是 STD ？
   a. 亞司病　b. 品他病
   c. 梅毒　d. a 和 b
5. 萊姆病是由________引起，透過________傳播。
   a. 回歸熱疏螺旋體，蝨
   b. 赫姆斯疏螺旋體，蜱
   c. 鮑氏疏螺旋體，跳蚤
   d. 鮑氏疏螺旋體，蜱
6. 下列哪種情況可能發生在未經治療的萊姆病？
   a. 關節炎　b. 皮疹
   c. 心臟疾病　d. a 和 b
   e. 以上皆是
7. 回歸熱是由什麼傳播？
   a. 蝨　b. 蜱
   c. 動物尿液　d. a 和 b
8. 霍亂弧菌主要生長環境是
   a. 人類腸道
   b. 動物腸道
   c. 天然的水域
   d. 甲骨類動物的外骨骼
9. 霍亂最好的治療方法是：
   a. 口服多喜黴素　b. 口服補液治療
   c. 注射抗血清　d. 口服疫苗
10. 立克次氏體和披衣菌相似處為：
    a. 缺乏細胞壁　b. 造成眼部的感染
    c. 由節肢動物帶原　d. 細胞內寄生菌
11. 下列哪一項不是立克次氏體的節肢動物媒介？
    a. 蚊子　b. 蝨
    c. 蜱　d. 跳蚤
12. 砂眼披衣菌引起的披衣菌症會攻擊什麼器官？
    a. 眼睛　b. 尿道
    c. 輸卵管　d. 以上皆是
13. 什麼狀態的披衣菌具有感染力？
    a. 網狀小體　b 原質小體
    c. 營養細胞　d. a 和 b
14. 鳥疫是一種________感染，與________有關
    a. 立克次氏體，鸚鵡　b. 披衣菌，老鼠
    c. 披衣菌，鳥類　d. 立克次氏體，蒼蠅
15. 黴漿菌會攻擊宿主細胞的________。
    a. 細胞核　b. 細胞壁
    c. 核糖體　d. 細胞膜
16. 大多數牙科疾病最早的致病程序是：
    a. 唾液薄膜
    b. 釋放酸性
    c. 破壞牙釉質
    d. 牙菌斑堆積
17. 造成齲齒的直接原因是
    a. 微生物酸腐蝕掉牙齒的結構
    b. 牙結石累積
    c. 牙根感染導致牙齒壞死
    d. 唾液薄膜
18. 壞死性潰瘍性牙齦炎是一種________感染
    a. 傳染性的　b. 混合的
    c. 螺旋菌　d. 系統性的

19. **單一配合題**。將左欄疾病與右欄的病媒做配對。

____鉤端螺旋菌	a. 野生動物
____萊姆病	b. 跳蚤
____地方性斑疹傷寒	c. 蜱
____鳥疫	d. 鳥
____回歸熱	e. 蝨
____花柳性淋巴肉芽腫	f. 家畜
____貓抓熱	g. 都不是
____流行性斑疹傷寒	
____洛磯山斑疹熱	
____Q 熱	
____霍亂	
____無形病體	

20. **單一配合題**。將疾病與感染途徑配對。

____Q 熱	a. 皮膚
____鳥疫	b. 黏膜
____齲齒	c. 呼吸道
____非淋病性尿道炎 (NGU)	d. 泌尿生殖道
____黴漿菌	e. 眼睛
____梅毒	f. 口腔
____鉤端螺旋體	g. 胃腸道
____性病性淋巴肉芽腫	
____霍亂	
____萊姆病	
____砂眼	
____彎曲桿菌感染	
____胃潰瘍	

申論挑戰

每題需依據事實，撰寫一至兩段論述，以完整回答問題。「檢視你的進度」的問題也可作為該大題的練習。

1. 描述導致先天性梅毒的條件和疾病的長期影響。
2. a. 追蹤蜱叮咬感染的回歸熱之感染因子的路線。
   b. 說明感染會出現反覆發作的原因。
3. a. 牙齒疾病的混合感染有哪些途徑？
   b. 討論發展齲齒和牙周感染的主要因素。
4. a. 本章哪些疾病是人畜共通傳染病？
   b. 寫出疾病名稱與所涉及的主要病媒。

觀念圖

在 http://www.mhhe.com/talaro9 有觀念圖的簡介，對於如何進行觀念圖提供指引。

1. 利用下列名詞建構自己的觀念圖，並在每一組名詞間填入關連字句。
   蜱
   蝨子
   跳蚤
   洛磯山斑疹熱
   流行性斑疹傷寒
   地方性斑疹傷寒
   咬傷
   糞便
   小型哺乳動物
   囓齒動物
   人類
2. 在下方的觀念圖中填入連結字局、線條與概念。

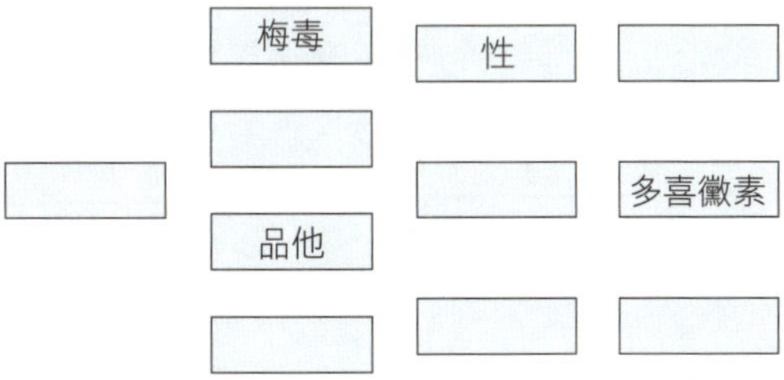

第二階段：應用、分析、評估與整合

這些問題超越重述事實，需要高度理解、詮釋、解決問題、轉化知識、建立模式並預測結果的能力。

批判性思考

本大題需藉由事實和觀念來推論與解決問題。這些問題可以從各個角度切入，通常沒有單一正確的解答。

1. a. 為何梅毒對人體有如此嚴重的影響？
   b. 為何長期免疫力對梅毒很難發揮作用？
2. a. 鑑於霍亂引起電解質分泌到腸道的事實，請說明導致水分流失的原因。

b. 說明口服復水治療為何如此有效地使霍亂患者復原。
3. 霍亂疫苗最好的類型是什麼？
4. a. 說明病媒、宿主與感染因子間的關係。
   b. 你能說明為何在美國南部萊姆病的發病率很低？(提示：在這個區域，蜱的幼蟲叮咬蜥蜴，而不是老鼠。)
5. 人類是許多病媒傳播之傳染病的偶發宿主。這指出病媒和微生物間是什麼樣的關係？
6. 舉出四個細菌性疾病能以暗視野顯微鏡作為有效的診斷工具。
7. 描述 L 型變異菌導致疾病的條件。
8. 本章中所提及的哪兩個傳染性病原對環境耐受性最高？為什麼它們具有抗性？
9. a. 口腔是什麼樣的生態系統？
   b. 是什麼原因造成不平衡？
   c. 說明牙齦與牙齒表面如何提供一種厭氧的生長環境。
   d. 除了去除牙菌斑外還有哪些合乎邏輯的方法可預防牙齒疾病？
10. 柯霍氏法則是否可用於確認萊姆病？請解釋。

視覺挑戰

1. 鑑別一特殊的皮疹往往是診斷疾病的第一步驟。下圖所示的皮疹是哪一種致病原所造成？

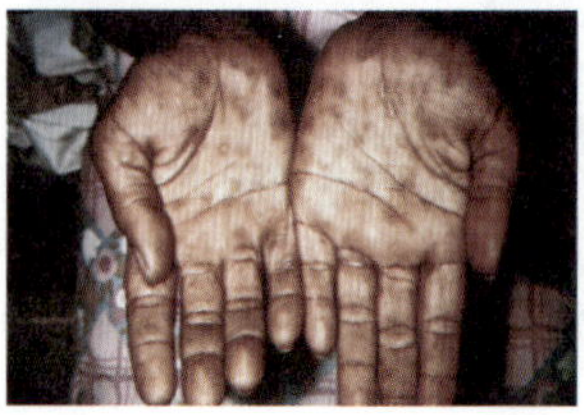

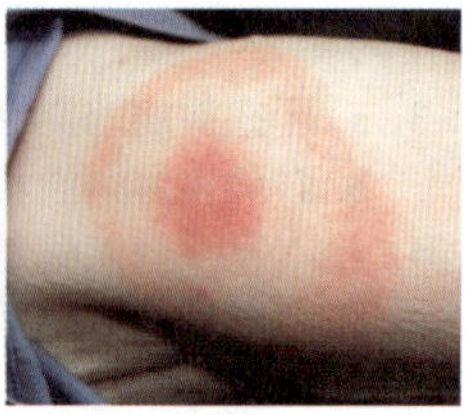

第 19 章 黴菌在醫學領域的重要性

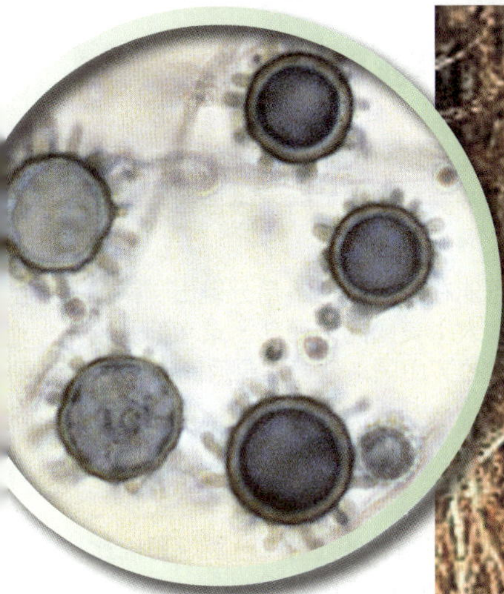

莢膜組織漿菌的分生孢子，這是一隻藉由鳥類及蝙蝠糞便污染的土壤所攜帶之黴菌。

19.1 黴菌是感染原

黴菌 (molds) 及酵母菌 (yeasts) 普遍分布在空氣、土壤、污染物，甚至屬於是常在的微生物菌叢，而人類不斷地暴露其中。地球表面覆蓋著充滿黴菌孢子的灰塵，加州黴菌學家 W. B. Cooke 稱之為「我們的黴菌地球 (our moldy earth)」。幸運的是人類有相當的抵抗力，黴菌是較無致病力的，因此大多數的暴露並不會造成感染。黴菌物種約十萬種，與動物疾病相關的約 300 種；對於植物，在所有的致病原中，黴菌是最常見且破壞力大的。人類的黴菌疾病，稱為黴菌症 (mycosis)[1] 與之相關的致病黴菌有不同程度的毒性，有些則是因為宿主的防禦力有缺陷而伺機感染 (表 19.1 及表 19.2)。

主要 / 真黴菌致病原

主要 / 真黴菌致病原是一群會在健康、無免疫缺陷的動物宿主身上侵襲及生長的黴菌。此行為與黴菌的代謝及適應相反，它們大部分受到溫血動物身體的相對高溫及低氧壓力的抑制。少數的黴菌為了存活及生長於此棲息地，需要作形態及生理上的改變適應，其中最令人注意的適應是從菌絲期的菌絲細胞轉變為寄生期的酵母菌細胞 (圖 19.1)。生命循環的兩種特性稱為溫度雙型性 (thermal dimorphism)[2]，其主要變因是溫度的改變。一般而言，以菌絲型存在於 30°C，以酵母菌型存在於 37°C。

新興的黴菌致病原

伺機性黴菌致病原與真黴菌致病原有很多不同之處 (表 19.2)。伺機性黴菌致病原的侵襲力

1 *mycosis* 黴菌症 (my-koh′-sis) 複數 mycoses，希臘文：*mykos* 黴菌；*asis* 病程。
2 *dimorphism* 雙型性 (dy-mor′-fi zm)。希臘文，*dimorphos* 有兩種型態；存在兩種不同細胞形態的特性。

表 19.1 表列致病黴菌，致病程度及棲息地

菌名	疾病 / 感染 *	先天棲息地及分布
I. 初級 / 真黴菌致病原		
莢膜組織漿菌 (*Histoplasma capsulatum*)	組織漿菌症 (Histoplasmosis)	含大量鳥糞的土壤；美國的俄亥俄州及密西西比河谷；墨西哥；中美及南美洲；非洲
皮炎芽生黴菌 (*Blastomyces dermatitidis*)	芽生黴菌症 (*Blastomycosis*)	可能在土壤，但不易分離出；南加拿大；美國的中西部、東南部及阿帕拉契山區；延著主要河流流域
粗球黴菌 (*Coccidioides immitis*)	粗球黴菌症 (Coccidioidomycosis)	局限於美國西南部的鹼性沙漠土壤 (加州、亞歷桑納州、德州及新墨西哥州)
巴西副球黴菌 (*Paracoccidioides brasiliensis*)	副球黴菌症 (Paracoccidioidomycosis)	南美洲雨林的土壤 (巴西、哥倫比亞、委內瑞拉)
II. 具中等毒性的致病原		
申克氏孢絲菌 (*Sporothrix schenckii*)	孢絲菌症 (Sporotrichosis)	土壤及腐敗的植物；分布廣泛
皮膚絲狀菌 [小孢子菌 (*Microsporum*)、毛癬菌 (Trichophyton)、表皮癬菌 (*Epidermophyton*)]	皮膚絲狀菌症 (Dermatophytosis) [輪癬 (ringworms) 或癬 (tineas)]	人類的皮膚、動物的毛髮、全世界的土壤
III. 次級伺機性致病原		
白色念珠菌 (*Candida albicans*)	念珠菌症 (Candidiasis)	人類口腔、喉嚨、腸道及陰道的常在菌叢；也是其他哺乳類動物及鳥類的常在菌叢；無所不在
麴菌 (*Aspergillus spp.*)	麴菌症 (Aspergillosis)	土壤、腐敗的植物、穀類；常見的空氣傳播污染物；環境中無所不在
新型隱球菌 (*Cryptococcus neoformans*)	隱球菌症 (Cryptococcosis)	鴿舍及其他築巢處 (建築物、倉庫、樹)；全世界都有
卡氏肺囊蟲 ** (*Pneumocystis jirovecii*)	卡氏肺囊蟲肺炎 (*Pneumocystis* pneumonia, PCP)	人類及動物的上呼吸道
毛黴菌屬 (*Genera in Mucorales*) [(根黴菌 (*Rhizopus*)、犁頭黴菌 (*Absidia*)、毛黴菌 (*Mucor*)]	毛黴菌症 (Mucormycosis)	土壤、灰塵；廣布於人類的棲息地

* 特定的黴菌造成的疾病，通常會在黴菌屬名後加上 *-mycosis*、*-iasis* 或 *–osis*。

** 通俗名為 *Pneumocystis carinii.*

及毒力由弱到無。宿主的防禦力必須低到一定的程度，才可能讓此類微生物造成危害。雖然有些在其生活史中也有菌絲期及酵母菌期，但並非是溫度雙型性。伺機性黴菌症的情況，從表皮感染，良性菌落化到快速致死的全身性感染，差異大。

伺機性黴菌感染是個新興的醫療問題，約占院內感染總數的 10%。這陷醫院於進退兩難的困境－即必須維持抑制病患有能力對抗感染的狀況，也要讓他們遠離感染原。從前病人得到癌

系統檔案 19.1　黴菌病原

菌名	皮膚 / 骨骼	神經 / 肌肉	心血管 / 淋巴 / 全身系統性	腸胃道	呼吸道	泌尿生殖系統
莢膜組織漿菌					組織漿菌症 (俄亥俄河谷熱)	
粗球黴菌	粗球黴菌症	腦膜炎	黴菌血症		粗球黴菌症 (河谷熱)	
皮炎芽生黴菌	皮膚皮炎芽生黴菌症				肺部皮炎芽生黴菌症 (北美皮炎芽生黴菌症)	
巴西副球黴菌	皮膚副球黴菌症				副球黴菌症 (南美皮炎芽生黴菌症)	
申克氏孢絲菌	皮膚孢絲菌症				肺部孢絲菌症	
馬杜拉分支菌	足菌腫					
皮膚絲狀菌 (小孢子菌、毛癬菌、表皮癬菌)	輪癬					
白色念珠菌	鵝口瘡			食道及肛門的感染		外陰道念珠菌症
新型隱球菌		腦膜炎			肺部隱球菌症	
卡氏肺囊蟲					肺囊蟲肺炎	
麴菌	眼睛感染				麴菌症	

表 19.2　真黴菌感染與伺機性感染的比較

黴菌特色 / 疾病	真致病原感染	伺機性感染
毒力	發展的很好	有限度
宿主情況	抵抗力高或低	抵抗力低
最初感染途徑	呼吸道	呼吸道或黏膜皮膚
感染性質	通常為肺部及全身性感染；常為無症狀感染	從表面皮膚、肺部到全身性，差異大；通常會有症狀
免疫性質	發展很好的專一性免疫反應	免疫反應弱，且時間短
感染型態	主要是分生孢子的型態	分生孢子的型態或菌絲型
溫度雙型性	高度特性化	無
黴菌棲息地	土壤	從土壤到人類或動物的常在菌，差異大
地理位置	局限於地方性流行的區域	遍布全世界

症或糖尿病，可能因此身亡；如今因為醫療的技術，他們得以存活。和其他環境相似，醫院及診所也是黴菌常見的棲息地，即使經常執行嚴格的消毒。黴菌及酵母菌遍布在水龍頭、瓶裝水、水槽、淋浴區、空氣中，甚至是病房的牆壁及地板。有些伺機性病菌原屬常在菌叢。因此，常態地暴露在此環境，要隔絕病菌是困難的。表 19.3 列出了最常見的伺機性黴菌致病原，及易使病患感染此菌的醫療環境。

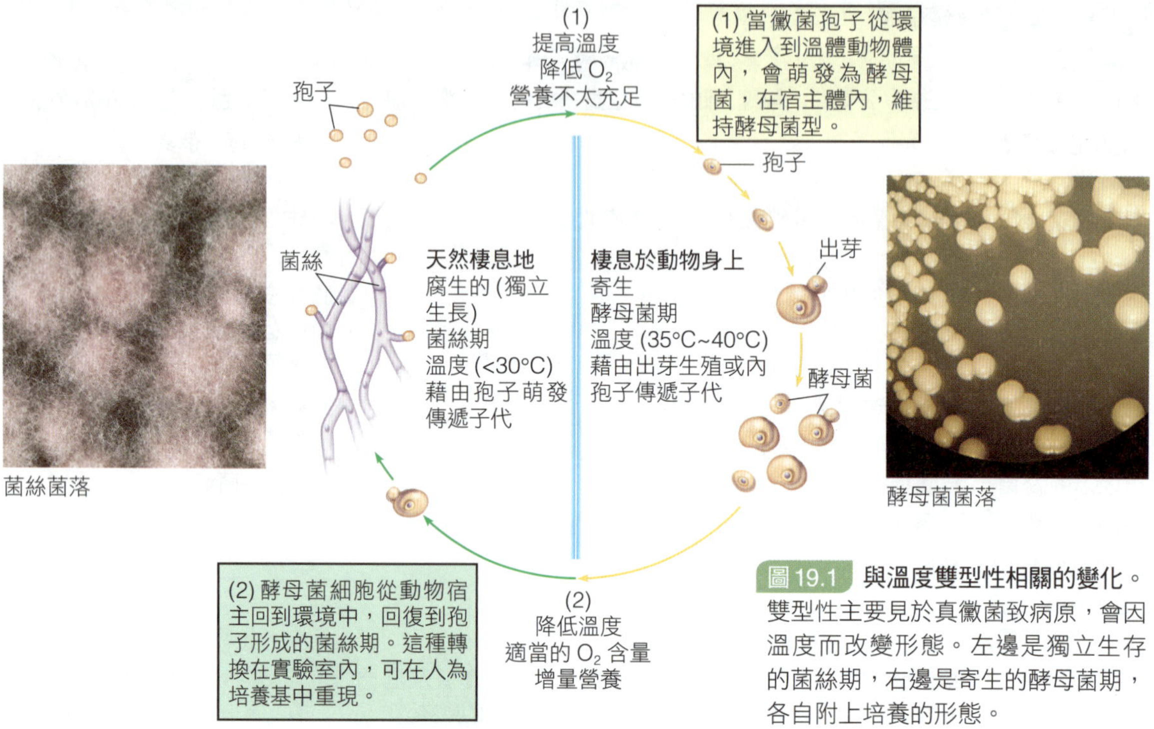

圖 19.1 與溫度雙型性相關的變化。 雙型性主要見於真黴菌致病原，會因溫度而改變形態。左邊是獨立生存的菌絲期，右邊是寄生的酵母菌期，各自附上培養的形態。

表 19.3 常見的伺機性黴菌病原，及易造成病患感染的醫療環境

致病菌	相關
念珠菌 *Candida*	抗生素治療、插管、糖尿病、使用類固醇 *、免疫抑制治療 **
麴菌 *Aspergillus*	血癌、使用類固醇、結核病、免疫抑制治療、靜脈注射藥物濫用
隱球菌 *Cryptococcus*	糖尿病、結核病、癌症、使用類固醇、免疫抑制治療
接合菌 *Zygomycota species*	糖尿病、癌症、使用類固醇、靜脈注射治療、三度灼傷

* 慢性肺部疾病及預防排斥的移植病患，常會給予的抗發炎藥物。
** 包括愛滋病患及先天免疫缺陷的病人。

有些真菌致病原分類上介於真致病原與伺機性致病原之間。這些菌原本也不具侵襲力，但若深植於健康人的皮膚傷口或擦傷傷口中，還是會生長。申克氏孢絲菌 (Sporothrix) 就是這樣的例子，它屬皮膚絲狀菌 (dermatophytes)[3]，會造成皮下感染，是輪癬及香港腳的病原菌。附著在宿主細胞及易於在人體體溫下快速生長似乎是加重其致病性的因素。

黴菌症的流行病學

大多數的致病性黴菌並不需要寄生至人體才得以完成生命循環，而造成的感染也多不是傳染性的。例外是皮膚絲狀菌及念珠菌，它們自然地棲息在人體，也會在人群間傳染。其他的致病性黴菌都需要環境中 (通常是空氣、灰塵及土壤) 有黴菌孢子，才有機會造成暴露而感染。真黴菌致病原與伺機性黴菌不同，其分布是有可預期的模式，通常與其對氣候、土壤或其他因素

3 *dermatophytes* 皮膚絲狀菌 (der-mah′-toh-fyte″)。希臘文：*dermo* 皮膚；*phyte* 植物。黴菌曾經被歸類在植物界。

的適應有關，因而局限於某些地理位置 (圖 19.2)。

黴菌感染的流行率並不容易統計，美國疾管局被通報的黴菌造成疾病並不多。皮膚絲狀菌症可能是盛行率最高的。一般認為，90% 的人一生至少會感染一次輪癬或香港腳。這是一般的皮膚測試所提供的估計，顯示數百萬人有感染過黴菌疾病的經驗，雖然大部分例子可能為未診斷出的或誤診。

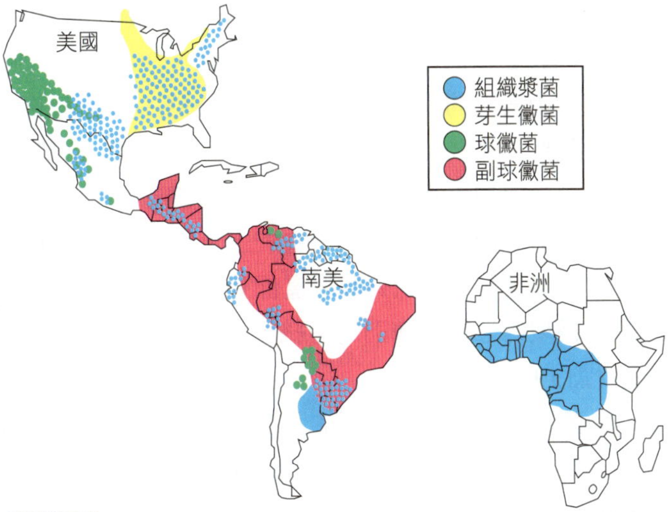

圖 19.2　**四種真黴菌致病原的分布**。人類感染黴菌常與其生活或旅遊地點有關。組織漿菌及芽生黴菌分布於北美洲的相同區域，其發生率與密西西比河及其支流流域相關。有一株特別的組織漿菌分布於非洲，這是唯一不發生在美洲的真黴菌致病原。

黴菌感染造成的流行可能是大量暴露於一個常見病原。對建築工人及生活在風暴途徑的人們，球黴菌症具有特別的危害。皮膚絲狀菌症之類的傳染性黴菌感染易於藉由共用個人物品、公共器材、游泳池、體育館及與感染的動物接觸而傳遞。念珠菌症則是會藉由性接觸傳染，或是生產時母親傳染給小孩。

黴菌的致病性

黴菌疾病與眾多因素有關，包括入侵處、感染量、黴菌的毒性及宿主的防禦。黴菌進入人體主要經由呼吸道、黏膜及皮膚。初級黴菌症 (primary mycoses) 多由呼吸道入侵 (由空氣中吸入孢子)；皮下 (subcutaneous) 黴菌症是以穿透皮膚的方式入侵人體 (外傷)；皮膚 (cutaneous) 黴菌症及表皮 (superficial) 黴菌症則是由皮膚表面的污染進入。孢子 (spores)、菌絲 (hyphae elements) 及酵母菌 (yeasts) 都可進行感染，但孢子是最常見的，因為它們可以存活很久，數量又多。

溫度雙型性菌藉由適應人體的相對高溫及低氧，而大幅提高毒性。黴菌的酵母菌形態又比菌絲形態更具侵襲力，原因是生長快速，又可在組織及血液中散布，而菌絲則是隨著血管及淋巴管的行進而落地生根。

有許多研究試圖了解對於黴菌毒性有貢獻的特別因素。有些研究將芽生黴菌 (*Blastomyces*) 的細胞壁抗原分離出，發現其毒性是藉由增加對細胞的黏附並抑制吞噬作用及發炎反應。有些黴菌會產生莢膜、水解性酵素、發炎刺激原及過敏原，這些都會讓宿主啟動強烈的反應。

人體極力抗拒黴菌的入侵。人體有相當多抗黴菌的防禦系統，包括皮膚的完整性、黏膜層及呼吸道的纖毛，最重要的是細胞型免疫、吞噬作用及發炎反應。有些真致病黴菌會誘導出長時間具保護力的免疫反應，但其他的致病原則會有再次感染的可能。

黴菌感染的診斷

良好的黴菌感染診斷需仰賴實驗室將致病原分離出，再進行鑑定。準確、迅速的診斷對免疫缺乏的病人是非常重要的，他們需要及時進行抗黴菌的化學治療。若病人得到了全身性念珠菌感染 (systemic *Candida* infection)，沒在 5 至 7 天內確診並治療，病人會死亡。致病性黴菌的治療差異性很大，所以鑑定至種 (species) 的層次常是必須的。

適當的檢體包含痰液、皮膚刮取物、皮膚切片、腦脊髓液、血液、組織滲出液、尿液或陰道檢體，由病人的症狀決定採集何種檢體。實驗室的例行檢驗步驟包括菌種分離、巨觀觀察、顯微鏡觀察、組織染色、血清學檢驗、動物接種及基因鑑定 (圖 19.3)。

由於菌種的培養常需數日，新鮮檢體的立即直接檢驗是必須的。以生理食鹽水或水混合少量的檢體，封蓋觀察，有時也會加上氫氧化鉀 (KOH) 以去除細胞碎片的背景雜質。許多黴菌細胞是較大型且具獨特的外觀，這都有助於黴菌的鑑定。大顆球形的出芽 (budding) 細胞可能是酵母菌，長型的分支結構則為菌絲。由檢體或培養而來的黴菌，可以特殊的染色或增亮劑來進行鑑定 (圖 19.4)。

黴菌致病原可以用不同的固體培養基進行分離，如沙氏右旋糖培養基 (Sabouraud's dextrose agar)、黴菌選擇性培養基 (Mycosel agar)、抑制型黴菌培養基 (inhibitory mold medium) 及腦心萃

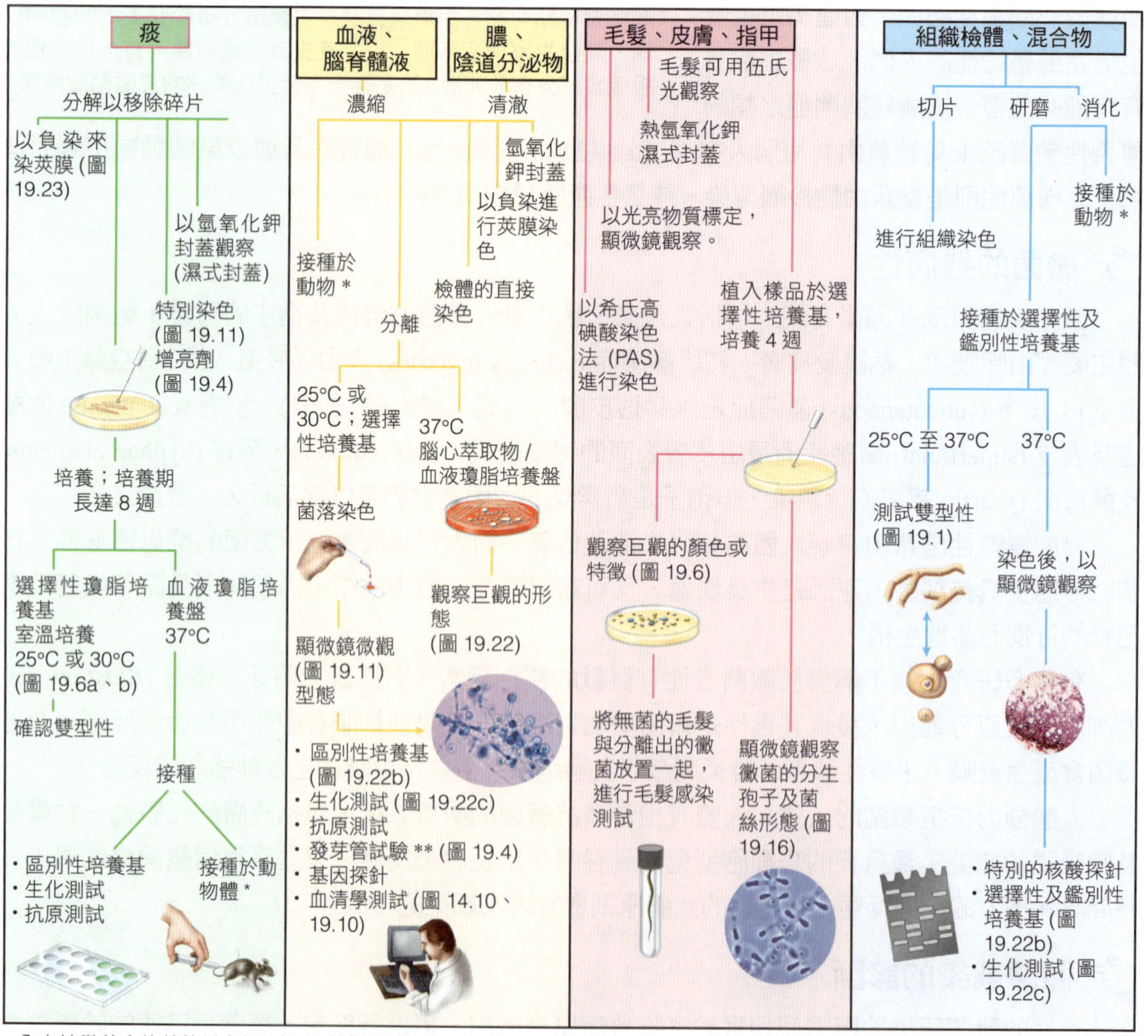

* 全身性黴菌症的其他鑑定都不恰當或無法確認時，才會進行動物接種。
** 有些黴菌培養於血清中 2~4 小時，會長出小小的菌絲管，稱為發芽管 (germ tubes)。

圖 19.3 **檢體處置與黴菌分離鑑定的方法。**技術以參考圖的方式呈現。

出物培養基 (brain-heart infusion agar)。這些培養基可以為了更營養而添加血液，也可選擇性添加氯黴素 (chloramphenicol) 及見大黴素 (gentamicin) 以抑制細菌生長，添加環己亞醯胺 (cyclohexamide) 則可減緩不想要的黴菌污染的生長速度。培養於室溫、30°C 及 37°C 以觀察雙型性，約需數天至數週。肉眼觀察菌落形態，如菌落顏色、菌落正面及背面的結構，都會很不同。黴菌致病原的初始鑑定，可以接著進行額外的確定試驗。

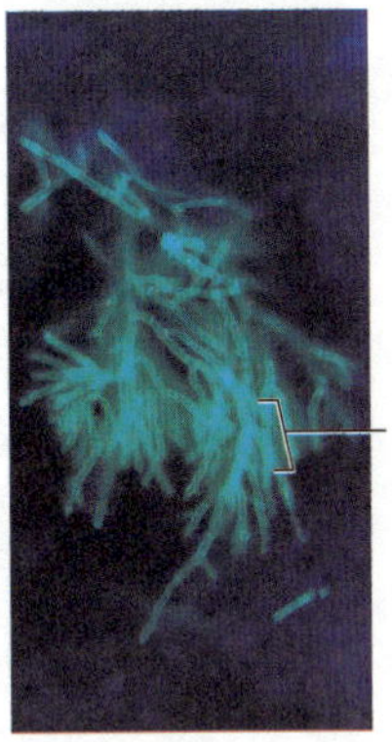

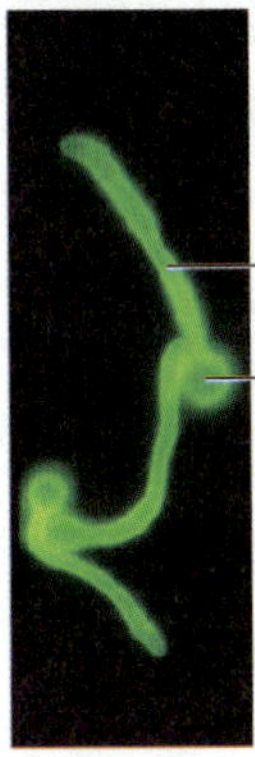

圖 19.4 **光亮劑的特殊組織染色可以放大檢體中黴菌結構的訊號。**這些物質會緊密結合在黴菌表面上的碳水化合物。(a) 胸腔檢體中，螢光物質標定了煙燻色麴菌 (*Aspergillus fumigatus*，500 倍)；(b) 光亮劑突顯萌發中的白色念珠菌。發芽管試驗 (germ-tube test) 可用來鑑定一些酵母菌 (1,000 倍)。

抓住黴菌特定表面分子的抗原測試，可應用在許多例子。幾種以聚合酶鏈鎖反應 (Polymerase chain reaction, PCR) 為基礎的偵測系統已發展出來，是為了加快診斷致病黴菌的速度。其他的試驗會在本章稍後提到特定疾病時再敘述。

在某些病原菌的感染時，可以偵測血清中抗黴菌所產生的抗體 (見圖 19.10)，這也是非常有用的體外偵測試驗。人體的皮膚測試則是可偵測黴菌抗原所引發的遲發型過敏 (delayed hypersensitivity)，常用以追蹤流行病學的模式。其極限是它可能不能證實正在進行的感染，而且相當的交叉反應發生於組織漿菌、芽生黴菌及球黴菌間。健康者的陰性反應可以排除這些黴菌的感染。

隨著旅行增加以及全球化的進展，越來越常見因旅行目的地盛行特定的黴菌，而在旅行結束將疾病帶回家。此時，對病人的病史及醫護人員多功能協助的了解，對於治療及存活將變得至關重要。

黴菌感染的控制

黴菌感染的治療主要基於抗黴菌藥物，本章將依疾病逐一介紹，總結於表 19.4。對於黴菌的感染，免疫治療似乎有限，但球黴菌症及組織漿菌症疫苗的研發仍持續進行中。預防措施局限於面罩及保護衣物對於孢子的接觸，有些情況可以用手術的方式移除受損的組織。

19.2　黴菌疾病的統整

黴菌感染的分類會依其目的不同而不同。傳統分類多以其學理分類族群、感染位置及致病原的種類進行分類。第 4 章敘述了學理上的分類。多數的致病原分類於子囊菌門 (Phylum Ascomycota)，有些則分類於擔子菌門 (Phylum Basidiomycota) [隱球菌 (Cryptococcus)] 及接合菌門 (Phylum Zygomycota) [毛黴菌 (Mucor)]。本章將依其感染的形式、層次及致病性進行分類。將涵蓋：

1. 真黴菌致病菌：全身性 (systemic)、皮下 (subcuta-neous)、皮膚 (cutaneous) 及表皮黴菌症 (superficial mycoses)(圖 19.5)。

表 19.4 抗黴菌藥物的特性

藥物標的 / 藥物	評論
細胞膜	
多烯	破壞細胞膜，導致細胞質溢漏。
節絲菌素 B	節絲菌素 B 具高毒性，但對致命性的感染治療效果是最好的。
制黴菌素	制黴菌素毒性太高，無法用於全身性治療，但可體外局部使用。
唑類	干擾麥角固醇的合成，導致細胞膜有所缺損，用以治療全身性或局部的黴菌感染。
咪唑	例如：酮康唑 [ketoconazole，如倪若唑 (Nizoral)]、咪康唑 (miconazole) 及三苯甲咪唑 (clotrimazole)。
三唑	例如：氟康唑 (fluconazole) 及伊曲康唑 (itraconazole，適撲諾 Sporanox)。
丙烯胺	抑制麥角固醇合成必需的一個酵素，用於局部治療皮膚黴菌症。
奈替芬、特比奈芬 [藍美姝 (Lamisil)]	特比奈芬可口服用藥。
細胞壁	
海膽珠菌素 黴息止 (Caspofungin)	中斷許多致病性黴菌的細胞壁多醣體的合成。
細胞分裂	
灰黃黴素 (Griseofulvin)	用以治療皮膚及指甲的感染；集中於皮膚的死亡角質層；僅作用於對抗感染角質細胞的黴菌。
核酸合成	
氟胞嘧啶 (Flucytosine)	用於全身性酵母菌症的治療；抑制核酸合成時的必要酵素；對於多數的黴菌無效。

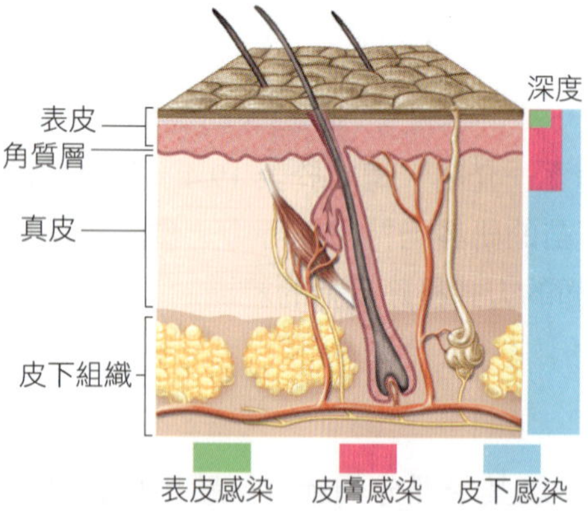

皮膚及其所附屬的結構提供許多可能感染的位置，包括頭皮、平滑的皮膚、毛髮及黏膜。其牽涉到的感染深度為：表皮感染，在極端淺的表皮菌落化；皮膚感染，感染角質層，偶爾會侵襲真皮較上端；皮下感染，刺傷的傷口讓黴菌深入至皮下組織。全身性 (深入) 黴菌症，黴菌從肺部或其他位置進入循環系統，造成黴菌血症，因而將黴菌帶入腦、腎臟及其他器官。

圖 19.5 黴菌致病原侵襲的層次。有些可感染不只一個層次。

2. 伺機性黴菌症 (opportunistic mycoses)(第 19.6 節)。

真黴菌致病原造成的全身性感染

主要的黴菌致病原感染將以相同的一般模式進行描述：

- 這些黴菌局限於地球上的特定流行區域。
- 感染發生在帶有黴菌孢子的土壤或其他物質被擾動時，而且孢子會被吸入下呼吸道。
- 黴菌孢子在肺部萌發為酵母菌或酵母菌型細胞 (yeastlike cells)，可能無症狀或造成溫和的初級肺部感染 (primary pulmonary infection, PPI)，相似於結核病。
- 少數的病人會發展為全身性、造成嚴重的慢性病灶。
- 少數例子發現黴菌孢子植入皮膚，造成局部肉芽腫

(granulomatous lesions)。

- 免疫反應造成的疾病可能會是長期的，臨床上的表現是因應黴菌抗原，產生過敏反應。

組織漿菌症：俄亥俄河谷熱

最常見的真黴菌致病原是莢膜組織漿菌 (*Histoplasma capsulatum*)[4]，會造成組織漿菌症 (histoplasmosis)。這疾病從古代就開始侵擾人類，但直到 1905 年才由 Dr. Samuel Darling 提出。經過這些年，此病有許多別名，如：達令氏症 (Darling's disease)、俄亥俄河谷熱 (Ohio Valley fever) 及網狀內皮增生 (reticuloendotheliosis)。從疾病的發生分布及流行病學的觀點看來，它是個重要的疾病，和人類的農業文化一樣久遠。

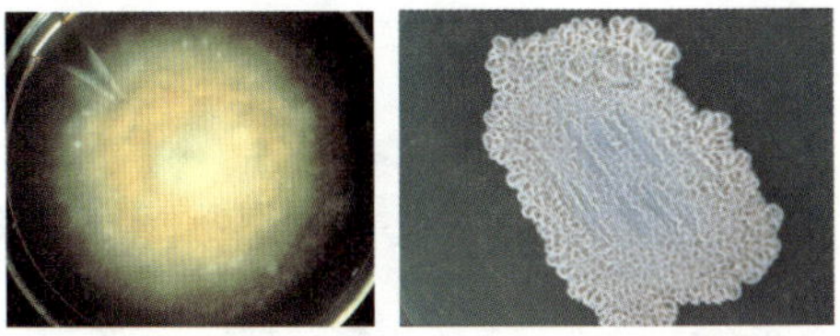

(a)　(b)

圖 19.6　莢膜組織漿菌的巨觀。(a) 莢膜組織漿菌生長於 25°C 時，會產生白色菌絲；(b) 培養於 37°C，則形成乳白色酵母菌菌落。

莢膜組織漿菌的生物學及流行病學　莢膜組織漿菌是典型的雙型性 (dimorphic)。生長溫度低於 35°C 的培養基會形成白色到棕色的毛髮狀菌絲體；在 37°C 則會形成乳白色有紋理的菌落 (圖 19.6)。

莢膜組織漿菌地方性的分布於除了澳洲以外的各大陸地。在美國的東部及中部地區 (俄亥俄河谷) 的發生率最高。此菌好生長於高含氮量的潮濕土壤，特別是富含鳥及蝙蝠排泄物 (guano)[5] 的土壤。

有個有效的方法可確認莢膜組織漿菌的分布區域，將稱為組織漿菌素 (histoplasmin) 的黴菌萃取物注射至皮下，觀察是否有過敏反應。以此測試已確認了此菌極為廣泛的分布。高度流行區，包括南俄亥俄、伊利諾州、密蘇里州、肯塔基州、田納西州、密西根州、喬治亞州及阿肯色州，到二十歲的居民有高達 80~90% 的居民曾感染過。美國每年約有 50 萬例組織漿菌症發生，數千人需要住院治療，少數人因此死亡。

黴菌的孢子可能會隨風分散，較少經由動物。組織漿菌症最驚人的爆發是發生於當公園、鳥舍及老舊建築工作的人拋出高濃度的黴菌孢子之時。感染無關性別和年紀，但多數的病例是成年男子，可能由於較高程度的職業暴露。

組織漿菌的感染及致病因　組織漿菌症的病癥呈現差異性極大，可以是良性或惡性、急性或慢性的，病灶可能在肺部、全身或皮膚。只要吸入小量的小分生孢子 (只需要 5 個孢子)，達到肺部深處，就會造成肺部感染，通常是無症狀的。組織漿菌主要的生長位置是在吞噬細胞之類的巨噬細胞的細胞質，在此細胞繁殖並任由其帶至其他位置 (圖 19.7)。有些人的症狀輕微，如疼痛及咳嗽，少數人的症狀較嚴重，如發燒、夜間盜汗及體重減輕。黴菌藉由皮膚進入造成的皮膚組織漿菌症較為少見。

最嚴重的全身性組織漿菌症出現在細胞免疫缺陷的病人身上，如愛滋病患。若發生在兒童身上，會有肝脾腫大、貧血、循環系統崩壞及死亡。成人全身型感染的病灶會在腦、腸道、

4 *Histoplasma capsulatum* 莢膜組織漿菌 (his″-toh-plaz′-mah kap″-soo-lay′-tum)。希臘文：*hist* 組織；*plasm* 形狀。拉丁文：*capsula* 小盒子。

5 *guano* 蝙蝠排泄物 (gwan′-oh)。西班牙文：*huanu* 糞。動物糞便的累積。

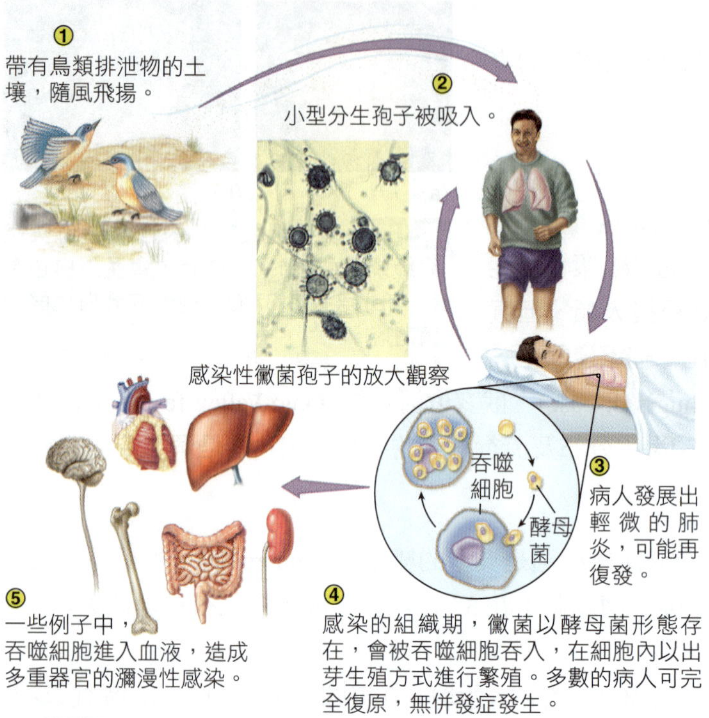

①
帶有鳥類排泄物的土壤，隨風飛揚。
②
小型分生孢子被吸入。
感染性黴菌孢子的放大觀察
③
病人發展出輕微的肺炎，可能再復發。
吞噬細胞
酵母菌
④
感染的組織期，黴菌以酵母菌形態存在，會被吞噬細胞吞入，在細胞內以出芽生殖方式進行繁殖。多數的病人可完全復原，無併發症發生。
⑤
一些例子中，吞噬細胞進入血液，造成多重器官的瀰漫性感染。

圖 19.7 組織漿菌的感染及組織漿菌症的發生。

腎上腺、心、肝、脾、淋巴結、脊髓及皮膚。若病人因為肺氣腫及支氣管炎，而發生肺部的持續性菌落化，造成慢性肺部組織漿菌症 (chronic pulmonary histoplasmosis) 為一種併發症，其症狀和特性與結核病相似。

組織漿菌症的診斷及控制　在臨床檢體發現組織漿菌為實質上的指示。通常會有球形「魚眼狀的」酵母菌 (“fish-eye” yeasts) 出現在巨噬細胞內，也可能會有游離的酵母菌出現在痰及腦脊髓液中。分離這些致病原，並證實其雙型性即可確認是組織漿菌感染，這通常需耗時 12 週。補體固定試驗及免疫擴散法，這些血清學試驗可藉著抗體效價的增加而支持診斷。呈陽性反應的組織漿菌素試驗 (histoplasmin test)，無法確認是否為新感染，因此無法用於診斷。

沒偵測到或是症狀輕微的組織漿菌症病例，通常無需醫療介入即可自行痊癒，但若為慢性或瀰漫型感染，則需全身性化學治療。節絲菌素 B 是主要用藥，可破壞黴菌細胞膜結構，每日以靜脈注射投藥，需耗時數日至數週。某些情況下，會選擇伊曲康唑。手術移除在肺部或其他器官的感染團塊，也會有效果。

球黴菌症：河谷熱

粗球黴菌 (*Coccidioides immitis*)[6] 是球黴菌症 (coccidioidomycosis) 的致病原。雖然這黴菌存在土壤中已數百萬年，但在人體致病是在不算太久遠前發現的，有可能是人類侵犯了它的棲息地而造成危害。這個獨特且極度引人注目的黴菌是所有黴菌致病原中毒力最大的。

粗球黴菌的生物性及地理分布　粗球黴菌的形態差異性極大。25°C 時會形成濕潤、白色到棕色的菌落，有相當豐富的中隔和分支的菌絲。菌絲成熟時，會在分節中形成厚壁、如磚頭般的關節孢子 (arthrospores，圖 19.8 中的嵌入圖)。在特定培養基培養於 37°C 至 40°C，關節孢子會萌發進入寄生期，形成圓球狀的細胞稱為球狀體 (spherule)。這個結構腫大成巨大孢子囊，劈開內部生成眾多的內孢子 (endospores)，看來像是細菌的內孢子，但缺乏它們的抵抗特性 (圖 19.8，步驟 3)。

---

6 *Coccidioides immitis* 粗球黴菌 (kok-sid″-ee-oy′-deez ih′-mih-tis)。源自球蟲目，一種孢子蟲；拉丁文：*immitis* 兇猛。最早的發現者認為此微生物為一種原蟲。

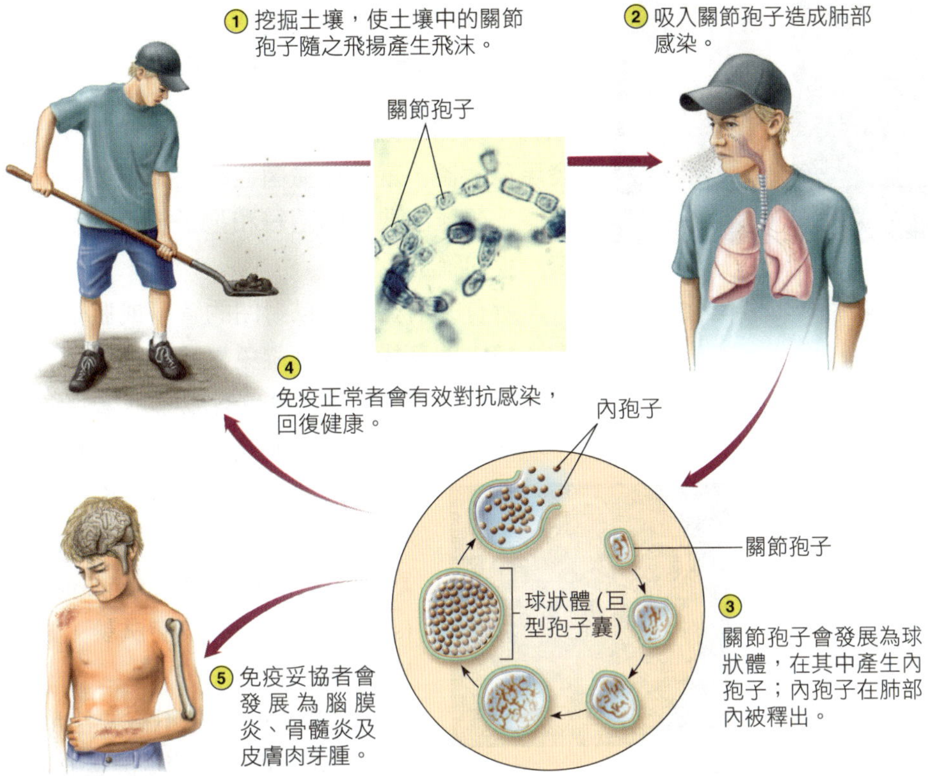

1 挖掘土壤，使土壤中的關節孢子隨之飛揚產生飛沫。
2 吸入關節孢子造成肺部感染。
關節孢子
4 免疫正常者會有效對抗感染，回復健康。
內孢子
關節孢子
球狀體 (巨型孢子囊)
3 關節孢子會發展為球狀體，在其中產生內孢子；內孢子在肺部內被釋出。
5 免疫妥協者會發展為腦膜炎、骨髓炎及皮膚肉芽腫。

圖 19.8 粗球黴菌的感染及球黴菌症的發生。

粗球黴菌存在於許多天然的局部棲息地，偶然地黴菌會被風揚起，或由動物攜帶至其他區域。此黴菌偏好棲息的環境通常是高碳、含鹽及半乾旱的地區，氣候相對炎熱。此黴菌會在土壤、植物及許多脊椎動物身上發現。粗球黴菌的生活史是個循環—在冬天到春天會冬眠，夏天及秋天生長。乾旱、大雨，接著暴風這樣的氣候，會讓黴菌的生長及散布更好。

在美國的西南部，皮膚測試顯示球黴菌症的最高感染率 (每年有 15,000 到 20,000 的病例被通報)。濃度特高的棲息地在南亞歷桑納州及加州聖華昆谷，以此為疾病命名。疾病爆發通常與農業活動、考古翻土、坍方及沙塵暴有關。河谷熱的區域擴大至墨西哥、中南美。被通報的幾個爆發是發生在該區域的旅人及工人。

球黴菌症的感染與致病因 粗球黴菌的關節孢子很輕，會被吸入。實驗得知，起始只要一個關節孢子就可轉變成感染。在肺部，關節孢子轉變成球狀體，球狀體會腫大、產生孢子、脹破、孢子釋出，再繼續下一個循環。約有六成的病人無症狀顯現，四成的病人出現類似感冒的症狀，如發燒、胸痛、咳嗽、頭痛及虛弱。症狀輕微的病患可以完全復原，且具有終生免疫的效果。

所有的人吸入關節孢子，都可能發展出狀況不同的感染，有些人可能是先天的因素，容易變更嚴重。1,000 個病例中約有 5 例初次感染無法獲得緩解，而有進一步的發展，包括皮膚、骨頭及中樞神經系統的感染。慢性漸進式的肺部疾病會出現結節的生長稱為黴菌肉芽腫 (fungomas)[7] 及空洞，而影響到呼吸。約有 7% 的人，內孢子散布至身體的主要器官。有些危險因

7 *fungomas* 黴菌肉芽腫 (fun-joh′-mah)。黴菌腫瘤或生長。

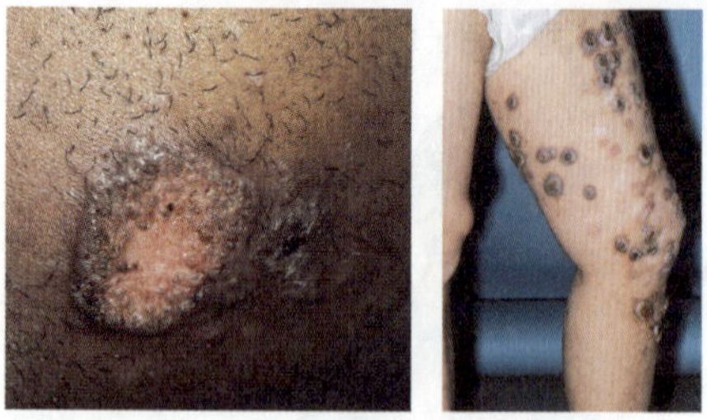
(a) (b)

圖 19.9 **瀰漫型球黴菌症以皮膚病灶呈現。**

子的存在讓病情加重，形成肺外感染，例如，特定的種族、免疫缺陷的病人、懷孕婦女及愛滋病患 (圖 19.9)。

球黴菌症的診斷與控制　在痰液、脊髓液及組織切片中發現球狀體，就是球黴菌症的明確證據。可培養於沙氏瓊脂，分離出典型的菌絲和孢子，及球狀體的誘發，是進一步的確認。

所有的培養必須以封閉的管子或瓶子進行，在生物安全櫃中開蓋操作，以避免實驗室感染。有較新的專一抗原測試會更有效率地鑑定並從其他黴菌區分出粗球黴菌。以血清檢體進行免疫擴散試驗 (圖 19.10) 及乳膠凝集試驗，可有效率地篩檢作為早期診斷。使用黴菌的萃取物 [球孢子菌素 (coccidioidin) 或球菌素 (sperulin)] 進行的皮膚試驗，對流行病學研究很重要。

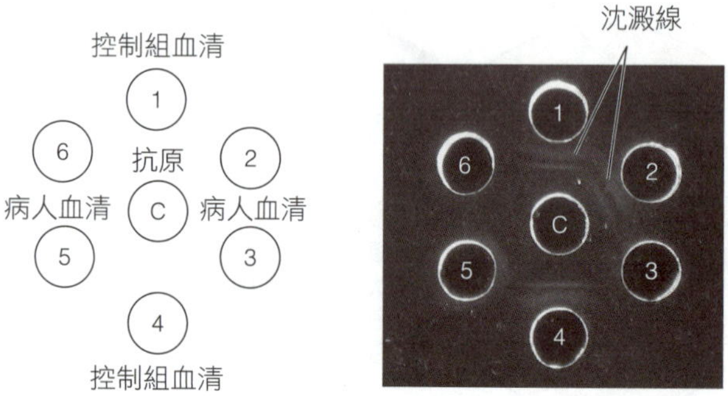

圖 19.10 **以免疫擴散法偵測球黴菌症。**在瓊膠表面挖出小洞，將病人的血清填在編號 2、3、5、6 的小洞，陽性抗體加在編號 1、4 的小洞，中間的小洞加入已知黴菌抗原，如球孢子菌素。中間小洞與周圍小洞之間形成的沉澱線，表示有血清中的抗體與中央孔洞擴散出的抗原有反應發生。圖示只有一個檢體是陽性反應。

大多數的病人不需要治療。若是瀰漫型的病人，可使用節絲菌素 B，以靜脈注射投藥。伊曲康唑也是可選擇的藥物，但治療期較長。盡量避免接觸自然棲息地的粗球黴菌，可以在路面鋪柏油、種植植物以減少孢子的懸浮物、翻土時戴面罩可防止工人吸入孢子。

皮炎芽生黴菌的生物性：北美芽生黴菌症

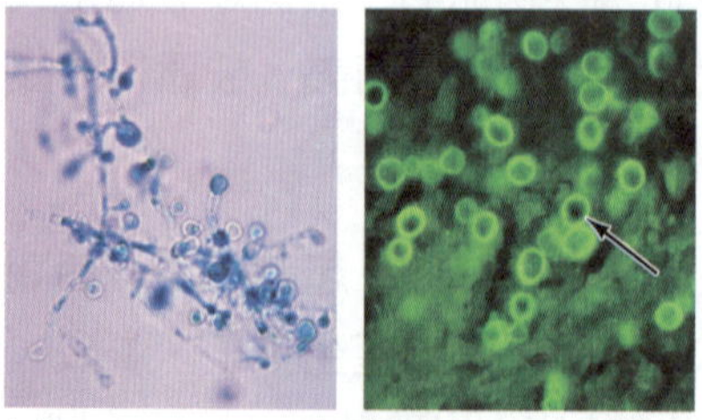
(a) (b)

圖 19.11 **皮炎芽生黴菌的雙型性。**(a) 菌絲上生長著分生孢子，如同很小的棒棒糖；(b) 肺部組織的螢光抗體染色，可顯示存在於皮炎芽生黴菌在酵母菌階段的厚壁。箭頭指示出芽生殖的酵母菌細胞。

皮炎芽生黴菌 (*Blastomyces dermatitidis*)[8] 是芽生黴菌症 (Blastomycosis) 的致病原，是盛行於美國的另一株黴菌。芽生黴菌症的別名有吉爾克里斯特症 (Gilchrist disease)、芝加哥症及北美芽生黴菌症。皮炎芽生黴菌也是具雙型性的黴菌。菌絲期的菌落呈現一致的白色到棕褐色，菌絲體薄，菌絲有橫壁，簡單的分生孢子呈卵圓形 (圖 19.11a)。溫度誘發的形態改變為表面皺、乳白色的菌落，由大型厚壁的酵母菌細胞所組成，行出芽生殖，母子兩細胞大小相近。

皮炎芽生黴菌棲息於森林土壤、腐化的木頭及動物性的肥料之豐富的有機物質中。在溫暖而乾燥的季節休眠，在濕冷的時節生長並形成孢子，這是此菌的生活循環史。通常芽

8 *Blastomyces dermatitidis* 皮炎芽生黴菌 (blas″-toh-my′-seez der″-mah-tit′-ih-dis)。希臘文：*blastos* 菌；*myces* 黴菌；*dermato* 皮膚；*itis* 發炎。

生黴菌症盛行區域是從南加拿大到南路易斯安納，從明尼蘇達到喬治亞。中美、南美、非洲及中東都有病例被報導。人類狗、貓、馬是主要感染標的，通常是因為吸入帶有分生孢子的塵土所致。

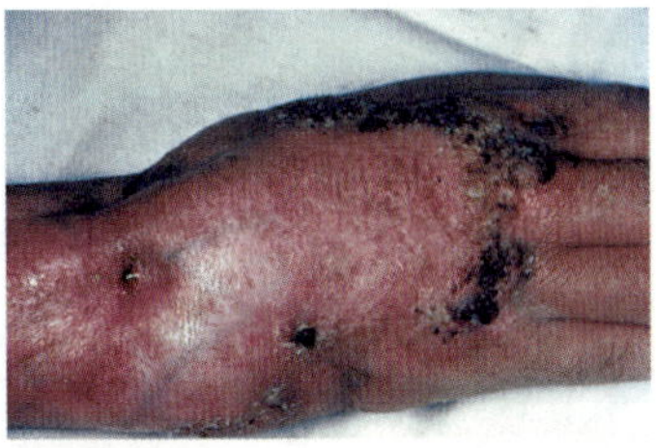

圖 19.12　皮膚型的芽生黴菌症發生在手及手腕，為瀰漫性感染的併發症。注意手上暗色腫瘤般的腫塊及結痂組織。

芽生黴菌症的感染與致病　皮炎芽生黴菌的首要入侵入口是呼吸道，也有偶發的其他管道。吸入 10 至 100 個分生孢子即足以形成感染。在肺部當分生孢子轉變成酵母菌並增殖時，會遭遇到肺中的巨噬細胞。大部分的肺部感染會呈現不同程度的症狀表現。

症狀輕微的會有咳嗽、胸痛、喉嚨沙啞及發燒。較嚴重的慢性芽生黴菌症會從肺部蔓延至皮膚及其他器官。肺部囊腫及腫瘤般的腫塊，會被誤以為是腫瘤或肺結核。皮炎芽生黴菌較其他致病性黴菌容易造成慢性的皮膚疾病，通常是在臉或手足形成突出於體表的皮下腫塊 (圖 19.12)。酵母菌細胞蔓延到骨頭，會造成關節炎及骨髓炎。入侵中樞神經系統則會造成頭痛、痙攣、昏厥及神智不清。發生於脾臟、肝臟及泌尿生殖道的慢性全身性芽生黴菌症，會持續數週甚至數年，最終崩壞宿主的防禦系統。

實驗鑑定及治療　檢體抹片的顯微鏡檢查，看到大顆卵圓形的酵母菌細胞，進行寬底的出芽生殖 (broad-based buds)，即可鑑定為芽生黴菌症 (見圖 19.11b)。若能鑑定其雙型性就更好了，但這通常需費時數週。也可進行抗體的補體固定試驗及 ELISA 來確認。因為偽陽性及偽陰性高，所以皮膚試驗並不適用。瀰漫型感染一旦發生，死亡率幾近 100%，現代的藥物可有效改善預後情況。瀰漫型及皮膚型疾病需用到節絲菌素 B，其他較輕微的疾病可選用其他唑類藥物。

副球黴菌症

此雙型性的黴菌致病原有數一數二拗口的學名，巴西副球黴菌 (*Paracoccidioides brasiliensis*)[9] 會造成副球黴菌症 (paracoccidioidomycosis)，又名副球肉芽腫及南美副球黴菌症。由於此菌存在的範圍較小，所以此病的病例數為初級黴菌症中最少的。副球黴菌在室溫中，形成小而不起眼的菌落帶有稀疏無特色的孢子。但在 37°C 則會形成不尋常的酵母菌細胞。大顆的母細胞會輻射狀地長出小而窄頸的芽圍繞在周邊。

副球黴菌多存在於涼爽潮濕的土壤，地理位置是在南美及中美洲的熱帶及亞熱帶地區，特別是巴西、哥倫比亞、委內瑞拉、阿根廷及巴拉圭。通常是鄉村的農夫及植物採收者會得到副球黴菌症。營養不良及宿主防禦力不佳是影響感染進展的因素。多數的感染發生於肺部或皮膚，通常是良性、自限性，而沒被發現。在少數的病患，致病原入侵到肺部、皮膚及黏膜 (特別是頭部) 以及淋巴器官。

副球黴菌症的診斷與本章提到的其他黴菌症相似。儀器執行的血清學測試用於診斷及觀測病情的進展。瀰漫型疾病的主要藥物治療，依序可選擇酮康唑、節絲菌素 B 及磺胺類藥物。

---

9 *Paracoccidioides brasiliensis* 巴西副球黴菌 (pair″-ah-kok-sid″-ee-oy′-deez brah-sil″-ee-en′-sis)。因其表面相似於球黴菌，而命名之，並盛行於巴西而加以命名。

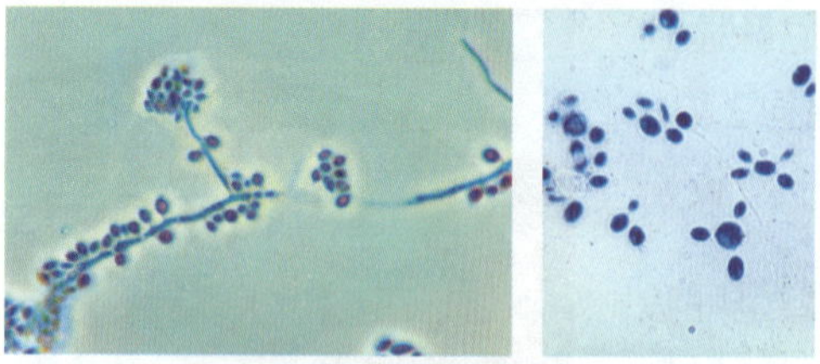

(a) (b)

圖 19.13 **申克氏孢絲菌的微觀**。(a) 菌絲期：分生孢子成群如花束般生長於分生孢子柄頂端，或單顆擠壓斷離在菌絲的邊緣 (550 倍)；(b) 典型的組織期，小卵圓形的酵母菌細胞會行出芽生殖 (800 倍)。

19.3 皮下黴菌症

有些黴菌從土壤或植物直接入侵受傷的皮膚，造成感染。這樣的感染稱為皮下感染，因為造成感染的組織位於皮下。這類菌僅很少數不會被血液及內臟的高溫所抑制，而得以擴散開。不過這些疾病仍會漸進地破壞皮膚及相關組織。這些疾病包括孢絲菌症、產色芽生黴菌症、褐色黴菌症及黴菌腫。

☞ 孢絲菌症的天然經歷：玫瑰花匠症

造成**孢絲菌症** (sporotrichosis) 的**申克氏孢絲菌** (*Sporothrix schenckii*)[10] 是很常見的腐生黴菌，具有菌絲體期及酵母菌期 (圖 19.13)。存在於熱帶及亞熱帶溫暖潮濕的地區，分解土壤及腐殖質中的植物物質。孢絲菌症最高盛行於非洲、澳洲、墨西哥及拉丁美洲。因為被玫瑰的刺刺傷，造成感染，因而此病又稱為玫瑰花匠症。多數的感染是由刺、木頭、苔蘚、裸露的根或其他植物刺傷而造成。園藝工作者、花匠、農夫、及竹籃編織者是主要的病例。嚴重的病症並不常見，除非傷者免疫防禦缺陷、暴露的菌量太多，或者是毒力較強的菌株。其他哺乳動物也會得到此病，如馬、狗、貓及騾子。

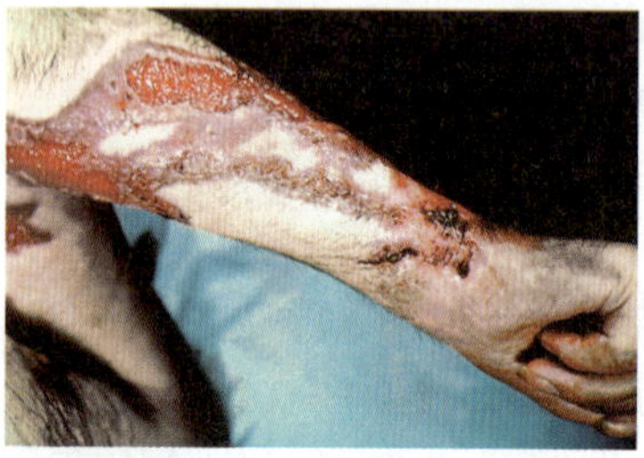

圖 19.14 **淋皮孢絲菌症的臨床表徵**。手臂上沿著淋巴腺，出現初期瘡伴隨著一串腫塊或潰瘍。

孢絲菌症的致病、診斷及控制

淋皮孢絲菌症 (lymphocutaneous sporotrichosis) 的發展是黴菌在入侵的位置生長，在數天到數個月的時間中，形成小顆的硬化結節。接著變大、壞死、突破表皮、流出液體 (圖 19.14)。感染通常沿著局部淋巴腺進行，在不同的發育階段留下長串狀的病灶。這樣的現象可以延續數年，但不會進入循環系統。當申克氏孢絲菌的分生孢子進入肺部，就會形成初級的肺孢絲菌症。

不容易在組織滲出液、膿及痰中發現致病原，因為感染時致病原很少。特殊染色法可突顯微小、雪茄狀的酵母菌細胞。特定的菌落形態及血清學測試可以確診。孢絲菌素 (sporotrichin) 皮膚測試可用於確認以前的感染。伊曲康唑是較偏好的治療。

碘化鉀是較老但有效的治療藥物，可加在牛奶中口服或直接塗在傷口上。此黴菌不耐熱，可在病灶局部熱敷來緩解感染。戶外工作者穿長袖衣物，會有保護的效果。

☞ 產色芽生黴菌症及褐色黴菌症：深色黴菌造成的疾病

產色芽生黴菌症 (chromoblastomycosis)[11] 是種進行性的皮下黴菌症，特色是會形成高可見度

---

10 *Sporothrix schenckii* 申克氏孢絲菌 (spoh′-roh-thriks shenk′-ee-ee)。希臘文：*sporos* 種子；*thrix* 毛髮。此由首位發現者 B.R.Schenck 而加以命名。

11 *chromoblastomycosis* 產色芽生黴菌症 (kroh″-moh-blas′-toh-my-koh″-sis)。希臘文：*chroma* 顏色；*blasto* 菌。這些黴菌在環境中具高彩度。

的疣狀 (verrucous)[12] 病灶。主要致病原是一群土壤裡廣泛分布的腐生菌，具有深色的菌絲及孢子。*Fonsecaea pedrosoi*、*Phialophora verrucosa* 及 *Cladophialophora carrionii* 是最常見的致病菌。褐色黴菌症 (phaeohyphomycosis)[13] 有相似的感染模式，差異主要在引起菌種及致病原在組織中的表現不同。產色芽生黴菌症的致病原會產生大顆厚壁的酵母菌個體，稱為硬化細胞 (sclerotic cells)，而褐色黴菌症的致病原主要以菌絲結構存在。

這些黴菌的毒性都是低的，也不具溫度雙型性。感染通常發生於體表，被土壤裡的植物或無生命物刺傷，特別是腿及腳。產色芽生黴菌症全世界都有病例，美洲的熱帶及亞熱帶發生率較高。鄉村戶外工作者若不穿鞋，最容易受傷。經過 2 到 3 年的潛伏，小顆、有顏色的疣狀斑、潰瘍或丘疹形成。因為這些病灶通常都不會痛，許多病患就沒尋求醫療，任其發展到更前進的狀態。糟糕的是若抓破這些病灶，會讓感染加劇擴散出去，造成二度細菌性的感染。

產色芽生黴菌症常與癌症、梅毒、雅司症及芽生黴菌症混淆。確認需依賴病灶的臨床表徵、組織切片的顯微鏡檢查及培養。治療方式包括熱處理、藥物、手術移除早期腫塊，嚴重者甚至需要截肢。局部的合併使用節絲菌素 B 及噻苯咪唑 (thiabendazole)，或全身性的使用氟胞嘧啶都有些效果。

褐色黴菌症是奇特的疾病。致病原是土壤裡的黴菌或植物的致病原，具有深色的菌絲結構。患有重大或免疫缺陷疾病的病患最容易被感染，這些菌廣泛存在於住家及醫療環境中，無法避免與之接觸。致病的黴菌種類有 *Alternaria*、*Aureobasidium*、*Curvularia*、*Dreschlera*、*Exophiala*、*Phialophora* 及 *Wangiella*。從感染的位置開始，黴菌在皮下生長，通常形成帶硬殼的皮膚病灶及膿腫。當它更深入到皮下組織，形成醜陋的囊腫，必須以手術的方式移除。若病患有心內膜炎、糖尿病及白血症，黴菌會入侵到骨頭、腦部及肺部。

黴菌腫：一個複雜而醜陋的疾病

土壤裡的微生物意外種進皮膚，導致的另一個疾病是黴菌腫 (mycetoma)，這種黴菌疾病通常發生在腳或手，表面看來與腫瘤相似。印度是第一個描述此疾病的地區，此病又被稱為足菌腫 (madura foot)。半數的黴菌腫是由假性黴樣菌 (*Pseudallescheria*) 或馬杜拉分枝菌 (*Madurella*) 造成的，另有絲狀細菌，放線菌與奴卡氏菌 (第 16 章討論) 會造成混淆。黴菌腫盛行於非洲的赤道地區、墨西哥、拉丁美洲及地中海地區，美國偶有病例。

感染開始於裸露的皮膚被刺、碎片、葉子或其他植物的尖銳部分刺傷。具感染力的孢子及菌絲在受傷的表皮生長，形成富含菌絲的深色腫塊 (圖 19.15b)。會先在皮下組織形成局部的膿腫，逐漸腫大，並流出組織液 (圖 19.15a)。若不治療，會蔓延至肌肉及骨頭，造成疼痛，

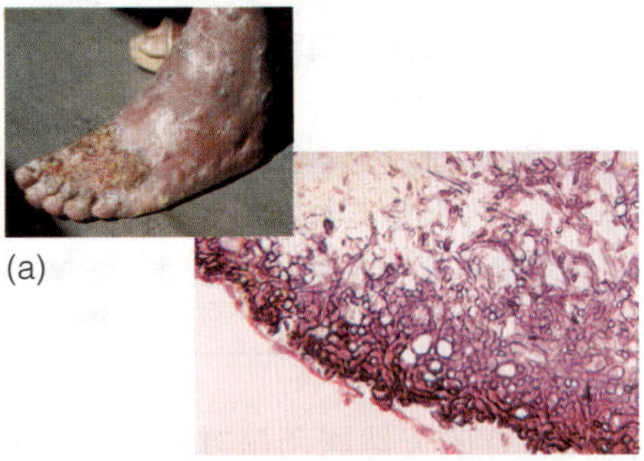
(a)
(b)

圖 19.15 馬杜拉分枝菌造成的黴菌腫。(a) 足菌腫外觀是化膿腫脹及結痂的；(b) 顯微鏡觀察組織切片，會發現深色厚壁的菌絲形成團塊，占據大多正常組織的位置。

12 *verrucous* 疣狀 (ver-oo′-kus)。硬的、疣狀的。
13 *phaeohyphomycosis* 褐色黴菌症 (fy″-oh-hy″-foh-my-coh′-sis)。希臘文：*phaeo* 棕色；*hypho* 絲狀物。

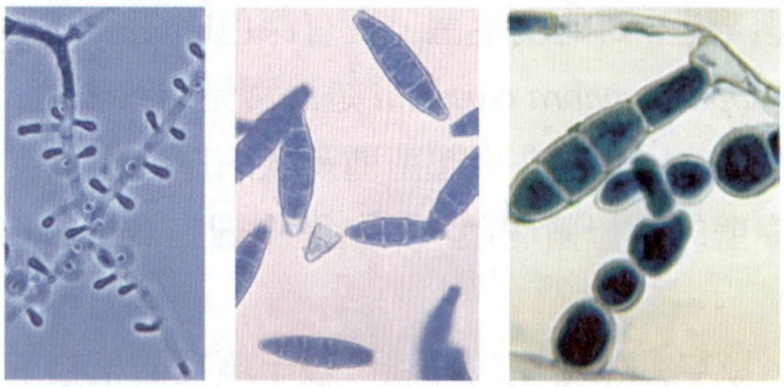

(a) (b) (c)

圖 19.16 **皮膚絲狀菌的孢子**。(a) 毛癬菌規律且為數眾多的小型分生孢子 (750 倍)；(b) 吉普賽小孢子菌的大型分生孢子，會在貓、狗及人身上造成輪癬 (1,000 倍)；(c) 表皮癬菌的大型分生孢子表面平滑且成串生長 (1,000 倍)。

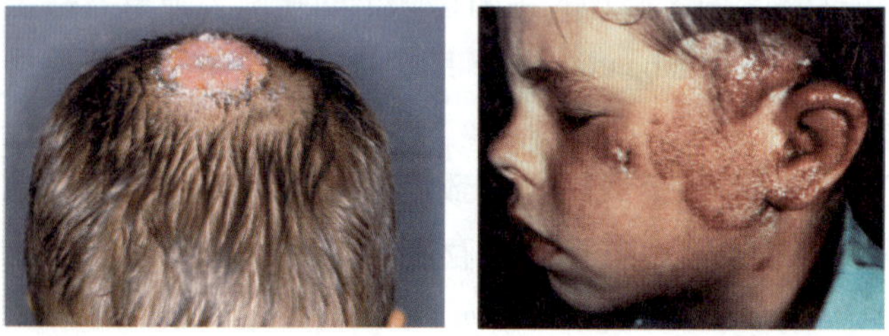

(a) (b)

圖 19.17 **輪癬病灶的差異性表現**。(a) 頭癬，頭皮深部都受到影響，感染部位完全掉髮；(b) 臉癬，臉部受到皮膚絲狀菌的感染。

被感染的部位最終失去功能。黴菌腫不易察覺，發展時間長及不易治療。

19.4 皮膚黴菌症

黴菌感染在無生命的表皮組織 (角質層) 及其衍生物上 (頭髮及指甲) 稱為皮膚絲狀菌症 (dermatophytoses)。這些疾病較尋常的稱呼是輪癬 (ringworm，會形成圈狀，脫屑的斑，見圖 19.17) 及癬 (tinea)[14]。造成皮膚絲狀菌症的是毛癬菌 (*Trichophyton*)、小孢子菌 (*Microsporum*) 及表皮癬菌 (*Epidermophyton*) 這三屬的 39 株菌。有不同的致病原會造成輪癬，這個疾病的表現會因人而異且因地而異 (表 19.5)。

皮膚絲狀菌的特色

皮膚絲狀菌很相近，形態相似，不容易區別。不同菌有特殊的大型分生孢子、小型分生孢子及特別的菌絲。一般而言，毛癬菌的大型分生孢子壁薄且平滑，小型分生孢子為數眾多；小孢子菌的大型分生孢子厚壁且粗糙，小型分生孢子稀少；表皮癬菌的大型分生孢子呈卵形、平滑、成串，沒有小型分生孢子 (圖 19.16)。

表 19.5 皮膚絲狀菌屬及疾病

屬	病名	感染位置	傳染方式
毛癬菌	發生在頭皮、身體、鬍子及指甲的輪癬 香港腳	毛髮、皮膚、指甲	人傳人、動物傳人
小孢子菌	頭皮上輪癬 皮膚上的輪癬	頭皮頭髮 皮膚；不感染指甲	動物傳人、土壤傳人、人傳人
表皮癬菌	發生在腹股溝及指甲上的輪癬	皮膚、指甲；不感染毛髮	絕對是人傳人

皮膚絲狀菌症的流行病學及致病

皮膚絲狀菌 (dermatophytoses) 的天然居所是其他人類、動物及土壤。有利於感染的重要因素有皮膚絲狀菌孢子的堅強 (它們可以在病媒存活長達數年)、破損的皮膚及緊密的接觸。多數的感染需要一段長時間的潛伏期 (數月)，接著是局部發炎及對黴菌蛋白質的過敏。一般而言，感染原來自動物或土壤所造成的反應，比起感染原來自其他人類所引發的反應更為嚴重，而引起較強烈免疫反應的感染也較快緩解。

皮膚絲狀菌遍布全球，雖然有些品種具有區域性，但可藉由旅遊快速散布出去。時至今日，

14 *tinae* 癬 (tin′-ee-ah)。拉丁文：幼蟲或毛蟲。早期觀察者認為這是由毛蟲造成的。

皮膚絲狀菌症是個嚴重的健康問題，不是因為致命性，而是其所造成的不舒服、壓力、疼痛及不美觀。

皮膚絲狀菌症的圖譜

在此章節，皮膚絲狀菌症將依其感染部位、感染模式及致病的表現來分類。將列出常見的英文名字及身體部位和相當的拉丁名 (tenea)。

頭皮輪癬 (髮癬)　黴菌感染頭皮、頭髮、眉毛及睫毛造成的黴菌症 (圖 19.17a)。在兒童很常見，髮癬會從另一個兒童、大人或家裡養的動物傳染而來。臨床上的表現從小型鱗狀斑塊 (灰色斑塊)，到嚴重的發炎反應 [膿癬 (kerion)]、破壞毛囊、永久性落髮。

鬍鬚輪癬 (鬚癬)　此癬也被稱為「理髮師之癢」(barber's itch)，折磨成年男性的下巴及鬍子。以前發生的原因多是剃鬚過程不清潔所致，現在的原因則多是被動物感染。臉部沒鬍鬚的部位較不常見感染並稱為臉癬 (Tinea faciei)(圖 19.17b)。

身體輪癬 (體癬)　是在人身上很常見的感染，發生在身上任何無毛髮生長的皮膚。來源是其他人、動物或土壤，經由直接接觸或透過污染物 (衣物、寢具)。通常是一個或多個鱗狀的紅色環狀病徵，出現在軀幹、臀部、手臂、脖子或臉。這環形的病癥是從感染位置為中心點，幅射擴大到鄰近的皮膚。端賴感染原及病患的健康和清潔狀況，病癥的表現不同，從輕微及擴散到出現紅色的膿皰。

腹股溝輪癬 (股癬)　又被稱為股癬 (jock itch)，主要發生在男性的腹股溝、肛門周圍的皮膚、陰囊及偶爾至陰莖。在炎熱的天候或流汗多造成潮濕，黴菌會生長旺盛。主要的傳染模式是人傳人，容易出現在運動員及居住環境擁擠的人身上 (船、軍營)。

腳部輪癬 (足癬)　又被稱為運動員腳 (athlete's foot) 或叢林腐爛病 (jungle rot)。這疾病明確的與穿鞋有關，因為在通常不穿鞋的人較不常見 (但如你所見，不穿鞋還是有其他黴菌的感染風險)。將腳封在溫暖潮濕的環境，會增加感染的機會。足癬是共用的設施上，如淋浴間、公共地板、櫥櫃室的已知危險。感染開始於趾間的小水泡、水泡破裂、結硬皮，會感染到腳的其他部分及指甲 (圖 19.18)。

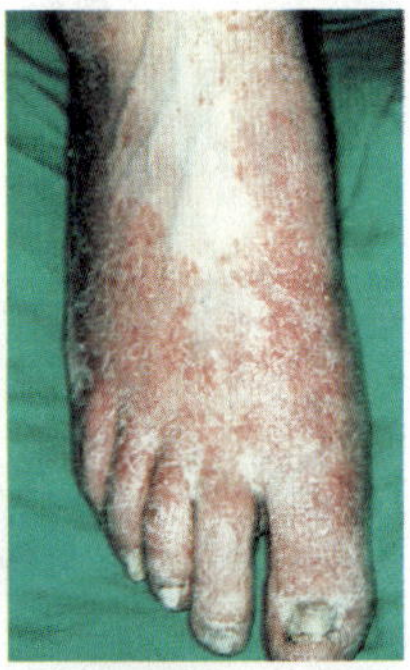

圖 19.18　**肢體末端的輪癬。**毛癬菌感染了整隻腳，形成「鹿皮鞋」狀。足癬的慢性發展被認為是因為腳缺乏形成脂肪酸的腺體所致。

手部輪癬 (手癬)　皮膚絲狀菌感染手部，幾乎同時都伴隨腳部的感染。患部通常是一隻手的手指及手掌，形態不一，從白色斑塊狀到深色裂縫狀。

指甲輪癬 (甲癬)　手指甲及腳指甲是角質形成，是皮膚絲狀菌喜歡產生菌落的位置。剛開始的症狀是甲床出現白斑。較嚴重時，指甲會變厚、變形及顏色變深 (圖 19.18)。皮膚絲狀菌造成指甲的感染，多出現在女性，因為人工指甲的處理讓黴菌容易感染甲床。

輪癬的診斷

皮膚科醫師最常診斷皮膚絲狀菌症。偶爾病癥很明顯，不需進一步的檢測即可輕易做出判定。多數病例需要顯微鏡檢查及培養。一些小孢子菌種造成的髮癬可用長波長的紫外光源照射，受感染的頭髮會發出螢光。毛髮、皮膚刮取物及指甲碎片檢體處理過加熱的氫氧化鉀後，若是黴菌感染，可觀察到細的分支的黴菌菌絲結構。將檢體培養於選擇性培養基，及以無菌的毛髮進行培養，都是重要的鑑定輔助。

皮膚絲狀菌症的治療

輪癬的治療是基於皮膚絲狀菌需要死的表皮組織餵養的原理。這些區域會持續由深層的活細胞遞補上來，如果黴菌的生長被終止，終究會從皮膚或指甲上脫落。不幸的是這很花時間。目前最令人滿意的治療選擇是抗黴菌藥物的局部使用。含有托萘酯 (tolnaftate)、咪康唑 (miconazole)，甚至薄荷醇 (menthol) 及樟腦 (camphor)[維克斯 (Vicks)] 的軟膏定期擦拭數週。有些藥物的作用是加速皮膚外層的脫落。難治療的感染可使用特比奈芬 (terbenafine)[療黴舒 (Lamisil)] 或灰黃黴素 (griseofulvin)；對多數的病例而言，這些有相對毒性的藥物使用期長達一至兩年，可能太冒險。溫和的清理皮膚及紫外光治療會有所助益。

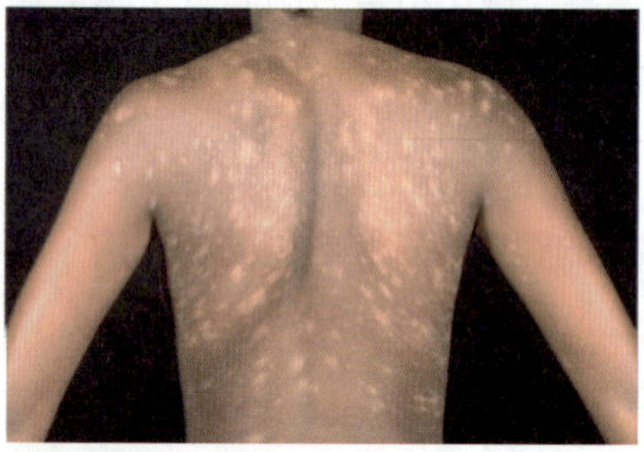

圖 19.19 **花斑癬**。斑點狀脫色的色塊是糠秕馬拉瑟氏菌造成表面皮膚感染的特徵。

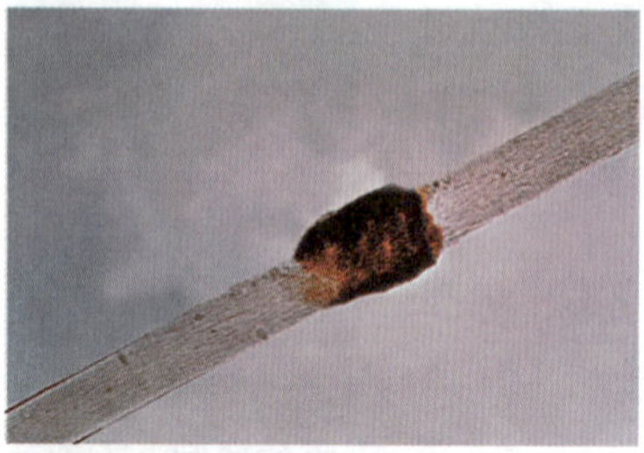

圖 19.20 **表皮黴菌症的例子**。髮幹上形成的毛幹黑結症是何德毛結節菌造成的。感染通常局限在頭皮，但也會在鬍子、鬢毛及陰毛發現。

19.5 表皮黴菌症

表皮黴菌症的致病原會座落在表皮表面的外層，通常是化妝品造成的無害感染，不會引起發炎反應。**花斑癬** (tinea versicolor)[15] 的致病原是糠秕馬拉瑟氏菌 (*Malassezia furfur*)，是人體皮膚上的常在酵母菌，需要皮脂腺的油脂供養。即使這隻酵母菌非常常見 (幾近 100% 的受試者都有)，但在有些人身上此菌的生長會形成輕微慢性的鱗狀，干擾黑色素細胞產生色素。較常在軀幹、臉及手腳形成斑點 (圖 19.19)。這疾病最常出現在常曬太陽的年輕人身上。糠秕馬拉瑟氏菌還會造成毛囊炎、銀屑病及脂漏性皮膚炎。在免疫妥協的人身上還偶爾與系統性感染及插管相關的敗血症有關。

毛幹結節症 (piedras)[16] 是在毛幹外表面上形成頑固的有顏色硬塊 (圖 19.20)。**毛幹白結症** (white piedra) 是白吉利絲孢酵母菌 (*Trichosporon beigelii*) 造成的，在頭髮、陰毛或腋毛之毛幹形成白色到黃色的黏附的團塊。有時這些團塊會被明亮顏色細菌二次污染造成觸目驚心的結果。**毛幹黑結症** (black piedra) 是何德毛結節菌 (*Piedraia hortae*) 造成的，主要會在頭髮形成深褐到黑色的粗壯結節。這兩種毛幹結節症在美國都不常見。

15 花斑癬 (*Versiocolor*) 意指此黴菌病會在皮膚上產生多樣顏色。亦稱為花斑癬 (pityriasis)。
16 *piedra* 毛幹結節症 (pee-ay′-drah)。西班牙文：石頭。黴菌在頭髮上形成硬塊。

19.6　伺機性黴菌症

在第 19.1 節介紹了伺機性黴菌感染的概念，及可能造成的因素 (見表 19.3)。念珠菌 (*Candida*) 是主要的伺機性致病原，也是主要造成侵入式感染的黴菌。麴菌 (*Aspergillus*) 的出現率位居第二名，造成最多數的肺部感染。其他較常在臨床的分離中出現之黴菌，如隱球菌 (*Cryptococcus*)、鏈格孢菌 (*Alternaria*)、擬青黴菌 (*Paecilomyces*)、鐮胞菌 (*Fusarium*)、根黴菌 (*Rhizopus*) 及球擬酵母菌 (*Torulopsis*)，所有的菌都曾經被認為是空氣中的無害污染物。

念珠菌的感染：念珠菌症

白色念珠菌 (*Candida albicans*)[17] 是極廣泛存在的酵母菌，是念珠菌症 (candidiasis，也稱為 candidosis 或 moniliasis) 的主要致病菌。感染的表現極廣泛，從短暫的表面皮膚刺激感染，到勢不可擋、致死性的系統性感染。顯微鏡觀察下，可見到大小不一的出芽細胞，有些會形成拉長的假菌絲，也有真菌絲 (圖 19.22a)。巨觀下會形成米白色黏糊狀的菌落，有酵母的味道。

念珠菌症的流行病學

20% 的人身上帶有白色念珠菌，在咽喉、陰道、大腸或皮膚，是常在菌。免疫正常的健康者身上，念珠菌是受控制的，但是當嬰兒、年紀大、懷孕、藥物治療、免疫缺陷及受傷時，就會有侵犯的危險。任何可維持念珠菌接觸到濕潤皮膚的狀況，就會提供感染途徑。雖然念珠菌症多為內源性感染，不容易傳染，但在護理、手術、生產及性接觸時，還是會傳播的。白色念珠菌及其他密切相關之念珠菌造成了約七成的醫院內黴菌性感染。

白色念珠菌造成的疾病

白色念珠菌會在口腔、咽喉、陰道、皮膚、消化道及肺部造成局部感染，也會瀰漫到內在器官。口腔及陰道的黏膜最容易發生感染。鵝口瘡 (thrush) 是白色黏附的斑塊狀感染，侵犯口腔或喉嚨的內膜，常造成新生兒、老年人及衰弱病患的感染 (圖 19.21)。陰道念珠菌症 (vulvovaginal candidiasis, VC) 是常見的酵母菌感染，常發生在成年女性，特別是糖尿病、懷孕或口服抗生素的人，這些狀況都會讓陰道的常在菌叢發生變化。陰道念珠菌症還會危害新生兒，因為生產的過程通過產道，也會藉著性接觸，而傳染給男性伴侶。陰道念珠菌症的主要症狀是有黃色到白色的分泌物、發炎、會痛的潰瘍及搔癢。嚴重的情況會從陰道及外陰部傳到會陰及大腿。

甲癬 (onychomycosis)[18] 是念珠菌感染皮膚和指甲的角質結構，其前置因子常為職業類別及解剖的位置。職業所需，手或腳要長時間泡在水中，就會增加手指或腳趾的感染機會。摩擦感染 (Intertriginous[19] infection) 發生在皮膚與皮膚摩擦的身體潮濕處，例如：乳房的下緣、腋下及腹股溝的皺摺之間。皮膚念珠菌症 (cutaneous candidiasis) 常是燒傷的併發症，在新生兒的皮膚上形成燙傷般的紅疹 (一種尿布疹)。

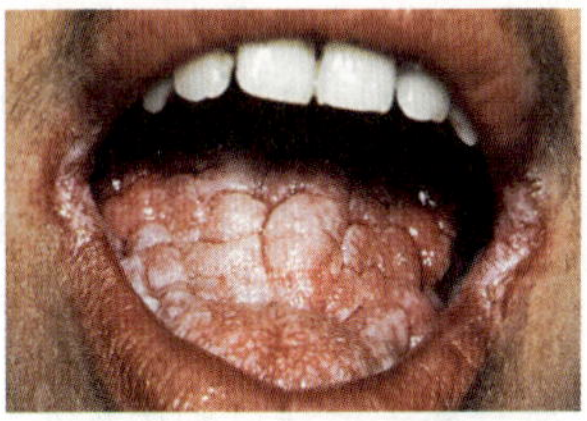

圖 19.21　白色念珠菌造成口腔的感染 (鵝口瘡)。

---

17 *Candida albicans* 白色念珠菌 (kan′-dih-dah al′-bih-kanz)。拉丁文：*candidus* 亮白色；*albus* 白色。

18 *onychomycosis* 甲癬 (ahn″-ih-koh-my-koh′-sis)。希臘文：*onyx* 指甲。念珠菌或麴菌感染指甲。

19 *intertriginous* 摩擦 (in″-ter-trij′-ih-nus)。拉丁文：*inter* 之間；*trigo* 摩擦。

整個消化道中，念珠菌最常造成食道及肛門的感染。70% 的愛滋病患會有食道念珠菌症 (esophageal candidiasis)，症狀是會痛、出血性潰瘍、噁心及嘔吐。

念珠菌的血液感染通常是系統性的，病人通常是因為手術、骨髓移植、惡性腫瘤及靜脈藥物給予，而長期呈現虛弱狀態。當白色念珠菌出現在血液裡，是個嚴重的攻擊，它比其他黴菌更容易造成死亡。系統性感染還會出現在尿道、心內膜及腦部。病人有心臟瓣膜疾病，較易造成念珠菌心內膜炎 (candidal endocarditis)，通常是其他的念珠菌造成的 [熱帶念珠菌 (*C. tropicalis*) 及近平滑念珠菌 (*C. parapsilosis*)]。據報告，克柔念珠菌 (*C. krusei*) 會在骨髓移植病患及接受抗癌治療的病患造成終結性感染。念珠菌的生物膜會在人工關節、導管及心臟瓣膜形成。大部分的例子，菌落化的菌體非常抗藥，可能需將這些裝置拆除，直到它們可被控制。

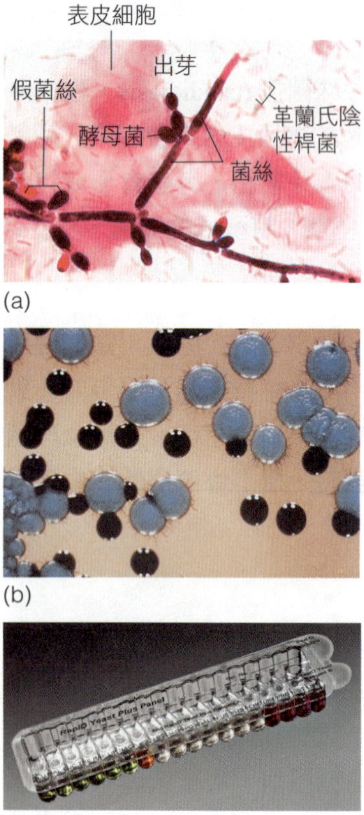

圖 19.22 白色念珠菌的偵測。(a) 陰道抹片中進行革蘭氏染色的白色念珠菌顯現出革蘭氏陽性出芽生殖的酵母菌細胞、假菌絲及真菌絲 (750 倍)。陰道念珠菌感染的偵測會進行在例行使用的子宮頸抹片；(b) 在台盼藍培養基上，白色念珠菌呈現灰藍色的菌落，而隱球菌是暗藍色的；(c) 快速酵母菌鑑定系統是利用生化特性進行的，可區分約 40 種酵母菌。

診斷念珠菌症的實驗室檢測

推斷念珠菌感染的檢測是從局部感染取得的檢體中，發現到進行出芽生殖的酵母菌細胞及假菌絲 (圖 19.22a)。檢體可培養在黴菌的標準培養基上，以 30°C 進行培養。要鑑定念珠菌的種類及其他狀似酵母菌細胞是較複雜的。培養於含有台盼藍的的選擇性，鑑別性培養基中，可易於區別念珠菌及隱球菌 (圖 19.22b)。白色念珠菌的確認鑑定試驗還有發芽管試驗、厚壁孢子的形成及多組的生化性質測試 (圖 19.22c)。DNA 擴增技術可用於直接在臨床檢體中，鑑定特定的種類。

念珠菌症的治療

因為念珠菌症幾乎總是伺機性的，通常是有潛在未治療的疾病存在，才容易形成念珠菌症。表面的皮膚黏膜感染就局部使用抗黴菌藥物 (唑類及多烯)，特比奈芬 (Terbinafine) 用來治療甲癬，節絲菌素 B (Amphotericin B) 或氟康唑 (fluconazole) 用來治療系統性感染。容易復發的陰道念珠菌症就局部使用唑類軟膏，是容易取得的非處方藥。陰道念珠菌症會藉由性接觸傳染，需要雙方都進行治療，以免再次感染。

新型隱球菌及隱球菌症[20]

另一個普遍存在人類棲息地的黴菌是新型隱球菌症 (*Cryptococcus neoformans*)[21]，其為球形到卵圓形的酵母菌細胞，出芽生殖出小子細胞，具有厚莢膜，這對它的致病是很重

20 *cryptococcosis* 隱球菌症 (krip″-toh-kok-oh′-sis)。隱球菌造成的感染。舊名為隱球菌病 (torulosis) 及歐洲黴菌症 (European blastomycosis)。

21 *Cryptococcus neoformans* 新型隱球菌症 (krip″-toh-kok′-us nee″-oh-for′-manz)。希臘文：*kryptos* 隱藏；*kokkos* 漿果；*neo* 新的；*forma* 形狀。

要的 (圖 19.23)。屬伺機性感染，健康人體對其防禦極佳，主要感染虛弱的人。多數的隱球菌入侵呼吸道、中樞神經及皮膚黏膜系統。

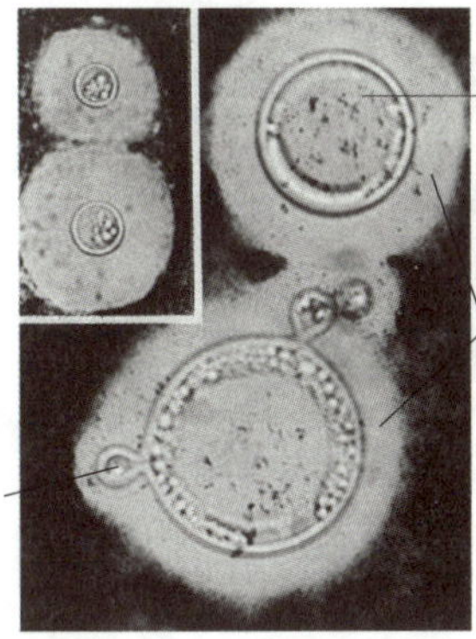

圖 19.23　被新型隱球菌感染的脊髓液以印度墨汁進行陰性染色。圍繞著大顆圓形酵母菌細胞的光圈是厚莢膜，注意有一個細胞進行出芽生殖。菌體被莢膜包圍是有用的隱球菌症的診斷徵兆，雖然莢膜很脆弱，在某些製備中不見得一定顯現得出來 (150 倍)。

新型隱球菌的流行病學

新型隱球菌主要的生態利基與鳥類有關。它盛行在城市中鴿子聚集的地方，鴿子聚集處就會大量累積鴿糞，使土壤含氮量大增，適合新型隱球菌增殖。懸浮微粒帶著乾的酵母菌細胞，易浮沉於空氣及灰塵中。此菌偶爾會從乳製品、水果及健康人體 (扁桃腺及皮膚) 分離出，這些被認為是暫存的。愛滋病患罹患隱球菌症的比例最高，會造成腦膜炎，常會致死。另外，類固醇治療者、糖尿病患及癌症患者也會受到感染。全世界都有病例，美國罹病率最高。曾有報導指出，建築工人因暴露在鴿子聚集處，而爆發感染，但不會人傳人。

隱球菌症的致病因

新型隱球菌的入侵入口主要是呼吸道，多數肺部的感染無症狀，很快就能緩解。少數肺部隱球菌症病患，出現發燒、咳嗽及在肺部形成結節。宿主虛弱的防禦會加強病菌進入血液系統，造成嚴重的併發症。隱球菌最愛入侵的位置是腦部及腦膜。在其菌落化的位置會形成腫瘤般團塊，導致頭痛、神智改變、休克、癱瘓、干擾視覺及痲痹。有些例子感染會瀰漫到皮膚、骨頭及內臟 (圖 19.24)。

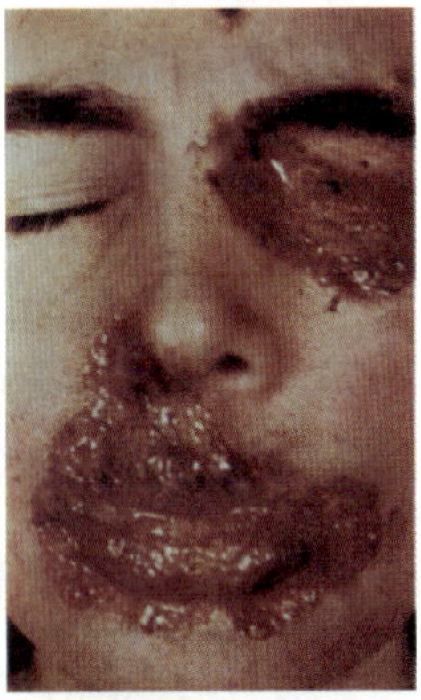

圖 19.24　隱球菌症。瀰漫型皮膚隱球菌症的晚期病例，黴菌生長產生凝膠狀的滲出物。這狀態的本質是因為莢膜圍繞著酵母菌細胞。

隱球菌症的診斷與治療

診斷隱球菌症的第一步是對檢體進行陰性染色，偵測具莢膜的出芽酵母菌細胞，但無假菌絲。分離出的菌落進行篩檢試驗，以推斷性的鑑別是新型隱球菌，而不是其他七種隱球菌。確認試驗有陰性的硝酸鹽同化反應 (negative nitrate assimilation)、在鳥籽瓊脂培養基 (birdseed agar) 上形成有顏色的菌落，及螢光抗體試驗。可用血清學試驗測試檢體中的隱球菌抗原，及以 DNA 探針 (probes) 可用來作陽性的基因鑑定。系統性隱球菌症需立即以節絲菌素 B 及氟康唑進行治療，治療期長達數週到數月。

卡氏肺囊蟲及肺囊蟲肺炎

卡氏肺囊蟲在 1909 年被發現，後來被證實是卡氏肺囊蟲肺炎 (*Pneumocystis jirovecii*[22] pneumonia, PCP) 的致病原。PCP 是愛滋病患最常出現的伺機性感染，多數的愛滋病患有生之年會有一次以上的感染。

22 舊名為 *Pneumocystis carinii* 或 *Pneumocystis* (*carinii*) *jirovecii*。

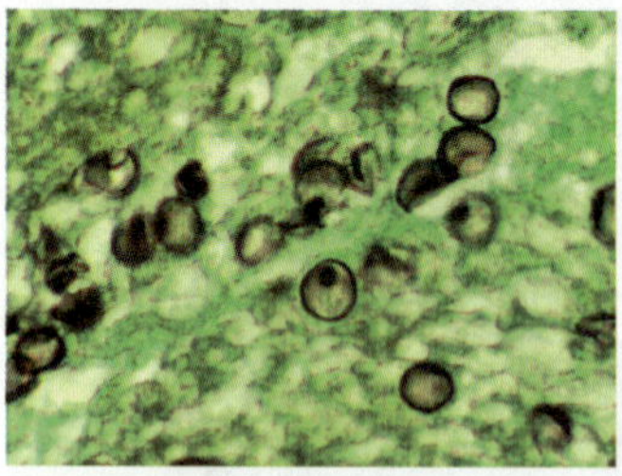

圖 19.25 愛滋病患肺部組織中的卡氏肺囊蟲細胞 (500 倍；六亞甲基四胺銀染)。

因為是單細胞的微生物，表面上具有黴菌及原生生物兩者的特性，分類上曾經倍受爭議。其核糖體 RNA 序列與酵母菌屬 (*Saccharomyces*) 高度相似。與多數黴菌不同的是，它沒有麥角固醇 (ergosterol)、細胞壁較脆弱、絕對寄生。

卡氏肺囊蟲與其他多數的人類致病黴菌不同，其生存循環史或流行病學所知不多。明顯的，其為上呼吸道常見相對無害的寄生物。此菌之接觸是如此廣泛以致在某些族群中大多數人有血清學證據被感染過。在愛滋病盛行之前，此菌的有症狀感染是很少見的，僅見於老年人及早產兒，他們都有虛弱及營養不良的問題。

肺囊蟲症可能是以飛沫造成人與人之間的傳染。在有完整免疫防禦的人，它通常受到吞噬細胞及淋巴球之控制，但那些免疫系統有缺陷的人，卡氏肺囊蟲就會在肺部進行細胞內及細胞外增殖。大量地附著在肺細胞，造成發炎狀況。肺的上皮細胞脫落，產生泡沫狀的分泌物。症狀無特殊性，包括咳嗽、發燒、呼吸淺短及發疳。AID 病患改進的治療已降低 PCP 的發生及死亡。

目前為止還無法體外培養人類卡氏肺囊蟲菌株，因此 PCP 的鑑定只能從症狀和以肺部的分泌物及組織直接試驗 (圖 19.25)。一個 DNA 擴增探針可以快速確認感染，傳統鑑定抗原或抗體的血清學試驗無法用於鑑定 PCP。

傳統作用於抑制麥角固醇生成的抗黴菌藥物，用在 PCP 是無效的，因為卡氏肺囊蟲缺乏固醇。治療 PCP 首選是噴他脒 (pentamidine) 及磺胺劑 (co-trimoxazole)[磺胺甲惡唑 (sulfamethoxazole) 及甲氧苄氨嘧啶 (trimethoprim)]，治療期大於十天。治療一定要執行，即使只是輕微症狀或有所懷疑。噴他脒是噴霧，對 T 細胞數量低下的病人是一種預防性藥物。在感染的活動期，病人呼吸道的清理必須靠機器抽吸。

麴菌症：麴菌造成的疾病

所有的黴菌中，麴菌 (Aspergillus)[23] 可能是最普遍存在的。約有 600 種麴菌分布在灰塵及空氣中，可在植物、食物及堆肥中發現。其中有八種較常造成人類生病，其中嗜熱黴菌煙熏色麴菌 (A. fumigatus) 最常見。麴菌症通常是伺機性感染，但對於愛滋病患、白血病及免疫缺陷的病人則會有嚴重的威脅。通常造成過敏及毒素症。

麴菌通常造成肺部感染。在穀倉、馬廄及倉庫中吸入大量的分生孢子是最危險的。健康者吸入大量孢子，孢子會在肺部萌發形成黴菌球 (fungus balls)。相似的良性、非侵入性的感染，菌落化在鼻竇、耳道、眼皮及角膜 (圖 19.26a)，較侵襲型的麴菌症會造成壞死性肺炎，並瀰漫至腦部、心臟、皮膚及其他臟器。系統性麴菌症病患因嚴重病症而住院，通常預後都不好。

在檢體中見到分支有橫壁的菌絲體，及帶有孢子的分生孢子頭 (conidial heads)，就可推定是麴菌症 (圖 19.26b)。培養的檢體長出很多的菌落，及生長在 37°C，可排除其只是空氣的污染物。分子鑑定的聚合酶鏈鎖反應 (PCR) 測試確認麴菌特有的 DNA 序列，及以血清學試驗測試黴菌的抗原，都是可行的。非侵襲型的麴菌症可以手術移除黴菌腫塊，或在肺部局部使用伏立康唑 (voriconazole) 或節絲菌素等藥物治療。僅有兩種藥物合併使用的治療方式，對全身性感染有效。

23 *Aspergillus* 麴菌 (as″-per-jil′-us)。拉丁文：*aspergere* 散布。

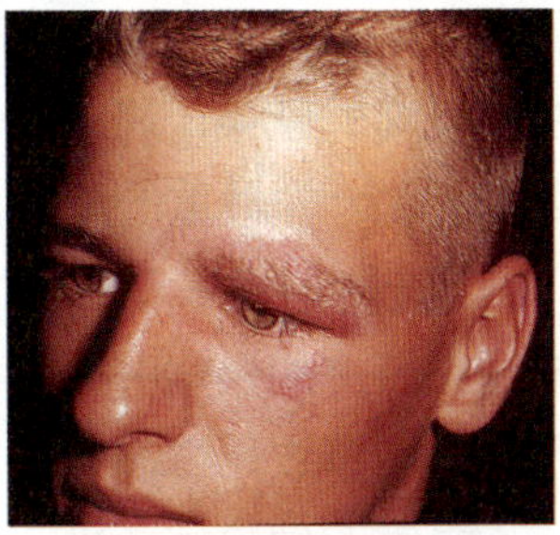
(a)

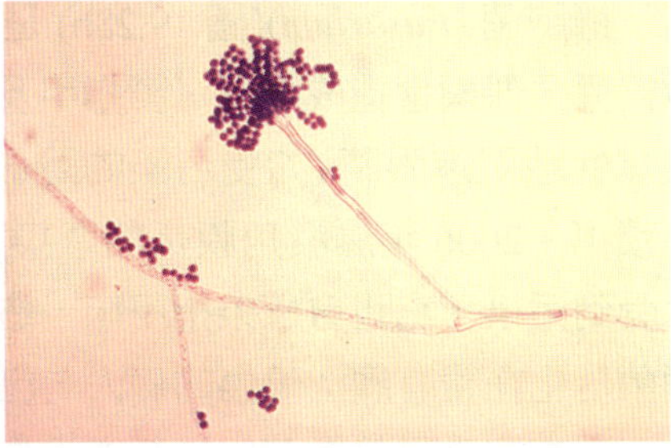
(b)

圖 19.26 **麴菌症的表現。**(a) 麴菌症的臨床表現包括一般的結膜感染，併發嚴重、會疼痛的發炎。長期配戴隱形眼鏡一定要防護避免造成感染；(b) 以顯微鏡觀察麴菌 (400 倍)，可見到大型分支有橫壁的菌絲體；有些檢體中可看到帶有孢子的分生孢子頭。此菌無雙型性，僅存在菌絲期。

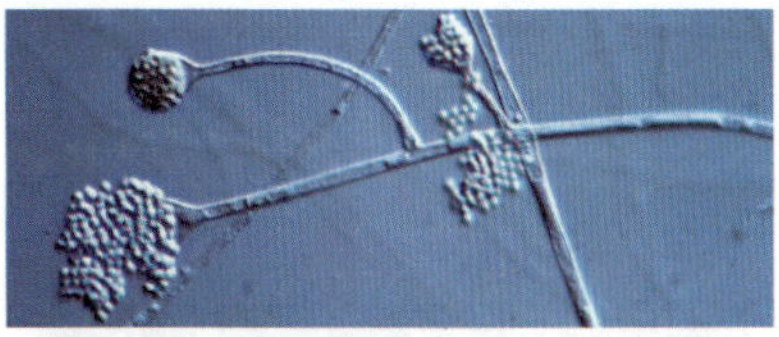
(a)

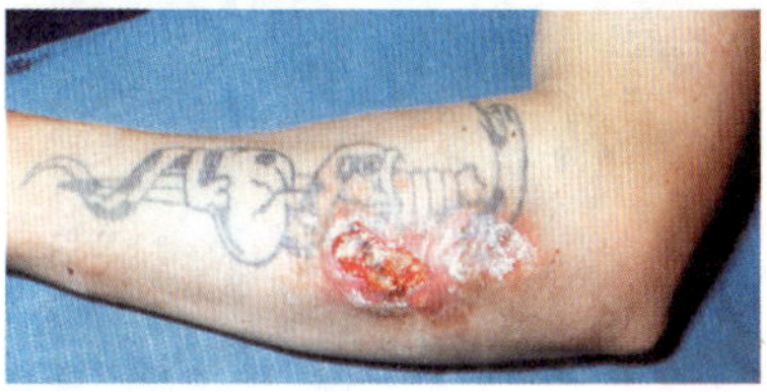
(b)

圖 19.27 **傘枝犁頭黴菌是常見於空氣的污染物。**(a) 傘枝犁頭黴菌會在易感的病人身上造成嚴重的接合菌症。注意孢子囊釋出大孢子及無隔菌絲 (450 倍)；(b) 皮膚毛黴菌症是刺青的併發症。

接合菌症 (zygomycosis)

接合菌綱 (Zygomycota) 是腐生黴菌，其成員極度遍布於土壤、水、有機腐敗物及食物中。它們具有大量多產的孢子囊 (sporangia)，釋出極大量輕的孢子，如粉末般存在於人類的居住地，通常傷害性不大，除了造成食物酸敗、水果及蔬菜的腐爛。但逐漸增多的病人罹患了**接合菌症** (zygomycosis)[24]，或稱**毛黴菌症** (mucormycosis)。空氣中常見的根黴菌 (*Rhizopus*)、毛黴菌 (*Mucor*) 及犁頭黴菌 (*Absidia*)(圖 19.27a) 最常造成這些黴菌症。

潛在的衰弱如白血病、營養不良及皮膚損傷 (圖 19.27b)，會增加罹患接合菌症的風險。未控制的糖尿病患因為血液及組織液的 pH 值較低，會增加黴菌侵襲的機會。黴菌入侵的管道有鼻子、肺、皮膚及口腔。鼻腦接合菌症 (rhinocerebral zygomycosis) 感染發生在鼻腔或咽部，之後侵入血管，穿過顎部，進而感染到眼睛及腦。白血病病患較容易發生肺的感染，而腸胃道接合菌症是蛋白質營養不良兒童的併發症。不幸的是多數被感染的人是貧窮的。

診斷接合菌症依賴臨床表現、活體組織檢體及抹片。若發現大型細胞、厚壁、無橫壁菌絲、分散穿梭於嚴重的糖尿病患或白血病病患組織，極有可能是接合菌症。嘗試從檢體中分離黴菌常失敗，容易受到空氣中黴菌的污染是另一個困擾的問題。只有開始於感染早期的治療才有效，可以手術移除感染部位，再佐以高劑量的節絲菌素 B 或伏立康唑。

其他伺機性感染

現在逐漸地清楚，一旦免疫防禦嚴重薄弱幾乎任何黴菌皆可能引起感染。雖然空氣中常見的黴菌造成的感染相對少見，但有增加的趨勢。

地絲黴菌症 (geotrichosis) 是一個少見的黴菌症，其致病原是白地絲黴菌 (*Geotrichum candidum*)(圖 19.28a)，此菌常見於土壤、乳製品及人體。此菌的侵襲力並不強，但主要在高度免疫抑制的病人及肺結核病人身上造成二度感染。

24 *zygomycosis* 接合菌症 (zy′-goh-my-koh′-sis)。由接合菌門的黴菌造成的感染。

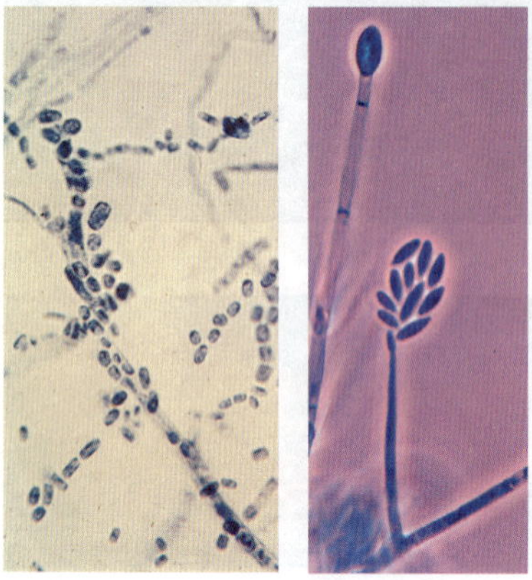

圖 19.28 常見的黴菌造成不尋常的感染。(a) 白地黴絲菌產生塊狀的關節孢子 (400 倍)；(b) 鐮胞菌產生彎月狀的分生孢子 (800 倍)。

鐮胞菌 (*Fusarium*)(圖 19.28b) 是土壤常見的黴菌及植物的致病原，偶爾會造成眼睛、腳指甲及燒傷皮膚的感染。將黴菌機械性地引進眼睛 (如受污染的隱形眼鏡) 會造成嚴重的黴菌性潰瘍。2006 年爆發角膜炎的感染，原因是隱形眼鏡清潔藥水受到污染。它也會感染指甲床，造成類似甲癬的疾病。鐮胞菌菌落化在帶有廣泛燒傷的病人，已經偶爾地導致死亡。

還有些常見的黴菌曾被報導過造成不尋常的伺機性感染，如鏈格孢菌 (*Alternaria*)、馬拉瑟氏菌 (*Malassezia*) 及突臍孢菌 (*Exserohilum*)。普遍存在的青黴菌通常不造成感染，雖然馬拉福青黴菌 (*P. marneffei*) 是真的致病原，其出現局限在東南亞，偶爾分離自癌症和愛滋病患。

19.7 黴菌造成的過敏與中毒

現在應沒有充分證據確認我們呼吸的空氣中不斷地有常在黴菌。多數人吸入黴菌孢子是完全無反應的；少數人會形成感染，有些人則是發生過敏。公共衛生部門利用計數空氣中所攜帶的孢子來推測造成**黴菌型過敏** (fungal allergies) 的機會 (見圖 13.2)。最重要的黴菌型過敏是在職業上的曝露於空氣中的黴菌孢子後，造成的季節性氣喘及其他慢性呼吸道感染。過敏症的命名就以易造成感染的工作性質命名，如農夫的肺、採茶者的肺以及扒樹皮者症 (barkstripper's disease)。

另一種接觸黴菌或其產物的影響是**黴菌毒素症** (mycotoxicosis)，這是吃進或吸入黴菌毒素造成的。這些黴菌毒素中最有毒力之一是**黃麴毒素** (aflatoxin)[25]，其由黃麴菌 (*Apergillus flavus*) 產生，存在於穀類、玉米及花生。黴菌本身相對地無毒性，但是毒素具致癌性及肝毒性。當吃進污染的飼料，甚至會造成火雞、鴨子、豬及牛的死亡。在人體，它是肝癌的輔因子之一。黃麴毒素可能會造成畜養的動物及人體的毒害，迫使必須監測花生、穀類、堅果、植物油、動物飼料，甚至牛奶。將種子快速照射紫外光是一種有用的篩檢試驗，若受到毒素污染，就會發光。

毒性黴菌有時也會造成病態建築症候群 (sick building syndrome)。這是因為當初建材受到一些黑色黴菌的嚴重污染，而吸入黴菌的毒素 (及孢子) 造成的。最值得注意的是子囊葡萄狀穗黴 (*Stachybotrys chartarum*)，它的毒素已知引起嚴重的血液及神經傷害，特別是對動物。毒性黴菌造成全球性黴菌恐懼症，因此催生了環境黴菌控制的相關行業。雖然人類疾病與黴菌毒素的相關聯性是增加的，但是很難將疾病爆發與某個特定的黴菌或毒素直接連結上。例如病態建築症候群與黴菌有因果關係，但不是所有家中或建築物中的黴菌都具高毒性。

25 *aflatoxin* 黃麴菌毒素 (af″-lah-toks′-in)。是黃麴菌毒素 (Aspergillus flavus toxin) 的英文字首縮詞。

第一階段：知識與理解

這些問題需活用本章介紹的觀念及理解研讀過的資訊。

選擇題

從四個選項中選出正確答案。空格處，請選出最適合文句的答案。

1. 黴菌能因溫度的改變而形成菌絲體及酵母菌細胞的變化，稱之為
   a. 孢子形成 sporulation
   b. 轉換 conversion
   c. 雙型性 dimorphism
   d. 二分裂 binary fission
2. 黴菌生活史中哪個狀態最適合在宿主身上生長？
   a. 酵母菌　b. 菌絲
   c. 分生孢子　d. 絲狀體
3. 初級致病性黴菌與伺機性黴菌的不同之處在於：
   a. 毒力較強　b. 毒力較弱
   c. 較常見　d. 較具傳染力
4. 真致病性黴菌是：
   a. 具人傳人的能力
   b. 造成初級肺部感染
   c. 區域性盛行在特定地區
   d. b 和 c
5. 具傳染力的黴菌感染是
   a. 皮膚絲狀菌症　b. 念珠菌症
   c. 孢絲菌症　d. a 和 b
6. 孢漿菌症最盛行的地區是
   a. 美國的中西部　b. 美國的西南部
   c. 美國的中部及南部　d. 北非
7. 球黴菌症盛行於美國的
   a. 西南部　b. 東北部
   c. 西北太平洋　d. 東南部
8. 以抗原進行的皮膚測試有助於下列何者的流行病學偵測？
   a. 組織漿菌症　b. 念珠菌症
   c. 球黴菌症　d. a 和 c
9. 黴菌腫是
   a. 在肺部的黴菌腫塊
   b. 隱球菌在腦部的化膿中形成的
   c. 腳及手的深部感染
   d. 頭皮上的輪癬
10. 皮膚絲狀菌感染________(器官) 的________(組織)
    a. 肺，表皮細胞
    b. 角質層，黑色素
    c. 皮膚、指甲、毛髮，角質
    d. 腳，骨頭
11. 何者屬皮膚絲狀菌？
    a. 表皮癬菌　b. 申克氏菌
    c. 毛癬菌　d. a 和 c
    e. 以上皆是
12. 白色念珠菌會造成________，其為________的感染
    a. 甲癬，牙根管　b. 念珠菌症，肺
    c. 鵝口瘡，口腔　d. 輸卵管炎，子宮
13. 隱球菌症與何者有關？
    a. 風　b. 植物殘渣
    c. 鴿子排泄物　d. 古代居所的挖掘
14. 下列何者較不常造成全身性感染？
    a. 芽生黴菌　b. 組織漿菌
    c. 隱球菌　d. 馬拉瑟氏菌
15. 下列何者會造成黴菌毒素症？
    a. 毛黴菌　b. 麴菌
    c. 肺囊蟲　d. 隱球菌。
16. 配合題。將疾病與慣用名配對。
    ____球黴菌症　a. 癬
    ____組織漿菌症　b. 聖華昆谷熱
    ____芽生黴菌症　c. 南美芽生黴菌症
    ____孢絲菌症　d. 芝加哥症
    ____副球黴菌症　e. 玫瑰花匠症
    ____皮膚絲狀菌症　f. 酵母菌感染
    ____念珠菌症　g. 俄亥俄河谷熱

申論挑戰

每個問題的回答需要依據事實，結合一到兩段解答，完整地解決問題。確認你的進展的問題可以是這部分的練習。

1. 描述免疫擴散法的概念。解釋如何進行組織漿菌素測試。
2. a. 何謂皮膚黴菌症？
   b. 何謂嗜角質菌 (keratophile)？
   c. 這類黴菌如何進食？

d. 輪癬及癬的意思為何？

3. a. 如何擺脫表皮組織的一些皮膚絲狀菌？

b. 治療的重點為何？

4. 描述三種黴菌毒素症及其相對應的黴菌。

觀念圖

在 http://www.mhhe.com/talaro9 有觀念圖的簡介，對於如何進行觀念圖提供指引。

1. 從章節大綱與重要詞彙挑選 6 至 10 個重要名詞，構築出一個觀念圖，並以連接詞完成此圖。

2. 填入你的連接詞或慣用詞於概念圖中，並填入空格中的概念。

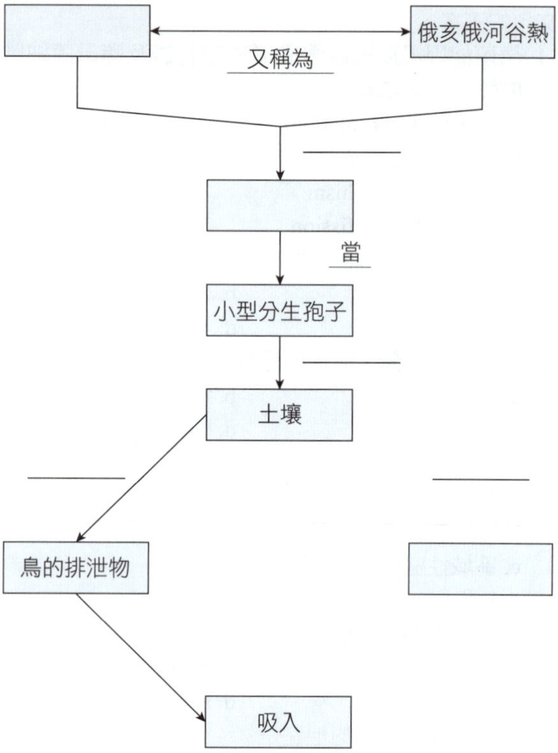

第二階段：應用、分析、評估與整合

這些問題超越重述事實，需要高度理解、詮釋、解決問題、轉化知識、建立模式並預測結果的能力。

批判性思考

本大題需藉由事實和觀念來推論與解決問題。這些問題可以從各個角度切入，通常沒有單一正確的解答。

1. 人體沒有持續與黴菌感染戰鬥的理由，環境中如何預防黴菌。
2. a. 參考表 19.3，舉出病人免疫受損的數個醫療狀況名詞。
   b. 對於這些病人，有任何傷害性不大的污染嗎？
   c. 嚴重免疫受損的病人被有毒的黴菌致病原感染，會發生什麼事？
3. 運用第 14 章及圖 19.3，如何區別分離出來的黴菌是真正的致病原，而不是污染？
4. a. 說明為何有些皮膚絲狀菌被認為是好的寄生。
   b. 為何來自土壤或動物的黴菌感染會比來自其他人體的更具毒性？
   c. 成年男性較多組織漿菌症的原因為何？
5. 為何肺部是黴菌喜歡侵擾的部位？
6. a. 對於某區域的旅人或非當地人，鑑定區域性黴菌症的困難點。
   b. 哪些檢測可用於這些疾病的快速檢測？
7. 病例 1：一名男性研究人員想確定一些好發在女性

的黴菌感染，若發生在他身上，致病性會是如何。他取一大坨培養的這些黴菌，以紗布固定在大腿數日，定時以無菌生理食鹽水濕潤它。數日後，他的皮膚有嚴重的反應，看來像是燒傷，且皮膚有剝離的狀況。

a. 造成這狀況的可能致病原為何？
b. 這個實驗告訴你關於致病的入侵入口及性別的因素為何？

8. 病例 2：一名拆除舊城鎮建築的工人有嚴重的肺部感染。
   a. 沒有任何實驗室資料之下，你猜可能會是哪兩種黴菌造成的感染？
   b. 理由為何？
   c. 如何確認？

視覺挑戰

1. 以圖 19.3 為指引，鑑定此感染的程序為何？

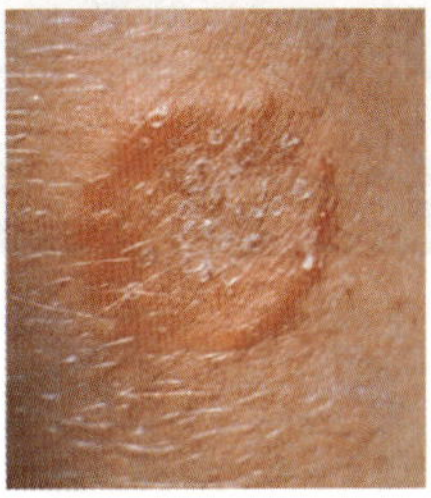

2. 從這白色斑塊刮取的檢體，在顯微鏡下，你預期會看到什麼？並描述這個感染的其他檢測。

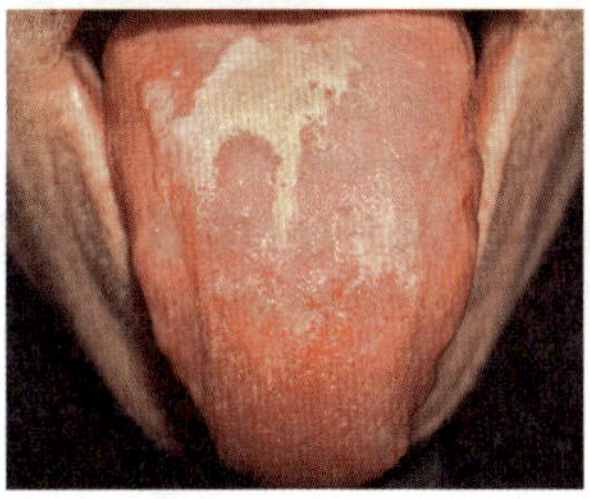

第 20 章 寄生蟲在醫學領域的重要性

變形纖毛蟲的電子顯微鏡攝影。「臉」
的眼睛及口是正在進食的結構。

20.1 人類的寄生蟲

寄生蟲學傳統上是一門研究真核寄生蟲的學門，它包含原蟲 (protozoa，單細胞的類動物生物) 和蠕蟲 (helminth 或 worms)，有時合稱為大寄生蟲，細菌和病毒則稱為微小寄生蟲。這精彩又實用的學門主要是由臨床上重要的原蟲、蠕蟲及一些節肢動物媒介所組成。本章介紹它們的形態、生活史、流行病學、致病機制及控制方法。節肢動物通常會被涵蓋在寄生蟲學中，在寄生蟲、細菌及病毒的感染中，扮演媒介的角色。

在人類每天的生活中，寄生蟲有不可輕忽的影響。世界衛生組織估計，寄生蟲造成了將近 20% 感染性疾病。很多被認為是一類可忽略的熱帶疾病，這樣的疾病卻折磨了地球上至少 20% 的人。雖然在工業國家較少見，但寄生蟲會在它們生命的某些時候以隱藏和公開的某些形式影響大多數的人。寄生蟲疾病的分布受一些因素的影響，包括旅行、移民及罹患免疫缺陷患者的增加。因為寄生蟲幾乎環遊了全世界，即使在美國，發現外國的寄生蟲疾病實屬尋常。

現今嚴重免疫抑制的患者日漸增加，逐漸改變了寄生蟲疾病的流行病學樣態。在各種伺機性感染中，愛滋病患是臨床主要的患者。而越來越多的病例顯示寄生蟲為威脅生命的病原。

20.2 主要的致病性原蟲

原蟲 (protozoa) 在第 4 章介紹時，描述它們是單細胞、動物般的微生物，通常具有一些形式的運動。四個公認、非正式的的類別為：以偽足 (pseudopods) 移動的肉足阿米巴，以纖毛移動的纖毛蟲，以鞭毛移動的鞭毛蟲，以及缺乏典型移動結構的頂覆門寄生蟲。

原蟲約有十萬種，其中 25 種是人類重要的致病原 (表 20.1)。它們共同造成全世界數十億的

系統檔案 20.1　寄生性原蟲類致病原

菌名	皮膚 / 骨骼	神經 / 肌肉	心血管 / 淋巴 / 全身系統性	腸胃道	泌尿生殖系統
痢疾阿米巴 (*Entamoeba histolytica*)				慢性下痢 痢疾	
變形纖毛蟲 (*Naegleria fowleri*)		腦膜腦炎			
棘形變形蟲 (*Acanthamoeba*)		腦膜腦炎			
大腸纖毛蟲 (*Balantidium coli*)				慢性下痢	
陰道滴蟲 (*Trichomonas vaginalis*)					滴蟲症
腸道梨形蟲 (*Giardia intestinalis*)				慢性下痢	
布魯氏錐蟲 (*Trypanosoma brucei*)		非洲昏睡病			
庫氏錐蟲 (*Trypanosoma cruzi*)			查革氏症		
利什曼原蟲 (*Leishmania spp*)	皮膚利什曼症		全身性利什曼症	腸損傷	
惡性瘧原蟲 (*Plasmodium falciparum*)、間日瘧原蟲 (*P. vivax*)、卵型瘧原蟲 (*P. ovale*)、四日瘧原蟲 (*P. malariae*)、諾氏瘧原蟲 (*P. knowlesi*)			瘧疾		
剛地弓漿蟲 (*Toxoplasma gondii*)		次急性腦炎			
肉孢子蟲 (*Sarcocystis spp.*)				急性下痢	
隱孢子蟲 (*Cryptosporidium*)				腸胃炎	
環孢子蟲 (*Cyclospora spp.*)				急性下痢	

感染。

雖然致病性原蟲的生活史十分複雜，但多數是以活躍進食的單細胞進行無性細胞分裂生殖，稱為營養體 (trophozoite)。很多種類會形成**囊胞體** (cyst)，囊胞體可以離開宿主存活一段時間，也可以囊胞體進行感染 (見圖 4.23)。其他的則有較複雜的生活史，具有無性生殖期及有性生殖期 (見稍後頂覆門寄生蟲的討論) 及不同的宿主動物。

治療原蟲感染的藥物在第 9 章介紹。目前約有 12 種不同的藥物可用。表 20.2 表列了藥物所對應的寄生原蟲及作用機制。因為這些藥物的標的是真核細胞，作用在干擾一般細胞的運作，很多會有嚴重的副作用，有些對人類細胞毒性相當大。

感染性阿米巴

痢疾阿米巴及阿米巴症

阿米巴廣泛存在於有水的環境中，常寄生在動物身上，但只有少數具備必要的毒力以入侵組織，造成嚴重的病變。最重要的致病性阿米巴是**痢疾阿米巴** (*Entamoeba histolytica*)[1]。它的生活史相對簡單，有以偽足進行移動的大細胞營養體，及小型、緻密且不具活動性的囊胞體 (見圖

1 *Entamoeba histolytica* 痢疾阿米巴 (en″-tah-mee′-bah his″-toh-lit′-ih-kuh)。希臘文：*ento* 之內的；*histis* 組織；*lysis* 分解。

表 20.1 主要致病性原蟲的感染及初級來源

原蟲 / 疾病 *	器官 / 初級感染的系統 **	儲存處 / 來源
阿米巴原蟲		
阿米巴症：痢疾阿米巴	腸胃道	人 / 水及食物
腦部感染：變形纖毛蟲及棘形變形蟲	神經系統	獨立存在於水中
纖毛原蟲		
纖毛蟲症：大腸纖毛蟲	腸胃道	豬 (人畜共通)
鞭毛原蟲		
梨形蟲症：腸道梨形蟲	腸胃道	人畜共通 / 水及食物
滴蟲症：陰道滴蟲	泌尿生殖道	人類
血液鞭毛蟲		
錐蟲症：布魯氏錐蟲、庫氏錐蟲	神經	人畜共通 / 媒介攜帶
利什曼症：杜氏、熱帶及巴西利什曼原蟲	皮膚	人畜共通 / 媒介攜帶
頂覆門原蟲		
瘧疾：惡性瘧原蟲、間日瘧原蟲、卵型瘧原蟲、四日瘧原蟲、諾氏瘧原蟲	心血管系統	人 / 媒介攜帶
弓漿蟲症：剛地弓漿蟲	神經系統	人畜共通 / 媒介攜帶
隱孢子蟲症：隱孢子蟲	腸胃道	獨立生存 / 水、食物
等孢子蟲症：貝氏等孢子蟲	腸胃道	狗及其他哺乳類
環孢子蟲症：環孢子蟲	腸胃道	水 / 新鮮農產品

* 許多鞭毛蟲的命名是以發現者之一的姓氏加以命名，例如：庫氏錐的庫氏 (O. Cruz)；利什曼原蟲利什曼 (W. Leishman)；杜氏原蟲的杜氏 (C. Donovan)；梨形蟲症的賈第氏 (Giardia)；布魯氏錐蟲的布魯氏 (D. Bruce)。地理位置是另一個命名方式 (甘比亞錐蟲、羅德西亞錐蟲、熱帶巴西芽生黴菌、墨西哥原蟲)。也有以其生物特性進行命名，例如：陰道毛滴蟲，陰道為其棲息地。

** 雖然感染的症狀通常全身都能觀察到，但一開始的感染多局限在單一器官或系統。

4.23)。營養體缺乏其他真核細胞所有的多數胞器，有一個大型的細胞核，內含有明顯的核仁，稱為核粒 (karyosome)。來自新鮮檢體的阿米巴通常裝滿了內含宿主細胞及細菌的食物空泡。成熟的囊胞體被一層薄但堅韌的細胞壁包裹住，有四個核帶著一個被稱為擬染色體 (chromatoidals) 的明顯結構，此為成串密集的核糖體。

阿米巴症的流行病學　人類是痢疾阿米巴的主要宿主。感染通常是吃入被囊胞體污染的食物或飲水，囊胞體是無症狀帶原者釋出的。阿米巴被認為寄生在全世界十分之一的人的小腸，每年造成十萬人死亡。它的地理分布與當地下水道設施及施肥行為有關。最常出現在熱帶地區 (非洲、亞洲及拉丁美洲)，當地常使用排泄物 (night soil)[2] 及未處理的污水灌溉農作物，且水及食物的公共衛生狀態並不總是足夠。雖然在美國阿米巴症的盛行率是低的，但可能有上萬千人是無症狀的帶原者。

阿米巴症的流行並不常見，但在監獄、醫院、幼兒照護機構及水源受污染的社區是有記載

2 以人類的排泄物作為肥料。

表 20.2　抗原蟲藥物的使用指引

感染原	典型感染	選擇的藥物	藥物作用機制
痢疾阿米巴	阿米巴症	甲硝唑 * 雙碘喹啉 巴龍黴素	厭氧微生物專用；抑制 DNA 修復 局部作用在腸道；作用機制未知 抑制蛋白質合成
腸道梨形蟲	梨形蟲症	梯尼達諾 硝唑尼特	選擇性阻斷寄生蟲代謝 選擇性阻斷寄生蟲代謝
瘧原蟲	瘧疾	氯喹 奎寧 甲氟喹 青蒿素	干擾代謝及血紅素的使用 干擾代謝及血紅素的使用 干擾代謝及血紅素的使用 還原氧化劑；產生活性氧基
剛地弓漿蟲	弓漿蟲症	乙胺嘧啶 磺胺嘧啶	與磺胺嘧啶一起使用，抑制葉酸合成路徑上的酵素
陰道滴蟲	滴蟲症	甲硝唑	與磺胺嘧啶一起使用，抑制葉酸合成路徑上的酵素
布魯氏錐蟲	昏睡病	蘇拉明 羥乙磺酸戊烷脒 依氟鳥胺酸 美拉胂醇	抑制 NADH 氧化；阻斷有氧呼吸 阻斷核酸合成 抑制胺基酸的脫胺作用 含砷，劇毒，抑制許多酵素
庫氏錐蟲	查革氏症	苄硝唑 硝呋替莫	干擾蛋白質合成及微小管的形成 破壞 DNA 及產生過氧基

* 甲硝唑也被稱為滅滴靈。它選擇性地對厭氧性原蟲，如阿米巴、梨形蟲及滴蟲有毒，這些原蟲缺少粒線體。

的。阿米巴的感染也可透過某些形式的性接觸。

痢疾阿米巴的生活史、致病因及控制　阿米巴症開始於活囊胞體被吞入，到達小腸 (圖 20.1；更細節的顯示在圖 4.26)，在此鹼性環境含有消化酵素，可刺激脫囊作用。囊胞體釋出四個營養體

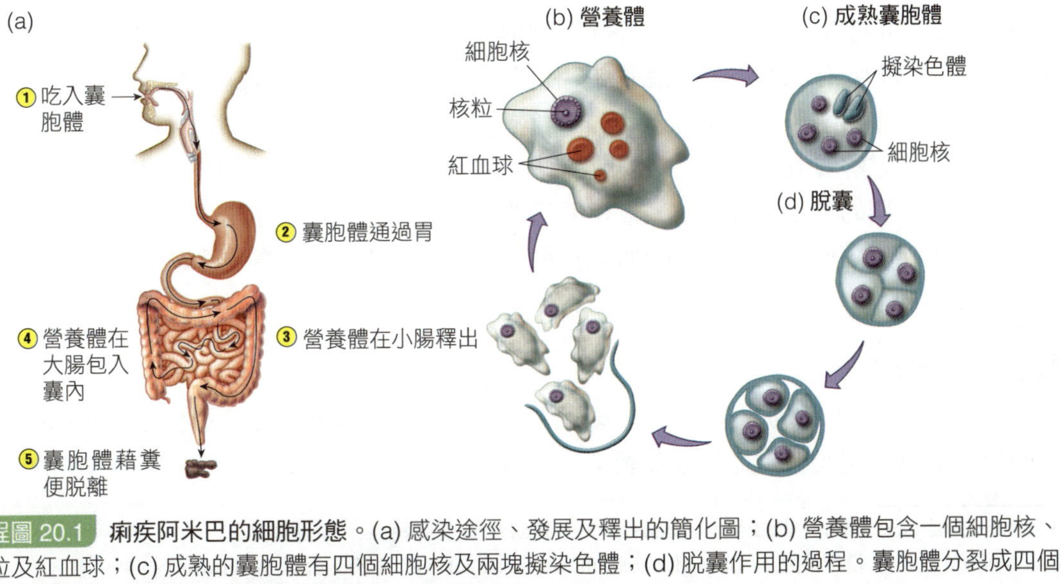

歷程圖 20.1　**痢疾阿米巴的細胞形態**。(a) 感染途徑、發展及釋出的簡化圖；(b) 營養體包含一個細胞核、核粒及紅血球；(c) 成熟的囊胞體有四個細胞核及兩塊擬染色體；(d) 脫囊作用的過程。囊胞體分裂成四個獨立的細胞或後囊體，會再分化成營養體，再被釋出。

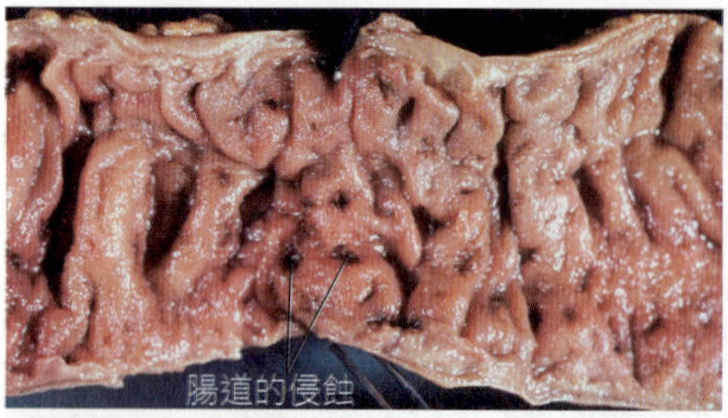

圖 20.2 **阿米巴症的表現及大腸中痢疾的病灶。**紅色的侵蝕是阿米巴在腸道黏膜造成的傷害 (標示位置)。

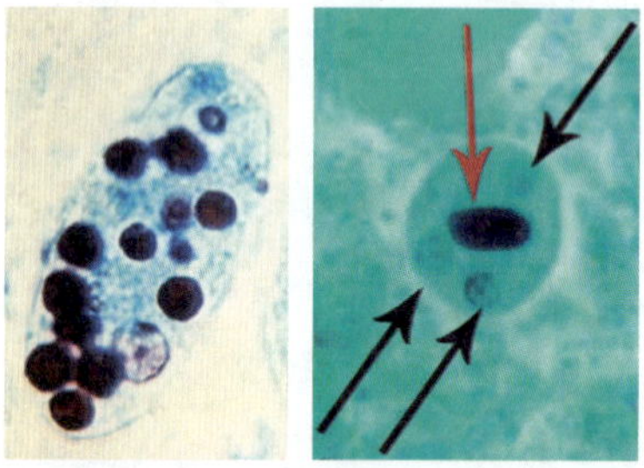

(a) (b)

圖 20.3 **顯微鏡觀察新鮮檢體中的痢疾阿米巴。**(a) 營養體 (20 μm) 充滿了它的主要營養源紅血球 (黑色球狀體)；(b) 囊胞體 (12 μm) 有三個細胞核 (黑色箭頭) 及一個擬染色體 (紅色箭頭)。

(圖 20.1c)，被沖到盲腸 (cecum)[3] 及大腸。在此，營養體以偽足固著、複製、活躍的移動及進食。約 90% 的病人被感染是無症狀或症狀輕微，營養體不會入侵越過最表層。感染的嚴重度隨寄生蟲株、植入部位、飲食及宿主防禦而不同。

如其種名所示，未治療的痢疾阿米巴感染，對組織造成的嚴重傷害，是其中一種可怕的特性。臨床阿米巴症有腸內型及腸外型兩種。腸內型阿米巴症起始的標的位置是盲腸、闌尾、結腸及直腸。阿米巴分泌的酵素會分解組織，可穿入黏膜的更深層，造成侵蝕性的潰瘍 (圖 20.2)。這個情況在痢疾時很明顯 (糞便中有血及黏液)，會腹痛、發燒、腹瀉及體重減輕。腸道感染最威脅生命的狀況是出血、穿孔、盲腸炎及形成稱為阿米巴腫 (amoebomas) 的類腫瘤腫塊。

腸外感染是阿米巴入侵腹膜腔的內臟。最常侵犯的位置是肝臟。在肝臟，由壞死組織及營養體形成的膿腫造成了阿米巴肝炎 (amebic hepatitis)。另一個常見的併發症是肺部阿米巴症。較少發生在脾臟、腎上腺、腎臟、皮膚及腦部。嚴重的阿米巴症約有一成的死亡率。

阿米巴原蟲棲息在慢性帶原者身上，腸道很適合其生活史中的胞囊 (encystment) 階段。囊胞體的形成不會發生在下痢活躍的時候，因為糞便會快速沖出體外，待復原後，囊胞體會持續排放在糞便中。

開始的檢驗是檢測糞便抹片，在高倍率放大下，看到典型的痢疾阿米巴的營養體或囊胞體 (圖 20.3)。更確定的檢測是染色的抹片，或是再加上特定單株抗體進行的快速酵素連結免疫吸附法 (ELISA)。可能也要再附上臨床的資料，如症狀、X 光片及病史，這可能會顯示從何感染。

阿米巴痢疾有效的治療藥物有甲硝唑 (metronidazole)[Flagyl (滅滴靈)]、雙碘喹啉 (iodoquinol)、梯尼達諾 (tinidazole) 或巴龍黴素 (paromomycin)。其他藥物可以用來緩解腹瀉及痙攣，當脫水及電解質流失，可以口服或靜脈注射補充。感染痢疾阿米巴促使對抗多種抗原的抗體形成，但長期的免疫不會形成，會有再感染的可能。預防仰賴協同一致的努力，其方法與預防其他腸道疾病類似。因為常規的加氯於水中，並無法殺死囊胞體，更嚴格的方法像煮沸或加碘是需要的。

腦部的阿米巴感染

兩種常見游離態的原蟲，變形纖毛蟲 (*Naegleria fowleri*)[4] 及棘形變形蟲 (*Acanthamoeba spp.*)[5]，會造成少見但會致命的腦部感染。這兩種原蟲都是偶然寄生，只有在極少數的情況下入

3 *cecum* 盲腸 (see′-kum)。拉丁文：*caecus* 盲。大腸前端的袋狀構造，靠近闌尾。
4 *Naegleria fowleri* 變形纖毛蟲 (nay-glee'-ree-uh fow′-ler-eye)。依 F. Nagler 及 N. Fowler 命名。
5 *Acanthamoeba* 棘形變形蟲 (ah-kan″-thah-mee′-bah)。希臘文：*acanthos* 棘。

侵人體。變形纖毛蟲的營養體是小型、燒瓶狀的阿米巴，以單一隻寬的偽足移動 (圖 20.4)。其囊胞體是圓形厚壁的單核細胞，對極端溫度及中度的加氯有抗性。棘形變形蟲有一個大的阿米巴營養體，偽足是針刺狀的，其囊胞體具雙層細胞壁。

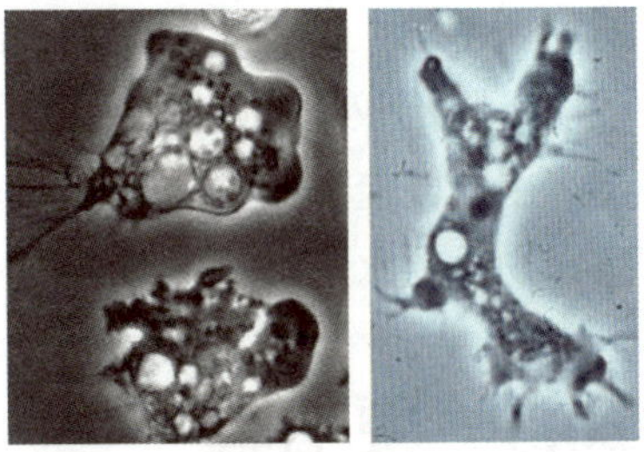
(a)　(b)

圖 20.4　游離態具感染力的阿米巴。(a) 變形纖毛蟲有厚鈍的偽足，體內充滿食泡；(b) 棘形變形蟲從偽足延伸出針刺狀的突起物。

變形纖毛蟲及棘形變形蟲通常棲息在靜止的淡水或含鹽的水、湖、水坑、池塘、溫泉、濕土，甚至是游泳池及熱澡盆。尤其在溫暖而多細菌的水中，含量頗豐。

變形纖毛蟲感染的病例分布廣，被感染者是在溫暖、天然的淡水中游泳。由於游泳、潛水或其他水中活動時，迫使阿米巴自鼻腔進入人體，因而造成感染。一旦阿米巴在適合它的鼻黏膜定殖，會再更深鑽入及複製，之後移行到腦部及周邊的結構。結果形成初級的急性腦膜腦炎，快速且大規模地破壞腦部及脊髓組織，造成出血及昏迷，在一個星期左右死亡。

不幸的是，變形纖毛蟲腦膜腦炎進行得太快速，治療完全無濟於事。研究顯示，若盡早使用節絲菌素 B、磺胺嘧啶 (sulfadiazine) 或四環黴素，作一些合併使用，會有些效用。由於阿米巴分布範圍太廣以及它的強硬，並無一般的措施可控制。公共泳池及澡堂的水必須充分加氯，並定期檢測阿米巴。

棘形變形蟲與變形纖毛蟲不同之處在於入侵入口，它會侵犯有傷口的皮膚及眼結膜，偶然情況下侵犯肺部及泌尿生殖道的表皮。雖然它也會造成有些類似變形纖毛蟲引起的腦膜腦炎，但病程較長。易受感染的特殊危險因子有眼睛受傷、使用隱形眼鏡及在污染的水中游泳。避免眼睛的感染應該注意受傷眼睛的保護及使用無菌的溶液進行隱形眼鏡的清潔及儲存。

腸道的纖毛蟲：大腸纖毛蟲

多數的纖毛蟲 (ciliate) 是游離在各種水的棲息處，它們的角色是食物網的清道夫或掠食其他微生物。有幾種是動物的致病原，唯獨**大腸纖毛蟲** (*Balantidium*[6] *coli*) 偶爾會造成人類的感染。這大型的纖毛蟲 (大小猶如英文句點) 有營養體及囊胞體 (圖 20.5)。表面上覆蓋著規律斜排的纖毛，一個陰影般內凹的細胞口 (cytostome 或 cell mouth) 位在一端。此寄生蟲僅能於存在有人體細菌菌叢的無氧環境下存活。

豬及在較小程度上，綿羊、牛、馬及靈長類的大腸通常是大腸纖毛蟲的天然棲息地，這些動物的糞便中有囊胞體。雖然豬是纖毛蟲症最常見的來源，但仍可藉由公共設施中水的污染，造成人與人之間的傳播。健康的人及動物並不容易被感染，但免疫減退的宿主易受侵襲。

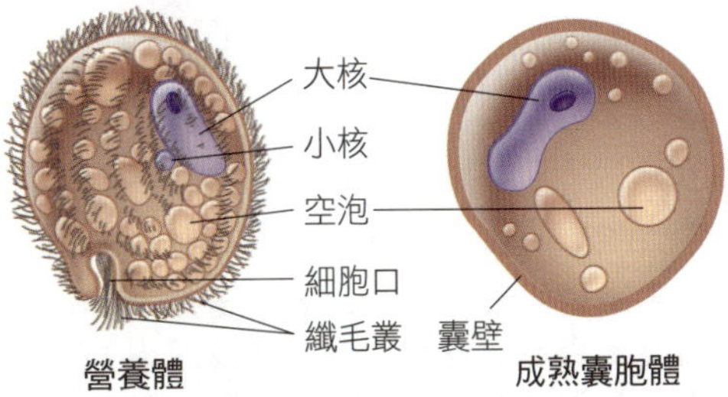

圖 20.5　大腸纖毛蟲的微觀。營養體及成熟囊胞體的形態。

與痢疾阿米巴的囊胞體一樣，大腸纖毛蟲的囊胞體在胃及小腸不會被消化，而且釋放營養體，立即地

6 *Balantidium* 纖毛蟲 (bal″-an-tid′-ee-um)。希臘文：小囊。

運用纖毛鑽入表皮。腸黏膜侵蝕的結果造成不同程度的刺激及損傷，造成噁心、嘔吐、腹瀉、下痢及腹部絞痛。這原蟲極少穿破腸道或進入血液。治療的選擇有口服四環黴素，若無效，可再選用雙碘喹啉、硝唑嗎啉 (nitrimidazine) 或甲硝唑。預防方式與其他阿米巴症相似，再加上注意食物及飲水別被豬肥料污染。

20.3 鞭毛蟲

致病性的鞭毛蟲在人類疾病扮演多面向的角色，從較輕微的或自限性感染 (滴蟲症及梨形蟲症)，到讓人虛弱甚至致命的節肢動物媒介疾病 (錐蟲症及利什曼症)。

滴蟲：滴蟲種類 (*Trichomonas Species*)

滴蟲 (Trichomonads) 是小型梨形狀的原蟲，有四條前鞭毛及波動膜，這兩者一起造就了滴蟲獨特的抽動運動。它們只有營養體，沒有囊胞體。三種滴蟲會親密地適應於人體，陰道滴蟲、口腔滴蟲 (*T. tenax*) 及人毛滴蟲 (*T. hominis*)(圖 20.6)。

陰道滴蟲 (*Trichomonas*[7] *vaginalis*) 是最重要的致病原，會造成性傳染疾病，稱為滴蟲症 (*trichomoniasis*)。此原蟲的儲存處是人類的泌尿生殖道，受感染者約有一半屬無症狀帶原者。因為陰道滴蟲沒有具保護力的囊胞體，相對地絕對寄生，無法長時間獨立於宿主體外存活。主要藉由生殖道黏膜的接觸而傳染，少數的例子是公共澡堂或設施造成的感染。已感染過其他性傳染病，如淋病及披衣菌，且性生活活躍的年輕女性被陰道滴蟲感染的發生率最高。在美國，每年約有兩百萬新增病例，幾乎是常見性傳染疾病的第一名。

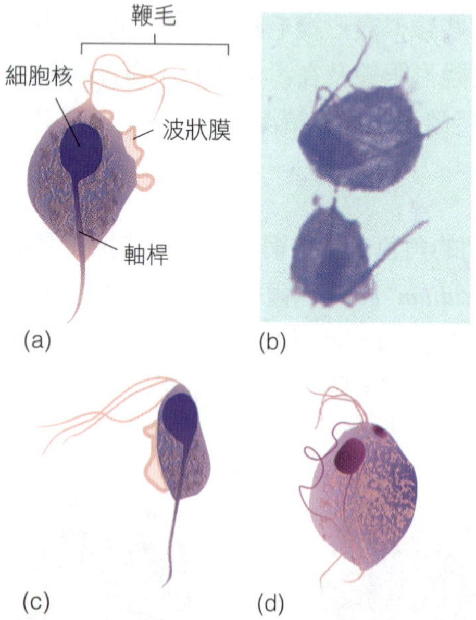

圖 20.6 **人類的滴蟲**。(a) 陰道滴蟲為泌尿生殖道的致病原；(b) 500 倍放大；(c) 口腔滴蟲為齒槽型，鮮少造成感染；(d) 人毛滴蟲為腸道型，鮮少造成感染。

滴蟲症在女性的病癥及症狀有具腐臭味、綠色到黃色的陰道分泌物、外陰炎、子宮頸炎、頻尿及疼痛。感染處嚴重發炎會造成水腫、擦痛及癢。男性明顯的感染症狀有持續性或復發性的尿道炎，有薄的、牛奶般的分泌物，偶爾會造成前列腺感染。

感染的診斷是在滲出液製成的濕性薄膜中，觀察到活躍游泳的滴蟲。無症狀感染的診斷是作子宮頸抹片或培養。此感染的成功治療以口服或陰道使用甲硝唑，為期一週，必須性伴侶雙方都治療，才不會產生「乒乓」再感染。

腸道梨形蟲及梨形蟲症

腸道梨形蟲 (Giardia intestinalis)[8] 是致病性的鞭毛蟲，首先被 Antonie van Leeuwenhoek 在自己的糞便中觀察到。約有兩百年的時間，它都被認為是無害或輕微

7 *Trichomonas* 滴蟲 (trik″-oh-moh′-nus)。希臘文：*thrix* 頭髮；*monas* 單位。

8 *Giardia intestinalis* 腸道梨形蟲 (jee′ard-ee-uh in-tes′-Ti-nā′lis)。亦稱為藍氏賈第鞭毛蟲 (*G. lamblia*)。

的腸道致病原，直到 1950 年代，才被確認會造成腹瀉。事實上，它是臨床檢體中最常被分離到的鞭毛蟲。它的營養體是個獨特的對稱心型形狀，加上胞器的排列，讓它看起來像張臉 (圖 20.7a、b)。四對鞭毛從腹面浮現，腹面呈凹陷狀，當它接觸物體，就像是吸盤般。梨形蟲的囊胞體是小型、緻密的且多核 (圖 20.7a)。

梨形蟲症 (giardiasis) 的流行病學樣態複雜。河狸、牛、野狗、貓及人類帶原者的腸道中，都曾分離出此寄生蟲，這些動物可能都是它的儲存處。糞便中有營養體及囊胞體，但囊胞體是較重要的傳染者。與其他致病鞭毛蟲不同的是，梨形蟲的囊胞體在環境中可存活兩個月。囊孢體通常隨著食物及水被吃進去，或是與被感染者或被污染物緊密接觸而吞入。只要 10 到 100 個囊胞體就能形成感染。

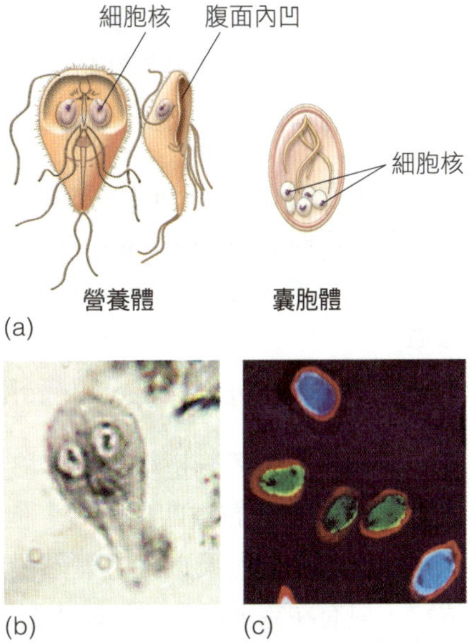

圖 20.7　腸道梨形蟲的營養體及囊胞體的辨識。(a) 營養體的臉還帶有眼睛 (一對細胞核)。側面可看到腹面內凹，有抽吸的作用；(b) 營養體的染色樣本 (1,000 倍)。細胞核明確，鞭毛較少見；(c) DNA 探針測試使用 FISH (螢光原位雜交) 技術，以顏色染劑區別梨形蟲屬。腸道梨形蟲是藍色，鼠型鞭毛蟲是綠色。兩者的細胞壁抗原染成紅色。

梨形蟲症每年的發生率約十萬到一百萬例，有多種可能的傳染途徑。曾經從新鮮的山泉水及好幾個州的加氯自來水中追蹤到梨形蟲。有健行者及露營者使用了他們認為源自偏遠山區的乾淨水，而受到感染。因為野生哺乳動物如河狸與麝鼠，都是腸道帶原者，牠們可能都與人類因生飲這些來源的水而受到感染有關。顯然無法以眼睛斷定水的乾淨與否，因為囊胞體實在太小了。

曾有帶原者因個人清潔習慣不良而污染食物，而導致旁人攝食致病。幼兒照護機構也曾因為更換尿布或接觸其他污染物而爆發感染。梨形蟲也是旅行者腹瀉常見的原因，有時是回家後才出現症狀。

攝入的囊孢體進到十二指腸萌發，移行到空腸，以便進食及繁殖。進食的營養體會危害上皮細胞，導致水腫及白血球浸潤，但這些影響是可回復的。典型的症狀有腹瀉、腹痛及腸胃脹氣，會持續幾週。

梨形蟲症的診斷較困難，因為寄生蟲不會持續出現在糞便中。新的發展包括前瞻性的 DNA 分析以檢測檢體中的囊胞體 (圖 20.7c)，及快速篩檢試驗在糞便檢體中區別梨形蟲與隱孢子蟲。治療用藥有梯尼達諾或甲硝唑，可根除感染。

現今，梨形蟲明顯增多了，許多水的供應商必須重新思考在水的維持及檢測上的策略。梨形蟲會被煮沸、臭氧及碘殺死，不幸的是，都市水系統中，氯的添加是無損於囊胞體的。當人們飲用來自偏遠源頭的水時，必須假設水有被污染，並將它消毒。

血鞭毛蟲：媒介攜帶的血液寄生蟲

其他的寄生性鞭毛蟲都稱為血鞭毛蟲，因為它們傾向生活在人類宿主的血液及組織裡。成員有錐蟲 (*Trypanosoma*)[9] 及利什曼原蟲 (*Leishmania*)，兩者有幾個共同的特性。它們都是絕對寄

9 *Trypanosoma* 錐蟲 (try-pan′-oh-soh-mah)。希臘文：*trypanon* 穿孔者；*some* 身體。

生，會造成使人虛弱，甚至危及生命的人畜共通傳染疾病。吸血昆蟲是中間宿主，傳播這些寄生蟲；獲得它們的感染都在特殊的熱帶地區。血鞭毛蟲的生活史複雜，當它們在媒介與宿主間傳遞時，會有形態的改變。為了追溯其發育階段，先說明以下名詞：

無鞭毛體 (amastigote)。希臘文：*a-* 沒有；*mastix* 鞭子。蟲體缺少一個自由的鞭毛。

前鞭毛體 (promastigote)。希臘文：*pro-* 之前。此階段蟲體帶著一根自由的前鞭毛。

上鞭毛體 (epimastigote)。希臘文：*epi-* 之上。此階段蟲體帶著一根自由的前鞭毛及一片波浪膜。

錐鞭毛體 (trypomastigote)。希臘文：*trypanon* 錐子。此為大型而完全形成錐蟲特性之階段。

這些階段被認為是演化的轉移，從簡單無移動力的無鞭毛體，到高度複雜的錐鞭毛體。庫氏錐蟲 (*T. cruzi*) 有這四種階段，但布魯氏錐蟲 (*T. brucei*) 缺少無鞭毛體及前鞭毛體，利什曼原蟲則只有無鞭毛體及前鞭毛體階段 (表 20.3)。一般而言，媒介宿主提供一個或多個階段分化的位置，只有在完全發育的階段才對人類有感染性。

錐蟲種類及錐蟲症

錐蟲 (*Trypanosoma*) 的種類以感染期及錐鞭毛體區分，錐鞭毛體是紡錘狀的長型細胞，末端成錐狀，使它可以像鱔魚般移行。兩種錐蟲症 (trypanosomiasis) 可以其發生的地理位置區分。布魯氏錐蟲是非洲昏睡病 (African sleeping sickness) 的致病原，庫氏錐蟲是查革氏症 (Chagas disease) 的致病原，是美洲的區域性疾病。這兩種錐蟲都展現出雙相的生活史，輪替於脊椎動物宿主及昆蟲宿主之間。

布魯氏錐蟲及昏睡病

自古以來，錐蟲症就大幅影響非洲人的生活狀況。今日，至少有五千萬人處於危險中，每年有七千到一萬個通報病例。因為它會侵擾人類畜養的及野生的哺乳類動物，這是更加困頓的狀況。昏睡病有兩種，致病株為布魯氏甘比亞錐蟲 (*T. b. gambiense*，西非) 及羅德西亞錐蟲 (*T. b. rhodesiense*，東非)(圖 20.8a)。以地理分型是因為它們的媒介采采蠅(Glossina 屬) 存在的地區不同。在西非，采采蠅棲息於河流邊植被茂密處及森林區，在東非，則棲息於莽原叢林及湖邊灌木叢。

表 20.3 血鞭毛蟲的細胞期及感染期

屬 / 種	無鞭毛體	前鞭毛體	上鞭毛體	錐鞭毛體
利什曼原蟲	 在人類的巨噬細胞內	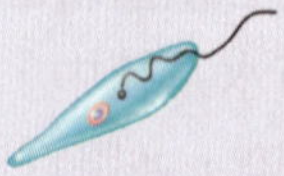 在白蛉的腸道；**感染人類**	 不發生	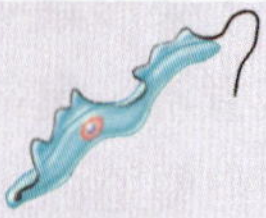 不發生
布魯氏錐蟲	不發生	不發生	出現在采采蠅的唾液腺	在采采蠅的口器；**感染人類**
庫氏錐蟲	人類的巨噬細胞、肝、心、脾的細胞內	有發生	出現在椿象 (親吻蟲) 的腸道	在椿象的糞便；**轉移至人體**

循環開始於采采蠅因為吸食了被感染的儲存宿主，如野生動物 (羚羊、獅子、鬣狗) 人類畜養的動物 (牛、山羊) 或人類，而被感染 (圖 20.8c)。錐蟲在采采蠅的腸道繁殖，移行到唾液腺，進入感染期。當采采蠅叮咬宿主，就會將錐鞭毛體注入傷口。在此處，錐蟲開始繁殖，產生潰瘍，稱為初級下疳 (primary chancre)。從此，致病原移行至淋巴及血液系統 (圖 20.8b)。

雖然會有免疫反應啟動，但會被不尋常的適應反應抵消。錐蟲的基因程式控制著在感染過程中，其表面抗原會有持續性的改變。至少有一百種抗原，而無法形成持續性的免疫反應，結果形成長期而不受控制的感染。羅德西亞型是急性的感染，進展到腦部達三到四週，幾個月後死亡。甘比亞型則有較長的潛伏期，通常形成長達數年的慢性感染，可能不會損傷腦部。

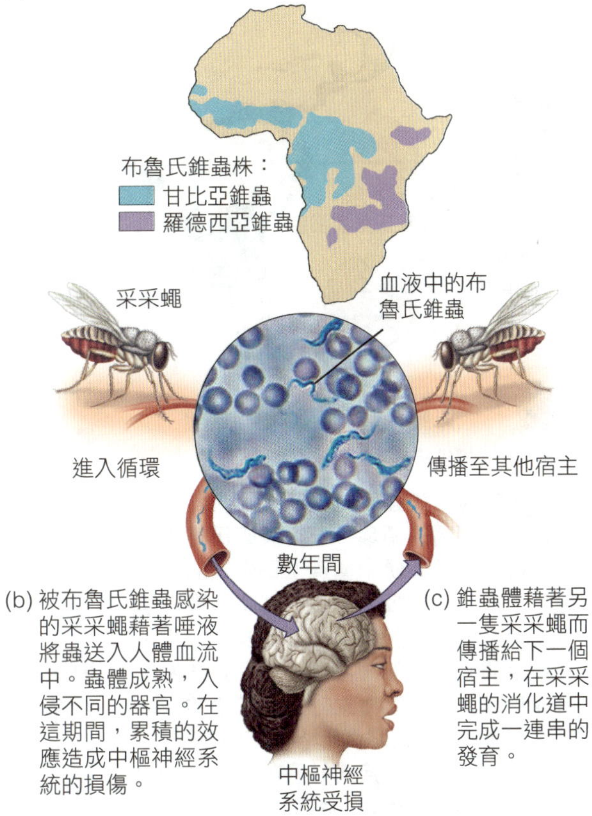

圖 20.8　人類與采采蠅媒介之間的循環。

錐蟲症則涉及淋巴及血液周圍的區域。早期的症狀有間歇性發燒、脾臟腫大、淋巴結腫大及關節痛。中樞神經系統被感染時，出現性格及行為上的改變，開始會無精打采及睡眠失調。此疾病的俗名是昏睡病，實際上是不受控制的白天睡覺，夜裡失眠。漸增的神經退化的病癥是肌肉顫抖、腳步拖行、口齒不清、癲癇及局部癱瘓。因為昏迷、二次感染或心臟損傷，造成死亡。

如果在特定區域居住或旅行之病患，被一種獨特蠅叮咬，可能就要懷疑是昏睡病。錐蟲體很容易在血液、脊髓液及淋巴結中被發現，有一種免疫測試稱為錐蟲卡紙凝集試驗 (the card agglutination test for *Trypanosoma*, CATT)，是檢測對抗致病原之抗體的快速現場野外測試。

在神經系統被侵犯前，藥物的施予是是有效的。腦部感染要用毒性較高的藥，如美拉胂醇 (melarsoprol) 或蘇拉明，或毒性較低的依氟鳥胺酸 (eflornathine)。一些藥廠與世界衛生組織 (WHO) 合作，提供這些藥給確診的所有病患。

在西非，人類是主要的儲存宿主，要控制錐蟲症，就必須清除采采蠅，採用的方法有使用殺蟲劑、誘捕蠅類、破壞蠅類的庇護所及孵育暢所。在東非，要想控制采采蠅是較不可能的，大型哺乳類動物是宿主，采采蠅也沒高度聚集於局部區域。

庫氏錐蟲及查革氏症

在拉丁美洲，查革氏症 (Chagas disease) 的病例數從 1,200 萬到 1,900 萬，數千人死亡，不計其數的經濟損失及人們受苦。致病原是庫氏錐蟲 (Trypanosoma cruzi)(見圖 4.25)，其生活史與布

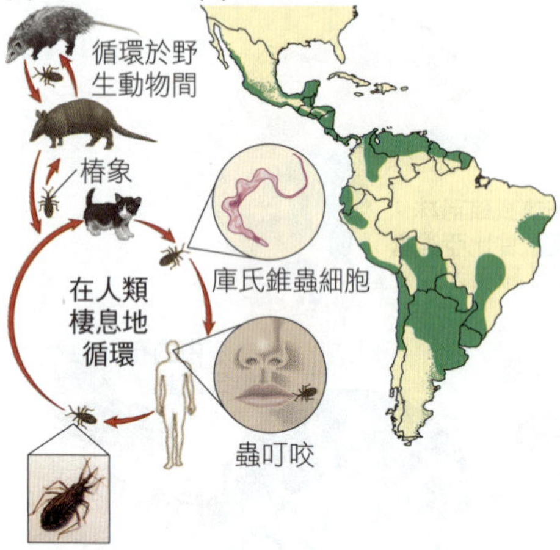

圖 20.9 美國錐蟲症 (查革氏症)。(a) 圖示簡介疾病傳播的循環。一隻被庫氏錐蟲感染的椿象在其糞便中攜帶了寄生蟲的錐鞭毛體。當此椿象吸血為食，就將錐鞭毛體傳播給人類或其他動物。在被感染的組織，錐鞭毛體變形為無鞭毛體，並開始繁殖，造成查革氏症。當椿象叮咬被感染的人，無鞭毛體就會從人體傳給椿象，完成循環；(b) 地圖顯示媒介 / 疾病的分布 (綠色)；(c) 椿象 [騷擾錐椿 (*Triatoma infestans*)]。

魯氏錐蟲相近，只是昆蟲宿主是椿象 (reduviid bugs)，即親吻蟲 (kissing bugs)[10]，為騷擾屬 (genus Triatoma)，儲存錐蟲體於後腸，隨著糞便排出。這種蟲分布於中美洲南美洲及墨西哥的很多區域，可能延伸至美國的南邊 (圖 20.9)。牠們與人類及哺乳動物宿主共享生活環境。感染開始於蟲子叮咬人，通常靠近眼睛或嘴巴角落，立即排便。人類因為偶然的摩擦，便將蟲糞植入傷口。也可能因為蟲糞落在結膜或黏膜上，藉由接觸血液，通過胎盤。病程與非洲錐蟲症相近，局部病灶明顯 [羅門納氏徵狀 (Romaña's sign)]、發燒、淋巴結腫大及肝脾腫大 (圖 20.10a)。特定攻擊心肌及大腸，這兩處都有大量的無鞭毛體。感染造成器官腫大，嚴重破壞功能 (圖 20.10b)。在局部區域，慢性感染者中有 30% 至 40% 的人有心臟疾病。

查革氏症的診斷要透過顯微鏡作血液的檢查及血清學測試。有兩種藥物可以運用，硝呋替莫 (nifurtimox) 及苄硝唑 (benzonidazole)，但若太晚才用，效果不彰，且會有不好的副作用。要降低查革氏症的發生，最好是控制椿象 (攜帶鞭毛蟲) 及囓齒類動物 (昆蟲媒介的宿主) 的數量。殺蟲劑可能有些用處，但因為椿象的耐受性較強，足夠殺死蚊子或蠅的劑量是無法殺死椿象的。清除椿象及維持居家的清潔，也是有用的。最近發生的查革氏症出現在德州，美國疾病管制局 (CDC) 擔憂這可能顯示宿主種類有變動。也有可能在捐贈的血液中，致病原存在的機率增加，因此也必須增加篩檢。

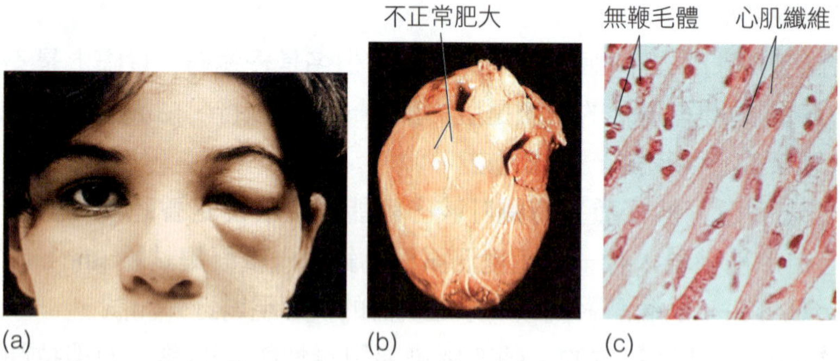

圖 20.10 查革氏症的相關情況。(a) 急性感染的羅門納氏徵狀，眼睛或嘴巴在致病原的入侵處腫大；(b) 慢性疾病的心臟病理表現，心室顯現不正常的腫脹肥大；(c) 心肌切片，顯示無鞭毛體充斥於心肌纖維間。

利什曼原蟲種類及利什曼症

利什曼症是人畜共通疾病，多種哺乳類動物因為雌性白蛉 (phlebotomine[11] flies，又稱 sand flies) 為了產卵吸血，而感染到。利什曼原蟲 (*Leishmania*) 藉著白蛉的吸血，進入白蛉體內，進

10 此暱稱源自於此蟲傾向叮咬嘴角。

11 *phlebotomine* 白蛉 (flee-bot′-oh-meen)。希臘文：*phlebo* 血管；*tomos* 切。此稱呼來源自於牠們會吸血。

行發育 (圖 20.11)。原蟲在白蛉腸道複製繁殖，分化成前鞭毛體，移行至白蛉的口器。

利什曼症是赤道區域的地區性疾病，這樣的環境才能讓白蛉完整其生活史。每年約有 200 萬個新病例。至少有 50 種以上的白蛉可以傳染這個疾病，其他的宿主是野生或人類畜養的動物，特別是狗。人類因為被吸血，才偶然成為宿主。比較危險的是旅人或移民，因為沒接觸過此寄生蟲，而缺乏特別的免疫保護。

利什曼原蟲的感染開始於，被感染的白蛉吸血時將前鞭毛體注入。在巨噬細胞內，寄生蟲轉變成無鞭毛體，並開始複製。疾病的表現隨巨噬細胞的命運而變異。如果巨噬細胞停下來，感染就會局限在皮膚或黏膜，若被感染的巨噬細胞移動了，就會發生系統性感染。

皮膚利什曼症 [cutaneous leishmaniasis，又稱東方潰瘍或巴格達癤 (Baghdad boil)] 是皮膚微血管的局部感染，在一些地中海、非洲及印度地區是熱帶利什曼原蟲 (*L. tropica*) 造成的，在拉丁美洲是墨西哥利什曼原蟲 (*L. Mexicana*) 造成的。被叮咬處形成一個紅丘疹，擴散成一個大潰瘍 (圖 20.11c)。有一種利什曼症稱為鼻咽黏膜利什曼病 (espundia)，是巴西利什曼原蟲 (*L. brasiliensis*) 造成的，盛行於中美及南美的一些區域。感染發生在皮膚及頭部的黏膜。當皮膚的潰瘍痊癒後，原蟲進入慢性感染，感染發生的部位有鼻子、嘴唇、下顎、牙齦及咽等不同位置造成相當的損毀。

全身性 (內臟型) 利什曼症發生於部分的非洲、拉丁美洲及中國，約在感染後的 2 至 18 週逐漸發病。疾病的表現是間歇性的高燒、體重減輕、內臟腫大，特別是肝臟、脾臟及淋巴結。最常最致命的型式是*黑熱病* (kala azar)，不治療的死亡率約為 75~95%。死亡的原因是形成血液的組織被破壞、貧血、二次感染及溶血。

利什曼症與幾種細菌及黴菌感染形成的肉芽腫相似，診斷較為複雜。病原體可以在皮膚病灶處被發現，若是內臟疾病則可以在骨髓發現。額外的檢驗有寄生蟲的培養、血清學試驗及利什曼皮膚試驗。注射葡萄糖酸銻鈉 (pentostam) 或糖苷 (glucantime) 通常是有效的治療，但有毒性副作用。預防要從殺蟲劑的使用及消滅白蛉棲息地做起，人類及狗的疫苗正在研發中。

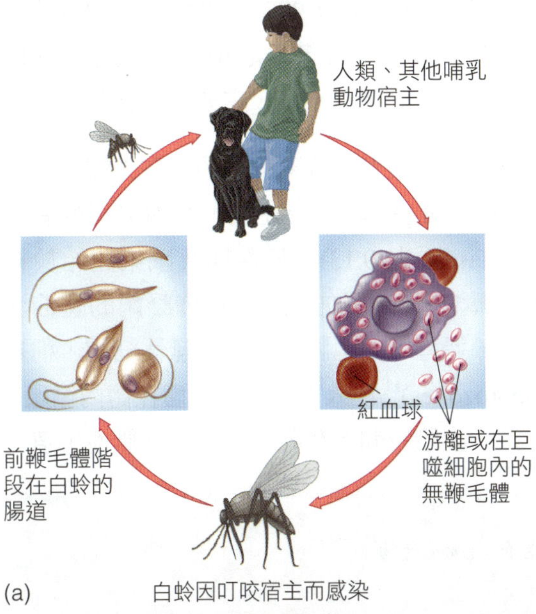

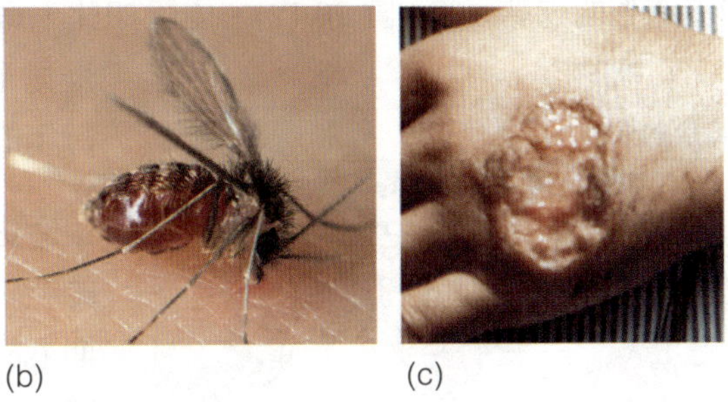

圖 20.11　利什曼原蟲的生活史及致病性。(a) 原蟲的無鞭毛體階段存在於人類或其他哺乳動物的血管中。無鞭毛體會隨著白蛉的吸血，造成白蛉的感染，在白蛉的腸道發育成前鞭毛體，再感染到另一個哺乳動物宿主，進行下一趟的循環；(b) 白蛉吸血；(c) 手部皮膚的瘡或潰瘍。

20.4 頂覆門寄生蟲

最不尋常的原蟲是頂覆門寄生蟲 (apicomplexans)。這些微小的寄生蟲存在於不同的動物宿主身上。與其他原蟲不同處是牠們在營養體階段，缺乏完整發育的運動胞器，雖然某些形式有扭曲滑行的運動方式，其他的有具鞭毛的性細胞。值得注意的是它們寄生在宿主的細胞內。頂覆門寄生蟲生活史的特點是很複雜，在有性期與無性期及不同的動物宿主之間輪替。多數成員會形成特別的感染體，藉由媒介、食物、水或其他方式傳播。最重要的人類致病原隸屬於瘧原蟲 [*Plasmodium*，瘧疾 (malaria)]、弓漿蟲 [*Toxoplasma*，弓漿蟲症 (toxoplasmosis)] 及隱孢子蟲 [*Cryptosporidium*，隱孢子蟲症 (cryptosporidiosis)]。

瘧原蟲：瘧疾的致病原

縱觀人類的歷史，包含史前時代，瘧疾是人類最大的磨難之一，相似程度的疾病還包括鼠疫、流行性感冒及結核病。時至今日，瘧疾仍是主要的原蟲類疾病，每年威脅著地球上 40% 的人口。疾病名源自義大利文，*mal* 意為壞的 (bad)，*aria* 意為空氣 (air)。中古世紀的迷信解釋：源自沼澤的迷霧或邪靈造成了瘧疾，因為當時許多病患認為他們是接觸邪靈才致病的。當然，現在明確了解到，主要是因為沼澤是蚊子的棲息地。

瘧疾的致病原是絕對細胞內寄生的孢子蟲 (sporozoan)，屬於瘧原蟲屬 (*Plasmodium*)，主要包含五種：四日瘧原蟲 (*P. malariae*)、間日瘧原蟲 (*P. vivax*)、惡性瘧原蟲 (*P. falciparum*)、卵型瘧原蟲 (*P. ovale*) 及諾氏瘧原蟲 (*P. knowlesi*)。人類和某些靈長類是這些瘧原蟲種類的脊椎動物宿主，分布在不同的地理位置，造成疾病的樣態及嚴重度也各有不同。主要傳播者是雌性瘧蚊 (*Anopheles*)，偶爾會發生在共用針具、輸血及母親傳胎兒的垂直感染。瘧疾的詳細研究非常龐大而迷人，複雜到本章節無法詳述。這裡我們僅對流行病學、生活史及病理學作一般性的介紹。

瘧原蟲感染的流行病學及相關事件

雖然過去瘧疾是全世界都會發生的疾病，但溫帶地區對蚊子的控制已成功地將其大多局限在環赤道帶的熱帶地區 (圖 20.12)。儘管如此，每年仍有 2 億新病例，90% 在非洲。主要的病患是兒童及年輕的成人，每年奪走 65 萬條人命。美國每年的新病例約一千至兩千例，主要發生在新移民。

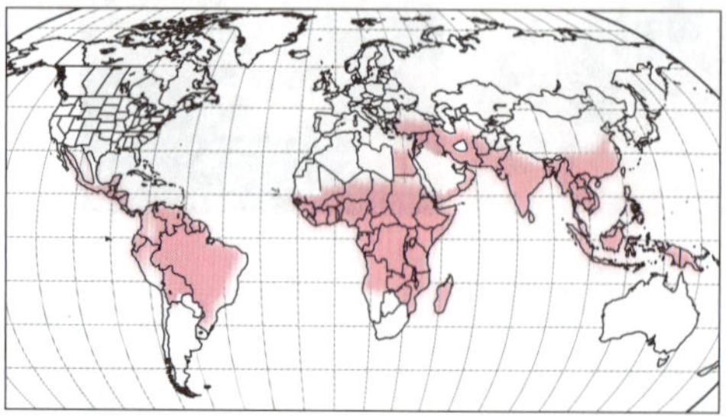

圖 20.12 **瘧疾帶**。粉紅色區域是瘧疾主要盛行區，瘧疾帶環赤道。

生活史 瘧原蟲的發育分成兩大階段：在人體中進行的無性期 (asexual phase)，及在蚊子體內進行的有性期 (sexual phase)(圖 20.13)。無性期及感染開始於被感染的雌性瘧蚊因為吸血，將含有抗凝劑的唾液注入微血管中。過程中，也將紡錘狀的無性細胞，稱為**孢子體** (sporozoites)[12] 注入人體。孢子體在體內循環，會潛入肝臟一小段時間。在肝細胞內進行無性生殖，

12 *sporozoites* 孢子體 (spor-oh-zoh-eyetz′)。希臘文：*sporo* 種子；*zoon* 動物。

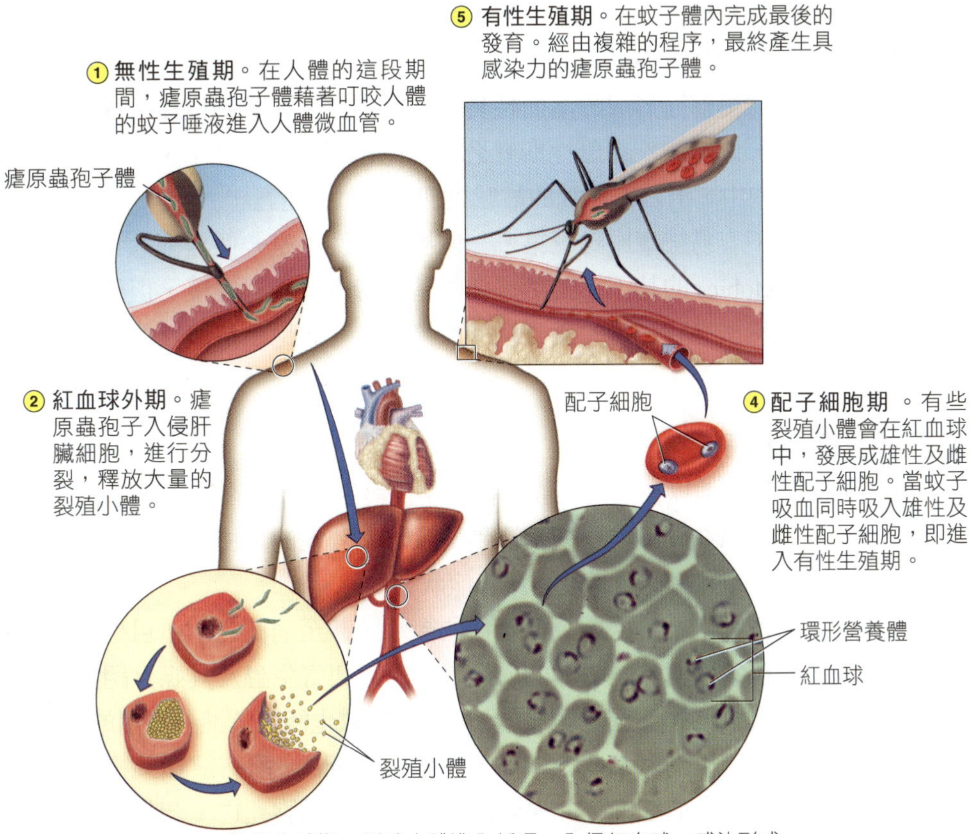
⑤ 有性生殖期。在蚊子體內完成最後的發育。經由複雜的程序，最終產生具感染力的瘧原蟲孢子體。
① 無性生殖期。在人體的這段期間，瘧原蟲孢子體藉著叮咬人體的蚊子唾液進入人體微血管。
瘧原蟲孢子體
② 紅血球外期。瘧原蟲孢子入侵肝臟細胞，進行分裂，釋放大量的裂殖小體。
配子細胞
④ 配子細胞期 。有些裂殖小體會在紅血球中，發展成雄性及雌性配子細胞。當蚊子吸血同時吸入雄性及雌性配子細胞，即進入有性生殖期。
環形營養體
紅血球
裂殖小體
③ 紅血球期。裂殖小體進入循環，入侵紅血球。感染形成一種特殊的狀態 [環型營養體 (ring trophozoite)] 在紅血球內。此形態的裂體生殖會產生額外的裂殖小體，自紅血球爆裂出，再繼續感染循環。

歷程圖 20.13　造成瘧疾的瘧原蟲，其生活史及傳播循環。

稱為**裂體生殖** (schizogony)[13]，產生大量的寄生蟲子代，稱為**裂殖小體** (merozoites)。這段紅血球外期 (exoerythrocytic development) 約持續 5 至 16 天，依寄生蟲種類而有所不同。最終破壞肝細胞，釋出 2,000 到 40,000 隻成熟的裂殖小體，進入循環。

在紅血球期 (erythrocytic phase)，裂殖小體入侵紅血球，短時間內轉換成環型的營養體 (trophozoites)。這段時間以血紅素為食，生長並進行多次分裂，產生的細胞稱為裂殖體 (schizont)，裂殖體是由多個裂殖小體組成。紅血球爆裂後，釋出的裂殖小體會感染更多的紅血球。最後，某些裂殖小體分化成兩種特化的配子，稱為雌性配子 (macrogametocytes) 及雄性配子 (microgametocytes)。因為人體無法提供其進一步發育，這就是在人體循環的終點。

當蚊子將被感染的紅血球吸入胃，就導致了有性生殖中的孢子生殖 (sporogony)，在此發生受精。形成的二倍體細胞 [卵囊 (oocyst)] 殖入蚊子的胃壁，形成孢子體，進駐唾液腺。如此完成有性循環，形成的孢子體得以感染下一個人類宿主。

致病性　在 10 到 16 天的潛伏期後，瘧疾的症狀是疲累、隱隱作痛及噁心，緊接著發冷、發燒、

13 *schizogony* 裂體生殖 (shizz′-aw-gon-ee)。希臘文：*schizo* 分裂；*gone* 種子。細胞核的多次分裂後，再進行細胞質的分裂。

盜汗。這些症狀發作間隔 48 或 72 小時，與紅血球被破壞的時間同步。每種瘧疾有其間隔、長度及規律性。惡性瘧疾是最嚴重的，通常會持續發燒、咳嗽及虛弱，長達數週不停歇。瘧疾的併發症是由於血球溶解而形成的溶血性貧血，及由於壞死細胞堆積於脾臟、肝臟及腎臟，導致器官腫大及破壞。惡性瘧疾在急性期有最高的死亡率，尤其是小孩。有些瘧疾容易復發，是因為被感染的肝細胞中，潛藏著休眠的被感染細胞，可長達五年。

有些人天生不容易被瘧原蟲感染。一個極端的例子是一個非洲人，他帶有鐮刀細胞血紅素 (sickle-cell hemoglobin) 的基因。雖然這樣的基因帶原者相對健康，但仍會產生一些不正常的紅血球，讓瘧原蟲無法得到足夠的養分以進行繁殖。在該地區持續性的鐮刀型貧血直接歸功於瘧疾的存活率。

瘧疾的診斷與控制

瘧疾的診斷無疑地以在染色的血液抹片中，發現瘧原蟲的典型形態 (見圖 20.13)。有幾個瘧疾的快速試驗，可以在感染的早期偵測到寄生蟲。其他的證據有病患的居住地或在流行區的旅遊史，及反覆發作的發冷、發燒及盜汗等症狀。

世界衛生組織曾經希望能夠降低瘧疾的衝擊，甚至消滅它。這目標有許多阻礙。事實上，在某些地區，瘧疾的病例數是增加的。失敗的原因與寄生蟲及其媒介絕對的適應及存活能力有關。標準的藥物治療已選擇出抗藥株的瘧原蟲，瘧蚊也能抵抗某些常用的殺蟲劑。

瘧疾近期的治療藥物是某些型式的奎寧類 (quinine)，所有這類藥物對瘧原蟲的毒性在防止其處理它的食物胞內之血紅素，此導致廢物的累積與細胞死亡。若無抗藥性的問題就選用氯喹 (chloroquine)。若當地主要的致病原有抗藥性，就選用一個療程的甲氟喹 (mefloquine)。以青蒿素為基底的合併治療 (artemisinin-based combination therapy, ACT) 是抗瘧疾戰爭中的最終手段。單一劑合併使用兩種具不同代謝標的之藥物，以縮短療程，更有可能完全治癒，也減緩抗藥性瘧原蟲的發生。複方蒿甲醚 (coartem) 是一種 ACT 藥物，結合了苯芴醇 (lumefantrine) 與青蒿素 (artemether) 的衍生物，2009 年美國食品藥物管理局通過，用於無併發症的瘧疾治療。

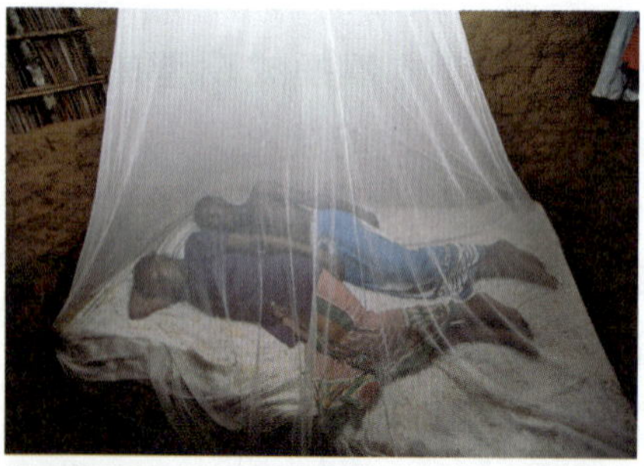

圖 20.14 **殺蟲劑處理過的蚊帳。**瘧蚊在黃昏及黎明，藉著吸血散布瘧疾。夜晚睡在殺蟲劑處理過的蚊帳內，可避免蚊子叮咬。如果家裡能有足夠的蚊帳，就可降低蚊子的數量以及它們的生命期，甚至可保護社區中未受蚊帳遮蔽的成員。

瘧疾的預防嘗試藉由長期減少蚊子及人類的預防著手。包括水的清潔，以去除蚊子的繁殖地，擴大使用殺蟲劑，降低成蚊的數量，特別是接近人類居住地處。人類可採用下面提到的方法，降低感染的風險：

- 使用殺蟲劑處理過的蚊帳簾帳及驅蟲藥 (圖 20.14)。
- 入夜後留在屋內。
- 每週服用預防性藥物，如 Malarone [阿托喹酮 (atovaquone)/ 氯胍 (proguanil)]、去氧羥四黴素 (doxycycline)、氯喹 (chloroquine)。

近期人類的瘧疾史已可排除捐血造成。即使有減瘧會議 (the Roll Back Malaria) 啟動了大規模的防疫工作，在部分區域瘧疾盛行率仍高。

瘧疾與其難以捉摸的疫苗

一些動物及人類模式都證實瘧疾疫苗的可行性，但實際上的發展是有困難的。原因在於感染人類的瘧原蟲有四種，它們各自有孢子體、裂殖小體及配子階段。再者，每一種瘧原蟲的孢子體及裂殖小體的抗原也是不同的。孢子體疫苗可預防肝臟感染，而裂殖小體疫苗則預防紅血球的感染。最佳的疫苗應該可以對各種瘧原蟲的各個階段提供長期的保護，當一種免疫反應失敗時，還有另一個免疫反應可以應對。

新疫苗還在發展的早期階段，希望能誘導出阻絕蚊子傳播瘧疾的抗體。阻絕傳播疫苗 (transmission-blocking vaccine, TBV) 可以與傳統疫苗合併使用，傳統疫苗是對部分瘧疾提供免疫保護的。蚊子若叮咬打過疫苗的人，可避免瘧疾的下一個傳播，終究造成瘧疾的全面滅絕。雖然這個計畫還在很早期的階段，科學家是興奮的，因為 TBV 看來可有效率地對抗所有種類的蚊子，而瘧疾終將滅絕。在此同時，傳統疫苗進入後期的臨床試驗，顯示可以降低其中一種瘧原蟲的感染率達五成以上，是非常好的表現。

球蟲

頂覆門的球蟲目 (Order Coccidiorida of the Apicomplexa) 包含許多人畜共通傳染的成員，感染人類畜養的動物及鳥類，也造成人類嚴重的疾病。這些特殊的寄生蟲存在著不同階段，包括休眠的卵囊 (oocysts) 及偽囊 (pseudocysts)。

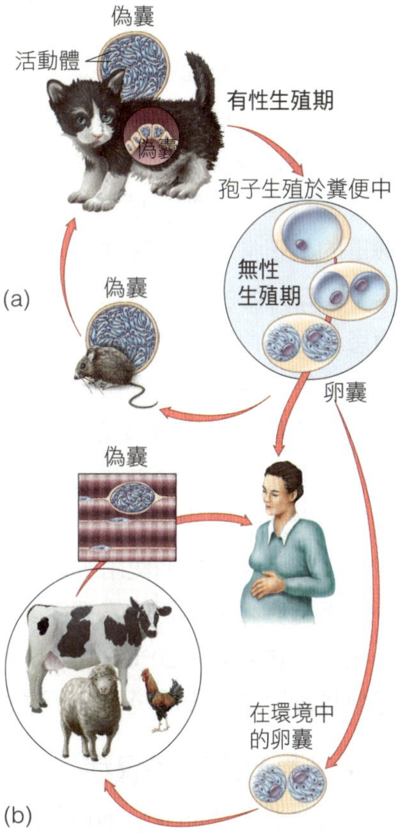

圖 20.15　剛地弓漿蟲的生活史及形態。(a) 於貓及其獵物體的生活史；(b) 於其他動物宿主的生活史。此人畜共同傳染病有一大的動物貯藏所 (人類畜養或野生的) 因為接觸藏於土壤中的卵囊，而被感染，成為儲存宿主。人類則因接觸了貓，或吃了帶有偽囊的動物肉品而感染。懷孕婦女的感染會有嚴重的併發症，因為可能危及胎兒。

剛地弓漿蟲及弓漿蟲症

剛地弓漿蟲 (*Toxoplasma gondii*)[14] 是細胞內感染的頂覆門寄生蟲，在世界分布度極廣，有專家推測，世界上多數人的肝臟都曾經有此寄生蟲潛藏其中。多數的情況，弓漿蟲症 (toxoplasmosis) 不會被注意到，若發生在胎兒及免疫缺陷的病人，特別是 AIDS，就會很嚴重甚至致命。剛地弓漿蟲是非常成功的寄生蟲，其宿主專一性很小，可感染至少 200 種的鳥類及動物。其主要的儲存處及宿主為家中畜養及野生的貓科動物，及其囓齒類獵物。

要追蹤弓漿蟲症的傳播，先要了解弓漿蟲在貓身上的生活史 (圖 20.15a)。此寄生蟲在腸道進行有性期，而釋放至糞便，在糞便中形成具感染力的卵囊，在濕潤的土壤中可存活數月。被吃進的卵囊釋放具侵襲力的活動體 (tachyzoite)，會感染多種組織，在貓身上造成疾病，此階段為無性期。最終在組織進入囊胞狀態的形式稱為偽囊。弓

14 *Toxoplasma gondii* 剛地弓漿蟲 (toks″-oh-plaz′-mah gawn′-dee-eye)。拉丁文：*toxicum* 毒素。希臘文：*plasma* 形成；*gundi* 小型齧齒類動物。

漿蟲不會只在貓體內循環，其卵囊會進入中間宿主，通常是囓齒類動物及鳥類。當貓吃了被感染的獵物，寄生蟲就再回到貓身上。

其他脊椎動物也會變成傳播循環的一部分 (圖 20.15b)。牛、綿羊這些草食動物吃進了存在草地土壤的卵囊，在動物的肌肉及其他器官會變成偽囊。狗等肉食動物會因為吃了帶原動物組織中的偽囊而被感染。

人類顯然不斷地接觸此致病原。藉由血清學試驗測知，在一些族群中，之前的感染率可高達九成，很多病例是由於吃了生的或未煮熟肉類中的偽囊而引起。這些生食在某些民族是習慣性的食物，如生的醬牛肉、生豬肉及羊絞肉。貓有舔毛整理的習慣，也因此會把糞便中的卵囊散布到牠們的體表，若無良好的清潔處理，是會有機會吃進卵囊的。有時活動體會穿過胎盤，造成胎兒的感染。

多數的弓漿蟲症病例是無症狀的，或輕微症狀，如喉嚨痛、淋巴結腫大及低度發燒。若病人因為感染、癌症或藥物，而處於免疫抑制的情況，病情發展是可怕的。慢性持續性的弓漿蟲感染會造成廣泛的腦部病灶，及致死性的心臟及肺臟的損害。懷孕婦女若患弓漿蟲症，會有 33% 的機率造成胎兒感染。先天性的感染若發生在懷孕的第一期或第二期，可能會造成死產及嚴重的不正常，如肝脾腫大、肝失能、腦水腫、痙攣及因傷及視網膜而導致失明。

AIDS 及免疫受損病人的弓漿蟲症，肇因於初次急性感染或復發型的潛伏感染。在有些愛滋病患身上的急性感染，會快速發展、重傷腦部而致死。活動蟲體和囊胞聚集於腦內，會造成癲癇、神智狀態改變及昏迷。

弓漿蟲症可用抗弓漿蟲抗體進行血清學試驗區分，特別是免疫球蛋白 M (IgM)，顯示處於感染早期。也可用培養及組織學分析診斷。

最有效的藥物是乙胺嘧啶 (pyrimethamine) 及磺胺嘧啶，單獨或合併使用。因為無法摧毀囊體階段，所以要長期使用，以避免再感染。

因為卵囊的廣泛分布及不易摧毀，衛生在弓漿蟲症的控制上，就相形重要。充分煮熟或將肉類冷凍在低於 −20°C 的溫度中，可以破壞組織中的卵囊及偽囊。在與貓接觸後，或處理過可能被貓糞污染的土壤後，洗手是重要的。孕婦更要注意，別去碰到貓的排泄物。

肉孢子蟲及肉孢子蟲症

肉孢子蟲 (Sarcocystis) 是牛、豬、綿羊的寄生蟲，有些有特別的傳播循環而進入人體，人體成為了最終宿主。人類畜養的動物因為吃到被人類糞便污染的的草，而被囊體感染，成為中間宿主。人類會因為吃了帶有囊體的牛、羊、豬肉，而被感染，但人與人之間的傳播還沒發現。肉孢子蟲症 (Sarcocystosis) 是少見的感染，通常是因為生食肉品而發生。腸道肉孢子蟲症的症狀是腹瀉、噁心及腹痛，症狀高峰出現在進食後的數個小時，持續約莫兩週。現今無特別的治療藥物。

隱孢子蟲：新認定的腸道致病原

隱孢子蟲 (*Cryptosporidium*)[15] 屬於頂覆門腸道寄生蟲，感染哺乳類動物、鳥類及爬蟲類。隱孢子蟲症在之前都被認為是牛、豬、雞及其他家禽的腸道小毛病，但它的確是人畜共通疾病。

15 *Cryptosporidium* 隱孢子蟲 (krip″-toh-spo-rid′-ee-um)。希臘文：*cryptos* 躲藏；*sporos* 種子。

隱孢子蟲的生活史與弓漿蟲相似，有強韌的腸道卵囊及組織期。傳播模式則與梨型蟲極相似。

隱孢子蟲症發生在世界各地，但盛行於水及食物衛生狀況不佳的地區。一些發展中國家的居民約有 3% 至 30% 的帶原。從頻繁的爆發顯示一般大眾對這致病原的易感性。1990 年代，在威斯康辛州，有 37 萬人因為飲用自來水，而得到隱孢子腸胃炎。其他的爆發被確認是家畜廢棄物及噴水公園污染了水源。研究顯示，地表上至少三分之一的淡水有此菌的存在。近來會以臭氧或紫外光去除娛樂活動的水的污染，這對隱孢子蟲是有效的抑制。

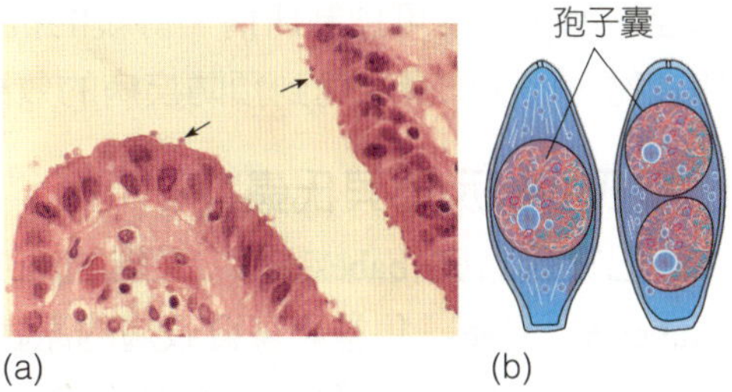

圖 20.16 其他頂覆門寄生蟲。(a) 光學顯微鏡觀察到膽囊表皮有多隻隱孢子蟲體 (箭頭處)，在表皮細胞的內腔表面；(b) 貝氏等孢子蟲卵囊中有內在的孢子囊。

感染開始於吃入的卵囊釋出孢子體入侵腸細胞，形成細胞內寄生。臨床症狀與其他腸胃炎相似：頭痛、盜汗、嘔吐、嚴重腹絞痛及腹瀉。AIDS 病患會發展出慢性、持續性的隱孢子蟲腹瀉，這也是用來診斷 AIDS 的標準之一。此致病原可用間接免疫螢光偵測糞便檢體，或以抗酸性染色鑑定活體組織檢體 (圖 20.16a)。免疫正常的人可以用硝唑尼特 (nitazoxanide) 治療，免疫缺陷的病人則會不拘治療的方案，而反覆發作。

貝氏等孢子蟲及等孢子蟲症

等孢子蟲 (*Cystoisospora*，原名為 *Isospora*) 是腸道細胞內寄生蟲，特徵是卵囊內有具感染性的孢子囊 (sporocysts)(圖 20.16b)。幾種寄生在哺乳動物的等孢子蟲中，只有貝氏等孢子蟲 (*Cystoisospora belli*)[16] 會感染人類。藉由糞便污染食物或水或實驗室的接觸，造成傳播。感染發生率是不清楚的，因為通常是無症狀或自限性 (self-limited)。明顯的症狀有疲累、噁心、嘔吐、腹瀉、脂肪便、腹絞痛及體重減輕。治療藥物是甲氧苄氨嘧啶 - 磺胺甲噁唑 (trimethoprim-sulfamethoxazole)。

環孢子蟲及環孢子蟲症

環孢子蟲 (Cyclospora cayetanensis) 是新興原蟲致病原，相近於等孢子蟲。自從 1979 年首次發現，在北美已有數百起感染爆發。感染的模式為糞口感染，多數的案例是食用新鮮農產品及水，而這些可能被糞便污染了。環孢子蟲症 (Cyclosporiasis) 在世界各地均有發生，主要發生在人類，但不會由人直接傳染給人。感染爆發的源頭有進口的覆盆子、新鮮蔬菜及飲用水。這寄生蟲也是旅人腹瀉的常見致病原。

疾病起於卵囊進入小腸入侵黏膜。潛伏期約一週，症狀有水瀉、胃絞痛、腹脹、發燒及肌肉痛。病人會因長期腹瀉而厭食及體重減輕。

糞便因缺少可辨識的卵囊，診斷會較複雜。改進的鑑定技術為以螢光顯微鏡觀察新鮮準備的糞便檢體，及進行抗酸性染色處理過的糞便檢體。也可用聚合酶鏈鎖反應為基礎的 DNA 測試來鑑定環孢子蟲，並可與其他的等孢子蟲區分。多數的案例在合併使用甲氧苄氨嘧啶及磺胺甲

---

16 *Cystoisospora belli* 貝氏等孢子蟲 (sis′-toh′-eye-saus′-poh-rah bel′-eye)。希臘文：*iso* 相當；*sporo* 種子；拉丁文：*bellum* 戰爭。

噁唑一週，通常可控制病情。傳統的抗原蟲藥物是無效的。某些疾病案例可能可藉由煮熟或冷凍食物，破壞卵囊，達到預防疾病的效果。

巴貝氏蟲種及巴貝氏蟲症

巴貝氏蟲症 (babesiosis，又稱 piroplasmosis) 在微生物學史上有兩項重要的第一。巴貝氏蟲 (Babesia)[17] 是第一隻被發現會致病的原蟲—紅水熱 (redwater fever)[18]。這是牛的急性發燒出血性疾病，因為紅血球被破壞，血紅素出現在尿液中，因而得名。這也是第一個疾病確認與節肢動物媒介—蜱 (tick) 有關。雖然巴貝氏蟲的形態及生活史仍未完全清楚，但它們可能與瘧原蟲很像。

人類的巴貝氏蟲症是人畜共通疾病，是偶然因硬蜱叮咬而傳播來自野生囓齒類的感染。感染發生在全世界，美國曾經病例相當少甚至沒有。由於病例增加，促使 CDC 將其列於 2011 年需注意疾病名單中。因輸血造成的傳播，特別令人關注。在東北部及中西部的一些地區，每年約有 600~1,000 例病例。病癥及反應與瘧疾相似，會破壞紅血球及造成發燒。

20.5 蠕蟲的檢視

前面檢視的寄生蟲是單細胞的感染原，而蠕蟲 (helminths)[19]，特別是成蟲，相對大型且多細胞，並具有特別的組織及器官，與其寄生者相似。形態上差異性大，從勉強看得到的蠕蟲 (roundworms，0.3 mm)，到巨大的 25 公尺長的條蟲 (tapeworms)，從橢圓形、新月形，到鞭形或長扁彩帶形。它們的行為及對人類的適應性相當的迷人而奇特。試想一條蠕動的白色長條蟲突然從你的鼻子竄出，感覺並看到蟲在你的皮膚下爬行，或有蟲滑過你的眼前，你就會對這些寄生蟲的特殊天性有一些概念。

接下來將介紹蠕蟲的流行病學、生活史、病理學及控制的特點，接著是主要的寄生蟲疾病。第 4 章的分類簡短回顧，可能會有幫助。蠕蟲是無脊椎的蟲，分成兩大門 (phylum)。囊蠕蟲門 (Aschelminthes) 就是普遍知道的線蟲 (nematodes) 或蠕蟲 (roundworms)，有長圓形、微彎的身體。扁形動物門 (Platyhelminthes) 的成員是扁蟲 (flatworms)，有薄扁的身體。扁蟲又分成兩類：(1) 吸蟲 (trematodes 或 flukes) 有卵圓形緊緻的身體；(2) 條蟲 (cestodes 或 tapeworms) 的身體是長帶狀，會分節。表 20.4 將醫學上重要的蠕蟲依線蟲吸蟲及條蟲分列出。

一般的生活及傳播史

蠕蟲完整的生活史包括孵化的卵 (胚胎)、幼蟲及成蟲期。多數的蠕蟲在宿主體內是成蟲，進行攝食及有性期繁殖。線蟲雌雄有別，且通常在外觀上不同；吸蟲有雌雄有別的階段，也有雌雄同體 (hermaphroditic) 期，指一個蟲體同時擁有雌雄性器官；吸蟲通常是雌雄同體。寄生蟲的種類要延續存活，必須藉由通常是卵或幼蟲的感染形式傳播到另一個可能是相同或不同種的宿主體內以完成其生活史。依慣例，提供幼蟲發展的宿主稱為中間宿主 (intermediate host) 或第二宿主，成體發育及交配發生的宿主稱為定義宿主 (definitive host) 或終宿主。傳播宿主是一個中間宿主，不提供蟲體發育，但在完成生活史中為必要的聯結。

---

17 *Babesia* 巴貝氏蟲 (bab-ee′-see″-uh)。以發現者 Victor Babes 加以命名。

18 亦稱為牛巴貝氏蟲症、德州熱或蜱熱。

19 *helminth* 蠕蟲。希臘文：*helmins* 蟲。

系統檔案 20.2　寄生的蠕蟲

寄生蟲	皮膚 / 骨骼	神經 / 肌肉	心血管 / 淋巴 / 全身系統性	腸胃道	呼吸道	泌尿生殖系統
蛔蟲				腸道窘迫		
鞭蟲		肌肉痛		下痢		
蟯蟲	肛門癢			下痢		
美洲鉤蟲	皮膚炎			腸道窘迫	肺炎	
十二指腸鉤蟲				腸道窘迫		
糞小桿線蟲	皮膚炎			腸道窘迫	肺炎	
旋毛蟲	肌炎	腦炎		腸道窘迫		
班氏血絲蟲	皮膚炎		象皮病			
蟠尾絲蟲 (帶有沃爾巴克體)	河盲症	失去視神經				
血吸蟲			血液感染	腸道血吸蟲症	咳嗽	尿道血吸蟲症
中華肝吸蟲				肝臟及腸道疾病	胸膜痛， 膿腫	
牛羊肝吸蟲				肝臟及腸道疾病		
無鉤條蟲				腹痛		
有鉤條蟲		囊尾幼蟲病	囊尾幼蟲病	腸道窘迫		

雖然在生活及傳播史上有個別差異，多數是四個基本形態之一 (圖 20.17)。一般而言，人類因為受污染的食物、土壤、水或被感染的動物，而受到感染；感染的路徑是攝食或穿過未破皮的皮膚。表 20.4 列出，人類是許多寄生蟲的定義宿主，其中約有一半的寄生蟲，人類是其唯一的生物儲存宿主。其他寄生蟲的儲存宿主是動物或節肢動物，主要為完成蠕蟲的發育。多數的感染，蠕蟲需要離開宿主，才能完成生活史。

蠕蟲疾病的流行病學

蠕蟲對人類的健康、經濟及文化影響深遠。世界衛生組織估計全世界任何時候，都約有 25 億人被蠕蟲感染。統計上最常見的是：

- 蛔蟲症，十億人。
- 鞭蟲症，七億人。
- 鉤蟲症，六億人。
- 吸蟲症，兩億人。
- 絲蟲症，一億兩千萬人。

雖然世界上所有的群體及地理位置的人都是寄生蟲的宿主候選人，但發生率最高的是熱帶及亞熱帶鄉村地區的孩童。多數的溫帶已開發國家的寄生蟲感染多為，蟯蟲感染及旋毛蟲症，而移民及旅人是熱帶寄生蠕蟲感染的好發族群。

表 20.4 感染人類的主要蠕蟲及其傳播模式

分類	疾病或寄生蟲的俗名	生活史所必需	傳播至人體的方式
線蟲			
腸道線蟲			糞口路徑
卵 (胚胎) 期感染			
鞭蟲	鞭蟲	人類	帶有卵的糞便污染土壤
蛔蟲	蛔蟲症	人類	帶有卵的糞便污染土壤
蟯蟲	蟯蟲	人類	緊密接觸及污染物
幼蟲期感染			
美洲鉤蟲	新世界鉤蟲	人類	帶有卵的糞便污染土壤
十二指腸鉤蟲	舊世界鉤蟲	人類	帶有卵的糞便污染土壤
糞小桿線蟲	糞小桿線蟲	人類；人體外自由生存	帶有卵的糞便污染土壤
旋毛蟲	旋毛蟲	豬、野生哺乳類	吃了含有幼蟲的肉類
組織線蟲			幼蟲鑽入組織
班氏血絲蟲	絲蟲症	人類、蚊子	蚊子叮咬
蟠尾絲蟲	河盲症	人類、黑蠅	蠅叮咬
羅阿絲蟲	眼蟲	人類、紅樹蠅，鹿蠅	蠅叮咬
吸蟲			
日本血吸蟲	血吸蟲	人類、蝸牛	喝了帶有幼蟲的淡水
曼森血吸蟲	血吸蟲	人類、蝸牛	喝了帶有幼蟲的淡水
埃及血吸蟲	血吸蟲	人類、蝸牛	喝了帶有幼蟲的淡水
中華肝吸蟲	中華肝吸蟲	人類、蝸牛，魚	吃魚
牛羊肝吸蟲	羊肝吸蟲	草食動物 (牛、羊)	飲水或吃水生植物
衛氏肺吸蟲	東方肺吸蟲	人類、哺乳動物、蝸牛、淡水蟹	吃蟹類
條蟲			
無鉤條蟲	牛條蟲	人類、牛	生食或未煮熟的牛肉
有鉤條蟲	豬條蟲	人類、豬	生食或未煮熟的豬肉
廣節裂頭條蟲	魚條蟲	人類、魚	生食或未煮熟的魚肉
短小包生條蟲	侏儒條蟲	人類	糞口路徑；緊密接觸

寄生蟲與人類間的連接循環通常是慣常行為的結果，例如：利用人類的排泄物作肥料，在開放的土壤排便，赤腳踩在土壤或靜水中，及食用未煮熟或生食肉品和魚。蠕蟲的感染對開發中國家而言，是個沉重的負擔。很明顯的是，貧窮及營養不良與較嚴重的疾病與死亡有正相關。大量寄生蟲的感染阻礙兒童的生理及心智的發展。諷刺的是，有些文化已接受寄生蟲是他們數千年來的重擔。

蠕蟲感染的病理學

蠕蟲有許多方式去適應寄生的棲息處所。它們有特殊的口器可以附著上組織或進食，分泌酵素以液化及侵入組織，在表面上有一層表皮，以對宿主的防禦有所保護。此外，它們的器官

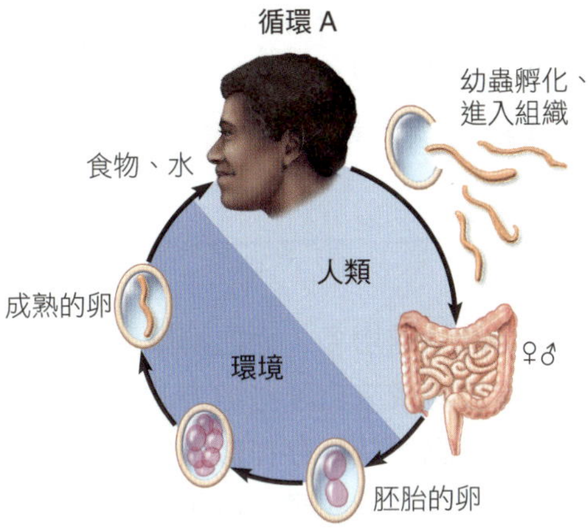

在循環 A，蟲在腸道發育；卵藉由糞便釋出至環境中；卵被新宿主吃進去，在腸道中孵育 [例如：蛔蟲 (*Ascaris*)，鞭蟲 (*Trichuris*)]。

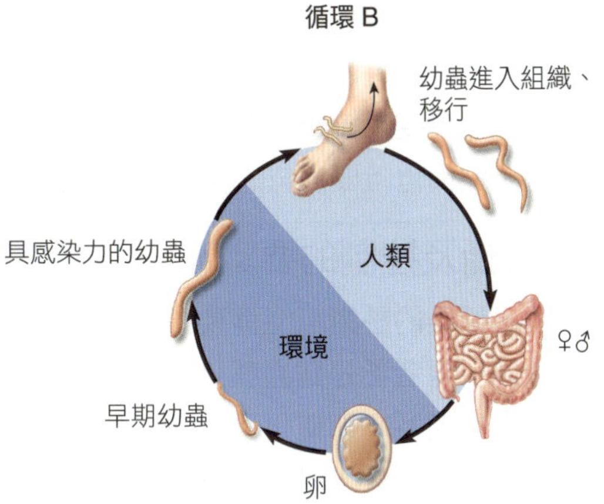

在循環 B，蟲體在腸道成熟；卵隨糞便釋出；幼蟲在環境中孵化及發育；幼蟲穿透皮膚，造成感染 [例如：鉤蟲 (hookworms)]。

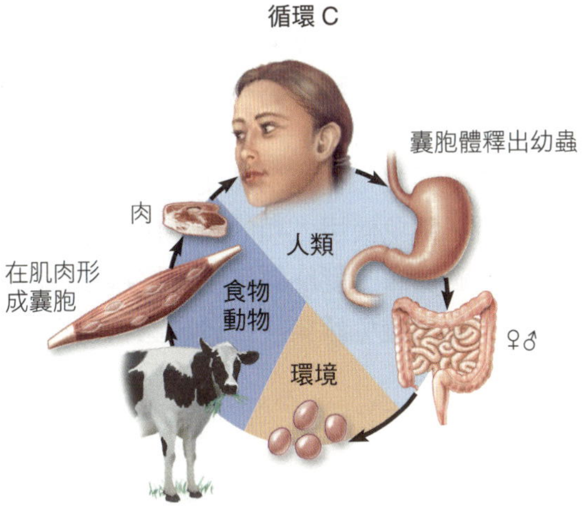

在循環 C，成蟲在人類的腸道成熟；卵被釋入環境中；卵被草食性動物 (中間宿主) 食入；幼蟲在組織形成囊胞；人類 (最終宿主) 吃了動物的肉，而被感染 [例如：絛蟲 (*Taenia*)]。

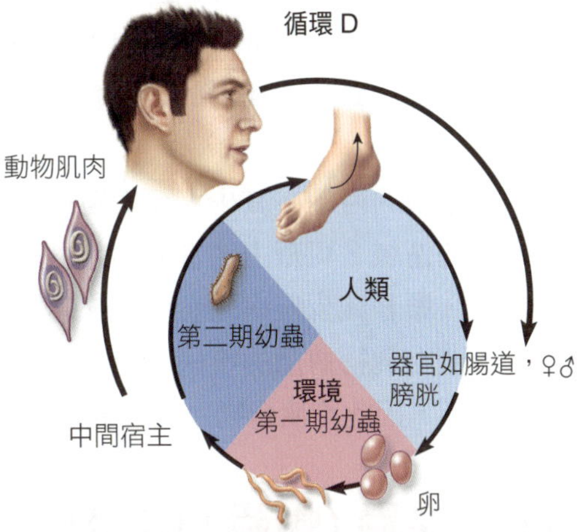

在循環 D 中，卵從人體釋出；人類 (確定宿主) 因為食入幼蟲或經幼蟲穿透皮膚，而造成感染 [例如：肝吸蟲 (*Opisthorchis*) 及血吸蟲 (*Schistosoma*)]。

圖 20.17 **蠕蟲的四種基本生活史及傳播。**

精簡到只剩必需要的：攝食及分解食物、移動及繁殖。蠕蟲靠著口器入侵，在腸道進行發育，接著通常會移行到其他器官。蠕蟲會直接鑽入皮膚，或藉著昆蟲的叮咬快速進入循環系統，而全身移行。這兩種形式都不會停留在單一個位置，它們都會藉著不同的機制通過主要的器官，所到之處造成傷害。

成蟲最終停留在腸道黏膜、血管、淋巴、皮下組織、皮膚、肝臟、肺、肌肉、腦部，甚至眼睛。損傷破壞發生在移行的過程及器官的入侵，主要是因為分解器官進食、毒素分泌，及大量蟲體堵塞器官。病理的影響包括器官腫大、出血、體重減輕及寄生蟲攝食血液造成的貧血。大眾錯誤的看法認為體重減輕是食物競爭的結果，事實上多是因為腸道受損、缺乏食欲、嘔吐及腹瀉造成的營養不良、食物及維他命的吸收不良。

尋常的抗蠕蟲的防禦是嗜酸性顆粒球 (eosinophils) 的增加，它們有特化的能力破壞蟲體 (見第 11 章)。雖然抗體及致敏化的 T 細胞也會對抗寄生蟲，但效果很少持久，所以再感染總是有可能發生。免疫系統無法完全去除寄生蟲的感染，原因顯然是蟲體相對大、會移行及無法靠近。免疫的不完備也阻礙疫苗的發展，因而強調藥物的重要性。

診斷及控制的要素

蠕蟲感染的診斷可能需要幾個步驟。血球計數顯示嗜酸性球增多，而血清學測試顯示對蠕蟲的敏感，兩者都是蠕蟲感染的間接證據。到過熱帶地區旅遊或來自那些地方的移民歷史，都對診斷有所助益，即使是發生在多年前，因為有些吸蟲及線蟲可持續存在數十年。最明確的證據是在糞便、痰液、尿液、血液或活體組織切片發現蟲卵、幼蟲或成蟲。這些寄生蟲的形態不論在哪一種階段都極具區別性，包括蟲卵，可作為陽性的鑑定。

雖然有幾種有效的抗蠕蟲藥物，但真核寄生蟲的細胞生理與人類相近，會毒殺寄生蟲的藥劑也會對人體有毒。有些抗蠕蟲藥物作用是抑制一種代謝過程，而這種代謝對寄生蟲是重要的，對人體的重要性就不那麼大。另有藥劑抑制蟲體移行，或是避免它們固著在某個器官，例如小腸。治療也基於藥物對蠕蟲的毒性較大，或只局部作用在腸道。抗蠕蟲藥劑的選擇及作用列於表 20.5。

預防措施的目的在減少人類與寄生蟲的接觸或干擾其生活史。在經由糞便污染的土壤及水傳播蠕蟲的區域，可藉由適當的污水處理、使用衛生廁所、避免使用人類的糞便作為肥料及供水的消毒，顯著減少疾病的發生率。若幼蟲是水棲的並鑽過皮膚，就應該避免直接接觸有蟲寄生的水。藉由食物傳播的疾病，可以將蔬菜或肉品完全煮熟而避免感染。由於成蟲、幼蟲及卵都對冷敏感，因此冷凍食物是高度滿意的預防措施。

20.6 線蟲 (蛔蟲) 的侵擾

線蟲 (nematode)[20] 是長條、圓柱形的蠕蟲，生物學家認為它們是最大量的動物族群之一 (一杯的土壤或泥巴可以輕易帶有上百萬的線蟲)。它們之中絕大多數是自由存活於土壤或淡水中，

表 20.5 抗蠕蟲的治療藥物及用藥指示

藥物	作用	用於
阿苯達唑 (Albendazole)	阻斷寄生蟲的主要代謝步驟	絲蟲症、蛔蟲症、糞小桿線蟲症及一些成蟲
乙胺嗪 (Diethylcarbamazine)	未知，但可殺死小鞭蟲	絲蟲症、羅阿蟲症
伊維菌素 (Ivermectin)	阻斷神經傳導	蟠尾絲蟲症、蛔蟲症、糞小桿線蟲症
甲苯咪唑 (Mebendazole)*	阻斷寄生蟲的主要代謝步驟	鞭蟲症、蛔蟲症、鉤蟲、旋毛蟲症
呱嗶嗪 (Piperazine)	癱瘓蟲體，令其排至糞便中	蛔蟲症、蟯蟲、鉤蟲
吡喹酮 (Praziquantel)	干擾寄生蟲的代謝	血吸蟲症、其他吸蟲、條蟲
噻嘧啶 (Pyrantel)	癱瘓蟲體，令其排至糞便中	蟯蟲、鉤蟲、鞭蟲症

* 美國不再使用此藥。

20 *nematode* 線蟲 (nem′-ah-tohd)。希臘文：*nema* 絲線。

但約有兩百種是寄生的，其中五十種會感染人類。線蟲具有平滑、具保護性的表皮，在其生長時定期脫落。它們沒有頭部構造，前端是逐漸形成的小圓尖。它們是雌雄有別的，通常雄性要比雌性小，在末端有鈎狀的交合刺，可交合上雌性。

感染人類的線蟲分成腸道線蟲 (圖 20.18，在腸道發育至某些程度，如：蛔蟲、糞小桿線蟲及鈎蟲)，及組織線蟲 (其幼蟲及成蟲期多發生在除了腸之外的其他軟組織，如：各類絲蟲)。

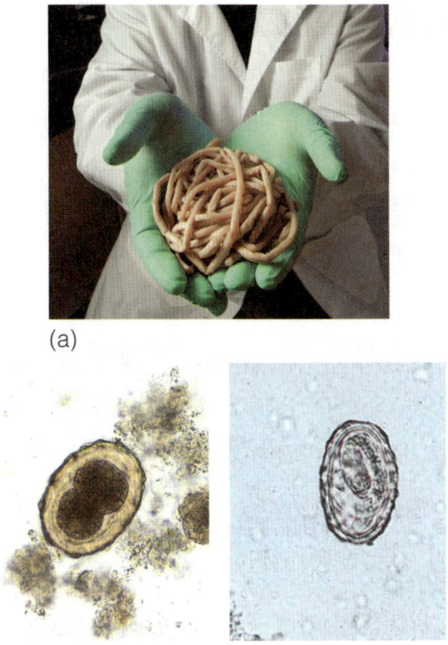

(a)　(b)　(c)

圖 20.18　**蛔蟲**。(a) 由一個肯亞小孩身上通過的一大堆蛔蟲；(b) 顯微鏡檢視 (128 倍) 糞便中受精的蛔蟲卵 (左) 及幼蟲 (右)。

腸道線蟲 (循環 A)

蛔蟲及蛔蟲症

蛔蟲 (Ascaris lumbricoides)[21] 是大型的腸道線蟲 (可長達 30 公分)，可能是最大感染量的寄生蟲。美國常發生蛔蟲症的地方是東南部。蛔蟲在人類進行幼蟲及成蟲期，胚胎的卵隨糞便排出，可能因此藉由口中的食物、飲水或沾附土壤的物質，造成其他人的感染 (圖 20.18b)。卵可以繁衍在溫暖濕潤的土壤中，但對陽光、高溫及乾燥很敏感。吃入的卵在腸道孵化，幼蟲在組織中從事冒險的旅程。首先，幼蟲會穿透腸壁，進入淋巴及循環系統。從此，它們侵入心臟，甚至到達肺部的毛細管。再順著呼吸道，移行到聲門。蟲體進入喉嚨，隨著吞嚥，再回到小腸，長成成蟲並繁殖，一天可產生 20 萬個可孵化的卵。

即使是成蟲，雌蟲與雄蟲不依附在腸道，而保留它們探索的方式。它們會入侵到肝臟及膽囊的膽管，有時會從嘴巴及鼻孔冒出。嚴重的發炎反應註記了移行路徑，會發生的過敏反應有支氣管痙攣、氣喘及皮疹。

鞭蟲及鞭蟲感染

鞭蟲 (Trichuris[22] trichiura) 的俗名是 whipworm (鞭蟲)，因為它看起來就像是縮小版的蟲子的鞭子。雖然鞭蟲跟蛔蟲長得不像，但傳播路徑是很相似的，人類是唯一宿主。鞭蟲症最盛行於熱帶及亞熱帶，因為廣泛的糞便污染了土壤。胚胎的卵堆積在土裡，還不具感染力，要在土裡持續發育 3 至 6 週。吃入的卵在小腸孵化，幼蟲附著穿過外壁，發育成成蟲。成熟的成蟲移行到大腸，以它們長而扁的頭進行固定，較厚的尾巴自由地懸掛於腸腔。隨著性成熟及受精，雌蟲在腸內每日可排出 3,000 至 5,000 個卵。完整的循環約需 90 天，未治療的感染可持續至少兩年。

蟲體鑽入腸黏膜，能刺穿毛細管，導致局部出血，並提供二次細菌感染的管道。較嚴重的感染會造成下痢、失去肌肉張力及脫肛，這會導致兒童死亡。

21 *Ascaris lumbricoides* 蛔蟲 (as′-kah-ris lum″-brih-koy′-dees)。希臘文：*askaris* 一種腸道寄生蟲。拉丁文：*lumbricus* 蚯蚓。希臘文：*eidos* 相似。

22 *Trichuris* 鞭蟲 (trik-ur′-is)。希臘文：*thrix* 毛髮；*oura* 尾巴。

蟯蟲及蟯蟲感染

蟯蟲 (*Enterobius vermicularis*[23]，又稱 pinworm 或 seatworm) 在第 4 章就提到過了 (圖 4.28)。蟯蟲症是溫帶地區兒童最常見的寄生蟲疾病。約有三成的兒童感染過。蟯蟲的傳播路徑與前兩隻腸道寄生蟲相似。新鮮堆積的卵有個黏的外套，可以黏上指甲及其他污染物。乾燥時，卵變成空氣攜帶，留置在屋裡的灰塵。因為污染的食物或飲水，或是從自己的指甲吃到蟲卵，都是常見的感染方式。

卵在小腸孵化，形成幼蟲，幼蟲移行到大腸，成熟後交配。癢是因為成熟的雌蟲移行到肛門口排卵。雖然感染不會致命，多數也不會有症狀，但是會折磨兒童的睡眠，有時會造成嘔吐、腹部不舒服及腹瀉。有個快速而簡單的試驗，用一小段透明膠帶貼黏肛門皮膚上，再貼在玻片上，在顯微鏡下檢視。

腸道線蟲 (循環 B)

鈎蟲

主要感染人類的兩大群鈎蟲為美洲鈎蟲 (*Necator americanus*)[24]，流行於新世界 (the New World)；及十二指腸鈎蟲 (*Ancylostoma duodenale*)[25]，流行於舊世界 (the Old World)，這兩群重疊於部分的拉丁美洲。除此之外，有關於傳播、生活史及病理，它們常被搞混。人類有時會被犬貓鈎蟲的幼蟲感染，承受一種稱為爬行疹 (creeping eruption) 的皮膚炎。成蟲口部切割板的鈎會將它的彎曲前端與小腸的絨毛固著 (圖 20.19)。與其他腸道寄生蟲不同的是，鈎蟲的幼蟲是在體外孵化的，藉著穿過皮膚，造成感染。

鈎蟲的感染盛行於熱帶及亞熱帶的局部地區，不會出現在乾旱、寒冷的地區。最近，全世界的發生率是下降的。過去，鈎蟲在美國南部的一些地

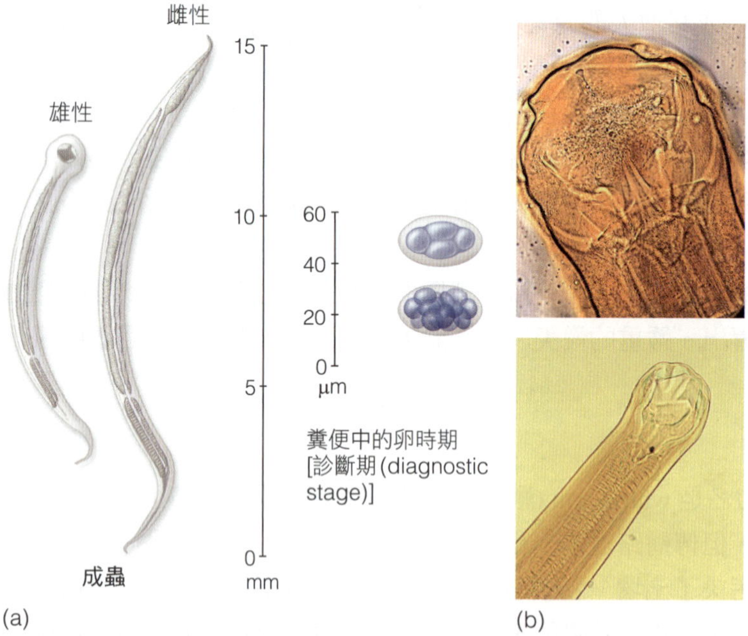

圖 20.19 鈎蟲。(a) 美洲鈎蟲的成蟲及卵期，以尺標比較尺寸 (尺標不是真正的大小)；(b) 上圖是美洲鈎蟲嘴裡的切割齒，下方是巴西鈎蟲的。

---

23 *Enterobius vermicularis* 蟯蟲 (en″-ter-oh′-bee-us ver-mik″-yoo-lah′-ris)。希臘文：*enteron* 腸道；*bios* 生命。拉丁文：*vermiculus* 小蟲。

24 *Necator americanus* 美洲鈎蟲 (nee-kay′-tor ah-mer″-ih-cah′-nus)。拉丁文：*necator* 兇手；*americanus* 源起新世界。

25 *Ancylostoma duodenale* 十二指腸鈎蟲 (an″-kih-los′-toh-mah doo-oh-den-ah′-lee)。希臘文：*ankylos* 彎的或鈎狀的；*stoma* 嘴；*duodenale* 腸道。

方造成災禍，不幸地消弱受害者的力量，給人帶來污名。疾病發生率降低歸功於簡單的改善衛生 (室內管線) 及生活品質提升 (能夠穿鞋)。

鈎蟲卵藉糞便排放累積到土壤，孵化成絲狀 (filariform)[26] 的幼蟲，本能地爬在草或其他植物上，以增加接觸宿主的機會。一般寄生蟲從赤腳的毛囊、皮膚磨損處或趾間皮膚柔軟處進入，有些病例是患者有穿鞋，但泥巴飛濺，沾在腳踝，造成感染。也曾有報告，有人因手洗髒衣物而造成感染。

靠著接觸，鈎蟲的幼蟲主動穿入皮膚。數小時後，它們就到達淋巴或血液循環中，立即帶入心臟及肺臟。幼蟲移行到支氣管及氣管，再到喉嚨，再隨著痰液吞下，到達小腸。在組織內，幼蟲附著、攝食組織及成熟。

幼蟲的入侵通常會在局部造成皮膚炎，稱為鈎蟲癢疹 (ground itch)，幼蟲移行到肺臟就造成了肺炎。最大損傷是慢性感染，大量的蟲體造成嘔吐及血性腹瀉。因為顯著的血液流失，造成缺鐵性貧血，嬰兒則容易造成出血性休克。慢性及重複感染會造成慢性疲勞、無精打采、興趣索然及越來越嚴重的貧血。

在巴西，實驗性的鈎蟲疫苗進入了第二階段的臨床試驗，引人注目。蓋茲基金會承諾的一個計畫，可能造就蠕蟲疾病的第一支疫苗。

糞小桿線蟲與糞線蟲症

糞線蟲症的致病原是糞小桿線蟲 (*Strongyloides stercoralis*)[27]。這隻線蟲相當特別，因為它尺寸極小，以及在人體內或濕土壤內，它都能完成其生活史。它的分布與生活史與鈎蟲相似，全世界約有 7,500 萬到一億人受到過感染。感染發生於土壤中的幼蟲穿過皮膚，隨即進入循環，被帶到呼吸道，又被吞下去，進入小腸，以完成發育。就如同鈎中蟲，成蟲在腸道產卵，卵在直腸孵化成幼蟲，完全在宿主體內完成生活史。卵也可以隨著糞便排出，進入環境循環。多種不同的生活方式大大增加了傳播及慢性感染的機會。

糞小桿線蟲感染的第一個線索是，在入侵處形成很癢的皮膚紅疹。在正常人的輕微移行活動可能會讓人忽略，但是大量的蟲體能造成肺炎及嗜酸性球增多。此線蟲在腸道的活動會造成血性腹瀉、肝臟腫大、腸阻塞及吸收不良。免疫缺陷的病人還可能形成嚴重的瀰漫性感染，牽涉到多種器官。影響最大的是愛滋病患、接受免疫抑制劑的移植病患及接受放射線治療的癌症患者，沒有即時接受伊維菌素 (ivermectin) 的治療，會致死。

旋毛蟲及旋毛蟲症

旋毛蟲 (Trichinella spiralis)[28] 的生活史完全在哺乳類動物宿主的體內完成，通常是肉食動物或雜食動物，如：豬、熊、貓、狗或大鼠。通常此蟲會以囊胞幼蟲 (encysted larval) 的形態存在於動物宿主的肌肉中，直到其他動物吃了這隻宿主動物，才發生傳播。人類通常是吃了被感染動物 (通常是野生或人類豢養的豬或熊) 的肉才會被感染，造成旋毛蟲症 (trichinellosis 或

---

26 *filariform* 絲狀 (fih-lar′-ih-form)。拉丁文：*filum* 細絲狀的。

27 *Strongyloides stercoralis* 糞小桿線蟲 (stron″-jih-loy′-deez ster″-kor-ah′-lis)。希臘文：*strongylos* 圓的；*stercoral* 與糞便有關。

28 *Trichinella spiralis* 旋毛蟲 (trik″-ih-nel′-ah spy-ral′-is)。一種小型、旋毛狀的蟲。

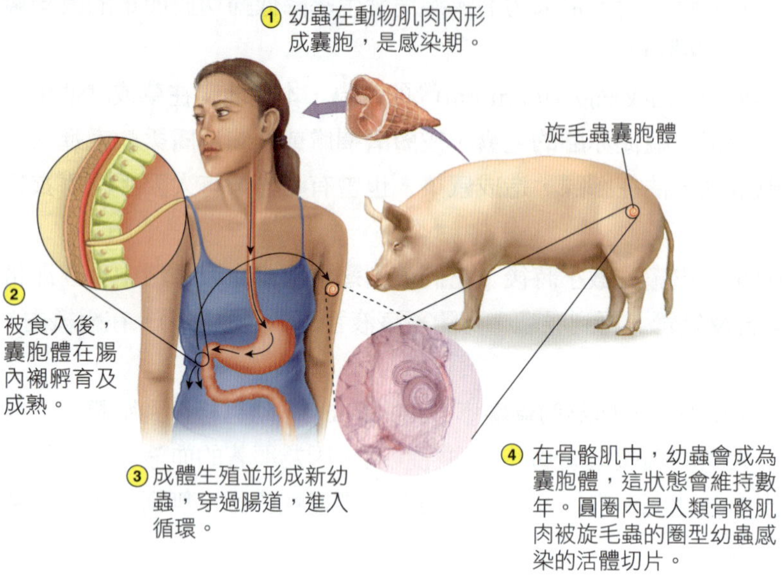
① 幼蟲在動物肌肉內形成囊胞，是感染期。
旋毛蟲囊胞體
② 被食入後，囊胞體在腸內襯孵育及成熟。
③ 成體生殖並形成新幼蟲，穿過腸道，進入循環。
④ 在骨骼肌中，幼蟲會成為囊胞體，這狀態會維持數年。圓圈內是人類骨骼肌肉被旋毛蟲的圈型幼蟲感染的活體切片。

歷程圖 20.20 旋毛蟲症的循環。

trichinosis)，但人類本質上是終宿主 (倘若屍體被埋葬及吃人肉並未實踐！)(圖 20.20)。

全世界每年的病例約為一萬例，較少例子發生在宗教或文化傳統不允許吃豬肉的地區。在美國，豬肉通常是冷凍，吃之前完全煮熟，這兩種方式都可殺死寄生蟲，人們比較知道生食或未煮熟食物包括豬肉的危險性。因此每年只有 10 至 20 例病例，而這些多是吃了野味，特別是熊肉。

囊胞在胃及小腸被消化，因而釋放出幼蟲，之後鑽入腸黏膜長成成蟲及交配。此蟲的生活史中較不尋常的是雄蟲死亡隨糞便排出，雌蟲孵育卵及釋出活體幼蟲。這些會穿過腸道，進入淋巴管道及血液。最後的發展是幼蟲盤成一圈，被包在骨骼肌內 (圖 20.20)。成熟的囊胞約為 1 mm 長，仔細檢查肉品是可以發現的。雖然時間一長，幼蟲就會惡化，但也曾被發現可存活數年。

旋毛蟲症的第一個症狀是類似流感或病毒感染造成的發燒，伴隨著腹瀉、噁心、肚子痛、發燒及盜汗。第二階段是隨著幼蟲大量移行及進入肌肉，造成劇烈的肌肉及關節痛、呼吸短促及顯著的嗜酸性球增多。最嚴重的致命感染是涉及心臟及腦部。雖然症狀最終會消退，但要完全痊癒也不太可能，一旦幼蟲在肌肉內形成囊胞。最有效的預防方法是適當的烹煮、冷凍或燻製豬肉及野味肉品。

組織線蟲

相較於前面提到的腸道蠕蟲，組織線蟲的生活史可以完全在人類的血液、淋巴或皮膚完成。最重要的成員是絲蟲 (filarial worms)。它們引人注目的特性是薄而絲狀的身體、藉著節肢動物的叮咬而傳播，及造成慢性、變形的疾病。

絲狀線蟲及絲蟲症

絲蟲的特性是微小、細絲幼蟲的產生，循環於血液及淋巴。它們的身體結構相對簡單，但具有複雜的雙相生活史，在人類與吸血的蚊子或蠅類媒介間輪替。常見的絲蟲是班氏血絲蟲及蟠尾絲蟲。

班氏血絲蟲及班氏血絲蟲症　班氏血絲蟲 (*Wuchereria bancrofti*)[29] 造成班氏血絲蟲症 (Bancroftian

29 *Wuchereria bancrofti* 班氏血絲蟲 (voo″-kur-ee′-ree-ah bang-krof′-tee)。因 Otto Wucherer 及 J. Bancroft 而得名。

filariasis)，盛行於有節肢動物的熱帶地區 [雌性家蚊 (*Culex*)、三斑家蚊 (*Anopheles*)、斑蚊 (*Aedes*)]。世界衛生組織估計約有一億兩千萬個病例，分布區域與瘧疾相似。這些絲蟲與其媒介配合得極好，在蚊子吸血時，蜂擁進入皮膚微血管循環。絲蟲在蚊子的飛行肌中完全發育，形成的幼蟲聚集在口器。蚊子叮咬時，將幼蟲注入皮膚，感染開始。幼蟲穿透淋巴管，發育成壽命長且具生育力的成蟲。貫穿它們的生活史，成熟雌蟲產生極大量子代，直接進入循環系統 (圖 20.21)。

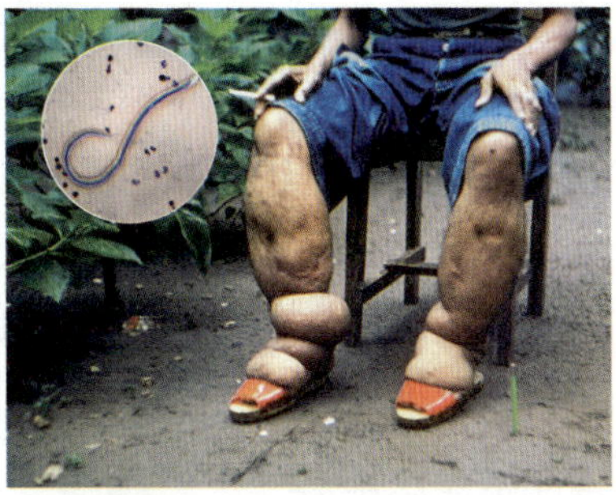

圖 20.21　**班氏血絲蟲症**。當絲蟲阻塞主要的淋巴管線，引起淋巴蓄積在肢體末端，就造成象皮病。嵌圖：血液抹片中的班氏血絲蟲體。

幼蟲感染人體的開始症狀是靠近蚊子叮咬的位置有發炎反應及皮膚炎、淋巴腺炎及睪丸痛。班氏血絲蟲的慢性感染最顯著而驚人的徵候是陰囊或腿極度的腫大，稱為象皮病 (elephantiasis)[30]。水腫的原因是淋巴管道的發炎及阻塞，淋巴無法回流入循環，大量液體累積在肢體末端 (圖 20.21)。這種狀況易造成潰瘍及感染。極端的病例為病人的身體某部位極度腫大，不僅影響生理，也會有污名化的狀況。這種狀況僅發生在局部流行地區，慢性感染長達 10 到 50 年之個人。絲蟲可以口服藥物 (丙硫咪唑、伊維菌素) 處理，但淋巴型則無藥可醫。

蟠尾絲蟲及河盲症　蟠尾絲蟲 (*Onchocerca volvulus*)[31] 的傳播媒介是黑蠅 (black flies)。黑蠅是很貪心的，每天叮咬數百次是尋常的事。蟠尾絲蟲症盛行於鄉村地區，居民沿著具有懸垂植被的河邊居住，是黑蠅典型的繁育地點。多數病例發生在非洲及美洲的 37 個局部地區。世界衛生組織估計約有 1,800 萬人被感染，近 100 萬人因感染而瞎眼。

其傳播與生活史與班氏血絲蟲相似，幼蟲被留在叮咬的傷口，在皮下組織發育為成蟲，這其間可能長達 1~2 年。雌性成蟲產出的微小絲蟲會藉著血流，移行到很多位置，特別是眼睛。這是蟠尾絲蟲的血液期，感染另一隻吸血的黑蠅。

當幼蟲及成蟲在皮膚及皮下組織腐朽，會在局部區塊引發發炎反應、疹子及結節，可持續數年。若蟲體侵入眼睛及周圍組織，則會導致最嚴重的併發症一河盲症。最近的研究顯示，眼睛損傷的真正原因是因為一隻共感染的細菌叫做沃爾巴克體 (*Wolbachia*)。這細菌存在於蟠尾絲蟲的幼蟲體內，行體內共生，是寄生蟲發育所必需。隨時間過去，由感染釋出的細菌抗原引起強大的免疫發炎反應，造成角膜、視網膜及視神經的損害。這項發現的意義在於要破壞這疾病的循環，要使用四環黴素之類的抗生素殺死細菌，加上伊維菌素之類的抗寄生蟲藥物殺死微小絲蟲的幼蟲。這樣的治療配合殺蟲劑的使用以控制黑蠅的數量，也是目前控制這疾病的主要策略，是世界衛生組織目前的目標之一。

羅阿絲蟲：非洲眼蟲　另一隻會越過眼睛以及在皮膚下製造干擾的移行之線蟲是羅阿絲蟲 (*Loa loa*)[32]。這隻蟲比蟠尾絲蟲還要大而顯眼。盛行於西非及中非的一些地區，藉由一種雙翅目蠅的

---

30 *elephantiasis* 象皮病 (el″-eh-fan-ty′-ah-sis)。希臘文：*elephas* 大象。

31 *Onchocerca volvulus* 蟠尾絲蟲 (ong″-koh-ser′-kah volv′-yoo-lus)。希臘文：*onkos* 鉤；*kerkos* 尾巴。拉丁文：*volvere* 螺旋。

32 *Loa loa* 羅阿絲蟲 (loh′–ah loh′-ah)。

叮咬傳播。其生活史相似於蟠尾絲蟲，而幼蟲及成蟲或多或少限制在皮下組織。疾病的第一個癥候是會癢的大斑塊，稱為卡拉巴水腫 (*calabar swellings*)，那是侵入的位置。這些腫塊是暫時的，蟲體約有一年左右的壽命，但常再發生侵襲。因為這線蟲對溫度敏感，因應較溫暖的溫度會拉入體表，很常在皮膚下滑行，也會在結膜下發現它的存在。治療的方法之一是，局部麻醉後，從結膜的一個小洞，小心的拉出蟲體。有些感染可用高劑量的乙胺嗪 (diethylcarbamazine) 抑制。

麥地那龍線蟲 (*Dracunculus medinensis*)[33] 及龍線蟲病 龍線蟲病 (Dracontiasis) 是由幾內亞蠕蟲造成的，從前對印度、中東及中非的居民造成數不清的苦難。此寄生蟲的媒介是顯微鏡下可見的劍水蚤 (*Cyclops*)，常見於靜止的水中。當人飲用了受污染的社區池塘或開放水井，幼蟲會從水蚤宿主釋出，鑽進腸道的皮下組織，造成高刺激性的病灶。

世界衛生組織盡力地將用水由池塘轉換為水井、以細的尼龍篩網過濾水質並加入殺蟲藥劑，試圖去除這疾病的危害。這樣的策略是成功的，到了 2013 年，除了最隔離的區域，在非洲的多數地方，龍線蟲病接近消滅。

20.7 扁形蟲：吸蟲與絛蟲

吸蟲 (fluke) 的命名是以大部分成蟲體型為卵圓形或扁長形而來，特別是肝臟吸蟲如牛羊肝吸蟲 (*Fasciola hepatica*)。血吸蟲 (blood flukes，又稱 schistosomes) 的體型較為圓柱形。它們也被稱為**吸蟲** (trematodes)(希臘字 *frema*，洞)，因為在蟲體前端的強而有力的吸盤含有一個嘴 (洞)(見圖 4.27b)。吸蟲有消化、分泌、神經肌肉及生殖系統，但缺乏循環及呼吸系統。除了血吸蟲之外，為雌雄同體，生殖器官占據了身體的主要部分。吸蟲的生活史與農業活動息息相關，如：灌溉及以未處理的污水為肥料。在人類吸蟲循環，動物 (如：蝸牛及魚) 通常是中間宿主，人類是定義宿主。

☞ 血吸蟲 (循環 D)

血吸蟲症 (schistosomiasis) 侵擾人類已數千年之久。這疾病是曼森血吸蟲 (*Schistosoma*[34] *mansoni*)、日本血吸蟲 (*S. japonicum*) 或埃及血吸蟲 (*S. haematobium*)[35] 造成的。這三群在形態及地理分布上不同，但是生活史、傳播方式及疾病表現則相似。疾病流行在非洲、南美、中東及遠東地區的 52 個國家的局部地區。血吸蟲症是最常見的蠕蟲疾病之一，任何時後可能都有一億人被感染。在非洲，最近的發生率提升了，原因是尼羅河築了新水壩，這提供了蝸牛宿主更多的棲息地。

血吸蟲為了需要在人類及某些種的淡水蝸牛體內完成生活史，做了些深入的適應。循環開始於被感染的人類將蟲卵釋入灌溉區或池塘，一者是故意將肥料中加了排泄物，或直接將排泄物或尿液排入水中。蟲卵在水中孵化，形成具活躍游泳能力、有纖毛的幼蟲，稱為**纖毛幼蟲**

---

33 *Dracunculus medinensis* 麥地那龍線蟲 (drah-kung′-kyoo-lus meh-dih-nen′-sis)。麥地那的小龍，也稱為幾內亞蟲。

34 *Schistosoma* 血吸蟲 (skis″-toh-soh′-mah)。希臘文：*schisto* 裂開；*soma* 身體。

35 *S. haematobium* 因 P. Manson 而得名；日本。希臘文：*haem* 血液；*obe* 類似。

(miracidium[36]，圖 20.22a)，其本能地游向蝸牛，從結構脆弱處鑽入，這過程中帶有纖毛的外層脫落。在蝸牛體內，纖毛幼蟲繁殖，變大，形成較大的尾巴分岔、會游泳的**尾動幼蟲** (cercaria[37]，圖 20.22b)。成千的尾動幼蟲被蝸牛釋放，游進水中。

尾動幼蟲以腹部吸盤吸住人體皮膚，由毛囊處鑽入。通過小血管或淋巴管，再被帶到肝臟。在肝臟，血吸蟲達到性成熟，雄蟲與雌蟲持久地互相盤繞，幫助交配 (圖 20.22c)。同時，它們移入小血管。曼森血吸蟲及日本血吸蟲最後進入小腸的腸系膜小靜脈，埃及血吸蟲則進入膽囊的靜脈索。當附著在血管內，寄生蟲以血為食物，雌蟲產卵，最終排入糞便或尿液。

血絲蟲侵擾的第一個症狀是在尾動幼蟲鑽入的位置會癢，接著發燒、發冷、腹瀉及咳嗽。最嚴重的狀況涉及慢性感染，會肝臟腫大、肝病、脾腫大、膽囊阻塞及血尿。偶然的情況下，蟲卵進入中樞神經系統及心臟，造成慢性肉芽腫。

在部分的非洲，此疾病是區域性的，流行病學家嘗試一種獨特形式的生物控制。他們將一種小魚放入當地的湖中，這種小魚會吃蝸牛，如此大幅減少尾動幼蟲的宿主，也降低了感染的可能性。

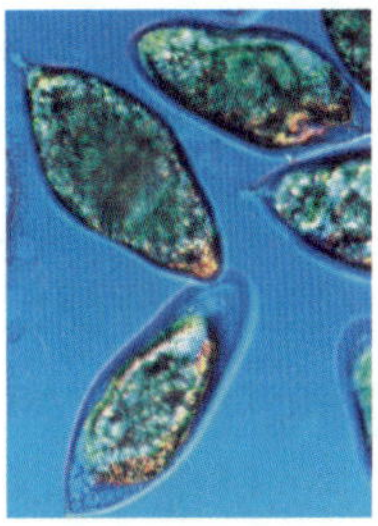

(a) 纖毛幼蟲期，感染蝸牛 (300 倍)。

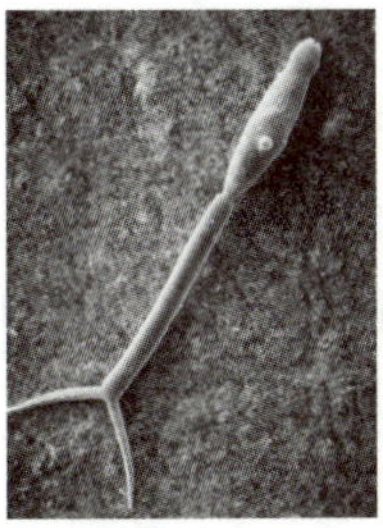

(b) 尾動幼蟲期，從蝸牛釋出，鑽入人類宿主 (5,000 倍)。

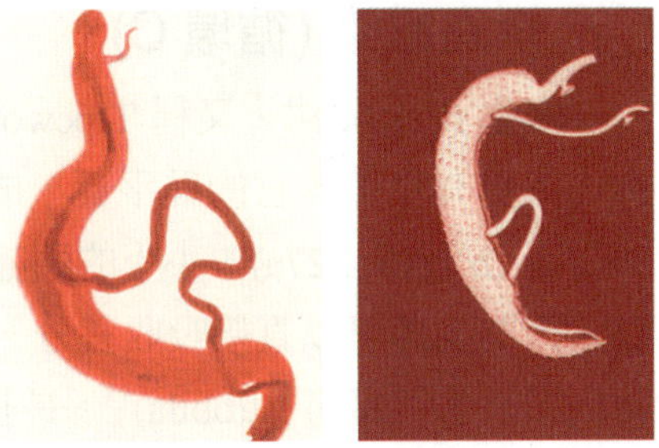

(c) 曼森血絲蟲，細長的雌蟲架在更厚大的雄蟲腹部渠道的溝內 (右)，有助於交配。

圖 20.22　血絲蟲的生活史。

肝及肺吸蟲 (循環 D)

有幾種侵擾人類的吸蟲是人畜共通的。中華肝吸蟲 [Chinese liver fluke，又稱 *Opisthorchis* (*Clonorchis*) *sinensis*][38] 在哺乳類動物，如：貓、狗及豬身上完成性發育。中期發育是在蝸牛及魚宿主體內。人類吃進了尾動幼蟲，是因為吃了沒充分煮熟或生食淡水魚或甲殼類動物。幼蟲孵化，移行到膽管，發育成熟，將卵排入腸道。帶有卵的糞便排入靜滯的水中，這裡面有中間宿主：蝸牛。被感染的蝸牛放出尾動幼蟲，尾動幼蟲感染同一水域的魚或無脊椎動物，就完成了寄生蟲的生活史。

牛羊肝吸蟲 (*Fasciola hepatica*)[39] 是綿羊、牛、山羊及其他哺乳類動物常見的寄生蟲，偶然的情況下，感染到人 (圖 20.23)。在溫

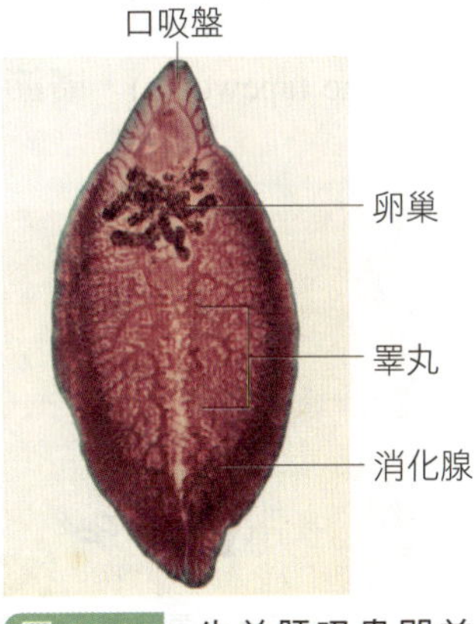

圖 20.23　**牛羊肝吸蟲即羊肝吸蟲 (2 倍)**。雌雄同體，一隻蟲體擁有兩種性器官，像此吸蟲就是一個好範例。

36 *miracidium* 纖毛幼蟲 (my″-rah-sid′-ee-um)。希臘文：*meirakidion* 小男孩。

37 *cercaria* 尾動幼蟲 (sir-kair′-ee-uh)。希臘文：*kerkos* 尾巴。

38 *Opisthorchis sinensis* 中華肝吸蟲 (oh″-piss-thor′-kis sy-nen′-sis)。希臘文：*opisthein* 在…之後；*orchis* 睪丸；*sinos* 東方的。

39 *Fasciola hepatica* 牛羊肝吸蟲 (fah-see′-oh-lah heh-pat′-ih-kah)。希臘文：*fasciola* 帶子；*hepatos* 肝臟。

帶的歐洲及南美會週期性爆發，因為吃了野生的水芹。其生活史很複雜，哺乳類動物是定義宿主，帶有卵的糞便排入水中，卵孵化成纖毛幼蟲，感染淡水蝸牛，發育並釋出尾動幼蟲，尾動幼蟲在水生植物上形成囊胞，哺乳類動物吃了這植物，也吃進了囊胞。人類若被大量吸蟲慢性感染，症狀是嘔吐、腹瀉、肝腫大及膽阻塞。

衛氏肺吸蟲 (*Paragonimus westermani*)[40] 出現在亞洲、印度及南美的局部地區，成蟲侵占不同哺乳類動物儲存宿主的肺部，通常是肉食性的貓、狗、狐狸、狼及鼬鼠，並有兩種中間宿主，蝸牛及甲殼類動物。人類偶然地藉由食入未煮熟的甲殼類而得到感染，在釋入腸道後，蟲體會移行到肺，造成咳嗽、肋膜痛及膿腫。

絛蟲感染 (循環 C)

絛蟲 (Cestode[41]，又稱 Tapeworm) 表現出極度的適應。其組成包含一個以上的小鉤子連接到一串具有生殖器官的扁平囊。成蟲許多結構上的特色強調了它們為存在於腸道之適應性 (圖 20.24a、b 及圖 4.27a)。小小的**頭節** (scolex)[42] 是蟲體的頭部，有吸盤或小鉤，以攀住腸壁，沒有嘴，因為蟲體可以直接吸收養分。頭節對固著蠕蟲重要，使其成為抗蠕蟲藥物的攻擊標的。頭藉由頸附著到**體節** (strobila)[43]，長長的帶狀結構，由**節片** (proglottids)[44] 組成，節片是由頸部產生的。節片的主要組成是雌雄生殖器官。每節都有原始的神經肌肉系統，以提供些許的移動能力。新生的節片較小，最不成熟的最靠近頸部，越成熟的節片就會越大，而漸漸遠離頸部，在蟲體末端較大較老的節片含有成熟的蟲卵。節片可能會脫離體節，完整地釋放於糞便中，也可能在腸道中裂開，將蟲卵釋出於糞便中。

人類是所有會感染人類的絛蟲的定義宿主，還需要有中間動物宿主。會感染人類造成**絛蟲症** (taeniasis) 的有牛肉絛蟲 (*Taenia saginata*，又稱 beef tapeworm)，豬肉絛蟲 (*Taenia solium*，又稱 swine tapeworm)。廣節裂頭絛蟲 (*Diphyllobothrium latum*) 藉生食魚肉感染。牛肉絛蟲是走循

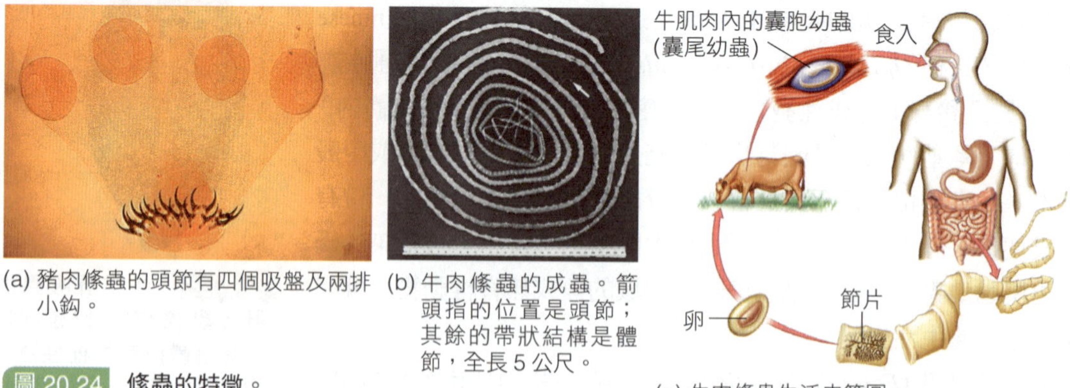

(a) 豬肉絛蟲的頭節有四個吸盤及兩排小鉤。

(b) 牛肉絛蟲的成蟲。箭頭指的位置是頭節；其餘的帶狀結構是體節，全長 5 公尺。

(c) 牛肉絛蟲生活史簡圖。

圖 20.24 絛蟲的特徵。

40 *Paragonimus westermani* 衛氏肺吸蟲 (par″-ah-gon′-ih-mus wes-tur-man′-eye)) 希臘文，*para*，背負；*gonimus*，生產的；因 Westerman 而得名，其為吸蟲的研究者。

41 *cestode* 絛蟲 (sess′-tohd)。拉丁文：*cestus* 帶子；*ode* 類似。

42 *scolex* 頭節 (skoh′-leks)。希臘文：*scolos* 蟲。

43 *strobila* 體節 (stroh-bih′-lah)。希臘文：*strobilos* 扭轉。

44 *proglottids* 節片 (proh-glot′-id)。希臘文：*pro* 之前；*glotta* 舌。

環 C，幼蟲存在於生牛肉中被吃入；豬肉條蟲是走循環 C 加上改變的循環 A，蟲卵被吃入，在體內孵化。

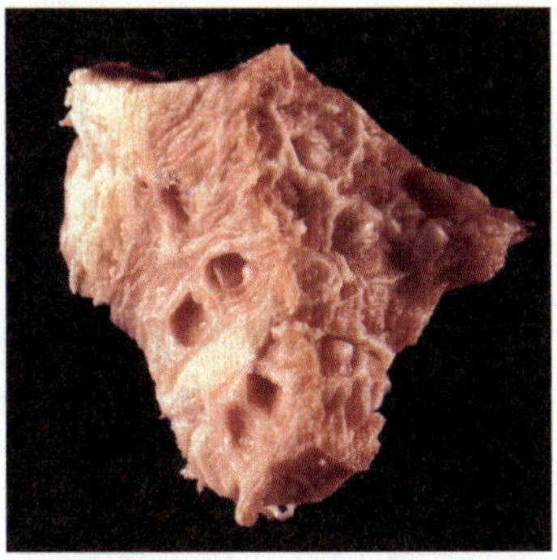

圖 20.25　豬肉條蟲的囊尾幼蟲存在於豬的肌肉剖面中。

牛肉條蟲 (*Taenia saginata*)[45] 是最大型條蟲之一，由約 2,000 節的節片組成，藉有吸盤的頭節固著。牛肉條蟲造成的條蟲症，全世界都有，較多的報導在牛從被污染的草地或水中，吃進了節片或蟲卵，人類生食或吃了未煮熟的牛肉，而受到感染。蟲卵在小腸孵化，釋出的幼蟲移行到牛的各個器官 (圖 20.24c)。最後囊胞在肌肉形成囊尾幼蟲 (cysticerci)，是新生的條蟲，對人類有感染力的階段。當人類吃進了牛肉裡的囊尾幼蟲活體，囊尾幼蟲會脫囊，以頭節固著在腸道，在腸道發育成成蟲。目前還不清楚人類吃進蟲卵會不會造成感染。這麼大的個體在形成疾病時，症狀倒不多，這是很值得注意的。病人會抱怨肚子悶悶的痛、有點噁心，可以在糞便裡發現體節。

豬肉條蟲 (*Taenia solium*) 比牛肉條蟲小，帶有小鈎及吸盤的頭節固著在腸道，有能力感染人體的是囊尾幼蟲及蟲卵。這個疾病是區域性的，豬吃了受到糞便污染的食物，人類因生食或吃了未煮熟的豬肉，而受到感染 (東南亞、南美、墨西哥及東歐)。在吃進囊尾幼蟲的循環部分，幾乎與牛肉條蟲相同 (圖 20.24c)。

一種不一樣的疾病稱為囊尾幼蟲症 (cysticercosis)，發生於人類從食物或水中，吃進了豬肉條蟲卵。雖然人類通常不是中間宿主，蟲卵還是可以在腸道孵化，釋出的幼蟲可移行到各個組織。最後會定居形成一種特別的囊尾幼蟲 (cysticerti) 或囊狀蠕蟲 (bladder worms)，每一種皆有一個小莢膜就像一個小型的囊狀結構。當它們安頓在心肌、眼睛或腦部，特別是大量的蟲體充斥在組織間 (圖 20.25) 就會造成最大的傷害。常有病人呈現癲癇、神智錯亂或其他神經性損傷症狀。

20.8　感染性疾病的節肢動物媒介

節肢動物 (arthropod) 是無脊椎動物的一個門，身體具有外骨骼及有關節的腿。成員有昆蟲、蜘蛛及甲殼動物。已知的數百萬種節肢動物中，有幾千種在其生活史中需要吸食宿主的血液或體液為生。在演化上，因為它們停留在宿主身體外部，被視為一種體外寄生 (ectoparasite)。

體外寄生的模式討論的不只是吸血，還會討論如何傳播感染性微生物給宿主。有此行為的動物就被認定為生物性媒介 (biological vectors，見第 10 章)。這意思是它們助長了致病原的存活 (跳蚤之於鼠疫桿菌)，也可能提供一個環境，讓致病原能完成其生活史 (白蛉與利什曼原蟲，見圖 20.11)。因此它們是輪替的宿主生物。取決於媒介與微生物的特異性，疾病的形態從會影響到很多不同動物的人畜共通 (如錐蟲症) 到只影響一特殊群體 (瘧疾)。最常扮演媒介角色的節肢動物有昆蟲的蚊子、跳蚤、蝨子及蠅；有蜘蛛類的蜱及蟎。多數的媒介雖然全世界都有，有些可能只能在如熱帶地區的一些特定地理位置上才會存在。有些可能只在一些大陸或國家的局部區域內才有 (例如：非洲或南美)。一般的通則是：媒介的座落主宰了疾病的起源及分布。表

45 *Taenia saginata* 牛肉條蟲 (tee′-nee-ah saj-ih-nah′-tah)。拉丁文：*taeni* 扁帶子；*sagi* 袋子；*natare* 游泳。

20.6 羅列了媒介及其傳播的疾病。

蚊子 (Mosquitoes，西班牙文為「小蒼蠅」之意) 是全世界都有的昆蟲，屬雙翅目 (Class Diptera)。約有 3,500 種，分布範圍從熱帶到北極。成蚊可飛行 300 哩遠，存活 2 個月。除了少

表 20.6 疾病常見的節肢動物生物媒介

昆蟲媒介	傳播的疾病	微生物的種類	分布
蚊子 (Mosquitoes)			
瘧蚊屬 (*Anopheles*)	瘧疾	頂覆門原蟲	環赤道帶 [a]
瘧蚊屬 / 斑蚊屬 (*Culex*)	絲蟲症	線蟲	熱帶地區 [a]
斑蚊屬	登革熱	節肢動物媒介的病毒	亞洲、非洲、歐洲、美洲 [c]
斑蚊屬	西尼羅河熱	節肢動物媒介的病毒	非洲、中東、美洲 [c]
斑蚊 (*Aedes*)	黃熱病	節肢動物媒介的病毒	熱帶、亞熱帶 [c]
各種的	腦炎	節肢動物媒介的病毒	全世界 [c]
跳蚤 (Fleas)			
鼠蚤 (*Xenopsylla*)	腺鼠疫	革蘭氏陰性細菌	全世界 [d]
櫛頭蚤屬 (*Ctenocephalides*)	鼠類傷寒	立克次體	全世界 [b]
體虱 (Body lice)	流行性傷寒	立克次體	全世界 [b]
蝨子 (*Pediculus*)	戰豪熱	巴通氏菌 (*Bartonella*)	亞洲、非洲、歐洲 [b]
	回歸熱	包氏螺旋體	亞洲、非洲 [b]
叮咬蠅 (Biting flies)			
采采蠅 (Tsetse)	非洲錐蟲症	鞭蟲	中非 [a]
白蛉 (Sand fly)	利什曼症	鞭蟲	非洲、印度、拉丁美洲 [a]
黑蠅 (Black fly)	蟠尾絲蟲症	線蟲	非洲、拉丁美洲 [a]
叮咬蟲 (Biting bugs)			
錐蝽 (*Triatoma*)	查格氏症	鞭蟲	中美、南美 [a]
蜘蛛媒介	**傳播的疾病**	**微生物的種類**	**分布**
硬蜱 (Hard ticks)			
革蜱 (*Dermac entor*)	洛磯山斑疹熱	立克次體	北美、中美、南美 [b]
硬蜱 (*Ixodes*)			
花蜱 (*Amblyomma*)(多種蜱可媒介相同的疾病)	Q 熱	立克次體	歐洲、非洲、亞洲、北美 [b]
	艾利希氏體症	立克次體	北美 [b]
	萊姆病	包氏螺旋體	全世界 [b]
	兔熱病	革蘭氏陰性菌	美國 [d]
	巴貝斯蟲病	頂覆門原蟲	美國東部 / 中西部 [a]
	各種節肢動物媒介的病毒		歐洲、非洲、亞洲 [c]
軟蜱 (Soft ticks)			
鈍緣蜱 (*Ornithodoros*)	回歸熱	包氏螺旋體	非洲、亞洲、歐洲、美洲 [b]

疾病描述章節：a. 第 20 章　b. 第 18 章　c. 第 22 章　d. 第 17 章

數之外，需要血液及水的棲息地，以完成其生活史。產卵於靜置或停滯的水，在水中完成胚胎，幼蟲及成蟲的發育。有趣的是只有雌蚊吸宿主的血液，它需要血液中的蛋白質去完成卵的發育。雄蚊吸植物的汁液為生。雌蚊的口器可穿破皮膚，鑽入微血管，它注入小量抗凝血劑，血液就能流入其消化道 (圖 20.26a)。這是感染發生的方式。相關於感染的數目，蚊子可能是地球上主要的媒介。疾病管制局估計蚊子媒介的疾病 (瘧疾、絲蟲症、登革熱及其他節肢動物媒介的病毒性腦炎) 每年感染 7 億人，300 萬人死於這些疾病，其中多數是兒童。

跳蚤 (fleas) 是側面扁平、無翅昆蟲，跳躍腿高度發育，有顯著的長型口器以刺穿溫血動物的皮膚 (圖 20.26b)。它們為人所知的是長壽及耐受性強，很多不具專一性是最糟糕的事，輕易地從野生或人類畜養的哺乳類動物到人類身上來。因應機械性刺激及溫度，跳蚤跳到它們的標的物上，在上面爬行及進食。當帶原跳蚤的血回流到傷口，就會造成感染。跳蚤最常傳播的疾病是鼠疫 (圖 17.20) 及鼠類斑疹傷寒。

蝨子 (lice) 是小型柔軟的昆蟲，具有叮咬及吸食的口器 (圖 20.26c)。人類的蝨子通常會在頭部及體毛 (*Pediculus humanus*) 或胸部、陰部及腋毛上 (*Phthirus pubics*)。它們輕柔地刺穿皮膚，吸食血液及體液。感染發生於當蝨子或它們的排泄物被不經意間粉碎或摩擦進入傷口、皮膚、眼睛或黏膜。蝨子會傳播流行性斑疹傷寒及回歸熱。

全世界有超過 810 種蜱 (ticks)，全部都是體外寄生，約有 100 種會傳播疾病 (圖 20.26d、e)。蜱是所有媒介中，宿主範圍最廣的，除了魚以外的其他脊椎動物都是宿主。

硬蜱有小巧而緊緻的身軀，隨著宿主，搭個順風車，悠遊於森林、草原或沙漠。依種類不同，硬蜱會在幼蟲、蛹及成體的蛻變階段進食。蜱是長壽的，型體的蛻變可持續兩年。成體離開宿主，不進食，可存活四年。小巧、沒進食的蜱會爬上植物，再接觸人類的衣物。它們爬到皮膚表面，將口器埋入。當血液進入它們的腸道，身體明顯的漲大。硬蜱會傳播許多細菌性、立克次體及病毒性的疾病。

軟蜱的身體相當靈活，可以藏匿於洞穴、倉庫、地洞甚至鳥籠。它們會在築巢季節寄生於野生動物，寄生人類畜養動物一整年。它們會傳播地區性回歸熱。

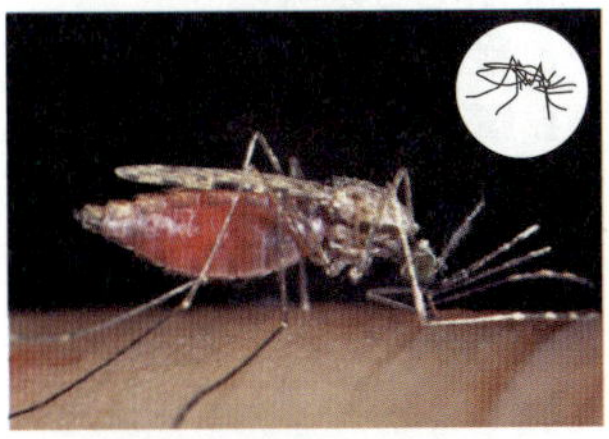

(a) 蚊子叮咬人。

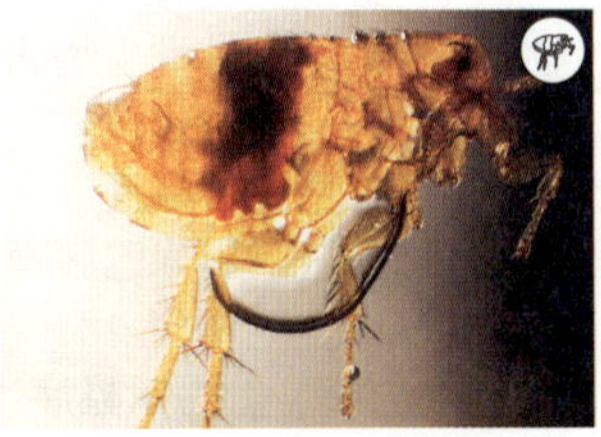

(b) 跳蚤 (注意腸道中的血液)。

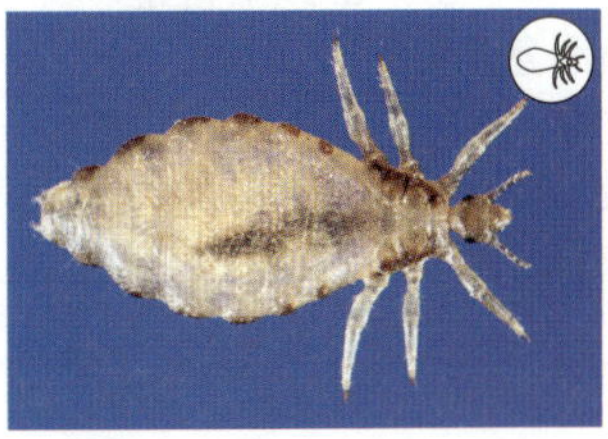

(c) 蝨子。

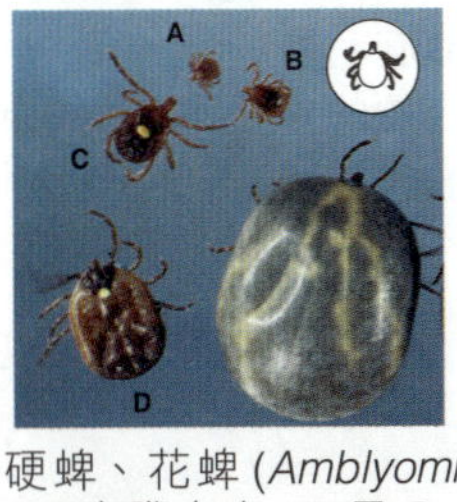

(d) 硬蜱、花蜱 (*Amblyomma*) A：實際大小；B 及 C：進食狀態；D 及 E：充血狀態。

(e) 軟蜱、鈍緣蜱 (*Ornithodoros*) 腹背觀。

圖 20.26　一些節肢動物的放大及原始尺寸 (圓圈內)，以供比較。注意圖中蚊子、跳蚤及硬蜱吸飽了血液。

第一階段：知識與理解

這些問題需活用本章介紹的觀念及理解研讀過的資訊。

選擇題

選出正確的答案。選出最正確的答案組合，填於空格中。

1. 所有的寄生性原蟲都有________期。
   a. 囊胞體　b. 有性
   c. 營養體　d. 血液
2. 痢疾阿米巴最先入侵：
   a. 肝臟　b. 大腸
   c. 小腸　d. 肺
3. 剛地弓漿蟲是一種________，會入侵________。
   a. 鞭毛蟲，大腸　b. 阿米巴，小腸
   c. 纖毛蟲，大腸　d. 鞭毛蟲，小腸
4. 血鞭毛蟲的傳播媒介是：
   a. 蚊子叮咬　b. 昆蟲媒介
   c. 蟲　d. 污染的食物
5. 瘧原蟲的有性期在________，無性期在________。
   a. 肝臟，紅血球　b. 蚊子，人類
   c. 人類，蚊子　d. 紅血球，肝臟
6. 瘧原蟲的外紅血球期會侵擾：
   a. 血球　b. 心肌
   c. 唾液腺　d. 肝臟
7. 卵囊存在於________，假卵囊存在於________
   a. 人類，貓　b. 貓，人類
   c. 糞便，組織　d. 組織，糞便
8. 人類得到弓漿蟲症的來源是：
   a. 生肉中的假卵囊　b. 空氣中的卵囊
   c. 從貓沙中清出　d. 以上皆是
9. 所有的蠕蟲成蟲都會產生：
   a. 囊胞體及營養體　b. 頭節及節片
   c. 受精卵及幼蟲　d. 小鉤及表皮
10. 幼蟲在________宿主發育，成蟲在________宿主產生受精卵
   a. 中間，定義　b. 定義，中間
   c. 二級，傳播　d. 一級，二級
11. 抗蠕蟲藥物的效用是：
   a. 癱瘓蟲體　b. 破壞寄生蟲的代謝
   c. 造成嘔吐　d. a 及 b
12. 因應寄生蟲的侵擾，宿主防禦中最活躍的是：
   a. 吞噬球　b. 抗體
   c. 毒殺型 T 細胞　d. 嗜酸性球
13. 近年來，最常見的線蟲感染是：
   a. 鉤蟲症　b. 蛔蟲症
   c. 條蟲症　d. 旋毛蟲症
14. 鉤蟲疾病藉由何者傳播：
   a. 人類的糞便
   b. 蚊子叮咬
   c. 污染的食物
   d. 飲水中的微小無脊椎生物
15. 旋毛蟲症在人與人之間的唯一傳播是：
   a. 吃人肉　b. 蠅
   c. 生豬肉　d. 污染的水
16. 象皮病的典型表現是腫大的四肢，形成的原因是
   a. 絲蟲造成的過敏反應
   b. 寄生蟲的發炎反應造成肉芽腫
   c. 絲蟲體阻塞淋巴循環
   d. 感染造成心臟及肝臟的壞死
17. 下列何者不被認為是昆蟲媒介？
   a. 跳蚤　b. 蚊子
   c. 蜱　d. 采采蠅
18. 何種性別的蚊子會吸血？吸血是為了何者的發育？
   a. 雄性，幼蟲　b. 雄性，寄生蟲
   c. 雌性，腸胃道　d. 雌性，卵
19. **單一配合題**。將符合疾病或狀況與致病原配對，並標出其為原蟲 (P) 或蠕蟲 (H)。

1. ____阿米巴下痢	a. 瘧原蟲
2. ____查革氏症	b. 蟯蟲
3. ____蟯蟲	c. 蟠尾絲蟲
4. ____鉤蟲	d. 剛地弓漿蟲
5. ____非洲昏睡病	e. 鞭蟲
6. ____蟯蟲	f. 瘧原蟲
7. ____絲蟲症	g. 美洲鉤蟲
8. ____阿米巴腦膜炎	h. 布魯氏錐蟲
9. ____瘧疾	i. 班氏血絲蟲
10. ____弓漿蟲症	j. 庫氏錐蟲
11. ____鞭蟲症	k. 牛肉條蟲
12. ____鞭蟲	l. 變形纖毛蟲
13. ____河盲症	m. 旋毛蟲

20. **單一配合題**。將疾病與人類的主要傳播模式或得到方式配對。
   1. ____阿米巴下痢
   2. ____查革氏症
   3. ____環孢子蟲症
   4. ____弓漿蟲症
   5. ____鞭毛蟲症

6. ____蟯蟲
7.____絲蟲症
8. ____血吸蟲症
9. ____蛔蟲症
10. ____河盲症
a. 吃到沒煮熟的牛肉或豬肉
b. 吃到受野生動物糞便污染的水中的囊胞體
c. 吃到人類糞便污染到的食物
d. 椿象叮咬
e. 黑蠅叮咬
f. 被帶有蟲卵的人類糞便污染到的食物或水
g. 接觸貓或吃到生的或未煮熟的肉
h. 瘧蚊叮咬
i. 吃到糞便污染的水或產品
j. 淡水蝸牛釋出具感染的階段

申論挑戰

每個問題的回答需要依據事實，結合一到兩段解答，完整地解決問題。確認你的進展的問題可以是這部分的練習。

1. 比較四種主要原蟲致病原，關於細胞結構、運動、感染形態及傳播模式。
2. a. 在生活史中，營養體與囊胞體的主要功能為何？
   b. 哪些疾病主要由囊胞體進行感染？
3. a. 描述剛地弓漿蟲的生活史及宿主範圍。
   b. 人類如何被感染？
   c. 感染的最嚴重後果為何？
4. a. 蠕蟲與其他寄生蟲有何不同？為何全世界有那麼多寄生蟲感染？
   b. 人類天生防禦寄生蟲的機制為何？
5. 旋毛蟲症與其他寄生蟲感染有何不同？
6. a. 哪些寄生蟲是人畜共通？
   b. 哪些寄生蟲絕對寄生在人類身上？
   c. 哪些寄生蟲需要媒介攜帶？
   d. 哪些寄生蟲造成腸道症狀？
   e. 哪些寄生蟲是雌雄同體？
   f. 哪些寄生蟲感染是因為吃了未煮熟的或生食肉品造成的？

觀念圖

在 http://www.mhhe.com/talaro9 有觀念圖的簡介，對於如何進行觀念圖提供指引。

1. 在此觀念圖填入連接詞、短句或連接線。

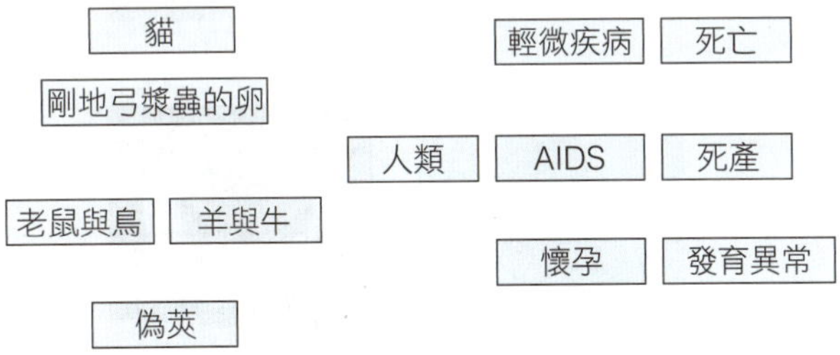

2. 從利用下列名詞建構自己的觀念圖，並在每一組名詞間填入關連字句。

無性期	配子細胞期
紅血球	有性期
蚊子	孢子體
紅血球期	人類
裂殖小體	紅血球外期
肝臟	

第二階段：應用、分析、評估與整合

這些問題超越重述事實，需要高度理解、詮釋、解決問題、轉化知識、建立模式並預測結果的能力。

批判性思考

本大題需藉由事實和觀念來推論與解決問題。這些問題可以從各個角度切入，通常沒有單一正確的解答。

1. 說明為何病人出現腸道的痢疾阿米巴症狀，卻不容易傳染給別人？
2. a. 一般性的接觸為何不容易傳播陰道滴蟲？
   b. 何謂「乒乓效應」？為何滴蟲症需要治療性伴

侶雙方？

3. 為何只有雌蚊參與瘧疾及象皮病？
4. 哪些寄生蟲疾病可想像是藉由污染的血液及針頭傳播的？
5. 哪些疾病是無法靠水的氯化消毒防範的？原因為何？
6. a. 一位歸來的旅人染上的錐蟲症或利什曼症，會感染別人嗎？原因何在？
   b. 為何在海拔 6,000 英尺以上，沒有瘧疾？
   c. 說明殺蟲劑處理的蚊帳的所有保護效應。
7. 為何至今尚無疫苗對抗寄生蟲感染？
8. a. 比較圖 20.8、20.9 及 20.12，說明其分布的理由。
   b. 哪些因子影響這樣的分布？
9. a. 哪個簡單的方法可即時消滅蛔蟲症？
   b. 鈎蟲症？
   c. 牛肉條蟲？
10. 為了治療條蟲症，抗蠕蟲藥物為何需要殺死它的頭節，或是鬆掉牠的固著？
11. 在了解貓及狗所攜帶的寄生蟲會傳染給人類後，同學有時會感到震驚與苦惱。舉個疾病的例子，這疾病是動物會傳染給人的，如何避免這樣的疾病，還能與寵物玩樂在一起？
12. a. 為何多數的寄生蟲需要離開它們的宿主，以完成生活史？
    b. 有何方法可避免它們完成生活史？
    c. 寄生蟲有多種宿主的好處是？
    d. 多於一個以上的宿主，有何壞處？
13. 東印度原住民習慣咀嚼檳榔子，檳榔子有生物鹼刺激性及麻醉的效果。副作用是容易生痰，需要常吐痰。這個群體糞小桿線蟲的感染率是低的。請試著解釋為什麼。(檳榔子無殺寄生蟲的能力)
14. 在紐約市，四位正統猶太教病人因為癲癇及其他神經症狀被送進急診室，被測試有對抗豬肉條蟲的抗體。這可尷尬了！他們的宗教規定不可吃豬肉。也因為他們無法立即解釋是如何被感染的，就成了醫療上的謎團。這些人的管家及廚子並沒有這些症狀，但是血清學的測試是陽性的。請嘗試說明此感染的傳播途徑。

視覺挑戰

1. 從第 4 章，圖 4.28，連接蟯蟲生活史與圖 20.17 中四種循環形態的相關性。

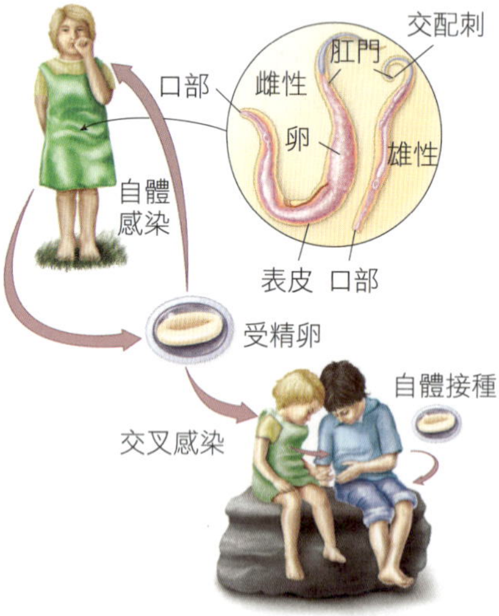

2. 觀察圖 a、b、c、d，辨識它們是何種寄生蟲。

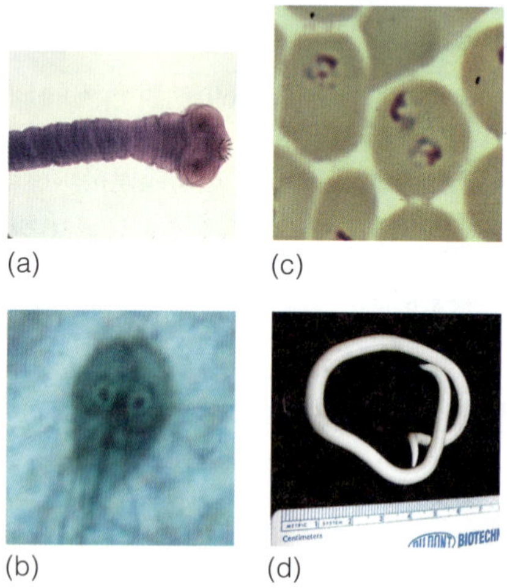

第 21 章 感染人類的病毒之介紹：DNA 病毒

猴痘病毒：從非洲搭便車而來。

21.1 感染人類的病毒與疾病

病毒是最小且具有最簡單生物結構的寄生物。基本上，病毒顆粒中為 DNA 或 RNA 分子，並由蛋白質外殼包裹所構成。它們完全依賴宿主細胞才能夠持續存活。病毒擁有特殊的適應以在進入宿主細胞。它們建構自我的基因和分子機制，產生並釋放新的病毒。

動物病毒家族的分類是基於核酸 (DNA 或 RNA) 的性質，殼蛋白的類別和是否有套膜。除了微小病毒具單股 DNA，其他感染人類的 DNA 病毒都是雙股的，而 RNA 的基因體能進一步區分為片段 (含多個分子) 及非片段 (單一個分子)。病毒的套膜來自於宿主的細胞膜，因為病毒以出芽脫離細胞核的套膜，細胞膜或高基氏體膜，而且它含有突棘可以與宿主細胞交互作用。請見表 21.1 和表 22.1，DNA 和 RNA 病毒的簡單分類。

表 21.1 感染人類的 DNA 病毒分類

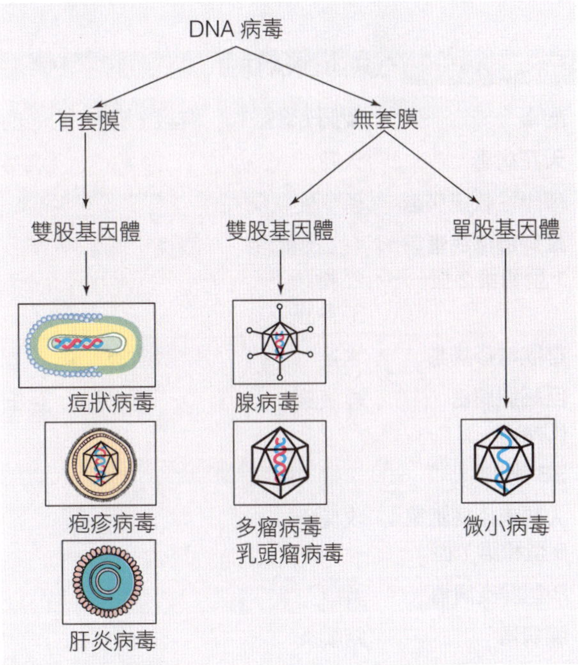

思考在病毒疾病中醫學方面的重要性

標的細胞

因為病毒有特異性接受器與宿主細胞相互結合，所以大部分情況它們的感染性局限在特定的宿主或細胞類型。病毒感染大部分類型的組織，包括神經系統 (骨髓灰質炎和狂犬病)、肝臟 (肝炎)、呼吸道 (流感和感冒)、腸道 (骨髓灰質炎)、皮膚和黏膜 (疱疹) 以及免疫系統 (AIDS)。許多的 DNA 病毒組裝後會以出芽離開細胞核，而大部分的 RNA 病毒會在細胞質繁殖並釋放出來。細胞內正在組合的以及完整的病毒出現，造成各種不同的細胞損害，稱為細胞病變作用。細胞的溶解性感染常會破壞它們，此解釋了伴隨病毒感染有時候會造成嚴重的病理和功能損害。

感染範圍

病毒疾病的範圍從很溫或無臨床症狀的感染如感冒至有破壞性或有生命威脅的疾病如狂犬病和 AIDS。許多病毒的感染主要發生在年輕人並易於經由飛沫傳播，雖然，我們傾向思考這些病毒的感染是自限性且不可避免的，但即使是麻疹、腮腺炎、水痘和德國麻疹能引發嚴重的併發症。許多病毒絕對起源於人類，但是有越來越多的人畜共通傳染病 (漢他病毒、西尼羅熱病毒和病毒性腦膜炎) 透過媒介傳播。

初期感染時，由少量的病毒顆粒入侵就能引發病毒性的疾病。在某些情況下，病毒會在局部組織進行複製和破壞組織，而有些病毒會進入血液或沿神經元路徑到達遠離最初侵入口的組織。一般病毒的感染會引發紅疹、發燒、肌肉疼痛、呼吸困擾和腺體腫脹等。一些不知道病因

系統簡介 21.1 致病的 DNA 病毒

病毒	皮膚／骨骼	神經／肌肉	心血管／淋巴／系統性	腸胃道	呼吸道	泌尿生殖系統
天花病毒	天花		病毒血症			
傳染性軟疣病毒	傳染性軟疣					生殖器軟疣
單純疱疹病毒第 1 型和第 2 型	1. 口腔疱疹 2. 指頭炎 3. 角膜炎	腦炎				生殖器疱疹
帶狀疱疹病毒	水痘	帶狀疱疹				
巨細胞病毒 (CMV)	唾液腺		巨細胞病毒感染			
EB 病毒	口腔、腺體		傳染性單核球增多症			
人類疱疹病毒第 6 型和第 7 型	玫瑰疹					
B 型肝炎病毒	黃疸			肝炎		
腺病毒	結膜炎				傷風	
人類乳頭瘤病毒	肉疣					生殖器疣
人類多瘤病毒 (JC 病毒)		多發性腦白質病				
微小 B19 病毒	傳染性紅斑 (第 5 疾病)		紅血球受損			

的疾病，例如：第一型糖尿病、多發性硬化症和慢性疲勞症狀，被認為與病毒有關。

病毒感染的保護來自於干擾素、中和抗體和毒殺型 T 細胞的合併作用。因為對病毒的有效免疫反應，感染常導致終身免疫。現在有許多的病毒疫苗可適用。

病毒之持續性、潛伏性及致瘤性

許多人類的病毒感染，像是感冒和流感有一個快速的病程並導致溶解循環的感染 (圖 21.1)。如此的感染一般導致病毒在身體內於相對短的時間被消除，但有些重要病毒會長時間的**持續性感染** (persistent infections) 數年，有時候甚至是終身感染。持續性感染又分為慢性感染或潛在性感染 (圖 21.1，步驟 3 和 4)。在**慢性感染** (chronic infection) 的組織檢體中，可檢測到病毒且生長速度仍然緩慢，但感染的症狀通常是輕微或沒有症狀。慢性感染的病毒，例子有 HIV 和 B 型肝炎病毒 (HBV)。**潛伏性感染** (latent infection) 起因為病毒在宿主體內進入休眠狀態，並在溶解性感染後變成非活化的狀態。在潛伏期它不繁殖，通常檢測不到，也不會造成症狀。因為病毒仍然存在 (通常為核酸)，它可以重新活化以及重新進行溶解性感染。疱疹病毒為潛伏性病毒的顯著範例。

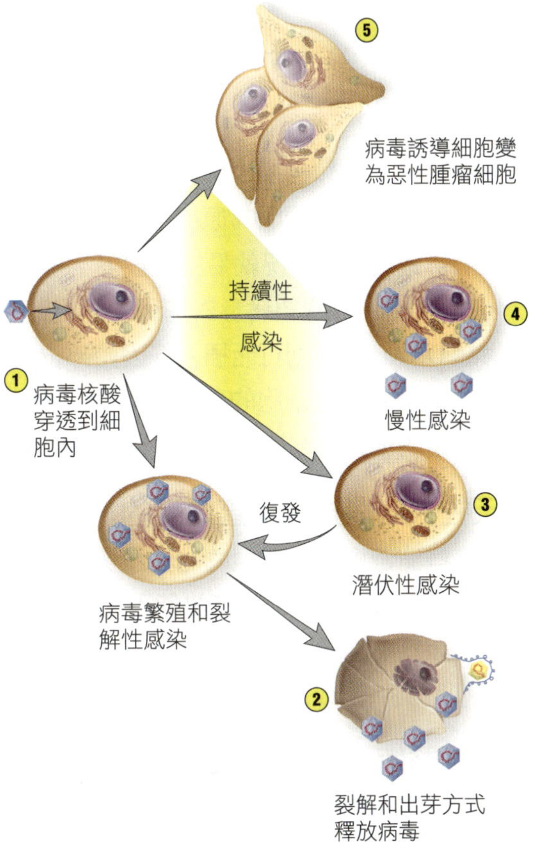

圖 21.1　病毒感染對宿主細胞的影響一覽圖。(1) 初期感染病毒將遺傳物質送至宿主細胞內；(2) 在裂解性感染時，病毒會進行組合並破壞宿主細胞而釋出。在持續性感染時，病毒不會破壞細胞；(3) 在潛伏的情況下，病毒的核酸呈現非活化以及製造的新病毒不會釋放出去，但是疾病有可能再復發；(4) 慢性感染的病毒會持續地活化；(5) 有些病毒的遺傳物質具致癌性並會誘導宿主細胞變成無法控制生長的癌細胞。

病毒成為持續性存在的機制可能有多種並隨病毒的類型而不同。有些病毒會將它們的遺傳物質嵌入宿主內 (HIV)，而其他的則保留分離穩定的遺傳物質稱為游離基因 (*episomes*)，它停留在核內但不會嵌入宿主染色體 (疱疹病毒)。

有些持續性感染的病毒為**致癌性** (oncogenic) 病毒，因其會誘發癌症。以下為發展最好的人類致癌病毒及造成的相關癌症：

DNA 病毒

EB 病毒	巴克氏淋巴瘤
人類疱疹病毒第 8 型	卡波西肉瘤
B 型肝炎	肝癌
人類乳頭瘤病毒	子宮頸癌和陰莖癌

RNA 病毒

反轉錄病毒 HTLV1	白血病
C 型肝炎	肝癌

病毒捲入人類癌症的追查，很明顯的因無法進行人體試驗而陷入困境。即便在腫瘤內發現病毒，也無法立即證明其原因，但是當發現到有重複的，特異的相關性且有適當的動物模式支持，病毒致癌性的情況就易於證實。

在第 13 章有介紹病毒對基因的影響造成癌症的相關機制。有些可能會攜帶病毒致癌基因插入人類 DNA。其他則可能插入基因體部位並活化人類的致癌基因，而有些病毒不會嵌入基因體，但是會調控或促進細胞的生長週期，造成細胞生長不受控制，在所有病毒誘導的癌症例子裡，一個正常的細胞被轉變為癌細胞和腫瘤細胞。

先天性疾病與透過垂直感染的病毒

有些病毒會透過母親的胎盤感染胚胎或胎兒。大約三個新生兒就有一位會被未治療的 HIV 陽性的母親感染。胎兒的感染能引起發育干擾及小孩在出生時就存在的永久性的缺陷 (先天性)。目前已知感染德國麻疹病毒或巨細胞病毒會造成畸形 (teratogenic)[1] 胎，另外，若在出生期間，感染 B 型肝炎病毒或單純疱疹病毒會對嬰兒造成危險。

病毒的診斷

在臨床和實驗室中，有許多診斷病毒疾病的方法，包括診斷病狀、細胞中的分離或動物培養以及抗體血清試驗。抗原檢測方法的使用正增加中，尤其是以單株抗體為基礎的檢測，而核酸探針可以快速地直接檢測病毒的 DNA 或 RNA，此為幾種病毒的另一選擇。這種檢測方法敏感性非常高，可以在單一感染的細胞檢測到病毒核酸。請參照圖 14.16，鑑定的技術。

DNA 病毒的概述

由病毒結構上的衣殼蛋白、套膜的存在及核酸的類型，可以區分病毒的種類。依據此分類方式，動物病毒可以劃分為 7 種族群的 DNA 病毒以及 14 種族群的 RNA 病毒。在病毒學名的詞尾 *viridae*，可以用來辨識病毒的族群種類 (例如：Hepadnaviridae)，而在單一族群中，存在很多屬，每個的詞尾都為 *virus* (例如：herpesvirus)。單一病毒屬可能有許多的「類型」或株，可能沒有辦法明顯區分它們之間的不同。

因為我們不必了解所有病毒詳細的分類方式，只需針對對人類重要的病毒。所以我們採用更寬鬆的分類方式，此方法中，病毒「群」與「族群」占有相同的位階，但只包含人類所關心的病毒及在其字尾以「*virus*」來鑑定。透過此分類系統，分為 6 群會造成人類疾病的 DNA 病毒群 (見表 21.1)。

1 *teratogenic* 畸形 (tur″-ah-toh-jen′-ik)。希臘文：*teratos* 怪物。造成胚胎或胎兒的生理缺陷的過程。

21.2　具有套膜蛋白的 DNA 病毒：痘病毒

痘病毒的分類和結構

感染痘病毒會在皮膚上產生爆發的膿疱稱為痘瘡 (pock) 或痘 (pox)，當痊癒時，會留下小的下陷的結痂 (傷疤)。痘病毒的特別是因為其為動物病毒中最大最複雜的病毒 (圖 21.2)，而且繁殖在細胞質中一個界限分明稱之為工廠區域的地方，其在感染的細胞中呈現為包涵體。

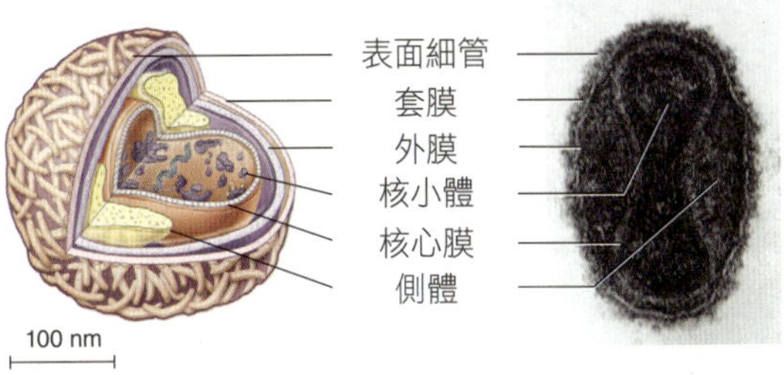

圖 21.2 **痘病毒的結構。**痘病毒比其他的病毒更大更複雜。它們具有套膜和具粗糙小管的外膜，中心有一個像細胞核的核心包含 DNA 股，但它們沒有通常在其他病毒發現的核殼蛋白。右圖為顯微鏡下的天花病毒 (300,000 倍)。

在痘病毒中，最著名的是天花病毒 (variola)[2]，為天花之病原；還有疫苗病毒 (vaccinia)，一種相關病毒用於疫苗注射。其他的成員則由家畜或野生動物攜帶，偶爾傳播到人。所有的痘病毒感染的共同特性是對上皮細胞和皮下結締組織的細胞質有特異性。在這些位置會產生典型的痘瘡病灶，有些以後可能會刺激細胞生長，並且變為腫瘤細胞。

天花病毒

經過世界衛生組織在全球的努力下，天花已是過去的疾病，現在天花病毒是僅保存在政府實驗室中的幾個感染原之一。在過去，天花為最致命的傳染病之一，沒有文明不被接觸到。當探險隊將天花帶到了原住民部落 (從未感染過天花) 如美國和夏威夷的原住民，天花造成了這些部落嚴重的損失甚至文明的大肆破壞。

1977 年的天花疾病最後的案例，正式宣布天花疾病絕跡，這也是 20 世紀人類在聚焦疫苗接種與隔離的世界衛生運動中最偉大的成就之一。1999 年，世界衛生組織建議將所有的天花病毒銷毀，所以現在天花病毒只在美國和前蘇聯的實驗室中冷凍保存著，對於失去可作為創新研究主題感到失望，這兩國家的科學家對這項要求猶豫不決。從此，不斷有報導指出某些俄羅斯研究室已經實驗性地選擇病毒株可經受炸彈或導彈之運輸。目前仍應持續關心的是俄羅斯的病毒株是否已移走，並賣給了恐怖組織。[3]

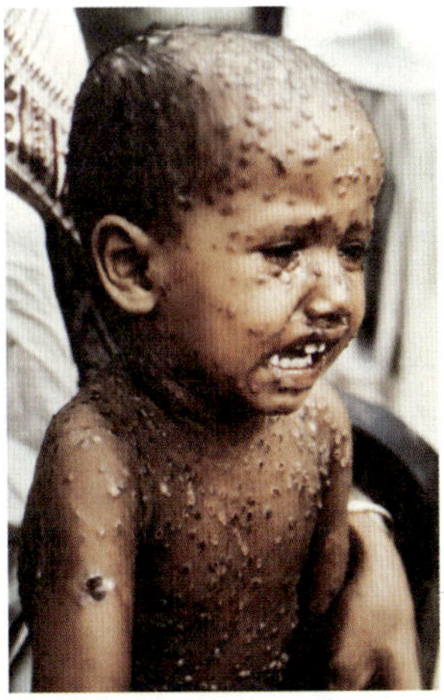

圖 21.3 **感染天花病毒出現的痘疹。**在臉上較新生成的痘疹是突起的充滿了液體的膿疱，而在軀幹上較舊的痘疹已經開始結痂。

天花疾病的症狀　天花病毒會經由吸入飛沫或接觸皮膚痂皮感染，感染的症狀為發燒、身體不適和衰弱，不久，咽喉開始有紅疹，散布到臉部並進展到四肢。最初，這些紅疹呈斑塊會轉變為丘疹，水泡和膿疱，最終會結痂，並留下白斑布滿疤痕組織 (圖 21.3)。天花有兩種形式分為疹型和無疹型天花。疹型天花是高毒性的形式會造成毒血症、休克和血管內凝血。任何存活的天花患者，對於天花都

2 *Variola* 天花 (ver-ee-oh′-lah)。拉丁文：*varius*, 多變的，mottle 斑駁。
3 欲了解更多關於此主題，請閱讀 *Demon in the Freezer* by Richard Preston 一書，在 2002 年藍燈書屋出版。

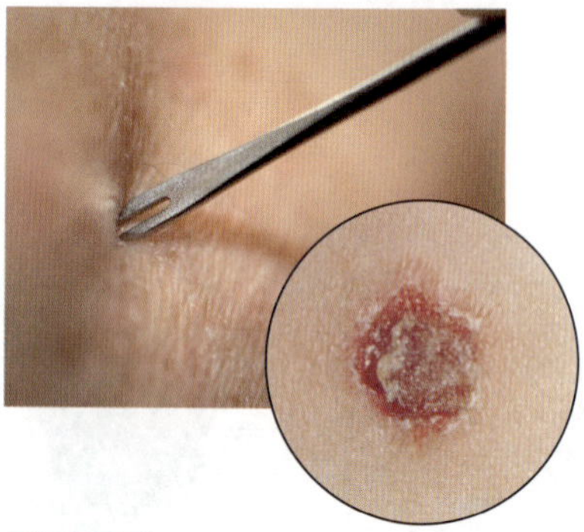

圖 21.4 **天花疫苗**。天花疫苗的施打使用叉狀針浸入天花疫苗 (實際上含有疫苗病毒)，並在一小區域內重複刺入皮膚。此插圖顯示施打成功後，在 3 至 4 週會出現類似蟹殼狀結痂，最後脫落留下永久性的疤痕。

有終身免疫。

天花疫苗　天花疫苗的施打是先將皮膚穿孔後，將疫苗利用雙齒針打入體內。施打成功後，在感染周圍會形成一個大的蟹狀膿疱具有紅色的周邊，並留下永久性的疤痕 (圖 21.4)。天花疫苗能夠提供長時間、重要的免疫保護來抵抗天花與其他痘病毒的感染。2009 年，一個美國的兵役人員受到施打進行性痘疹疫苗 (PV) 的傷害，一種罕有但常會併發致死的天花疫苗接種。這是自 1987 年緊接的新政策「軍護人員必須施打天花疫苗來對抗可能的生化恐怖攻擊」以來所見到的第一個例子。有像這樣的風險存在，天花病毒又不會構成立即的威脅，基於這些理由，天花疫苗已停止給大多數的族群施打。

其他痘病毒的相關疾病

大多數的痘病毒為軟疣痘病毒，並會引發**傳染性軟疣** (molluscum contagiosum)[4]，此疾病遍布全世界而併發率最高的區域為太平洋島嶼，在流行區域，主要藉由直接接觸和污染物感染孩童。

當感染傳染性軟疣時，會在臉部、軀幹和四肢造成光滑蠟樣結節狀的皮膚病灶。傳染性軟疣會經由性交感染，並普遍發生在美國性行為活躍的年輕族群中。此性傳播疾病會在生殖區及大腿形成光滑斑疹。以及藉由搔癢及自我接種散布到其他身體部位。AIDS 病患感染時會有非典型的症狀，在臉部皮膚會有類似腫瘤狀的生長。

此病毒的破壞需要經由冷凍 (冷凍療法)、電灼法和化學藥劑直接應用到病灶上進行治療。

某些痘病毒的感染宿主為許多哺乳類動物，並且感染的種類分為牛痘病毒、兔痘病毒、猴痘病毒、鼠痘病毒、駱駝痘病毒和象痘病毒 (但雞痘病毒為疱疹病毒感染所引起，而不是痘病毒，且不會引發在雞身上)。然而，只有猴痘和牛痘病毒才會感染人類造成症狀。

根據歷史，猴痘主要發現在非洲，偶然發現到這些接觸猴子、松鼠和大鼠的人身上有猴痘疾病，這些動物是此疾病的傳統媒介。自從可用來預防猴痘病毒的天花疫苗停止接種後，已經有越來越多的人傳人猴痘病毒，這是在天花絕跡後意想不到的狀況。

雖然牛痘會在牛的乳房或乳頭上爆發皮膚的疾病，但牛並不是此病毒真正的儲存處，在其他的哺乳類如囓齒動物、貓甚至動物園的動物能發現到牛痘病毒，而人類被感染牛痘病毒是非常罕見的，且通常只局限在手部，雖然臉部和其他皮膚的部位也有涉入。

21.3 具有套膜的 DNA 病毒：疱疹病毒

由於在有些**疱疹病毒科** (herpesviruses)[5] 的感染會引發散布性的紅疹 (creeps)，所以用來區分命名，以下為疱疹病毒科的病毒：

4 *molluscum contagiosm* 傳染性軟疣 (mah-lusk′–uhm kahn″-taj-ee-oh′-sum)。拉丁文：*molluscus* 軟的。意指柔軟、圓形的皮膚丘疹。

5 *herpes* 疱疹 (her′-peez)。希臘文：*Herpein* 蔓延。

- 單純疱疹病毒 (HSV) 第 1 和 2 型會引發熱病性水痘和生殖器的感染。
- 帶狀疱疹病毒 (VZV) 會引發水痘和帶狀疱疹。
- 巨細胞病毒 (CMV) 與感染唾液腺和其他臟器。
- EB 病毒 (EBV) 與淋巴組織的感染有關。
- 人類疱疹病毒 (HHVs) 第 6 和 7 型會引起玫瑰性紅斑
- 疱疹病毒第 8 型和卡波西肉瘤有密切關聯。

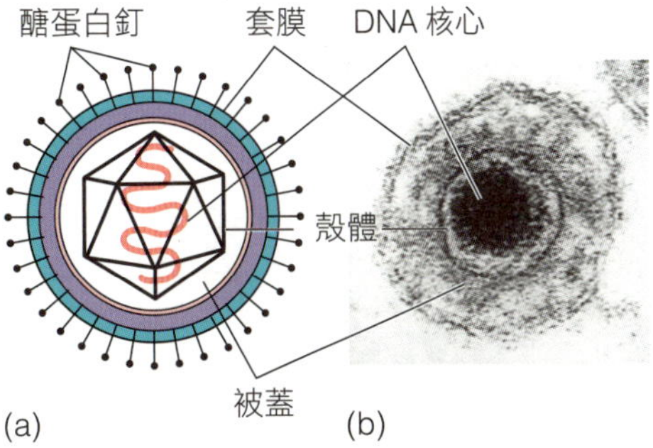

圖 21.5　疱疹病毒。(a) 疱疹病毒一般結構示意圖；(b) 單純疱疹病毒的殼體顆粒 (30,000 倍)。

利用數字代替系統來命名疱疹病毒。1 和 2 是 HSV，3 是 VZV，4 是 EBV，5 是 CMV，6 和 7 是 HHVs，8 是 KSHV。疱疹病毒科的顯著特徵是所有成員都顯示潛伏性和引起復發性的感染。此行為涉及病毒 DNA 進入細胞核內成為染色體外的顆粒稱為 episome。在疱疹病毒的族群中，有兩種病毒與癌症相關。

實際上，幾乎每個人一生當中都會感染至少某些疱疹病毒，通常不會產生不良的影響。臨床的潛伏和復發性感染的併發症，會隨著年齡漸增、癌症化療或其他免疫缺失情形而較嚴重。疱疹病毒是 AIDS 患者最常見且嚴重的伺機性病原之一。大約 95% 的患者經驗到這些病毒復發於皮膚、黏膜、腸道和眼睛的疾病。

疱疹病毒為較大型的病毒，大小約在 150 nm 到 200 nm (圖 21.5)。它們外包有鬆散的套膜其上含有突棘狀的醣蛋白。疱疹病毒像其他套膜病毒一樣，它們易被有機溶劑或洗滌劑去活化，在宿主體外則會變得不穩定。疱疹病毒的衣殼蛋白為二十面體，核殼體內為雙股 DNA。主要在核內進行複製，當細胞裂解時，會釋放出病毒。

單純疱疹病毒的特性

單純疱疹 (herpes simplex) 病毒分為兩種：**第一型疱疹病毒** (HSV-1)，通常以口咽上的病灶為特徵；**第二型疱疹病毒** (HSV-2) 通常在生殖器產生病灶。這些病毒感染的細胞類型很相似，所以它們對於這些部位沒有特異性。表 21.2 提供了這兩種病毒的特徵和差異性。即使其他哺乳類可因實驗感染，但只有人類為單純疱疹病毒的唯一天然儲存宿

表 21.2　單純疱疹病毒第一型和第二型的流行病學和病理學上的比較

	單純疱疹病毒第一型	單純疱疹病毒第二型
常見的病原體 *	唇疱疹 眼部疱疹 疱疹性齒齦口腔炎 急性咽喉炎	生殖器疱疹
感染途徑	親密接觸，通常是臉部	性行為或親密接觸
潛伏	三叉神經節	主要發生在骶神經節
皮膚損傷	臉和嘴巴	內外部生殖器、大腿、臀部
併發症		
瘭疽 (指頭炎)	出現在工作與口腔有關的人	多為婦產科病人
新生兒腦膜炎	病例中有 30% 會發生 **	大多病例透過產道接觸引起

* 其他的單純疱疹病毒類型可能也是這種傳染方式，雖然並不普遍。
** 透過生殖器被第一型單純疱疹病毒感染的母親或口腔病灶污染了新生兒。

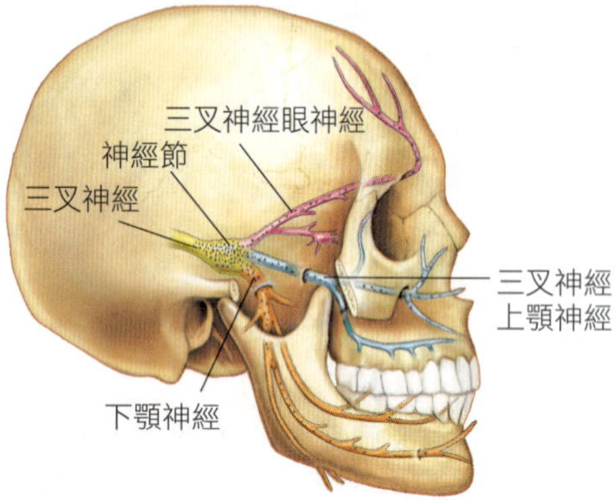

圖 21.6 第一型疱疹病毒潛伏和復發的路徑。初次感染中，病毒會入侵三叉神經或是第五神經，並藏在神經節中。在受各種刺激後會使病毒轉移到皮膚表面的下顎骨、上顎骨或是眼神經。

主。

疱疹的流行病學

疱疹病毒的感染是世界各地每個季節都會發生，也遍及各年齡層。因為這種病毒對環境相當的敏感，傳播方式通常為直接接觸含有病毒的分泌物而感染。有研究指出即使沒有病灶出現，生殖道疱疹也會傳播，產生活躍性病變的人為最主要的感染原。然而，偶爾有病例追蹤到接觸到無生命物體上的潮濕分泌物的人。

原發感染傾向有年齡的特異性：疱疹病毒第一型的感染常發生在嬰兒期、早期兒童期和成年期以前，大部分人的血清中都可以找到曾被感染的證據。另一方面，原發性感染第二型疱疹病毒常發生在 14 到 29 歲，反應出性行為傳染的模式。事實上，在美國生殖器疱疹為最常見的性傳播疾病之一，每年估算有 780,000 個新病例。第一型疱疹病毒感染生殖器及第二型疱疹病毒感染口腔可能由污染的手自我接種或口因性接觸造成。

潛伏期和反覆發作的性質

20% 至 50% 的首次感染中，單純疱疹病毒會在感覺神經元遠端的區域中繁殖並被送到神經節。第一型疱疹病毒會進入三叉神經或是延伸到支配口腔的神經元第五顱神經元 (圖 21.6)。第二型疱疹病毒通常會潛伏在腰骶脊髓神經節。這種不尋常潛伏的模式真正的細節還不清楚，但病毒會以不增生的階段及以不同的時間存在於神經元的核中。有些因子刺激將會誘發再次的感染，如熱、紫外線、壓力或機械性的傷害，這些都會把病毒的基因再次激活。新形成的病毒會轉移到身體表面並產生局部的皮膚或膜的病灶，通常是在之前感染的相同部位。這種通常每年會發生一到數十次。

疱疹病毒感染和造成的疾病範圍

單純疱疹病毒的感染，常單純的稱為疱疹，通常感染的標的為黏膜。這病毒進入膜表面的裂縫或割傷口接著進入附近的基底膜和上皮細胞增殖。這會造成發炎、水腫、細胞分解以及具特色的薄壁水泡。主要造成疾病的病毒是顏面疱疹 (口、眼和咽喉)、生殖器疱疹、新生兒疱疹和散布性疾病。

小孩和大人的第一型疱疹病毒

唇疱疹又稱為熱水疱或是 cold sore，是最常見的再發性第一型單純疱疹病毒感染。小水泡通常會突然出現在嘴唇上或鄰近皮膚的皮膚黏膜交界處 (圖 21.7a)。在幾小時出現刺痛搔癢並同時會出現一個或多個水泡。在較早期的急性病徵為水泡潰瘍及疼痛，2 至 3 天之後成硬殼狀，一週內完全癒合。

即使大部分的疱疹病毒感染為停留在局部的位置，然而在初次感染時尤其是在年輕小孩身上，疱疹齦口炎 (gingivostomatitis) 也會發生 (圖 21.7b)。口腔黏膜發炎會發生在齒齦、舌頭、軟顎和嘴唇。有時候發生潰瘍和流血。青少年常見的併發症是咽炎，症狀是咽喉痛、發燒、畏寒、淋巴結腫脹以及吞嚥困難。

角膜疱疹 (herpetic keratitis，又稱為眼部疱疹)，為感染眼部後產生的發炎反應，潛在病毒會轉移到眼部的神經而不在三叉神經的下顎神經。

有些病例是因為污染的手或是隱形眼鏡造成眼睛感染。一開始的症狀是眼睛感覺有砂礫，結炎並產生劇烈疼痛，且對光敏感。一些病人會發展出特有的分支或模糊的角膜病灶。在 25% 到 50% 的病例中，角膜炎反覆發作成為慢性發炎，因此造成視力障礙。

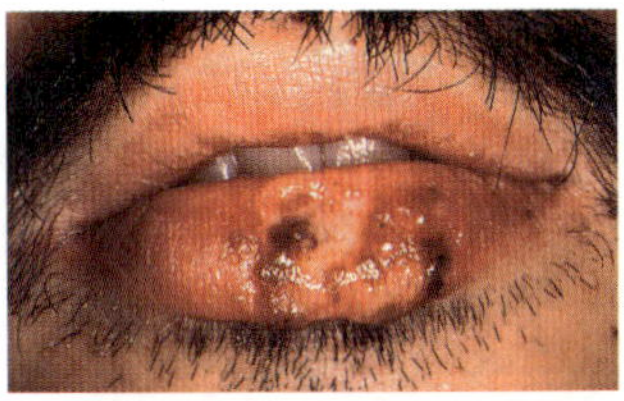

(a)

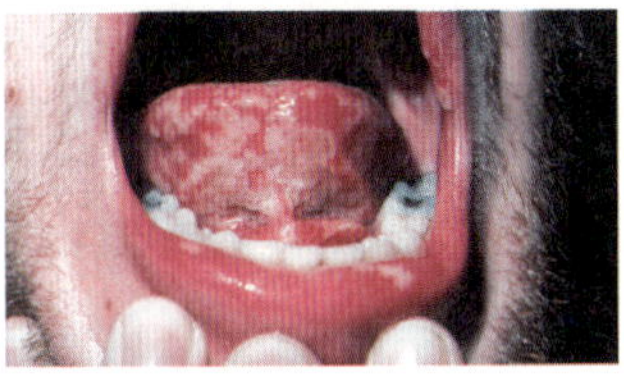

(b)

圖 21.7　**第一型疱疹病毒例子**。(a) 口唇疱疹的復發病灶 (感冒皰瘡，發熱皰瘡)。在唇部周圍爆發觸痛的搔癢性丘疹，並形成水泡其會破裂流出及結痂。這些瘡及分泌出的液體有高度的感染性，應避免接觸到；(b) 原發性疱疹性齒齦口腔炎涉及整個口腔黏膜、舌頭、臉頰和嘴唇。

第二型疱疹病毒感染

第二型疱疹病毒的感染通常是發生在性成熟時，且隨著性接觸的增加而上升。生殖器疱疹 (genital herpes) 一開始為全身無力、食慾不振、發燒，且在腹股溝雙側腫脹。接著在生殖器、會陰和臀部爆發出成簇密集敏感的囊泡 (圖 21.8)。主要的病癥有尿道炎、解尿時會疼痛、子宮頸炎以及發癢。在幾天或幾星期後，癒合前水泡會潰爛且會有淺灰色液體滲出。復發的生殖器疱疹通常都比第一次感染較不嚴重，且是藉由月經、壓力及同時的細菌感染刺激後復發。

新生兒疱疹

雖然單純疱疹病毒在感染健康人是惱人的、不愉快且痛苦的，但只有很少數會危及生命。然而在新生兒和胎兒中 (圖 21.9)，單純疱疹病毒的感染是很有害，且可能會致命。大部分嬰兒的案例為出生時或之前，經由母親的產道立即污染，但病灶也可能經由母親的雙手傳染。因為第二型疱疹病毒多為性器官感染，因此大多出現在嬰兒感染；第一型疱疹病毒有類似的併發症。嬰兒的疾病局限在嘴巴、皮膚或眼睛，死亡率是 30%，但影響中樞神經系統的疾病其死亡率為 50% 至 80%。

由於疱疹病毒對嬰兒和胎的危險，也因生殖器疱疹病例數的增加，現在已經發展出對於懷孕婦女產前早期的疱疹病毒檢測。婦女有再發性感染史的必須在懷孕最晚期對病毒釋出的任何跡象進行監測。若沒出現任何病灶或症狀，則嬰兒出生是安全的。若有出現任何的症狀爆發則

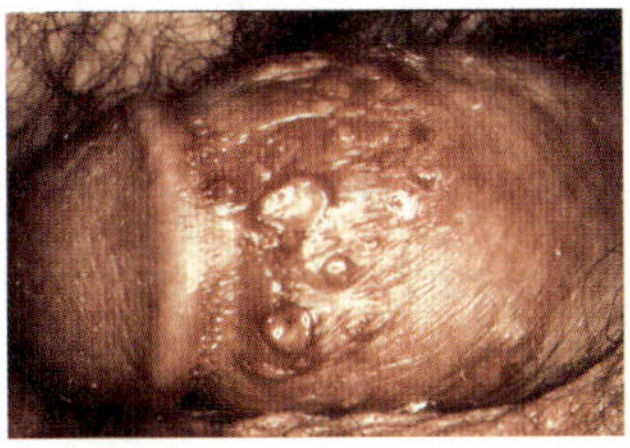

圖 21.8　**生殖器疱疹**。水泡開始向外擴散，且會形成融合潰瘍、潰爛。任何接觸都會造成疼痛。

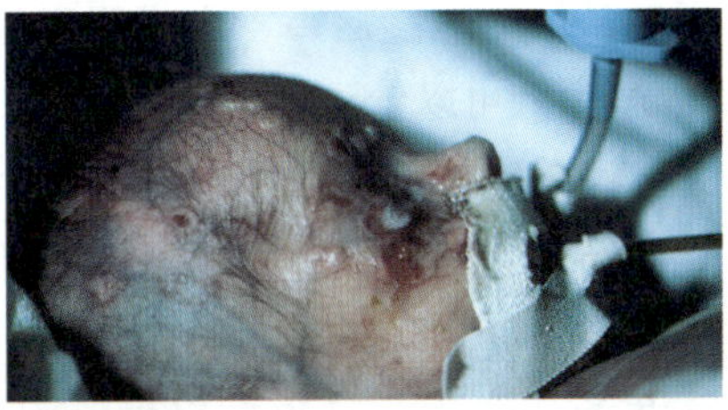

圖 21.9　**新生兒單純疱疹病毒感染**。早產兒出生時，帶有單純疱疹病毒感染造成的典型的「香菸燒傷模式」。嬰兒可能在出生 1 到 2 週後發展出病灶。

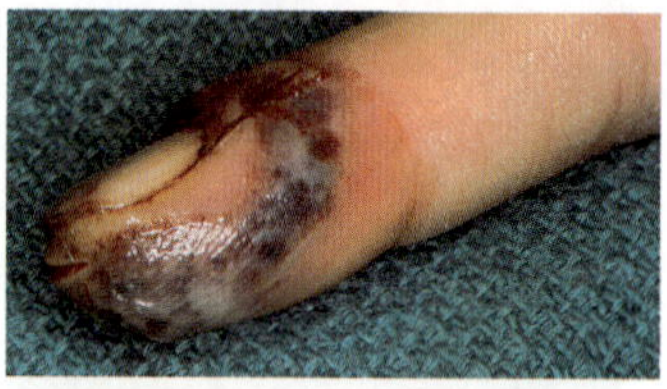

圖 21.10 **疱疹性指頭炎**。這些痛苦的，深層的囊泡會造成發炎及壞死，且難以治療。它們最常發生在牙醫和其他醫護人員或不小心碰觸到自身或他人病灶的人。

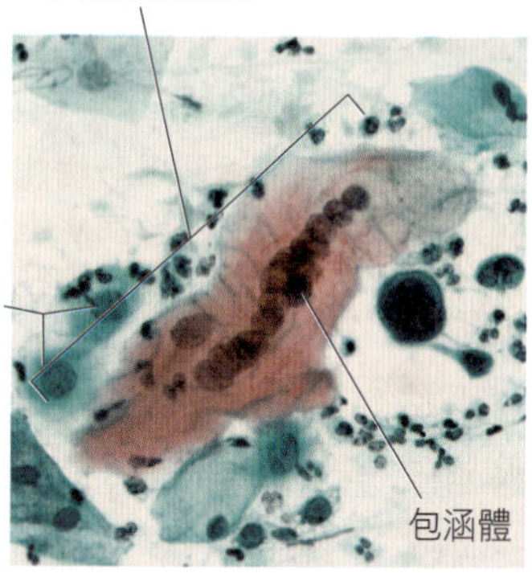

圖 21.11 **從染色標本診斷疱疹病毒感染**。子宮頸巴氏塗片中顯示有多核的巨大細胞及細胞核內包涵體，為典型的第二型單純疱疹病毒。這技術不是特異的針對單純疱疹病毒，但是大部分其他類型的疱疹病毒不會感染生殖器官的內膜。

須要剖腹產。

其他的疱疹病毒感染

當任一型的疱疹病毒從皮膚的傷口進入時，會造成局部的感染。此感染路徑大部分是職業性接觸或是皮膚嚴重的受傷引起。醫療照護者因處理病人或他們的分泌物，沒有做好手部保護措施而造成的感染稱為**指頭炎** (whitlow)[6]。在婦產科、牙科和呼吸道治療的工作者，可能會有感染的高風險。指頭炎是深陷的，通常發生在一個手指，且會使人感受極端痛苦和發癢 (圖 21.10)。感染的患者不應該再與病人工作直到指頭炎痊癒。通常為 2 至 3 星期內。

危及生命的併發症

雖然單純疱疹病毒第一型造成的腦炎是非常罕見的併發症，但在美國可能是造成病毒性腦炎最常見的爆發形式。病毒感染後會沿著神經傳播到大腦或脊柱。對中樞神經系統的影響，一開始是頭痛和肩膀僵硬，最後會造成精神障礙及昏迷。在未經任何的治療下其死亡率為 70%。免疫缺陷的病人比具免疫功能的人更容易受到嚴重、散布性的疱疹病毒的感染。最令人擔憂的是那些接受器官移植的病人、免疫抑制治療的癌症病人、先天性免疫缺陷者和愛滋病患。

疱疹病毒的診斷和治療

在口腔內膜或生殖器出現小而使人痛苦的水泡、淋巴結腫大及滲出液為診斷單純疱疹病毒的典型病癥。進一步支持的診斷是透過採集病灶基部的刮取物，並做姬姆薩 (Giemsa)、瑞特氏 (Wright) 或柏氏 (Papanicolaou, Pap) 染色 (圖 21.11)。存在多核細胞、巨大細胞及細胞核中出現包涵體都能幫助判斷疱疹病毒的感染。然而，此方法並不能分辨第一型單純疱疹病毒和第二型單純疱疹病毒，或是其他的疱疹病毒，這需要更多特別的分型。直接使用螢光抗體於檢體和細胞培養的試驗或 DNA 探針可以分辨出第一型和第二型的疱疹病毒以及其他密切相關的疱疹病毒。

實驗室的培養和特殊的檢測對診斷嚴重的播散性疱疹感染重要。組織或是液體檢體可以用來加到例如猴腎或是人類胚胎腎組織的初代細胞株中培養，來觀察 24 到 48 小時內細胞的病變。

目前已經有藥物用在疱疹病毒感染的治療。艾賽可威 [Acyclovir (Zovirax)] 是目前為止最有效的藥物，且沒有毒性，對單純疱疹病毒的專一性高。泛昔洛韋 (Famciclovir) 和袪疹易 (valacyclovir) 為可選擇的藥物。應用於生殖器和口腔病灶的局部醫療，可降低病毒感染的時期和減少病毒的釋出。全身治療可用於如角膜疱疹和全身性播散疱疹所引起的較嚴重的併發症。

6 *Whitlow* 疱疹性指頭炎 (hwit′-loh)。蒙特內哥羅文：*white* 白色、裂紋。出現在手指前端的膿腫。

每天服用口服祛疹易 (Valtrex) 對生殖器疱疹為有效的抑制性治療，超過一半的人使用發現，可以避免至少在半年內病毒的再度復發。

即使在性行為時，利用保險套可建立保護屏障降低生殖器疱疹傳播，但有感染生殖器疱疹的人還是必須避免任何的性行為。患有唇疱疹的母親在照顧嬰兒時必須格外小心，應避免親吻新生兒。醫護及牙醫人員在照顧病人時，必須戴手套來降低感染的風險。

水痘帶狀疱疹病毒的生物性質

另一種疱疹病毒會造成**水痘** (varicella[7]，又稱 *chickenpox*) 和再發性感染稱之為**帶狀疱疹** (herpes zoster[8] 或是 *shingles*[9])。因為相同的病毒導致兩種形式的疾病，它有個複合名字為**水痘帶狀疱疹病毒** (varicella-zoster virus, VZV)。有一段時間，水痘和帶狀疱疹在臨床表現以及時間間格的差異性被認為它們是不同的感染原。目前已經注意到當小孩接觸了患有帶狀疱疹的家人，小孩身上會產生水痘，此給予第一個暗示，即此性兩種疾病是相關的。最近醫生利用柯霍假說理論在一位病人身上證明這兩種疾病為同一種病毒造成，且帶狀疱疹為潛伏的水痘病毒再度活化而成 (圖 21.12)。

帶狀疱疹病毒感染的流行病學

人類為感染帶狀疱疹病毒的唯一天然宿主。病毒會停駐在呼吸道，但其傳染方式可透過呼吸道飛沫傳播以及活躍的皮膚病灶液體。感染者在出現紅疹的一天或兩天有很高的傳染性。乾燥後的結痂沒有傳染性，因為此病毒相當不穩定，且當接觸外面環境時已失去感染能力。有帶狀疱疹的病人是未免疫小孩感染的來源，但會接觸到的機會顯著的比水痘低。只有很少數的情況下小孩會感染 1 次以上的水痘，即使是無明顯臨床症狀的病例也會產生長時間的免疫力。免疫保護可避免水痘再感染但無法對抗帶狀疱疹。

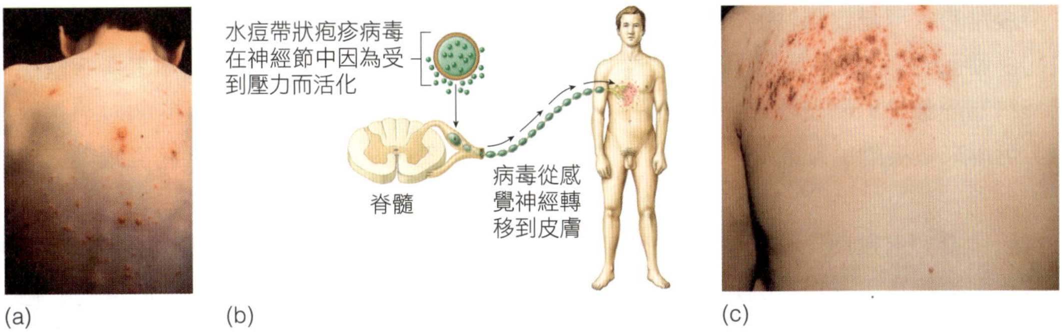

圖 21.12 水痘和帶狀疱疹之間的關係以及臨床上的表現。(a) 第一次接觸到病毒 (通常是在孩童時期) 主要會在臉部和軀幹造成斑疹、丘疹、水泡；(b) 病毒會潛伏在提供中胸神經皮節的背部神經節以及提供顏面神經的腦神經；(c) 帶狀疱疹臨床上的症狀。早期的症狀為在神經根部急性疼痛、皮節發紅、胸部和背面出現丘疱疹，通常是不對稱且不穿過身體的中線。

7 *varicella* 水痘 (var″-ih-sel′-ah)。天花或水痘的拉丁文。

8 *zoster* 帶狀疱疹 (zahs′-tur)。希臘文：*zoster* 腰帶。

9 *shingles* 帶狀疱疹 (shing′-gulz)。拉丁文：*cingulus* 肚帶 (*zoster* 和 *shingles* 意指皮疹環繞的樣子像腰帶)。

水痘

水痘帶狀疱疹病毒主要是從呼吸道上皮細胞進入，並且會在此複製病毒，此時並沒有出現任何症狀。在 10 到 20 天之後，首先出現的症狀為發熱和大量紅疹由頭皮、臉部和軀幹開始並以輻射狀稀少地向四肢散布。皮膚上的病灶為從小的紅色斑點變成發癢的水泡，最後會結痂並且脫落，這通常可以完全癒合但是有時會留下小疤痕 (圖 21.12a)。水泡數量通常為幾個至數百個，且在青少年和大人身上出現的數量會少於小孩。

帶狀疱疹

和其他種類的疱疹病毒一樣，大部分帶狀疱疹病毒在造成水痘後會進入感覺神經元。在這病例中，帶狀疱疹病毒感染支配皮膚神經分布之神經元的神經節，特別是胸管和三叉神經 (圖 21.12b)。帶狀疱疹病毒會潛伏在這些神經節內並且之後重新崛起，其特色為不對稱的分布在軀幹上的皮膚或頭部或偶爾出現在脖子或四肢 (圖 21.12c)。

帶狀疱疹會因為受到放射線治療、免疫抑制性及其他藥物治療、手術或惡性瘤發展的刺激再活化，之後會突然爆發。可能和免疫力低下有關，且多出現在年老的病患。每年在美國大約有 1 百萬個病例。病毒會由神經節下移到皮膚，在該處繼續繁殖，產生一群疼痛的，持續性的水泡。神經節及神經路徑的發炎反應造成疼痛及敏感性 (神經根炎)，此症狀會持續好幾個月。腦神經的涉入會造成眼睛發炎和眼及面部麻痺。最近 60 歲以上的人已經用疫苗來預防。但指示只給有過水痘的人使用。

水痘帶狀疱疹病毒感染的診斷和治療

水痘和帶狀疱疹在皮膚上的表現已經足夠被臨床確認。診斷為水痘的支持性證據通常為和來源或水痘帶狀疱疹感染活躍的病人有接觸。帶狀疱疹的支持性診斷是在皮膚上病灶的分布形式且利用囊泡刮片的染色抹片中含有多核巨大細胞而確診。然而，最明確的診斷方式為利用免疫螢光抗體來偵測在皮膚病灶中的病毒抗原，DNA 類型的決定或是做病毒的培養。

不複雜的水痘是自限性的，且除了減輕不舒適外，並不需要治療。繼發性細菌感染會造成嚴重的併發症 (特別是鏈球菌和金黃色葡萄球菌)，可以用抗微生物藥膏預防。在系統性疾病有效的藥物為靜脈注射阿昔洛韋或泛昔洛韋。水痘 - 帶狀疹免疫球蛋白為含有抗水痘帶狀疱疹的抗體，可用來做被動免疫治療。它可能施打直至病毒感染後 96 小時，去降低病毒感染造成的症狀。

目前建議小孩定期施打活的減毒疫苗 (Variax) 來預防水痘。預防注射的年齡為 2 個月至 12 歲。若有兩次的注射其免疫力可以延長。有些小孩在注射疫苗後還是會感染，但這是較輕微的病患。較大的孩童和大人若有感染的風險也被建議施打疫苗。因為有些父母認為此疾病是無害且無法避免的，他們會帶小孩接觸感染者，並認為這樣便可對病毒免疫，不過並不建議這種方式，因為水痘帶狀疱疹病毒感染具有潛在的併發症。

☞ 巨細胞病毒群

另外一群疱疹病毒為**巨細胞病毒** (cytomegaloviruses, CMVs)[10]，此命名原因為此病毒傾向產

---

10 *cytomegalovirus* 巨細胞病毒 (sy″-toh-may″-gah-loh-vy′-rus)。希臘文：*cyto* 細胞；*megale* 大的。

生巨大細胞，具有核和細胞質的內涵體 (圖 21.13)。這些病毒也被稱為唾液腺病毒和巨細胞包涵體病毒，為最遍存於人類的病原體。

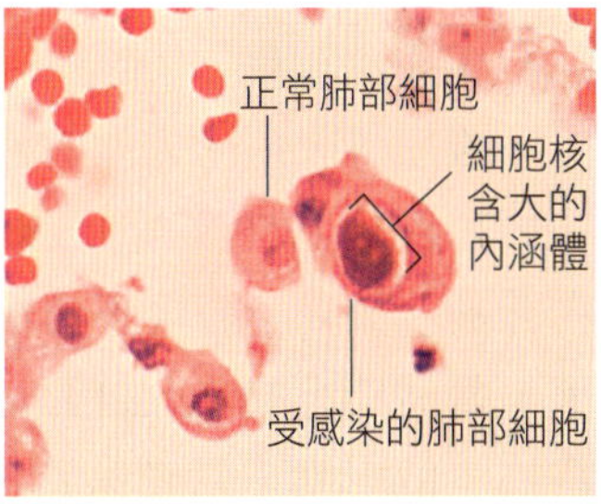

圖 21.13 **巨細胞病毒的鑑定**。被巨細胞病毒所感染的肺部細胞顯示了細胞增大且細胞核被大的內涵體扭曲變形，稱為「貓頭鷹的眼睛」效應 (1,500 倍)。

巨細胞病毒疾病的流行病學

從人群中檢測發現尚未感染就含有巨細胞病毒抗體是很常見。例如，50% 的母親在生育年齡時有巨病毒抗體，顯示將近 10% 的新生兒會被感染，使得巨細胞病毒為胎兒感染最常見的病毒。巨細胞病毒會在唾液、呼吸道黏液、母奶、尿液、精液和子宮頸分泌物中傳播。傳播方式有親密的接觸，如透過性行為、分娩、穿越胎盤感染、輸血以及器官移植。和其他疱疹病毒一樣，巨細胞病毒通常以潛伏狀態由白血球如單核細胞攜帶。

感染及所造成的疾病

大部分健康的大人和小孩在初次感染巨細胞病毒時是無症狀的。然而，有三群人感染具有較毒的形式，分別是嬰兒、新生兒和免疫缺陷的大人。先天巨細胞病毒感染發病率有 20% 為母親懷孕期間同時感染造成。新生兒感染後的臨床症狀有肝臟、脾臟腫大、黃疸、微血管出血、小頭畸形以及眼睛發炎。在一些病例中，所造成的傷害非常嚴重及廣泛，甚至會導致在幾天或是幾星期內死亡。許多嬰兒在存活下來後則有長期性神經系統方面的後遺症，包含聽力和視力破壞，甚至心智遲緩。在美國每年約有 5,000 位嬰兒受到感染。接近出生時期的新生兒巨細胞病毒的感染通常是因為在產道接觸到病毒，主要是無症狀的，雖然在出生後 3 個月會出現肺炎和類似的單核細胞增多症。

巨細胞病毒性單核球增多症 (cytomegalovirus mononucleosis[11]) 特徵為發燒和淋巴細胞增加，與 EB 病毒 (Epstein-Barr virus) 引起的症狀有些相似。雖然會發生在小孩，但主要還是大人的疾病。散播性的巨細胞病毒是愛滋病患嚴重的伺機性感染。它會導致全身系統性的疾病，伴隨著發燒、嚴重腹瀉、肝炎、肺炎和高死亡率。入侵視網膜時會導致失明。大部分的病人在接受腎臟移植，有一半則是接受骨髓移植產生巨細胞病毒性肺炎、肝炎、心肌炎、腦膜腦炎、溶血性貧血以及血小板減少。

巨細胞病毒感染的診斷、治療和預防

新生兒中，巨細胞病毒感染必須從弓蟲症、風疹及單純疱疹做區分。而在成人則必須和 EB 病毒感染及肝炎做區分。巨細胞病毒可以從所有的器官連同上皮組織的檢體中分離出。細胞增大且在細胞質及細胞核出現顯著的內涵體，可能為巨細胞病毒感染。此病毒可以被培養且利用抗早期抗原的單株抗體做測試。用聚合酶鏈鎖反應可偵測到病毒的 DNA，為最常用在臨床上檢測病毒的方式。

藥物治療適用於免疫功能低下的患者。主要的藥物是 ganciclovir 和 foscarnet，其有毒性副作用，並不能長期使用。在疫苗發展上的阻礙為缺乏可以感染人類巨細胞病毒的動物模式試驗。

11 *mononucleosis* 單核球增多症 (mah″-noh-noo″-klee-oh′-sis)。希臘文：*mono* 單一個；*nucleo* 細胞核；*sis* 狀態。

EB 病毒

雖然淋巴細胞方面的疾病如**感染性單核球增多症** (infectious mononucleosis) 已經發生好幾世紀，直到於 1958 年開始透過一系列意外事件，才有最終的發現。首先是巴克氏 (Michael Burkitt) 在非洲小孩身上發現不尋常的腫瘤 [巴克氏淋巴瘤 (Burkitt lymphoma)] 看來似乎具有傳染性。接著，愛波斯坦 (Michael Epstein) 和巴爾 (Yvonne Barr) 培養從腫瘤來的這些病毒發現了有典型疱疹病毒的形態。當實驗室技術人員在研究 Burkitt lymphoma 病毒時，意外地獲得了單核細胞增多症，證明了兩種疾病有共同的病原。**EB 病毒** (Epstein-Barr virus, EBV) 和其他種疱疹病毒共有形態和抗原上的特徵。此外，它含有那些當表現時可以把某些淋巴細胞轉變成癌瘤性細胞的基因。

EB 病毒的流行病學

此病毒在人類的淋巴組織和唾腺中有穩固的利基。唾腺分泌物占了正常人的 20%。雖然輸血和器官移植也可能是病毒的傳播模式，但直接的口腔接觸和唾腺的污染為主要傳播病毒的模式。

一般第一次感染和病人的年齡、社經地位、地理區域以及基因的前置因子有關。在較低開發地區，感染通常發生在早期的孩童期。如此早期和慢性感染，意味在非洲地區的小孩有高的機率形成巴克氏淋巴瘤。同樣在某些亞洲地區的居民，有高比例的鼻咽癌 (此為另一個和 EB 病毒有關的腫瘤)。

在工業國家，EB 病毒的感染通常會延遲到青少年時期和年輕的成人期。這種延遲的原因為衛生設備的改善與和其他孩子接觸較不頻繁及親密。因為將近 70% 大學年齡的美國人從未感染過 EB 病毒，所以這群人很容易感染到單核球增多症又稱親吻症 (kissing disease 或 mono)。然而，在中年約有 90% 至 95% 的人們從血清學檢測顯示有感染過，此和地理位置無關。研究人員懷疑 EB 病毒是疱疹病毒中之一會誘發多發性硬化症。美國國家衛生研究院發現 EB 病毒的感染與存在 T 細胞攻擊髓鞘誘發自體免疫疾病有關。

EB 病毒和疾病

在初次感染時，口咽部的上皮細胞是 EB 病毒進入的位置，病毒會轉移到耳下腺，此處主要為病毒複製和潛伏的地方。在 B 細胞長期的休眠之後，病毒將會藉由一個不明確的機制重新活化。有些人在感染病毒和病毒潛伏期都沒有症狀的產生。

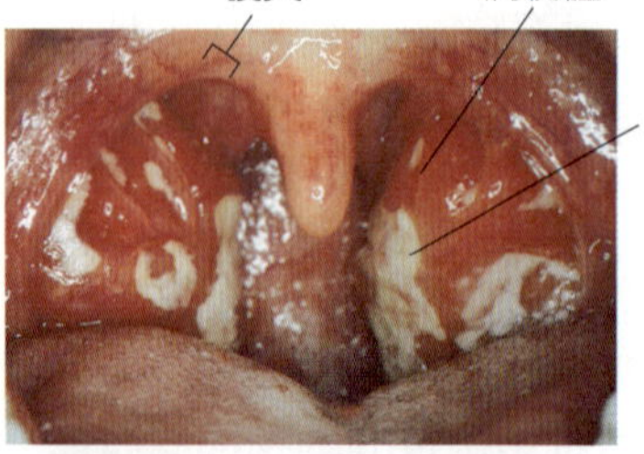

圖 21.14 傳染性單核球增生。此咽喉圖顯示了扁桃腺和咽喉組織腫大，產生了灰白色滲出液及上顎發炎。可作為診斷的用途。

傳染性單核球增多症的症狀在經過一段長的潛伏期 (30~50 天) 後將會產生喉嚨痛、高燒以及頸部淋巴結腫大。許多病人在咽部會出現灰白色的滲出物 (圖 21.14)、皮膚紅疹以及脾臟和肝臟的腫大。明顯的單核球增多徵狀為突然的白血球增多，包含最初感染的 B 細胞和後來的 T 細胞。強的細胞免疫反應是控制感染及防止併發症的決定性因素。EB 病毒對有些人會造成慢性感染，但現在已經認為此病毒和造成衰弱的病症如慢性疲勞症候群是沒有關聯的。

和 EB 病毒感染有關的腫瘤和其他併發症

巴克氏淋巴瘤 (Burkitt lymphoma) 為 B 細胞的癌瘤通常出現在下顎處並使臉頰有非常的腫大 (圖 21.15)。大部分病例出現在中非的 4 至 8 歲孩童，以及少數在北美。在非洲的盛行可能和其他疾病的慢性共同感染有關，例如瘧疾，其免疫力降低易患腫瘤。有一個學說解釋造成腫瘤的原因，為在年輕小孩中持續的 EBV 感染使 B 細胞轉形成為永生的細胞。慢性感染制服了原本控制 B 細胞過度增生的 T 細胞的細胞毒殺作用，而發展出惡性腫瘤。

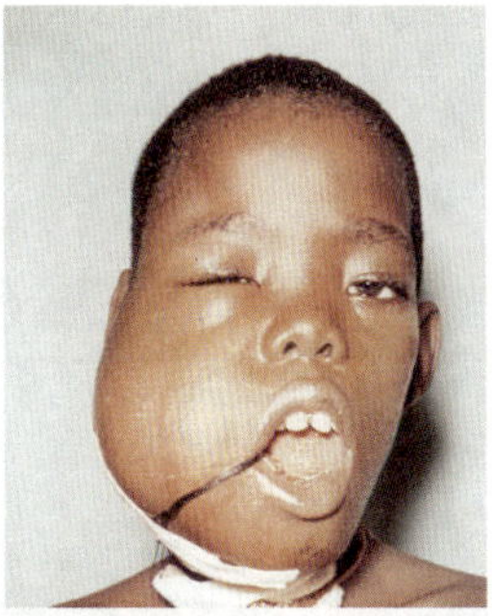

圖 21.15 **EB 病毒相關的腫瘤**。巴克氏淋巴瘤為 B 細胞惡性腫瘤，和 EB 病毒的慢性感染有關。

和巴克氏淋巴瘤不同，鼻咽癌 (nasopharyngeal carcinoma) 是一種上皮細胞惡性腫瘤，發生在年紀較大的中國人和非洲男性。即使對於此疾病的機制尚未明確，但已知會出現高效價的 EB 病毒的抗體。目前仍不清楚病毒如何入侵上皮細胞 (上皮細胞不是通常的標的) 的機制，也仍不知為什麼在特定區域惡性腫瘤的發病率是如此之高，以及飲食中的致癌物有多少程度的參與。

基本上，任何免疫缺陷的人 (通常是 T 細胞) 高度容易感染 EB 病毒。器官移植的人會有高的感染風險，原因為他們的免疫力必須降低來控制排斥。此病毒的致癌潛力為另一個因素。EB 病毒與腎臟移植病患之某些類型的淋巴瘤有關，並且常由與愛滋病有關的淋巴瘤分離出來。愛滋病患也會產生口腔毛狀白斑，是由 EB 病毒入侵舌頭上皮細胞產生的白色黏附斑塊，這可以透過口服阿昔洛韋 (acyclovir) 治療來減少病灶。

EB 病毒感染的診斷、治療和預防

因為 EB 病毒感染的臨床症狀在很多其他疾病也常見，因此實驗室診斷是必須的。一個鑑別性的血球計數所顯示的淋巴球增多、嗜中性球減少和大的不典型的淋巴球，其中具有分葉核及帶空泡的細胞質，這些是 EB 病毒的感染的提示 (圖 21.16)。就如同使用探針和標定抗體直接檢測病毒抗原，以血清學分析來偵測對抗病毒殼體和 DNA 的抗體也是很有幫助的。

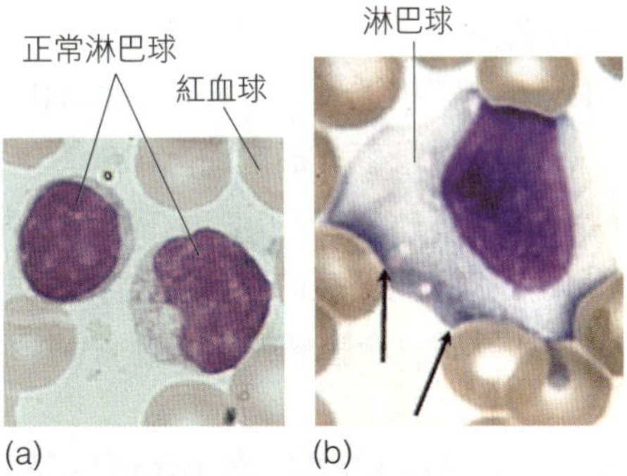

圖 21.16 **EB 病毒感染的淋巴球 (1,000 倍)**。(a) 正常淋巴球的血液抹片，有規則且圓的細胞核和小的細胞質帶；(b) 感染性單核白血球增多症病患的血液抹片。注意：在箭頭處有一個大而非典型的淋巴球，有不規則的細胞核和鋸齒狀的邊緣 (箭頭處)。

通常對感染性單核球增多症的治療是針對緩解發燒和喉嚨痛的症狀。在更嚴重的案例裡會使用抗病毒藥物像是阿昔洛韋可以直接阻擋病毒的複製，而類固醇可以減少氣道阻塞。巴克氏淋巴瘤需要使用抗癌藥物，例如：癌德星錠 (cycle phosphamide) 或敏克瘤注射液 (vincristine)，並且做全身性的化學治療。這些方法伴隨著腫瘤手術切除已相當地降低死亡率。

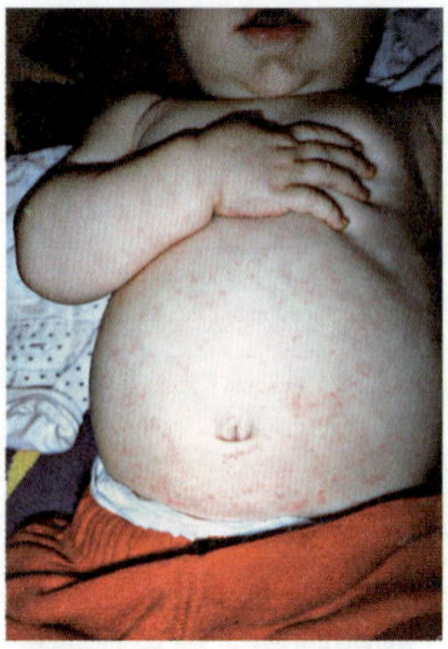

圖 21.17 **12 個月嬰孩身上的玫瑰疹**。疾病的特色是出現臉、脖子和軀幹融合的皮疹。此種病毒感染是發生在小嬰孩身上最常見的發熱疾病。

疱疹病毒第六型、第七型和第八型的疾病

人類疱疹病毒第六型 (Human herpesvirus 6, HHV-6)，也被稱為人類 B 淋巴病毒，最初是從感染的淋巴球分離出來 (見圖 14.16b)。它和 CMV 的特徵相似，但在遺傳上跟其他疱疹病毒截然不同。此病毒可以進入 T 細胞、巨噬細胞和唾液腺組織，並且在其內複製。可能由親密接觸到唾液和其他分泌物傳播。此是最常見的疱疹病毒，在人類檢驗中有 95% 的出現率。會導致玫瑰疹 (roseola，又稱 roseola infantum)，此為一種急性發熱疾病，發生在 2 至 12 月大的嬰兒身上 (圖 21.17)。始於發燒，可高達 105°F (40°C)，接下來幾天會有淡的斑丘疹出現在脖子、軀幹和臀部。這通常是一種自限性的疾病，支持性治療則會自行恢復。

感染的成人存在類似單核球增多症的症狀，並且可能發展成淋巴結腫大和肝炎。有腎臟或骨髓移植的病人常會有 HHV-6 感染，會抑制移植組織的功能，也可能是移植排斥的原因。因為 HHV-6 會導致腦炎和神經疾病，它是另一個在多發性硬化症 (MS) 占有角色的疱疹病毒。超過 70% 的 MS 病人的血清診斷對 HHV-6 呈現陽性，而且他們很多人的腦部病灶有活化的病毒感染。雖然對於病因這並非決定性證據，但它是重要的第一步證明這個疾病跟病毒有關聯性。在專家證實 MS 和疱疹病毒之間的任何關聯之前，更多額外的研究是必要的。專家們認為 HHV-6 感染是一個重要的新興疾病。

事實上疱疹病毒持續存在，可以潛伏在細胞核，且證明這些病毒會有癌變的產生和活化，但原因未知。許多臨床研究顯示 HHV-6 和霍奇金 (Hodgkin) 淋巴瘤、口腔癌和一些特定的 T 細胞癌之間的關係。從腫瘤中分離出一種病毒或其抗原，並不足以證明此病毒是導致腫瘤的原因，還需要更多證據，但仍高度暗示病毒在癌症扮演了一些角色。另一種人類疱疹病毒 HHV-7 和 HHV-6 非常相近，並且會產生和 HHV-6 相似的疾病在小孩和大人身上。

最近的疱疹病毒是從 AIDS 的卡波西肉瘤分離出來的。稱為人類 HHV-8 或卡波西肉瘤相關的疱疹病毒 (KSHV)，並未在其他正常組織或非肉瘤病人中發現。它主要的標的細胞是內皮細胞和 B 細胞。此癌症的基因機制和病理學的研究目前正在進行。有些研究者已發現 KSHV 和一種相對常見的血液腫瘤如多發性骨髓瘤具有關聯性。

21.4 導致肝炎的病毒

當特定的病毒感染肝臟時就會導致肝炎 (hepatitis)，是一發炎的疾病主要特徵是肝細胞壞死和單核球的反應造成肝臟腫脹和肝臟結構的破壞。此病理改變會干擾肝臟排泄膽色素，如膽紅素進入腸道。當膽紅素 (一種黃綠色的色素) 累積在血液和組織會導致黃疸 (jaundice)[12]，在眼睛和皮膚會出現黃色。三個主要導致人類肝炎的病毒的特色總結在表 21.3。

和肝炎有關的 DNA 病毒主要的是肝病毒科 (hepadnaviruses)[13]。這些病毒具有套膜，無法被

12 *jaundice* 黃疸 (jon′-dis)。法文：*jaunisse* 黃色。也可稱為 icterus (黃疸)。

13 *hepadnavirus* 肝病毒科 (hep″-ah-dee″-en-ay-vy′-rus)。希臘文：*hepatos* 肝臟，加上 DNA 病毒。

表 21.3　主要肝炎病毒的重要形態和病理特徵

性質 / 疾病	HAV*	HBV	HCV*
生物特性 核酸 細胞結構 套膜	 RNA + –	 DNA – +	 RNA – +
流行病學 帶原者 傳播途徑	區域性和流行性 主動感染 糞口感染，水或食物攜帶	區域性 慢性帶原者 血液或血清的接觸，性和親密接觸	區域性 慢性帶原者 血液或血清的接觸，親密接觸
潛伏期	2~7 週	1~6 個月	2~8 週
症狀	發燒、腸胃道不適	發燒、紅疹、關節炎	與 HBV 相似
黃疸	十分之一	常見	常見
發病 / 期間	急性，短	漸進、慢性	急性到慢性
嚴重的併發症	不常見	慢性活動性肝炎、肝硬化、肝癌	慢性發炎、肝硬化、癌症
2012 年發生率 (10 萬的人的案例)	0.5	0.9	0.5
疫苗的可用性	+	+	–
診斷測試的差異性	+	+	+

* 這些病毒的細節在第 22 章介紹。

組織培養並且含有不尋常的基因體，同時有單股和雙股的 DNA。肝病毒科表現出對肝決定性的趨向性，會持續存在並且誘發肝細胞癌。B 型肝炎病毒 (hepatitis B virus, HBV) 為肝病毒科的其中一種，引起一種常見形式的人類肝炎，而相關的肝炎病毒引起其他脊椎動物的肝炎。

其他肝炎病毒是以 RNA 為基礎，將在第 22 章討論。我們在此主要是比較病毒性肝炎病原的基本特徵，主要形式的發生率列在表 21.3。

A 型肝炎病毒 (hepatitis A virus, HAV) 是沒有套膜的 RNA 腸道病毒，透過污染的食物傳播。一般來說，HAV 的疾病跟其他形式的肝炎相比是遠較溫和的，時間較短並且毒性較低。另一個重要的 RNA 病毒是 C 型肝炎病毒 (hepatitis C virus, HCV)，其為一種黃質病毒，會導致許多輸血性肝炎的案例。HCV 涉及未診斷的慢性肝臟感染，後來會導致嚴重的肝損傷和癌症。主要藉由接觸到血液和血液產物而散播。HCV 被認為是最常見的未報告的肝炎病原之一 (據估計，全國有 300 萬的案例)。另一個導致肝炎的病毒是 E 型肝炎病毒 (HEV)，是一種新鑑定的 RNA 病毒，會導致類似 HAV 的疾病。HEV 與不良的衛生條件和衛生設施有關係，並且透過糞便污染的食物傳播。

另一個特別的病毒，D 型肝炎 (HDV)，是一種缺陷的 RNA 病毒，只能對有 HBV 感染的細胞產生感染。D 型肝炎病毒 (hepatitis D virus) 有環狀的 RNA 基因體，比起其他病毒與類病毒密切相關。HDV 感染僅發生在同時帶有 HBV 感染或在 HBV 感染之後的情形下，因為 HDV 缺乏結構蛋白之基因，要依賴 HBV 來完成其繁殖週期。當 HBV 感染伴隨 HDV，病情將會更加嚴重並且更可能進展到永久性的肝臟破壞。

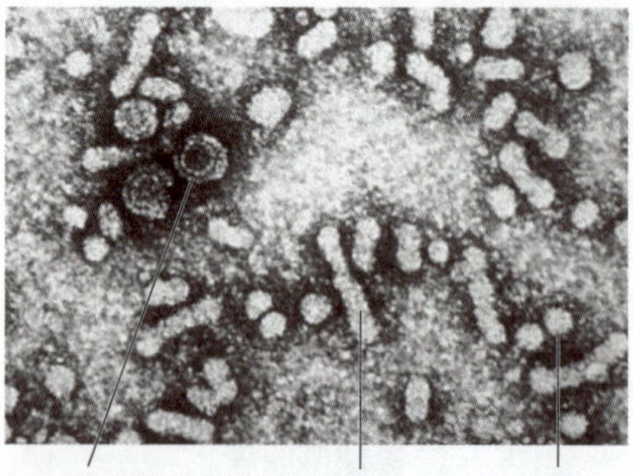

圖 21.18 **B 型肝炎病毒**。從感染 B 型肝炎病毒的病人血液中可見血液內有一大群顆粒，包含了丹恩顆粒 (完整的病毒粒子)、套膜 (或表面外殼)，以及由套膜抗原多分子聚集而成的絲狀體。

B 型肝炎病毒和疾病

因為對於繁殖 HBV 的細胞培養系統尚無可用，迄今為止關於它的形態和遺傳訊息已獲自病毒的片段和完整的病毒顆粒及抗體，這些通常豐富的存在於患者的血液裡。其中一個血源性病毒 (丹恩顆粒) 時常在受感染者血液的電子顯微照片觀察到，此為完整的病毒粒子。血源性病毒成分顯示在圖 21.18。

B 型肝炎的流行病學　B 型肝炎病毒傳播模式的重要因子為它是一種肝臟的慢性感染，病毒持續在血液裡發展。電子顯微鏡研究已經顯示，每毫升感染血液多達 10^7 個病毒顆粒。甚至微量的血液或血清 (10^{-6} 到 10^{-7} 毫升) 可傳播感染。循環血液中的病毒粒子的豐富度是如此高，而最小劑量是如此低，所以如此簡單的習慣，像是共用牙刷或剃刀能傳播感染。HBV 也已經在精液和陰道分泌物中檢測到，目前認為會透過這些體液在某些人群中傳播。病毒會藉由家人或機構的親密接觸傳播。

HBV 在與多性伴侶無保護的性交行為、吸毒者和某些職業的發病率和風險是最高的，這些職業包括醫療操作過程中會涉及血液或如血清等血液製品的人。HBV 感染的發生率和帶原率在固定地共用針頭的吸毒者是非常高的。男同性戀者構成了另一個高危險群，因為肛交會導致膜的創傷，並允許傳輸病毒進入受損傷的組織。異性性交也可能傳播感染，但發生率比較低。若新生兒在出生時感染，長大後很有可能成為帶原者，並且會增加罹患肝癌的機率。若蚊子叮咬了感染病人，則牠也會攜帶病毒好幾天，這些蚊子的角色在熱帶和美國的一些地區已有清楚文獻記載。

HBV 對肝臟的向性造成在一些人們產生了顯著的流行病學上的複雜性。持續性或慢性的帶原者攜帶此病毒並繼續釋出病毒達很多年。全球估計約有 3 億人攜帶此病毒，在非洲、亞洲和西太平洋最流行，但在北美和歐洲是最不流行的。

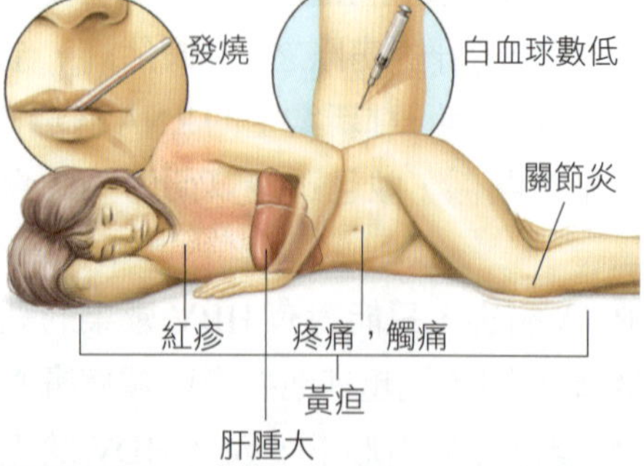

圖 21.19 **B 型肝炎的臨床特色**。最顯著的症狀是發燒、黃疸、腸不適和肝腫大及觸痛。

HBV 的致病機制

HBV 病毒透過皮膚或黏膜的傷口進入或是注射進入血液。最後病毒到達肝細胞，病毒在此繁殖並且釋出病毒進入血液，潛伏期大約 4 至 24 週 (平均 7 週)。奇怪的是，大部分的感染者症狀不明顯，並最終發展成對抗 HBV 的免疫系統。然而有些人會有身體不適、發燒、寒顫、厭食、腹部不適和腹瀉等症狀。對較嚴重病人而言，其所造成的症狀和肝損傷的後果是很廣的。發燒、黃疸、紅疹和關節炎都是常見的反應 (圖 21.19)，而且有較少數的病人發展成腎絲球腎炎和動脈炎。大多數病人在經歷過完整的肝再生後，肝功能會復原。然而，有較少數的病人會發展成慢性肝病，像是肝壞死或肝硬化 (永久性肝臟結疤和組織的損失)。

以下幾點觀察認為 HBV 和肝細胞癌 (hepatocellular carcinoma)[14] 有所關聯：

1. 某些 B 肝抗原被發現在惡性癌瘤細胞中，並且經常可在宿主基因體的嵌合組成分中偵測到。
2. 長期的病毒帶原者最有可能發展成為癌症。
3. 居住在有較高 B 型肝炎發生率的非洲和遠東的人較常受影響。此連結可能是生命早期的感染和長期帶原的結果。

一般來說，患有慢性肝炎的病人比一般人高 200 倍更容易患肝癌，儘管該病毒的確切角色，仍然是分子分析的主題。一種解釋是，B 肝病毒感染會增加肝細胞的細胞分裂速率，因為這些細胞累積突變，使得致癌基因被激活，並導致癌症。

B 型肝炎感染的診斷和管理

各種病毒性肝炎的症狀是如此相似，因此不太可能單以症狀來作鑑別診斷。仔細檢視可能感染的風險因素，可以區分 HBV 和 HAV。舉例來說，HBV 感染與職業暴露、濫用藥物及相對長的潛伏期有關。血清檢測可以偵測抗體或抗原。血清測試可以在感染很早期偵測到表面抗原。這些同樣的試驗對於篩選輸血用的血液、精子銀行中的精液以及即將移植的器官是有必要的。

若母親是 HBV 帶原者，就可能由胎盤傳遞感染給胎兒，且此感染可能高度發生在生產時。不幸的是，這種在生命早期的病毒感染已知是造成慢性肝病的危險因子。由於 HBV 感染的懷孕婦女增加，因此懷孕婦女的 HBV 檢查成為例行公事。HBV 已被添加到標準的檢測程序中，用以檢測那些尤其對胎兒和新生兒有害的感染，統稱為 STORCH (見第 10 章)。

輕度的 HBV 感染案例的治療為對症治療和支持性照護。慢性感染則會使用重組干擾素停止病毒的繁殖，避免 60% 以上病人的肝損害。活躍性疾病也可以核苷類似物一同使用治療，如恩替卡韋 (entecavir)、替諾福韋 (tenofovir)、拉米夫定 (lamivudine)，其可抑制病毒的 DNA 聚合酶。使用 B 肝免疫球蛋白 (HBIG) 的被動免疫，主要是給予已經透過針穿刺、斷裂的血液容器，或皮膚和黏膜接觸到血液因而接觸到病毒的人，此有顯著的保護效果。HBIG (B 型肝炎免疫球蛋白) 高度推薦給與正在感染者或攜帶者有性接觸的人和感染的母親所生的新生兒預防使用。

主要 HBV 感染的預防是疫苗接種，最廣泛使用的疫苗 (Recombivax, Energix) 裡面含有從選殖的酵母菌中純化的表面抗原。疫苗有 3 劑，在 18 個月內施打，伴隨偶爾的追加注射。免疫執行指導委員會 (Advisory Committee on Immunization Practices, ACIP) 推薦將 B 型肝炎疫苗的接種以保護對抗 B 型肝炎，列為兒童時期固定施打疫苗時程的一部分。

21.5　無套膜的 DNA 病毒

腺病毒

在研究尋找普通感冒的病因時，從幼兒的腺樣增殖體 (adenoids)[15] 分離出來一種新的病毒。

14 HOC 又稱為肝癌，為原發性惡性肝細胞增生。
15 *adenoid* 腺樣增殖體 (ad′-eh-noyd)。希臘文：*adeno* 和 *eidos* 而來，腺體的。在鼻咽的淋巴組織 (扁桃體) 變得腫大。

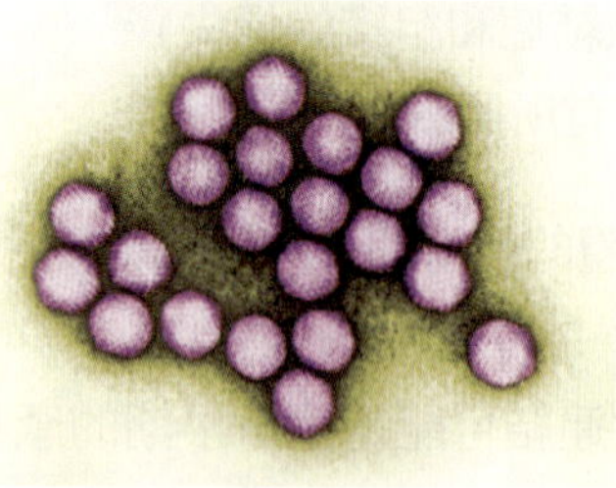

圖 21.20 腺病毒的獨特結構在高放大倍率下的圖。腺病毒顆粒的彩色電子顯微照片 (220,000 倍)。

研究證明此病毒不是造成感冒的唯一原因，只是其中一種原因 (在第 22 章有描述)，而此病毒以腺病毒 (adenovirus) 命名。它也是約 80 株且分類屬於腺病毒的無套膜、雙股 DNA 病毒中的第一個，與人類感染相關的病毒有 30 型 (圖 21.20)。除了感染淋巴組織之外，腺病毒也偏好感染呼吸道、腸道上皮和結膜。不完整的腺病毒和組合成完整的病毒之凝聚，通常會使細胞裂解。若細胞沒被分解掉，病毒的 DNA 則會存在核裡。實驗證實有些腺病毒會使動物致癌，但沒有在人類身上導致癌症。

腺病毒的流行病學

腺病毒的傳播是透過人與人之間的呼吸道和眼睛分泌物的接觸。大多案例都是結膜感染造成，包含預先存在的眼部損害和接觸污染來源，如游泳池、塵土飛揚的工作場所 (船廠和工廠)，和未經消毒的光學儀器。大部分人腺病毒的感染通常發生在 15 歲時，某些人成為慢性呼吸疾病的帶原者。雖然原因是模糊的，但軍隊的感染風險比一般人來得高，且呼吸道流行病常見於軍事組織。即使是同一個年齡層且住在近距離的居民，也很少有這樣的感染爆發。

呼吸道、眼睛和其他腺病毒的疾病

病人感染腺病毒的典型特徵是發燒、急性鼻炎、咳嗽、咽喉發炎和頸部淋巴結腫大。某些腺病毒株會產生急性結膜濾泡性病灶。通常一隻眼睛會有水狀滲出物、發紅和局部封閉的影響。較深入及較嚴重的併發症是角膜結膜炎 (keratoconjunctivitis)，此為角膜和結膜的發炎現象。

兒童急性出血性膀胱炎被認為是和腺病毒有關，此 4 至 5 天的自限性疾病的主要特徵是會出現血尿 (尿中出現血)，排尿頻繁且疼痛並偶爾伴隨發燒、尿床，和恥骨上會出現疼痛情況。因為此病毒似乎是感染腸道上皮，而且可以從腹瀉的糞便裡分離出來，因此腺病毒被認為是造成小兒腸胃炎的病原。

腺病毒感染的嚴重案例可在早期用干擾素治療。從病毒抗原製備的多價滅活疫苗是最常用於軍隊的有效預防措施。

乳頭瘤病毒和多瘤病毒

乳頭瘤病毒 (papillomaviruses)[16] 和多瘤病毒 (polyomaviruses)[17] 為小的無套膜的雙股 DNA 病毒。它們很相似，都擁有環狀 DNA，並且會導致長期的感染和腫瘤。它們的不同處為大小和基因體的組成。

人類乳頭瘤病毒的流行病學和病理學

乳頭瘤是一種鱗狀上皮生長，通常被稱為疣 (wart 或 verruca)，由超過 100 株不同的人類乳頭瘤病毒 (human papillomavirus, HPV) 造成。有些疣對黏膜具有專一性，有些會侵犯皮膚。感染的外觀和嚴重性因感染的區域而有所不同。疣是指在手指或身體其他部位長出無痛、形狀凸且粗糙的顆粒 (圖 21.21a)。這些常發生在小孩和年輕成人身上。蹠疣 (plantar warts) 比疣更深，長

---

16 *papilloma* 乳頭狀瘤 (pap″-il-oh′-mah)。拉丁文：*papilla* 丘疹。希臘文：*oma* 腫瘤。為上皮細胞節結性腫瘤。
17 *polyoma* 多瘤病毒科 (paw″-lee-oh′-mah)。拉丁文：*poly* 多。為病毒造成的一種腺體腫瘤。

在腳底會很痛；扁平疣則是平的，皮膚色的病灶，會長在臉、軀幹、手肘和膝蓋。疣的一種特殊形式稱為濕疣 (生殖器疣，genital warts)，是一個普遍的性病，與某些類型的癌症有關聯。疣會透過直接接觸到疣或污染物傳染，也會在原本已經感染的人身上因為其他部位接觸到，而造成其他部位感染。潛伏期為 2 個星期到超過一年。乳頭瘤在人類群體裡極為普遍。

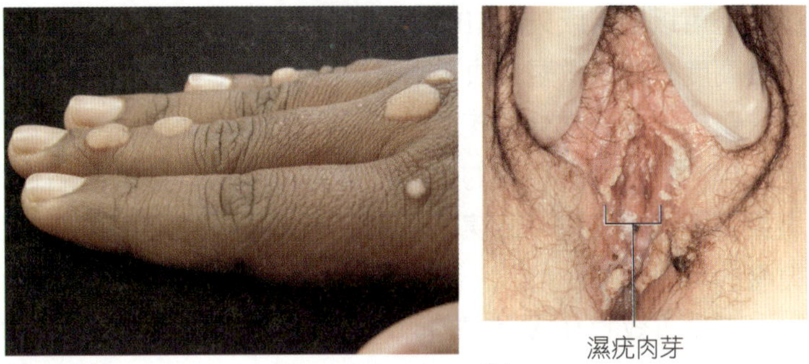

圖 21.21　**人類乳頭瘤**。(a) 普通疣。病毒感染造成在手指、臉與軀幹的皮膚長出瘤狀物。必須避免挑起、刮傷或是刺破來避免病毒擴散和二次感染；(b) 慢性生殖器濕疣 (濕疣肉芽) 已經擴散到陰唇、會陰以及肛門周圍。

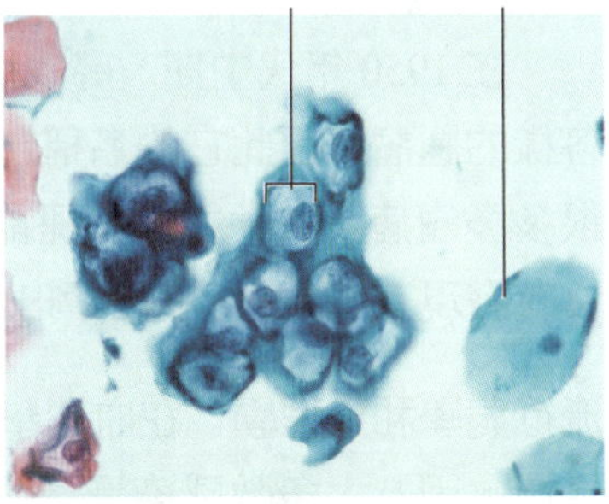

圖 21.22　**人類乳突病毒感染者的子宮頸巴氏抹片**。主要的特徵是可以看見凹空細胞，為一種異常的細胞，特徵為異常增大的細胞核周圍有空洞。和標示的正常細胞做對照。檢測到這種異常的細胞指示為一種發展成癌症前的階段。

生殖器瘤：隱密的乳頭瘤　濕疣是最近關注的疾病，常見於年輕且性活躍的人身上。雖然此疾病並非新發現的，但此病的案例增加到如此大的程度，以致被認為是美國最常見的性病，每年有上百萬的新案例出現。大概有 35 型的 HPV 與濕疣有關，約有超過 3,000 萬名帶原者 (最常見的類型有第 6、11、16、18 和 31 型)。病毒侵入生殖器膜的外部和內部，特別是陰道和陰莖頭。疣體的形態範圍從微小的、扁平的且不顯眼的腫塊到廣闊的、分支成菜花狀的腫塊稱為尖銳濕疣 (condylomata acuminata[18]，圖 21.21b)。感染也常見於子宮頸、尿道和肛門皮膚。多數情況下 (90%) 症狀的表現為沒有或很少，其會干擾檢測和診斷。

在 HPV 感染突增中，最令人不安的是其與生殖道癌有密切關聯，尤其是子宮頸和陰莖。10 種類型 HPV 感染被認為會增加生殖道癌症的風險，而第 16 和 18 型為有 70% 會成為轉移性腫瘤。這些病毒會潛伏在上皮細胞的基因體中，並且含有 2 個致癌基因會將生殖器的疣病灶轉形成惡性腫瘤。在美國致癌型的 HPV 引起的子宮頸癌，每年超過 12,000 個新病例，並導致 3,900 人死亡。

病人和其性伴侶可透過早期的診斷和治療來大幅降低對感染的易感性和癌症的發生。這樣的早期診斷依賴於生殖器的徹底檢查。在婦女會做一個巴氏抹片篩檢子宮頸的異常細胞 (圖 21.22)。

HPV 感染的診斷、治療和預防

由乳突病毒所引起的疣通常有足夠的特色允許可靠的臨床診斷。且沒有太大的困難度。而活體切片和組織檢查可以幫助確診。敏感的 DNA 探針可以藉由雜交技術偵測 HPV。此技術的

18 *condylomata acuminata* 生殖器濕疣 (kahn″-dee-loh′-mah-tah ah-kyoo″-min-ah′-tah)。希臘文：*kyndyloma* 瘤。拉丁文：*acuminatus* 尖端的、點狀。勿和扁平濕疣混淆，此為分布廣泛的扁平狀梅毒病變。

優點是可以決定感染的 HPV 類型。巴氏抹片步驟是個可用於檢測細胞是否感染或轉變成癌症的一個高度有效的微觀方法。兩者都提供病人子宮頸癌的風險評估。

雖然大部分常見的疣會隨著時間的增加而退化，但會造成不適及皮膚表面的影響，因此必須加以治療。所有類型的疣的治療方法包括直接的應用化學物鬼臼樹脂和物理除去受影響的皮膚或膜，通過燒灼、冷凍、或雷射手術。因為治療可能無法摧毀所有在細胞裡的病毒，所以有復發的可能性。

兩種有效的 HPV 疫苗，嘉喜 (Gardasil) 和保蓓 (Cervarix)，已經被允許接種某些高危險族群。兩種疫苗皆為由重組 DNA 技術做出的病毒表面蛋白受體。保護是針對感染和癌症中最盛行的病毒株。四價嘉喜疫苗包含四種類型的 HPV (6、11、16、18) 抗原，主要是對抗 70% 的子宮頸癌和 90% 的濕疣。二價的保蓓疫苗只包含與子宮頸癌相關聯的兩種 HPV (16 和 18) 類型的抗原。建議男性和女性在 11 或 12 歲於性活躍之前接種四價疫苗。

多瘤病毒

在 1950 年代中期，尋找引起小鼠白血病的因子時，發現一個新病毒，此病毒能夠引起各式各樣的腫瘤，因此它的名稱為多瘤病毒。最重要的人類多瘤病毒是 JC 病毒和 BK 病毒[19]。雖然很多多瘤病毒在動物實驗裡都有轉變宿主細胞，並且誘發腫瘤的能力，但在自然界的宿主中並沒有發現有導致癌症的案例出現。

流行病學和病理學　在血清學調查的基礎上，發現 JC 病毒和 BK 病毒的感染在世界各地是司空見慣。因為大多數感染是無症狀或輕微，傳染途徑、如何進入和標的細胞均未知，但尿液和呼吸道分泌物被懷疑為病毒的可能來源。感染的主要併發症發生在癌症或免疫抑制的患者身上。**進行性多灶性腦白質病** (Progressive multifocal leukoencephalopathy[20], PML) 是一種由 JC 病毒引起罕見的但一般會致死的感染。JC 病毒會攻擊附屬的腦細胞，使大腦某些部分逐漸脫髓鞘。而 BK 病毒的感染通常和腎臟移植有關，會導致尿道功能的併發症。PML 被診斷出來的時候，病人通常免疫低下，且帶有廣泛的腦損傷。BK 病毒感染的預防是讓所有腎臟移植的病患使用人類白血球干擾素。

無套膜的單股 DNA 病毒：微小病毒科

微小病毒 (parvoviruses[21], PVs) 在人類病毒中是獨特的，因其具有單股的 DNA 分子。它們也以極小的直徑 (18 至 26 nm) 和基因體大小而著名。PVs 是生來就有的且能導致幾個哺乳動物群體的疾病：例如，貓的犬瘟熱、成年狗的腸道疾病，並在小狗會導致潛在的致死性心臟感染。

在微小病毒科對人類最重要的病毒是 B19，它會導致**傳染性紅斑** (erythema infectiosum，圖 21.23)，也是已知的第五病，因其為第五個在幼兒期的紅疹 (其他四個是德國麻疹、麻疹、猩紅熱和水痘) 而命名。是一種常見的兒童感染，主要透過飛沫傳播。一旦它進入血液循環，就會選擇性地攻擊和裂解紅血球，但感染通常會被忽視，孩子可能會有些微發燒和在臉頰產生亮紅色

---

19 此縮寫代表第一個被分離出造成癌症的病毒。

20 *leukoencephalopathy* 腦白質病 (loo″-koh-en-sef″-uh-lop′-uh-thee)。希臘文：*leuko* 白色的；*cephalos* 腦部；*pathos* 疾病。

21 *parvovirus* 微小病毒 (par″-voh-vy′-rus)。拉丁文：*parvus* 微小的。

皮疹。同樣的病毒在免疫缺陷或鐮刀貧血的小孩身上可能會更加危險，因為它會破壞紅血球幹細胞。成人若感染通常會有紅疹和關節疼痛與腫脹。若懷孕婦女被感染，並傳染給胎兒，胎兒可能會出現嚴重和通常致死的貧血。

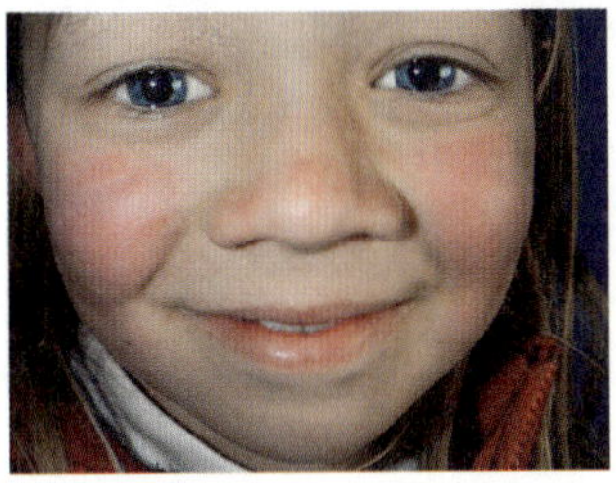

圖 21.23　典型人類微小病毒 B19 的掌摑臉紅疹。臉頰上的融合紅疹給這個孩子一個「掌摑臉」的外觀。這是一個感染性紅斑的症狀，常見在被 B19 感染的幼兒期疼痛。

有一種微小病毒，即腺病毒相關的病毒 (AAV)，是個有缺陷的病毒，無法自行在宿主細胞複製，需要靠其他病毒的幫助 (在此例子上，則是借助腺病毒幫助)。病毒的合併感染對人類可能造成的影響仍不清楚。

第一階段：知識與理解

這些問題需活用本章介紹的觀念及理解研讀過的資訊。

選擇題

從四個選項中選出正確答案。空格處，請選出最適合文句的答案。

1. 下列哪個不是由痘病毒造成的？
   a. 傳染性軟疣　b. 天花　c. 牛痘　d. 水痘
2. 一般來說，人畜共通的病毒在人類中是______。
   a. 溫和且沒有症狀的　b. 自限性的　c. 嚴重且是全身性的　d. 不會傳染的
3. 哪種病毒用在天花的疫苗上？
   a. 天花　b. 水痘　c. 牛痘　d. 雞痘
4. 單純疱疹病毒第一型通常造成________，而單純疱疹病毒第二型通常造成________。
   a. 感冒疱疹、生殖器疱疹
   b. 唇疱疹、感冒疱疹
   c. 口瘡、唇疱疹
   d. 帶狀疱疹、口腔炎
5. 指頭疽是感染哪一部位？
   a. 梅毒，蛀牙　b. CMV，淋巴結　c. EBV，皮膚　d. 疱疹，指甲
6. 新生兒疱疹感染通常是透過
   a. 媽媽污染的手　b. 同一育嬰房的嬰兒　c. 透過胎盤　d. 產道感染
7. ________是對於疱疹病毒有效的治療
   a. 麥斯克膜衣錠　b. 干擾素　c. 阿昔洛韋　d. 可體松
8. 哪一個疱疹病毒與致命的感染最有關聯性？
   a. 單純疱疹病毒　b. 帶狀疱疹病毒　c. EB 病毒　d. 巨細胞病毒 (CMV)
9. 水痘和帶狀疱疹是由什麼病毒導致？
   a. 相同的病毒
   b. 兩種不同的帶狀疱疹病毒
   c. 單純疱疹病毒和帶狀疱疹病毒
   d. 巨細胞病毒和帶狀疱疹病毒
10. 肝炎的共同症狀是
    a. 肝癌　b. 黃疸　c. 貧血　d. 血絲眼
11. 導致慢性肝炎感染和癌症的病毒為
    a. C 型肝炎病毒　b. B 型肝炎病毒　c. A 型肝炎病毒　d. a 和 b
12. 生長在手指上的良性上皮細胞稱為
    a. 多瘤　b. 疣　c. 指頭炎　d. 痘
13. 微小病毒科因為具有什麼而獨特？
    a. 雙股的 RNA 基因　b. 反轉錄酶　c. 單股 DNA 基因　d. 有棘的套膜
14. 腺病毒是導致什麼疾病的因子？
    a. 出血性膀胱炎　b. 角膜結膜炎　c. 一般感冒　d. 以上皆是
15. 以下哪個病毒會導致長期的慢性感染？
    a. B 型肝炎病毒　b. 天花　c. 微小病毒　d. 帶狀疱疹病毒
16. 以下哪個病毒會在人類導致癌症？
    a. 乳頭瘤病毒　b. EB 病毒　c. 腺病毒　d. a 和 b
17. **多重配合題**。將疾病和情形與病毒做連結。(有些病毒可能會不只一種情況。)

____第一型疱疹病毒	a. 齦口炎
____天花	b. 尖形濕疣
____多瘤病毒	c. 水痘
____帶狀疱疹病毒	d. 感染性紅斑
____第二型疱疹病毒	e. 熱水泡

____腺病毒
____乳頭瘤病毒
____EB 病毒
____巨細胞病毒
____微小病毒
____第六型疱疹病毒

f. 單核白血球增多症
g. 天花
h. 濕疣
i. 腦白質病
j. 玫瑰疹
k. 癌症
l. 角膜結膜炎

申論挑戰

每題需依據事實，撰寫一至兩段論述，以完整回答問題。「檢視你的進度」的問題也可作為該大題的練習。

1. 列出病毒的 10 種特色，包含它們造成的疾病和併發症。
2. 說明病毒相關的癌症和先天性感染的疾病。
3. 說明慢性感染和潛伏感染的不同。
4. 列出一個肝炎病毒的表，並寫出病毒的名字、感染組織、造成疾病和特徵
5. a. 比較兩種人類單純疱疹病毒，根據它們導致的疾病、感染的區域和併發症作討論。
   b. 為什麼新生兒感染會伴隨著較嚴重的症狀？
   c. 疱疹病毒感染如何診斷和治療？
6. 為什麼單核白血球增多症主要發生在大學年齡的美國人？
7. 舉出致癌的、會由性行為傳染的、透過血液或血液製品傳播的、藉由呼吸道傳染、親吻和其他非透過親密接觸傳染的 DNA 病毒。

觀念圖

在 http://www.mhhe.com/talaro9 有觀念圖的簡介，對於如何進行觀念圖提供指引。

1. 利用下列名詞建構自己的觀念圖，並在每一組名詞間填入關連字句。

   HBV　　血液產物
   肝臟　　黃疸
   肝炎　　性傳播
   污染物　　癌症

2. 利用下列名詞建構自己的觀念圖，並在每一組名詞間填入關連字句。

   HSV-1　　腦炎
   HSV-2　　嘴巴
   STD (性病)　　生殖器
   指頭炎

第二階段：應用、分析、評估與整合

這些問題超越重述事實，需要高度理解、詮釋、解決問題、轉化知識、建立模式並預測結果的能力。

批判性思考

本大題需藉由事實和觀念來推論與解決問題。這些問題可以從各個角度切入，通常沒有單一正確的解答。

1. 討論回收或銷毀天花病毒的利弊。
2. 描述幾種醫護人員可以採取用以避免指頭炎的措施。
3. 說明為什麼有濕疣母親的嬰兒並不是完全安全的，甚至剖腹產也一樣。
4. a. 什麼特定的宿主會抵抗免疫缺乏、癌症和 AIDS 患者，在這個章節中哪些會造成對於病毒感染特別的敏感？
   b. 鑒於大部分的病毒無所不在，健康照護工作人員如何能避免被感染或是傳染給相關的人員？
5. a. 舉例出需要依賴其他病毒生存的缺陷型病毒。
   b. 說明它們對於宿主而言有何相關性及互動。
6. 說明以下情況：一種需要從其他地方取得天花，一種需要從自己身上取得帶狀疱疹。
7. 一個男人想要跟他老婆離婚，因為他相信他老婆的疱疹病毒是因為性行為而來的。醫師說此疱疹病毒是屬於第一型，請講述來源的可能性。
8. 評估下列的情況：在白血病的病人發現高價數的 EBV 抗體、一個慢性疲憊的生病商人、一個退伍軍人，和一個 AIDS 的病人，請評估以上檢測病人血清中 EB 病毒的抗體價數。
9. 列出一些特地讓小孩感染水痘獲得免疫力而不施打疫苗的優缺點。
10. 什麼種類的病毒最有可能藉由接種槍或是針灸而傳遞？
11. 哪兩種不同的 DNA 病毒感染，可以藉由子宮頸 Pap 抹片檢查確認？說明哪種非正常的現象可能被觀察到。

視覺挑戰

1. 利用圖 21.1 和表 21.1 作為參考，將病毒的感染途徑與下圖 a 到 d 的病毒做連結，說明每個病毒的疾病過程。

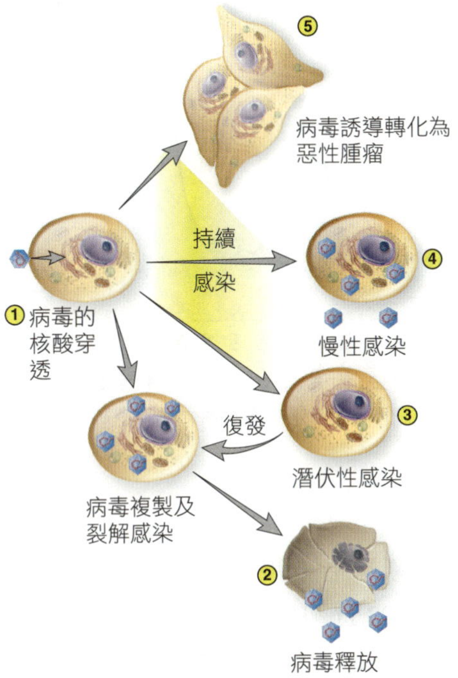

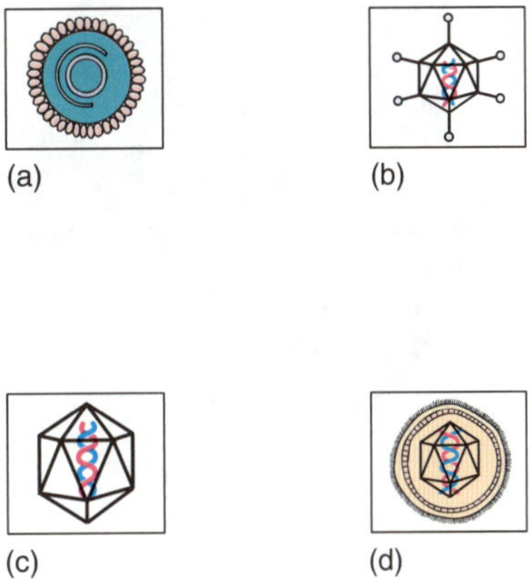

第 22 章 感染人類的 RNA 病毒

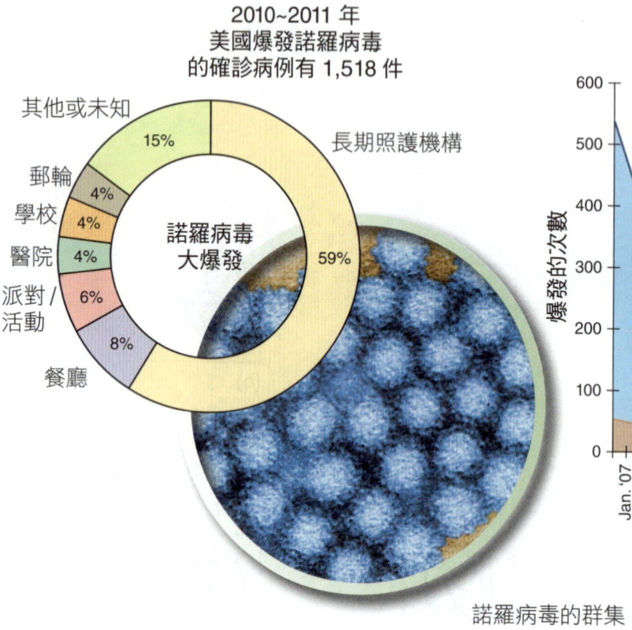

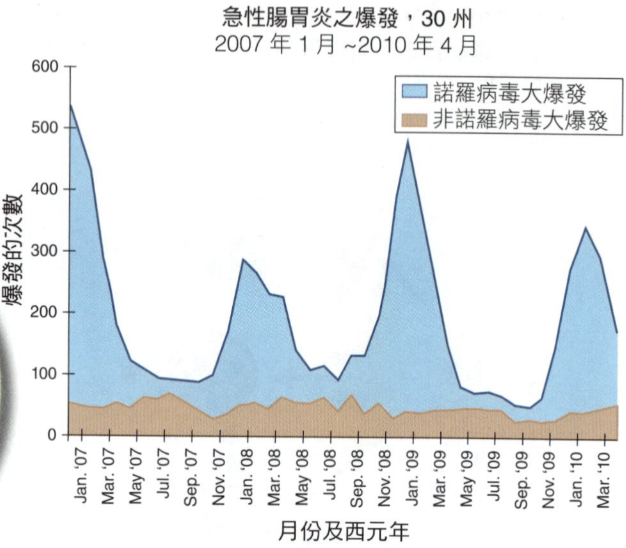

造成人類疾病的 RNA 病毒非常多樣化，是具有極端和新穎生物學特性的一群微生物。病毒依據套膜、殼體、RNA 基因體的性質被分類成 12 個科 (表 22.1)。RNA 病毒造成一些嚴重且盛行的人類疾病，包括流感 (influenza)、愛滋病 (AIDS)、肝炎 (hepatitis) 和病毒性腦炎，以及在未

表 22.1 RNA 病毒與疾病

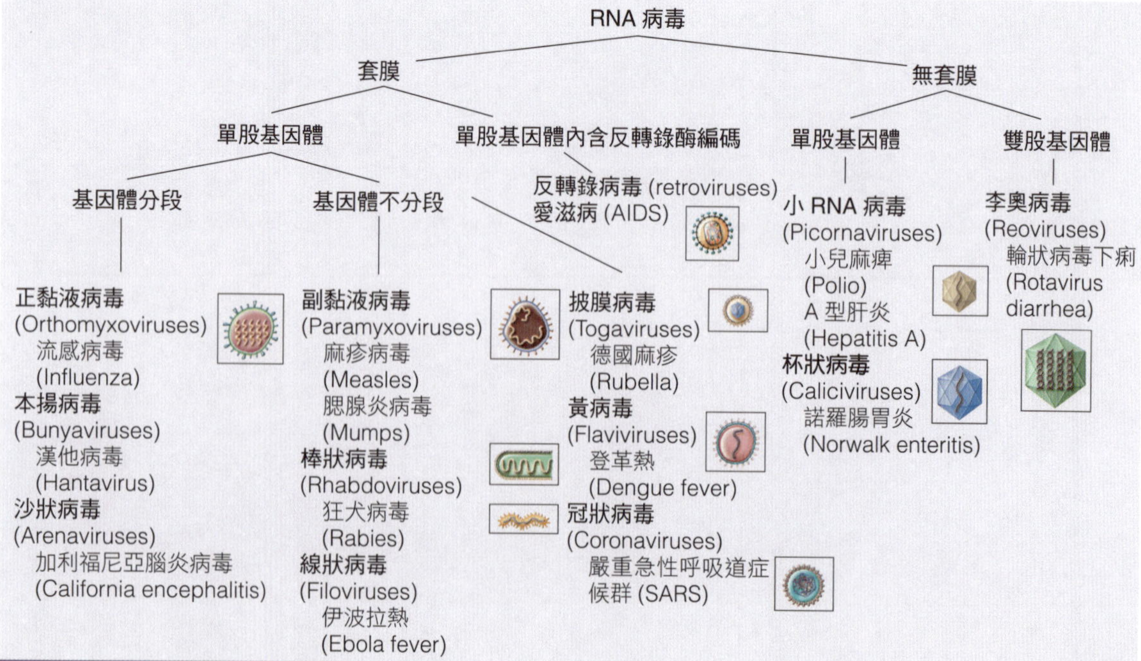

來具有潛在威脅性的重要疾病。

22.1　具套膜、分段的單股 RNA 病毒

正黏液病毒的生物學：流感

正黏液病毒 (orthomyxoviruses) 屬於球形的顆粒，平均直徑 80 nm 至 120 nm，分成三型 (A、B、C)，其中 A 型最常造成感染也是討論最為詳細的，病毒附著到呼吸道並在其細胞內增殖 (圖 22.1)，首先被吞噬後去殼，接著 RNA 基因體的片段進入核並進行轉錄和複製。基因表現產生醣化的突棘蛋白 (glycoprotein spikes) 和殼體蛋白 (capsid proteins)，病毒組裝後攜帶套膜同時以出芽方式離開細胞。許多病毒的特性以及致病關鍵在於醣化的突棘蛋白一即血凝集素 (hemagglutinin, H) 和神經胺酸酶 (neuraminidase, N)。病毒學家們已經分類出 17 種不同的 H 亞型和 9 種不同的 N 亞型，並使用這些數字區分它們。起源於人的流感病毒主要是 H1、H2、H3 和 N1、N2 亞型。表 22.2 列出具有重要意義的流行及涉入的致病品系。

血凝集素 (hemagglutinin) 命名的由來是源於其凝集紅血球的特性，此特性能用來鑑定病毒。血凝集素是最重要的致病因子，在病毒附著呼吸道黏膜上接受器時是必須的，而後誘導病毒進入。神經胺酸酶 (neuraminidase) 是一種酵素，能夠破壞呼吸道黏液，防止病毒黏在一起，並幫助病毒自宿主細胞出芽。兩種不同的突棘都會因基因改變進行頻繁的變異 (圖 22.2)。

流感病毒其單股 RNA 基因體因極多樣性而聞名。研究顯示突棘蛋白的基因變異在宿主免疫反應辨識的區域是非常頻繁的，但是在附著宿主細胞的區域則很少見。如此一來，病毒能夠持

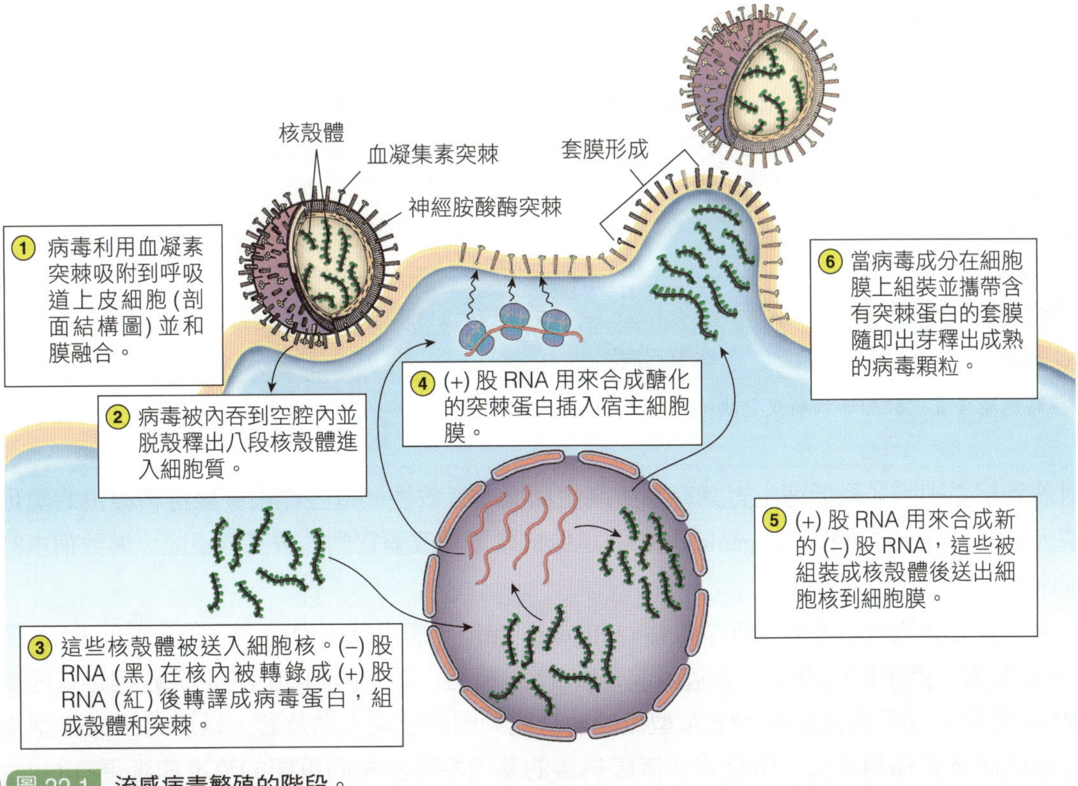

圖 22.1　流感病毒繁殖的階段。

系統檔案 22.1 致病的 RNA 病毒

病毒	皮膚 / 骨骼	神經 / 肌肉	心血管 / 淋巴 / 全身系統性	腸胃道	呼吸道	泌尿生殖系統
流感病毒					流感	
漢他病毒					漢他病毒肺部綜合症	
副流感病毒					哮吼	
腮腺炎病毒			腮腺炎			
麻疹病毒	麻疹	亞急性硬化型全腦炎				
呼吸道融合病毒					呼吸道融合病毒疾病	
狂犬病毒		狂犬病				
嚴重急性呼吸道症候群相關的冠狀病毒、中東呼吸症候群相關的冠狀病毒					嚴重呼吸道窘迫 (SARS、MERS)	
德國麻疹病毒 *	德國麻疹					
C 型肝炎	黃疸			肝炎		
聖路易氏馬腦炎病毒		腦炎				
黃熱病毒		黃熱病		黃熱病		
登革熱病毒		登革熱	登革出血熱			
人類免疫缺陷病毒第一型、第二型			人類免疫缺陷病毒感染及愛滋病			
小兒麻痺病毒		脊髓灰白質炎		腸道感染		
A 型肝炎				肝炎		
鼻病毒					普通感冒	
諾羅病毒				急性下痢		
輪狀病毒				急性下痢		
伊波拉病毒			伊波拉出血熱			
普恩蛋白		庫賈氏病				

* 懷孕時感染發育中胚胎導致新生兒缺陷。

續附著到宿主細胞並降低宿主對其存在所產生反應的有效性。這些經由突變持續發生的醣化蛋白基因變異稱為**抗原漂移** (antigenic drift)—這些抗原逐漸改變它們的胺基酸組成，導致宿主的記憶細胞辨識它們的能力降低。

另一個更劇烈的影響稱為**抗原位移** (antigenic shift)。病毒基因體包含八段分離的 RNA 僅編碼 10 個基因。抗原位移表示一個基因或一段 RNA 被另一個不同動物宿主的流感病毒基因或一段 RNA 置換。這可能發生在一株 A 型流感病毒能夠同時感染人類及豬，以及另一株 A 型流感病毒能同時感染鳥類及豬。所有這些流感病毒的基因編碼出相同重要的流感病毒蛋白 (包含 H

表 22.2　人流感病毒的種類和變異種

型別	H/N 亞型	病毒株 / 歷史
A	H1N1	1918 年西班牙流感大流行
		A / 紐澤西 / 76* (豬流感爆發)
		A / 蘇聯 / 90 / 77
		A / 德州 / 36 / 91
		大流行性 H1N1 / 09
	H2N2	A / 新加坡 / 57 (亞洲流感大流行)
		A / 日本 / 62
		A / 台灣 / 64
	H3N2	A / 香港 / 68 (香港流感大流行)
		A / 約翰尼斯堡 / 33 / 94
B	無	B / 哈爾濱 / 07 / 94
C	無	C / 約翰尼斯堡 / 2 / 66

* 後面的數字為病毒出現的年份。

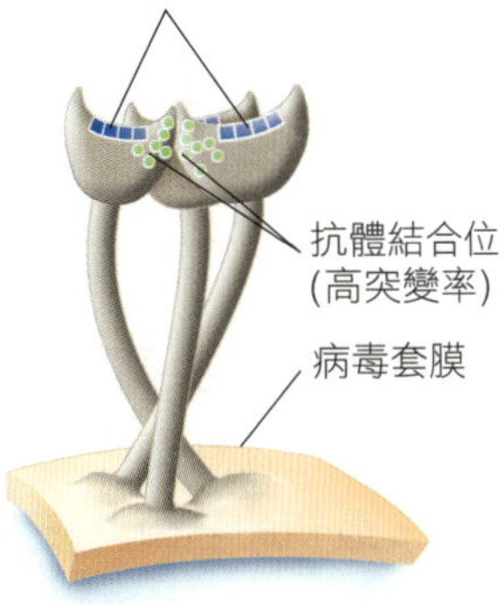

圖 22.2　**流感病毒血凝集素的結構圖**。病毒利用藍色方格結合宿主細胞；綠色則是抗流感病毒的抗體結合位。

和 N)一但是真正的基因序列在不同型的病毒是不同的。當一個禽流感病毒和一個人流感病毒感染單一隻豬宿主，不同型病毒同時感染相同宿主細胞是常見的。接下來病毒能隨意組裝 (圖 22.1 步驟 6) 產生內含七段人流感病毒 RNA 和一段禽流感病毒RNA的病毒(圖22.3)。當此病毒感染人類，禽流感的蛋白接受器並不會被記憶細胞所辨識，因而不會產生快速反應。由於先前流感病毒感染所產生的抗體並不產生保護性。因此，在缺乏個體及群體免疫的情況下極有可能造成疫情。專家追蹤 1918、1957、1968、1977 及 2009 年流感大流行的病毒株，發現禽流感和豬流感重組後的病毒株也具有感染人類的能力。

為了區分每一種病毒株，病毒學家們發展出一套特殊的命名系統，將流感病型編入編年史：起初發現的動物、地點、發現的年份。例如，A / 鴨 / 烏克蘭 / 63 得知此病毒株由在國內的或候鳥分離出來；同樣的，A / 海豹 / 麻省 / 1 / 80 是海豹流感的致病原。為方便起見，通常表示為「豬流感」和「香港流感」(見表 22.2)。

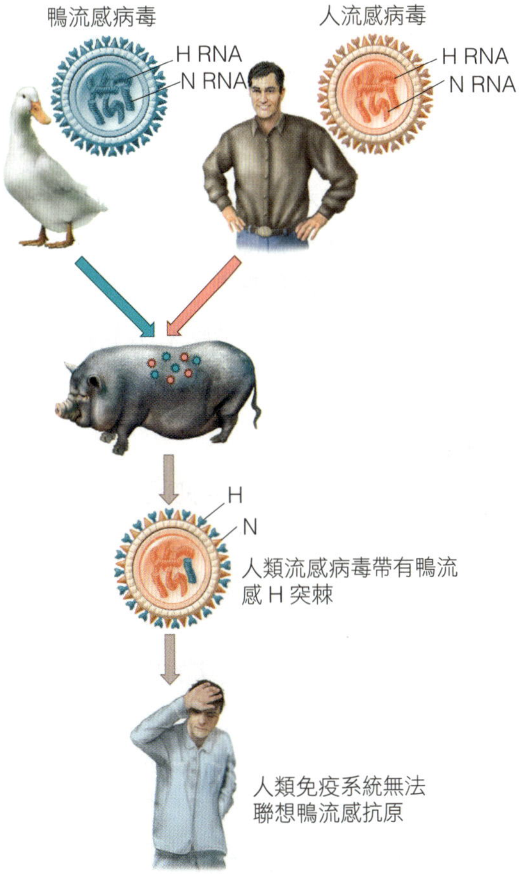

圖 22.3　**抗原位移**。在豬、禽鳥 (此處為鴨) 和人類一起密集生活的地方，豬能作為流感病毒雜交的熔爐，而此流感病毒不會快速被人類免疫系統所中和。

新興的禽流感病毒

自 2003 年開始，A 型流感病毒株常感染鳥後進行抗原位移並開始感染人類。第一個新興的禽流感病毒，H5N1，源自東南亞的家禽，引發人類致死率高達 60% 的病毒疾病。這些案例看來是由鳥傳染人，並沒有發現人傳人的證據。2013 年，另一株禽流感病毒 H7N9 出現在中國，從三月到八月相繼出現 140 個案例伴隨 45 人死亡。某些專家預測這個病毒株能夠人傳人。考慮到這些病毒能夠藉由禽鳥和人類傳播到全球，全世界的公共衛生機構都在密切監視這些流感病毒的新爆發。

A 型流感的流行病學及病理學

流感是一種急性且高度傳染的呼吸道疾病，侵犯所有的年齡層，具有季節性但是會發生不定期的大流行。最初命名源於義大利文寒冷的影響 (un influenza di freddo)，表示一個「迷團的影響」。這個名詞被保留並簡寫成俗語「flu」。歷史記載中定期呼吸道疾病的爆發很可能就是流感病毒。需注意 flu 常用於速記任何短期的急性疾病，例如「胃流感」。流感病毒並不會影響人類的腸胃道。

流感病毒的大流行因病毒的傳染力和廣泛的遷移及旅行而加速，也會間隔十年週期性發生。匯集具有流感病毒免疫的人口其血清學資料，疾病管制局 (CDC) 能夠預測下一波大流行的年份和病毒株。此預測的優點在於抵抗力差的人們能夠提前施打適當病毒株的疫苗。

流感病毒傳染模式

帶有病毒的氣霧和水氣是流感主要傳染途徑，帶有感染力的污染物則是次要途徑。病毒在非生命體表面能夠存活 24 小時。晚秋和冬天時的傳播常發生在擁擠和通風差的生活區。在熱帶地區則是整年都會傳染，並沒有季節差異。需要接觸雞隻、其他家禽和豬的工作是染病風險極高的族群。學齡兒童是感染比率最高的 (30%) 而成人最低 (6%)。A 型流感致死的案件比率約 0.1%。流感或流感引發的肺炎在美國死亡原因排行榜前十名，通常是年長者或小孩。

感染與致病

流感病毒主要結合到呼吸道黏膜上纖毛。感染後迅速破壞這些細胞，釋出更多病毒。除去基底層上的呼吸道上皮會失去纖毛清除力的保護，引起嚴重的發炎和刺激。疾病因發燒、頭痛、肌肉痠痛、咽喉痛、呼吸短促、反覆咳嗽而惡化。約一到兩週正常的纖毛柱狀上皮恢復後，症狀通常會減緩。

患有肺氣腫或心肺疾病的病患，若是非常年輕、年長者或懷孕患者，更易有嚴重的併發症。最常見的是抵抗力差的患者容易再度被細菌感染，尤其是肺炎鏈球菌 (*Streptococcus pneumoniae*) 及金黃色葡萄球菌 (*Staphylococcus aureus*) 引起的肺炎。儘管比細菌性肺炎較不常見，但是初次感染流感病毒後引發的肺炎是危險的併發症，可能造成猝死一甚至在年輕力盛的人。其他併發症還有支氣管炎、腦膜炎和神經炎。

2009 年 H1N1 大流行：幕後真相

在 2009 年 H1N1 流感 (或稱豬流感) 大流行未達到它可怕的廣告一數百萬起死亡、街頭暴動、社會結構完全崩壞，之後出現許多報導批評政府對於這次大流感的處置。這些報導指出政府誇大 H1N1 的危害，而且病毒或多或少會自己離開。真相是更複雜的，能知曉這次風暴中心的公共衛生單位的觀點才會更有啟發。

2009 年 4 月 15 日，第一起 H1N1 病例在加州被發現。這株病毒含有從未在人體或動物 (包含豬隻) 見過的基因片段組合，命名為「禽流感」，而後正式在 2009 年命名為 H1N1。此病毒特異的天性意味著個體及群體免疫力的缺乏，增加大流行的風險。不到一週，在南加州又發現五起病例。短時間內多起病例出現促使疾病管制局著手研發針對此流感病毒株的疫苗並協調因應此新興的威脅。接下來幾天，在加拿大和墨西哥出現新病例，使世界衛生組織宣布此為公共衛生緊急事件。回到美國，國家戰略儲備 (Strategic National Stockpile, SNS) 是專為緊急情況由疾管局設置的藥品和器材商店，疾管局從那釋出 1,100 萬劑抗病毒藥物和 3,900 萬個人防護器具 (口罩、呼吸器、罩袍、手套、面罩)。同時，食品及藥物管理局 (Food and Drug Administration) 給予抗病毒藥物克流感 (oseltamivir，又稱 Tamiflu) 和瑞勒沙 (zanamivir，又稱 Relenza) 緊急用途授權，較以往放寬用藥病患的限制。4 月 29 日，在第一起病例發生的兩週後，世界衛生組織 (WHO) 將大流行警報提高到第五期，預告全球大流行迫在眉睫。

春天時美國聯邦政府另購買 1,300 萬抗病毒藥物投入國家戰略儲備，並運送新發展出的試劑組至全美可能檢出 H1N1 病毒株陽性的診斷實驗室。到了 5 月 4 日，98%「疑似流感」的檢體檢出 H1N1 陽性。在 4 月出現第一個好消息，多數因病毒而生病的人們不需住院便復原。

2009 年 6 月 11 日，世界衛生組織 (WHO) 將大流行警報提高到第六期，指出大流行正在進行。70 個國家發生 H1N1 病例，至 8 月則倍數成長到 214 個，在短期新病例出現趨緩後，8 月最後兩週興起秋季流感。在第一起病例發生一年後，疾管局預測 6,100 萬人曾被 H1N1 流感病毒感染，274,000 人住院，12,470 人死亡。這些數據顯示擔憂並沒有被誇大，事實上，若沒有疾管局和世界衛生組織緊急介入，流感大流行將會更嚴重。

診斷、治療及預防流感

除了在大流行時期，流感必須與其他急性呼吸道疾病區分。快速的免疫螢光試驗能夠偵測咽喉檢體的流感抗原。血清學試驗篩檢抗體效價，其他特殊的診斷方法包含利用雞胚胎蛋或腎臟細胞培養來分離病毒。基因分析則能夠決定病毒的來源。

流感的主要治療包含兩種處方藥：瑞勒沙 (Relenza) 和克流感 (Tamiflu)。這些藥都以神經胺酸酶功能為標的，抑制病毒出芽及釋出 (見表 9.6)。病毒對常規的抗病毒藥物肝適能 (amantadine) 和肝安能 (rimantadine) 具有抗性因而被這些藥物取代。感染時盡可能越早服用越好，藥物主要的作用包括減少症狀、縮短病程、減慢病毒之傳播。可能只是時間的問題，且在其他兩種藥物也有相同效果。

無特異性的治療，主要是控制症狀，包含輸液、臥床休息、不含阿斯匹靈的止痛劑以及消炎藥。不給予阿斯匹靈乃因其容易引發雷氏症候群 (Reye's symdrome)，這是一種罕見但會侵襲腦部、肝臟、腎臟，造成器官脂肪降解的疾病。

流感疫苗接種 由於病毒表面抗原的特性改變，每年施打疫苗可視為最有效預防感染的方法。年齡超過六個月就能施打疫苗，特別建議高危險族群及接觸公眾的族群施打疫苗。新的方針將年輕小孩列為疫苗的施打對象。

官方公共衛生單位首要預防流感病毒感染及大流行。由於製備去活性的病毒疫苗需耗時一年，已被其他更進階的方法取代。以下是這些方法的發展時序：

1. 在 1 月，依照證據預期那年流通全球的最主要菌株，挑選三到四種病毒變異株。例如：2013 至 2014 年疫苗含有 A / 加州 / 7 / 2009 (H1N1) 類似的病毒株；A / 維多利亞 / 361/2011 (H3N2) 類似的病毒株；B / 麻薩諸塞州 / 2 / 2012 類似的病毒株。
2. 疾管局提供正確病毒種子庫存給製造商。
3. 從 2 月到 5 月，病毒在數百萬個特殊繁殖的雞胚胎生長。
4. 這些病毒被收集，經化學處理後製成去活化疫苗。
5. 6 月 / 7 月，測試疫苗純度、安全性、無菌程度。
6. 8 月 / 9 月，配送疫苗並準備施打，並運送給醫療中心和藥局。
7. 10 月 / 11 月，疫苗計畫啟動。

目前多數的流感疫苗以此方法製備，但從 2012 年開始，出現不在雞蛋生長的新疫苗 (Flublok, Flucelvax)。不使用雞蛋有明顯的益處如縮短製程，更快對應新病毒株傳染季，且似乎較少過敏。

目前存在幾種流感病毒疫苗。傳統的給予多數六個月大或更年長的人使用，是一種去活化的三價疫苗 (含有三種病毒株抗原) 採用肌肉注射。另一種較新的替代疫苗同樣含三種去活化病毒株，採用皮內注射，僅使用孔徑為傳統疫苗十分之一的針。目前僅准許給 18 至 64 歲的人，對於恐懼針頭的民眾，皮內注射疫苗是有幫助的。另一個好處是較傳統疫苗少 40% 的抗原，能夠在相同抗原量下製備出更多劑疫苗，以避免疫苗短缺。第三型疫苗 FluMist，完全不需要針頭，直接在鼻腔噴入活性減毒病毒株至鼻竇，能引起和施打疫苗相同的免疫反應。部分是由於活病毒株的可靠性，此疫苗只限無懷孕且年齡 2~49 歲的健康人使用。從 2014 年開始，首次啟用含有四種不同流感病毒株的四價的疫苗。

格林 - 巴利症候群 (Guillain-Barré syndrome) 是流感疫苗嚴重的併發症。屬於神經性症狀，在施打疫苗後發生率約十萬分之一。這個症狀屬於病毒蛋白誘發的自體免疫症狀，特徵為周邊神經系統有不同程度的去髓鞘現象，導致虛弱與失去感覺。多數患者會復原，但疾病也會使人衰弱且致命。

基因體分段的其他病毒：本揚病毒與沙狀病毒

本揚病毒 (bunyaviru)[1] 與沙狀病毒 (arenavirus)[2] 包含數百種病毒，正常的宿主是節肢動物和囓齒類。儘管人類不是這些病毒的天然宿主，它們仍經人畜共通傳播，並造成定期大流行。重要的本揚病毒疾病為加州腦炎 (California encephalitis)，經由蚊子傳播；裂谷熱 (Rift Valley fever) 在非洲經由白蛉 (sand flies) 傳播以及經由囓齒類傳播漢他病毒 (hantavirus) 引起的韓國出血熱 (Korean hemorrhagic fever)。其他本揚病毒成員留待第 22.4 節與其他蟲媒病毒一起探討，因為大多數都是由昆蟲和蜱 (ticks) 傳播。

美洲最重要的本揚病毒是辛諾比 (無名) 漢他病毒 (Sin Nombre hantavirus)。第一個案例發生在 1993 年新墨西四角區 (Four Corners area)，當時回報許多不合常態的事件到疾管局。受害者出現高燒、肺水腫、肺衰竭症狀。多數人沒幾天就死亡。類似的案件偶見在亞歷桑納州、科羅拉

---

1 *bunyavirus* 本揚病毒 (bun′-yah-vy″-rus)。此病毒從非洲的本揚委那超群地區分離出來。

2 *arenavirus* 沙狀病毒 (ah-ree′-nah-vy″-rus)。拉丁文：*arena* 沙子。意指病毒粒子的外觀在電子顯微鏡下看起來像沙粒。

多州和其他西方的州。

此疾病後來稱為漢他病毒肺部症候群 (hantavirus pulmonary syndrome, HPS)。經全方位的研究囓齒類的族群顯示病毒是由馴鹿和田鼠攜帶。當動物的巢穴被擾亂後，它可能經由乾燥的動物排泄物散布至空氣傳播。疾病每年偶發出現 25~50 的病例，但有高度致死率 (33%)。

2012 年夏天，優勝美地國家公園 (Yosemite National Park) 遊客中出現時十個確診病例 (包含三人死亡)，其中九起是待在同一個露營場地中帳篷小屋的人。經考察後發現老鼠在一些小屋的牆中築巢。這次的爆發是一個人類易與一個大的囓齒動物儲存宿主攙和的例證，這也是漢他病毒肺部症候群被視為新興疾病的主要原因。

四個主要的沙狀病毒疾病包含拉薩熱 (Lassa fever) 在部分非洲地區發現；阿根廷出血熱 (Argentine hemorrhagic fever)，典型地會出現嚴重血管床脆弱、出血及休克症狀；玻利維亞出血熱 (Bolivian hemorrhagic fever)；淋巴性脈絡叢腦膜炎 (lymphocytic choriomeningitis)，在腦部和腦膜廣泛感染。病毒和囓齒動物宿主密切相關，且在被感染動物有生之年持續釋出。病毒經由空氣或直接接觸動物或其排泄物傳播到人體。疾病的症狀多樣，其嚴重性從輕微的發燒和全身無力到併發症如出血、腎衰竭、心臟破壞及休克症狀。淋巴性脈絡叢腦膜炎病毒會通過胎盤感染胎兒。病理的影響包含水腦、眼盲、失聰、智能障礙。對實驗室人員來說這些病毒非常危險，因此在處理時，高階的污染物處理流程和滅菌技術是必要的。

22.2 具套膜、不分段的單股 RNA 病毒

副黏液病毒

人類重要的副黏液病毒包含副黏液病毒 (*Paramyxovirus*，副流感病毒和腮腺炎病毒)、麻疹病毒 (*Morbillivirus*，麻疹病毒)、肺炎病毒 (*Pneumovirus*，呼吸道融合病毒)，全部都易經由呼吸道飛沫傳播。副黏液病毒的套膜具有特化的醣化突棘，起始接觸至宿主細胞。病毒還具有融合 (fusion, F) 突棘，起始細胞和細胞融合，此為病毒之典型特性 (圖 22.4)。一系列多細胞的融合會產生合胞體 (syncytium)[3]，或多核巨細胞 (multinucleate giant cell) 在其細胞質內有包涵體，為一種可使用在診斷上的細胞病變。

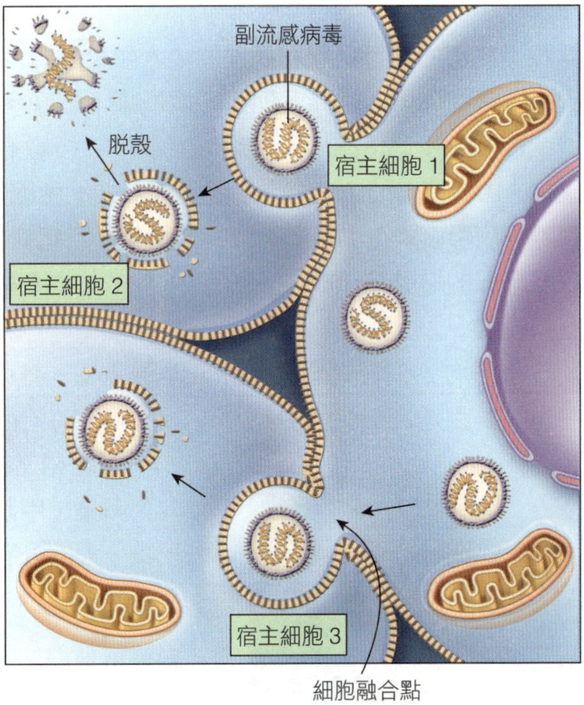

圖 22.4 副流感病毒的影響。當它們感染一個宿主細胞，副流感病毒誘發相鄰細胞的細胞膜融合成多核巨細胞或合胞體。這種融合使病毒直接由已感染的細胞進到未感染的細胞。利用這個方法，病毒能躲避抗體。

副流感病毒的流行病學和病理學

其中一種副黏液病毒的感染型態，稱為

3 *syncytium* 合胞體 (sin-sish′-yum)。希臘文：*syn* 一起；*kytos* 細胞。

副流感病毒 (parainfluenza)，像流感一樣廣泛但是較良性。它經由飛沫或呼吸道分泌物散布，或經由污染的手吸入或植入呼吸道黏膜。副流感的呼吸道疾病在小孩最常見，多數在六歲已經被感染過。新生兒缺乏被動免疫抗體，特別易感染，且會出現較嚴重的症狀。副流感病毒通常的影響有輕微的上呼吸道症狀 (感冒)、支氣管炎、支氣管肺炎和喉氣管支氣管炎 [哮吼 (croup)][4] 表現出吃力和吵雜的呼吸聲伴隨沙啞的咳嗽，這在嬰兒和年輕小孩最常見。

副流感的診斷、治療和預防

表現出典型的感冒症狀就足以假定是病毒引起的呼吸道感染。對於較大的小孩和成人其感染常是有自限性且良性的，鑑定出是哪種病毒感染通常是困難且沒有必要的。嬰兒的初次感染可能嚴重到致命。長久以來，沒有特殊的化學療法治療，但有免疫血清球蛋白或瑞比朵 (ribavirin, Virazole，一種核苷類似物) 作為支持療法是有幫助的。

腮腺炎病毒：腮腺炎大流行

另一種副黏液病毒感染是腮腺炎 (mumps，古英文表示腫塊或凹凸)。此疾病獨特的病理特徵讓希波克拉底 (Hippocrates) 早在幾千年前將它清楚地描述為具有自限性，在下顎的地方會有疼痛腫脹的輕微流行性疾病 (圖 22.5) 亦稱為流行性腮腺炎 (epidemic parotitis)，這個感染通常在耳下的唾液腺，但不只局限在這個區域。腮腺炎病毒具有和副流感病毒相似的形態和抗原特徵，且只有一種血清型。

腮腺炎病毒的流行病學和病理學 人類是腮腺炎病毒唯一的自然宿主，它們主要經由唾液和呼吸道分泌物感染。世界各地都可能感染，在晚冬和早春的溫帶氣候出現大流行增加。在人口擁擠或群體免疫低落的地區出現高感染率。多數病例出現在 15 歲以下的小孩，多達 40% 的隱性感染。由於持久的免疫力會跟隨任何形式的腮腺炎病毒感染，因此人群中不存在長期的帶原者。腮腺炎病毒感染在美國已經降低至每年幾百起病例，但在 2009 年的爆發出現接近 1,500 起病例，以及類似的爆發在 2006 年感染逾 6,500 人。這些爆發和麻疹相似，都是因為嬰兒和年輕小孩未施打疫苗。

在平均 2~3 週的潛伏期後，出現發燒、鼻腔流出分泌物、肌肉痛和全身無力的症狀。這些也許是因唾液腺發炎引起 (尤其是耳下腺)，在單側或雙側臉頰形成經典囊鼠樣的腫脹 (見圖 22.5)，引起相當的不舒服。病毒可以在其他器官繁殖，特別是睪丸、卵巢、甲狀腺、胰臟、腦膜、心臟、腎臟。儘管是多器官的感染，大部分感染的預後是完全的無併發症的恢復，其後具有永久免疫。

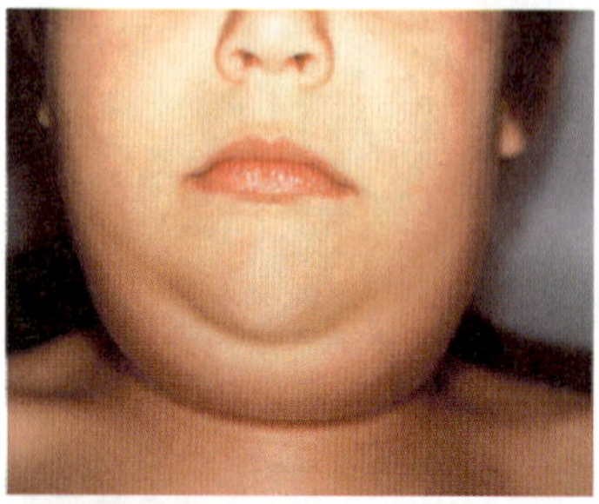

圖 22.5 腮腺炎之耳下腺腫脹的外貌。通常是兩邊一起感染，雖然偶見腮腺炎單側感染。

腮腺炎併發症 在 20%~30% 年輕的男性成人，腮腺炎病毒感染位於副睪及睪丸，通常只感染單邊。睪丸癌和副睪炎的症狀也許相當疼痛，但通常不造成永久傷害。普遍仍相信腮腺炎病毒感染易造成男性絕育，儘管這與臨床證據不符。也許這個概念的加強是因為感染後長期持續性壓痛，和半數的病例出現單邊睪丸部分

4 *croup* 哮吼 (kroop)。蘇格蘭文：*kropan* 大聲哭。

萎縮的關係。由於腮腺炎感染而永久不孕是很罕見的。

診斷、治療和預防腮腺炎病毒

腮腺炎病毒經由小孩腫脹的耳下腺和已知 2 或 3 週前的接觸能姑且診斷。因為腫脹並非一定會出現且潛伏期達 7~23 天，直接螢光抗體或酵素免疫法偵測血清都是實用的診斷方法。

腮腺炎的病理通常是輕微的，針對症狀緩解發燒、脫水和疼痛通常就足夠。一種活性減毒腮腺炎疫苗 (MMR 疫苗的一部分) 常規是在 12 至 15 個月時施，接著至少追加注射一劑。單一的腮腺炎疫苗給予需要保護力的成人使用。雖然疫苗給予的抗體效價較直接感染野生腮腺炎病毒引起的低，保護力通常會持續至少十年。

☞ 麻疹：麻疹病毒感染

麻疹是一種因麻疹病毒 (*Morbillivirus*) 感染引起的急性疾病，也稱紅麻疹 (red measles[5]) 或風疹 (rubeola)[6]。一種相似的疾病 [風疹 (rubella)，又稱德國麻疹 (German measles)] 是由無關的披膜病毒 (togavirus) 引起 (第 22.3 節)。這兩種形式的鑑別標準統整在表 22.3。儘管我們傾向認為紅麻疹是輕微的童年疾病，最近的一些爆發提醒我們麻疹會造成嬰兒和年輕小孩的死亡，且在世界各地是常見的死亡原因。

麻疹的流行病學

麻疹是最具感染性的傳染病之一，主要經由呼吸道氣霧傳染。沒有人類以外的儲存宿主，且在潛伏期、疾病出現前期以及皮膚紅疹即具有傳染力而非恢復期間。在人口擁擠、低度群體免疫力、營養不良以及醫療照護不足時易出現大流行。幾次大爆發與小孩的免疫缺乏與單一劑的疫苗施打無效有關。小孩施打疫苗的重要性不能被過分強調，而且近來對疫苗恐懼的趨勢並無根據。父母應該被提醒麻疹的危險性及其併發症。在美國，每年麻疹約有不到 100 個案例零星出現。

麻疹的感染、疾病及併發症

麻疹病毒在接近兩週的潛伏期，會入侵呼吸道的黏膜內襯。一開始的症狀是喉嚨痛、乾咳、頭痛、結膜炎、淋巴結發炎和發燒。不久後，先出現不尋常的口腔病灶稱為柯氏斑 (Koplik's

表 22.3 麻疹的兩種形式

	同義詞	病因	主要病患	併發症	皮疹	柯氏斑
麻疹	風疹、紅麻疹	副黏液病毒：麻疹病毒	小孩	亞急性硬化型全腦炎＊、肺炎	表現	表現
德國麻疹	風疹、三日麻疹	披膜病毒：德國麻疹病毒	小孩 / 胎兒	先天性缺陷 **	表現	不表現

* 亞急性硬化型全腦炎，肺炎。
** 子宮內感染。

5 *measles* 麻疹 (mee′-zlz)。荷蘭文：*maselen* 斑點。
6 *rubeola* 風疹 (roo-bee′-oh-lah)。拉丁文：*ruber* 紅。

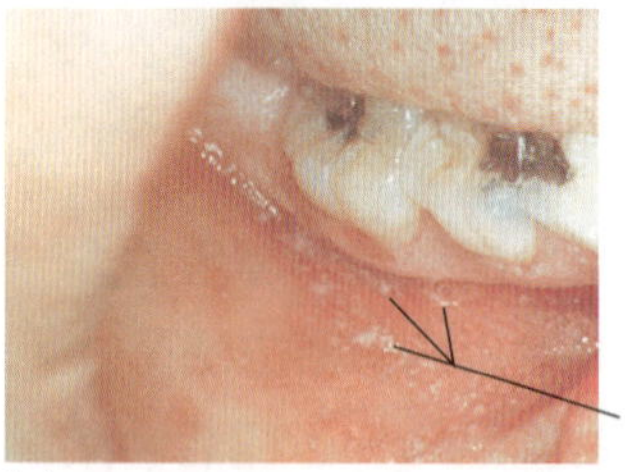

(a)

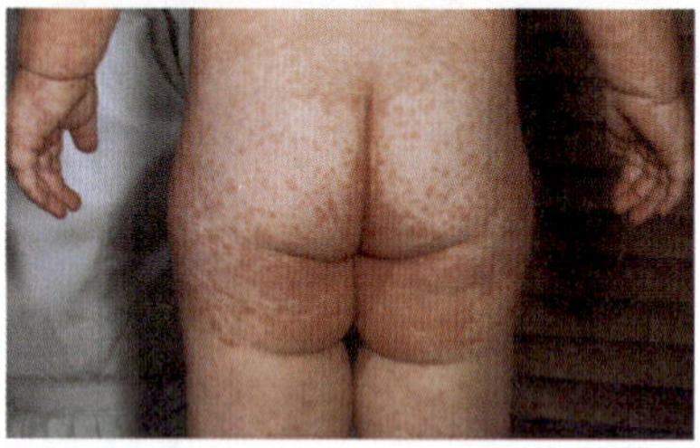
(b)

圖 22.6 **麻疹的徵兆和症狀**。(a) 柯氏斑，由 18 世紀初描述它的醫師命名，這是一種小型白色病灶伴隨口腔內接近臼齒處形成紅色的邊緣；(b) 麻疹紅疹的外觀。個別病灶是平坦或輕微凸起的隆起物 (斑丘疹)，分布到全身。

spots)，接著在頭上冒出特別的紅色斑丘疹 (exanthem)[7]，然後進展到身軀和四肢，直到全身被覆蓋 (圖 22.6)。這些紅疹逐漸融合成紅色斑塊後退成咖啡色。

小部分的孩童出現喉炎、支氣管肺炎、腦炎和續發性的細菌性感染，像是中耳炎和鼻竇炎。被白血病折磨或缺乏胸腺的孩童因缺乏自然 T 細胞的防禦易患肺炎；營養不良的孩童也許會嚴重腹瀉及腹部不適導致無力。

最嚴重的併發症是亞急性硬化型全腦炎 (subacute sclerosing panencephalitis, SSPE)[8]，其為一種漸進性的大腦皮質、白質及腦幹神經退化的疾病。麻疹感染後發生率約百萬分之一，且主要是男童和青少年。亞急性硬化型全腦炎的致病因與缺陷病毒有關，它失去形成殼體的能力且自感染細胞中釋出。此外，它經由細胞融合，未受抑制的在大腦傳播，逐漸破壞神經原和附屬細胞並破壞髓鞘。這個疾病以影響深遠的智力和神經性損害著名。在幾個月或幾年的病程後走向昏迷及死亡。

麻疹病毒的診斷、治療和預防

診斷線索包含病患的年紀、近期接觸麻疹的歷史以及季節。臨床特徵包含乾咳、喉嚨痛、結膜炎、淋巴結發炎和發燒，尤其是柯氏斑的出現和紅疹能推測是麻疹感染。

治療主要是緩解發燒、抑制咳嗽和補充流失體液。併發症需要額外的治療措施以紓緩神經和呼吸道症狀並補充養分、電解質和體液。治療包含針對細菌併發症給予抗生素以及小孩要給予維生素 A。

皮下注射減毒的病毒疫苗產生免疫能夠達 20 年。必須強調的是由於病毒是活的，有可能造成非典型的感染有時產生紅疹和發燒。麻疹病毒疫苗建議 12~15 個月的健康孩童都要施打 (MMR 疫苗，包含腮腺炎和德國麻疹)，且在入學前追加增強劑。單一抗原的疫苗 (Meruvax) 則是針對只需要對抗麻疹的年長病患。任何人則在感染後會具有保護力。

呼吸道融合病毒感染

呼吸道融合病毒 (respiratory syncytial virus, RSV)，又稱為肺病毒 (*Pneumovirus*)，顧名思義感染呼吸道且形成多核巨細胞。全球規律性地爆發經由飛沫散播的呼吸道融合病毒疾病，高峰期在冬天和早春。6 個月大或更小的小孩特別容易得到呼吸道的嚴重疾病。新生兒大約 1,000 人就有 5 個曾被感染，因此呼吸道融合病毒是這個年齡層呼吸道感染最盛行的原因。在美國每年因感染呼吸道融合病毒而住院的孩童約有十萬人。併發有早產、先天性疾病以及免疫缺失的孩

7 *exanthem* 丘疹 (eg-zan′-thum)。希臘文：*exanthema* 開花或花。意指皮膚上的紅疹。

8 *subacute sclerosing panencephalitis* 亞急性硬化型全腦炎 (sub-uh-kewt′ sklair-oh′-sing pan″ en-cef″ -uh-ly′-tis)。希臘文：*skleros* 硬；*pan* 全部；*enkephalos* 腦。

童感染後致死率最高。

鼻子和眼睛的上皮是主要的入侵部位，而鼻咽是呼吸道融合病毒主要複製的部位。主要感染的最初症狀是持續三天發燒、鼻炎、咽炎和中耳炎。支氣管樹和肺實質感染會產生哮吼的症狀，包含咳嗽的急性發作、喘息、呼吸困難 (dyspnea)[9] 和不正常的呼吸聲。呼吸道融合病毒感染的成人和較年長的孩童會有咳嗽和鼻塞的現象，但通常無症狀。

呼吸道融合病毒的診斷、治療和預防　相對於較年長的孩童或成人，呼吸道融合病毒的診斷對嬰兒是較緊急的。被感染的孩童有明顯的不適，具典型的肺炎和支氣管炎特徵。診斷技術傾向利用反轉錄聚合酶鏈鎖反應 (RT-PCR) 偵測病毒 RNA。

一些較新的治療方法包含西那吉斯凍晶注射劑 (Synagis)，這是一種阻擋病毒附著細胞的單株抗體，還有呼吸道融合病毒免疫球蛋白獲自具高效價的呼吸道融合病毒抗體之病人。兩者都能降低併發症及住院需求。抗病毒藥物瑞比達 (ribavirin)，也能夠以吸入氣霧方式給藥。支持性措施包含給藥緩解發燒、提供換氣以及續發性的細菌感染治療。目前尚未發展有效的疫苗。

彈狀病毒

最著名的彈狀病毒 (rhabdovirus)[10] 是狂犬病毒 (rabies)[11]，狂犬病病毒屬 (*Lyssavirus*)[12]。這種病毒的顆粒呈特別的子彈外觀，一端是圓的另一端平坦。額外的特徵有螺旋的核殼體和突棘突出於套膜 (圖 22.7)。這個科包含約 60 種不同的病毒，但僅有狂犬病毒和新興的剛果病毒 (Bas Congo virus) 會感染人類。

狂犬病毒流行病學

狂犬病毒是一種緩慢、漸進性的人畜共通疾病，引起致命性腦膜腦炎。分布近乎全球，除了 34 個嚴格執行動物管制的的國家仍無狂犬病毒。病毒的主要儲存宿主是野生的哺乳動物，例如犬、臭鼬、浣熊、貓和蝙蝠。這些動物能散布感染至家貓和家犬。貓對於病毒的散布非常重要，因此美國大多數州都會要求寵物貓和犬施打疫苗。野生及家中哺乳動物都能經由咬傷、抓傷及飛沫的吸入將疾病傳染人類。每年世界人類狂犬病案例約有 55,000 件，但僅少數發生在美國。多數美國的案例發生在野生動物 (約每年 6,000 個案例)，而狗的狂犬病毒有所下降。

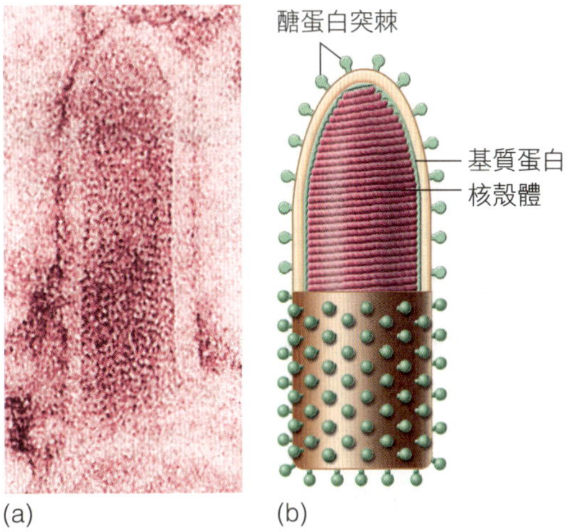

圖 22.7　彈狀病毒的結構。(a) 病毒在電子顯微鏡下可見內部鋸齒構造為緊密的螺旋核殼體 (36,700 倍)；(b) 病毒的示意圖模型展現主要特徵。

在美國動物狂犬病毒流行病學的地理分布和載體很多樣，最常見的野生動物儲存宿主已經由狐

9 *dyspnea* 呼吸困難 (dysp′-nee-ah)。希臘文：*dyspnoia* 呼吸困難。
10 *rhabdovirus* 彈狀病毒 (rab′-doh-vy″-rus)。希臘文：*rhabdos* 子彈。或桿狀外觀。
11 *rabies* 狂犬病毒 (ray′-beez)。拉丁文：*rabidus* 狂暴的、憤怒的。
12 *Lyssavirus* 狂犬病毒種 (lye′-suh-vy″-rus)。希臘文：*lyssa* 癲狂。

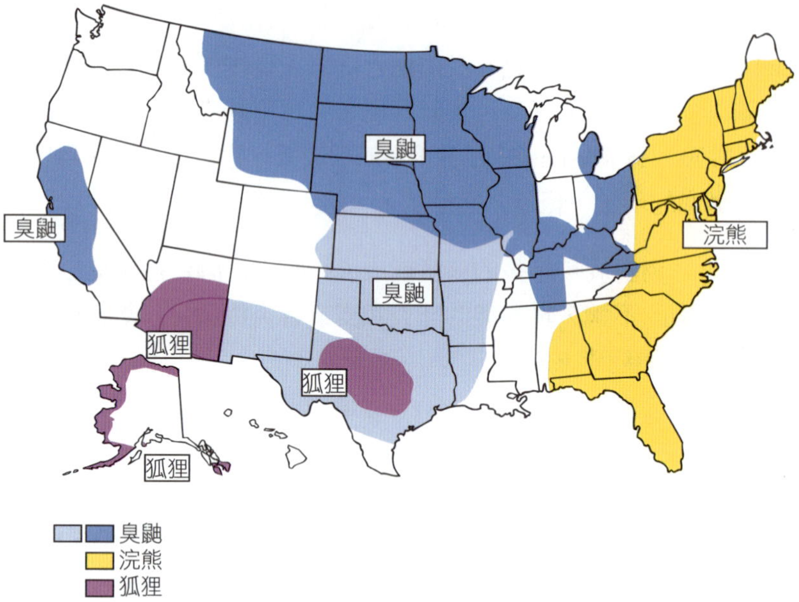

圖 22.8 **美國狂犬病的分布 狂犬病可在 10 個不同的地理位置發現。**每個地區特異的初級宿主由四種不同顏色表示。**未顯示整個國家中野生動物因食蟲蝙蝠所致的狂犬病零星病例。**

狸變成臭鼬到浣熊。優勢宿主具有地區的差異。蝙蝠及臭鼬在多數的國家是主要的狂犬病毒帶原者，而浣熊主要在東方。在部分阿拉斯加、亞利桑那州和德克薩斯州以狐狸為病毒宿主 (圖 22.8)。

感染及疾病

狂犬病毒感染典型始於被感染動物的唾液進入穿刺部位。偶爾會經由吸入或口腔接種。病毒在挫傷處停留高達一週並在此複製。隨後逐漸進入神經末端並進一步到達神經節、脊髓和大腦。大腦中病毒的複製最終遷移到多處部位，如眼睛、心臟、皮膚和口腔。當病毒在唾液腺並釋入唾液中，感染循環就完成了。臨床狂犬病經由一些不同時期進行，除很少數案例以外，最終以死亡結束。

臨床狂犬病分期

狂犬病平均的孵育期約 1~2 個月或更多，取決於傷口位置、嚴重程度及接種劑量。在面部、頭皮或頸部傷口的孵育期較短，因為較接近大腦。前驅期症狀開始有發燒、噁心、嘔吐、頭痛、疲勞和其他非特異性症狀。某些病患持續在患部感到疼痛、灼熱、針扎感或刺痛感。

在狂犬病的狂躁期 (furious)，第一個神經的急性症狀是躁動、定向障礙、癲癇及抽搐。頸部和咽部肌肉痙攣導致吞嚥時的嚴重疼痛。最終，企圖吞嚥或甚至是液體的景象導致恐水症 (hydrophobia)。此時期病患是一致且警惕的。當狂犬病進入暗啞期 (dumb)，病患並非亢進而是癱瘓、定向障礙及昏睡。最後，若未治療，兩種形式都進展到昏迷期，因心臟或呼吸中止而死亡。在過去，從不知在充分發展的狂犬病案例中有人能夠存活。近來有 3 個病患在接受加強的長期治療後存活。

狂犬病診斷及處理

當被瘋狂的動物攻擊後出現症狀，疾病輕易就被診斷出來。若是被感染的動物不能明確界定或是症狀沒出現或延遲，則難以診斷。焦慮、激動及情緒低落都可視為神經官能症；肌肉抽搐與破傷風相似；以及腦炎合併痙攣和癱瘓則像某些病毒感染。通常這個疾病是經由驗屍時才被檢出。狂犬病的診斷標準指示在神經組織中具細胞內包涵體 [內格里氏小體 (Negri bodies)]，從唾液或大腦組織中分離狂犬病毒，使用免疫螢光法證明大腦、血清、腦脊髓液或角膜的檢體含有狂犬病毒抗原。

狂犬病預防及控制　一旦被野生或流浪動物咬傷需求評估動物、極仔細照顧傷口，以及特殊治療方案。被不因發怒而攻擊的野生哺乳動物，特別是臭鼬、浣熊、郊狼和蝙蝠咬傷，如推測患有狂犬病，建議應立即治療。若動物被捕獲，腦和其他組織檢體可用來釐清狂犬病毒感染。密切觀察健康家畜的疾病徵兆，有時候隔離檢疫。若有任何狂犬病徵兆出現則立刻進行預防治療。

經動物咬傷後，傷口應使用肥皂或界面活性劑和水仔細清洗，接著利用抗困劑如酒精或過氧化氫清洗壞死組織。狂犬病毒在傳染性疾病中，是少數能合併使用被動免疫和接觸後的主動免疫得以成功治療的疾病之一。一開始，傷口被灌注人類狂犬病免疫球蛋白 (HRIG) 以阻礙病毒的擴散，肌肉注射球蛋白提供立即全身性保護。同時進行完整的疫苗施打。目前疫苗的選擇為**人類雙套細胞疫苗** (Human diploid cell vaccine, HDCV)，此強力的不活化疫苗在人類胚胎纖維母細胞中培養。常規於接觸後的第 1、3、7、14 天經由肌肉或皮內注射施打疫苗。高危險群像是獸醫、動物處理者和實驗室人員應施打三劑，以預防可能的感染。

像是家畜施打疫苗、消除流浪動物和嚴格的檢疫等控制措施能夠降低病毒儲存宿主。近幾年，美國和其他國家使用一種活的口服疫苗，是利用天花疫苗病毒攜帶狂犬病毒表面抗原的基因。疫苗已經被併入誘餌 (有時是花生奶油三明治) 放置在野生儲存宿主，像是臭鼬、浣熊的棲息地。

22.3　其他具套膜的 RNA 病毒：冠狀病毒、披膜病毒和黃病毒

冠狀病毒

冠狀病毒 (coronaviruses)[13] 是一種相對大型的 RNA 病毒，套膜上具有獨特且廣布的突棘。這些病毒在家畜常見到，會造成豬、狗、貓、家禽的呼吸道、腸道及神經的流行性疾病。迄今將人類冠狀病毒分成七型。其中一種是普通感冒的致病原。同種病毒還可能造成某些形式的病毒性肺炎和心肌炎。另一個人類的冠狀病毒與腸很密切相關，可能會造成人類腸道感染。

嚴重急性呼吸道症候群—相關的冠狀病毒

歷史上，多數冠狀病毒被認為是輕微的致病原，且健康的人感染後是相對無害的。2002 年，報導指出亞洲出現一種急性的呼吸道疾病。因**嚴重急性呼吸道症候群** (severe acute respiratory syndrome, SARS) 而被命名為 SARS。到 2003 年早期，世界衛生組織針對這個新疾病發布全球衛生警訊，短時間內，科學家將此致病原的基因體定序，顯示出此乃一種新型的冠狀病毒。

此症候群大流行出現在年中，但還不到一年，已經超過 8,000 人染病。其中約有 9% 人死亡。多數的案例集中在中國和南亞。從澳洲、加拿大到美國等幾十個國家都有出現案例，許多都是曾到亞洲旅遊或接觸旅人。近距離的接觸 (直接或飛沫) 會造成傳染。終究病毒消失了，並未再出現案例。最近的研究已經將病毒的起源連結到東南亞的果蝠。

13 冠狀病毒因其突棘蛋白而命名。

症狀一開始是高於 38°C (100.4°F) 的發燒以及進展到全身性疼痛和無力。感染早期，病患體內病毒量低而傳染力低。不到一週，病毒量大增並具很高的傳染性。三週後，病毒量明顯下降且症狀緩和。病患可能會也可能不會有經典的呼吸道症狀，但有嚴重到最終因呼吸衰竭後死亡的案例。

診斷此疾病首先仰賴於排除其他可能的病原，使用革蘭氏染色 (針對細菌性肺炎) 以及鑑定流感及呼吸道融合病毒。採集急性期和恢復期的血清以記錄對抗冠狀病毒抗體上升。檢體應被送到參考實驗室進行聚合酶連鎖反應試驗確認診斷。除了支持療法，並沒有特異性的治療。

2012 年末，鑑定出一種新的冠狀病毒。到了 2013 年末，這個病毒在英國和阿拉伯半島引起 130 起感染和 58 起死亡，而命名為中東呼吸道冠狀病毒 (Middle East respiratory syndrome coronavirus, MERS-CoV)，像是引起 SARS 的病毒，它與世界部分地區蝙蝠發現的冠狀病毒相似。世界衛生組織目前建議出現無法解釋的呼吸道症狀可檢測 MERS-CoV，特別是居住或到被感染的國家旅遊的人。

風疹病毒：德國麻疹的媒介

披膜病毒 (togaviruses) 是基因體不分節的單股 RNA 病毒，具有鬆散的套膜 (envelope)[14]。有幾個重要的成員，包含風疹病毒 (*Rubivirus*)，德國麻疹的媒介和某些蟲媒病毒 (arboviruses)[15]。風疹 (rubella) 或稱為德國麻疹，在 18 世紀中葉首先被認知為是一種特殊的臨床事件且被認為是孩童良性的疾病，直到它導致畸形的效應被發現。最先被觀察到懷孕第一期感染風疹的母親，其新生兒常發展成白內障。流行病學調查擴及下一代，發現許多與風疹相關的先天性缺陷。

風疹的流行病學

德國麻疹為全球分布的地方性流行性疾病。一開始感染主要是由於接觸呼吸道分泌物。在紅疹出現後長達一週的前驅時期病毒會被釋出。因為病毒僅具中度傳染力，緊密的住宅環境有助於病毒傳播。儘管風疹規律地每 6~9 年會出現大流行，在美國採用疫苗後基本上已停止這個現象。多數案例是發生在參加軍事訓練營、大學營、夏令營的青春期少年和年輕人。最大的擔憂是不具有免疫力的女人在生育年齡也許會遭逢大流行，因而提高先天性風疹病毒感染。

感染與疾病

目前已區分出兩種形式的風疹病毒：發生在小孩或成人的產後的後天感染，以及胎兒的先天性 (產前) 感染，因而表現出許多種新生兒缺陷。

後天性風疹　在 2~3 週的孵育期，病毒在呼吸道上皮增殖、浸潤所在位置的淋巴組織，接著進入血流。早期症狀包含全身無力、中度發燒、喉嚨痛和淋巴結腫大。最先出現在臉上的紅色斑塊的皮疹和丘疹接著往下到軀幹，最終到肢端，擴展及緩解過程約 3 天 (圖 22.9)。成人風疹常伴隨關節發炎和疼痛而不是皮疹。除了偶見的併發症，產後風疹通常是輕微的，且能獲得持久的免疫力。

14 讓人聯想到長袍。

15 一群經由昆蟲造成感染的病毒。見第 22.4 節。

先天性風疹 由於風疹病毒會導致畸形，當它傳染胚胎會導致嚴重的併發症，稱為先天性風疹 (congenital rubella)。儘管母親無症狀，也能夠傳播病毒，胎兒的傷害隨感染的時間不同而有不同。普遍認為在懷孕第一期感染最可能誘發流產及多種新生兒永久缺陷，像是心臟異常、眼部病變、失聰和心智及生理遲緩。少見激烈的後遺症如貧血、肝炎、肺炎、心臟發炎和骨頭感染，通常需要時間緩解。

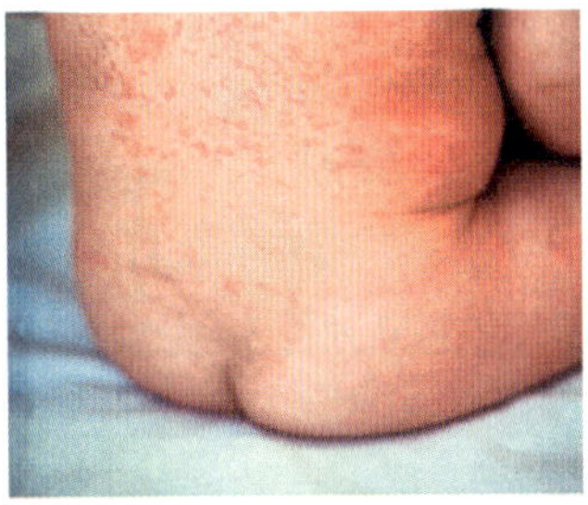

圖 22.9 後天性風疹有一個病癥是斑丘樣皮疹與麻疹類似，但發紅較輕微。

風疹的診斷及預防

風疹病毒與其他疾病相似且常是無症狀的，所以不應單單只臨床看診而被診斷。首選的確認試驗是血清學試驗和病毒分離系統。免疫球蛋白 (IgM) 試驗能夠確定是近期感染，且其升高的效價能夠清楚地指出是持續性的風疹病毒感染。乳膠凝集卡是一個簡單小型的試驗，針對 IgM 提供快速的檢測。

後天風疹病毒感染通常是良性的且只需要症狀治療。因為沒有特異的療法可用，許多控制成效是利用減毒風疹病毒疫苗維持群體免疫力。給予 12 到 15 的月大的嬰兒施打疫苗且合併腮腺炎和麻疹 (MMR vaccination)，到 4~6 歲時再追加一劑。疫苗能夠產生保護力，然而風疹疫苗並不能提供持久的免疫力。因為先天性的風疹感染有許多顧忌，檢驗成人女性的試驗較常被建議用來確認之前的感染和保護性抗體。目前建議未懷孕且無抗體的女性立即進行免疫，因為疫苗含有活病毒且有導致畸形的可能性，施打疫苗後性生活活躍的女性必須避孕達四週。抗體陰性的懷孕女性不應施打疫苗且須密切監控風疹感染。

C 型肝炎病毒

C 型肝炎 (hepatitis C) 是由一種 RNA 病毒，稱為黃病毒 (flavivirus) 所引起的。C 型肝炎常是「無聲的流行」，因為超過 300 萬的美國人已被病毒感染過，但過了許多年才出現症狀。在美國，流行病學家估計每年至少有 35,000 人首次感染。C 型肝炎引起肝臟衰竭是美國最常見肝臟移植的理由之一。見表 21.3 有完整性的肝炎比較表。

傳播與流行病學

C 型肝炎獲得病毒的途徑與 B 型肝炎 (hepatitis B, HBV) 相似。它最常經由血液接觸傳播，像是輸血或是施打藥物時共用針頭。偶見經由體液接觸或是透過胎盤傳染。不像 HBV，性接觸並不是主要的傳染模式。

致病因子與毒力因子

C 型肝炎最擅長慢性的感染因此科學家探討它躲避免疫偵測及破壞的方式。病毒的核心蛋白似乎在抑制細胞性免疫及抑制細胞激素的產生上扮演角色。

在能夠偵測血液製品中病毒的試驗出現前，它經常經由輸血傳播。1985 年之前需要給予凝血因子的血友病患者被 HCV 感染的比率高。一旦血液開始檢驗 HIV 和進行稱為「非 A 非 B」肝炎病毒的篩檢，經由血液感染 HCV 的危險性下降。目前與輸血有關的 HCV 的風險被認為約每 200 萬單位血品只有一件。

因為 HCV 並不能快速辨識，人口中相對多數的人都被感染過。在美國 400 萬的帶原者中有

80% 被認為是慢性帶原。它在部分南美洲和中非及中國也有高流行率。

徵兆與症狀

人們對此感染有許多不同情況。C 型肝炎和 B 型肝炎有許多共同特徵，但是它更傾向於變成慢性的。若未治療，75%~85% 將終生感染 (與 B 型肝炎比較，僅約 6% 的人在五歲後感染 B 型肝炎將走向慢性感染)。然而它可能出現嚴重症狀但無永久的肝臟傷害，較常見的是慢性的肝臟疾病且沒有明顯症狀。當感染進行時，HCV 可能導致肝癌。通常經由血液中抗病毒的抗體診斷是否感染。

預防與治療

目前沒有 C 型肝炎的疫苗，因為其有極端多樣性的抗原。有些治療方案包含聚乙二醇化處理的干擾素和利巴韋林 (ribivirin) 合併使用以降低病毒量，以及一種新藥索華迪 (sofosbuvir) 能夠抑制 HCV 聚合酶而有效阻止病毒週期。這些治療並無療效，但能夠預防並減低肝臟的傷害。

22.4 蟲媒病毒：經由節肢動物散布的病毒

脊椎動物是 400 種以上主要經由節肢動物傳播的病毒宿主。為了簡單呈現，這些病毒常集結在一個鬆散的族群稱為蟲媒病毒 (arboviruses, arthropod-borne viruses)。主要導致人類疾病的蟲媒病毒屬於披膜病毒 (*Alphavirus*)、黃病毒 (*Flavivirus*)、一些本揚病毒 (*Bunyavirus* 及 *Phlebovirus*) 和李奧病毒 (*Orbivirus*)。主要的媒介是吸血的節肢動物如蚊子、蜱、蒼蠅和蚊蚋。多數病毒引起的疾病是輕微、無差異性的發燒，某些則會導致嚴重的多樣的腦炎和威脅生命的出血熱。儘管這些病毒已經被指定分類的名字，但它們根據地理位置和首見臨床案例所給予的俗名較為人所知。

蟲媒病毒的流行病學

因為蟲媒病毒媒介分布在全世界，它們攜帶的蟲媒病毒也是一樣。媒介和病毒傾向聚集在熱帶和副熱帶，但是許多溫帶地區有定期的流行 (圖 22.10)。一種蟲媒病毒也許分布非常限制，小到單一隔離的地區；有些則廣布在許多洲；其他則可以隨著媒介散布。

媒介的影響

蟲媒病毒生活的所有層面和其媒介的生態有非常緊密的連結。最重要的因子是節肢動物的壽命、食物供應和繁殖地區，和氣候的影響像是溫度和濕度。多數蟲媒病毒媒介被感染是由於吸食宿主的血液。節肢動物餵食活躍與繁殖的晚春到早秋是感染高峰期。溫血的脊椎動物在乾冷的季節養護病毒。人類可以扮演最終的意外宿主，如在馬腦炎和科羅拉多扁虱熱，也可以像是在登革熱和黃熱病，當作保留宿主。蟲媒病毒感染風險在能夠頻繁接觸節肢動物的荒野地區最高。清理遙遠的森林棲息地以為人類殖民，大大增加此種接觸。

蟲媒病毒疾病對人類有多層面影響。儘管精準的統計是不可得的，有共識的是每年有幾百萬人受到感染且有幾千人死亡。媒介不明確的天性和病毒循環週期通常導致突發且不可預期的大流行，有時候還是先前未報導的病毒。旅人和軍事人員不像當地人們對病毒有免疫力，因此

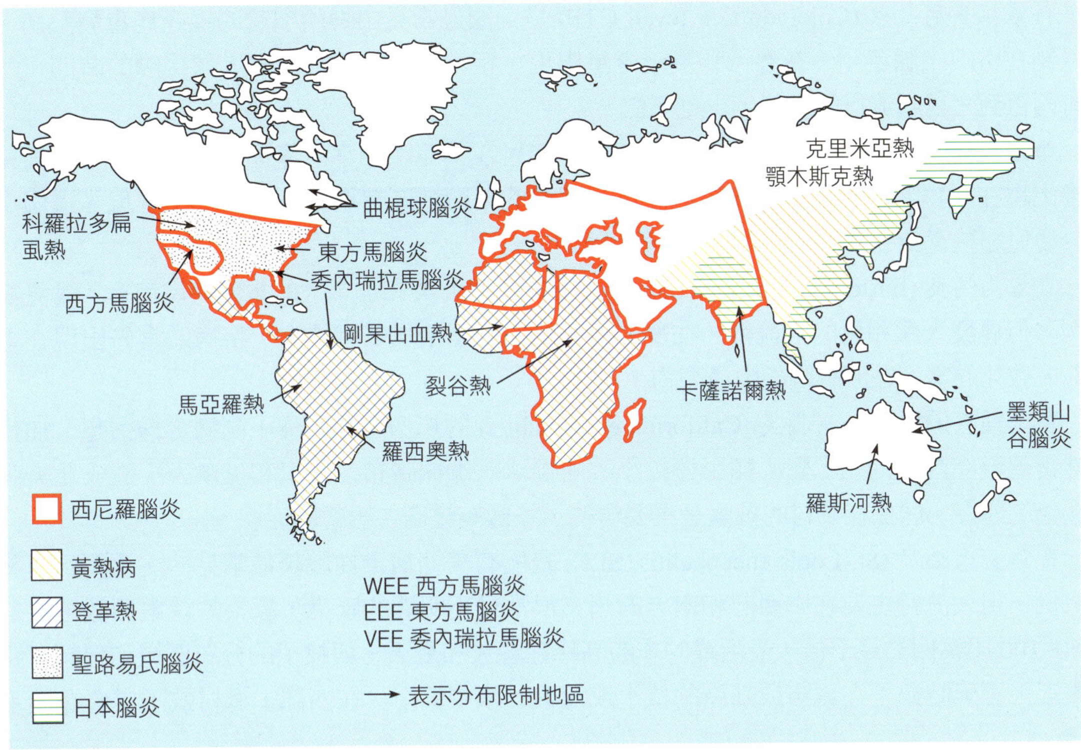

圖 22.10　**主要蟲媒病毒疾病的世界分布**。蟲媒病毒的地理位置，與適合昆蟲和蜱媒介的氣候相關。較冷的北方和南方地區大體上無這些疾病。

進入流行地區有特殊的風險。

蟲媒病毒感染的一般特徵

我們探討的蟲媒病毒聚焦在這些主要部分：

1. 人類疾病的表現。
2. 北美最重要的病毒。
3. 診斷方法、治療與控制。

發熱性疾病和腦炎

由蟲媒病毒引起的一種疾病是急性、無差別的發燒，常伴隨紅疹。這些感染是典型的登革熱和科羅拉多扁虱熱，通常是輕微且無長期影響。主要症狀是發燒、虛脫、頭痛、肌痛、眼眶痛、肌肉痠痛和關節僵硬。在疾病中期軀幹和四肢會出現斑丘疹或點狀皮疹。

當大腦、腦膜和脊髓都被侵襲，病毒性腦炎的症狀就會出現。美國人最常見的是東方馬腦炎、聖路易氏腦炎、加州腦炎。病毒在野生動物 (主要是鳥) 和蚊子或蜱之間輪轉，但人類通常不是儲存宿主。疾病由叮咬開始，將病毒釋放入組織和鄰近的淋巴。長時間的病毒血症會使病毒在神經系統發展。引起發炎後腦部、神經和腦膜產生腫脹和傷害。症狀非常多樣化可引起昏迷、痙攣、麻痺、發抖、動作失調、記憶喪失、談吐和個性改變以及心臟異常。少數案例有一定程度上的永久性腦部傷害。年紀輕的孩童和年長者對於蟲媒病毒傷害最敏感。

科羅拉多扁虱熱 (Colorado tick fever, CTF) 是美國最常見由蜱所引起的蟲媒病毒發熱病。分布限制在洛磯山脈各州，在春天和夏天零星出現，相當於蜱最活躍及與人類接觸的時間。每年約有兩百到三百起流行的案例，少見死亡。

西方馬腦炎 (Western equine encephalitis, WEE) 在美西和加拿大零星出現，最先是在馬兒，之後出現在人類。初夏在農村開始灌溉以及豐饒的繁衍地區有攜帶病毒的蚊子出現。這個疾病對於嬰兒和孩童致死率約 3%~7%，是極危險的。

東方馬腦炎 (Eastern equine encephalitis, EEE) 沿著北美和加拿大的東部海岸流行。常見零星案例，但偶發人類和馬的大流行。在夏末長時間的雨季增加爆發機會，疾病通常先出現在馬和籠鳥。致死的案例在所有腦炎中最高約 70%。

有一種普遍稱為加州腦炎 (California encephalitis) 的疾病是由兩種不同病毒株引起。加州病毒株常偶發在西部的州，對人類影響較小。曲棍球病毒株廣布在美東和加拿大，造成北美病毒性腦炎的盛行。居住在鄉村的孩童是主要標的，多數有輕微、短暫的症狀。

聖路易氏腦炎 (St. Louis encephalitis, SLE) 是所有美洲病毒性腦炎最常見的。北美到南美都有案例，但大流行主要在中西部和南方的州。很常見不明顯的感染，感染的總案例數可能是每年 50~100 起案例的幾千倍。最活躍的季節高峰在春天和夏天，與蚊子的分布區域和種類有關。在東部，夏天時蚊子在城市或郊區的積水或污染的水中繁衍。在西部，鄉村蚊子常會在洪水區湧出。

最嚴重的蟲媒病毒疾病之一是由一種新興的病毒引起。1999 年在美國發現第一個案例之後，**西尼羅病毒** (West Nile virus) 開始受到媒體的關注。這個在非洲、中東及部分亞洲地區常見的致病原，先前並未在美洲發現。不到四年，它已沿著海岸線散布，在 2012 年超過 5,000 起感染案例。

此病毒已知會感染鳥類、蚊子和哺乳動物宿主，包含人類。蚊子通常是在吸食被病毒感染的鳥類血液時被感染。被感染的蚊子能經由叮咬並將病毒傳染給人類。感染的結果會有類流感的症狀，稱為西尼羅熱，只會持續幾天，沒有長期的後遺症。僅有不到 1% 被感染的人會引起致命的腦部發炎稱為「西尼羅腦炎」。

出血熱

某些蟲媒病毒，主要是黃熱病和登革熱病毒，使微血管脆弱且破壞血液凝血系統。這些效應導致局部出血、發熱和休克，這些即是它疾病俗名的由來。出血熱 (hemorrhagic fevers) 由不同的病毒引起，且有多種不同媒介攜帶，廣布在世界各地。儲存宿主通常是小型哺乳動物，儘管黃熱病和登革熱能窩藏在人類身上。

最著名的蟲媒病毒疾病是**黃熱病** (yellow fever)。儘管此疾病是一次性的分布到全世界，包含美國在內，許多國家控制蚊子的措施已經消滅其發展。自然界有兩種傳播形式，一種是在人和埃及斑蚊 (*Aedes aegypti*) 間的城市生活史，在城市的積水中繁衍。另一個是森林生活史，在森林猴子和蚊子間存活。多數在西半球的案例在雨季發生於巴西、秘魯和哥倫比亞的叢林。疾病急性期有發燒、頭痛和肌肉痛。在某些病患，疾病會進展成口腔出血、流鼻血、嘔吐、黃疸和腎傷害且具有顯著致死率。

登革熱 (dengue[16] fever) 是由黃病毒引起且由埃及斑蚊攜帶。儘管通常是輕微的感染，但有一種登革出血性休克症狀是會致命的。此疾病因為肌肉和關節的劇烈疼痛又稱為「斷骨熱」，在東南亞和印度屬地方性流行，幾個大流行發生在中南美洲、加勒比海和墨西哥。它是世界 40% 人口的嚴重危險因子。世界衛生組織估計每年有超過 1 億起案例發生，其中有 50 萬起出血熱。氣候改變，包含大雨和溫暖的天氣適合蚊子的生活史，都是亞洲發生某些大流行的主要因素。

考量到此疾病在美國散布的可能性，因此疾管局將登革熱加入法定傳染病名單且調查沿著南方邊界各州的蚊子分布，幾個州已經發現一種登革熱可能的媒介 [亞洲虎蚊 (*Aedes albopictus*)] 出沒。在接觸被感染的人類帶原者之後可能會擴展蚊子族群內的病毒數量。全美每年約有 200 起案例被診斷出來，但多數都是經由接觸流行地區的旅人，沒有案例是源自於美國本土。一群科學家目前正在測試一種基因工程的蚊子，它們可以抗感染且不再散布病毒。

蟲媒病毒感染的診斷、治療和控制

除了流行期間，要偵測蟲媒病毒感染是有困難的。患者的旅遊史或接觸媒介，搭配血清學分析，對於診斷有許多幫助。偵測登革熱病毒 RNA 試驗發展於 2012 年，幫助登革熱病毒感染進行特殊診斷。不同蟲媒病毒疾病的治療完全仰賴支持性療法來控制發燒、抽搐、脫水、休克及水腫。

最可信賴的蟲媒病毒疫苗是活的減毒黃熱病疫苗，能夠提供相對來說較長時間的免疫力。熱帶地區的旅人需要施打疫苗，且在大流行時能夠給予全部人口施打。臨床試驗顯示免疫接種實驗性的登革熱疫苗僅有 30% 有效；雖然結果令人失望，但承諾在不久的未來有希望能生產更有效的疫苗。

22.5　反轉錄病毒和人類疾病

HIV 感染與愛滋病

1980 年代早期突然出現的愛滋病，在病毒及其疾病方面引起大量公眾的關注，並投入大量調查研究與經濟資源。

起初在洛杉磯、舊金山以及紐約的醫生發現愛滋病的案例。他們觀察到一群年輕的男性患者有一種或多種綜合症狀：由肺囊蟲 (*Pneumocystis jirovecii*，普通無害的黴菌) 所引起的肺炎、稱為卡波西肉瘤 (Kaposi sarcoma) 的罕見血管癌、體重突降、淋巴結腫大和一般的免疫功能失調。最後，法國巴斯特機構 (Pasteur Institute) 的病毒學家分離出一新的反轉錄病毒，而後命名為人類免疫缺陷病毒 (human immunodeficiency virus, HIV)。這些症狀是由 HIV 導致免疫系統崩解引起稱為後天性免疫缺陷症狀 (acquired immunodeficiency syndrome)，醫學界稱愛滋病 (AIDS)。

人類反轉錄病毒的特徵

HIV 是一種反轉錄病毒 (retrovirus)，屬於慢病毒屬 (*Lentivirus*)。多數的反轉錄病毒都有可

16 *dengue* 登革熱 (den′-gha)。西班文「花花公子」(dande) 的腐敗。其他同義字為登革休克症候群以及脖子僵硬熱。

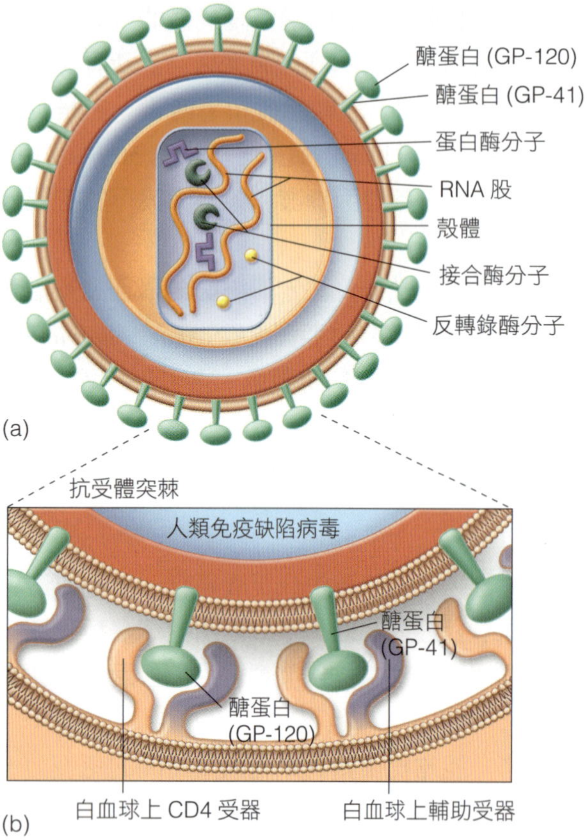

圖 22.11 **HIV 的結構**。(a) 套膜含有兩種醣蛋白 (glycoprotein, GP) 突棘，兩條一樣的 RNA 單股；蛋白殼體內含有反轉錄酶分子、蛋白酶和接合酶；(b) HIV 的醣蛋白分子 (GP-41 和 GP-120) 緊貼附著到人類細胞膜上特異的受器。這些接受器是 CD4 和一個輔助接受器，能夠固著在宿主細胞並與細胞膜融合。

能導致癌症，產生可怕且通常會致命的疾病，且對宿主的 DNA 產生深遠的影響。它們被命名「反轉錄病毒」是因為它們會顛倒轉錄時正常的步驟。它們有一種酵素稱為**反轉錄酶** (reverse transcriptase, RT)，它能夠催化從單股 RNA 轉變為雙股 DNA 的複製。反轉錄病毒和宿主的關係是非常親密的，病毒的基因會永久插入宿主基因體。反轉錄病毒 DNA 不但能夠併入宿主基因體，當作前病毒傳遞給後代細胞，而且某些反轉錄病毒還會使細胞轉形並調控某些宿主基因。

最主要的人類反轉錄病毒是人類免疫缺陷病毒和 T 淋巴細胞病毒第一型和第二型 (T cell lymphotropic viruses I and II)。HIV 分兩型，在世界各地感染主要是 HIV-I，而 HIV-II 主要在部分非洲地區。T 淋巴細胞病毒第一型與白血病和淋巴瘤相關 (在後續章節再討論)。

HIV 和其他反轉錄病毒具有含套膜的 RNA 病毒典型的結構特徵 (圖 22.11)，最外圍的成分是脂質套膜和穿膜的醣蛋白突棘和突起能夠誘導病毒吸附和融合到宿主細胞。HIV 僅能感染由含有 CD4 標記以及輔助接受器 (co-receptor) 所組成的接受器之宿主細胞，病毒使用這些受器進入某些種類的淋巴球和組織細胞 (圖 22.11b)。

HIV 感染的流行病學

關於 HIV 的一個重要問題似乎已經得到解答：*它是從哪裡來？*研究者比對 HIV 和多種非洲猴子病毒稱為類人猿免疫缺陷病毒 (SIV) 之遺傳。這些病毒的基因序列讓研究者歸納出 HIV 是由兩種不同 SIV 所產生的一種雜合病毒。其中一種 SIV 以大白鼻長尾猴 (greater spot-nosed monkey) 為天然宿主，另一種則感染紅頭白眉猴 (red-capped mangabeys)。很明顯的，這兩種猴病毒感染黑猩猩後，第三種同時含有這兩隻病毒遺傳序列的病毒出現了。這種新型的 SIV 可能在人類將黑猩猩當作食物時傳給人類。病毒跨越人類可能發生在 1900 年初；最早記錄人類感染的血液檢體是來自一名非洲男性，且在 1959 年死亡。

HIV 可能保留在小型的獨立村落，導致零星案例以及突變成更毒的致病株後易於透過人傳人感染。當社交及性行為改變以及遷徙和旅遊增加，使得病毒快速散布造成世界流行。

傳播的模式

HIV 傳播主要發生於兩種接觸形式：性交和血液轉移或血液製品。嬰兒亦可能在出生前或生產過程中感染，亦可能經由哺乳感染。傳染模式與 B 型肝炎病毒相似，除了 HIV 無法在宿主體外長時間存活，且對熱和消毒劑非常敏感。而且 HIV 不會經由唾液傳染，但 B 肝則會。

大體上來說，HIV 通常僅經由直接或特殊途徑傳播 (圖 22.12)。因為被 HIV 感染的人之血液在感染的早期和晚期含有大量病毒，以及在整個感染期還有大量被感染的白血球，任何形式的親密接觸包含血液轉移 (創傷、共用針頭) 都是感染的可能來源。精液和陰道分泌物也含有病毒和被感染的白血球，構成性行為傳播的另一種來源。病毒能夠經由尿液、眼淚、汗液和唾液分離出來，但是病毒量很少 (少於每立方毫米 1 個病毒單位)，因此這些體液不被認為是感染來源。

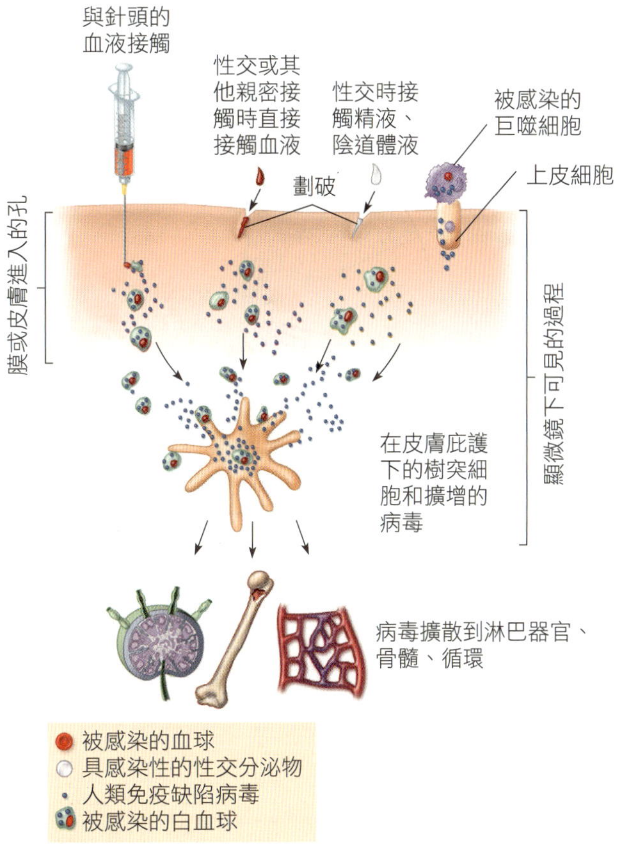

圖 22.12 HIV 主要感染來源及建議的途徑。

愛滋病 (AIDS) 的發病率

愛滋病成為一個被注意的國家層級的疾病是在 1984 年，儘管 1994 年在美國發展成此疾病人數已經下降，但仍持續在地區流行。此情況是由於有效療法的來臨，它能夠避免 HIV 感染發展到完全成熟的愛滋病。但在發展中國家，那些 HIV 流行的重災區，能得到的救命藥物有限。就算在美國，儘管醫療進步，且 HIV 感染與愛滋病已經從美國整個死因的前十大名單中排除，它們仍是 25 至 44 歲人口第六個最常見的死因。不幸地，新的 HIV 感染維持在穩定的發生率，每年約有 35,000 到 50,000 起案例。

圖 22.13 比較在美國新感染發生的數目，細分成居住的州、性別、種族和行為。男性占了 80% 新感染者。其中 62% 的新感染是經由男同志間性行為而獲得。男性和另一個男性發生性行為 (MSM)，由於肛交過程中會撕裂直腸黏膜，提供病毒由精液進入血液的機會而增加感染率。而接受的一方 (無論男女) 在雙方比較來說是較可能受到感染的。此外，雙性戀的男性是病毒傳給女性的主要因子。

特別是在大都市的居民，約有 60% 靜脈藥物使用者 (IDUs) 可能成為 HIV 帶原者。經由受污染的針頭感染較其他傳染模式快速增加，這也是另一個 HIV 感染異性戀者的顯著性因子。

HIV 感染和愛滋病已經在每一個國家被報導。部分非洲和亞洲有最高的案發率。2012 年，世界衛生組織估計世界各地將會有 3,400 萬的人口與 HIV 或愛滋病共存。儘管醫療進步，這個

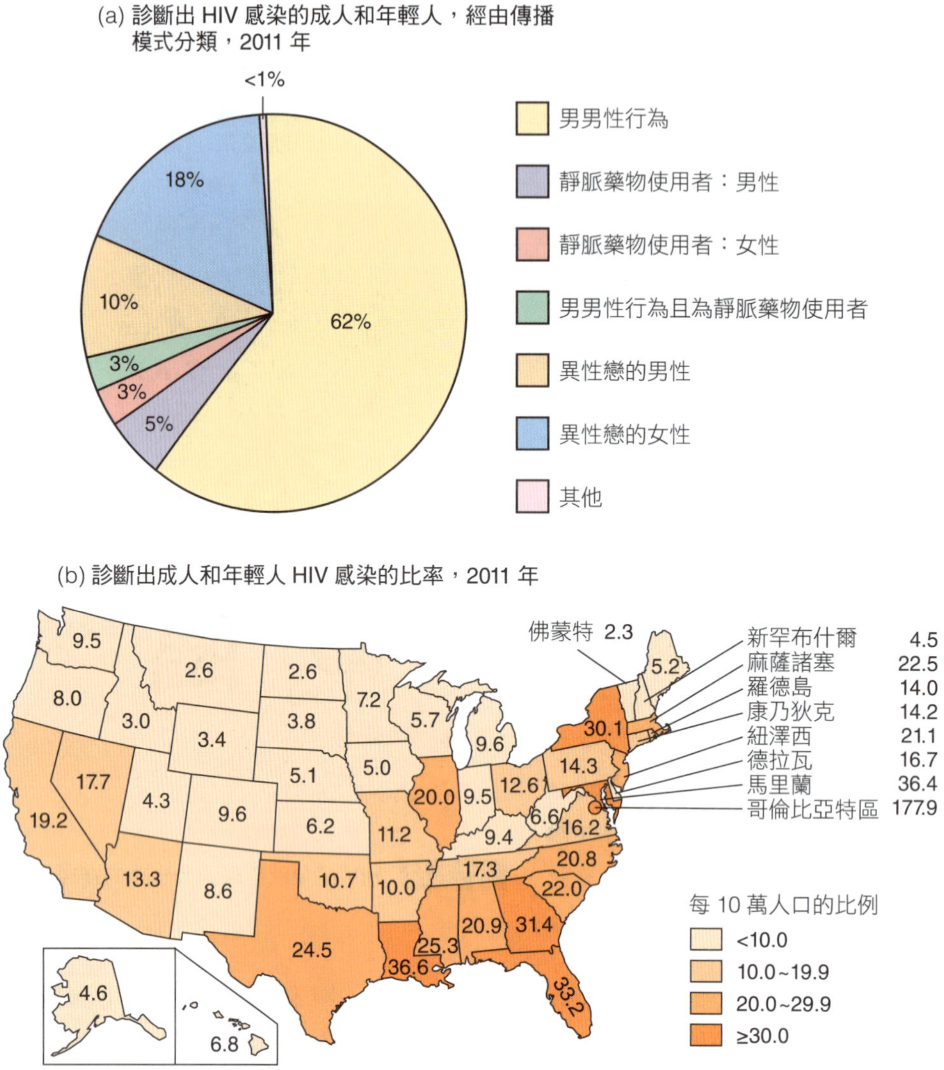

圖 22.13 HIV 感染的模式。(a) 新感染傳播模式的比率；(b) 州際新感染的比率。

疾病持續造成毀滅性的迴響。美國疾管局預估在美國約有 1,100 萬人有 HIV 或愛滋病。這些人中有部分是在疾病潛伏期且尚未察覺已受感染。

在世界上大部分的地區，異性間的性行為是主要的傳播形式。在工業國家，過去幾年的異性戀者感染率戲劇性的升高，特別是青春期和年輕的成人女性。在美國，約有 28% 的 HIV 感染是由於與被感染的異性性伴侶進行未具保護性的性行為。

由於捐贈的血液會進行 HIV 抗體的常規檢驗，輸血不再是一個嚴重的危險因子。因為被感染者在抗體出現的數週到數月會有空窗期，這是經由輸血感染 HIV 的可能原因。很少的，器官移植也會攜帶 HIV，因此也需要檢驗。其他血液製品 (血清、凝血因子) 都曾經與 HIV 感染有關聯。數千個血友病患在 1980 年代和 1990 年代死於愛滋病。目前標準作業會將任何治療性的血液製品熱處理以消滅所有病毒。

一小部分的 HIV 感染 (約 1%) 發生在無明顯危險因子的人。這並不表示有其他未知的傳染途徑存在。患者的否認、不可追溯的歷史、死亡或不合作使得不可能清楚解釋每個案例。我們應該注意的是並非每個人都會被 HIV 感染，且不是每個被感染或抗體陽性的人都會發展成愛滋病。在自然抵抗的案例，研究者已經發現具有病毒與宿主細胞融合的輔助接受器突變 (主要是 CCR5) 的人們對於 HIV 感染有天然屏障。約有 1% 的人先天遺傳一對這些突變的基因，當基因表現時，產生不正常的接受器，能免於 HIV 進入細胞。這些賦予他們對於 HIV 感染和致病的感受性大幅降低。研究者正專注於這些基礎知識以發展新型的抗 HIV 藥物。約有 5% 的人口雖然抗體陽性但仍能免於疾病，這顯示有些人能夠產生免疫力或對感染的感受力較低。

利用 AZT 治療被 HIV 感染的母親可大幅降低在懷孕期間由母親傳染給胎兒的比率。目前的估計指出在美國每年被 HIV 感染的新生兒少於 200 名。在醫藥缺乏的開發中國家由於產期預防措施的花費 (每次懷孕 1,000 美元) 以及 HIV 醫學諮詢的缺乏，導致母親傳染給胎兒的案例增加，同時在已開發的國家已經有顯著的下降。

醫療及牙科人員不是高危險群。醫療及牙科工作者在臨床意外中是相對較少得到 HIV 或抗體陽性的。一名遭遇意外的健康照護工作者接種了具有污染性的血液，有不到千分之一的機會被感染。專家強調經由日常接觸或常規的患者照護過程並不會傳播 HIV，且全球對於感染控制的預防措施 (見第 10 章) 提供了工作者及患者的保護。

一些苛刻的統計數據

了解 HIV 感染和愛滋病驚人效應強而有力的方法，是檢驗日常生活方面的一些統計資料 (資料統計至 2011 年由世界衛生組織和疾管局提供)：

- 全球有 3,400 萬人感染 HIV 或愛滋病；其中 330 萬人是孩童。
- 2011 年，170 萬人死於愛滋病。
- 每天約有近 7,000 人被感染。

非洲部分地區比其他區域重創，就下列來說：

- 全世界 70% 的案例發生在非洲撒哈拉以南。
- 20 名成人中就有一人感染 HIV。
- 1,400 萬名非洲孩童因愛滋病成為孤兒。

美國有自己令人不安的統計資料

- 超過 1,200 萬人目前感染 HIV。
- 每年約有 5 萬起新感染案例。
- 在非裔美國人中發生新感染 HIV 的比率較白人高 7.9 倍。
- 被診斷出愛滋病的人中每年約有 15,000 人死亡。
- 在 25 至 44 歲人口中，HIV 感染是排名第五的死亡原因，且是 35 至 44 歲的非裔美國男人死亡的首要原因。

HIV 的致病及毒力因子

如同在圖 22.12 中概述，HIV 進入黏膜或皮膚並被樹突細胞胞吞。在樹突細胞內，病毒生長由細胞釋出而不被殺死。新病毒被皮膚、淋巴器官、骨髓和血液中巨噬細胞攝入並擴增。感染 HIV 最諷刺的是它會感染並消滅許多種非常需要與之對抗的細胞，特別是輔助型 (CD4 或 T4) 淋巴細胞。它也會感染單核球、樹突細胞和巨噬細胞。

一旦病毒進入標的細胞，它的反轉錄酶將 RNA 反轉成 DNA。雖然一開始病毒是利用裂解性感染，但在某些宿主細胞的細胞核中其 DNA 變不活化，而後病毒 DNA 則插入宿主 DNA (圖 22.14)。這些事件影響疾病的進程。因為不同的宿主細胞位在不同的感染階段，某些細胞在釋出新的病毒後被裂解，而新的 T 細胞則不斷的被感染。

直接由 HIV 感染造成的首要效應是白血球大量減少，伴隨特別低的淋巴球數目。T 細胞和單核球會經由程序性的細胞自殺 (細胞凋亡) 而大量死光。CD4 記憶型克隆和幹細胞是首要標的。HIV 也會導致巨大融合型 T 細胞形成，接著大規模破壞融合體，使得病毒能直接由細胞散播到細胞。當感染的巨噬細胞通過血腦障壁且將病毒散布到腦細胞時則會影響中樞神經系統。這顯

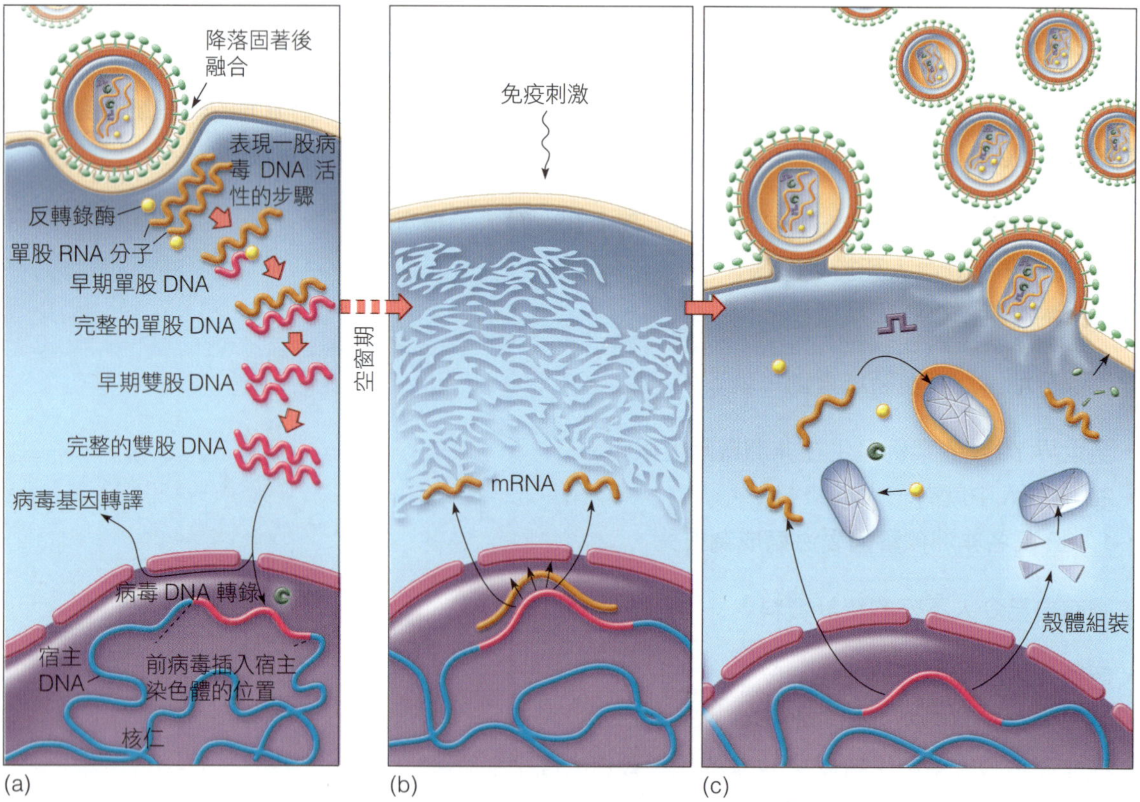

(a) 病毒被細胞吸收後融合。雙胞 RNA 去殼反轉錄酶催化單股互補 DNA 的合成 (ssDNA)。以這個單股當做合成雙股 (ds) DNA 的模板。在潛伏期，雙股 DNA 被插入宿主染色體作為前病毒。

(b) 潛伏期後，多種免疫活化子刺激被感染的細胞，導致前病毒基因的再活化，而後製造病毒的 mRNA。

(c) HIV 的 mRNA 利用細胞的合成機制被轉譯成病毒的組成物 (殼體、反轉錄酶、突棘)，而後病毒被組裝。成熟病毒的出芽使被感染的細胞裂解。

圖 22.14 HIV 繁殖的週期

示病毒的某些套膜蛋白對於腦部的膠質細胞和其他細胞具有直接的毒性。研究已顯示某些周邊神經出現去髓鞘的現象，而且腦部會發炎。

HIV 感染的第二個效應是伺機性感染與惡性腫瘤，此與破壞基本用來控制病原的 CD4 細胞功能相關。

HIV 感染和愛滋病兩者的分期、徵兆以及症狀

HIV 感染的臨床表現從急性期的早期症狀到終期愛滋病的症狀都有。為了了解過程，仔細依循圖 22.15 和圖 22.16。HIV 的感染病理學與兩個因素緊密相關：(1) 病毒量；(2) 血液中 T 細胞數目。圖 22.16 說明在感染致病過程中病毒的數量和 T 細胞數量相對的關係。要注意的是，圖中只顯示在無醫療干預以及化療之下 HIV 在感染中的模式。

一開始的感染是急性且通常是隱隱約約的，類似單核球增多的症狀不久會出現。這個時期在血液中會出現大量的病毒 (圖 22.16，第一期)，接著會快速下降 (圖 22.16，第二期)。見到抗體上升 (圖 22.16，第二期和第三期) 的同時病毒量會下降。這個時期的抗體是用來中和循環系統中的病毒。進行中的 HIV 感染多數有一個特徵是疾病無症狀的時期 (通常稱空窗期)，從 2 年至 15 年都可能，平均約 10 年 (圖 22.15，第三期)。在無症狀的中期到後期時發生另一個重要的事為，血液中的 T 細胞數目是如何穩定的下降 (圖 22.16，第三期)。這對疾病的進展是至關重要，因為輔助型 T 細胞負責調節 B 細胞抗體的製造以及巨噬細胞的刺激。當輔助型 T 細胞數量下降

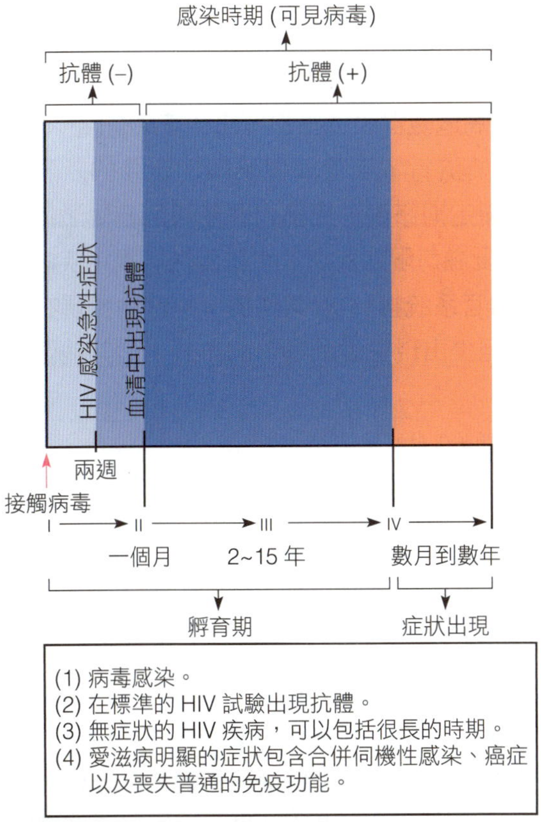

圖 22.15　HIV 感染的時序、HIV 無症狀的疾病、以及愛滋病。

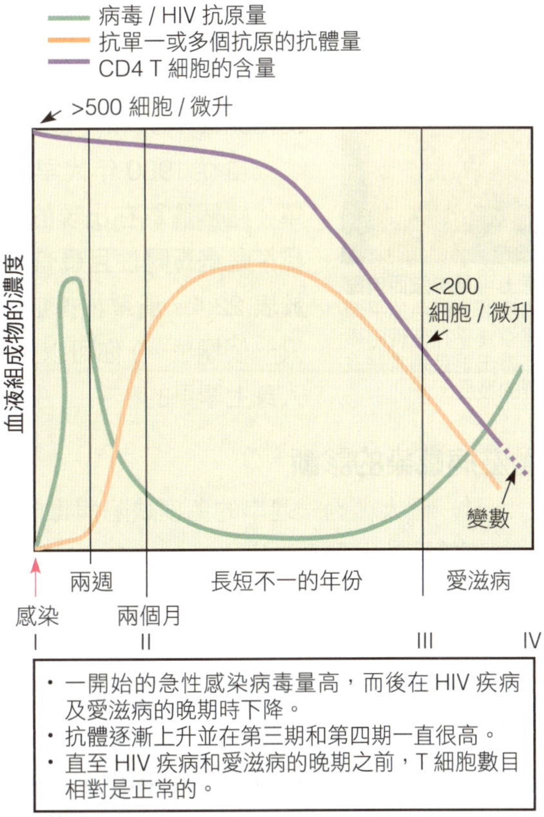

圖 22.16　病毒抗原量及抗體的改變，以及 T 細胞的循環時間拉長。

時，巨噬細胞反應的效率以及製造抗體的能力也是如此。一旦血液中 CD4 細胞的數目 1 微升少於 200 個細胞，愛滋病的症狀就會出現 (圖 22.16，第四期)。

愛滋病一開始的症狀可能是疲勞、腹瀉、體重減輕及神經性變化，但多數患者由於 1 次或多次的伺機性感染或腫瘤才首次注意到此感染期。這種愛滋病限定的疾病 (AIDS-defining illnesses) 在下列有更詳盡的說明。其他疾病的相關症狀伴隨著嚴重的免疫失調、荷爾蒙不平衡以及代謝失調。身型明顯的消瘦是由於體重下降、腹瀉以及營養吸收不良的結果。有顯著的長期發燒、疲倦、喉嚨痛以及夜間盜汗且使人衰弱。紅疹和多個淋巴結腫大兩者都可在許多愛滋病患出現。

最毒的併發症是一些神經性的，腦部、腦膜、脊柱、周邊神經發生病變。具有神經性症狀的患者表現出一定程度上的退化、持續的記憶喪失、痙攣、感覺喪失及愛滋病的漸進性癡呆。

愛滋病限定的疾病

愛滋病患者中未接受或未執行抗反轉錄病毒療法 (甚至是一些已經在接受治療的人)，免疫系統的緩慢破壞會導致廣泛形態的多樣感染和非感染的情況，稱為愛滋病相關疾病或愛滋病限定的疾病 (AIDS-defining illnesses, ADIs)。它幾乎總是具一個或多個這些情況，而且會導致愛滋病患的死亡。

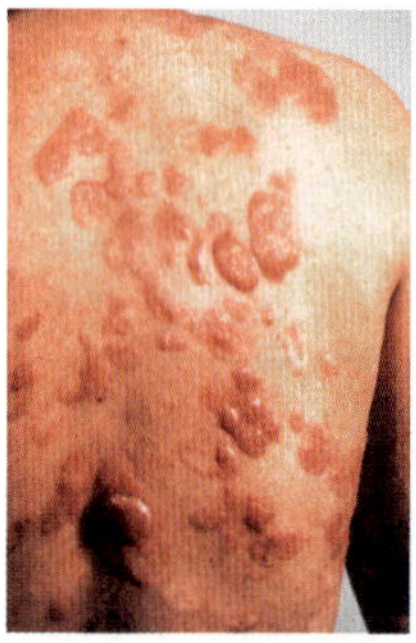

背上可見卡波西肉瘤的病灶。紅色的平滑腫瘤幾乎在任何組織都會出現且通常是成群的發展。

因為病毒最終會破壞基本的免疫功能，可想而知身體會被一般無害的微生物困擾，其中有許多是已經生活在宿主身上幾十年而未引發疾病的。愛滋病相關的疾病範圍也提供機會洞察免疫系統控制或緩解我們細胞癌化的重要性。愛滋病患是巴克氏淋巴瘤 (Burkitt lymphoma)、卡波西肉瘤 (Kaposi sarcoma, KS) 和侵襲性子宮頸癌的高危險群，這些都與病毒感染有關。

自從 1980 年代早期愛滋病開始流行，疾管局擬出案例定義的狀況清單。這個清單在出現的 30 年來不斷定期修改。目前人們使用定義愛滋病的標準是病毒陽性且患有一種或多種愛滋病限定疾病。這些愛滋病限定疾病列於表 22.4。清單根據症狀出現的器官系統排列。(某些情況也許會出現在不只一個欄位。) 你可以見到許多或至少出現在愛滋病患的方式。是其他健康人身上罕見的。

愛滋病感染的診斷

當一個人經過一連串的免疫缺陷病毒檢驗被檢測出抗體陽性，就診斷為有 HIV 感染，這個診斷不等同於得到愛滋病。

多數病毒的檢驗在於診斷血清或其他體液中病毒特異性的抗體，這能用來快速且便宜地篩檢大量的檢體。檢驗常分兩部分進行。一開始的篩檢包含較舊式的酵素連結的免疫吸附試驗 (ELISA) 和較新式的乳膠凝集還有抗體快速篩檢。這些檢驗的優點在於可在數分鐘內得知結果，而先前使用 ELISA 則需要數天或數週才回報結果。某些試劑組已經被食品藥物管理局核可在家使用。大部分試劑組需要使用者提供小部分的血液或唾液，而後被送到檢驗的實驗室分析。客戶可以撥打自動化的語音服務，輸入匿名的測試代碼，並經由電話得知結果。利用口腔液體或唾液偵測 HIV 抗體的非處方試驗，可保有隱私地在家進行並得知結果，就像是懷孕試驗。科技

表 22.4　愛滋病限定的疾病

皮膚和 / 或黏膜 (包含眼睛)	神經系統	心血管及淋巴系統或多種器官系統	呼吸道	腸胃道	生殖泌尿道和 / 或生殖道
巨細胞病毒視網膜炎 (失去視覺) 單純疱疹慢性潰瘍 (> 一個月病程) 卡波西肉瘤	隱球菌病，肺外 HIV 腦病變 淋巴瘤，主要在腦 進行性多灶性腦白質病變 腦部的弓漿蟲症	球胞子菌病 巨細胞病毒 (肝、脾、淋巴結除外) 瀰漫性或肺外組織胞漿蟲症 巴克氏淋巴瘤 免疫性母細胞淋巴瘤 瀰漫性堪薩斯分枝桿菌 瀰漫性肺結核 沙門氏桿菌敗血症，反覆性衰竭症狀出現	念珠菌病 單純疱疹支氣管炎 鳥型分枝桿菌複合物 (MAC) 結核病 (結核分枝桿菌) 肺囊蟲肺炎 一年內反覆性肺炎症狀	食道、腸胃道的念珠菌病 單純疱疹慢性潰瘍 (> 一個月病程) 或食道炎等胞子球蟲病 (由囊等孢子蟲引起下痢)，腸道慢性病 (> 一個月病程) 隱孢子蟲病 腸道慢性病 (> 一個月病程)	侵襲性子宮頸癌 單純疱疹慢性潰瘍 (> 一個月病程)

的改進增加這些方法的可信度，但是陽性的結果仍仰賴更特異性的檢驗才能確認。

儘管前述經認證的檢驗方法具有高度準確性，但約有 1% 的偽陽性，接下來需要追蹤並進行更特異性的檢驗稱為*西方點墨法* (見第 14.4 節) 這個方法偵測幾種不同的 HIV 抗體，通常能夠排除偽陽性的結果。

另一個不準確的結果是偽陰性，這通常發生在空窗期，因為在可被偵測的抗體出現前就進行檢驗。為了排除這個可能性，個人若檢驗結果呈陰性但曾暴露在危險因子下，應該在 3 至 6 個月後再次檢驗。

血液和血液製品通常會檢測 HIV 抗原 (而非 HIV 抗體)，能用來確認是否有偽陰性的可能。對許多愛滋病患者來說，為了監測藥的效用必須進行病毒量的檢測。

在美國，若符合下列的標準則會被診斷是愛滋病：(1) 病毒呈陽性；(2) 滿足下列其中一條額外的標準：

- 每微升的血液中 CD4 (輔助型 T 細胞) 數量少於 200 個細胞。
- CD4 細胞的數目少於淋巴球總數的 14%。
- 患有疾管局認可的愛滋病限定疾病清單中的一個或多個。

預防 HIV 感染

避免與已感染的人有性接觸是預防 HIV 的基本。雖然性行為活躍的人仍有一些步驟能降低風險，性避免仍是一個明顯的預防方法。流行病學家不能過分強調去篩檢未來性伴侶的需要性以及遵循一夫一妻制的性生活方式。對所有性生活活躍的人，唯一確保能夠避免感染的方法，是認定除非經過證明，否則每一個性伴侶都可能是感染者。在與未確認 HIV 是陰性狀態下的任何人發生性行為都應使用保護的屏障 (保險套)。雖然避免靜脈注射藥物具顯著的嚇阻作用，許多濫用藥物者仍不會採用這個選項。在表 22.4 中，不分享針筒或針頭，或是在下一個人使用前用漂白水清洗針頭後潤濕過，都能降低風險。

在愛滋病流行的前幾年，製造出疫苗的可能性很渺茫，因為病毒表現許多看似不可踰越的屏障。其中，HIV 潛伏在細胞內，其細胞表面的抗原突變快速。雖然病毒不引發免疫反應，但它無法完全地被控制。有鑑於疫苗有迫切需要，這些事實並未阻擋醫界繼續前進。

目前，數十種種具潛力的 HIV 疫苗在國際機構的 HIV 疫苗臨床試驗網絡監督下已進行臨床試驗。沒有一個臨床試驗製造出有效的疫苗，甚至有些顯示有前景的也曾充斥問題。即使有大規模的努力，在更多的幾年，HIV 專家不期待會有一個認證的可用疫苗。

治療 HIV 感染和愛滋病

必須強調的是，目前 HIV 感染和愛滋病並沒有已確立的療法，這些療法最多是減緩疾病進程或消除症狀。

治療 HIV 陽性的人存在著明確的指導方針。這些方針會定時更新，不同的是取決於一個人是否完全無症狀或表現某些 HIV 感染，以及是否在先前已有用抗反轉錄病毒藥物治療。某人被診斷出愛滋後接受 HIV 感染的治療與藥物，以預防或治療多種伺機性感染和其他愛滋病限定的症狀像是衰竭症候群。這些治療方案根據病患的資料和需求而改變。

抗 HIV 的治療策略目的在於打斷某部分的複製週期 (見表 9.6 和 9.7)。最初有效的抗 HIV 藥物是合成能夠抑制反轉錄酶的核苷類似物，包含疊氮胸苷 (azidothymidine, AZT)、去羥肌苷 (didanosine)(ddI)、拉米夫啶 [lamivudine(Epivir, 3TC)] 和司他夫啶 (stavudine, d4T)。它們模仿真實的核苷結構且利用反轉錄酶被加進病毒的 DNA，打斷複製週期。因為這些藥物在未來的 DNA 合成時缺乏正確的結合位，病毒的複製及週期則被迫終止 (圖 22.17a)。其他不是核苷的反轉錄酶抑制劑包含奈韋拉平 (Nevirapine) 和地拉韋啶 (delavirdine)，兩者都會結合並重組酵素，使其不能正常行使功能。另一種重要的藥物，蛋白酶抑制劑 (圖 22.17b)，阻斷了參與最終組裝和病毒成熟的 HIV 酵素 (蛋白酶 protease) 的作用。這些藥物包含利托那韋 (ritonavir)、沙奎那韋 (saquinavir) 及替拉那韋 (tipranavir)。

目前較新的藥物能夠阻斷附著或融合。它們避免病毒接觸標的細胞的接受器，進一步防止

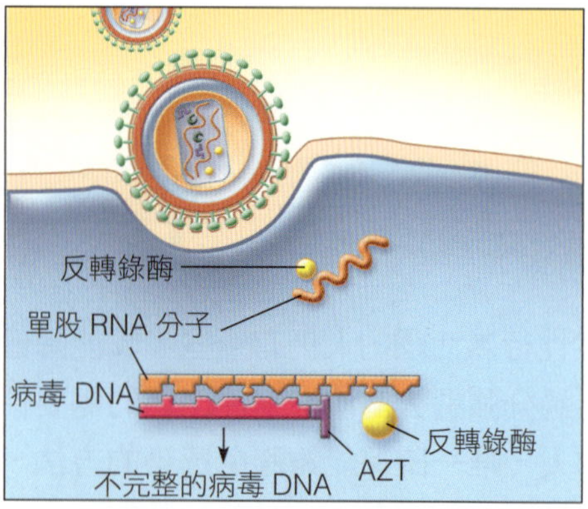

(a) **反轉錄酶抑制劑**。一群重要的藥物 (AZT、ddT、3TC) 作用為核苷類似物，能抑制反轉錄酶。它們被反轉錄酶插入到天然核苷的位置，進一步阻斷酵素及病毒 DNA 合成作用。

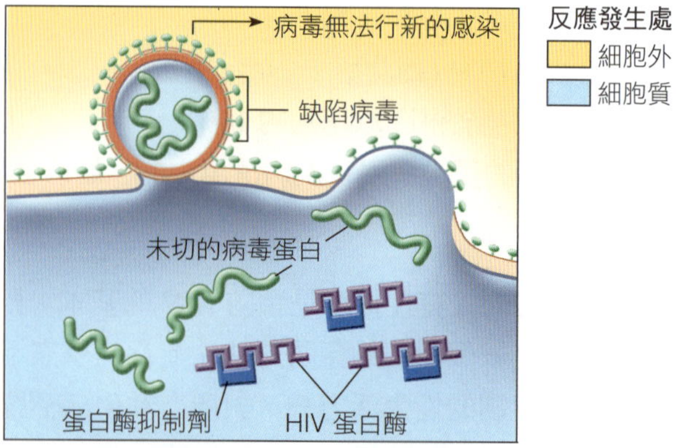

(b) **蛋白酶抑制劑導致不正常的病毒釋出**。蛋白酶抑制劑嵌入 HIV 蛋白酶的活性位。此酵素對於裁切長的 HIV 蛋白質鏈與產生更小的蛋白質單位是必要的。在出芽期間病毒納入這種未切的無功能蛋白，所導致的病毒無法感染。

圖 22.17 抗 HIV 藥物的作用機制 (簡示藥物作用)。

感染。藥廠也釋出一種新的抗 HIV 藥物稱為接合酶抑制劑。一般當病毒接合進入宿主 DNA 後會進入潛伏期開始病毒複製，而這些藥物會終止此時期。

最有效的策略是高活性的雞尾酒療法 (highly active antiretroviral therapy, HAART) 的發展與病毒對戰。這個治療方案中，同時使用多種藥物以在幾個不同點來阻斷 HIV 的複製週期，以致於即使有病毒因為偶然的突變而逃過一種藥物作用，此病毒的進展也會因第二或第三種藥物而停頓。目前存在多種雞尾酒療法，通常是合併兩種以上的反轉錄酶抑制劑，一種蛋白酶抑制劑，以及一些案例中會有接合酶抑制劑。此療法已證實會降低病毒量至無法偵測的程度且增進免疫功能。它也會降低抗藥性的發生率，因為病毒也許必須同時進行至少兩次不同的突變才會發展出抗藥性。HIV 陽性但是無症狀的患者也能用來避免發展成愛滋病。抗 HIV 藥物的主要缺點是昂貴、毒性副作用、患者不配合而產生藥物失敗、及無法完全根除病毒。此療法有個例子是 Stribild [含整合酶的四合一藥物：埃替拉韋 (elvitegravir)、可比司他 (cobicistat)、恩曲他濱 (emtricitabine)、泰諾福韋 (tenofovir)]，在 2012 晚期被認證。

Stribild 包含兩種核苷反轉錄酶抑制劑，一種接合酶抑制劑，以及能夠增強此三種藥物活性的佐劑。採用一天一顆 Stribild 的藥丸較早期雞尾酒療法一天需要 30 顆藥丸簡單得多。

人類 T 細胞淋巴病毒

白血病是骨髓中四種不同製造白血球組成其惡性疾病的統稱，白血病都是後天的，不是遺傳而來；有些是急性，有些是慢性。白血病有許多成因，其中有些被認為是病毒所引起。人類 T 細胞淋巴病毒 (human T-cell lymphotropic virus I, HTLV-I) 被認為與一種成人 T 細胞白血病有關。

所有的白血病一開始會面臨容易瘀青或出血、蒼白、疲倦及反覆的小感染。造成這些症狀的病理是貧血、血小板缺乏、淋巴球比例與功能失調導致免疫系統失去功能。某些成人 T 細胞白血病的案例一開始會出現表皮的 T 細胞淋巴瘤伴隨皮膚炎，以及加厚鱗狀的潰瘍或腫瘤狀的皮膚病變。其他併發症像是淋巴結腫大及肺、脾和肝的瀰漫性腫瘤。

反轉錄病毒導致癌症的機制目前尚不明瞭。有個假說是病毒攜帶致癌基因，經剪接後進入宿主染色體後被各種致癌原活化，使細胞不朽且不能調控細胞分裂的週期。HTLV-I 的基因標的之一是淋巴球刺激因子介白素 -2 (interleukine-2) 的基因及其接受器。

成人 T 細胞白血病最初是由日本南方一群病患的醫生提出。不久，在加勒比海移民出現相似的臨床症狀。同時，這兩個疾病被證實是相同的。除了在日本、歐洲及加勒比海常見，在美國亦有少數患者。這個疾病不具高度傳染性；家族病史顯示感染時需要重複性親近或親密的接觸。因為病毒會被運輸到被感染的血液細胞、輸血及血液製品是傳播的可能因子。靜脈注射藥物者通常因共用針頭散布疾病。反轉錄病毒 HTLV-II 與 HTLV-I 高度相關，但未證實與特定疾病有關。

22.6　無套膜的單股及雙股 RNA 病毒

小 RNA 病毒和杯狀病毒

如同前言所述，小 RNA 病毒由於體積小 (微微米，10^{-12} 米) 及 RNA 核心 (圖 22.18) 而得名。

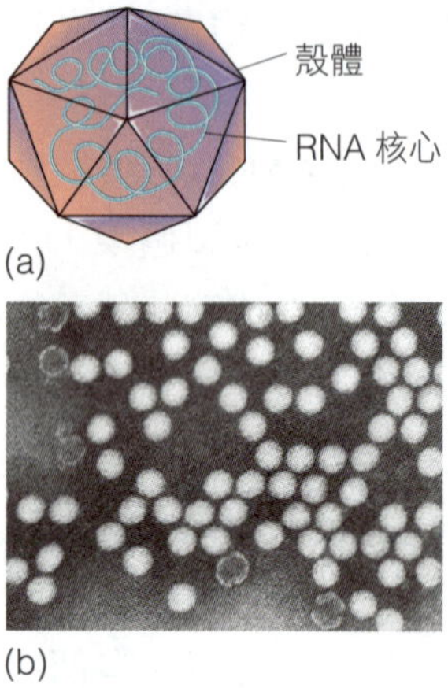

圖 22.18 小 RNA 病毒的典型結構。(a) 一隻小兒麻痺病毒，屬於小 RNA 病毒的一種，是其中一種最簡單、最小的病毒 (30 nm)。它包含正二十面體的殼體圍繞著緊密纏繞的 RNA 分子；(b) 一個宿主細胞內堆疊的小兒麻痺病毒顆粒的結晶團塊 (300,000 倍)。

重要的代表包含腸病毒 (*Enterovirus*) 和鼻病毒 (*Rhinovirus*)，對人類神經的、腸道和其他疾病有重要影響 (表 22.5)：心病毒 (*Cardiovirus*) 則感染人類大腦和心臟及其他哺乳動物。以下討論主要針對人類小 RNA 病毒中的小兒麻痺病毒和其他相關的腸病毒、A 型肝炎病毒及人類鼻病毒。

小兒麻痺病毒和脊髓灰白質炎

脊髓灰白質炎 (poliomyelitis)[17] (小兒麻痺症) 是一種急性腸道病毒感染脊髓造成神經肌肉癱瘓。因為常感染小孩童，又稱為小兒麻痺。沒有任何文明或文化逃過小兒麻痺病毒的毀壞。

小兒麻痺病毒有裸露的殼體 (圖 22.18)，具有化學穩定性且耐酸、膽鹽及界面活性劑，意味著病毒可在胃酸和其他嚴苛的環境存活，因此容易傳播。

小兒麻痺的流行病學

每年任何時候都有小兒麻痺爆發的零星案例，但在夏秋的發生率較高。病毒在人群間經由食物、水、手、糞便污染的物體及機械載體散布。由於世界各地的疫苗施打計畫，案例數已經從 1998 年 350,000 起到 2011 年下降至 650 起。自從 1991 年起美洲則未再出現小兒麻痺的案例。

表 22.5 具代表性的人類小 RNA 病毒

屬	代表性病毒	主要疾病
腸病毒	小兒麻痺病毒 克沙奇病毒 A 型 克沙奇病毒 B 型 艾可病毒 腸病毒 72 型	脊髓灰白質腦炎 灶性壞死、肌炎 新生兒心肌炎 無菌性腦膜炎、腸炎、其他 A 型肝炎
鼻病毒	鼻病毒	普通感冒
心病毒	心病毒	腦炎心肌炎
口蹄疫病毒	口蹄疫病毒	手足口病 (在偶蹄動動)

吞入後，小兒麻痺病毒自口咽和腸道黏膜細胞接受器吸收 (圖 22.19)。在此，它們在黏膜上皮和淋巴組織增生。增生導致大量的病毒被釋入在喉嚨和糞便，某些則會滲入血液。

多數感染是短期的、輕微的病毒血症。某些人發展成發燒、頭痛、噁心、喉嚨痛和肌痛等輕微無特異性的症狀。若病毒血症持續下去，病毒會經由血液供應攜帶到中樞神經系統。病毒會沿著脊髓和腦的特異通道散播。具嗜神經細胞 (neurotropic)[18] 特性，病毒會浸潤脊髓前角的運動神經元，雖然也會攻擊脊髓神經節、顱內神經及運動神經元核仁。侵襲時出現非麻痺的症狀但不破壞神經組織。它會導致肌肉疼痛和痙攣，腦膜炎及輕微的過敏。圖 22.20 表示病毒感染和疾病進程。

---

17 *poliomyelitis* 脊髓灰白質炎 (poh″-lee-oh-my″-eh-ly′-tis)。希臘文：*polios* 灰；*myelos* 髓質；*itis* 發炎。

18 *neurotropic* 嗜神經細胞 (nu″-roh-troh′-pik)。對於神經系統具有親和力。

麻痺的疾病

入侵運動神經元導致數小時到數天不同程度的遲緩性癱瘓。腿、腹部、背部、肋間、橫膈、肩帶及膀胱的肌肉癱瘓，取決於運動神經元傷害的程度。在很少數**延髓脊髓灰白質炎** (bulbar poliomyelitis) 案例中，腦幹、髓質，甚至是顱內神經都被影響。這種情況下導致心肺中心失去控制，需要機械性呼吸器 (圖 22.21a)。同時，未使用的肌肉開始萎縮，生長減緩，且軀幹四肢嚴重畸形。畸形常見位置有脊柱、肩膀、臀部、膝蓋及足部 (圖 22.21b)。因為運動而非感覺功能喪失，殘廢的四肢通常非常疼痛。

近期，在孩童時期感染小兒麻痺病毒後長期生存者中，診斷出一種後小兒麻痺症候群 (post-polio syndrome, PPS)。PPS 是一種進展中的肌肉退化，25% 至 50% 的患者會在第一次小兒麻痺感染後數十年出現。

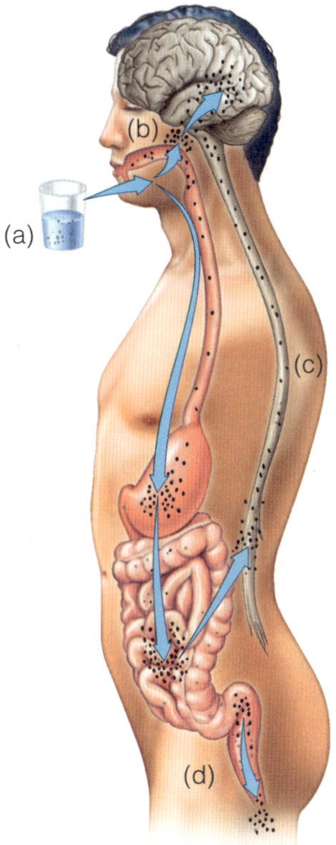

圖 22.19　脊髓灰白質腦炎的致病及感染分期。(a) 首先，病毒被攝入後被帶到喉嚨和腸道黏膜；(b) 病毒隨後在扁桃腺複製。少數病毒逃到附近淋巴結和血液；(c) 病毒隨後增生且進入脊髓和中樞神經系統特定神經細胞；(d) 最後腸道主動釋出病毒。

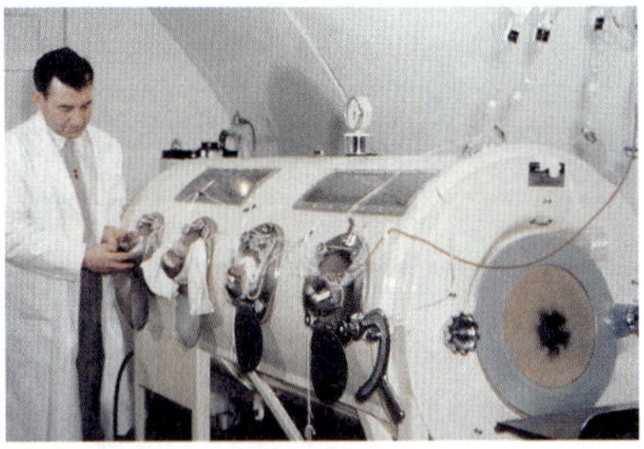

(a)

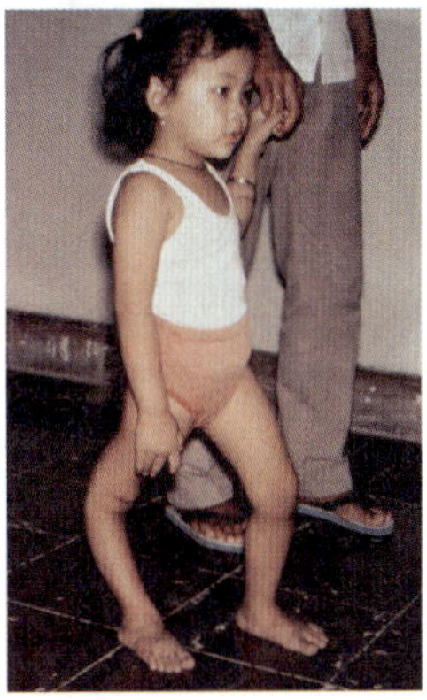

(b)

圖 22.21　小兒麻痺影像。(a) 外部呼吸器，或鐵製的肺，能提供呼吸道肌肉癱瘓的小兒麻痺患者足量的呼吸。除頭部以外，全身會被管道覆蓋而利用鐵肺來調節氣壓使空氣進出患者肺部。多數患者花費一週到 10 天待在呼吸器內，但在永久癱瘓的案例中，則是一輩子的禁錮；(b) 畸形的四肢在癱瘓的小兒麻痺患者常見。

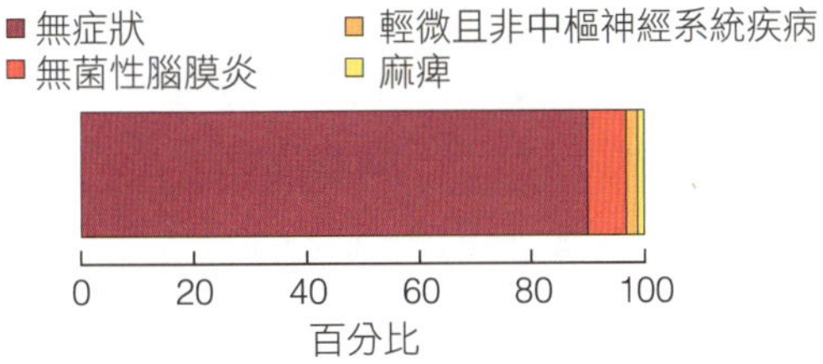

圖 22.20　圖示小兒麻痺病毒感染可能的結果。

診斷，治療及小兒麻痺病毒預防

小兒麻痺被認為是流行在溫帶夏天的神經肌肉疾病。小兒麻痺病毒可經由細胞培養接種糞便或疾病早期的喉嚨沖出物後分離。患者的感染分期可藉由偵測血清檢體中抗體的種類和含量區分。

小兒麻痺的治療主要在於紓緩疼痛。在急性期，肌肉痙攣、頭痛及相關的不適能經由止痛藥緩解。呼吸衰竭可能需要人工換氣維護。在急性高燒期消退後，建議立刻進行物理治療以減少殘廢的畸形並重新訓練肌肉。

盡早注射疫苗是預防的支柱，通常是四劑從兩個月大開始施打。成人施打主要是旅人和軍隊成員。目前使用的疫苗有兩種形式，包含不活化的小兒麻痺病毒疫苗 (inactivated poliovirus vaccine, IPV)，即沙克 (Salk)[19] 疫苗，還有口服的小兒麻痺病毒疫苗 (oral poliovirus vaccine, OPV)，為沙賓 (Sabin)[20] 疫苗。兩者由動物細胞培養而來且是三價的 (合併三種小兒麻痺病毒血清型)。兩種疫苗都有效，但因情況不同會偏愛其中一種。

多年來，美國都使用沙賓疫苗，因為它可以輕易的經口給藥，但它並非完全沒有醫學的併發症。它含有減毒的病毒，能在接受疫苗的人身上增生且散布給其他人。非常低的機率 (兩百四十萬分之一)，減毒的疫苗會回復成具有神經毒性的病毒株導致疾病而不是提供保護力。很多癱瘓的小兒麻痺案例發生在伽瑪球蛋白量低但因失誤而施打疫苗的孩童。有個小小風險 (四百萬分之一) 是未接種的家庭成員會因接種的孩童而感染致病。基於這些原因，公共衛生單位修改他們的建議且美國目前傾向施打不活化小兒麻痺病毒疫苗提供免疫力。

世界衛生組織活動 (國家疫苗日) 的努力，已大幅降低全球小兒麻痺的發生率。最近小兒麻痺病毒感染的案例僅出現在奈及利亞、巴基斯坦、敘利亞及阿富汗的幾個孤立地區。不幸的是，活動雖然成功，但因為政治問題及其安全性而禁止使用口服疫苗的國家，則出現疾病大爆發造成的困擾。

非小兒麻痺的腸病毒

一些與小兒麻痺病毒有關的病毒常造成短期，且通常是輕微的感染。最常見的是**克沙奇病毒** A 型和 B 型 (coxsackievirus[21] A and B)、**艾可病毒** (echoviruses)[22] 及非小兒麻痺的腸病毒 (nonpolio enteroviruses)。它們在流行病學及感染特徵上都與小兒麻痺病毒相似。感染高峰期在溫帶的晚春和初夏，且最常感染嬰兒或生活在環境衛生差的人。

腸病毒感染的特殊類型

腸病毒感染是隱性或被歸類在「無法區分的發熱性疾病」，有發燒、肌痛及全身無力的特徵。症狀常是輕微且僅持續幾天。初期感染在腸道，而後是病毒進入淋巴和血液，且瀰漫到其他器官。感染的預後取決於被感染的器官。以下是一些更嚴重的併發症概述。

重要的併發症

孩童較成人更傾向於下呼吸道感染，稱為支氣管炎、細支氣管炎、哮吼及肺炎。所有年紀都會出現腸病毒的「普通感冒症候群」。**胸膜疼痛** (pleurodynia)[23] 是一種急性的疾病，表現在反覆劇烈的突發性肋間及腹痛，伴隨發燒和喉嚨痛。儘管非小兒麻痺的腸病毒較小兒麻痺病毒的毒性低，很少數因克沙奇病毒和艾可病毒而引發癱瘓、無菌性腦膜炎和腦炎的案例仍可見。甚至在癲癇、運動失調、昏迷和其他中樞神經系統症狀的嚴重孩童案例通常是可完全復原的。

---

19 由 Dr. Jonas Salk 命名，1954 年發明此疫苗。

20 由 Dr. Albert Sabin 命名，1960 年發明，為減毒性的口服疫苗。

21 *coxsackievirus* 克沙奇病毒 (kok-sak′-ee-vy″-rus)。起初從紐約克沙奇分離出，故以此命名。

22 *echovirus* 艾可病毒 (ek′-oh-vy″-rus)。此為每個字母組成的縮寫，原為腸性細胞致病性人類孤獨型病毒 (**e**nteric **c**ytopathic **h**uman **o**rphan **virus**)。

23 *pleurodynia* 胸膜疼痛 (plur″-oh-din′-ee-ah)。希臘文：*pleura* 肋骨、側邊；*odyne* 疼痛。

猛爆的皮膚紅疹 [皮疹 (exanthems)] 與德國麻疹的皮疹相似，是由其他腸病毒感染引起。克沙奇病毒會導致奇特的手部、足部及口腔黏膜病灶 (手足口病)，伴隨發燒、頭痛及肌肉痛。急性出血性結膜炎是一種突發的發炎與結膜下出血、漿液性分泌物、腫脹疼痛及對光敏感 (圖 22.22) 有關。病毒在嬰兒散布到心臟造成心肌嚴重傷害，導致心臟衰竭且有一半的案例會死亡。年紀較大的兒童和成人感染心臟通常較不嚴重，出現胸痛、心律不整和心包膜發炎症狀。

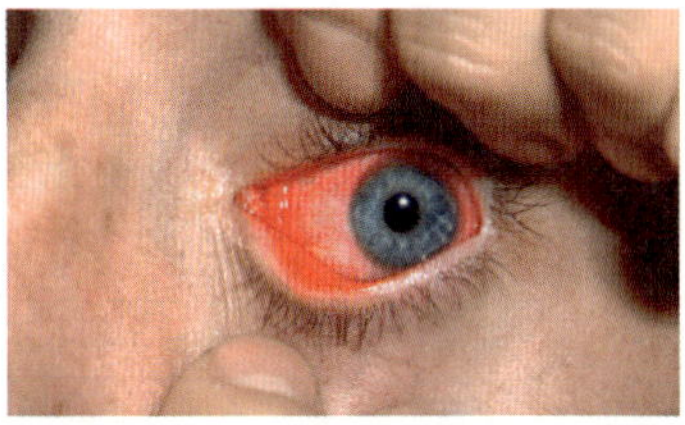

圖 22.22 **急性病毒性出血性結膜炎**。在疾病早期，雙眼會嚴重發炎，伴隨因結膜下出血而鞏膜發紅。晚期，眼瞼水腫導致雙眼完全緊閉。

A 型肝炎病毒和傳染性肝炎

一種傾向於感染消化道的腸病毒是 **A 型肝炎病毒** (hepatitis A virus, HAV，腸病毒 72 型)，導致傳染性或短期的肝炎。儘管病毒與 B、C 型肝炎病毒無關，仍共有傾向感染肝細胞的特性。另一方面，兩種病毒幾乎在每個方面都不同 (見表 21.3)。A 型肝炎病毒是立方型的小 RNA 病毒，相對地耐熱、耐酸，但對福馬林、氯和紫外線敏感。目前病毒只有一種主要的血清型。

A 型肝炎的流行病學

A 型肝炎病毒經由糞口傳染，但是傳染的細節因地區而有所差異。普遍來說，疾病與個人衛生習慣不良和缺乏公共衛生措施有關。污水處理不當的國家常因糞便污染水和食物而造成爆發。美國每年約有 2,000 到 5,000 起案例。大多數多因密切的慣例性接觸、不潔的食物處理、食用貝類、性行為傳染或到其他國家旅行。A 型肝炎病毒偶爾會經由血液或血液製品傳播。在發展中國家，由於早期暴露，多數案例發生在孩童；而在北美和歐洲，較多發生在成人。因為病毒不會慢性帶原，主要的儲存宿主是無症狀、短期帶原者或患病的人。

A 型肝炎病毒感染的過程

被吞下的 A 型肝炎病毒約有 2~6 週的孵育期在小腸複製。隨後病毒釋出到糞便，幾天內，進入血液被攜帶到肝臟。多數感染是無明顯臨床症狀或模糊不明的，似流感症狀。在更明顯的案例中，表現的症狀有缺乏食欲、噁心、腹瀉、發燒及肝臟疼痛不適，還有深色尿液。黃疸只在 10 個案例中會出現 1 例。猛爆性 A 型肝炎偶爾出現且造成肝臟傷害，但很罕見。因為病毒並非致癌原且不會導致癌症，因此可以簡單地達到復原。

診斷與控制 A 型肝炎

某患者病史、肝臟和血液檢測、血清學試驗及病毒的鑑定在診斷 A 型肝炎且與其他形式的肝炎區分都扮演重要角色。常見的是肝臟代表性酵素上升，且白血球減少。加上偵測感染早期出現的抗 A 型肝炎 IgM 抗體與鑑定 A 型肝炎抗原或直接檢測糞便檢體中的病毒都有助於診斷。

在 A 型肝炎出現症狀後，沒有特異的治療方法。患者在疾病早期接受免疫血清球蛋白，通常症狀較未施打的患者輕微。預防 A 型肝炎主要基於免疫接種。兩種不活化有保護力的疫苗經認證能抵抗 A 型肝炎、HVARIX 及 VAQTA。兩者都是兩劑，在 6~18 個月大時施打。TWINRIX 是不活化的疫苗，針對 A 型肝炎和 B 型肝炎都能提供保護力，但目前只同意成人使用。匯集的免疫血清球蛋白也供旅人和軍隊在進入流行地區或接觸已知案例時施打，也可在流行期時供多

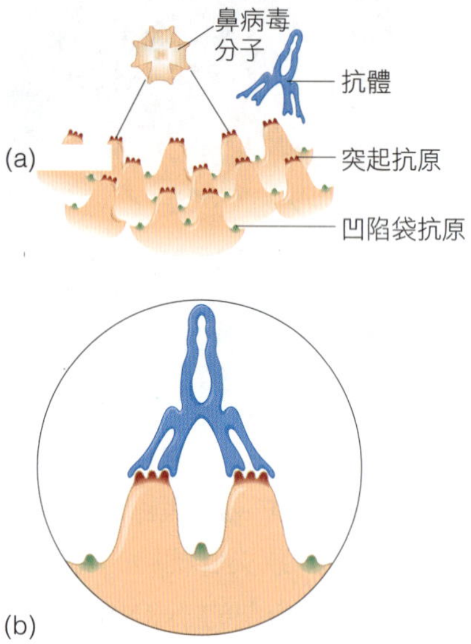

圖 22.23 鼻病毒的抗原結構。(a) 鼻病毒的表面由突起和凹陷袋組成。在突起上的抗原形狀在病毒株間非常多樣，但在凹陷袋的則在病毒株間沒有變化；(b) 突起能接觸免疫系統，而在抗體形成對抗它們時能夠中和病毒 (圓圈內)。不幸的是，針對鼻病毒要具有完整的保護力，需要製造能與 100 種不同突起抗原反應的抗體。事實上針對凹陷袋的抗原較普遍，但對免疫反應來說凹陷袋抗原太遙遠。

種機構的居住者施打。疾病的控制藉由改善污水處理、衛生的食物處理和製備及貝類充分的烹調。

人類鼻病毒 (HRV)

鼻病毒 (rhinoviruses)[24] 是小 RNA 病毒中最大的一群 (超過 110 種血清型)，與普通感冒有關。儘管與其他小 RNA 病毒共有大部分的特徵，仍有兩個特徵能區分出鼻病毒。首先，它們不耐酸，像是胃部的環境，再者，它們適合增生的溫度不是體溫而是 33°C，是人類鼻子的平均溫度。

病毒學家拿鼻病毒 (14 型) 做更細節的結構分析。這個研究的結果提供引人注目的分子表面 3D 結構，也解釋了為何免疫系統對鼻病毒難以捉摸。殼體的次單位有兩型：突起 (旋鈕樣)，在鼻病毒中具抗原多樣性；還有凹陷 (口袋樣)，僅存在兩種形式 (圖 22.23)。因為表面的抗原是免疫系統唯一可接觸的，一個成功的疫苗要能夠包含數百種不同抗原，所以是無法實行的。不幸的是，隱退的抗原對免疫作用而言太難以接近，這些因素導致不可能發展疫苗，但可提供發展藥物的基礎來阻擋凹陷袋受體。

鼻病毒的感染與流行病學

鼻病毒感染全年在所有地區的所有年齡層都會發生。單一型病毒的偶發就會導致流行，但通常是人群中同時有多個病毒株循環。隨著突變增加，群體對單一型別會產生免疫，較新型的病毒占主流地位。人們因污染的手和污染物而被感染，從飛沫感染的比率較小。孩童高度易得到感冒且常將病毒傳染給家中成員。儘管其他動物有鼻病毒，物種間交互感染目前尚未發現。在 1~3 天的孵育期後，患者會感到合併頭痛、寒冷、疲倦、喉嚨痛、咳嗽、輕微流鼻水及非典型肺炎。天然宿主的防禦和鼻腔抗體有益於感染的局部效用，但免疫力只短暫持續。

鼻病毒的控制

常見的治療是利用各種的感冒治療措施和含有降低鼻腔充血劑、抗組織胺和止痛藥的咳嗽糖漿去引流液體和紓緩症狀。這些治療措施中多數 (數百種) 的實際效用有待商榷。由於鼻病毒的極端多樣性，使用疫苗達到預防感冒不符合醫療現實情況。某些簡單的措施像是洗手和小心處理鼻腔分泌物，都能提供保護力。

杯狀病毒

杯狀病毒 (caliciviruses)[25] 是一群邊界不清的腸病毒，在人類和哺乳動物可見。最熟知的人

24 *rhinovirus* 鼻病毒 (ry′-noh-vy″-rus)。希臘文：*rhinos* 鼻子。
25 *calicivirus* 杯狀病毒 (kal′-ih-sih-vy″-rus)。拉丁文：*calix* 花杯。這些病毒具有杯形的表面凹陷。

類致病原是**諾羅病毒** (norovirus) 亦稱為**諾瓦克原** (Norwalk agent)，因在俄亥俄州諾瓦克 (Norwalk) 爆發腸胃炎，進一步分離出新型病毒而命名。近 90% 的所有病毒性腸胃炎被認為由諾瓦克病毒引起。它在學校、餐廳、船隊及護理站經由糞口、污染的水及貝類傳染。全年所有年齡層都發生感染。急性發病，伴隨噁心、嘔吐、抽搐、腹瀉和寒冷；完全復原很快。

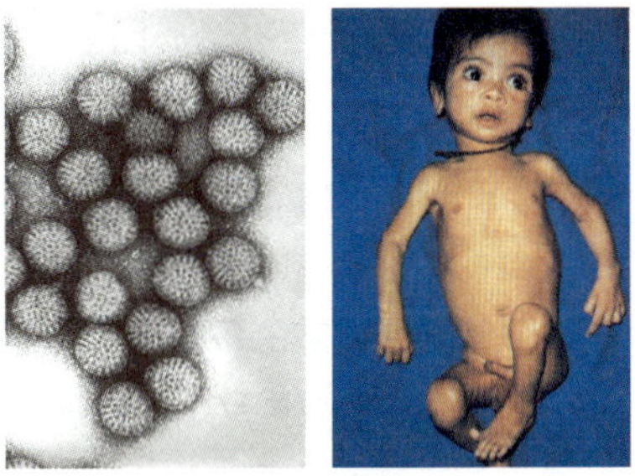

(a)　(b)

圖 22.24 **腸胃炎的診斷。**(a) 利用電子顯微鏡觀察腸胃炎孩童的糞便檢體。值得注意的是車輪狀的外貌能用來鑑定輪狀病毒 (150,000 倍)；(b) 患有慢性輪狀病毒腸胃炎的嬰兒有營養不良、生長遲緩及發育不良。

李奧病毒屬：分節的雙股 RNA 病毒

李奧病毒 (Reoviruses) 有不尋常的雙股 RNA 基因體和內外有兩層殼體 (見表 22.1)。群體中研究最透澈的是輪狀病毒和李奧病毒。**輪狀病毒** (Rotavirus)[26] 因有車輪外形的殼體而得名 (圖 22.24a)，是新生的人類、牛隻、豬隻腹瀉的重要病因。因為病毒經由糞便污染的食物、水和污染物傳播，疾病在世界上衛生缺乏的地區廣為流行。全球來說，輪狀病毒是因腹瀉導致死亡和發病的主要病毒性原因。約占所有案例中近 50%，造成超過 50 萬名孩童死亡。感染的影響因營養狀態、整體健康及嬰兒的居住環境有很大不同。6 至 24 個月大的嬰兒沒有母親的抗體，有最高致命的風險。這些小孩表現水瀉、發燒、嘔吐、脫水及休克的症狀。腸道的黏膜會以一種慢性營養不良的方式造成傷害，隨後長期或反覆感染造成生長遲緩 (圖 22.24b)。

在美國，輪狀病毒感染是比較常見的，但過程較輕微。小孩是給予口服替代液及電解質。目前可用的兩種疫苗 (RotaTeq、Rotarix) 是基於不同版本的活性、減毒病毒。最初結果顯示疫苗能降低 85% 到 98% 的測試嬰兒之嚴重疾病。兩者皆易於口服但是相當昂貴。

李奧病毒[27] 不被認為是有意義的人類致病原。自願接種病毒的成人出現類似感冒的症狀。病毒從腸炎的孩童及上呼吸道感染且有紅疹的成人糞便分離出來，但多數的感染是無症狀的。儘管猜測與膽、腦膜、肝及腎的症狀有關，目前仍未證實有因果關係。

22.7　普恩蛋白和海綿狀腦炎

由持續性病毒感染中樞神經系統引起毀滅性的疾病，像是亞急性硬化性全腦炎及進行性多灶性腦白質病先前已描述過。它們以長時間的孵育期為特徵，可在數月或數年後進展成嚴重的神經損害。這些慢性感染的類型是由於常規形態的已知病毒感染。但有一些其他形態的中樞神經系統感染疾病並沒有分離出傳統的微生物。最嚴重的是與**普恩蛋白** (prions)[28] 相關的疾病。

你也許還記得第 5 章中普恩蛋白是蛋白質類缺乏基因物質的傳染性顆粒。普恩蛋白是令人難以置信的頑強「致病原」。它們對化學、放射線及熱有強烈抵抗力，可以承受長時間的高壓滅菌過程 (表 22.6)，以造成**傳染性海綿狀腦炎** (transmissible spongiform encephalopathies[29], TSEs)

---

26 *Rotavirus* 輪狀病毒 (roh′-tah-vy″-rus)。拉丁文：*rota* 輪子。

27 *Reovirus* 李奧病毒 (ree′oh-vy″-rus)。此為字首組成的縮寫，原為呼腸孤病毒 (**r**espiratory **e**nteric **o**rphan **virus**)。

28 一種蛋白質的傳染性顆粒。

29 *spongiform encephalopathies* 海綿狀腦病 (spunj′-ih-form en-sef″-uh-lop′-uh-theez)。

表 22.6 海綿狀腦炎致病因子的性質

完全由蛋白質組成，沒有核酸
很抵抗化學品、放射線和熱 (承受高壓滅菌)
被感染的腦組織在電子顯微鏡下沒有病毒形態
不會嵌入被感染宿主細胞的核酸
不會引發宿主的發炎反應或細胞病變效應
不會在宿主體內形成抗體
在宿主腦部形成空泡和不正常的纖維
僅經由親密的直接接觸被感染的組織或分泌物傳播

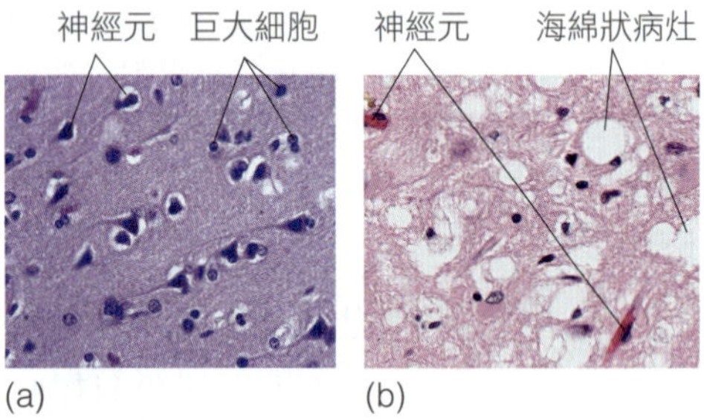

圖 22.25 海綿狀腦病變的微觀情況。 (a) 正常腦皮質切片顯示的神經元以及巨大細胞；(b) 庫賈氏病病患的腦皮質切片，出現許多的孔洞。這些孔洞原本是正常腦細胞，然而被毀壞了，因此使組織看起像海棉一樣。如此大量的喪失神經元以及膠質細胞，造成疾病致命的結果 (750 倍)。

聞名，是長時間孵育後的神經退化疾病，但在一旦開始後進展快速。人類的傳染性海綿狀腦炎有**庫賈氏病** (Creutzfeldt-Jakob disease, CJD)、庫魯症 (kuru)、傑茨曼－斯脫司勒－史茵克症候群 (Gerstmann-Strussler-Scheinker disease)，以及致死性家族失眠症 (fatal familial insomnia)。傳染性海綿狀腦炎也會在動物身上發現，且包含一種在綿羊和山羊的疾病稱為**搔癢症** (scrapie)、傳染性貂腦病 (transmissible mink encephalopathy)，及牛隻海綿狀腦炎 (bovine spongiform encephalopathy, BSE)。最後一個，最廣為人知的是狂牛症 (mad cow disease)，在近期由於它與英國變異型的庫賈氏病有關聯而受到關注。

庫賈氏病的致病因與影響

普恩蛋白的致病因與哺乳動物腦部可見的正常宿主蛋白 (稱為 PrP^{C}) 的結構改變有關。異常的 PrP^{C} 經由突變或某些其他原因使形狀被改變。這個改變造成異常的 PrP^{Sc}，自己變成可催化，會自然地將正常的人類 PrP^{C} 蛋白變成異常的形式 (見圖 5.21)。因而成為自我傳遞的連鎖反應，導致被改變的 PrP^{Sc} 大量堆積，使神經細胞死亡，形成海綿狀傷害 (也就是腦袋空洞化)，和嚴重失去大腦功能。庫賈氏病患者大腦屍體解剖呈現海綿狀病灶 (圖 22.25) 及糾纏的蛋白纖維 (神經纖維纏結) 和肥大的星形膠質細胞。這些改變主要出現在中樞神經系統的灰質。PrP^{Sc} 不具有明顯的抗原性且不刺激免疫反應。

庫賈氏病的症狀包含行為改變、痴呆症、記憶喪失、感覺受損、精神錯亂及早衰。診斷後一年內通常會發生無法控制的肌肉收縮持續到死亡。

傳播和流行病學

以傳播形式來看，庫賈氏病並不是高度傳染性疾病，因為與被感染的人普通的接觸不會傳播普恩蛋白。直接或間接接觸被感染的腦部組織或腦脊髓液，才是感染的一種因素。典型的庫賈氏病形式被認為是地方性流行的，且每年在美國每一百萬人中就有一人發生，主要是年長者。使用傳染因子一詞可能具誤導性，因為某些庫賈氏病起因於 PrP^{C} 的基因突變，而不是接觸被感染的物質。事實上，多達 15% 的庫賈氏病是在遺傳了突變的基因後發病的。

1990 年代晚期，人們食用來自牛隻海綿狀腦炎的牛肉後，感染變異型的庫賈氏病而浮上檯面。具推測是肉類製品被普恩蛋白感染的液體或組織污染，然而實際上傳播的食物仍未確定。當實驗者蓄意以普恩蛋白感染牛隻，他們其後偵測到此蛋白在這些動物的視網膜、背根神經節、部分的消化道及骨髓。儘管如此，經由攝食肉類感染變異型庫賈氏病的風險很小，甚至在一些擁有顯著數目的家畜被發現感染牛隻海綿狀腦炎的英國也是。感染的風險預估每一百億份的肉類供給會出現一個案例。截至 2011 年，全世界總共出現 224 個變異型庫賈氏病案例。變異型庫賈氏病患者死亡的平均年齡平均數是 28 歲。相較之下，典型的庫賈氏病的年齡平均數是 68 歲。

醫療專業人員應該具備患者出現庫賈氏病的警覺，特別是手術進行的過程中，曾有案例因污染的手術器材而感染庫賈氏病。由於普恩蛋白對熱及化學品的抗性，正常的消毒滅菌步驟通常不足以從器械或表面清除它們。在醫療專業環境針對庫賈氏病患者照護須參考最新的疾管局指導原則。庫賈氏病也曾透過角膜移植及給予被污染的人類荷爾蒙而傳播。目前，並沒有記載經由血液製品的傳播，儘管科學家在實驗室實驗發現這是可能發生的。實驗者發現變異型的庫賈氏病看似較典型庫賈氏病容易經由血液傳播。因此，捐血時會經由詢問旅行及居住歷史的過程篩檢可能暴露在牛隻海綿樣感染的可能性。

培養及診斷

診斷庫賈氏病是非常困難的。確認診斷需要腦部或神經組織的切片，且過程被認為風險太高，因為誘發病患的創傷及不希望手術器材和手術室受到污染。腦波及核磁共振影像能提供重要的線索。目前發展出一種新的檢驗能夠偵測腦脊髓液中的普恩蛋白，但尚未被廣泛使用，因為它相對高的錯誤率。

預防及治療

預防任一型的庫賈氏病仰賴於避免接觸被感染的組織。庫賈氏病的治療方法目前不存在，病患無可避免死亡。醫療的干預著重在舒緩症狀及盡可能使病患感到舒適。

第一階段：知識與理解

這些問題需活用本章介紹的觀念及理解研讀過的資訊。

選擇題

從四個選項中選出正確答案。空格處，請選出最適合文句的答案。

1. 哪個流感病毒受器負責結合宿主細胞？
   a. 血凝集素　b. 神經胺酸酶
   c. A 型　d. 殼體蛋白
2. 流感病毒主要攻擊的部位是：
   a. 小腸　b. 呼吸道上皮
   c. 皮膚　d. 腦膜
3. 哪個案例發生在流感病毒 A 型的抗原位移？
   a. 血凝集素單一突變
   b. 鳥和人類的 RNA 基因體重組
   c. 由流感病毒 A 型變成流感病毒 B 型
   d. a 和 b
4. 感染________病毒導致多核巨細胞的產生。
   a. 狂犬　b. 流感
   c. 肺　d. 冠狀
5. 哪個疾病沒有發疹 (皮疹) 的症狀？
   a. 麻疹　b. 德國麻疹
   c. 克沙奇病毒感染　d. 副流感
6. 麻疹病毒常見的診斷徵兆是
   a. 病毒血症　b. 紅疹
   c. 喉嚨痛　d. 柯氏斑
7. 導致嬰兒嚴重疾病的病毒是______和______。
   a. 腮腺炎病毒，杯狀病毒
   b. 呼吸道融合病毒，輪狀病毒
   c. 克沙奇病毒，人類 T 細胞淋巴病毒第二型
   d. 本揚病毒，心病毒
8. 哪個疾病需主動給予主動和被動免疫？
   a. 流感　b. 黃熱病
   c. 麻疹　d. 狂犬病

9. 反轉錄病毒的什麼特性使它能插入宿主基因體？
   a. 它攜帶的 RNA　b. 含有醣蛋白接受器
   c. 含有反轉錄酶　d. 正股的基因體
10. 下列哪個情況與愛滋病無關？
   a. 肺囊蟲肺炎　b. 卡波西肉瘤
   c. 老年痴呆症　d. 成人 T 細胞白血病
11. 小兒麻痺病毒與 A 型肝炎病毒是________病毒。
   a. 蟲媒　b. 腸道
   c. 冷型　d. 融合
12. 鼻病毒最常造成？
   a. 結膜炎　b. 腸胃炎
   c. 手足口病　d. 普通感冒
13. 下列哪一個不是海綿狀腦炎的致病因子特徵？
   a. 高度抵抗力
   b. 與腦部糾結的纖維有關
   c. 裸露的 RNA 片段
   d. 導致慢性的傳染性疾病
14. **配合多選題**。選出符合病毒種類的描述。

____正黏液病毒	a. 具有套膜
____彈狀病毒	b. 雙股 RNA
____副黏液病毒	c. 單股 RNA
____李奧病毒	d. 基因體分段
____麻疹病毒	e. 正二十面體殼體
____小兒麻痺病毒	f. 螺旋核殼蛋白
____反轉錄病毒	g. 無套膜
____漢他病毒	

15. **配合多選題**。將病毒與主要目標器官或攻擊位置配對。某些病毒也許會攻擊一個以上的器官。

____流感病毒	a. 腦部
____HIV	b. 腮腺
____腮腺炎病毒	c. 呼吸道
____麻疹病毒	d. T 淋巴球
____A 型肝炎病毒	e. 腎臟
____漢他病毒	f. 脊柱
____西方馬腦炎病毒	g. 肝臟
____小兒麻痺病毒	h. 腸道
____狂犬病毒	i. 心臟
____德國麻疹病毒	j. 眼睛
____輪狀病毒	

16. **配合題**。將病毒與主要傳染模式配對。某些病毒有一種以上的模式。

____流感病毒	a. 呼吸氣霧
____HIV	b. 性行為傳播
____腮腺炎病毒	c. 食入 (糞口)
____麻疹病毒	d. 節肢動物叮咬
____A 型肝炎病毒	e. 接觸哺乳類動物
____漢他病毒	f. 污染物質
____西方馬腦炎病毒	
____小兒麻痺病毒	
____狂犬病毒	
____德國麻疹病毒	
____輪狀病毒	

申論挑戰

每題需依據事實，撰寫一至兩段論述，以完整回答問題。「檢視你的進度」的問題也可作為該大題的練習。

1. 討論流感、副流感、腮腺炎、麻疹、德國麻疹、呼吸道融合病毒和鼻病毒的相似處。
2. a. 何謂致畸形的病毒？
   b. 哪些 RNA 病毒有這個潛力？
3. 說明為何愛滋病患有抗體形成的缺陷。
4. a. 討論 HIV 未曾出現的散布方法。
   b. HIV 感染如何影響腦部？
   c. HIV 檢測時，血清陽性或血清陰性結果最合理的闡述為何？
   d. 「空窗期」以血液中的抗體觀點來看，代表何種意義？
   e. 愛滋病是否有實際治療方法？說明你的答案。
5. a. 哪些 RNA 病毒有疫苗可用？
   b. 哪些 RNA 病毒有特異性的藥物治療？
6. 說明為何腮腺炎、麻疹、小兒麻痺、德國麻疹及呼吸道融合病毒較常感染孩童而非成人。

觀念圖

在 http://www.mhhe.com/talaro9 有觀念圖的簡介，對於如何進行觀念圖提供指引。

1. 利用下列名詞建構自己的觀念圖，並在每一組名詞間填入關連字句。
   HIV
   T 細胞
   巨噬細胞
   HIV 抗體
   愛滋病限定的疾病
   CD4 數目低
   無症狀疾病
   無進展
   愛滋病
   HIV 疾病

2. 在觀念圖中填入缺少的觀念，盡可能提供越多觀念越好，並提供連接詞或短句。

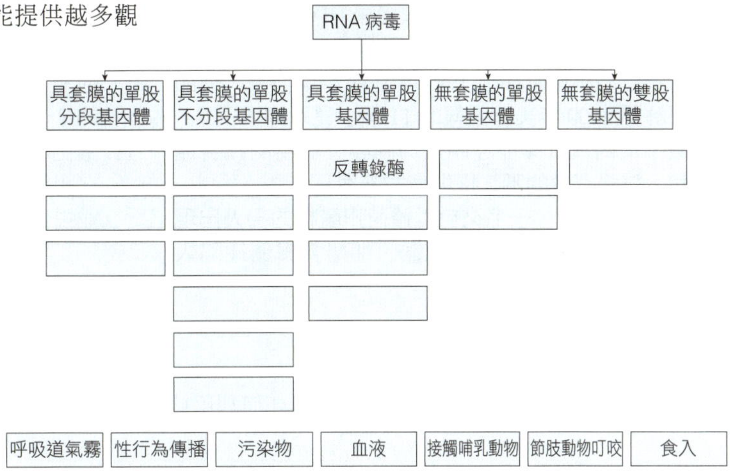

第二階段：應用、分析、評估與整合

這些問題超越重述事實，需要高度理解、詮釋、解決問題、轉化知識、建立模式並預測結果的能力。

批判性思考

本大題需藉由事實和觀念來推論與解決問題。這些問題可以從各個角度切入，通常沒有單一正確的解答。

1. a. 說明群體免疫與流行性感冒大流行之間的關係。
   b. 為何在抗原位移或漂移時群體免疫會失效？
2. a. 說明病患血清中的抗體如何在流行前期，感染流感病毒時預測病毒株。
   b. 說明跨種族的流感病毒感染形成新型病毒株的方式。
   c. 將此答案與禽流感做連結，它如何導致人類大流行。
3. 當一名新生兒在酵素活性試驗及西方點墨法都呈現 HIV 抗體陽性時，能為嬰兒的狀態下什麼結論？有什麼其他資訊需要在下正確結論時確認。
4. a. 說明病毒和宿主有什麼特徵導致人畜共通感染且難以控制。
   b. 製作關於蟲媒病毒由亞馬遜雨林深處進展到佛羅里達州，或是從中非到華盛頓州的西雅圖的一張圖表 (西尼羅河病毒曾發生)。
   c. 觀察下列 2008 至 2013 年蟲媒病毒腦炎的圖表。描述明顯常見的形態並分析原因。

腦炎 / 腦膜炎、蟲媒病毒、加州血清群。回報案例數量，以月為單位—美國，2008~2013 年

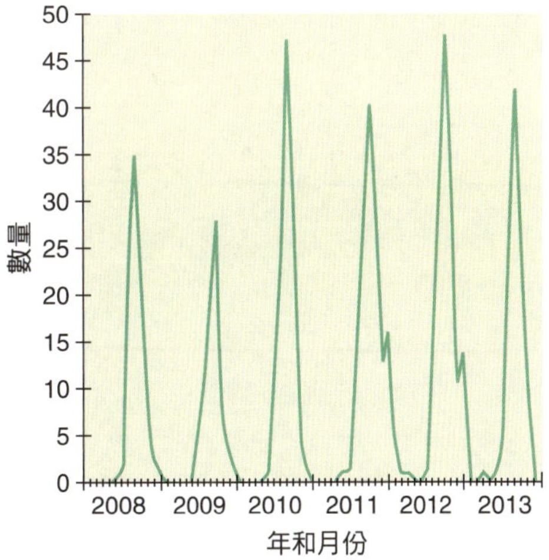

5. a. 你能想出一系列合理的事件以解釋 HIV 如何廣布各地？
   b. 說明為什麼愛滋病回報的案例和健康權威的計畫預測的人數會有差異。
   c. 使用圖 22.15 及表 9.6 當作參考，列出抗 HIV 藥物的策略及它們對病毒生命週期的影響。
6. 說明 HIV 的特徵及感染使它成為免疫系統和藥物的挑戰目標。

7. a. 有什麼措施能夠預防個人接觸 HIV 感染？
   b. 醫療工作者如何預防可能的感染？
8. 若野生型小兒麻痺自 1991 年在西半球消失，你如何解釋 2000 年美國通報的 11 個小兒麻痺案例？
9. 數不清的感冒藥能控制及抑制發炎並壓制感冒症狀。這是有益的嗎？提供你的答案。
10. 案例 1：晚春，一名來自愛達荷州農村的男人出現發燒、失去記憶、難以言語、抽搐且震顫後陷入昏迷。他的細菌感染檢驗呈現陰性，且已知沒有接觸野生動物。他雖存活但長時間有精神殘疾。他有可能感染什麼疾病，又是如何接觸到它們的？
11. 案例 2：無症狀的 35 歲男性，其肝臟和小腸切片在組織間見到大量抗酸桿菌。說明此病理學成因，並提供初步的診斷。

視覺挑戰

1. 參考並比較圖 22.2 和 22.23 的兩個病毒如何利用接受器躲避免疫系統及中和抗體。

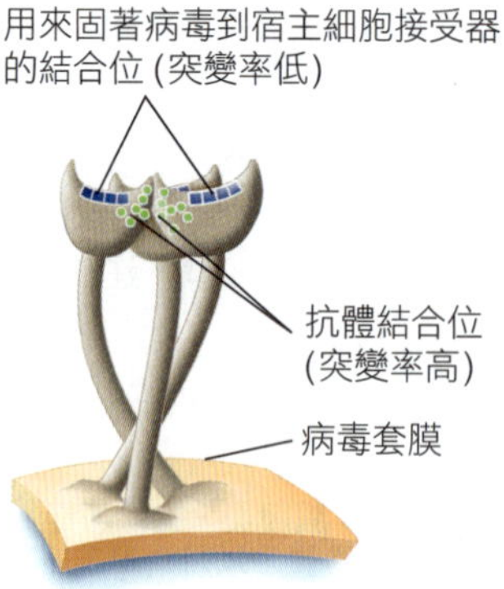

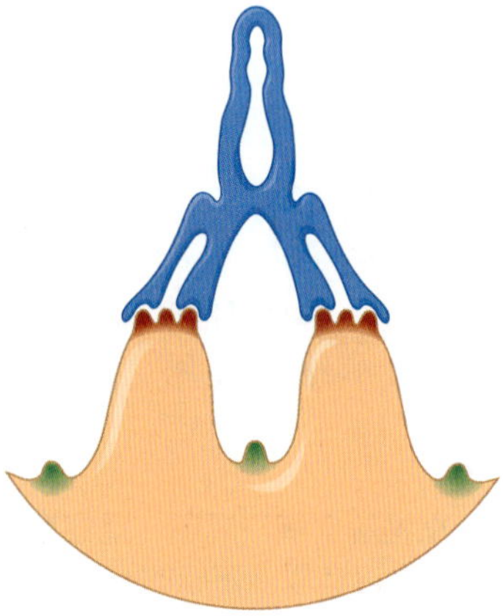

附錄 A

糖解作用的詳細路徑

糖解作用的路徑　糖解作用首先要活化葡萄糖，接著進行一連串的葡萄糖片段氧化作用，並合成 ATP，最終得到丙酮酸。雖然每一步驟都有特定的酵素參與，但是在此不會提及。以下概要列出糖解作用的主要步驟。

1. 葡萄糖的磷酸化需要已糖激酶參與，並消耗 ATP 作用。產物為葡萄糖 -6- 磷酸 (此化學命名中的數字是指磷酸在碳骨架的位置)。這個起始步驟，可以「啟動」系統讓葡萄糖保存在細胞內。

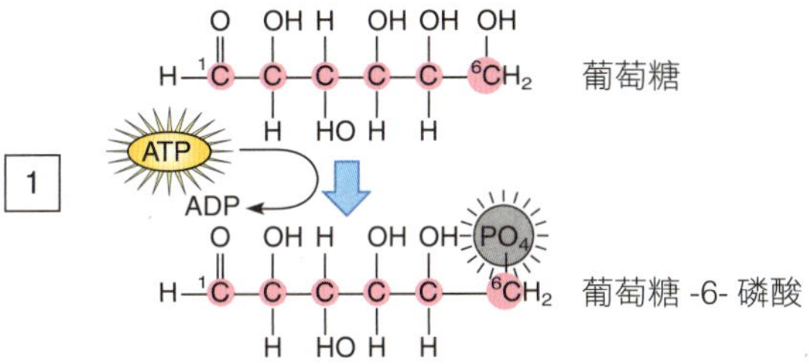

2. 葡萄糖 -6- 磷酸藉由葡萄糖磷酸異構酶轉變為果糖 -6- 磷酸。

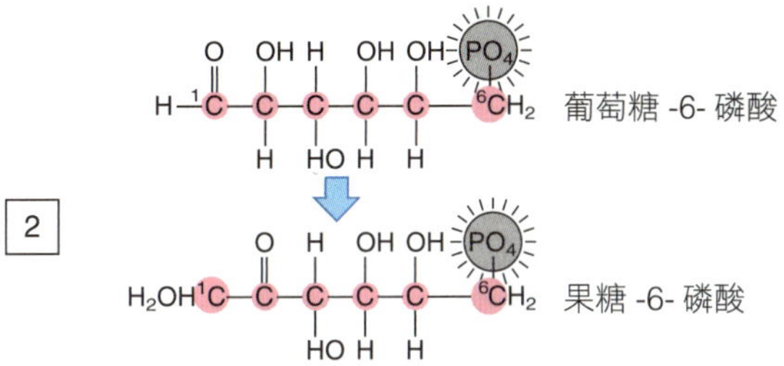

3. 消耗 ATP 進行磷酸化，將果糖 -6- 磷酸的第一個碳上接上磷酸根產生果糖 -1,6- 雙磷酸。

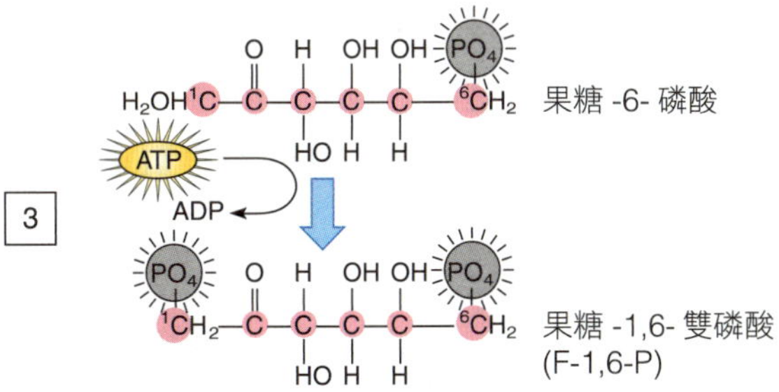

到目前為止，沒有能量釋放，也沒有氧化還原反應發生，而且事實上使用了 2 ATP。此外，該分子仍保持在 6– 碳的狀態。

4. 此時進行兩個活化作用，果糖 -1,6- 雙磷酸分裂成 2 個 3- 碳結構：甘油醛 -3- 磷酸 (G-3-P) 和二羥丙酮磷酸鹽 (DHAP)。這些分子為同分異構物，DHAP 和酵素作用可以轉變成更高反應性的 G-3-P。

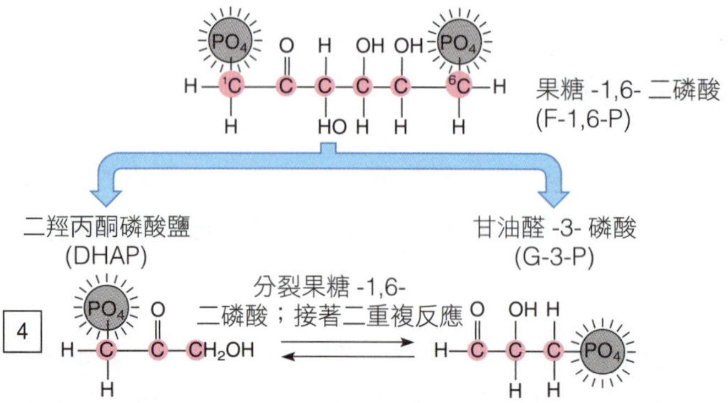

果糖二磷酸的分裂作用是使後續每個反應都加倍，因為原本產生一個分子的地方，現在都會有兩個分子進入後續反應路徑中。

5. 每一分子的甘油醛 -3- 磷酸會在糖解作用中形成單一的氧化還原反應，為 ATP 的合成反應。兩種反應同時進行需要同樣的甘油醛 -3- 磷酸脫氫酶。輔酶 NAD^+ 從 G-3-P 獲得電子，形成 NADH。磷酸根 (PO_4^{3-}) 會在這個步驟結合在 G-3-P 的第三個碳上，形成不穩定的鍵結。經由這些反應產生二磷酸甘油酸。

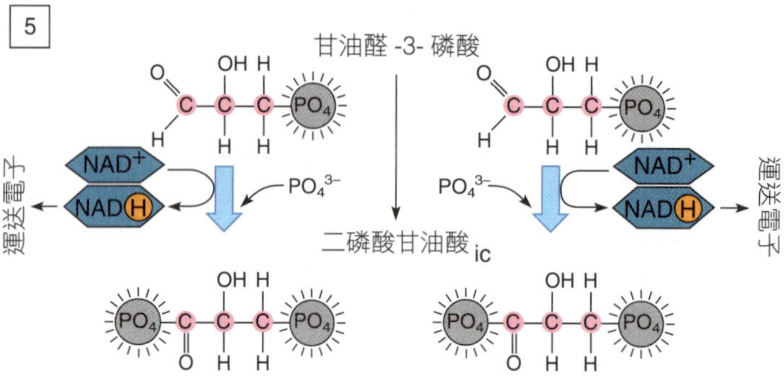

在好氧性生物體中，來自第 5 步驟的 NADH 會在電子傳遞系統中進一步反應，最後的電子接受體是氧，每一個 NADH 將產生 3 個 ATP。在生物體中，葡萄糖進行無氧醱酵反應，但 NADH 會氧化回 NAD^+，且氫鍵的接受體是有機化合物。

6. 二磷酸甘油酸上其中一個高能的磷酸根提供給 ADP，使 ADP 磷酸化後產生 ATP。此反應的產物為 3- 磷酸甘油酸。

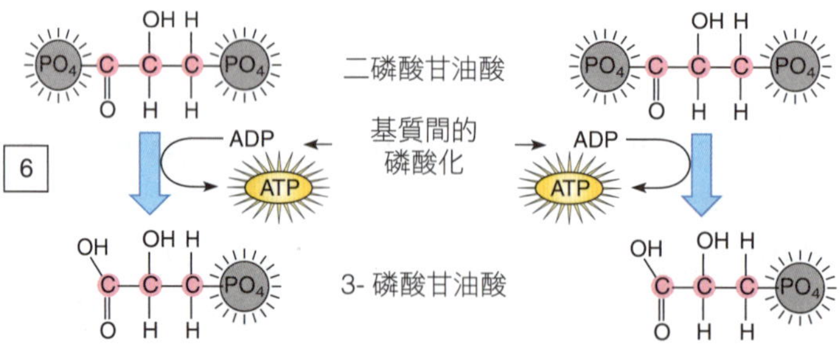

7.、8. 在此階段，基質的合成分為兩個步驟。第一，3- 磷酸甘油酸在第三個碳上的酸根轉移至第二個碳上變成 2- 磷酸甘油酸。此時，從 2- 磷酸甘油酸移除水分子產生能釋出磷酸根的磷酸烯醇丙酮酸。

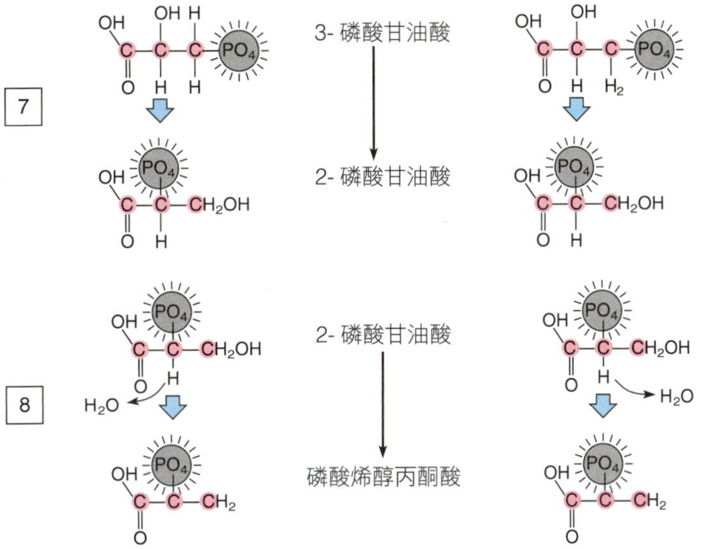

9. 在糖解作用最後的反應，磷酸烯醇丙酮酸會經由基質磷酸化作用，丟棄兩個高能量的磷酸根產生第二個 ATP。此反應藉由丙酮酸激酶催化，也會產生丙酮酸 (pyruvate)，此化合物參與很多代謝路徑中的作用。

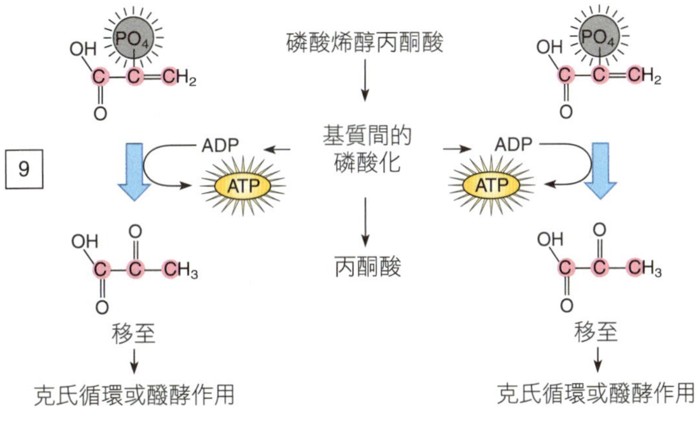

第 6 和第 9 步驟的兩個 ATP 是基質磷酸化作用的例子，直接由高能量的磷酸根轉化 ADP 產生，而這些反應都需要酵素的催化。在第 4 步驟會得到兩個 G-3-P 分子，因此整個葡萄糖氧化的過程會得到 **4 個** ATP 並產生 2 個丙酮酸。但是在第 1 及第 3 個步驟時各消耗了一個 ATP，所以總反應只得到 **2 個** ATP。

表 A.1 20 種胺基酸及其縮寫 *

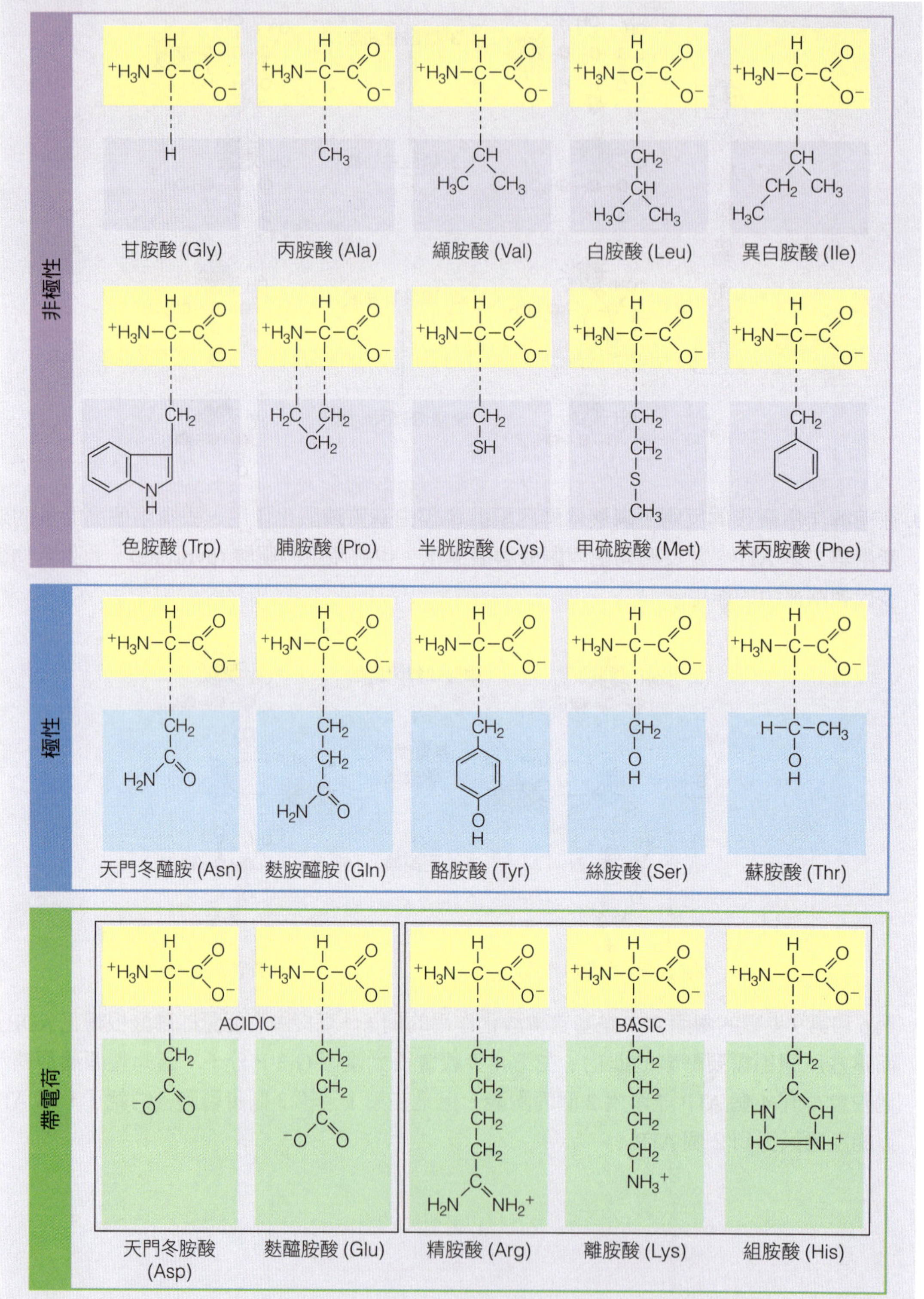

* 基本骨架為黃色區塊；殘基為紫色、藍色或綠色區塊，這些區塊取決於它們的組合性質。

附錄 B

實驗指南

滅菌和殺菌的處理方法

在臨床上微生物管控的程序處理，大多使用物理方法 (加熱、輻射線) 或是化學方法 (消毒、防腐劑)。這些程序對於病人或員工的安康是如此重要，所以它們的效用必須以一致和標準化的方式監測，特別要關注的包括這些程序所需的時間、抗微生物藥劑的使用濃度或強度和被處理的材料性質。經由調控微生物的分析處理，不斷建立試劑的有效性。在實驗中，將生物指示劑 (具有高抗性的微生物) 加入試劑中，檢測其生存能力。如果此已知的試驗微生物被消滅，就可推斷抗性較低的微生物也會被消滅。若試驗的生物增長，表示滅菌的方法失敗。以下是實驗的類型，包括：

加熱法　微生物控制通常使用的加熱方式，是在高壓蒸氣滅菌器內，利用壓力下的蒸氣，消滅微生物。以高壓蒸氣滅菌器在高溫 (121°C)，加熱 15 至 40 分鐘處理物質，可以消滅大部分的細胞內孢子。為監控任何的工業或是臨床上高壓蒸氣滅菌器的運作品質，技術人員植入含有嗜熱芽孢桿菌的乾燥試紙當作滅菌監控的指示劑，此菌為產孢菌，極端抗熱，在高壓蒸氣滅菌後，將此安瓶安置在 56°C (此菌生長的最佳溫度)，並檢測它的生長情況。

輻射線法　離子輻射在滅菌的有效性，藉由下述方法決定。將含有球形芽孢桿菌 (一種土壤中常見的桿菌屬，極端抗輻射線) 乾燥孢子的特殊紙片放進一包接受輻射的物質中，當作輻射滅菌指示劑。

過濾法　濾膜使用在液體滅菌的績效，可透過於滅菌過的液體中加入缺陷假單胞菌來加以監控，因為這隻桿菌非常小，它的大小能夠通過過濾膜，所以可以當作很好的過濾滅菌指示劑。

氣體滅菌法　乙烯氧化氣體，少數化學殺菌劑之一，使用在熱敏感的醫療器材或實驗室器材。一個成功的滅菌循環之最可靠的指示劑是產孢枯草桿菌變種 niger。

殺菌試驗　在美國的醫院和診所當中通常有 250 種以上的滅菌產品，用在環境、器材或是病人。通常診所不會對自己產品的有效性做控制試驗，但是製藥廠或化學工廠會進行。目前很多標準化的試管內測試，可用來評估殺菌劑的效果，但他們大部分都使用非產孢的病原，當作生物指示劑。

石碳酸係數 (PC)

較老的殺菌劑石碳酸已經成為傳統的標準，用來測量其他的殺菌劑。在石碳酸係數試驗中，用可溶於水的酚基 (石碳酸) 殺菌劑 (酚衍生物、煤酚皂) 與石碳酸比較之間的殺菌效果。這些殺菌劑會經過連續稀釋後，加入豬霍亂沙門氏菌、金黃色葡萄球菌或綠膿桿菌的培養液中觀察殺菌效果。將這些試管分別靜置 5、10 或 15 分鐘後，進行次培養的生存能力試驗。石碳酸係數是一個比例由比較下列數據而得：

$$PC = \frac{\text{酚基殺菌劑在 5 分鐘不會但在 10 分鐘可殺死試驗細菌之最大稀釋倍數}}{\text{給予同樣結果之石碳酸之最大稀釋倍數}}$$

這個比例的一般解釋是化學物的石碳酸係數越低，殺菌的效率越好。石碳酸係數試驗的主要缺點是因其受限於酚基殺菌劑，所以它不適用於大多數的臨床殺菌劑。

使用稀釋試驗

稀釋試驗是可廣泛應用的替代的試驗。實驗的進行是將試驗的培養物 (應用在 PC 試驗的其中一種) 放在很小的不鏽鋼圓柱載體表面上使之乾燥。將這載體暴露在各種濃度的殺菌劑 10 分鐘後，移除、沖洗並將它置入液體培養管中。在培養後觀察管內的生長情況，能夠殺死 10 片載玻片上微生物的殺菌劑最小濃度，才算是使用的正確稀釋。

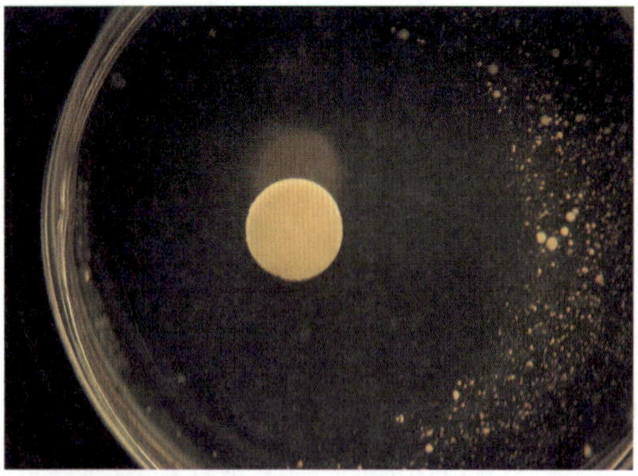

圖 B.1 一個含有過氧化氫的濾紙錠在金黃色葡萄球菌的培養基上形成一個抑制圈。

濾紙錠方法

可以透過濾紙錠的方法快速度量殺菌劑和滅菌劑的抑制效率。首先將一片 (二分之一英寸) 無菌的濾紙錠浸入已知濃度的殺菌劑，將其放置在接種了待測微生物 (金黃色葡萄球菌或綠膿桿菌) 的瓊脂培養盤並予培養。一個環繞紙錠沒有細菌生長的區域 (抑制圈) 代表這個殺菌試劑能夠抑制該細菌生長 (圖 B.1)。像是抗生素的敏感試驗 (見圖 9.18)，此試驗是用來度量化學物質的最小抑制濃度。一般來說，具有寬廣抑制區域的化學物即便在高稀釋倍數，也有很好的殺菌效果。

臨床上預防措施的指導方針

這些感染控制程序的重要性已於第 10 章介紹。

1. 隔絕的預防措施，包括戴面具和手套，可以防止皮膚及黏膜直接接觸病人的血液及其他體液。因為手套容易形成看不見的很小的破洞，所以戴雙層手套能夠降低危險性。進行手術、靜脈注射或緊急處理，都應該要穿著防護衣、圍裙和其他身體部位的覆蓋物來加以保護。牙醫進行看診時，應該要穿戴護目鏡和面罩，防止飛濺的血液和唾液。
2. 每年都有超過 10% 的健康照護人員被尖銳器械 (通常都已被污染) 刺傷。這些意外不只會伴隨著 AIDS 的危險性，還有可能帶有 B 型肝炎、C 型肝炎和其他疾病。防止接種感染必須要警惕觀察適當的技術。
   - 全部丟棄式針頭、手術刀或尖銳器材使用完後，要立刻放置於防穿刺的桶中，並進行滅菌和丟棄。
   - 不管在任何情況下，都不可企圖再蓋上針筒，用手由針筒拔除針頭或留下未經保護且使用過的針筒於對他人構成風險之處。
   - 再使用的針頭或是其他尖銳的器材在處理之前，必須要放在防穿刺的儲存盒中進行無菌加熱。

- 如果被針刺傷或發生其他傷害，應該要立刻關注傷口處，並進行徹底除菌和使用強效的殺菌劑，可以避免被感染。

3. 前一位病人使用過的牙科機頭必須要經過滅菌，如果有困難，就必須使用高效的殺菌劑 (過氧化物、次氯酸鹽) 整個消毒過。滅菌前應先完全除去已污染的牙科器材和口內器具上的血液和唾液。
4. 當手和其他皮膚的表面受到血液或其他體液的污染，必須要立刻使用具有殺菌力的肥皂擦洗。同樣地，脫除手套、面具和其他穿戴的保護裝置之後，手也必須清洗。
5. 因為唾液可為某些類型感染的來源，所以在進行口對口人工呼吸時，要使用防護屏障。
6. 從事衛生保健員工其皮膚和黏膜帶有活躍的、流出性的病灶，應避免處理病人或將會接觸到其他病人的器材。孕期保健工作者必須特別注意操作技術上的原則，避免胎兒有感染的危險性。只要有可能，員工們應施打疫苗來預防自己被感染。

在已知感染或懷疑被感染時，應該要以個案為基礎制定隔離程序。見表 10.11。

有關感染原的額外考量，涵蓋於在實驗室處理微生物的生物安全等級，範圍從 1 (最低等級的致病性) 到 4 級 (最高等級的致病性)。第 10 章探討此主題。表 B.1 主要概述感染的等級。

水中分析試驗

在圖 B.2 和表 B.2 中，使用最大或然數 (MPN) 去分析水中細菌數量，建立參照標準。圖片表示實驗室處理的步驟程序，而表格中根據生長的管數，評估大腸桿菌的細胞數。

表 B.1 生物實驗室安全等級和疾病病原

實驗室人員處理致感染原，必須要透過特別的風險管理或防範程序，以防止可能的感染。

生物實驗室安全等級	設備和措施	感染風險和病原菌的等級
1	標準開放式操作平台；不需特別的設備；為大部分微生物教學實驗室中典型的設備；進出可能要加以限制。	低感染危險性；類別 1 的微生物，一般不認為是致病原，且不會侵襲健康人體；藤黃微球菌、巨大芽孢桿菌、乳酸桿菌屬、酵母菌屬。
2	至少擁有等級 1 安全實驗室的設備和措施；加上人員必須受過處理致病原的訓練；實驗室必須有實驗衣和手套；可能需要安全櫃；生物危害標示；進出需加以限制。	中度感染危險性；類別 2 的病原能引起健康人的疾病，但是能限制在適當的設備；病原包括金黃色葡萄球菌、大腸桿菌、沙門氏桿菌屬；致病性蠕蟲；A、B 型肝炎和狂犬病毒；隱球菌和芽生菌屬；愛滋病毒。
3	最少要有等級 2 安全實驗室的設備和措施；操作在具有防範污染特性的安全櫃進行；人員必須要穿著保護衣；離開實驗室的東西必須完全消毒；人員須進行監控和施打疫苗。	病原能造成嚴重或致死性疾病，尤其當吸入時；第三級微生物包括結核性分枝桿菌、兔熱病菌、鼠疫桿菌、布氏桿菌屬、Q 熱病菌、粗球黴菌、黃熱病和西方馬腦炎病毒。
4	最少要有等級 3 安全實驗室的設備和措施；設備使用有最高層級的管控；進入或離開實驗室時，必須要換過防護衣和進行淋浴；進入或離開實驗室前，器材必須經過高壓蒸氣滅菌或氣體滅菌處理。	處理的病原是高毒性的微生物，當以飛沫或氣霧形式吸入，會造成極端危險的致病及致死；類別 4 的微生物包括黃質病毒；沙粒病毒 (拉薩熱病毒) 和絲狀病毒 (伊波拉和馬爾堡病毒)。

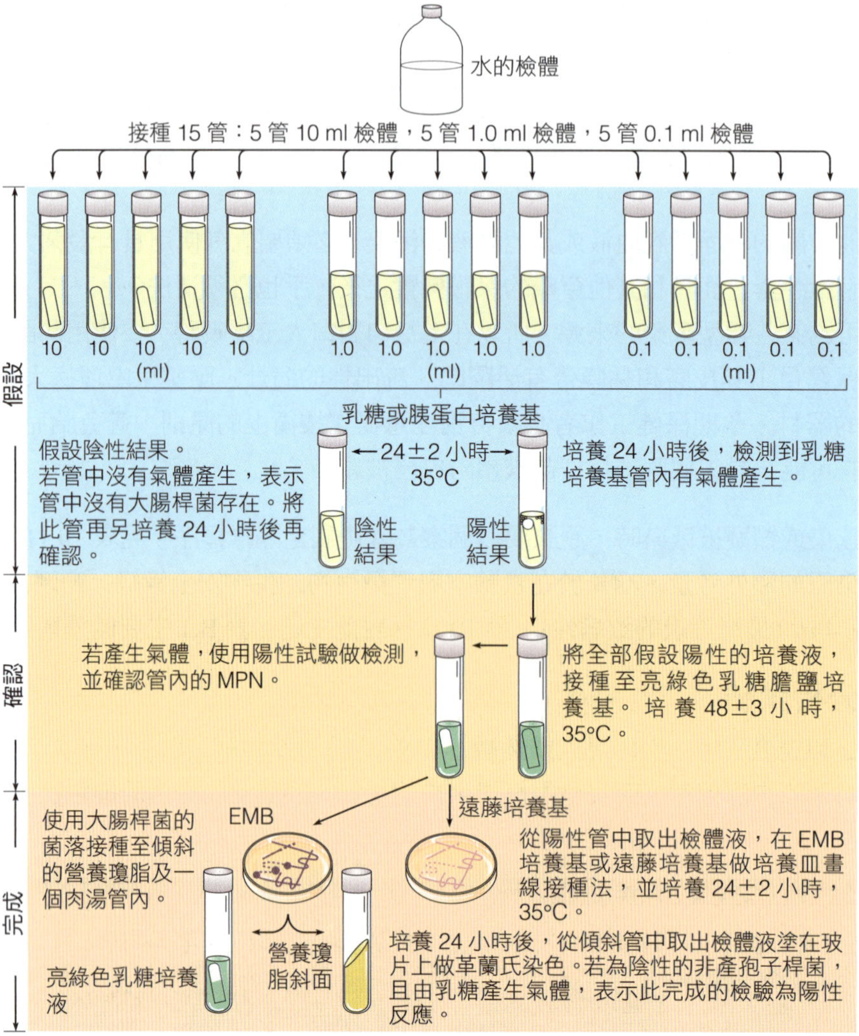

圖 B.2 **由最大或然數 (MPN) 過程檢測水檢體中大腸桿菌量。**在假設試驗中，將水檢體接種至每組試管，水檢體的量以 10 倍減少。培養後，觀察管內變化和是否有氣體產生 (做標示，0 表示全部管內都沒有氣體，1 表示 1 管產生氣體，2 表示 2 管產生氣體)。此結果應用到表 B.2 將指示細胞在 100 ml 水檢體中的或然數目。大腸桿菌可以藉由在額外培養基的確認試驗來確認，或者藉由選擇性和不同的培養基以及染色，進行完整的鑑定。

表 B.2　最大或然數評估水中的大腸桿菌含量

在每一稀釋，有細菌生長的一系列管數

10 ml	1 ml	0.1 ml	每 100ml* 水中的最大或然數	10 ml	1 ml	0.1 ml	每 100ml* 水中的最大或然數
0	1	0	0.18	5	0	1	3.1
1	0	0	0.20	5	1	0	3.3
1	0	0	0.40	5	1	1	4.6
2	0	0	0.45	5	2	0	4.9
2	0	1	0.68	5	2	1	7.0
2	2	0	0.93	5	2	2	9.5
3	0	0	0.78	5	3	0	7.9
3	0	1	1.1	5	3	1	11.0
3	1	0	1.1	5	3	2	14.0
3	2	0	1.4	5	4	0	13.0
4	0	0	1.3	5	4	1	17.0
4	0	1	1.7	5	4	2	22.0
4	1	0	1.7	5	4	3	28.0
4	1	1	2.1	5	5	0	24.0
4	2	0	2.2	5	5	1	35.0
4	2	1	2.6	5	5	2	54.0
4	3	0	2.7	5	5	3	92.0
5	0	0	2.3	5	5	4	160.0

* 在 100 ml 的水檢體中，細胞的最大或然數 (MPN)。

附錄 C

基本分類細菌的技術和方法

表 C.1 鑑定和分類細菌的技術總結 (見表 3.3)

- **顯微鏡下形態學** 幫助鑑定之有價值性狀為以下之組合：細胞的形狀和大小、革蘭氏染色反應、抗酸反應及特殊的結構包括內孢子、顆粒和莢膜。電子顯微鏡研究能夠指出額外的結構特徵(像是細胞壁、鞭毛、線毛和菌毛)。
- **肉眼觀察的形態學** 菌落的外觀，包括結構、大小、形狀、顏色、在液體和明膠培養基的生長速度和生長的模式。
- **物理 / 生物化學特徵** 細菌的酵素和其他生化性質相當可靠和穩定的表現每一物種的「化學身分」。使用酵素和其他生物化學檢測細菌的特性，而每種細菌都有合適的「化學鑑定」方法。診斷試驗決定特異性酵素的存在並評估營養和代謝的活性。例如蛋白質和多醣類：醣類的醱酵；複雜聚合物的消化如蛋白質和多醣類；過氧化氫酶、氧化酶和脫羧酶的存在；抗微生物藥物敏感試驗。
- **化學分析** 分析細菌所含特異結構物質的類型，例如細胞壁上的胜肽化學組成和細胞膜上的脂質組成。
- **血清學分析** 細菌展現出可被免疫系統辨認的分子稱為抗原。當免疫反應啟動時，會產生抗體，抗體會與抗原緊密結合。此反應如此的具有專一性，以致於抗體可以作為工具來鑑定檢體和培養中的細菌。
- **基因和分子分析** 檢視基因物質的本身已經徹底改變了細菌的分類和鑑定。
- **G + C 鹼基組成** 在 DNA 的序列組成中，整個鳥糞嘌呤和胞嘧啶的百分比是相關性的一般指標 (與 A + T 含量比的 G + C 含量)，因為它是一種不會太快改變的特徵。細菌的 G + C 比例有明顯不同，就較不可能有遺傳相關性。可參見修正的分類圖，部分是基於此百分比的結果 (表 D.2)。
- **使用基因探針分析 DNA** 藉由分析遺傳的基因，可鑑定細菌的種類。此方法使用一個小片段的 DNA (或 RNA) 的探針，其與特定微生物的特異性 DNA 序列互補。檢體或培養物中未知的試驗 DNA 會結合上特殊的表面，加入各種不同的探針，在模板上可觀察已固定到試驗 DNA 上的探針指標，在試驗 DNA 的區域有探針的結合，指出密切的相關性並使鑑定成為可能。
- **核酸定序和 rRNA 的分析** 演化相關性最有價值的指標之一就是在核糖體 RNA 含氮鹼基序列，其為核糖體的主要組成成分。在所有細胞中，核糖體都擁有相同的功能 (蛋白質合成)，且其核酸組成可保持長時間穩定。因此任何在 rRNA 序列或「特徵」上的主要差異，可能表明其在世系上的一些距離。

這項技術可有效地鑑別一般族群的差異 (在第 1 章介紹，它可以用來分別生命的三大界)，以及鑑定物種。這些要素和其他的鑑定方法和相關的詳細內容在第 13 和 14 章。

表 C.2　系統細菌學伯傑氏手冊，第二版

分類層級	代表菌屬
第 1 卷：古生菌和光合細菌的分支	
古生菌域	
泉古菌門	熱變形菌屬、嗜熱菌屬、硫化裂片菌屬
廣古菌門	
分類 I：甲烷桿菌綱	甲烷桿菌數
分類 II：甲烷球菌綱	甲烷球菌屬
分類 III：鹽桿菌綱	鹽桿菌數、鹽球菌屬
分類 IV：熱原體綱	熱原體菌屬、嗜酸菌屬、鐵原體屬
分類 V：熱球菌綱	熱球菌數、火球菌屬
分類 VI：古生球菌綱	古球狀菌屬
分類 VII：甲烷火菌綱	甲烷火菌屬
細菌域	
產水菌門	古生菌屬
熱袍菌門	熱袍菌屬
熱脫硫桿菌門	熱脫硫桿菌屬
異常球菌 - 棲熱菌門	異常球菌屬、棲熱菌屬
產金菌門	產金菌屬
綠彎菌門	綠彎菌屬、爬管菌屬
熱微菌門	熱微菌屬
硝化螺旋菌門	硝化螺旋菌屬
脫鐵桿菌門	地弧球菌屬
藍藻菌門	原綠藍細菌屬、聚球藍細菌屬、寬球藍細菌屬、顫藍細菌屬、魚腥藍細菌屬、念珠藍細菌屬、真枝藍細菌屬
綠菌門	綠菌屬、暗網菌屬
第 2 卷：細菌域：變形桿菌	
變形桿菌門	
分類 I：阿耳法變形桿菌鋼	紅環菌屬、立克次菌屬、巴通氏菌屬、丙桿菌屬、根瘤菌屬、布氏桿菌屬、硝化桿菌屬、甲基桿菌屬、拜葉林克氏菌屬、生絲微菌屬
分類 II：貝塔變形桿菌鋼	奈氏球菌屬、伯克氏菌屬、產鹼桿菌屬、叢毛單胞菌屬、亞硝化單胞菌屬、嗜甲基菌屬、硫桿菌屬
分類 III：伽馬變形桿菌鋼	著色菌屬、亮發菌屬、軍團菌屬、假單胞菌屬、莫拉氏菌屬、不動桿菌屬、固氮菌屬、弧菌屬、埃西氏菌屬、克雷伯氏菌屬、變形菌屬、沙門氏菌屬、志賀氏菌屬、耶爾森氏菌屬、嗜血桿菌屬
分類 IV：德耳塔變形桿菌鋼	脫硫弧菌屬、蛭弧菌屬、黏球菌屬、多囊菌屬
分類 V：艾普西隆變形桿菌鋼	彎曲桿菌屬、螺旋菌屬

表 C.2 系統細菌學伯傑氏手冊，第二版 (續)

分類層級	代表菌屬
第 3 卷：細菌域：低 G + C 革蘭氏陽性菌	
厚壁菌門	
分類 I：梭菌鋼	梭菌屬、消化鏈球菌屬、真桿菌屬、脱硫腸狀菌屬、陽光小桿菌屬、韋榮氏球菌屬
分類 II：柔膜菌鋼	黴漿菌屬、尿支原體屬、螺原體屬、無膽甾原體屬
分類 III：芽孢桿菌鋼	芽孢桿菌屬、顯核桿菌屬，類芽孢桿菌屬、高溫放射菌屬、乳酸桿菌屬，鏈球菌屬、腸球菌屬，李斯特菌屬、明串珠菌屬、葡萄球菌屬
第 4 卷：細菌域：高 G + C 革蘭氏陽性菌	
放線菌門	
分類：放線菌鋼	放線菌屬、微球菌屬、節桿菌屬、棒桿菌屬、分枝桿菌屬、諾片氏菌屬、游動放線菌屬、丙酸桿菌屬、鏈黴菌屬、高溫單胞菌屬、弗蘭克氏菌屬、馬杜拉放線菌屬、雙岐桿菌屬
第 5 卷：細菌域：浮黴狀菌、螺旋體菌、絲狀桿菌、擬桿菌、梭桿菌	
浮黴狀菌門	浮黴狀菌屬、出芽菌屬
衣原體門	衣原體屬、嗜衣原體屬
螺旋體門	螺旋體屬、疏螺旋體屬、密螺旋體屬、鈎端螺旋體屬
絲狀桿菌門	絲狀桿菌屬
酸桿菌門	酸桿菌屬
擬桿菌門	擬桿菌屬、卟啉單胞菌屬、普雷沃氏菌屬、黃桿菌屬、鞘胺醇桿菌屬、屈撓桿菌屬、噬纖維菌屬
梭桿菌門	梭狀桿菌屬、鏈桿菌屬
疣微菌門	疣微菌屬
網球菌門	網球菌屬

附錄 D

習題解答

第 1 章
1. d
2. c
3. d
4. c
5. d
6. a
7. c
8. b
9. d
10. c
11. c
12. b
13. d
14. order top to bottom: 3, 7, 4, 2, 8, 5, 6, 1
15. c
16. d, not cellular and not alive

第 2 章
1. c
2. b
3. c
4. d
5. b
6. d
7. b
8. b
9. c
10. c
11. a
12. b
13. c
14. d
15. b
16. c
17. abf, df, abf, ef, def, af, bf, bf

第 3 章
1. a
2. d
3. d
4. a
5. c
6. a
7. c
8. b
9. d
10. b
11. b
12. b
13. d
14. c
15. c
16. c
17. c
18. d

第 4 章
1. b
2. d
3. d
4. a
5. b
6. c
7. c
8. b
9. b
10. c
11. a
12. d
13. b
14. c
15. d
16. b
17. b
18. e
19. c
20. h
21. g
22. j
23. i
24. d
25. a
26. f

第 5 章
1. c
2. d
3. d
4. b
5. d
6. a
7. a
8. d
9. b
10. b
11. c
12. d
13. a
14. d
15. d

第 6 章
1. c
2. a
3. a
4. c
5. c
6. b
7. a
8. a
9. b
10. b
11. c
12. d
13. c
14. c
15. b
16. c

第 7 章
1. b
2. e
3. b
4. b
5. c
6. b
7. c
8. a
9. b
10. a
11. e
12. b
13. d
14. b
15. c
16. b
17. d
18. d, f, b, g, e, a, i, c/e/h

第 8 章
1. d
2. c
3. b
4. a
5. c
6. b
7. d
8. b
9. d
10. c
11. b
12. d
13. c
14. d
15. a
16. b
17. c

第 9 章
1. b
2. c
3. d
4. b
5. c
6. c
7. b
8. d
9. a
10. c
11. c
12. b
13. d, a, g, b, f, h, c, e

第 10 章
1. a
2. d
3. b
4. d
5. c
6. d
7. b
8. c
9. c
10. c
11. d
12. c
13. c
14. a
15. a
16. d

第 11 章
1. b
2. b
3. d
4. b
5. b
6. b
7. c
8. b
9. a
10. a
11. c
12. d
13. c
14. d
15. d
16. c

第 12 章
1. b
2. a
3. c
4. a
5. c
6. b
7. b
8. c
9. a
10. c
11. a
12. c
13. e
14. b
15. c
16. d
17. b
18. c
19. IgG bfgh
    IgA abc
    IgD bj
    IgE bi
    IgM deh
20. adej, fgk, bej, bcej, adej, bcej, fm, fklm, bdej, acej, fklm, cfi , fgk, fhk

第 13 章
1. d
2. d
3. d
4. c
5. b
6. c
7. b
8. a
9. d
10. d
11. d
12. a
13. b
14. d
15. d
16. a

第 14 章
1. b, a, b, c, a
2. c
3. b
4. c
5. a
6. a
7. d
8. c
9. d

第 15 章
1. d
2. a
3. c
4. b
5. c
6. b
7. c
8. b
9. c
10. c
11. a
12. a
13. d
14. a
15. f
16. h, j, d, l, m, a, f, i, e, k, b, c

第 16 章
1. b
2. c
3. b
4. d
5. c
6. c
7. d
8. c
9. b
10. c
11. d
12. c
13. a
14. a
15. 4.5.8/ 4.5.7/ 1.2.8.10/ 2.3.8.11/ 4.5.8.9
16. a/d, b, c, b c, d, b, d, a

第 17 章
1. b
2. b
3. d
4. b
5. e
6. d
7. d
8. b
9. d
10. d
11. c
12. d
13. b
14. all but c
15. l, i, h, a, d, g, k, e, j, m, f, c, b

第 18 章
1. b
2. b
3. c
4. d
5. d
6. e
7. d
8. c
9. b
10. d
11. a
12. d
13. b
14. c
15. d
16. d
17. a
18. b
19. a, c, b, d, c/e, g, f, e, c, f, g, c
20. g, c, f, f, c, d, a, d, g, a, e, g, g

第 19 章
1. c
2. a
3. a
4. d
5. d
6. a
7. a
8. d
9. c
10. c
11. d
12. c
13. c
14. d
15. b
16. b, g, d, e, c, a, f

第 20 章
1. c
2. b
3. d
4. b
5. b
6. d
7. c
8. d
9. c
10. a
11. d
12. d
13. b
14. a
15. a
16. c
17. c
18. d
19. 1. f, P
    2. j, P
    3. k, H
    4. g, H
    5. h, P
    6. b, H
    7. i, H
    8. l, P
    9. a, P
    10. d, P
    11. m, H
    12. e, H
    13. c, H
20. c, d, i, g, b, a, h, j, f, e

第 21 章
1. d
2. c
3. b
4. a
5. d
6. d
7. c
8. d
9. a
10. b
11. d
12. b
13. c
14. d
15. a
16. d
17. e/a, g, i, c, h, l, b/k, f/k, f, d, j

第 22 章
1. a
2. b
3. b
4. c
5. d
6. d
7. b
8. d
9. c
10. d
11. b
12. d
13. c
14. a, c, d, f; a, c, f; a, c, f; b, d, e, g; a, c, f; c, e, g; a, c, e; a, c, d, f
15. c, ad, b, ac, hg, c, af, hf, a, cij, h
16.
    a. Infl uenza, mumps, rubella, measles
    b. HIV
    c. Hepatitis A virus, polio, rotavirus
    d. western equine encephalitis virus
    e. rabies, hantavirus
    f. rotavirus, measles, polio, mumps, rubella, infl uenza

圖片來源

Image Research by Danny Meldung/Photo Affairs, Inc.

Chapter 1

Opener: Mr. Jim Edds/NOAA; Inset: © Matt Mainor; Table1.1A: Photo by Scott Bauer/ USDA; Table1.1B: Henry Bortman/NASA; Table1.1C: Lawrence Berkeley National Laboratory; Table1.1D: James Gathany/CDC; Table1.1E: DOE Oakridge National Library; Table1.1F: Photo by Black Star/Steve Yeater for FDA; Table1.1G: Photo by Keith Weller/ USDA; Table1.1H: James Gathany/CDC; **1.1** (background): NASA; **1.3** (top left): Janice Carr/ CDC; **1.3** (top middle): Dr. Libero Ajello/CDC; **1.3** (top right): © Charles Krebs Photography; **1.3** (bottom left): CDC; **1.3** (bottom middle): National Human Genome Research Institute; **1.3** (bottom right), **1.4** (roundworm): CDC; **1.4** (fungus): © George Barron, University of Guelph, CANADA; **1.4** (protozoan): National Human Genome Research Institute; 1.4 (algae): © Charles Krebs Photography; **1.4** (mold spores): Dr. Libero Ajello/CDC; **1.4** (spirochete): CDC; **1.4** (rods, cocci): Janice Carr/CDC; **1.4** (herpes virus): CDC; **1.4** (top right): Berkeley Lab-Roy Kaltschmidt, photographer; **1.4** (middle right): Rhoda Baer(Photographer)/National Cancer Institute; **1.4** (bottom right): Courtesy: Pacific Northwest National Laboratory; **1.5a**: Photo by Lynn Betts, USDA Natural Resources Conservation Service; **1.5a** (inset): © Stephen Sharnoff/ National Geographic Creative; **1.5b** & (inset): © Kathy Park Talaro; **1.5c**: © Peter Doran/University of Illinois, Chicago; **1.5c** (inset): Image courtesy of the Priscu Research Group, Montana State University, Bozeman; **1.6a**: Christopher Botnick/NOAA; **1.6a** (inset): © Yuuji Tsukii, Protist Information Server; **1.6b**: Courtesy: Pacific Northwest National Laboratory; **1.8a**: © Kathy Park Talaro; **1.8b**: © Science VU/Visuals Unlimited; p.18(1): Dr. Libero Ajello/CDC; p.18(2): CDC; p.18(3): Rizlan Bencheikh and Bruce Arey, Environmental Molecular Sciences Laboratory, DOE Pacific Northwest National Laboratory; p.18(4), **1.12(1)**: CDC; **1.12(2)**: Dr. Balasubr Swaminathan/Peggy Hayes/CDC; **1.12(3)**: Laura Rose/CDC; **1.12(4)**: Janice Carr/CDC; **1.12(5)**: ourtesy Jason Oyadomari; **1.12**(6): Dr. Adrian Hetzer; **1.12**(7): © Dr. Mike Dyall-Smith, University of Melbourne; **1.12(8)**: From *Stand Genomic Sci*. 2011 July **1.4(3)**: 381-392 doi: 10.4056/sigs.2014648; **1.12(9)**: CDC-DPDx.

Line Art Table 1.2: Source of Data: World Health Organization.

Chapter 2

Opener (inset): CDC; **2.2**: © Kathy Park Talaro; **2.3a**: Courtesy of Nikon Instruments Inc., Melville, New York, USA, www.nikoninstruments.com; Table 2.2A(1-3): © Prof. Dr. Heribert Cypionka, www.microbiological-garden.net; Table 2.2A(4): Pawel Zienowicz; Table 2.2B(1): © Prof.Dr. Heribert Cypionka, www.microbiological-garden.net; Table 2.2B(2): © Anne Fleury; Table 2.2C(1): Dr. Graham Beards- Wikipedia: http://en.wikipedia.org/wiki/File:Phage.jpg; Table 2.2C(2): © J. Young, Natural History Museum, London; **2.7**: Russell/CDC; **2.8a**: Cynthia Goldsmith/CDC; **2.8b**: *Shewanella oneidensis* image by Rizlan Bencheikh and Bruce Arey, Environmental Molecular Sciences Laboratory, DOE Pacific Northwest National Laboratory; **2.9a(1)**: © Harold J. Benson; **2.9a(2)**: Courtesy of *Tuatara: Journal of the Biological Society of Victoria University of Wellington*. J.E. Sheridan, Jan Steel and M.N. Loper. http://nzetc.victoria.ac.nz/tm/scholarly/Bio18Tuat03-fig-Bio18Tuat03_104a.html; **2.9b(1)**: CDC; **2.9b(2)**: © Jack Bostrack/Visuals Unlimited; **2.9b(3)**: © Steven R. Spilatro, Department of Biology, Marietta College, Marietta, OH; **2.9c(1)**: © A.M. Siegelman/ Visuals Unlimited; **2.9c(2)**: © David Frankhauser; **2.9c(3)**: From: I.A. Berlatzky, A. Rouvinski, S. Ben-Yehuda, "Spatial organization of a replicating bacterial chromosome," *PNAS*, 105(37):14136–14140, Fig. 4A © 2008 by The National Academy of Sciences of the USA; **2.11b-2.12c**: © Kathy Park Talaro; **2.13a**: © Hardy Diagnostics, www.HardyDiagnostics.com; **2.14a-2.16b**: © Kathy Park Talaro; **2.17a**: Dr. Richard R. Facklam/CDC; **2.17b-2.20b**: © Kathy Park Talaro; **2.21**: © Harold J. Benson.

Chapter 3

Opener: Modified image reprinted with permission from Medscape Reference (http://emedicine.medscape.com/), 2013, available at: http://emedicine.medscape.com/ article/216650-overview; Inset: Janice Carr/CDC; **3.4a:** Louisa Howard/ Dartmouth Electron Microscope Facility; **3.4b:** Image courtesy Indigo® Instruments, www.indigo.com; **3.4c:** From: W.J. Strength and N.R. Krieg, "Flagellar activity in an aquatic bacterium," *Can. J. Microbiol.* May 1971, 17:1133-1137, Fig.5. Reproduced by permission of the National Research Council of Canada; **3.4d:** From: Preer et al., "Kappa and Other Endosymbionts in *Paramecium aurelia*," *Bacteriological Reviews*, June 1974, **38(2):**113-163, Fig.7 © ASM; **3.7a:** Courtesy of Dr. Misha Kudryashev and Dr. Friedrich Frischknecht, *Mol Microbiol*, 2009 Mar. 71(6):1415-1434; **3.8a:** © Eye of Science/Science Source; **3.8b:** From: D.R. Lloyd, S. Knutton, A. McNeish, "Identification of a New Fimbrial Structure in Enterotoxigenic *Escherichia coli* (ETEC) Serotype O148:H28 Which Adheres to Human Intestinal Mucosa: a Potentially New Human ETEC Colonization Factor," *Infection and Immunity*, January 1987, 55(1): 86-92. Fig. 4A © ASM; **3.9**: © L. Caro/SPL/Science Source; **3.11a:** © Kathy Park Talaro; **3.11b:** © John D. Cunningham/Visuals Unlimited; **3.12a:** © S.C. Holt/Biological Photo Service; **3.12b:** © T.J. Beveridge/Biological Photo Service; **3.15:** Courtesy of Dr. Heinrich Lünsdorf, HZI; **3.17**: Courtesy of Michael J. Daly; **3.19a:** © Paul W. Johnson/Biological Photo Service; **3.19b:** © D. Balkwill and D. Maratea; **3.20:** © Rut Carballido-Lopez/I.N.R.A. Jouy-en-Josas, Laboratoire de Génétique Microbienne; **3.21:** S.J. Jones, C.J. Paredes, B. Tracy, N. Cheng, R. Sillers, R.S. Senger, E.T. Papoutsakis, "The transcriptional program underlying the physiology of clostridial sporulation," *Genome Biol.*, 2008. 9:R114; **3.22a-b:** Janice Carr/CDC; **3.22c:** From: Jacob S. Teppema, "In vivo adherence and colonization of *Vibrio cholerae* strains that differ in hemagglutinating activity and motility," *Infection and Immunity*, Sept. 1987, 55(9):2093-2102, Fig. **2b.** Reprinted by permission of American Society for Microbiology; **3.22d:** Photo by De Wood. Digital colorization by Chris Pooley; **3.22e:** Janice Carr/CDC; 4.23f: Dr. David Berd/ CDC; **3.23:** National Center for Infectious Diseases/ CDC; Table 3.3A: West Coast and Polar Regions Undersea Research Center, UAF/NOAA; Table 4.3B: Maryland Astrobiology Consortium, NASA and STScI; Table 3.3C: From: M. Goker et al., "Complete genome sequence of the thermophilic sulfur-reducer *Desulfurobacterium thermolithotrophum* type strain (BSAT) from a deep-sea hydrothermal vent," *SIGS*, 2011, 5:3, Fig. 2; Table 4.3D: © Barry H. Rosen, Ph.D./USGS; Table 3.3E: CDC; Table 3.3F: Janice Carr/CDC; Table 3.3G: Courtesy: Pacific Northwest National Laboratory; Table 3.3H: Arthur Friedlander; Table 3.3I: Janice Carr/CDC; Table 3.3J: Dr. David Berd/ CDC; Table 3.3K: Janice Carr/CDC; Table 3.3L: N. Borel et al., "Mixed infections with Chlamydia and porcine epidemic diarrhea virus - a new in vitro model of chlamydial persistence," *BMC Microbiology* 2010, 10:201, Fig.**3a**; Table 3.3M: Joyce Ayers/CDC; Table 3.3N: From: K.-C. Lee, R. Webb, J.A. Fuerst, "The cell cycle of the planctomycete *Gemmata obscuriglobus* with respect to cell compartmentalization," *BMC Cell Biol*. 2009. 10:4, Fig **3i**. NCBI; Table 3.3O: V.R. Dowell/CDC; **3.27a(1):** © Angelicque E. White; **3.27a(2):** Courtesy Jason Oyadomari; **3.27b(1):**© Richard Behl; **3.27b(2):** J. William Schopf, Univ. Calif. Los Angeles. Reprinted with permission from *Science*, 260, April 30, Fig. G, p.738. © 1993 by the American Association for the Advancement of Science; **3.27c:** Michelle Liberton, Jotham R. Austin, II, R. Howard Berg, and Himadri B. Pakrasi, "Unique Thylakoid Membrane Architecture of a Unicellular N2-Fixing Cyanobacterium Revealed by Electron Tomography," *Plant Physiology*, **155(4):**1656-1666, Fig. 2G © American Society of Plant Biologists; **3.28:** © Kathy Park Talaro; **3.28** (inset): © D.J. Patterson; **3.30:** From: C. Rovery, P. Brouqui, D. Raoult, "Questions on Mediterranean Spotted Fever a Century after Its Discovery," *Emerging Infectious Diseases*, 14(9), September 2008, Fig. 2. CDC; **3.31a:** NASA Johnson Space Center/ISS007E8738/ (http://eol.jsc.nasa.gov); **3.31b:** © Dr. Mike Dyall-Smith, University of Melbourne; **3.32**: From: Kazem Kashefi and Derek R. Lovley, "Extending the upper temperature limit for life," *Science*, 2003, 301:934. Image courtesy Kazem Kashefi © 2003 by the American Association for the Advancement of Science; p.83 (left): © Kathy Park Talaro; p.83 (right): Courtesy Kit Pogliano and Mark Sharp/USCD.

Chapter 4

Opener: NASA Earth Observations; Insets: CDC; **4.1a-b:** © Andrew H. Knoll; **4.3a-b:** Courtesy Richard Allen; **4.5a, 4.10a:** © Don Fawcett/ Visuals Unlimited; **4.11a:** T. Moisan, M.H. Ellisman, C.W. Buitenhuys, G.E. Sosinsky, (2006) "Differences in Chloroplast Ultrastructure of *Phaeocystis antarctica* in High and Low Light Conditions," *Marine Biology*, 149(6): 1281-1290. http://www.cellimagelibrary.org/images/39978; **4.12b:** Courtesy of Life Technologies, Carlsbad, CA; **4.14a:** © Kathy Park Talaro; **4.14b:** © Dr. Judy A. Murphy, San Joaquin Delta College, Department of Microscopy, Stocton, CA; **4.15b:** Janice Carr/CDC; **4.16a:** © Kathy Park Talaro; **4.16a** (inset): © George Barron, University of Guelph, CANADA; **4.16b:** © NZDermNet; **4.16b** (inset): Dr. Libero Ajello/ CDC; Table 4.3A: © George Barron, University of Guelph, CANADA; Table 4.3B: © Kathy Park Talaro; Table 4.3C: CDC; Table 4.3D: Courtesy Carolyn Larabell. www.cellimagelibrary.org/images/143; Table 4.3E: © Gregory M. Filip; Table 4.3F: Dr. Leanor Haley/CDC; Table 4.3G: © Joyce E. Longcore, University of Maine; **4.22b:** © Jan Hinsch/Science Source; **4.22c-d:** © Kathy Park Talaro; **4.24c:** © Bruce Russell, BioMEDIA ASSOCIATES; p.108A: © D.J. Patterson; p.108B: Janice Carr/CDC; p.108C: © David Patterson/MBL/ Biological Discovery in Woods Hole; p.108D: Dr. Green/CDC; p.108E: Courtesy Gregory Antipa, San Francisco State University. www. cellimagelibrary.org/images/22781; p.108F: CDC-DPDx/ Oregon Department of Health; p.108G: Michael Riggs et al., "Bovine Antibody against *Cryptosporidium parvum* Elicits a Circumsporozoite Precipitate-Like Reaction and Has Immunotherapeutic Effect against Persistent Cryptosporidiosis in SCID Mice," *Infection and Immunity*, May 1994, 62(5):1927-1939, Fig. 1A © ASM; p.108H: Image by Ute Frevert, false color by Margaret Shear, doi:10.1371/image.pbio.v03.i06.g001.

Chapter 5

Opener (top): Brian Judd/CDC; (left): Getty Images RF; (middle): Dan Higgins/CDC; (right): Keith Weller/U.S. Department of Agriculture; **5.2**: C. Abergel/IGS-IMM, CNRS-AMU; **5.3a:** F.L. Schaffer, C.E. Schwerdt, "Crystallization of purified MEF-1 poliomyelitis virus particles," *PNAS*, 41(12):1020-1023, 1955, Fig. 2b; **5.3b:** CDC; **5.6b**: Electron and Confocal Microscopy Laboratory, Agricultural Research Service, U.S. Department of Agriculture; **5.6d:** Frederick Murphy/CDC; **5.7d:** © Dr. Linda Stannard, UCT/Science Source; 6.8a(left): Fred P. Williams, Jr./EPA; **5.8a** (right): © Dr. Linda Stannard, UCT/Science Source; 6.8b: © Eye of Science/Science Source; **5.9c:** © Bin Ni, Chisholm Lab, MIT; **5.14b:** © Chris Bjornberg/ Science Source; **5.15a:** CDC; **5.15b:** © Massimo Battaglia, INeMM CNR, Rome, Italy; **5.18:** © Lee D. Simon/Science Source; **5.19a:** Courtesy Marylou Gibson, Ph.D., VIRAPUR; **5.19b-c:** CDC; **5.20a:** © State Hygienic Laboratory at The University of Iowa; p.144: C. Abergel/IGS-IMM, CNRS-AMU.

Chapter 6

Opener: © Judy A. Mosby; Inset: © Yuuji Tsukii, Protist Information Server; **6.1** (gases): © Kathy Park Talaro; **6.2a:** Dr. Adrian Hetzer; **6.2b:** © Electron Microscope Lab, UC Berkeley;**6.10a-b:** Image courtesy Nozomu Takeuchi; **6.11:** © Terese M. Barta, Ph.D.; **6.12a:** Photo by Keith Weller, USDA/ARS; **6.12b:** Courtesy and © Becton, Dickinson and Company; **6.13a(1):** Photo by Scott Bauer/USDA; **7.13a(2):** © Louisa Howard - Dartmouth Electron Microscope Facility; **7.13b(1):** © WaterFrame/Alamy; **6.13b(2):** Courtesy Todd LaJeunesse; **6.13c:** Dr. Ralf Wagner; **6.13d**: Photo by Nick Hill/USDA; **6.13e:** © Science VU/Fred Marsik/Visuals Unlimited; **6.13f(1):** Image courtesy of Dr. CSBR Prasad, Vindhya Clinic and Diagnostic Lab, India/CDC-DP-Dx; **6.13f(2):** Janice Carr/CDC; **6.13g:** Cynthia Goldsmith/CDC; **6.13h(1):** James Gathany/CDC; **6.13h(2):** Blaine A. Mathison/ CDC-DPDx; **6.13j:** © MedicalRF.com; **6.13k:** © Paul Bertner/ Getty Images RF; **7.13(l1):** Jörg Barke, Ryan F. Seipke, Sabine Grüschow, Darren Heavens, Nizar Drou, Mervyn J. Bibb, Rebecca J.M. Goss, Douglas W. Yu, and Matthew I. Hutchings; **7.13(l2):** © Microfield Scientific Ltd./Science Source; **6.19a:** © Kathy Park Talaro.

Chapter 7

Opener (left); Janice Carr/CDC; (middle): © L. Caro/SPL/ Science Source; (right): National Institutes of Health/United States Department of Health and Human Services; **7.1**; Image contributed by the Centre for Tropical Medicine and Imported Infectious Diseases, Bergen, Norway/CDC-DPDx; **7.3**; © K.G. Murti/Visuals Unlimited; **7.16c**; © Steven McKnight and Oscar L. Miller, Department of Biology, University of Virginia; **7.21d**; Courtesy Xenometrix AG.

Chapter 8

Opener: © Erproductions Ltd/Blend Images LLC RF; Inset: CDC; p.218: S.J. Jones, C.J. Paredes, B. Tracy, N. Cheng, R. Sillers, R.S. Senger, E.T. Papoutsakis, "The transcriptional program underlying the physiology of clostridial sporulation," *Genome Biol.*, 2008. 9:R114; **8.3:** NASA/JPL-Caltech; **8.6a:** © Kathy Park Talaro; Table 8.4 (left): © Goodnature Products; Table 8.4 (right), **8.9** (left, right): © Kathy Park Talaro; **8.11:** Photo Courtesy of Xylem Inc.; Table 8.5 (left): Courtesy: Pacific Northwest National Laboratory; Table 8.5 (right): Courtesy Violight; **8.12b:** © Janice Carr/CDC; Table 8.7 (left): Photo by Paul Pierlott, USDA-ERRC/ VGT; Table 8.7 (right): used with permission from 3M; **8.14:** Photo Courtesy of Steris Corporation © 2010 Steris Corporation. All rights reserved; Table 8.9 (left): © Photo by Peter Morenus, University of Connecticut; Table 8.9 (right): © Kathy Park Talaro; Table 8.10 (left): Courtesy AirClean Systems; Table 8.10 (right): Courtesy Printpack, Inc.; Table **8.11:** © OJO Images/SuperStock RF; **8.17:** © Kathy Park Talaro.

Chapter 9

Opener: Larry Ostby/National Cancer Institute; Inset: C. Goldsmith/CDC; **9.1** (left): © Kathy Park Talaro; **9.1** (right): Photo courtesy of Dr. Ramón Santamaría/IMB. CSIC/USAL. Salamanca, Spain; **9.3** (top): Janice Carr/CDC; **9.3** (bottom): © CNRI/Science Source; **9.16:** © Biophoto Associates/Science Source; **9.18b:** © Prof. Patrice Courvalin, MD, FRCP, Unité des Agents Antibactériens, Institut Pasteur, Paris, France; **9.18c:** © Kathy Park Talaro; **9.19:** © Copyright AB BIODISK 2008. Reprinted with permission of AB BIODISK; **9.20:** © Kathy Park Talaro; **9.21**: Image courtesy David Ellis; p.283a-b: © Eye of Science/Science Source.

Chapter 10

Opener: CDC; Inset: National Institute of Allergy and Infectious Diseases (NIAID); **10.3b:** Janice Carr/CDC; **10.19:** Marshall W. Jennison, Massachusetts Institute of Technology, 1940; p.319: National Institute of Allergy and Infectious Diseases (NIAID).

Chapter 11

Opener: Courtesy of Sanjay Mukhopadhyay; Inset: CDC; **11.2b:** Courtesy Charles P. Daghlian. http://www.dartmouth. edu/~emlab/gallery; **11.6** (background): National Cancer Institute. Created by Bruce Wetzel and Harry Schaefer (Photographers); pp.328-329: © Harold J. Benson; **11.17:** © Dr. Brinkmann/Max Planck Institute for Infection Biology; p.346 (2-4): © Harold J. Benson; p.346A: © Kathy Park Talaro; p.46: CDC-DPDx/Oregon State Public Health Laboratory; p.346D: CDC.

Chapter 12

Opener: Paul Cryan/U.S. Geological Survey; Inset: Dr. Fred A. Murphy/CDC; **12.10b:** Courtesy Dr. Timothy Vickers; **12.15** (left, right): Susan Arnold, Dr. Raowf Guirguis/ National Cancer Institute; **12.17(1-2):** © Photodisc/Getty Images RF; **12.17(3):** Amanda Mills/CDC; **12.17(4):** © Photodisc/Getty Images RF.

Line Art Table 12.5: Source of Data: CDC National Immunization Program.; Table 12.6: Source of Data: CDC National Immunization Program.

Chapter 13

Opener: U.S. Department of Health & Human Services, National Institutes of Health; **13.2b:** Courtesy Sandia National Laboratories; **13.2c:** © Louisa Howard/Dartmouth College; p.386: Oliver, M. Janet and Bridget Wilson, *The Cell: An Image Library*, CIL:222. Available at http://www. cellimagelibrary.org; p.390 (bottom): USDA/Photo by Rob Flynn; **13.5a:** © NZDermNet; **13.5b:** © Kathy Park Talaro; **13.6a:** Dr. Frank Perlman, M.A. Parson/ CDC; **13.10:** © Claude Revy/Phototake; **13.14b:** © Scott Camazine/Science Source; **13.15:** © NZDermNet; **13.17a:** © NZDermNet; **13.17b:** © SIU/ Visuals Unlimited; **13.19:** From: R. Kretschmer et al., "Congenital Aplasia of the Thymus Gland

(DiGeorge's Syndrome)," *New England Journal Of Medicine*, 279:1295 © 1968 Massachusetts Medical Society. Reprinted with permission from Massachusetts Medical Society; **13.20:** © Baylor College of Medicine, Public Affairs.
Line Art Figure 13.2 Source of Data: National Allergy Bureau Pollen and Mold Report.

Chapter 14
Opener: © PhotoBliss/Alamy RF; Inset: Janice Carr/CDC; **14.3b:** Russell/CDC; **14.4:** © LeBeau/CustomMedical; **14.6**(right): Image provided by AdvanDx, Inc.; **14.7:** R. Zaidenstein, C. Sadik, L. Lerner, L. Valinsky, J. Kopelowitz, R. Yishai, "Clinical characteristics and molecular subtyping of *Vibrio vulnificus* illnesses, Israel," *Emerg Infect Dis* [10.3201/eid1412.080499]. 2008 Dec.; **14.8(b2)** (left): Reproduced by kind permission of Thermo Fisher Scientific Inc.; **14.8(b2)** (right): From: B.D. Ortika, H. Habib, E.M. Dunne, B.D. Porter, C. Satzke, "Production of latex agglutination reagents for pneumococcal serotyping," *BMC Res Notes* 2013, **6:49; 17.11(III):** © National Institute Slide Bank/The Wellcome Centre for Medical Sciences; **14.12:** © Genelabs Diagnostics Pte Ltd.; **14.14c:** CHEMICON® International, Inc.; **14.15b:** © Hank Morgan/Science Source; **14.16a:** Dr. Hermann/CDC; **14.16b(1-2):** Zaki Salahuddin. Laboratory of Tumor Cell Biology/National Cancer Institute; **14.16c** (left): Bryon Skinner/CDC; **14.16c** (right): CDC; **14.16e:** © Genelabs Diagnostics Pte Ltd.; **14.16** (rapid diagnostic test): Courtesy MedMira Inc.; **14.16f:** © 2008 Araújo et al. Licensee BioMed Central Ltd.; p.432: © Kathy Park Talaro.
Line Art Clinical Connections (d): Source of Data: CDC Meningitis Manual.

Chapter 15
Opener: © M. Constantini/PhotoAlto RF; Inset & **15.1** (left): © Eye of Science/Science Source; **15.1** (right): © David M. Phillips/Visuals Unlimited; **15.2:** © Kathy Park Talaro; **15.3b:** © NZDermNet; **15.3c:** CDC; **15.4b:** © Science VU/ Charles W. Stratton/Visuals Unlimited; **15.5a:** © Kathy Park Talaro; **15.5b:** © National Institute Slide Bank/The Wellcome Centre for Medical Sciences; **15.5c:** From: Braude, *Infections Diseases in Medical Microbiology, 2/e*, Fig. 3, p.1320 © Saunders College Publishing; **15.6a:** © Hardy Diagnostics, www.HardyDiagnostics.com; **15.7:** Courtesy of bioMerioux, Inc.; p.624: CDC; **15.8-15.9b:** © Kathy Park Talaro; **15.11a:** © Dr. P. Marazzi/Science Source; **15.11b:** © Kenneth E. Greer/Visuals Unlimited; **15.12:** © Scott Camazine/Phototake; **15.13b:** Dr. Edwin P. Ewing, Jr./ CDC; **15.14** (left, right): © Diagnostic Products Corporation; **15.15:** Courtesy Dr. David Schlaes; **15.16:** Image reprinted with permission from Allen Patrick Burke, MD, University of Maryland School of Medicine, published by Medscape Reference (http://emedicine.medscape.com), 2013, available at: http://emedicine.medscape.com/ article/1954887-overview; **15.19a-b:** © Clinica Claros/ Phototake; **15.20:** © Charles C. Brinton, Jr., John A. Tainer, Michael E. Piques and Lisa Craig; **15.22b:** Image courtesy of the Centers for Disease Control and Prevention, Renelle Woodfall; **15.24:** CDC; **15.25:** © George J. Wilder/Visuals Unlimited; **15.27:** © Kenneth E. Greer/Visuals Unlimited.

Chapter 16
Opener: Image reprinted with permission from Medscape Reference (http://emedicine.medscape.com), 2013, available at: http://emedicine.medscape.com/article/217943-overview; Inset: CDC; **16.1a:** © A.M. Siegelman/Visuals Unlimited; **16.1b:** Dr. George Lombard/CDC; **16.2:** CDC; **16.3a:** From: M.A. Boyd et al., *Journal of Medical Microbiology*, 5:459, 1972. Reprinted by permission of Longarm Group, Ltd. © Pathological Society of Great Britain and Ireland; **16.4:** © Science VU/Charles W. Stratton/Visuals Unlimited; **16.5:** © Charlie Neuman/San Diego Union-Tribune/ ZUMA Press/Corbis; **16.7:** Courtesy of Dr. T.F. Sellers; **16.8a:** © Gastrolab/Science Source; **16.8b:** © Dr. Paul L. Beck, University of Calgary; **16.11:** © Kenneth E. Greer/Visuals Unlimited; **16.12:** © George J. Wilder/Visuals Unlimited; **16.13a-b:** CDC; **16.14:** © A.M. Siegelman/ Visuals Unlimited; **16.15a:** Dr. George Kubica/ CDC; **16.15b:** From: *ASM News*, 59(12), Dec. 1993, courtesy of Pascal Meylan; **16.17c:** © Mediscan/Visuals Unlimited; **16.18:** © Biophoto Associates/Science Source; **16.19:** © Elmer Koneman/Visuals Unlimited; **19.20a:** © Kenneth E. Greer/Visuals Unlimited; **16.20b:** © Science VU/Visuals Unlimited; **16.21:** © Kenneth E. Greer/Visuals Unlimited; **16.22:** © NMSB/CustomMedical; **16.23-16.24:** © Kenneth E. Greer/Visuals Unlimited; **16.25:** From: John T. Watson, *Fungous Diseases of Man*, Plate 26 © 1965, The Regents of University of California; p.492 (left): © Terese M. Barta, Ph.D.; p.492 (right): © Jack Bostrack/Visuals Unlimited.

Chapter 17
Opener: © Dennis Kunkel Microscopy, Inc./ Phototake; **17.1:** © Science VU/Visuals Unlimited; **17.2:** © Bottone E.J. and Perez A.A., II, The Mount Sinai Hospital New York; p.693 (top): Janice Carr/ CDC; **17.3:** © Kathy Park Talaro; **17.4a:** Dr. Thomas Hooten/CDC; 20.4b: From: Andrew J. Brent, "Misdiagnosing Melioidosis," *Emerging Infectious Diseases*, 13(2), February 2007, Fig. A. Centers for Disease Control and Prevention; **17.5c:** Picture courtesy of Vircell; **17.6:** CDC; **17.8a-b:** CDC; **17.10a-b:** © Kathy Park Talaro; **17.12:** Courtesy and © Becton, Dickinson and Company; **17.13:** CDC; **17.14** (left, right), **17.15:** © Kathy Park Talaro; **17.17d:** CDC; **17.18b-17.21:** CDC; **17.23:** Reprinted from Farrar and Lambert, *Pocket Guide for Nurses: Infectious Diseases* © 1984, Williams and Wilkins, Baltimore, MD. Photo by Dr. M. Tapert; p.520: Picture courtesy of Vircell.

Chapter 18
Opener: Courtesy Mike Massey; Inset: Janice Carr/CDC; **18.1b:** © Science VU/Charles W. Stratton/Visuals Unlimited; **18.2:** Dr. Gavin Hart, Dr. N. J. Fiumara/CDC; **18.3:** CDC; **18.4a:** J. Pledger/CDC; **18.4b:** © Kathy Park Talaro; **18.5:** CDC; **18.6:** © Melba Photo Agency/Alamy RF; **18.7a:** From: Strickland, *Hunter's Tropical Medicine, 6/e*, © Saunders College Publishing; **18.7b,18.9b-c:** CDC; **18.10:** From: Jacob S. Teppema, "In vivo adherence and colonization of *Vibrio cholerae* strains that differ in hemagglutinating activity and motility," *Infection and Immunity*, Sept. 1987, 55(9):2093-2102, Fig. 2b. Reprinted by permission of American Society for Microbiology; **18.12:** From: D.M. Rollins, R.R. Colwell, "Viable but Nonculturable Stage of *Campylobacter jejuni* and its Role in Survival in the Natural Aquatic Environment," *Applied and Environmental Microbiology*, Sept. 1986, 52(3):531-538, Fig. 4A. Reprinted by permission from American Society for Microbiology; **18.14a:** From: R.L. Anacker et al., "Details of the Ultrastructure of *Rickettsia prowazekii* Grown in the Chick Yolk Sac," *Journal of Bacteriology*, July 1967, 94(1):260-262, Fig. 1. Reprinted by permission from the American Society for Microbiology; **18.14b:** From: Bruce Merrell et al., "Morphological and Cell Association Characteristics of *Rochalimaea quintana*: Comparison of the Vole and Fuller Strains," *Journal of Bacteriology*, Aug. 1978, 135(2):633-640, Fig. 3. Reprinted by permission from the American Society for Microbiology; **18.17:** CDC; **18.18:** From: Thomas F. McCaul and Jim C. Williams, "Development Cycle of *Coxiella burnetii*: Structure and Morphogenesis of Vegetative and Sporogenic Differentiations," *Journal of Bacteriology*, Sept. 1981, 147(3):1063-1076, Fig. 3C. Reprinted by permission from the American Society for Microbiology; **18.19:** © Kathy Park Talaro; **18.20:** © Dr. Fred Hossler/Visuals Unlimited/ Corbis; **18.21a:** © World Health Organization, http://www.who.int/blindness/causes/priority/en/index2.html, July 2010; **18.21b:** J. Pledger/CDC; **18.22:** CDC; **18.23:** CDC; **18.24a:** © VEM/ Science Source; **18.28a:** © Steve Gschmeissner/ SPL/Getty Images RF; **18.28b, 18.30:** © Science VU/Max A. Listgarten/ Visuals Unlimited; p.556 (left): Susan Lindsley/CDC; p.556 (right): James Gathany/CDC.
Line Art Figure 18.15: Source of Data: Centers For Disease Control.

Chapter 19
Opener: Tom Volk; Inset: CDC; **19.1** (left): James Gathany/ CDC; **19.1** (right): © Kathy Park Talaro; **22.3** (left, middle): CDC; **19.3** (right): Dr. Libero Ajello/CDC; **19.4a:** © Courtesy Reinhard Ruchel, University Gottingen, Germany; **19.4b:** © Mercy Hospital, Toledo, OH/Dr. Brian Harrington/CDC/ American Society for Clinical Pathology; **19.6a:** CDC; **19.6b:** © Elmer W. Koneman/Visuals Unlimited; **19.7-19.8:** CDC; **19.9** (left, right): © Joshua Fierer, M.D.; **19.10:** © Sean Bauman, Ph.D./Immuno- Mycologics, Inc.; **19.11a-b:** CDC; **19.12:** Reprinted by permission of Upjohn Company from E.S. Beneke et al., *Human Mycoses*, 1984; **22.13a:** Dr. Libero Ajello/CDC; **19.13b:** Dr. Lucille K. Georg/CDC; **19.14:** CDC; **19.15a:** Reprinted by permission of Upjohn Company from E.S. Beneke et al., *Human Mycoses*, 1984; **19.15b:** Dr. Libero Ajello/CDC; **19.16a-19.17b:** CDC; **19.18:** © Kenneth E. Greer/Visuals

Unlimited; **19.19:** © Medical-on-Line/Alamy; **19.20:** CDC; **19.21:** Courtesy University of Adelaide, Australia; **19.22a:** Courtesy Danny L. Wiedbrauk; **19.22b:** Courtesy Glen S. Bulmer; **19.22c:** Photo courtesy of REMEL, Inc.; **19.23-19.24:** © Gordon Love, M.D. VA, North CA Healthcare System, Martinez, CA; **19.25:** CDC; **19.26a:** © Everett S. Beneke/Visuals Unlimited; **19.26b:** CDC; **19.27a:** Image courtesy of doctorfungus.org © 2010; **19.27b:** Image courtesy David Ellis, Adelaide Women's and Children's Hospital; **19.28a:** Dr. Lucille K. Georg/CDC; **19.28b** & p.583 (left): CDC; p.583 (right): © Kathy Park Talaro.

Chapter 20

Opener: © birdandhike.com; Inset: © Science VU/David John/Visuals Unlimited; **20.2:** CDC; **20.3a-20.4b:** CDC-DPDx; **20.6b:** © Carolina Biological Supply/Visuals Unlimited; **20.7b:** © Donald Lehman, Dept. of Medical Laboratory Sciences, University of Delaware; **20.7c:** Courtesy Stanley Erlandsen; **20.8:** Image by Piotr Rotkiewicz; **20.9c:** Courtesy: Dr. Erwin Huebner, University of Manitoba, Winnipeg, Canada/ National Human Genome Research Institute; **20.10a:** WHO/TDR; **20.10b-c:** Courtesy of Emeritus Professor Wallace Peters: Formerly Honorary Director, Centre for Tropical Antiprotozoal Chemotherapy Nortwick Park Institute for Medical Research; **20.11b:** © www.raywilsonbirdphotography.co.uk; **20.11c:** CDC; **20.13:** Courtesy Stephen B. Aley, Ph.D., Univ. of Texas at El Paso; **20.14:** Andy Crump, TDR, World Health Organization/ Science Source; **20.16a:** CDC; **20.18a:** James Gathany/CDC; **20.18b** (left, right): CDC-DPDx; **20.19b** (top, bottom): CDC; **20.20(4):** © Pr. Bouree/Science Source; **20.21:** CDC; **20.21** (inset): Oregon State Public Health Laboratory/ CDC-DPDx; **20.22a:** © Sinclair Stammers/ Science Source; **20.22b:** Courtesy Harvey Blankespoor; **20.22c** (left, right): CDC-DPDx; **20.23:** © A.M. Siegelman/Visuals Unlimited; **20.24a:** CDC; **20.24b:** From: Katz et al., *Parasitic Diseases*, Springer Verlag; **20.25:** Dr. Green/CDC; **20.26a:** James Gathany/CDC; **20.26b:** CDC; **20.26c:** James Gathany/CDC; **20.26d-e:** Dr. James Ochi/ CDC-DPDx; p.620a: CDC; p.620b: CDC-DPDx; p.620c: Courtesy Stephen B. Aley, Ph.D., Univ. of Texas at El Paso; p.620d: CDC-DPDx.

Chapter 21

Opener: Dean Biggins/U.S. Geological Survey; Inset: Robert B. Tesh, Douglas M. Watts, Elena Sbrana, Marina Siirin, Vsevolod L. Popov, and Shu-Yuan Xiao, "Experimental Infection of Ground Squirrels (*Spermophilus tridecemlineatus*) with Monkeypox Virus," *Emerging Infectious Diseases*, 10(9), Fig. 2, September 2004, Centers for Disease Control; **21.2:** CDC; **21.3:** Dr. Michael Schwartz/CDC; **21.4:** James Gathany/ CDC; **21.4** (inset): CDC; **21.5b:** Laboratory of Tumor Cell Biology, Bernard Kramarsky, photographer, National Cancer Institute; **21.7a:** CDC; **21.7b:** © Kenneth E. Greer/Visuals Unlimited; **21.8:** CDC; **21.9:** © Kenneth E. Greer/ Visuals Unlimited; **21.10:** © Kathy Park Talaro; **21.11:** © Dr. Walker/ Science Source; **21.12a:** CDC; **21.12c:** © NZDermNet; **21.13:** Dr. Edwin P. Ewing, Jr./CDC; **21.14:** Kane, Kay et al., *Color Atlas and Synopsis of Pediatric Dermatology, 2/e* © 2010. The McGraw-Hill Companies, Inc. Reproduced with permission of the McGraw-Hill Companies; **21.15:** Robert S. Craig/CDC; **21.16a:** © Harold J. Benson; **21.16b:** © American Society of Hematology. All rights reserved; **21.17:** Courtesy of Stephen Dewhurst; **21.18:** CDC; **21.20:** Dr. G. William Gary, Jr./CDC; **21.21a:** © NZDermNet; **21.21b:** CDC; **21.22:** © Dachez/Science Source; **21.23:** © NZDermNet.

Chapter 22

Opener (inset): CDC; **22.5:** Patricia Smith & Barbara Rice/CDC; **22.6a-22.7a, & 22.9:** CDC; p.672: National Cancer Institute; **22.18b:** Dr. Joseph J. Esposito & F.A. Murphy/CDC; **22.21a-b:** CDC; **22.22:** © Medical-on-Line/Alamy; **22.24a:** Bryon Skinner/CDC; **22.24b:** From: Farrar and Lambert, *Pocket Guide for Nurses: Infectious Diseases*, 1984. Williams and Wilkins, Baltimore, MD. Reprinted by permission of Dr. William Edmund Farrar, Jr.; **22.25a:** © M. Abbey/Science Source; **22.25b:** Sherif Zaki, MD, PhD; Wun-Ju Shieh, MD, PhD, MPH/CDC.
Line Art Figure 22.13a Source of Data: Centers For Disease Control.; Figure 22.13b Source of Data: Centers For Disease Control.

Appendix B

Figure B.1: © Kathy Park Talaro.

英文索引

A

Acanthamoeba spp. 棘形變形蟲 588
Acinetobacter baumannii 鮑氏不動桿菌 459
Acinetobacter 不動桿菌 217
Anaplasma 無形體 538
Ancylostoma duodenale 十二指腸鉤蟲 608
antibiotic-associated colitis 抗生素相關性腸炎 470
antiparallel 反向平行 181
arthrospore 關節孢子 100
Azotobacter 固氮菌 166

B

Bacillus anthracis 炭疽桿菌 15、464
Bacillus cereus 臘狀桿菌 466
Bacillus 芽孢桿菌屬 39、216
Bacteriodes 類桿菌 286
Balantidium coli 大腸纖毛蟲 589
Bartonella henselae 韓瑟勒巴東氏菌 544
Blastomyces dermatitidis 皮炎芽生黴菌 568
blastospore 芽生孢子 100
Bordetella pertussis 博德氏百日咳桿菌 18
Borrelia 疏螺旋體 521
Branhamella (Moraxella) catarrhalis 卡他布蘭漢菌 (卡他莫拉克菌) 459
Brucella 布氏桿菌 162、497

C

calabar swellings 卡拉巴水腫 612
California encephalitis 加州腦炎 664
calor 熱 334
Campylobacter 彎曲桿菌 532
Candida albicans 白色念珠菌 575
ceftriaxone 頭孢三嗪 259
Cellulomonas 纖維單胞菌屬 166
cephalexin 賜福力欣 259
Chlamydia 披衣菌 166
chlamydospore 厚壁孢子 100
chloroquine 氯奎寧 265
cholera toxin, CT 霍亂毒素 533
chromatoidals 擬染色體 586
chronic carriers 慢性帶原者 306
chronic pulmonary histoplasmosis 慢性肺部組織漿菌症 566
ciliate Didinium 纖毛蟲 107
ciprofloxacin 西波氟沙星 260
Clostridium botulinum 肉毒桿菌 137、471
Clostridium difficile 困難梭狀芽孢桿菌 470
Clostridium perfringens 產氣莢膜桿菌 466、471
Clostridium tetani 破傷風梭狀芽孢桿菌 468
Clostridium 梭狀芽孢桿菌(屬) 39、260
Coccidioides immitis 粗球黴菌 566
Colorado tick fever, CTF 科羅拉多扁虱熱 664
consumption 銷蝕症 481
control locus 控制區 197
convalescent carriers 復原帶原者 306
Corynebacterium diphtheria 白喉棒狀桿菌 137、476
Corynebacterium pseudodiphtheriticum 偽白喉棒狀桿菌 478
Corynebacterium xerosis 乾燥棒狀桿菌 478
Corynebacterium 棒狀桿菌 476
Coulter counter 庫爾特計數器 174
Creutzfeldt-Jakob Disease, CJD 庫賈氏病 140
Cryptococcus neoformans 新型隱球菌症 576
Cryptococcus 隱球菌 293
Cryptosporidium 隱孢子蟲 600
Cystoisospora belli 貝氏等孢子蟲 601

D

diatoms 矽藻 106
dipicolinic acid 吡啶二羧酸 68
dolor 痛 334
Dracunculus medinensis 麥地那龍線蟲 612
dumb 喑啞期 658

E

Eastern equine encephalitis, EEE 東方馬腦炎 664
Ehrlichia 於埃立克體 538
Entamoeba histolytica 痢疾阿米巴 266、585
Enterobacter 腸桿菌 508
Enterobius vermicularis 蟯蟲 608
Enterococcus faecalis 糞腸球菌 443
Enterovirus 含腸病毒 676
eosinophils 嗜酸性顆粒球 606
Erysipelothrix rhusiopathiae 豬類丹毒桿菌 475
erythema migrans 遊走性紅斑 532
erythrocytic phase 紅血球期 597
Escherichia coli 大腸桿菌 125、135
excision repair 切除修復 203
exudate 滲出液 335

F

facultative psychrophiles 兼性嗜冷菌 159
Fasciola hepatica 牛羊肝吸蟲 613
formaldehyde 甲醛 240
Francisella tularensis 土拉倫斯法蘭西斯菌 498
fungistatic 抑制真菌 219
fungus balls 黴菌球 578

G

Giardia lamblia 梨形鞭毛蟲 266
glutaraldehyde 戊二醛 240

H

H. aphrophilus 嗜沫嗜血桿菌 517
Haemophilus ducreyi 杜克嗜血桿菌 517
Haemophilus influenza 流感嗜血桿菌 149
Haemophilus parainfluenzae 副流行性感冒嗜血桿菌 517
Haemophilus 嗜血桿菌 259
Helicobacter 螺旋桿菌 532
helminths 蠕蟲 112
Histoplasma capsulatum 莢膜組織胞漿菌 18
Histoplasma 組織漿菌 293
histoplasmin 組織漿菌素 565
hybridization 雜交 420
hydrophobia 恐水症 658

I

in vitro 體外137
in vivo 活體 137
incubation carriers 潛伏帶原者 306
infectious 感染的 308
insertion elements 插入的元件 210
integrin 整合子 210

K

kala azar 黑熱病 595
Klebsiella pneumoniae 肺炎克雷白氏菌 508
Klebsiella 克雷白氏菌 293、508
Koch's postulates 柯霍氏準則 15

L

Legionella 退伍軍人 (桿) 菌 296、500
Leishmania 利什曼原蟲 591、594
Lentivirus 慢病毒屬 665
Leptospira 鉤端螺旋體 521
Lyssavirus 狂犬病病毒屬 657

M

macroconidium 大分生孢子 100
macrogametocytes 雌性配子 597
madura foot 足菌腫 571
Measles morbillivirus 麻疹病毒 127
microbial death 微生物死亡 220
microbial load 微生物負荷 219
microbicide 殺微生物劑 219
microconidium 小分生孢子 100
microfilaments 微絲 93
microgametocytes 雄性配子 597
microtubules 微管 93
Morbillivirus 麻疹病毒 653
Mycobacterium leqrae 痲瘋桿菌 484
Mycobacterium tuberculosis 結核分枝桿菌 293
Mycobacterium 分枝桿菌 (屬) 296、478
Mycoplasma 黴漿菌 293

N

Naegleria fowleri 變形纖毛蟲 588
Necator americanus 美洲鈎蟲 608
Neisseria meningitides 腦膜炎奈瑟氏菌 296、456
Neisseria 奈瑟氏菌 162
nocardia 奴卡氏菌 489

O

obligate halophiles 絕對嗜鹽微生物 163
Onchocerca volvulus 蟠尾絲蟲 611
Orientia 東方體 538

P

pannus 血管翳 545
Paracoccidioides brasiliensis 巴西副球黴菌 569
Paragonimus westermani 衛氏肺吸蟲 614
Paramyxovirus 副黏液病毒 653
Pasteurella multocida 多殺巴斯特菌 516
pathogenicity 致病性 292
Pfiesteria piscicida 紅潮毒藻 106
phialospore 瓶梗孢子 100
Plasmodium 瘧原蟲 166
Pneumocystis jirovecii pneumonia, PCP 卡氏肺囊蟲肺炎 577
Pneumocystis jirovecii 肺囊蟲 293、665
Pneumovirus 肺炎病毒 653
porospore 孔出孢子 100
primaquine 伯氨喹啉 265
Propionibacterium 丙酸桿菌 478
Proteus 變形桿菌 509
Providencia 普羅威登氏菌 509
Pseudomonas aeruginosa 綠膿桿菌 152、495
Pseudomonas 假單胞菌 168、494

psittacosis 鸚鵡熱 547
psychrotrophs 耐冷菌 159

R

rabbit fever 兔熱病 498
retrotransposon 反轉位子 210
reverse transcriptase 反轉錄酶 126
Rhinovirus 鼻病毒 676
Rickettsia 立克次體 166、538
rubor 紅 334

S

S. agalactiae 無乳糖鏈球菌 443
S. pneumoniae 肺炎鏈球菌 443
S. pyogenes 化膿性鏈球菌 443
Salmonella enterica 腸炎沙門氏菌 509
sentinel animals 哨兵動物 307
Shewanella oneidensis 沙雷菌 18
spliceosome 剪接酶 196
Sporothrix schenckii 申克氏孢絲菌 570
St. Louis encephalitis, SLE 聖路易氏腦炎 664
Staphylococcus aureus 金黃色葡萄球菌 170
Staphylococcus epidermidis 表皮葡萄球菌 439
Staphylococcus saprophyticus 腐生葡萄球菌 439
Staphylococcus 葡萄球菌屬 433
strep throat 咽喉炎 445
streptococcal toxic shock syndrome 鏈球菌毒性休克症候群 446
Streptococcus faecalis 糞鏈球菌 443
Streptococcus pneumoniae 肺炎鏈球菌 162、293、450
Streptococcus 鏈球菌 (屬) 168、442
Strongyloides stercoralis 糞小桿線蟲 609
syphilis 梅毒 522

T

T. brucei 布氏錐蟲 110
T. cruzi 克氏錐蟲110
T. p. endemicum 梅毒螺旋體地方亞種 522
T. p. pallidum 梅毒螺旋體蒼白亞種 522
T. p. pertenue 梅毒螺旋體極細亞種 522
T. pallidum 梅毒螺旋體 522
Taenia saginata 牛肉條蟲 615
Taenia solium 豬肉條蟲 615
thermoduric 耐熱 160
Toxoplasma gondii 剛地弓漿蟲 599
Treponema pallidum immobilization, TPI 梅毒螺旋體固定試驗 427
Treponema pallidum pallidum 梅毒螺旋體蒼白亞種 522
Treponema 密螺旋體 521
Trichinella spiralis 旋毛蟲 18
Trichomonas vaginalis 陰道滴蟲 590
trichomoniasis 滴蟲症 590
Trypanosoma 錐蟲 (屬) 110、591、592
tumor necrosis factor 腫瘤壞死因子 444
tumor 腫 334

U

un influenza di freddo 寒冷的影響 650
undulating membrane 波狀膜 107

V

Vibrio cholera 霍亂弧菌 137
Vibrio 弧菌 532
viridans streptococci 草綠色鏈菌群 443
Weil's 威爾氏 528
Weil-Felix reaction 衛菲氏反應 424
Western equine encephalitis, WEE 西方馬腦炎 664
Wuchereria bancrofti 班氏血絲蟲 610
Y. pestis 鼠疫桿菌 513
retroviruses 反轉錄病毒 125